CB136208

AÇOS E LIGAS ESPECIAIS

Blucher

André Luiz V. da Costa e Silva

Paulo Roberto Mei

AÇOS E LIGAS ESPECIAIS

4ª Edição Revista

Aços e ligas especiais

© 2021 André Luiz V. da Costa e Silva & Paulo Roberto Mei

4ª edição – 2021

Editora Edgard Blücher Ltda.

Blucher

Rua Pedroso Alvarenga, 1245, 4º andar
04531-934 – São Paulo – SP – Brasil
Tel.: 55 11 3078-5366
contato@blucher.com.br
www.blucher.com.br

Segundo Novo Acordo Ortográfico, conforme 5. ed. do *Vocabulário Ortográfico da Língua Portuguesa*, Academia Brasileira de Letras, março de 2009.

É proibida a reprodução total ou parcial por quaisquer meios sem autorização escrita da editora.

Todos os direitos reservados pela Editora Edgard Blücher Ltda.

FICHA CATALOGRÁFICA

Costa e Silva, André Luiz V.
Aços e ligas especiais / André Luiz V. Costa e Silva, Paulo Roberto Mei. -- 4. ed. rev. -- São Paulo : Blucher, 2021.
576 p. : il.

Bibliografia
ISBN 978-65-5506-160-4

1. Aço 2. Ligas de aço I. Título II. Mei, Paulo Roberto

21-3243 CDD 669.142

Índice para catálogo sistemático:

1. Aço

Preface to the first edition

It gives me great pleasure to introduce this new edition of "Acos e ligas especiais", a book which was originally published several years ago with the title "Tecnologia dos Acos", and which I am sure is by now well known to Brazilian metallurgists and engineers as an invaluable source of information in the making, fabrication and heat treatment of steels. This new edition, which has been expanded to include sections on special non-ferrous metals and alloys, covers a wide technical range from explanations of the relevant basic phenomena to the behaviour in practice of many engineering materials used in Brazilian industry today. As the use of more complex steels and alloys becomes widespread, it is particularly important that the various roles of the alloying elements are fully understood, so that the full potential of these materials can be realized in practice.

Eletrometal has rendered a valuable service to the industries of Brazil by sponsoring this book, the second edition of which is very timely, because of the increasing complexity of the indigenous industrial scene. I know that Eletrometal is greatly diversifying its own activities with increasing emphasis on more sophisticated products, including a wide range of specialty steels and alloys, electrical and electronic alloys, high temperature corrosion resistant nickel based superalloys, and, more recently, refractory and reactive metals. Such alloys require extremely careful control in their manufacture, and the use of advanced techniques such as vacuum induction melting, electron beam melting, vacuum arc remelting and electroslag refining to reach the levels of quality needed for their proper exploitation.

The authors have met the challenge of these advanced alloys and applications by revising and expanding their original book to include a chapter on nickel-base superalloys, and also one on maraging steels in which they describe the complex changes which take place during heat treatment. It is essential that those metallurgists and engineers who are using such alloys should be fully aware of the need for careful control of fabrication and heat treatment, if they are to explore these materials to their full potential and avoid technical difficulties. By revising this book, the authors have ensured that these sophisticated materials will receive the careful attention need for optimum results.

Finally the book has an important role in the teaching of the subject, by presenting to students a broad canvas covering both fundamental and applied aspects of ferrous and non-ferrous metallurgy. There is a wide survey of the important equilibrium diagrams and description of the significant microstructural phases and phase changes in steels and other alloys. On the more applied side, the student is introduced to the relevant steel making procedures and to the principles of heat treatment. This new edition deserves to be very extensively read and used.

R.W.K. Honeycombe, F. Eng., F.R.S.
Goldsmith's Professor of Metallurgy (Emeritus),
University of Cambridge, U.K.

Prefácio à primeira edição

É para mim uma grande satisfação prefaciar esta nova edição de *Aços e Ligas Especiais*, livro que recebeu originalmente, alguns anos atrás, o título de *Tecnologia dos Aços*, e que se tornou certamente familiar a engenheiros e metalurgistas brasileiros como uma valiosa fonte de informações sobre a fabricação e o tratamento térmico de aços. Esta nova edição, que foi ampliada a fim de incluir novas seções de metais e ligas não-ferrosas especiais, abrange amplo espectro técnico, que vai desde a explicação de fenômenos básicos relevantes até as especificações em prática dos diversos materiais usados atualmente na indústria brasileira.

Com a difusão do uso de aços e ligas mais complexas, tornou-se particularmente importante a compreensão das diversas funções dos elementos das ligas, a fim de se poder obter na prática o pleno potencial desses materiais.

A Eletrometal prestou certamente um valioso serviço às indústrias brasileiras ao patrocinar este livro, cuja segunda edição é muito oportuna, em virtude da complexidade crescente do cenário industrial inerente. Sei que a Eletrometal está diversificando bastante suas próprias atividades, com ênfase crescente em produtos mais sofisticados, incluindo-se uma grande variedade de aços e ligas especiais, ligas elétricas e eletrônicas, superligas à base de níquel resistentes a altas temperaturas e à corrosão e, mais recentemente, metais reativos e refratários. Essas ligas requerem um controle extremamente cuidadoso na sua fabricação e o uso de técnicas avançadas como a fusão sob vácuo em forno de indução (VIM), a fusão e refusão por forno de feixe de elétrons (EBM), a refusão dos eletrodos consumíveis sob vácuo (VAR) e o refino sob escória (ESR), para tomar possível o alcance dos níveis de qualidade necessários à sua própria exploração.

Os autores enfrentaram o desafio de abranger essas ligas avançadas e suas aplicações por intermédio da revisão e da ampliação do livro original, para que houvesse a inclusão de um capítulo sobre superligas à base de níquel e também sobre aços maraging, com a descrição das transformações complexas que ocorrem durante o tratamento térmico. É essencial que os metalurgistas e engenheiros que estiverem trabalhando com esses tipos de ligas estejam bem cientes da necessidade de um controle cuidadoso da fabricação e do tratamento térmico, se precisarem explorar esses materiais em sua plena potencialidade e se quiserem evitar dificuldades técnicas. Por meio da revisão deste livro, os autores enfatizaram a atenção cuidadosa que esses materiais sofisticados precisam receber para tornar possível a obtenção dos melhores resultados.

Finalizando, este livro desempenha papel importante no ensino da matéria, mediante a apresentação aos estudantes de um vasto quadro, abrangendo aspectos fundamentais e aplicados da metalurgia de ferrosos e não-ferrosos. Há uma pesquisa vasta sobre os importantes diagramas de equilíbrio, bem como a descrição de significantes fases microestruturais e mudanças de fases em aços e outras ligas. No lado mais prático, são apresentados aos estudantes relevantes processos de fabricação de aço e princípios de tratamento térmico. Esta nova edição merece ser extensivamente lida e usada.

R.W.K. Honeycombe, F. Eng., F.R.S.
Professor "Goldsmith" de Metalurgia (Emérito),
Universidade de Cambridge, Inglaterra

Prefácio à segunda e terceira edições

No final da década de 1970, o então presidente da Eletrometal Aços Finos S.A., Dr. José Dinis de Souza, notou a carência de um livro em língua portuguesa que possibilitasse aos novos engenheiros uma rápida familiarização com os modernos processos de produção de aços de elevado desempenho. Consultando o então diretor da Faculdade de Engenharia da Unicamp, Prof. Dr. Maurício Prates de Campos Filho, resolveram propor o desafio de preparar tal livro aos engenheiros André Luiz V. da Costa e Silva, da Eletrometal, e Paulo Roberto Mei, da Unicamp. Assim, em 1981, foi publicado o livro *Tecnologia dos Aços*, distribuído gratuitamente pela Eletrometal às bibliotecas e aos engenheiros e metalurgistas do Brasil e de países de língua portuguesa e espanhola.

Nos anos seguintes, o livro teve sua primeira edição esgotada e os autores propuseram ao Dr. Dinis, presidente da então Eletrometal S.A. – Metais Especiais, uma atualização da obra envolvendo, além de aços, também a produção de ligas especiais. Em 1988, era lançado o livro *Aços e Ligas Especiais*, que, da mesma forma que o livro anterior, foi distribuído gratuitamente pela Eletrometal.

Nos 20 anos em que esses livros estiveram disponíveis, foram adotados em várias disciplinas de graduação e pós-graduação nas escolas de engenharia de todo o país. Com a edição do livro *Aços e Ligas Especiais* esgotada e uma crescente demanda por parte de escolas e empresas, os autores procuraram, em 2004, o gerente de Tecnologia–P&D da Villares Metals (empresa que incorporou a Eletrometal S.A. – Metais Especiais), engenheiro Celso Antonio Barbosa, e propuseram a atualização e reedição do livro. Entusiasmado, o engenheiro Celso apresentou a proposta aos diretores comercial e industrial da Villares Metals, Herwig Petschenig e Marcos Alexandre Stuart Nogueira, respectivamente, que se dispuseram a patrocinar a publicação desta nova edição, de modo que o preço ao público se tornasse acessível. Paralelamente, foram feitos contatos com o Dr. Edgard Blücher, presidente da Editora Blucher, que editou o livro e cuidou de sua distribuição por todo o país.

Nesta oportunidade, os autores agradecem o apoio que receberam da Eletrometal e, posteriormente, da Villares Metals, desde a primeira edição do livro. Esperam também que o livro, nesta nova edição, continue a ser útil como um texto básico sobre aços e ligas especiais, assunto a que dedicaram boa parte de suas carreiras, e que possa também agradar aos especialistas, com informações em áreas complementares às da sua especialização. Em particular, que seja útil no ensino e na difusão do conhecimento da metalurgia no país.

Os autores agradecem a compreensão e o apoio de suas famílias durante os períodos de redação do livro.

André Luiz V. da Costa e Silva
e Paulo Roberto Mei

Prefácio à quarta edição

No final da década de 1970 os autores, no início de suas carreiras, aceitaram o desafio proposto pelo Dr. José Dinis de Souza, então presidente da Eletrometal Aços Finos, de produzir um livro sobre a Metalurgia dos Aços, que pudesse atender tanto à carência de material didático no assunto, na língua portuguesa, como às necessidades dos engenheiros envolvidos na seleção e aplicação de aços no País. Nos mais de 40 anos que se passaram, a metalurgia do aço evoluiu de forma extraordinária. Segundo o Instituto Internacional do Aço (IISI), por exemplo, cerca de 75% dos graus de aços hoje em uso não existiam há 20 anos. O mundo produz, hoje, mais do que o dobro do aço produzido em 1980. Nesta evolução, a Siderurgia vem se ocupando também de proteger o meio ambiente e assumir sua responsabilidade nesta área: aços mais resistentes, menos densos e com uso mais cuidadoso de recursos naturais, como energia e elementos de liga são a norma atual. Além disso, o aço é 100% reciclável, de forma indefinida, e os produtos de aço, hoje, têm cerca de 38% de índice médio de reciclagem. Na década de 2020, a Siderurgia foca em reduzir sua pegada de carbono: embora seja a liga industrial de menor pegada de carbono por unidade produzida, a quantidade de aço empregada no mundo torna a responsabilidade da indústria muito importante.

Nestes anos de forte desenvolvimento da indústria do aço, os autores tiveram a sorte de interagir de forma intensa com a Indústria Siderúrgica brasileira e de formar um número significativo de engenheiros e pesquisadores para esta indústria. Em particular, a visão da importância do investimento em um livro sobre aços e ligas especiais, que nasceu na Eletrometal, continua forte na Villares Metals S.A. O apoio de seus diretores, Armin Andreas Wuzela e Augusto Cesar Ferreira Lara, e a confiança de nosso editor, Eduardo Blucher, foram decisivos para esta 4ª edição. Somos muito gratos a esse apoio e às oportunidades que tivemos.

A experiência desenvolvida na orientação de vários trabalhos acadêmicos e industriais em processamento, caracterização e seleção de aços e ligas especiais em franca interação com a indústria, e a colaboração da equipe técnica da Villares Metals S.A. permitiram que o livro passasse por uma atualização significativa, sem perder seu foco inicial em ser uma ferramenta didática para o estudante e uma fonte de consulta, pelo menos inicial, para o profissional da área. O livro contém contribuições diretas e indiretas de nossos ex-alunos, colegas da academia e da indústria a quem, além de citar no texto, gostaríamos de agradecer enfaticamente neste momento.

Por fim agradecemos a nossos leitores, pelo constante incentivo para a atualização e aprimoramento deste livro, e a nossas famílias pelo apoio durante o trabalho de revisão do livro.

André Luiz V. da Costa e Silva
e Paulo Roberto Mei

Os Autores

André Luiz V. da Costa e Silva

Engenheiro metalúrgico formado pelo Instituto Militar de Engenharia, Rio de Janeiro, em 1976. Concluiu seu mestrado pela University of British Columbia, Vancouver, em 1979, e o doutorado pela University of Florida, Gainesville, em 1994.

Iniciou sua carreira de engenheiro na então Eletrometal Aços Finos S.A., na área de Refusão, tendo passado, posteriormente, para a área de Fusão (Aciaria). Foi gerente de Engenharia de Materiais na CBV Indústria Mecânica S.A., participando de projetos pioneiros na área de Equipamentos de Petróleo para Águas Profundas. É professor titular (colaborador) na Escola de Engenharia Industrial Metalúrgica de Volta Redonda, da Universidade Federal Fluminense, na qual ingressou em 1983. É também é diretor técnico do Instituto Brasileiro da Qualidade Nuclear, no qual foi certificado como Inspetor Nível III e Perito Nível III na área de Materiais.

Seus interesses envolvem as relações processamento-propriedades em materiais, a aplicação da termodinâmica computacional ao processamento e desenvolvimento de materiais e seu processamento, em especial de aços e superligas. Atua como consultor de empresas brasileiras em diversas áreas relacionadas a aços e ligas especiais, especialmente análise de falhas, especificação de materiais e desenvolvimento de materiais e processos.

Foi o Chairman do Alloy Phase Diagram International Commission (APDIC), entre 2008 e 2013. Foi agraciado, pelo IOM3, na Inglaterra, em 2014 com o Hume-Rothery Prize, In recognition of distinguished achievements concerned with phase relationships..in materials e pela ABM, em 2017, com a Medalha ABM Hubertus Colpaert em reconhecimento a atuação nas áreas de metalografia e metalurgia física.

Tem mais de 60 publicações em revistas indexadas, e mais de 150 publicações e apresentações em congressos. É co-autor do livro *Aços e Ligas Especiais* e realizou a revisão e atualização, para a 4ª edição do livro *Metalografia dos Produtos Siderúrgicos Comuns*, do Prof. Colpaert, publicado também pela ASM como *Metallography of Steels- Interpretation of Structure and the Effects of Processing.*

Paulo Roberto Mei

Engenheiro mecânico (ITA-1976), mestre (Unicamp-1979) e doutor em engenharia mecânica (University of Cambridge-80/81 e Unicamp-1982/1983). Fez carreira acadêmica na Faculdade de Engenharia Mecânica (FEM) da Unicamp onde chegou a Professor Titular em 1999. Realizou seu pós-doutoramento na University of Florida em 1996/1997.

É autor do livro *Energia Solar Fotovoltaica: Oportunidades para o Brasil*, coautor dos livros *Tecnologia dos Aços*, *Aços e Ligas Especiais* e de quatro patentes na área metalúrgica. Publicou mais de 230 artigos completos em anais de congressos e periódicos nacionais e internacionais e orientou mais de 40 teses de mestrado e doutorado.

Implantou os Laboratórios de: *Fusão por Feixe de Elétrons*, *Tratamentos Termomecânicos* e *Tribologia* na FEM-UNICAMP. Nestes laboratórios coordenou mais de 30 projetos de pesquisa sobre a purificação de silício para células fotovoltaicas e o desenvolvimento de aços e ligas metálicas. Estes projetos envolveram recursos da ordem de 3,5 milhões de dólares, provenientes de agências nacionais e internacionais de fomento à pesquisa (CNPq, FAPESP, FINEP, SCTDE-SP, Agência Espacial Brasileira, FAEP-Unicamp, National Science Foundation e BID) e empresas (MWL, CBMM, COSIPA, CST, ACESITA, ITALMAGNÉSIO, ALBRÁS, VALE e PETROBRAS, dentre outras).

Exerceu a Chefia do Departamento de Engenharia de Materiais, a Diretoria Associada da FEM e a Diretoria da Escola de Extensão da Unicamp. É revisor de 27 periódicos editados pela Elsevier, Springer, American Chemical Society, American Institute of Physics e ASM International, dentre outras.

Aposentou-se em 2017, após 40 anos de trabalho na Faculdade de Engenharia Mecânica da Unicamp, passando a atuar como Professor Colaborador na mesma unidade.

Recebeu o Prêmio de Reconhecimento Acadêmico Zeferino Vaz da UNICAMP em 2011. É pesquisador 1B do CNPq.

Sumário

Capítulo 1 – O sistema ferro-carbono..23

1.1 O ELEMENTO FERRO 23

1.2 SOLUÇÕES SÓLIDAS DE FERRO 25

1.3 DIAGRAMA FERRO-GRAFITA.. 27

1.4 DIAGRAMA FERRO-CEMENTITA.. 28

1.4.1 Ferrita (α) 29

1.4.2 Austenita (γ) 29

1.4.3 Ferrita (δ).. 29

1.4.4 Cementita (Fe_3C).. 29

1.5 PONTOS RELEVANTES DO DIAGRAMA FERRO-CEMENTITA 29

1.5.1 Linha A_1 29

1.5.2 Linha A_2.. 30

1.5.3 Linha A_3.. 30

1.5.4 Linha A_{cm} 30

1.5.5 Linha A_4.. 30

1.5.6 Linha *Liquidus*.. 30

1.5.7 Linha *Solidus*.. 30

1.6 EFEITO DO RESFRIAMENTO E AQUECIMENTO NAS LINHAS DE TRANSFORMAÇÃO... 30

1.7 REAÇÕES INVARIANTES.. 31

1.8 OBSERVAÇÕES DA MICROESTRUTURA 32
1.9 DETERMINAÇÃO DA FRAÇÃO VOLUMÉTRICA DAS FASES 33
1.10 EFEITO DA VELOCIDADE DE RESFRIAMENTO NA FRAÇÃO VOLUMÉTRICA DA FERRITA E PERLITA 36
Exercícios 37
Respostas 37
Referências bibliográficas 38

Capítulo 2 – **Decomposição da austenita e curvas TTT 39**
2.1 FERRITA E CEMENTITA 40
2.2 PERLITA 45
2.3 CURVAS ITT 55
2.4 BAINITA E FERRITA ACICULAR 56
2.5 MARTENSITA 66
2.6 CONSTRUÇÃO DAS CURVAS TTT 72
2.6.1 Curvas ITT 73
2.6.2 Curvas CCT ou TRC 79
2.6.3 Austenita retida 84
Exercícios 86
Respostas 87
Referências bibliográficas 88

Capítulo 3 – **Tratamentos térmicos 91**
3.1 INTRODUÇÃO 91
3.2 RECOZIMENTO 92
3.2.1 Recozimento pleno ou simplesmente recozimento 92
3.2.2 Recozimento subcrítico 94
3.2.3 Esferoidização 95
3.2.4 Recozimento para usinabilidade 96
3.3 PROTEÇÃO DA SUPERFÍCIE 96
3.4 NORMALIZAÇÃO 97
3.5 TÊMPERA 100
3.5.1 Meios de têmpera 100
3.5.2 Tensões na têmpera 102
3.6 TEMPERABILIDADE (*HARDENABILITY*) 105
3.6.1 Taxa de resfriamento crítico 105
3.6.2 Ensaio Grossmann 106
3.6.3 Ensaio Jominy 106
3.6.4 Fatores que afetam a temperabilidade 108
3.6.5 Técnicas para se revelar o contorno do grão austenítico 108

3.6.6 Crescimento do grão austenítico 114
3.7 REVENIMENTO 116
3.7.1 Efeito nas propriedades 116
3.7.2 Transformações no revenimento de aços carbono 118
3.7.3 Revenimento múltiplo 119
3.7.4 Fragilidade do revenido 119
3.8 MARTÊMPERA 121
3.9 AUSTÊMPERA 122
3.10 AUSTENITA RETIDA 123
3.11 TÊMPERA SUPERFICIAL 124
3.11.1 Aquecimento indutivo 124
3.11.2 Aquecimento por chama 126
3.12 EXEMPLOS DE MICROESTRUTURAS OBTIDAS COM TRATAMENTOS TÉRMICOS 127
3.13 AUSTENITA REVERTIDA 134
3.14 TÊMPERA E PARTIÇÃO 134
3.15 SOLUBILIZAÇÃO 139
Referências bibliográficas 147

Capítulo 4 – **Tratamentos termoquímicos 151**
4.1 INTRODUÇÃO 151
4.2 DIFUSÃO E SOLUBILIDADE DOS ELEMENTOS QUÍMICOS 152
4.3 PERFIL DE DISTRIBUIÇÃO DO SOLUTO 153
4.4 CEMENTAÇÃO 154
4.4.1 Cementação sólida 154
4.4.2 Cementação gasosa 155
4.4.3 Cementação líquida 158
4.4.4 Cementação a vácuo 162
4.4.5 Cementação iônica ou a plasma 162
4.5 NITRETAÇÃO 165
4.5.1 Nitretação a gás 166
4.5.2 Nitretação líquida 167
4.5.3 Nitretação iônica ou a plasma 170
4.6 CIANETAÇÃO (CARBONITRETAÇÃO LÍQUIDA OU CIANETAÇÃO LÍQUIDA) 172
4.6.1 Reações principais 173
4.7 CARBONITRETAÇÃO 173
4.7.1 Profundidade da camada carbonitretada 175
4.8 NITROCARBONETAÇÃO 175
4.8.1 Nitrocarbonetação ferrítica 175
4.8.2 Oxinitrocarbonetação 177
4.8.3 Nitrocarbonetação austenítica 177

4.9 BORETAÇÃO ... 179
4.9.1 Vantagens ... 181
4.9.2 Desvantagens ... 181
4.10 TRATAMENTOS TERMORREATIVOS ... 184
4.11 RESUMO DOS TRATAMENTOS TERMOQUÍMICOS ... 186
4.12 MICROESTRUTURAS OBTIDAS NOS TRATAMENTOS TERMOQUÍMICOS ... 187
Exercícios ... 187
Respostas ... 188
Referências bibliográficas ... 191

Capítulo 5 – Influência dos elementos de liga nos aços ... 193

5.1 ELEMENTOS ESTABILIZADORES DA AUSTENITA E DA FERRITA [1,2] ... 193
5.1.1 Tipo A_1 (ou campo austenítico aberto) ... 193
5.1.2 Tipo A_2 (ou campo austenítico expandido) ... 194
5.1.3 Tipo B_1 (ou campo austenítico fechado) ... 194
5.1.4 Tipo B_2 (ou campo austenítico contraído) ... 194
5.2 INFLUÊNCIA DOS ELEMENTOS DE LIGA NOS AÇOS NÃO ENDURECIDOS ... 196
5.3 EFEITO DOS ELEMENTOS DE LIGA NA FORMAÇÃO DA FERRITA ... 196
5.3.1 Nucleação ... 196
5.3.2 Crescimento ... 196
5.3.3 Propriedades da ferrita ... 198
5.4 EFEITO DOS ELEMENTOS DE LIGA NA FORMAÇÃO DA PERLITA ... 200
5.5 EFEITO DOS ELEMENTOS DE LIGA NOS CARBONETOS ... 202
5.5.1 Distribuição ... 202
5.5.2 Solubilidade ... 203
5.5.3 Formas de precipitação ... 204
5.5.4 Composição dos carbonetos ... 206
5.5.5 Cinética da precipitação e coalescimento dos carbonetos ... 207
5.5.6 Efeito da precipitação dos carbonetos finos nos aços ... 208
5.5.7 Efeito dos carbonitretos na laminação ... 214
5.6 EFEITO DAS INCLUSÕES NÃO METÁLICAS ... 227
5.7 EFEITO DOS ELEMENTOS DE LIGA NOS COMPOSTOS INTERMETÁLICOS ... 227
5.8 EFEITO DE PARTÍCULAS METÁLICAS DISPERSAS ... 227
5.9 EFEITO DOS ELEMENTOS DE LIGA NA FORMAÇÃO DA AUSTENITA ... 227
5.10 EFEITO DOS ELEMENTOS DE LIGA NA TÊMPERA ... 230
5.10.1 Temperaturas m_i e m_f ... 230
5.10.2 Dureza da martensita ... 230
5.10.3 Temperabilidade ... 231
5.11 EFEITO DOS ELEMENTOS DE LIGA NO REVENIMENTO ... 232
5.11.1 Formação dos carbonetos de ferro ... 232
5.11.2 Endurecimento secundário ... 232

5.11.3 AÇOS COM V, Cr, Mo E W 234
5.11.4 Propriedades mecânicas 235
5.11.5 Aços *Maraging* 235
5.12 EFEITOS DOS ELEMENTOS DE LIGA NA FORMAÇÃO DA BAINITA 236
5.12.1 Temperatura de início da formação bainítica (BI) 236
5.12.2 Aços bainíticos de alta resistência 236
5.13 EFEITO DOS PRINCIPAIS ELEMENTOS DE LIGA NOS AÇOS 238
5.13.1 Boro 243
5.13.2 Cobre 243
5.13.3 Zircônio 243
5.13.4 Selênio 243
5.13.5 Chumbo 243
5.13.6 Nióbio 243
5.14 IMPUREZAS DOS AÇOS [66] 243
5.14.1 Fósforo 243
5.14.2 Enxofre 243
5.14.3 Estanho 243
5.14.4 Hidrogênio 243
5.14.5 Oxigênio 244
5.15 PRODUÇÃO E PREÇO DAS MATÉRIAS PRIMAS METÁLICAS PARA A PRODUÇÃO DE AÇO 244
Exercícios 248
Respostas 248
Referências bibliográficas 250

Capítulo 6 – Classificação e seleção de aços 253

6.1 CLASSIFICAÇÃO E ESPECIFICAÇÃO DE MATERIAIS 253
6.2 SELEÇÃO DE MATERIAIS 254
6.3 SELEÇÃO DE AÇOS 255
6.4 AÇOS BAIXO CARBONO PARA CONFORMAÇÃO MECÂNICA 255
6.5 AÇOS ESTRUTURAIS 260
6.5.1 Aços de alta resistência e baixa liga (ARBL) 261
6.5.2 Aços AHSS 264
6.5.3 Aços estruturais, para caldeiras, vasos de pressão e tubulações 266
6.6 VERGALHÕES PARA CONCRETO 270
6.7 PERFIS ESTRUTURAIS 270
6.8 AÇOS PARA A CONSTRUÇÃO MECÂNICA 271
6.8.1 O sistema de classificação ABNT para aços construção mecânica 271
6.8.2 Seleção empregando as curvas Jominy 273
6.8.3 Parâmetros de revenido 283
6.8.4 Fragilização em aços temperados e revenidos 283

6.8.5 Fadiga ... 286
6.8.6 Outros métodos de seleção de aços para construção mecânica ... 287
6.9 AÇOS DE ULTRA-ALTA RESISTÊNCIA ... 289
6.10 AÇOS PARA CEMENTAÇÃO ... 291
6.11 AÇOS PARA MOLAS ... 293
6.12 AÇOS PARA APLICAÇÕES FERROVIÁRIAS ... 293
Referências bibliográficas ... 297

Capítulo 7 – Aços ferramenta, inoxidáveis e ligas especiais ... 305

7.1 AÇOS PARA FERRAMENTAS ... 305
7.1.1 Introdução ... 305
7.1.2 Classificação ... 306
7.1.3 Aplicações de aços em ferramentas – características dos aços ... 306
7.1.4 Aços para trabalho a frio ... 307
7.1.5 Aços para trabalho a quente ... 318
7.1.6 Aços para trabalho a morno ... 323
7.1.7 Aços para fins especiais ... 323
7.1.8 Aços rápidos ... 326
7.1.9 A Escolha do aço ferramenta ... 331
7.1.10 Revestimentos ... 339
7.2 AÇOS INOXIDÁVEIS ... 339
7.2.1 Introdução ... 339
7.2.2 Relações entre composição química e estrutura ... 340
7.2.3 Inoxidáveis martensíticos ... 342
7.2.4 Inoxidáveis ferríticos ... 344
7.2.5 Inoxidáveis austeníticos ... 346
7.2.6 Aços ferrítico-austeníticos (duplex) ... 352
7.2.7 Aços inoxidáveis endurecíveis por precipitação ... 354
7.2.8 Resistência à corrosão ... 356
7.2.9 Corrosão em alta temperatura ... 361
7.3 AÇOS *MARAGING* ... 363
7.3.1 Introdução ... 363
7.3.2 Metalurgia dos aços *Maraging* ... 364
7.4 NÍQUEL E SUAS LIGAS ... 368
7.5 SUPERLIGAS ... 370
7.5.1 Introdução ... 370
7.5.2 Metalurgia das superligas ... 371
7.6 TITÂNIO E SUAS LIGAS ... 380
7.6.1 Introdução ... 380
7.6.2 Metalurgia do Titânio e suas ligas ... 381
7.6.3 Obtenção do Titânio ... 383

7.7 ZIRCÔNIO E SUAS LIGAS 383
7.8 METAIS REFRATÁRIOS E SUAS LIGAS 386
7.8.1 Nióbio e Tântalo 386
7.8.2 Molibdênio 388
7.8.3 Tungstênio 388
Referências bibliográficas 389

Capítulo 8 – Processos de elaboração de aços 399

8.1 INTRODUÇÃO 399
8.2 A PRODUÇÃO DE FERRO-GUSA – O ALTO-FORNO 400
8.2.1 O ferro-gusa 401
8.2.2 O alto-forno 401
8.3 PROCESSOS DE REDUÇÃO DIRETA 410
8.4 ACIARIA 412
8.4.1 Fundamentos do refino dos aços 414
8.4.2 Processos pneumáticos de aciaria (conversores) 422
8.4.3 O forno elétrico 427
8.5 LINGOTAMENTO E LINGOTES 433
8.5.1 Lingotamento convencional 433
8.5.2 Lingotamento contínuo 434
8.5.3 Transmissão de calor na solidificação 435
8.5.4 Estrutura de lingotes e produtos de lingotamento contínuo 445
Referências bibliográficas 451

Capítulo 9 – Processos especiais de refino e obtenção de aços e ligas especiais 457

9.1 INTRODUÇÃO 457
9.2 METALURGIA DE PANELA 458
9.2.1 Tratamento sob vácuo – desgaseificação 458
9.2.2 Operações de metalurgia de panela – forno-panela 464
9.2.3 Processos de produção de aços inoxidáveis 471
9.3 FORNO DE INDUÇÃO SOB VÁCUO (VIM) 474
9.4 PROCESSOS DE REFUSÃO 475
9.4.1 Refusão sob escória eletrocondutora (ESR) 476
9.4.2 Refusão a arco sob vácuo (*Vacuum Arc Remelting* – VAR) 477
9.4.3 Forno de refusão por feixe eletrônico 477
9.5 METALURGIA DO PÓ PARA AÇOS FERRAMENTA 478
9.6 CONFORMAÇÃO POR SPRAY (*SPRAY FORMING*) 480
9.7 MANUFATURA ADITIVA 481
Referências bibliográficas 484

Capítulo 10 – Conformação mecânica 489

10.1 INTRODUÇÃO 489

10.2 EFEITO DA TEMPERATURA – TRABALHO A QUENTE E TRABALHO A FRIO 489

10.3 TRABALHO A QUENTE 490

10.3.1 Efeito sobre a resistência mecânica e alterações microestruturais 490

10.3.2 Consolidação de Cavidades 492

10.3.3 Alteração de forma e distribuição de segregados 493

10.3.4 Efeito sobre fases insolúveis – Inclusões não-metálicas, carbonetos e nitretos estáveis 494

10.3.5 Efeito do trabalho a quente sobre as propriedades mecânicas 504

10.3.6 Conformação a quente – tratamentos termomecânicos 506

10.3.7 Aquecimento 507

10.3.8 Temperatura 508

10.3.9 Sequência de deformação 511

10.3.10 Resfriamento 512

10.4 TRABALHO A FRIO 512

10.4.1 Estado de tensões durante a deformação 513

10.5 FORJAMENTO 513

10.6 LAMINAÇÃO 514

10.7 EXTRUSÃO 514

Referências bibliográficas 515

Capítulo 11 – Gestão e controle da qualidade 521

11.1 INTRODUÇÃO 521

11.2 TIPOS DE TESTES E ENSAIOS NO CONTROLE DA QUALIDADE 522

11.3 ENSAIOS EMPREGADOS NA PRODUÇÃO DE AÇOS E LIGAS ESPECIAIS 523

11.3.1 Inspeção por ultrassom 524

11.3.2 Testes de trincas superficiais 527

11.3.3 Radiações ionizantes (raios x e raios γ) 528

11.3.4 Ensaios mecânicos 529

Referências bibliográficas 542

Apêndice 1 – Curvas Jominy de alguns aços para construção mecânica 545

Apêndice 2 – Tabelas de dureza 551

Apêndice 3 – Sistema Internacional de unidades (SI) 559

Índice remissivo 567

Capítulo 1

O sistema ferro-carbono

1.1 O ELEMENTO FERRO

O ferro apresenta as seguintes transformaçoes (Figura 1.1):

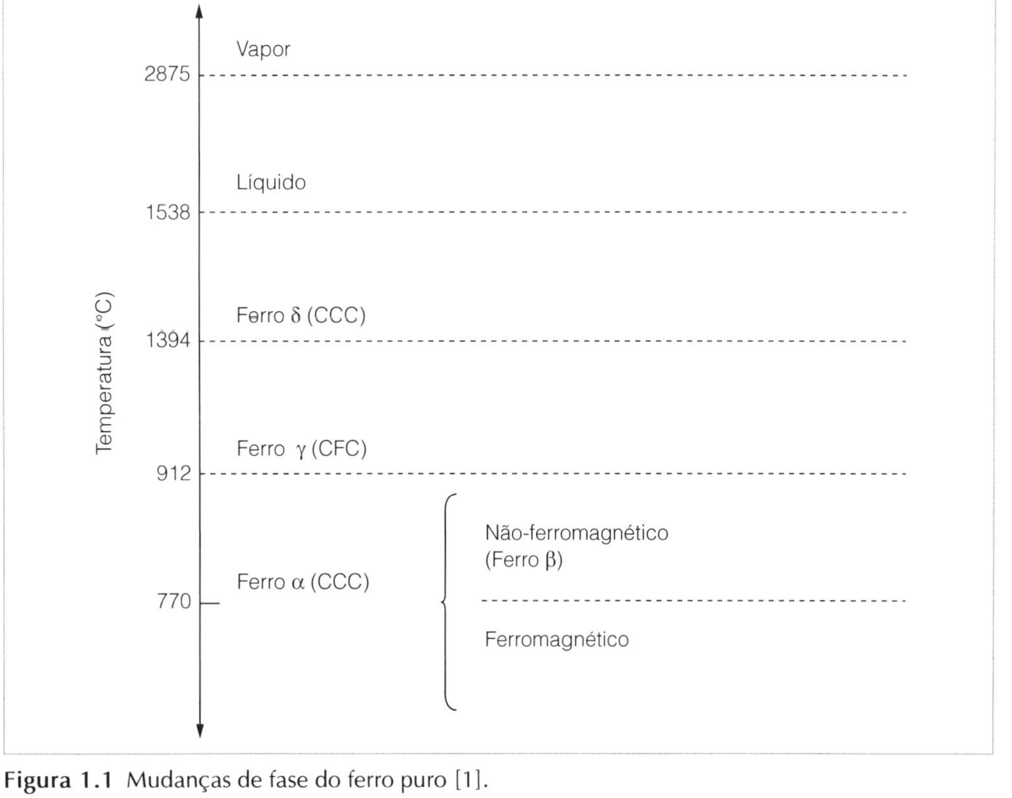

Figura 1.1 Mudanças de fase do ferro puro [1].

Observa-se que o ferro sólido, ao ser aquecido a partir da temperatura ambiente, muda a sua estrutura de Cúbica de Corpo Centrado (CCC) para Cúbica de Face Centrada (CFC) a 912 °C. Continuando o aquecimento a 1394 °C, o ferro muda novamente de estrutura, passando de CFC para CCC (Figuras 1.2 e 1.3).

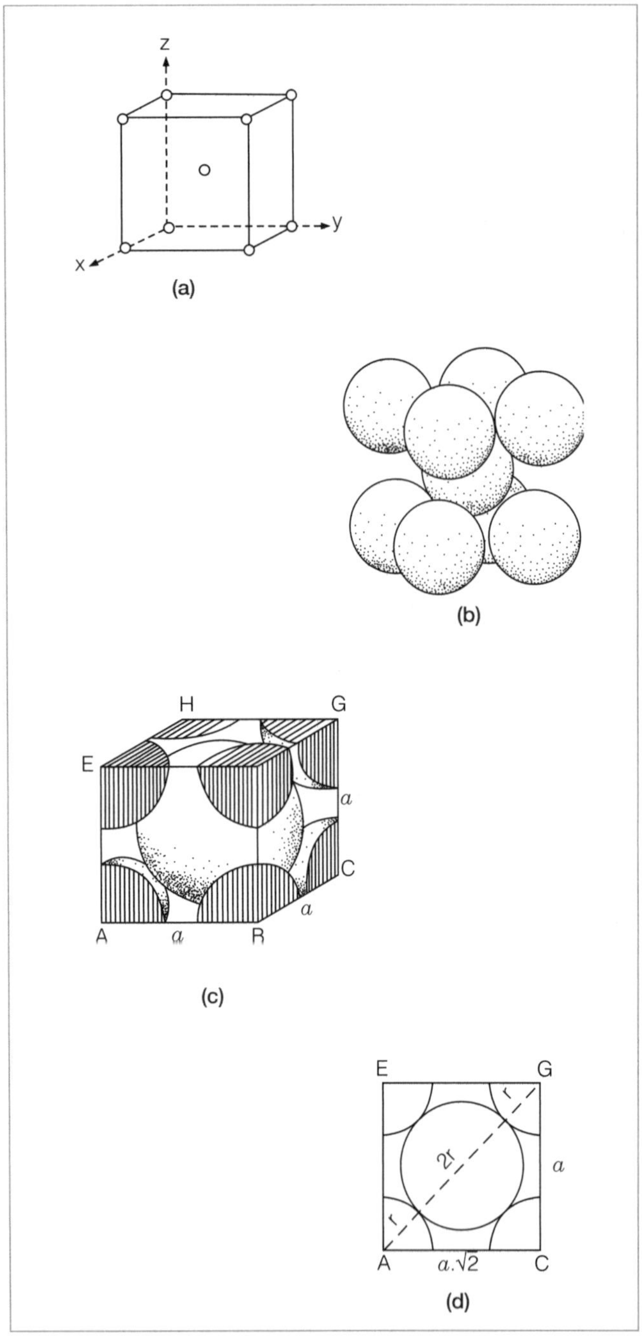

Figura 1.2 Estrutura cúbica de corpo centrado [2]. (a) representação esquemática; (b) vista tridimensional; (c) célula unitária; (d) plano diagonal da célula unitária.

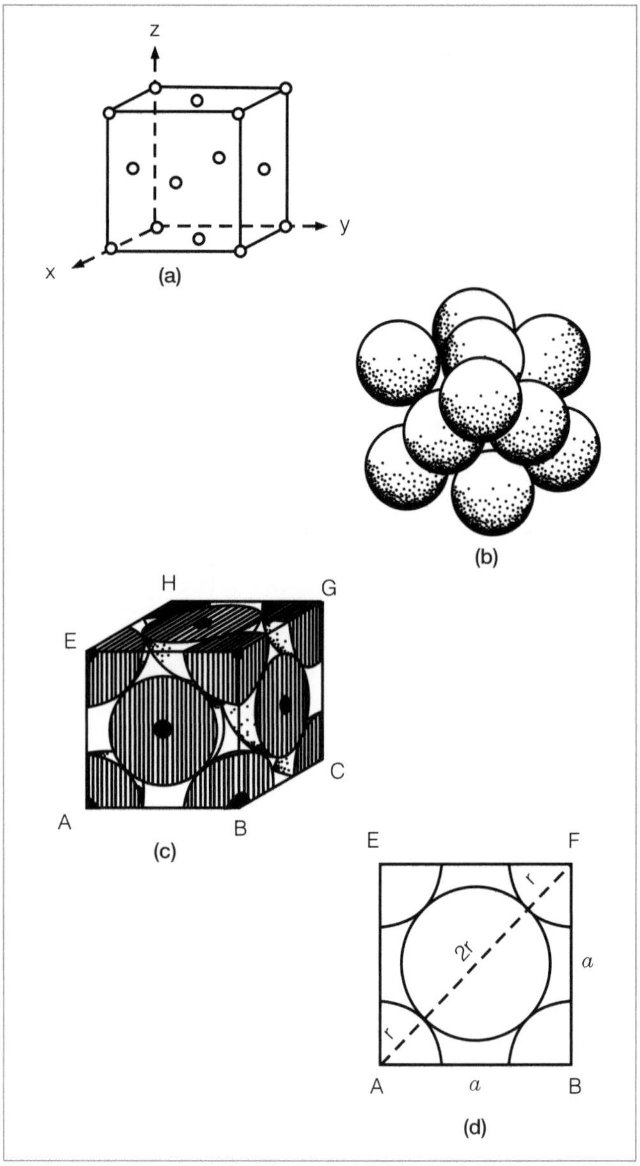

Figura 1.3 Estrutura cúbica de face centrada [2]. (a) Representação esquemática; (b) vista tridimensional; (c) célula unitária; (d) plano da face da célula unitária.

Por meio de cálculos geométricos, pode-se correlacionar o parâmetro de rede da célula unitária a com o raio do átomo (r):

$$a = \frac{4r}{\sqrt{3}} \quad \text{CCC} \qquad \text{(Eq. 1.1-a)}$$

$$a = \frac{4r}{\sqrt{2}} \quad \text{CFC} \qquad \text{(Eq. 1.1-b)}$$

À medida que se eleva a temperatura, aumenta a vibração atômica, aumentando o parâmetro de rede a. Isto pode ser visualizado na Figura 1.4. O parâmetro de rede a é expresso em angstrons (Å), em que 1 Å = 10^{-10}m.

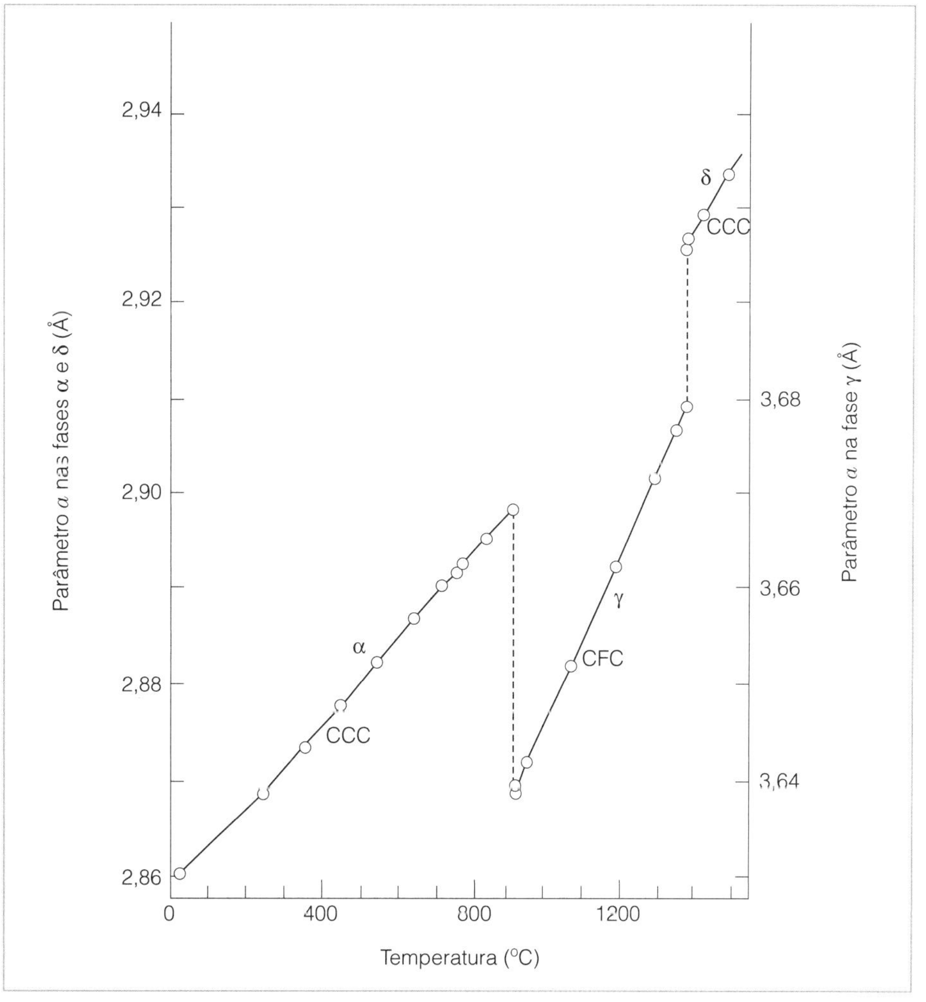

Figura 1.4 Efeito da temperatura sobre o parâmetro do reticulado do ferro [3].

Para se medir a densidade volumétrica da célula unitária, ou seja, a porcentagem do volume da célula que é efetivamente ocupada pelos átomos, utiliza-se o Fator de Empacotamento (FE) [2]:

$$FE = \frac{n \cdot V_a}{V_c} \qquad \text{(Eq. 1.1-c)}$$

em que:

n = número de átomos inteiros dentro da célula

V_a = volume do átomo (= $(4/3)\ \pi\ r^3$)

V_c = volume da célula (= a^3 no caso de células cúbicas)

Calculando-se o fator de empacotamento para estruturas cúbicas, encontra-se:

$$FE = 0{,}68 \quad \rightarrow \quad CCC$$

$$FE = 0{,}74 \quad \rightarrow \quad CFC$$

ou seja, na estrutura cúbica de corpo centrado, 68% do volume é ocupado por átomos, já na estrutura cúbica de face centrada, 74% do volume é ocupado por átomos, sendo vazio o restante.

1.2 SOLUÇÕES SÓLIDAS DE FERRO

Quando dois metais se misturam para formar uma solução sólida, os átomos do soluto podem substituir uma fração dos átomos da matriz (solução sólida substitucional) – Figura 1.5 – ou se alojar nos espaços vazios da matriz (solução sólida intersticial) – Figura 1.6. Para que uma solução sólida substitucional seja formada, além de compatibilidade eletroquímica, é necessário que o tamanho dos átomos do soluto seja próximo do tamanho dos átomos da matriz (mais ou menos 15% de variação no raio ou diâmetro atômico) [3].

O ferro apresenta vãos octaédricos e tetraédricos em suas estruturas CCC e CFC [4] (Figuras 1.7 e 1.8).

Para elementos de estrutura cúbica, como o ferro, as relações entre o raio (r) do átomo, que se alojaria em um vão tetraédrico ou octaédrico, e o raio (R) da matriz são apresentadas na Tabela 1.1.

Tabela 1.1 Relações entre o raio do átomo intersticial (r) e o raio do átomo de matrizes (R) com estrutura cúbica [3]

Estrutura	Relação $\frac{r}{R}$		FE
	Octaédrico	Tetraédrico	
CFC	0,414	0,225	0,74
CCC	0,154	0,291	0,68

Na Tabela 1.1, observa-se que, além de a estrutura CFC ser mais compacta do que a CCC, ela apresenta vãos maiores, embora, obviamente, em menor número.

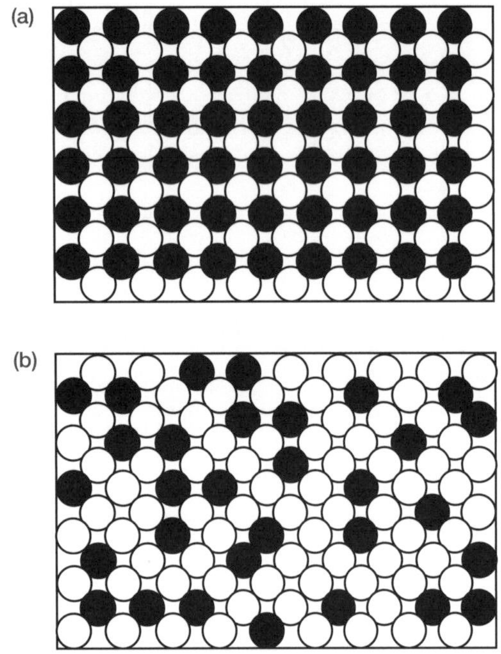

Figura 1.5 Solução sólida substitucional [2]. (a) ordenada; (b) ao acaso.

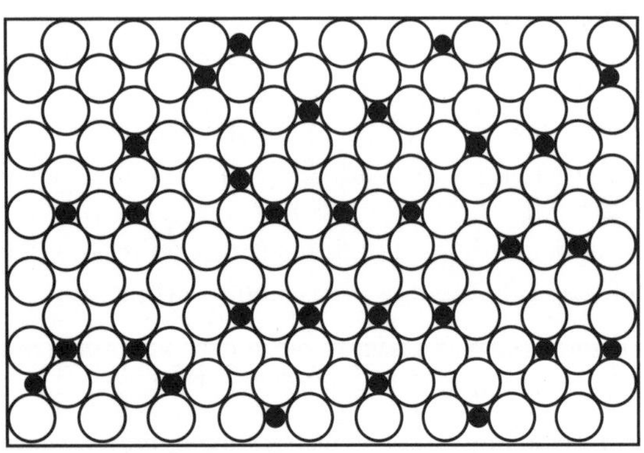

Figura 1.6 Solução sólida intersticial [2]. Por exemplo, carbono (●) dissolvido no ferro CFC (○).

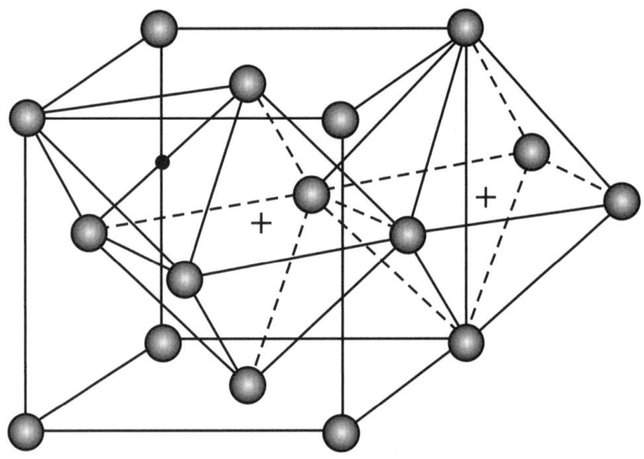

Figura 1.7 Vãos na estrutura cúbica de face centrada [4]. + = vão octaédrico; ● = vão tetraédrico.

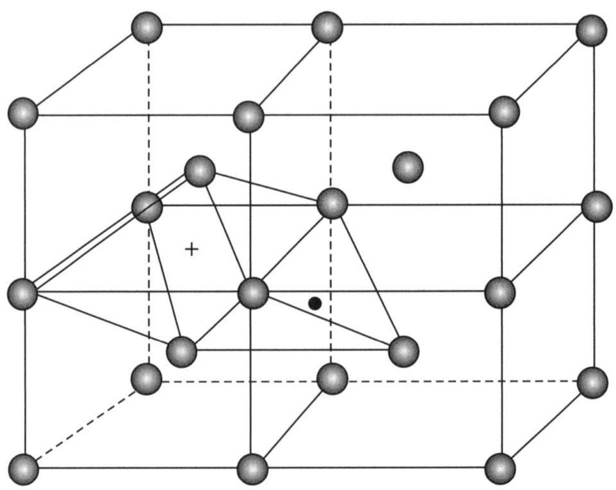

Figura 1.8 Vãos na estrutura cúbica de corpo centrado [4]. + = vão octaédrico; ● = vão tetraédrico.

Antes de analisarmos o diagrama Fe-C, vamos comparar o tamanho do átomo de carbono com os interstícios da matriz de ferro (Tabela 1.2).

Tabela 1.2 Comparação entre o raio atômico do carbono e os vãos da estrutura do ferro. Dados do ferro calculados a partir da Figura 1.4, Equações 1.1 e 1.2 e Tabela 1.1 Raio do carbono obtido na referência [5]

Ferro						Carbono
			Intersticial		Substitucional	
Temperatura °C	Estrutura	Raio Fe (Å)	Raio do vão Octaédrico (Å)	Raio do vão Tetraédrico (Å)	±15% do raio do Fe (Å)	Raio do carbono (Å) a 15 °C (grafita)
500	CCC	1,25	0,19	0,36	1,06 - 1,44	0,71
1000	CFC	1,29	0,53	0,29	1,10 - 1,48	

A análise da Tabela 1.2 indica que:

a) O carbono não forma solução sólida substitucional com o ferro.

b) O átomo de carbono é *maior* do que o maior vão da estrutura CFC do ferro (≅ 0,71 e 0,53 Å, respectivamente), o que acarretará uma baixa solubilidade do carbono no ferro γ (máxima de 2% a 1148 °C).

c) O átomo de carbono é *muito maior* do que o maior vão da estrutura CCC do ferro (≅ 0,71 e 0,36 Å, respectivamente), o que acarretará uma solubilidade quase nula do carbono no ferro α (máxima de 0,02% a 727 °C).

1.3 DIAGRAMA FERRO-GRAFITA

A combinação do carbono e ferro, *em equilíbrio termodinâmico*, dará origem a diferentes fases para as diversas temperaturas avaliadas. Isto é indicado no diagrama de equilíbrio Fe-C (grafita) da Figura 1.9. Este diagrama, construído em escala logarítmica para concentrações, indica que, na temperatura ambiente, os constituintes do sistema Fe-C seriam ferrita (α) e grafita.

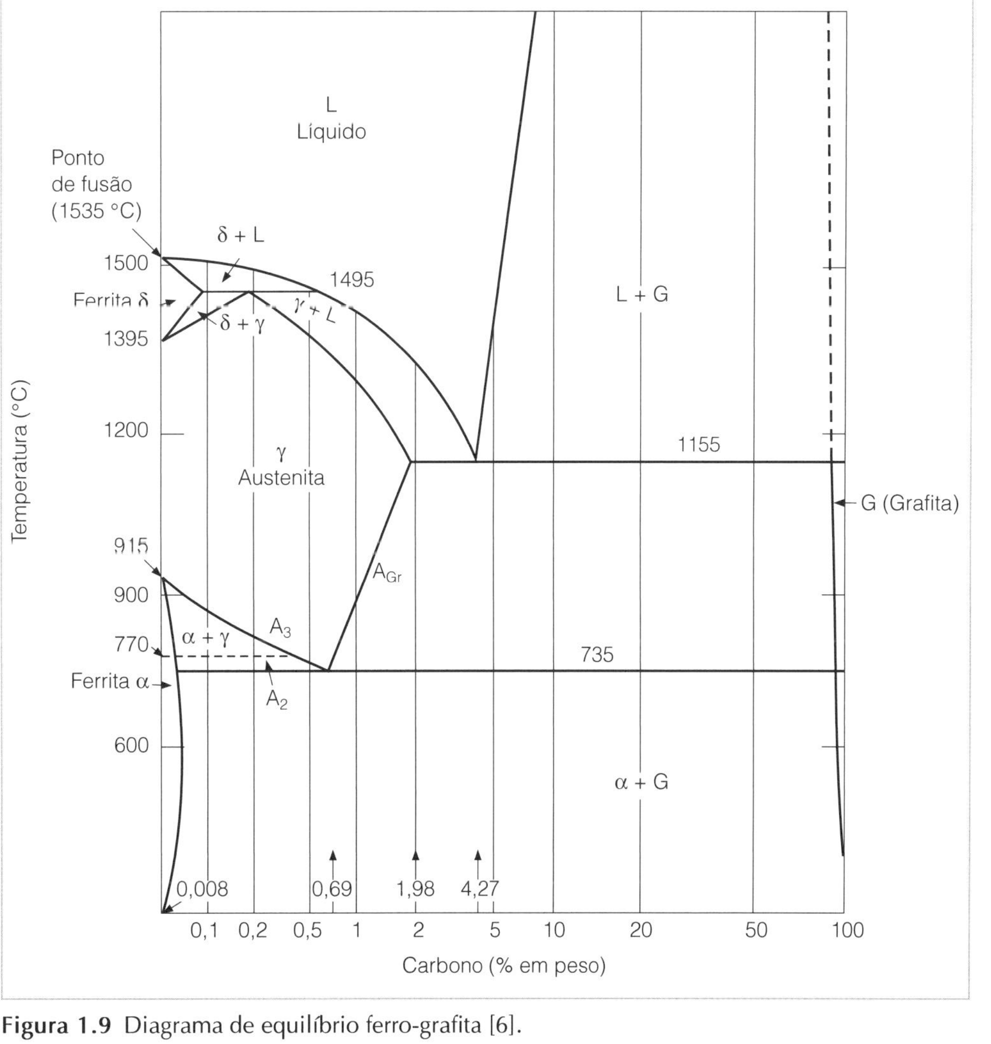

Figura 1.9 Diagrama de equilíbrio ferro-grafita [6].

1.4 DIAGRAMA FERRO-CEMENTITA

Na produção industrial do aço, entretanto, a solidificação e o resfriamento são muito rápidos para que o equilíbrio termodinâmico seja alcançado. Ocorre, então, a formação de uma fase metaestável, a cementita (carboneto de ferro), no lugar da grafita. Embora essa fase seja termodinamicamente metaestável, em termos de aplicações práticas ela é considerada estável, pois, na temperatura ambiente, o coeficiente de difusão do carbono no ferro é muito baixo ($D = 2{,}9 \times 10^{-19}$ cm^2/s) [7], e a transformação de cementita em grafita é praticamente nula. O diagrama de fase (e não de equilíbrio, como é erroneamente chamado) entre o ferro e a cementita é mostrado na Figura 1.10.

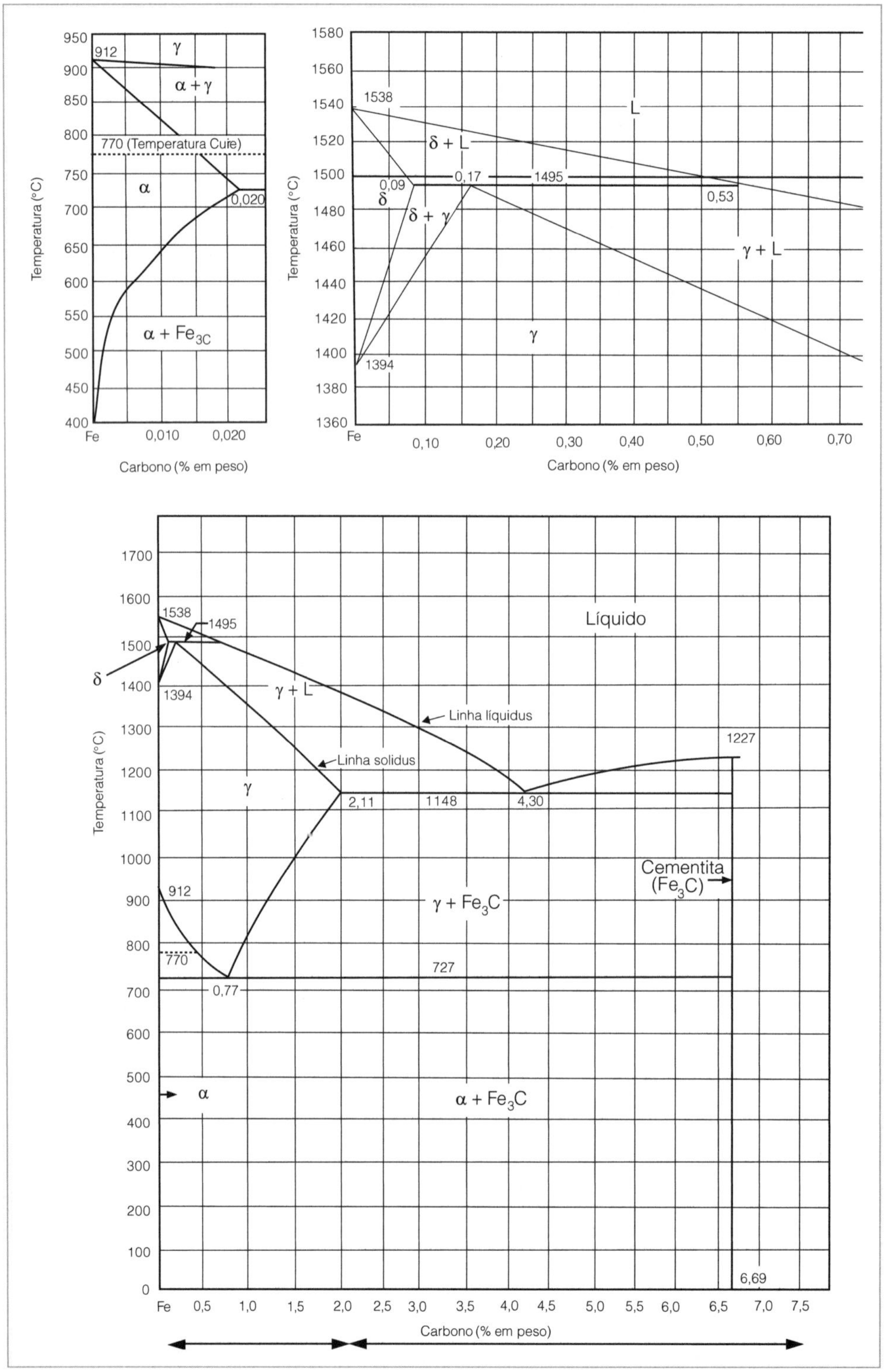

Figura 1.10 Diagrama de fases ferro-cementita [1].

As fases que aparecem no diagrama da Figura 1.10 são descritas a seguir (elas serão discutidas com maior profundidade no Capítulo 2).

1.4.1 Ferrita (α)

Solução sólida de carbono em ferro CCC, existente até a temperatura de 912 °C. Nesta faixa de temperatura, a solubilidade do carbono no ferro é muito baixa, chegando ao máximo de 0,020% a 727 °C.

1.4.2 Austenita (γ)

Solução sólida de carbono em ferro CFC, existindo entre as temperaturas de 727 e 1495 °C, e com solubilidade máxima de carbono no ferro de 2,11% a 1148 °C.

O teor de carbono 2% é adotado como separação entre os dois principais produtos siderúrgicos [8]:

- Aços – teores de carbono até 2% em peso.
- Ferros fundidos – teores de carbono maiores do que 2% em peso.

1.4.3 Ferrita (δ)

Para pequenos teores de carbono, acima de 1394 °C, o ferro muda novamente para cúbico de corpo centrado, dando origem à ferrita δ, que é uma solução sólida de carbono em ferro CCC, sendo estável até 1538 °C, quando o ferro se liquefaz. Tendo o ferro uma estrutura CCC, a solubilidade do carbono é baixa, atingindo um máximo de 0,09% C a 1495 °C. Os nomes de ferrita α e ferrita δ são usados para indicar a mesma solução sólida de carbono em ferro CCC, porém ocorrendo em diferentes faixas de temperatura. A solubilidade máxima de carbono na ferrita δ é um pouco maior do que na ferrita α (0,09 e 0,02%, respectivamente), decorrente do fato de que a ferrita δ ocorre em temperaturas maiores, em que a agitação térmica da matriz de ferro é também maior, favorecendo a maior dissolução do carbono.

Quando não houver referência contrária, o termo "ferrita", neste texto, corresponderá à *ferrita* α.

1.4.4 Cementita (Fe_3C)

É um carboneto de ferro com estrutura ortorrômbica [3] e de alta dureza. A cementita dá origem a um eutetoide de extrema importância no estudo dos aços, a perlita, que será vista, posteriormente, com mais detalhes.

1.5 PONTOS RELEVANTES DO DIAGRAMA FERRO-CEMENTITA

Existem várias temperaturas e linhas de importância prática no diagrama de fase ferro-cementita.

1.5.1 Linha A_1

Indica a reação eutetoide $\gamma \rightarrow \alpha + Fe_3C$ a 727 °C.

A utilização da letra "A" para designar estas linhas foi feita, primeiro, pelo francês Le Chatelier e indica a ocorrência de uma parada (Arrêt) durante a transformação.

Assim, ao se resfriar um aço com 0,77% C, observa-se uma "parada" na temperatura de 727 °C, ou seja, enquanto a transformação $\gamma \rightarrow \alpha + Fe_3C$ não se completar, a temperatura permanecerá invariante (Figura 1.11).

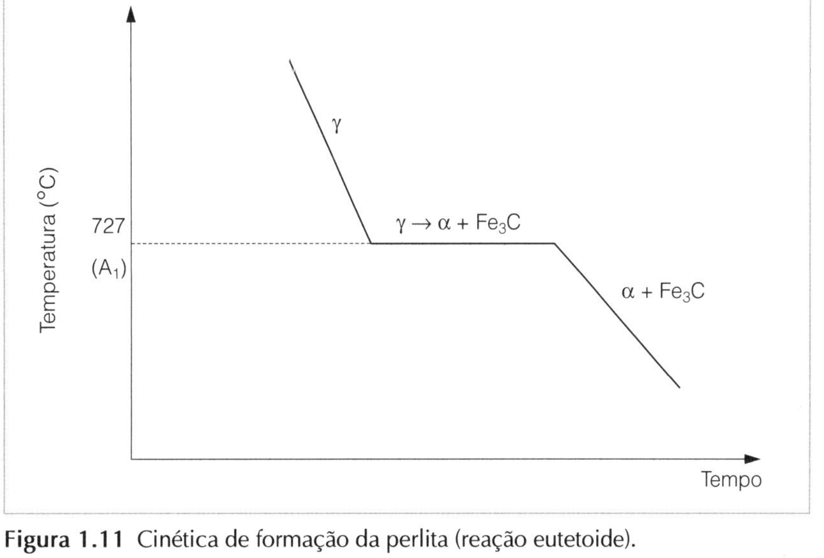

Figura 1.11 Cinética de formação da perlita (reação eutetoide).

1.5.2 Linha A_2

Transformação magnética do ferro CCC, ocorrendo a 770 °C (também denominada "temperatura Curie da ferrita") [1]. Nesta temperatura, o ferro muda de paramagnético para ferromagnético [9].

1.5.3 Linha A_3

Temperatura de transformação $\gamma \rightarrow \alpha$. Para o ferro puro, ocorre a 912 °C. À medida que o teor de carbono aumenta, a temperatura A_3 diminui até o limite de 727 °C, no qual se encontra com A_1.

1.5.4 Linha A_{cm}

Temperatura de transformação $\gamma \rightarrow Fe_3C$. Inicia-se a 727 °C com 0,77% C e aumenta com elevação do teor de carbono, até atingir 1148 °C a 2,11 % C.

1.5.5 Linha A_4

Temperatura de transformação $\gamma \rightarrow \delta$. Inicia-se a 1394 °C para o ferro puro e aumenta com adição de carbono no ferro, atingindo um máximo a 1495 °C com 0,17% C.

1.5.6 Linha *Liquidus*

Acima desta linha, todo o aço está na forma líquida. A temperatura, na qual o aço começa a solidificar, abaixa com o aumento do teor de carbono, partindo de um máximo a 1538 °C no ferro puro, até atingir 1148 °C na liga Fe-4,30% C. O aspecto tecnológico imediato que resulta desta observação é que é mais fácil fundir ferros fundidos do que aços, pois as temperaturas de fusão são menores.

1.5.7 Linha *Solidus*

Abaixo desta linha, todo o material estará no estado sólido. Na região entre as linhas *Liquidus* e *Solidus* haverá, no equilíbrio, a coexistência de fases sólidas e líquidas.

1.6 EFEITO DO RESFRIAMENTO E AQUECIMENTO NAS LINHAS DE TRANSFORMAÇÃO

No diagrama da Figura 1.10, as transformações limitadas pelas linhas A_1, A_2, A_{cm} etc. supostamente ocorrem no equilíbrio. Nas condições industriais de processamento metalúrgico, estas transformações ocorrem fora do equilíbrio termodinâmico, e as linhas de transformação para aquecimento e resfriamento apresentam-se defasadas (Figura 1.12). Para as condições de equilíbrio, utilizam-se as notações: A_1, A_2 etc., ou A_{e1}, A_{e2} etc.

Para o aquecimento, utilizam-se A_{c1}, A_{c2} etc., pois a sigla vem do francês (c = *chauffage* = aquecimento).

Para o resfriamento, utilizam-se A_{r1}, A_{r2} etc., que vem de *refroidissement* [10].

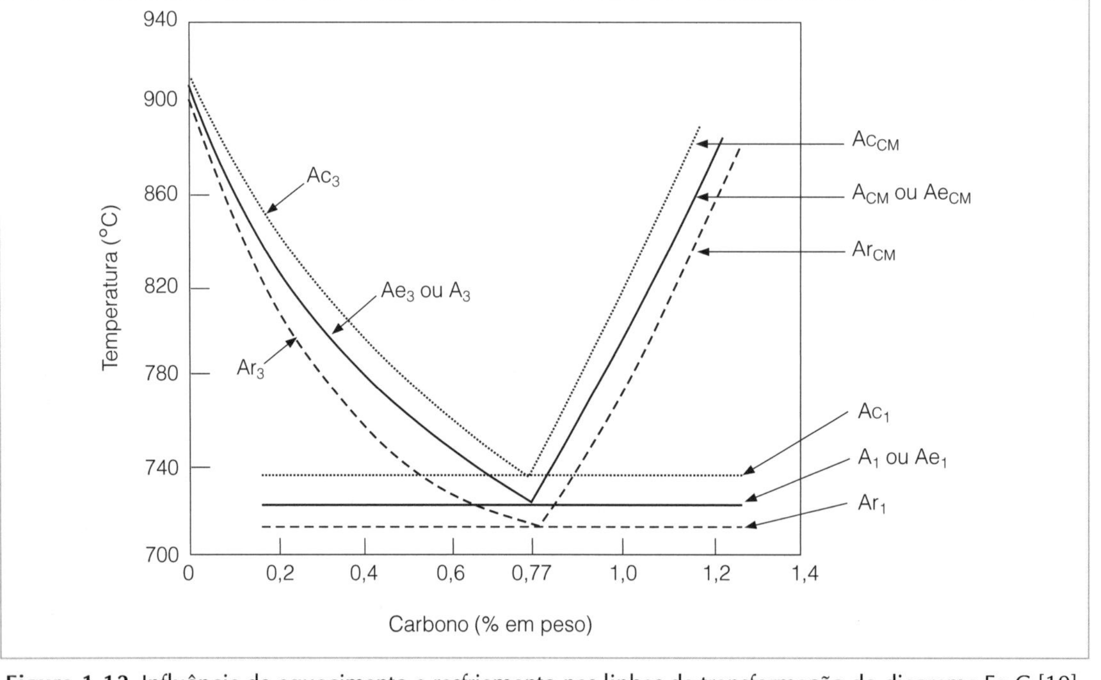

Figura 1.12 Influência do aquecimento e resfriamento nas linhas de transformação do diagrama Fe-C [10].

1.7 REAÇÕES INVARIANTES

Reações invariantes são as que ocorrem com temperatura e pressão constantes (Figura 1.11). Algumas das mais comuns são indicadas na Figura 1.13.

Uma reação invariante importante no estudo dos aços é a eutetoide, que ocorre a 727 °C. Para um aço com 0,77% C, o produto formado é a perlita, que não é uma fase, mas uma mistura de duas fases, ferrita e cementita, com uma estrutura lamelar característica.

Um aço com 0,77% C (na prática, se diz aço 0,8% C) é denominado *eutetoide*. Aços com menos de 0,77% C são *hipoeutetoides* e, com mais de 0,77% C, são *hipereutetoides*.

Embora a perlita não seja uma fase, e sim um constituinte, é possível interpretar o diagrama de fase ferro-cementita de modo a prever sua ocorrência e quantidade relativa na microestrutura. Assim, aços com menos de 0,77% C trazem ferrita e perlita em sua microestrutura; com 0,77% C, só perlita; e acima de 0,77% C, perlita e cementita (Figura 1.14). Isso, obviamente, se forem obtidos por meio de um resfriamento lento (dentro do forno, por exemplo). Se o resfriamento for mais rápido (em óleo ou água), aparecerão outras fases, metaestáveis, e que não são previstas pelo diagrama ferro-cementita. Essas outras fases serão estudadas no próximo capítulo.

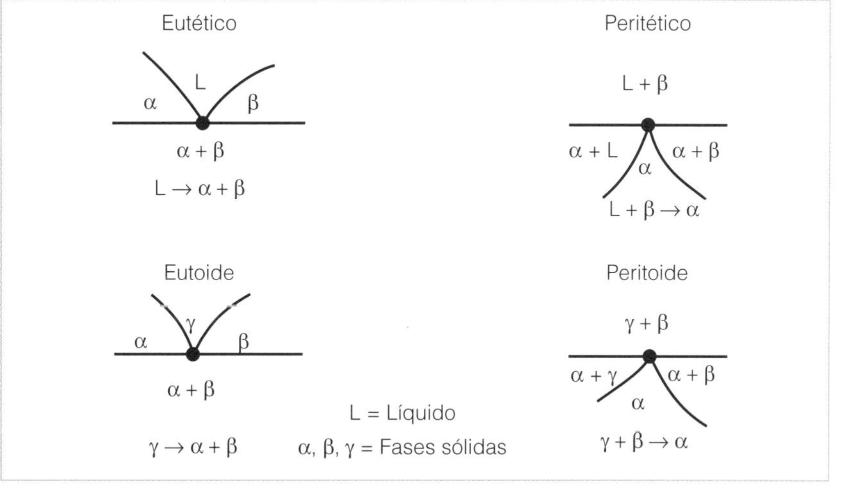

Figura 1.13 Algumas das reações encontradas nos diagramas de equilíbrio [11].

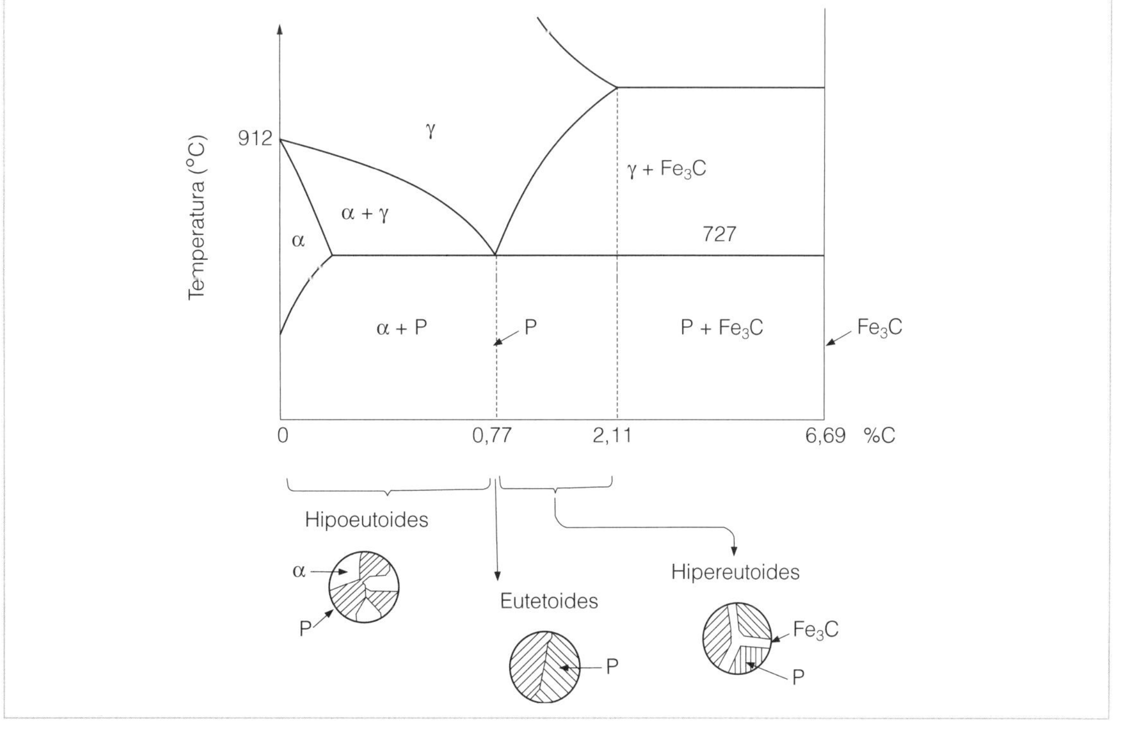

Figura 1.14 Diagrama de "fases" Fe-Perlita.

Polido, sem ataque, 100X

Observam-se inclusões e poros.

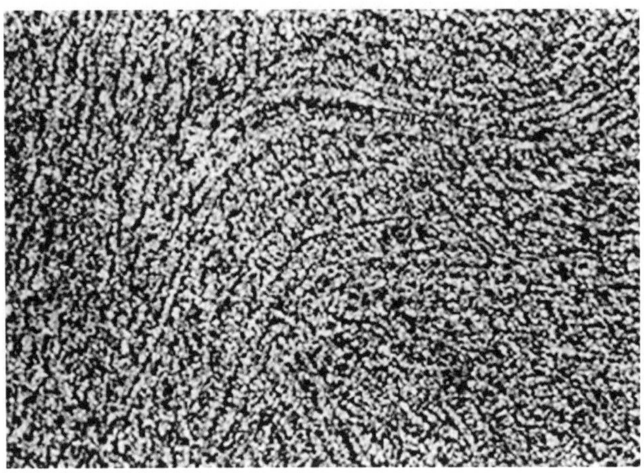

Nital – 100X

Linhas de deformação ocorridas no forjamento rotativo.

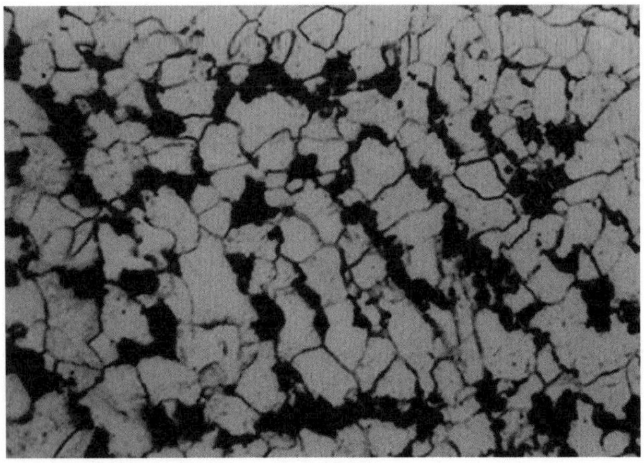

Nital – 400X

Grãos brancos – Ferrita Grãos escuros – Perlita

Figura 1.15 Micrografias de aço 1020, com e sem ataque químico.

1.8 OBSERVAÇÕES DA MICROESTRUTURA

Para se observarem as fases presentes em um aço, faz-se o polimento da amostra até que ela fique "como espelho", seguindo-se um ataque com um reagente químico apropriado.

Um dos reagentes químicos mais empregados para aços carbono é o nital, que consiste em uma mistura de 0,5 a 2% de ácido nítrico em álcool etílico.

A amostra apenas polida e não atacada pode revelar descontinuidades, como trincas, poros, inclusões etc. Na amostra atacada quimicamente, é possível observarem-se tanto as fases como sua distribuição, o que permite avaliar aspectos estruturais de fabricação (regiões afetadas pelo calor da soldagem, linhas de deformação ocorridas no forjamento) e características, como segregações etc. Na Figura 1.15, observa-se uma amostra de aço 1020 antes e depois do ataque químico. Nota-se que a peça contém inclusões; foi conformada por deformação (e não fundida); apresenta bandas de segregação de carbono; tem ferrita e perlita na estrutura; sua granulação é fina (grãos pequenos); e ainda que o teor de carbono do aço deve ser de 0,2% (o que será explicado no próximo item). Essas observações indicam a importância do exame metalográfico, pois um ensaio simples como esse pode fornecer uma série de informações importantes sobre a estrutura e o processamento de uma determinada peça.

Ainda na Figura 1.15, observa-se que o ataque químico revela o contorno de grão da ferrita e diferencia, por coloração, a ferrita da perlita. Com o nital, a ferrita aparece "branca" e a perlita, "preta", o que não significa que esse ataque químico tenha colorido de maneira distinta as duas fases, ou o contorno de grão da ferrita, mas sim que o reagente químico corroeu mais uma fase do que outra, produzindo diferenças de altura em relação à superfície, refletindo, com isso, mais ou menos luz para a ocular do microscópio. No contorno de grão, o processo é semelhante: como os contornos de grão são regiões mais desordenadas do que as suas regiões centrais, é mais fácil para o ácido remover os átomos do contorno, e essa corrosão química mais profunda no contorno de grão formará uma região mais escura durante a observação no microscópio (Figura 1.16).

Na Figura 1.17, observam-se aços hipoeutetoides e hipereutetoides. Em algumas regiões, a perlita apresenta-se como uma massa escura homogênea e, em outras, conseguimos notar que ela é formada por lamelas alternadas de ferrita e cementita. Isso se deve à inclinação das lamelas em relação à superfície de observação e à ampliação empregada, que serão discutidas no Capítulo 2.

1.9 DETERMINAÇÃO DA FRAÇÃO VOLUMÉTRICA DAS FASES

Quando um lingote de aço se solidifica, observa-se, pelo diagrama de fases, que ele sofre uma série de transformações, desde o estado líquido até a temperatura ambiente.

Analisemos, como exemplo, o resfriamento de uma liga Fe-0,25% C a partir do seu estado líquido (1600 °C), até a temperatura ambiente (Figura 1.18). A análise dessa figura indica que, em duas ocasiões, a liga é monofásica, ou seja, apresenta uma única fase (no estado líquido e no campo austenítico). Nesse caso, é óbvio que a amostra tem 100% líquido ou 100% γ (austenita). Existem situações, entretanto, em que a amostra se apresenta bifásica (δ + L, L + γ, $\gamma + \alpha$, α + "P"). Podemos, entretanto, calcular a fração volumétrica de cada fase utilizando a "regra da alavanca" (Figura 1.19), considerando que as densidades das fases.

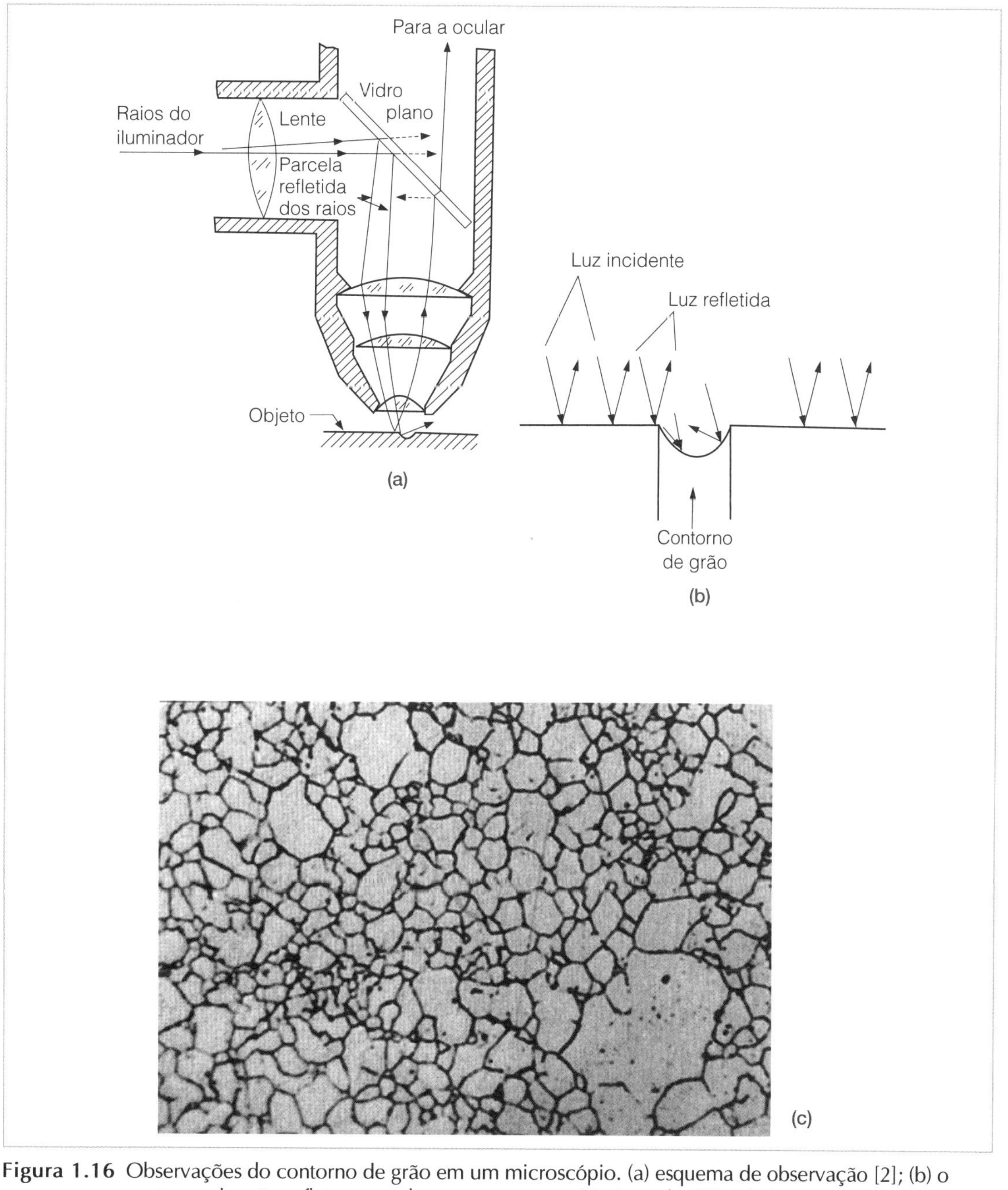

Figura 1.16 Observações do contorno de grão em um microscópio. (a) esquema de observação [2]; (b) o contorno de grão reflete pouca luz por ser uma região irregular [2]; (c) observação do contorno do antigo grão austenítico em aço 1020, pelo método de Kohn + reativo de Béchet [12].

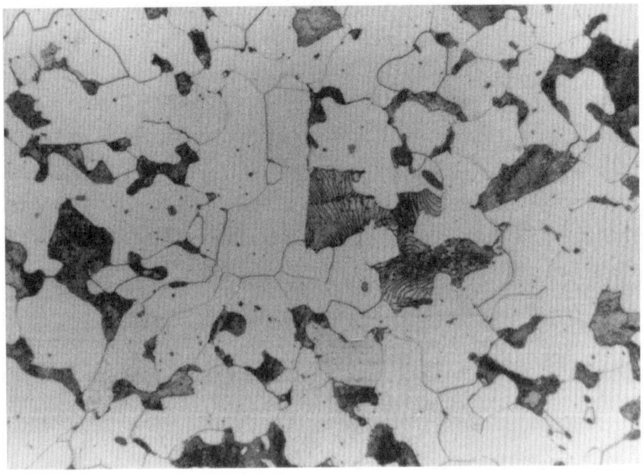

0,18% C
Ferrita + Perlita

0,45% C
Ferrita + Perlita

0,95% C
Cementita (grãos alongados claros no antigo contorno de grão austenítico) + Perlita.

Figura 1.17 Estruturas de aços carbono após resfriamento lento (recozimento). Nital. 430X.

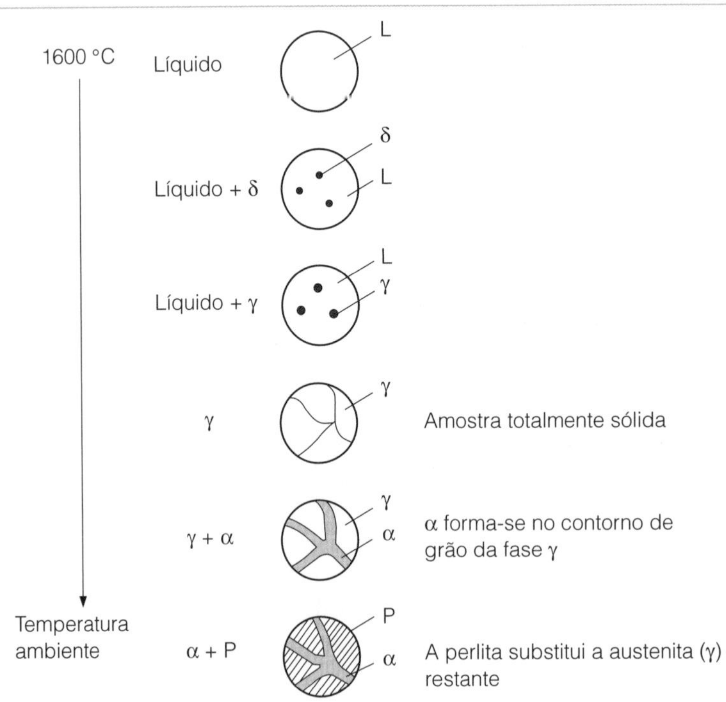

Figura 1.18 Mudanças de fases durante o resfriamento de uma liga Fe-0,25% C.

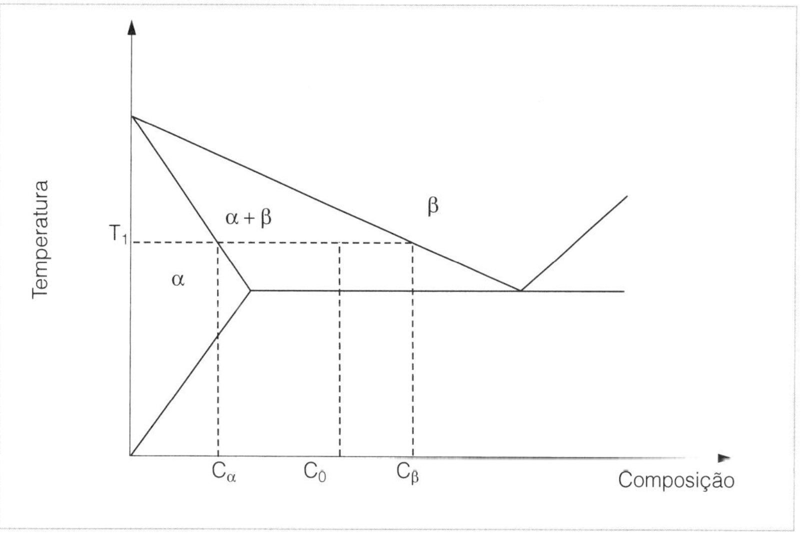

Figura 1.19 Região bifásica (α + β) de um diagrama de equilíbrio binário.

são semelhantes. Suponhamos que a liga apresente uma composição C_0 (por exemplo, 0,25% C na liga Fe-C). Na temperatura T_1, a liga apresentará duas fases: α e β, cujas frações volumétricas são dadas por [2]:

$$\%\,\alpha = \left(\frac{C_\beta - C_0}{C_\beta - C_\alpha}\right) \cdot 100 \qquad \text{(Eq. 1.1-d)}$$

e

$$\%\,\beta = \left(\frac{C_0 - C_\alpha}{C_\beta - C_\alpha}\right) \cdot 100 \qquad \text{(Eq. 1.1-e)}$$

$\%\ \alpha + \%\ \beta = 100\%$

Da mesma forma, para um aço hipoeutetoide de composição C_0, resfriado lentamente, a fração de ferrita livre (ou seja, somente os grãos isolados de ferrita, sem levar em conta a ferrita presente na perlita) seria dada por:

$$\%\alpha_L = \left(\frac{0{,}77 - C_0}{0{,}77}\right) \cdot 100 \qquad \text{(Eq. 1.1-f)}$$

ou

$$\%\alpha_L = \left(1 - \frac{C_0}{0{,}77}\right) \cdot 100 \qquad \text{(Eq. 1.1-g)}$$

e a quantidade de perlita seria dada por:

$$\%\ P = \left(\frac{C_0}{0{,}77}\right) \cdot 100 = \frac{C_0}{0{,}77} \cdot 100$$

ou

$$\%\ P = \frac{100.C_0}{0{,}77} \qquad \text{(Eq. 1.1-h)}$$

Assim, um aço com C_0 = 0,2% C apresentará, aproximadamente, 25% de perlita e 75% de ferrita. Um aço com 0,4% C apresentará, aproximadamente, 50% de perlita e 50% de ferrita. E um aço com 0,77% C apresentará 100% de perlita e nenhuma ferrita livre.

Então, se soubermos o teor de carbono do aço, poderemos avaliar qual será sua estrutura em termos de ferrita e perlita, desde que ele seja resfriado lentamente. De maneira inversa, se avaliarmos por meio da microscopia seu teor de ferrita e perlita, poderemos estimar seu teor de carbono utilizando a Equação 1.1-g ou 1.1-h.

Por exemplo:

$$\%\ P = \frac{100.C_0}{0{,}77}$$

ou

$$C_0 = \frac{0{,}77.(\%P)}{100} \qquad \text{(Eq. 1.1-i)}$$

Assim, se microscopicamente observamos que o aço tem 40% de perlita e 60% de ferrita, pela Equação 1.1-i estimamos o seu teor de carbono em:

$$C_0 = \frac{0{,}77\ (40)}{100} \cong 0{,}3\%$$

$C_0 \cong 0{,}3\%$ C

1.10 EFEITO DA VELOCIDADE DE RESFRIAMENTO NA FRAÇÃO VOLUMÉTRICA DA FERRITA E PERLITA

O teor de carbono do aço carbono só pode ser avaliado em função de suas áreas de ferrita e perlita se o resfriamento for muito lento (no forno, por exemplo). Se o resfriamento for mais rápido, mesmo que a microestrutura seja ainda de ferrita e perlita, a quantidade de ferrita será menor do que a prevista pelo diagrama de fase, pois a perlita começa a se formar antes de finalizar a formação da ferrita, interrompendo o seu processo de crescimento (Figuras 1.20 e 1.21).

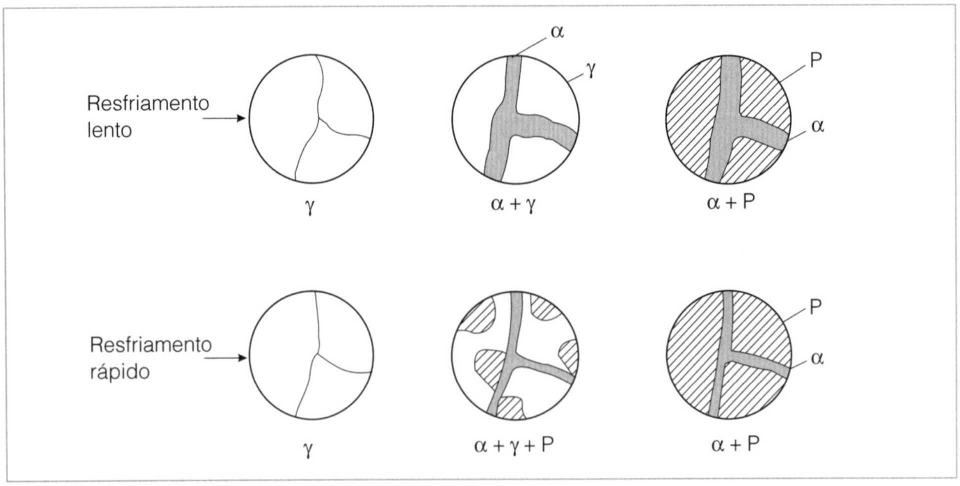

Figura 1.20 Redução da fração volumétrica da ferrita com o aumento da taxa de resfriamento (C/min). α = Ferrita; γ = Austenita; P = Perlita.

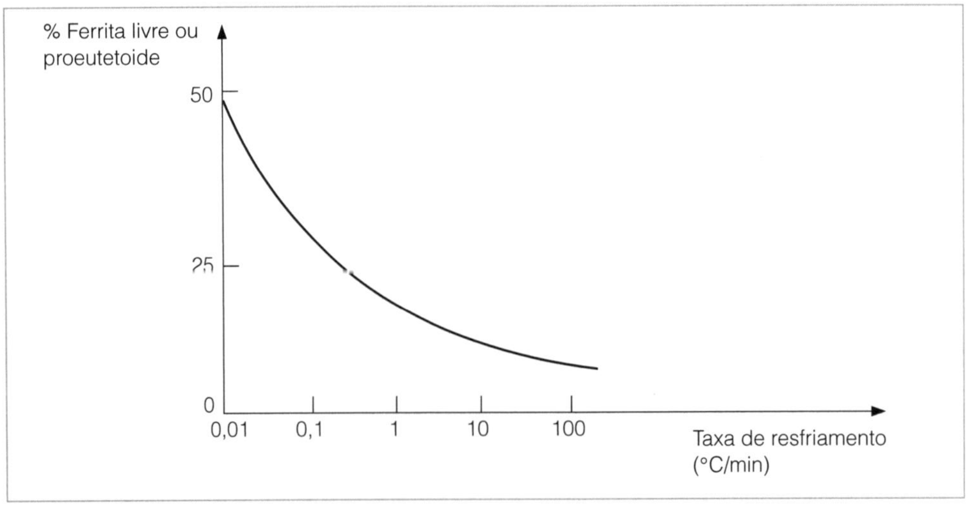

Figura 1.21 Variação da fração volumétrica da ferrita livre (ou proeutetoide) com a taxa de resfriamento de um aço 0,4% C [13].

Exercícios

1. Classificar as reações invariantes do diagrama de fases ferro-cementita (Figura 1.10) que ocorrem a:
   a. 727 °C
   b. 1148 °C
   c. 1495 °C

2. Para um aço com 0,6% C, calcular as frações volumétricas das fases presentes a:
   a. 1500 °C
   b. 1440 °C
   c. 800 °C
   d. 726 °C (considerando a formação de ferrita livre + perlita)
   e. 726 °C (considerando a formação de ferrita total + cementita)
   f. Na temperatura ambiente (considerando a formação de ferrita livre + perlita)
   g. Qual é a composição da perlita na temperatura ambiente?

3. Para um aço com 1% C, calcular as frações volumétricas das fases presentes a:
   a. 1500 °C
   b. 1440 °C
   c. 800 °C
   d. 726 °C (considerando cementita livre + perlita)
   e. 726 °C (considerando ferrita + cementita total)
   f. Na temperatura ambiente (considerando perlita + cementita livre).

4. Analise as micrografias da Figura 1.15 e estime as frações de ferrita e perlita do aço. Com a Equação 1.1-i, calcule o seu teor de carbono e compare com o valor fornecido pela mesma figura.

Respostas

1.
   a. 727 °C – Eutetoide
   b. 1148 °C – Eutético
   c. 1495 °C – Peritético

2.
   a. L = 100 %
   b. γ = 88 % e L = 12 %
   c. γ = 100 %
   d. P = 77% e FL = 23%
   e. FT = 91 % e Cementita = 9 %
   f. P = 78% e FL = 22%
   g. F = 88 % e Cementita = 12 %

3.

a. L = 100 %
b. γ = 40 % e L = 60 %
c. γ = 98 % e Cementita = 2 %
d. P = 96% e Cementita = 4 %
e. F = 85 % e Cementita = 15 %
f. P = 96% e Cementita = 4 %

REFERÊNCIAS BIBLIOGRÁFICAS

1. Lyman T. Metals Handbook. Vol 8. Ohio: American Society For Metals. 1973;8:998.
2. Vlack V, Lawrence H, Camargo LP. Princípio de ciência dos materiais. São Paulo. 1981.
3. Hume-Rothery W. Estrutura das ligas de ferro. São Paulo. 1968;1:214.
4. Honeycombe RWK, Bhadeshia HKDH. Steels: microstructure and properties. London. 1995;3:360.
5. Shackelford JF, Alexander W. CRC Materials Science and Engineering Handbook. EUA: 2001;1:240.
6. Funkenbush AW et al. American Society for Metals – ASM. Heat Treater's guide. 1982.
7. Mclellan RB. Interstitial solid solution of iron. In: Chemical metallurgy of iron and steel. Inglaterra. 1973;337.
8. Krauss G. Steels: heat treatment and processing principles. ASM; 1997.
9. Nunes RM, et al. American Society for Metals – ASM, 4. 1994;4.
10. Chiaverini V. Aços e ferros fundidos. 4. ed. São Paulo. 1979.
11. Askeland DR. The science and engineering of materials. EUA. 1994.
12. Mei PR. Efeito de adições de nióbio no crescimento do grão austenítico. Parte I. Anais do 40° Congresso Anual da ABM, jul. 1985;1:199.
13. Mei PR. Effect of niobium additions on the structure and properties of medium carbon steels. 1981. CPGS [Dissertation]. Universidade de Cambridge, Inglaterra. 1981.

Capítulo 2

Decomposição da austenita e curvas TTT

Um aço resfriado muito lentamente a partir do campo austenítico apresentará, à temperatura ambiente, uma ou mais das fases: ferrita, perlita e cementita, dependendo de seu teor de carbono. Porém, se o resfriamento do aço apartir da região austenítica for muito rápido (por exemplo, resfriando-se diretamente em água), aparecerão outros constituintes metaestáveis, como a bainita e a martensita, que não são previstos no diagrama de fases ferro-cementita.

Para se acompanhar a formação desses constituintes, utilizam-se curvas TTT (temperatura, tempo e transformação), as quais serão estudadas posteriormente. Antes de se passar à utilização dos diagramas TTT, entretanto, é necessário caracterizar melhor as fases que neles aparecem.

A transformação da austenita em outro constituinte pode ocorrer por difusão, cisalhamento ou uma mistura dos dois mecanismos [1], conforme pode ser observado na Figura 2.1.

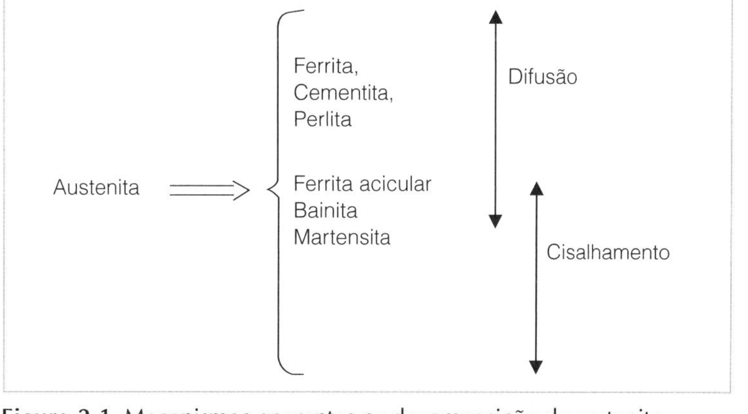

Figura 2.1 Mecanismos operantes na decomposição da austenita.

O processo de difusão é lento, envolvendo a movimentação e rearranjo dos átomos para formar uma nova fase, enquanto o processo de cisalhamento é praticamente instantâneo, envolvendo apenas a deformação da rede cristalina. A primeira parte deste capítulo é dedicada à análise da formação de cada constituinte.

2.1 FERRITA E CEMENTITA

A ferrita forma-se por difusão e sua morfologia é bastante variável com a taxa de resfriamento (Figura 2.2), passando da forma equiaxial em resfriamento lento para a forma de agulhas em resfriamentos mais severos, conhecida como "ferrita acicular", que será estudada posteriormente.

12 °C/min

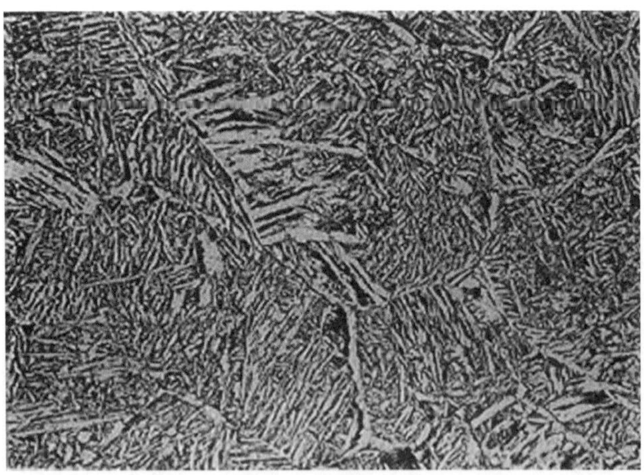

200 °C/min

Figura 2.2 Aço 0,25 C – 1,15 Mn – 0,04 Nb* austenitizado a 1300 °C e resfriado a 12 e a 200 °C/min. 250X. Nital [2]. Foto superior: ferrita equiaxial (também denominada poligonal, massiva ou em bloco). Foto inferior: ferrita acicular. * Nota: a composição química, quando não especificada, será entendida sempre como porcentagem em peso do elemento.

Com o resfriamento lento, os grãos ferríticos são equiaxiais, nucleados preferencialmente no contorno de grão austenítico, embora exista também nucleação no interior do grão, notadamente sobre inclusões (Figuras 2.3 e 2.4). O aumento da taxa de resfriamento produz também a ferrita em forma de ripa (*lath*) ou placa alongada (*plate*) nucleada no contorno e no interior do grão austenítico, a qual é denominada genericamente "ferrita de Widmanstätten", originada do nome do cientista francês Alois de Widmanstätten [3].

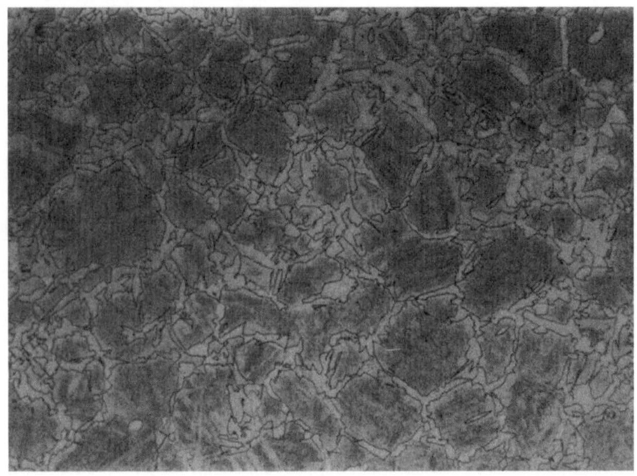

Nital. 80X
Ferrita nucleada no antigo contorno de grão austenítico (agora martensítico). Austenitizado a 1200 °C e mantido a 700 °C por 1 minuto.

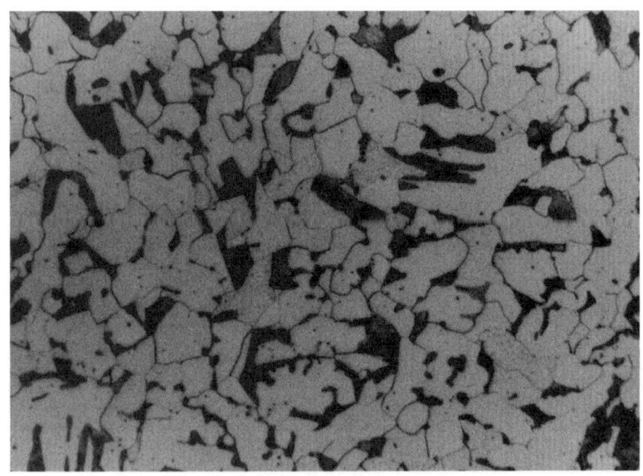

Nital. 430X
Austenitizado a 900 °C e resfriado ao ar (totalmente transformado). Ferrita e Perlita.

Figura 2.3 Aço 0,20 C parcial e totalmente transformado após austenitização a 900 °C.

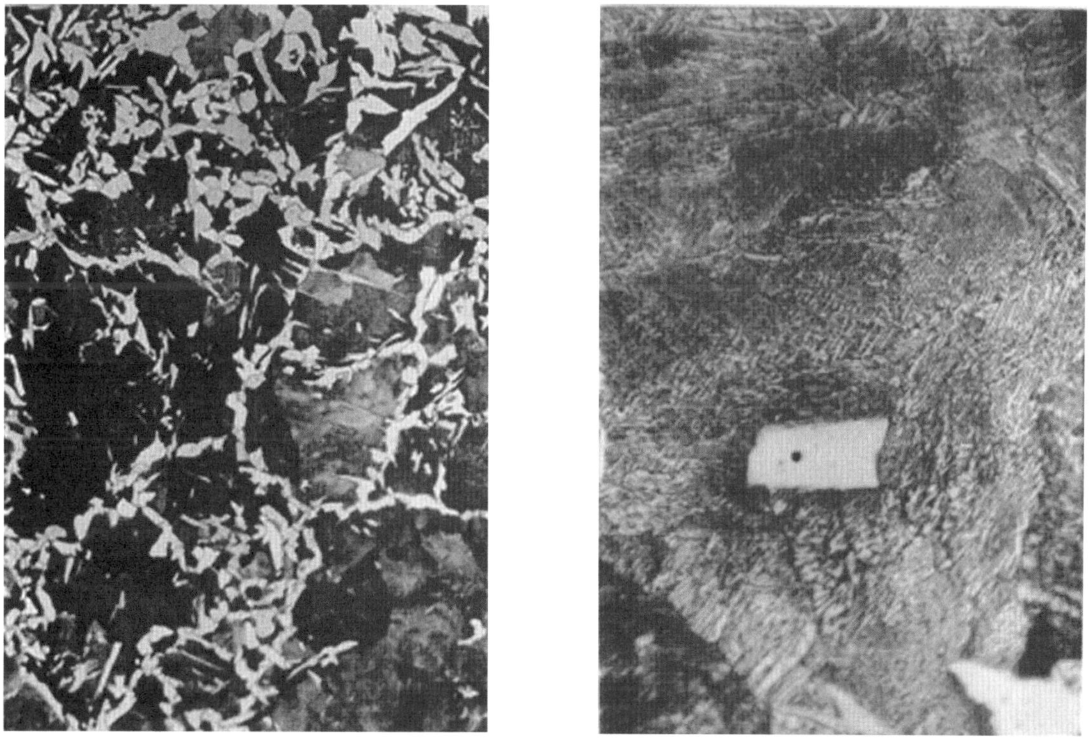

100X 1.000X

Resfriamento a 10 °C/min. Ferrita equiaxial no contorno de grão e no interior do grão nucleada sobre inclusão.

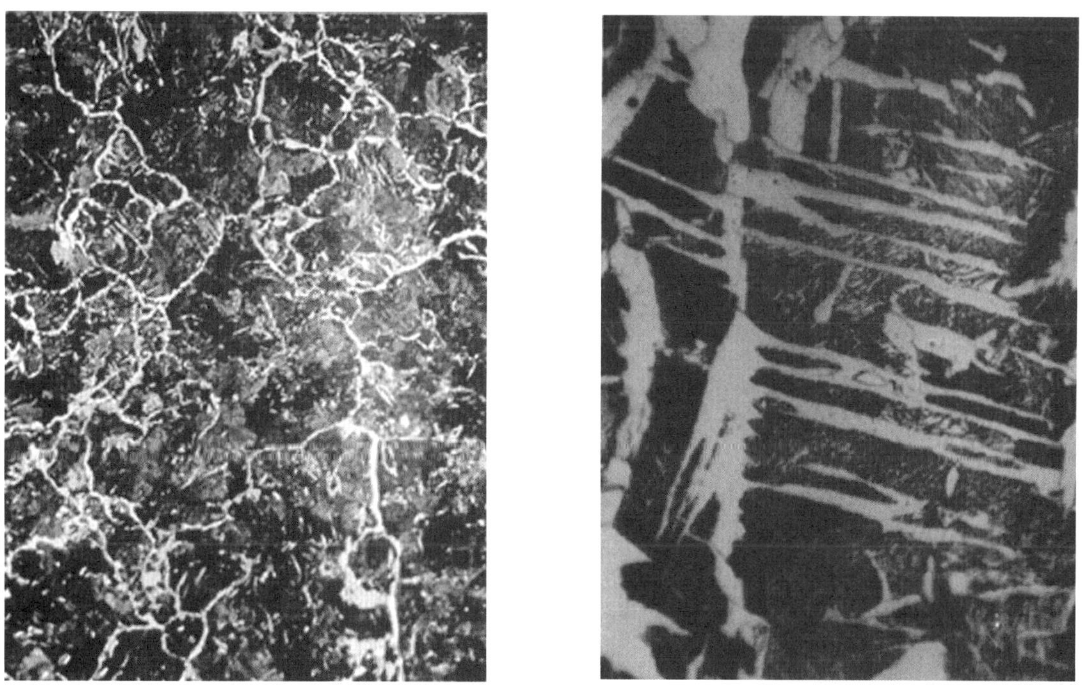

100X 1.000X

Resfriamento a 50 °C/min. Ferrita equiaxial no contorno de grão e ferrita de Widmanstätten nucleada no contorno e no interior do grão austenítico.

Figura 2.4 Aço 0,40 C – 0,94 Mn – 0,03 Nb austenitizado a 1300 °C e resfriado com taxas diferentes. Nital [2] *(continua)*.

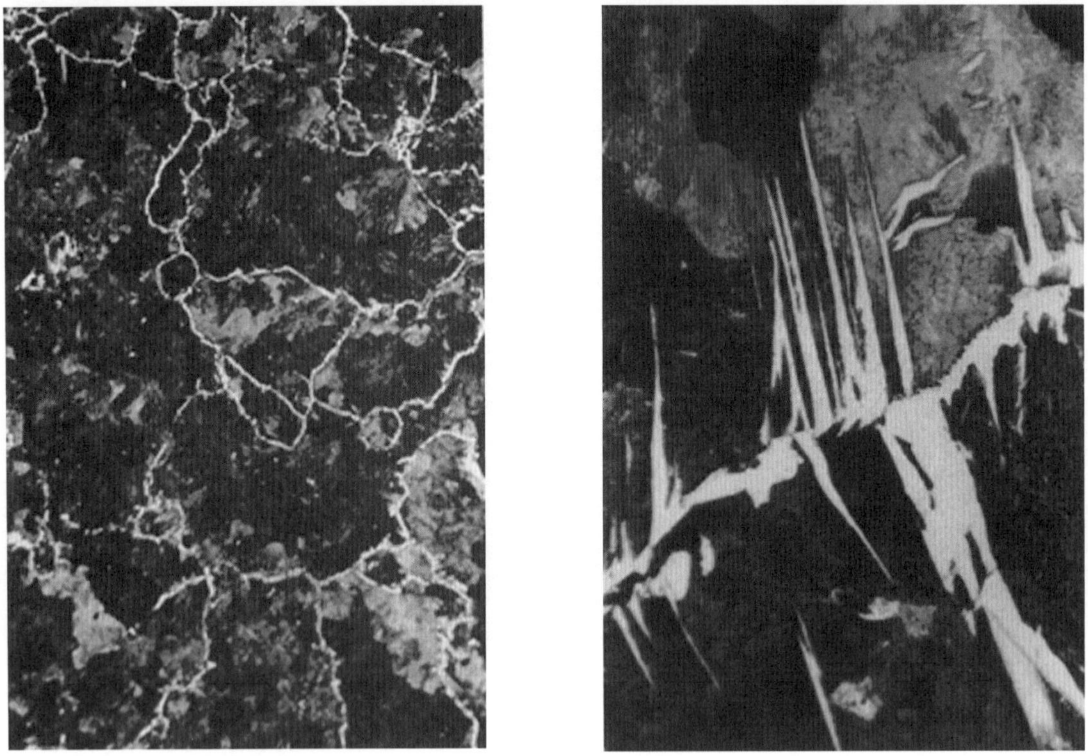

100X 1.000X

Resfriamento a 100 °C/min. Ferrita equiaxial no contorno de grão e ferrita de Widmanstätten nucleada no contorno e no interior do grão austenítico.

Figura 2.4 Aço 0,40 C – 0,94 Mn – 0,03 Nb austenitizado a 1300 °C e resfriado com taxas diferentes. Nital [2] *(continua)*.

Figura 2.5 Aço 0,8 C – 1,0 Mn – 0,03 Nb austenitizado a 1350 °C e parcialmente transformado a 600 °C por dois min. Cementita (filete branco) nucleada no antigo contorno de grão austenítico (agora martensítico) e colônias de perlita (regiões escuras). 600X. Nital [2].

As diferentes morfologias da ferrita, originalmente classificadas por Dubé [4], são apresentadas na Figura 2.6. A classificação proposta por Dubé [4] pode ser aplicada igualmente à ferrita ou à cementita, pois estas seguem o mesmo padrão morfológico [1]. Na Figura 2.5, observa-se a cementita como alotriomorfo de contorno de grão.

A ferrita alotriomorfa nucleia em um grão da austenita [γ_1], apresentando uma relação de orientação descrita por Kurdjumov-Sachs [6];

$$\{111\}_{\gamma_1} // \{110\}_{\alpha}$$

$$<110>_{\gamma_1} // <111>_{\alpha}$$

e cresce em direção a γ_2, com o qual não mantém nenhuma relação de orientação (Figura 2.7).

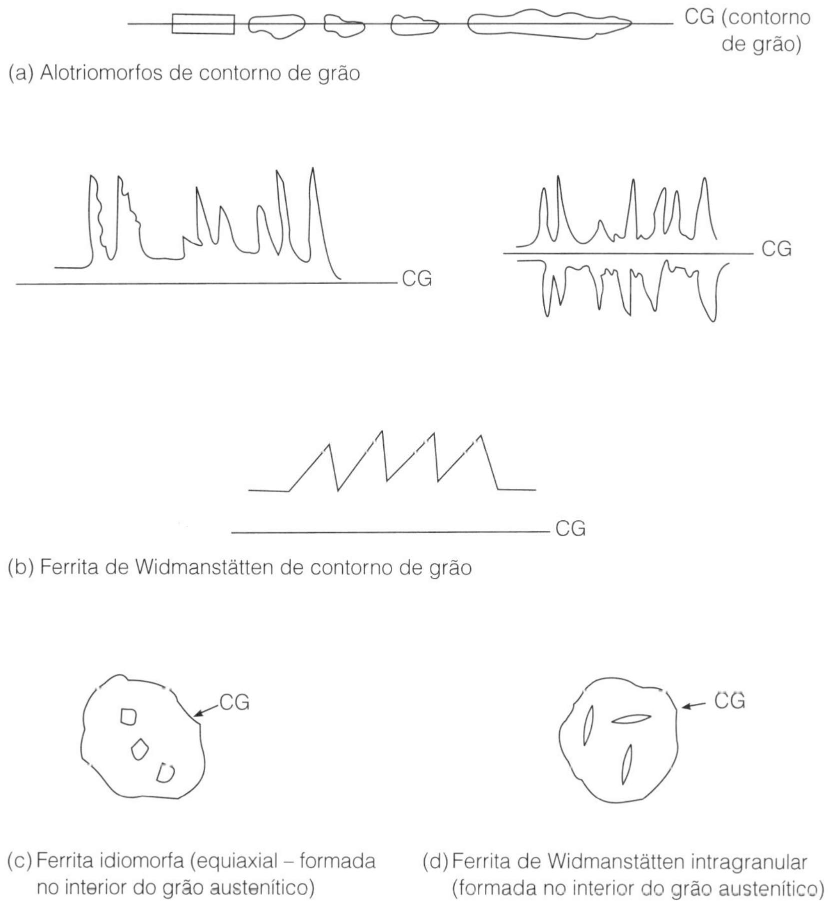

Figura 2.6 Diferentes morfologias da ferrita [1,5].

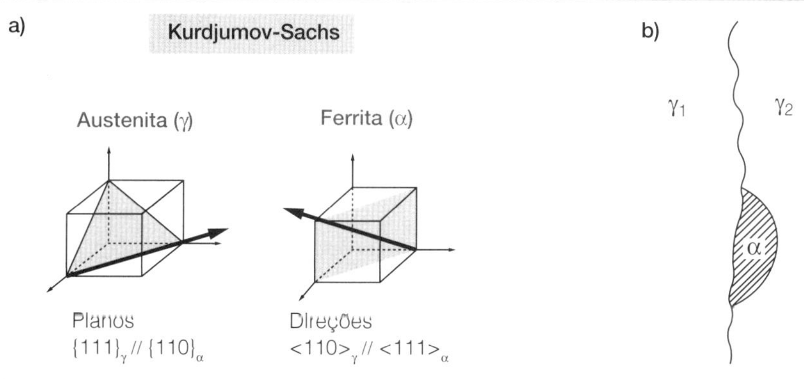

Figura 2.7 a) Relação de orientação descrita por Kurdjumov-Sachs. b) O alotriomorfo de ferrita (α) nucleia no grão de austenita γ_1, com o qual mantém uma relação definida de orientação, e cresce em direção a γ_2, em que sua orientação cristalina é aleatória.

À medida que a velocidade de resfriamento aumenta, a interface α/γ amplia o seu grau de coerência (Figura 2.8), formando a estrutura de Widmanstätten.

A formação da ferrita é um processo difusional, na qual ocorrem a nucleação e o crescimento. O crescimento obedece à lei de Zener [7], logo:

$$D = \alpha \sqrt{t} \qquad \text{(Eq. 2.1)}$$

em que:

D = espessura do alotriomorfo ferrítico

α = constante de proporcionalidade t = tempo

A constante α é função da temperatura de transformação (Figuras 2.9 e 2.10) e dos elementos de liga contidos no aço.

A relação de orientação da cementita com a austenita é descrita por [1]:

$$(100)_c // (\overline{554})_\gamma$$
$$(010)_c // (110)_\gamma$$
$$(001)_c // (\overline{22}5)_\gamma$$

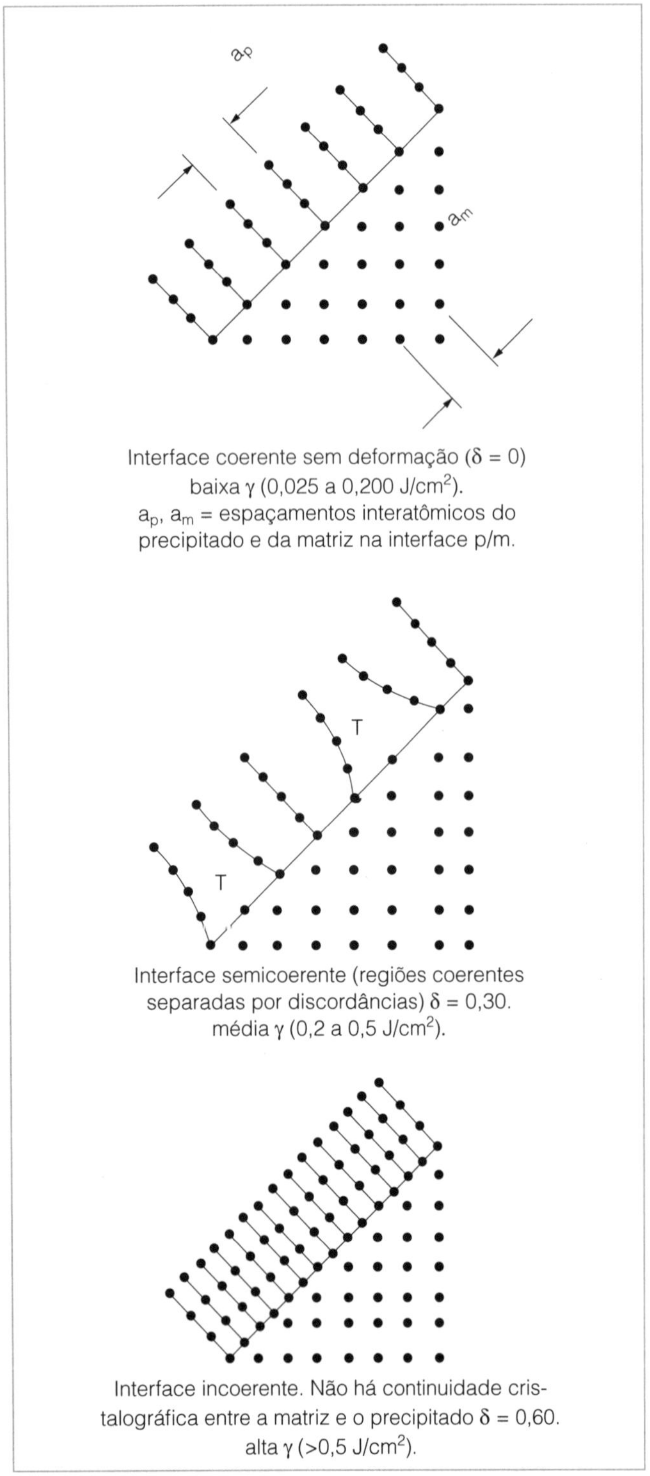

Figura 2.8 Relações de crescimento entre a matriz e a nova fase [8].

γ = energia interfacial

$$\delta = \left(\frac{a_p \quad a_m}{a_m}\right) = \text{interferência } (\textit{mismatch})$$

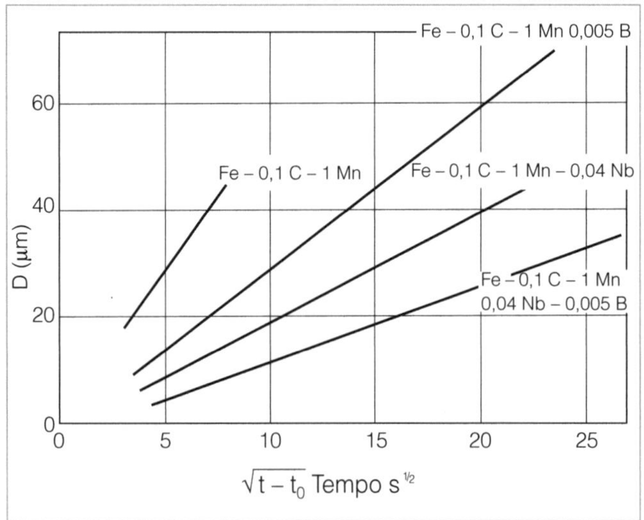

Figura 2.9 Crescimento da partícula de ferrita em função do tempo para tratamento isotérmico a 750 °C (t_0 = tempo de incubação) [9].

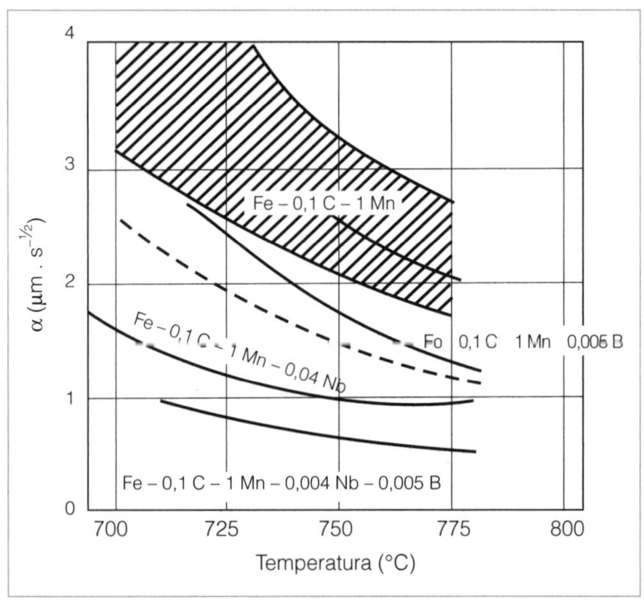

Figura 2.10 Variação do coeficiente α com a temperatura de formação da ferrita [9].

$$D = \alpha\sqrt{t - t_0} \qquad \text{(Eq. 2.2)}$$

Curva pontilhada – determinada a partir do modelo de Zener [7].

Região hachurada – resultados experimentais de Aaronson.

2.2 PERLITA

Se uma peça de composição Fe-0,77 C (eutetoide) for levada a uma temperatura maior do que 727 °C, a estrutura austenítica (CFC) será estável, com os átomos de carbono nos interstícios octaédricos da estrutura, conforme observado no Capítulo 1. Se esta peça for resfriada lentamente e mantida a temperaturas inferiores a 727 °C, a estrutura austenítica não será mais estável, ocorrendo a reação eutetoide descrita no Capítulo 1. A reação eutetoide, em aços, produz uma microestrutura característica denominada "perlita". A perlita não é uma fase, e sim uma mistura de duas fases, ferrita e cementita, que ocorrem sob a forma de lamelas paralelas. A ferrita tem estrutura CCC e, em comparação com a austenita, é menos compacta, apresentando interstícios tetraédricos menores e, consequentemente, tendo menor capacidade de dissolver carbono. O carbono, que é rejeitado pela formação da ferrita, dá origem à cementita. A cementita é uma fase rica em carbono, de composição Fe_3C.

Segundo Mehl [10], a perlita nucleia preferencial mente nos contornos de grão de austenita homogênea (composição uniforme). Porém, quando a austenita apresenta gradientes de concentração de carbono ou partículas dispersas, a nucleação da perlita ocorre também no interior do grão austenítico. Mehl [10] propôs um mecanismo para explicar o crescimento da perlita, baseado na nucleação de cementita a partir do contorno de grão austenítico (Figura 2.11).

À medida que essa partícula de cementita crescesse, ela diminuiria o teor de carbono das regiões vizinhas até ocorrer a formação de ferrita. Com o crescimento da ferrita, haveria segregação de carbono para a austenita, até ser atingido o nível de carbono da cementita, quando esta então nuclearia, e assim sucessivamente, com crescimento para frente (*edgeway growth*) e para os lados (*sideway growth*). Este processo de nucleação de uma fase no contorno de grão de uma matriz é conhecido como "nucleação 'simpatética'" (*sympathetic nucleation*) [11].

Outra hipótese para explicar o crescimento da perlita foi apresentada por Hillert [12]. No mecanismo proposto, o crescimento seria por ramificações da perlita (Figura 2.12). Hillert também observou que a perlita era nucleada tanto a partir da ferrita como da cementita, dependendo do teor de carbono do aço.

Posteriormente, Honeycombe [1] observou que o crescimento da perlita ocorria tanto por ramificações como por crescimento lateral, e que os nódulos perlíticos eram nucleados a partir da ferrita ou da cementita.

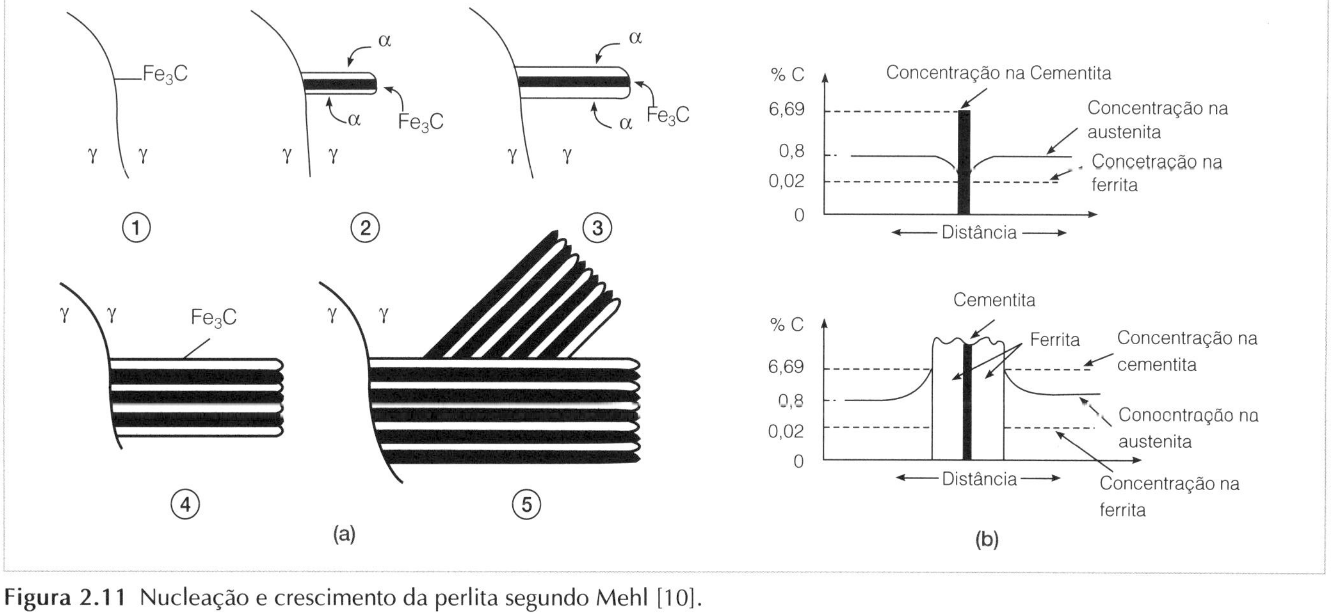

Figura 2.11 Nucleação e crescimento da perlita segundo Mehl [10].

a) Esquema de formação das colônias: 1 – Núcleo inicial de cementita
   - nucleação de lamelas de ferrita ao lado da cementita
   - crescimento lateral (*sideway*) e para a frente (*edgeway*) da colônia
   - novo núcleo de cementita formado com orientação diferente dos anteriores 5 – Crescimento da nova colônia

b) Perfil de concentração na austenita na vizinhança de lamelas de cementita e ferrita, o que favorece o aparecimento de lamelas alternadas das duas fases.

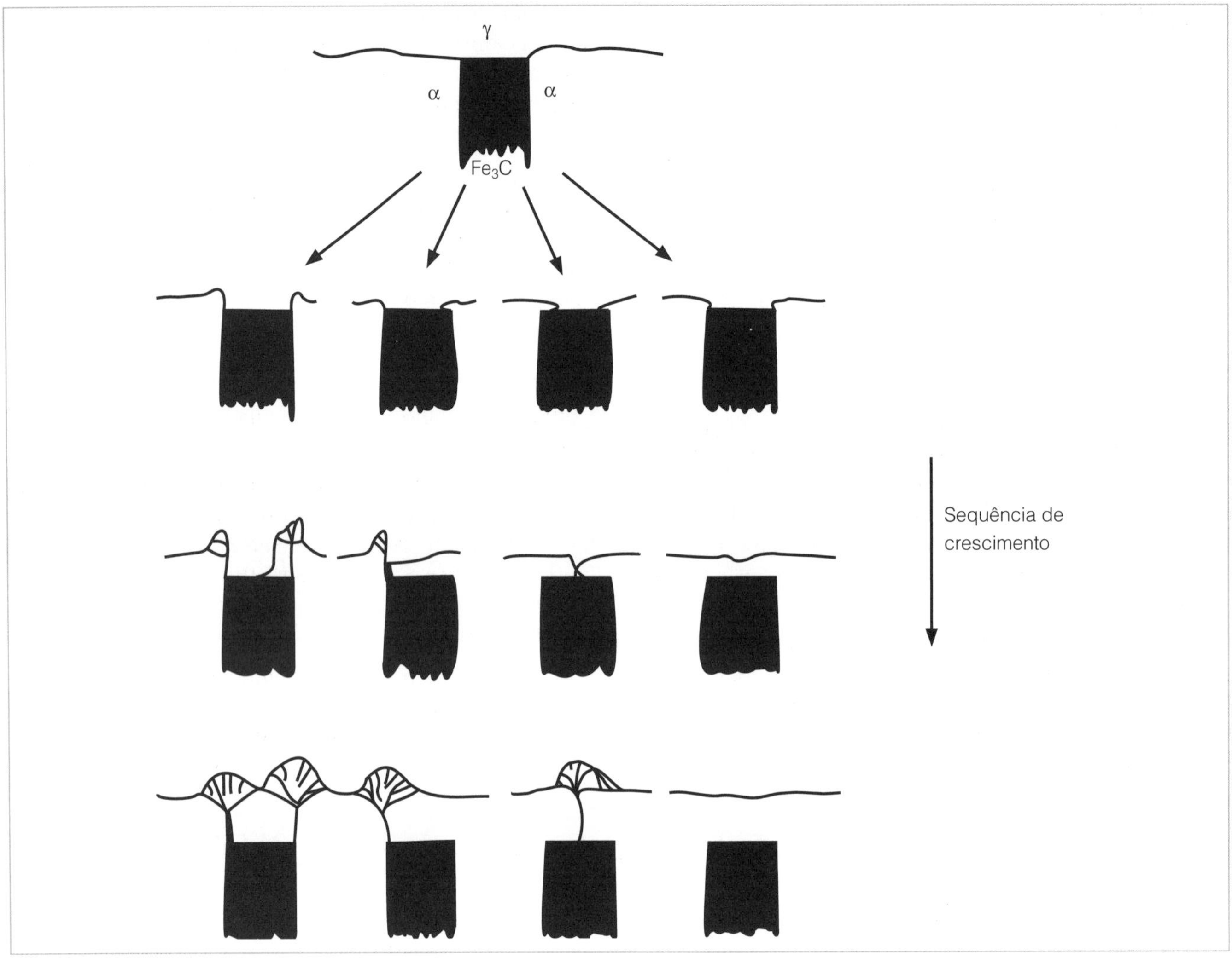

Figura 2.12 Crescimento da perlita por ramificações laterais proposto por Hillert [12].

Em 1973, Dippenaar e Honeycombe [13] fizeram uma revisão sobre a nucleação da perlita e suas principais conclusões foram:

a) Existiriam dois tipos distintos de relações de orientação entre a ferrita e a cementita nos nódulos de perlita: relações de Pitsch-Petch [14-16]:

$$[100]_c\ 2{,}6° \text{ a partir de } [13\bar{1}]_\alpha$$

$$[010]_c\ 2{,}6° \text{ a partir de } [113]_\alpha$$

$$(001)_c\ //\ (52\bar{1})_\alpha$$

b) Relações de Bagaryatski [17]

$$(100)_c\ //\ (0\bar{1}1)_\alpha$$

$$(010)_c\ //\ (1\overline{11})_\alpha$$

$$(001)_c\ //\ (211)_\alpha$$

c) A relação de orientação Pitsch-Petch ocorreria em colônias nucleadas em contorno de grão austenítico, sem a presença de outras partículas. Tanto a cementita como a ferrita da perlita teriam orientação relacionada com o grão de austenita adjacente, na qual a colônia não estaria crescendo (γ_1 da Figura 2.13).

Essa relação é próxima à de Kurdjumov-Sachs, sendo frequentemente encontrada entre fases cúbicas de corpo centrado e face centrada:

$$\{111\}_\gamma\ //\ \{110\}_\alpha$$

$$\langle 110\rangle_\gamma\ //\ \langle 111\rangle_\alpha$$

No entanto, a ferrita da perlita não apresentaria nenhuma relação de orientação com o grão austenítico, no qual ela estaria crescendo (γ_1 da Figura 2.13).

A cementita perlítica se relacionaria cristalograficamente com γ, segundo a orientação de Pitsch, com desvios menores do que 5°:

$$(100)_c\ //\ [1\bar{1}1]_\gamma$$

$$(010)_c\ //\ [110]_\gamma$$

$$(001)_c\ //\ [\bar{1}12]_\gamma$$

Analogamente à ferrita, a cementita perlítica não se relacionaria cristalograficamente com γ_2 (Figura 2.13).

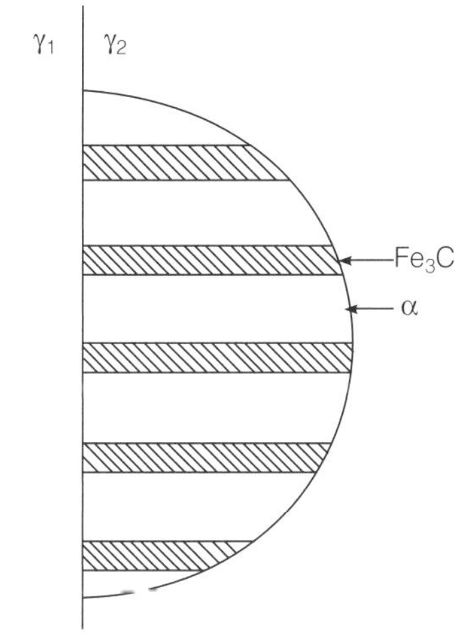

Figura 2.13 Diagrama esquemático da formação de uma colônia de perlita nucleada a partir de um contorno de grão austenítico (γ_1) e crescendo em direção a um outro grão austenítico (γ_2) [13].

A relação de orientação da Bagaryatski ocorreria entre a ferrita e a cementita da perlita quando fossem formadas camadas de cementita proeutetoide no contorno de grão austenítico, com posterior nucleação das colônias de perlita, a partir dessas camadas. Nesse caso, a ferrita perlítica não apresentaria relação de orientação com γ_1 e γ_2. Porém, a cementita da perlita apresentaria a mesma orientação que a cementita proeutetoide, a qual geraria a sua nucleação. As cementitas apresentariam a relação de Pitsch com γ_1, porém não apresentariam nenhuma relação com γ_2.

Nas Figuras 2.14 e 2.15, observa-se o crescimento de nódulos de perlita. Nos aços carbono, na região de transição da perlita para a bainita, a perlita começa a perder sua geometria lamelar característica e é denominada "perlita degenerada" (Figura 2.16). Essa estrutura também ocorre em aços continuamente resfriados (Figura 2.17).

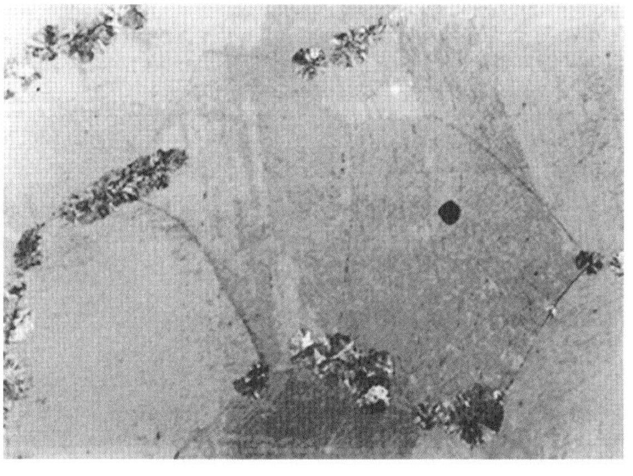

50X
Perlita nucleada no antigo contorno de grão austenítico.

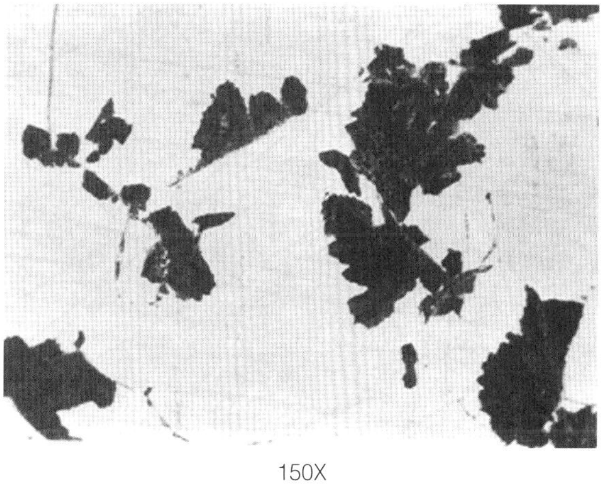

150X
Aço parcialmente transformado.

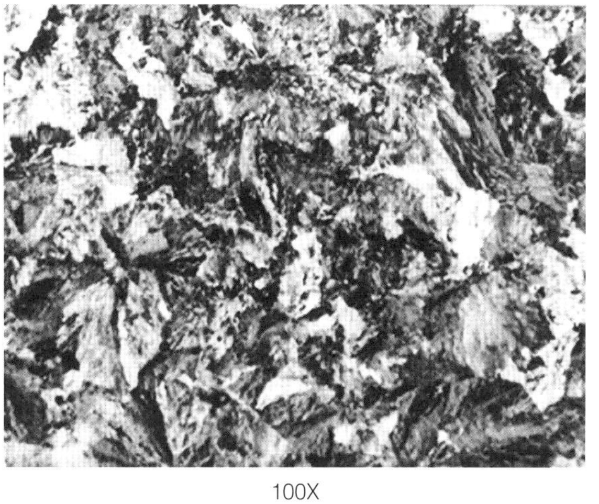

100X
Aço totalmente transformado.

Figura 2.14 Formação da perlita em aço 0,8 C – 1,0 Mn. Austenitizado a 1350 °C e transformado isotermicamente a 600 °C. Nital [18].

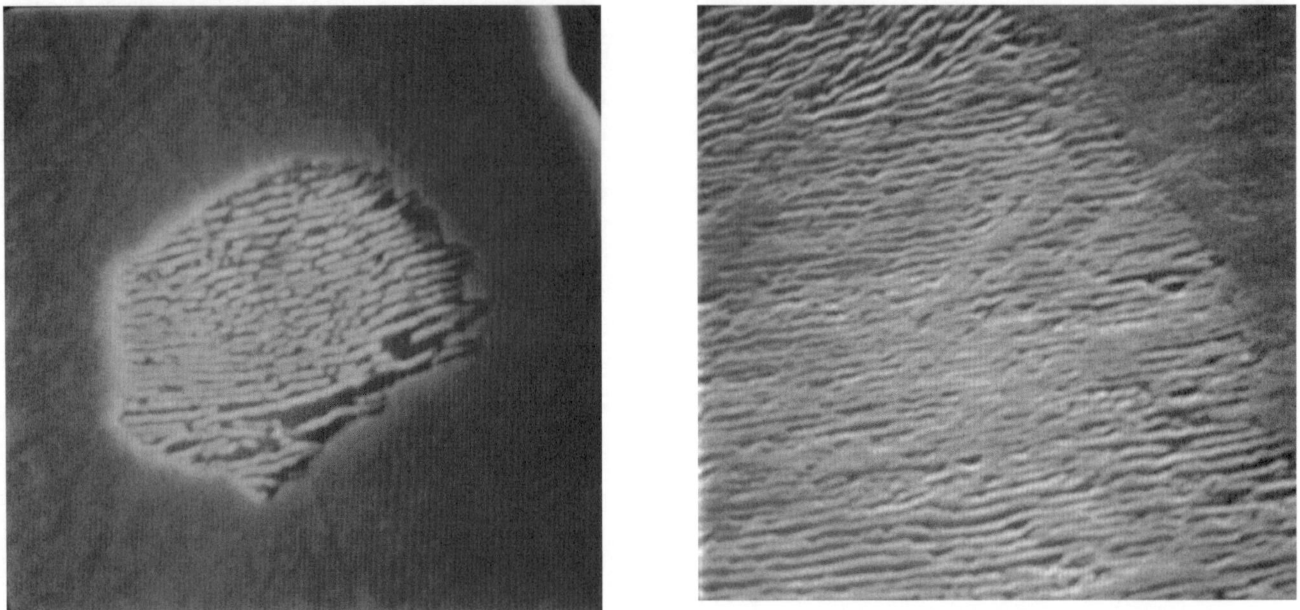

5.000X 5.000X

Figura 2.15 Perlita obtida pela transformação do aço perlítico (0,8 C – 1 Mn – 0,03 Nb) a 650 °C. Na foto a esquerda, observa-se o aparecimento de um núcleo de perlita e, foto a direita, a interface perlita/martensita de um núcleo maior. Imagem invertida (cementita é a fase clara e ferrita, a escura) [18].

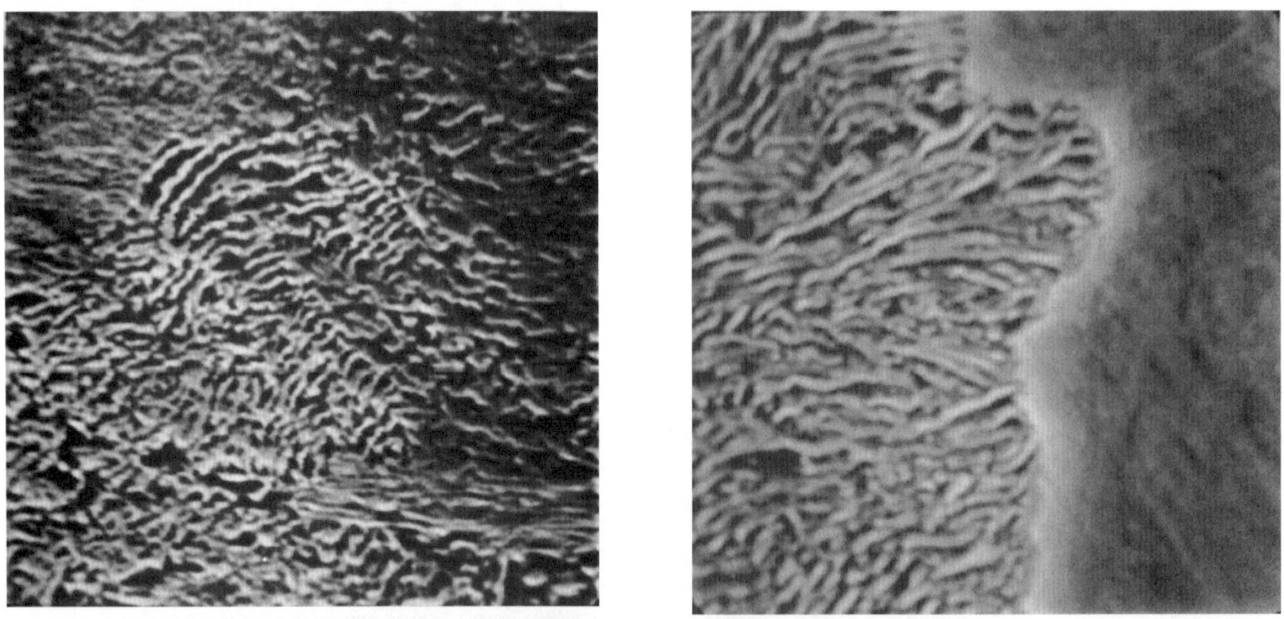

8.000X
Perlita "degenerada" formada a 600 °C.

10.000X
Avanço da interface de perlita degenerada formada a 625 °C.

Figura 2.16 Perlita degenerada formada isotermicamente em aço 0,8 C – 1,0 Mn – 0,03 Nb. MEV. Nital. Imagem invertida (fase clara = cementita, fase escura = ferrita) [18].

400X
Visão geral. Ferrita no antigo contorno de grão austenítico e perlita.

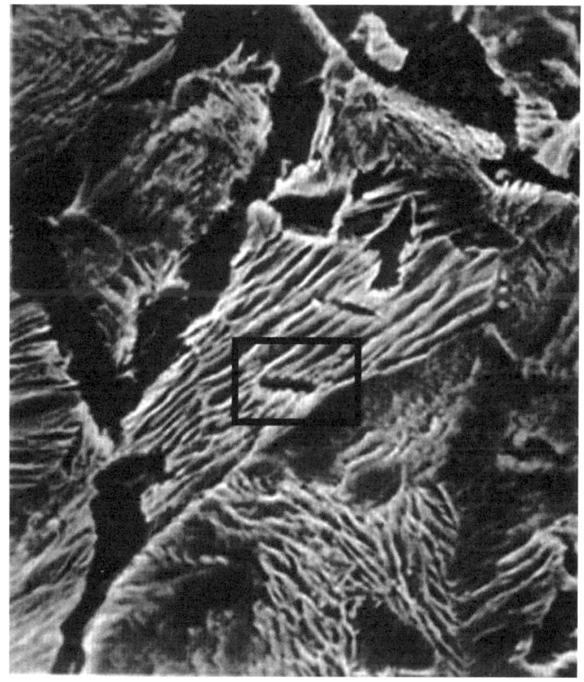

1.300X
Perlita rodeada de ferrita alotriomorfa.

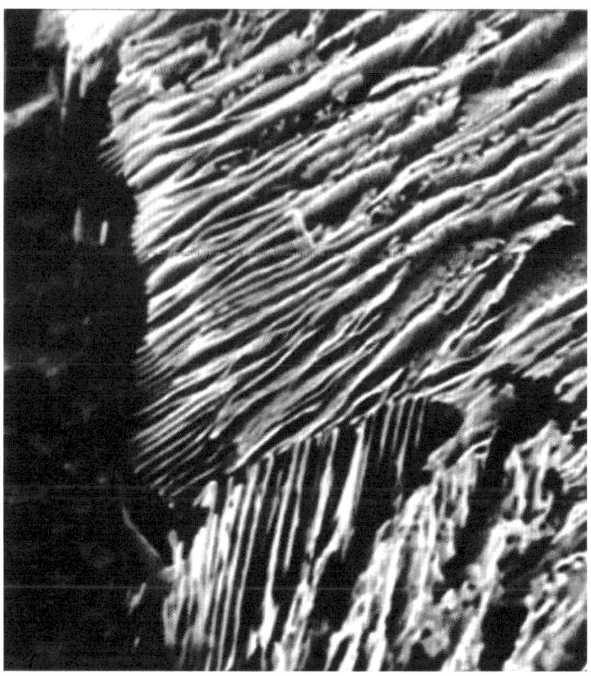

6.400X
Perlita lamelar junto à ferrita, degenerando-se ao afastar-se dela.

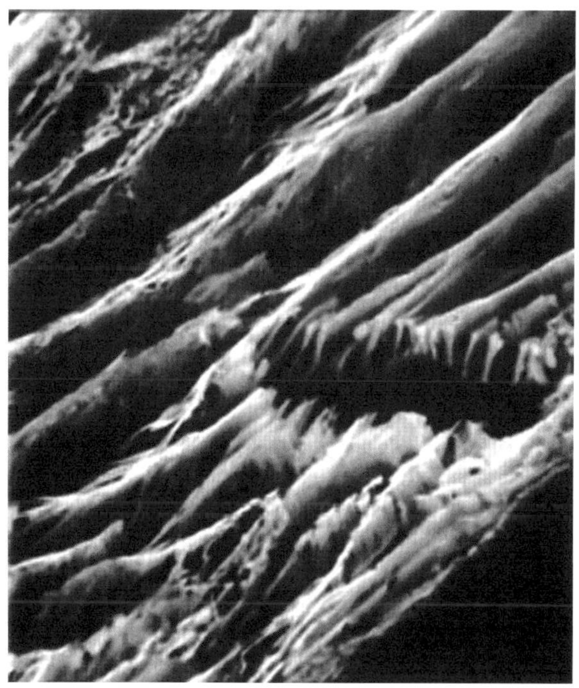

6.400X
Região da foto acima ampliada. Cementita em forma de "tubos" com ferrita por dentro. O "buraco" deve-se à dissolução do grão de ferrita.

Figura 2.17 Aço 0,41 C – 1,0 Mn – 0,03 Nb laminado a 1100 °C e resfriado ao ar. Diferentes morfologias da cementita da perlita. Imagem invertida pelo MEV (áreas claras = cementita e áreas escuras = ferrita). Nital [19].

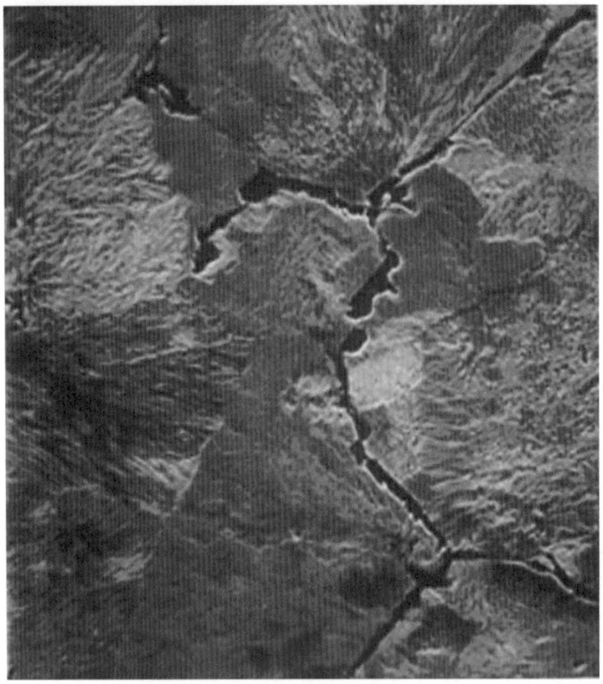

500X
Visão geral. Ferrita (escura) no antigo contorno de grão austenítico + perlita.

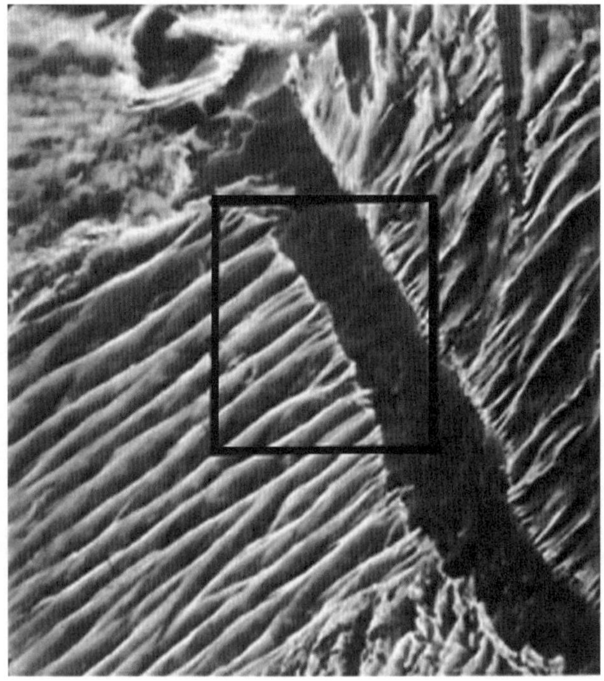

2.800X
Interface ferrita/perlita. As lamelas de perlita parecem sólidas com pequena ampliação.

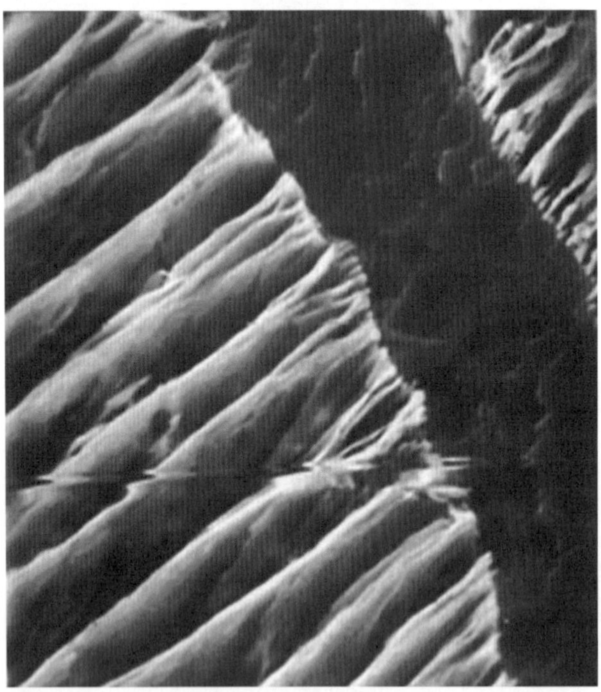

7.000X
No entanto, com maior ampliação, apresentam uma estrutura parecida com "massa folhada".

14.000X
Idem região da foto à esquerda ampliada. (Defeito no sinal do microscópio durante a varredura, aparecendo uma linha trêmula).

Figura 2.18 Aço 0,41 C – 1,0 Mn – laminado a 1250 °C e resfriado ao ar. Diferentes morfologias da perlita. Imagem invertida (área clara = cementita, área escura = ferrita). Nital [19].

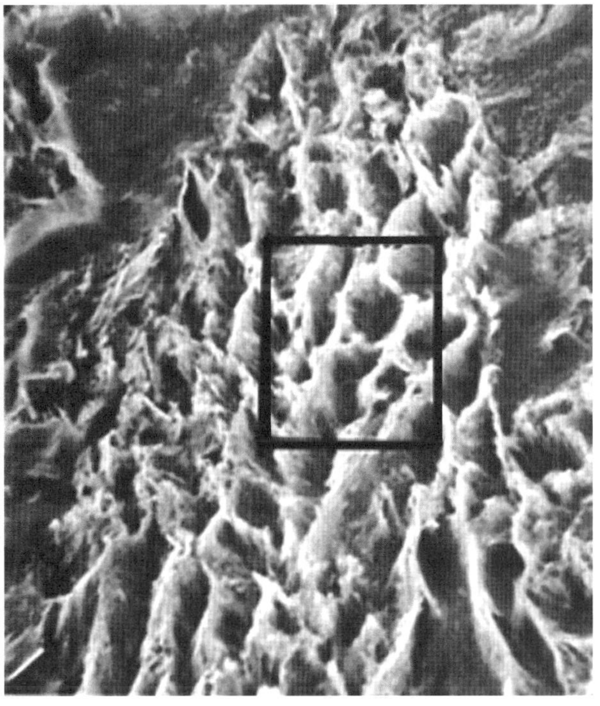

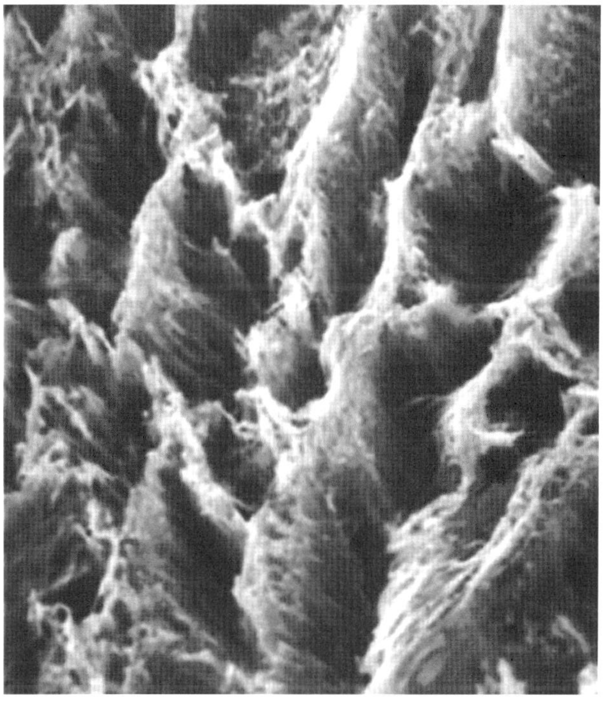

1.300X

6.800X (ampliação da foto à esquerda)

Aço 0,41 C – 1,0 Mn – 0,03 Nb laminado a 1250 °C e resfriado ao ar. Estrutura da perlita tipo "colmeia", em que, com maior aumento, observa-se a cementita fibrosa.

6.800X

6.000X

Aço 0,80 C – 1,0 Mn – 0,03 Nb laminado a 1250 °C e resfriado ao ar. Perlita degenerada.

Figura 2.19 Diferentes morfologias da perlita degenerada. Imagem invertida. Nital [19].

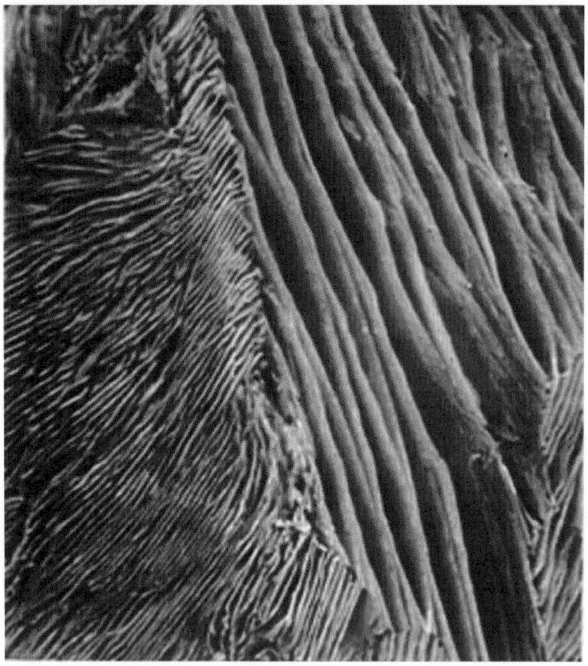

3.600X
Laminado a 1100 °C

4.800X
Laminado a 1250 °C

Aço 0,8 C – 1,0 Mn onde se observa a interface entre a perlita lamelar e a degenerada em forma de "feixes" de cementita. Observa-se que, dentro do feixe, o espaçamento da cementita é similar ao da região lamelar.

8.000X
Laminado a 1100 °C

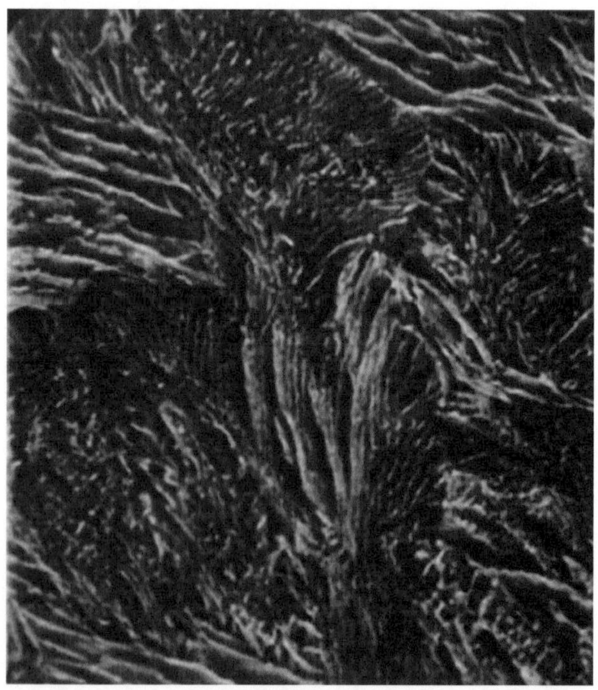

4.800X
Laminado a 1250 °C

Aço 0,8 C – 1,0 Mn – 0,03 Nb com estruturas de perlitas degeneradas.

Figura 2.20 Diferentes morfologias da perlita degenerada. Imagem invertida. Nital [19].

Zener [20] modificou a teoria de Brandt [21] levando em conta a perda da força motriz de reação devido à criação de interfaces entre as duas fases da perlita, pois a equação de Brandt [21] apresentava taxas de crescimento da perlita menores do que as observadas experimentalmente.

Segundo Zener [20], o crescimento isotérmico da perlita, com equilíbrio local e difusão de carbono pela austenita (difusão por volume) seria expresso por (Figura 2.21):

$$V = \left(\frac{C_2 - C_0}{C_2 - C_1}\right) \cdot \frac{D}{\alpha S_0} \qquad \text{(Eq. 2.3)}$$

em que:

V = velocidade de avanço da interface perlita/γ

C0 = concentração do carbono na austenita, em uma região distante da interface γ/perlita

C_2 = concentração do carbono na austenita da interface perlita/γ

C_1 = concentração do carbono na ferrita ou cementita na interface perlita/γ

D = coeficiente de difusão do carbono

α = fator de proporcionalidade

S_0 = espaçamento interlamelar (soma da largura de uma lamela de ferrita e uma de cementita)

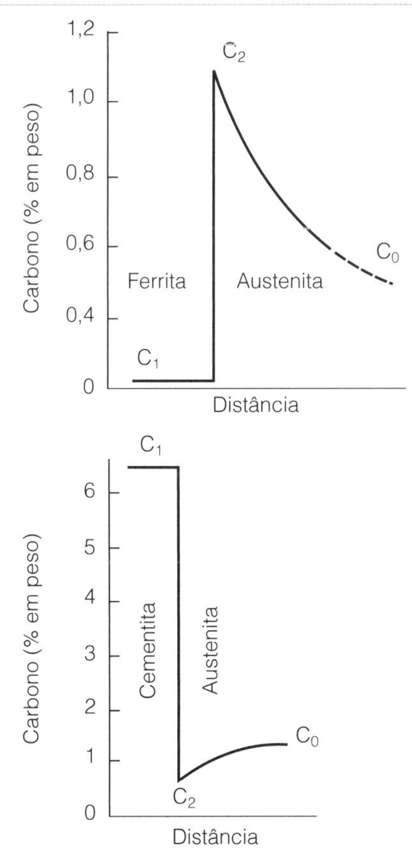

Figura 2.21 Modelo de Zener para o perfil da concentração de carbono na ferrita e na cementita durante o crescimento da perlita [20].

Zener [20] também calculou o espaçamento interlamelar encontrando:

$$S_0 = \frac{2\, T_E - \sigma^{\gamma/P}}{\Delta H_v\, \Delta T} \qquad \text{(Eq. 2.4)}$$

em que:

$\sigma\gamma/P$ = energia interfacial entre a austenita e a perlita

T_E = temperatura eutetoide

ΔT = super-resfriamento ($T_E - T$), em que T é a temperatura da reação

ΔH_v = variação da entalpia, por unidade de volume, da transformação austenita – perlita S_0 = espaçamento interlamelar

A relação linear entre o espaçamento interlamelar (S_o) e o recíproco do super-resfriamento foi observada na prática por vários autores (Figura 2.22).

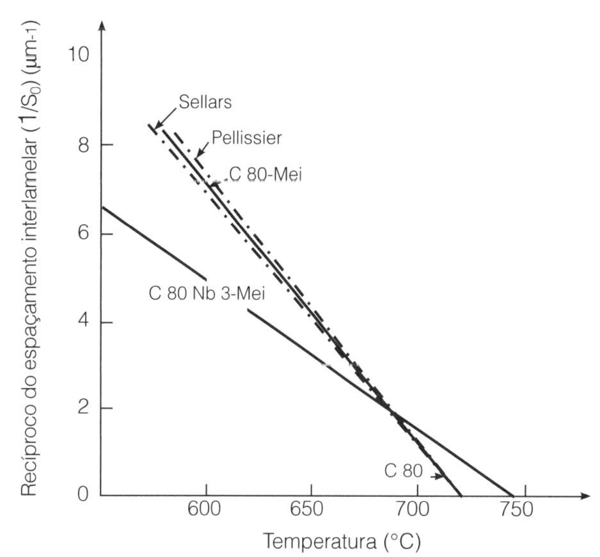

	Composição química % em peso		
	C	Mn	Nb
Pellissier[22]	0,78	0,63	–
C 80(Mei[18])	0,84	1,0	–
C 80 Nb 3(Mei[18])	0,84	1,0	0,033
Sellars[23]	0,81	0,02	–

Figura 2.22 Espaçamento interlamelar em função da temperatura de transformação de aços 0,8 C com e sem adição de nióbio [18].

Na medida do espaçamento interlamelar da perlita, deve-se observar que o espaçamento real é o que apresenta o menor valor na tela do microscópio (Figura 2.23).

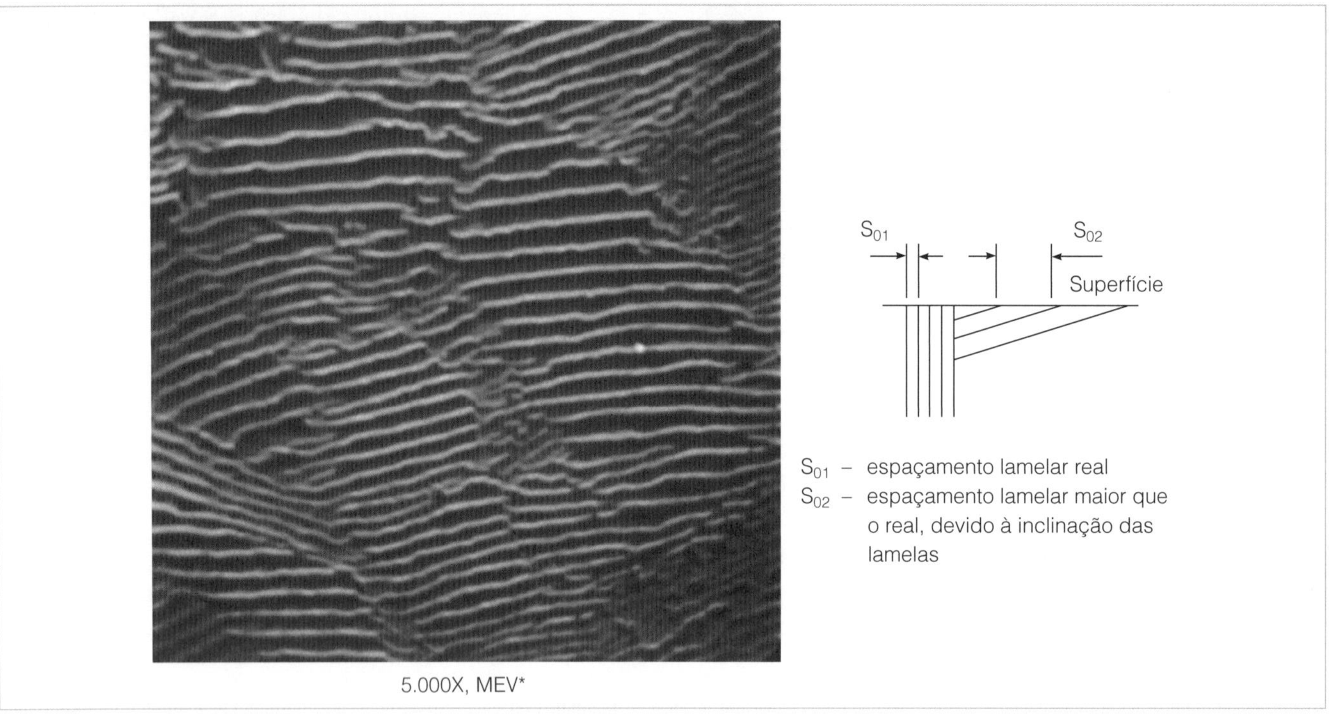

Figura 2.23 Nódulos de perlita com diferentes inclinações em relação à superfície de medida. Aço 0,8 C; 1 Mn transformado isotermicamente a 670 °C por 10 minutos. Imagem invertida (região clara = cementita; região escura = ferrita). Nital [18]. *MEV = microscopia eletrônica de varredura.

Posteriormente, as equações de Zener foram aprimoradas por Hillert [24]. Turnbull [25] propôs uma teoria para o crescimento dos eutetoides baseada na difusão por interface (difusão superficial). Posteriormente, Shapiro [26] deu um tratamento mais rigoroso para essa teoria. Supondo equilíbrio local e eutetoide simétrico (Figura 2.24), Shapiro [26] chegou à seguinte expressão:

$$\vartheta = \frac{24\, b\, D_B}{S_0^2}\left(\frac{X_0^{\gamma\alpha} - X_0^{\gamma\beta}}{\frac{1}{2} - a}\right)\left(\frac{1 + 2\sigma^{\alpha\beta}V}{\Delta F_0\, S_0}\right) \quad \text{(Eq. 2.5)}$$

em que:

ϑ = velocidade de crescimento

D_B = coeficiente de difusão médio na interface

b = espessura da interface

S_0 = espaçamento interlamelar

$X_0^{g\alpha}$, $X_0^{\gamma\beta}$ = composição da austenita extrapolada a partir do diagrama de fase

a = composição da fase α em equilíbrio

$\sigma^{\alpha\beta}$ = tensão superficial interlamelar

V = volume molar

ΔF_0 = total de energia livre disponível para a reação

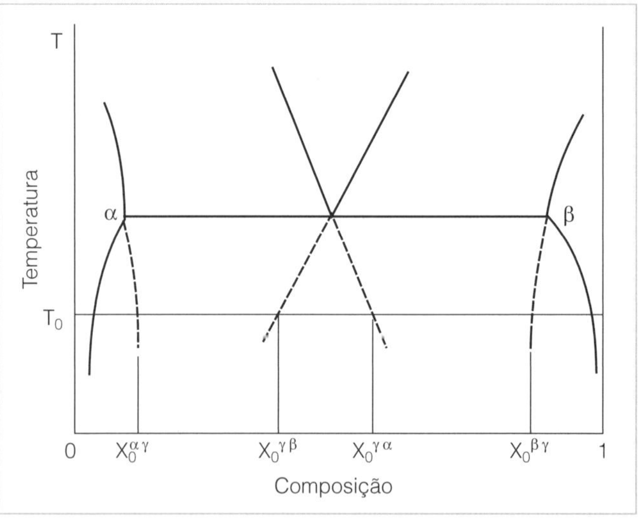

Figura 2.24 Diagrama de fase para um eutetoide simétrico [26].

Em 1970, Bolling [27] comparou seus resultados, obtidos experimentalmente, de velocidade de crescimento da perlita *versus* espaçamento interlamelar, com as curvas teóricas de Zener [20] e as de Turnbull [25] (Figura 2.25). Observa-se que é difícil definir qual o mecanismo que controla a difusão do carbono: se o de difusão volumétrica (proposto por Zener [20] ou o de difusão por interface (proposto por Turnbull [25]. Deve-se observar que as experiências de Bolling [27] foram anisotérmicas, e que as leis de Zener [20] e Turnbull [25] foram desenvolvidas para processos isotérmicos.

Bolling [27] encontrou a seguinte relação entre velocidade de crescimento e o espaçamento interlamelar da perlita:

$$V^{0,41 \pm 0,02} \cdot S_0 = \text{constante} \qquad \text{(Eq. 2.6)}$$

Em 1973, Hillert [28], em um trabalho de revisão sobre a formação da perlita, concluiu que ainda não era possível decidir, com os dados experimentais e teóricos disponíveis até aquela data, qual o mecanismo de difusão do carbono (volumétrico ou interfacial) que comandava a formação da perlita.

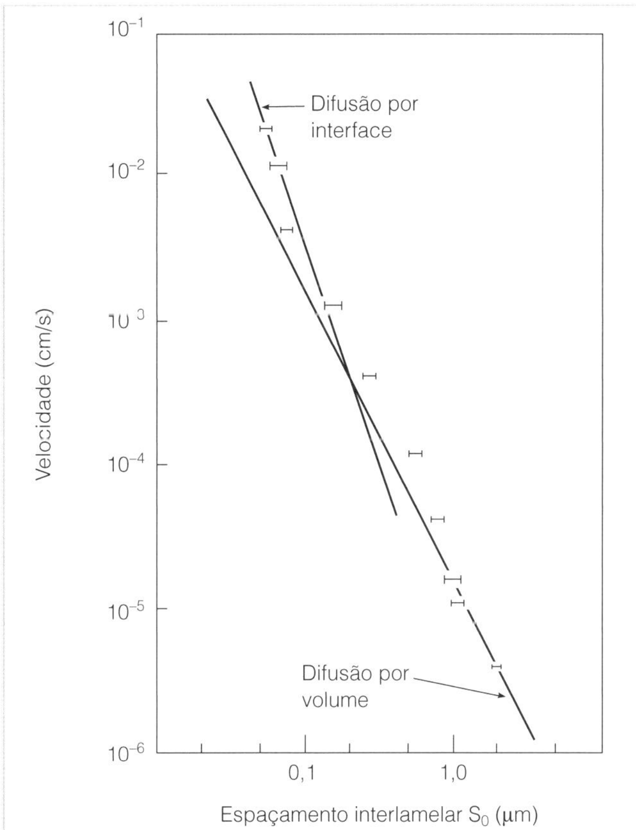

Figura 2.25 Variação do espaçamento interlamelar com a velocidade de crescimento da perlita obtido a partir de dados experimentais (I—I) e das leis teóricas de Zener (difusão volumétrica) e Turnbull (difusão interfacial) [27].

2.3 CURVAS ITT

A formação da ferrita e da perlita são processos difusionais, nos quais ocorrem nucleação e crescimento. Se resfriarmos bruscamente uma amostra de um aço eutetoide desde 1000 °C (região austenítica) até uma temperatura T_1 abaixo de 727 °C, haverá a formação da perlita. Obviamente, essa transformação não será instantânea, pois, como o processo é difusional, haverá um tempo de incubação para os átomos se rearranjarem e formarem os primeiros núcleos de perlita (região "*a*" da Figura 2.26). Após o aparecimento dos núcleos, estes começarão a crescer e a austenita vai se transformando em perlita rapidamente (região "*b*" da Figura 2.26). Finalmente, os nódulos de perlita tocam-se e esse impedimento físico faz a transformação ocorrer mais lentamente em sua forma final (região "*c*" da Figura 2.26).

Tomando-se outra amostra do aço eutetoide e transformando-a em outra temperatura T_2 abaixo de 727 °C, haverá uma nova curva de fração volumétrica transformada *versus* tempo, e assim sucessivamente para várias temperaturas.

Unindo-se os tempos de início de transformação para as várias temperaturas, teremos uma curva em "C", de início de formação da perlita. O mesmo ocorre quando se unem os tempos de fim de transformação. A curva obtida é denominada "ITT" (*Isothermal Time Transformation*), ou seja, transformação isotérmica.

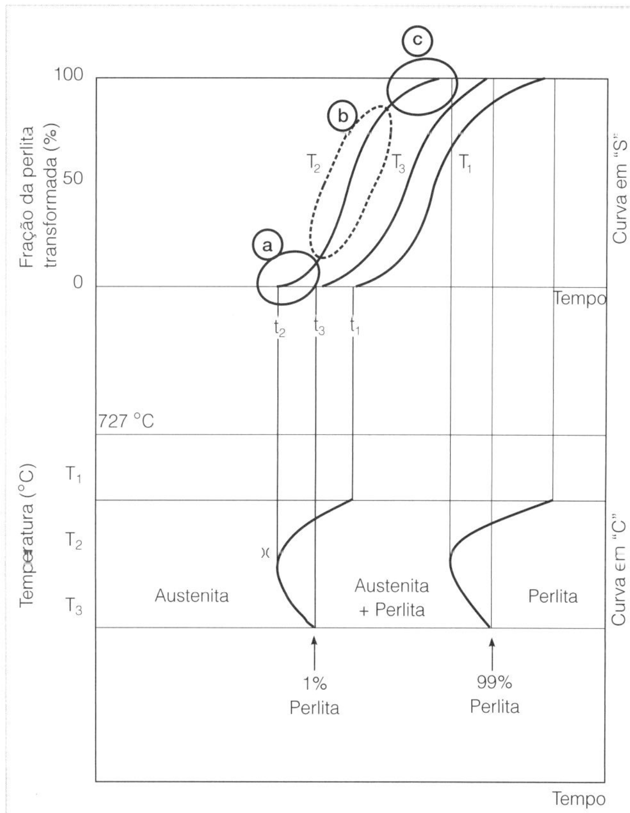

Figura 2.26 Cinética de formação da perlita.

Curva em "S". t_1 é o tempo de incubação para que a reação $\gamma \rightarrow$ perlita comece a ocorrer na temperatura T_1.

Regiões "a", "b" e "c" explicadas no texto.

Curva em "C". Corresponde à transformação isotérmica da austenita. X – "nariz" da curva.

Observando-se a curva ITT da Figura 2.26, nota-se que, com o abaixamento da temperatura de transformação, o tempo de incubação diminui, chegando a um valor mínimo no "nariz" da curva. A partir desse ponto, se a temperatura for abaixada, o tempo de incubação volta a aumentar. Isso decorre de dois fatores com efeitos antagônicos na cinética de transformação. Com o abaixamento da temperatura, a partir de 727 °C, haverá um aumento da supersaturação DT (727 – $T_{transf.}$), que é a força motriz da decomposição da austenita, e a reação começará a ocorrer mais rapidamente. Porém, como o processo ocorre por difusão, ao se abaixar a temperatura da transformação, torna-se cada vez mais difícil ocorrer a movimentação dos átomos para formar a nova fase, e o processo fica mais lento. De forma simplificada, pode-se dizer que entre a temperatura eutetoide (727 °C) e o nariz da curva (x), o efeito dominante é o de supersaturação; abaixo do "nariz" da curva, o efeito dominante é o da difusão.

Em um diagrama ITT completo de um aço eutetoide (Figura 2.27), observam-se constituintes não previstos pelo diagrama de fases Fe-Fe_3C, que são a bainita e a martensita. Esses constituintes serão analisados a seguir.

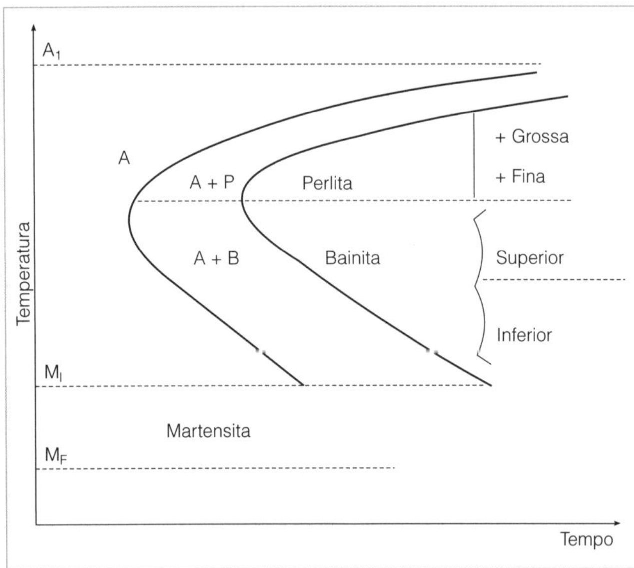

Figura 2.27 Representação esquemática da curva ITT de um aço eutetoide (C ≅ 0,8%).

2.4 BAINITA E FERRITA ACICULAR

Quando um aço carbono é resfriado rapidamente para temperaturas abaixo do nariz da curva ITT e mantido nessa temperatura, ocorre a formação de uma estrutura denominada "bainita", identificada primeiro por Edgar Bain. A bainita é classificada como superior ou inferior, de acordo com a temperatura na qual é formada. A formação da bainita é um processo misto que envolve difusão, como ocorre na formação da ferrita e da perlita, e forças de cisalhamento análogas às observadas nas transformações martensíticas [1].

A bainita superior é formada por finas (0,2 µm de espessura por 10 µm de comprimento) agulhas (*plates*) de ferrita, que crescem em blocos (*clusters*) chamados de feixes (*sheaves*). Dentro de cada feixe, as agulhas são paralelas e com idêntica orientação cristalográfica. As agulhas dentro de um feixe são denominadas "subunidades de bainita" e separadas por contornos de baixo ângulo ou por partículas de cementita [1].

A formação da bainita superior envolve dois diferentes estágios: no primeiro, ocorre a formação da ferrita e o carbono é rejeitado para a austenita que a envolve, propiciando, em um segundo estágio, a precipitação de cementita entre as agulhas de ferrita (Figura 2.28). O crescimento de cada agulha envolve deformação em plano invariante, com tensões de cisalhamento análogas às observadas em transformações martensíticas, que serão estudadas a seguir. Essas tensões são absorvidas pela deformação plástica da austenita adjacente, aumentando a densidade de discordâncias e interrompendo o crescimento da agulha de ferrita. Para minimizar a energia de deformação associada a essa transformação, a ferrita cresce em forma de agulhas. Em aços com baixo carbono, a cementita ocorre na forma isolada e, em aços com alto carbono, esta apresenta-se de forma contínua, separando as agulhas de ferrita [1].

A relação de orientação entre a austenita e a bainita encontrada experimentalmente é aquela na qual os dois planos mais compactos das duas estruturas são aproximadamente paralelos. Entretanto, o índice desse plano de hábito apresenta um espalhamento apreciável em função da temperatura de transformação e composição química do aço, sendo, muitas vezes, imprecisamente descrito como orientação de Kurdjumov-Sachs. Entre a cementita e a austenita, a relação de orientação é a de Pitsch [16]:

$$[001]_{Fe_3C} \parallel [\bar{2}25]_\gamma$$

$$[100]_{Fe_3C} \parallel [5\bar{5}4]_\gamma$$

$$[010]_{Fe_3C} \parallel [\bar{1}\bar{1}0]_\gamma$$

A bainita inferior apresenta microestrutura e características cristalográficas semelhantes às da bainita superior. A diferença mais acentuada é que a cementita precipita entre as agulhas de ferrita e dentro das agulhas de ferrita (Figura 2.28). Isso porque, em temperaturas menores, a difusão do carbono é reduzida e este não consegue segregar totalmente para a austenita adjacente, ocorrendo também a precipitação dentro da ferrita. A cementita precipitada dentro da agulha de ferrita apresenta-se com a mesma relação cristalográfica de Bagaryatski [17], formando fileiras a 60° em relação ao eixo da agulha. Dependendo da temperatura

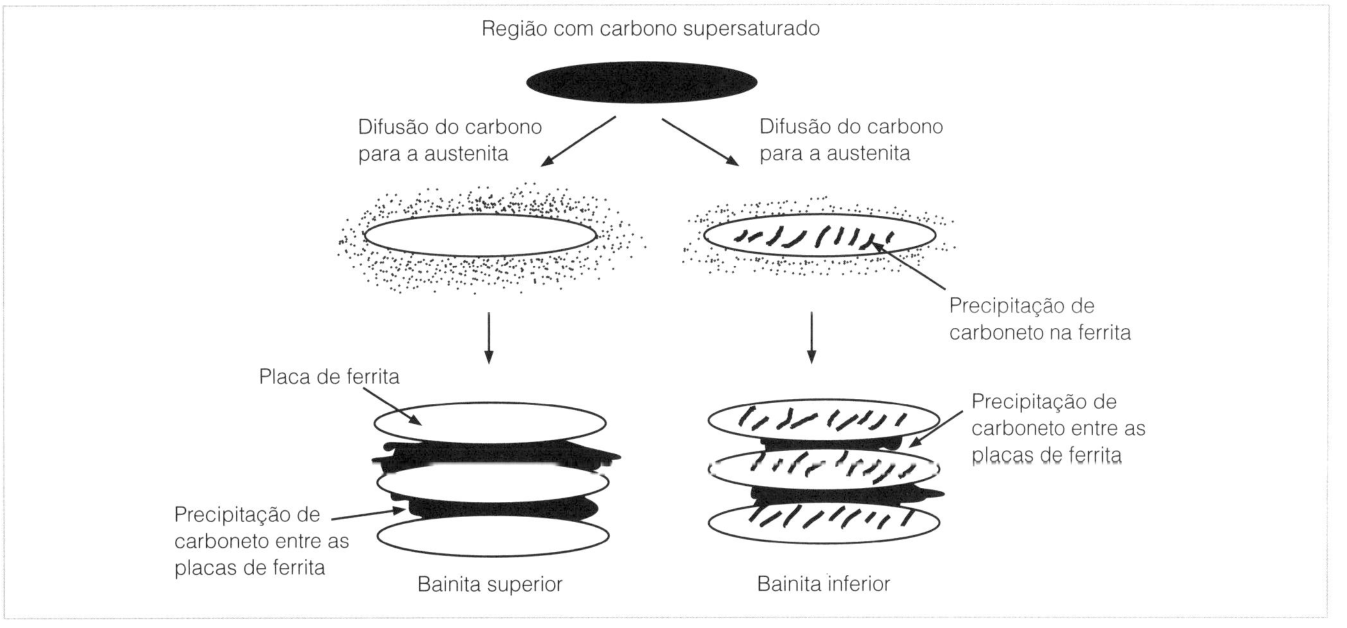

Figura 2.28 Representação esquemática da formação da bainita superior e inferior [1].

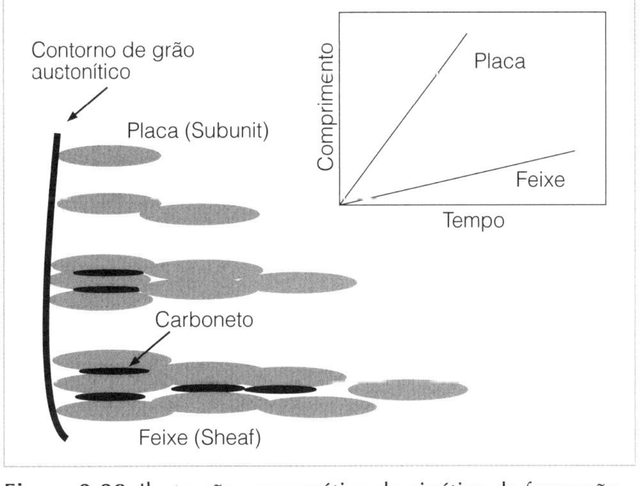

Figura 2.29 Ilustração esquemática da cinética de formação da estrutura bainítica [1].

de transformação e da composição química do aço, os carbonetos que precipitam na ferrita nem sempre são de cementita. Em aços de alto carbono e mais de 1% de silício, ocorre a precipitação de carboneto épsilon (com composição variando entre o Fe_2C e o Fe_3C). Os carbonetos precipitados na bainita inferior são mais finos do que os da bainita superior, visto que a difusão do carbono é menor em temperaturas menores, dificultando o crescimento e o coalescimento dos carbonetos. Tal fato confere à bainita inferior maior tenacidade em relação à bainita superior, visto que as partículas de cementita mais grosseiras da última facilitam a nucleação de trincas [1].

A cinética de nucleação e crescimento da bainita (superior ou inferior) deve ser considerada em termos de distintos eventos. As placas (ou subunidades) nucleiam no contorno de grão da austenita e crescem em uma certa taxa até o crescimento ser interrompido pela deformação plástica causada na austenita adjacente. Novas placas (ou subunidades) são nucleadas na ponta da primeira placa e o "feixe" de bainita é formado. A taxa de crescimento do feixe é menor do que a das placas (ver Figura 2.29). A fração volumétrica de bainita formada dependerá da totalidade de feixes crescendo em diferentes regiões da amostra. A precipitação de carbonetos também afeta a cinética de crescimento da bainita, por remoção de carbono da austenita ou das placas de ferrita supersaturadas [1].

Na Figura 2.30, são apresentadas microestruturas bainíticas observadas no microscópio óptico e no eletrônico de varredura (MEV), embora só por microscopia eletrônica de transmissão seja possível observar claramente seus finos constituintes (os carbonetos da bainita inferior têm alguns nanômetros de espessura).

Em aços carbono, é difícil separar as regiões da bainita e da perlita, porém, nos aços ligados, essas regiões são bem distintas, bem como diz-se que a curva ITT apresenta duas baias (Figura 2.31). A separação entre bainita superior e bainita inferior na curva ITT não é clara, pois mesmo em uma transformação isotérmica é possível ocorrer as duas formas de bainita: a bainita superior forma-se primeiro e a austenita residual enriquecida de carbono dá origem, posteriormente, à bainita inferior [1].

Rezende et al. [29] observou que a adição de nióbio e molibdênio, além de atrasar a formação da perlita e bainita, também provocava uma separação nítida entre

50X 2.000X

Figura 2.30 Estruturas bainíticas: Foto a direita – Agulhas de bainita em contorno do antigo grão austenítico de aço 0,40 C – 1,0 Mn – 0,03 Nb transformado parcialmente. Nital [19]. Foto a esquerda – Bainita nucleada no contorno do antigo grão austenítico de aço 0,80 C – 1,0 Mn – 0,03 Nb transformado isotermicamente a 550 °C. MEV. Nital [18].

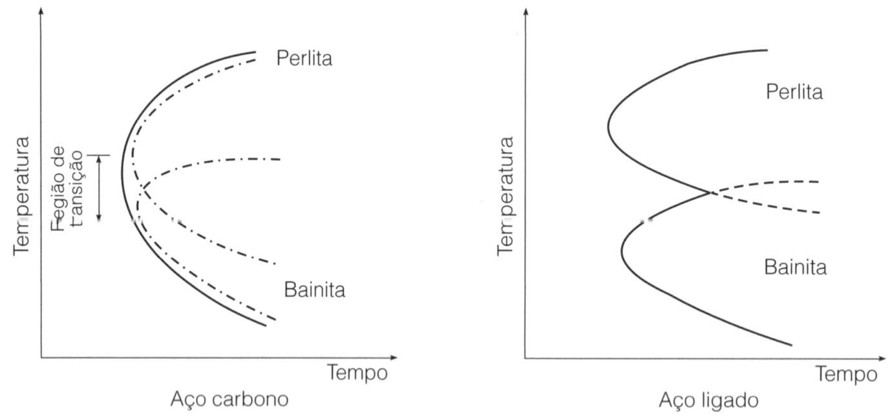

Figura 2.31 As curvas ITT para perlita e bainita tendem a separar-se à medida que sejam adicionados elementos de liga nos aços.

suas curvas (Tabela 2.1 e Figura 2.32). Ele também registrou que, à medida que a temperatura de transformação isotérmica era reduzida , a partir de 650 °C, havia um aumento na dureza tanto do aço não microligado (7C), como do microligado (7NbMo), pela redução do espaçamento interlamelar da perlita, o que era de se esperar (Figura 2.33 e Tabela 2.2). Entretanto, com a continuada redução da temperatura, a 550 °C, para ambos os aços, ocorreu um aumento, em torno de 10 vezes, na fração volumétrica de ferrita livre e a perlita tornou-se extremamente fina, sendo que em alguns pontos as lamelas começaram a se ajuntar em blocos. A 500 °C, para o aço microligado, houve a formação de uma estrutura intermediária entre a perlita e a bainita superior, com a cementita precipitada no contorno do antigo grão austenítico e também no interior do antigo grão austenítico, na forma de agulhas ou lamelas agrupadas sobre uma matriz ferrítica, lembrando a bainita granular. Uma análise por MET (Microscopia Eletrônica de Transmissão) seria necessária para um melhor entendimento desta estrutura. No aço não microligado, a 500 °C observou-se uma mistura de ferrita e bainita. Nesta temperatura (500 °C), a dureza apresentou um valor mínimo. Prosseguindo com a redução da temperatura, a bainita tornava-se dominante e a dureza voltava a aumentar, como era de se esperar, pela progressiva substituição da bainita superior pela bainita inferior (Figuras 2.34 e 2.35).

Tabela 2.1 Composição química dos aços 7C e 7NbMo [29]

Aço	C	Si	Mn	P	S	Mo + Nb
7C	0,74	0,30	0,79	0,018	0,009	-
7NbMo	0,71	0,43	0,84	0,017	0,008	0,22

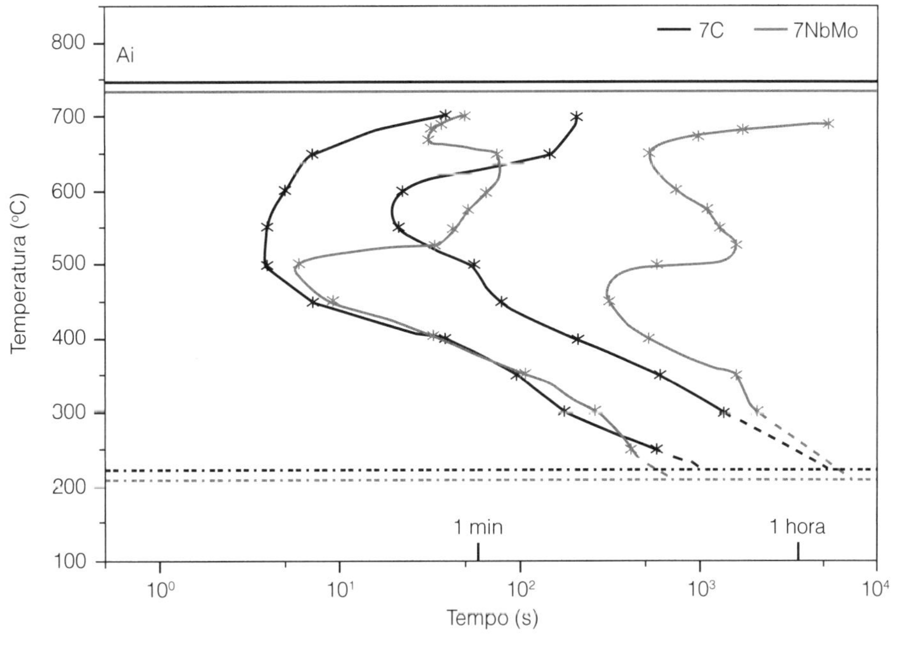

Figura 2.32 Diagrama de transformação isotérmica dos aços 7C e 7 NbMo, cuja composição é mostrada na Tabela 2.1 [29].

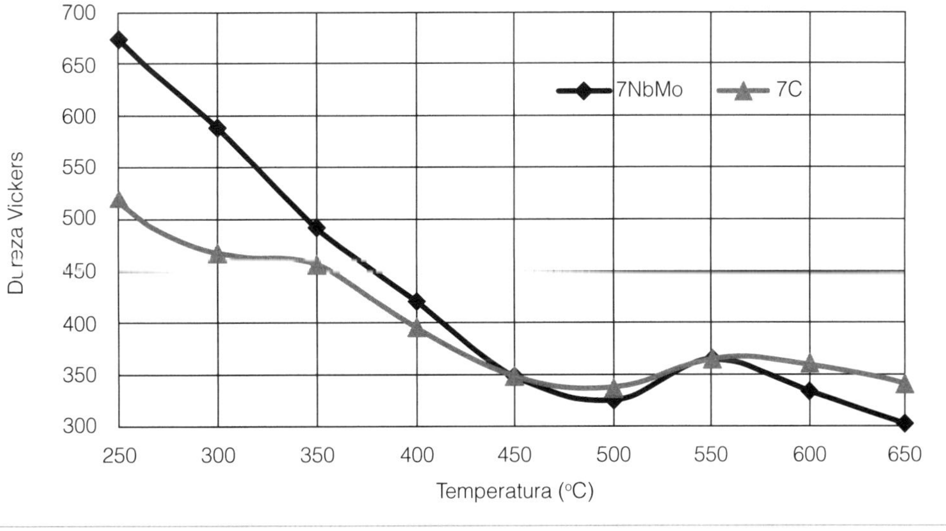

Figura 2.33 Dureza Vickers dos aços 7C e 7NbMo após tratamento isotérmico [29].

Tabela 2.2 Dureza Vickers (HV), espaçamento interlamelar da perlita (So) e ferrita livre em amostras perlíticas obtidas isotermicamente [29]

Temperatura (°C)	Aço 7C			Aço 7NbMo		
	HV	So (μm)	Ferrita (%)	HV	So (μm)	Ferrita (%)
650	341	0,19	1,0	303	0,26	1,2
600	361	0,14	0,9	334	0,20	1,5
550	365	0,14	8,3	365	0,12	16,3
500	336	-	-	324	-	-
450	348	-	-	348	-	-

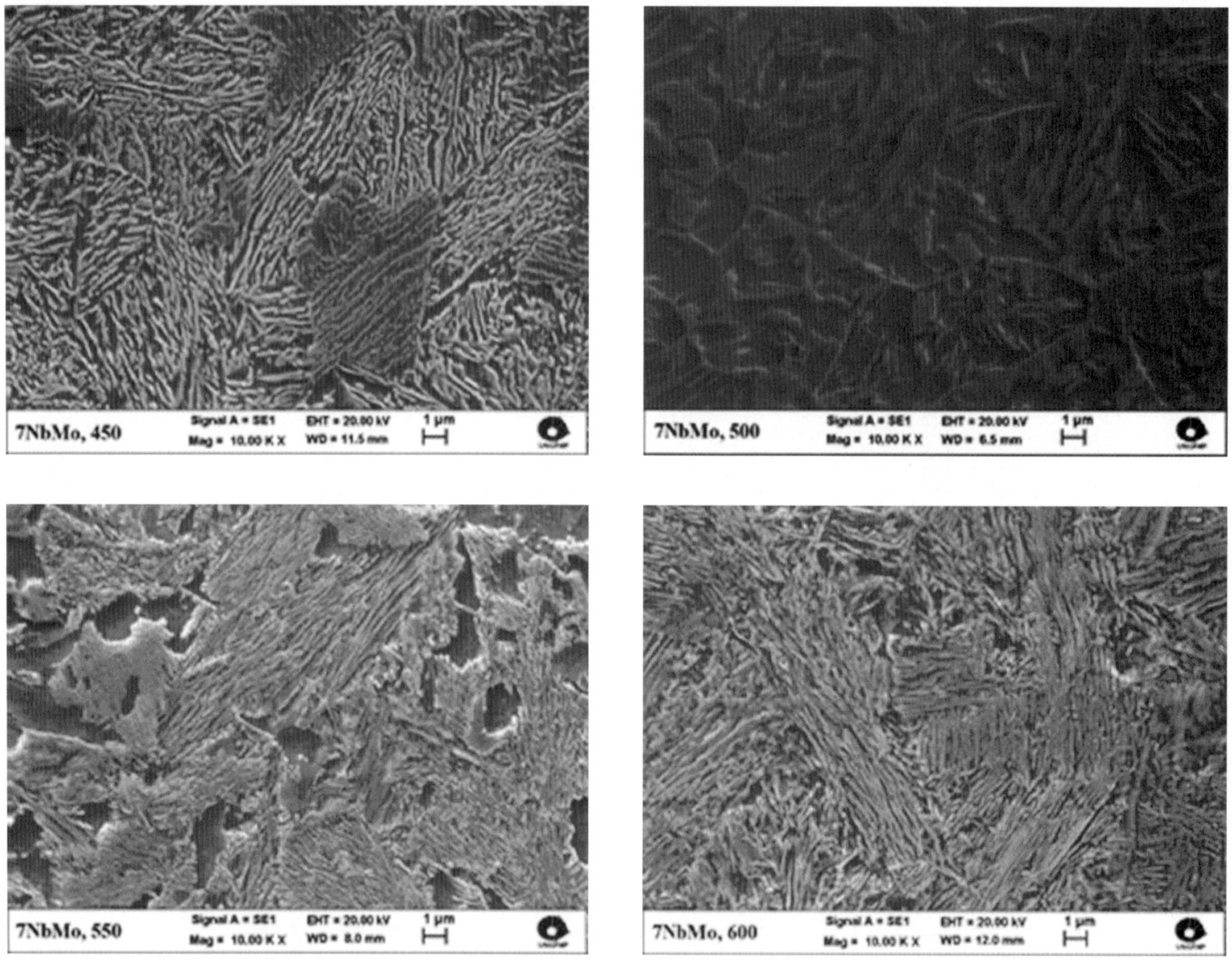

Figura 2.34 Estrutura do aço 7NbMo após tratamento isotérmico a 450, 500, 550 e 600 °C. MEV. Nital 2% [29].

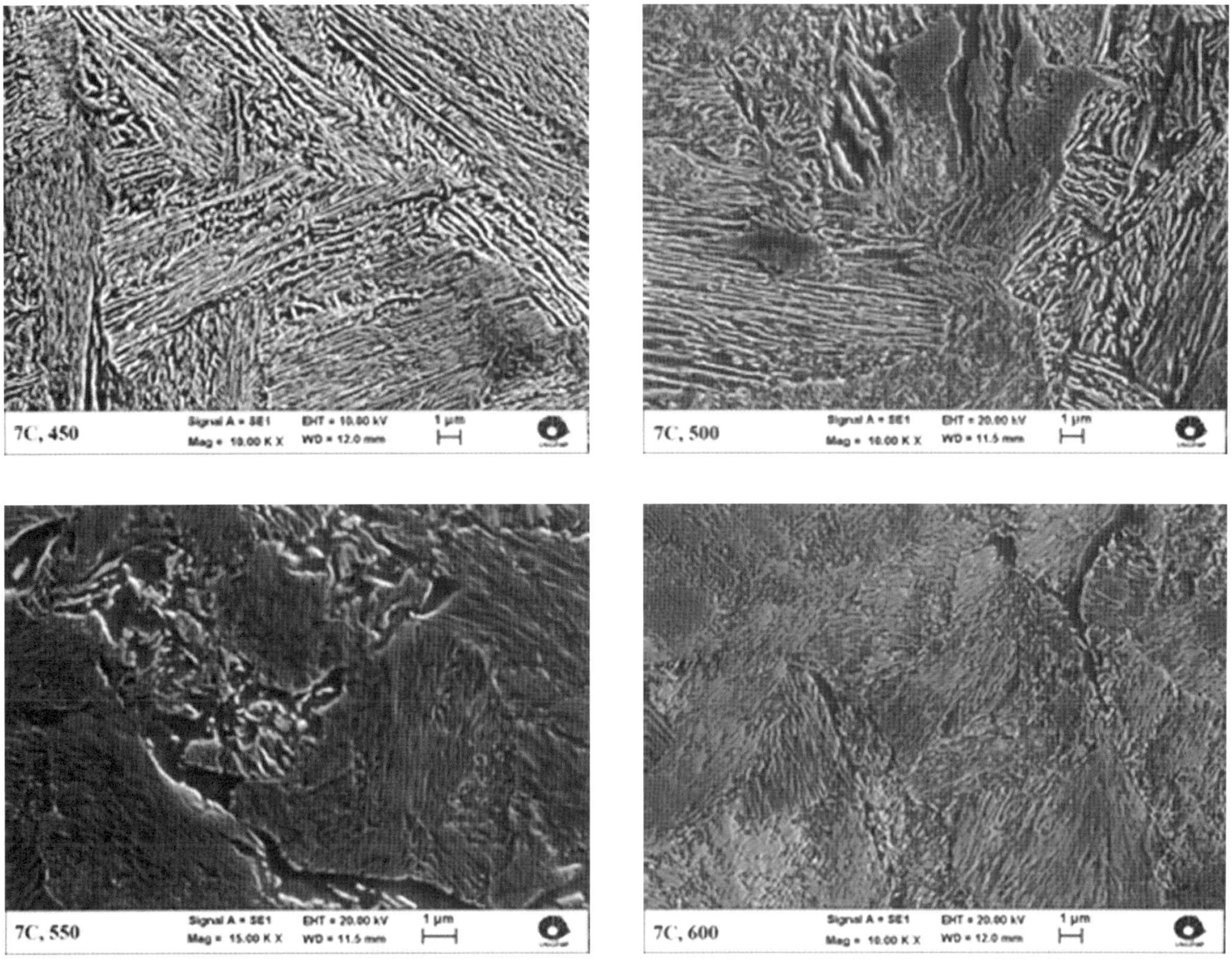

Figura 2.35 Estrutura do aço 7C após tratamento isotérmico a 450, 500, 550 e 600 °C. MEV. Nital 2% [29].

"Bainita superior" e "bainita inferior" são termos aplicados a microestruturas que podem ser facilmente distinguidas por microscopia eletrônica e cujos mecanismos de formação são bem conhecidos, mas existem outras estruturas também descritas como bainita.

- Uma denominação usada erroneamente, segundo Bhadeshia [30], é a de" bainita perlítica", quando a cementita da perlita é substituída por carbonetos de elementos de liga, tipo M_7C ou M_2C.
- "Bainita de contorno de grão" refere-se à bainita inferior formada no antigo contorno de grão austenítico em temperaturas próximas às de início de formação da martensita [30].
- "Bainita coalescida" refere-se a uma distribuição bimodal de placas de bainita, umas com cerca de 0,2 µm junto com outras com 5 a 10 µm de comprimento, que podem aparecer tanto em regiões soldadas como forjadas, reduzindo a tenacidade das mesmas [30].
- Denomina-se "bainita colunar" um agregado não lamelar de agulhas de cementita dentro de uma matriz de ferrita, com forma de uma colônia alongada, a qual ocorre, principalmente, em aços hipereutetoides. Porém, segundo Bhadeshia [30], essa estrutura seria mais próxima da perlita do que da bainita, e mais estudos seriam necessários para se compreender o mecanismo de sua formação.
- Ao contrário da bainita superior ou inferior, em que primeiramente crescem os feixes de ferrita, em aços de alto carbono as agulhas de cementita crescem primeiro e depois são envolvidas pela ferrita, surgindo então o termo "bainita inversa". Porém, segundo Bhadeshia [30], ainda são necessários mais estudos para se entender o mecanismo de sua formação, para que possa ser denominada "bainita".
- Spanos [31] apresentou um estudo em 1990 utilizando ligas de 0,1 a 1,4% C, com 2 a 3% Mn para estudar os diferentes tipos de bainita, cujos resultados estão sumarizados na Figura 2.36. Ele usou o termo "bainita

nodular" para descrever a bainita formada em uma liga Fe/0,95C/1,93Mn a 350 °C, visto que esta se apresentava no microscópio ótico na forma de nódulos, como os da perlita. Krauss [32] publicou um desenho esquemático que é bastante usado para descrever as diferentes morfologias da bainita (Figura 2.37).

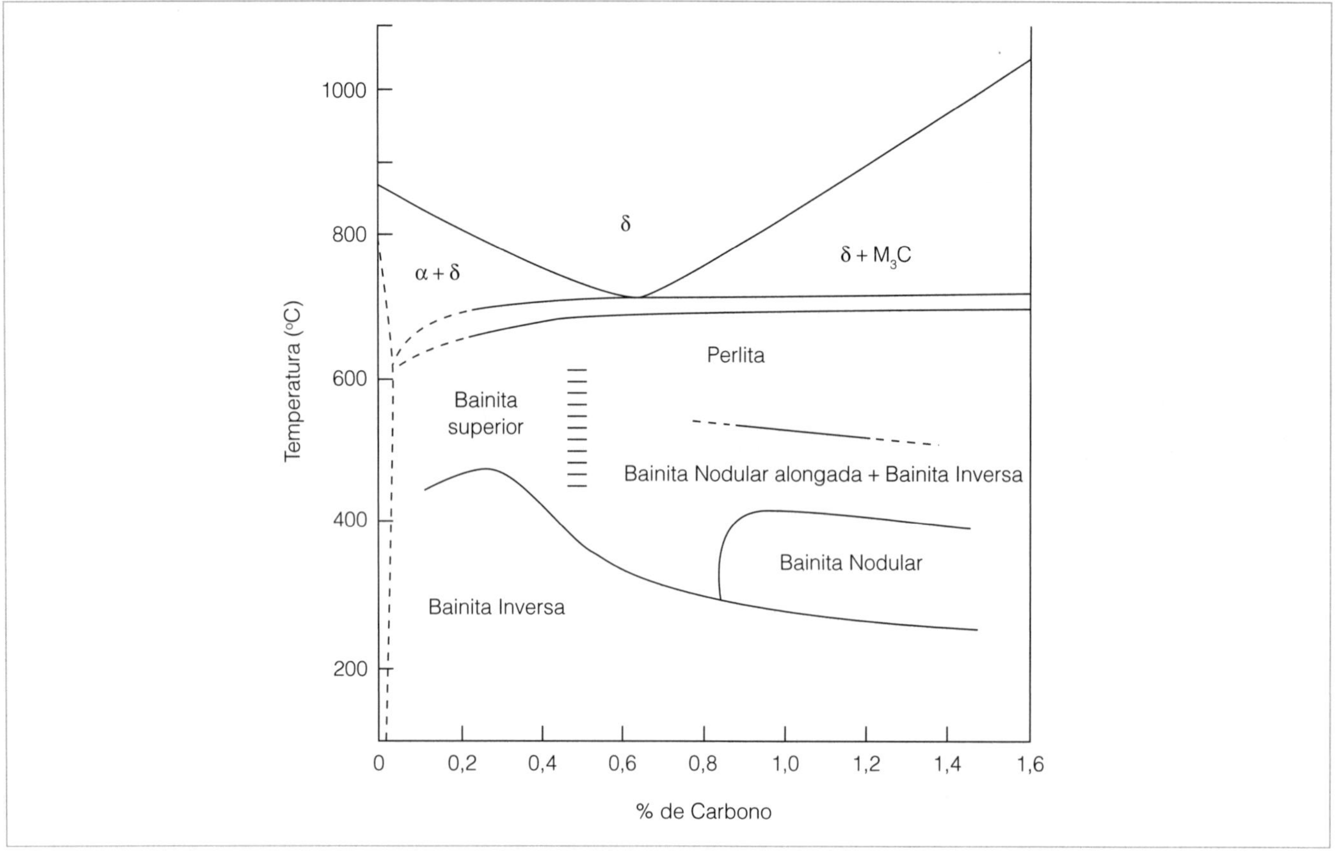

Figura 2.36 Diagrama esquemático de formação da bainita inversa e da bainita nodular em aços hipereutetoides proposto por Spanos [31].

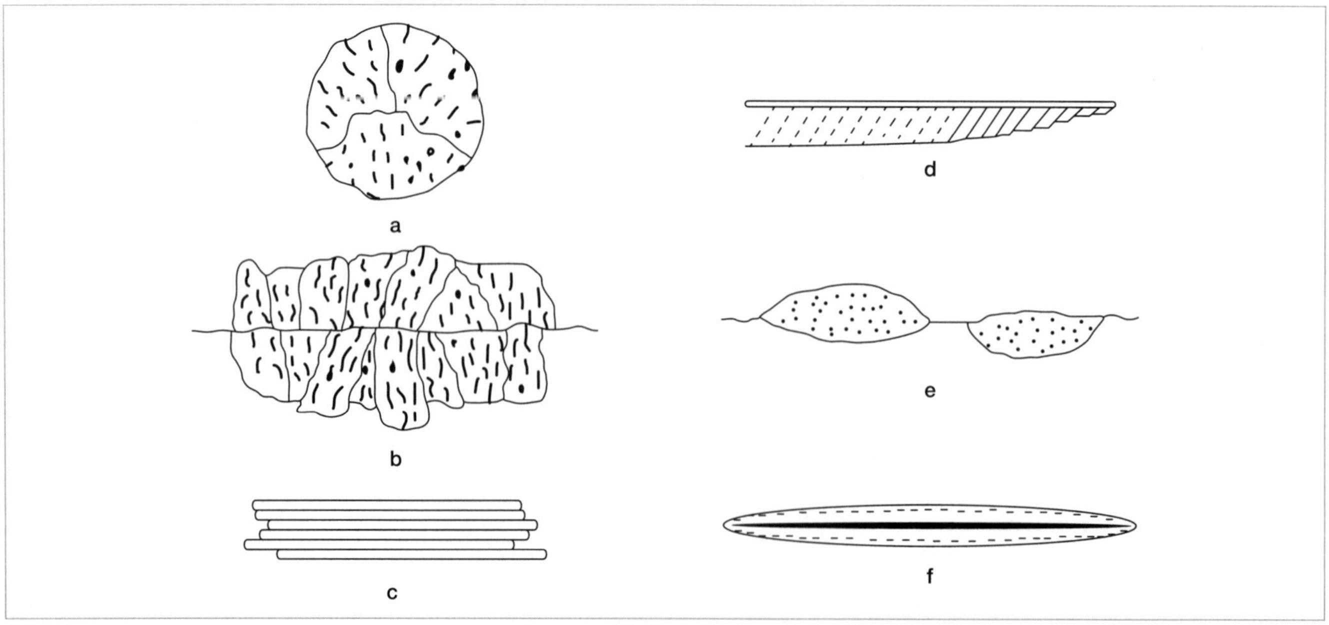

Figura 2.37 Desenho esquemático de Krauss [32] para as diferentes morfologias da bainita, em que a fase escura refere-se aos carbonetos e a fase clara, à ferrita. a) bainita nodular; b) bainita colunar; c) bainita superior; d) bainita inferior; e) bainita alotriomorfa de contorno de grão; f) bainita inversa.

O termo “bainita granular” foi usado, segundo Bramfitt [33], primeiramente por Habraken e Economopoulos, em 1967, para definir a bainita encontrada em aços 0,15% C com adições de cromo (1 a 2,25%), níquel (2,5%) e molibdênio (0,25 a 1%), resfriados lentamente (3 °C/min). O termo foi aplicado por uma aparência granular da estrutura ao microscópio ótico a um constituinte formado por uma matriz de ferrita não acicular com ilhas de MA (martensita-austenita) e obtido com baixas taxas de resfriamento contínuo. Eles também relataram a existência de ferrita acicular livre de carbonetos (Figura 2.38).

Em 1971, Ohmori et al. [34] publicaram um artigo sobre aços de baixo carbono (C < 0,2% em peso) ligados com Ni-Cr-Mo-Cu, em que identificaram, por MET, três tipos de bainita denominados:

- **Bainita tipo I** – constituída de ferrita acicular livre de carbonetos;
- **Bainita tipo II** – constituída de ripas de ferrita com cementita entre as ripas, também conhecida como bainita superior;
- **Bainita tipo III** – constituída de ripas de ferrita com cementita entre e dentro das ripas, também conhecida como bainita inferior (Figura 2.39).

É interessante notar que Ohmori et al. [34] não relataram a bainita granular descrita por Habraken e Economopoulos.

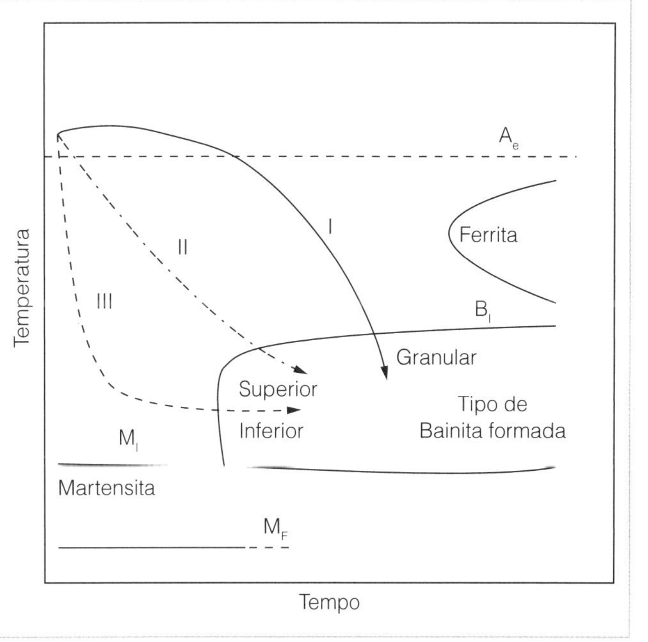

Figura 2.38 Diagrama esquemático proposto por Habraken e Economopoulos para a formação de diferentes tipos de bainita em aços de baixo carbono com adição de Ni-Cr-Mo em função do tratamento térmico. (I) A bainita granular seria obtida com baixas taxas de resfriamento contínuo. (II) A bainita superior seria obtida com taxas mais altas de resfriamento contínuo. (III) A bainita inferior seria obtida com resfriamento rápido até acima da Ms (inicio de formação da martensita) seguido por um patamar isotérmico [33].

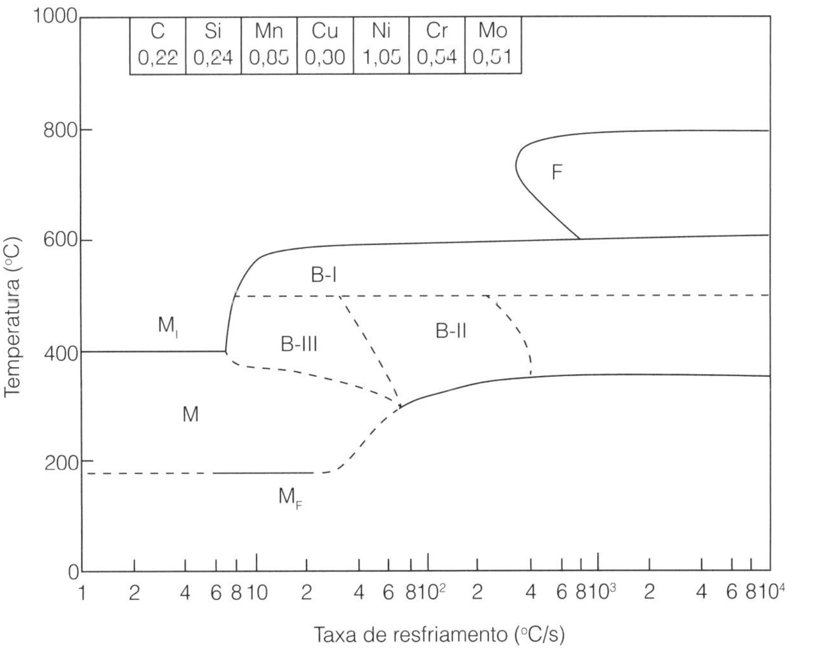

Figura 2.39 Diagrama esquemático proposto por Ohmori et al. [34] para a formação de diferentes tipos de bainita em aços de baixo carbono com adição de Ni-Cr-Mo-Cu. **B-I** – ferrita acicular livre de carbonetos; **B-II** – ferrita em ripas com carbonetos entre as ripas (bainita superior); **B-III** – ferrita em ripas com carbonetos dentro das ripas (bainita inferior).

Em 2005, Zajac et al. [35] publicaram um estudo tentando padronizar os termos empregados para as diferentes morfologias da bainita (Tabela 2.3) utilizando uma gama de aços de 0,06 a 1% de carbono. Eles também observaram comportamentos distintos em relação à diferença de orientação (também denominada "desorientação", do inglês *misorientation*) entre os contornos das ferritas de bainita. A bainita inferior apresentava alta proporção de desorientação de contornos na faixa de 50° a 60° e a superior, em ângulos menores do que 20°. Na bainita granular, a desorientação de contornos era aleatória, mas com maior intensidade a 45° (Figura 2.40)

Tabela 2.3 Classificação das bainitas adaptada de Zajac et al [35]

Bainita	Outros nomes	Morfologia	Esquema
Granular	Bainita livre de carbonetos	Ferrita irregular (ou acicular) com ilhas de M/A ou perlita M/A = Martensita e/ou Austenita	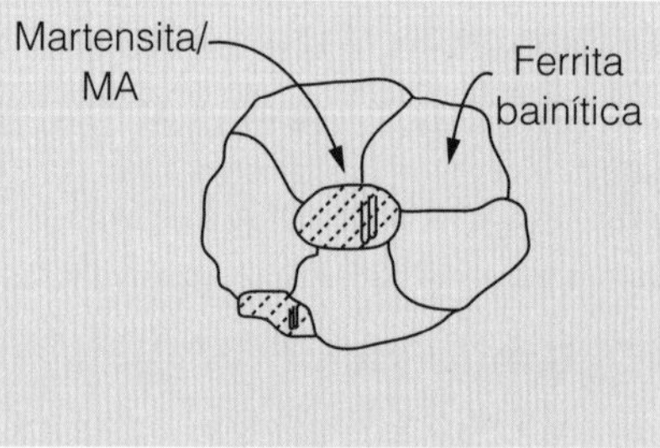
Superior	B-II	Ripas de ferrita com cementita entre as ripas	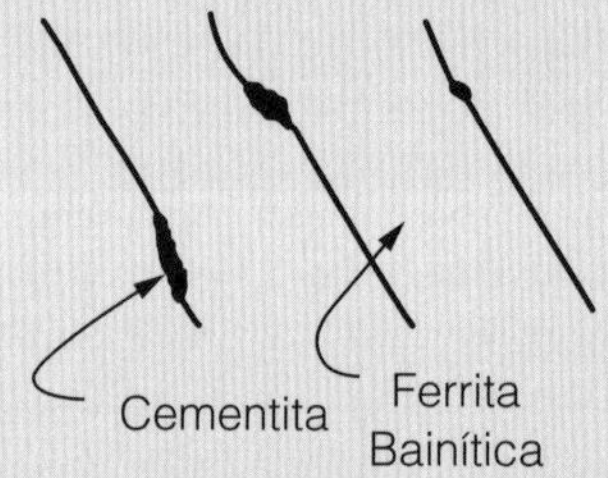
Superior degenerada	B-I	Ripas de ferrita com M/A ou perlita entre as ripas	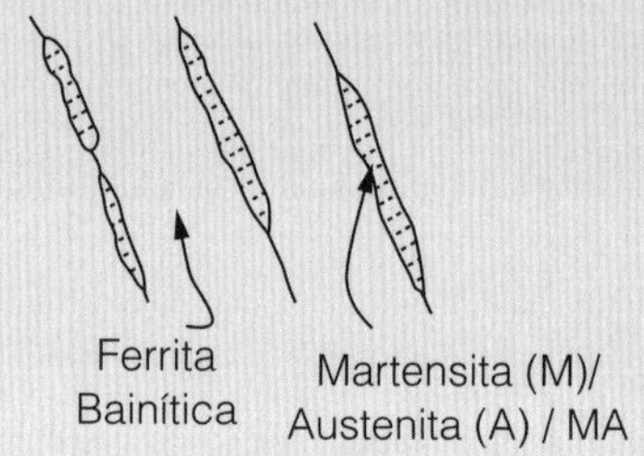
Inferior em ripa	B-III Típica em aços de baixo carbono	Ripas de ferrita com carbonetos (épsilon ou cementita) dentro das ripas	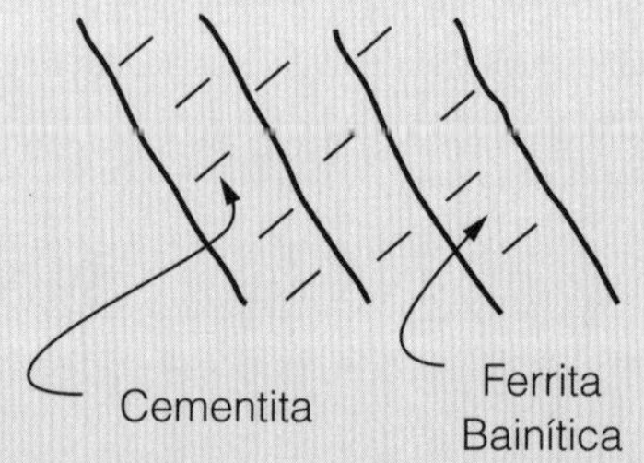
Inferior em placa	Típica em aços de médio e alto carbono	Placas de ferrita com carbonetos (épsilon ou cementita) dentro das placas	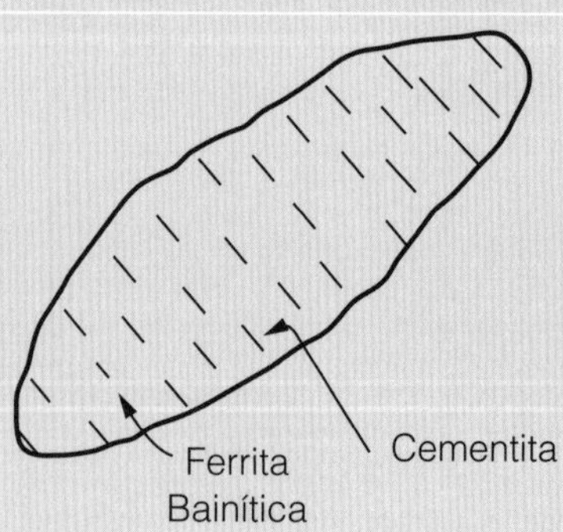

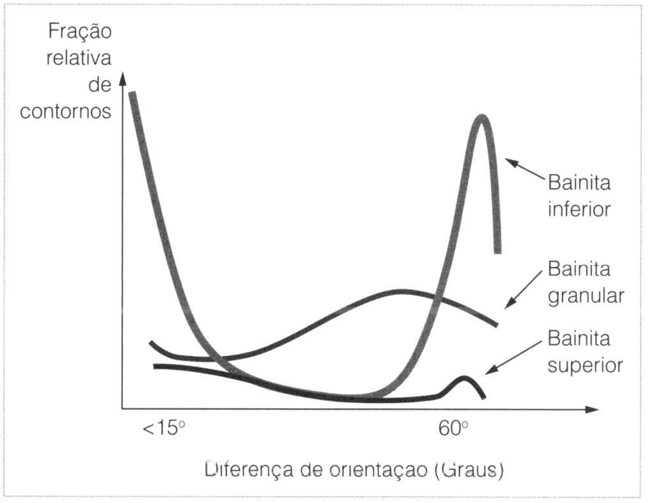

Figura 2.40 Classificação da bainita baseada na distribuição do ângulo de desorientação entre grãos ou ripas da ferrita da bainita (ou ferrita bainítica) Zajak [35].

Um estudo aprofundado sobre os diferentes tipos de bainita pode ser encontrado no livro *Bainite in Steels* [30].

A ferrita acicular e a bainita apresentam essencialmente os mesmos mecanismos de formação. A diferença é que a bainita nucleia no contorno de grão austenítico e cresce em forma de um feixe de agulhas paralelas, enquanto a ferrita acicular nucleia em inclusões não-metálicas e cresce radialmente em forma de agulhas (Figuras 2.41 e 2.42). As agulhas de ferrita acicular apresentam 1 mm de largura por 10 mm de comprimento. A analogia entre a bainita e a ferrita acicular é acentuada: a remoção de inclusões por refusão a vácuo de um aço com ferrita acicular causa a mudança de estrutura para a bainítica. O fenômeno oposto também ocorre: qualquer método que favoreça a nucleação intragranular faz a estrutura mudar de bainítica para ferrítica acicular. Um exemplo disto pode ser observado na Figura 2.43, na qual o aumento de titânio na região de solda forma inclusões que favorecem a formação de ferrita acicular.

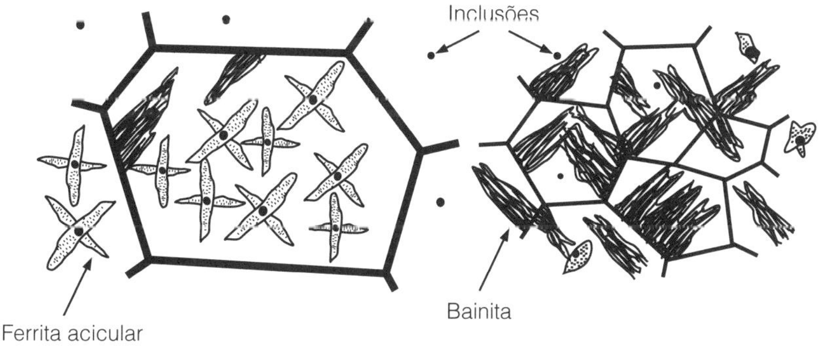

Figura 2.41 Ilustração esquemática da bainita e da ferrita acicular [1].

Figura 2.42 Ferrita acicular em aço 0,18 C – 1,0 Mn – 0,03 Nb resfriado rapidamente. 80X. Nital [19].

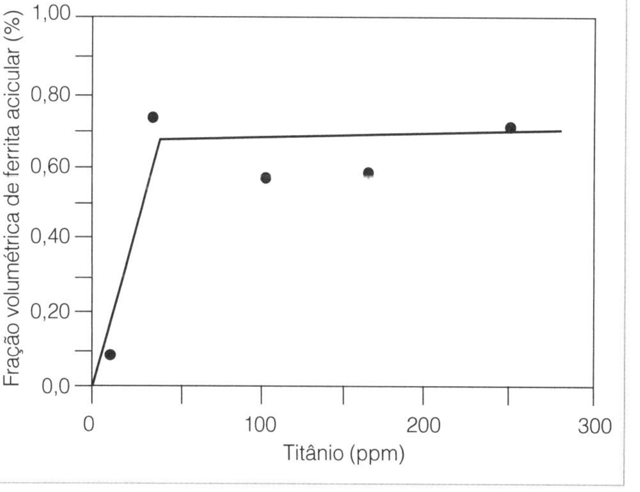

Figura 2.43 Efeito do teor de titânio na região de solda [1].

2.5 MARTENSITA

A martensita é uma fase metaestável que aparece com o resfriamento brusco da austenita, como resfriando-se uma amostra austenitizada em água. Assim, a transformação ocorre por cisalhamento da estrutura, sem difusão. O nome "transformação martensítica" é aplicado às reações no estado sólido que ocorrem por cisalhamento sem mudança na composição química (difusão) e que aparecem em vários sistemas, sendo a reação mais conhecida o ferro-carbono [1].

O aspecto termodinâmico da formação da martensita pode ser entendido observando-se a Figura 2.44. Para temperaturas menores do que T_e, a austenita torna-se instável, favorecendo a formação da perlita, que tem menor energia livre total (as reações espontâneas ocorrem para $\Delta G < 0$, ou seja, quando se vai atingir um nível de energia livre total menor). Se o abaixamento da temperatura for lento, haverá tempo para difusão e a estrutura formada será perlítica. Porém, se o abaixamento da temperatura for brusco, para abaixo de T_0, haverá uma tendência a formar uma fase metaestável (a martensita), mas essa fase só aparecerá realmente se a temperatura for inferior a T_{M1} (temperatura de início de formação da martensita). Isso ocorre porque, sendo a martensita uma fase cuja formação ocorre com deformações, ela precisa de uma quantidade de energia elástica para sua formação (energia elástica é a energia contida, por exemplo, em uma região de discordâncias). Em geral, T_M é menor do que T_0 de 20 a 400 °C, dependendo da liga [36]. Pode-se acelerar o aparecimento da martensita (T_{MIR}) usando-se deformação plástica durante a têmpera. Essa deformação externa fornece energia elástica para facilitar a transformação. Devido ao alto super-resfriamento ($T_{MI} - T_0$) requerido para iniciar a reação, e por ser uma transformação sem difusão, depois que esta se inicia, sua velocidade é extremamente alta (o tempo de formação das agulhas é de 10^{-7}s), mesmo para baixas temperaturas (4,2 K). Daí conclui-se que o processo é atérmico (não necessita de ativação térmica dos átomos para ocorrer, pois próximo ao zero absoluto, 4,2 K, a ativação térmica dos átomos é muito baixa). Os núcleos crescem rapidamente em forma de plaquetas e só interrompem seu crescimento quando encontram um contorno de grão de austenita, outra placa de martensita ou algum outro tipo de impedimento. Como energia de deformação é gerada durante o processo, o crescimento em uma dada temperatura também é limitado. Assim, se abaixarmos a temperatura (T_{M1} para T_{M2}), o ΔG disponível aumenta, e uma fração deste fica disponível para ser utilizada como energia para novas nucleações. Porém, quando toda essa energia disponível é utilizada, o processo é interrompido e tem-se apenas uma parte da amostra transformada em martensita. Abaixando-se a temperatura, novas regiões de austenita são transformadas em martensita, até que a transformação seja completa (quando se atinge T_{MF}). Se, no entanto, a temperatura for aumentada, não há reversão da reação para formação de austenita, pois ocorrem reações secundárias, as quais serão estudadas no revenimento (Capítulo 3).

O uso de deformação para acelerar a formação da martensita já é conhecido há quase um século. Em 1932, Scheil [37] observou que a aplicação de deformação aumentava o teor de martensita em um aço baixo carbono (< 0,07% C) em que foram adicionados 29% de níquel. As frações volumétricas de martensita e austenita foram determinadas por difração de raio X.

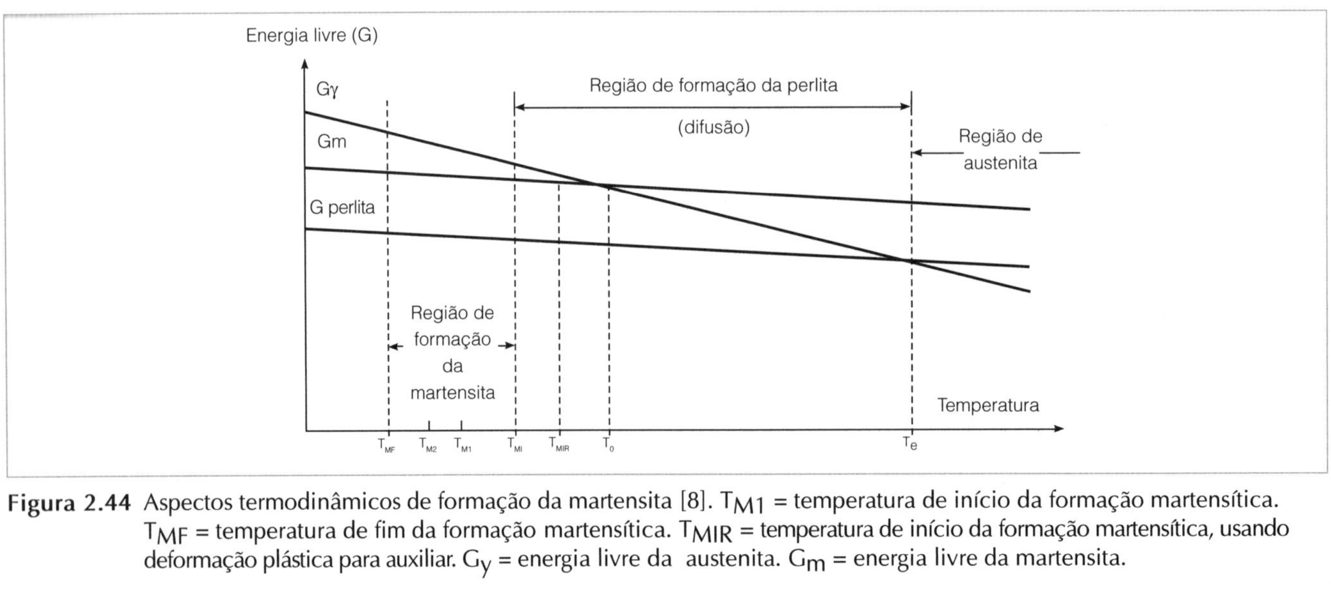

Figura 2.44 Aspectos termodinâmicos de formação da martensita [8]. T_{M1} = temperatura de início da formação martensítica. T_{MF} = temperatura de fim da formação martensítica. T_{MIR} = temperatura de início da formação martensítica, usando deformação plástica para auxiliar. G_γ = energia livre da austenita. G_m = energia livre da martensita.

Com o aumento do teor de carbono do aço, diminuem as temperaturas de início (M_I) e fim (M_F) de formação da martensita (Figura 2.45). Assim, um aço com 0,8% C resfriado bruscamente até a temperatura ambiente apresentará, aproximadamente, 80% de martensita e 20% de austenita não transformada, denominada "austenita retida". Em aços ligados, o volume de austenita pode ser mais alto à temperatura ambiente. Para que essa austenita transforme-se em martensita, é necessário abaixar a temperatura da amostra, muitas vezes para temperaturas abaixo de 0 °C. Gás carbônico sólido (-75 °C) ou nitrogênio líquido (-196 °C) são frequentemente empregados nestes tratamentos, denominados "tratamentos subzero".

A martensita é uma solução sólida supersaturada de carbono em ferro tetragonal de corpo centrado (TCC), uma forma distorcida do ferro cúbico de corpo centrado (CCC).

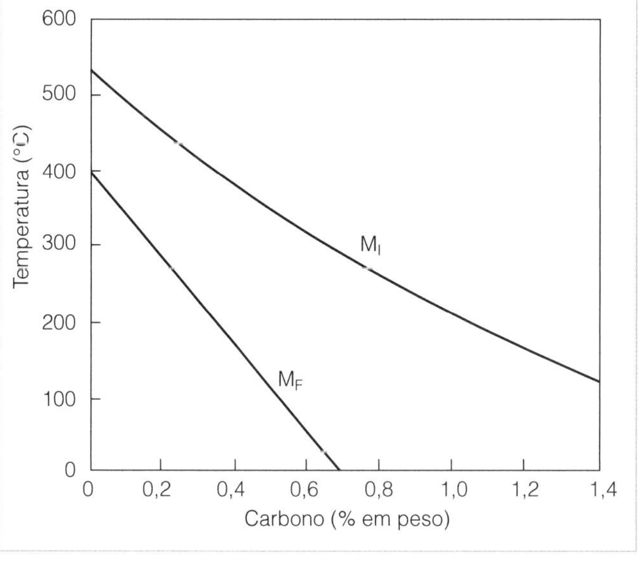

Figura 2.45 Efeito do teor de carbono nas temperaturas de início (MI) e fim (MF) da transformação da austenita em martensita [1].

A tetragonalidade, medida pela reação entre os eixos carbono (Figuras 2.46 e 2.47). A Equação 2.7 foi obtida recentemente por Lu [38]. A relação $\frac{c}{a}$ aumenta com o teor de carbono.

$$\frac{c}{a} = 1 + 0{,}045\%\ \text{C (em peso)} \qquad \text{(Eq 2.7)}$$

Pela Equação anterior, observa-se que para 0% de carbono $c = a$, ou seja, a estrutura seria CCC. Então, é como se o aumento do teor de carbono fosse distorcendo a estrutura CCC para formar a TCC. É interessante notar que o carbono expande o ferro CFC (cúbico de face centrada) uniformemente, mas, com o ferro CCC, a expansão é maior no eixo c, dando origem a uma estrutura tetragonal. Isso deve-se ao fato de que o vão octaédrico na estrutura CFC é simétrico (seus lados ou arestas têm todos o mesmo tamanho) e na estrutura CCC é assimétrico (ver Capítulo 1).

A martensita apresenta-se na forma de ripas (*lath*) em aços de menor teor de carbono ou de agulhas (*thin plates*) em aços com maiores teores de carbono. Uma característica interessante observada no microscópio óptico é que as ripas ou placas de martensita tendem a formar "triângulos" (Figuras 2.48 e 2.49). Os planos de hábito e as relações de orientação entre a martensita e a austenita são varáveis com o teor de carbono (Figura 2.50 e Tabela 2.4). Deve-se ressaltar que as relações de orientação e os planos de hábito apresentados na Tabela 2.4 não são exatos, sofrendo pequenas variações nos diversos tipos de aços.

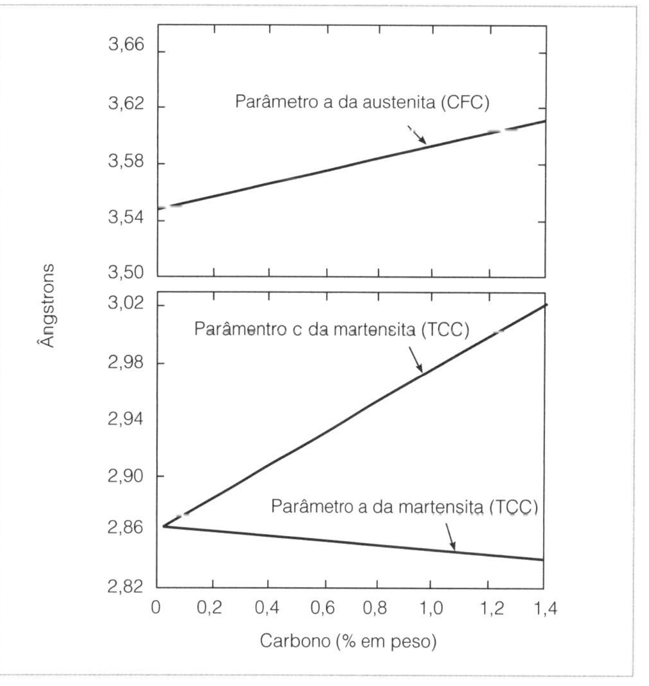

Figura 2.46 Efeito do teor de carbono nos parâmetros de rede da austenita e da martensita [39].

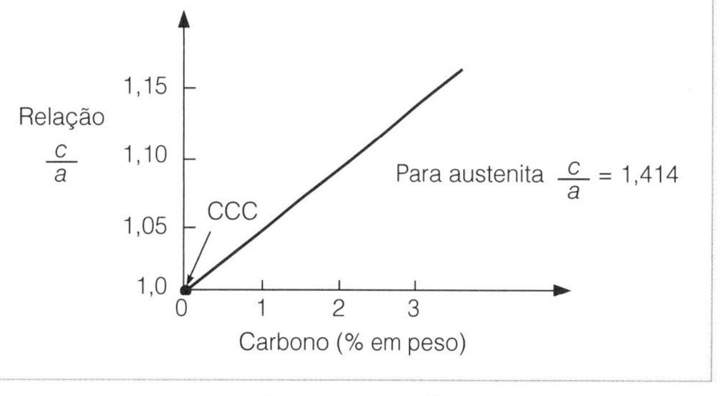

Figura 2.47 Variação do parâmetro $\frac{c}{a}$ para martensita (tetragonal de corpo centrado) em a função da quantidade de carbono.

Aço 0,2 C – 1 Mn – 0,03 Nb. Temperado em água. Ripas de martensita. Vilela. 250X.

100X

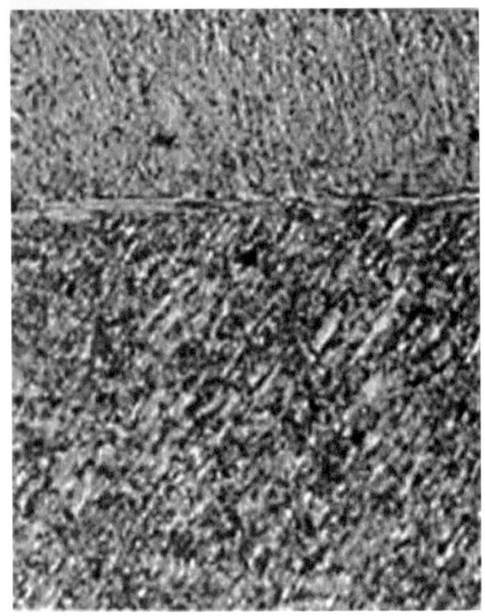

1.000X

Aço 0,4 C – 1 Mn – 0,03 Nb. Temperado em água. Ripas de martensita. Vilela.

1.000X Formação de "triângulos"

Figura 2.48 Estruturas martensíticas. Nital *(continua)*.

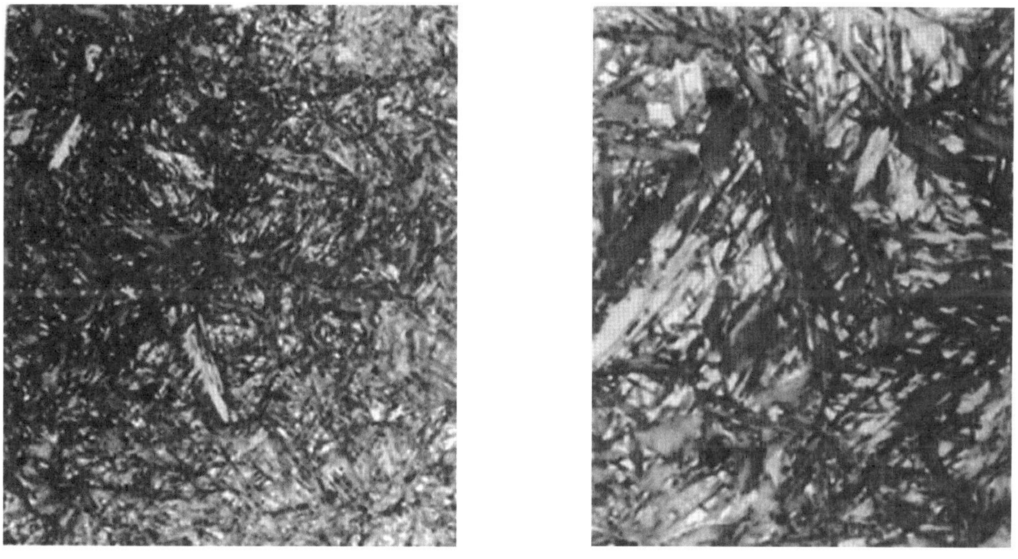

400X 1.000X

Aço 1095 temperado em água. Agulhas de martensita em matriz de austenita retida. Nital.

Figura 2.48 Estruturas martensíticas. Nital *(continuação)*.

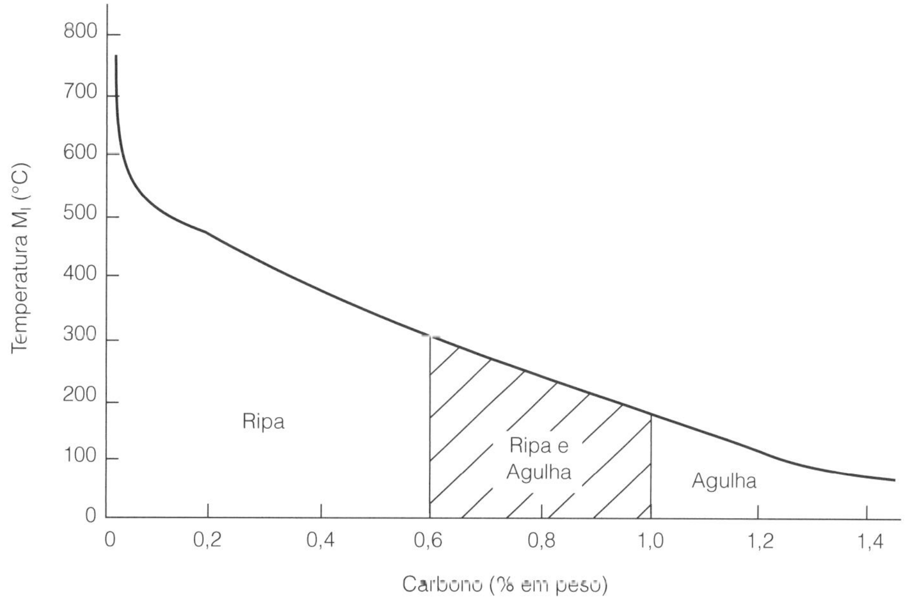

Figura 2.49 Temperatura de início de formação da martensita e sua morfologia em função do teor de carbono [32].

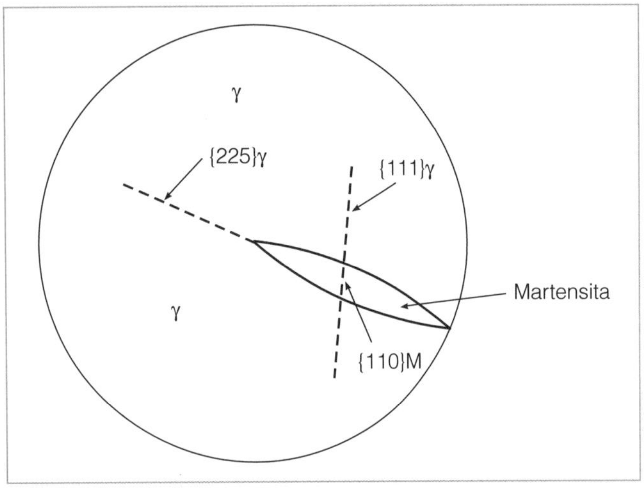

Figura 2.50 Diagrama esquemático de uma das orientações cristalográficas da agulha de martensita [1].

Tabela 2.4 Variação do plano de hábito e da relação de orientação martensita/austenita com teor de carbono do aço [1]

% C em peso	Plano de hábito	Relações de orientação
até 0,5	{111}γ	{111}γ // $\{110\}_M$ <011>γ // $<111>_M$
0,5 a 1,4	{225}γ	{111}γ // $\{110\}_M$ <011>γ // $<111>_M$
acima de 1,4	{259}γ	{111}γ // $\{110\}_M$ <012>γ // $<110>_M$

A correspondência entre os látices da austenita e da martensita foi primeiro descrita por Bain, que mostrou que a célula CFC da austenita poderia gerar a célula TCC da martensita (Figura 2.51). Para fazer essa conversão, a deformação necessária, denominada "deformação de Bain", "deformação pura" ou "deformação homogênea" deveria envolver a contração de ≅ 17% ao longo da direção [001]γ correspondente ao eixo "c" da martensita, e a uma expansão uniforme de 12% no plano (001)γ, ou seja, plano da base da célula martensítica. Observações experimentais, no entanto, mostraram que o plano de hábito entre a austenita e a martensita não é distorcido durante a deformação, indicando que a "deformação de Bain" sozinha não poderia explicar o mecanismo de transformação.

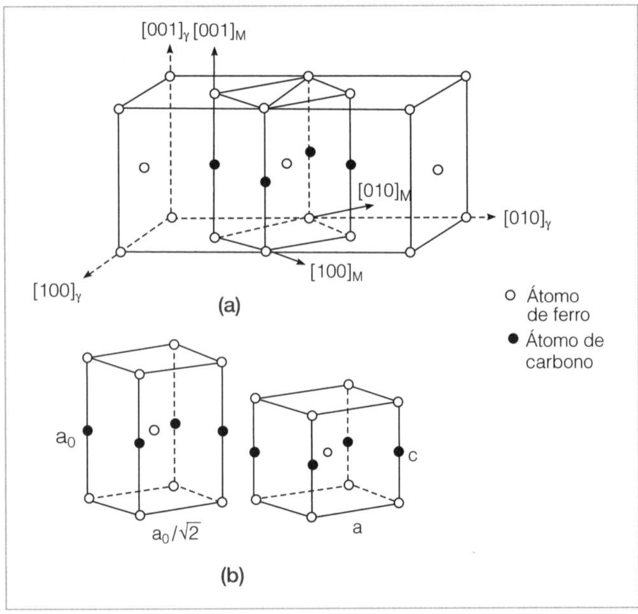

Figura 2.51 Formação da martensita a partir da austenita [39]. (a) Estrutura TCC (desenhada a partir da austenita CFC (cúbica de face centrada). (b) Deformação que a célula TCC da Figura (a) deveria ter para formar uma célula TCC de martensita (compressão de 17% no eixo c, e expansão de 12% no eixo α)

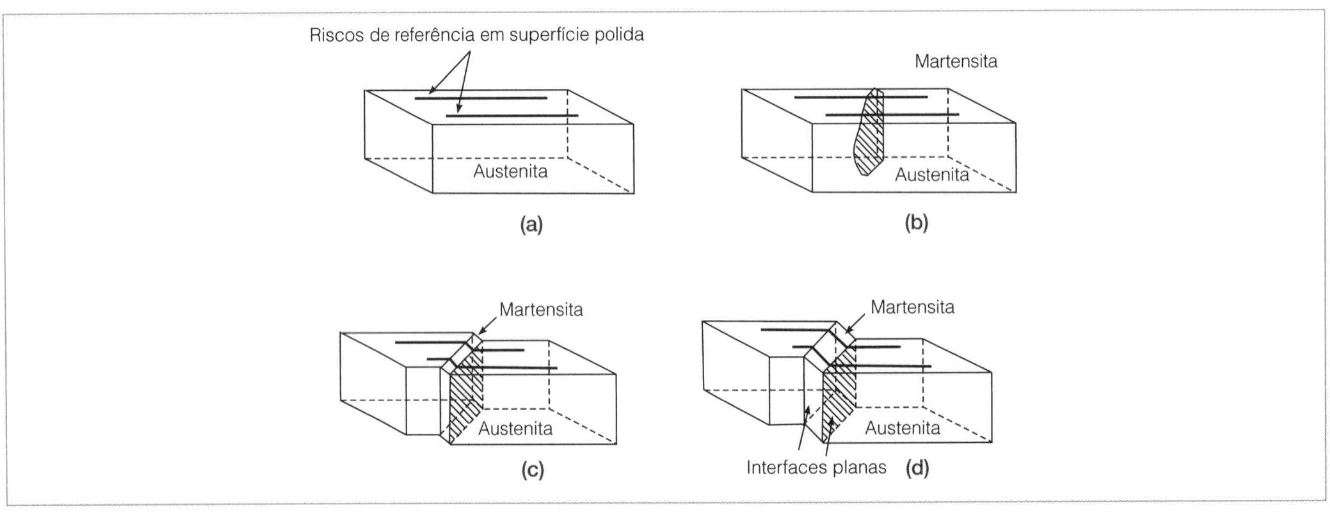

Figura 2.52 Em superfícies polidas e marcadas com ranhuras retas (a), observa-se que, após a transformação austenita → martensita (b, c, d), essas ranhuras são contínuas [39].

A observação de riscos na superfície polida (Figura 2.52) indica que as placas de martensita estão aparentemente inclinadas em relação ao seu plano de hábito com a austenita. Também a continuidade dos riscos na amostra indica que não há distorção significativa no plano de hábito, sendo a transformação denominada "deformação em plano invariante".

A formação da martensita seria então explicada pela "teoria das duas deformações". Assim, além de "deformação de Bain", haveria outra "deformação de forma", ou "deformação heterogênea", em uma escala atômica, na qual o escorregamento ou a maclação (Figura 2.53) auxiliariam na acomodação das distorções necessárias para que a transformação austenita → martensita ocorresse sem distorções na interface (plano de hábito) entre as duas fases. O resultado seria uma interface macroscopicamente plana, tendo irregularidades em uma escala atômica.

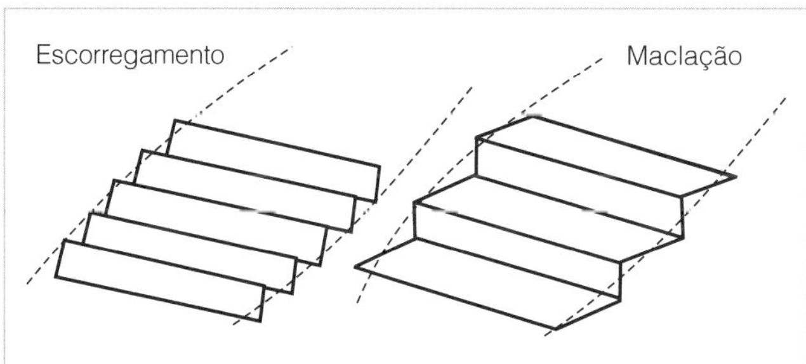

Figura 2.53 Representação esquemática de um plano de transformação macroscopicamente invariante, com deformações por escorregamento (*slip*) ou maclação (*twinning*) em uma escala atômica [40].

Com este tratamento teórico, é possível prever os planos de hábito, as relações de orientação entre a austenita e a martensita e as deformações envolvidas. Devido à deformação associada à sua formação, a martensita é um constituinte bastante duro, e essa dureza aumenta com a elevação do teor de carbono do aço (Figura 2.54). Entretanto, com o aumento do teor de carbono, nem toda a austenita é transformada em martensita durante o resfriamento brusco (têmpera) do aço até a temperatura ambiente e isso faz com que a dureza após têmpera cresça mais lentamente em aços com mais de 0,6 C, no qual o aumento do teor da austenita retida é mais significativo (Figura 2.55).

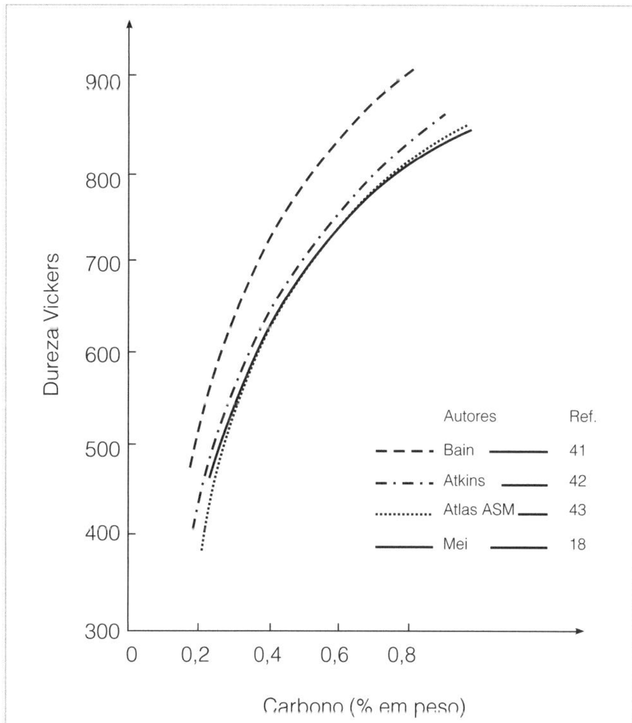

Figura 2.54 Variação da dureza martensítica em função do teor de carbono dos aços.

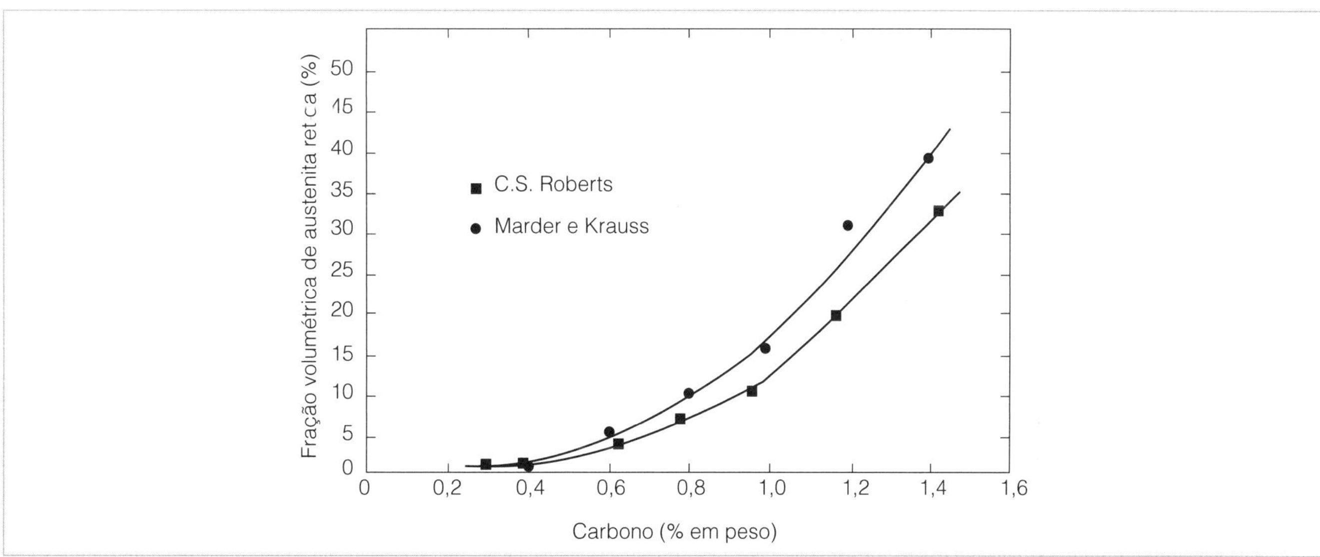

Figura 2.55 Austenita retida em função do teor de carbono de aços resfriados rapidamente [3].

A ocorrência de martensita tipo ripa em aço baixo carbono (< 0,6 %C) e tipo agulha (acicular, lenticular) com uma subestrutura de maclas (twin) para alto carbono (acima de 1 %) é uma tendência, mas não uma regra rígida. Sunada [44] observou martensita tipo ripa em aço de ultra-alto carbono (1,3 a 1,6 %C) e Jiewu [45] em aço 1,4 %C. Todavia, Zhang [46] observou uma subestrutura de maclas em aço 0,2 %C, o que significa que o aumento de dureza desta estrutura não ocorre só pela alta densidade de discordâncias, mas também por ocorrência de maclação. Morito [47] fez um estudo bastante abrangente para descrever a morfologia de martensita em placas em aços de baixo e médio carbono (0,003 a 0,6%C). Dentro do antigo grão austenítico, formam-se pacotes (grupo de ripas com o mesmo plano de hábito) e, dentro destes, os conjuntos de ripas de martensita com a mesma variante de orientação, denominados "blocos". Segundo Morito [47], a resistência mecânica e a tenacidade da martensita são fortemente relacionadas com o tamanho dos seus pacotes e blocos. Quando o teor de carbono aumenta, o tamanho dos blocos e dos pacotes diminui. Em aços de baixo carbono, os blocos seriam formados por ripas de martensita com duas variantes de Kurdjumov-Sachs (K-S) com diferença de orientação de 10°. Em aços de alto carbono haveria apenas uma orientação de K-S entre as ripas de um bloco (Figura 2.56).

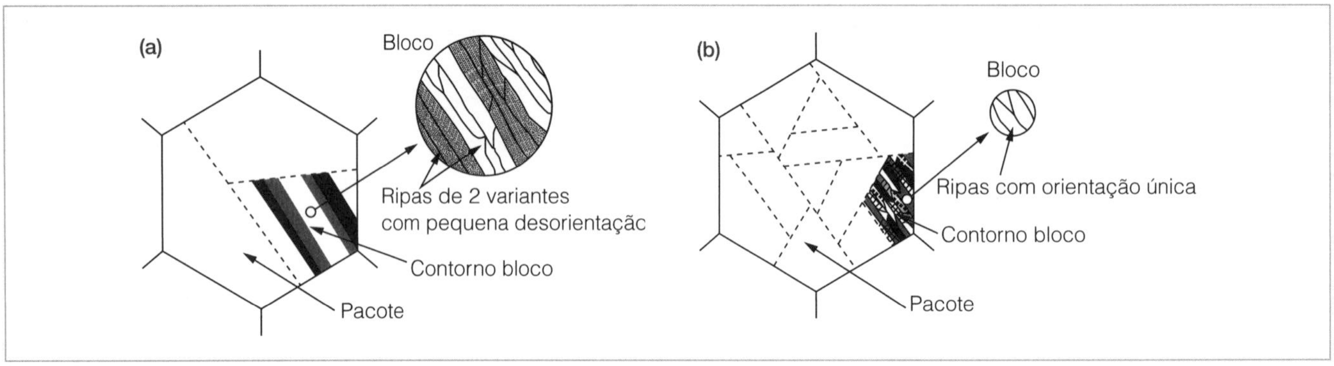

Figura 2.56 Ilustração esquemática mostrando a estrutura de martensita em aços de: (a) baixo carbono (até 0,4% C) e (b) alto carbono (0,6% C) [47].

2.6 CONSTRUÇÃO DAS CURVAS TTT

Para se acompanhar a formação dos constituintes estudados, utilizam-se as curvas TTT (temperatura, tempo, transformação), as quais são subdivididas em:

d) ITT (*Isothermal Time Transformation*): transformação isotérmica.

e) CCT (*Continuous Cooling Transformation*): transformação por resfriamento contínuo (TRC).

Para se obterem curvas TTT, utiliza-se, normalmente, o dilatômetro, um equipamento bastante sensível que mede a variação do comprimento da amostra provocada por mudança de temperatura ou por transformação de fase. As transformações de fase implicam a formação de novas fases, normalmente com densidades diferentes da fase original, e isso ocasiona "contração" ou "expansão" da amostra por diferenças estruturais, as quais são detectadas pelo dilatômetro. Como analogia, poderíamos citar a transformação da água, do estado líquido para sólido, com uma diminuição de densidade, ocasionando aumento significativo de volume. Obviamente, o dilatômetro só detecta transformações no estado sólido, ou seja, todas as fases envolvidas devem ser sólidas.

Na Figura 2.57, observa-se a representação esquemática de um dilatômetro. A amostra é aquecida por indução, com um termo par soldado nela para detectar as variações de temperaturas. Uma extremidade da amostra é fixa e a outra ligada a um extensômetro (*strain gage*), que detecta as variações em seu comprimento (ΔL). A amostra é furada para que o seu resfriamento por meio de jato de hélio ou de argônio possa ser o mais rápido possível, quando se deseja uma queda brusca de temperatura. Na Figura 2.58, observa-se um dilatômetro normalmente utilizado.

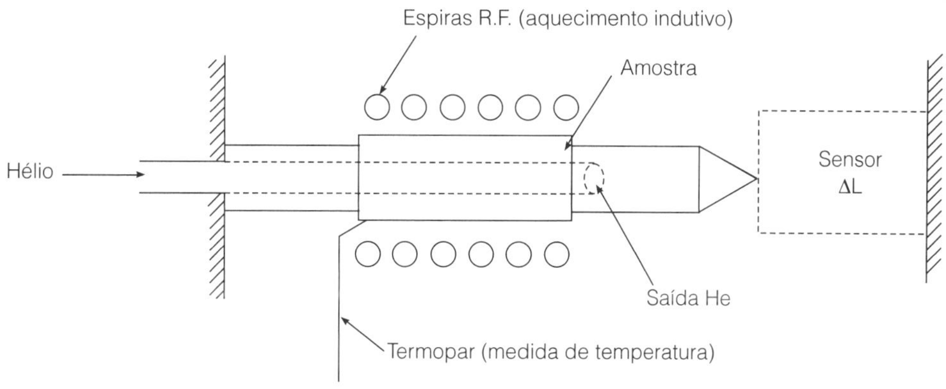

Figura 2.57 Representação esquemática do dilatômetro.

Figura 2.58 Dilatômetro de têmpera ultrarrápida com sistema de aquecimento por irradiação, podendo-se notar no detalhe a porta-amostra de quartzo e a amostra instrumentada por termopares (Cortesia do Laboratório de Ensaios da Villares Metals).

2.6.1 Curvas ITT

O procedimento a seguir descreve o levantamento da curva de transformação isotérmica (ITT) para um aço eutetoide (0,77% C).

Em primeiro lugar, o aço é austenizado, ou seja, sua temperatura é elevada de modo que sua estrutura seja totalmente austenítica (T_A) (Figura 2.59). Na temperatura T_A, a amostra tem o comprimento L_A.

Quando a amostra é resfriada bruscamente para T1 (Figura 2.60a), ela se contrai, por razões térmicas, e passa a apresentar o comprimento LI, 1. Após um certo tempo de incubação (tI, 1), a amostra austenítica começa a transformar-se em perlítica, com um aumento progressivo de volume, que é detectado pelo dilatômetro. Quando a amostra adquire um comprimento estável $L_{F,1}$, após um tempo $t_{F,1}$, é porque a transformação austenita → perlita terminou. Repete-se o mesmo procedimento para uma nova temperatura T_2 (Figura 2.60b), e assim sucessivamente.

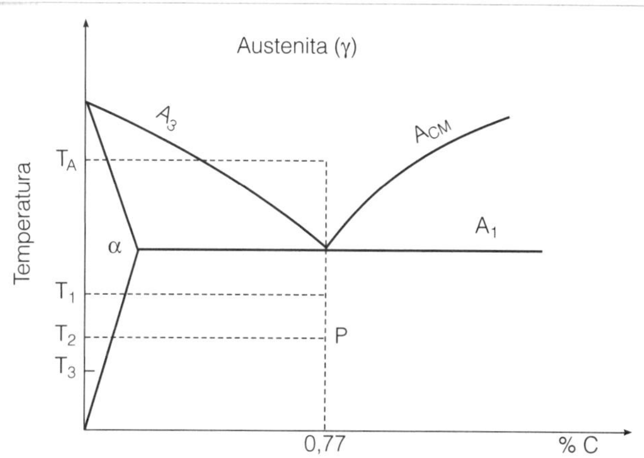

Figura 2.59 Diagrama esquemático Fe-C.

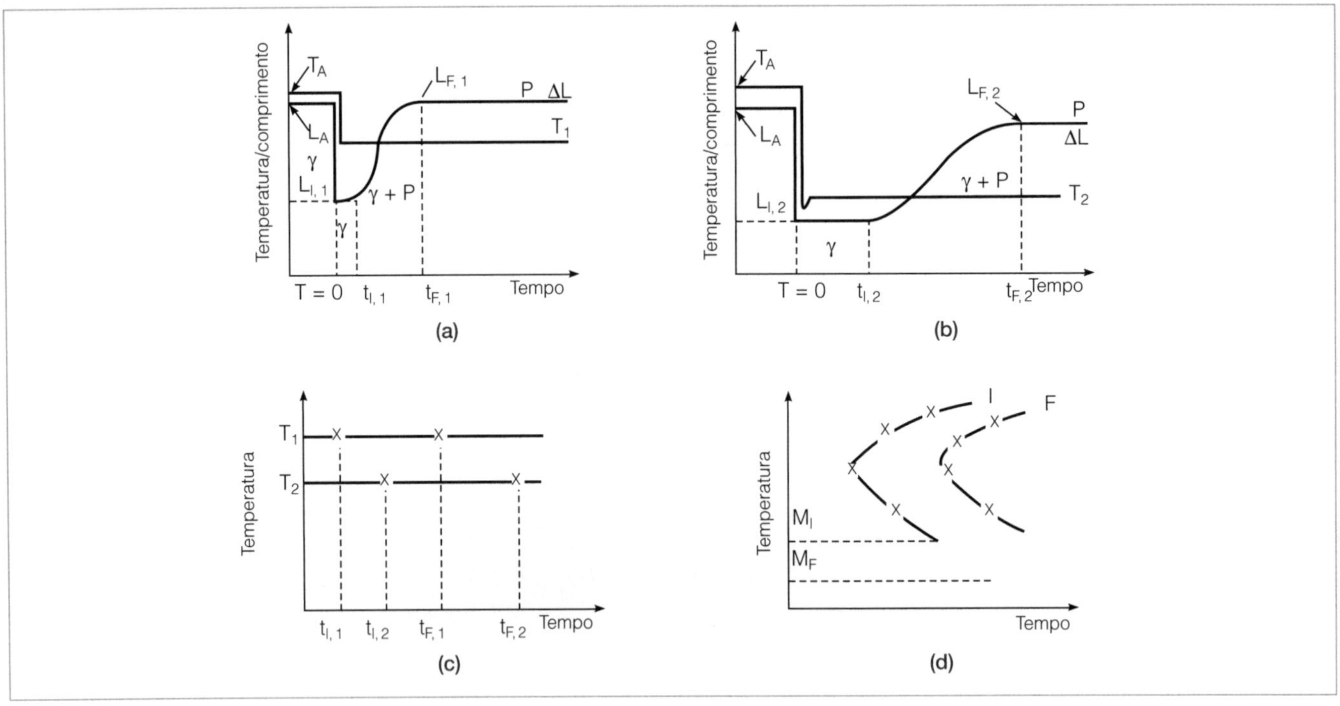

Figura 2.60 Construção de curvas ITT.

A partir das temperaturas e dos tempos de início e final de transformação (T_1; $t_{I,1}$; $t_{F,1}$), (T_2; $t_{I,2}$; $t_{F,2}$) etc., por exemplo, constrói-se a curva ITT (Figura 2.60.c/d).

No caso de um aço hipoeutetoides, antes da formação da perlita haverá a formação da ferrita, enquanto para um aço hipereutetoide, antes da formação da perlita, haverá a formação de cementita (Figura2.61).

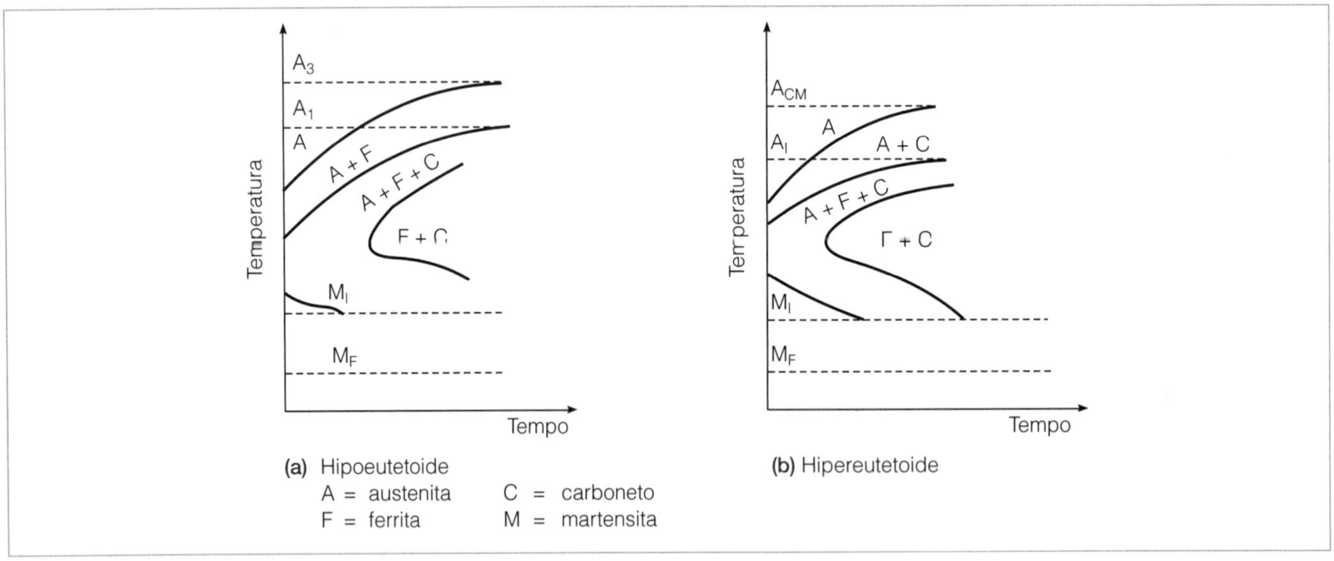

Figura 2.61 Curvas ITT esquemáticas para aços proeutetoide.

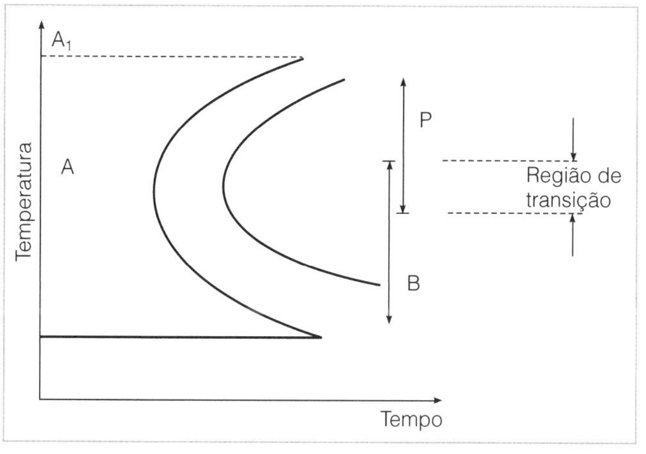

Figura 2.62 Diagrama ITT de um aço eutetoide mostrando a região de transição entre a perlita e a bainita.

Nos diagramas ITT, normalmente encontrados na literatura, as fases são identificadas por ferrita e carbonetos, não havendo uma separação clara entre os constituintes: ferrita livre, perlita e bainita. Isso decorre da dificuldade de identificar esses constituintes apenas com o uso do microscópio óptico. Além disso, as separações de constituintes no diagrama não são bem definidas. Por exemplo, entre a perlita e a bainita existe uma região de transição, na qual ocorrem as duas fases (Figura 2.62).

Também a separação entre as regiões de bainita superior e inferior passa por uma região de transição, assim como quaisquer outras mudanças de estruturas previstas pelos diagramas.

Nos diagramas ITT, a previsão teórica (sem levar em conta as regiões de transição) das fases nos aços carbono poderia ser feita como na Figura 2.63.

Para utilizar as curvas ITT, existem duas regras básicas:

1) Ao caminhar por linhas paralelas ao eixo dos tempos, ocorrem transformações por difusão, as quais são irreversíveis, mesmo que se passe posteriormente pela região martensítica.

2) A martensita só é formada se houver austenita disponível, e a reação é completada depois de a temperatura ser levada abaixo de M_F nos diagramas.

Esquematicamente, teríamos:

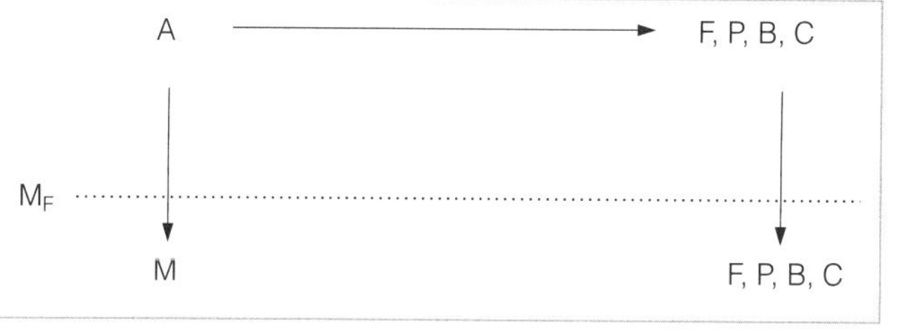

Nas Figuras 2.64 a 2.67, são apresentadas algumas curvas ITT para aços carbono, observando-se que, à medida que aumenta o teor do carbono, diminui a temperatura de início de formação da martensita (M_I).

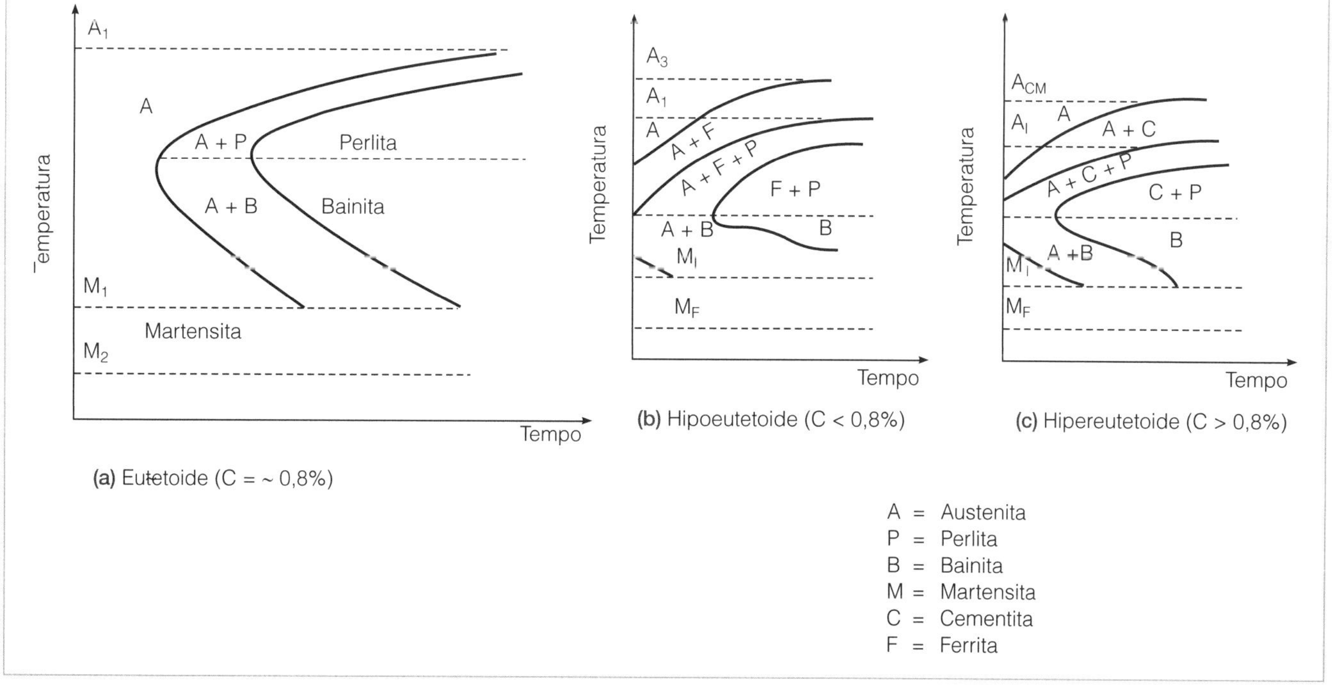

Figura 2.63 Representação esquemática das curvas ITT.

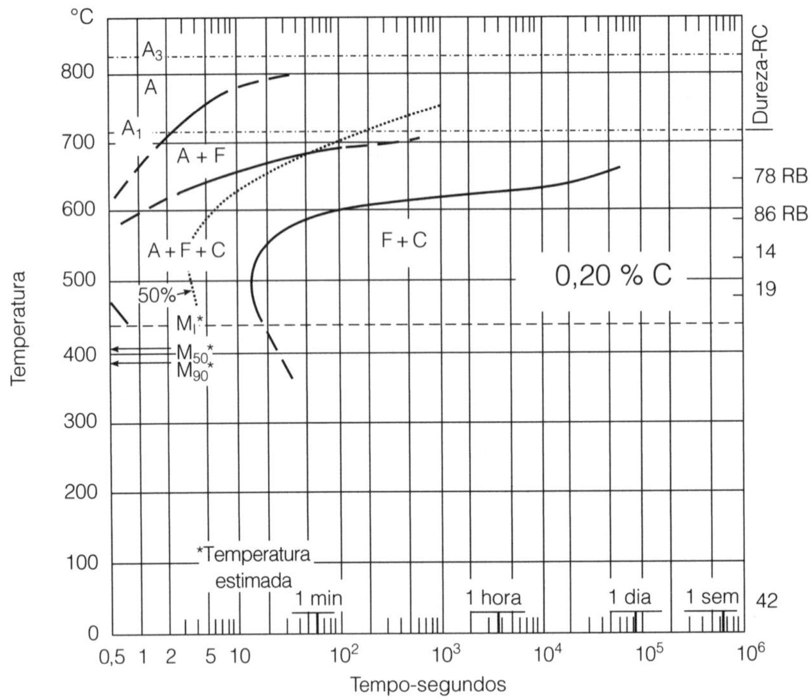

Figura 2.64 Curva ITT do aço 1020 [43].

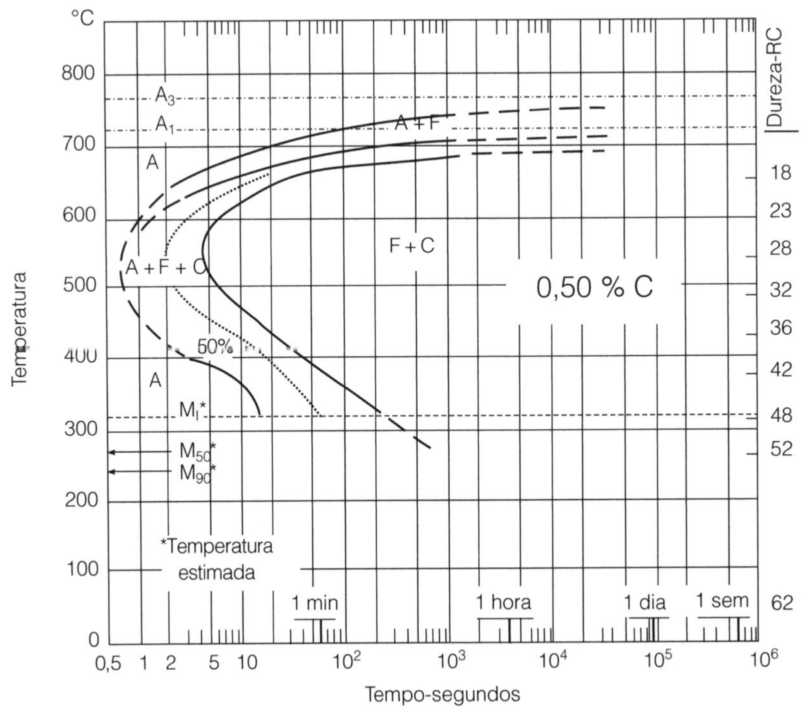

Figura 2.65 Curva ITT do aço 1050 [43].

A determinação da temperatura de transformação martensítica é obtida no dilatômetro com altas taxas de resfriamento (50 °C/s, por exemplo), como mostrado na Figura 2.68. Observa-se que, ao se formar, a martensita provoca um aumento no comprimento da amostra, embora a temperatura esteja diminuindo. Essa expansão estrutural, em temperatura relativamente baixa (menor do que 300 °C), cria tensões internas no material. Também se observa que a martensita começa a se formar em torno de 250 °C e, com a

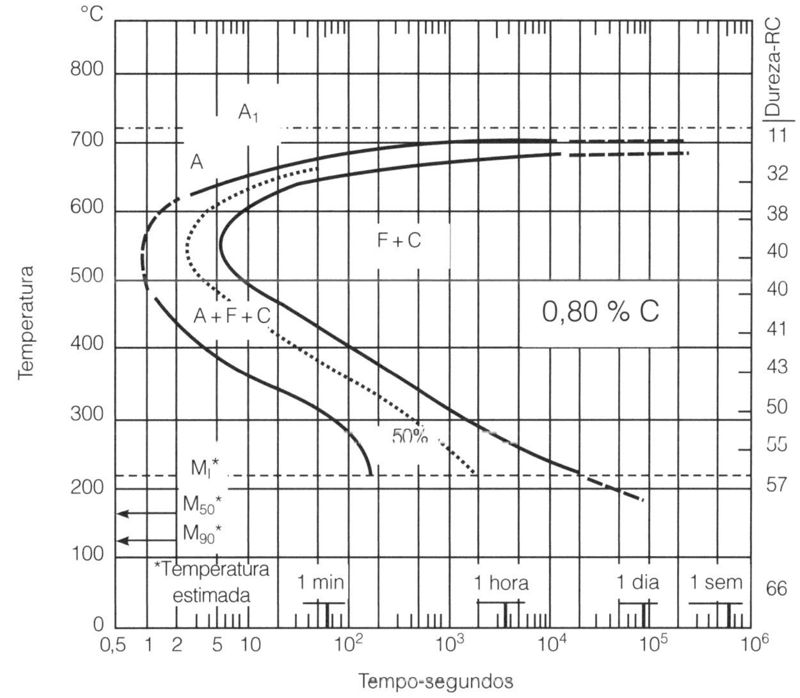

Figura 2.66 Curva ITT do aço 1080 [43].

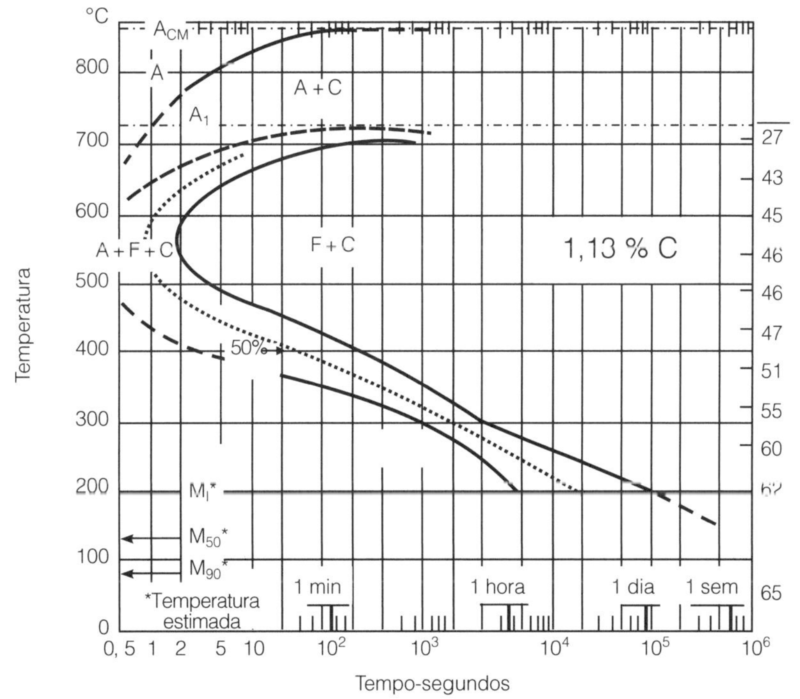

Figura 2.67 Curva ITT do aço 10113 [43].

redução da temperatura até 150 °C, o volume transformado aumenta rapidamente (aumento linear do comprimento da amostra). Com a redução da temperatura de 150 °C até a temperatura ambiente, o volume transformado aumenta, mas lentamente, o que indica que a transformação da austenita em martensita ainda não terminou. De fato, Fonseca [48] encontrou um volume de austenita na temperatura ambiente de 28%. Essa austenita que permanece na temperatura ambiente é denominada "austenita retida". Essa austenita só poderá se

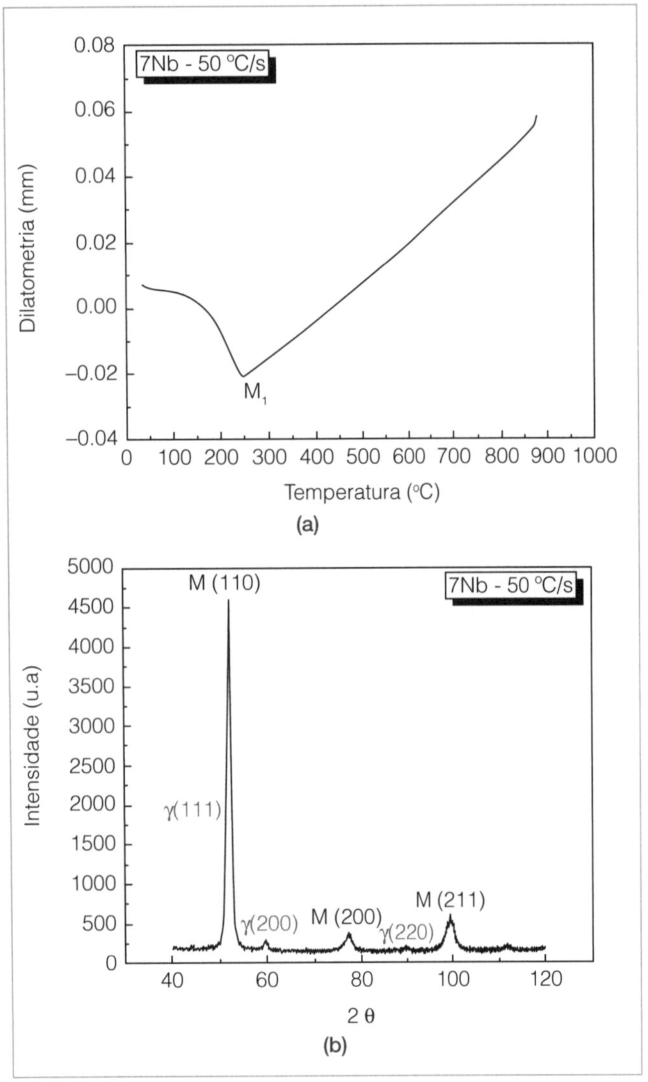

Figura 2.68 Aço 0,63C/0,31Si/0,82Mn/0,12Mo/0,014Nb. a) Determinação do início de transformação martensítica (Mi) com resfriamento rápido (50 °C/s) a partir da temperatura de austenitização de 880 °C. b) Difratograma de raio X na temperatura ambiente [48].

transformar se a temperatura for abaixada ainda mais, com os tratamentos subzero, que serão discutidos no próximo capítulo. Essa dificuldade de encontrar o fim da transformação da austenita para a martensita faz com que os autores das curvas de dilatometria encontradas na literatura indiquem a fração de martensita formada, como M_{50} ou M_{90}, para 50 e 90% de martensita formada, respectivamente, até as temperaturas indicadas (Figuras 2.64 a 2.67).

Mas o que aconteceria se num aço 0,7% C a temperatura fosse abaixada bruscamente da região de austenitização para a região entre o início e o fim da transformação martensítica e mantida essa temperatura por um tempo prolongado? Rezende [29] resfriou rapidamente (20 °C/s) amostras dos aços 7C e 7NbMo a partir de 880 °C (estrutura totalmente austenítica) para 200 °C, região onde já havia iniciado a formação de martensita (as temperaturas de início de formação de martensita nestes aços são 221 °C (7C) e 210 °C (7NbMo)). Depois, manteve as amostras nesta temperatura por 20 minutos (Figura 2.69), e o dilatômetro

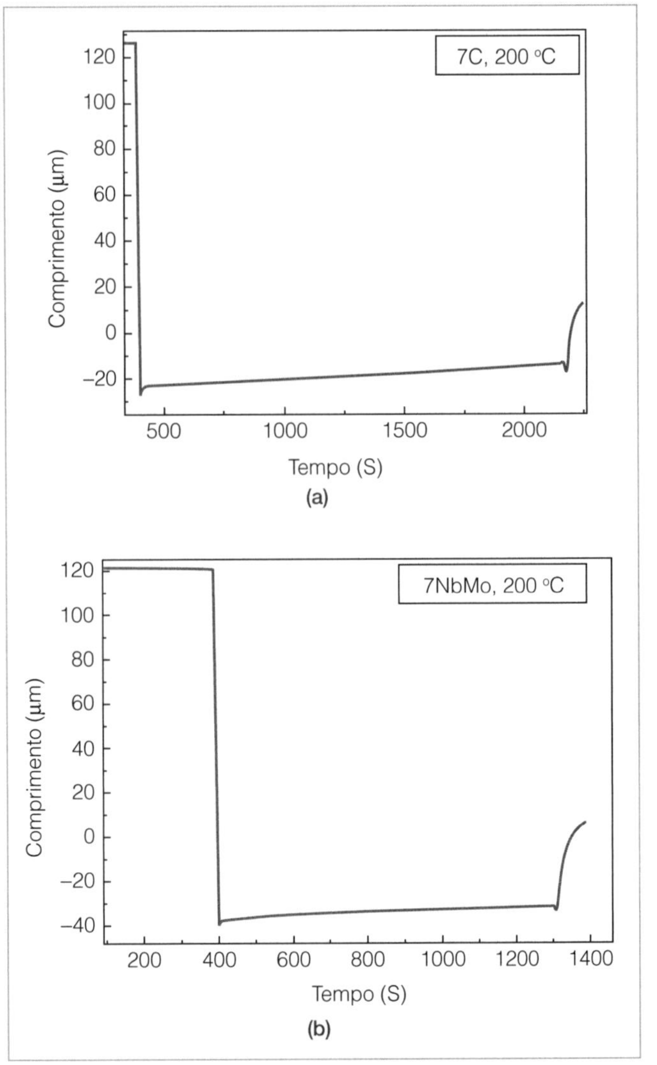

Figura 2.69 Aços 7C e 7NbMo resfriados a partir de 880 °C para 200 °C, região onde já havia iniciado a formação de martensita e mantidos por 20 minutos ou mais nesta temperatura e depois resfriados rapidamente para a temperatura ambiente. Composições químicas dos aços na Tabela 2.1 [29]

indicou que transformações continuavam a ocorrer, pois havia aumento no tamanho da amostra. Essas reações podem ser a precipitação de carbonetos na martensita ou austenita retida, o revenimento da martensita anteriormente formada, a formação de bainita inferior ou a ocorrência simultânea de várias reações. Depois de permanecerem no patamar isotérmico de 200 °C, as amostras eram resfriadas rapidamente até a temperatura ambiente, quando ocorria um aumento brusco do comprimento, indicando que havia ainda austenita retida que se transformou em martensita.

Silva et al. [49] observaram no aço 0,3C-3Mn-1,5Si a formação de bainita inferior e martensita temperada após austenitização e resfriamento rápido (20 °C/s) a temperaturas abaixo daquela inicial da martensita, mantendo-as isotermicamente por uma hora.

2.6.2 Curvas CCT ou TRC

As transformações dos aços nos processos industriais ocorrem majoritariamente por resfriamento contínuo e não isotermicamente. Em vista disso, foram desenvolvidas as curvas CCT ou TRC.

A construção das curvas CCT é feita no dilatômetro de maneira análoga à das curvas ITT. Austenitiza-se o aço e faz-se o resfriamento com uma taxa de resfriamento (°C/min) constante, observando-se as inclinações na curva do comprimento da amostra (ΔL). Para um aço eutetoide, quando a inclinação da curva ΔL = f (T) muda, é porque começa a ter uma transformação. Quando a inclinação volta a mudar, existe a indicação de que a transformação terminou (Figura 2.70).

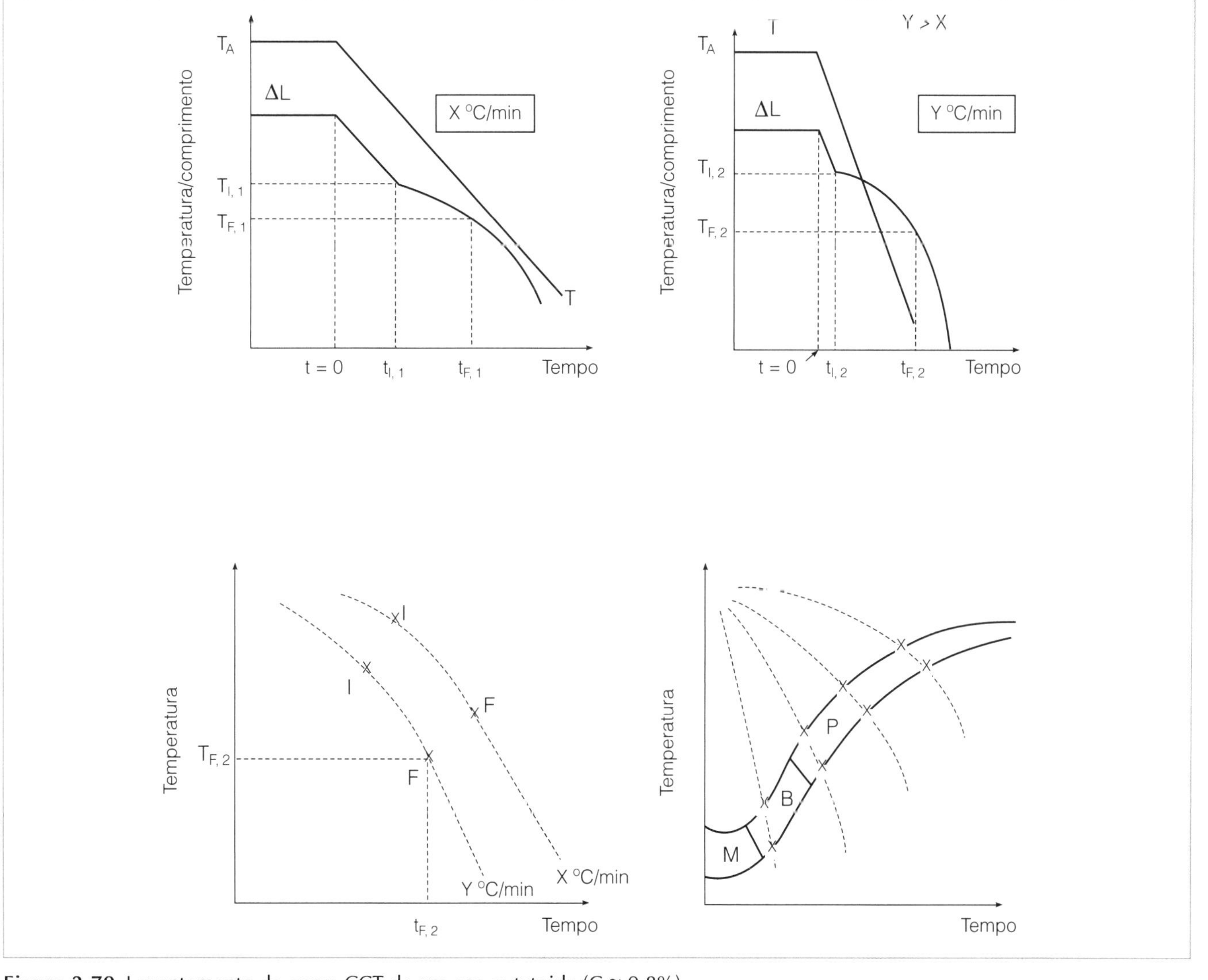

Figura 2.70 Levantamento da curva CCT de um aço eutetoide (C ≅ 0,8%).

No entanto, se o aço for proeutetoide, a construção das curvas é mais complexa (Figura 2.71). As mesmas observações sobre as curvas CCT na Figura 2.70 valem para as curvas ITT, nas quais ocorre mais de uma transformação durante o tratamento isotérmico do aço.

Na Figura 2.72, observa-se a curva CCT obtida para o aço 1541. Na prática, entretanto, opta-se frequentemente por curvas CCT que apresentem na abscissa a taxa de resfriamento no lugar do tempo (Figura 2.73 a 2.75). Nestes gráficos, também é apresentada a estrutura esperada no centro das barras após resfriamento ao ar, óleo ou água.

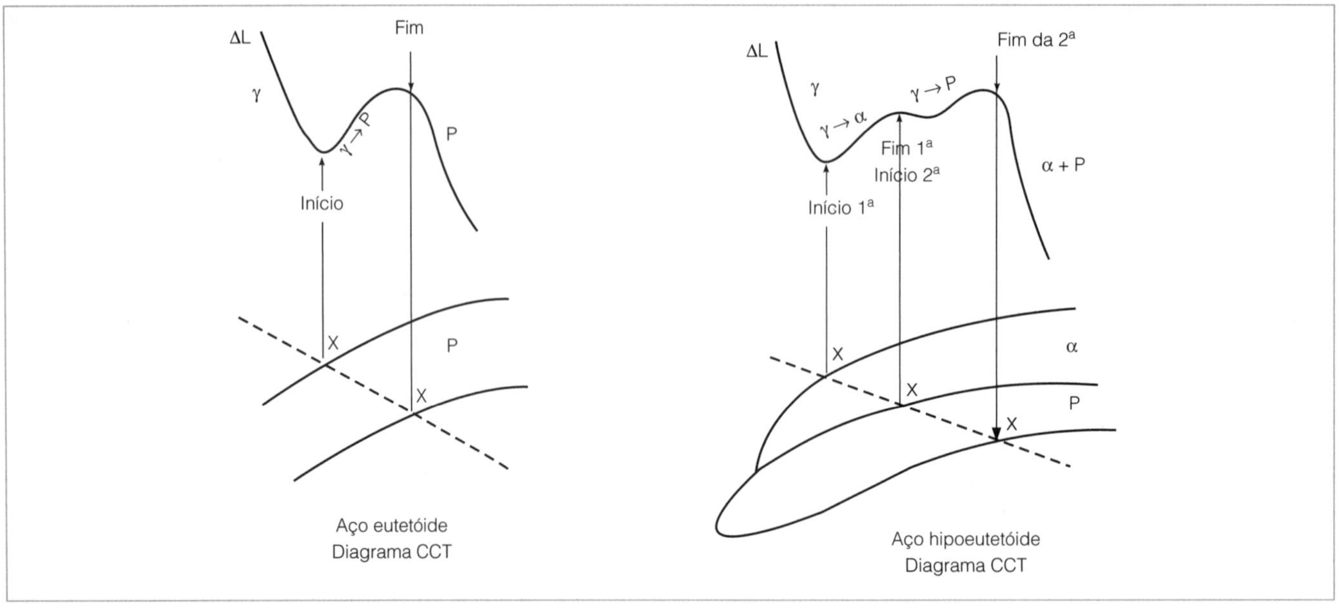

Figura 2.71 Diferenças observadas nas curvas dilatométricas de um aço com uma transformação (eutetoide) e de um aço com duas transformações (hipoeutetoide) durante o resfriamento. O exemplo foi feito para um aço hipoeutetoide, mas seria análogo para um aço hipereutetoide.

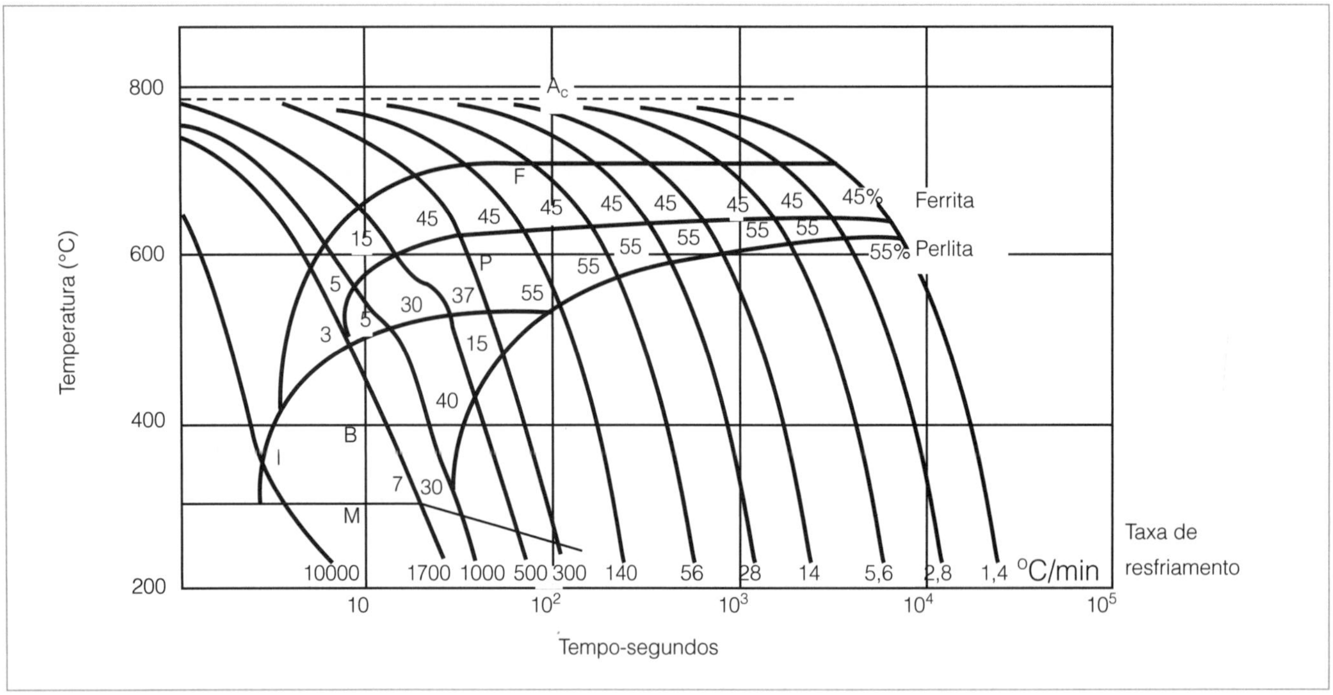

Figura 2.72 Diagrama CCT do aço 1541 [42]. F = ferrita; P = perlita; B = bainita; M = martensita.

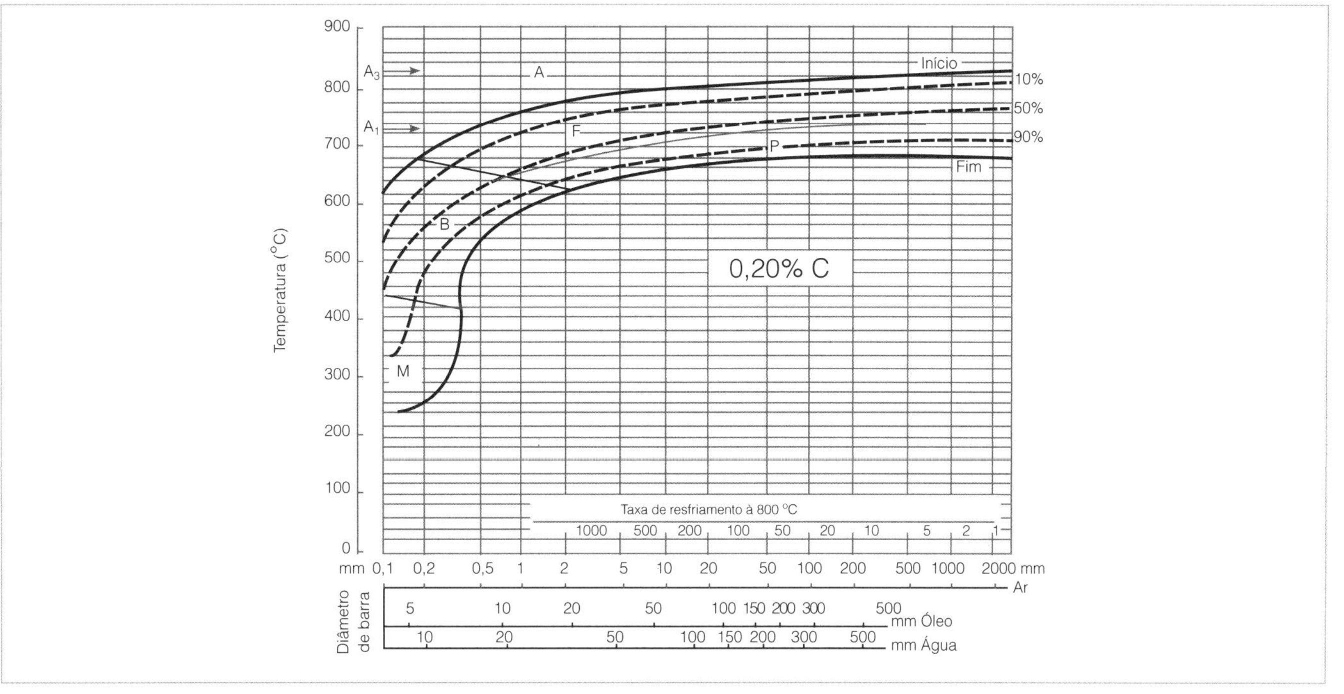

Figura 2.73 Diagrama CCT do aço 1020 [42].

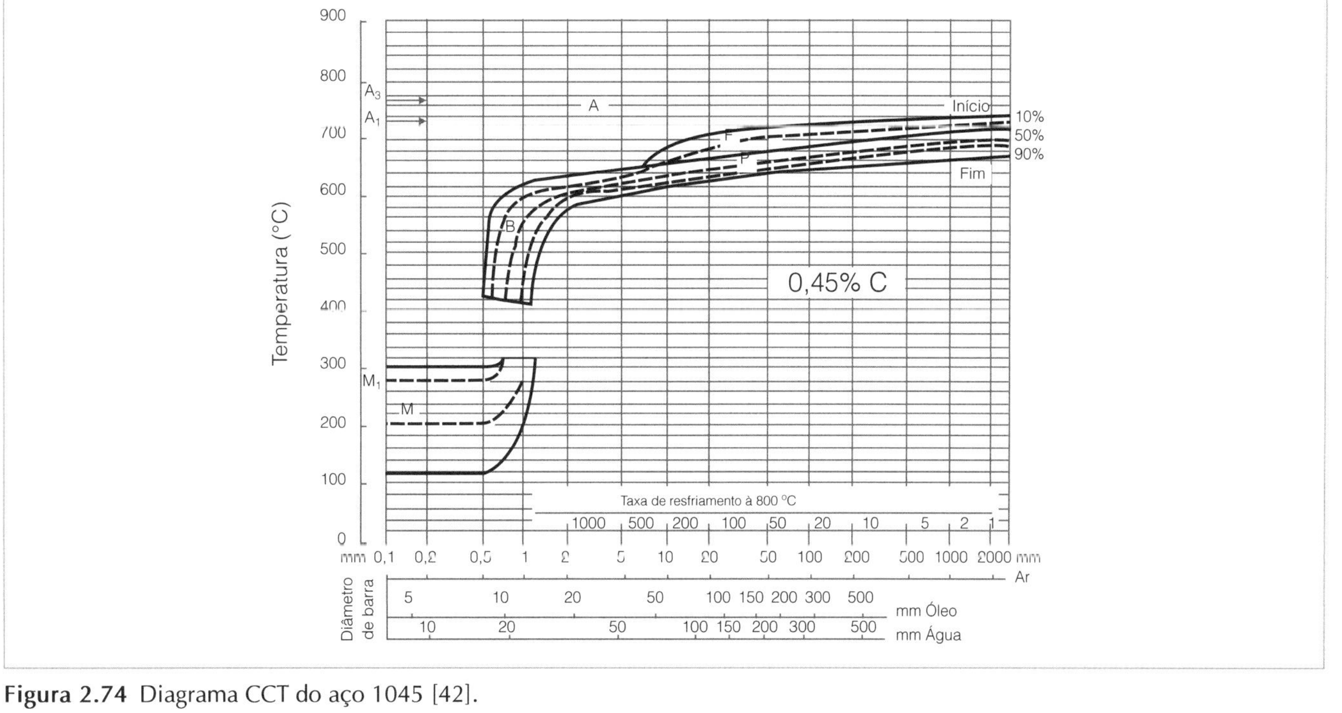

Figura 2.74 Diagrama CCT do aço 1045 [42].

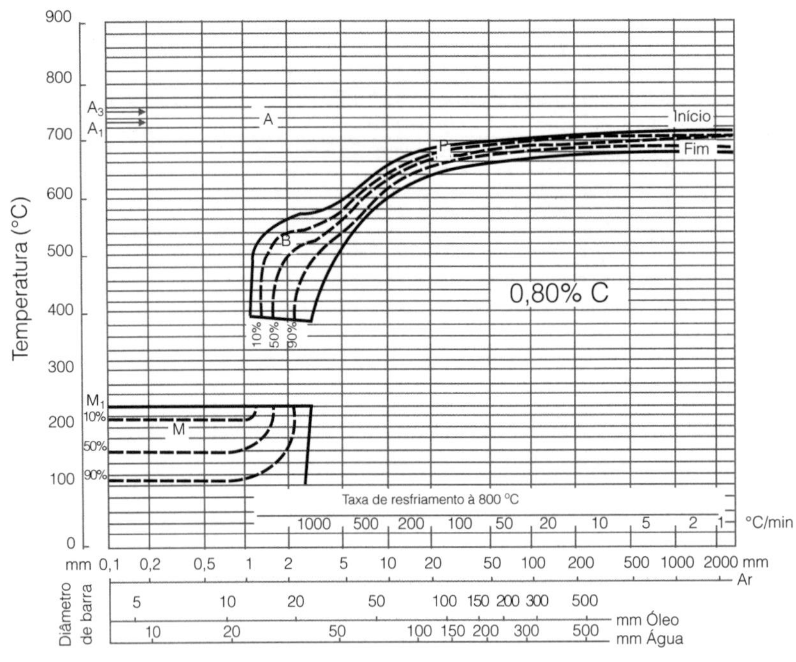

Figura 2.75 Diagrama CCT do aço 1080 [42].

Em alguns aços, é possível separar as temperaturas de ocorrência da bainita superior e inferior por dilatometria (Figuras 2.76 e 2.77).

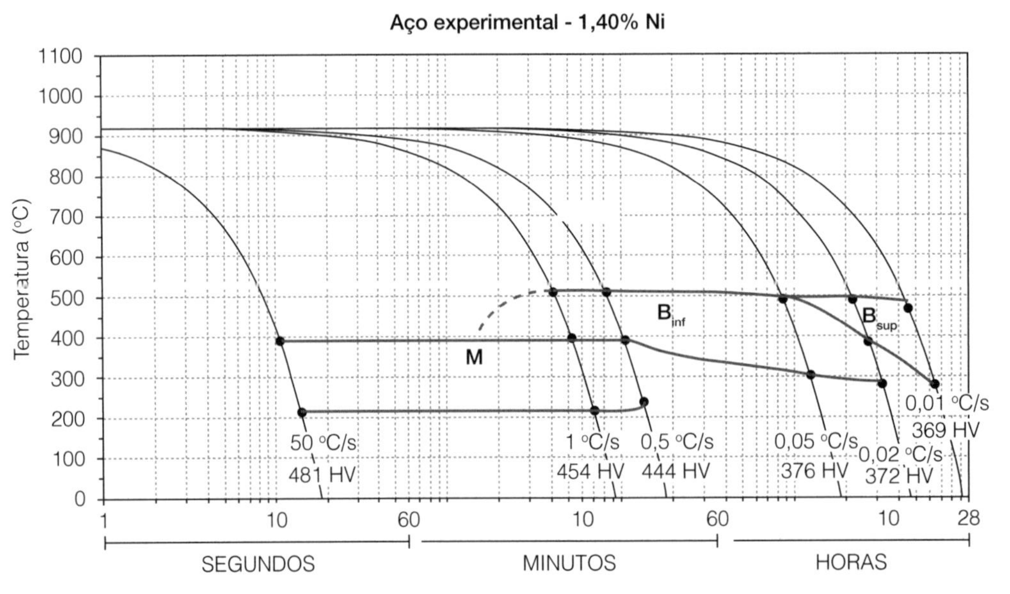

(a)

Figura 2.76 Diagrama CCT do aço experimental com 1,4% de níquel (a) e curva dilatométrica para resfriamento na taxa de 0,02 °C/s (b). Composição química na Tabela 2.5 [50]. (*continua*)

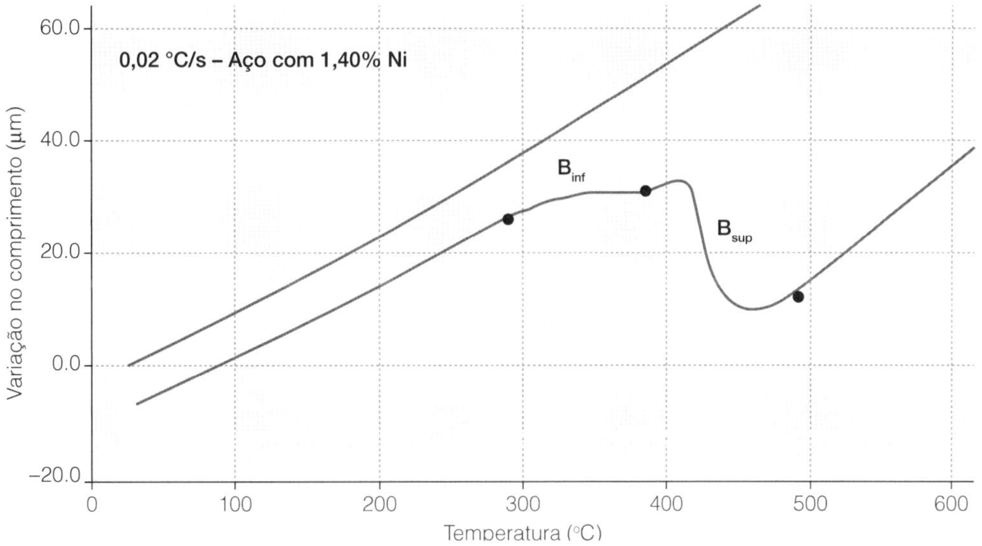

Figura 2.76 Diagrama CCT do aço experimental com 1,4% de níquel (a) e curva dilatométrica para resfriamento na taxa de 0,02 °C/s (b). Composição química na Tabela 2.5 [50]. (*continuação*)

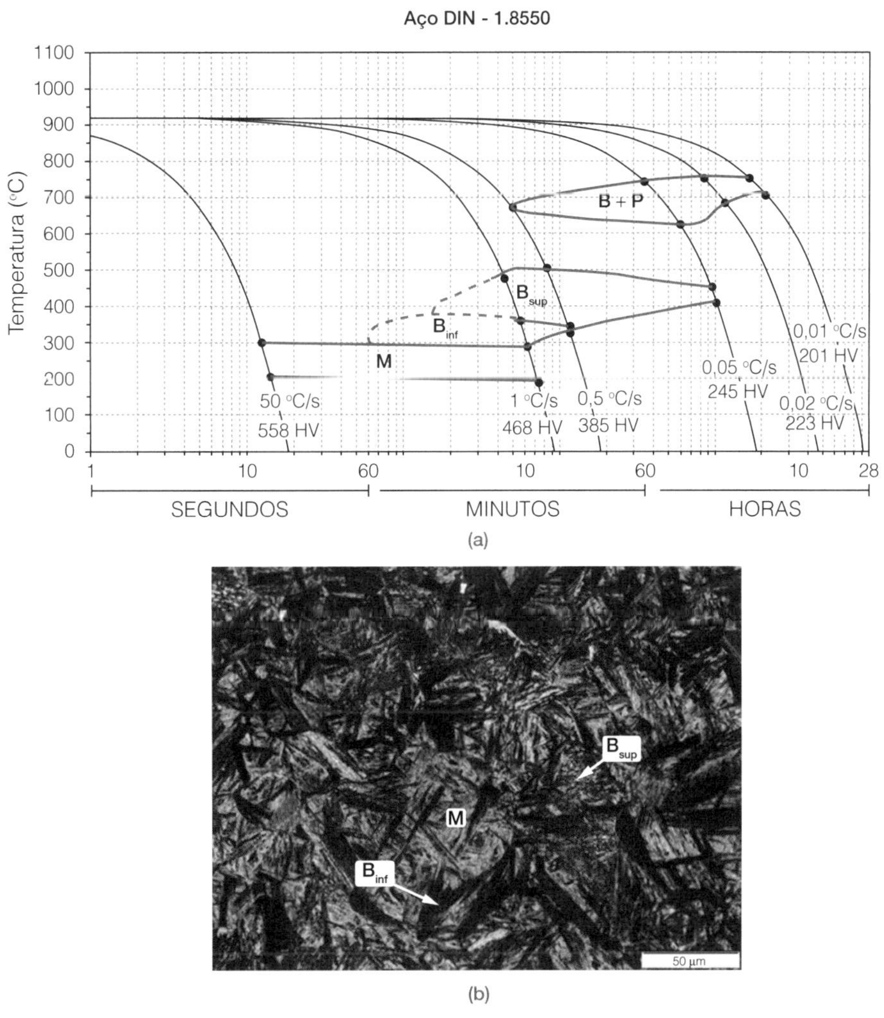

Figura 2.77 Diagrama CCT do aço DIN 1.8550 (a) e imagem por microscopia ótica da microestrutura após resfriamento na taxa de 1 °C/s (b). Nital 4%. Composição química na Tabela 2.5 [50].

Tabela 2.5 Composição química dos aços (% em peso) DIN 1.8550 e Experimental 1,4% [50]

Aço	C	Si	Mn	Cr	V	Mo	Ni	Al
DIN 1.8550	0,35	0,30	0,60	1,70	–	0,20	1,0	0,90
Experimental 1,4%	0,20	0,25	1,45	1,55	0,07	0,65	1,4	0,90

Fonseca [48] observou que, durante a obtenção da curva CCT de um aço 0,7% C, à medida que a taxa de resfriamento era aumentada, também se elevava a temperatura de início de formação da martensita (Figura 2.78). Isto se deveria ao fato de que, com o resfriamento mais rápido, a contração da amostra ocorreria com maior velocidade, aumentando a taxa de deformação aplicada a ela e favorecendo a formação da martensita. O mesmo efeito foi observado por outros autores em aços semelhantes (Figura 2.79).

Tabela 2.6 Composição química dos aços (% em peso) das Figuras 2.78 a 2.80

Aço	C	Si	Mn	Mo + Nb	V	Referência
U75V	0,75	0,63	0,91	-	0,057	[51]
1080	0,80	0,25	0,48	-	-	[52]
7C	0,75	0,35	0,77	-	-	[48]
7V	0,68	0,55	0,88	-	0,13	[48]
7Nb	0,63	0,31	0,82	0,134	-	[48]

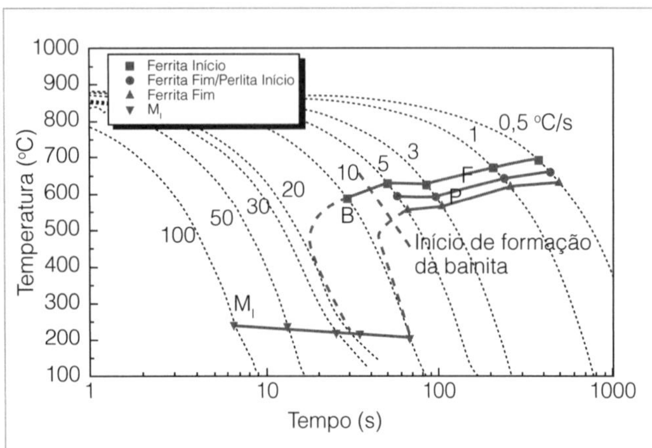

Figura 2.78 Curva de resfriamento contínuo do aço 7C. F = ferrita; P = perlita; B = bainita; M_I = temperatura de início de formação de martensita [48]; Composição química dos aços na Tabela 2.6.

2.6.3 AUSTENITA RETIDA

Fonseca [48] verificou que, com baixas taxas de resfriamento (< 10 °C/s), havia tempo suficiente para que o aço permanecesse em temperaturas na faixa de 500 a 700 °C, favorecendo a formação de produtos difusionais (ferrita, perlita e bainita). Com altas taxas de resfriamento (> 50 °C/s), não havia tempo para transformação por difusão, mas favorecia a transformação por deformação, com ocorrência da martensita. Porém, as taxas intermediárias (20 a 30 °C/s) não favoreciam nem a transformação por difusão e nem por deformação, sendo que o teor de austenita retida (não transformada) era maior do que nos casos anteriores. Assim, o teor de austenita retida passava por um "máximo" nas taxas intermediárias, independentemente da composição química do aço (Figura 2.80).

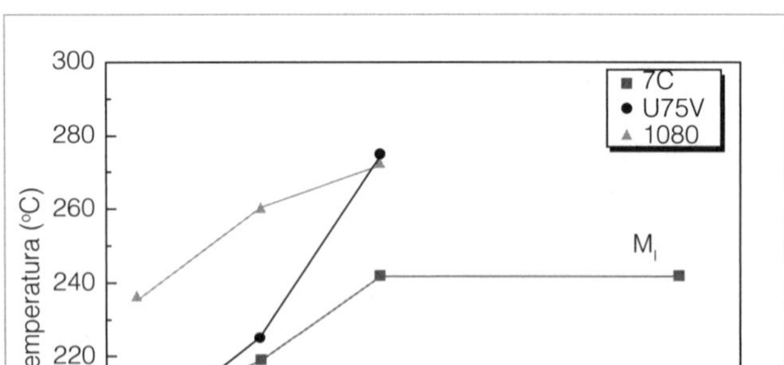

Figura 2.79 Temperatura de início de formação da martensítica em função da taxa de resfriamento [48]. Composição química dos aços na Tabela 2.6.

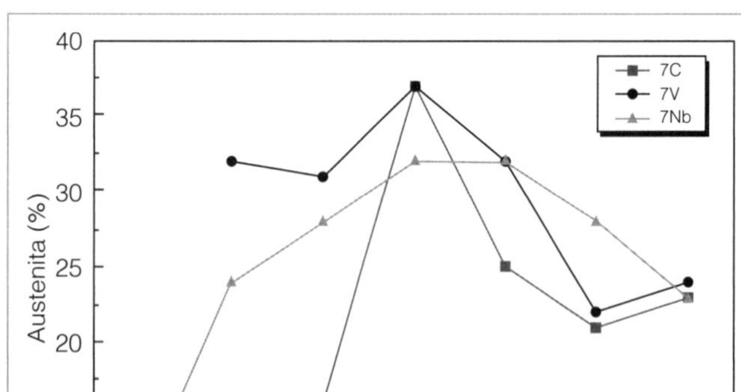

Figura 2.80 Porcentagem de austenita retida em função da taxa de resfriamento para os aços 7C, 7Nb e 7V [48]. Composição química dos aços na Tabela 2.6.

Fonseca [48] também observou a presença de austenita retida mesmo em tratamentos subzero no aço 0,7 %C. Após austenitização a 900 °C, seguida de têmpera a 0 °C (imersão em água com gelo), a dureza foi de 797 ± 12 Vickers e com têmpera a -196 °C (imersão em água com gelo com posterior imersão em nitrogênio líquido) foi de 792 ± 15 Vickers, ou seja, praticamente não houve variação da dureza. A fração volumétrica de austenita foi de 8% para as amostras temperadas a 0 °C e 3% a -196 °C, respectivamente, ou seja, a austenita permaneceu estável mesmo em temperaturas criogênicas (Figura 2.81).

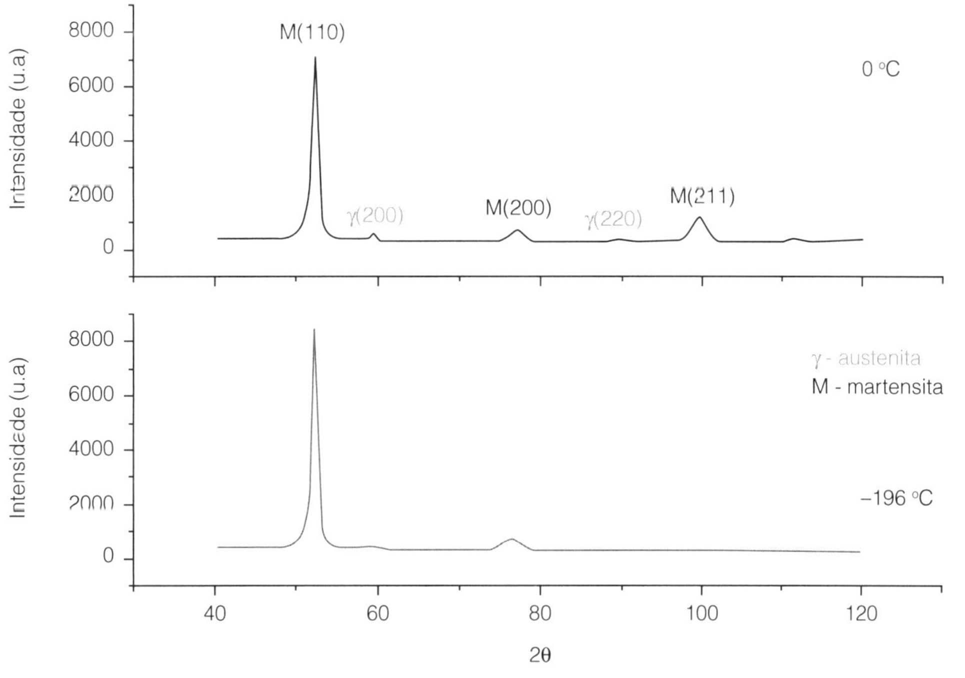

Figura 2.81 Espectros de difração de raio X após têmpera em gelo e em nitrogênio líquido nas amostras do aço 0,68 C/ 0,34 Si/ 0,83 Mn (% em peso) [48].

Farina [53] detectou um teor de austenita retida de 11,5% em um aço ferramenta AISI D2 após austenitização a 1040 °C sob vácuo e têmpera em óleo na temperatura ambiente. Outra amostra submetida ao mesmo tratamento de têmpera foi imersa em nitrogênio líquido (-196 °C) por 3 horas e apresentou um teor de austenita de 9%, indicando que o final de transformação martensítica não ocorria mesmo em temperaturas criogênicas.

A austenita retida em aços de alto carbono pode ser transformada em martensita se altas tensões compressivas forem aplicadas a ela. Hossain [54] trabalhando com aço hipereutetoide observou que, quando submetida à compressão mecânica, a austenita retida transformava-se preferencialmente em martensita hexagonal compacta até pressões de 2.000 MPa e, acima delas, havia formação de martensita tetragonal de corpo centrado (Figura 2.82). A combinação desta transformação de fase e tensão levou a um aumento na dureza do aço em cerca de 30%.

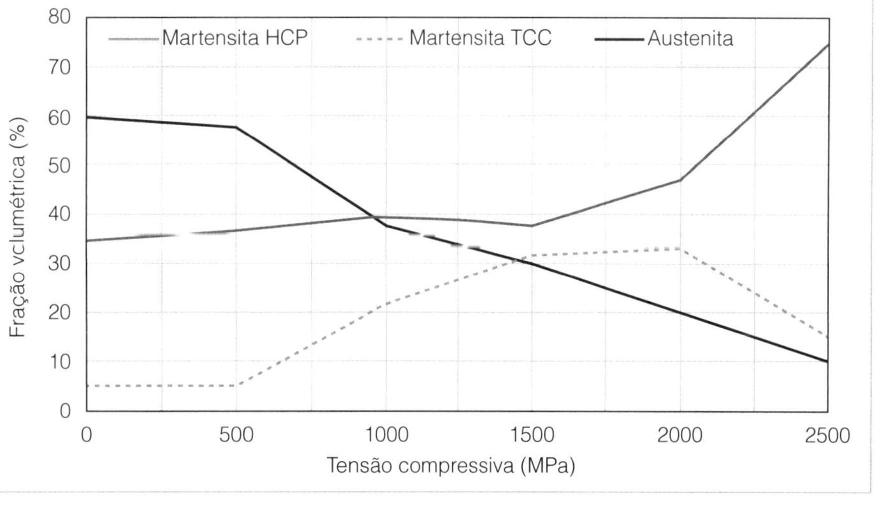

Figura 2.82 Variação das frações volumétricas de austenita, martensita TCC e martensita HCP em um aço hipereutetoide (0,99 C/ 0,23 Si/ 0,98 Mn/ 0,65 Cr/ 0,18 Cu % em peso) submetido à tensão de compressão [54, adaptado].

Exercícios

1. Assinalar com um X as estruturas que seriam formadas num aço 1335, após austenitização a 900 °C seguida de:

	Tratamento	A	F	Fe_3C	P	B	M	MR
1	RB até 800 °C, mantido por 1 minuto.							
2	RB até 700 °C, mantido por 1 hora, RB até TA.							
3	RB até 600 °C mantido por 1 minuto.							
4	RB até 600 °C, mantido por 1 hora.							
5	RB até 400 °C, mantido por 1 minuto, RB até TA.							
6	RB até 100 °C.							
7	RB até 400 °C, mantido por 30 minutos, reaquecido a 900 °C, RB até TA, reaquecido a 400 °C por 30 minutos.							

RB = resfriamento brusco
TA = temperatura ambiente
A = austenita
F = ferrita livre
P = perlita
B = bainita
M = martensita
MR = martensita revenida
Fe_3C = cementita livre

2. Assinalar com um X as estruturas que seriam formadas num aço 10113, após austenitização a 900 °C seguida de:

	Tratamento	A	F	Fe_3C	P	B	M	MR
1	RB até 800 °C, mantido por 1 minuto.							
2	RB até 700 °C, mantido por 20 segundos.							
3	RB até 700 °C, mantido por 20 segundos, RB até TA.							
4	RB até 650 °C mantido por 1 minuto.							
5	RB até 400 °C, mantido por 1 minuto.							
6	RB até 100 °C.							
7	RB até 400 °C, mantido por 30 minutos, reaquecido a 900 °C, RB até TA, reaquecido a 400 °C por 30 minutos.							

RB = resfriamento brusco
TA = temperatura ambiente
A = austenita
F = ferrita livre
P = perlita
B = bainita
M = martensita
MR = martensita revenida
Fe_3C = cementita livre

3. Quais estruturas seriam formadas se o aço carbono com 0,45% C fosse resfriado a:

1. 10 °C/min
2. 300 °C/min
3. 1.000 °C/min
4. 2.000 °C/min
5. 10.000 °C/min
6. Qual seria o diâmetro máximo de uma barra resfriada em óleo para que no centro dela a estrutura fosse totalmente perlítica?

4. Qual seria o diâmetro máximo de uma barra resfriada no ar para que no centro dela a estrutura fosse totalmente perlítica?

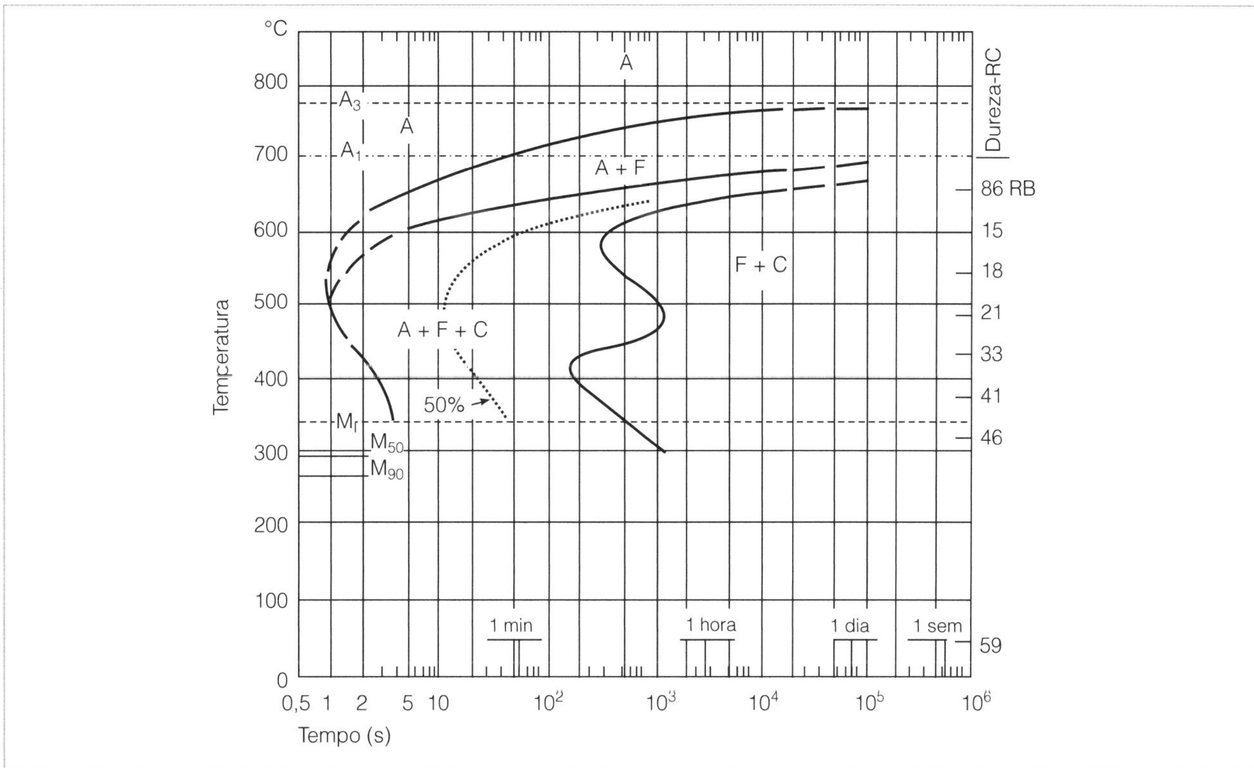

Figura 2.83 Curva ITT do aço 1335 [43].

Respostas

1.

	Tratamento	A	F	Fe_3C	P	B	M	MR
1	RB até 800 °C, mantido por 1 minuto.	X						
2	RB até 700 °C, mantido por 1 hora, RB até TA.		X				X	
3	RB até 600 °C mantido por 1 minuto.	X	X		X			
4	RB até 600 C, mantido por 1 hora.		X		X			
5	RB até 400 °C, mantido por 1 minuto, RB até TA.					X	X	
6	RB até 100 °C.						X	
7	RB até 400 °C, mantido por 30 minutos, reaquecido a 900 °C, RB até TA, reaquecido a 400 °C por 30 minutos.							X

2.

	Tratamento	A	F	Fe_3C	P	B	M	MR
1	RB até 800 °C, mantido por 1 minuto.	X		X				
2	RB até 700 °C, mantido por 20 segundos.	X		X	X			
3	RB até 700 °C, mantido por 20 segundos, RB até TA.			X	X		X	
4	RB até 650 °C mantido por 1 minuto.			X	X			
5	RB até 400 °C, mantido por 1 minuto.	X				X		
6	RB até 100 °C.	X					X	
7	RB até 400 °C, mantido por 30 minutos, reaquecido a 900 °C, RB até TA, reaquecido a 400 °C por 30 minutos.							X

RB = resfriamento brusco
TA = temperatura ambiente
A = austenita
F = ferrita livre
P = perlita
B = bainita
M = martensita
MR = martensita revenida
Fe_3C = cementita livre

3.

1. F + P
2. F + P
3. P
4. P + B
5. M
6. 60 mm
7. 6 mm

REFERÊNCIAS BIBLIOGRÁFICAS

1. Honeycombe RWK, Bhadeshia HKDH. Steels. Microstructure and properties. London: Edward Arnold; 1995.
2. Mei PR. Effect of niobium additions on the structure and properties of medium carbon steels. CPGS. Dissertation [Mestrado]. Universidade de Cambridge, Inglaterra; 1981.
3. Krauss G. Steels: heat treatment and processing principles. ASM; 1997.
4. Dubé CA, et al. La formation de la ferrite proeutectoide dans les aciers au carbone. Mémoires Revue de Métallurgie, 1958;3:201.
5. Hume-Rothery W. Estrutura das ligas de ferro: introdução elementar. São Paulo: Blucher; 1968.
6. Kurdjumow VG, Sachs G. Walz und rekristallisationstextur von eisenblech. Zeit. für Physik. 1930;62:592-599.
7. Zener C. Theory of growth of spherical precipitates from solid solution. J. Appl. Physik. 194; 20:950.
8. Burke J. The kinetics of phase transformation in metals. London: Pergamon Press; 1965.
9. Serin B, et al. Caracteristiques de transformation et propriétés d'aciers à bas carbone au Nb-B. Mém. Sci. Revue de Metallurgie, França, juin. 1978;355.
10. Mehl RF. The structure and rate of formation of pearlite. Transactions ASM. Vol. 29 1941;29:813.
11. Aaronson HI, et al. Diffusional nucleation and growth. In: Russel KC, Aaronson H (Eds.). Precipitation process in solids. TMS-AIME; 1976;31.
12. Hillert M. The formation of pearlite. In: Zackay VF, Aaronson HI (Eds.). Decomposition of austenite by diffusional process. EUA: Interscience Pub.; 1962;197.
13. Dippenaar RJ, Honeycombe RW. The crystallography and nucleation of pearlite. London: Proc. Royal Soc. Vol.; 1973;(333[a]):455.
14. Petch NJ. The orientation relationships between cementite and α – iron. Acta Cryst. 1953;(6)96.

15. Pitsch VW. Der Orientierungszusammenhang zwischen Zementit und Ferrit in Perlit. Acta Metallurgica. Vol. 10, Jan. 1962;10(79):906.

16. Pitsch VW. Die kristallographishen Eingenschaften der Zementitausscheidung in Austenit. Arch. Eisenhüttenwes. 1963;34:381.

17. Bagaryatski YA. Doklady Akademii Nauk SSSR. 1950;73:1.101.

18. Mei PR. Efeito da adição de nióbio na estrutura e propriedades dos aços com médio e alto teor de carbono. Tese. [Doutorado]. Faculdade de Engenharia da Universidade Estadual de Campinas – Unicamp. 1983;446.

19. Mei PR. Efeitos do tratamento termomecânico na estrutura e propriedades dos aços com médio e alto teor de carbono microligados com nióbio. Tese. [Livre-Docência]. Faculdade de Engenharia da Universidade Estadual de Campinas – Unicamp; 1989.

20. Zener C. Kinetics of decomposition of austenite. Transactions of the Metallurgical Society of AIME. Vol. 167; 1946;167:150.

21. Brandt WH. Solution of the diffusion equation applicable to the edgewise growth of pearlite. J. Appl. Physik. 1945;16:139.

22. Pellissier GE, et al. The interlamelar spacing of pearlite. Transactions ASM, Dec. 1941;1.048.

23. Chattopadhyay S, Sellars CM. Kinetics of pearlite spheroidization during static annealing and during hot deformation. Acta Metallurgica. Vol. 30; 1982;30:157.

24. Hillert M. The role of interfaces in phase transformation. In: The mechanisms of phase transformation in crystalline solids. London: The Institute of Metals; 1969;231.

25. Turnbull D. Theory of cellular precipitation. Acta Metallurgica. 1955;3:55.

26. Shapiro JM, Kirkaldy JS. Theory of decomposition of eutectoids assuming local equilibrium and phase boundary diffusion. Acta Metallurgica. 1968;16:579.

27. Bolling GF, Richman RH. Forced velocity of pearlite. Metallurgical Transactions. 1970;1:2.095.

28. Hillert M. Eutectoid transformation of austenite. In: Chemical metallurgy of iron and steel. London: ISI; 1973;241.

29. Rezende AB, Fernandes FM, Fonseca ST, Farina PF S, Goldenstein H, Mei PR. Effect of alloy elements in time temperature transformation diagrams of railway wheels. In: Recent Progress on Mass Transport Related Processes in Engineering Materials. Edited by Andreas Öchsner. Defect and Diffusion Forum. 2020;400:11-20. Disponível em: https://doi.org/10.4028/www.scientific.net/DDF.400.11. (Acesso jun 2021).

30. Bhadeshia, H.K.D.H. (2015). Bainite in Steels: Theory and Practice, Third Edition (3rd ed.). CRC Press. https://doi.org/10.1201/9781315096674. (Acesso jun 2021).

31. Spanos G, Fang HS, Sarma DS, Aaranson HI. Influence of carbon concentration and reaction temperature upon bainite morphology in Fe-C-2 Pct Mn alloys. Metallurgical Transactions A. 1990;(2a):11391-1411.

32. Krauss G, Thompson SW. Ferritic microstructures in continuously cooled low and ultra-low carbon steels. ISIJ International. 1995;35(8):937-945.

33. Bramfitt BL, Speer JG. A perspective on the morphology of bainite. Metallurgical Transactions A. 1990;21A:817-829.

34. Ohmori Y, Ohtani H, Kunitak T. The bainite in low carbon low alloy high strength steels. Tetsu to hagane. 1971;57:1.690-1.705.

35. Zajac S, et al. Physical metallurgy and design of new generic steel grades. Quantitative structure-property relationship for complex bainitic microstructures. European Commission. Report EUR 21245EN, Luxembourg, Technical Steel Research; 2005;157.

36. Guy AG. Introduction to materials science. McGraw-Hill; 1972.

37. Scheil E. Über die Umwandlung des Austenits in Martensit in Eisen Nickellegierungen unter Belastung. Zeitschrift für anorganische und allgemeine Chemie. 1932;1(22):21-40.

38. Lu Yuan, et al. The effect of carbon content on the c/a ratio of as-quenched martensite in Fe-C alloys. Materials Science and Engineering A. 2017;700:592-597.

39. Cohen M. The strengthening of steel. Transactions of the AIME. 1962;224.

40. Bilby B, Christian J. The mechanism of phase transformation in metals. Inst. Met. Monograph, 1956;18:121.

41. Bain EC, Paxton HW. Alloying element in steel. ASM; 1966.

42. Atlas CCT – Atlas of continuous cooling transformation diagrams for engineering steels. Atkins M (Ed.). British Steel Corp.; 1980.

43. Atlas ITT – Atlas of isothermal transformation and cooling transformation diagrams. ASM, Metals Park; 1977.

44. Sunada H, et al. Properties and microstructure of heat-treated ultrahigh carbon steels. Materials Science and Engineering. 1979;38:35-40.

45. Jiewu Z, et al. Lath martensite in 1.4% C ultra-high carbon steel and its grain size effect. Materials Science and Engineering A. 2004;385:440-444.

46. Zhang P, et alii. Twin structure of the lath martensite in low carbon steel. Progress in Natural Science: Materials International. 2016;26(2):169-172.

47. Morito S, et al. The morphology and crystallography of lath martensite in Fe-C alloys. Acta Materialia. 2003;51:1.789-1.799.

48. Fonseca ST. Efeito de adições de vanádio, nióbio e molibdênio na estrutura e propriedades mecânicas de aços com 0,7% C utilizados na fabricação de rodas ferroviárias. Tese. [Doutorado]. Faculdade de Engenharia Mecânica da Universidade Estadual de Campinas – Unicamp; 2015;190.

49. Silva EP, et al. Isothermal transformations in advanced high strength steels below martensite start temperature. Materials Science and Technology. 2015;31(7):808-816.

50. Bacalhau JB. Efeito da adição de Ni na microestrutura bainítica de um novo aço para manufatura de roscas e cilindros de plastificação de polímeros. Tese. [Doutorado em Engenharia de Materiais]. Universidade Federal de São Carlos – UFSCar; 2019;150.

51. Ren A, et al. Hot deformation behavior of v-microalloyed steel. Journal of Iron and Steel Research, International. 2010;17(8)55-60.

52. Miller SL. Effect of microalloying on the strength of high carbon wire steels. These (PhD). Department of Metallurgical and Materials Engineering, Colorado School of Mines, Golden; 2014;96.

53. Farina PFS, et al. Tratamento criogênico e de alívio de tensões em um aço AISI D2. Tecnol. Metal. Mater. Miner., São Paulo. 2012;9(2):140-147.

54. Hossain R, et al. Stability of retained austenite in high carbon steel under compressive stress: an investigation from macro to nano scale. Nature. Scientific Reports. Oct., 2016;1-11. Disponivel em: DOI: 10.1038/srep34958. https://www.nature.com/articles/srep34958.pdf. (acesso jun 2021).

Capítulo 3

Tratamentos térmicos

3.1 INTRODUÇÃO

Operaçoes de aquecimento e resfriamento controlados, que visam afetar as características de aços e ligas especiais, são denominadas "tratamentos térmicos". Quando estas operações são conjugadas a etapas de conformação mecânica, denominam-se "tratamentos termomecânicos".

Aços e ligas especiais são submetidos a diversos tratamentos termomecânicos, com vistas à otimização de suas propriedades. Enquanto alguns tipos de tratamentos aplicam-se a uma ampla gama de aços e ligas, outros têm sua aplicação restrita a determinadas famílias de aços ou ligas. Neste capítulo, são apresentadas as principais características dos tratamentos térmicos de aplicação mais comum em aços e ligas especiais.

Os tratamentos térmicos dos aços e ligas especiais englobam uma das mais amplas faixas de temperaturas entre os processos industriais, variando desde o tratamento subzero (temperaturas abaixo de 0 °C) para estabilização, até a austenitização de alguns tipos de aços rápidos a 1280 °C. Além disso, diversas taxas de resfriamento são empregadas, visando permitir a obtenção da exata estrutura desejada. É claro que, para realização desses tratamentos, são necessários fornos e outros aparatos auxiliares. Tais equipamentos não serão analisados em detalhe por estarem em constante evolução e sua escolha depender de outros aspectos, além dos interesses metalúrgicos; para a seleção desses equipamentos, estão mais capacitados os departamentos técnicos de empresas do ramo. Serão abordados aspectos de equipamentos apenas na medida em que sua seleção influencie na qualidade do tratamento térmico ou do produto final (aço tratado).

Os principais tratamentos térmicos abordados neste capítulo são:

- recozimento;
- normalização;
- têmpera;
- revenimento;
- solubilização.

Os três primeiros envolvem transformações de fase a partir da austenita. Só se aplicam, portanto, a aços transformáveis. Obviamente, às diversas estruturas possíveis de se obter na transformação da austenita estão associadas diferentes propriedades, desde o máximo de ductilidade e mínimo de dureza, característico das estruturas ferríticas, até os elevados valores de dureza e menor ductilidade associados à martensita. O tratamento de revenimento é um tratamento associado, basicamente, a aços temperados.

3.2 RECOZIMENTO

O recozimento visa a reduzir a dureza do aço, aumentar a usinabilidade, facilitar o trabalho a frio ou atingir a microestrutura ou as propriedades desejadas.

Existem, basicamente, três tipos principais de recozimento [1]: recozimento pleno ou supercrítico;

- recozimento subcrítico;
- esferoidização ou recozimento intercrítico.

3.2.1 RECOZIMENTO PLENO OU SIMPLESMENTE RECOZIMENTO

Consiste em austenitizar o aço, resfriando-o lentamente a seguir. A temperatura de recozimento pleno é de mais ou menos 50 °C acima da linha A_3 para aços hipoeutetoides e de 50 °C acima de A_1 para hipereutetoides (Figura 3.1a). Nos hipereutetoides, não se deve ultrapassar a A_{cm} porque, no resfriamento posterior, ao ser atravessada novamente esta linha, formar-se-ia cementita nos contornos de grão da austenita, o que fragilizaria posteriormente a peça tratada [2].

Quanto mais baixa for a temperatura da austenitização, tanto mais heterogênea será a austenita para o mesmo tempo de tratamento (Figura 3.1b). Quanto mais heterogênea a austenita, maiores chances de nucleação de carbonetos em regiões de teor de carbono mais alto ou de crescimento de carbonetos não dissolvidos, em vez das estruturas perlíticas lamelares, que ocorrem com mais facilidade a partir da austenita homogênea. Consequentemente, deve-se preferir temperaturas de austenitização mais altas quando se deseja estrutura perlítica e mais baixas quando se deseja estrutura esferoidizada (Figura 3.2). Nas Tabelas 3.1 e 3.2, são apresentados dados sobre austenitização e resfriamento para o tratamento de recozimento de diversos aços. Quanto mais próxima da temperatura A_1 a austenita se transformar, mais grosseira será a estrutura, quer perlítica, quer esferoidal. Entretanto, analisando-se as curvas TTT, observa-se que o tempo necessário para transformação completa em temperaturas muito próximas da eutetoide é longo (exemplo: 700 °C em aço 1050, Capítulo 2), por vezes, excessivamente. Nos casos em que o tempo de transformação for excessivo nesta temperatura,

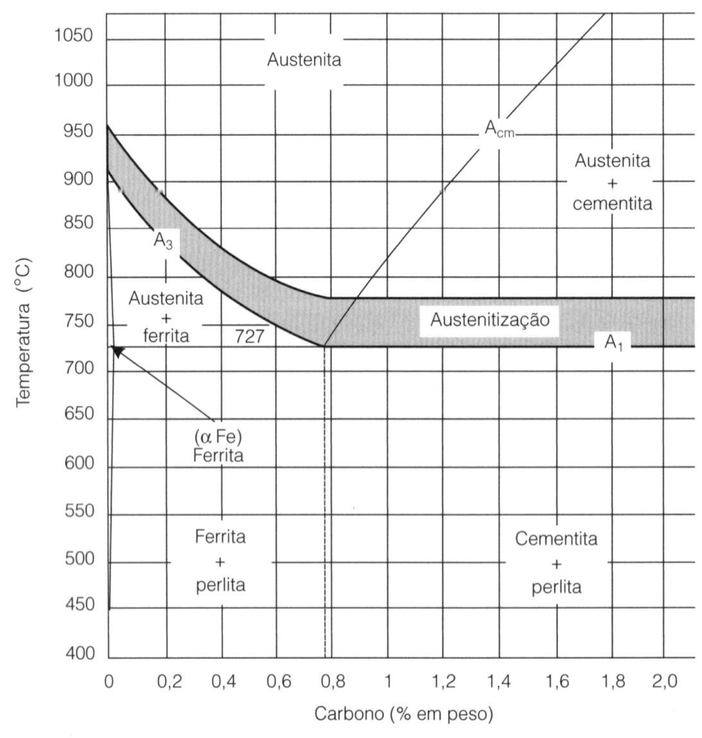

(a) Faixa de temperatura indicada para austenitização no recozimento.

Figura 3.1 (a) Faixa de temperatura para austenitização no recozimento e (b) curvas de solubilização da perlita [2]. (*continua*)

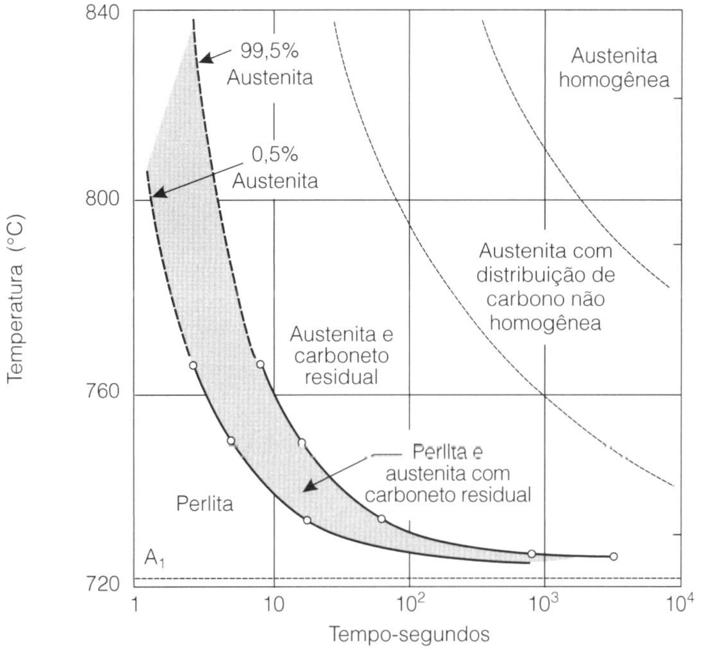

(b) Curvas de solubilização da perlita em aço eutetóide. Estado original: perlita fina.

Figura 3.1 (a) Faixa de temperatura para austenitização no recozimento e (b) curvas de solubilização da perlita [2]. (*continuação*)

pode-se transformar parcialmente em alta temperatura, seguindo-se o restante da transformação em temperatura mais baixa. Há, portanto, duas possibilidades na transformação da austenita: (a) transformação isotérmica, ou (b) resfriamento contínuo, normalmente no interior do forno desligado ou em meios isolantes que permitam obterem-se as taxas de resfriamento necessárias para o tratamento, como indicado nas Tabelas 3.1 e 3.2.

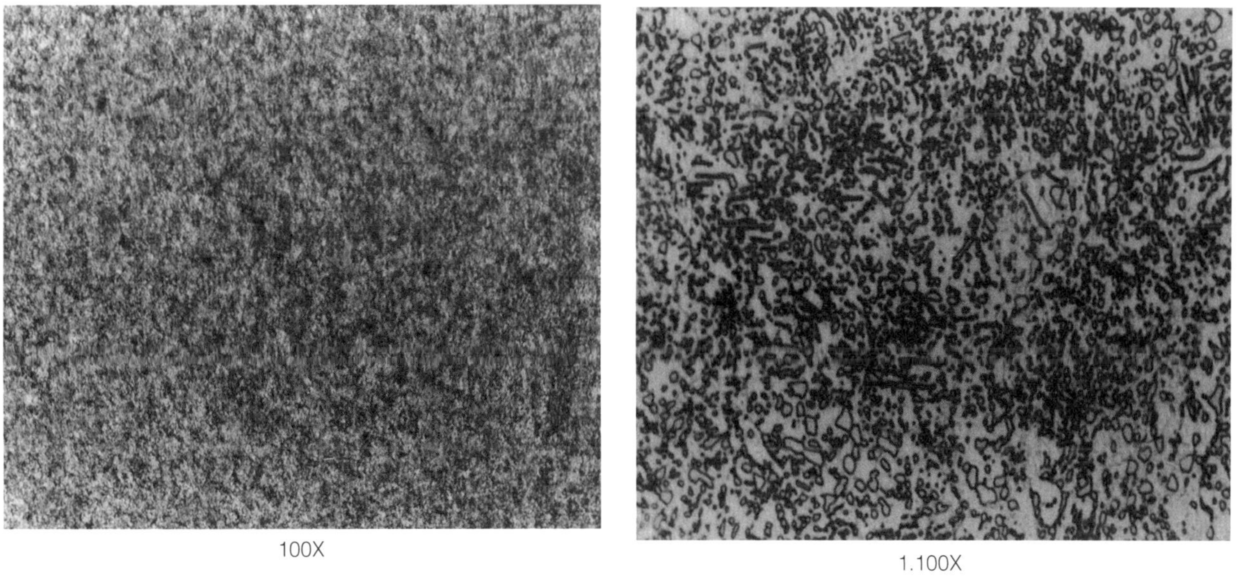

Figura 3.2 Estrutura de carbonetos esferoidizados em matriz de ferrita. Aço 1095. Nital.

Tabela 3.1 Ciclos de recozimento recomendados para aços carbono [2]

Aços carbono ABNT/AISI	Temperatura de austenitização (°C)	Ciclo de resfriamento* de	até (°C)	Faixa de dureza (Brinell)
1020	855 – 900	855	700	111 – 149
1030	845 – 885	845	650	126 – 197
1040	790 – 870	790	650	137 – 207
1050	790 – 870	790	650	156 – 217
1060	790 – 845	790	650	156 – 217
1070	790 – 845	790	650	167 – 229
1080	790 – 845	790	650	167 – 229
1090	790 – 830	790	650	167 – 229

* Resfriamento a 28 °C por hora no interior do forno.

Tabela 3.2 Ciclos de recozimento de aços ligados [2]

Para se obter estrutura perlítica						
Aços (ABNT/AISI)	Temperatura de austenitização (°C)	Recozimento				
		Contínuo			Isotérmico	
		de	até (°C)	taxa (°C/h)	temp. (°C)	tempo (h)
3140	830	735	650	10	660	6
3150	830	705	645	10	660	6
9840	830	595	645	8,5	650	6
9850	830	700	645	8,5	650	8
Para se obter estrutura esferoidizada (ferrita + carbonetos esferoidizados)						
Aços (ABNT/AISI)	Temperatura de austenitização (°C)	Recozimento				
		Contínuo			Isotérmico	
		de	até (°C)	taxa (°C/h)	temp. (°C)	tempo (h)
3140	745	735	650	5	660	10
3150	750	705	645	5	660	10
9840	745	645	640	5	650	10
9850	745	700	645	5	650	12

3.2.2 RECOZIMENTO SUBCRÍTICO

É aquele em que o aquecimento se dá a uma temperatura abaixo de A_1. O recozimento subcrítico é usado para recuperar a ductilidade do aço trabalhado a frio (encruado). Quando se executam operações de deformação a frio, a dureza aumenta e a ductilidade diminui, podendo ocorrer ruptura entre as duas operações. Nesse caso, há a necessidade de se executar um recozimento subcrítico antes de novas deformações. Normalmente, o aquecimento do aço carbono na faixa de 595 a 675 °C, seguido de resfriamento ao ar, é suficiente [2].

As principais transformações que ocorrem nesse tratamento são a recuperação e a recristalização das fases encruadas [3]. É óbvio que, nesse caso, não ocorrendo a formação da austenita, não há sentido em descrever-se o tratamento sobre a curva TTT.

Tratamentos de alívio de tensões são também aplicados quando se deseja reduzir tensões residuais em estruturas ou componentes após soldagem, fabricação, lixamento, dobramento, resfriamento brusco (têmpera) etc. O aumento de temperatura nesses tratamentos é suficiente para reduzir o limite de escoamento do material ou permitir sua deformação por fluência, de modo que as tensões residuais são aliviadas por meio de deformação plástica. No caso de soldas, o alívio de tensões pode ter também a função de revenir microestruturas de dureza excessiva e baixa ductilidade encontradas na Zona Afetada pelo Calor (ZAC), independentemente da existência de tensões residuais significantes.

Diversos códigos e normas de projeto [4] estabelecem requisitos quanto à necessidade de execução deste tipo de tratamento térmico. É importante lembrar que estes códigos representam normalmente requisitos mínimos e não devem substituir o julgamento do engenheiro em cada situação. Na Figura 3.3, observa-se o efeito deste tratamento nas propriedades dos aços.

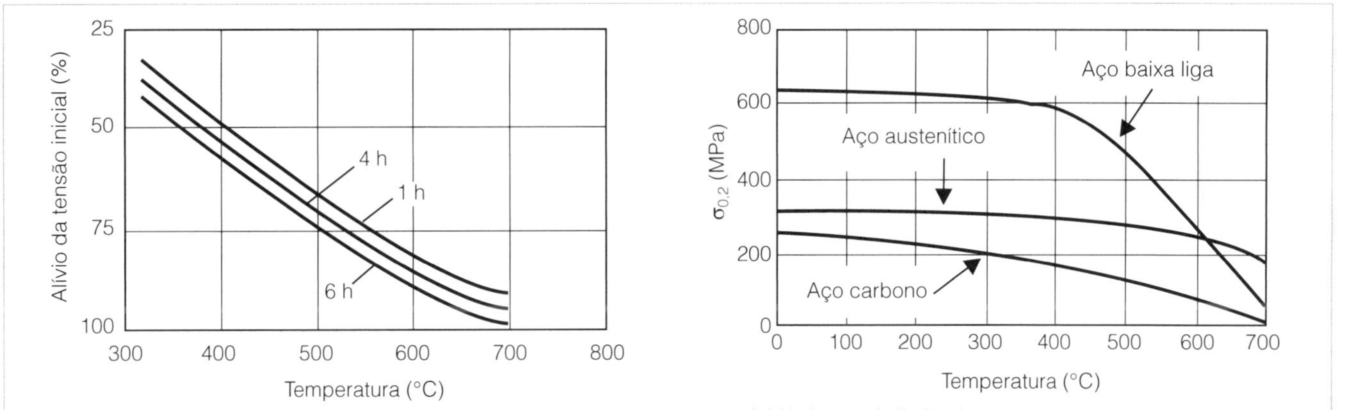

(a) Alívio de tensões em aço carbono.

(b) Variação do limite de escoamento com a temperatura.

Figura 3.3 Efeito da temperatura nas propriedades dos aços durante o tratamento de alívio de tensões [2].

3.2.3 ESFEROIDIZAÇÃO

A Figura 3.1b mostra que um aço (eutetoide, no caso), ao ser aquecido acima de A_1, começa a formar austenita. Dependendo do tempo e da temperatura, a austenitização pode ser total ou parcial (restar ainda perlita ou carbonetos na estrutura). Também a austenita formada pode ter uma distribuição homogênea ou heterogênea de carbono.

Ao ser resfriada abaixo de A_1, a austenita dará origem a uma estrutura de ferrita e a carbonetos esferoidizados ou ferrita e perlita, dependendo das condições do resfriamento e da estrutura anterior ao resfriamento. A austenita homogênea tende a formar perlita enquanto a austenita heterogênea tende a formar carbonetos esferoidizados.

Há várias maneiras de se obter uma estrutura de carbonetos esferoidizados em matriz ferrítica após uma austenitização total ou parcial: manutenção por tempo prolongado à temperatura pouco abaixo de A_1, resfriar lentamente ao passar por A_1 ou ciclar acima e abaixo de A_1 [5].

Na Figura 3.4, observa-se a faixa de temperatura recomendada para esferoidização de aços carbono.

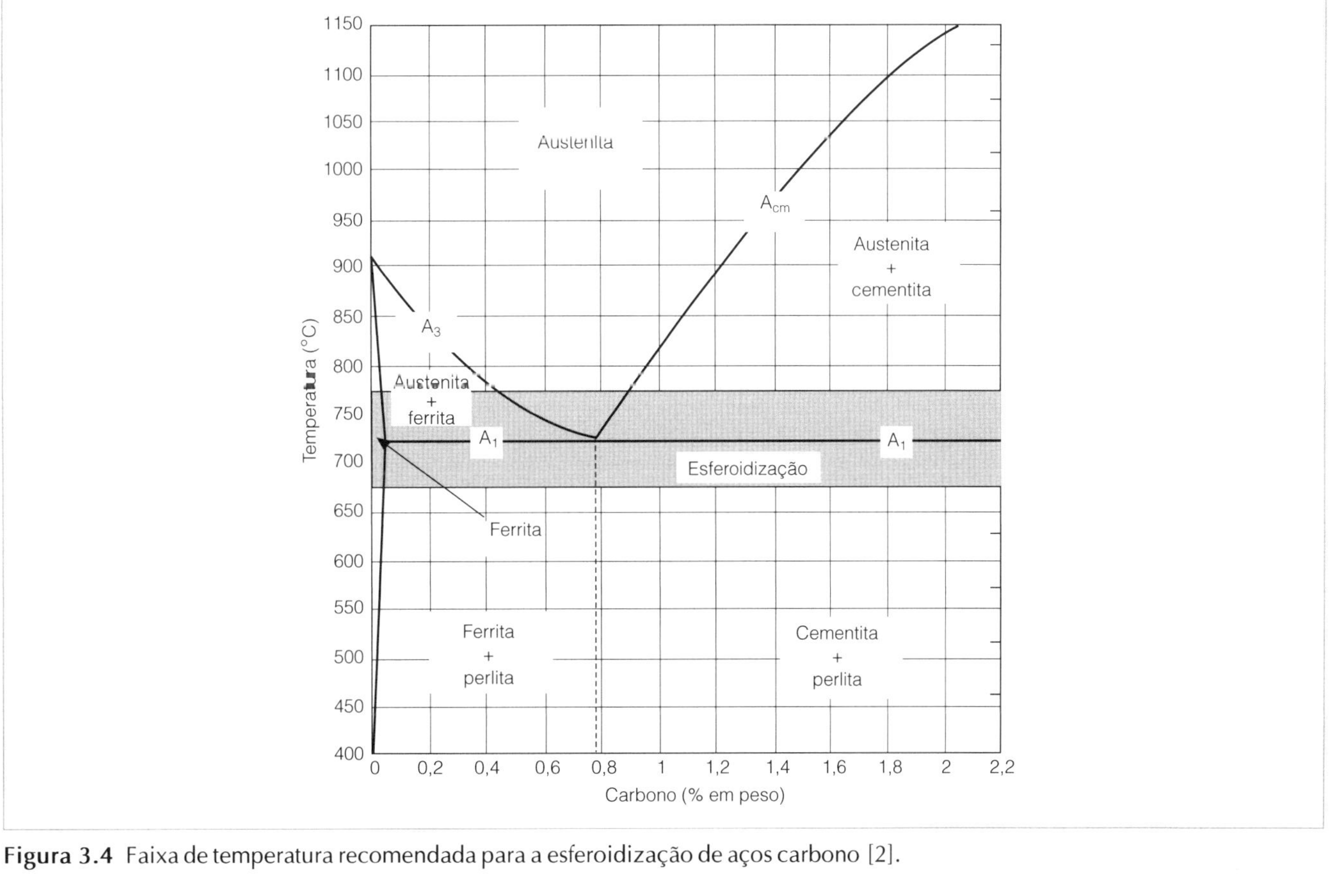

Figura 3.4 Faixa de temperatura recomendada para a esferoidização de aços carbono [2].

3.2.4 RECOZIMENTO PARA USINABILIDADE

A Tabela 3.3 indica as estruturas mais adequadas para se reduzir o custo da usinagem de aços em função do teor de carbono. Tais informações devem permitir a especificação do tratamento ideal, utilizando-se as Tabelas 3.1 e 3.2.

Tabela 3.3 Estruturas mais adequadas para usinagem [2]

% C	Microestrutura ideal
0,06 – 0,20	estrutura de forjamento (ou laminação)
0,20 – 0,30	diâmetro menor que 75 mm, normalização diâmetro maior que 75 mm, estrutura de forjamento (ou laminação)
0,30 – 0,40	recozido com perlita grosseira (mínimo de ferrita)
0,40 – 0,60	perlita grosseira ou estrutura esferoidizada grosseira
0,60 – 1,00	100% esferoidizada

3.3 PROTEÇÃO DA SUPERFÍCIE

Entre todos os elementos presentes nos aços, o carbono é, sem dúvida, o mais importante individualmente, apesar de vários aços dependerem, para suas propriedades, dos elementos de liga; isso é claramente ilustrado pela Figura 3.5. Uma variação de 0,1% de carbono na maioria dos aços ligados ou ferramenta exercerá maior influência sobre as propriedades do que uma variação equivalente, ou mesmo maior, às vezes, de outro elemento de liga.

Este fato, aliado ao papel importante desempenhado pela superfície das ferramentas durante sua vida útil, exige que especial atenção seja dedicada ao controle do teor de carbono da superfície durante o tratamento térmico. Há casos ainda em que se desejam superfícies isentas de oxidação, sem necessidade de limpeza posterior. Também, nesses casos, a proteção da superfície é fundamental.

Tanto as reações envolvendo o carbono das peças a tratar como a oxidação do material decorrem da presença de gases no interior do forno de tratamento. O caminho óbvio para se contornar o problema seria a eliminação da causa, isto é, o tratamento sob vácuo. Tais processos são, entretanto, extremamente caros, somente se justificando em caso de metais reativos, como titânio, zircônio etc., e nos casos de ferramental como matrizes e ferramentas de trabalho a frio já usinadas.

Na prática, opta-se pelo controle dos potenciais de oxigênio e de carbono na atmosfera do forno, pelo emprego de materiais de empacotamento, que evitam ou diminuem o contato da atmosfera com a peça, ou pelos banhos de sais fundidos com potenciais de oxigênio e carbono controlados. Como regra, os materiais de empacotamento somente são empregados para peças de aços ligados ou ferramenta (normalmente de produção limitada). Para produções maiores, opta-se por fornos de banho de sal fundido ou fornos de atmosfera controlada.

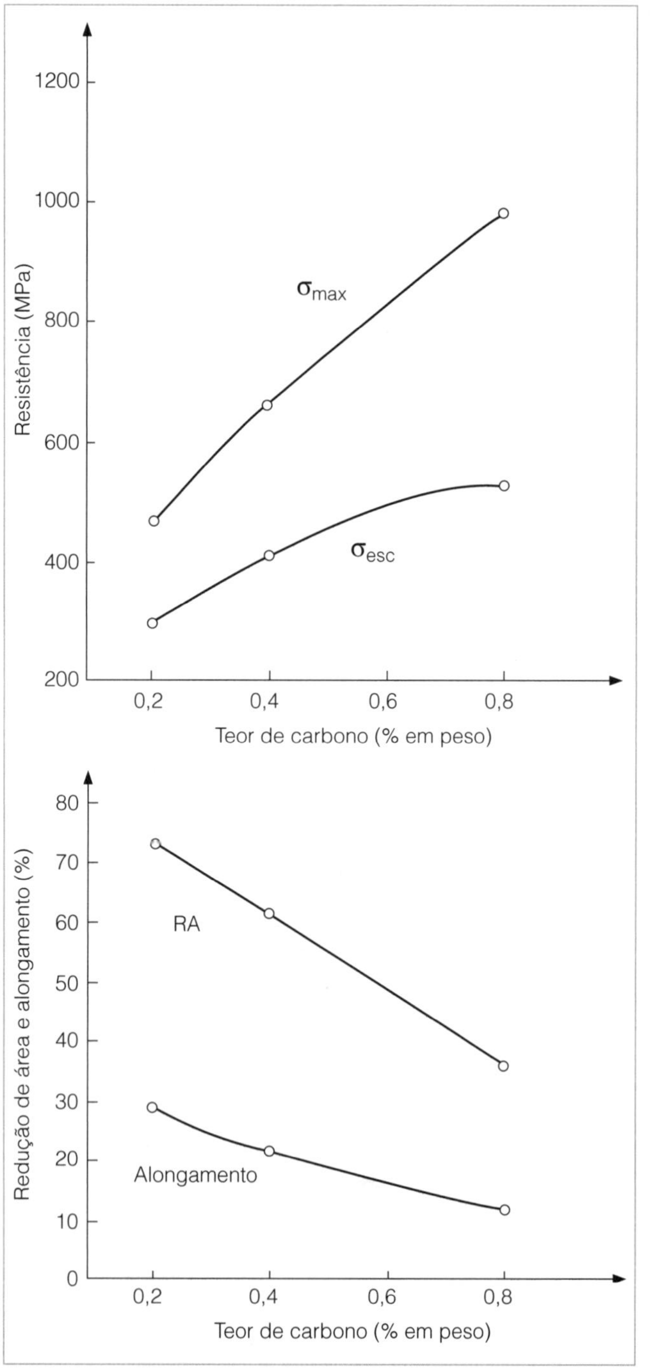

Figura 3.5 Variação nas propriedades mecânicas de aços com 0,2 a 0,8% C, após laminação a 900 °C, seguida de resfriamento do ar [6].

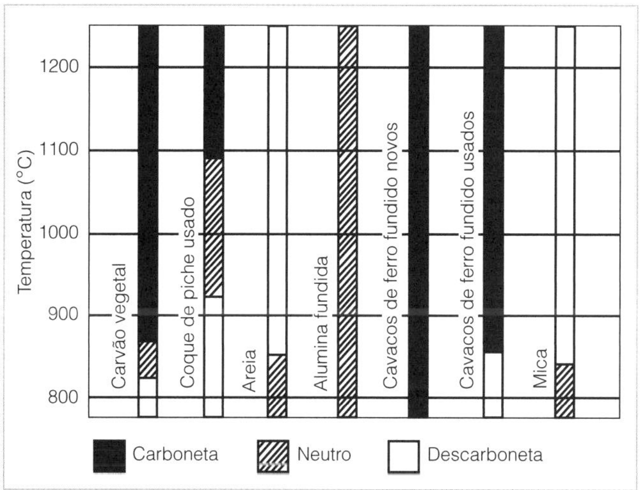

Figura 3.6 Faixas aproximadas de emprego de meios de empacotamento [7].

Está além dos objetivos deste texto discutir as diversas formas de controle dos potenciais de oxigênio e de carbono em atmosfera de fornos. É importante, entretanto, sallentar alguns pontos básicos a este respeito:

- Nem todos os aços, em todas as aplicações, exigem tratamento térmico isento de oxidação e/ou descarbonetação. Um exemplo típico é uma peça com sobremetal, que, após tratada, será usinada para as medidas finais. Além disso, em diversos casos, a prática indica ser mais barata uma limpeza posterior do que a exigência de atmosfera controlada no tratamento térmico.
- Como diversas reações ocorrem entre a atmosfera e a peça a tratar, uma atmosfera não oxidante não é garantia de ausência de descarbonetação superficial. Somente o controle das relações CO/CO_2 e H_2/H_2O permite o controle do potencial de oxigênio e carbono.
- Nos tratamentos em banhos de sal, pode ocorrer descarbonetação superficial, se não forem tomados os cuidados necessários, apesar da ausência de atmosfera.
- Os meios de empacotamento (empregados principalmente para o tratamento de aços ferramenta) devem ser escolhidos criteriosamente, pois nem sempre são neutros em altas temperaturas (Figura 3.6). Além disso, compensações devem ser realizadas nos tempos de tratamento quando se empregam tais envoltórios para as peças.

3.4 NORMALIZAÇÃO

A normalização consiste na austenitização completa do aço, seguida de resfriamento ao ar parado ou agitado [2].

É indicada normalmente para homogeneização da estrutura após o forjamento e antes da têmpera ou revenimento. Obviamente, aços ligados que temperam (endurecem) ao ar não são normalizados.

Comparando-se a estrutura normalizada com a recozida, tem-se na normalizada:

a) Em um aço hipoeutectoide, possivelmente menor quantidade de ferrita proeutetoide, e perlita mais fina (menor espaçamento entre as lamelas). Em termos de propriedades mecânicas para baixos teores de carbono ($C < 0{,}20\%$), não se observam diferenças significativas, mas, com o aumento desse elemento, a dureza e a resistência mecânica ficam mais elevadas, a ductilidade (medida por alongamento ou redução de área em ensaio de traçao), mais baixa, embora a resistência ao impacto não seja muito alterada (Tabela 3.4).

Tabela 3.4 Propriedades mecânicas dos aços laminados, normalizados e recozidos [2]

Aço	Condição	Limite de resistência MPa	Limite de escoamento MPa	Redução de área %	Alongamento em 50 mm %	Dureza Brinell	Impacto Izod J
1015	Laminado	420	315	39,0	61	126	111
	Normalizado	425	325	37,0	70	121	115
	Recozido	385	285	37,0	70	111	115
1020	Laminado	450	330	36,0	59	143	87
	Normalizado	440	345	35,8	68	131	118
	Recozido	395	295	36,5	66	111	123
1030	Laminado	550	345	32,0	57	179	75
	Normalizado	525	345	32,0	61	149	94
	Recozido	460	345	31,2	58	126	69
1040	Laminado	620	415	25,0	50	201	49
	Normalizado	595	370	28,0	55	170	65
	Recozido	520	350	30,2	57	149	45

(*continua*)

Tabela 3.4 Propriedades mecânicas dos aços laminados, normalizados e recozidos [2] (*continuação*)

Aço	Condição	Limite de resistência MPa	Limite de escoamento MPa	Redução de área %	Alongamento em 50 mm %	Dureza Brinell	Impacto Izod J
1050	Laminado	725	415	20,0	40	229	31
	Normalizado	750	430	20,0	39	217	27
	Recozido	635	365	23,7	40	187	18
1060	Laminado	815	485	17,0	34	241	18
	Normalizado	775	420	18,0	37	229	14
	Recozido	625	370	22,5	38	179	11
1080	Laminado	965	585	12,0	17	293	7
	Normalizado	1015	525	11,0	21	293	7
	Recozido	615	380	24,7	45	174	7
1095	Laminado	965	570	9,0	18	293	4
	Normalizado	1015	505	9,5	14	293	5
	Recozido	655	380	13,0	21	192	3
1117	Laminado	490	305	33,0	63	143	81
	Normalizado	470	305	33,5	54	137	85
	Recozido	430	285	32,8	58	121	94
1118	Laminado	525	315	32,0	70	149	109
	Normalizado	475	315	33,5	66	143	103
	Recozido	450	285	34,5	67	131	107
1137	Laminado	625	380	28,0	61	192	83
	Normalizado	670	400	22,5	49	197	64
	Recozido	585	345	26,8	54	174	50
1141	Laminado	675	360	22,0	38	192	11
	Normalizado	710	405	22,7	56	201	53
	Recozido	600	355	25,5	49	163	34
1144	Laminado	705	420	21,0	41	212	53
	Normalizado	670	400	21,0	40	197	43
	Recozido	585	345	24,8	41	167	65
1340	Normalizado	835	560	22,0	63	248	92
	Recozido	705	435	25,5	57	207	71
3140	Normalizado	890	600	19,7	57	262	54
	Recozido	690	420	24,5	51	197	46
4130	Normalizado	670	435	25,5	60	197	87
	Recozido	560	360	28,2	56	156	62
4140	Normalizado	1020	655	17,7	47	302	23
	Recozido	655	420	25,7	57	197	54
4150	Normalizado	1160	740	11,7	31	321	12
	Recozido	730	380	20,2	40	197	24
4320	Normalizado	795	460	20,8	51	235	73
	Recozido	580	430	29,0	58	163	110
4340	Normalizado	1280	860	12,2	36	363	16
	Recozido	745	475	22,0	50	217	52
4620	Normalizado	570	365	29,0	67	174	135
	Recozido	510	370	31,3	60	149	94

(*continua*)

Tabela 3.4 Propriedades mecânicas dos aços laminados, normalizados e recozidos [2] (*continuação*)

Aço	Condição	Limite de resistência MPa	Limite de escoamento MPa	Redução de área %	Alongamento em 50 mm %	Dureza Brinell	Impacto Izod J
4820	Normalizado	760	485	24,0	59	229	110
	Recozido	685	460	22,3	59	197	94
5140	Normalizado	795	475	22,7	59	229	38
	Recozido	570	295	28,6	57	167	41
5150	Normalizado	870	530	20,7	59	255	31
	Recozido	675	360	22,0	44	197	26
5160	Normalizado	960	530	17,5	45	269	11
	Recozido	725	275	17,2	31	197	10
6150	Normalizado	940	615	21,8	61	269	35
	Recozido	665	415	23,0	48	197	27
8620	Normalizado	635	360	26,3	60	183	100
	Recozido	540	385	31,3	62	149	115
8630	Normalizado	650	430	23,5	54	187	95
	Recozido	565	370	29,0	59	156	95
8650	Normalizado	1025	690	14,0	45	302	14
	Recozido	715	385	22,5	46	212	30
8740	Normalizado	930	605	16,0	48	269	18
	Recozido	695	415	22,2	46	201	41
9255	Normalizado	930	580	19,7	43	269	14
	Recozido	775	490	21,7	41	229	10
9310	Normalizado	910	570	18,8	58	269	119
	Recozido	820	440	17,3	42	241	79

b) Em um aço hipereutetoide, menos carbonetos em rede ou massivos, e distribuição mais uniforme dos carbonetos existentes, devido à dissolução mais completa dos carbonetos na austenitização para a normalização do que para o recozimento, visto que na normalização a austenitização ocorre acima de ACM (Figura 3.7). Como o resfriamento na normalização é mais rápido do que no recozimento, a precipitação de cementita proeutetoide no contorno de grão austenítico é minimizada.

A normalização pode ser usada, portanto, para qualquer das seguintes aplicações [2]:

- refino de grão (por meio de recristalização) e homogeneização da estrutura visando obter uma melhor resposta na têmpera ou no revenimento posterior;
- melhoria da usinabilidade;
- refino de estruturas brutas de fusão (peças fundidas, por exemplo);
- obter propriedades mecânicas desejadas.

As temperaturas de austenitização para a normalização são encontradas na Tabela 3.5.

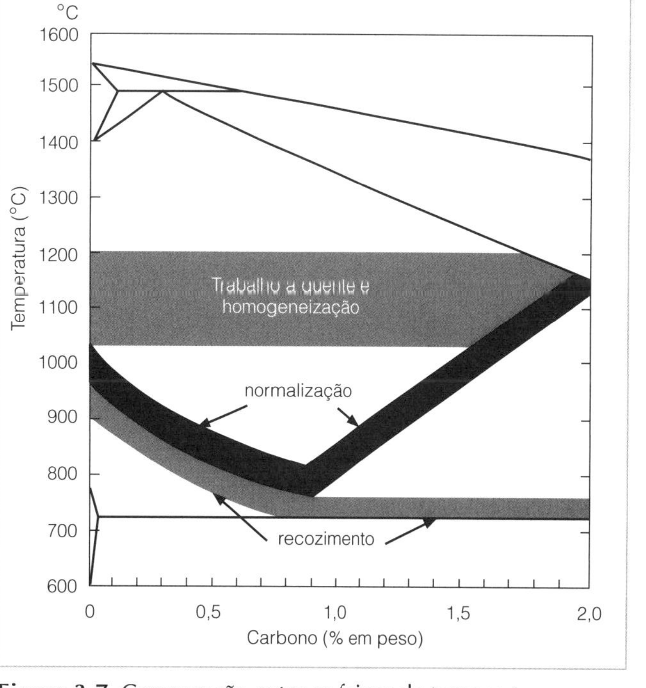

Figura 3.7 Comparação entre as faixas de temperaturas de austenitização para a normalização e o recozimento [1].

Tabela 3.5 Temperaturas de normalização recomendadas para os aços carbono e baixa liga [2]

Aço	°C	Aço	°C
1015	915	5046	870
1020	915	5120	925
1022	915	5130	900
1025	900	5132	900
1030	900	5135	870
1035	885	5140	870
1040	860	5145	870
1045	860	5147	870
1050	860	5150	870
1060	830	5155	870
1080	830	5160	870
1090	830	6118	925
1095	845	6120	925
1117	900	6150	900
1137	885	8617	925
1141	860	8620	925
1144	860	8622	925
1330	900	8630	900
1335	870	8637	870
1340	870	8640	870
3135	870	8642	870
3140	870	8645	870
3310	925	8650	870
4027	900	8655	870
4028	900	8660	870
4032	900	8720	925
4037	870	8740	925
4042	870	8742	870
4047	870	8822	925
4063	870	9255	900
4118	925	9260	900
4130	900	9262	900
4135	870	9310	925
4137	870	9840	870
4140	870	9850	870
4142	870	50B40	870
4145	870	50B44	870
4147	870	50B46	870
4150	870	50B50	870
4320	925	60B60	870
4337	870	81B45	870
4340	870	86B45	870
4520	925	94BI5	925
4620	925	94B17	925
4718	925	94B30	900
4720	925	94B40	900
4815	925		

3.5 TÊMPERA

Uma das características mais importantes dos aços como materiais de construção mecânica é a possibilidade de desenvolver ótimas combinações de resistência e tenacidade (medida pela resistência ao impacto). A estrutura que classicamente permite tais combinações é a estrutura martensítica revenida.

A têmpera consiste em resfriar o aço, após austenitização, a uma velocidade suficientemente rápida para evitar as transformações perlíticas e bainíticas na peça em questão. Deste modo, obtém-se estrutura metaestável martensítica.

Como os diferentes aços apresentam curvas ITT distintas, a taxa mínima de resfriamento necessário (denominada "velocidade crítica") para evitar as transformações perlítica e bainítica varia em uma faixa bastante larga. Na Figura 3.8, por exemplo, são apresentadas as curvas ITT de dois aços com diferentes características de transformações de fase. Enquanto no aço 4340 (Figura 3.8b), as transformações perlítica e bainítica têm seu início retardado pela presença de elementos de liga, facilitando a têmpera, no aço 1050 (Figura 3.8a), é mais difícil obter-se uma estrutura 100% martensítica, mesmo com resfriamento extremamente rápido, pois o "nariz" da curva ITT situa-se muito próximo ao eixo vertical.

Deve-se ainda observar que, aumentando-se o teor de carbono do aço, diminui-se a temperatura para início e fim da formação da martensita (Figura 3.9). Também a dureza martensítica aumenta com o teor de carbono (Figura 3.10). Em vista disso, os aços carbono para têmpera apresentam um teor de carbono maior do que 0,3%, pois, abaixo deste teor, o efeito endurecedor provocado pela têmpera seria muito pequeno.

3.5.1 MEIOS DE TÊMPERA

Para o controle da taxa de resfriamento, utilizam-se diversos meios de têmpera, com diferentes capacidades de extração de calor (severidade). Os meios de têmpera mais comuns são: água (pura, com adição de sal ou com adição de polímeros), óleo e ar, embora outros meios gasosos possam ser empregados (nitrogênio, hélio, argônio etc.).

A têmpera em meio líquido ocorre em três estágios à proporção que a peça esfria (Figura 3.11):

a) Formação de filme contínuo de vapor sobre a peça. A taxa de resfriamento é baixa, pois o filme de vapor atua como isolante térmico. A adição de mais de 5% de KCl, LiCl, entre outros sais, pode suprimir este estágio. Este estágio não é observado quando o meio de resfriamento é não volátil como banho de sal fundido. A água apresenta um estágio de filme contínuo particularmente longo. Para aliviar esse problema, pode-se agitar a peça durante o início da têmpera para romper o filme de vapor.

b) Durante este estágio, o filme de vapor colapsa e a taxa de resfriamento aumenta, com nucleação de bolhas de vapor sobre a superfície da peça. Neste estágio, também é importante a agitação do meio de têmpera para se evitar a permanência de bolhas sobre os mesmos locais por tempos longos, causando pontos resfriados mais lentamente, chamados pontos moles.

(a) Curva ITT do aço AISI/ABNT 1050.

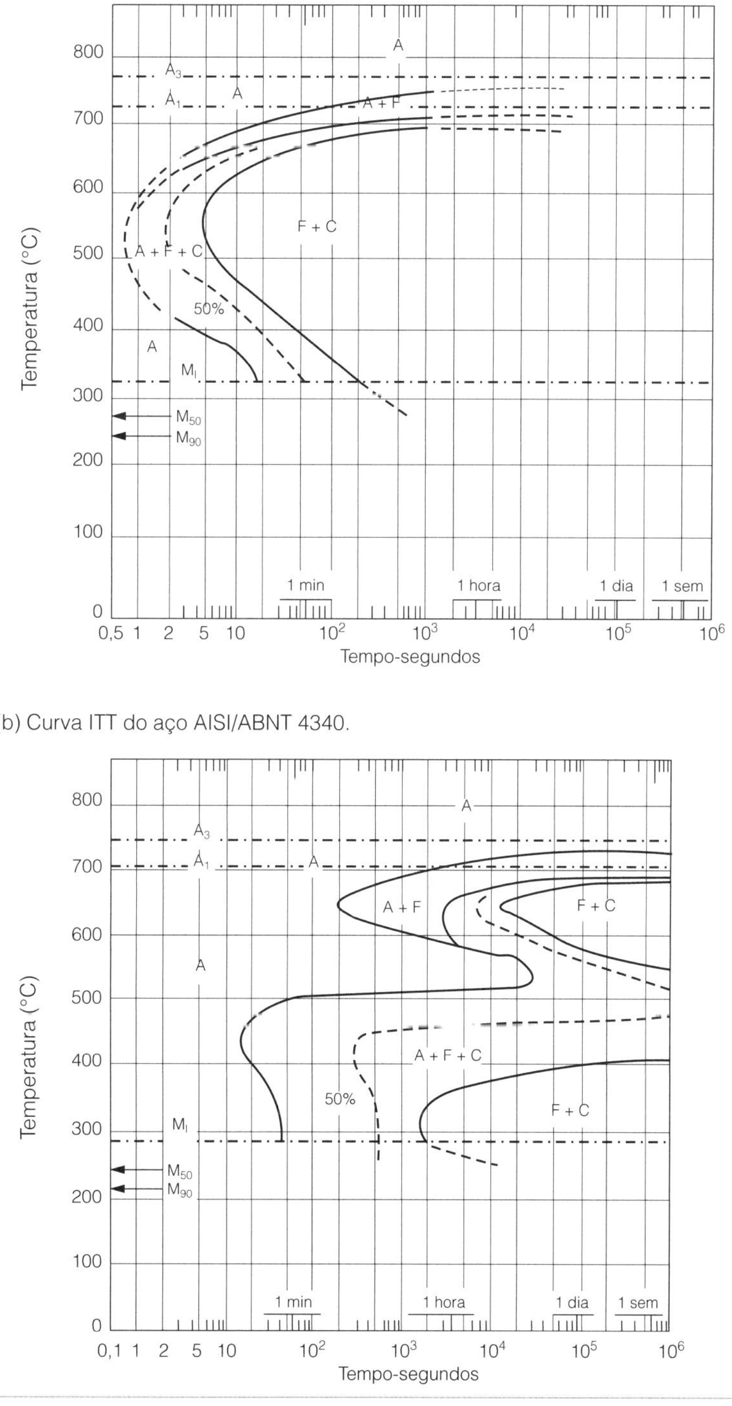

(b) Curva ITT do aço AISI/ABNT 4340.

Figura 3.8 No aço ligado (b), é mais fácil a têmpera (formação da martensita) do que no aço carbono (a) [8].

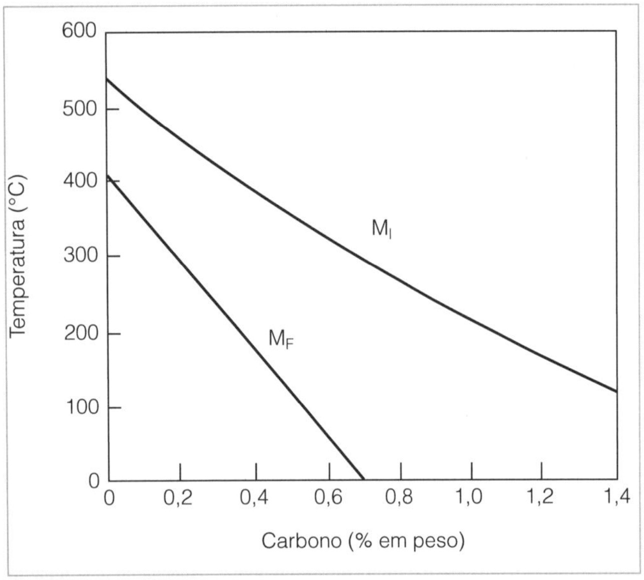

Figura 3.9 Efeito do teor de carbono nas temperaturas de início (M_I) e fim (M_F) da transformação austenita → martensita [3].

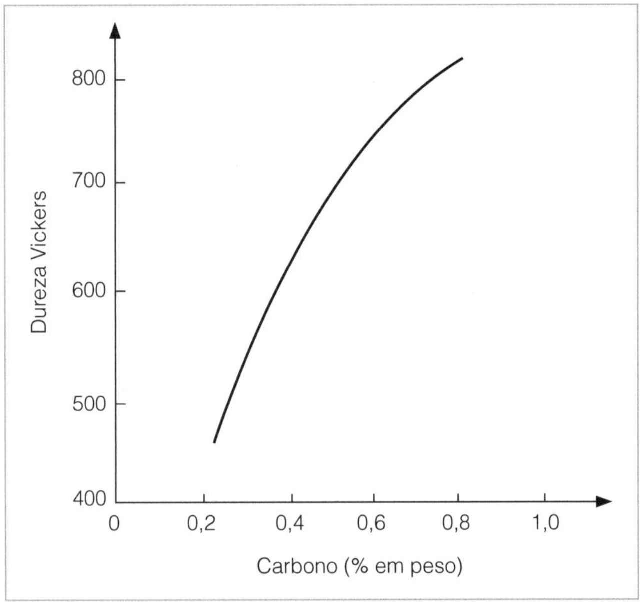

Figura 3.10 Variação da dureza martensítica em função do teor de carbono dos aços carbono [8].

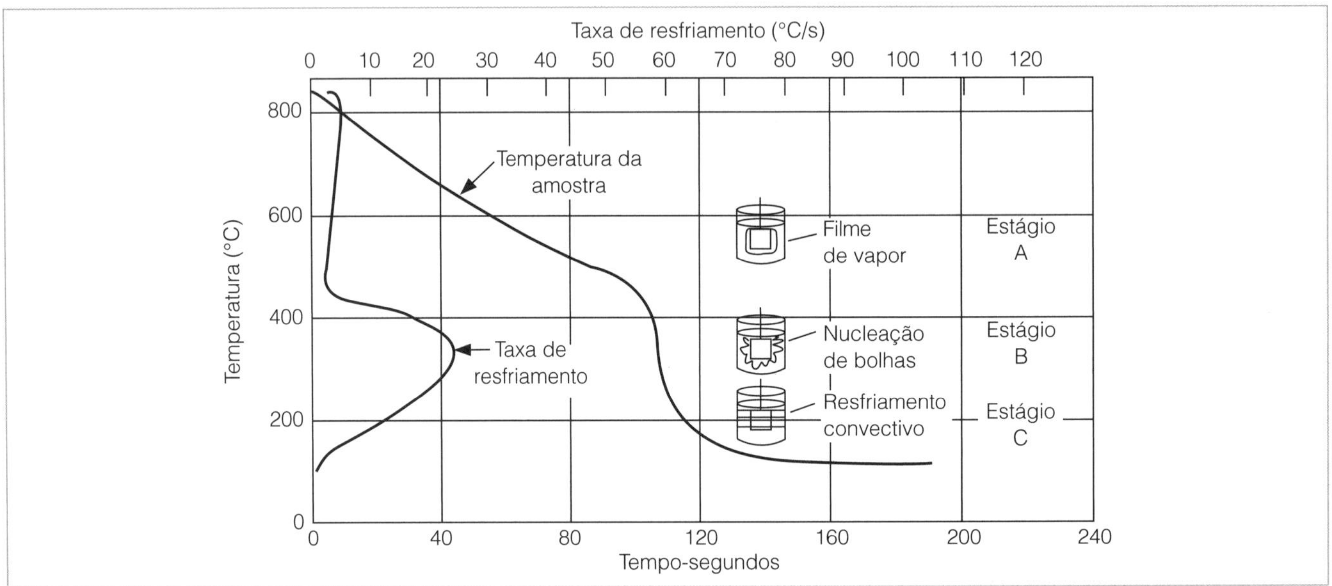

Figura 3.11 Temperatura e taxa de resfriamento (°C/s) medidas no centro de uma barra de 25 mm [2].

c) Este estágio começa quando a temperatura da superfície da peça fica abaixo do ponto de ebulição do meio de têmpera, interrompendo a formação de bolhas de vapor. O resfriamento ocorre por condução e convecção. O estágio é controlado, basicamente, pela capacidade calorífera do meio de têmpera, pelas condições interfaciais entre a peça e o meio de têmpera e pela agitação. Se todos os outros fatores forem mantidos constantes, a taxa de resfriamento diminuirá com o aumento da viscosidade do meio.

O uso de polímeros solúveis em água permite obter taxas de resfriamento intermediárias entre a água e o óleo e eles têm sido extensivamente utilizados. Os mais comuns são apresentados na Figura 3.12.

3.5.2 Tensões na têmpera

Enquanto no recozimento não se encontram gradientes de temperatura sensíveis nas peças, durante o resfriamento, a severidade com que este ocorre na têmpera faz surgir gradientes bastante acentuados entre o centro e a superfície.

Para uma mesma peça, estes gradientes serão tanto maiores quanto mais severo for o meio da têmpera, como mostram as Figuras 3.14 e 3.15. A presença destes gradientes de temperatura na peça a temperar faz surgir tensões internas, associadas à(s):

- contração do aço durante o resfriamento;

- expansão associada com a transformação martensítica;
- mudanças bruscas de secção e outros concentradores de tensões.

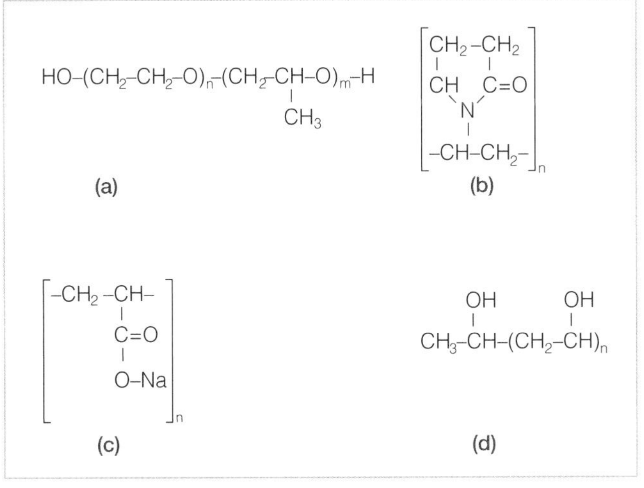

Figura 3.12 Estrutura dos polímeros utilizados como meio de têmpera [2]. (a) Polialquilglicol (PAG); (b) Polivinil pirrolidona (PVP); (c) Poliacrilato de sódio (PA); (d) Polivinil álcool (PVA).

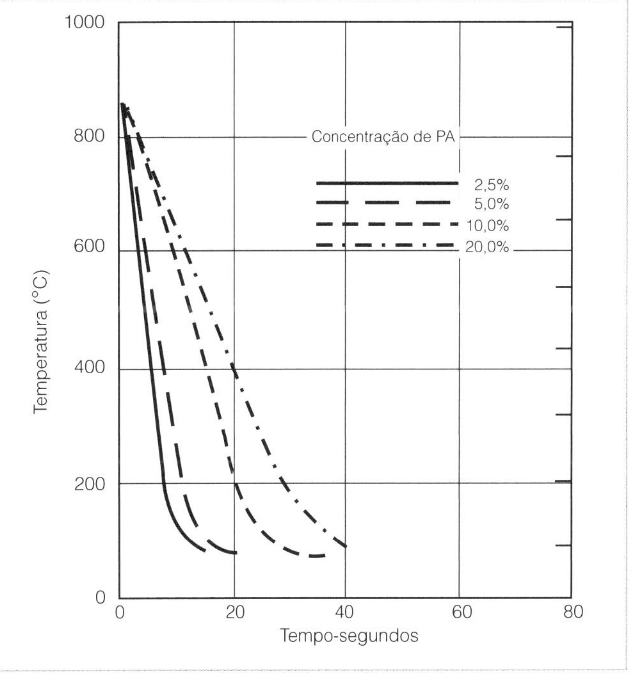

Figura 3.13 Efeito do teor de poliacrilato de sódio (PA) na curva de resfriamento de uma peça de aço inoxidável austenítico de 10 mm de diâmetro por 60 mm de comprimento. A temperatura do meio de têmpera (água + PA) era de 27 °C [2].

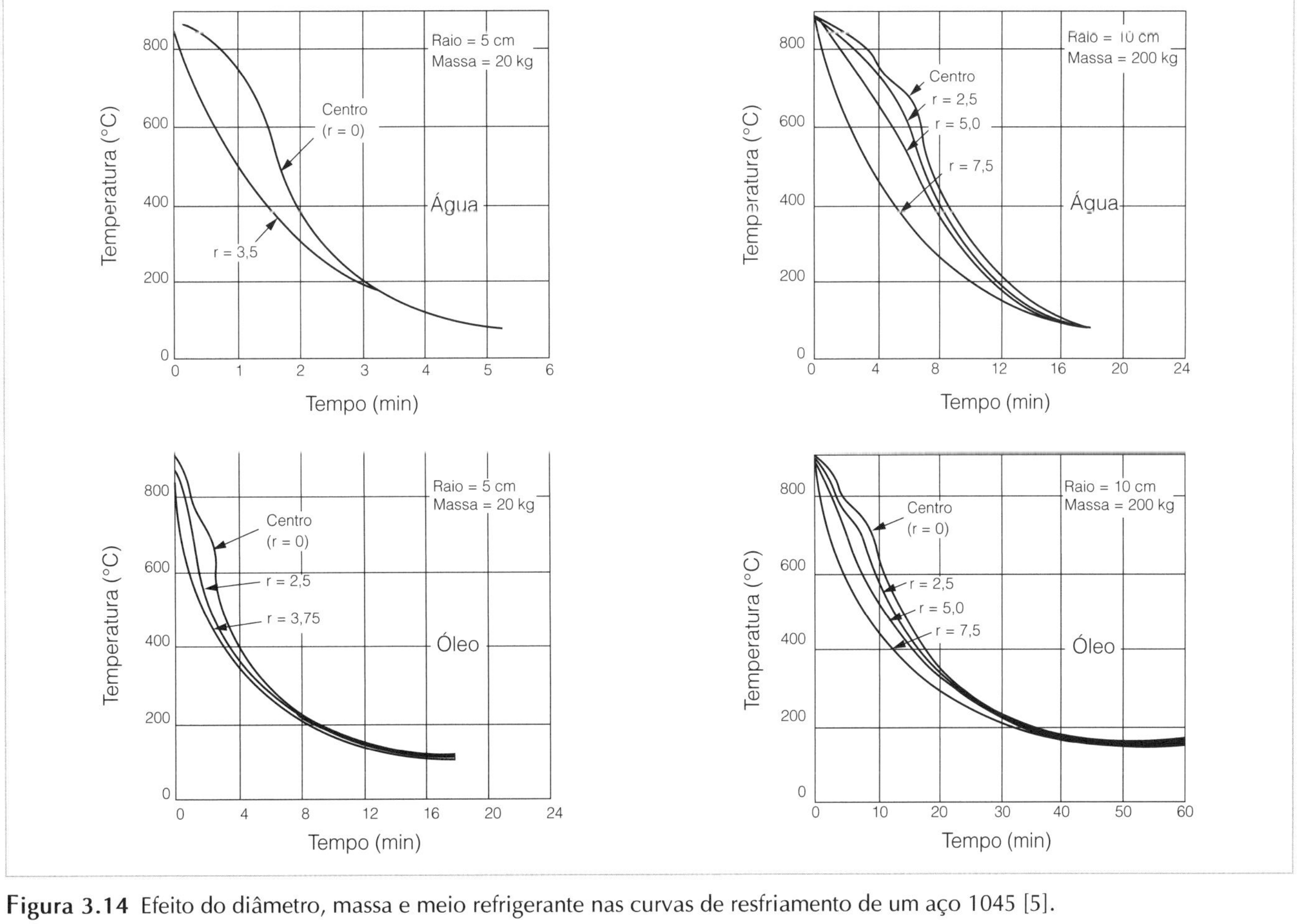

Figura 3.14 Efeito do diâmetro, massa e meio refrigerante nas curvas de resfriamento de um aço 1045 [5].

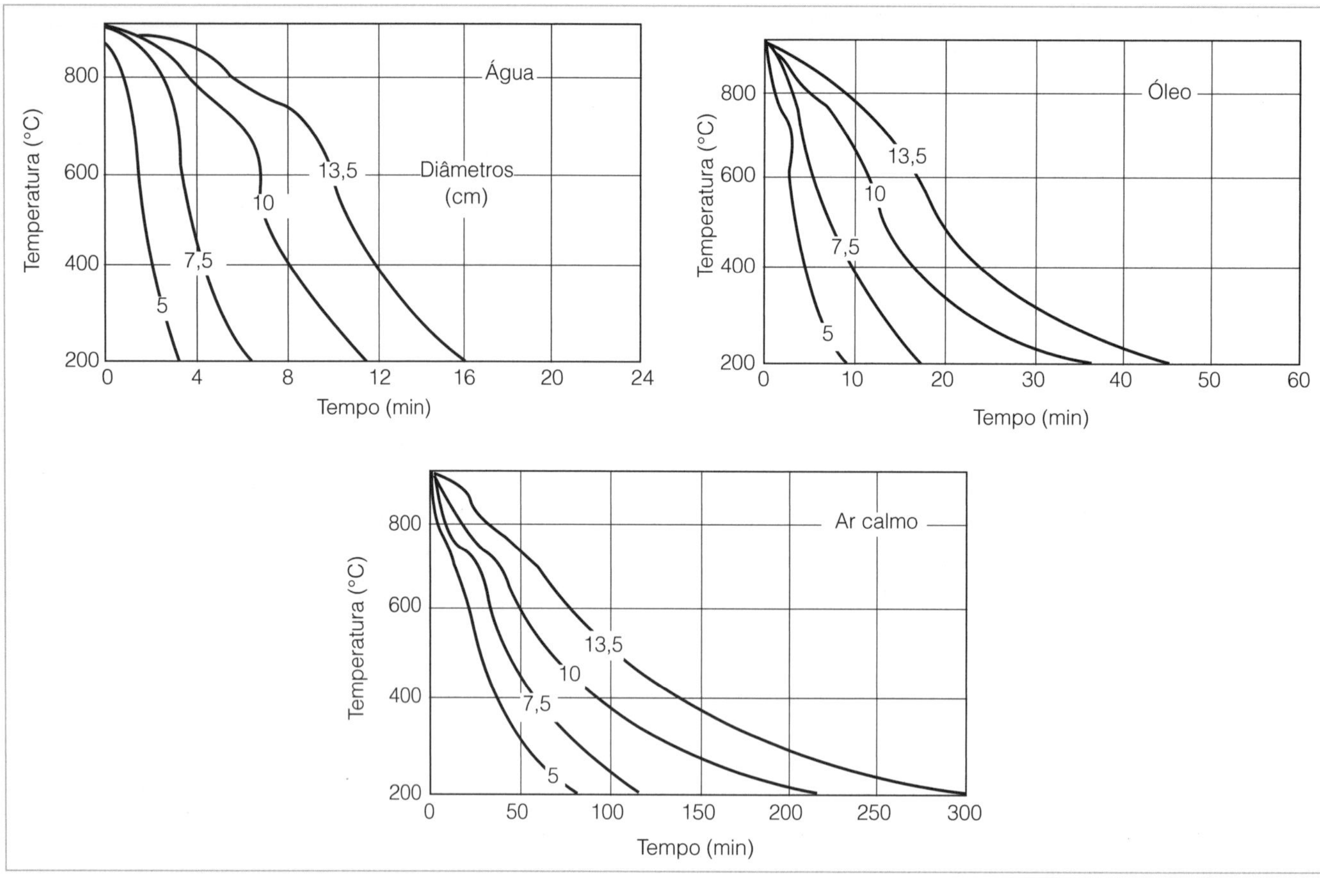

Figura 3.15 Efeito do diâmetro da barra e do meio refrigerante nas curvas do resfriamento do aço 1045. As curvas referem-se ao centro das barras [5].

Dependendo da magnitude das tensões resultantes da combinação desses esforços, podem ocorrer deformação plástica (empeno da peça), ruptura (trincas de têmpera) e tensões residuais.

Basicamente, o estágio mais importante de têmpera com relação às tensões é o terceiro, pois, durante este estágio, ocorrerá a transformação martensítica, acentuando o estado de tensões na peça, como mostra o esquema da Figura 3.16. O ideal é que o terceiro estágio seja lento, pois já não há risco de ocorrerem as transformações ferrítica-perlítica ou bainítica e, deste modo, obtêm-se menos tensões na têmpera. Também quanto mais severo for o meio de têmpera, maiores serão as chances de trincas nas peças e maiores serão suas deformações (Figura 3.17).

Operacionalmente, a têmpera pode ser feita em lotes ou em equipamentos contínuos (Figura 3.18).

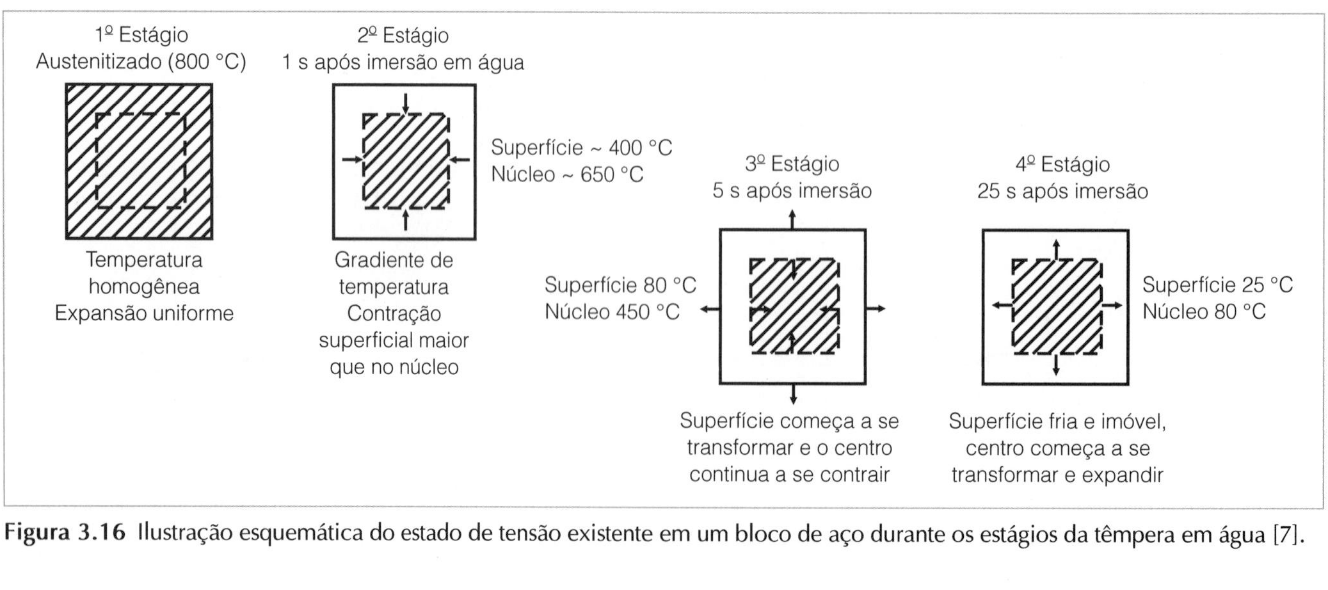

Figura 3.16 Ilustração esquemática do estado de tensão existente em um bloco de aço durante os estágios da têmpera em água [7].

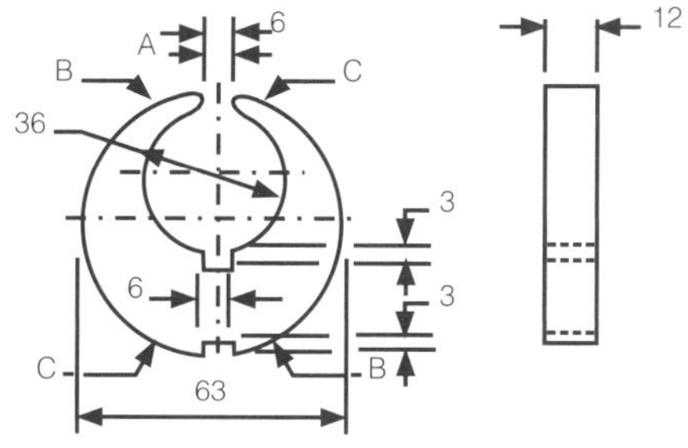

Têmpera em	Variação dimensional (mm)		
	A	B	C
Água	0,34	0,26	0,29
Óleo	0,06	0,10	0,10

Figura 3.17 Variação dimensional de uma peça de aço 1085 após têmpera em água ou óleo [5].

Figura 3.18 Equipamentos para têmpera contínua da Villares Metals.

3.6 TEMPERABILIDADE (*HARDENABILITY*)

O conceito de temperabilidade é associado à capacidade de endurecimento do aço durante o resfriamento rápido (têmpera), ou seja, sua capacidade de formar martensita a uma determinada profundidade em uma peça.

Os métodos utilizados para avaliar a temperabilidade são:

- taxa de resfriamento crítico;
- ensaio Grossmann;
- ensaio Jominy.

3.6.1 TAXA DE RESFRIAMENTO CRÍTICO

Corresponde à menor taxa de resfriamento que pode ser utilizada para que toda a estrutura obtida ainda seja martensítica. É um método simples e pode ser utilizado direta- mente na curva CCT do aço (Figura 3.19). A dificuldade de se empregar esse método é que, na literatura, a quantidade de curvas CCT encontrada é pequena, bem como o levantamento dessas curvas requer equipamento sofisticado e caro (dilatômetro), além de pessoal bastante especializado.

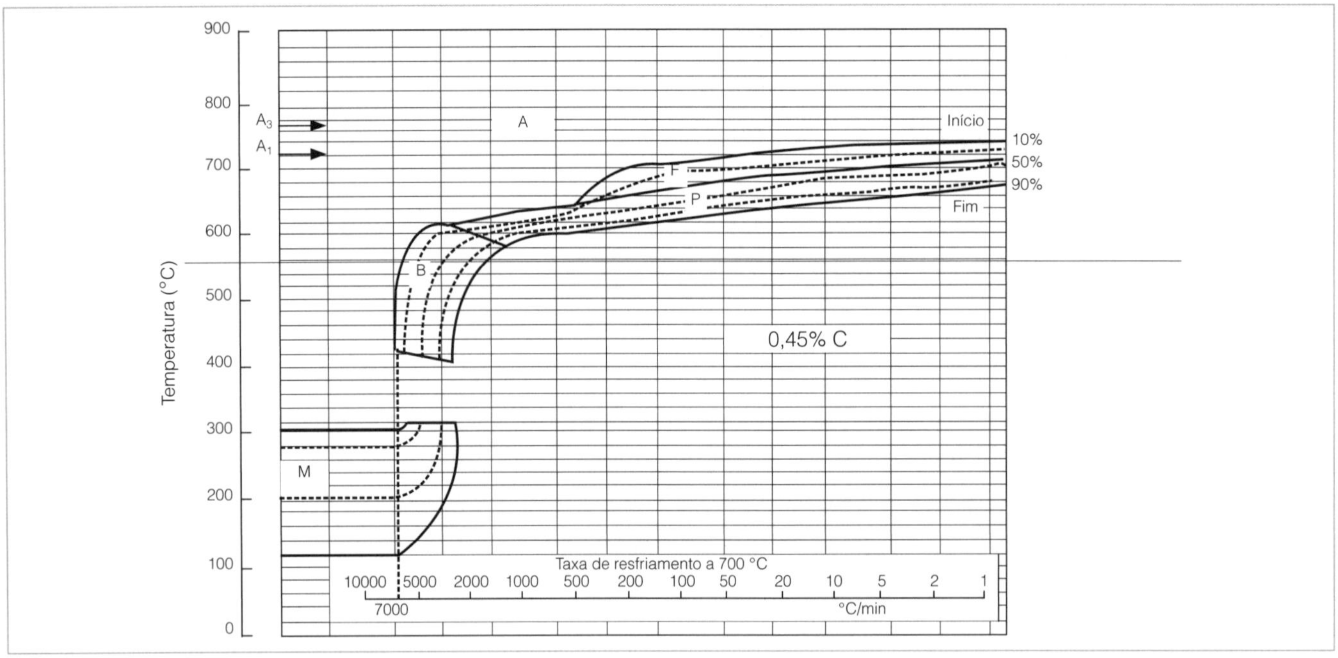

Figura 3.19 Diagrama de resfriamento contínuo do aço 1045. A taxa de resfriamento crítico para esse aço seria de 7000 °C/min ou 110 °C/segundo [9].

Optou-se, então, na prática, pelo desenvolvimento de outros ensaios mais simples, como o de Grossmann e o de Jominy. Na realidade, o ensaio de Grossmann foi idealizado em 1940, muito antes do aparecimento dos dilatômetros comerciais mais sofisticados.

3.6.2 ENSAIO GROSSMANN

Consiste em resfriar, a partir do estado austenítico, uma série de barras cilíndricas, de diâmetros crescentes, em condições controladas de resfriamento. As barras são serradas e mede-se a dureza no centro delas. Coloca-se, então, em um gráfico, a dureza do centro das barras *versus* o seu diâmetro (Figura 3.20). Na região na qual ocorre uma inflexão nessa curva, é definido o "diâmetro crítico – Dc". Essa inflexão é tomada como a transição entre a estrutura martensítica e a estrutura ferrítica/perlítica de menor dureza. Assim, se um aço A apresenta um diâmetro crítico de 2,5 cm e um aço B, um diâmetro crítico de 4 cm, significa que o aço B tem maior temperabilidade que o aço A, ou seja, o aço B apresenta uma profundidade de endurecimento (região martensítica) maior que a do aço A.

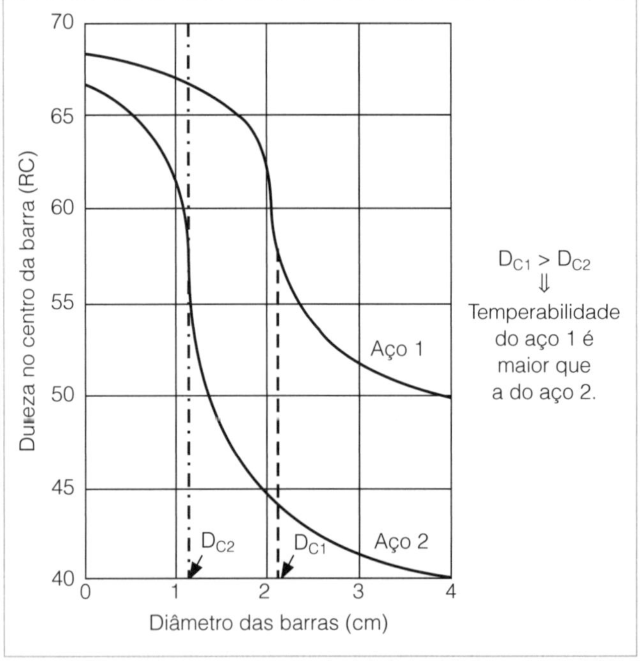

Figura 3.20 Curva esquemática do ensaio Grossmann [1].

3.6.3 ENSAIO JOMINY

Uma das limitações do ensaio Grossmann é que, para se determinar o diâmetro crítico, necessita-se de uma série de barras com diferentes diâmetros. Buscando maior rapidez no teste de temperabilidade, Jominy apresentou um ensaio utilizando uma única barra de uma polegada de diâmetro por quatro polegadas de comprimento. Essa barra é austenitizada e, em seguida, resfriada com um jato de água em condições padronizadas (Figura 3.21).

Depois de resfriada, faz-se, longitudinalmente, uma trilha retificada na amostra e mede-se a dureza a partir da extremidade resfriada (Figura 3.21). Comparando-se a curva Jominy de dois aços A e B (Figura 3.22), observa-se que, embora ambos tenham igual dureza máxima

(66 RC), o aço A tem maior "penetração de dureza" do que o aço B. Assim, o aço A apresenta maior capacidade de endurecimento, ou seja, tem maior temperabilidade do que o aço B.

Se forem feitos vários ensaios Jominy para um mesmo tipo de aço (1040, por exemplo), porém com amostras provenientes de diversas fontes, haverá uma dispersão de resultados. Isso, obviamente, em função de diferenças na estrutura dos aços (tamanho de grão, inclusões etc.) e nas suas composições químicas. Por exemplo, um aço 1040 poderá ter, por norma, seu teor de carbono variando de 0,37 a 0,44%, assim como apresentar variações nos outros elementos de liga (Mn, Si etc.).

Em decorrência, as curvas dos ensaios Jominy obtidas na literatura apresentam uma faixa de dureza, e não uma dureza única (Figura 3.23).

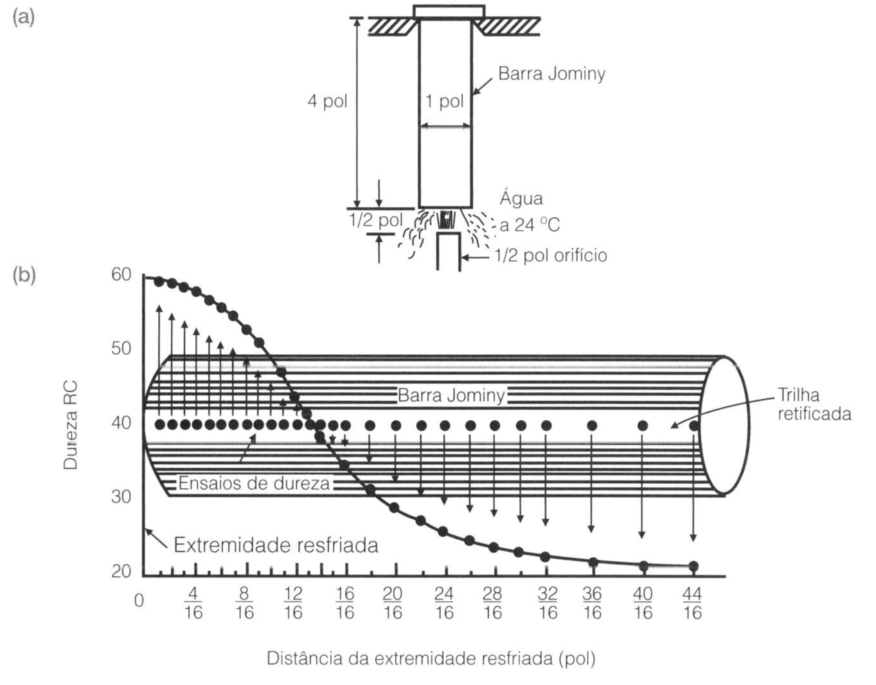

Figura 3.21 Ensaio Jominy de temperabilidade [10].

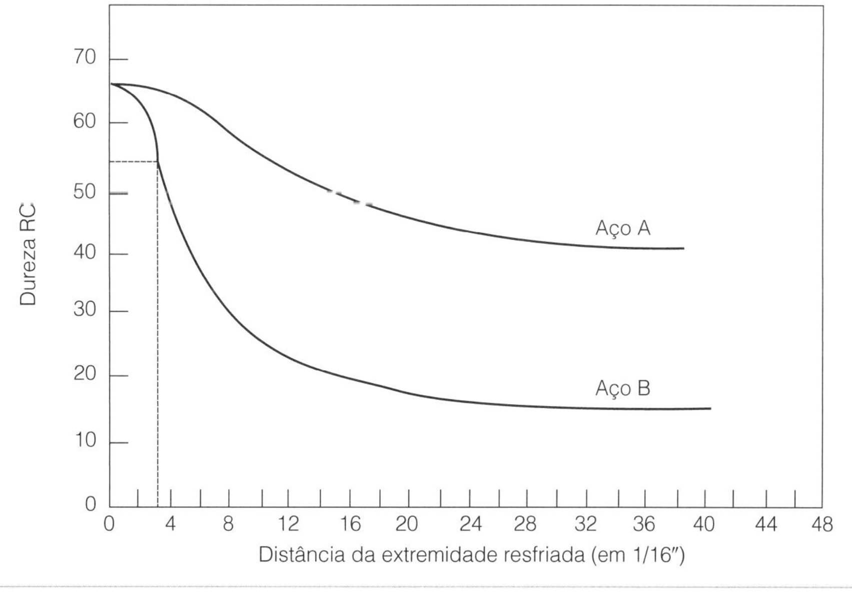

Figura 3.22 Curva Jominy para dois aços: A e B. Os dois aços têm a mesma dureza superficial, mas o aço A tem maior temperabilidade do que o aço B.

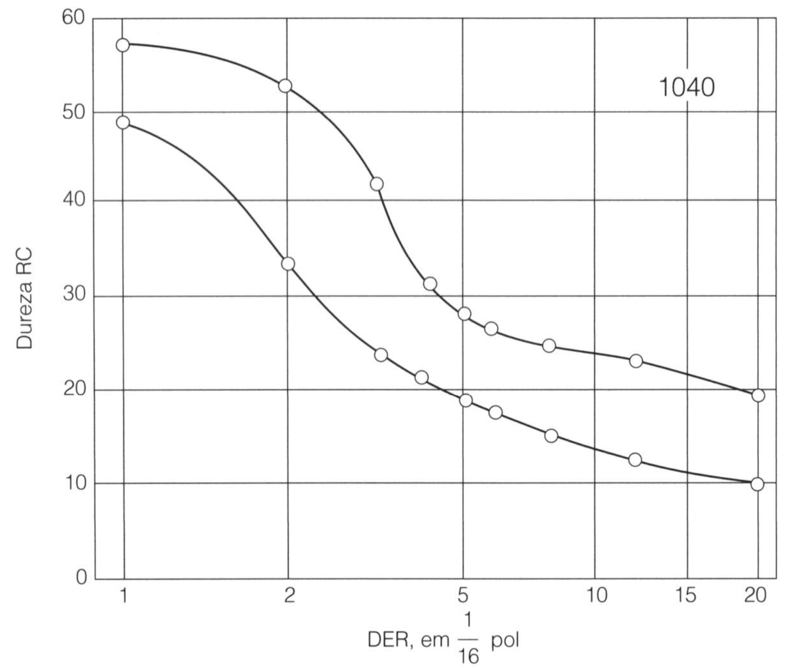

Figura 3.23 Curva Jominy para o aço 1040 [5].

3.6.4 FATORES QUE AFETAM A TEMPERABILIDADE

Para se aumentar a temperabilidade do aço, deve-se retardar a formação da ferrita, cementita, perlita e bainita, ou seja, deve-se deslocar a curva ITT para tempos mais longos. O que se obtém com [11]:

- elementos de liga dissolvidos na austenita;
- granulação grosseira da austenita; para diminuir áreas de nucleação heterogênea dos compostos difusionais (ferrita, perlita, cementita e bainita), visto que os contornos do grão funcionam como locais preferenciais para a nucleação destes compostos;
- homogeneidade da austenita, com ausência de inclusões ou precipitados, para dificultar a nucleação dos compostos difusionais.

Obviamente que, para se diminuir a temperabilidade, as providências são opostas às citadas.

3.6.5 TÉCNICAS PARA SE REVELAR O CONTORNO DO GRÃO AUSTENÍTICO

Em aços totalmente transformados com pequeno teor de ferrita, é possível identificar o "antigo" contorno de grão austenítico (pois a amostra agora é ferrítica-perlítica), como se observa na Figura 3.24 para o aço com 0,4% de carbono. Porém, se o volume de ferrita é alto (aço 0,2% C da mesma Figura) ou se o aço é totalmente perlítico (aço 0,8% C da mesma figura), é impossível identificar o "antigo" contorno de grão austenítico. Neste caso, pode-se utilizar várias técnicas de se "revelar" o contorno do grão austenítico [12,13]:

a) Transformação isotérmica parcial

Consiste em fazer um tratamento isotérmico na amostra, deixando crescer compostos difusionais como a ferrita (aço C < 0,8%), a perlita (aço C = 0,8%) ou a cementita (aço C > 0,8%). Antes de terminar a transformação, interrompe-se este crescimento resfriando-se a amostra em água. Como estes compostos crescem preferencialmente no contorno de grão austenítico, após o resfriamento em água, os compostos indicarão o local do "antigo" contorno de grão austenítico (pois a amostra agora é martensítica). Para diâmetros de grãos austeníticos maiores do que 100 mm, o método funciona bem; porém, para diâmetros inferiores, não funciona satisfatoriamente (Figura 3.25).

b) Oxidação superficial (método de Kohn) [14]

Consiste em se polir a amostra e depois oxidá-la superficialmente em forno, a 900 °C, por alguns segundos. A amostra é então repolida levemente. Como a região do contorno de grão é oxidada mais profundamente do que o seu centro, após o repolimento, a região do contorno de grão ficará visível (Figura 3.26). O inconveniente deste método, além do aquecimento, que provoca um crescimento do grão austenítico, é que, às vezes, forma-se na superfície da amostra

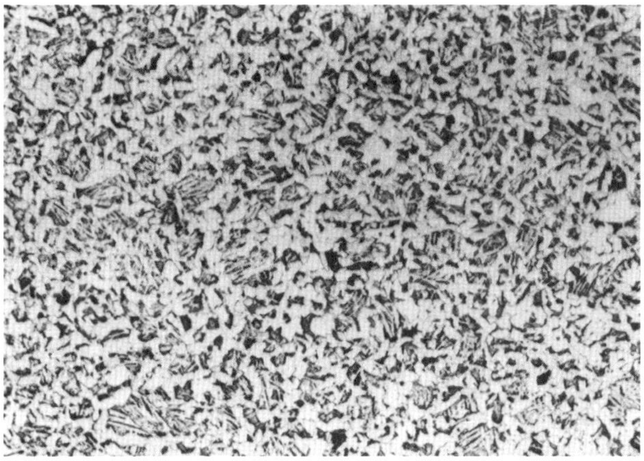

0,2 C – 1 Mn – 0,03 Nb

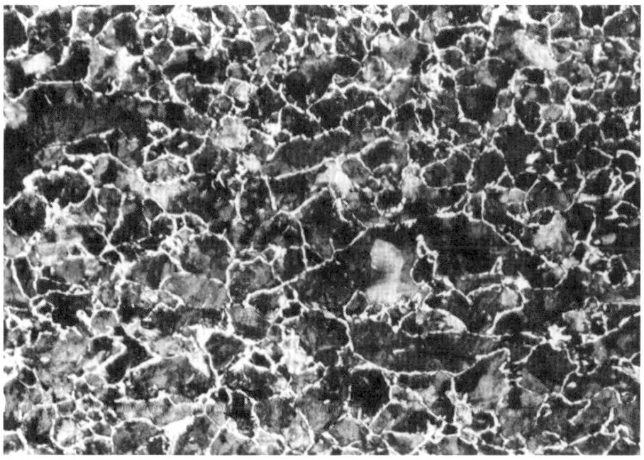

0,4 C – 1 Mn – 0,03 Nb

0,8 C – 1 Mn – 0,03 Nb

Figura 3.24 Aços com diferentes teores de carbono após austenitização a 1100 °C e resfriamento ao ar. Nital. 120X.

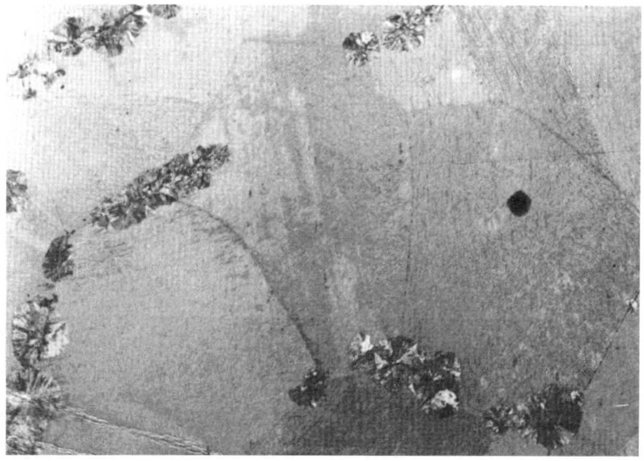

0,80 C – 1 Mn
Grão grosseiro
Perlita + Martensita. 50X

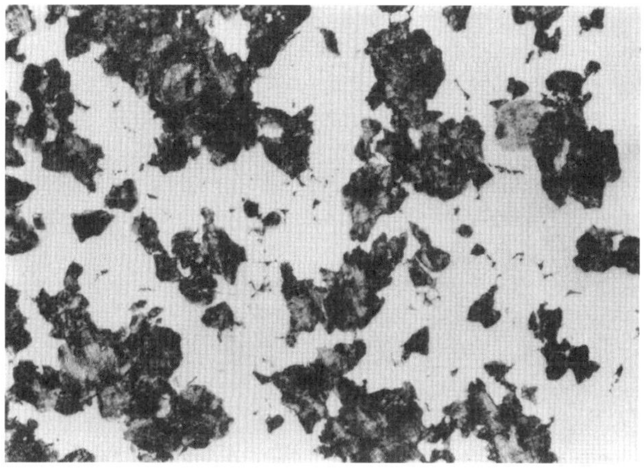

0,80 C – 1 Mn
Grão fino
Perlita + Martensita. 300X

0,20 C – 1 Mn
Grão fino
Ferrita + Martensita. 300X

Figura 3.25 Estruturas dos aços com 0,8 e 0,2% C parcialmente transformados. Nital.

uma rede de óxido de ferro que se confunde com o contorno do grão austenítico (Figura 3.27). Após o repolimento, o ataque é feito com reativo de Béchet [15] (solução aquosa de ácido pícrico mais 0,5% de um alquilsulfonato de sódio).

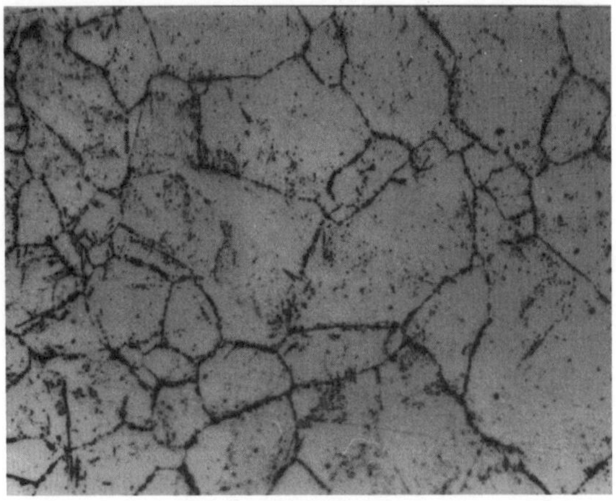

Aço 0,20 C – 1 Mn
Austenitizado a 1000 °C. 300X

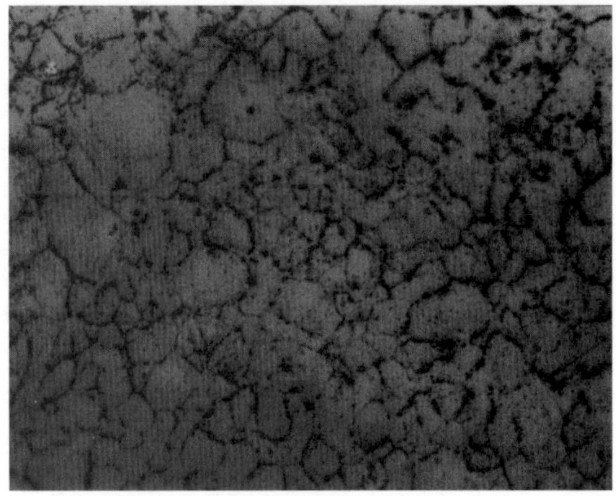

Aço 0,82 C – 1 Mn
Austenitizado a 900 °C. 100X

Figura 3.26 Contorno do antigo grão austenítico revelado pelo método Kohn + Béchet [8].

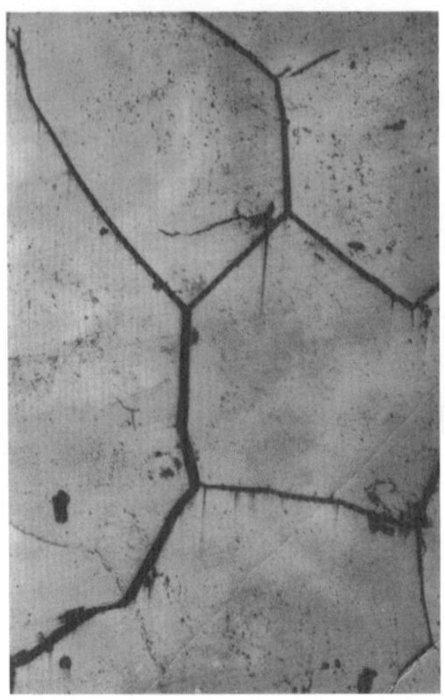

100X polido

(a)

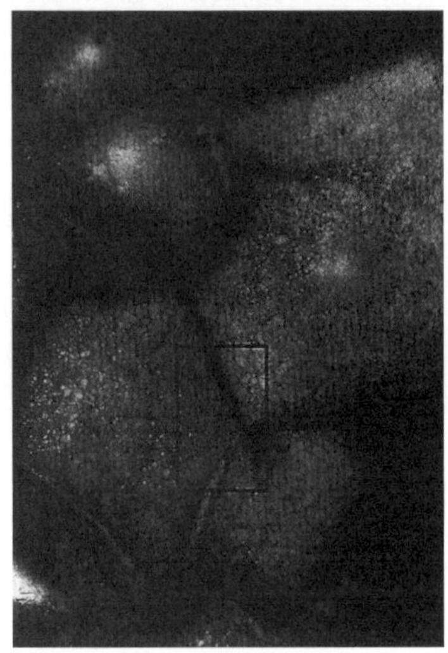

100X Kohn-Béchet

(b)

Região da foto (b) ampliada

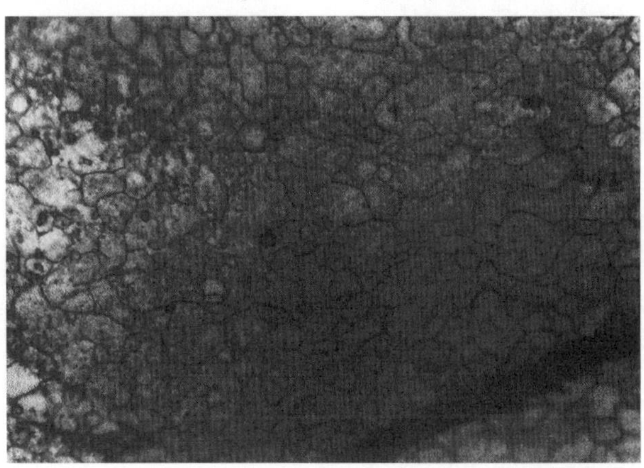

400X Kohn-Béchet

(c)

Figura 3.27 Aço 0,8 C – 1 Mn – 0,03 Nb polido e atacado pelo método de Kohn-Béchet. Antes do ataque, o aço foi aquecido a 1300 °C, por 1 hora e temperado em água [8].

c) Reativo de Vilela com 0,5% de alquilsulfonato de sódio (agente molhante ou detergente). Utiliza-se esse reagente em amostras temperadas (estrutura martensítica). Esta técnica não apresenta um contorno de grão muito nítido (Figura 3.28). O reagente de Vilela consiste de ácido pícrico (1 g), ácido clorídrico (5 mL) e álcool etílico (95 mL).

d) Têmpera parcial

e) Consiste em colocar a ponta de uma barra aquecida (aço totalmente austenítico) em um recipiente com água. A região que fica em contato com a água sofre uma têmpera e as outras regiões são resfriadas com taxas de extração de calor entre a têmpera e a normalização. Depois a barra é cortada no sentido longitudinal e é feita sua metalografia, procurando-se obter a região na qual ocorrem fases formadas por difusão (bainita, ferrita, perlita e cementita) no contorno de grão da austenita [6]. Esta técnica é particularmente útil para se estudar a morfologia austenítica em amostras deformadas a quente, pois a têmpera em água "congela" a estrutura austenítica (Figura 3.29 e 3.30). Nos processos em que a amostra é resfriada e depois reaquecida para se observar a estrutura austenítica, pode haver recristalização e crescimento de grão, modificando a estrutura original.

Figura 3.28 Contorno do antigo grão austenítico em amostras austenitizadas a 1100 °C revelado pelo regente: ácido pícrico (1g), ácido clorídrico (5 mL), laurilsulfonato de sódio (0,5 mL) e álcool etílico (95 mL) [8].

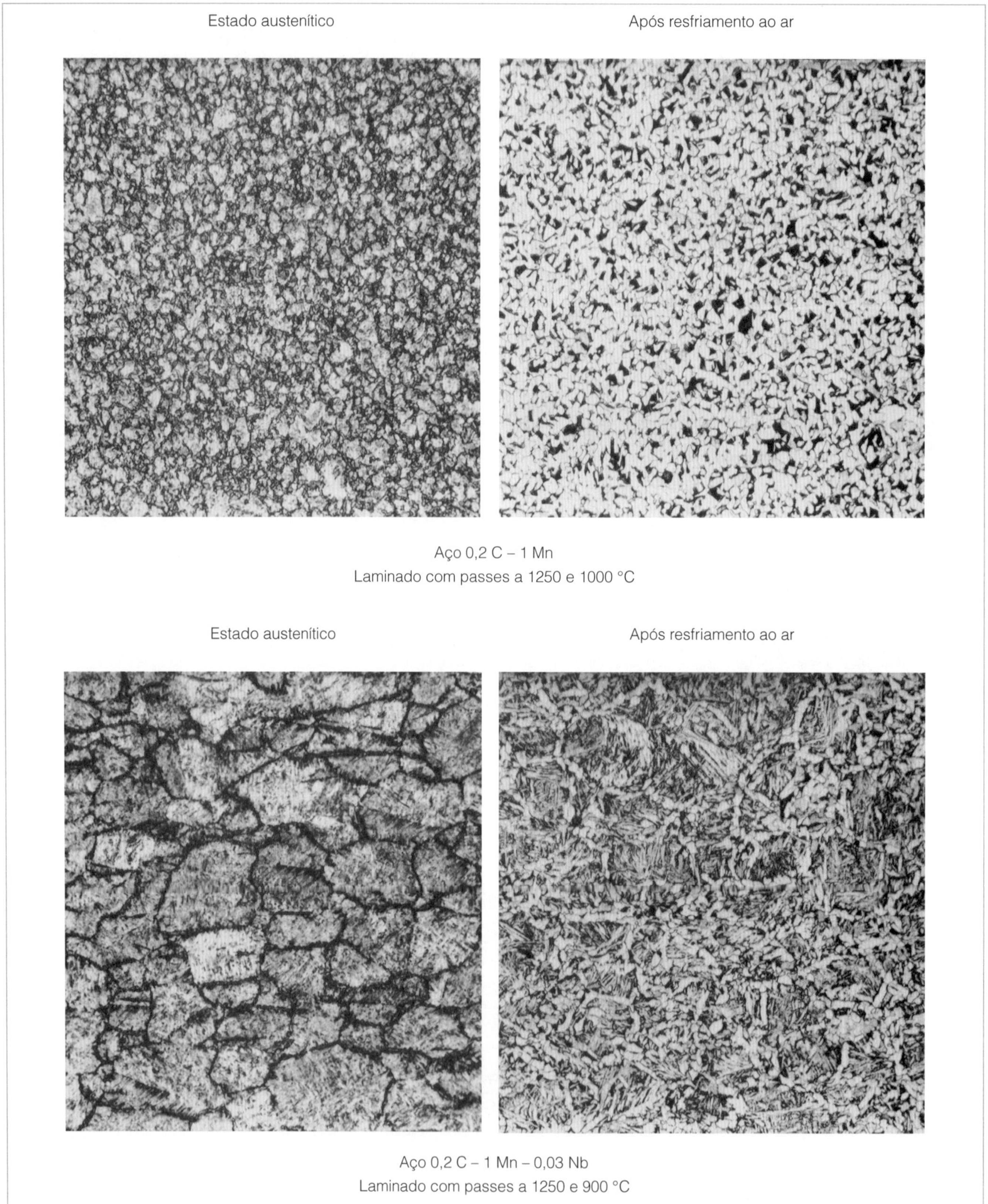

Figura 3.29 Regiões parcialmente transformadas de aço baixo carbono por têmpera parcial para se observar o estado austenítico após a laminação e o mesmo aço após o resfriamento ao ar. 100X. Nital [6].

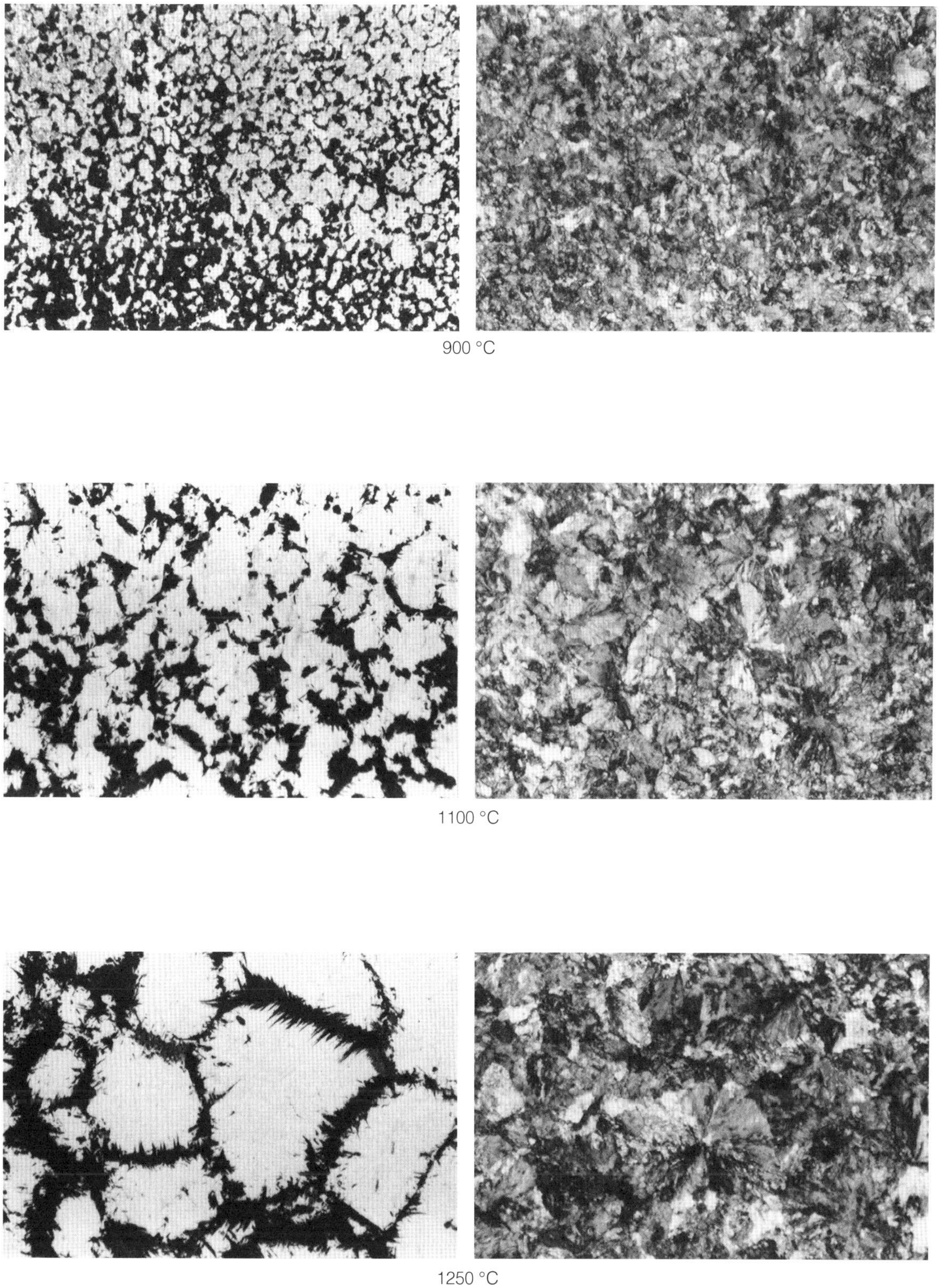

Figura 3.30 Aço 0,8 C – 1 Mn laminado em diferentes temperaturas. No lado esquerdo, tem-se a amostra parcialmente transformada por têmpera parcial para se observar o estado austenítico. No lado direito, a mesma amostra da esquerda após resfriamento ao ar posterior à laminação. Nital. 100X [6].

3.6.6 CRESCIMENTO DO GRÃO AUSTENÍTICO

O crescimento do grão austenítico é um processo que depende do tempo, da temperatura e é, normalmente, controlado pela presença de partículas finas (diâmetros menores do que 100 Å) dispersas (AlN, por exemplo, ver Capítulo 5). Em geral, para uma certa temperatura, o crescimento de grão é bastante rápido nos primeiros 10 minutos de aquecimento, após o que é apenas marginal (Figura 3.31). Assim, para que o grão austenítico volte a crescer novamente, e de uma maneira significativa, seria necessário elevar a temperatura do forno. Um fato interessante observado em aços carbono foi que o aumento de temperatura de austenitização favoreceu mais o crescimento do grão austenítico em aços com maiores teores de carbono (Figura 3.32). Esse fato deve ser mais bem estudado [6].

Na prática, costuma-se usar a escala da norma ASTM E112 para medir tamanhos de grão (Figura 3.33). Nesta escala, quanto maior o número, menor é o diâmetro do grão austenítico.

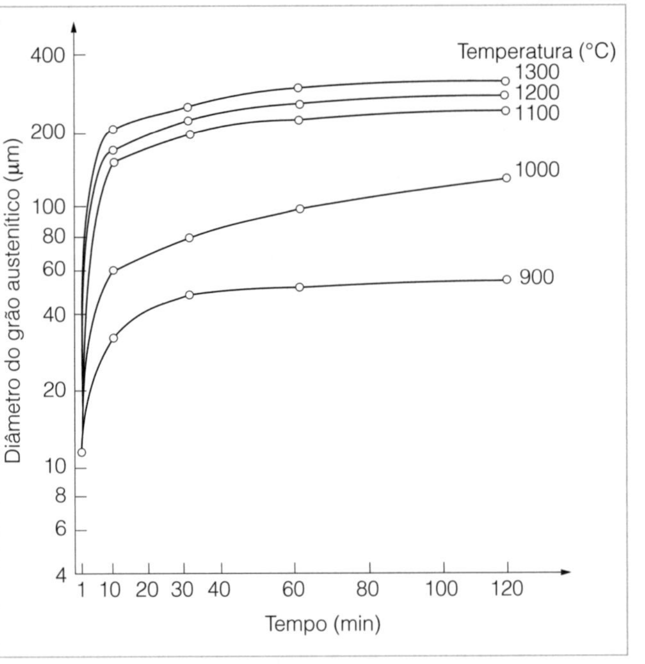

Figura 3.31 Cinética de crescimento do grão austenítico para o aço Fe – 0,4 C – 1,0 Mn [16].

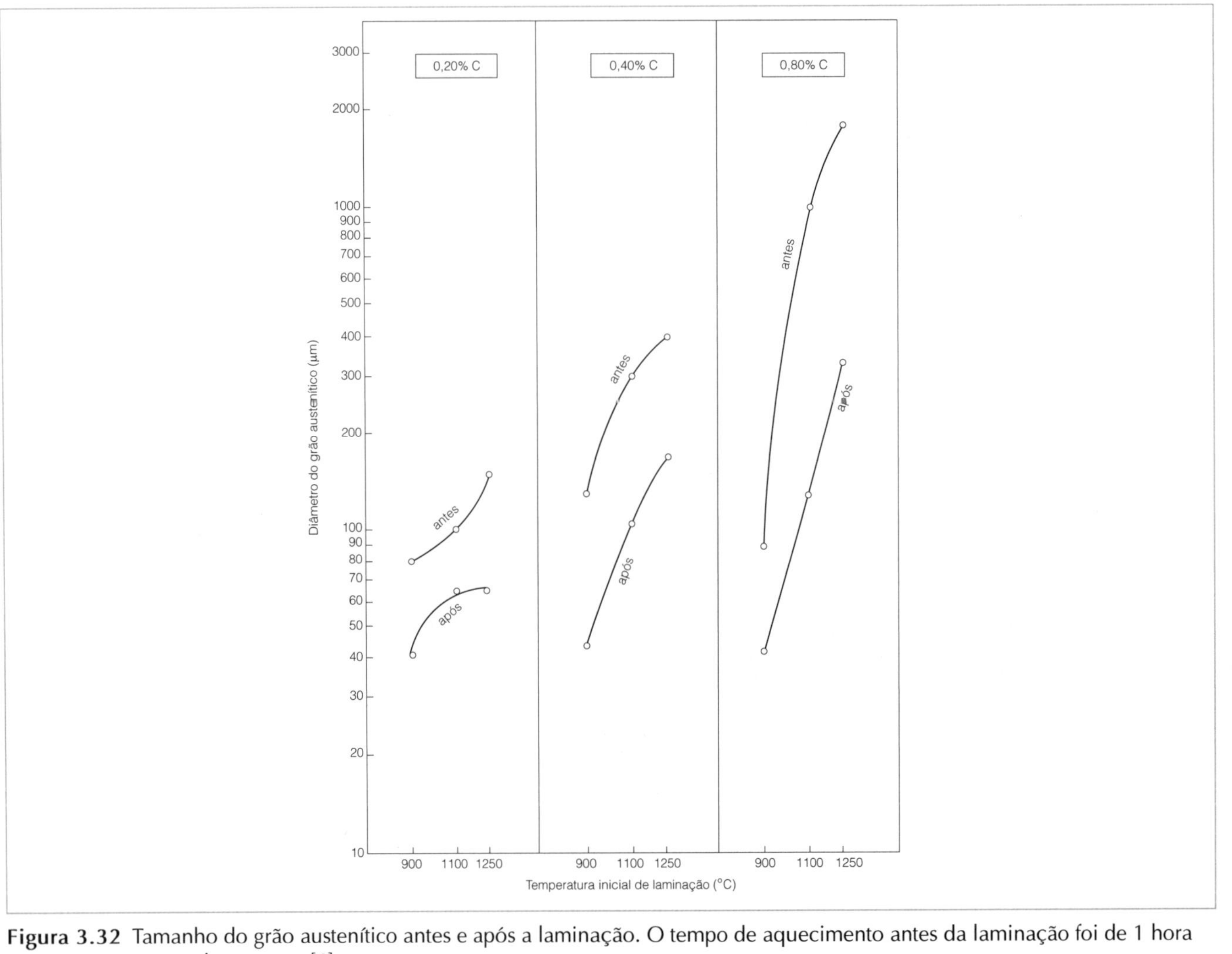

Figura 3.32 Tamanho do grão austenítico antes e após a laminação. O tempo de aquecimento antes da laminação foi de 1 hora para todos os aços [6].

O aumento do grão austenítico para melhoria da temperabilidade não é um processo indicado, pois acarreta deterioração nas propriedades mecânicas, principalmente na ductilidade dos aços de alto carbono (Tabela 3.6).

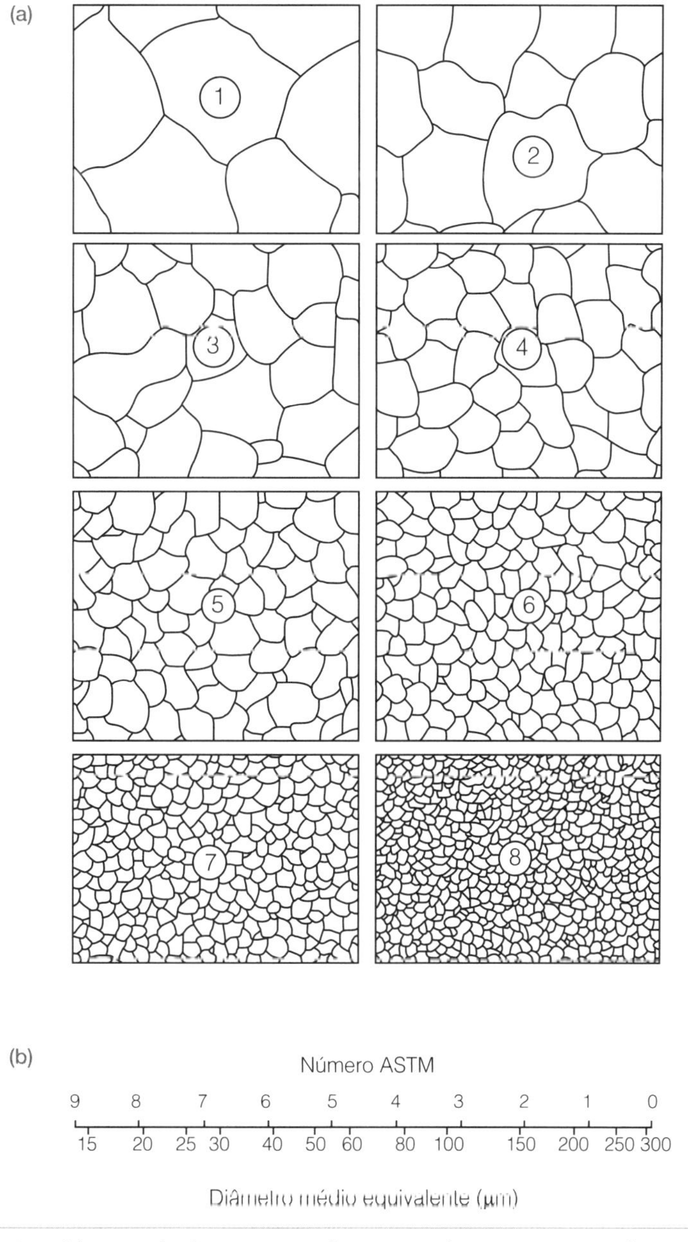

Figura 3.33 Tamanho de grão ASTM (a), e escala de conversão do número de grão ASTM em diâmetro médio equivalente (b) [17,5].

Tabela 3.6 Efeito do tamanho de grão nas propriedades mecânicas dos aços carbono [16]

Aço (ABNT/AISI)	Diâmetro do grão austenítico (μm)	Limite de resistência (MPa)	Alongamento (%)	Redução de área (%)
1020	20	580	30	65
1020	400	520	25	65
1040	20	700	20	50
1040	150	700	17	35
1080	30	1000	17	30
1080	300	1070	3	5

A fragilização que ocorre neste caso é denominada de FT (Fragilização por Têmpera). Assim, para se aumentar a temperabilidade de um aço, são empregados os elementos de liga e não o crescimento do grão austenítico. A fragilização por têmpera é associada à fratura intergranular, que ocorre através dos contornos do antigo grão austenítico, sendo potencializada pelo aumento dos teores de fósforo e de carbono do aço (Figura 3.34(a)), especialmente para aços ou baixa-liga com C > 0,4 % em peso, que podem apresentar a FT mesmo com baixos teores de fósforo (0,005 % em peso). A FT pode ocorrer em aços apenas temperados ou temperados e revenidos em baixas temperaturas (< 200 °C) [18]. Ando e Krauss [19] observaram a segregação de fósforo em contorno de grão austenítico de um aço 52100 após austenitização a 960 °C e que o fósforo segregado acelerava a formação de cementita no contorno de grão austenítico. Observaram também que o fósforo era incorporado à cementita nos primeiros estágios de crescimento da mesma através de observação por Espectroscopia de Elétrons Auger (do inglês Auger Electron Spectroscopy – AES). Com a redução da temperatura de austenitização para 740 °C a segregação do fósforo era bastante diminuída pela redução da difusividade do mesmo.

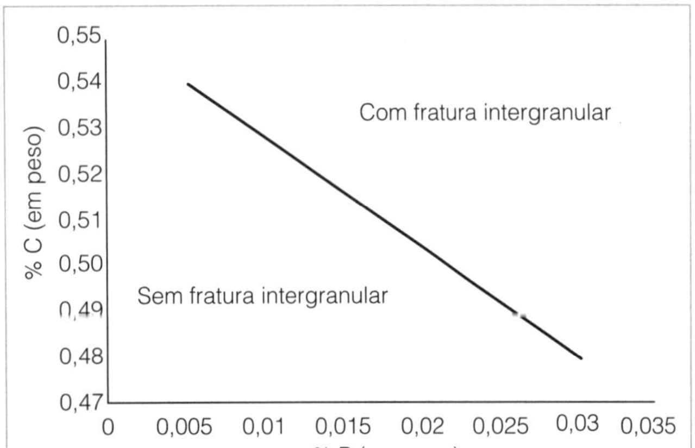

Figura 3.34 (a) Efeito do teor de carbono e de fósforo na formação de fratura intergranular em aço baixa liga da família 43XX temperado, após austenitização a 960 °C e revenimento a 150 °C [18, adaptado].

3.7 REVENIMENTO

A martensita como temperada é extremamente dura e frágil. Peças deixadas permanecer nesta condição de alto tensionamento interno correm grande risco de trincar, exceto quando apresentam teor de carbono extremamente baixo. No entanto, a baixa tenacidade torna essas estruturas sem emprego prático.

Para se atingir valores adequados de resistência mecânica e tenacidade, deve-se, logo após a têmpera, proceder ao revenimento. Este tratamento consiste em aquecer uniformemente até uma temperatura abaixo daquela de austenitização, mantendo o aço nesta temperatura por tempo suficiente para equalização de temperatura e obtenção das propriedades desejadas (Figura 3.34(b)).

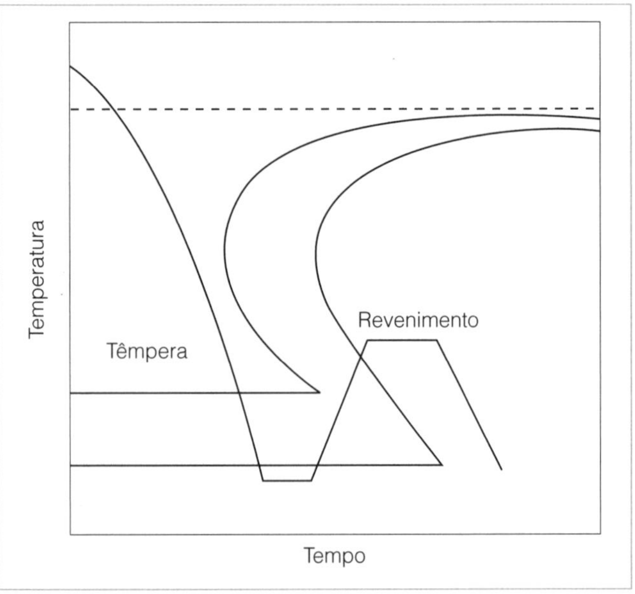

Figura 3.34 (b) Ciclo de têmpera + revenimento.

3.7.1 EFEITO NAS PROPRIEDADES

A Figura 3.35 mostra as propriedades mais representativas do aço 4340 em função da temperatura de revenimento.

Observando-se a Figura 3.35, pode-se notar claramente o conflito básico existente entre propriedades de resistência (resistência à tração, limite de escoamento, dureza) e propriedades de ductilidade e tenacidade (redução de área, alongamento e, em linhas gerais, resistência ao impacto). Esta é uma característica básica de quase todos os mecanismos de aumento de resistência em aços (e em outras ligas também).

As mudanças nas propriedades dos aços dependem do tempo e da temperatura de revenimento. Em geral, nos primeiros minutos de revenimento a queda de dureza é acentuada (Figura 3.36); porém, a partir de 2 horas de revenimento, a perda de dureza não é expressiva (Figura 3.37). Assim, para a continuidade na diminuição da dureza do aço, seria mais conveniente aumentar a temperatura do que mantê-lo em uma temperatura inferior por um tempo muito longo.

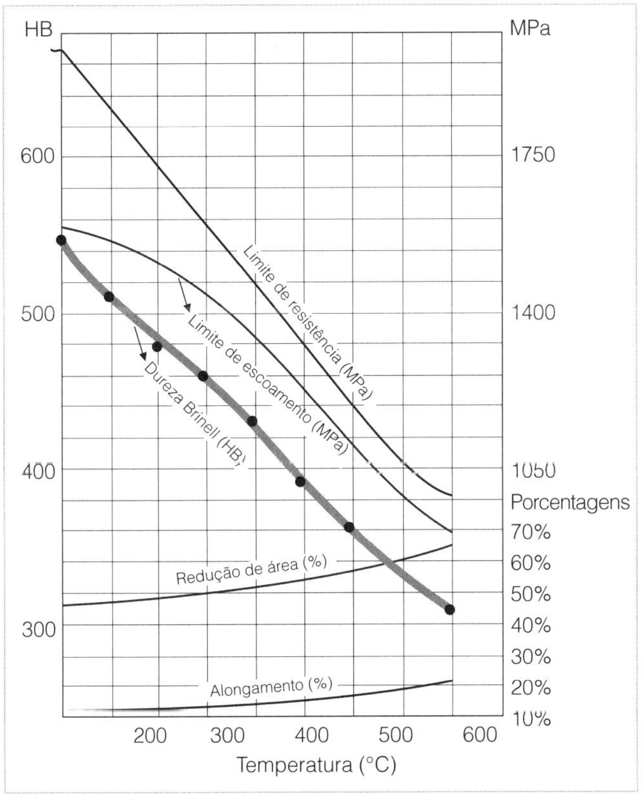

Figura 3.35 Variação das propriedades mecânicas do aço 4340 em função da temperatura de revenimento [5].

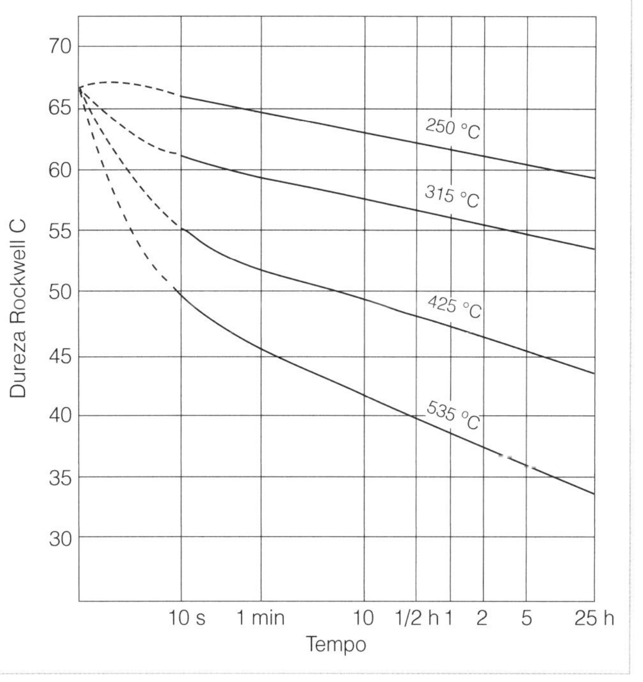

Figura 3.36 Efeito da duração do revenimento de um aço com 0,82% C sobre a dureza para quatro temperaturas diferentes [11].

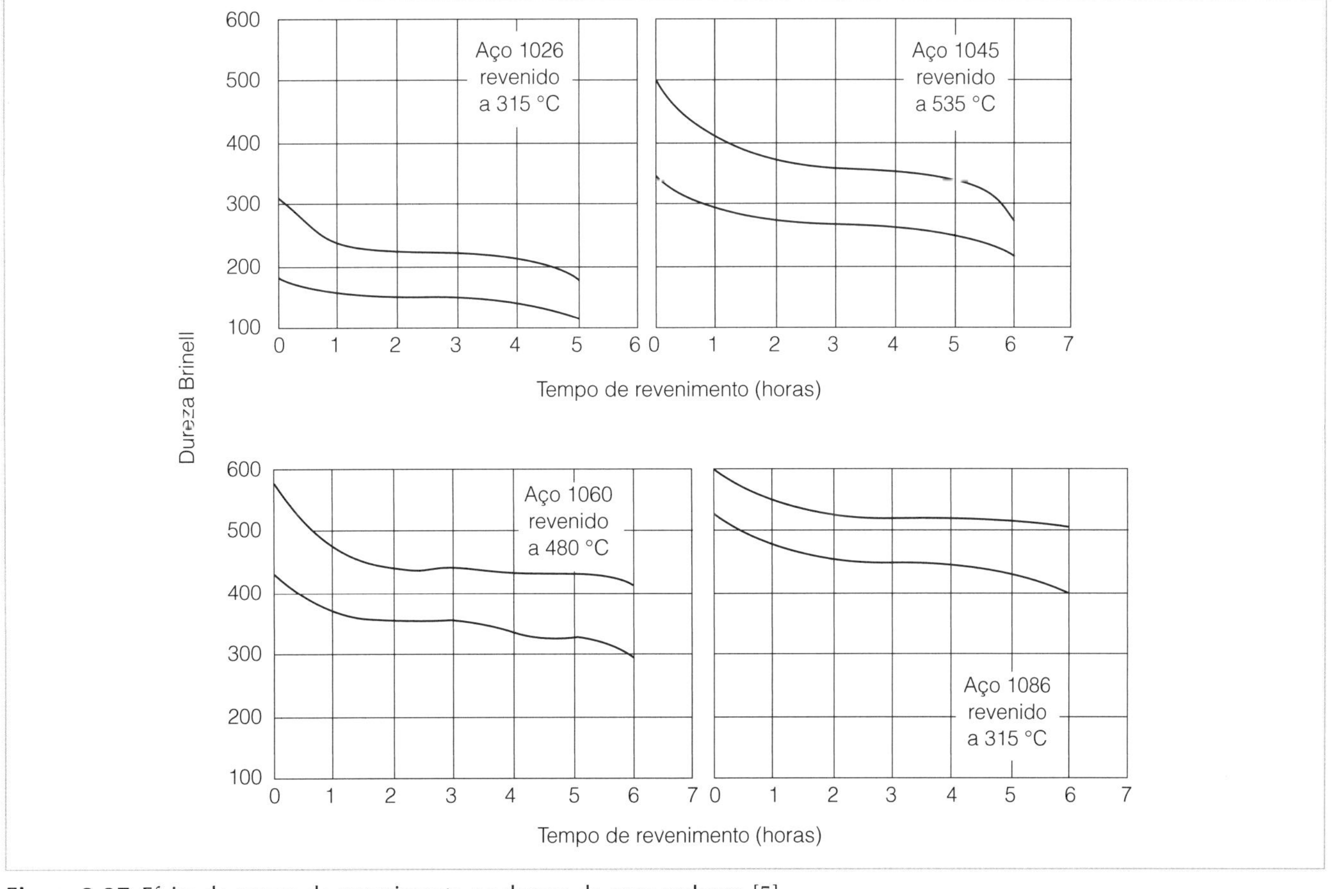

Figura 3.37 Efeito do tempo de revenimento na dureza de aços carbono [5].

3.7.2 TRANSFORMAÇÕES NO REVENIMENTO DE AÇOS CARBONO

Sendo a martensita uma estrutura metaestável, o aquecimento facilita a busca do equilíbrio. Como foi visto anteriormente, a metaestabilidade da martensita é caracterizada pela permanência dos átomos de carbono nos interstícios em que se encontravam na austenita. Assim, fornecendo-se energia para difusão (revenimento), o carbono sairá da supersaturação, precipitando-se como carboneto. Essa precipitação conduz à diminuição da dureza, como mostra a Figura 3.38. Além disso, o revenimento funciona como uma operação de alívio de tensões da têmpera.

Para os aços carbono, são verificados os seguintes estágios de revenimento [20]:

1 – Até 250 °C

Em aços com C < 0,2%, ocorre a segregação do carbono, porém sem precipitação. Em aços com C > 0,2%, ocorre a precipitação do carboneto ε (hexagonal de corpo centrado) na forma de pequenas ripas ou barras redondas, reduzindo-se o teor de carbono da martensita para aproximadamente 0,25%. Com isso, a martensita perde parcialmente sua tetragonalidade (a relação $^{c}/a$ da estrutura martensítica decresce com a diminuição do seu teor de carbono. Ver Capítulo 2). Essa precipitação de carboneto ε leva, às vezes, no caso de aços com alto teor de carbono, a um aumento de dureza, pelo mecanismo de endurecimento por precipitação.

2 – De 200 a 300 °C

Durante este estágio, a austenita retida é decomposta entre 230 e 300 °C, formando ferri=ta e cementita com características de bainita.

3 – De 200 a 350 °C

Entre 100 e 300 °C, ocorre a precipitação da cementita na forma de barras e a martensita perde sua tetragonalidade, transformando-se em ferrita. À medida que as partículas de cementita crescem, as de carboneto ε desaparecem gradualmente.

4 – 350 a 700 °C

Entre 300 e 400 °C, inicia-se o coalescimento da cementita e esta torna-se totalmente esferoidal a 700 °C. Entre 350 e 600 °C, ocorre uma pronunciada redução na densidade de discordância (recuperação) e a ferrita formada apresenta os mesmos contornos das antigas ripas martensíticas. Entre 600 e 700 °C, o processo de recuperação é substituído pelo de recristalização, o que resulta na formação de grãos de ferrita equiaxiais com partículas esferoidais de cementita no seu contorno e interior.

A continuação do processo é um coalescimento contínuo das partículas de cementita e um gradual

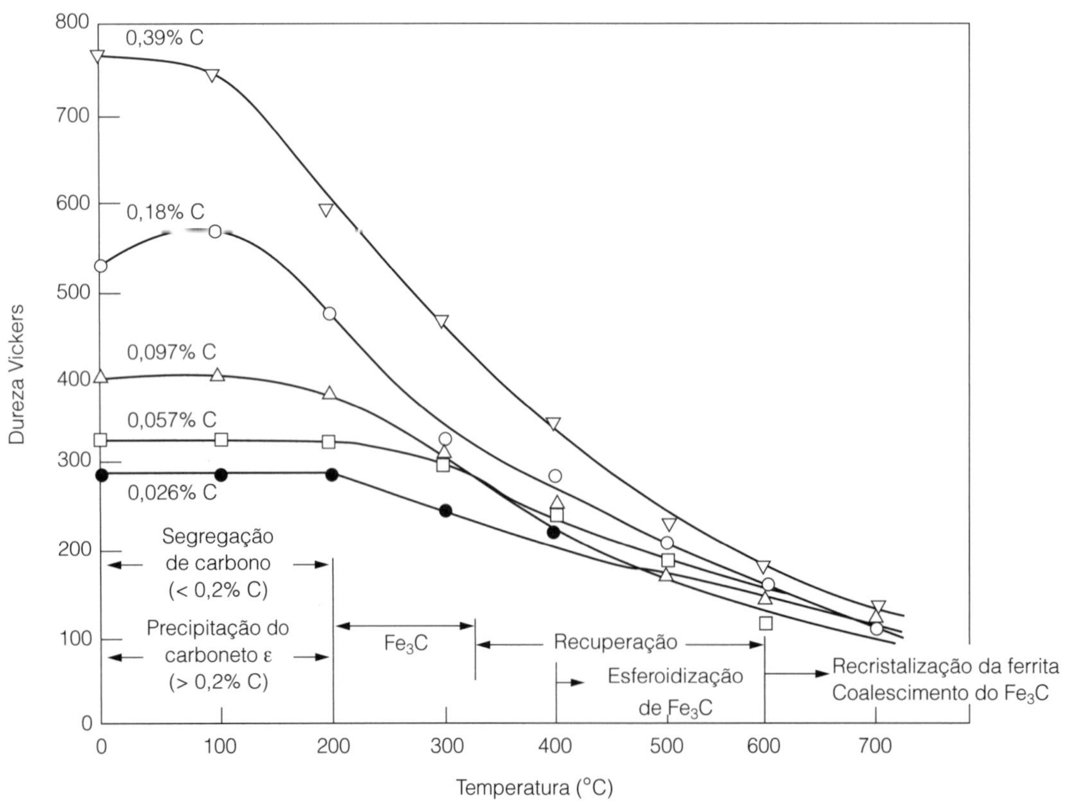

Figura 3.38 Dureza e transformações do revenimento em aços carbono, aquecidos por 1 hora entre 100 e 700 °C [20].

crescimento dos grãos ferríticos. O revenimento dos aços ligados será discutido posteriormente.

3.7.3 REVENIMENTO MÚLTIPLO

Aços de alta temperabilidade, como os aços-ferramenta, são, em geral, revenidos duas vezes. O primeiro revenimento deve se iniciar com a peça ainda morna (60 a 90 °C). Durante esse revenimento ocorrem alívio de tensões, revenimento de martensita e precipitação de carbonetos na austenita retida (austenita não transformada durante a têmpera, que, em certos aços, pode chegar a 30% da estrutura temperada) [20]. O abaixamento do teor de carbono dissolvido na austenita retida (pela precipitação de carbonetos) aumenta sua temperatura M_I (Figura 3.9) e ela tempera durante o resfriamento do primeiro revenimento, formando mais martensita. O segundo revenimento tem a função de revenir esta nova martensita. Esse tratamento de duplo revenimento é muito eficiente na estabilização dimensional de ferramentas, calibres etc., que podem ser revenidos até mais de duas vezes.

3.7.4 FRAGILIDADE DO REVENIDO

Além da FT (fragilização por têmpera) apresentada no item 3.6.6 é possível também a ocorrência de fragilidade provocada pelo revenimento. A fragilização que ocorre na martensita é denominada de Fragilidade da Martensita Revenida (FMR) ou TME (*Tempered Martensite Embrittlement*). A fragilidade que ocorre na bainita é denominada de Fragilidade da Bainita Revenida (FBR) ou TBE (*Tempered Bainite Embrittlement*). Minicucci [21] observou a fragilização de um aço de roda ferroviária classe D, após revenimento entre 280 e 380 °C (Figura 3.39(a)). Após a têmpera o aço apresentava uma estrutura com bainita e martensita e a fragilização seria explicada pelo trabalho de Hu [22]. As razões seriam;

- Precipitação de cementita formada pela decomposição da austenita retida nos contornos das placas da ferrita da bainita ou em torno das ilhas de martensita/austenita;
- Formação de nova martensita (também chamada de martensita secundária ou martensita fresca) durante o resfriamento a partir da temperatura de revenimento;
- Transformação da austenita retida em martensita devido a deformação plástica aplicada após o revenimento.

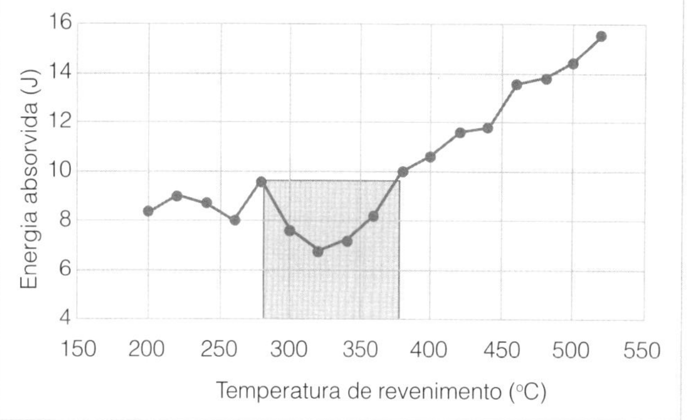

Figura 3.39 (a) Ensaio Charpy do aço 0,7C/ 0,8Mn/ 0,7Si/ 0,4Cr/ 0,1Mo/ 0,017Nb, (% em peso) austenitizado a 860 °C, temperado em água e revenido em diferentes temperaturas [21].

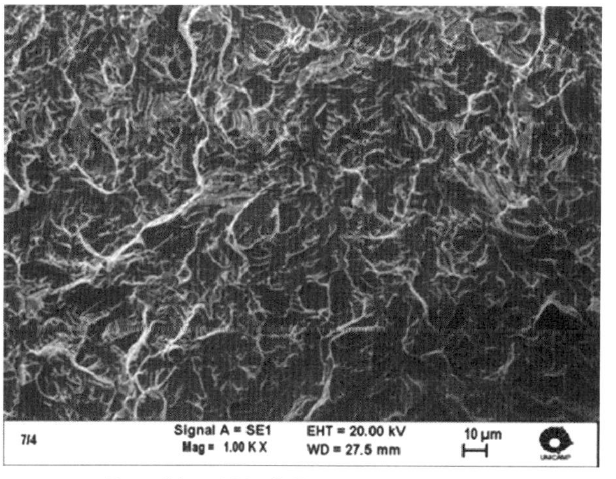

Revenido a 320 °C. Facetas de clivagem, característica de fratura frágil.

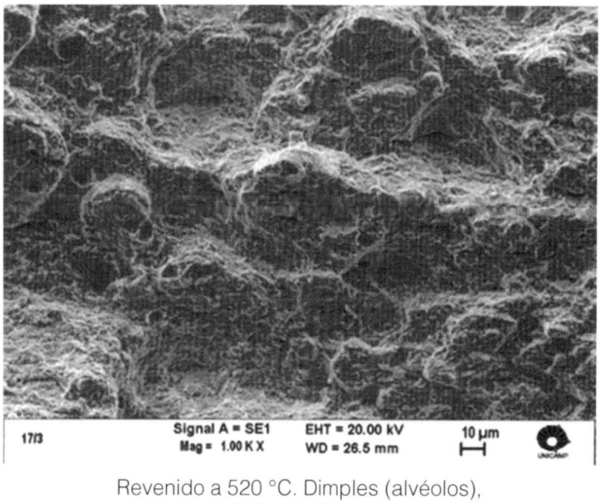

Revenido a 520 °C. Dimples (alvéolos), característica de fratura dúctil.

Figura 3.39 (b) Fractografia dos corpos de prova do ensaio Charpy do aço 0,7C/ 0,8Mn/ 0,7Si/ 0,4Cr/ 0,1Mo/ 0,017Nb, % em peso) austenitizado a 860 °C, temperado em água e revenido em diferentes temperaturas [21].

Outra faixa em que ocorre fragilização é a de 450 a 600 °C, para aços com níquel e cromo (série 31XX, por exemplo). Estes fenômenos de fragilização são especialmente perigosos, uma vez que nenhuma das demais propriedades é alterada, só podendo ser detectados com auxílio do ensaio de impacto, como o Charpy, por exemplo. No caso de revenimentos realizados acima de 500 °C, deve-se utilizar, após o revenimento, o resfriamento em água se houver qualquer dúvida quanto à possibilidade de fragilização do aço. Assim, minimiza-se a permanência na faixa crítica. Figura 3.39c.

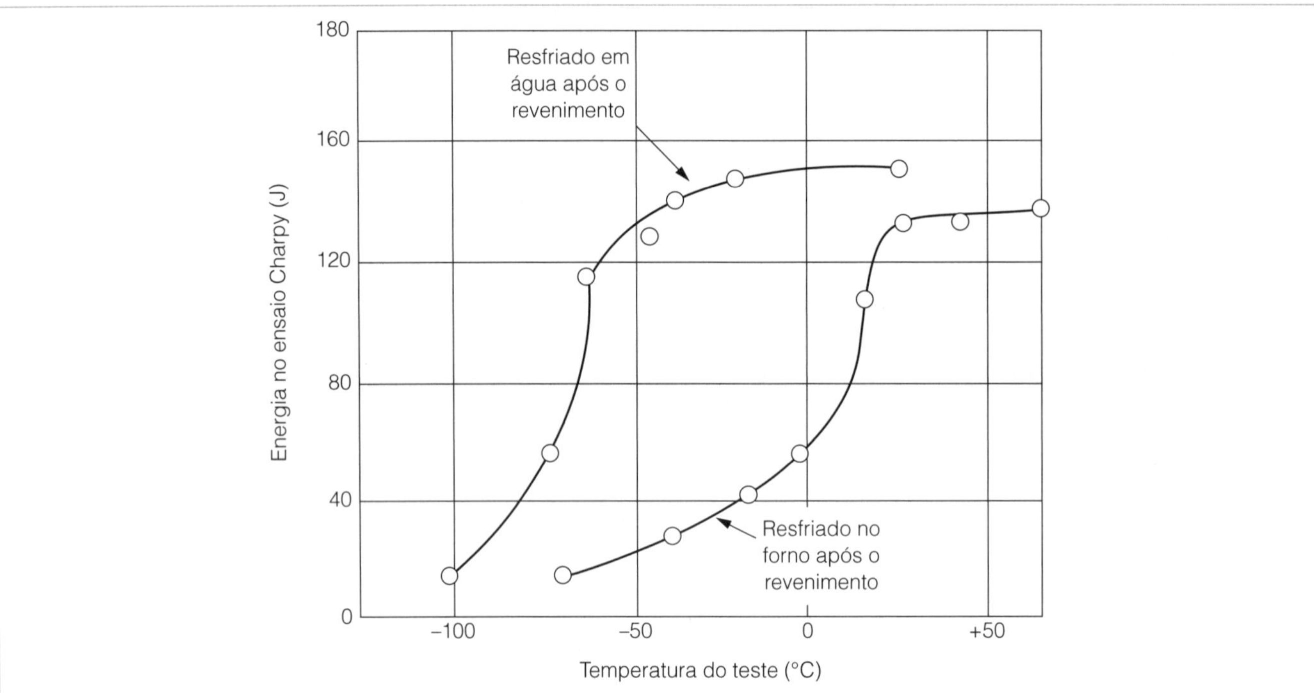

Figura 3.39 **(c)** Efeito da severidade do resfriamento (após o revenimento) na tenacidade do aço 5140, revenido a 620 °C, por 2 horas [2].

Molibdênio e vanádio têm maior potencial de formação de carbonetos que o ferro (variação da energia livre de Gibbs para formação de: Mo_2C = – 60; V_2C = -140; Fe_3C = 0, em kJ/mol [23]). Quando adicionados no aço formam finos carbonetos do tipo M_2C durante o revenimento na faixa de 300 a 400 °C, reduzindo a formação de cementita e, por consequência, evitando a fragilização da martensita revenida [24].

Miyamoto estudou o efeito da adição de 2 % em peso de silício ou manganês no revenimento de um aço com 0,6 % em peso de carbono no revenimento a 450 °C [25]. No aço sem Si ou Mn, o primeiro carboneto formado após 30 s foi a cementita, com raio médio de 11 nm, e a mesma coalesceu com o aumento do tempo de revenimento, duplicando o raio após 1 hora. Com adição de silício o primeiro carboneto formado com 30 s foi o ε, com raio médio de 3 nm, que permaneceu estável até 120 s, quando começou a se transformar em cementita, e a mesma coalesceu lentamente com o aumento do tempo de revenimento, chegando a 7 nm o raio após 1 hora. Com adição de manganês o primeiro carboneto formado com 30 s foi a cementita, com raio médio de 11 nm, mas que não coalesceu com o aumento do tempo de revenimento até 1 hora. Essas alterações que impedem a formação e o crescimento da cementita são decorrentes da partição do silício e do manganês entre a cementita e a ferrita adjacente e reduzem a possibilidade de fragilização da martensita revenida.

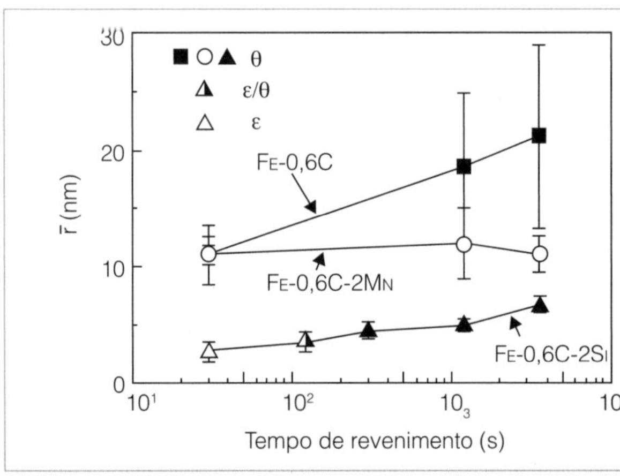

Figura 3.39 (d) Raio médio do carboneto em função do tempo de revenimento a 450 °C após austenitização a 1000 °C e tratamento subzero a -196 °C (nitrogênio líquido) por 5 minutos para reduzir a quantidade de austenita retida. Após o revenimento as amostras foram resfriadas em água (25).

3.8 MARTÊMPERA

Para diminuir parcialmente o problema das tensões de resfriamento na têmpera, desenvolveu-se o tratamento de martêmpera. Na martêmpera, o resfriamento é interrompido por alguns instantes a uma temperatura pouco superior ao M_I (temperatura de início de transformação martensítica), de modo a eliminar ou diminuir substancialmente os gradientes térmicos, prosseguindo em seguida para a formação da martensita (Figura 3.40).

Para a realização de martêmpera, é necessário conhecimento adequado das características de transformação (curva ITT) do aço. Silício é um elemento não formador de carboneto, mas atrasa a transformação de carbonetos metaestáveis ε/ε' em cementita, e mesmo depois de formada, impede seu coalescimento.

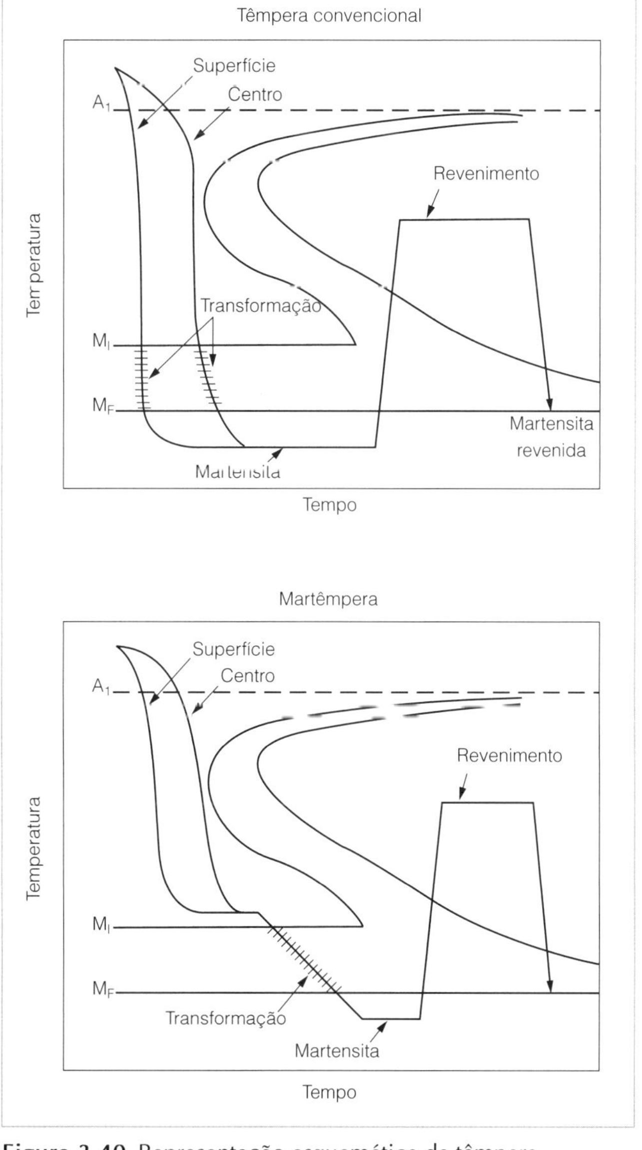

Figura 3.40 Representação esquemática da têmpera convencional e da martêmpera [2].

A martêmpera emprega banho de sal ou de óleo. O banho de sal apresenta algumas vantagens sobre o de óleo, tais como:

- maior estabilidade química;
- opera em uma maior faixa de temperatura;
- mais fácil limpeza da peça (o sal é solúvel em água), tem algumas desvantagens também: só é operacional acima de 160 °C e apresenta perigo de explosão e riscos ambientais.

A martêmpera permite maior controle dimensional sobre os lotes de peças do que a têmpera convencional (Figura 3.41). Também ocorre na martêmpera menor perda de peças por trincas e empenos. A desvantagem da martêmpera sobre a têmpera convencional é que seu custo é maior. Os aços comumente empregados na martêmpera são apresentados na Tabela 3.7.

Tabela 3.7 Aços empregados na martêmpera [5]

Aço (ABNT/AISI)	Temperatura (°C)		
	Austenitização	Martêmpera	
		Óleo	Sal
1024	870	135	–
1070	845	175	–
1146	815	175	–
1330	845	175	–
4063	845	175	–
4130	845	–	200 – 260
4140	845	150	–
4140	830	–	230 – 270
4340 – 4350	815	–	230 – 270
52100	860	190	–
52100	845	–	175 – 245
8740	830	–	230 – 270
Aços para cementação			
3312	815	–	175 – 190
4320	830	–	175 – 190
4315	955	190	–
4720	845	–	175 – 190
8617 – 8620	925	150	–
8620	860	–	175 – 190
9310	815	–	175 – 190

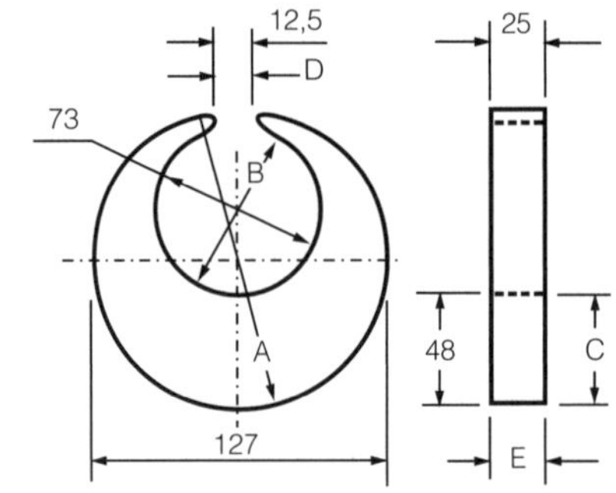

Tratamento	Variação dimensional (mm)				
	A	B	C	D	E
Têmpera em óleo a 60 °C	0,21	0,24	0,20	0,61	0,08
Martêmpera em sal a 250 °C	0,11	0,08	0	-0,05	0,03
Martêmpera em sal a 200 °C	0,13	0,15	0,13	0	0,03

Figura 3.41 Variação dimensional de uma peça de aço 0,95 C – 0,5W – 0,5Cr – 0,2V, austenitizada a 840 °C e submetida a tratamentos de têmpera convencional ou martêmpera [5].

3.9 AUSTÊMPERA

Austêmpera é uma transformação isotérmica para produção de estrutura bainítica [5].

O processo consiste em (Figura 3.42):

- austenitizar o aço;
- resfriamento rápido em banho de sal, óleo ou chumbo para a região de formação bainítica;
- transformação da austenita em bainita;
- resfriamento ao ar até a temperatura ambiente.

A escolha do aço para austêmpera é baseada em sua curva ITT (Figura 3.43).

O principal objetivo da austêmpera é obter produtos com alta ductilidade e resistência ao impacto, sem perda expressiva de dureza (Tabela 3.8).

Tabela 3.8 Propriedades mecânicas do aço 1095 submetido a três diferentes tratamentos térmicos [5]

Tratamento	Dureza RC	Energia absorvida no impacto (Joule)	Alongamento %
Temperado em água e revenido	53	16	0
Martemperado e revenido	53	38	0
Austemperado	52	61	11

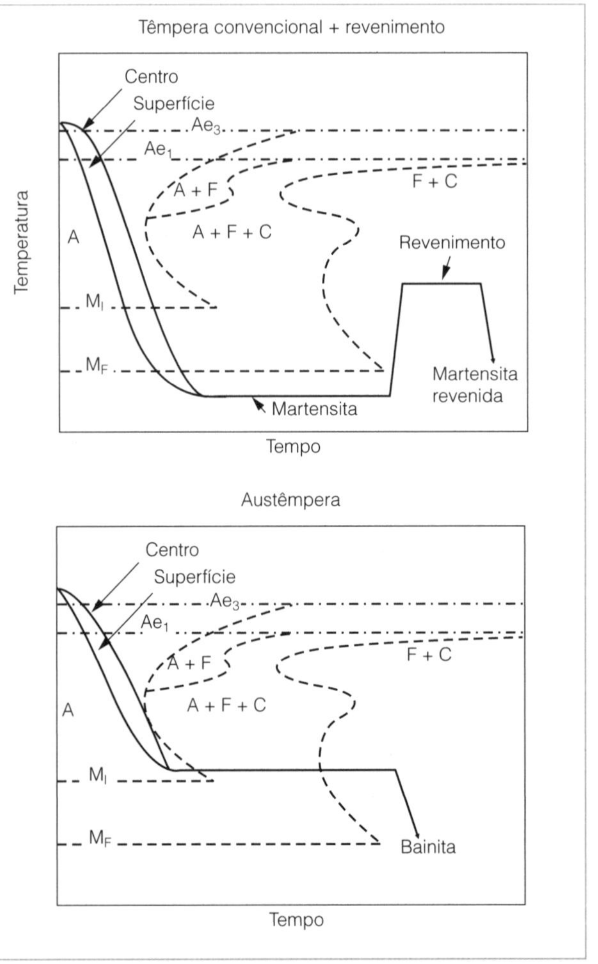

Figura 3.42 Comparação esquemática entre a têmpera convencional + revenimento e a austêmpera [2].

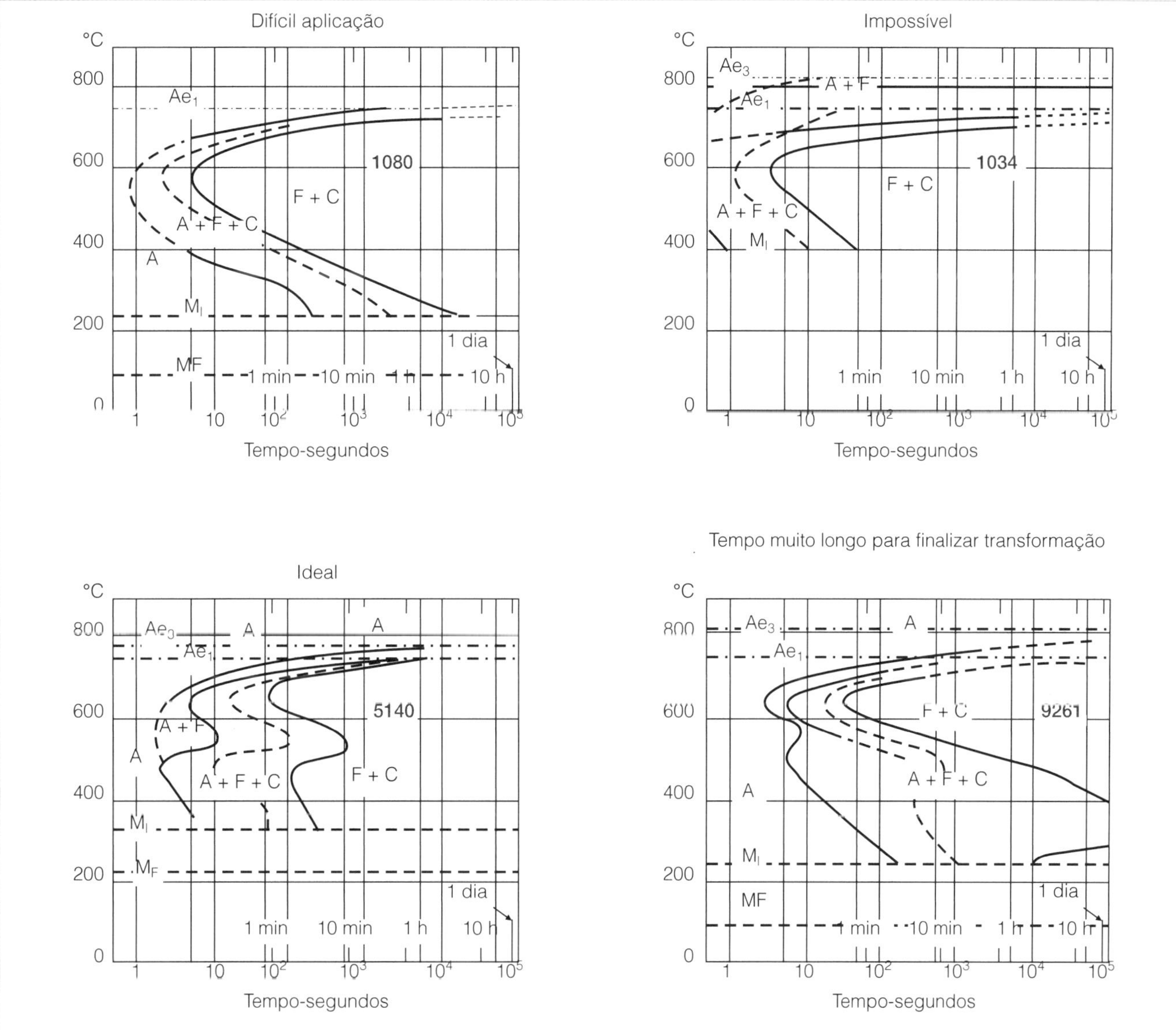

Figura 3.43 A aplicação da austêmpera requer uma análise cuidadosa das curvas ITT dos aços [2].

O outro objetivo da austêmpera é reduzir a perda por trincas e empenos, bem como melhorar a precisão dimensional.

O custo da austêmpera é aproximadamente o mesmo que o da têmpera + revenimento, e, em alguns casos, é até menor, quando, por exemplo, tratar-se de pequenas peças em produção automatizada. A grande desvantagem é que o processo, devido às suas características, é limitado a um grupo pequeno de aços: 1050 a 1095, 1350, 4063, 4150, 4365, 5140, 5160, 8750 e 50100, entre os mais comuns.

3.10 AUSTENITA RETIDA

Como visto anteriormente (Capítulo 2), a austenita "retida" após a têmpera pode se transformar em martensita, causando variação dimensional, visto que os dois constituintes têm densidades diferentes (a transformação da austenita em martensita, em um aço com 1% C na temperatura ambiente, provoca um aumento de volume de 4,3%).

Nesses casos, a eliminação da austenita retida pode ser feita por:

a) Revenimento múltiplo, já discutido anteriormente.

b) Tratamento subzero [7]. Consiste em resfriar a peça para temperaturas menores do que 0 °C, com nitrogênio líquido (≈ –196 °C) ou hélio líquido (≈ –268 °C), entre outros meios. Com isso, a peça atinge temperaturas inferiores a M_F e ocorre a transformação da austenita em martensita.

c) Encruamento. A deformação a frio facilita a transformação da austenita retida, porém, ocasiona os mesmos problemas de variação das dimensões.

3.11 TÊMPERA SUPERFICIAL [5]

Têmpera superficial é um processo de têmpera convencional, só que aplicado apenas à região superficial da peça. É ideal para produzir peças com alta dureza superficial e, por consequência, com maior resistência ao desgaste, com um núcleo mais mole e dúctil. É o caso de engrenagens, por exemplo, em que se deseja alta resistência ao desgaste na superfície para suportar o atrito de metais, e um núcleo dúctil, para acomodar os impactos recebidos.

Para se promover um aquecimento rápido da superfície da peça, utiliza-se o aquecimento indutivo ou por chama.

3.11.1 AQUECIMENTO INDUTIVO [5]

Neste caso, o aquecimento na peça é provocado por indução eletromagnética, por meio de bobinas apropriadas. Nessas bobinas, circula uma corrente alternada, o que gera um campo eletromagnético à sua volta. Ao ser colocada uma peça nesse campo, geram-se correntes parasitas. Essas correntes, quando circulam pela peça, provocam o aquecimento por efeito Joule. Dependendo da região a ser aquecida, utiliza-se um tipo de espira (Figura 3.44).

A profundidade temperada depende da frequência empregada. Quanto maior a frequência, menor a região aquecida para a mesma densidade de potência empregada (Figura e Tabela 3.9).

O tempo de aquecimento indutivo para peças pequenas é da ordem de 1 a 10 segundos. Esse tempo deve ser o menor possível para não causar o superaquecimento, com posterior aparecimento detrincas.

Figura 3.44 Diferentes tipos de espiras para o aquecimento indutivo, em função da região a ser aquecida [5].

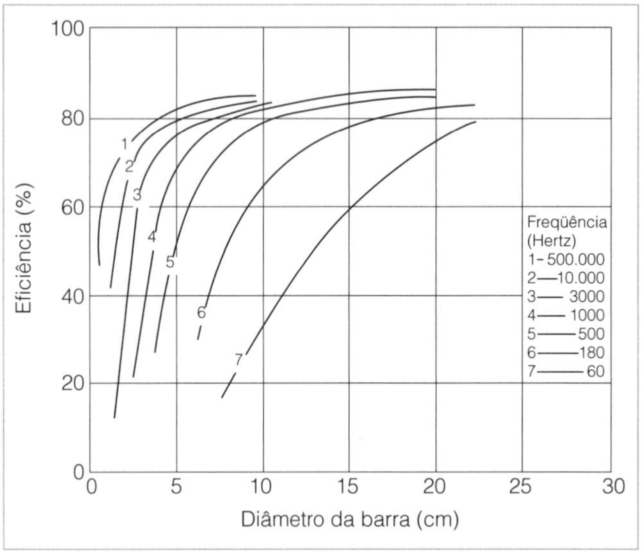

Figura 3.45 Eficiência na transferência de energia a 1100 °C, com diferentes frequências, para vários diâmetros de barras de aço 1045 [5].

Tabela 3.9 Profundidade de penetração e densidade de potência em função da frequência utilizada na têmpera por indução [5]

Frequência (Hertz)	Profundidade de penetração (mm)	Densidade de potência recomendada (W/cm² de superfície)
500.000	0,4 a 1,1	1500
	1,1 a 2,3	800
10.000	1,5 a 2,3	1500
	2,3 a 3,0	1500
	3,0 a 4,0	1500
3000	2,3 a 3,0	2300
	3,0 a 4,0	2200
	4,0 a 5,0	1500
1000	4,0 a 7,0	1500
	7,0 a 9,0	1500

Quando a têmpera é contínua (em longos eixos, por exemplo), a velocidade de deslocamento da espira é da ordem de 1 cm/segundo.

Os aços empregados nesse processo são os carbono e baixa liga, preferencialmente com estrutura homogênea da ferrita e perlita ou martensita revenida. Aços esferoidizados, com cementita grosseira, apresentam resultados piores na têmpera por indução, pois a dissolução dos carbonetos durante a austenitização é mais difícil. A Tabela 3.10 indica as temperaturas de austenitização e os meios de resfriamento para a têmpera superficial.

Tabela 3.10 Temperatura e meio de resfriamento indicados para a têmpera superficial por indução [5]

% C em peso	Temperatura de austenitização (°C)	Meio de resfriamento	Dureza mínima superficial (RC)
0,30	900 – 925	Água	50
0,35	900	Água	52
0,40	870 – 900	Água	55
0,45	870 – 900	Água	58
0,50	870	Água	60
0,60	845 – 870	Água	64
0,60	845 – 870	Óleo	62
> 0,60	815 – 845	Água	64
> 0,60	815 – 845	Óleo	62

O resfriamento da peça pode ser feito com:

a) Mergulho da peça em um tanque com líquido (água ou óleo) logo após o aquecimento (Figura 3.46(a)).

b) *Spray* proveniente da própria espira de indução (Figura 3.46(b)).

c) *Spray* caminhando com a espira de indução (Figuras 3.46(c) e 3.47).

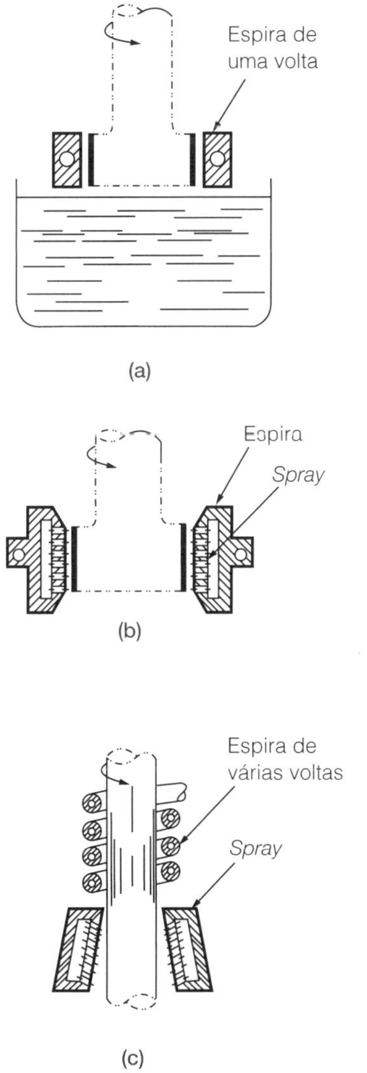

Figura 3.46 Diferentes tipos de montagem para têmpera por indução [5].

Figura 3.47 Têmpera superficial por indução, de um cilindro de laminação.

3.11.2 AQUECIMENTO POR CHAMA [5]

Neste caso, o aquecimento resulta da combustão de gases, como propano, acetileno, gás natural etc.

As vantagens que este processo apresenta são:

a) Pode ser utilizado em peças grandes, em que o aquecimento em fornos ou por indução seria impraticável.

b) Pode ser utilizado em áreas pequenas e localizadas.

c) É mais econômico para pequenos lotes de peças do que o processo por indução, pois o investimento em equipamentos é menor (Figura 3.48).

Os tipos de queimadores são os mais diversos e adaptados aos diferentes tipos de peças (Figura 3.49). O acetileno produz um aquecimento mais rápido do que o propano, o qual é mais rápido do que o gás natural (Figura 3.50).

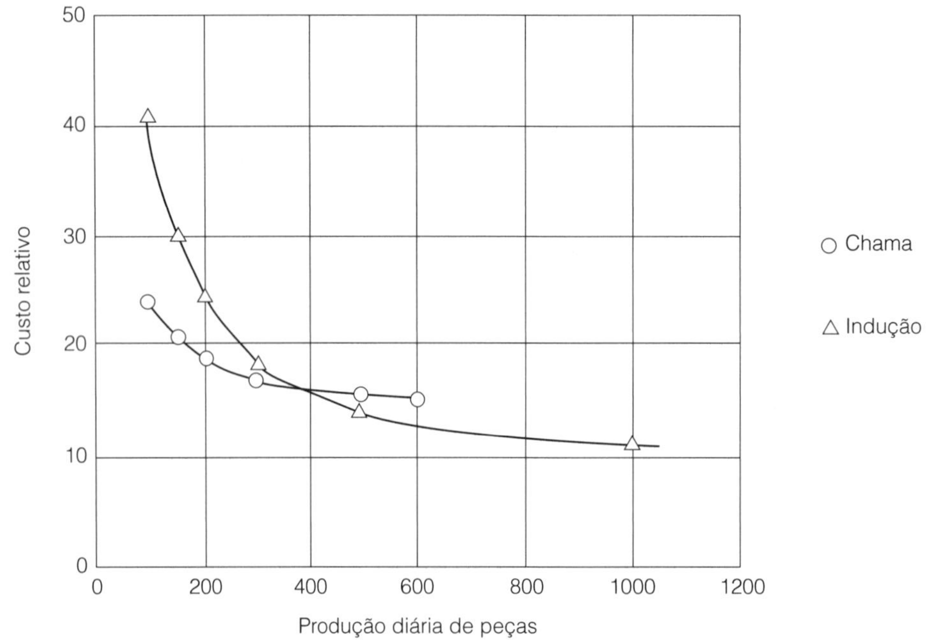

Figura 3.48 Comparação de custos para produção de engrenagens utilizando aquecimento por chama e por indução [5].

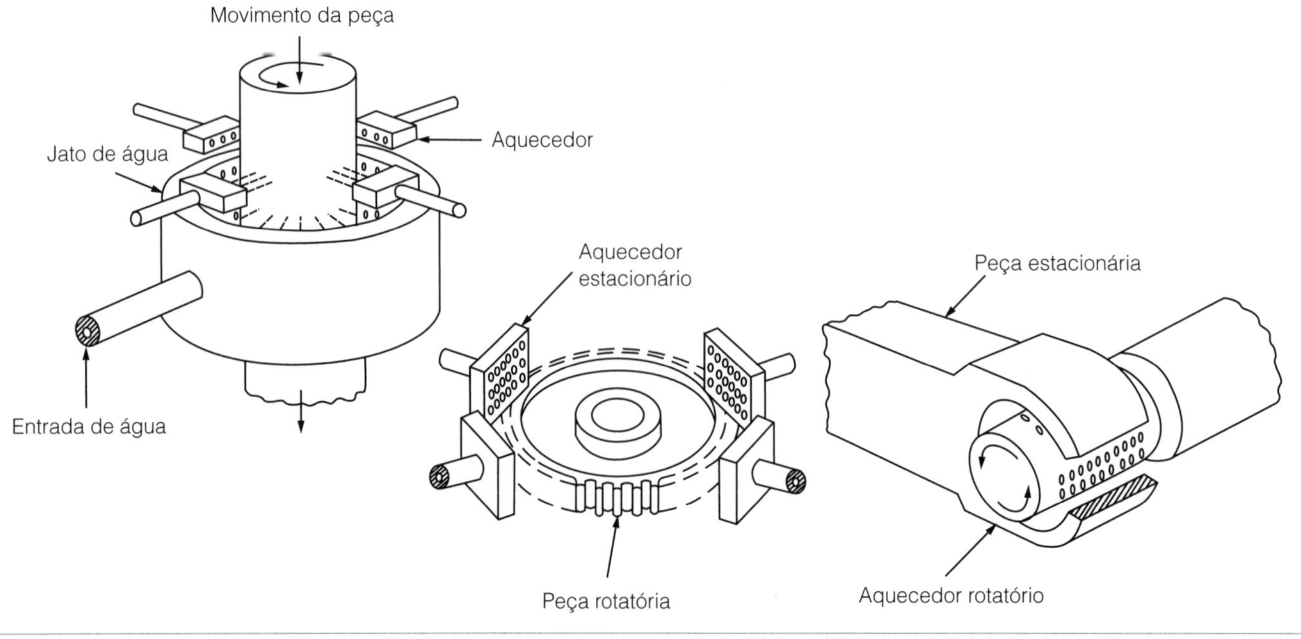

Figura 3.49 Diferentes dispositivos para têmpera superficial por chama [5].

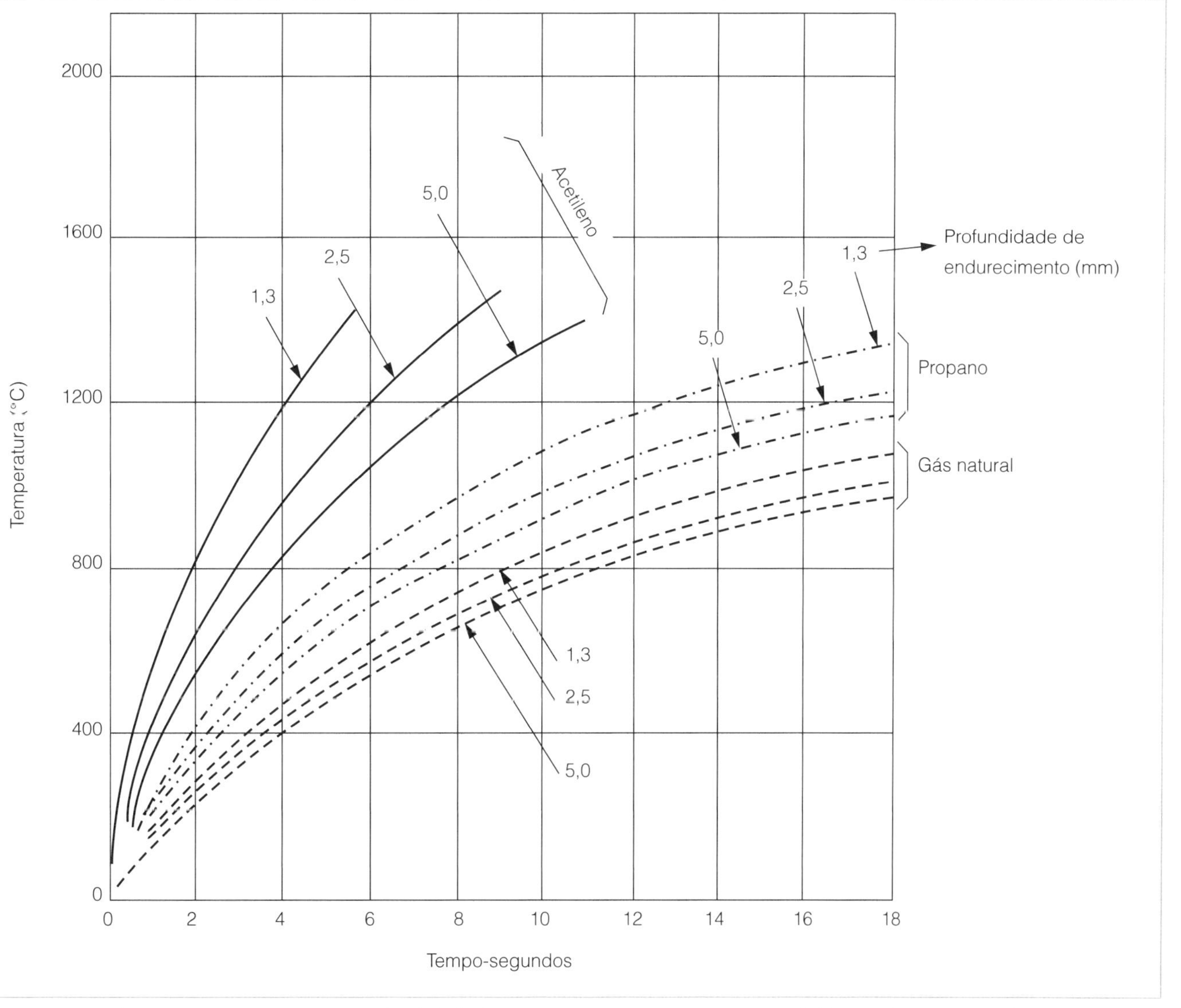

Figura 3.50 Relações entre temperatura e profundidade de endurecimento na têmpera superficial por chama para diferentes tipos de gases queimando com oxigênio [5].

Os aços empregados neste tratamento são os aços carbono (0,35 a 0,60% C) e aços ligados como o 4130 H, 4140 H, 8640 H, 8642 H e 4340 H.

Em comparação com o aquecimento indutivo, o aquecimento por chama apresenta equipamento de menor custo, porém demanda maior manutenção (principalmente devido aos queimadores) e é um processo mais lento. Assim, a escolha do processo de aquecimento deve ser precedida de uma análise rigorosa dos custos diretos e indiretos envolvidos.

3.12 EXEMPLOS DE MICROESTRUTURAS OBTIDAS COM TRATAMENTOS TÉRMICOS

As Figuras 3.51 a 3.56 apresentam microestruturas típicas dos aços 1018, 1045 e 1095 obtidas após tratamentos de recozimento, normalização, têmpera e revenimento.

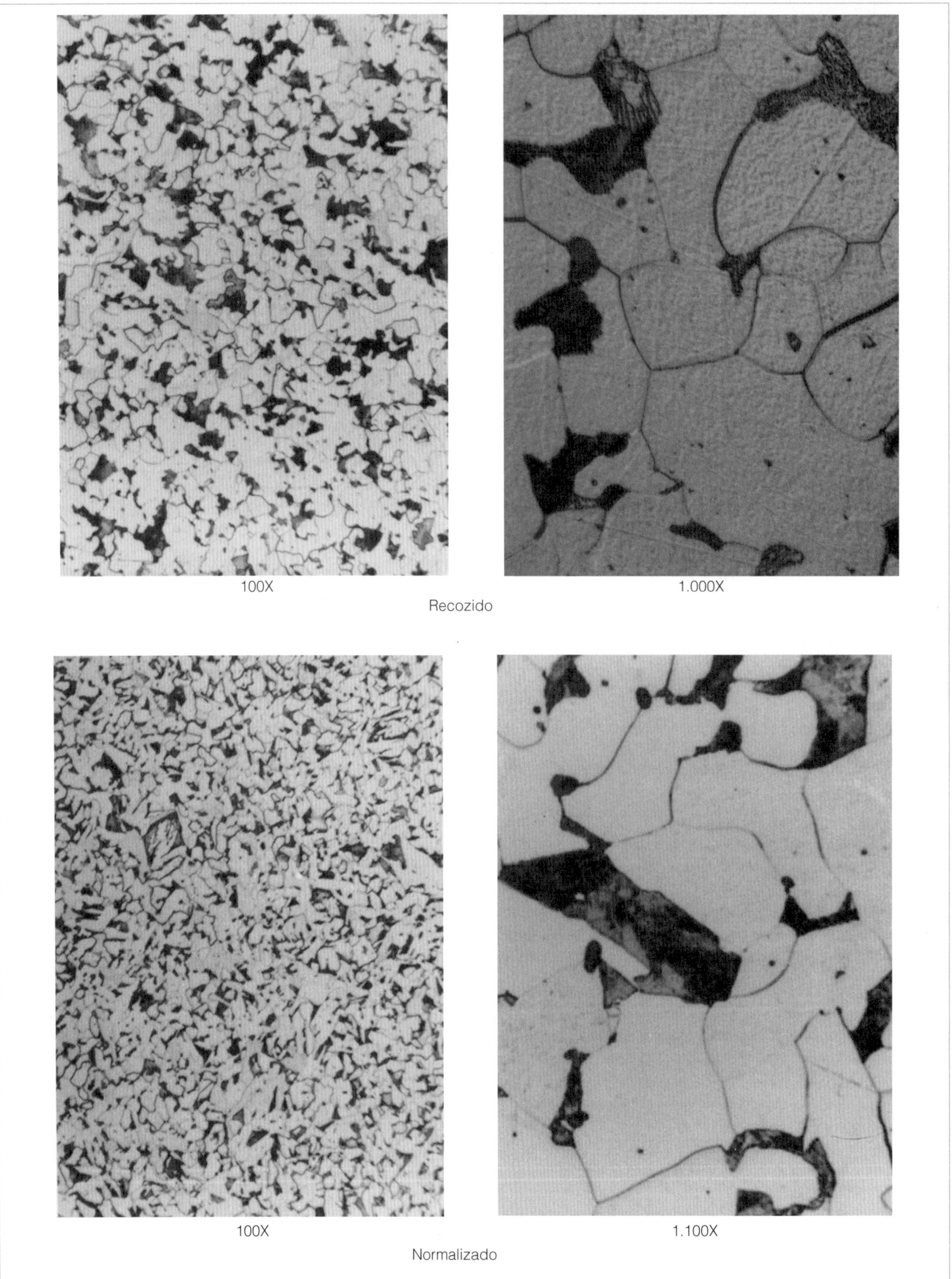

Figura 3.51 Microestruturas do aço 1018 após diferentes tratamentos térmicos. Nital.

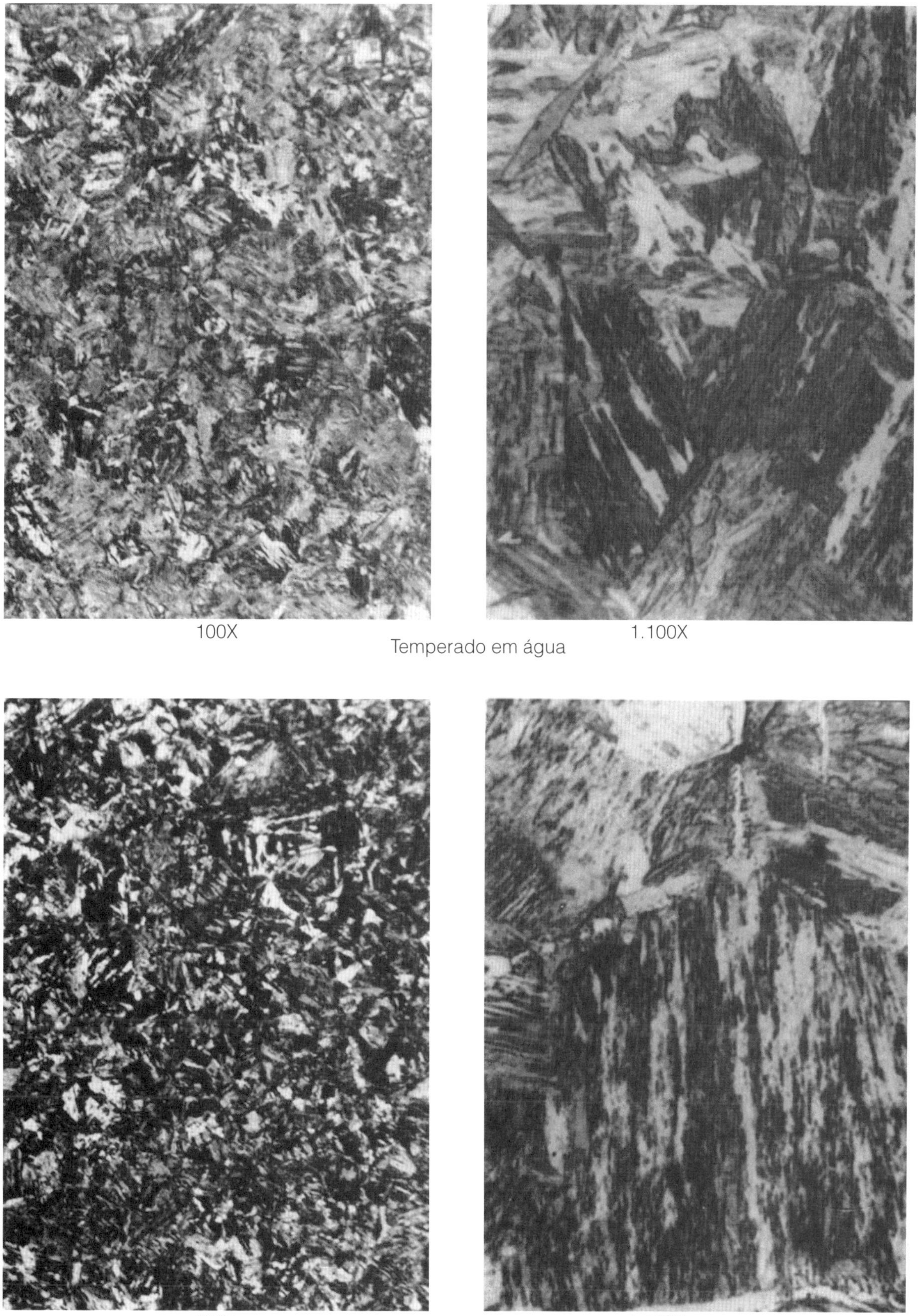

Figura 3.52 Microestruturas do aço 1018, após diferentes tratamentos térmicos. Nital.

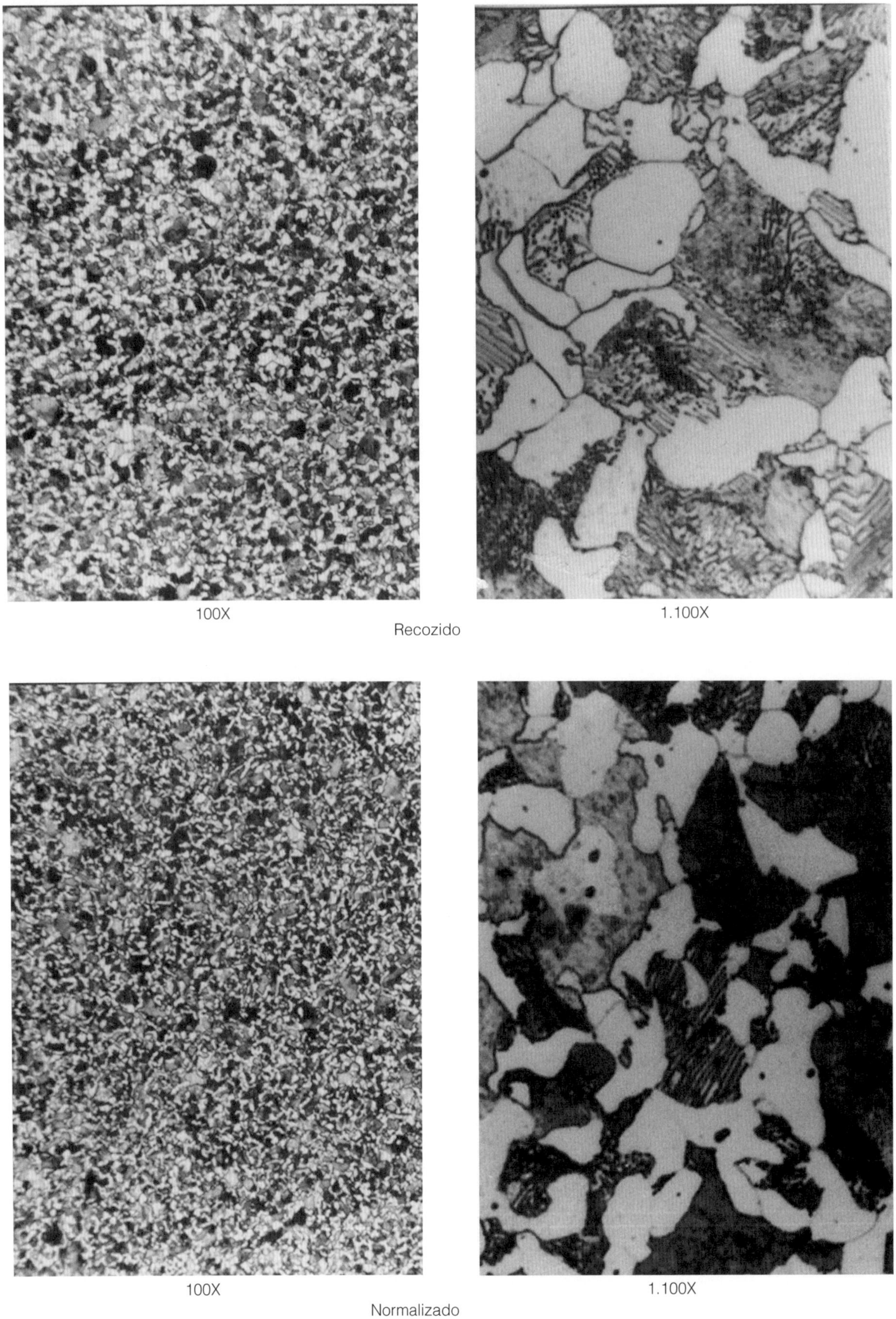

Figura 3.53 Microestruturas do aço 1045 após diferentes tratamentos térmicos. Nital.

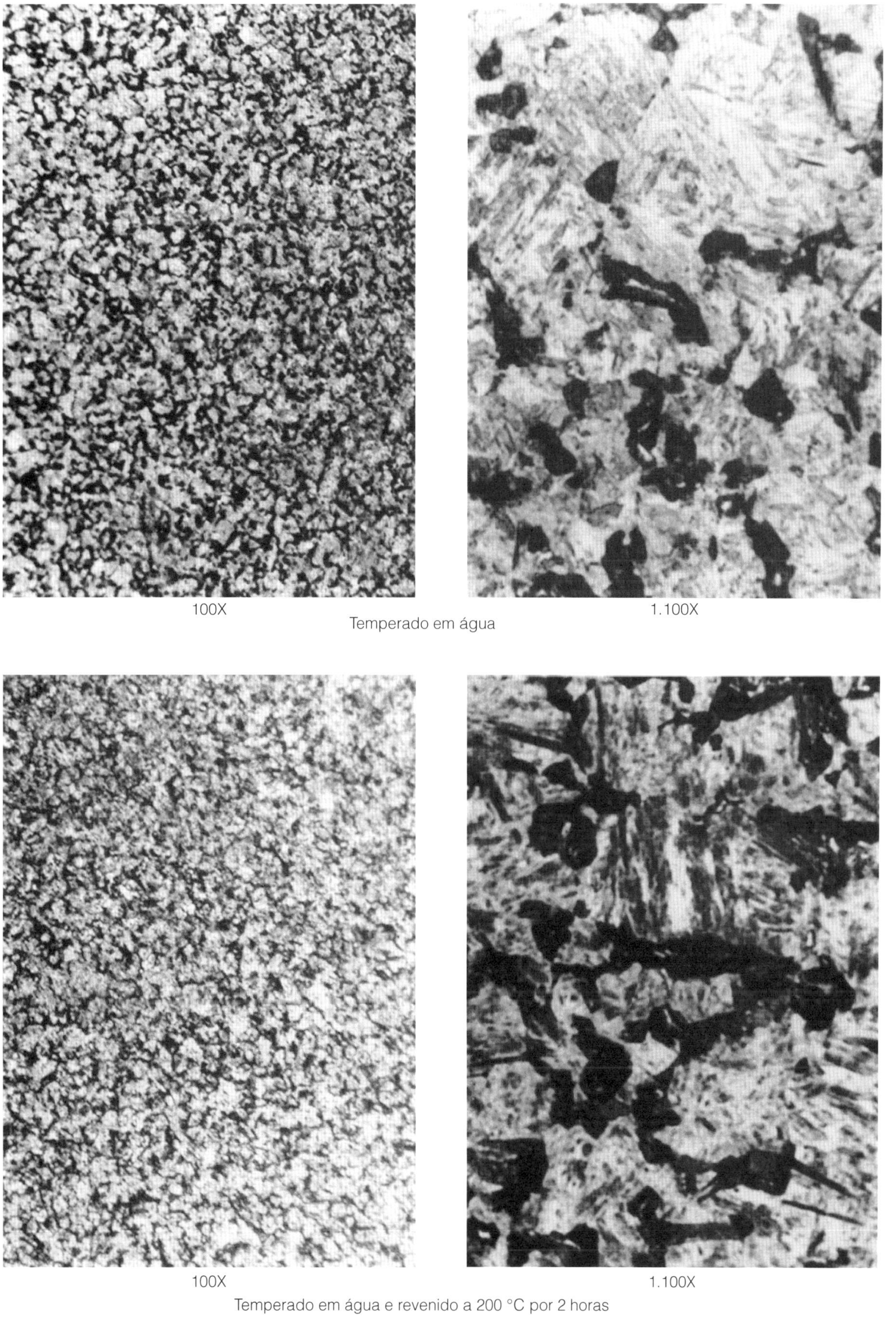

Figura 3.54 Microestruturas do aço 1045 após diferentes tratamentos térmicos. Nital.

Figura 3.55 Microestruturas do aço 1095, após diferentes tratamentos térmicos. Nital.

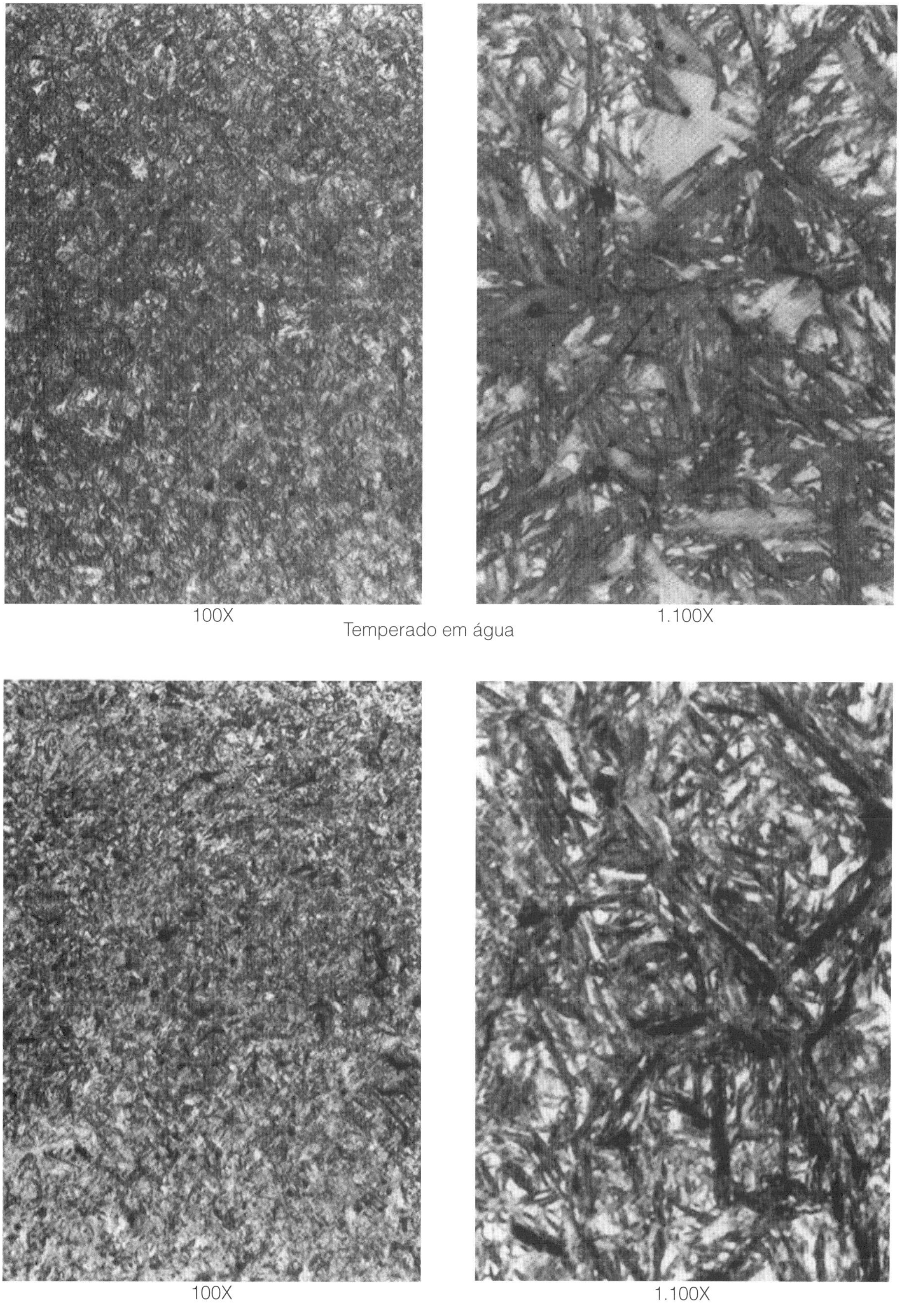

Figura 3.56 Microestruturas do aço 1095 após diferentes tratamentos térmicos. Nital.

3.13 Austenita Revertida

Aços maraging são aqueles de baixo carbono (< 0,015 % em peso) com 18 % de níquel, adições de cobalto, molibdênio e titânio e serão estudados em detalhes no Capítulo 7. Em temperaturas acima de 900 °C são austeníticos e, após têmpera, mesmo ao ar, se tornam martensíticos. Porém, como o teor de carbono é muito baixo, a dureza da martensita também o é. Entretanto, ao serem aquecidos em temperaturas entre 400 e 500 °C, processo conhecido como envelhecimento, finos compostos intermetálicos são precipitados conferindo-lhes altíssima resistência mecânica. Vasudevan [26], trabalhando com aços maraging, observou que, após austenitização a 816 °C por 6 horas, seguida de têmpera em água, os materiais apresentavam estrutura totalmente martensítica. Com o envelhecimento entre 430 e 520 °C, havia um aumento expressivo de dureza com a formação de finas partículas (4 a 15 nm de diâmetro) de Ni_3Ti e regiões de austenita ao lado das ripas de martensita. Como essa austenita foi formada a partir da martensita em temperatura abaixo da temperatura de austenitização, ele a denominou "austenita revertida". Essa austenita é de origem diferente da austenita retida, formada em temperaturas acima da temperatura de austenitização e que permanece estável na temperatura ambiente após o resfriamento do aço. Raabe [27] também observou a austenita revertida em aços maraging de alto manganês (0,05C/ 9Mn/ 1,9Ni/ 0,6Mo/ 1,1Ti / 0,33Al/ 0,1Si % atômico).

Escobar [28-32] publicou uma série de artigos sobre a reversão da martensita em austenita em aços inoxidáveis supermartensíticos (AISM). São aços bastante utilizados em tubulações na indústria de óleo e gás por apresentarem alta resistência ao escoamento (acima de 550 MPa), boa soldabilidade pelo baixo carbono (< 0,015% em peso), boa tenacidade ao impacto (100 J a -80 °C) e resistência à corrosão adequada para trabalhar com transporte de petróleo e gás [33]. Apresentam menor custo do que o aço inoxidável duplex por conter menor quantidade de elementos de liga de alto custo como o cromo e o molibdênio (11-12Cr/ 2,5-6,4Ni/ 0-2,5Mo no AISM e 22-25Cr/ 4,5-6,5Ni/ 2,5-3,5Mo, % em peso, no aço inoxidável duplex). A maximização destas características depende de um cuidadoso balanço microestrutural atingido mediante têmpera, em que a estrutura é totalmente martensítica, e revenimento intercrítico (entre A_1 e A_3), formando martensita revenida e austenita revertida. No resfriamento, parte da austenita revertida forma martensita nova. No final do processo, a estrutura será de martensita revenida, martensita nova e austenita revertida finamente dispersa, a qual proporciona alta tenacidade ao aço (Figura 3.57).

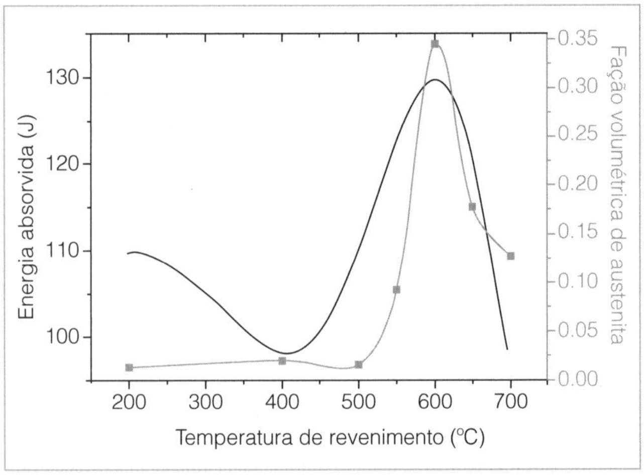

Figura 3.57 Efeito da temperatura de revenimento na energia absorvida no impacto (ensaio Charpy) e na fração volumétrica de austenita revertida em um aço inoxidável supermartensítico de composição: 0,04 C/ 0,40 Si/ 0,40 Mn/ 15,3 Cr/ 0,90 Mo/ 5,30 Ni/ 0,04 N (% em peso) [34].

3.14 Têmpera e partição

Sarikaya [35] observou num aço C-3Cr (0,25C/ 3Cr/ 2Mn/ 0,5Mo, % em peso) temperado em óleo e revenido a 200 °C por 2 horas e novamente temperado em água, a presença de ripas de martensita com finos carbonetos precipitados e filmes de austenita retida entre as ripas de martensita. Ao analisar o teor de carbono da austenita retida, ele verificou que era em torno de 0,5%, ou seja, o dobro do valor em alta temperatura, quando todo o carbono estava dissolvido nela. Por outro lado, o teor de carbono na martensita era de 0,02 %. Assim, parte do carbono da martensita foi usada para formar carbonetos e outra parte foi difundida para a austenita, num processo de partição. Como a temperatura de início de formação da martensita era de 320 °C para esse aço a partir de uma austenita com 0,25%C, ao dobrar a quantidade de carbono, a temperatura de início de formação da martensita a partir da austenita retida diminui em torno de 110 °C, ou seja, a austenita ficou mais estável na temperatura ambiente. Sarikaya [35] conseguiu medir o teor de carbono na interface martensita/austenita retida e constatou que era bastante alto, confirmando a partição de carbono entre as duas fases.

Posteriormente Speer [36] usou o termo "têmpera e partição" (*quenching and partitioning* – Q&P) para designar o processo de partição de carbono entre a martensita sob condições de evitar reações competitivas a exemplo da precipitação (ou transformação) de carbonetos ou a formação de bainita como ocorre no processo clássico de têmpera e revenimento. Speer e colaboradores [37] usaram o diagrama da Figura 3.58

para exemplificar o processo. Após a austenitização completa (acima da A_{c3}) ou intercrítica (entre A_{c1} e A_{c3}), o aço seria temperado para uma temperatura intermediaria (QT – *quenching temperature*) entre o início (Mi) e o final (Mf) de formação da martensita. Depois seria mantido numa temperatura adequada, PT (*partitioning temperature*) para que houvesse a partição do carbono entre a martensita e a austenita retida. Ao se resfriar para a temperatura ambiente, pode ser formada mais martensita (*fresh martensite*).

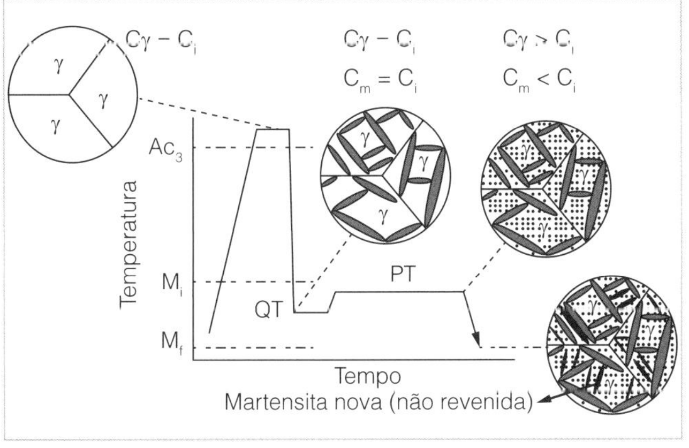

Figura 3.58 Diagrama do processo de têmpera e partição (Q&P – *quenching and partitioning*). A concentração inicial do carbono solúvel na austenita (Ci) imediatamente após a têmpera entre M_I e M_F é igual na austenita retida e na martensita. Após o tratamento de partição, o carbono se difunde da martensita para a austenita e durante a têmpera posterior nova martensita é formada. A estrutura final seria de martensita revenida, austenita retida enriquecida de carbono e martensita fresca (sem revenimento) [37].

Edmonds [38] aplicou o tratamento de têmpera e partição em um aço 9260 (0,60C/ 0,95Mn/ 2Si, % em peso) com austenitização a 900 °C, têmpera a 190 °C, partição a 250 °C ou 400 °C, com posterior têmpera em água. Na amostra que havia sido submetida à partição em 250 °C, ele observou precipitação de carboneto de transição (épsilon, no caso), além de filmes de austenita entre as ripas de martensita. Na amostra que havia sido submetida à partição em 400 °C, ele só observou filmes de austenita entre as ripas de martensita, mas não observou a cementita, que seria o carboneto mais estável nesta faixa de temperatura. A partir disso, ele propôs um diagrama esquemático (Figura 3.59) para explicar o efeito do silício neste aço, que seria efetivo para retardar a formação da cementita em alta temperatura (400 °C), mas não seria efetivo para retardar a formação de carbonetos de transição em baixa temperatura (250 °C).

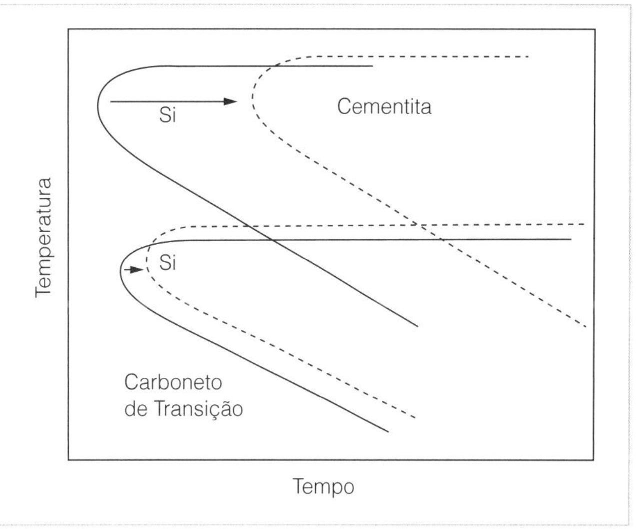

Figura 3.59 Diagrama esquemático para explicar o efeito do silício na formação de carbonetos para o aço 9260 (0,60 C/ 0,95 Mn/ 2 Si, % em peso) com austenitização a 900 °C, têmpera a 190 °C, partição a 250 °C ou 400 °C, com posterior têmpera em água. O silício seria efetivo para retardar a formação da cementita em alta temperatura (400 °C), mas não seria efetivo para retardar a formação de carbonetos de transição em baixa temperatura (250 °C) [38].

O uso de silício e alumínio para atrasar a formação de carbonetos já era conhecido há bastante tempo. Huang [39] observou em um aço 0,54C/ 1,9Si/ 0,8Mn/ 0,3Cr (% em peso), austenitizado a 900 °C e tratado isotermicamente a 275 °C, a formação simultânea de carboneto épsilon e ferrita (bainita inferior) a partir da austenita retida e não da ferrita, como se pensava até então. Todavia, quando o aço era temperado em água e depois aquecido a 275 °C, praticamente não havia carbonetos precipitados, indicando que o silício tinha restringido a precipitação dos mesmos, estabilizando a austenita. Leslie [40] observou que a adição de alumínio em ligas Fe-0,02% C atrasava a formação de carbonetos após austenitização a 730 °C, seguida de envelhecimento entre 100 e 400 °C e, no mesmo artigo, citou os resultados de Owen [41], semelhantes para o silício. Manganês, cromo e molibdênio são bastante efetivos para aumentar a temperabilidade (ver Capítulo 5, Figura 5.17), ou seja, atrasam a formação de componentes difusionais como a ferrita, perlita e bainita, favorecendo a estabilidade da austenita [42].

Speer e seus colaboradores [43] relataram que neste processo, além das fases descritas, e dependendo da composição do aço e das temperaturas e tempos utilizados, outras reações são possíveis como o aprisionamento de carbono nas discordâncias ou interfaces da martensita, a formação de carbonetos (cementita e/ ou carbonetos de transição para a cementita, como o épsilon), bainita etc.

De Moor [44] comparou os dados do ensaio de tração do aço 0,20C/1,63Mn/ 1,63Si (% em peso) totalmente austenitizado a 850 °C, seguido de:

a) têmpera em água (amostra 100% martensítica) seguida de revenimento entre 350 e 450 °C por 120 segundos (Q&T = *quenching & tempering* = têmpera e revenimento);

b) têmpera até 234 °C (amostra 90% martensítica com 10% de austenita retida) seguida de aquecimento entre 350 e 450 °C por 120 segundos (Q&P = *quenching & partitioning* = têmpera e partição).

De Moor [44] observou que o tratamento Q&P apresentava uma redução de 20% no limite de resistência comparado com o Q&T, mas que apresentava o dobro do alongamento total (Figura 3.60).

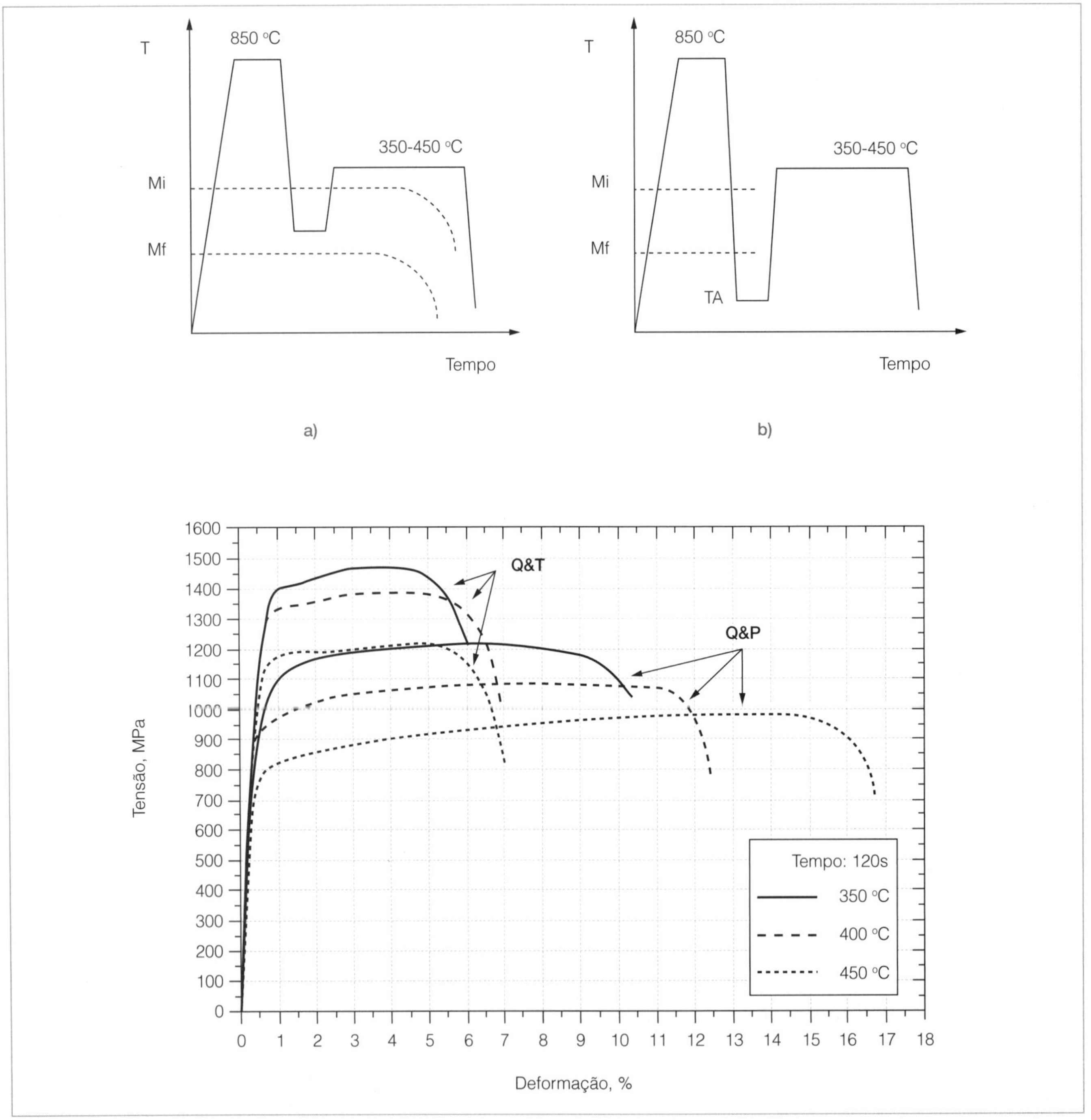

Figura 3.60 Ensaio de tração do aço 0,20 C/1,63 Mn/ 1,63 Si (% em peso) totalmente austenitizado a 850 °C, seguido de: a) têmpera até 234 °C (amostra 90% martensítica com 10% de austenita retida) seguida de aquecimento entre 350 e 450 °C por 120 segundos (**Q&P);** b) têmpera em água (amostra 100% martensítica) seguida de revenimento entre 350 e 450 °C por 120 segundos **(Q&T)** [44].

Sun [45] submeteu o aço 0,2C/1,5 Si/1,9 Mn à austenitização intercrítica (entre Ac_1 e Ac_3) seguida de têmpera em várias temperaturas abaixo de Mi (225 °C) e de aquecimento a 350 °C por 100 s para provocar a partição do carbono, com posterior têmpera até a temperatura ambiente (Figura 3.61). Ele observou que o volume de austenita retida ficou em torno de 8 a 10%, independentemente da temperatura de têmpera e bem abaixo do calculado pelo modelo de *Speer* [36] e atribuiu isso à formação de bainita, a qual consumiu parte da austenita retida e que não é prevista no referido modelo. O teor de carbono na austenita aumentou com a redução da temperatura de têmpera, provavelmente por formação de maior volume de martensita, o que colocaria uma maior quantidade de carbono disponível para a partição com a austenita. A microestrutura final era complexa, formada por ferrita, martensita revenida e martensita fresca, austenita retida e bainita livre de carbonetos. A austenita retida apresentou-se em diferentes locais e formas: como filme entre as ripas da martensita, em grandes blocos ou em filmes ultrafinos aprisionados dentro da bainita livre de carbonetos.

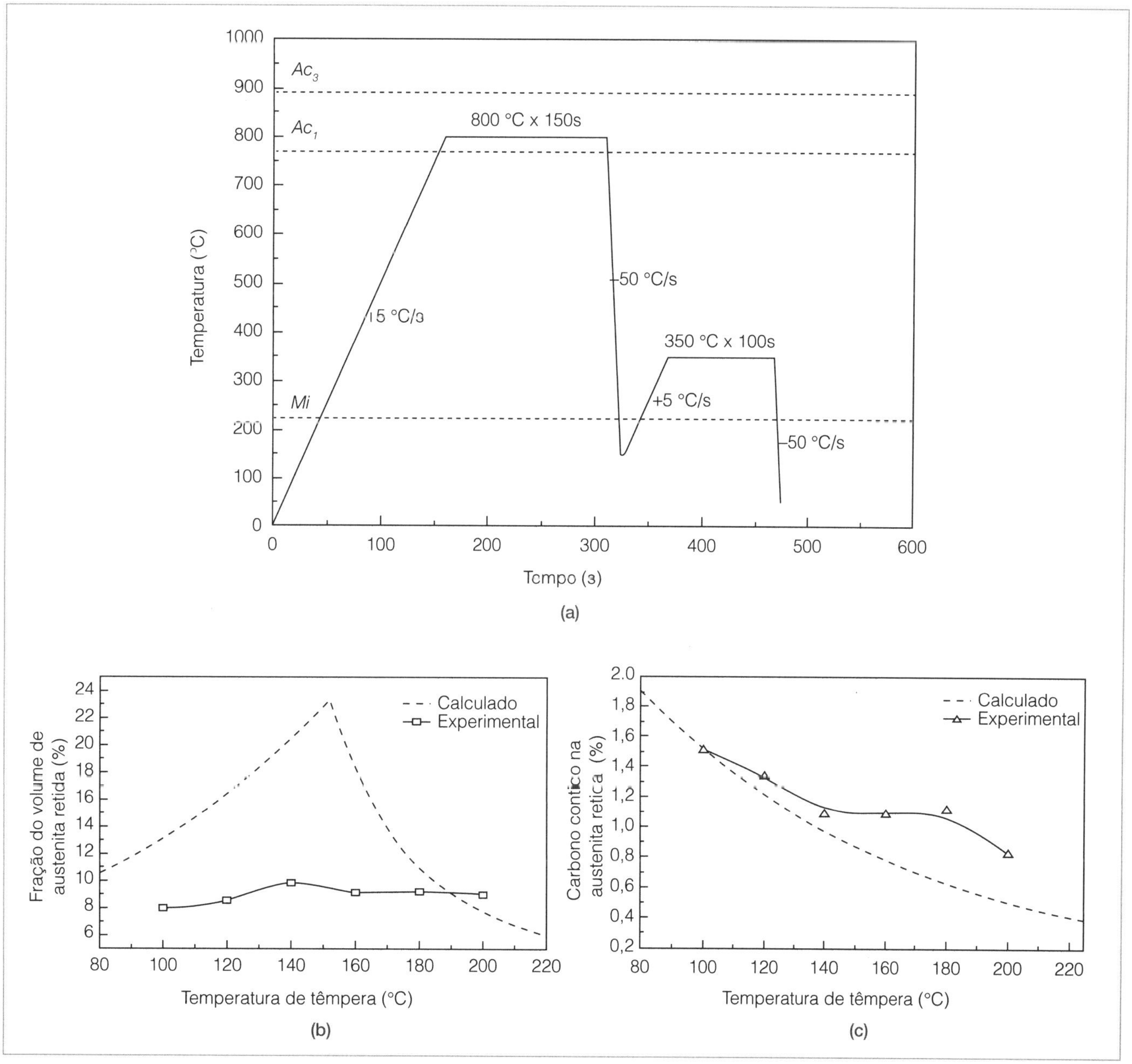

Figura 3.61 Tratamento de têmpera em diferentes temperaturas abaixo de Mi (225 °C) seguido de aquecimento a 350 °C por 100 s para provocar a partição do carbono, com posterior têmpera até a temperatura ambiente do aço 0,2 C/ 1,5 Si/ 0,9 Mn (% em peso). a) Tratamento térmico. b) Volume de austenita retida. c) Carbono dissolvido na austenita retida [45].

Bansal [46], trabalhando com aço 0,16 C/ 1,1 Mn/ 0,5 Si/ 0,2 Cr/ 0,1 Mo/ 0,1 Ni (% em peso) austenitizado acima de A3 (totalmente austenítico), obteve resultados semelhantes aos de Sun [45] que usou austenitização intercrítica (austenítico e ferrítico). A quantidade de austenita retida ficou bem abaixo da prevista teoricamente (Figura 3.62a), pois parte dela foi convertida em bainita, o que não é previsto no modelo teórico de Speer [36]. O fato de o teor da austenita retida passar por um máximo quando a temperatura de têmpera aumenta pode ser explicado pela Figura 3.62(c). Quando a têmpera é feita em uma temperatura próxima de M_F, forma-se mais martensita e pouca austenita e, no processo de partição, haverá grande disponibilidade de carbono por volume de amostra na martensita para ser transferido para a austenita, favorecendo a concentração de carbono na austenita. Quando a têmpera é feita numa temperatura mais próxima de M_i, haverá pequena quantidade de martensita e maior quantidade de austenita. Com isso, haverá menor disponibilidade de carbono por volume de amostra na martensita para ser transferida para a austenita e a concentração de carbono na austenita será menor. Isso explica por que a concentração de carbono na austenita é reduzida quando a temperatura de têmpera é aumentada. Todavia, se o teor de austenita é alto na amostra, durante a partição, parte da austenita pode ser convertida em bainita, reduzindo o teor da austenita retida na amostra após o final do processo. Se não for formada bainita, parte da austenita será transformada em martensita fresca (*fresh martensite*), também denominada "martensita secundária" (*secondary martensite*). Ou, ainda, pode ser que os dois fenômenos ocorram com parte da austenita sendo transformada em bainita, parte em martensita fresca e parte permaneça como austenita retida. Por essa razão é que o teor de austenita retida na amostra, após o final do processo de têmpera e partição, aumenta com a elevação da temperatura de têmpera a partir de M_F, passa por um valor máximo e depois decresce.

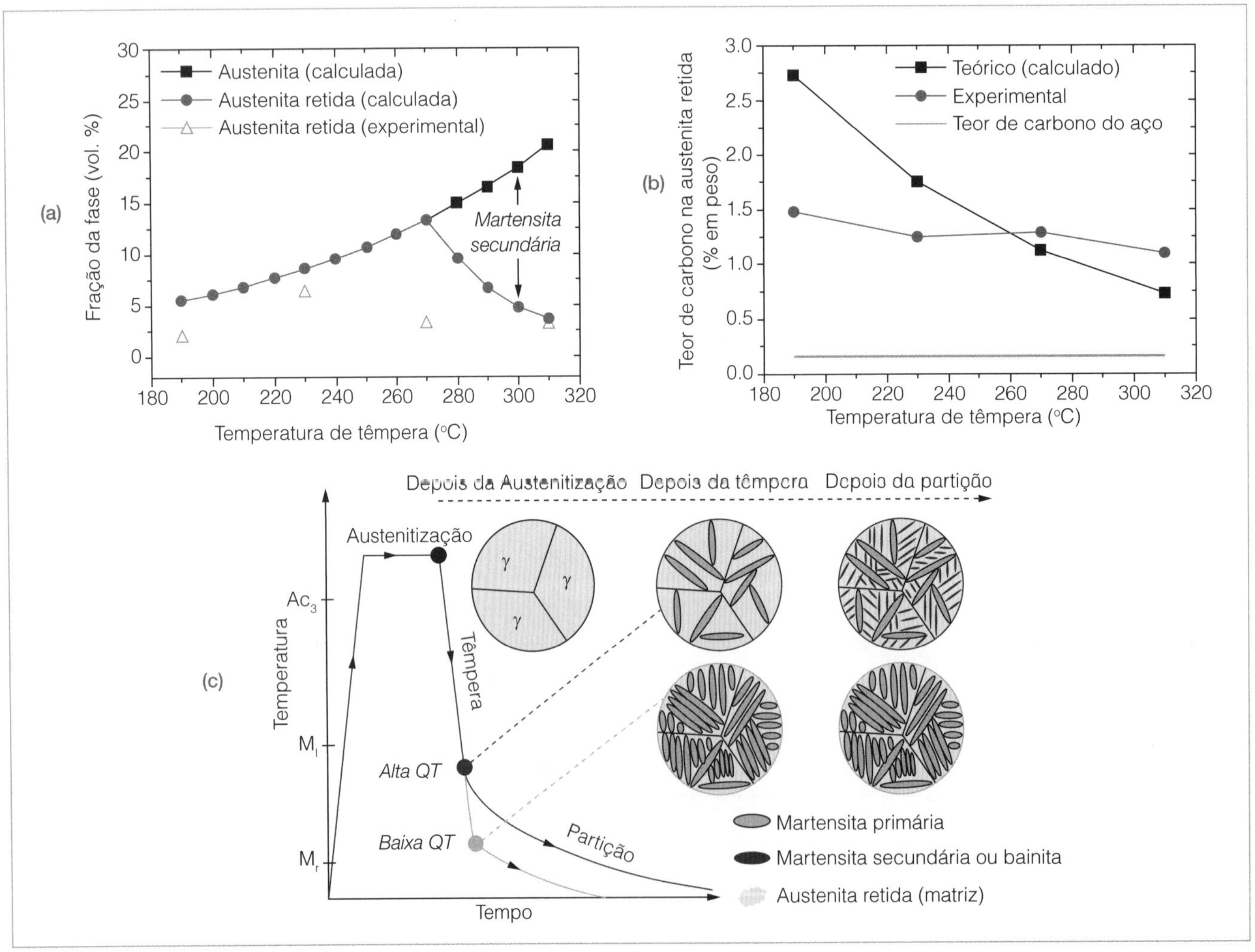

Figura 3.62 Resultados do processo de têmpera e partição para o aço 0,16 C/ 1,1 Mn/ 0,5 Si/ 0,2 Cr/ 0,1 Mo/ 0,1 Ni (% em peso). a) Fração volumétrica das fases austenita e martensita. b) Teor de carbono teórico e experimental na austenita retida. c) Diagrama esquemático de fases formadas para têmpera em temperatura próxima (Alta QT) e distante (Baixa QT) de M_i (temperatura inicial de formação de martensita). QT = Temperatura de têmpera (Quenching Temperature) [46].

Ao longo do tempo, foram apresentadas variantes do processo. A austenitização (AT) pode ser total (acima de A3) ou parcial (entre A1 e A3) e o processo pode ser em uma etapa (1-step) quando o aquecimento isotérmico da partição for na mesma temperatura que a de têmpera (QT) ou em duas etapas (2 *steps*), quando o aquecimento isotérmico da partição for em temperatura superior à temperatura de têmpera (Figura 3.63(a)). Outra variante é utilizada na produção de bobinas, em que, após a laminação a quente, o aço é temperado até QT, seguindo-se um resfriamento contínuo para produzir a partição do carbono entre a martensita e a austenita. Este processo é denominado "partição não isotérmica" (Figura 3.63(b)) [43].

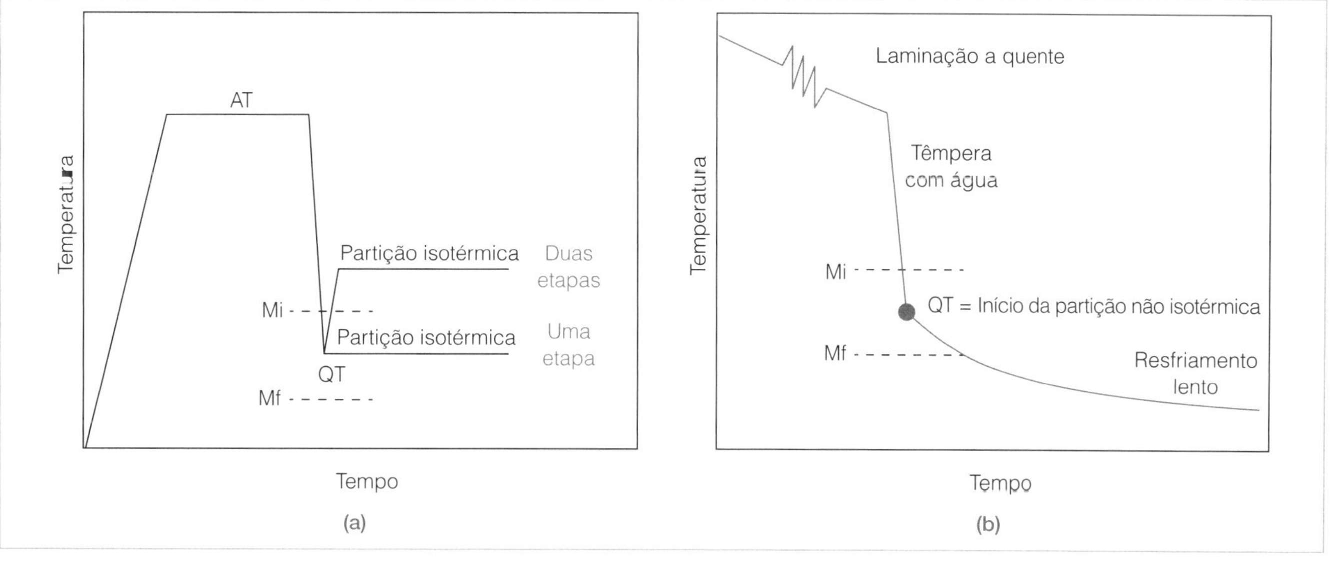

Figura 3.63 Variações do processo de têmpera e partição. a) Processo isotérmico de partição em uma ou duas etapas (*steps*). b) Processo com laminação a quente de chapas, têmpera até QT e partição não isotérmica, mas em resfriamento lento e contínuo [43].

3.15 Solubilização

Solubilização é um tratamento térmico comumente usado em ligas metálicas com a finalidade de reduzir a segregação de elementos em ligas fundidas ou dissolver determinadas fases de uma liga, com ou sem outro posterior tratamento térmico ou termomecânico. Um exemplo é a austenitização, em que o aço é aquecido em temperaturas acima de A_3 em aços eutetoides e hipoeutetoides ou acima de A_1 em aços hipereutetoides. Nesse exemplo, a cementita livre ou contida na perlita é dissolvida e o carbono difunde-se na austenita. Quanto maior o tempo ou a temperatura empregada, maior é a difusão do carbono e mais homogênea a austenita se torna. Outro exemplo são os aços microligados, a serem estudados com maiores detalhes no Capítulo 5. No processamento termomecânico, estes aços são primeiramente aquecidos em altas temperaturas (1200 a 1300 °C) para a dissolução de grandes partículas de nitretos, carbonetos ou carbonitretos de nióbio, vanádio e titânio. Quando saem do forno, inicia-se o processo de deformação por laminação, forjamento etc., sendo que, com a redução de temperatura, ocorrem novamente a nucleação e o crescimento dos nitretos, carbonetos ou carbonitretos citados, porém com tamanhos muito menores, o que impede o crescimento do grão austenítico, com refino da estrutura final formada a partir da decomposição da austenita. O refino da estrutura eleva a resistência mecânica e a tenacidade destes aços. O tratamento de solubilização também é empregado em aços inoxidáveis com diferentes objetivos. Nos aços ferríticos, por exemplo, o aquecimento em temperaturas acima de 1100 °C propicia a dissolução da fase sigma, intermetálico Fe-Cr, que fragiliza o aço.

Às vezes, a precipitação da fase sigma decorre das condições de trabalho do aço. Guimarães e Mei [47] observaram as mudanças estruturais ocorridas no aço inoxidável ferrítico AISI 446 após utilização em forno de aquecimento de uma planta petroquímica (Figuras 3.64 e 3.65). Esse aço contém de 23 a 27% Cr e, devido ao alto teor de cromo, pode exibir a fase sigma após alguns tratamentos térmicos.

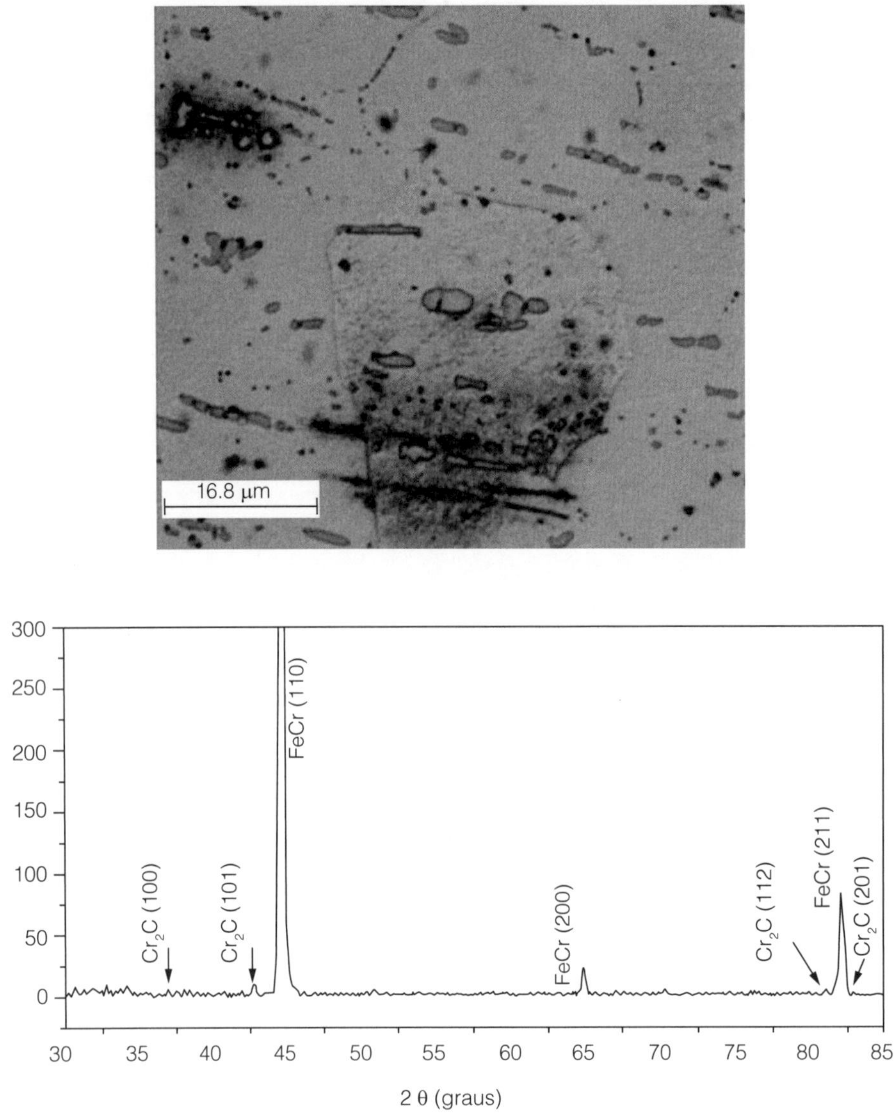

Composição química do aço (% em peso)									
C	Si	Mn	Cr	P	S	N	Ni	Mo	V
0,089	0,49	0,93	24,30	0,027	0,002	0,24	0,29	< 0,05	0,07

Figura 3.64 Aço novo (antes do uso no forno). Carbonetos tipo Cr_2C precipitados em matriz ferrítica. Ataque com glicerégia. Difratograma de raios X [47].

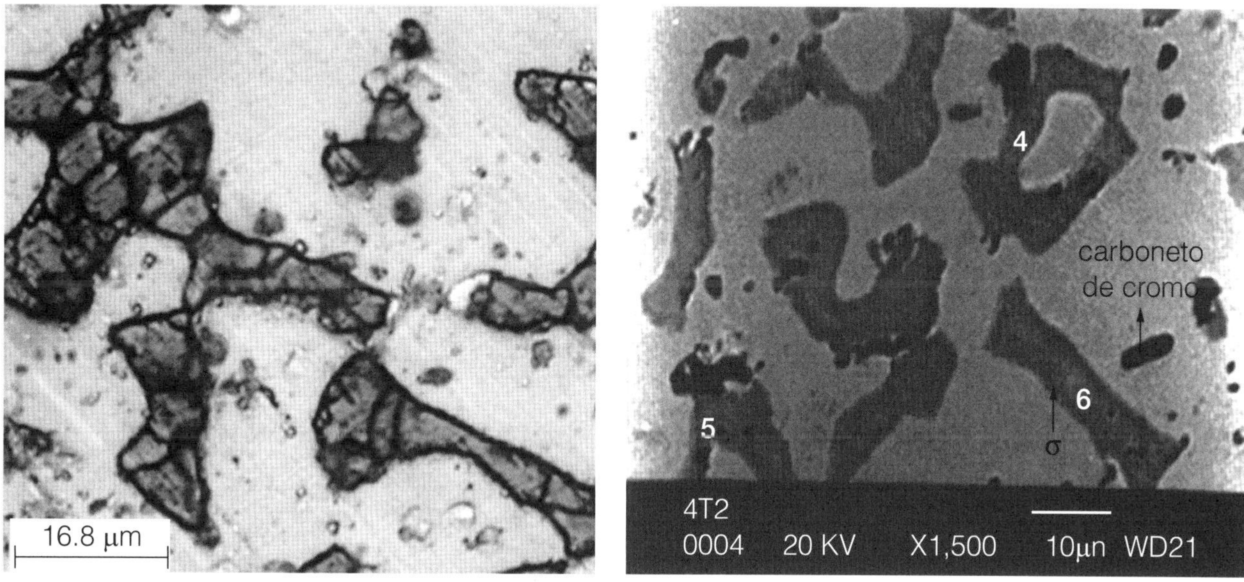

Região	Elemento (% em peso)				Identificação
	Cr	Si	Mn	V	
Partícula cinza (número 6)	35,23	1,40	2,03	0,12	Fase sigma
Partículas pequenas pretas	84,62	0,22	1,01	0,05	Carboneto de cromo

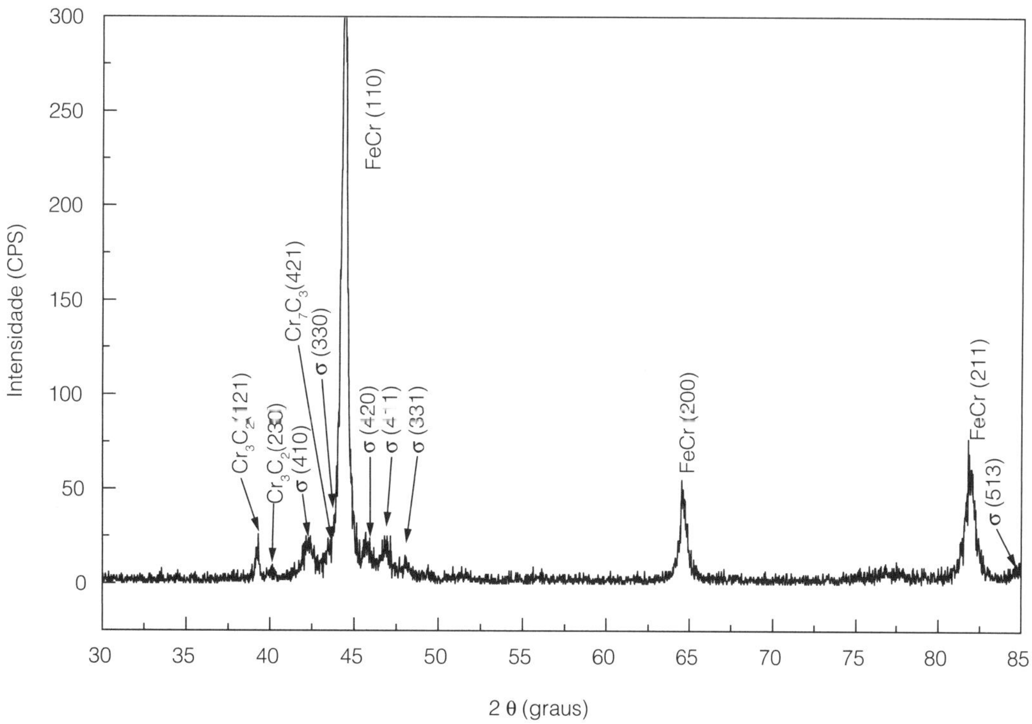

Figura 3.65 Aço após uso no forno com temperatura variando de 200 a 800 °C. Estrutura observada no microscópio óptico e no MEV com análise por EDS. Ataque eletrolítico com KOH. Carbonetos e fase sigma precipitados em matriz ferrítica. Difratograma de raios X [47].

O aquecimento em altas temperaturas mostrou-se eficiente para solubilizar a fase sigma formada durante o uso do aço. Na Figura 3.66, observa-se que o aço, após aquecimento a 850 °C, ainda apresentava a fase sigma. Com aquecimento a 1100 °C, houve a total solubilização da fase sigma, embora ainda houvesse carbonetos precipitados e a difração de raio X indicasse a presença da austenita. A 1300 °C, os carbonetos também foram solubilizados, houve crescimento do grão ferrítico e formação de austenita no contorno do grão ferrítico.

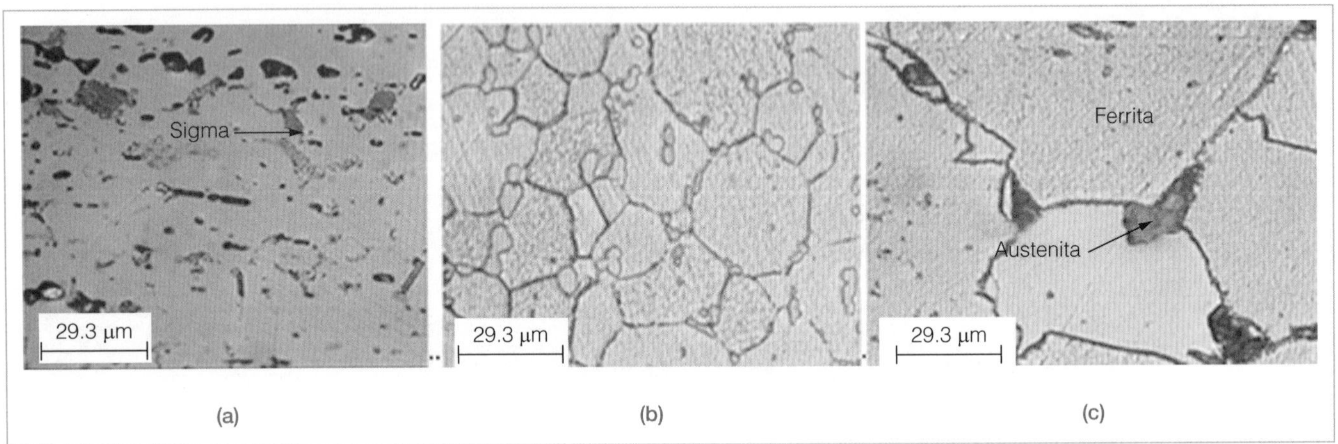

Figura 3.66 Reaquecimento do aço após uso no forno a: a) 850 °C por 1 hora. Ataque eletrolítico com NaCN. b) 1100 °C por 2 horas. Ataque com glicerégia. c) 1300 °C por 2 horas. Ataque com glicerégia [47].

As faixas de dureza Vickers encontradas foram de 176 a 254 para a matriz ferrítica; em torno de 320, para a fase austenítica; de 520 a 970, para a fase sigma e de 917 a 1816, para os carbonetos. O teor de cromo na fase sigma variou de 35 a 60%, enquanto nos carbonetos ficou, na maioria das vezes, entre 70 e 90%. Vários carbonetos foram identificados nos tubos de aço novos e usados: Cr_2C, Cr_3C_2, Cr_7C_3, $Cr_{23}C_6$ bem como carbonetos duplos de cromo e vanádio [47].

Outro emprego da solubilização ocorre no aço superduplex (ferrítico-austenítico) após a fundição deste para dissolver a fase sigma (Figuras 3.67 e 3.68) formada durante a solidificação em molde de areia, que é lenta o suficiente para permitir a precipitação desta fase. No diagrama ternário 70%Fe-Cr-Ni (Figura 3.79), observa-se que uma liga na faixa de 25 a 35 %Cr e 5 a 15 %Ni, ao ser solidificada lentamente, forma, primeiramente, a ferrita delta, depois a austenita e, abaixo de 800 °C, a fase sigma. Para solubilizar a fase sigma, é preciso aquecer a liga acima de 800 °C por um tempo necessário para a difusão dos elementos químicos. Quanto maior a temperatura, mais rápida será a solubilização. Depois que a fase sigma é solubilizada, o aço deve ser resfriado rapidamente (em água) para que esta fase não reprecipite durante o resfriamento até a temperatura ambiente. O aço será metaestável na temperatura ambiente, visto que estará fora de seu equilíbrio termodinâmico, mas como a difusão é muito baixa na temperatura ambiente, a estrutura não se modificará, ou seja, permanecerá como ferrita e austenita. O aço superduplex ASTM A890/A890M grau 6A tem comportamento similar ao ternário da Figura 3.59, embora apresente uma composição bem mais complexa, com 25Cr/8Ni/3,4Mo, entre outros elementos.

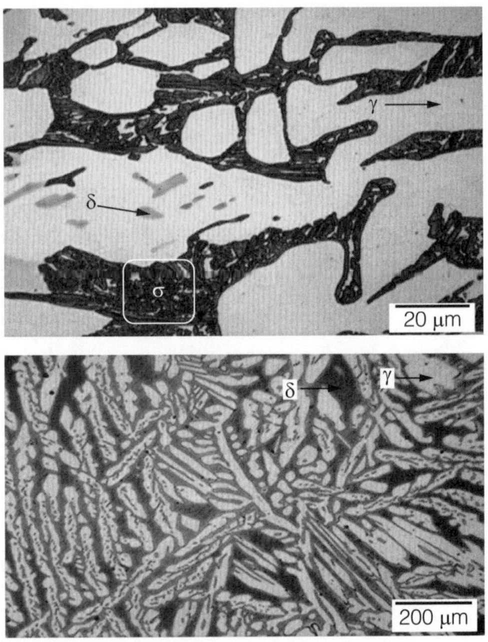

Figura 3.67 Microestrutura do aço inoxidável superduplex da norma ASTM A890/A890M grau 6A. (a) No estado bruto de fusão (δ = ferrita, γ = austenita, σ = fase sigma). (b) Após tratamento de solubilização por 4 horas a 1140 °C (δ = fase escura; γ = fase clara; sem a presença de fase σ). Ataque eletrolítico com solução de 10% de NaOH. Microscópio ótico [48].

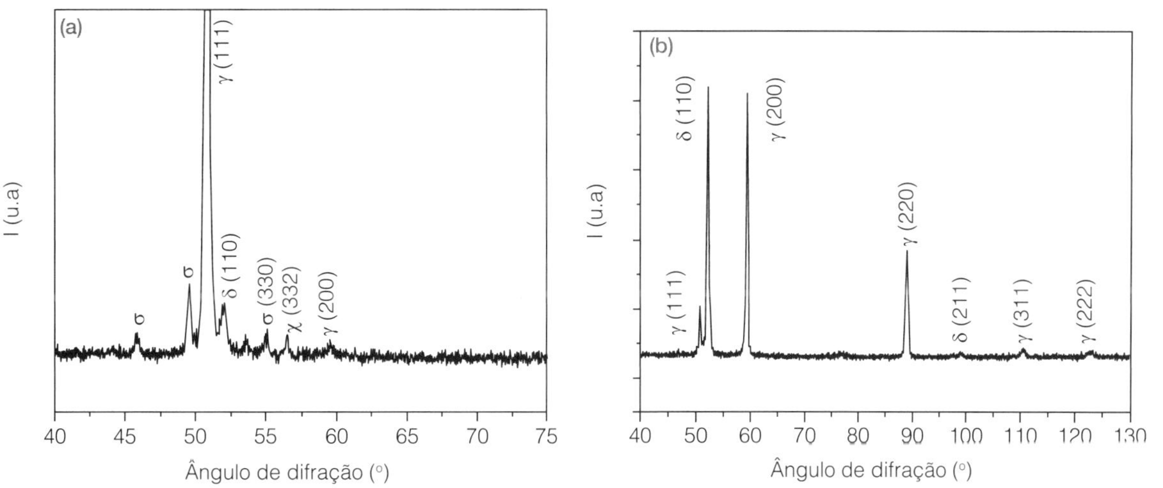

Elemento	C	Cr	Ni	Mo	Mn	Si	Cu	W	N	P	S
% peso	0,02	25,13	8,22	3,53	0,77	0,91	0,89	0,67	0,29	0,025	0,005

Figura 3.68 Difratograma de raio X do aço inoxidável superduplex da norma ASTM A890/A890M grau 6A. (a) No estado bruto de fusão. (b) Após tratamento de solubilização por 4 horas a 1140 °C. Tubo de cobalto Kα1 (λ = 1,7890100 Å) [48].

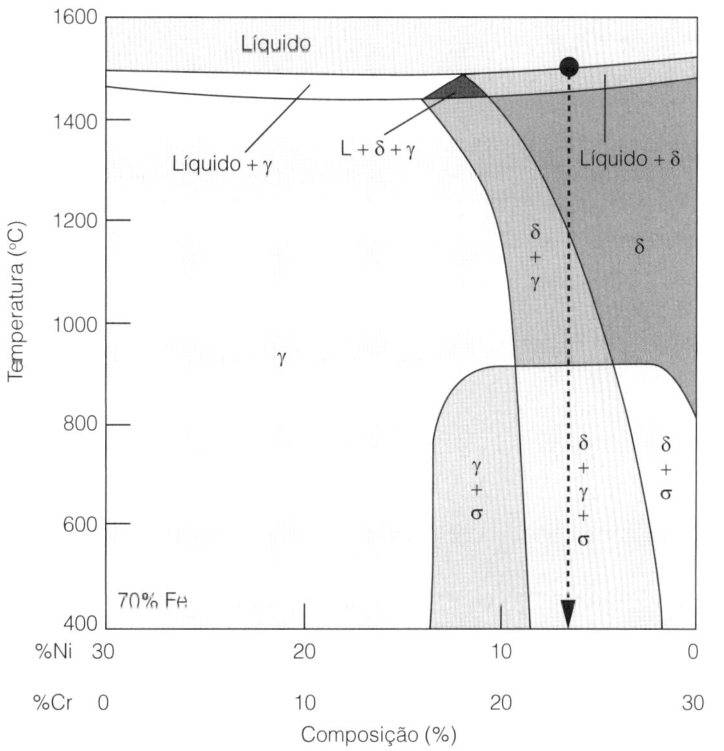

Figura 3.69 Diagrama pseudobinário esquemático do processo de solidificação do sistema Fe-Cr-Ni com concentração de ferro fixada em 70% [49, adaptado].

Martins [50], trabalhando com o mesmo aço (ASTM A890/A890M grau 6A), observou a precipitação da fase sigma após aquecimento entre 720 e 1060 °C e que esta consumia a ferrita, chegando ao ponto de consumi-la totalmente no aquecimento entre 840 e 880 °C (Figura 3.70). Também observou maior teor do cromo e molibdênio na mesma, relativamente à ferrita e austenita (Tabela 3.11) e que a média da dureza Vickers na fase sigma (600 a 800 HV) era muito maior do que na ferrita (310 a 320 HV) e na austenita (280 a 290 HV). O fato de o aço apresentar fase sigma significou uma drástica redução em sua tenacidade ao impacto, mesmo para pequenas frações (3%, por exemplo) desta fase (Figura 3.71).

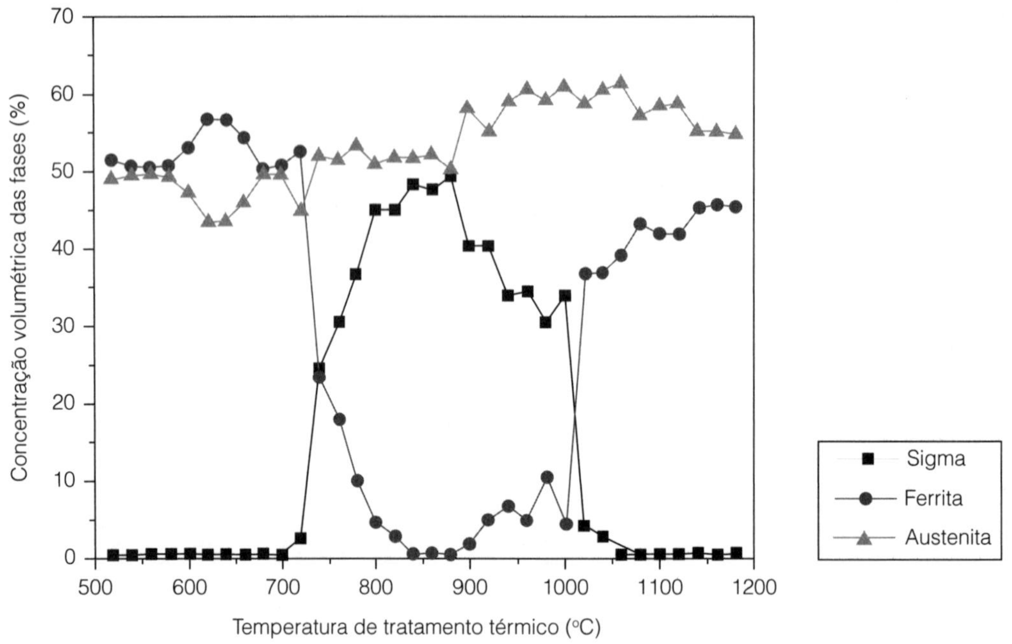

Figura 3.70 Fração volumétrica de ferrita, austenita e fase sigma de um aço ASTM A890/A890M grau 6A após aquecimento por 2 horas em diferentes temperaturas [50].

Tabela 3.11 Composição química (% em peso) da ferrita, austenita e fase sigma de um aço ASTM A890/A890M grau 6A após aquecimento por 2 horas a 980 °C [59]

Fase	Cr	Ni	Mo
Austenita	25,7	8,0	2,8
Ferrita	27,0	4,7	3,8
Sigma	30,4	4,6	8,6

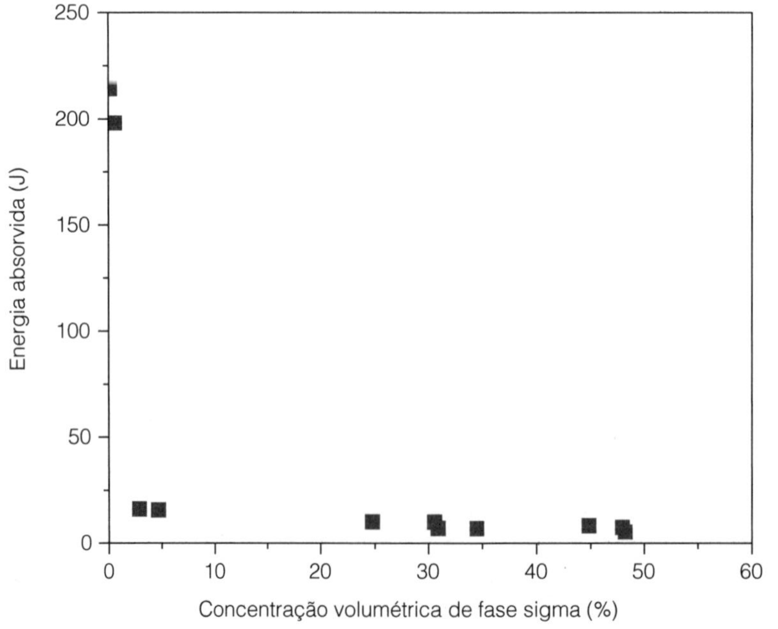

Figura 3.71 Energia absorvida no ensaio Charpy em função da fração volumétrica da fase sigma um aço ASTM A890/A890M grau 6A [50].

Nilson [51], trabalhando com aço superduplex SAF 2507 (25Cr /7Ni /3,8Mo), observou que, mesmo para frações volumétricas abaixo de 1 % de fase sigma, a queda causada na tenacidade era muito grande, passando de 180 J sem fase sigma para 90 J com 0,6% de sigma e para 60 J com 1% de sigma. Lopes [52], trabalhando com um aço duplex UNS 31803 (22Cr/ 5,5Ni/ 3,1Mo), observou apenas austenita (20,2Cr/ 6,2Ni/ 2,2Mo) e ferrita (23Cr/ 3,6Ni /3,4Mo) em amostras solubilizadas a 1100 °C e resfriadas em água. Após aquecimento entre 650 e 900 °C, observou a precipitação de fase sigma nos contornos de grão α/α e α/γ. Esses precipitados continham mais cromo e molibdênio do que os grãos onde estavam precipitados. Por exemplo, para um aquecimento por 4 horas a 900 °C, a fase sigma apresentou a seguinte composição: 29,4Cr/ 2,9Ni/8,4Mo. O crescimento dos precipitados da fase sigma retirava cromo e molibdênio dos grãos de α/α ou α/γ adjacentes, criando uma faixa empobrecida destes elementos nos contornos de grão que elevava muito a corrosão intergranular, acarretando também uma perda da ductilidade do aço. Jimenes [53], trabalhando com aço semelhante (22,5Cr/ 6Ni/ 3Mo), observou que após tratamento de recozimento por 90 minutos entre 800 e 950 °C, provocava o aparecimento da fase sigma e, que para crescer, ela consumia a ferrita. Ele também observou que após recozimento a 950 °C, a fase sigma (30,0Cr/ 3,3Ni/ 8,2Mo) formada continha muito mais cromo e molibdênio do que a ferrita (24,0Cr/ 4,7Ni/ 3,4Mo) e a austenita (22,0Cr/ 6,9Ni/ 2,3Mo).

Tratamento de solubilização também é empregado após a soldagem de aços duplex para modificação de estrutura com vistas à melhoria de propriedades mecânicas. Na Figura 3.72, observa-se que antes da soldagem a estrutura era de ilhas grandes de austenita primária em matriz de ferrita (metal de base). Após a soldagem, a região que foi fundida e solidificada rapidamente apresenta uma estrutura mais refinada de austenita primária em matriz de ferrita, porém com a presença também de austenita secundária (γ_2) [54]. A austenita secundária tem a mesma estrutura da austenita primária, porém forma-se com menos cromo e nitrogênio do que esta, o que a torna mais susceptível à corrosão por *pitting* [51]. Segundo RAMIZEZ [55], a austenita secundária é formada quando o resfriamento é muito rápido e que, por consequência, pode prejudicar a formação de austenita primária (γ_1 ou, simplesmente chamada de γ). A microestrutura formada é metaestável com elevados teores de ferrita. Assim, durante processos de reaquecimento, seja por tratamento isotérmico ou, para este caso, por reaquecimento devido ao processo de soldagem, a austenita secundária (γ_2) se precipita a partir da ferrita.

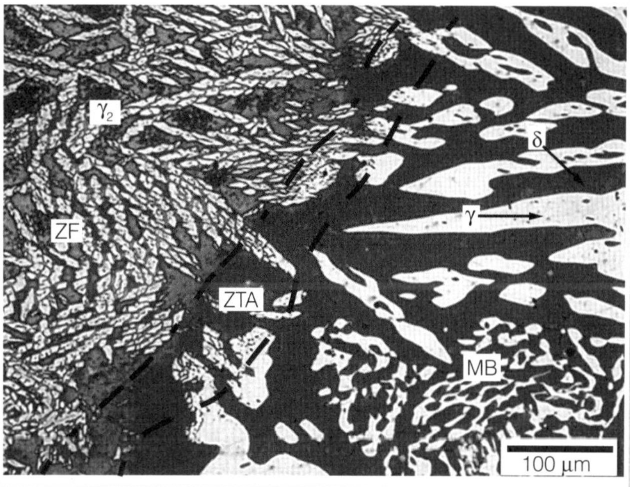

Elemento	C	Cr	Ni	Mo	Mn	Si	N	P	S
% peso	0,02	24,95	7,53	4,25	0,75	0,98	0,28	0,03	0,006

Figura 3.72 Estrutura do aço ASTM A890/A890M grau 5A após soldagem. Ataque eletrolítico com solução de 10% de NaOH. Microscópio ótico. MB = metal base. ZTA = zona termicamente afetada. ZF = zona fundida [48].

A Figura 3.73 apresenta, com maior magnificação, as fases presentes na zona fundida (ZF) do aço ASTM A890/A890M grau 5A sem tratamento térmico, onde se observam, na regiao clara, a austenita primária (γ) e a austenita secundária (γ_2) e, na região escura, a ferrita (δ). A formação da austenita secundária em juntas soldadas pode acontecer por meio do reaquecimento de passes posteriores em virtude de a taxa de difusão ser maior, o que resulta no coalescimento da austenita primária e/ou na nucleação de novas partículas de austenita.

Figura 3.73 Aço ASTM A890/A890M grau 5A sem tratamento térmico após soldagem. Imagens da zona fundida. Microscópio eletrônico de varredura. Ataque eletrolítico com solução de 10% de NaOH. Em destaque, austenita primária (γ), austenita secundária (γ_2) e ferrita (δ) [48].

As Figuras 3.74 e 3.75 são do aço ASTM A890/A890M grau 5A nas condições de sem e com tratamento térmico após soldagem na zona fundida (ZF). Na condição sem tratamento térmico, a microestrutura é constituída por ferrita, austenita com estrutura Widmanstätten e austenita secundária (γ_2). Com tratamento térmico após soldagem, observa-se uma microestrutura mais homogênea, com a presença apenas das fases ferrita e austenita, na qual esta se encontra distribuída na matriz ferrítica. O tratamento térmico na temperatura de 1150 °C possibilitou a dissolução da austenita secundária (γ_2), pois esta fase se forma nas temperaturas de 600 a 800 °C.

Tratamentos térmicos de solubilização são empregados para o ajuste de fases em aços duplex, visto que apresentam alta resistência mecânica à corrosão quando as frações volumétricas de ferrita (δ) e austenita (γ) são em torno de 50/50, sem outras fases secundárias deletérias, como nitretos, carbonetos ou sigma, entre outras [56]. Porém quando os mesmos são soldados, a rápida solidificação pode alterar a redistribuição dos elementos químicos do aço, desbalanceando a relação ferrita/austenita ou propiciando a formação de fases indesejáveis [56]. Quando a quantidade de ferrita é maior do que 50%, a tenacidade e a resistência à corrosão tendem a diminuir. Além disso, há maior tendência à precipitação de nitretos de cromo devido ao resfriamento mais rápido da zona fundida [57]. Na Figura 3.76, observa-se a distribuição de cromo, molibdênio e níquel na ferrita e na austenita de um aço ASTM A890/A890M grau 6A após um passe de soldagem com eletrodo revestido, com e sem tratamento térmico por 2 horas e 45 minutos a 1150 °C [58]. O tratamento térmico redistribuiu os elementos de liga para uma condição mais próxima do equilíbrio, fazendo com que a relação de fases ferrita/austenita passasse de 59/41 para 52/48, ou seja, mais próxima da relação 1:1 desejada para otimização de propriedades de resistência mecânica e de resistência à corrosão.

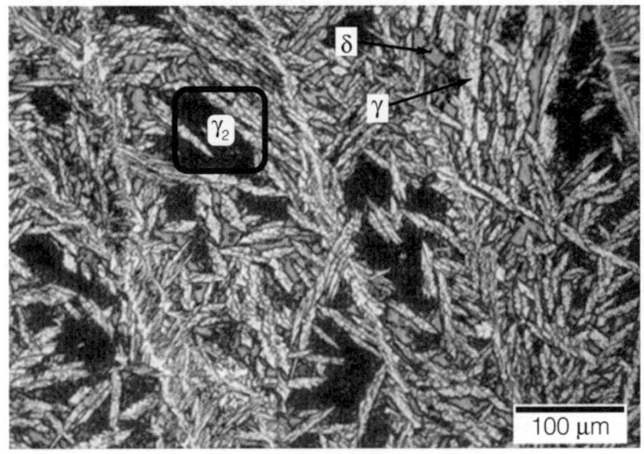

Figura 3.74 Aço ASTM A890/A890M grau 5A sem tratamento térmico após soldagem na zona fundida. Microscopia ótica. Ataque eletrolítico com solução de 10% de NaOH [48].

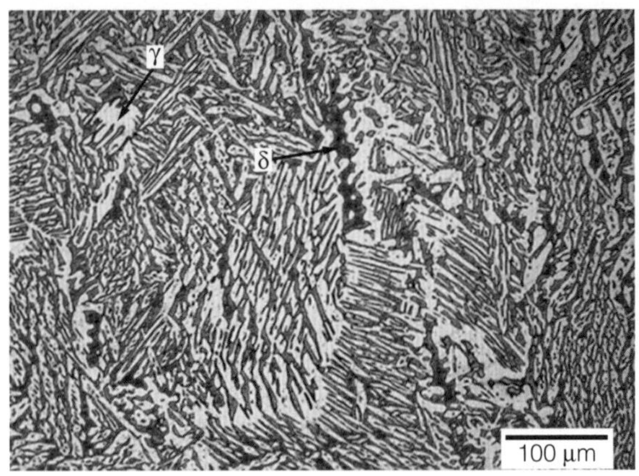

Figura 3.75 Aço ASTM A890/A890M grau 5A com tratamento térmico após soldagem na zona fundida. Microscopia ótica. Ataque eletrolítico com solução de 10% de NaOH [48].

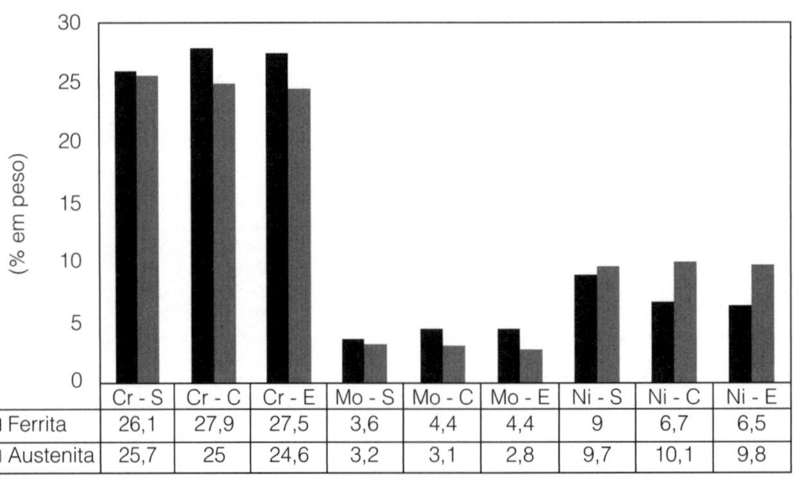

	Cr - S	Cr - C	Cr - E	Mo - S	Mo - C	Mo - E	Ni - S	Ni - C	Ni - E
■ Ferrita	26,1	27,9	27,5	3,6	4,4	4,4	9	6,7	6,5
■ Austenita	25,7	25	24,6	3,2	3,1	2,8	9,7	10,1	9,8

Figura 3.76 Distribuição na ferrita e na austenita de cromo (**Cr**), molibdênio (**Mo**) e níquel (**Ni**) sem tratamento térmico (**S**), com tratamento térmico (**C**) e distribuição esperada em equilíbrio (**E**). Aço ASTM A890/A890M grau 6A, após um passe de soldagem com eletrodo revestido, com e sem tratamento térmico por 2 horas e 45 minutos a 1150 °C [58].

REFERÊNCIAS BIBLIOGRÁFICAS

1. Krauss G. Steels: heat treatment and processing principles. ASM; 1977.
2. American Society for Metals – ASM 4. ASM handbook. 1994;4.
3. Reed-Hill RE. Physical metallurgy principles. 2. ed. New York: D. Nostrand Reinhold; 1973.
4. American Society of Mechanical Engineers – ASME. Boiler and pressure vessel code. New York: ASME; 1986.
5. American Society for Metals – ASM 8. Metals handbook. 8. ed. Metals Park. 1973;8.
6. Mei PR. Efeitos do tratamento termomecânico na estrutura e propriedades dos aços com médio e alto teor de carbono microligados com nióbio. [tese livre-docência]. Campinas: Faculdade de Engenharia de Campinas, Universidade Estadual de Campinas; 1989.
7. Roberts GA, et al. Tool steels. 3. ed. American Society for Metals. Metals Park; 1962.
8. Mei PR. Efeitos da adição do nióbio na estrutura e propriedades dos aços com médio e alto teor de carbono. [tese]. Campinas: Faculdade de Engenharia de Campinas, Universidade Estadual de Campinas; 1983.
9. Atlas of Continuous Cooling Transformation Diagrams For Engineering Steels – Atlas CCT. Atkins M (Ed.). BSC, ASM, Metals Park; 1980.
10. Van Vlack LH. Princípio de ciência dos materiais. São Paulo: Blucher; 1975.11. Bain EC, Paxton HW. Alloying elements in steel. 1966;2.
11. Bain EC, Paxton HW. Alloying elements in steel. 1966;2.
12. Mei PR. Efeito de adições de nióbio no crescimento do grão austenítico de aços carbono. Parte I. Anais do 4º Congresso Anual da ABM, jul. 1985a, Rio de Janeiro. v. Comfit, 1985;199.
13. Mei PR. Efeito de adições de nióbio no crescimento do grão austenítico de aços carbono. Parte II. Anais do 40º Congresso Anual da ABM, jul. 1985b, Rio de Janeiro, v. Comfit, 1985;216.
14. Konn A. Revue de Metallurgie, 1954;2:129.
15. Béchet S, Beaujard L. Revue de Metallurgie. 1955;10:830.
16. Mei PR, Bresciani FE. Efeito de adições de nióbio na estrutura e nas propriedades mecânicas dos aços com médio e alto teor de carbono. Anais do Congresso Anual da ABM, jul. 1984, Belo Horizonte, 1984;2:411.
17. Chiaverini V. Aços e ferros fundidos. 4. ed. São Paulo: ABM; 1979;4.
18. Krauss G. Deformation and fracture in martensitic carbon steels tempered at low temperatures. Metallurgical and Materials Transactions A. 2001;32:861-877.
19. Ando T, Krauss G. The effect of phosphorus content on grain boundary cementite formation in AISI 52100 steel: Metallurgical and Materials Transactions A. 1981;12(8):1283-90.
20. Honeycombe RWK, Bhadeshia HKDH. Steels: microstructure and properties. London: Edward Arnold; 1995.
21. Minicucci DJ, Villas Boas RL, Quintino M, Fonseca ST, Resende AB, Mei PR. Tempered bainite and martensite embrittlement in microalloyed steel for forged railroad wheel to heavy haul application. Materials Research. Vol. 24 no. 3, Epub Apr 23, 2021;23(3):1-11e20200430.
22. Hu GL, et al. Mechanism of tempered bainite embrittlement in some structural steels. Materials Science and Engineering. 1991;141:221-227.
23. Shatynski SR. The thermochemistry of transition metal carbides. Oxidation of Metals. 1979;13(2):105-118.
24. Sahoo G, et al. Quenched and tempered high strength steel: A review Journal of Metals, Materials and Minerals. 2020;30(4):19-29.
25. Miyamoto G, et al. Effect of partitioning of Mn and Si on the growth kinetics of cementite in tempered Fe–0.6 mass % C martensite. Acta Materialia. 2007;55:5027–5038.
26. Vasudevan VK, et al. Precipitation reactions and strengthening behavior. in 18 WT PCT nickel maraging steels. Metallurgical Transactions A. 1990;21:2655-2668.

27. Raabe D, et al. Segregation engineering enables nanoscale martensite to austenite phase transformation at grain boundaries: a pathway to ductile martensite. Acta Materialia. 2013;61:6132-6152.

28. Escobar JD, Faria GA, Wu L, Oliveira JP, Mei PR, Ramirez AJ. Austenite reversion kinetics and stability during tempering of a Ti-stabilized supermartensitic stainless steel: correlative in situ synchrotron X-ray diffraction and dilatometry. Acta Materialia. 2017;138:92-99. Disponível em: https://doi.org/10.1016/j.actamat.2017.07.036. (Acesso jun 2021).

29. Escobar JD, Mei PR, Ramirez AJ, et al. Compositional analysis on the reverted austenite and tempered martensite in a Ti-stabilized supermartensitic stainless steel: segregation, partitioning and carbide precipitation. Materials & Design. Disponível em: https://doi.org/10.1016/j.matdes.2017.11.055, Print: Vol. 140, 2018[a];140:95-105. (Acesso jun 2021).

30. Escobar JD, Mei PR, Ramirez, AJ et al. Meta-equilibrium transition microstructure for maximum austenite stability and minimum hardness in a Ti-stabilized supermartensitic stainless steel. Materials & Design. 2018;156:609-621. Disponível em: https://doi.org/10.1016/j.matdes.2018.07.018.(Acesso jun 2021).

31. Escobar JD, Mei PR, Ramirez AJ, et al. Fundamentals of isothermal austenite reversion in a Ti-stabilized 12Cr - 6 Ni - 2 Mo super martensitic stainless steel: thermodynamics versus experimental assessments. Acta Materialia. 2019;174:246-259. Disponível em: https://doi.org/10.1016/j.actamat.2019.05.026. (Acesso jun 2021).

32. Escobar JD, Oliveira JP, Salvador CAF, Tschiptschin A, Mei PR, Ramirez AJ. Double-step inter-critical tempering of a supermartensitic stainless steel: evolution of hardness, microstructure and elemental partitioning. Materials Characterization. 2019;158:109994. Disponível em: https://doi.org/10.1016/j.matchar.2019.109994. (Acesso jun 2021).

33. Taban E, et al. Properties, weldability and corrosion behavior of supermartensitic stainless steels for on- and offshore applications. Materials Testing, 2016;58(6):501-518.

34. Wiessner M, et al. Effect of reverted austenite on tensile and impact strength in a martensitic stainless steel – an in-situ X ray diffraction study. Materials Science and Engineering A. Vol. 682; 2017;682:117-125. Disponível em: https://doi.org/10.1016/j.msea.2016.11.039. (Acesso jun 202).

35. Sarikaya M, et al. Carbon atom distribution in a dual phase steel: An atom probe study, Scripta Metallurgica, 1981;15(4)387-392. Disponível em: https://doi.org/10.1016/0036-9748(81)90216-7. (Acesso jun 2021).

36. Speer JG, et al. Carbon partitioning into austenite after martensite transformation. Acta Materialia. 2003;51:2611-2622.

37. Speer JG, et al. The “quenching and partitioning” process: background and recent progress. Materials Research. Vol. 8, n. 4; 2005;8(4):417-423.

38. Edmonds DV, et al. Quenching and partitioning martensite. A novel steel heat treatment. Materials Science and Engineering A. Vol. 438-440; 2006;438(440)25-34.

39. Huang Der-Hung, Thomas G. Metallography of bainitic transformation in silicon containing steels. Metallurgical Transactions A. 1977;8:1661-1674.

40. Leslie WC, Rauch GC. Precipitation of carbides in low-carbon Fe-AI-C alloys. Metallurgical Transactions A. Vol. 9A; 1978. p. 343-349.44. De Moor E, et al. Comparison of hole expansion properties of quench & partitioned, quenched & tempered and austempered steels. SAE International, 2012;16(01):12.

41. Owen WSJ. Iron Steel lnst. 1951;167:117.

42. Grange RA. Estimating the hardenability of carbon steels. Metallurgical Transactions. 1973;4:2231-2244.

43. Speer JG, et al. Analysis of microstructure evolution in quenching and partitioning automotive sheet steel. Metallurgical and Materials Transactions A. 2011;42A:3591-3601.

44. De Moor E, et al. Comparison of hole expansion properties of quench & partitioned, quenched & tempered and austempered steels. SAE International, 2012;16(1):12-0530.

45. Sun J, Yu H. Microstructure development and mechanical properties of quenching and partitioning (Q&P) steel and an incorporation of hot-dipping galvanization during Q&P process. Materials Science and Engineering A. 2013;586:100-107.

46. Bansal GK, et al. quench temperature-dependent phase transformations during nonisothermal partitioning. Metallurgical and Materials Transactions A. 2020;51:3410-3427.

47. Guimarães AA, MEI PR. Precipitation of carbides and sigma phase in AISI type 446 stainless steel under working conditions. Journal of Materials Processing Technology, (ISSN 0924-0136). 2004;155(156):1681-1689. Disponivel em: https://doi.org/10.1016/j.jmatprotec.2004.04.341. Acesso jun 2021).

48. Oliveira CR. Caracterização microestrutural-mecânica de juntas soldadas em aços inoxidáveis superduplex da norma ASTM A 890/A890M, Graus 5A e 6A. [dissertação]. Engenharia Mecânica. Campinas: Faculdade de Engenharia Mecânica da Unicamp; 2016;139.

49. Lippold JC, Savage WS. Solidification of austenitic stainless steel weldments: Part I – a proposed mechanism. AWS meeting, December, 1979. Publicado em: Welding Research Supplement; 1979;362s-374s.

50. Martins M. Caracterização microestrutural-mecânica e resistência à corrosão do aço inoxidável superduplex ASTM A890 / A890M Grau 6A. [tese]. Doutorado em Ciência e Engenharia de Materiais. São Paulo: Universidade de São Paulo; 2006;284.

51. Nilson JO, Wilson A. Influence of isothermal phase transformations on toughness and pitting corrosion of super duplex stainless steel SAF 2507. Materials Science and Technology. 1993;9(7):545-554.

52. Lopez N, et al. Influence of o-phase on mechanical properties and corrosion resistance of duplex stainless steels. Corrosion Science. Vol. 41; 1999. p. 1615-1631.53. Jimenez JA, et al. Characterization of a δ/γ duplex stainless steel. Journal of Materials Science. 200035(4): 907-915.

53. Jimenez JA, et al. Characterization of a δ/γ duplex stainless steel. Journal of Materials Science. 2000;35(4):907-915.

54. Oliveira CR, Martins M, Mei PR. Caracterização microestrutural e mecânica de juntas soldadas em aços inoxidáveis superduplex da norma ASTM A890/A890M, graus 5A e 6A. 12° Seminário Brasileiro do Aço Inoxidável, de 17 a 21 de agosto de 2015, São Paulo, Sp. 2015;01-12.

55. Ramirez AJ. Precipitação de fases intermetálicas e austenita secundária na ZAC de soldagem multipasse de aços inoxidáveis duplex. [tese]. São Paulo: Escola Politécnica, Universidade de São Paulo. 2001;241.

56. Zhang Z, et al. Influence of microstructure and elemental partitioning on pitting corrosion resistance of duplex stainless steel welding joints. Applied Surface Science. 2017;394:297-314.

57. Lo KH, et al. Recent developments in stainless steels. Materials Science and Engineering R. Reports, 2009;65(4-6):39-104.

58. Oliveira CR, Maia EL, Fonseca ST, Martins M, Ávila JA, Mei PR. Microstructural evolution due to one thermal cycle in a superduplex stainless steel ASTM A890/A890M - grade 6A in the as-weld and post-weld heat treatment conditions. Mat. Res. Vol. 22, no.4; 2019. On-line version ISSN 1980;5373:1-6.

Capítulo 4

Tratamentos termoquímicos

4.1 INTRODUÇÃO

Tratamentos termoquímicos são processos que visam à adição, por difusão, de elementos químicos (carbono, nitrogênio e boro, entre outros) na superfície do aço. Como a difusão desses elementos é feita com o aquecimento do aço entre 300 e 1200 °C, o tratamento é denominado termoquímico.

O objetivo, normalmente, é o de aumentar a dureza e a resistência ao desgaste da superfície, ao mesmo tempo em que o núcleo do material se mantém dúctil, embora possa ser aplicado com outros propósitos, como o de aumentar a resistência à fadiga, à corrosão, à oxidação em altas temperaturas etc.

Os processos mais utilizados são:

- Cementação;
- Nitretação;
- Cianetação;
- Carbonitretação;
- Nitrocarbonetação;
- Boretação;
- Termorreação.

Os fatores que influenciam no controle do processo são:

a) Potencial do meio (sólido, líquido, gasoso ou plasma), em que a peça está imersa, de fornecer o elemento químico (carbono, nitrogênio, boro etc.).

b) Capacidade da peça de absorver esse elemento químico. Isso está relacionado com a solubilidade e a difusão do elemento químico no aço.

4.2 DIFUSÃO E SOLUBILIDADE DOS ELEMENTOS QUÍMICOS

O coeficiente de difusão de um elemento químico na austenita pode ser calculado pela seguinte equação.

$$D = D_0 \exp \frac{-Q}{RT} \quad \text{(Eq. 4.1)}$$

em que:

D = Coeficiente de difusão

D_0 = Constante característica do sistema de difusão

Q = Energia de ativação para difusão

R = Constante dos gases = 1,987 cal/mol.K

Na Tabela 4.1, são apresentadas as constantes necessárias para o cálculo do coeficiente de difusão do carbono, nitrogênio e boro no ferro α (CCC) e ferro γ (CFC).

Pela Equação 4.1, observa-se que, aumentando a temperatura, a difusão é favorecida. Há um limite para o emprego de temperaturas muito altas (p. ex.: 1200 °C), para evitar crescimento acentuado do grão austenítico, com consequente fragilização da peça.

Tabela 4.1 Dados sobre difusão do B, C e N no ferro [1]

Elemento	Ferro α		Ferro γ	
	Q	D_0	Q	D_0
	cal/mol	cm^2/s	cal/mol	cm^2/s
Boro	62.000	10^{+6}	21.000	2×10^{-3}
Carbono	19.300	$3{,}3 \times 10^{-3}$	27.000	10^{-2}
Nitrogênio	18.900	$7{,}8 \times 10^{-3}$	40.000	0,91

Outro aspecto importante em um tratamento termoquímico é a solubilidade do ele- mento químico no aço. Pelos diagramas de equilíbrio (Figura 4.1), observa-se que a solubilidade máxima do nitrogênio na austenita (2,8%) é alcançada a 650 °C, a do carbono (2,11%) a 1.148 °C e a do boro (0,1%) a 1149 °C. Em vista disso, as temperaturas utilizadas para a introdução de nitrogênio são menores do que as utilizadas para a introdução de carbono ou boro.

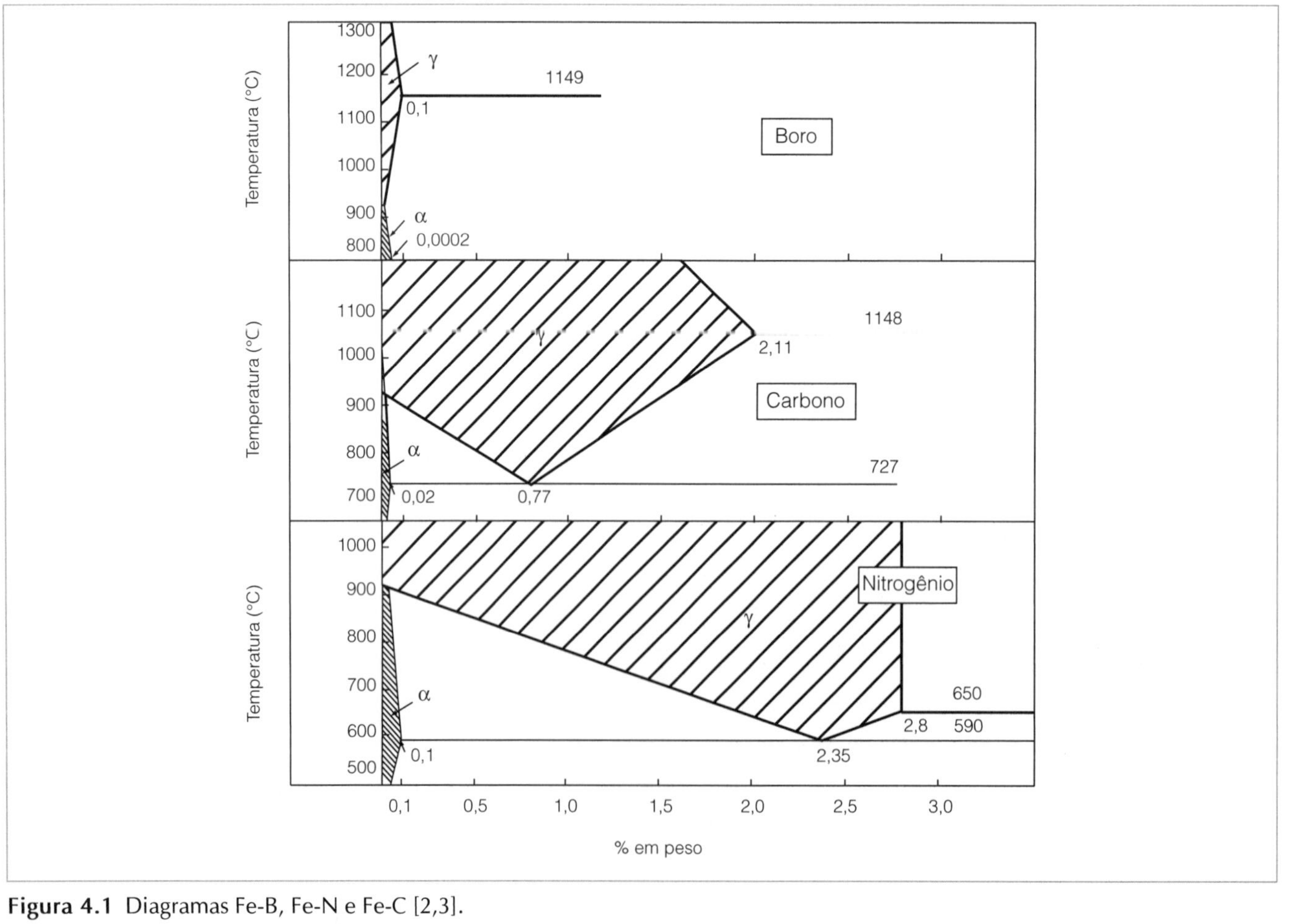

Figura 4.1 Diagramas Fe-B, Fe-N e Fe-C [2,3].

4.3 PERFIL DE DISTRIBUIÇÃO DO SOLUTO

Por meio das leis da difusão, obtém-se uma equação que descreve o perfil de distribuição do soluto em uma matriz qualquer [4] (no caso, ferro):

$$C\,(X,t) = C_s - (C_s - C_0)\,\mathrm{erf}\left[\frac{X}{2\sqrt{Dt}}\right] \qquad \text{(Eq. 4.2)}$$

$$\mathrm{erf}\,(z) = \frac{2}{\sqrt{\pi}}\int_0^z \exp(-y^2)\,dy \qquad \text{(Eq. 4.3)}$$

em que:

$C\,(X, t)$ = Concentração do soluto na posição X, no tempo t

C_S = Concentração de soluto na superfície

C_0 = Concentração inicial de soluto no aço

X = Distância a partir da superfície

D = Coeficiente de difusão

t = Tempo

erf = Função-erro (Tabela 4.2 e Figura 4.2)

A Equação 4.2 é válida para as seguintes condições:
$C\,(X, \infty) = C_S$

$C\,(O, t) = C_S$

$C\,(\infty, t) = C_0$

Tabela 4.2 Valores da função-erro [5]

Z	erf (Z)	Z	erf (Z)	Z	erf (Z)	Z	erf (Z)
0,00	0,00000	0,26	0,2869	0,52	0,5379	0,78	0,7300
0,01	0,01128	0,27	0,2934	0,53	0,5465	0,79	0,7361
0,02	0,02256	0,28	0,3079	0,54	0,5549	0,80	0,7421
0,03	0,03384	,029	0,3183	0,55	0,5633	0,81	0,7480
0,04	0,04511	0,30	0,3286	0,56	0,5716	0,82	0,7538
0,05	0,05637	0,31	0,3389	0,57	0,5798	0,83	0,7595
0,06	0,06762	0,32	0,3491	0,58	0,5879	0,84	0,7651
0,07	0,07886	0,33	0,3593	0,59	0,5959	0,85	0,7707
0,08	0,09008	0,34	0,3694	0,60	0,6039	0,86	0,7761
0,09	0,1013	0,35	0,9794	0,61	0,6117	0,87	0,7814
0,10	0,1125	0,36	0,3893	0,62	0,6194	0,88	0,7867
0,11	0,1236	0,37	0,3992	0,63	0,6270	0,89	0,7918
0,12	0,1348	0,38	0,4090	0,64	0,6346	0,90	0,7969
0,13	0,1459	0,39	0,4187	0,65	0,6420	0,91	0,8019
0,14	0,1569	0,40	0,4284	0,66	0,6494	0,92	0,8068
0,15	0,1680	0,41	0,4380	0,67	0,6566	0,93	0,8116
0,16	0,1790	0,42	0,4475	0,68	0,6638	0,94	0,8163
0,17	0,1900	0,43	0,4569	0,69	0,6708	0,95	0,8209
0,18	0,2009	0,44	0,4662	0,70	0,6778	0,96	0,8254
0,19	0,2118	0,45	0,4755	0,71	0,6847	0,97	0,8299
0,20	0,2227	0,46	0,4847	0,72	0,6914	0,98	0,8342
0,21	0,2335	0,47	0,4937	0,73	0,6981	0,99	0,8385
0,22	0,2443	0,48	0,5027	0,74	0,7047	1,00	0,8427
0,23	0,2550	0,49	0,5117	0,75	0,7112	1,10	0,8802
0,24	0,2657	0,50	0,5205	0,76	0,7175	1,20	0,9103
0,25	0,2763	0,51	0,5292	0,77	0,7238	1,50	0,9661

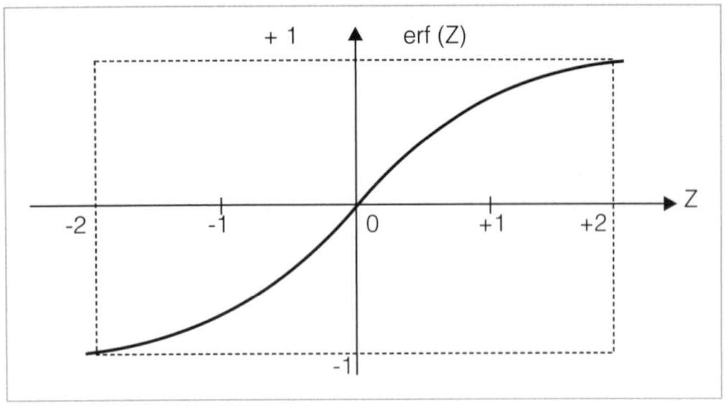

Figura 4.2 Função-erro [5].

Na Figura 4.3, são apresentadas as curvas que descrevem o perfil do soluto para várias posições e tempos do processo de difusão.

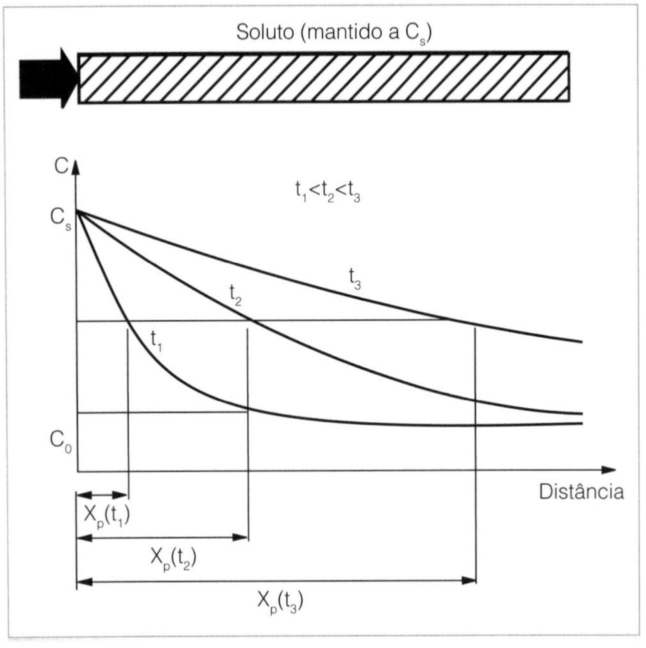

Figura 4.3 Difusão de soluto em uma barra com a superfície mantida a uma concentração constante. Nota-se que a penetração do soluto aumenta com o tempo [6].

Para a concentração de uma determinada distância (X_p) alcançar o valor intermediário entre o da superfície e o inicial, tem-se:

$$C\,(X_p, t) = \frac{C_s + C_0}{2} \qquad \text{(Eq. 4.4)}$$

Substituindo esse valor de $C(X_p,t)$ na Equação 4.2, obtém-se:

$$\text{erf}\left[\frac{X_p}{2\sqrt{Dt}}\right] = 0{,}5 \rightarrow \frac{X_p}{2\sqrt{Dt}} = 0{,}48 \qquad \text{(Eq. 4.5)}$$

ou seja:

$X_p = 0{,}96\ \sqrt{Dt}$ ou

$X_p \cong \sqrt{Dt}$

(X_p é a posição em que a concentração vale $(\frac{C_s + C_0}{2})$)

A Equação 4.6, bastante simples, é muito útil para se estimar o tempo dos tratamentos termoquímicos.

4.4 CEMENTAÇÃO [7-9]

Consiste na introdução de carbono na superfície do aço, de modo que este, depois de temperado, apresente uma superfície mais dura. Para se produzir uma combinação de uma superfície dura com núcleo tenaz, deve-se partir de um aço com baixo carbono ($C < 0{,}30\%$) e aquecê-lo, geralmente, entre 815 e 950 °C.

O processo é utilizado em aços carbono (AISI/ABNT 1010 a 1035) e aços baixa liga (AISI/ABNT 2317, 2325, 3115, 4617, 8620, 9310 etc.).

A cementação pode ser feita por via:

- Sólida;
- Gasosa;
- Líquida;
- Vácuo;
- Plasma.

4.4.1 CEMENTAÇÃO SÓLIDA [7-9]

As peças de aço são acondicionadas em caixas metálicas, a que se adiciona carvão de madeira ou coque, catalisador constituído de uma mistura de 50 a 70% de carbonato de bário com outros carbonatos (cálcio, potássio e sódio) e um óleo ligante ou alcatrão. O carvão de madeira é mais reativo do que o coque, entretanto, o coque oferece maior resistência mecânica a quente.

4.4.1.1 Reações principais

$$\text{Carvão} + O_2 \rightarrow CO_2$$

$$\text{Carvão} + CO_2 \rightarrow CO$$

$$\text{Ba}\,CO_3 + \text{Carvão} \rightarrow \text{BaO} + CO + \text{energia}$$

$$2\,CO \rightleftharpoons CO + (C) \qquad \text{(Eq. 4.7)}$$

(C) é o carbono nascente, que é absorvido pelo aço.

4.4.1.2 Vantagens

- Pode utilizar uma grande variedade de fornos, pois produz sua própria atmosfera cementante.
- É ideal para peças que precisam de resfriamento lento após a cementação, como as que serão usinadas antes do tratamento de têmpera.

4.4.1.3 Desvantagens

- Não é indicada para camadas que devem ser controladas dentro de uma tolerância estreita.
- Não permite controle do potencial de carbono na superfície da peça.
- Não é recomendada para têmpera direta após cementação devido à dificuldade de desempacotar as peças.
- É mais lenta do que os outros processos de cementação, pois é preciso aquecer e resfriar a peça com a caixa que a contém.

Por requerer mão de obra intensiva, é pouco utilizada atualmente, tendo sido substituída por processos que permitem maior automatização, como a cementação a gás.

4.4.1.4 Temperaturas

Normalmente de 815 a 955 °C, chegando, às vezes, a 1095 °C. Na Figura 4.4, observa-se o perfil do carbono após a cementação por diferentes períodos de tempo a 925 °C.

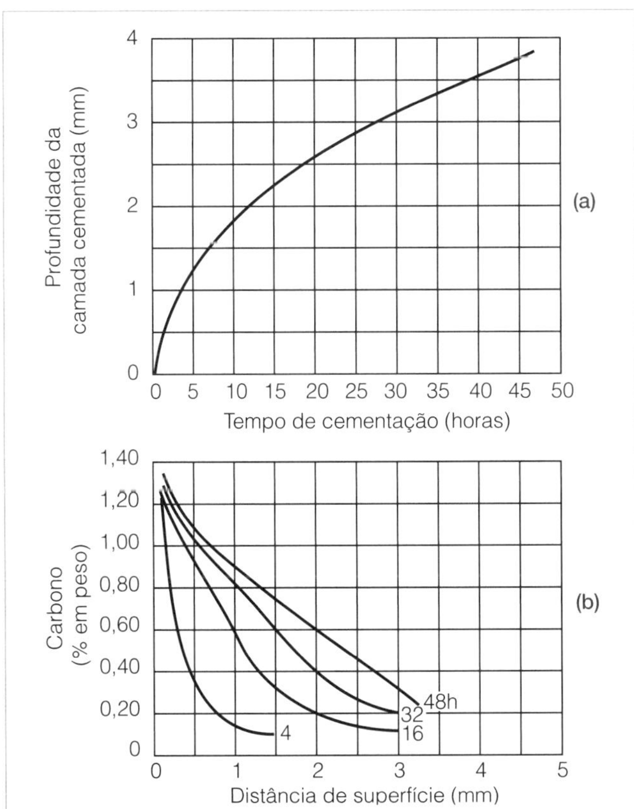

Figura 4.4 Efeito do tempo de cementação na profundidade da camada cementada (a) e na distribuição do carbono (b), para um aço 3115, cementado a 925 °C com carvão de madeira, coque e carbonato de sódio [6].

4.4.1.5 Profundidade da camada cementada

Varia de 0,6 a 6,9 mm, dependendo das condições de tempo e temperatura empregadas. Essa profundidade, na prática, é medida por meio da dureza. Considera-se "camada cementada efetiva" a região com dureza maior que 50 RC. Existe ainda a "camada cementada total", definida como a região na qual houve aumento do teor de carbono. Pode ser determinada por análise química ou outra propriedade física, como a dureza.

4.4.1.6 Material das caixas

Embora as caixas de aço baixo carbono sejam de menor custo, elas têm uma vida tão pequena comparada com as de aço inoxidável que, levando-se em conta o fator tempo, as caixas de aço inoxidável tornam-se vantajosas (Figura 4.5). Aço carbono com revestimento de alumínio, que prolonga significativamente a vida das caixas, é atualmente o material de menor custo por peso de peça cementada.

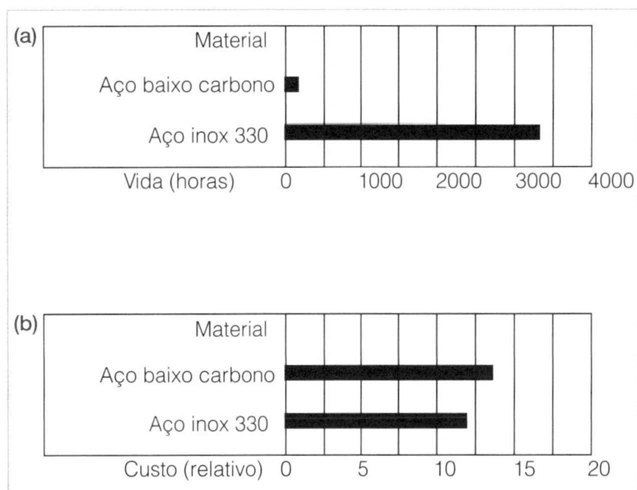

Figura 4.5 Vida em serviço (a) e custo por hora e por quilo de caixa (b) de aço carbono e aço inox utilizados a 925 °C. Adaptada de [6].

4.4.2 CEMENTAÇÃO GASOSA [6]

Consiste em se colocar a peça a ser cementada em um forno com atmosfera de potencial de carbono controlado.

4.4.2.1 Gás cementante

São empregados o gás natural (80 a 90% de CH_4 e 10 a 20% de C_2H_6), o propano (C_3H_8), o butano (C_4H_{10}) e, mais recentemente, no Brasil, o álcool etílico volatizado ($C_3H_5\,OH$).

4.4.2.2 *Gás veículo*

É empregado para diluir o gás cementante e manter uma pressão positiva no forno.

Forma-se a partir da mistura dos seguintes gases:

N_2 (40 a 97%); CO (2 a 35%); CO_2 (0 a 5%); H_2 (1 a 40%); CH_4 (0 a 1%).

A relação entre o gás veículo e o cementante varia de 8:1 a 100:1, respectivamente.

4.4.2.3 *Reações principais*

$$CH_4 \rightleftharpoons (C) + 2\,H_2 \qquad \text{(Eq. 4.8)}$$

$$CO + H_2O \rightleftharpoons CO_2 + H_2$$

$$CO \rightleftharpoons (C) + CO_2$$

$$CO + H_2 \rightleftharpoons (C) + H_2O \qquad \text{(Eq. 4.9)}$$

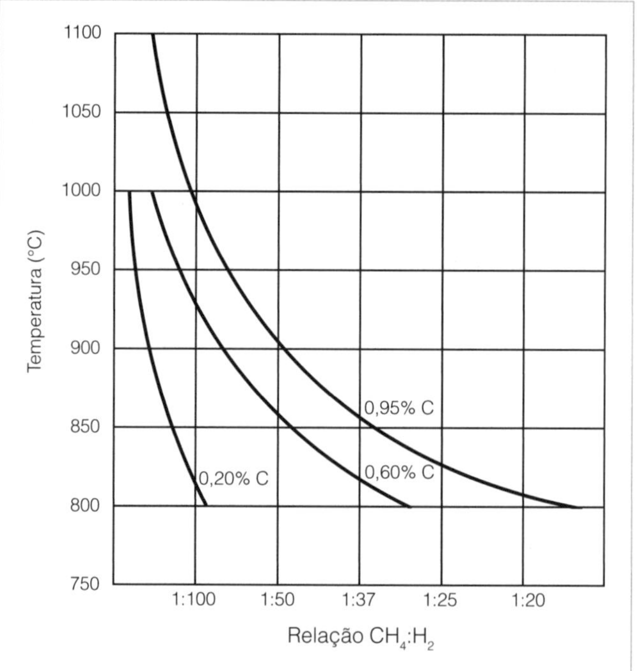

Figura 4.6 Efeito de diferentes relações CH_4: H_2 em aços de vários teores de carbono em diversas temperaturas. Uma composição à direita de uma curva é carbonetante para o aço considerado; uma composição à esquerda é descarbonetante [7].

Como essas reações são reversíveis, dependendo da temperatura e das concentrações de metano (CH_4) e hidrogênio (H_2), o aço pode tanto receber carbono (C) como perdê-lo. Na Figura 4.6, observam-se as relações entre CH_4 e H_2 em equilíbrio com vários teores de carbono no aço.

O mesmo ocorre para atmosfera de CO/CO_2 (Figura 4.7).

O único gás que é inerte, agindo apenas como diluente, é o nitrogênio, visto que os outros participam das reações no forno.

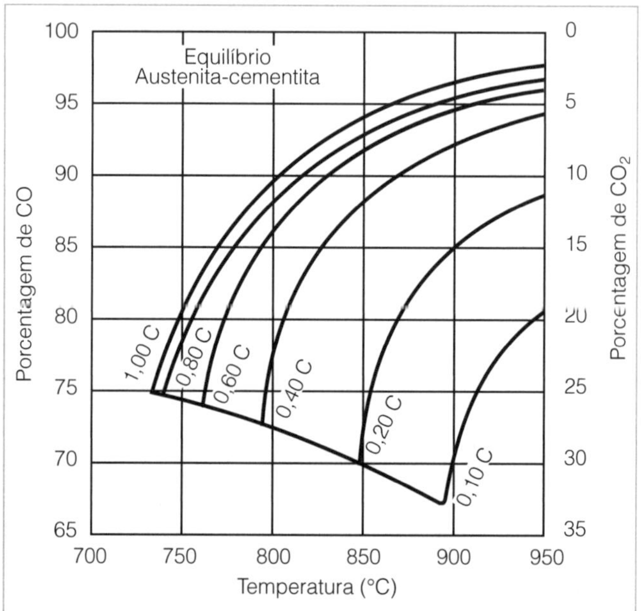

Figura 4.7 Curvas representativas do equilíbrio de mistura de CO e CO_2 com aços de diferentes teores de carbono [7].

4.4.2.4 *Profundidade da camada cementada*

Varia de 0,5 a 2 mm, usualmente, e depende, além do tempo e da temperatura, do potencial de carbono do forno (Figura 4.8 e 4.9).

4.4.2.5 *Equipamentos e aplicações*

Embora variados, podem ser subdivididos em equipamentos para processos contínuos e intermitentes. O processo contínuo é indicado para alto volume de produção de peças semelhantes e com camada cementada menor que 2 mm.

Na Figura 4.10, é mostrado um forno contínuo para cementação e têmpera. Já na Figura 4.11, são mostrados exemplos de peças cementadas e temperadas.

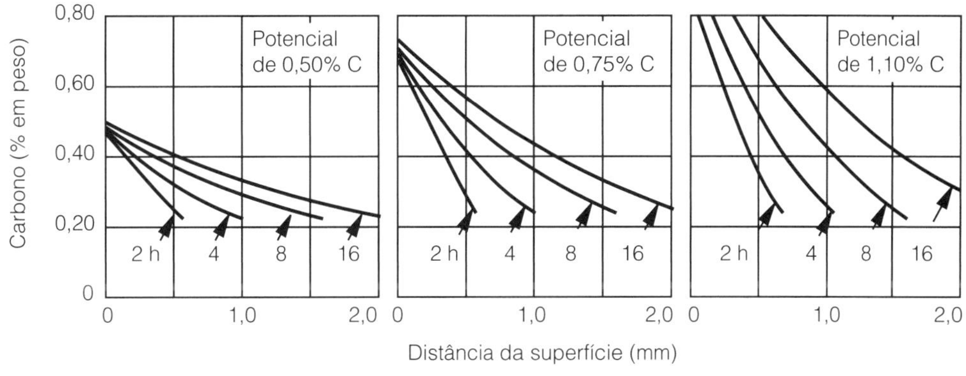

Figura 4.8 Gradiente de carbono no aço 1022 cementado a gás, a 920 °C [6].

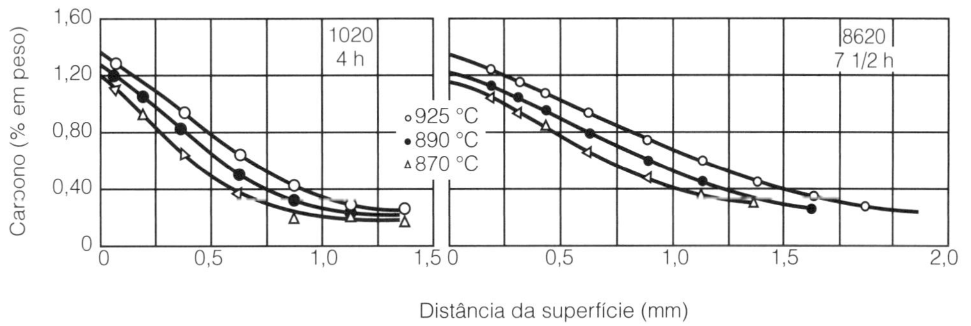

Figura 4.9 Gradiente de carbono para os aços 1020 e 8620 após cementação a gás (CH_4/H_2), em diferentes temperaturas [6].

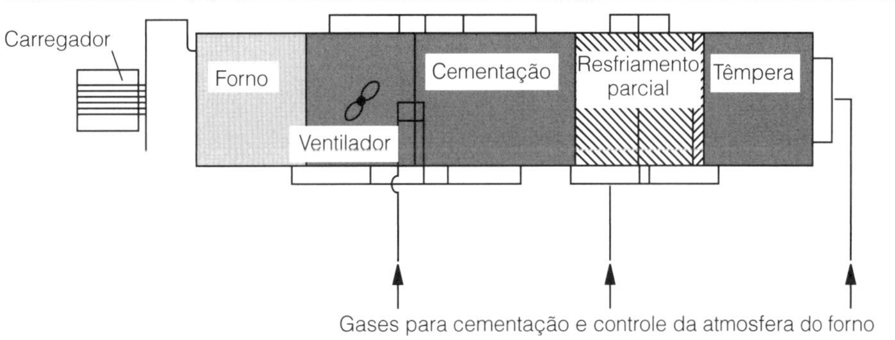

Figura 4.10 Equipamento para cementação gasosa e têmpera posterior com produção contínua [6].

4.4.2.6 Vantagens

- Processo mais limpo que por via sólida.
- Melhor controle do teor de carbono e da espessura da camada cementada.
- Processo rápido e para produção contínua.
- Possibilita a têmpera direta, evitando o resfriamento.

4.4.2.7 Desvantagens

- Custo alto dos equipamentos se comparado com os da cementação sólida;
- Requer pessoal habilitado.

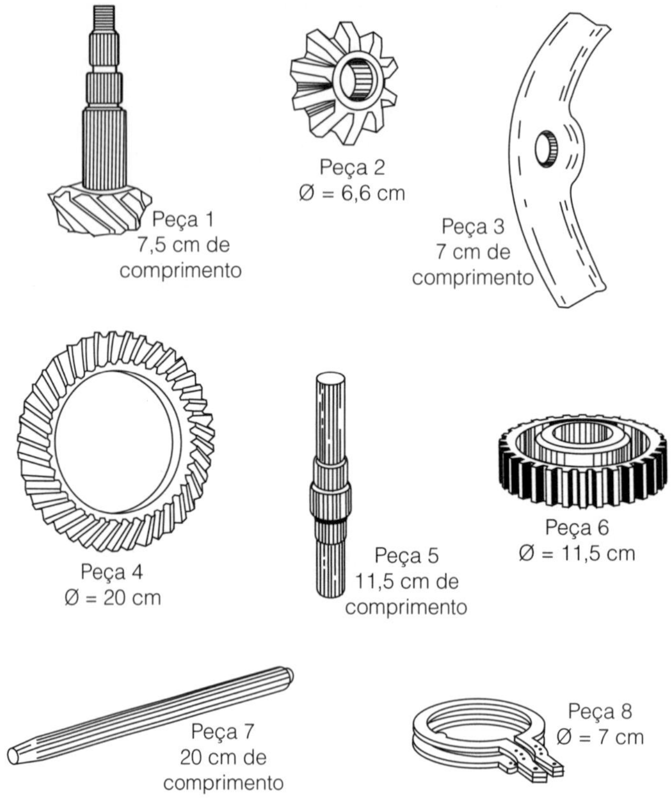

Peça N°	Aço (ABNT/AISI)	Profundidade cementada (mm)	Temperatura de cementação (°C)	Temperado a partir de (°C)	Temperatura de revenimento (°C)	Dureza
1	4118	1,0 a 1,3	885	830 TO	185	60 RC
2	1024	1,0 a 1,3	885	830 TO	165	60 RC
3	9112	1,0 a 1,3	900	855 TO	440	30 – 40 RC
4	4118	1,0 a 1,3	885	830 TO	NR	60 RC
5	5120	1,0 a 1,5	900	855 TO	165	60 RC
6	8620	–	925	845 TO	NR	–
7	4322	0,9	915	845 TO	NR	–
8	1008	0,4 a 0,6	870	800 TA	440	31 – 43 R 95 N

TO – Temperado em óleo
TA – Temperado em água
NR – Não revenido

Figura 4.11 Exemplos de peças cementadas a gás e resfriadas no próprio forno para têmpera, evitando o reaquecimento [6].

4.4.3 CEMENTAÇÃO LÍQUIDA

Consiste em manter o aço em um banho de sal fundido em uma temperatura acima de A_1. A profundidade da camada cementada depende da composição do banho e, principalmente, da temperatura utilizada.

Como sal fundido contém cianeto de sódio (NaCN) e cianato de sódio (NaCNO), a camada endurecida contém apreciável quantidade de nitrogênio, que pode formar nitretos. Os nitretos aumentam a resistência ao desgaste e reduzem o amolecimento durante os tratamentos térmicos, como o revenimento.

Banhos para baixas temperaturas (Tabela 4.3) são indicados para camadas mais finas (0,13 a 0,25 mm). Nos banhos para altas temperaturas, obtêm-se camadas de 0,5 até 3 mm. A formação da camada cementada é bastante rápida como pode ser observada na Figura 4.12. Os tempos de cementação líquida variam de 0,5 a 10 horas.

Não é incomum o emprego de tratamento combinado, iniciando-se a cementação no banho de alta temperatura para acelerar a difusão de carbono. Depois, a cesta de peças é transferida para um banho de baixa temperatura, o que reduzirá trincas e empenos no tratamento subsequente de têmpera, por partir de uma menor temperatura.

Tabela 4.3 Composição de banhos de sal para cementação líquida [7]

Constituinte	Composição do banho (% em peso)	
	Camada de pequena espessura Baixa temperatura (845 a 900 °C)	Camada de grande espessura Alta temperatura (900 a 955 °C)
Cianeto de sódio	10 a 23	6 a 16
Cloreto de bário	0	30 a 55
Outros sais alcalinos	0 a 10	0 a 10
Cloreto de potássio	0 a 25	0 a 20
Cloreto de sódio	20 a 40	0 a 20
Carbonato de sódio	30 máx.	30 máx.
Outros aceleradores*	0 a 5	0 a 2
Cianato de sódio	1,0 máx.	0,5 máx.

* Entre esses aceleradores, incluem-se dióxido de manganês, óxido de boro, fluoreto de sódio e pirofosfato de sódio.

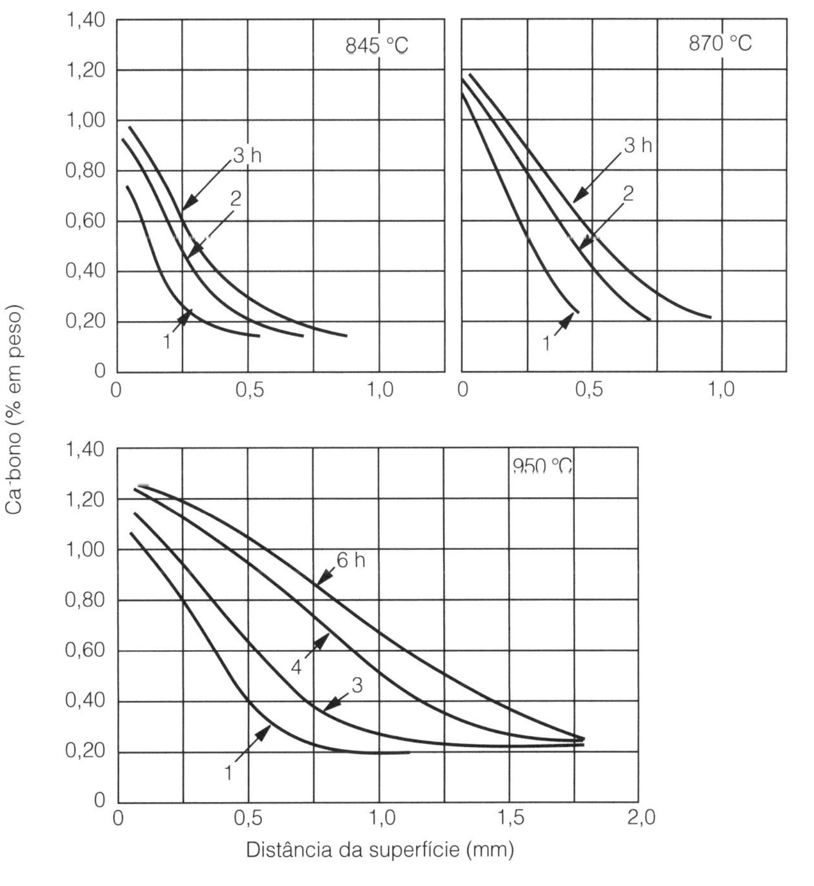

Figura 4.12 Perfil de distribuição do carbono após cementação líquida, em barras do aço 1020, utilizando diferentes temperaturas do banho [6].

4.4.3.1 Reações Principais

Banho para baixa temperatura

$$2\ NaCN \rightleftharpoons Na2CN_2^+\ (C)$$
$$2\ NaCN + O_2 \rightarrow 2\ NaNCO$$
$$NaCN + CO \rightleftharpoons NaN_2CO + CO$$

Banho para alta temperatura (além das reações anteriores, ocorre também)

$$Ba\ (CN)_2 \rightleftharpoons BaCN_2 + (C)$$

4.4.3.2 Equipamentos

Os fornos para a cementação líquida têm aquecimento externo ou interno (Figura 4.13).

Também existe uma grande variedade de montagens das peças para se proceder a esse tipo de cementação (Figura 4.14).

a) Cesto para pequenas peças com funil alimentador, para evitar respingos ao se colocar a peça.
b) Cesto com bandejas internas.
c) Cabides para pequenas peças.
d) Prendendo com arame de aço inoxidável.
e) Montagem para pequenas engrenagens.
f) Montagem para cementar apenas a parte externa das peças.

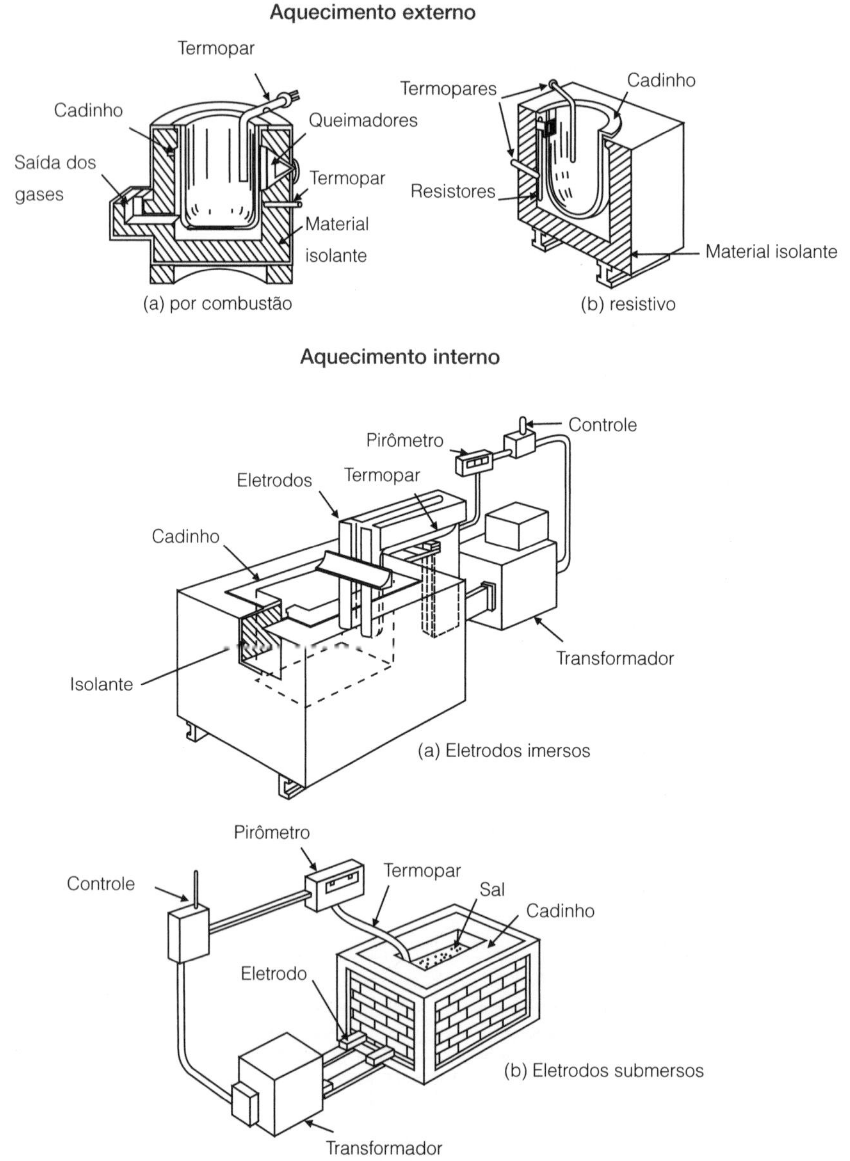

Figura 4.13 Principais tipos de fornos utilizados na cementação líquida [6].

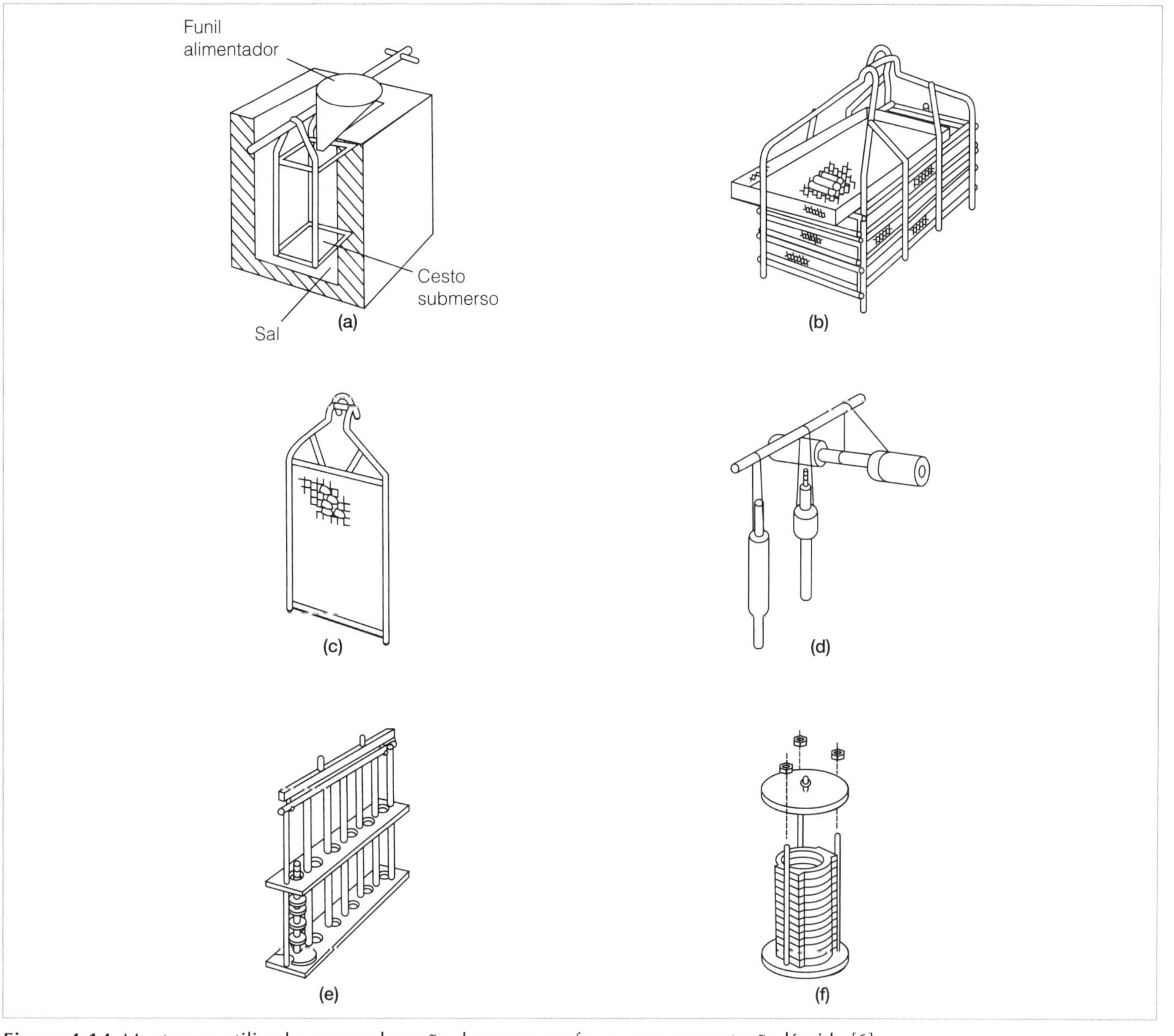

Figura 4.14 Montagens utilizadas para colocação das peças no forno para cementação líquida [6].

4.4.3.3 Vantagens

- Obtenção de apreciáveis profundidades de penetração em tempo relativamente mais curto do que na cementação a gás, pois a peça entra em contato direto com a massa líquida.
- Proteção efetiva contra descarbonetação.
- Possibilidade de operação contínua, pela colocação ou retirada das peças, enquanto outras ainda estão em tratamento.

4.4.3.4 Desvantagens

- Produz resíduos tóxicos de cianeto.
- Necessidade de limpeza posterior em alguns casos, como a têmpera em óleo.

Devido à toxidez do cianeto, foram desenvolvidos processos de regeneração do teor de íon $(CN)^{-1}$ no banho, sem a adição de cianeto de sódio. No processo Durofer [8], por exemplo, o nível do íon $(CN)^{-1}$ é mantido no banho pela adição de um polímero orgânico, que converte o íon carbonato em cianeto, segundo a reação:

$$(CO_3)^{-2} + \text{Polímero} \longrightarrow 2(CN)^{-1} + H_2O + CO_2 \quad \text{(Eq. 4.10)}$$

Outro processo (ASM 4, 1994), denominado "camada pura" (*pure case*), usa uma mistura de cloretos e grafita na temperatura de 955 °C e produz camadas cementadas livres de nitrogênio (Figura 4.15).

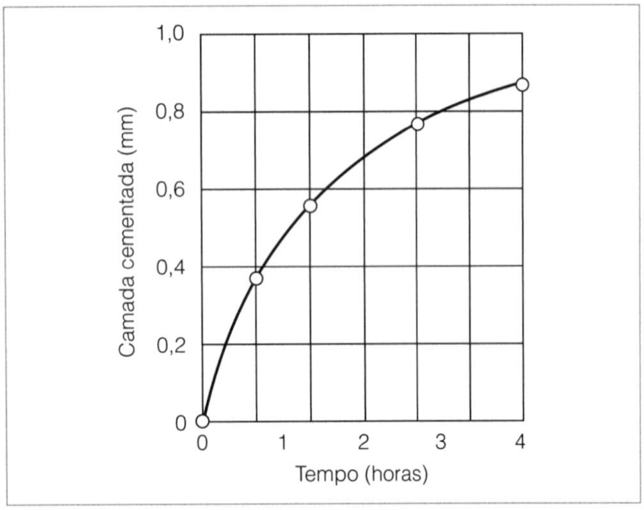

Figura 4.15 Efeito do tempo de cementação no processo "camada pura" (pure case) para um aço 1117 aquecido a 955 °C [8].

4.4.4 CEMENTAÇÃO A VÁCUO [8]

O aço é austenitizado em uma câmara a vácuo (0,1 a 0,5 torr), com posterior injeção de gás cementante (metano ou propano, puros ou misturados) em uma pressão parcial entre 10 e 200 torr e mantido entre 1 e 3 horas na temperatura de austenitização para possibilitar a difusão do carbono. Em seguida, a câmara é evacuada e, posteriormente, preenchida com gás nitrogênio, sendo o aço temperado diretamente em óleo. A amônia pode ser adicionada ao gás cementante se for necessária a introdução de nitrogênio na camada endurecida.

O processo oferece melhor uniformidade e controle mais preciso da camada cementada em relação à cementação gasosa, além de evitar a oxidação intergranular. Como o processo todo é a vácuo, as peças saem muito mais limpas do que na cementação gasosa, não requerendo limpeza posterior. A emissão de gases também é menor do que na cementação gasosa, reduzindo problemas ambientais. Em contrapartida, o custo do equipamento é maior.

Os fornos utilizados são de grafita (isolação e resistores de grafita) ou cerâmicos (isolantes cerâmicos e resistores de carboneto de silício) – Figura 4.16.

4.4.5 CEMENTAÇÃO IÔNICA OU A PLASMA [8]

Plasma é uma mistura gasosa constituída de íons positivos e negativos, além de partículas neutras, embora a carga global desta mistura seja neutra. A cementação com plasma usa a tecnologia de descargas luminescentes (*glow discharge*) para fornecer íons de carbono para a superfície da peça. O plasma por descarga luminescente pode ser obtido e mantido colocando-se dois eletrodos metálicos dentro de um tubo de vidro evacuado, no qual foi injetado gás à baixa pressão (da ordem de 1 torr) e aplicando-se uma diferença de

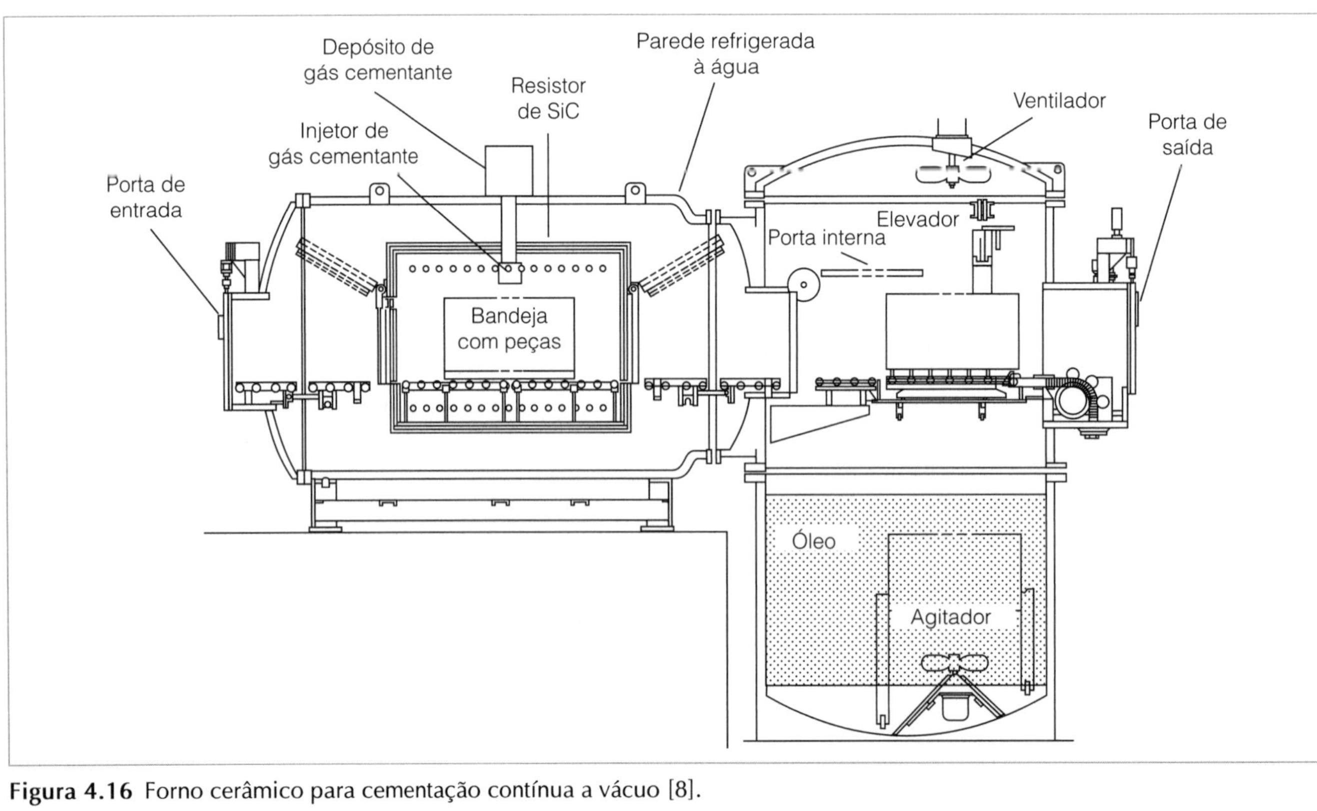

Figura 4.16 Forno cerâmico para cementação contínua a vácuo [8].

potencial de algumas centenas de volts nestes eletrodos. Formam-se no tubo várias regiões de descargas visíveis (Figura 4.17). Para a cementação, apenas as descargas muito próximas do catodo são relevantes, pois, nessa região, o campo elétrico é mais potente e as velocidades dos elétrons suficientemente altas para provocarem a dissociação das moléculas do gás contido no tubo. Como essa região é muito próxima do catodo, fica mais fácil para os íons formados atingirem a superfície do catodo e serem absorvidos por ela.

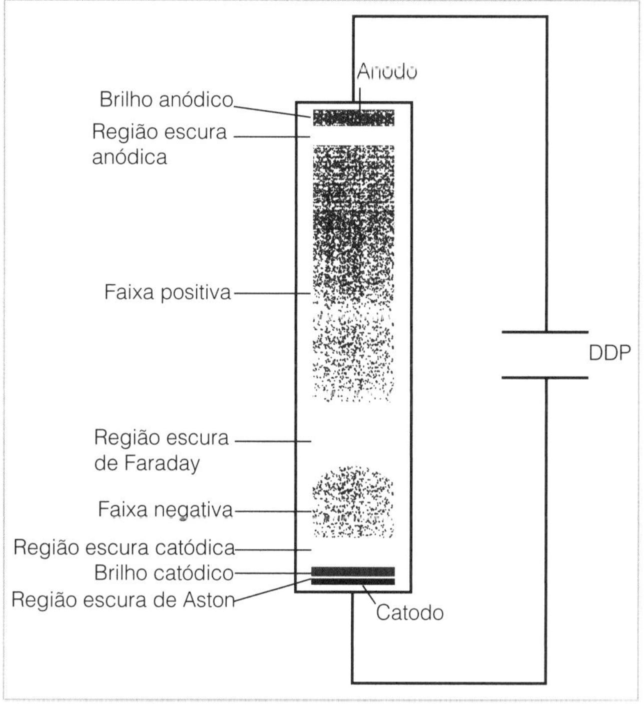

Figura 4.17 Descargas luminescentes (glow discharge) em um tubo com gás à baixa pressão submetido a uma diferença de potencial [8].

O processo de cementação iônica é mais rápido do que o de cementação a gás. Se o metano (CH_4) for usado, por exemplo, na cementação a gás, ocorrerão várias reações de decomposição desse gás (em CH_3, depois CH_2, depois CH, para, finalmente, haver liberação do carbono ativo (C), que se dissolverá no aço). Na cementação iônica, a dissociação do metano forma diretamente o carbono ativo, reduzindo o tempo do processo. Com isso, a temperatura empregada pode ser aumentada (1040 °C no lugar de valores próximos de 900 °C da cementação a gás), o que favorece a difusão do carbono para o interior do aço e aumenta o limite de solubilidade do carbono na austenita (Figura 4.18). Por exemplo, uma cementação iônica por 10 minutos a 1.050 °C, seguida por um aquecimento a vácuo por 30 minutos (para permitir a difusão do carbono para o interior da peça), produz o mesmo perfil de distribuição do carbono na peça que uma cementação a gás a 918 °C por 6 horas (Figura 4.19). Mesmo que se empregue igual temperatura, a cementação iônica é mais rápida do que a cementação a gás (Figura 4.20). Também em relação à cementação a vácuo, a cementação iônica é um processo mais rápido (Figura 4.21).

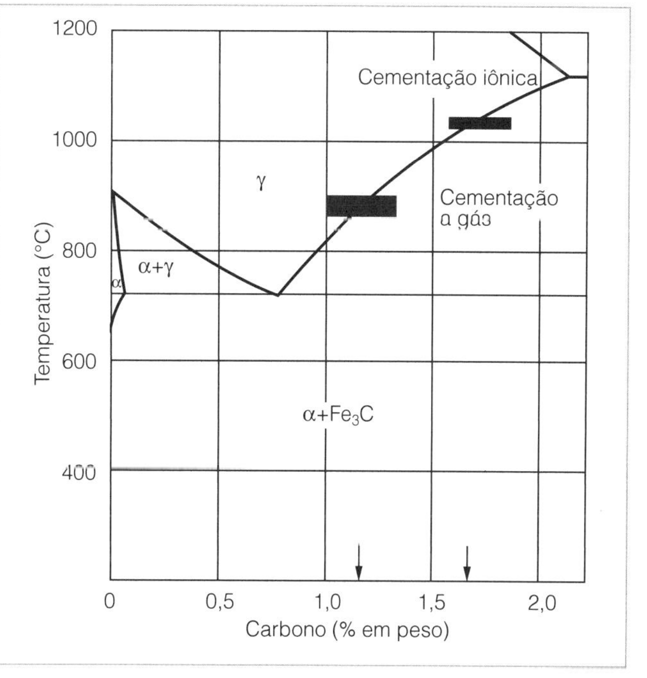

Figura 4.18 Limite de solubilidade do carbono na austenita para cementação iônica e a gás [8].

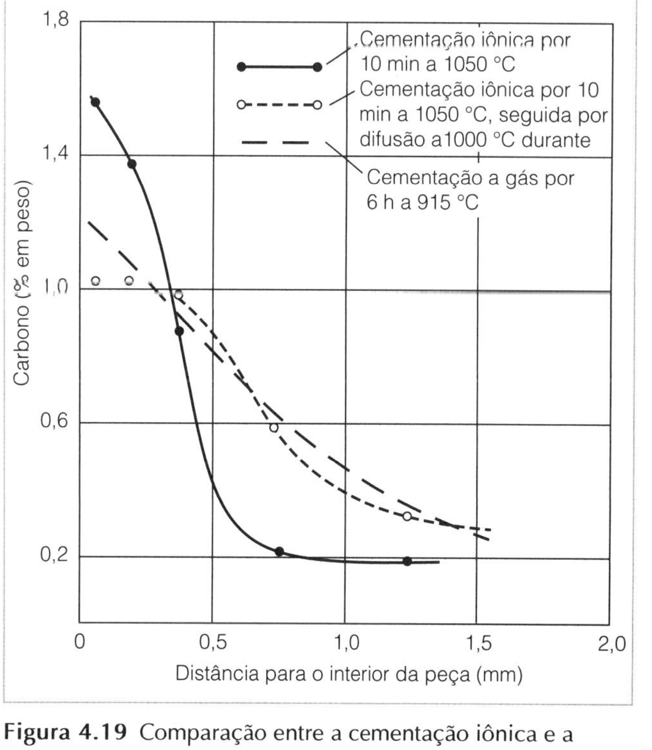

Figura 4.19 Comparação entre a cementação iônica e a cementação a gás para o aço 1020 [8].

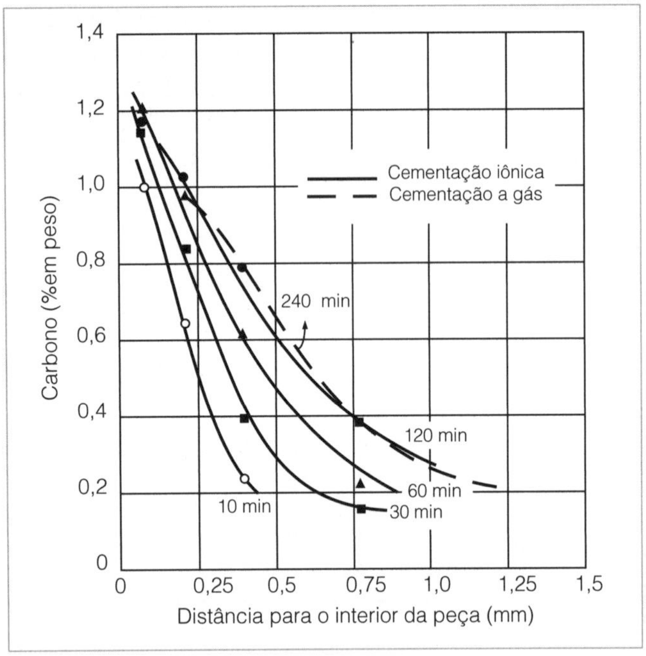

Figura 4.20 Perfil de distribuição do carbono para o aço 1020 cementado a 900 °C pelo processo iônico e a gás [8].

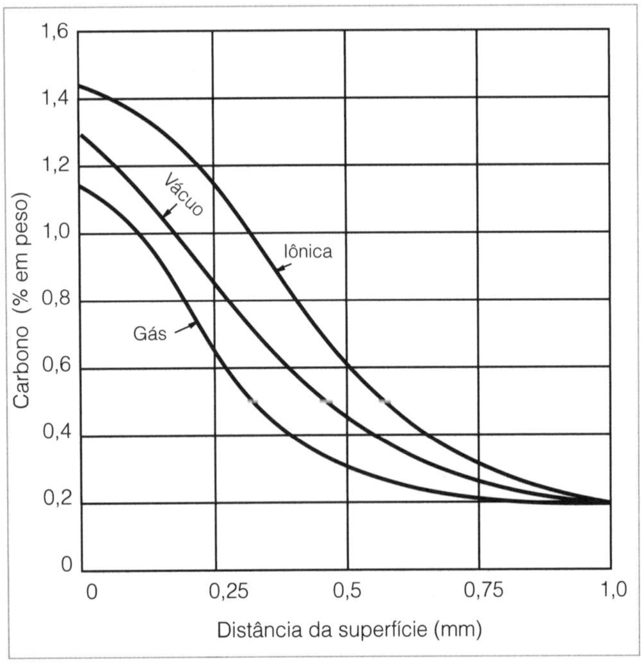

Figura 4.21 Perfil de distribuição de carbono em aço 8620 cementado por 30 minutos a 980 °C com diferentes processos [8].

A camada cementada na cementação iônica é mais uniforme do que na cementação a gás ou a vácuo, especialmente em regiões de acesso mais difícil, como raiz dos dentes de uma engrenagem, por exemplo. Outra vantagem da cementação iônica é seu maior poder de manter uma camada uniforme em furos da peça, como pode ser observado na Figura 4.22. A cementação a vácuo demonstrou manter uma camada uniforme dentro de furos com relação altura (L)/diâmetro (D) até 7, enquanto a cementação a gás manteve até 9 e a iônica até 12.

A cementação iônica produz perfis similares de camada cementada para diferentes tipos de gases utilizados (Figura 4.23). O processo de cementação iônica é mais seguro do que o de cementação a gás, pois não utiliza gases tóxicos como o monóxido de carbono.

O custo de um sistema de cementação iônica é similar ao de cementação a gás, porém o custo de operação do primeiro é 20% menor do que o de cementação a gás e 5% menor do que o de cementação a vácuo. Na Figura 4.24, é apresentado um esquema do sistema de cementação iônica.

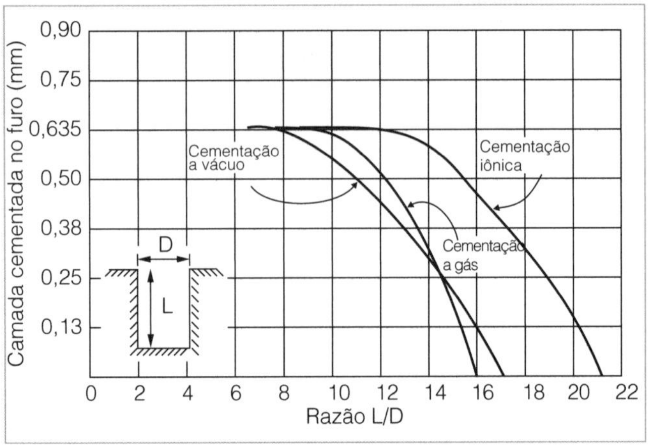

Figura 4.22 Espessura da camada cementada dentro do furo após cementação a 980 °C por diferentes processos em função da relação L/D do furo [8].

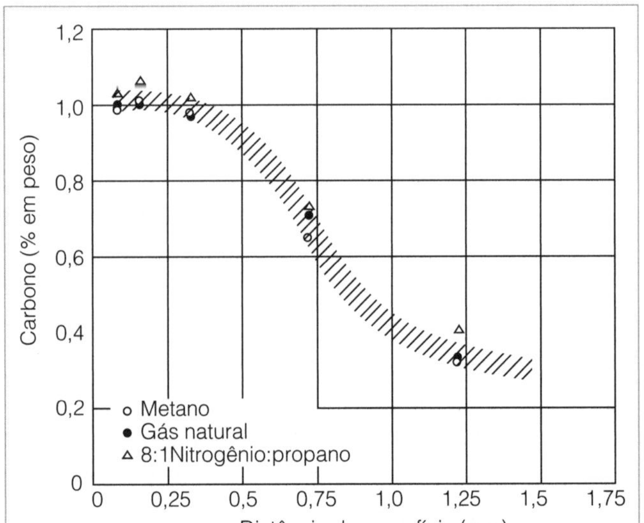

Figura 4.23 Perfil de concentração de carbono em aço 1020 após cementação iônica utilizando diferentes gases. As peças foram cementadas por 10 minutos a 1050 °C, seguida de difusão por 30 minutos a 1000 °C [8].

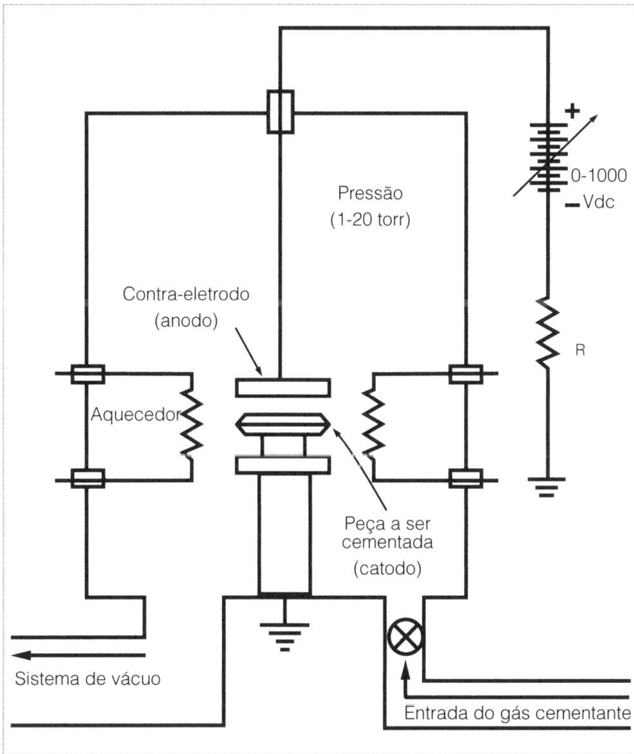

Figura 4.24 Esquema de um sistema de cementação iônica (ou a plasma) [8].

4.5 NITRETAÇÃO [6,8]

Nitretação é o processo de introdução superficial de nitrogênio no aço, pelo aquecimento deste entre 500 e 570 °C, para formar uma camada dura de nitretos. Nesta faixa de temperatura, o aço encontra-se na condição ferrítica (Figura 4.25).

Por utilizar temperaturas menores do que as da cementação, a nitretação produz menor distorção e tem menor tendência a causar trincas no material. Após a nitretação, não é necessária têmpera para produzir o endurecimento na camada nitretada.

As principais razões para se utilizar a nitretação são:

- Obter altíssima dureza superficial (em torno de 70 RC) e alta resistência ao desgaste.
- Melhorar a resistência à fadiga e à corrosão (exceto para aços inoxidáveis).
- Obter superfície resistente ao amolecimento por aquecimento até temperaturas próximas à de nitretação.

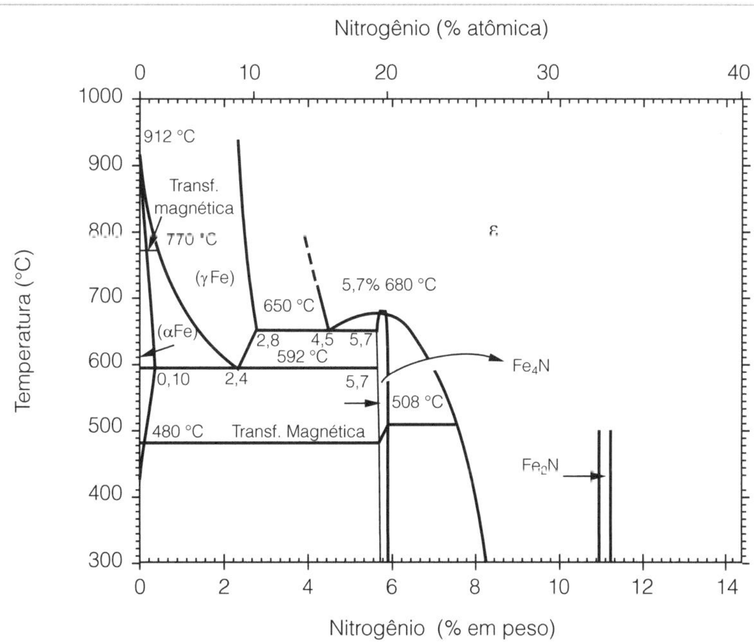

Fase	Nitrogênio (% em peso)	Estrutura
γ Fe	0 a 2,8	CFC
α Fe	0 a 0,1	CCC
γ' (Fe_4N)	5,7 a 5,9	CFC
ε ($Fe_{2\text{-}3}N$)	4 a 11	HC
Fe_2N	11,1	Ortorrômbica

Figura 4.25 Diagrama de fase Fe-N [9].

4.5.1 NITRETAÇÃO A GÁS

Consiste em submeter a peça a uma atmosfera de amônia entre 500 e 565 °C. A amônia decompõe-se segundo a reação:

$$NH_3 \rightleftharpoons (N) + \frac{3}{2} H_2$$

4.5.1.1 Aços empregados

Basicamente são empregados aços que contêm elementos formadores de nitretos estáveis à temperatura de nitretação, como alumínio, cromo e vanádio, e são classificados em:

- Aços baixa liga, contendo alumínio (Tabela 4.4).
- Aços médio carbono, ao cromo, das séries 41xx, 43xx, 51xx, 61xx, 86xx, 87xx e 98xx (41xx e 43xx são os mais utilizados).
- Aços ferramenta com 5% cromo, do tipo H11, H12 e H13.
- Aços de baixo carbono, ao cromo, das séries 33xx, 86xx e 93xx.
- Aços ferramenta endurecíveis ao ar, como A2, A6, D2, D3 e S7.
- Aços rápidos tipo M2 e M4.
- Aços inoxidáveis nitrônicos.
- Aços inoxidáveis ferríticos e martensíticos (séries 400 e 500).
- Aços inoxidáveis austeníticos das séries 200 e 300.
- Aços inoxidáveis endurecidos por precipitação, tais como: 13-8 PH, 15-5 PH, 17-4 PH, 17- 7 PH etc.

Aços carbono em geral não são utilizados na nitretação a gás, pois formam uma camada nitretada extremamente fina e quebradiça.

Aços contendo alumínio produzem uma camada nitretada de altíssima dureza, excelente resistência ao desgaste, porém com baixa ductilidade. Aços ao cromo produzem camadas mais dúcteis, mas de dureza menor do que a dos aços com alumínio. Assim, o ideal é o uso da série Nitralloy que contém em torno de 1% de alumínio e 1,2% de cromo.

4.5.1.2 Processos

1) Estágio único

Utiliza temperatura entre 500 e 525 °C e taxa de dissociação da amônia entre 15 e 30%. Nesse caso, a dissociação da amônia é controlada pelo fluxo de amônia e pela temperatura. Este processo produz uma camada branca quebradiça na superfície da camada nitretada.

2) Estágio duplo ou processo de Floe

Tem a vantagem de reduzir ou eliminar a camada branca em relação ao processo anterior. O primeiro estágio deste processo é análogo ao processo de estágio único, apenas com menor tempo de aplicação. No segundo estágio, a temperatura é elevada para 550 a 565 °C e a taxa de dissociação da amônia, para 65 a 85%. Para se obter essas altas taxas de dissociação, é necessário o uso de um dissociador externo ao forno.

O tempo total do estágio duplo é equivalente ao do estágio simples, e a única vantagem de utilizar o estágio duplo é o de reduzir a camada branca.

4.5.1.3 Mudanças dimensionais

Durante a nitretação, ocorre um ligeiro aumento dimensional das peças, conforme ilustra a Figura 4.26, e isso deve ser levado em conta ao projetá-las. Para se ter uma base de cálculo, o aumento médio em barras é da ordem de 0,5 mm por milímetro de comprimento e 1,5 mm por milímetro de diâmetro.

Tabela 4.4 Aços baixa liga com alumínio utilizados na nitretação a gás [6]

Aço		Composição (% em peso)						
ABNT	Nitralloy	C	Mn	Si	Cr	Ni	Mo	Al
–	G	0,35	0,55	0,30	1,2	–	0,20	1,0
7140	135 M	0,42	0,55	0,30	1,6	–	0,38	1,0
	N	0,24	0,55	0,30	1,15	3,5	0,25	1,0
	EZ	0,35	0,80	0,30	1,25	–	0,20	1,0

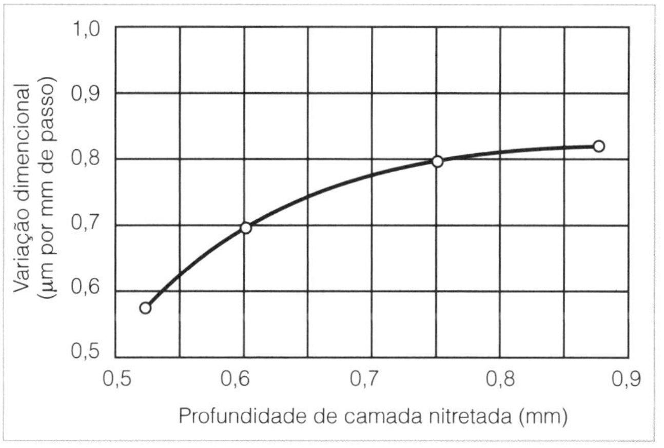

Figura 4.26 Aumento nas dimensões de uma engrenagem do aço 4142 para diferentes profundidades de camadas nitretadas a gás [6].

4.5.1.4 Equipamentos

Existem diversos equipamentos disponíveis no mercado para a nitretação a gás e um exemplo é o forno tipo campânula, mostrado na Figura 4.27.

4.5.1.5 Preparação das peças [7]

Em geral, a sequência de operações para a nitretação é a seguinte:

- Têmpera e revenimento a 25 °C acima da temperatura de nitretação para garantir estabilidade dimensional;
- Usinagem grosseira;
- Alívio de tensões (500 a 600 °C);
- Usinagem final;
- Nitretação;
- Retífica.

4.5.2 NITRETAÇÃO LÍQUIDA [7,9]

O aquecimento é feito na mesma faixa de temperatura da nitretação a gás (500 a 570 °C), utilizando-se um banho à base de cianeto ou cianato. Em vista disso, adiciona-se também um pouco de carbono à peça.

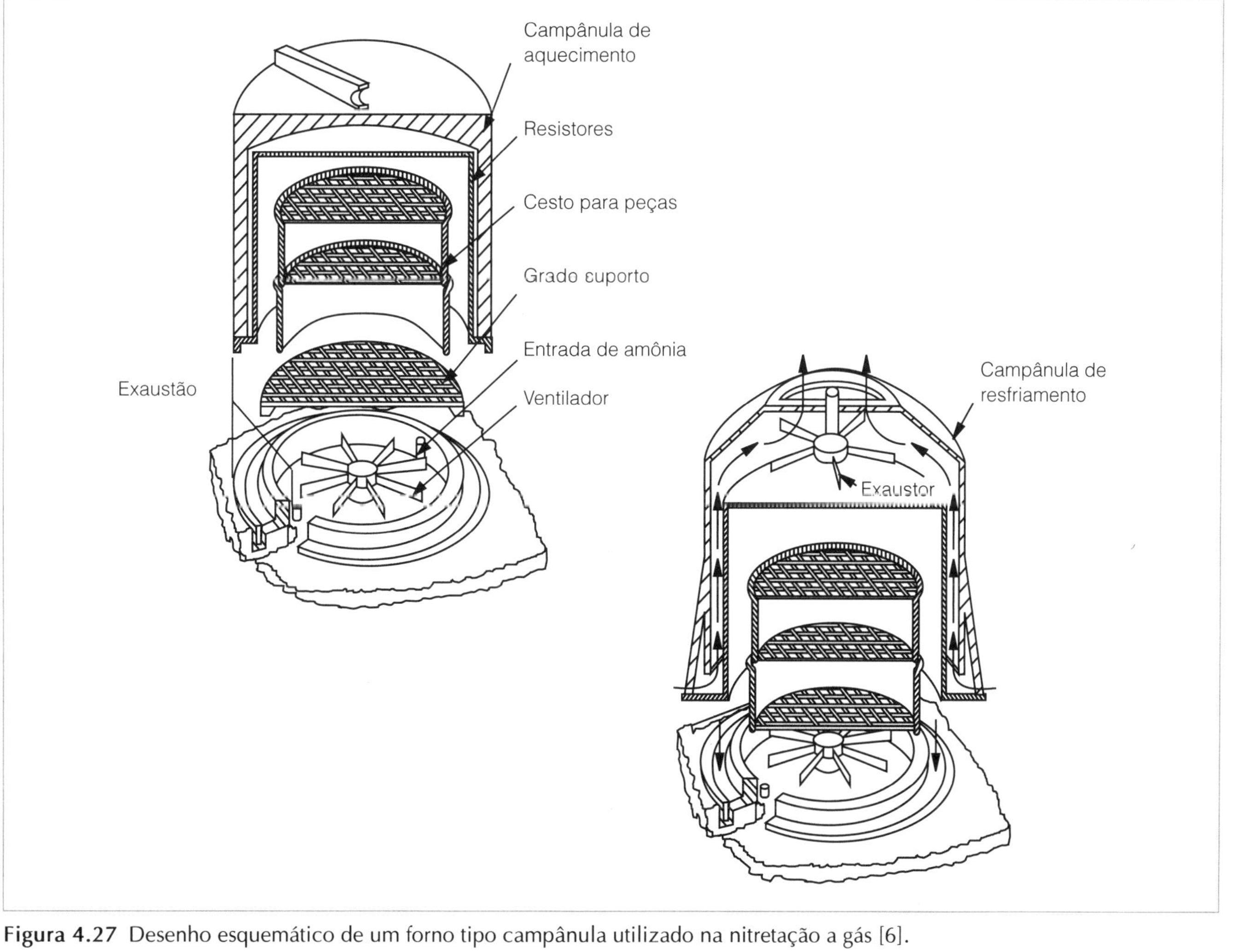

Figura 4.27 Desenho esquemático de um forno tipo campânula utilizado na nitretação a gás [6].

Os aços empregados são: carbono, baixa liga, ferramenta, inoxidável e resistente ao calor (Tabela 4.5). A grande vantagem sobre a nitretação a gás é que, além de utilizar aço carbono, o tempo utilizado é bem menor. A desvantagem é que a camada nitretada também é menor (máxima de 0,015 mm contra 0,7 mm da nitretação a gás). As aplicações são as mesmas recomendadas para a nitretação a gás (aumento da resistência ao desgaste e à fadiga com menor distorção do que na cementação). Os equipamentos utilizados são os mesmos descritos para cementação líquida.

Tabela 4.5 Tempo e temperatura indicados para nitretação líquida dos diferentes aços [6]

Material	Tempo	Temperatura °C	Camada nitretada (μm)
Aço carbono e baixa liga	1 a 2 horas	565	5 a 13
Aço ferramenta (estrutural)	1/2 a 3 horas	535 a 565	2,5 a 8
Aço ferramenta (para corte)	5 a 30 minutos	535	2,5 (máx.)
Aço inoxidável e resistente ao calor	2 a 4 horas	565	5 a 15

Existe um banho em que os sais de sódio formam 60 a 70% da mistura, sendo constituídos de: 96,5% NACN; 2,5% Na_2CO_3 e 0,5% de NaCNO. Um outro banho, de potássio, apresenta 30 a 40% de sais de potássio (96,0% KCN; 0,6% K_2CO_3; 0,7% KCNO; 0,5% KCL).

4.5.2.1 Profundidade da camada nitretada

Na Figura 4.28, observa-se o gradiente de concentração de nitrogênio em um aço 1015, aquecido a 565 °C por diferentes períodos de tempo.

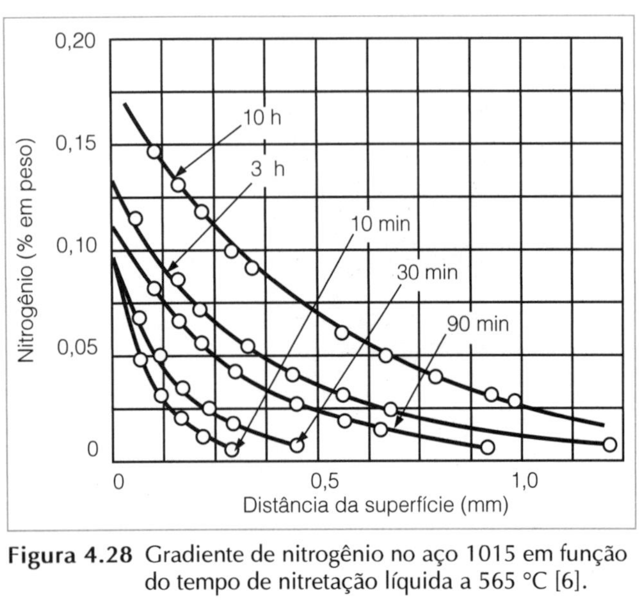

Figura 4.28 Gradiente de nitrogênio no aço 1015 em função do tempo de nitretação líquida a 565 °C [6].

4.5.2.2 Propriedades das peças nitretadas

A resistência ao desgaste aumenta consideravelmente após a nitretação das peças (Figura 4.29). A nitretação aumenta também a resistência à fadiga. Para isso, é conveniente que as peças sejam resfriadas rapidamente após a nitretação, a fim de que o nitrogênio seja mantido em solução sólida na peça.

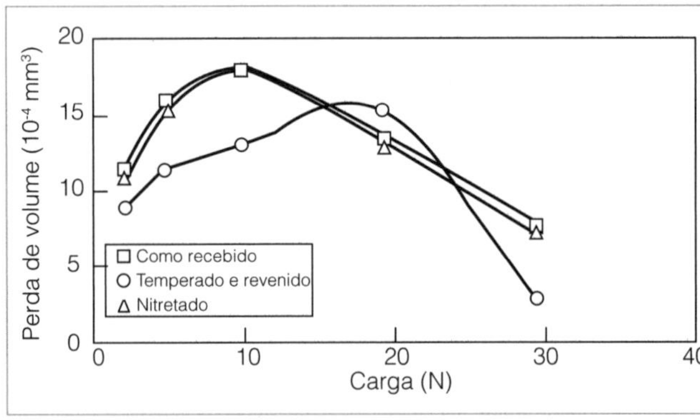

Figura 4.29 Efeito da nitretação líquida na resistência ao desgaste de um aço médio carbono (0,4 C-0,70 Mn-0,30 Si-0,80 Cr-1,8 Ni-0,45 Mo) [10].

Leitão [11] comparou a profundidade de nitretação em aços 1045 e 4140 previamente beneficiados. No beneficiamento, as amostras foram austenitizadas a 850 °C e temperadas em banho de sal a 180 °C (aço 4140) e em salmoura a 20 °C (aço 1045), com posterior revenimento a 600 °C em todas as amostras, para estabilizar a estrutura antes dos processos de nitretação, visto que estes ocorreram em temperaturas menores. A nitretação líquida foi realizada por 90 minutos a 565 °C em um banho de sal com 33% de cianato e 3% de cianeto, usando o processo Durferrit-Tenifer com resfriamento em banho de sal a 180 °C (4140) e em salmoura a 20 °C (1045). A nitretação gasosa foi realizada a 510 °C com amônia (10 a 30%) por 48 horas, embora o tempo total de operação tenha chegado a 70 horas. Ele observou uma maior espessura da camada branca na nitretação líquida (Figuras 4.30 e 4.31) e atribuiu à maior temperatura do processo (565 contra 510 °C para nitretação líquida e gasosa, respectivamente) o favorecimento da formação da camada de nitretos. Ele também observou que, embora a nitretação líquida alcançasse maior dureza superficial, especialmente para o aço 1045, ela caia muito mais rapidamente do que na nitretação gasosa. A 0,2 mm da superfície havia uma perda de dureza em torno de 10 % para a nitretação gasosa em ambos os aços e de 30 a 40% para a nitretação líquida (Figura 4.32). Segundo Leitão, embora a temperatura fosse maior na nitretação líquida do que na gasosa, o tempo de nitretação foi muito maior na nitretação gasosa do que na líquida (48 contra 1,5 horas, respectivamente) e isso deve ter sido a causa da formação de uma espessura maior da camada endurecida por nitretos e nitrogênio em solução sólida (camada de difusão). Outra observação relevante foi que, embora os aços apresentassem teores parecidos de carbono e durezas próximas após o beneficiamento (260 e 280 Vickers para os aços 1045 e 4140, respectivamente), após a nitretação a dureza foi muito maior no aço 4140. Isso porque a adição de cromo e molibdênio permitiu a formação de nitretos complexos com maior dureza dos que os nitretos somente de ferro formados no aço 1045. A dureza da camada nitretada depende dos elementos de liga no aço (Figura 4.33)

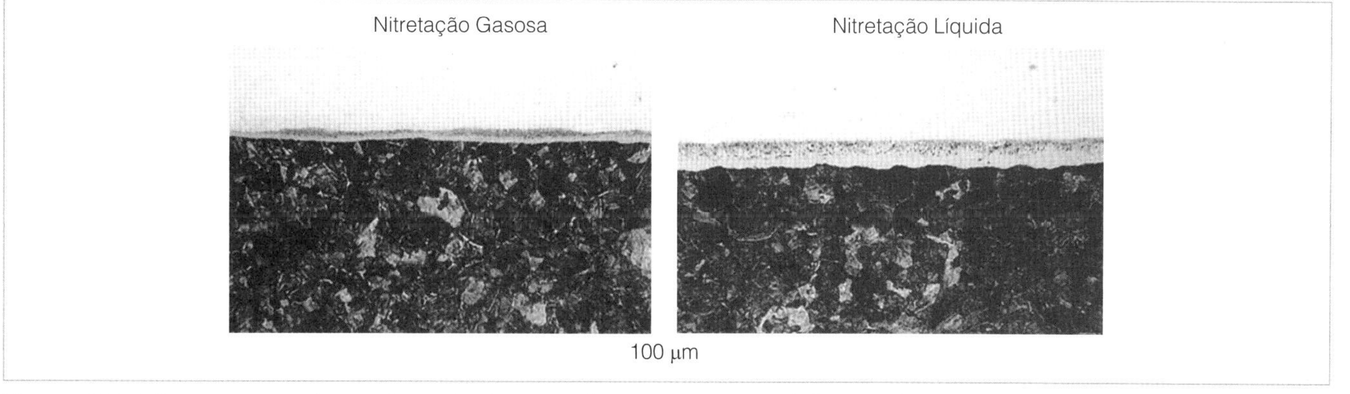

Figura 4.30 Microestruturas observadas após nitretação do aço 1045. Camada branca de 25 μm para nitretação líquida e 15 μm para nitretação gasosa. Nital 3% [11].

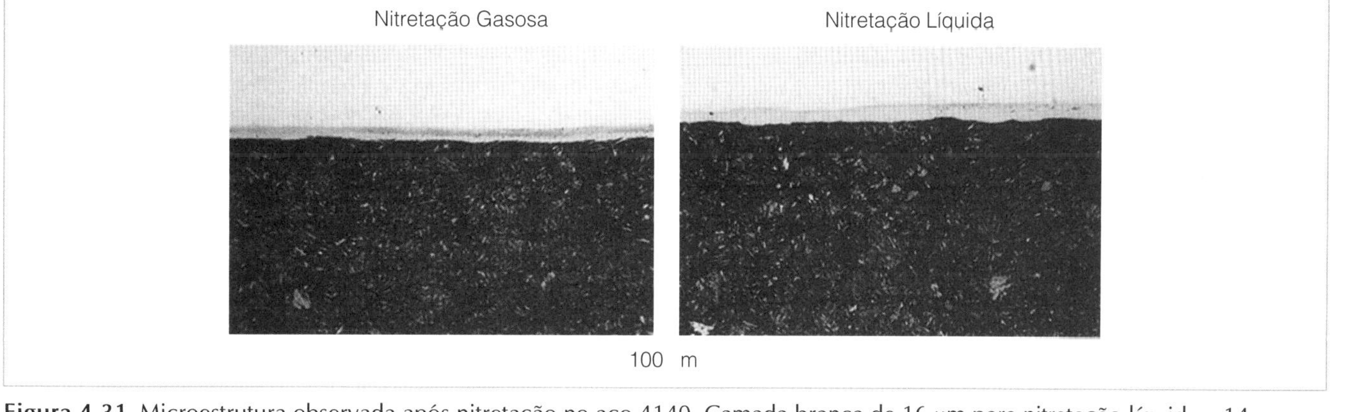

Figura 4.31 Microestrutura observada após nitretação no aço 4140. Camada branca de 16 μm para nitretação líquida e 14 μm para nitretação gasosa. Nital 3% [11].

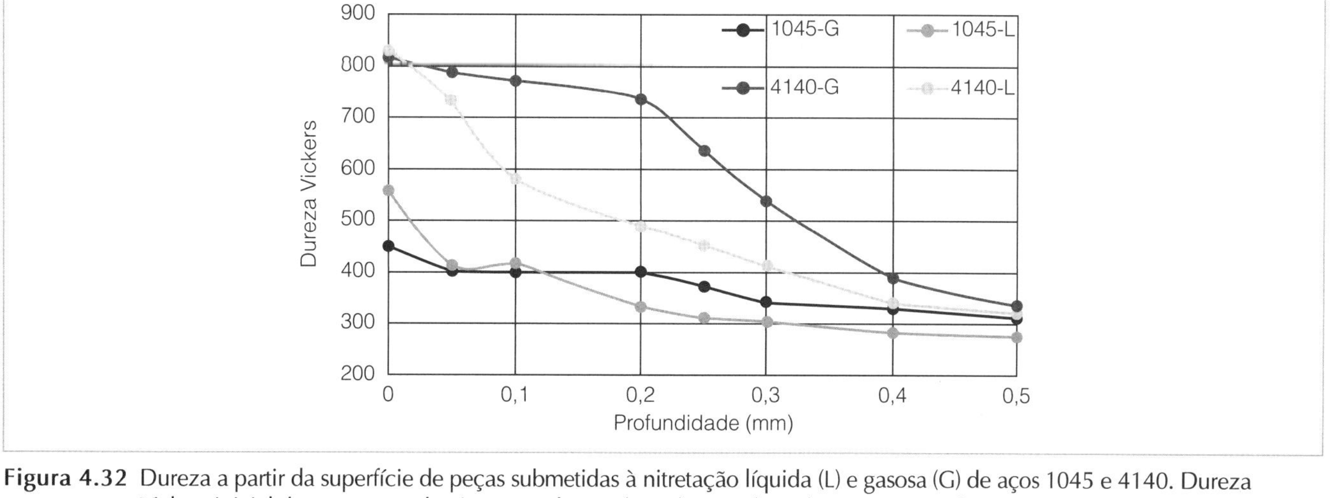

Figura 4.32 Dureza a partir da superfície de peças submetidas à nitretação líquida (L) e gasosa (G) de aços 1045 e 4140. Dureza Vickers inicial da peça antes da nitretação de 260 (1045) e 340 (4140). Composição do aço 1045: 0,45 C/ 0,66 Mn/ 0,17

Si. Composição do aço 4140: 0,38 C/ 0,82 Mn/ 0,28 Si/ 0,90 Cr/ 0,18 Mo (porcentagens em massa) [11].

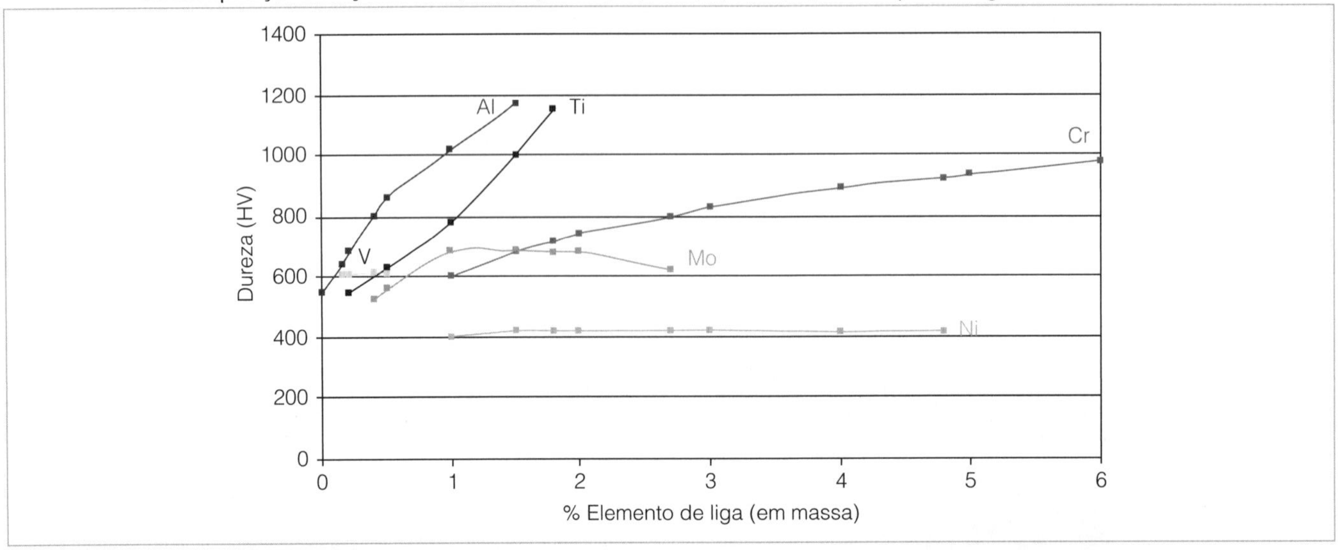

Figura 4.33 Efeito de elementos de liga na dureza (Vickers) após a nitretação. Liga base: 0,35% C, 0,30% Si, 0,70% Mn [12].

4.5.3 NITRETAÇÃO IÔNICA OU A PLASMA [8]

Inicialmente conhecida como nitretação por descarga luminescente (*glow discharge*), hoje é denominada "nitretação iônica" ou "nitretação a plasma", utilizando a mesma tecnologia apresentada na cementação iônica ou a plasma (item 4.4.5). Em um vaso a vácuo, é criado plasma pela aplicação de um campo elétrico e os íons de nitrogênio são acelerados em direção da peça (catodo). Esse bombardeamento de íons provoca o aquecimento da peça e limpa sua superfície, além de fornecer o nitrogênio ativo para ser absorvido pelo aço. Em relação à nitretação gasosa, a nitretação iônica apresenta melhor controle da uniformidade e da composição química da camada, além de provocar menor distorção nas peças.

A camada nitretada (Figura 4.34) pode ser dividida em duas regiões: branca (*compound zone ou white layer*) e de difusão (*diffusion zone*).

Dependendo da composição do gás utilizado, poderá haver ou não a formação de uma região branca na camada nitretada (Figura 4.35). A fase ε ($Fe_{2-3}N$) é melhor para aplicações em que a resistência ao desgaste e à fadiga (Figura 4.36) é desejada, mas sem choque. A fase γ (Fe_4N) tem menor dureza e menor resistência ao desgaste, porém maior tenacidade, sendo recomendada para aplicações em peças sujeitas ao choque ou cargas severas. A região branca também reduz o coeficiente de atrito (Figura 4.37) e melhora a resistência à fadiga em ambientes corrosivos (Figura 4.38).

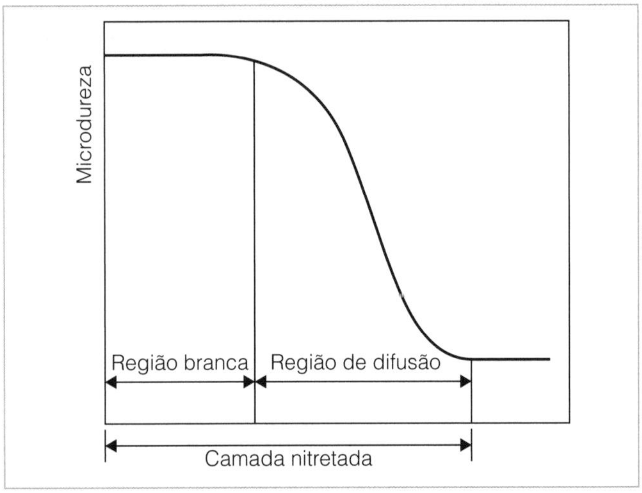

Figura 4.34 Estrutura da camada nitretada [8].

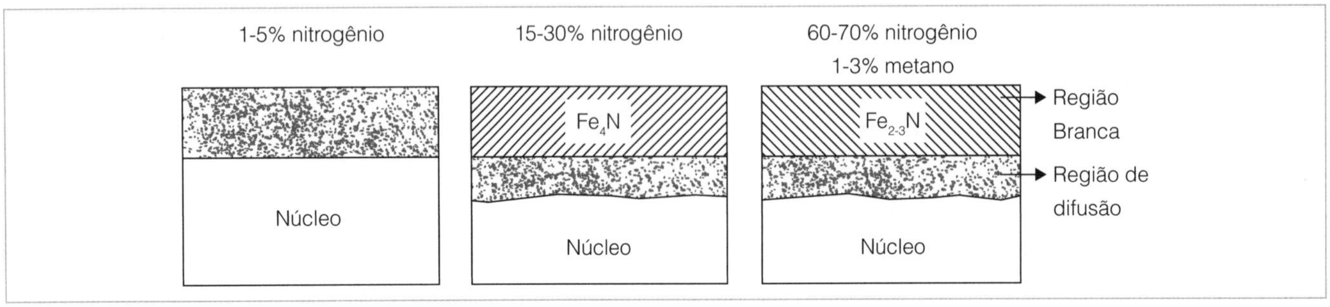

Figura 4.35 Efeito da composição do gás na camada nitretada a plasma [8]. (a) sem região branca, (b) região branca de γ´ (Fe_4N), (c) região branca de ε ($Fe_{2-3}N$).

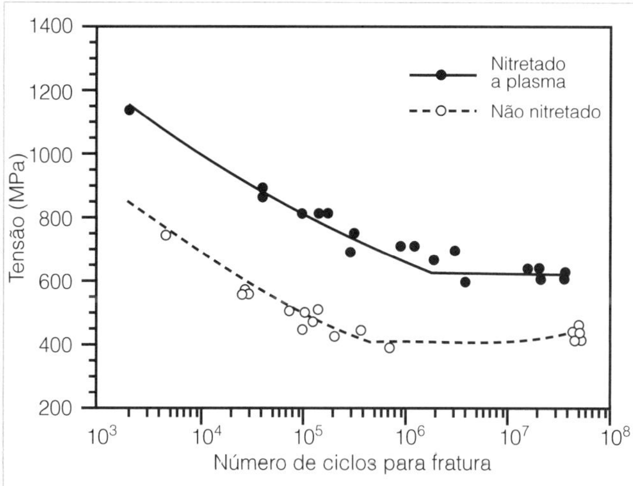

Figura 4.36 Efeito da nitretação na resistência à fadiga de um aço 15B21H [13].

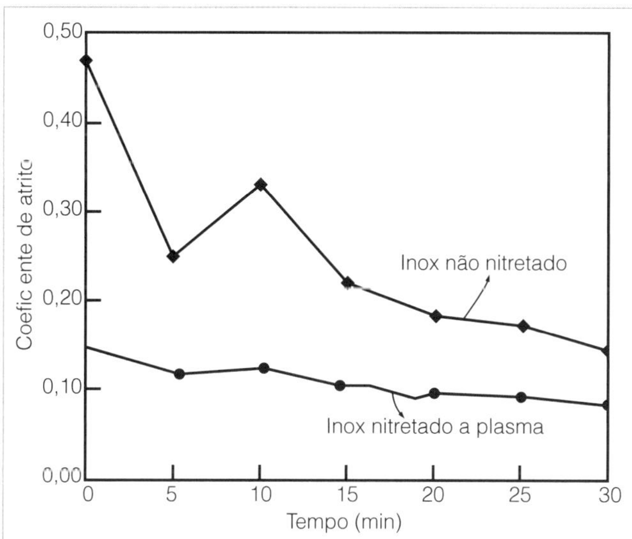

Figura 4.37 Variação do coeficiente de atrito durante um teste de desgaste no par tribológico aço inoxidável (0,04C-18Cr-9Ni) e aço 52100 com parafina líquida como lubrificante [14].

Na região de difusão, uma parte do nitrogênio fica dissolvida nos interstícios da ferrita, provocando endurecimento por solução sólida e a outra parte forma nitretos de ferro e elementos de liga, finos e coerentes, provocando o endurecimento por precipitação. Como esses precipitados são muito finos, em geral, a região de difusão é de difícil identificação por microscopia óptica.

A análise do perfil de dureza de um aço baixo carbono microligado e nitretado a plasma indica que na região branca a dureza alcança valores extremamente elevados (Figura 4.39) e que esses valores estão relacionados com a fração volumétrica de γ (Fe_4N) e ε ($Fe_{2-3}N$). A região branca, nesse caso, representa apenas 1% de toda a camada nitretada.

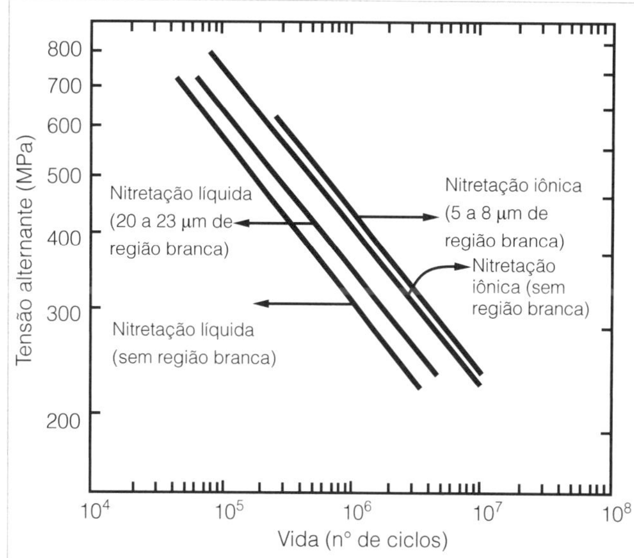

Figura 4.38 Efeito da região branca na fadiga de aço 4140 nitretado e mergulhado em solução aquosa com 3% de NaCl [15].

A resposta à nitretação a plasma depende dos elementos de liga presentes no aço. Aços carbono podem ser nitretados, mas a região de difusão apresentará dureza semelhante ao substrato (região sem nitretação). Entretanto, a região branca formada terá boa resistência ao desgaste e poderá ser utilizada em peças sujeitas a cargas leves. Como a região branca de alta dureza é suportada por uma região de difusão de baixa dureza, aplicações em peças sujeitas a altas cargas não são recomendadas nesses aços. Em outros aços, as aplicações são as mesmas descritas para a nitretação a gás.

Na Figura 4.40, é apresentado um equipamento do sistema de nitretação a plasma, que pode conter também um sistema auxiliar para o aquecimento das peças, pois nem sempre o bombardeamento iônico leva a peça à temperatura desejada.

Comparada com a nitretação a gás, a nitretação a plasma tem uma série de vantagens e desvantagens.

4.5.3.1 *Vantagens*

- Possibilidade de controle de fases na região branca: camada monofásica de γ (Fe_4N), camada monofásica de ε ($Fe_{2-3}N$), camada bifásica de γ (Fe_4N) + ε ($Fe_{2-3}N$), ou ainda, nenhuma formação desses nitretos.
- Melhor controle da camada nitretada.
- Menores temperaturas (tão baixas quanto 370 °C).
- Menor distorção nas peças por trabalhar com menores temperaturas de processo.
- Não poluente (evita o uso de amônia).

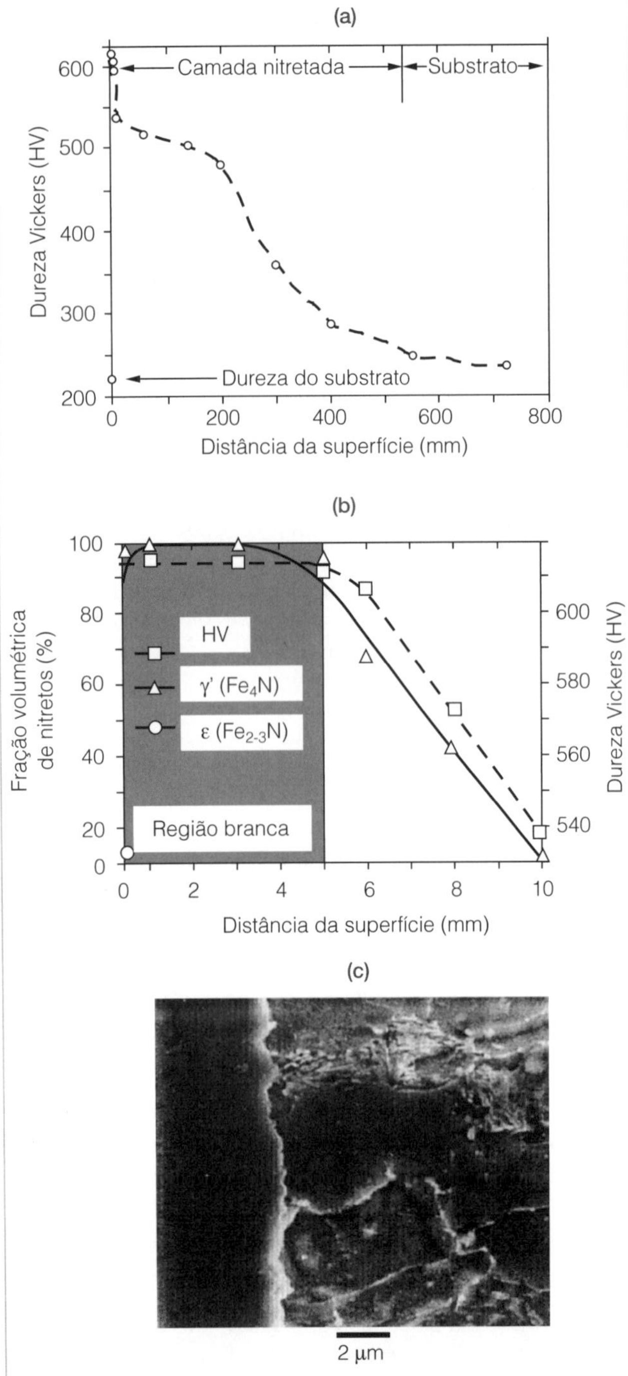

Micrografia obtida por MEV da região próxima da superfície. Observa-se à esquerda uma região monolítica de 5 μm (região branca).

Figura 4.39 Perfil de dureza e fração volumétrica de γ e ε para um aço API X-65 (0,11 C – 1,05 Mn – 0,29 Si – 0,035 Al – 0,032 Nb – 0,006 V – 0,01 Ti – 0,15 Ni – 0,31 Cu) nitretado a plasma durante 16 horas. Região branca de 5 mm, região de difusão de 5 a 550 mm [16].

- Menor consumo de energia.
- Maior facilidade para automação.
- Reduz tempo de nitretação.

4.5.3.2 Desvantagens

Apresenta também algumas desvantagens:

- Alto custo do equipamento.
- Necessidade de fixar as peças com conectores para passagem de corrente elétrica.
- Processo mais lento do que o de carbonitretação.

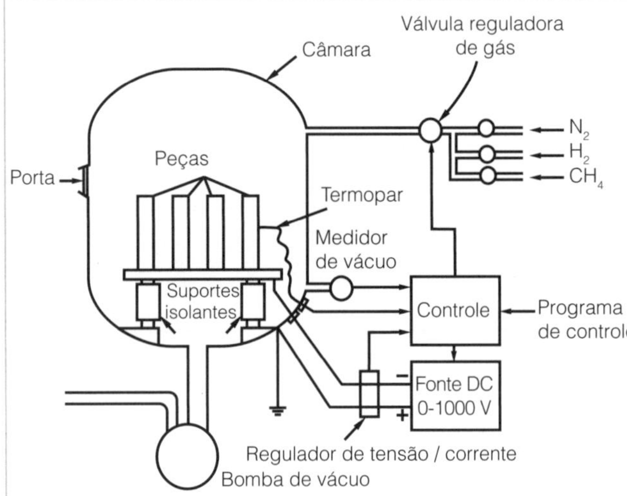

Figura 4.40 Esquema do equipamento para a nitretação iônica ou a plasma [8].

4.6 CIANETAÇÃO (CARBONITRETAÇÃO LÍQUIDA OU CIANETAÇÃO LÍQUIDA) [7-9]

Consiste em aquecer o aço em temperaturas acima de A_1, em um banho de sal fundido, de modo que a superfície do aço absorva carbono e nitrogênio. Após a têmpera em óleo ou água, o aço desenvolve uma camada dura, resistente ao desgaste e à fadiga.

Os banhos de sal contêm cianeto de sódio (30 a 97%), carbonato de sódio (2 a 40%) e cloreto de sódio (0 a 30%). Estes dois últimos são sais inertes, adicionados para controlar o ponto de fusão da mistura e sua fluidez. Devido ao menor custo, o cianeto de sódio tem sido utilizado no lugar de cianeto de potássio.

As temperaturas utilizadas variam entre 760 e 870 °C e os equipamentos são os mesmos empregados na cementação líquida. O processo é aplicado, usualmente, aos aços: carbono, baixa liga, ferramenta e inoxidáveis. Uma vantagem da cianetação sobre a carbonitretação é a menor distorção nas peças produzidas (Tabela 4.6). Com relação à cementação líquida, a cianetação introduz menos carbono e mais nitrogênio do que esta (Tabela 4.7).

Tabela 4.6 Comparação entre a distorção resultante dos processos de cianetação e carbonitretação, para iguais temperaturas de aquecimento de um aço 1008. Os ciclos foram escolhidos para fornecer uma camada endurecida de 0,13 a 0,15 mm [6]

Cianetação				Carbonitretação			
Ciclo		Distorção		Ciclo		Distorção	
Temperatura (°C)	Tempo (minuto)	Flexão (mm)	Torção (mm)	Temperatura (°C)	Tempo (minuto)	Flexão (mm)	Torção (mm)
760	100	0,05	0,05	760	120	0,25	0,38
790	60	0,06	0,08	790	100	0,38	0,50
815	40	0,10	0,13	815	90	0,50	0,64
845	30	0,13	0,13	845	60	0,61	0,76

Tabela 4.7 Composição das camadas cianetadas e cementadas [7]

Profundidade em mm	Cianetação a 850 °C Aço 1020 (30% NaCN)		Cementação líquida a 925 °C Aço 3312 (8% NaCN)	
	% C	% N	% C	% N
0,1	0,60	0,56	0,73	0,12
0,2	0,51	0,19	0,73	0,03
0,3	0,32	0,05	0,65	0,02
0,4	0,26	0,02	0,55	0,01
0,5	0,19	0,01	0,48	0,01
0,6	–	–	0,35	0,01
0,7	–	–	0,25	–

Tabela 4.8 Efeito da temperatura e do tempo na profundidade da camada de um aço 1020 [6]

Temperatura de cianetação (°C)	Profundidade de camada (mm)		
	Tempo		
	15 min	30 min	45 min
700	0,006	0,012	0,025
760	0,034	0,063	0,095
815	0,045	0,100	0,120
879	0,081	0,120	0,150

Devido à toxidez do cianeto, foram desenvolvidos processos de regeneração do teor de íon $(CN)^{-1}$ no banho, sem a adição de cianeto de sódio, como o processo Durofer, já descrito no item 4.4.3.

4.6.1 Reações principais

A produção dos agentes ativos (carbono e nitrogênio atômicos) não é feita diretamente a partir do cianeto de sódio (ou potássio), mas sim a partir de uma série de reações do cianeto fundido com o oxigênio do ar:

$$2\ NaCN + O_2 \rightleftharpoons NaNCO$$

$$4\ NaNCO \rightleftharpoons Na_2CO_3 + 2\ NaCN + 2\ (N)$$

$$2\ CO \rightleftharpoons CO_2 + (C)$$

$$NaCN + CO_2 \rightleftharpoons NaNCO + CO$$

4.6.1.1 Profundidade da camada cianetada

A profundidade de penetração do carbono e do nitrogênio e, por consequência, a dureza variam com a temperatura (Figura 4.41) e com o tempo (Tabela 4.8).

4.7 CARBONITRETAÇÃO [7,9]

É um processo para se introduzir carbono e nitrogênio no aço a partir de uma mistura gasosa apropriada. O carbono provém de um gás rico em carbono e o nitrogênio a partir da amônia dissociada. É um processo misto de cementação a gás com nitretação a gás, sendo realizado em temperaturas intermediárias entre esses dois processos (700 a 900 °C) e durante um tempo geralmente menor do que na cementação a gás.

O objetivo da carbonitretação é formar, no aço, uma camada dura e resistente ao desgaste de 0,07 a 0,70 mm. Por empregar temperaturas menores do que a cementação gasosa, produz uma menor distorção do que esse processo.

Os aços normalmente utilizados são os das séries: 10xx, 11xx, 12xx, 13xx, 14xx, 15xx, 41xx, 46xx, 51xx, 61xx, 86xx e 87xx, com teores de carbono na faixa de 0,25%, embora, em alguns casos, aços com até 0,50% C sejam utilizados.

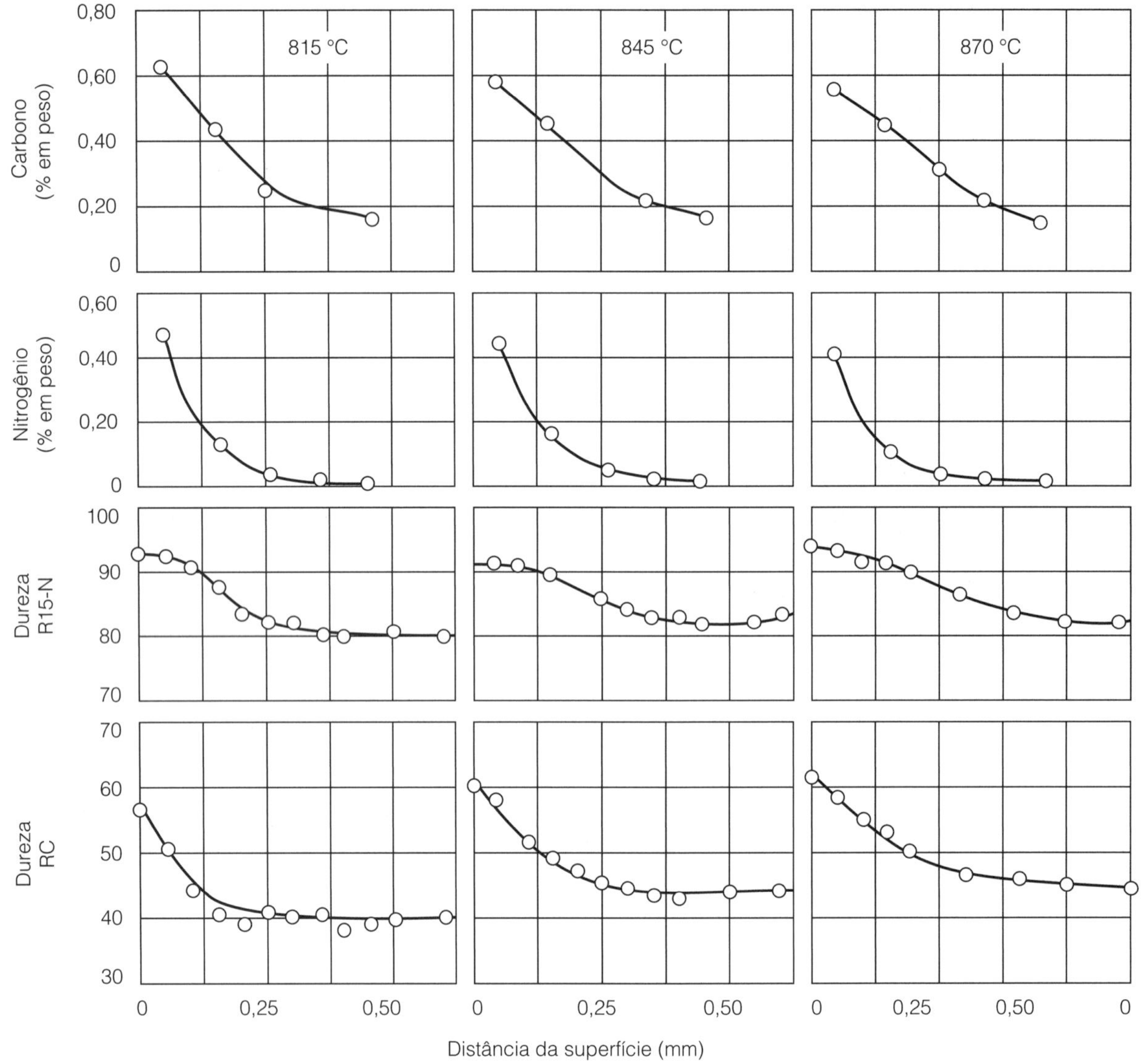

Figura 4.41 Efeito da temperatura na penetração de carbono e nitrogênio, com consequente aumento de dureza, durante a cianetação de um aço 1022, por uma hora [6].

Por conter nitrogênio, a resistência ao amolecimento pela temperatura é maior em peças carbonitretadas do que nas cementadas a gás. Também as resistências à fadiga e ao desgaste são maiores em peças carbonitretadas do que nas cementadas a gás. Em contrapartida, a profundidade de camada endurecida é menor do que na cementação. Outro aspecto do nitrogênio é que ele aumenta a temperabilidade do aço, o que aumenta a profundidade da camada endurecida após a têmpera.

Como os efeitos nos aços da carbonitretação são similares aos da cianetação líquida, ela é preferida por não usar cianeto. Outra vantagem da carbonitretação em relação à cianetação líquida é que aquela é mais limpa. Assim, em peças com formas intrincadas ou com pequenos furos a operação de retirada do sal da cianetação é difícil, e, aí, a carbonitretação é mais indicada.

Os equipamentos utilizados são praticamente os mesmos da cementação a gás, com pequenas modificações. Os tempos de carbonitretação para os aços carbono e baixa liga variam de 30 minutos até um máximo de 6 horas.

Uma prática que também tem sido empregada é o uso combinado da cementação a gás e da carbonitretação em aços de baixa temperabilidade (séries 10xx, 11xx e 12xx). O aço é cementado a gás entre 900 e 950 °C, durante um período de tempo adequado para a obtenção da camada endurecida desejada e, depois, é carbonitretado entre 815 e 900 °C de 2 a 6 horas, seguido de têmpera em óleo. Produz-se, assim, uma camada endurecida profunda por cementação (até 2,5 mm), com resistência à fadiga e ao desgaste melhorada pela introdução do nitrogênio.

4.7.1 PROFUNDIDADE DA CAMADA CARBONITRETADA

Na Figura 4.42, observam-se a penetração de carbono e de nitrogênio e a dureza obtida após a carbonitretação por 4 horas, a 840 °C, em aços 1018 e 8620. Nota-se que o aço ligado responde melhor ao tratamento.

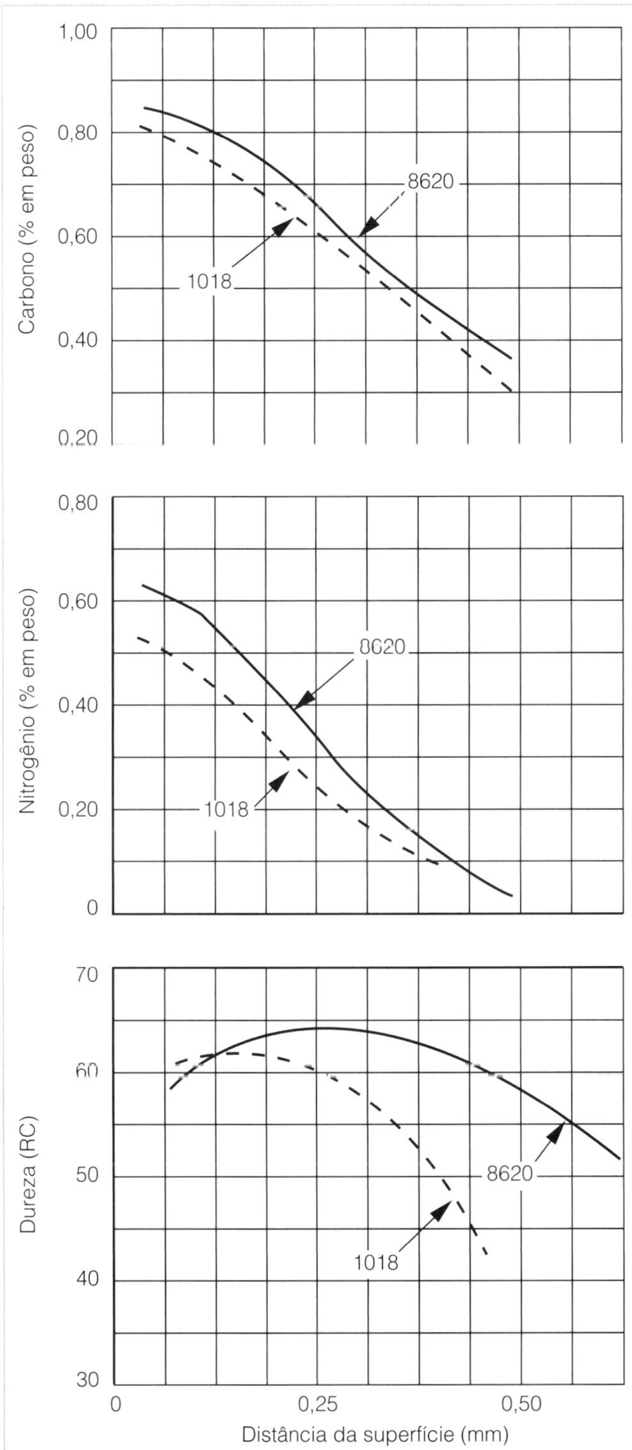

Figura 4.42 Gradientes de carbono, nitrogênio e dureza após carbonitretação a 845 °C por 4 horas, seguida de têmpera em óleo 5 °C [6].

A Figura 4.43 apresenta os efeitos da temperatura e do tempo na profundidade da camada carbonitretada de aços carbono e baixa liga.

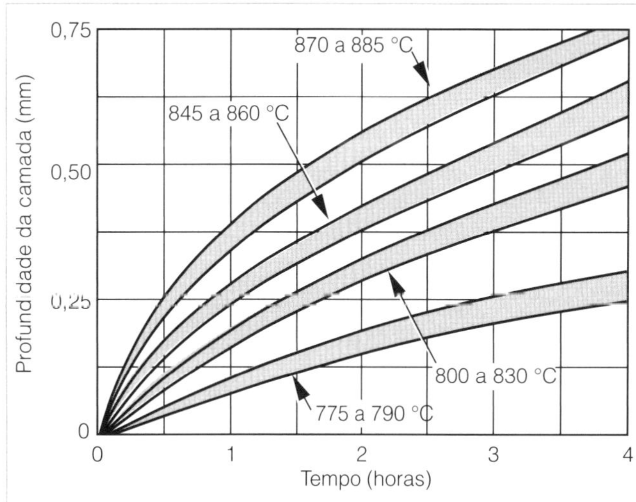

Figura 4.43 Efeito do tempo e da temperatura na profundidade da camada carbonitretada [6].

4.8 NITROCARBONETAÇÃO [8]

4.8.1 NITROCARBONETAÇÃO FERRÍTICA

Envolve a adição conjunta de carbono e nitrogênio, estando o aço no campo ferrítico. O objetivo principal deste tratamento é o de produzir uma região branca como na nitretação e melhorar a resistência ao desgaste. Ele tem sido aplicado com sucesso em aços carbono e ligados, inoxidáveis e ferros fundidos. Até 1970, o processo era feito com sal de cianeto fundido, mas posteriores desenvolvimentos tecnológicos levaram ao uso de sais não tóxicos, de meios gasosos e, mais recentemente, de plasma.

4.8.1.1 Nitrocarbonetação a gás

A nitrocarbonetação é realizada em temperatura próxima de 570 °C por um período de 1 a 3 horas. Após o tratamento, o aço é resfriado rapidamente em óleo para manter o nitrogênio em solução sólida e aumentar a resistência à fadiga.

A região branca tem uma série de nitretos, carbonetos e carbonitretos. Sua composição é função dos elementos de liga do material e da composição do meio usado para transferir nitrogênio e carbono (Figura 4.44). Uma experiência sobre a carbonitretação de ferro puro (99,9%) mostrou que as fases na região branca variavam em função da mistura de metanol e amônia utilizada (Figura 4.45). A sequência da ocorrência das fases está em acordo com o diagrama da Figura 4.46, pois, se imaginarmos uma camada com 5,5% de nitrogênio e 0,7% C, estaríamos no campo ε + γ. Mantendo o mesmo teor de nitrogênio e aumentando o teor de carbono, passaríamos pelo campo monofásico ε e, depois, pelo campo ε + cementita. Em aços de alto carbono, a cementita preexistente toma parte nas reações na camada branca:

Ferrita + cementita + N → Ferrita
(com N em solução sólida) + ε

A fase ε cresce consumindo a ferrita até a formação de uma camada contínua de ε, desde que haja fornecimento suficiente de nitrogênio (Figura 4.46).

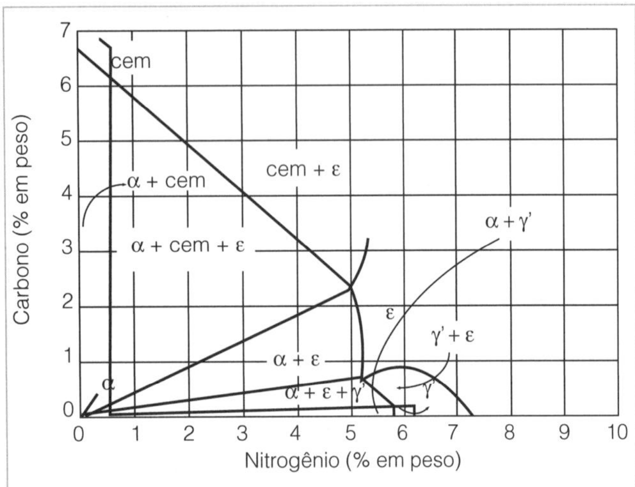

Figura 4.44 Diagrama esquemático (os campos de α, γ' e cementita não estão em escala) da liga Fe-N-C a 570 °C [8]. γ = Fe_4N; cem = Fe_3C (cementita); ε = $Fe_X N_Y C_Z$ (carbonitreto)

Todavia, a camada de difusão não depende dos elementos de liga do aço, visto que a difusão é predominantemente de nitrogênio, por este ter um limite de solubilidade na ferrita muito maior do que o do carbono: 0,1% em peso nitrogênio contra < 0,02% em peso de carbono a 570 °C (Figura 4.1). Nessa temperatura, o coeficiente de difusão do nitrogênio na ferrita é três vezes maior do que o do carbono ($9{,}8.10^{-8}$ contra $3{,}3.10^{-8}$ cm^2/s).

Em aços de alto carbono e nos ferros fundidos, pode haver difusão inversa do carbono (da matriz para a camada nitrocarbonetada), embora isso não altere, de maneira significativa, as propriedades da camada. Na análise por microscopia óptica, não se observam diferenças entre a matriz e a camada nitrocarbonetada, porém, com o uso da microscopia eletrônica de transmissão, é possível a observação dos carbonitretos [8]. O resfriamento brusco após a nitrocarbonetação retém o nitrogênio em solução sólida na ferrita, aumentando, de maneira significativa, a resistência à fadiga (Figura 4.47).

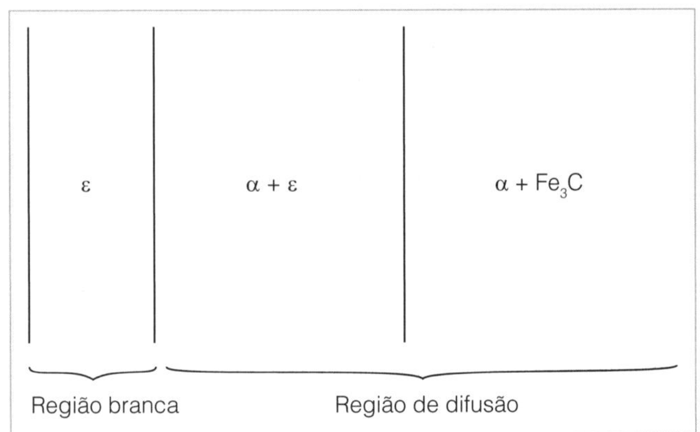

Figura 4.46 Diagrama esquemático da formação de fases em aço alto carbono durante a nitrocarbonetação a gás [8].

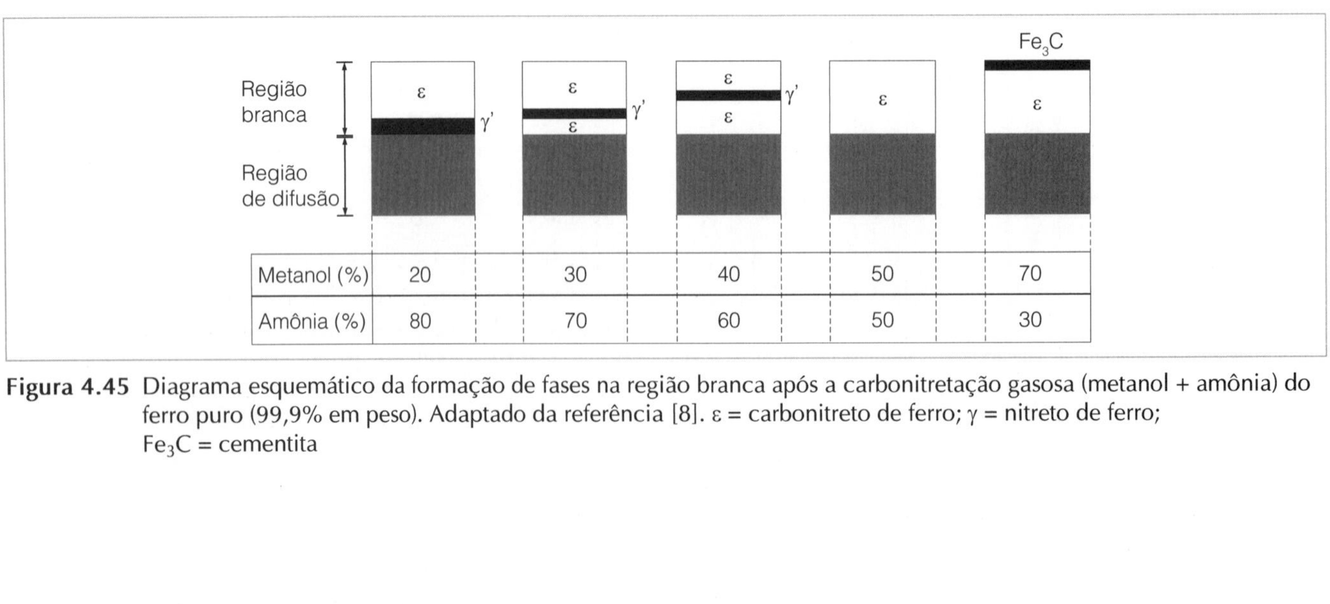

Figura 4.45 Diagrama esquemático da formação de fases na região branca após a carbonitretação gasosa (metanol + amônia) do ferro puro (99,9% em peso). Adaptado da referência [8]. ε = carbonitreto de ferro; γ = nitreto de ferro; Fe_3C = cementita

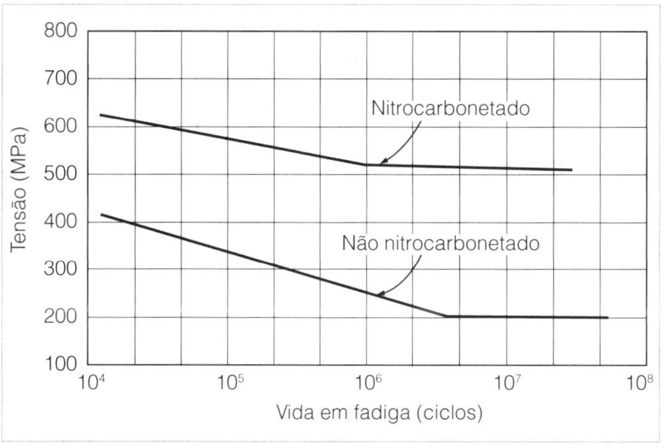

Figura 4.47 Aumento da resistência à fadiga pela aplicação da nitrocarbonetação a gás em aço baixo carbono [8].

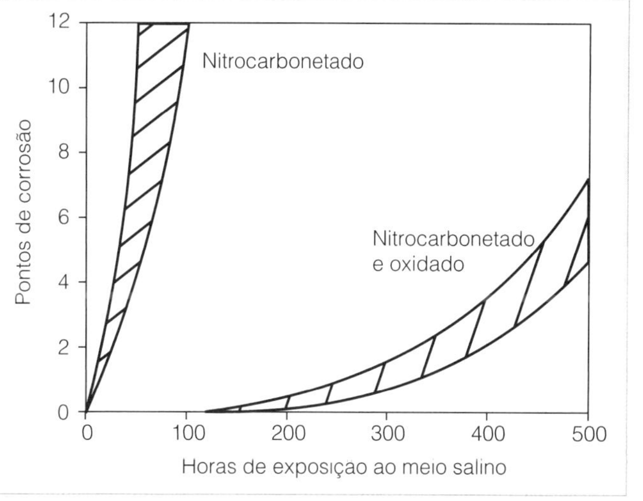

Figura 4.48 Efeito da oxidação depois da nitrocarbonetação na resistência à corrosão no teste ASTM B 117 [8].

4.8.1.2 Nitrocarbonetação a plasma [8]

É uma variante do processo de nitretação a plasma, adicionando-se pequena quantidade (até 2,5%) de CO_2 na mistura gasosa. Apresenta todas as vantagens já discutidas anteriormente pelo uso do plasma. A temperatura utilizada fica em torno de 570 °C e produz uma região branca da ordem de 5 mm, com dureza superficial em torno de 350 Vickers. Uma aplicação típica é em trilhos de assentos de carros. Depois de nitrocarbonetadas, as peças são resfriadas a vácuo, dentro do forno.

Uma região branca formada exclusivamente por carbonitreto ε é a desejada no que diz respeito às propriedades tribológicas da superfície. Entretanto, uma das dificuldades da nitrocarbonetação a plasma é justamente o controle da composição nessa região, pois, normalmente, produz, além do carbonitreto ε, a fase γ (Fe_4N) em aços carbono e a cementita em aços baixa liga ao cromo.

4.8.2 OXINITROCARBONETAÇÃO

O uso de oxidação da superfície após a nitrocarbonetação começou em 1976, com a finalidade simplesmente estética em peças para componentes hidráulicos. Em 1982, descobriu-se que o tratamento aumentava também a resistência à corrosão e começou a ser empregado pela indústria automobilística (Figura 4. 48). A cor da superfície após a oxidação depende da espessura do filme de Fe_3O_4 formado, que, por sua vez, depende do tempo de sopro do oxigênio na peça (Figura 4.49).

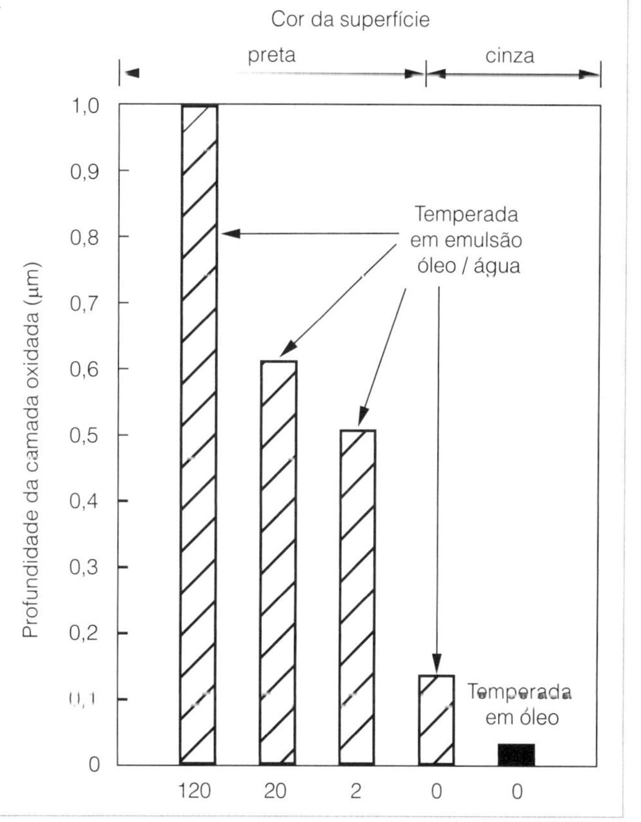

Figura 4.49 Influência do tempo do sopro de oxigênio na espessura e na cor da camada oxidada [8].

4.8.3 NITROCARBONETAÇÃO AUSTENÍTICA

Quando a temperatura de tratamento é tal que provoca a transformação parcial da matriz ferrítica em austenítica, o tratamento é denominado "nitrocarbonetação austenítica". O processo foi desenvolvido, inicialmente, em banho de cianeto líquido e, depois, para atmosfera gasosa. O principal objetivo do tratamento era o de resolver um problema da aplicação da nitrocarbonetação ferrítica em aços carbono: a falta de dureza na região subsuperficial (abaixo da região branca superficial). A vantagem deste processo sobre o plenamente ferrítico é que ocorre a formação de austenita na região

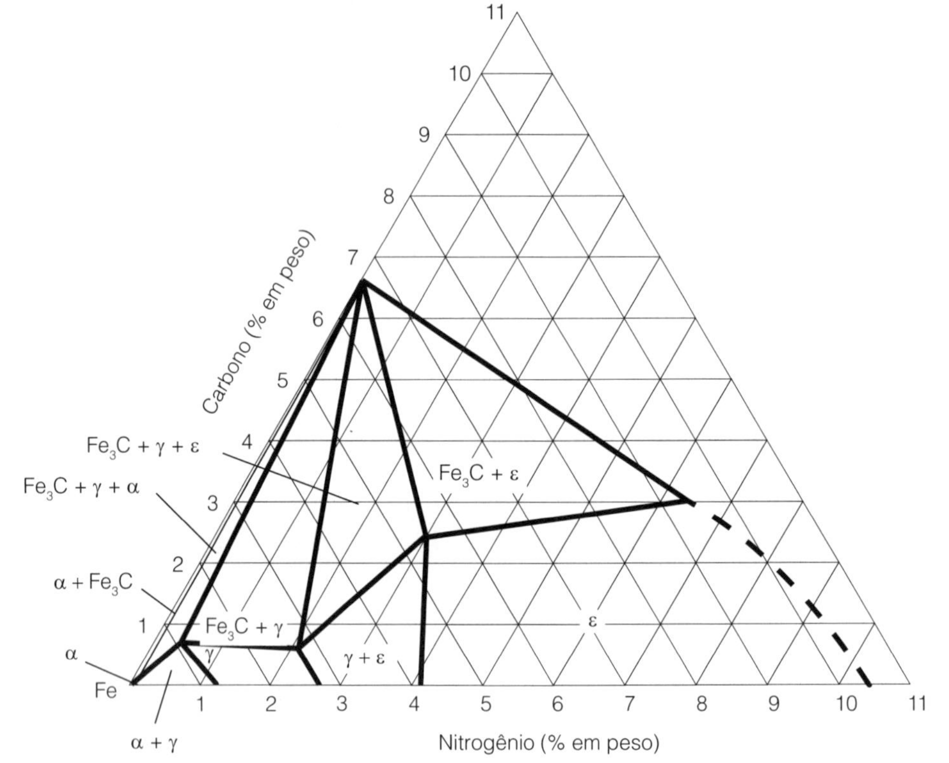

Figura 4.50 Seção isotérmica a 700 °C do diagrama Fe-C-N [8].

subsuperficial, que, após têmpera e revenimento, produz martensita revenida e bainita, elevando a dureza para 750 a 900 Vickers. Em um aço com 1% de carbono e 4% de nitrogênio, teríamos a 570 °C ferrita + ε (Figura 4.40) e a 700 °C austenita + ε (Figura 4.50).

Como na nitrocarbonetação ferrítica, é formada na superfície uma região branca do carbonitreto ε, que garante as propriedades tribológicas da peça. Abaixo dessa camada, é formada uma região de austenita (Figura. 4.51). Um aspecto interessante observado no aço da Figura 4.51 foi que, devido aos altos teores de nitrogênio e carbono na região austenítica, a temperatura de início de transformação austenita → martensita (M_I) ficava menor do que a ambiente, e a estrutura austenítica era preservada, mesmo após a têmpera em óleo. Com o envelhecimento a 250 °C, a estrutura austenítica dava lugar a uma estrutura bainítica, aumentando a dureza da camada (Figura 4.52).

O processo de nitrocarbonetação austenítica eleva significativamente a resistência ao desgaste do aço (Figura 4.53).

Camadas austeníticas de 50 a 200 mm com dureza Vickers entre 750 e 900 são típicas do processo de nitrocarbonetação austenítica. Entretanto, camadas mais profundas (até 600 mm) podem ser obtidas empregando-se um tratamento de cementação antes da nitrocarbonetação austenítica. Esses processos são conhecidos comercialmente como Alpha Plus e Beta (Figura 4.54) e são aplicados a disco de embreagem, engrenagens, partes de bombas de água, rolamentos etc.

Também existem processos comerciais que associam a nitrocarbonetação austenítica com um pré-tratamento de cementação e um pós-tratamento de oxidação, como o Nitrotec C.

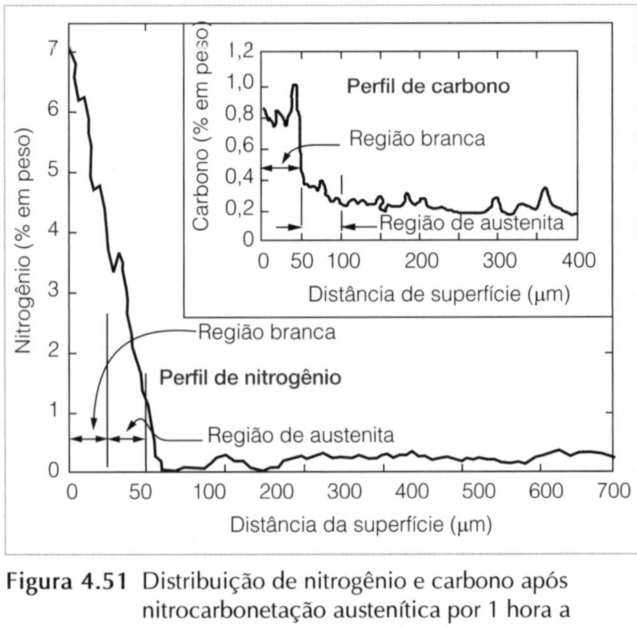

Figura 4.51 Distribuição de nitrogênio e carbono após nitrocarbonetação austenítica por 1 hora a 700 °C. A região branca de 50 mm é composta de carbonitreto ε [9].

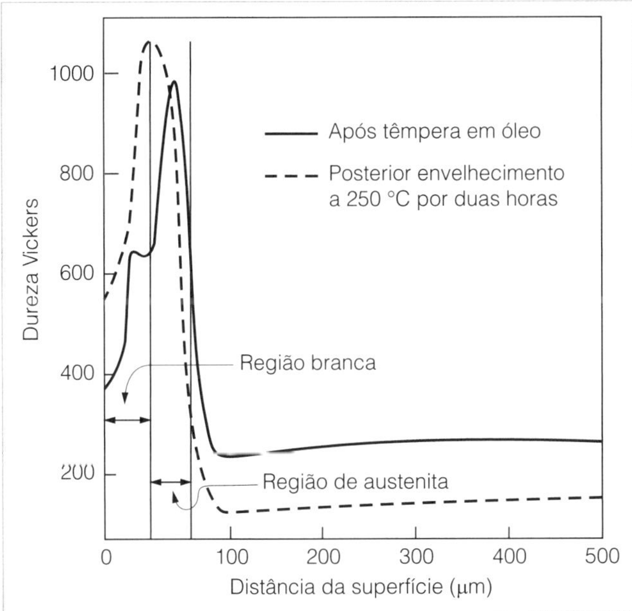

Figura 4.52 Perfil de dureza em aço carbono após nitretação austenítica a 700 °C por 1 hora seguida de: • Têmpera em óleo. • Têmpera em óleo e envelhecimento a 250 °C [8]. Observação: mesmo aço da Figura 4.47 (0,12 a 0,18 C – 0,10 a 0,40 Si – 0,60 a 1,0 Mn).

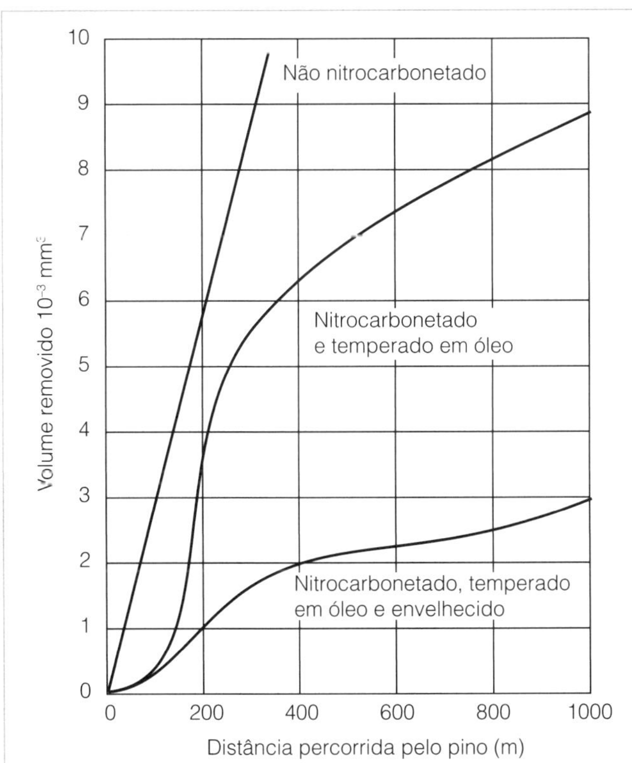

Figura 4.53 Efeito da nitrocarbonetação austenítica na resistência ao desgaste de aço carbono. Nitrocarbonetação a 700 °C por uma 1 com têmpera em óleo. A peça foi envelhecida a 250 °C por 2 horas. Foi utilizado o teste do pino contra disco [8].

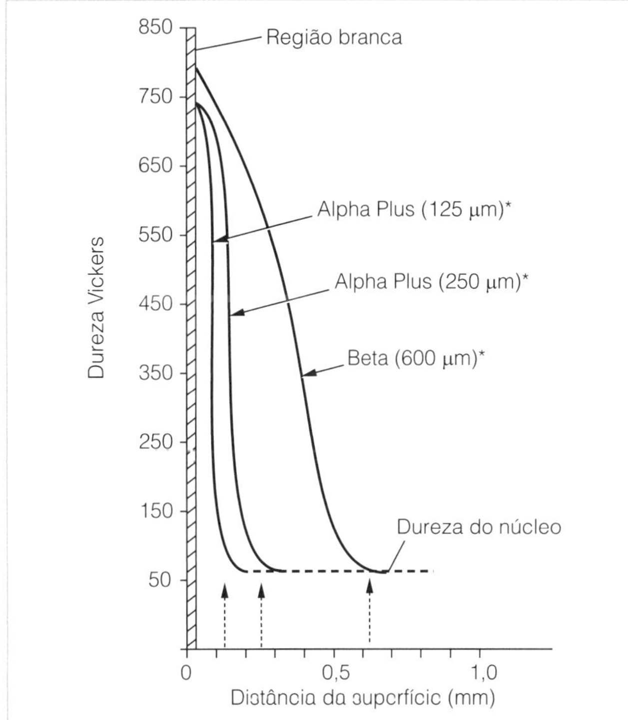

Figura 4.54 Perfil de dureza para três tratamentos de nitrocementação austenítica aplicados em aço carbono [8]. * O valor entre parênteses significa a profundidade da região austenítica.

4.9 BORETAÇÃO [8]

Consiste em aquecer o aço entre 700 e 1.000 °C por 1 a 12 horas em contato com um agente boretante, objetivando a formação de boretos de ferro (Fe_2B e FeB) na superfície do aço. O ideal é a formação de camada monofásica de Fe_2B, pois camadas bifásicas Fe_2B/FeB são mais susceptíveis à formação de trincas em virtude das diferenças de propriedades desses boretos (Tabela 4.9). Essas trincas podem levar a um descascamento da camada boretada quando uma deformação mecânica é aplicada, ou mesmo, a uma separação total das camadas quando submetidas a choque térmico ou mecânico (Figura 4.55).

Tabela 4.9 Propriedades dos boretos de ferro [8]

Propriedade	FeB	Fe_2B
Microdureza (GPa)	19 – 21	18 – 20
Módulo de elasticidade (GPa)	590	290
Densidade (g/cm³)	6,75	7,43
Coeficiente de expansão térmica (10^{-6}/°C)	23	7,7
Composição (% em peso de boro)	16,23	8,83
Estrutura	Ortorrômbica	Tetragonal de corpo centrado

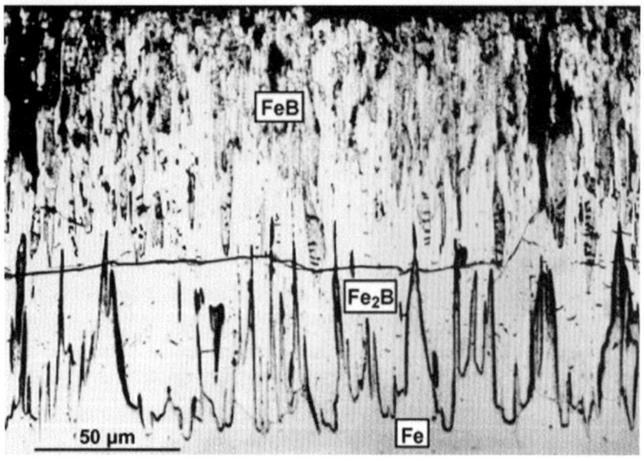

Figura 4.55 Trinca ao longo da interface FeB-Fe_2B crescida sobre ferro puro (ferro Armco). O coeficiente de expansão térmica do FeB é três vezes maior do que a do Fe_2B e seu módulo de elasticidade, duas vezes maior. Observa-se a interface "dente de serra" entre os boretos e o ferro [17].

O coeficiente de difusão do boro a 950 °C na região dos boretos é de $1{,}8.10^{-8}$ cm^2/s e de $15{,}3.10^{-8}$ cm^2/s na região de difusão e, como resultado, a região de difusão é sete vezes mais profunda do que a região de boretos. A espessura da região de boretos é linearmente proporcional ao quadrado do tempo utilizado no processo (Figura 4.56).

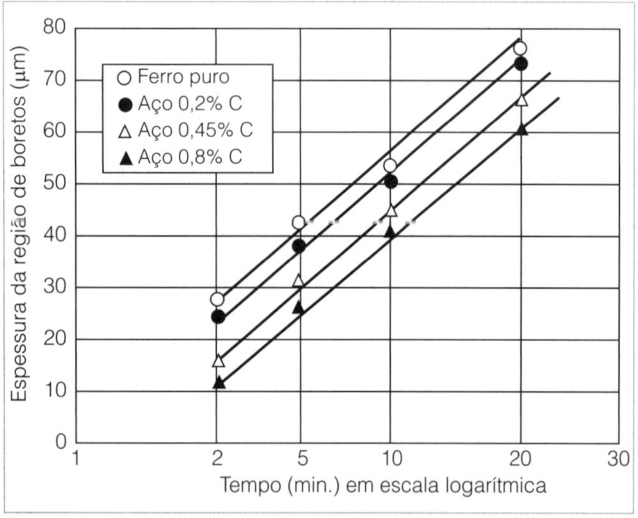

Figura 4.56 Relação entre a espessura da região boretada e o tempo do processo a 1000 °C [8].

A interface entre a região boretada e a região de difusão apresenta a forma de "dente de serra" em ferro puro, aços carbono e baixa liga e que se torna plana à medida que o carbono e os elementos de liga são adicionados no aço. Os elementos de liga retardam o crescimento da região boretada por redução da difusividade do boro (Figura 4.57). O carbono não se dissolve de maneira significativa na região dos boretos e forma uma camada de borocementita ($Fe_3\,B_{0,67}\,C_{0,33}$) entre a região de boretos e a matriz. O mesmo acontece com o silício e alumínio, que formam camadas de borossilicatos e boroaluminatos de ferro entre a região de boretos de ferro e a matriz. Tendo essa camada uma dureza muito mais baixa do que a da região de boretos de ferro, quando ocorre uma pressão na superfície da peça, a camada de boretos de ferro "afunda" nela, sendo destruída. Assim, aços com teores elevados de alumínio e silício não são recomendados para a boretação.

O boro é fornecido ao aço por via gasosa, líquida, sólida ou pastosa.

A boretação gasosa utiliza gás BCl_3 diluído na proporção de 1:15 com hidrogênio ou mistura hidrogênio + nitrogênio e é utilizada apenas em titânio e suas ligas devido ao alto custo do processo.

O processo a plasma utiliza o gás diborano, extremamente tóxico, o que dificulta sua aceitação comercial.

A boretação líquida utiliza banhos de sais fundidos por eletrólise (passagem de corrente elétrica) ou aquecimento externo. Os sais não são tóxicos, mas existe a dificuldade de remoção do excesso de sal de boro na peça, o que encarece o processo por ser uma operação demorada e utilizar mão de obra intensiva. Os sais usados são, entre outros: $Na_2B_4O_7$ (bórax ou tetraborato de sódio), B_4C e KBF_4.

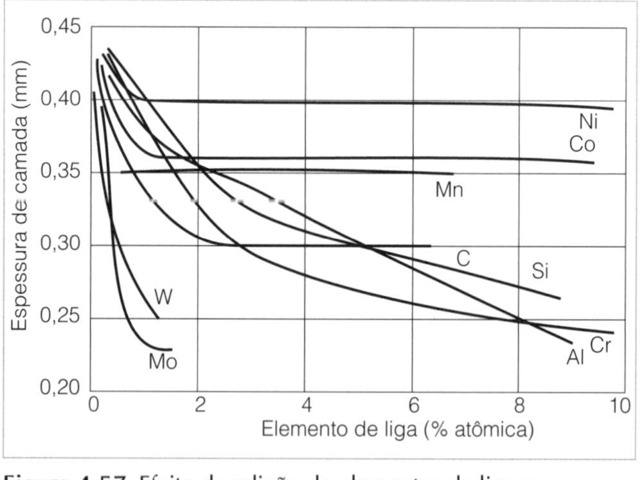

Figura 4.57 Efeito da adição de elementos de liga na espessura da camada boretada dos aços [8].

A boretação sólida tem sido a mais empregada por ser um processo seguro, de baixo custo e que utiliza equipamentos simples. Os meios de boretação sólida podem conter como fontes de boro as seguintes substâncias: boro amorfo puro, ferro-boro e carboneto de boro (B_4C), sendo o último o de menor custo. Em geral, o B_4C é misturado com diluentes que não tomam parte na reação como o carboneto de silício (SiC) e a alumina

(Al_2O_3) e com ativadores de boro (KBF_4 e $Na_2B_4O_7$). As misturas para a boretação sólida são apresentadas com nomes comerciais como a Ekbor. A peça a ser boretada é colocada em uma caixa e envolvida com uma camada de 10 a 20 mm de pó com a mistura boretante. A espessura da camada boretada em aço carbono varia de 10 a 300 mm, dependendo do tempo empregado (Figura 4.58).

A boretação em pasta é usada comercialmente quando a boretação sólida é difícil de ser aplicada ou quando se deseja boretar apenas uma região selecionada da peça. A peça recebe uma pintura de 1 a 2 mm de espessura (por *spray* ou com pincel) de uma solução contendo boro (B_4C + SiC + KBF_4 dissolvidos em solução aquosa de metilcelulose, por exemplo) em toda a sua extensão ou em regiões selecionadas para serem boretadas. Em seguida, a peça é aquecida dentro de um forno ou superficialmente, usando-se o aquecimento indutivo.

Peças boretadas podem ser temperadas em óleo ou ar e depois revenidas, porém o aquecimento deve ser feito em forno a vácuo ou sob atmosfera inerte para preservar a integridade da camada boretada.

As vantagens e as desvantagens da boretação são as seguintes:

4.9.1 VANTAGENS

- A dureza da camada boretada é extremamente alta, acima das obtidas por cementação e nitretação de aços carbono.

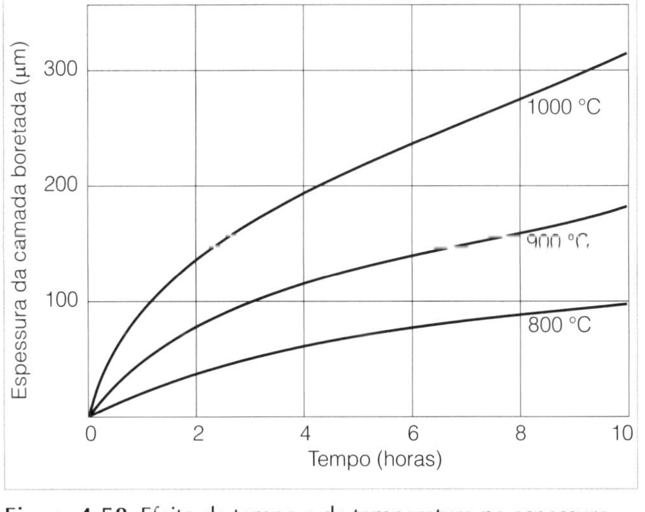

Figura 4.58 Efeito de tempo e da temperatura na espessura da camada boretada em aço baixo carbono, utilizando a boretação sólida [8].

- A camada boretada também apresenta uma grande resistência à corrosão por ácidos inorgânicos, como o clorídrico, o sulfúrico e o fosfórico (Figura 4.59).
- Pode ser aplicada em aços carbono, baixa liga, ferramenta e inoxidáveis. Apenas os aços ligados com alumínio e os com mais de 1% de silício não são indicados para este processo.
- A alta dureza da camada boretada, aliada ao baixo coeficiente de seu atrito, produz elevada resistência ao desgaste.

4.9.2 DESVANTAGENS

- A boretação sólida, que é o processo mais utilizado, exige mão de obra intensiva e tem baixa flexibilidade para a automação, tornando o processamento lento e custoso, o que provoca sua substituição pelos processos de cementação a gás ou nitretação a plasma.
- Devido à alta dureza da camada boretada, um eventual ajuste na peça só pode ser feito por lapidação com diamante, pois um polimento convencional fratura a camada boretada.
- A resistência à fadiga em geral é inferior à obtida na peça cementada ou nitretada.
- Se a peça precisar ser reaquecida para um tratamento térmico posterior, este processo deverá ocorrer em um forno a vácuo ou com atmosfera protetora para preservar a camada de boretos formada.

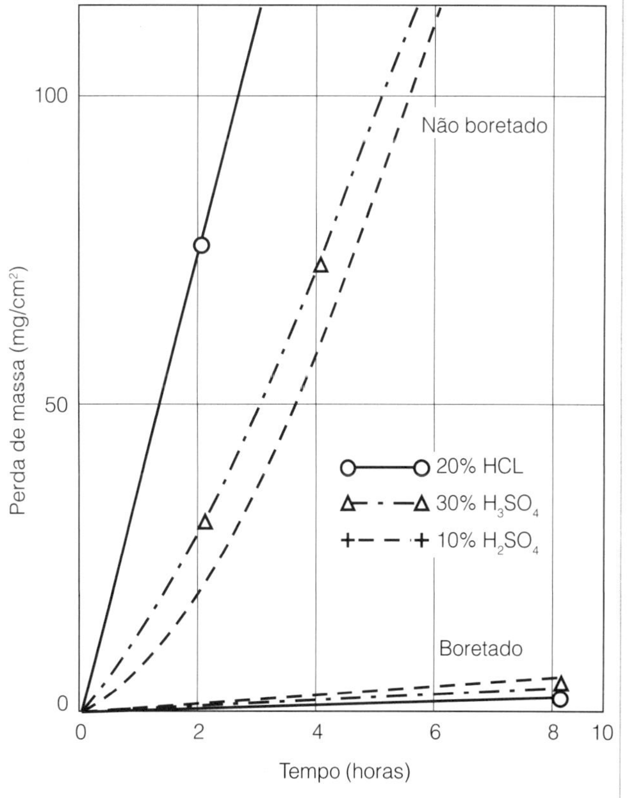

Figura 4.59 Perda de massa do aço 1045, pela ação de ácidos inorgânicos, a 56 °C [8].

A boretação é empregada em eixos, engrenagens, guias, injetores, matrizes, partes de válvulas, tubulação para transporte de metais não ferrosos líquidos (alumínio e zinco, por exemplo), entre outras várias aplicações.

Atik [18] observou que a dureza superficial nas camadas boretadas era sempre maior do que nas camadas cementadas ou nitretadas de aços carbono ou ferramenta e semelhante à da camada nitretada em aço inoxidável 304 (Figuras 4.60 a 4.62). Verificou também que o aumento do tempo de boretação provocava um aumento na espessura da camada boretada, o que se refletia em uma elevação da dureza superficial em diferentes tipos de aço: carbono, ferramenta ou inoxidável. Entretanto, nem sempre o aumento da espessura e da dureza da camada boretada nos aços D2 ou 304 indicava uma maior resistência ao desgaste, mostrando que esta propriedade é do sistema tribológico como um todo e não apenas da camada boretada. A camada boretada elevou a resistência à corrosão por ácido sulfúrico em todos os aços ensaiados.

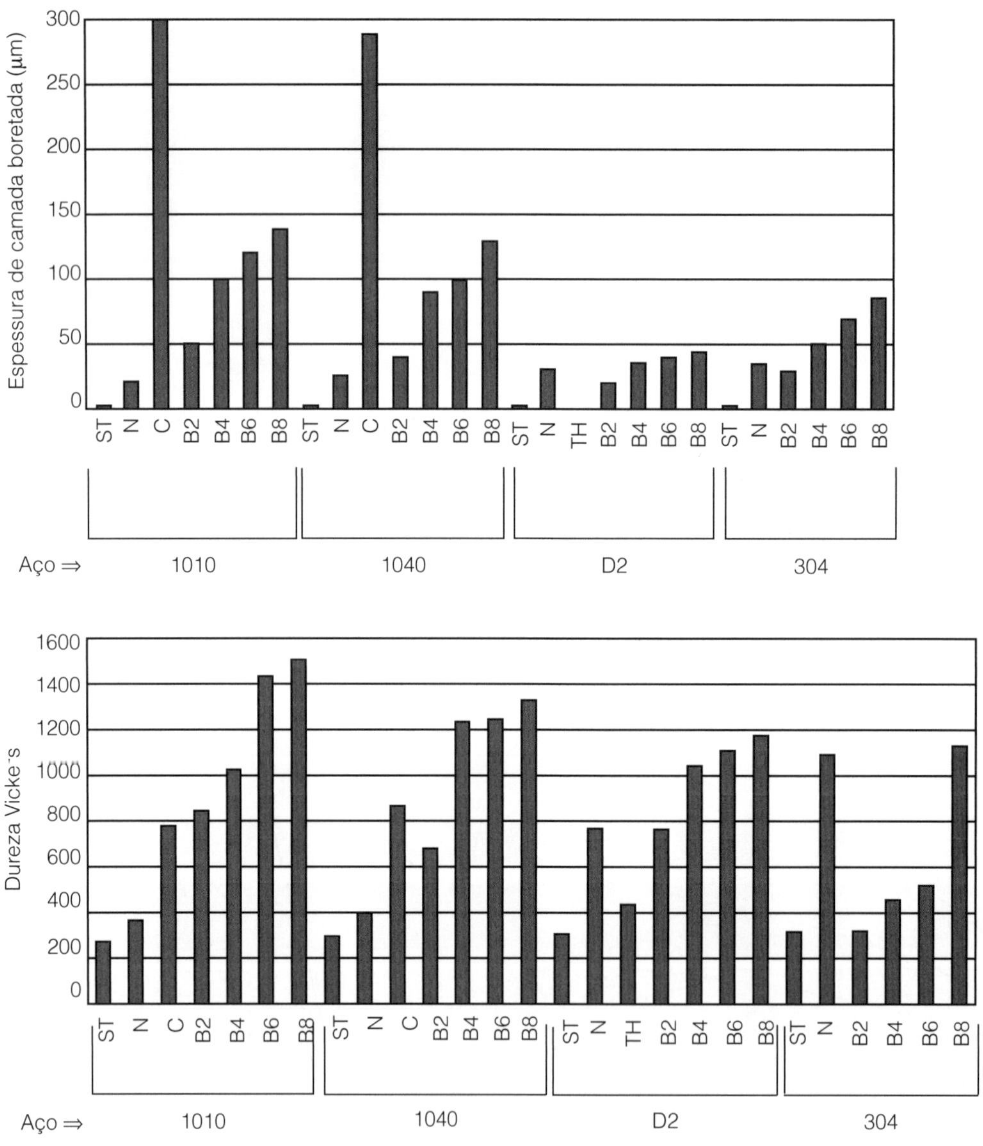

ST = sem tratamento.
N = nitretado a gás por 150 minutos a 565 °C.
C = cementado a 930 °C por 180 minutos, temperado em água.
TH = endurecido por trasformação. Aquecido lentamente até 1020 °C e temperado em óleo.
B2 - B4 - B6 - B8 = boretado a 900 °C por 2,4, 6 ou 8 horas.

Figura 4.60 Efeitos de diferentes tratamentos termoquímicos na espessura e na dureza da camada formada [18].

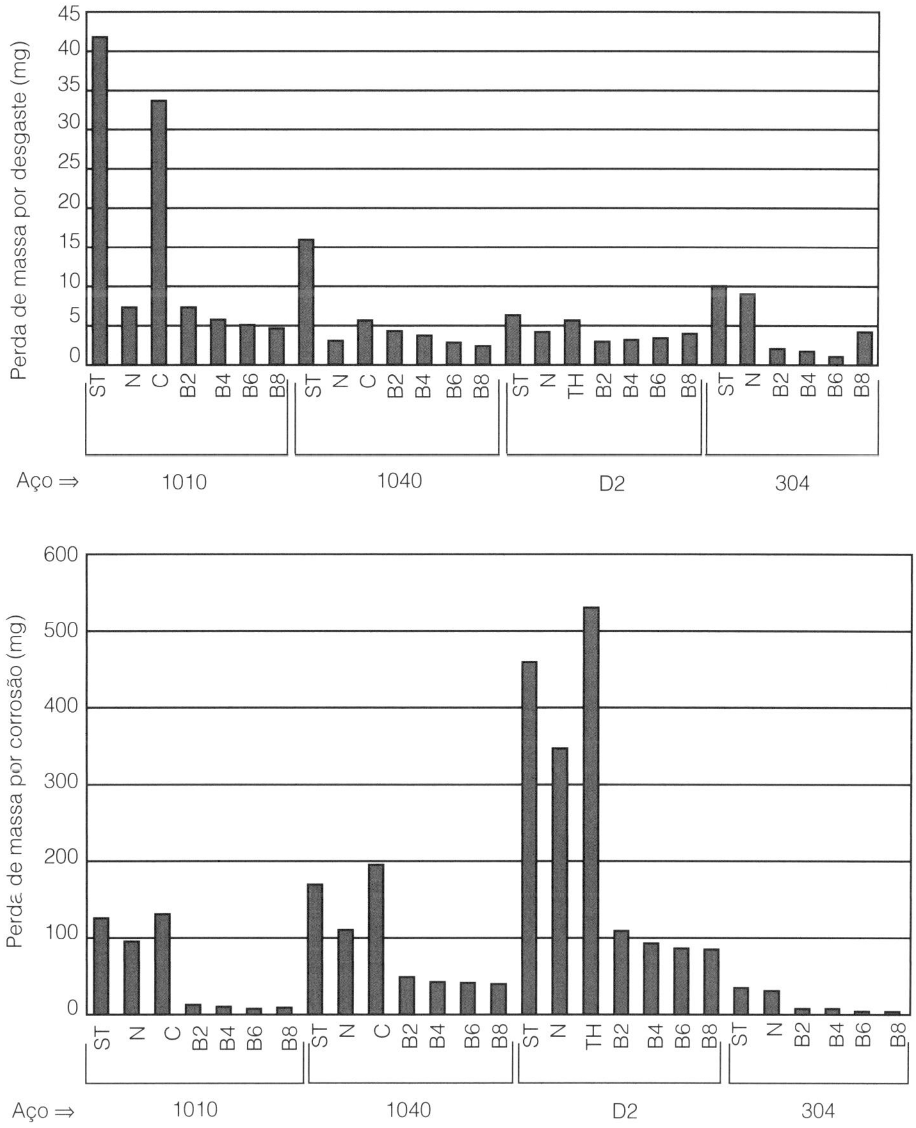

ST = sem tratamento.
N = nitretado a gás por 150 minutos a 565 °C.
C = cementado a 930 °C por 180 minutos, temperado em água.
TH = endurecido por trasformação. Aquecido lentamente até 1020 °C e temperado em óleo.
B2 - B4 - B6 - B8 = boretado a 900 °C por 2,4, 6 ou 8 horas.

Figura 4.61 Efeito de diferentes tratamentos termoquímicos na resistência ao desgaste e à corrosão. Resistência ao desgaste: teste de disco girando em caixa de sílica de diâmetro médio de 1 mm por 40 horas. Resistência à corrosão: imersão em solução aquosa de 10% de H_2SO_4 a 56 °C [18].

Existem novos processos que adicionam outros elementos de liga (via ferroligas) após a boretação sólida ou líquida para se obter camadas superficiais com propriedades especiais:

Boroaluminização – Boretação seguida de aluminização (via ferro-alumínio) para aumentar a resistência à corrosão e ao desgaste em ambientes úmidos.

Borossiliconização – boretação seguida de siliconização (via ferro-silício) para aumentar a resistência à corrosão e à fadiga.

Borocromização – boretação seguida de siliconização (via ferro-cromo) para aumentar a resistência à oxidação, à corrosão e à fadiga. A camada superficial formada permite que a peça seja submetida a tratamento térmico posterior sem a necessidade de uso de vácuo ou de atmosfera inerte.

Borocromotitanização – boretação seguida de adição de cromo e titânio (via ferro-cromo e ferro-titânio) para aumentar a dureza (até 5.000 HV), a resistência à corrosão e a resistência ao desgaste.

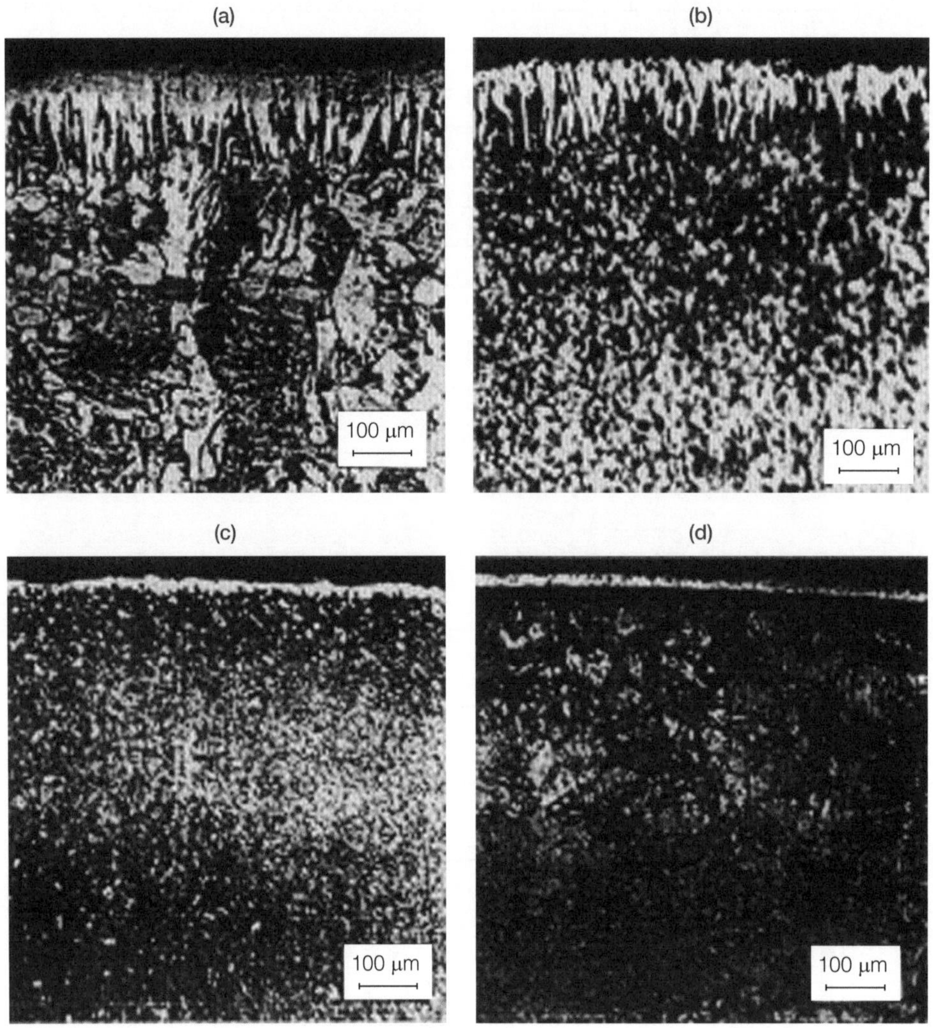

Figura 4.62 Aços 1010 (a), 1040 (b), D2 (c) e 304 (d) após boretação sólida a 900 °C por 8 horas. A interface boretos/matriz muda de "dente de serra" nos aços carbono (1010 e 1040) para plana com adição de elementos de liga (aços D2 e 304). Também a espessura da camada boretada diminui significativamente com a adição de carbono e elementos de liga nos aços (tomando-se o aço 1010 como referência) [18].

Borovanadização, borocromovanadização e borovanadização – boretação seguida de adição de vanádio (via ferro-vanádio) ou vanádio e cromo para aumentar a dureza (até 3.000 HV) e a resistência ao lascamento da camada sob impacto.

4.10 TRATAMENTOS TERMORREATIVOS [8]

O processo de difusão ou deposição termorreativa (TRD – *Thermoreactive Diffusion*) produz uma camada superficial de elevada dureza e alta resistência ao desgaste pela formação de carbonetos, nitretos ou carbonitretos de vanádio, nióbio, tântalo, cromo, tungstênio ou molibdênio. O processo foi desenvolvido na década de 1970 no Japão pela Toyota e ficou conhecido como TD (*Toyota Diffusion*).

Os EFCN (elementos formadores de carbonetos, nitretos e carbonitretos, a saber: V, Nb, Ta, Cr, W e Mo), na forma de ferroliga ou óxidos em pó, são misturados com bórax e cloreto de amônia, entre outros compostos, e usados para envolver a peça. O conjunto é aquecido entre 850 e 1.050 °C por 0,5 a 10 horas, provocando a fusão do bórax e a difusão dos EFCN para ele. Os EFCN combinam-se, então, na superfície da peça com o carbono e o nitrogênio presentes no aço e formam camadas de nitretos, carbonetos ou carbonitretos. Aços com baixos teores de carbono são cementados antes da aplicação do processo TRD.

Quanto maior a concentração de carbono dissolvido na matriz do aço, maior será a espessura da camada de carboneto produzida (Figura 4.63). O aumento da temperatura eleva o teor de carbono dissolvido na austenita, além de favorecer a sua difusão, propiciando a formação da camada dos carbonetos de EFCN. Em materiais praticamente sem carbono, como o ferro Armco ou ligas de níquel, é aplicada a cementação antes do processo TRD. A faixa de espessura da camada formada é de 5 a 15 μm, semelhante às obtidas em processo CVD (deposição química em fase vapor) e PVD (deposição física em fase vapor).

O processo TRD produz camadas superficiais de altíssima dureza (Figura 4.64), boa resistência à corrosão pelo íon cloreto (Figura 4.65) e excelente resistência ao desgaste (Figura. 4.66).

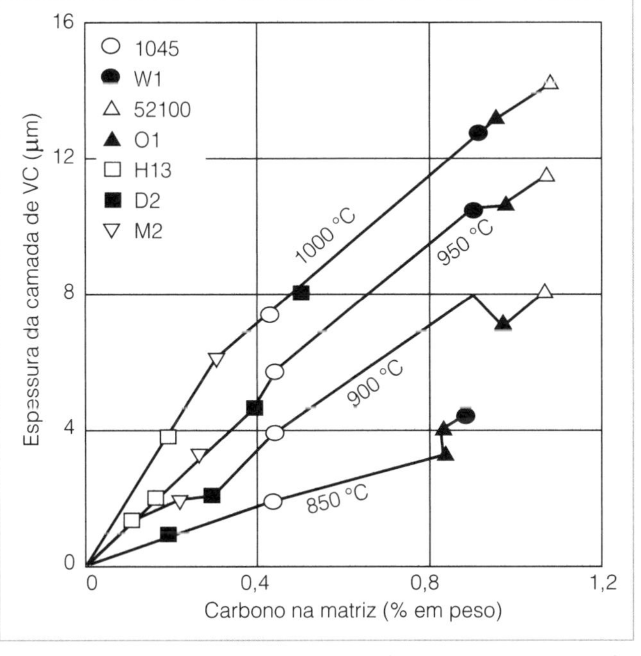

Figura 4.63 Efeito do teor de carbono da matriz na espessura da camada de carboneto de vanádio formada para 4 horas de aquecimento nas temperaturas indicadas, usando bórax com 20% um peso de pó de Fe-V [8].

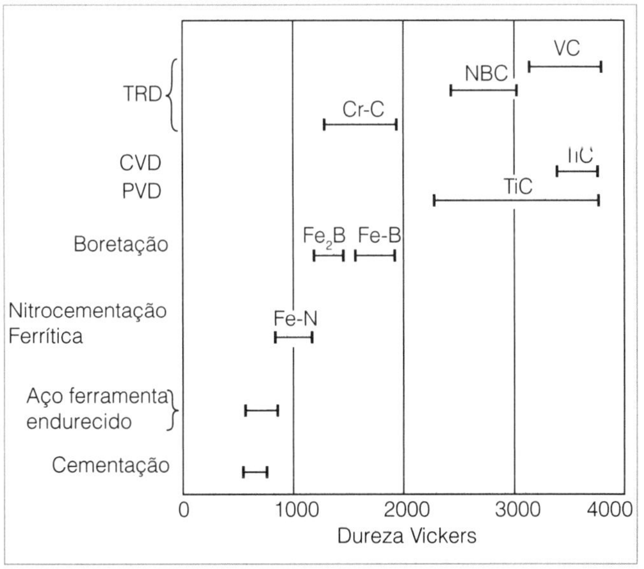

Figura 4.64 Dureza superficial obtida em diferentes processos. Adaptada de [8].

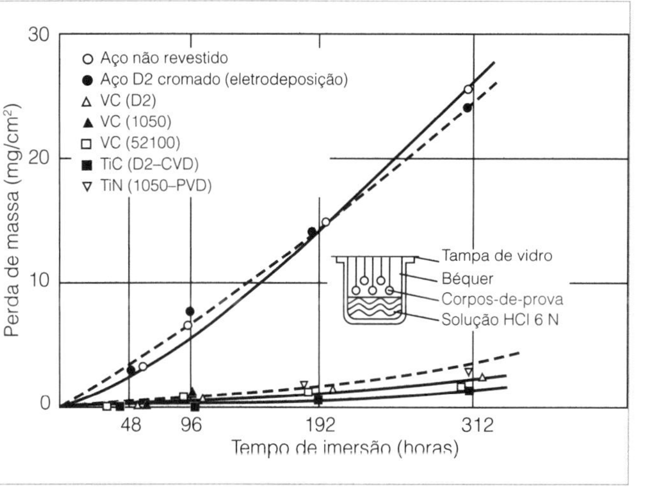

Figura 4.65 Perda de peso pela corrosão com vapor de HCl na temperatura ambiente [8].

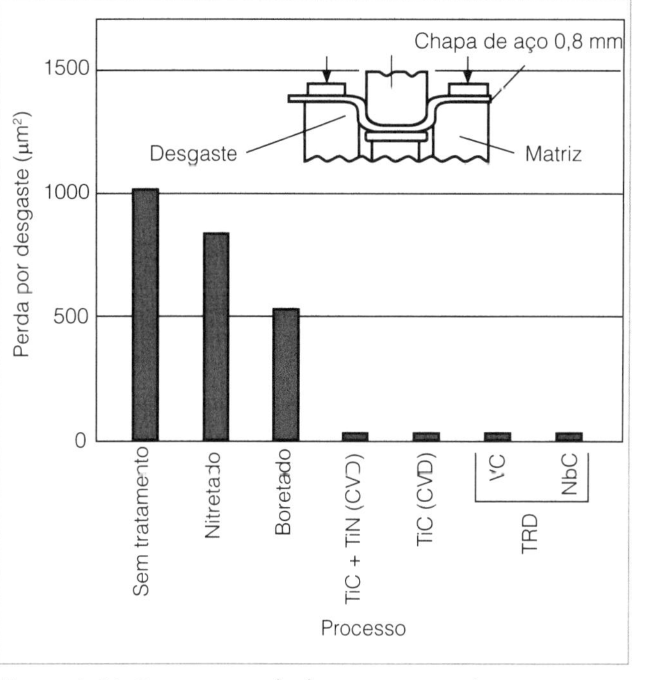

Figura 4.66 Comparação de desgaste em matriz para estampagem de chapa de aço carbono sem lubrificação [8].

O processo TRD é aplicado, usualmente, em ferramentas de corte e peças usadas em extrusão, compactação de pós, trefilação, forjamento a quente e a frio, injeção de zinco e alumínio, fabricação de tubos de aço etc. Isso inclui a maioria dos aços ferramenta e alguns inoxidáveis martensíticos. Após sofrerem desgaste, as ferramentas processadas por TRD são reprocessadas até oito vezes sem a remoção da camada original de carbonetos. Isso porque o crescimento do carboneto "novo" só ocorre em áreas em que este foi retirado pelo desgaste, visto que, nas áreas cobertas com o carboneto original, a difusão é muito lenta. Assim, depois do reprocessamento, a espessura da camada de carbonetos não apresenta diferença significativa em relação à camada originalmente depositada.

Outras aplicações mais específicas do processo TRD incluem correntes de bicicletas e motos de corrida, bocais que trabalham com líquidos corrosivos ou com partículas abrasivas e componentes automotivos que ficam em contato com os gases de exaustão. Nesses casos, são utilizados os aços carbono e os da série 41xx, sendo que os de baixo teor de carbono são previamente cementados. Após o processo TRD, estes aços são temperados e revenidos. Como o processo é realizado em altas temperaturas, podem ocorrer distorções na peça por efeitos de aquecimento (deformação) ou mudança de fase (crescimento da camada de carboneto ou transformação da austenita retida). Isso pode ser minimizado com tratamentos que eliminem a austenita retida (subzero, por exemplo) e uso de aços ferramenta que endurecem ao ar, por exemplo.

4.11 RESUMO DOS TRATAMENTOS TERMOQUÍMICOS

Na Tabela 4.10, é apresentado um resumo sobre os tratamentos termoquímicos dos aços.

Tabela 4.10 Características dos tratamentos termoquímicos. Adaptada de [8]

Processo	Elemento difundido	Temperatura °C	Profundidade da camada (μm)	Dureza RC	Características
Cementação					Necessita de têmpera posterior.
Sólida	C	815 – 1090	700 – 6000	50 – 63**	Equipamento de baixo custo; dificuldade de controle de camada.
Gasosa	C	815 – 980	75 – 1500	50 – 63**	Bom controle de camada; adequado para processo contínuo; requer bom controle de gás.
Líquida	C + (N)*	815 – 980	50 – 3000	50 – 65**	Mais rápido do que a sólida e a gasosa; toxidez do cianeto, equipamento requer constante manutenção.
Vácuo	C	815 – 1090	75 – 1500	50 – 63**	Mais rápido do que a gás, peças brilhantes, fácil controle de processo, alto custo de equipamento.
Plasma	C	1040 – 1050	75 – 1500	50 – 63**	Camada mais uniforme do que na cementação a gás ou a vácuo, especialmente em regiões de acesso mais difícil, como raiz dos dentes de uma engrenagem ou em furos; alto custo do equipamento.
Nitretação					Não requer têmpera posterior e provoca menos distorção e camada mais dura do que na cementação. Aumento da resistência à fadiga.
Gasosa	N	500 – 550	125 – 750	50 – 70	Camadas maiores do que na líquida; processo lento.
Líquida	N + (C)*	510 – 565	2,5 – 750	50 – 70	Usada para obter camadas mais finas. Problemas com toxidez do cianeto.
Iônica ou a plasma	N	370 – 565	75 – 750	50 – 70	Mais rápida do que a gasosa, bom controle de camada; alto custo do equipamento.
Misto (C+N)					
Cianetação (líquida)	C + N	760 – 870	2,5 – 125	50 – 65**	Retirada de sal de furos da peça requer mão de obra intensiva.
Carbonitretação (gasosa)	C + N	760 – 870	75 – 750	50 – 65**	Temperatura menor do que na cementação com menor distorção nas peças. Camada mais fina do que na cementação.
Nitrocarbonetação ferrítica	C + N	565 – 575	2,5 – 25	40 – 60	Camada fina de alta resistência ao desgaste e à fadiga.

(continua)

Tabela 4.10 Características dos tratamentos termoquímicos. Adaptada de [8] *(continuação)*

Processo	Elemento difundido	Temperatura °C	Profundidade da camada (μm)	Dureza RC	Características
Boretação	B	700 – 1000	12,5 – 300	40 – >70	Produz camada da alta dureza e boa resistência ao desgaste e à corrosão por ácidos inorgânicos. Resistência à fadiga menor do que na cementação ou nitretação.
Termorreativo	Carbonetos de V, Nb e Cr	850 – 1.050	5 – 15	> 70	Camada com altíssima resistência ao desgaste, geralmente aplicado em ferramentas de corte e matrizes de aços ferramenta.

* Minoritário

** Depois da têmpera

4.12 MICROESTRUTURAS OBTIDAS NOS TRATAMENTOS TERMOQUÍMICOS

Nas Figuras 4.67 e 4.68, são apresentadas microestruturas representativas de alguns dos tratamentos termoquímicos.

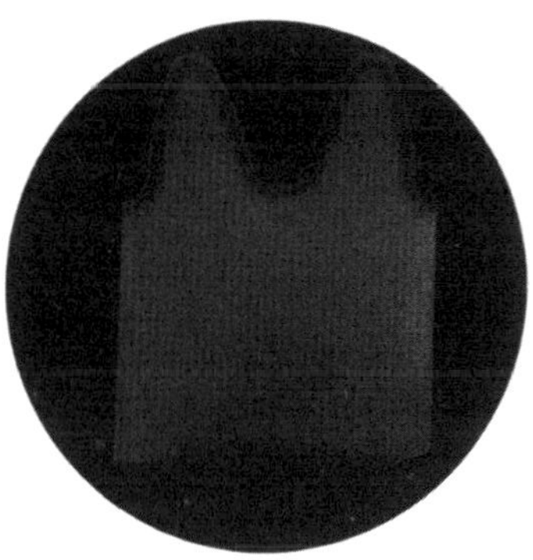

Figura 4.67 Engrenagem cementada. Nital. 4X.

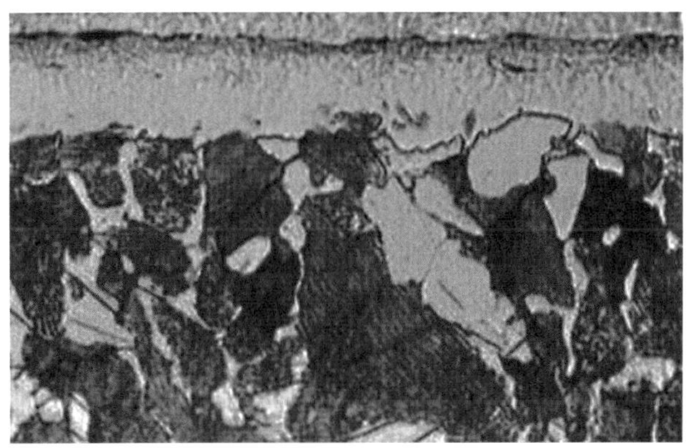

Figura 4.68 Aço 1045 nitretado. 800X. Foto gentilmente cedida pela Combustol.

Exercícios

1. Calcular a relação entre o coeficiente de difusão do carbono no ferro a 1000 e a 500 °C.

2. Calcular o tempo necessário para que a 1 mm da superfície seja alcançado 0,4% C, aquecendo-se um aço 1020 a 900 e a 950 °C. Supor que o potencial de carbono na superfície seja de 0,8%. Nessas condições, qual seria a profundidade da camada cementada (X_p)?

3. Na cementação a gás de um aço 1020 a 850 °C, qual deveria ser a composição do gás (suposto CO + CO_2) para que o potencial de carbono na superfície fosse de 0,6% C?

4. Calcular o perfil de distribuição de carbono em aço 1022, cementado a 920 °C, por 8 horas, supondo um potencial de carbono na superfície de 0,75% C. Comparar os dados obtidos com os da Figura 4.8.

5. Calcular o perfil de distribuição do nitrogênio em um aço 1015, nitretado a 565 °C, por 3 horas, supondo um potencial de nitrogênio na superfície de 0,13%. Comparar os dados obtidos com os da Figura 4.28. Supor nula a concentração inicial de nitrogênio no aço.

Respostas

1.

$$D = D_o \exp\left[\frac{-Q}{RT}\right]$$

$$D_{500} = 3{,}3 \cdot 10^{-3} \exp\left[\frac{-19300}{1{,}987(500+273)}\right] = 1{,}15 \cdot 10^{-8}\ cm^2/s$$

$$D_{1000} = 10^{-2} \exp\left[\frac{-27000}{1{,}987\ (1000+273)}\right] = 23{,}1.10^{-8}\ cm^2/s$$

diferença = 20 vezes

2.

$x = 1$ mm $= 0{,}1$ cm

$C(x,t) = 0{,}4$

a o 1020 $\quad C_o = 0{,}20$

$T = 900$ e 950 °C

$C_s = 0{,}8$

$t = ?$

$$C(x,t) = C_s - (C_s - C_o)\,\text{erf}\left[\frac{x}{2\sqrt{Dt}}\right]$$

$$0{,}4 = 0{,}8 - (0{,}8 - 0{,}2)\,\text{erf}\left[\frac{0{,}1}{2\sqrt{Dt}}\right]$$

$$0{,}4 = 0{,}8 - 0{,}6\ \text{erf}(Z)$$

$$-0{,}4 = -0{,}6\ \text{erf}(Z)$$

$$\frac{0{,}4}{0{,}6} = 0{,}66 = \text{erf}(Z) \rightarrow \text{Tabela 4.2} \rightarrow Z = 0{,}68$$

$$D = D_o \exp\left[\frac{-Q}{RT}\right]$$

$$D_{900} = 10^{-2} \exp\left[\frac{-27000}{1{,}987(900+273)}\right] = 10^{-2} \exp\left[\frac{-27000}{1{,}98x1.173}\right]$$

$$D_{900} = 10^{-2} \exp\left[\frac{-13.588{,}32}{1.173}\right] = 10^{-2} \exp[11{,}58]$$

$$D_{900} = 10^{-2}\ x\ 9{,}35\ x\ 10^{-6} = 9{,}35\ x\ 10^{-8}$$

$$D_{900} = 9{,}35\ x\ 10^{-8}\ cm^2/s$$

$$D_{950} = 10^{-2} \exp\left[\frac{13.588,32}{(950+273)}\right] = 10^{-2} \exp\left[\frac{-13.588,32}{1223}\right] = \exp[-11,11]$$

$$D_{950} = 14,95 \text{ x } 10^{-8} \text{ cm}^2 / \text{s}$$

$$0,68 = \frac{0,1}{2\sqrt{Dt}}$$

$$\sqrt{Dt} = \frac{0,1}{2 \text{ x } 0,68} = 0,073 = Xp$$

$$Dt = 5,40 \text{ x } 10^{-3}$$

$$t = \frac{5,40 \text{ x } 10^{-3}}{D}$$

$$t_{900} = \frac{5,40 \text{ x}10^{-3}}{9,35 \text{ x}10^{-8}} = 57.754\text{s} \cong 16 \text{ horas} \qquad t_{950} = \frac{5,40 \text{ x}10^{-3}}{14,95 \text{ x } 10^{-8}} = 36.120 \text{ s} \cong 10 \text{ horas}$$

3.

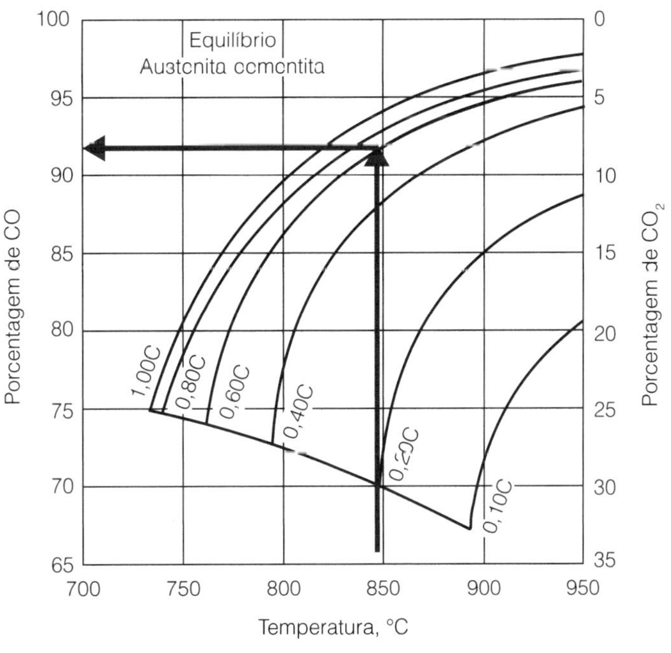

Resposta: 92% CO e 8% CO_2

4.

aço 1022 $\quad C_o = 0,22$

$T = 920$ °C

$C_s = 0,75$

$t = 8$ horas $= 28800$s

$$C(x,t) = C_s - (C_s - C_o)\,\text{erf}\left[\frac{x}{2\sqrt{Dt}}\right]$$

$$C(x,t) = 0,75 - (0,75 - 0,22)\,\text{erf}\left[\frac{x}{2\sqrt{Dt}}\right]$$

$$C(x,t) = 0,75 - 0,53 \text{ erf}(Z)$$

$$C = C_o \exp\left[\frac{-Q}{RT}\right]$$

$$D = 10^{-2} \exp\left[\frac{-27000}{1,987(920+273)}\right] = 11,31 \text{ x } 10^{-8} \text{ cm}^2/\text{s}$$

$$\frac{x}{2\sqrt{Dt}} = 8,762 \text{ x}$$

$$C(x, t) = 0,75 - 0,53 \quad \text{erf}(Z)$$

$$Z = \frac{x}{2\sqrt{Dt}} = 8,762x$$

$$C(x, t) = 0,75 - 0,53 \quad \text{erf}(8,762x)$$

x (mm)	X (cm)	Z	Erf (Z)	C calculado	C real
0	0	0	0	0,75	0,75
0,25	0,025	0,22	0,24	0,62	0,60
0,50	0,050	0,44	0,47	0,50	0,50
0,75	0,075	0,66	0,65	0,40	0,42
1,00	1,000	0,88	0,78	0,34	0,35
1,25	0,125	1,1	0,88	0,28	0,30
1,50	0,150	1,3	0,93	0,25	0,25

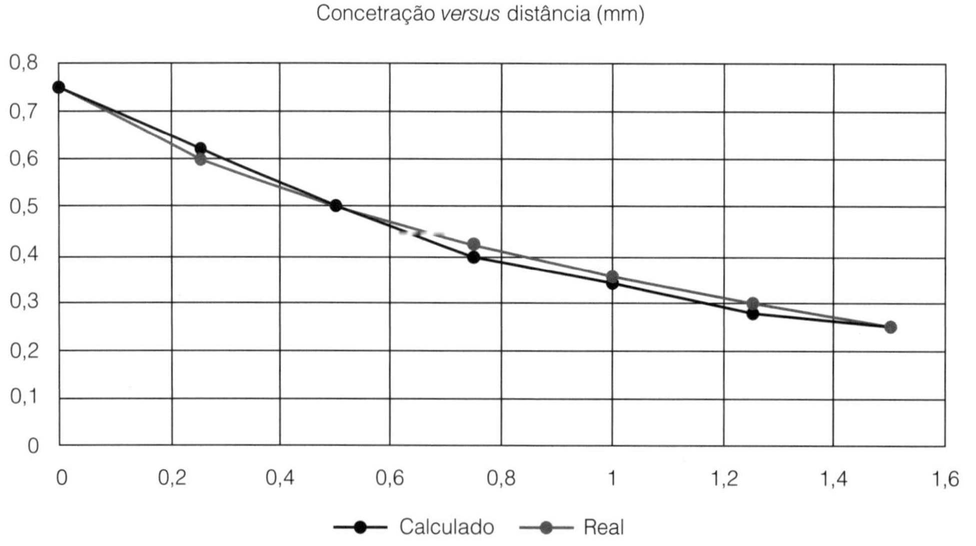

REFERÊNCIAS BIBLIOGRÁFICAS

1. McLellan RB. Interstitial solid solutions of iron. In: Chemical metallurgy of iron and steel. London: The Iron and Steel Institute; 1973;337.
2. Hansen M. Constitution of binary alloys. 2. ed. New York: McGraw-Hill; 1958;2:250.
3. American Society For Metals – ASM 8. Metals Handbook, 04_ACOS_LIGAS_ESPECIAIS_04.indd 40 Tratamentos termoquímicos 41. 1973;275(8):276-671.
4. Shewmon PG. Transformation in metals. New York: McGraw-Hill; 1969;36-68.
5. Campos Filho MP, Davies GJ. Solidificação e fundição de metais e suas ligas. São Paulo: LTC/Edusp; 1978;124.
6. American Society For Metals – ASM 2. Metals Handbook, 1974;2:93-166.
7. Chiaverini V. Aços e ferros fundidos. São Paulo: ABM; 1977;113-136.
8. American Society For Metals – ASM 4. ASM Handbook, 1991;4:257-661.
9. American Society For Metals – ASM 3. ASM Handbook, 1992;3:2-198.
10. Ramesh R, Gnanamoorthy RJ. Materials Processing Technology, 2006;171:61-67.
11. Leitão JC. Efeito da nitretação e da cementação na deformação de peças de aços carbono e baixa liga. [Dissertação]. Campinas: Faculdade de Engenharia Mecânica da Unicamp; 2010;88.
12. Thelning KE. Nitriding. Steel and its heat treatment. 2. ed. USA, Butterworths; 1984;2:492-544.
13. De La Cruz P, et al. Materials Science and Engineering. 1998;242:181-194.
14. Xia Y, et al. Materials Science and Engineering. 2005;402:135-141.
15. Genel K, et al. Materials Science and Engineering. 2000;288:91-100.
16. Lesage J, et al. Materials Science and Engineering. 2000;282:203-212.
17. Martini C, et al. Wear, v. 256. 2004;6:608-613.
18. Atik E. et al. Tribology International. 2003;3(36):155-161.

Capítulo 5

Influência dos elementos de liga nos aços

Os efeitos dos elementos de liga nos aços e ligas especiais envolvem não apenas alterações nas fases ou constituintes presentes em equilíbrio, mas também na maneira e velocidade com que essas fases se formam. Naturalmente, a presença de elementos de liga pode, além disso, alterar as próprias características das fases presentes.

É evidente, portanto, que a análise do efeito dos elementos de liga nos aços é uma tarefa complexa. Neste capítulo, são apresentados, de forma sistematizada, conhecimentos básicos sobre os principais modos de ação dos elementos de liga. Sempre que possível, exemplos baseados em experiências simples, com teores controlados de um determinado elemento de liga, são apresentados, visando a favorecer a compreensão dos efeitos mais complexos.

5.1 ELEMENTOS ESTABILIZADORES DA AUSTENITA E DA FERRITA [1,2]

Os elementos de liga dos aços podem ser classificados em dois tipos, de acordo com o diagrama de equilíbrio binário com o ferro: estabilizadores da austenita (tipo A) e estabilizadores da ferrita (tipo B). Um estabilizador da austenita, por exemplo, tende a aumentar a faixa de temperatura na qual a austenita é estável. Isso pode ser mais bem visualizado com a ajuda da Figura 5.1.

5.1.1 TIPO A_1 (OU CAMPO AUSTENÍTICO ABERTO)

São elementos de liga que aumentam a faixa de temperatura para a austenita estável, pela diminuição da temperatura de transformação $\gamma \rightarrow \alpha$ e aumento da temperatura de transformação $\gamma \rightarrow \delta$. A este grupo pertencem importantes elementos de liga nos aços, como o níquel, o manganês e o cobalto. No caso de Ni e Mn, se adicionados em alta concentração, eliminam totalmente a ferrita, formando só austenita na temperatura ambiente (Figura 5.2).

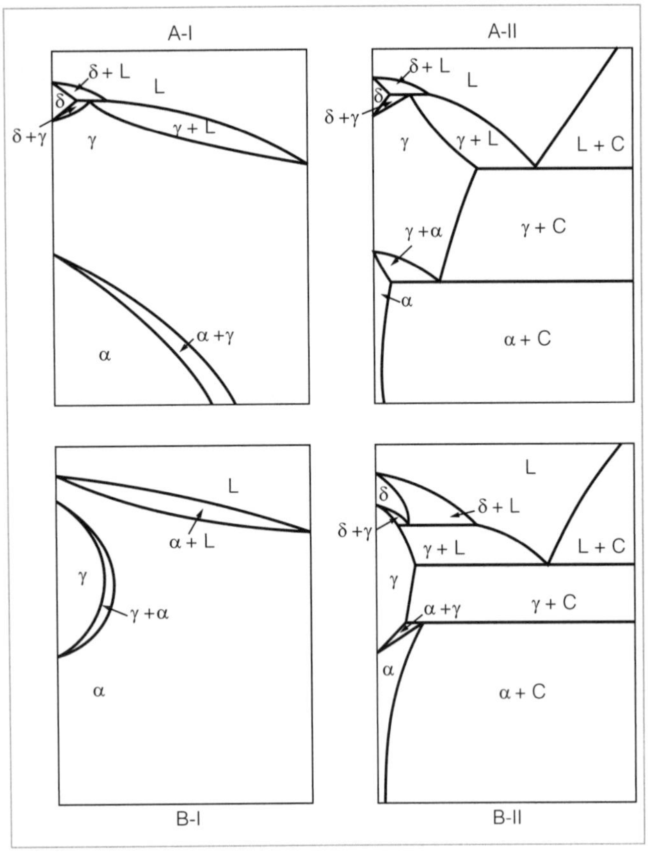

Figura 5.1 Tipos de diagramas de equilíbrio para o sistema ferro-elementos de liga [1].

5.1.2 TIPO A_2 (OU CAMPO AUSTENÍTICO EXPANDIDO)

Neste caso, o campo austenítico é expandido até a formação de um composto de ferro. Carbono e nitrogênio são os dois elementos mais importantes desse grupo (ver diagrama Fe-C, Capítulo 1, item 1.4).

5.1.3 TIPO B_1 (OU CAMPO AUSTENÍTICO FECHADO)

Muitos elementos restringem a formação da austenita, favorecendo a expansão do campo ferrítico. Nesse caso, o campo austenítico apresenta-se totalmente circundado pela região ferrítica. Silício, alumínio, berílio e fósforo fazem parte desse grupo, com os elementos fortemente formadores de carbonetos, como titânio, vanádio, molibdênio e cromo (Figura 5.3).

5.1.4 TIPO B_2 (OU CAMPO AUSTENÍTICO CONTRAÍDO)

O campo austenítico é interrompido pela formação de compostos de ferro. Boro, enxofre, tântalo, zircônio e nióbio fazem parte desse grupo (Figura 5.4).

A Figura 5.5 apresenta as tendências relativas dos elementos de liga para a formação da austenita e da ferrita.

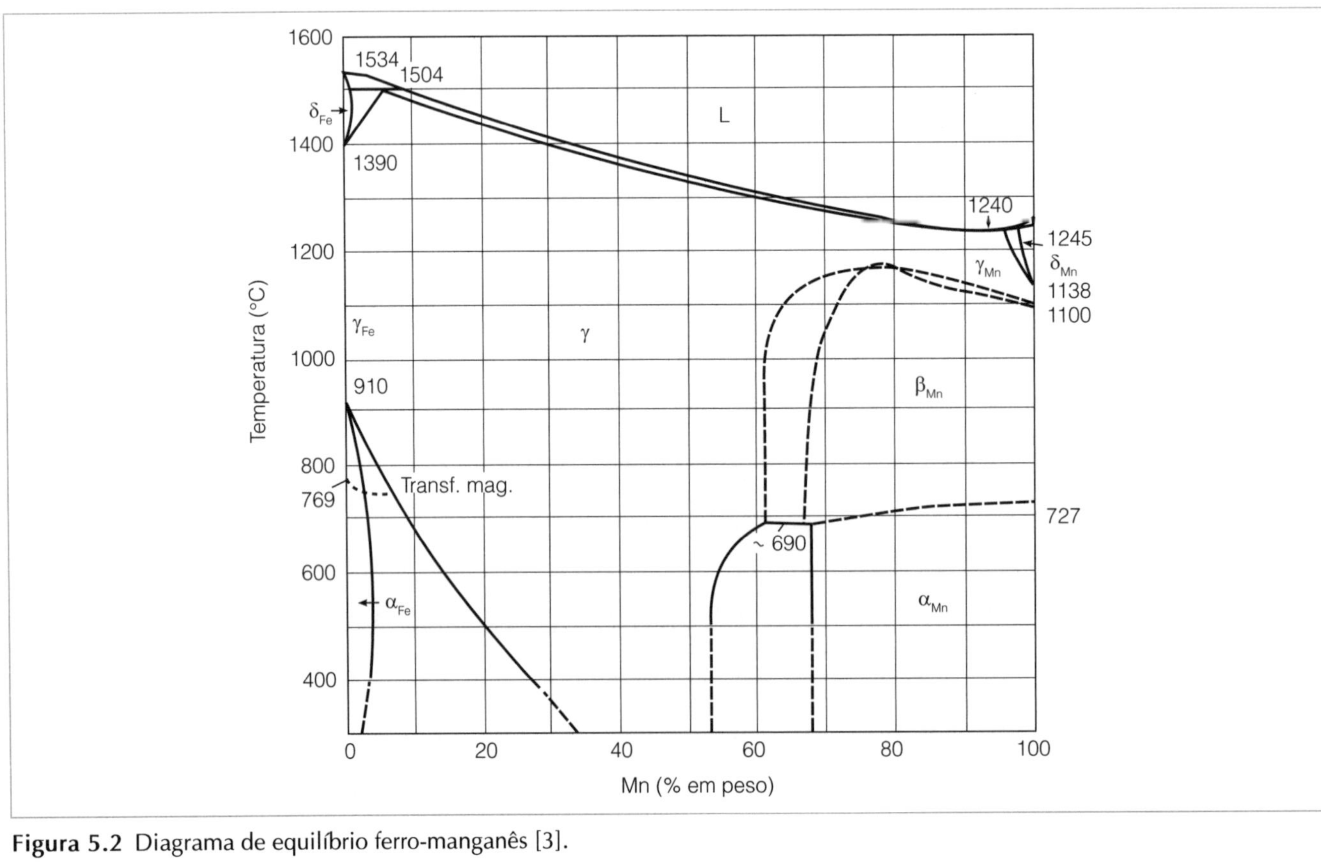

Figura 5.2 Diagrama de equilíbrio ferro-manganês [3].

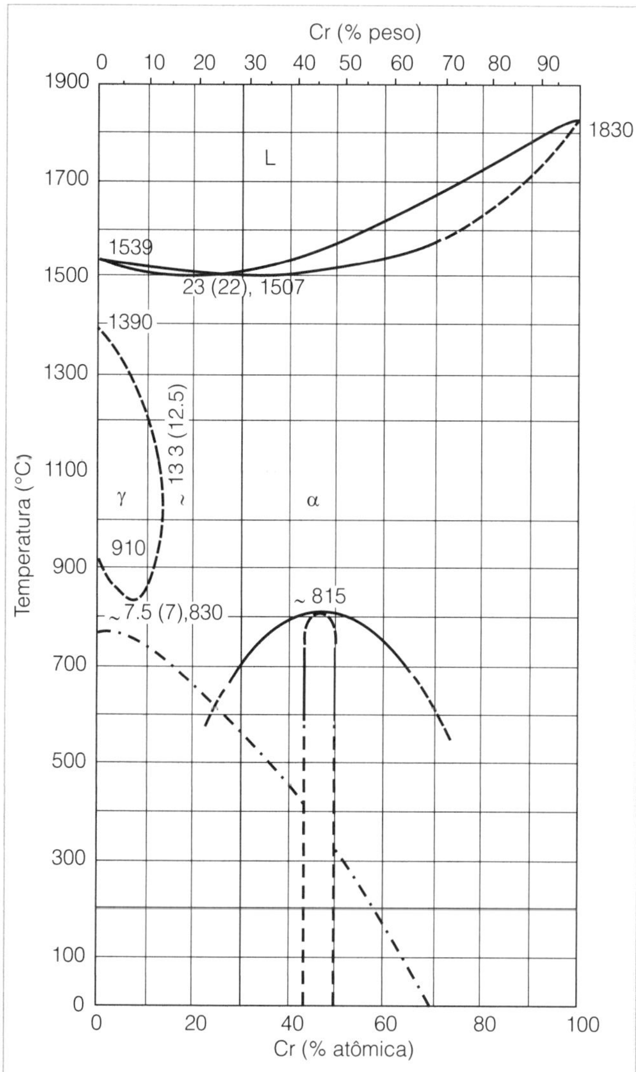

Figura 5.3 Diagrama de equilíbrio ferro-cromo [3].

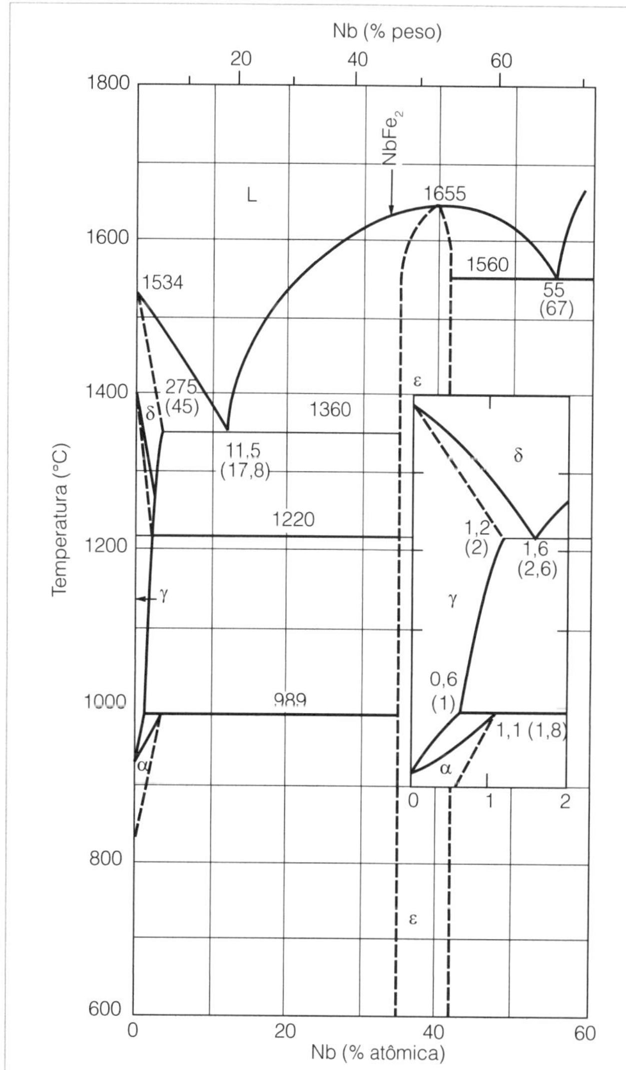

Figura 5.4 Diagrama de equilíbrio ferro-nióbio [3].

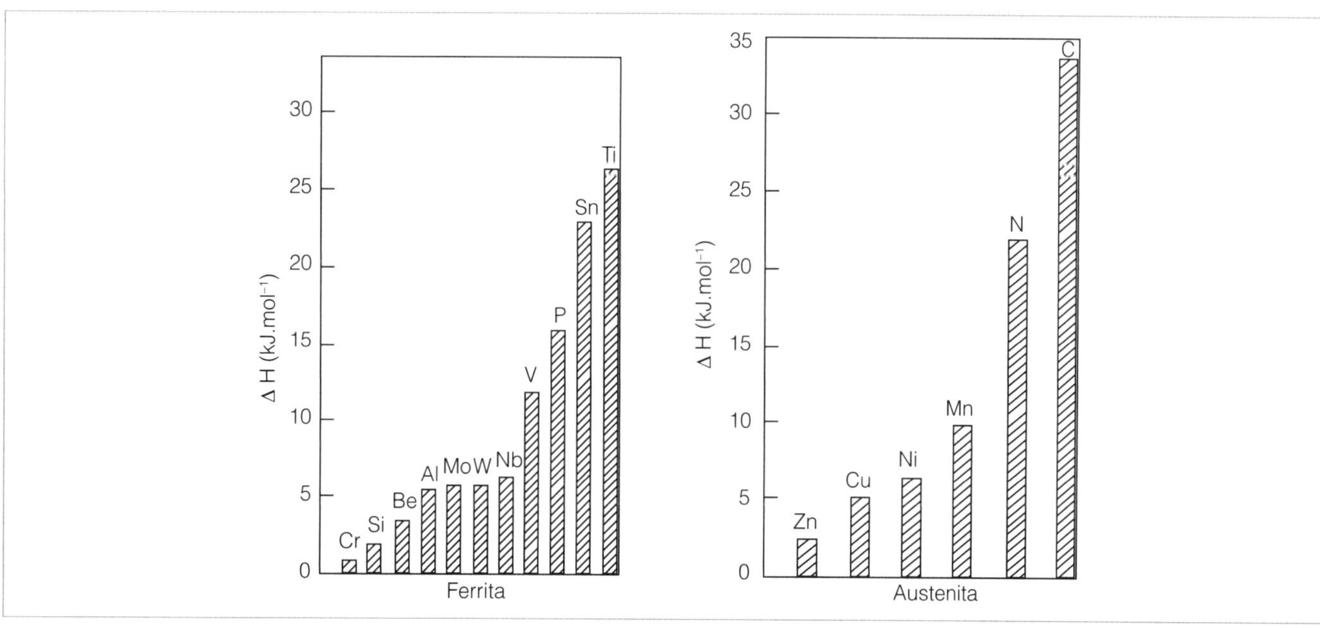

Figura 5.5 Tendência relativa dos elementos de liga, em termos de entalpia, para a formação da ferrita e da austenita [2].

5.2 INFLUÊNCIA DOS ELEMENTOS DE LIGA NOS AÇOS NÃO ENDURECIDOS

Os elementos de liga, nos aços resfriados lentamente, podem apresentar-se nas seguintes formas:

- Dissolvidos na ferrita
- Formando carbonetos
- Em inclusões não metálicas (óxidos, sulfetos etc.)
- Em compostos intermetálicos
- No estado elementar

A Tabela 5.1 apresenta a tendência de os elementos de liga nos aços de se apresentarem em uma das formas anteriormente discutidas.

Deve-se observar, ainda, que um mesmo elemento de liga pode se apresentar sob diversas formas no aço. O nióbio, por exemplo, poderá estar parcialmente dissolvido na ferrita, na forma de carbonetos ou carbonitretos, e formando óxidos; tudo isso em uma mesma amostra de aço.

5.3 EFEITO DOS ELEMENTOS DE LIGA NA FORMAÇÃO DA FERRITA

Os elementos de liga dissolvidos na austenita podem atrasar tanto a nucleação como o crescimento da ferrita.

5.3.1 NUCLEAÇÃO

Os elementos de liga poderiam atrasar a nucleação da ferrita por [4]:

a) Formação de um filme fino de precipitados de $M_XC_YN_Z$ (família dos nitretos, carbonetos e carbonitretos de um metal M), os quais recobririam o grão austenítico [5]. Esses precipitados seriam, no início, coerentes com a austenita, dificultando a nucleação da ferrita. Com o passar do tempo, esses precipitados cresceriam ou coalesceriam, permitindo a nucleação da ferrita. Obviamente, essa hipótese só se aplica a elementos com forte tendência à formação de carbonetos tipo Nb, V, Ti etc.

b) Segregação do elemento de liga ou cossegregação carbono + elemento de liga no contorno do grão austenítico [6]. Isso poderia diminuir a atividade [7-9] do carbono nessa região, dificultando a formação de núcleos de ferrita. O elemento de liga poderia também estabilizar o embrião de ferrita, ou modificá-lo estruturalmente, reduzindo sua efetividade em nuclear grãos de ferrita [10].

Na Figura 5.6, observa-se o atraso na nucleação da ferrita provocado pela adição de nióbio em um aço 1020.

5.3.2 CRESCIMENTO

As hipóteses existentes para explicar o atraso no crescimento da ferrita pela adição dos elementos de liga são [12].

Tabela 5.1 Tendência geral de distribuição dos elementos de liga nos aços recozidos [1]

←←← – Forte ←← – Média ← – Fraca

Dissolvido na ferrita	Combinado na forma de carbonetos	Na forma de inclusões não metálicas	Na forma de compostos intermetálicos	No estado elementar
Ni (←←←)	–	–	Ni_3Al	–
Si (←←←)	–	SiO_2	–	–
Al (←←←)	–	Al_2O_3, Al_xN_y	–	–
Zr (←←←)	–	ZrO_2, Zr_xN_y	–	–
Cu (←←←)	–	–	–	p/Cu > 0,8%
P (←←←)	–	–	–	–
Mn (←←←)	Mn (←)	MnS, MnO	–	–
Cr (←←←)	Cr (←)	Cr_xO_y	–	–
W (←←←)	W (←←)	–	–	–
Mo (←←←)	Mo (←←)	–	–	–
V (←)	V (←←)	V_xO_y, V_xN_y	–	–
Ti (←)	Ti (←←)	Ti_xO_y, Ti_xN_y	–	–
Nb (←)	Nb (←←←)	Nb_xO_y, Nb_xN_y	–	–

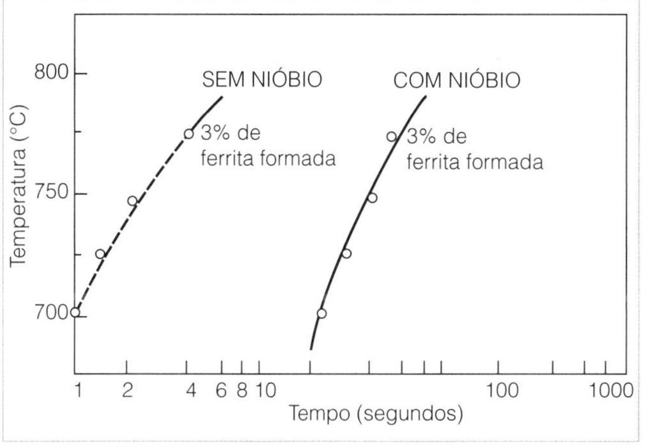

Figura 5.6 Início da formação da ferrita em aço 0,20 C – 1 Mn, sem e com a adição de 0,03% Nb. Amostras austenitizadas a 1200 °C por 1 hora. Tamanho do grão austenítico de 100 a 200 μm [11].

5.3.2.1 Partição

Aaronson [13,14] observou que elementos estabilizadores da ferrita (Si, Cr e Mo) não sofriam partição entre a austenita e a ferrita durante a formação da ferrita. Já os elementos estabilizadores da austenita (Mn, Ni, Pt) apresentavam partição na reação austenita → ferrita.

Quando não houvesse partição do elemento de liga, o crescimento da ferrita seria controlado pela difusão do carbono. Com a partição, o crescimento da ferrita seria controlado pela difusão do elemento de liga, a qual seria mais lenta que a do carbono e, com isso, haveria um crescimento mais lento da ferrita.

A diferença entre a velocidade de partição de um soluto intersticial (como o carbono) e outro substitucional (como o nióbio) pode ser estimada pela comparação de seus coeficientes de difusão no ferro, por exemplo, a 1000 °C [15,16].

$$D_C = 3{,}1 \times 10^{-7}\ cm^2/s$$

$$D_{Nb} = 3{,}7 \times 10^{-11}\ cm^2/s$$

ou seja, nessa temperatura, a difusão do carbono na austenita é 10.000 vezes maior que a do nióbio.

A previsão da partição de um elemento de liga entre ferrita e austenita pode ser feita a partir do diagrama de equilíbrio desse elemento com o ferro.

Mei [12] observou que o nióbio tende a se concentrar na ferrita (Figura 5.7) quando essa partição ocorre. A análise do diagrama Fe-Nb (Figura 5.4) indica que o nióbio tem coeficiente de partição maior que 1 (K > 1, Figura 5.8), o que explica essa distribuição.

Para que ocorra a partição de um elemento, o coeficiente de partição não pode ser próximo de 1 (K ≅ 1, Figura 5.8), evidentemente.

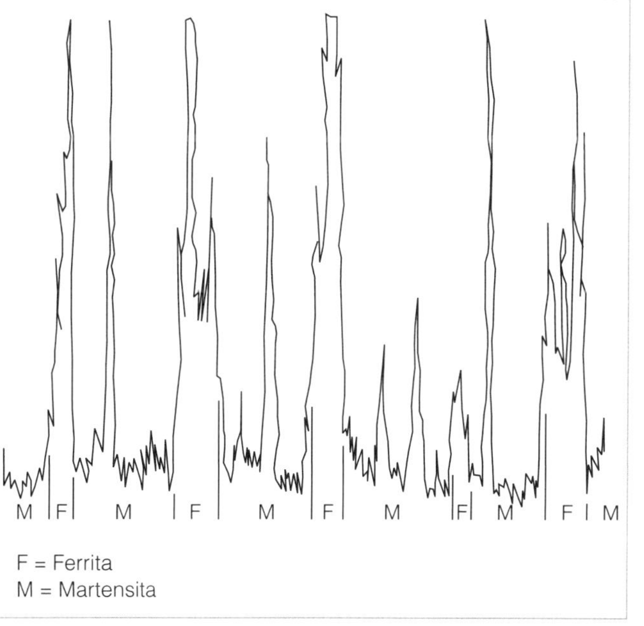

Figura 5.7 Varredura de Nb em amostra parcialmente transformada (ferrita + martensita) da liga, Fe – 0,20C – 0,03Nb. Análise realizada por microssonda iônica [12].

5.3.2.2 Segregação

Aaronson [17,18] e Hillert [19] sugeriram que a segregação de um elemento de liga X da liga ternária Fe-C-X (na qual X seria um elemento substitucional do ferro) na interface austenita/ ferrita poderia diminuir a atividade do carbono e, consequentemente, reduzir a cinética da reação austenita → ferrita.

5.3.2.3 Efeito de Arrasto de Soluto (Solute Drag Effect)

Honeycombe [2], baseado nas teorias de Lucke e Detert [21], sugeriu que a interface γ/α, ao se mover, coletaria átomos dos elementos de liga, e teria de arrastá-los para se movimentar, caminhando mais lentamente.

5.3.2.4 Precipitação de carbonetos

Segundo Purdy [22], o atraso no crescimento da ferrita na liga Fe-C-Mo seria resultante da precipitação de carbonetos de molibdênio na interface austenita/ ferrita (*interphase precipitation*). Entretanto, Shiflet [23] observou que em ligas Fe-C-X (X = Cr, Ni, Mn) ou não ocorria a precipitação de carbonetos de X, ou a

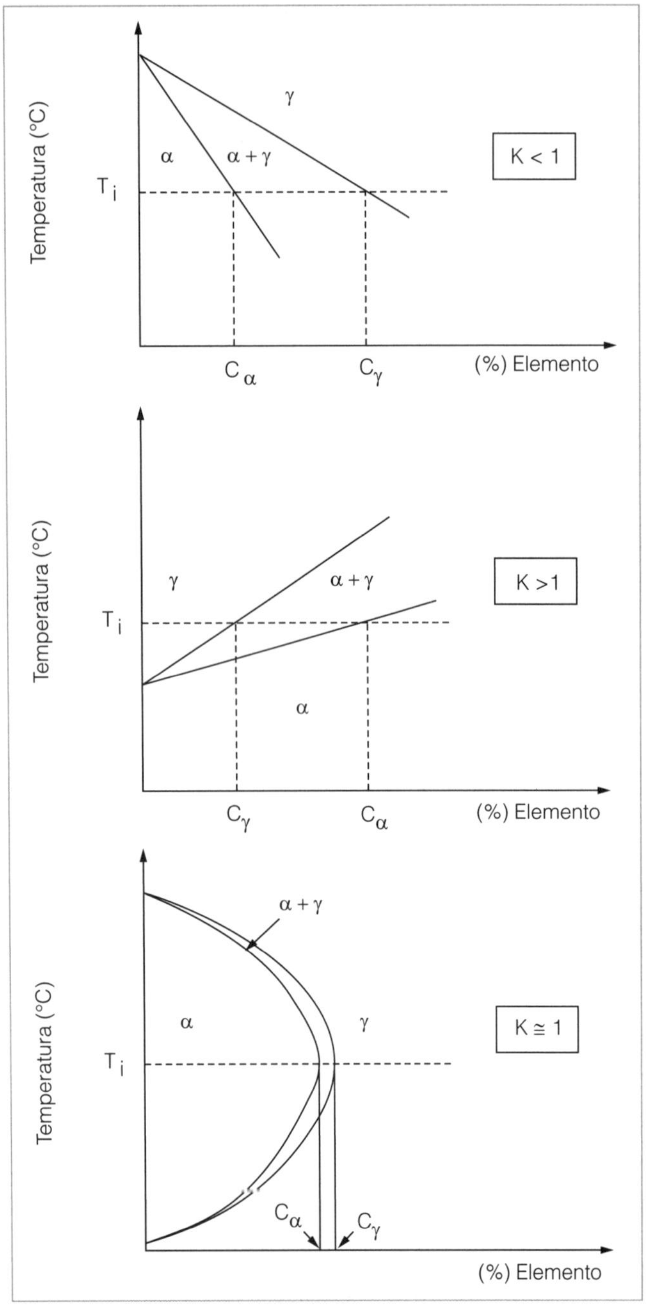

Figura 5.8 Tipos básicos de diagramas de equilíbrio Fe-X em função do coeficiente de partição [12].
C_α = concentração do elemento X na ferrita, na temperatura T_i.
C_γ = concentração do elemento X na austenita, na temperatura T_i.
$K(T_i)$ = coeficiente de partição na temperatura T_i.

$$K(T_i) = \frac{C_\alpha}{C_\gamma}$$

precipitação ocorria nas discordâncias da ferrita alotriomorfa, não exercendo efeito sobre a cinética de seu crescimento. Logo, nem sempre o mecanismo de precipitação na interface γ/α seria o responsável pelo atraso no crescimento da ferrita nas ligas estudadas.

5.3.2.5 Combinação de mecanismos

Posteriormente, Bradley e Aaronson [24] sugeriram a ocorrência de uma combinação dos mecanismos de precipitação na interface γ/α com o de arrasto de soluto, para explicar a formação da ferrita em sistemas Fe – C – Ni e Fe – C – Si.

Na Figura 5.9, observa-se o atraso no crescimento da ferrita em ligas Fe – C – Mn com adição de boro e/ou nióbio.

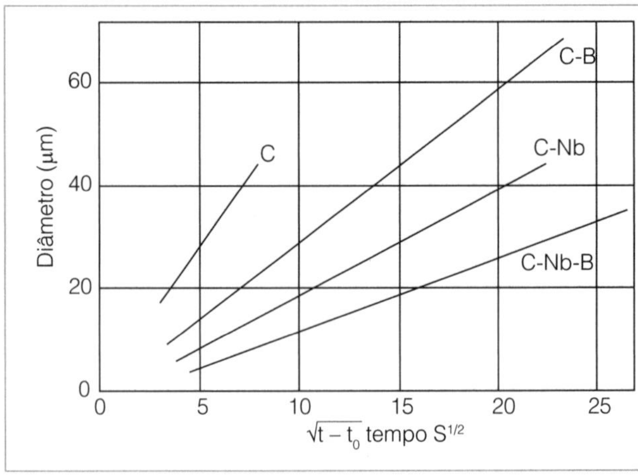

Figura 5.9 Crescimento de partículas de ferrita em função do tempo, para tratamento isotérmico a 750 °C (t_0 = tempo de incubação) [25].

5.3.3 PROPRIEDADES DA FERRITA

Os elementos de liga adicionados ao aço podem aumentar a dureza da ferrita por solução sólida ou pela precipitação de carbonetos, nitretos, carbonitretos etc.

Na Figura 5.10, observa-se que o fósforo, o silício e o manganês provocam acentuado aumento de dureza no ferro puro, enquanto o cromo nao é um elemento endurecedor eficiente.

Também a dureza da ferrita pode ser aumentada pela precipitação de partículas finas. Na Figura 5.11, observa-se o endurecimento da ferrita pela precipitação de carboneto de nióbio durante o resfriamento contínuo. Observa-se que a elevação das taxas de resfriamento leva a uma maior dureza da ferrita, pois o crescimento e coalescimento das partículas de NbC são menores. Com o aumento da temperatura de austenitização, aumenta-se a fração de nióbio solubilizado na austenita, o que propicia, durante o resfriamento, o aumento da fração de NbC precipitado como partículas finas. Isso porque só precipitados finos (diâmetros menores de 100 Å) seriam eficientes para aumentar de maneira substancial a dureza da ferrita. Na Figura 5.12, observa-se a fração de nióbio dissolvido na austenita para aços com 0,2; 0,4; 0,8% C e 0,03% de nióbio total, em diferentes temperaturas. Para o aço 0,4% C, a fração de nióbio dissolvido na austenita a 1000 °C seria de 10% do total, e a 1250 °C seria 100%, ou seja, todo o nióbio estaria em solução sólida na austenita deste aço a 1250 °C.

Na Figura 5.13, observa-se a precipitação de NbC na ferrita do aço 0,4% C, austenitizado a 1250 °C e resfriado continuamente a 10 °C/min.

Durante a transformação isotérmica, a ferrita também pode ser endurecida pela precipitação de carbonetos. Na Figura 5.14, observa-se o aumento da dureza provocada pela precipitação do NbC na ferrita obtida isotermicamente a 600 e 700 °C. Aumentando-se a temperatura do tratamento, o coalescimento do NbC é acelerado e a dureza cai. Também quanto maior o tempo em uma determinada temperatura, maiores são o crescimento e o coalescimento das partículas de NbC com consequente diminuição da dureza.

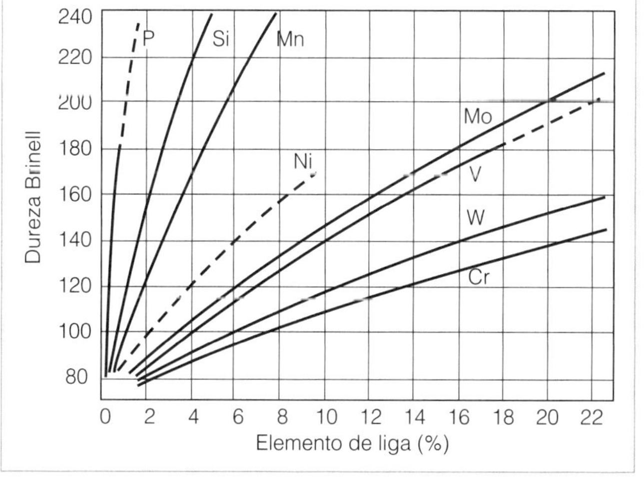

Figura 5.10 Efeito do endurecimento por solução sólida, causado pela adição de elementos de liga no ferro puro [1].

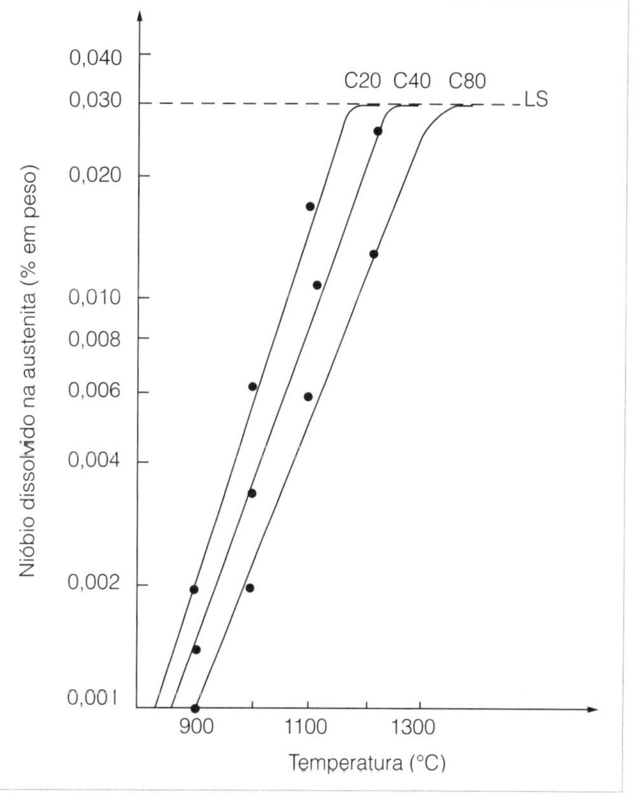

Figura 5.12 Solubilidade do nióbio na austenita em função da temperatura para aços com 0,2/0,4/ 0,8% C. Teor total de nióbio nos aços de 0,030% em peso [26]. LS = limite de solubilidade

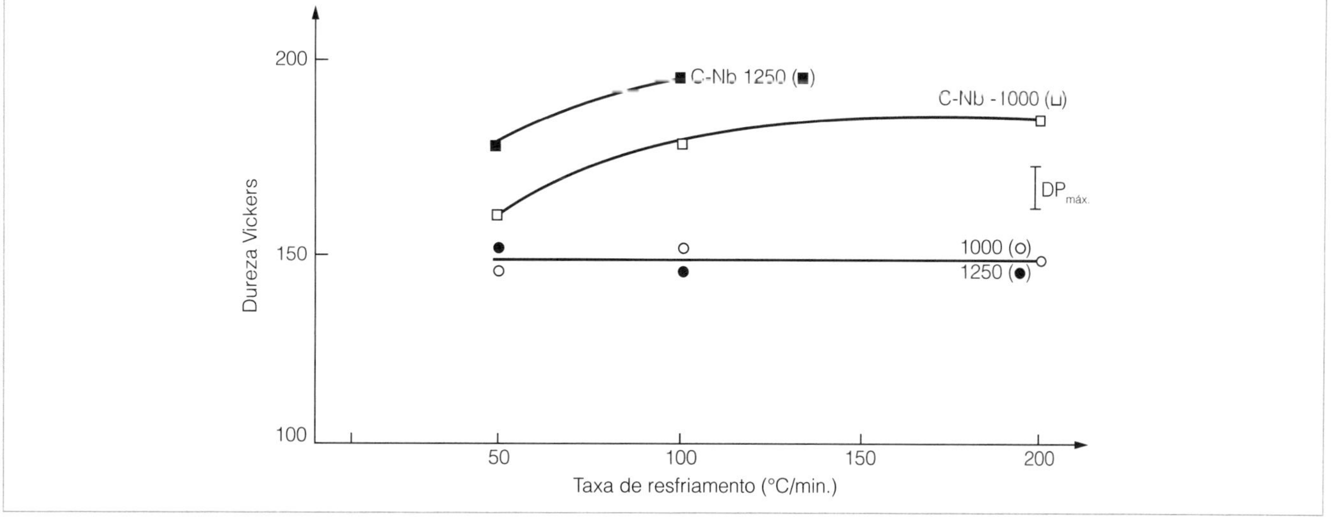

Figura 5.11 Dureza da ferrita obtida por resfriamento contínuo dos aços 0,4 C e 0,4 C – 0,03 Nb, austenitizados a 1000 e a 1250 °C [26]. $DP_{máx.}$ = maior desvio padrão observado.

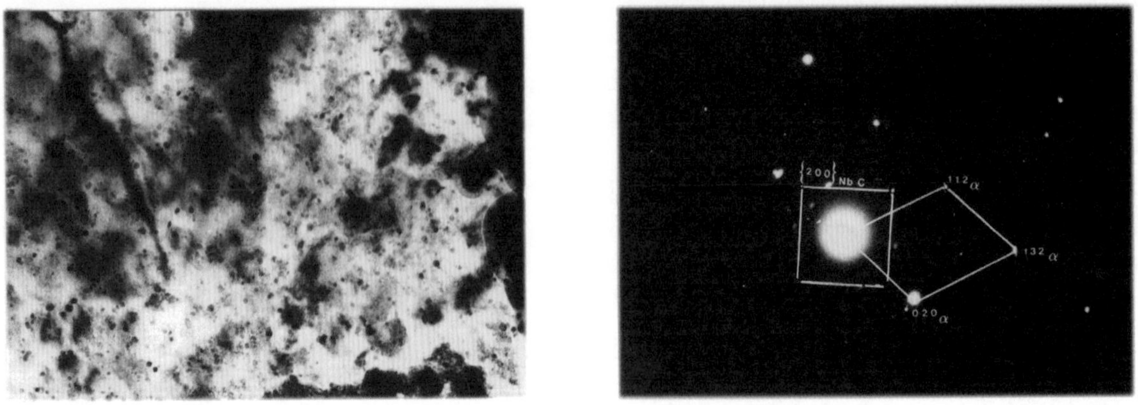

(a) campo claro (20.000X). Microscopia eletrônica de transmissão.

(b) figura de difração.

Figura 5.13 Precipitação do NbC na ferrita [26].

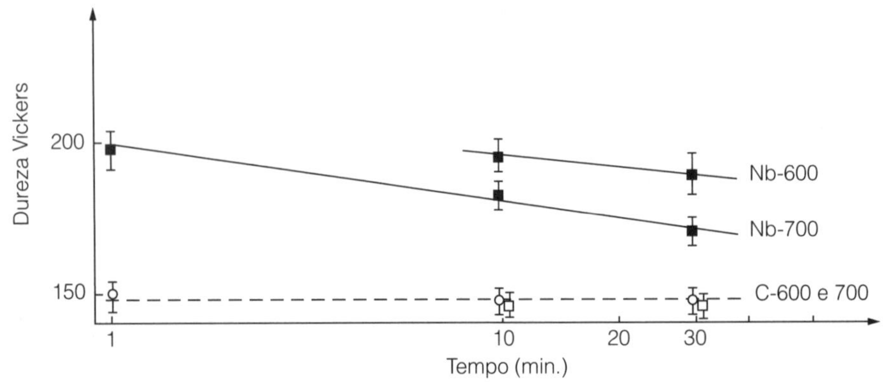

Figura 5.14 Dureza da ferrita obtida isotermicamente a 600 e 700 °C em aço 0,20% C com e sem adição de 0,03% Nb. As amostras foram austenitizadas a 1200 °C por 2 horas [11].

5.4 EFEITO DOS ELEMENTOS DE LIGA NA FORMAÇÃO DA PERLITA

Os elementos de liga dissolvidos na austenita podem atrasar tanto a nucleação como o crescimento da perlita, pelos mesmos motivos já discutidos sobre a ferrita.

Na Figura 5.15, observa-se que no aço 0,8% C, austenitizado a 900 °C, praticamente não houve atraso na formação da perlita provocado pelo nióbio. Isso porque, a 900 °C, apenas 3% do nióbio é solubilizado e 97% do nióbio continua na forma de NbC (Figura 5.12). Porém, aumentando-se a temperatura para 1350 °C, consegue-se solubilizar todo o nióbio nesse aço, e o tempo para iniciar a transformação perlítica é aumentado em dez vezes. O maior tempo para formação da perlita em aços sem nióbio, quando a temperatura de austenitização passa de 900 para 1350 °C, é devido ao crescimento do grão austenítico. O atraso na formação da perlita e ferrita aumenta a temperabilidade dos aços, o que é evidenciado na Figura 5.16. Na Figura 5.17, observa-se o efeito relativo dos elementos de liga sobre a temperabilidade dos aços.

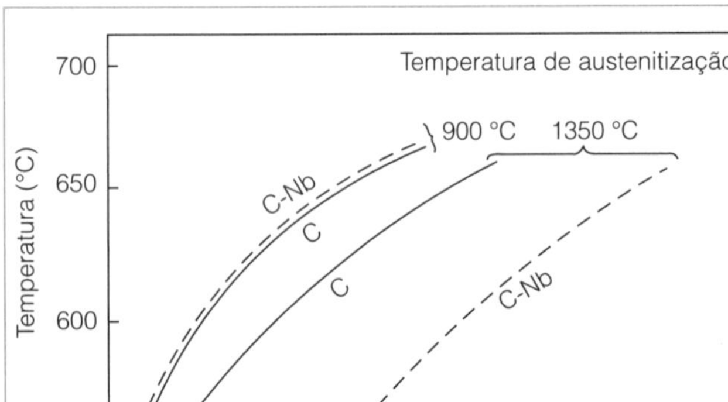

Figura 5.15 Início da formação da perlita (1%) em aço com 0,03% de nióbio e sem nióbio após austenitização a 900 e 1350 °C em aço com 0,8% C. Tamanho de grão = 1 mm [4].

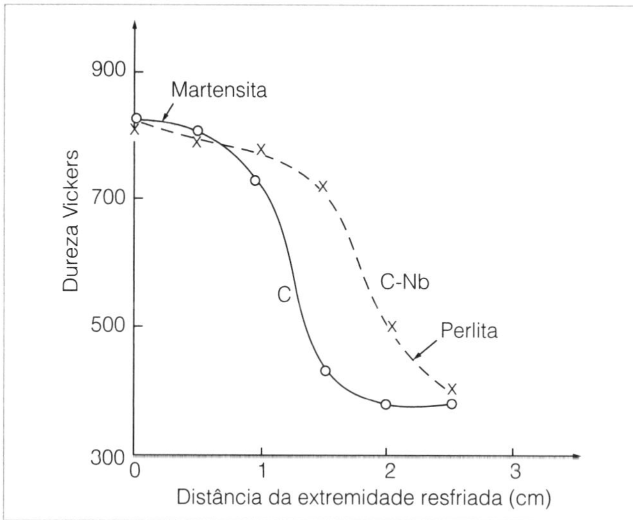

Figura 5.16 Curva de temperabilidade (não padronizada) dos aços 0,85% C com e sem adição de 0,03% Nb, austenitizados a 1350 °C [4].

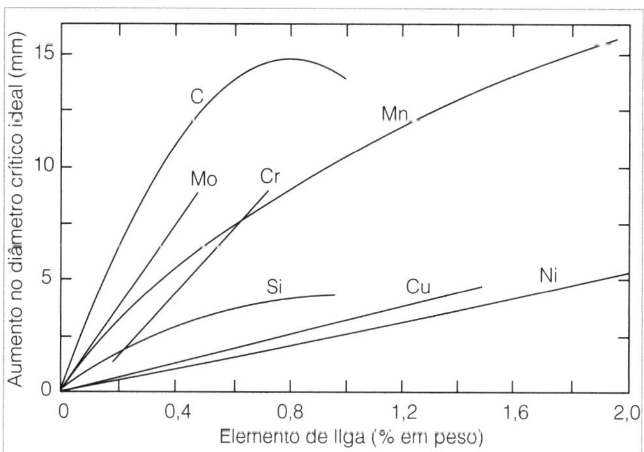

Figura 5.17 Efeito dos elementos de liga no aumento da temperabilidade dos aços [10].

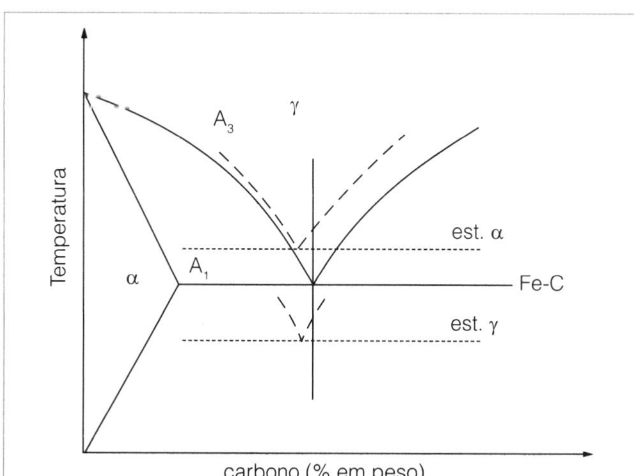

Figura 5.18 Diagrama esquemático dos efeitos dos estabilizadores de ferrita (α) e da austenita (γ) no diagrama de equilíbrio Fe-C-X.

A adição de elementos de liga estabilizadores da ferrita tende a restringir o campo austenítico e elevar a temperatura eutetoide. O inverso acontece com os estabilizadores da austenita (Figura 5.18). Quanto à composição eutetoide, esta é sempre reduzida ao se adicionar elementos de liga (Figura 5.19).

A adição de elementos de liga nos aços pode aumentar ou diminuir o espaçamento interlamelar (S_0) da perlita (Tabela 5.2). A princípio, tentou-se estabelecer uma relação entre esse comportamento e a característica de estabilizador da ferrita ou da austenita que o elemento de liga teria. Verificou-se, entretanto, que essa correlação não é direta e que outros fatores, como a energia interfacial entre a perlita e a austenita, deveriam ser levados em conta.

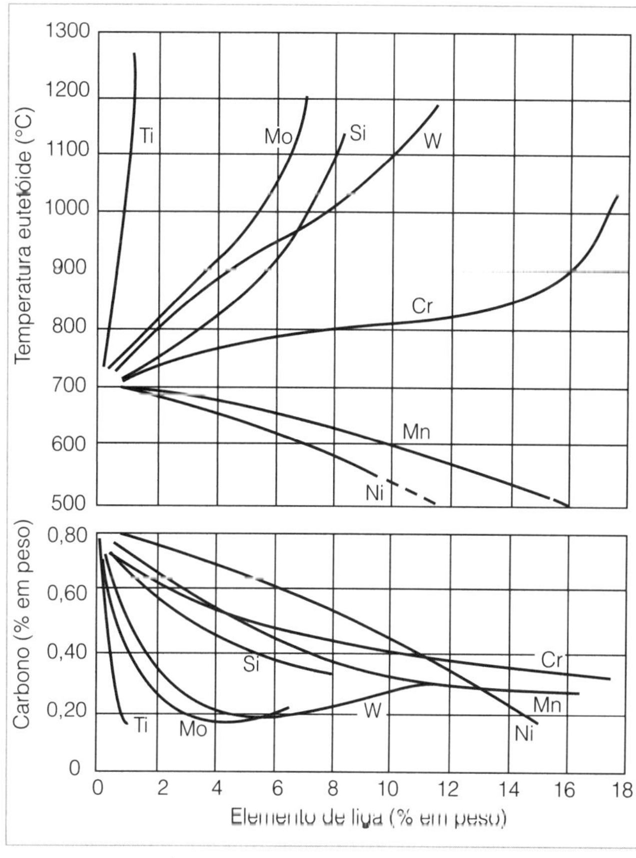

Figura 5.19 Influência dos elementos de liga na temperatura e composição eutetoide do diagrama Fe-C [1].

Tabela 5.2 Efeito dos elementos de liga no espaçamento interlamelar da perlita

Elemento	Estabilizador	Efeito no S_0	Referência
Co	Austenita	↓	[27]
Mn	Austenita	↑	[27]; [28]
Ni	Austenita	↑	[27]; [28]; [29]
Si	Ferrita	↓	[30]
Cr	Ferrita	nenhum	[28]
Nb	Ferrita	↑	[11]

O ligeiro aumento da dureza perlítica observado em aços microligados com nióbio (Figura 5.20) deve-se certamente à precipitação de NbC na ferrita da perlita, como observado por Mei [4]. Também à medida que se diminui a temperatura de formação da perlita, reduz-se seu espaçamento interlamelar e, consequentemente, aumenta-se sua dureza (Figura 5.21).

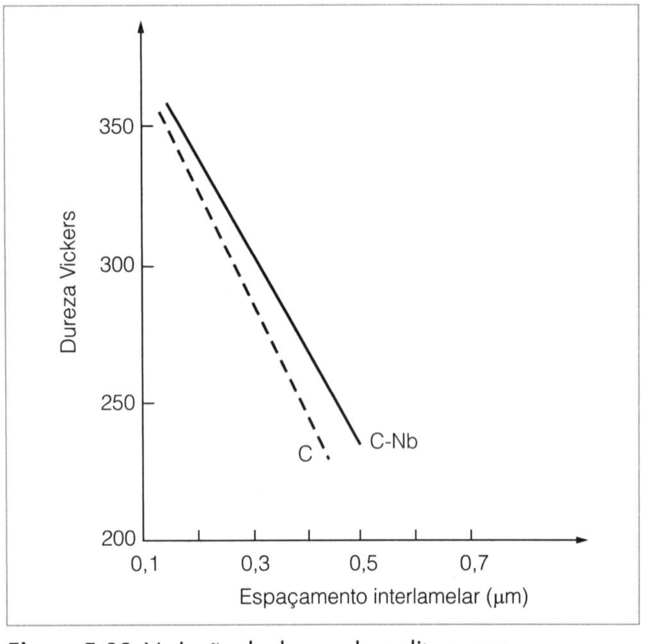

Figura 5.20 Variação da dureza da perlita com o espaçamento interlamelar para aços 0,8% C com e sem adição de 0,03% Nb [11].

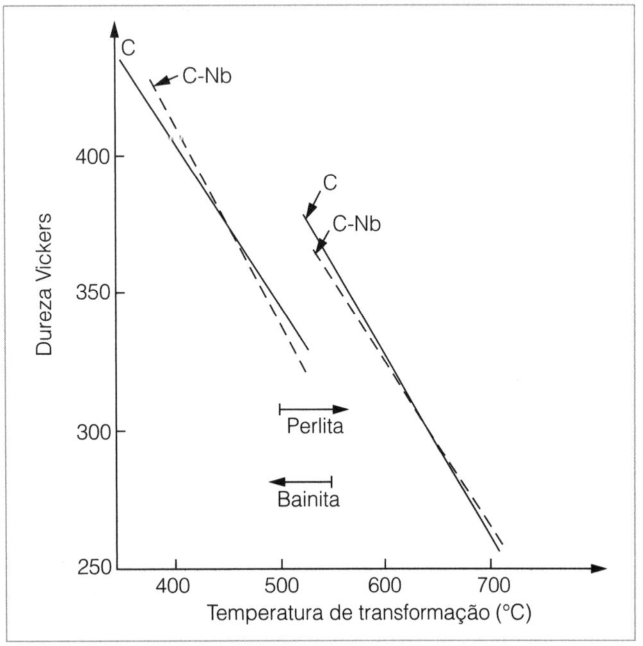

Figura 5.21 Microdureza da perlita e da bainita para aços 0,8% C com e sem adição de 0,03% Nb transformados isotermicamente. Austenitizados a 1350 °C [11].

Nos aços resfriados continuamente, o aumento da taxa de resfriamento faz com que a perlita seja formada em temperaturas cada vez menores, provocando uma redução no espaçamento interlamelar, com consequente aumento de dureza. Para aços eutetoides, não se observaram diferenças significativas de dureza com a adição de 0,03% Nb (Figura 5.22), provavelmente porque a dureza da matriz já seria bastante alta e, nesse caso, a contribuição pela precipitação do carbonitreto de nióbio não seria significativa. Entretanto, para aços com 0,4% C, observou-se que a adição de nióbio elevou em 50 pontos, na escala Vickers, a dureza da perlita. Nesse caso, como a perlita é "diluída", chegando a ocupar 100% da estrutura (Figura 5.23), sua dureza é menor, por ter uma maior quantidade de ferrita que a prevista no equilíbrio termodinâmico (em torno de 50%) e isso a torna mais sensível aos efeitos da precipitação do carbonitreto de nióbio.

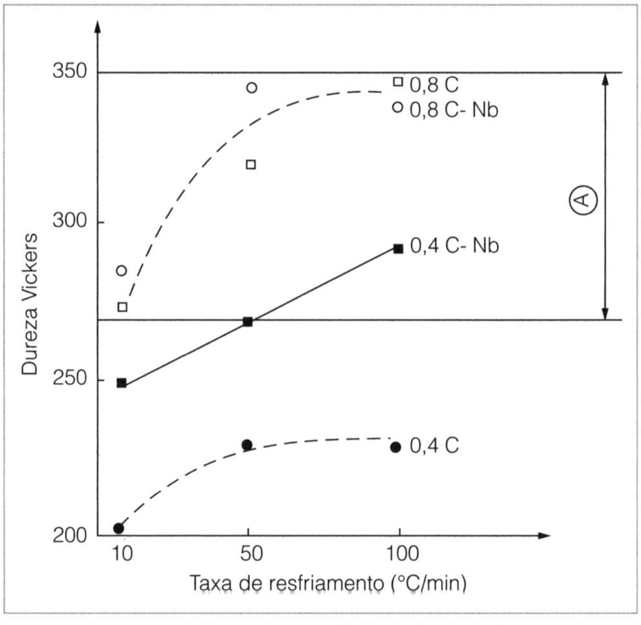

Figura 5.22 Microdureza da perlita em função da taxa de resfriamento para amostras austenitizadas a 1250 °C de aços com 0,4 e 0,8% C, com e sem adição de 0,03% Nb [4].
Ⓐ – faixa de dureza observada nos aços 0,8% C, com e sem adição de Nb, obtidos por tratamentos isotérmicos.

5.5 EFEITO DOS ELEMENTOS DE LIGA NOS CARBONETOS

5.5.1 DISTRIBUIÇÃO

Em aços resfriados lentamente, que originam ferrita e carbonetos, os elementos de liga podem ser classificados em duas categorias:

a) Elementos que se dissolvem apenas na fase ferrítica.

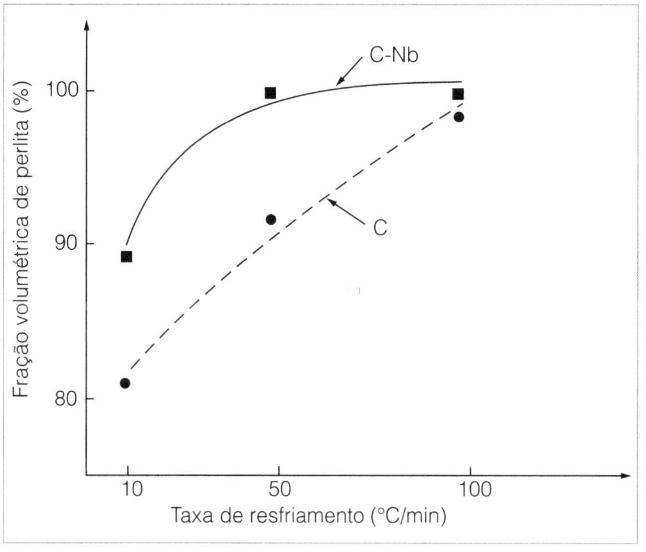

Figura 5.23 Fração volumétrica da perlita em função da taxa de resfriamento de aços 0,4% C com e sem a adição de 0,03% Nb. Temperatura de austenitização: 1250 °C [4].

b) Elementos que foram carbonetos estáveis e dissolvem-se na fase ferrítica.

Na primeira categoria, estão elementos como níquel, cobre, fósforo e silício, os quais apresentam uma solubilidade praticamente nula na cementita ou em outro carboneto de elemento de liga.

A maioria dos elementos de liga pertence à segunda categoria, como manganês, cromo, molibdênio, vanádio, titânio, tungstênio e nióbio. A estabilidade dos carbonetos, nitretos e boretos de elementos de liga, comparativamente à da cementita (Fe_3C), é ilustrada na Figura 5.24. O carboneto de manganês não é encontrado nos aços, porém o manganês entra em solução sólida na cementita.

5.5.2 SOLUBILIDADE

Ao se adicionar metais formadores de carbonetos nos aços, haverá uma partição deles entre a austenita e o carboneto, segundo a equação:

$$M_\gamma + C_\gamma \rightleftharpoons MC \qquad \text{(Eq. 5.1)}$$

C_γ = carbono dissolvido na austenita

M_γ = metal dissolvido na austenita

MC = carboneto precipitado

À medida que se eleva a temperatura da austenita, o carboneto vai se dissolvendo, fornecendo carbono e

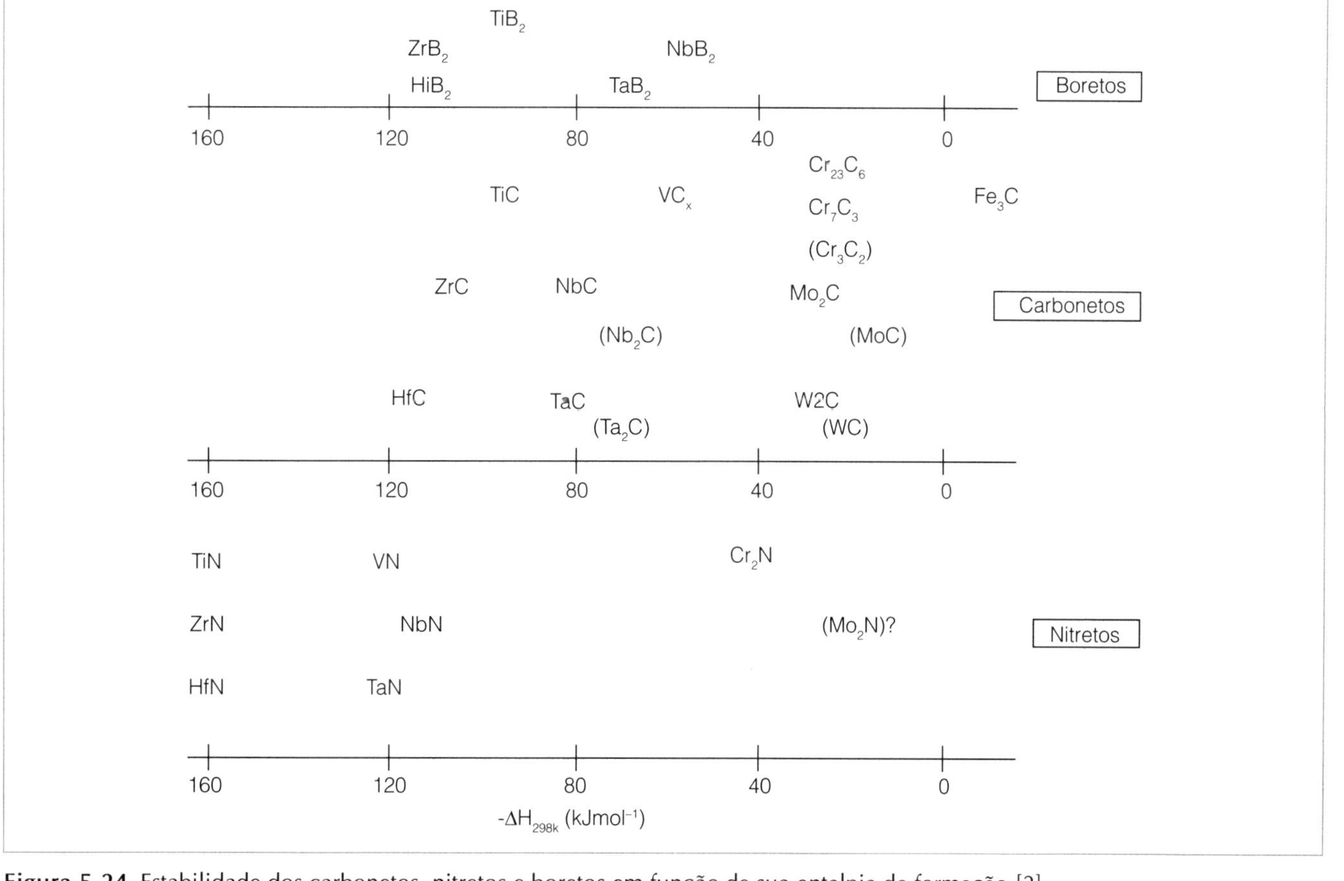

Figura 5.24 Estabilidade dos carbonetos, nitretos e boretos em função de sua entalpia de formação [2].

metal para a austenita. Isso continua até uma temperatura em que todo o carboneto é dissolvido, ou seja, todo o metal permanece em solução sólida na austenita. Essa temperatura, limite de solubilidade, pode ser determinada termodinamicamente e varia em função do teor de carbono e do metal presentes no aço, segundo a seguinte equação geral:

$$\log [M]^a \cdot [X]^b = \frac{-c}{T} + d \qquad \text{(Eq. 5.2)}$$

[M] = concentração do metal no aço (% em peso)

[X] = concentração do carbono no aço (% em peso)

a, b, c, d = constantes para cada tipo de composto

T = temperatura em graus Kelvin

Obviamente, essa forma de equação de solubilidade é aplicável também a outros tipos de partículas encontradas nos aços, como os nitretos e os carbonitretos (Tabela 5.3).

Tabela 5.3 Solubilidade dos carbonetos e nitretos do nióbio, vanádio e titânio na austenita e na ferrita

Solubilidade na austenita						
Metal	Composto	a	b	c	d	Referência
Nb	$NbC_{0,87}$	1	0,87	7.520	3,11	[31]
Nb	NbN	1	1	10.150	3,79	[32]
Ti	TiC	1	1	7.000	2,75	[33]
V	V_4C_3	4	3	10.800	7,05	[34]
Solubilidade na ferrita						
Nb	NbC	1	1	10.960	5,43	[35]
Nb	NbN	1	1	12.230	4,96	[35]

Observação:

1) $\log_{10} [M]^a \cdot [X]^b = \frac{-c}{T} + d$

M = metal

X = carbono ou nitrogênio

2) A solubilidade do carbonitreto de nióbio (NbCN) é dada pela fórmula:

$$\log_{10} [Nb] [C + \frac{12}{14} N] = \frac{-6770}{T} + 2{,}26 \qquad [40]$$

Deve-se notar que, ao se adicionarem outros elementos de liga nos aços, a solubilidade dos carbonetos, nitretos e carbonitretos é modificada. Koyama [7] observou que a adição de manganês, cromo e níquel aumentava a solubilidade do carboneto de nióbio na austenita e que a adição de silício a diminuía (Tabela 5.4).

Tabela 5.4 Solubilidade do NbC na austenita de aços com adições de Mn, Si, Cr ou Ni [7]

E	X	Y	W	Z
Mn	-1371	0,900	75	-0,0504
Si	735	0,348	0	0
Cr	-1113	0,691	38	-0,0228
Ni	-148	0,090	-8,5	0,0068

$$\log_{10} [Nb].[C] = \frac{-7970}{T} + 3{,}31 - (\frac{X}{T} + Y) [E] - (\frac{W}{T} + Z) [E]^2$$

[E] = % em peso do elemento de liga.

Na Figura 5.25, estão comparadas as solubilidades na austenita de vários carbonetos e nitretos formados nos aços. Observa-se que o carboneto de vanádio é mais solúvel na austenita do que o de titânio e o de nióbio.

Essa preocupação com o estudo da solubilidade dos carbonetos e nitretos nos aços é justificada, pois o aumento da resistência mecânica possível de ser obtido pela precipitação de partículas finas nos aços é proporcional à solubilidade destas na austenita (Figura 5.26).

5.5.3 FORMAS DE PRECIPITAÇÃO

Os carbonetos que aparecem nos aços resfriados lentamente podem ter as seguintes formas:

a) Carbonetos dispersos

Podem ser originários da precipitação na austenita ou na ferrita supersaturada.

b) Carbonetos em fileiras (*interphase precipitation*).

Os carbonetos nucleiam na interface α/γ formando fileiras com um espaçamento definido, característica do carboneto e das condições de nucleação. Após a nucleação de uma fileira de carbonetos, a interface α/γ move-se para uma nova posição e uma outra fileira de precipitados é nucleada (Figura 5.27).

c) Carbonetos em fibras

Em alguns casos, a formação da perlita é substituída por fibras de carboneto. Isso ocorre, por exemplo, em aços com 4 a 12% de cromo resfriados lentamente ou em aços com 4% Mo transformados entre 850 e 600 °C.

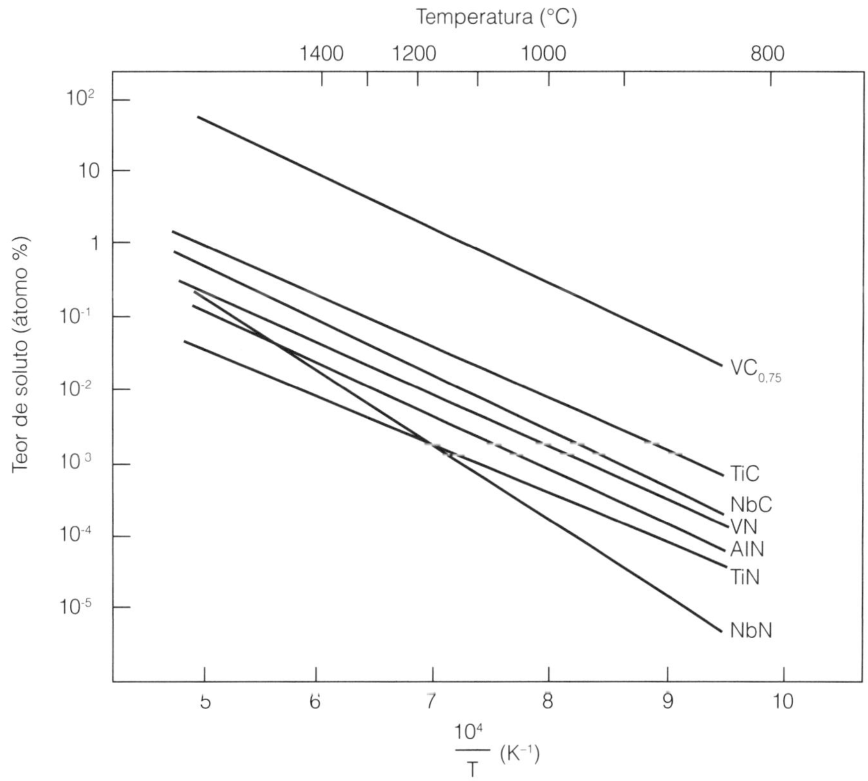

Figura 5.25 Produto de solubilidade de carbonetos e nitretos na austenita em função da temperatura [2].

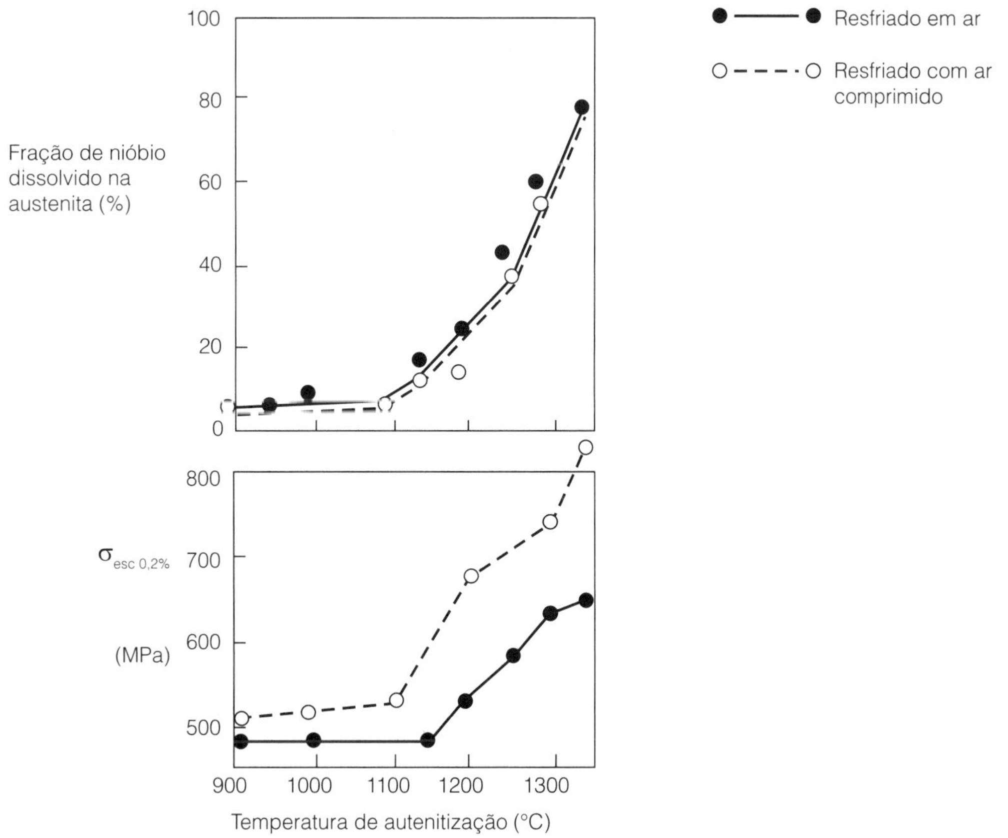

Figura 5.26 Correlação entre a resistência mecânica e a quantidade de nióbio dissolvido na austenita de um aço com 0,5% C [36].

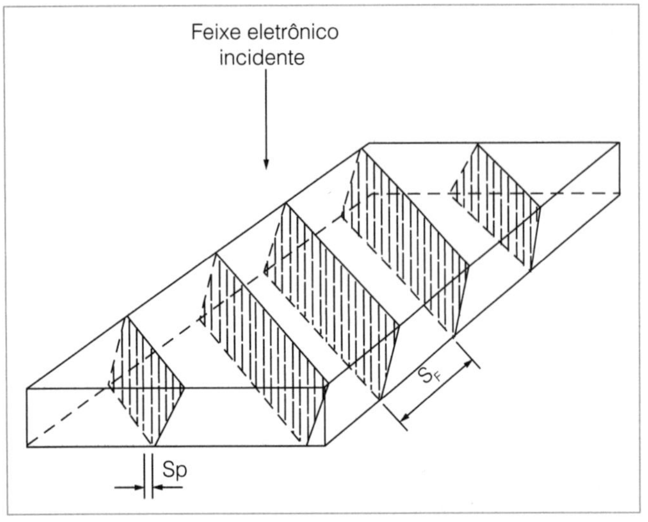

Figura 5.27 Diagrama esquemático da precipitação na interface γ/α (*interphase precipitation*) observada por MET (microscopia eletrônica de transmissão).
S_P = espaçamento entre precipitados
S_F = espaçamento entre as fileiras de precipitados [37]

5.5.4 COMPOSIÇÃO DOS CARBONETOS

A composição dos carbonetos nem sempre é fixa, podendo variar com a temperatura e os teores de carbono e do metal. No caso do nióbio, por exemplo, variando-se a relação carbono/nióbio do aço, ou a temperatura de formação do carboneto, altera-se sua composição química (Figura 5.28).

Como nos aços sempre existe nitrogênio dissolvido, na verdade, o composto que se forma é um carbonitreto de nióbio (NbC_xN_y), cujo parâmetro de rede aumenta à medida que a temperatura de formação abaixa ou o teor de carbono também aumenta (Figura 5.29).

Por vezes, as fórmulas NbC, NbN e NbCN são empregadas para designar, de forma simplificada, o carboneto, o nitreto e o carbonitreto de nióbio, embora suas fórmulas reais sejam NbC_x, NbN_y e NbC_wN_z, em que x, y, w e z são variáveis que dependem das porcentagens de carbono, nitrogênio e nióbio do aço e também da temperatura de formação desses compostos.

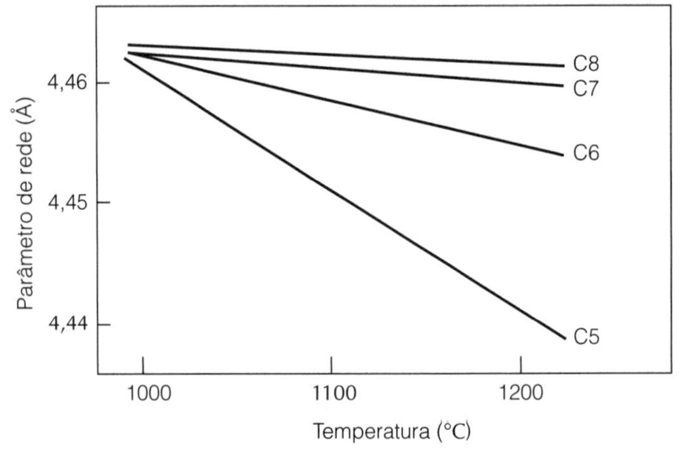

Liga	Composição (% em peso)*			Razão molar C/Nb
	Nb	C	Fe	
C5	0,178	0,071	balanço	3,1
C6	0,204	0,074	balanço	2,8
C7	0,531	0,081	balanço	1,2
C8	0,817	0,090	balanço	0,9

* Com nitrogênio residual = 0,002%

Liga	Temperatura (°C)	x no NbC_x
C8	1000	0,71
C8	1100	0,72
C8	1200	0,75
C8	1300	0,91

Figura 5.28 Influência da temperatura de formação e da composição da liga no parâmetro de rede e na composição do carboneto de nióbio (NbC_X) [32].

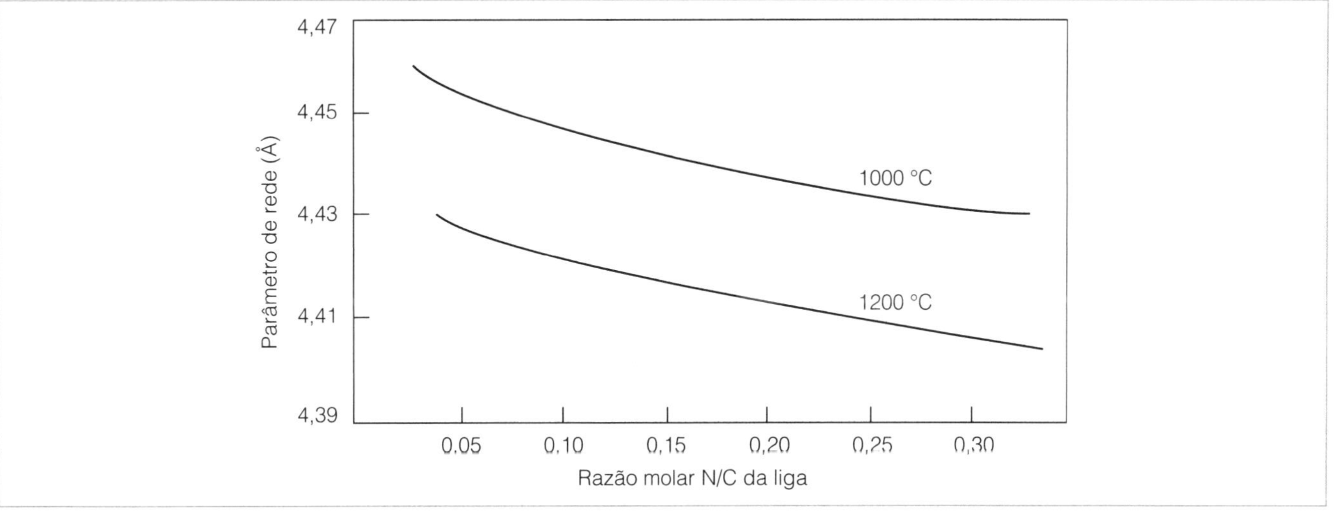

Figura 5.29 Variação do parâmetro de rede do NbC_XN_Y de estrutura cúbica (B1), em função da razão molar N/C da liga Fe-C-N-Nb, com 0,2% em peso de nióbio [32].

5.5.5 CINÉTICA DA PRECIPITAÇÃO E COALESCIMENTO DOS CARBONETOS

A cinética de dissolução, precipitação e coalescimento de carbonetos (e carbonitretos) é especialmente importante na definição da resposta de um aço microligado a um tratamento térmico ou termomecânico. Aços microligados são aços carbono com adição de até 0,1% em peso de nióbio, vanádio ou titânio. Esses elementos, por apresentarem uma forte afinidade pelo carbono e nitrogênio, formam carbonetos e carbonitretos, os quais podem aumentar consideravelmente a resistência mecânica dos aços, dependendo de sua forma, tamanho e distribuição.

A cinética de precipitação do carbonitreto de nióbio na austenita, durante a laminação dos aços microligados, é fortemente dependente da composição do aço, intensidade e taxa de deformação, temperatura e sequência de tratamento termomecânico. A precipitação do carbonitreto de nióbio na austenita não deformada é bastante lenta, tanto no tratamento isotérmico (Figura 5.30) como no resfriamento contínuo (Figura 5.31). No entanto, na austenita deformada, a precipitação é bem mais rápida (Figura 5.32). Deve-se observar que, enquanto está ocorrendo a precipitação de algumas partículas, outras já estão crescendo e coalescendo (Figura 5.33). Por conseguinte, para se formar partículas mais finas de carbonitreto de nióbio em um aço, não adiantaria apenas elevar a deformação na austenita; dever-se-ia, também, reduzir o tempo de aplicação desta deformação, ou, em outras palavras, aumentar a taxa de deformação.

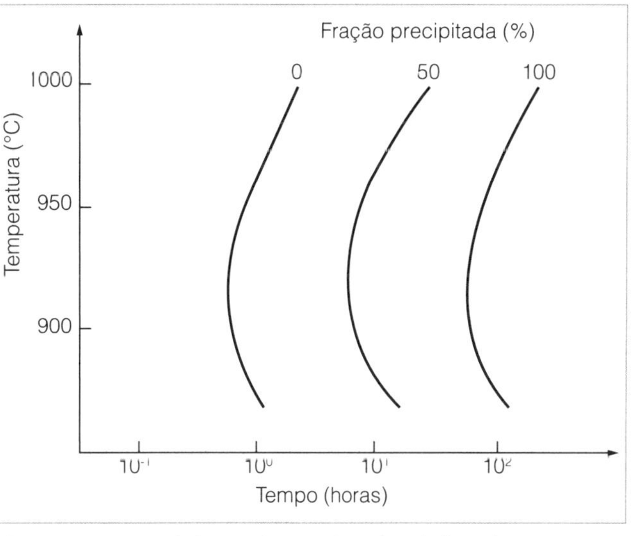

Figura 5.30 Precipitação isotérmica do Nb (C, N) na austenita não deformada do aço 0,18C–0,65Mn– 0,065Nb [38].

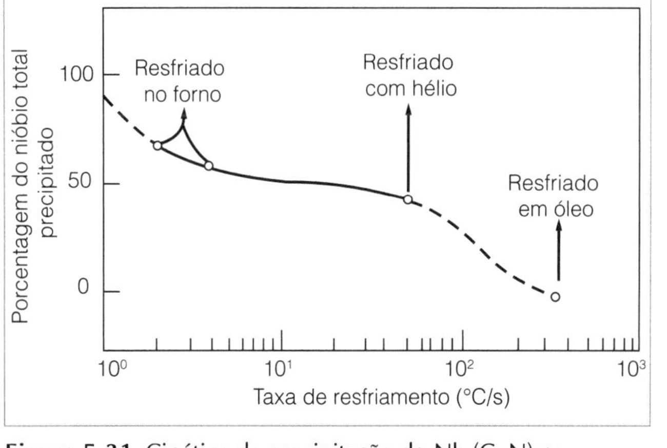

Figura 5.31 Cinética de precipitação do Nb (C, N) na austenita durante o resfriamento contínuo do aço 0,20C– 0,65Mn– 0,27Cu –0,06Nb [39].

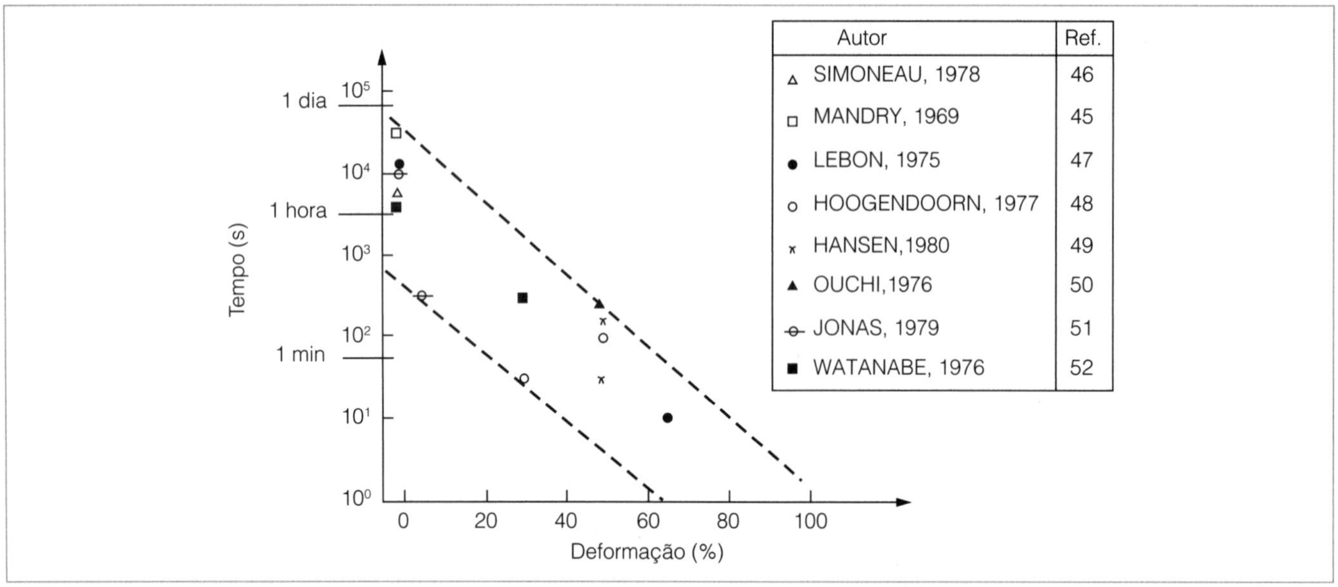

Figura 5.32 Tempo necessário para ocorrer 50% de precipitação estática, a 900 °C, em aço com baixo teor de carbono (C < 0,20%) microligado com nióbio [11].

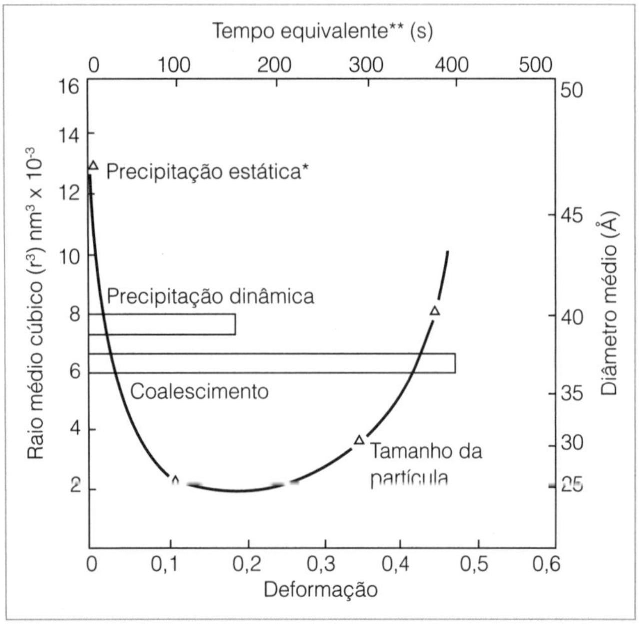

Figura 5.33 Coalescimento das partículas de Nb (C, N) durante a recristalização dinâmica a 900 °C.
* O tamanho médio das partículas observadas na precipitação estática foi, após 34 minutos, a 900 °C.

** Como as deformações foram aplicadas sempre a uma mesma taxa de deformação, pode-se calcular o tempo equivalente, ou seja, o tempo durante o qual o material foi deformado [46].

5.5.6 EFEITO DA PRECIPITAÇÃO DOS CARBONETOS FINOS NOS AÇOS

Os principais efeitos da precipitação dos carbonetos nos aços, tipos Nb (C, N), na forma de partículas finas (< 100 Å de diâmetro), seriam:

- Atraso na recuperação e recristalização da austenita.
- Impedimento do crescimento do grão austenítico.
- Aumento da tensão de escoamento da austenita na laminação.
- Endurecimento da ferrita.

5.5.6.1 Atraso na recuperação e na recristalização da austenita

Lebon [40] observou que a adição de nióbio em aços com baixo carbono (C < 0,20%) provoca um "nariz reverso" na curva de recristalização (Figura 5.34). Posteriormente, Jonas [44], Akben [46] e Weiss [47] observaram que esse efeito era devido à precipitação do Nb (C, N) e ao nióbio em solução sólida na austenita.

5.5.6.2 Impedimento do crescimento do grão austenítico

Como já foi visto no Capítulo 3 (item 3.6.6), o crescimento do grão austenítico é influenciado por partículas finas e dispersas.

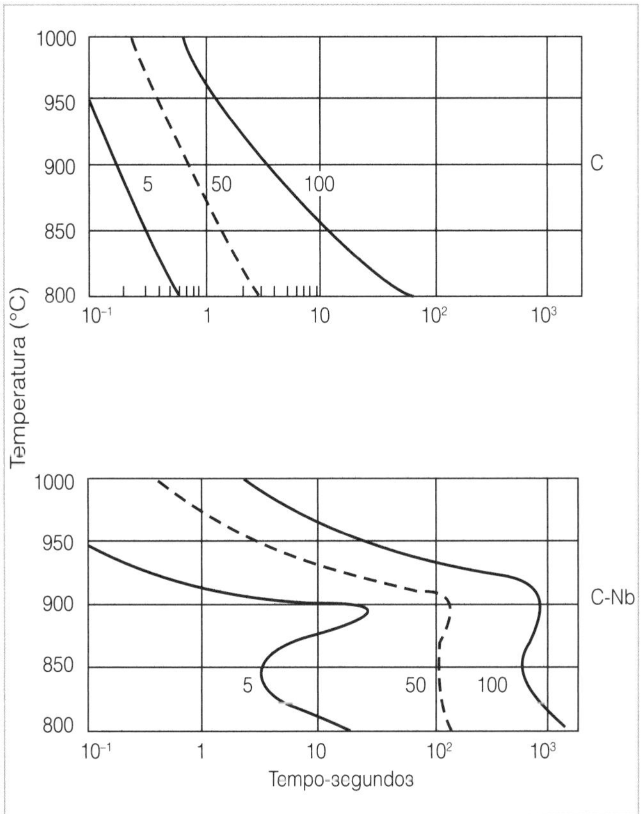

Figura 5.34 Diagrama RTT (Recristalização – Tempo – Temperatura) da austenita deformada (deformação aplicada de 40 a 60%) [40].

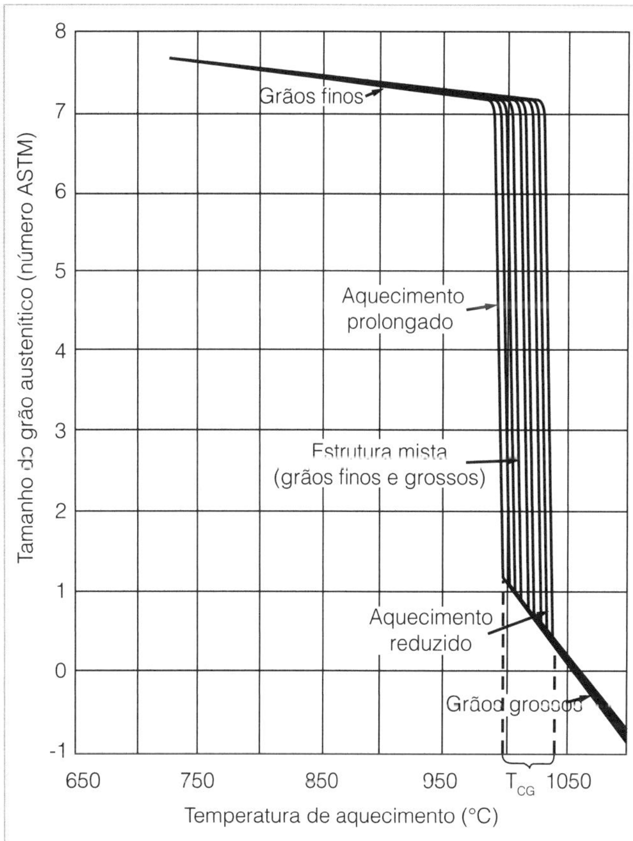

Figura 5.35 Efeito do nitreto de alumínio no tamanho do grão austenítico [1].

Vários autores desenvolveram equações matemáticas para prever o crescimento de partículas de 2ª fase e do grão austenítico, as quais foram agrupadas por Mei em um trabalho de revisão [48].

Existem dois tipos principais de curvas para crescimento do grão, identificadas por Bain [1]. Nos aços carbono sem adição de alumínio, esses autores observaram um aumento gradual do tamanho do grão, à medida que a temperatura era aumentada. Com a adição do alumínio, o grão crescia pouco até um determinado valor de temperatura (Figura 5.35). Depois disso, havia o crescimento de alguns grãos (processo conhecido como recristalização secundária) e a estrutura tornava-se mista (grãos grossos e finos). Aumentando-se mais ainda a temperatura, ocorria o crescimento dos grãos restantes formando uma estrutura uniforme de granulação grosseira. A temperatura a partir da qual era observado um crescimento acentuado do grão foi denominada *Temperatura crítica de crescimento do grão austenítico* (T_{cg}). Essas inflexões observadas na curva de crescimento do grão austenítico nos aços com alumínio são atribuídas à formação de uma dispersão de finas partículas de nitreto de alumínio (impedindo o crescimento do grão) e posterior dissolução ou coalescimento delas com o aumento de temperatura (liberando o contorno do grão). A temperatura em que ocorre a dissolução do nitreto de alumínio pode ser calculada termodinamicamente, da mesma forma que a dos carbonetos, como visto no item 5.5.2.

Para o carboneto e carbonitreto de nióbio e vanádio, o efeito de restringir o crescimento é o mesmo, embora nem sempre uma T_{cg} seja determinada (Figura 5.36). Parece claro que quanto maior a temperatura final do tratamento termomecânico (laminação, forjamento etc.), maior será a T_{cg}. De qualquer maneira, a adição de nióbio no aço sempre reduz o tamanho do grão austenítico, independentemente do teor de seu carbono (Figura 5.37).

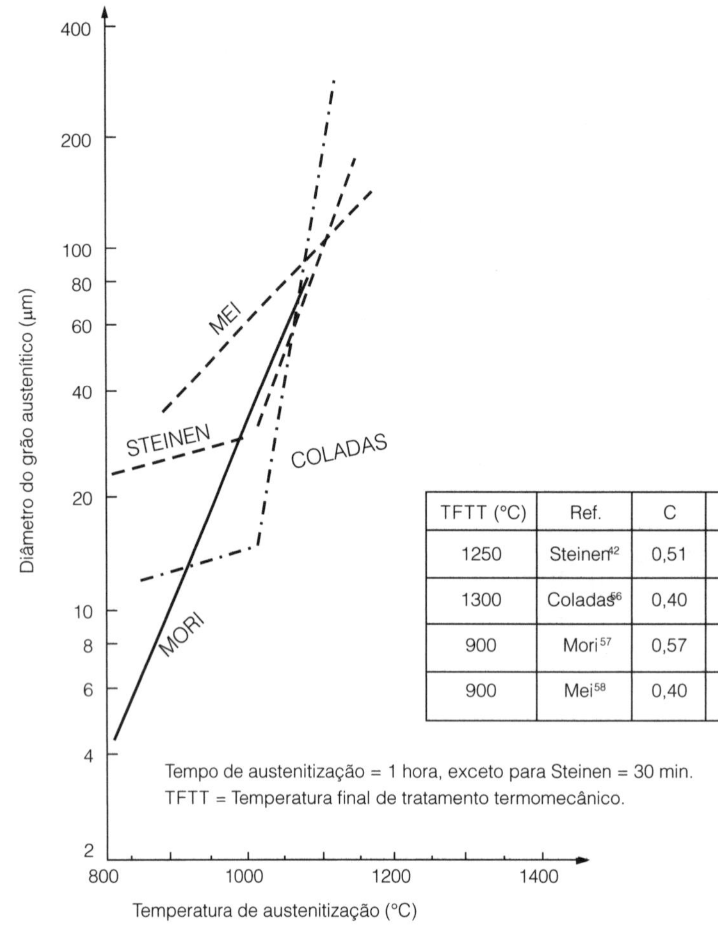

TFTT (°C)	Ref.	C	Mn	Nb	Si
1250	Steinen[42]	0,51	0,76	0,08	0,26
1300	Coladas[56]	0,40	0,70	0,043	0,26
900	Mori[57]	0,57	0,70	0,13	–
900	Mei[58]	0,40	1,05	0,027	–

Figura 5.36 Curva isocronal de crescimento do grão austenítico de aços com nióbio **(MEI, 1985).**

5.5.6.3 Aumento da tensão de escoamento da austenita na laminação

Os efeitos combinados do nióbio de atrasar a recuperação e a recristalização da austenita, impedir o crescimento do grão austenítico e endurecer a austenita por solução sólida e por precipitação do carbonitreto de nióbio provocam o aumento da tensão de escoamento da austenita durante a laminação (Figura 5.38) [52]. O maior endurecimento observado nas temperaturas menores de laminação seria devido ao efeito do nióbio de retardar a recristalização da austenita, segundo Dutta [53].

5.5.6.4 Endurecimento da ferrita

A precipitação de carbonetos finos nos aços causa o refino do grão austenítico e, por consequência, do grão ferrítico, aumentando a resistência mecânica. Os precipitados também endurecem a ferrita, elevando ainda mais a resistência mecânica (Figura 5.39).

O aumento da resistência mecânica provocado pela precipitação de carbonitretos será tão maior quanto menores e mais numerosas forem as partículas (Figura 5.40(a)).

Zhang [56] comparou o tamanho dos carbonetos precipitados na ferrita *(interphase precipitation)* de um aço baixo carbono (0,08 C/ 1,5 Mn / 0,05 Si, % em peso) com iguais adições (0,1% em peso) de vanádio, nióbio ou titânio (Figura 5.40(b)). Os carbonetos de vanádio apresentaram-se maiores que os de titânio que, por sua vez, eram maiores que os de nióbio. Carbonetos mais finos e numerosos são mais eficientes em aumentar a resistência mecânica dos aços.

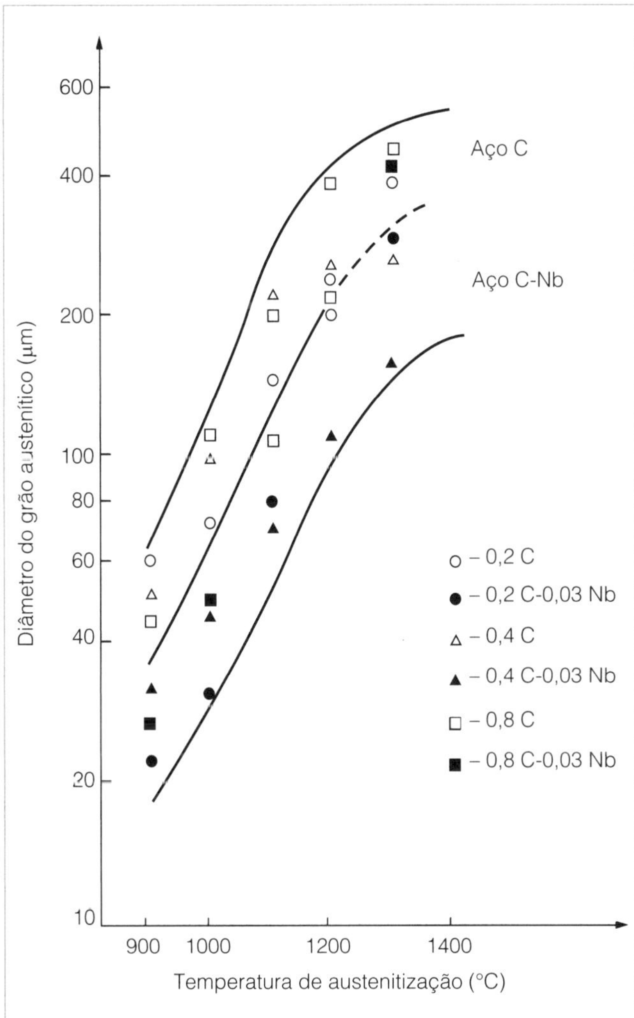

Figura 5.37 Curva isocronal de crescimento do grão austenítico de aços com e sem nióbio após aquecimento por 1 hora **(MEI, 1985)**.

Sobral [57] estimou que a precipitação de carbonitretos (precipitação interfásica e precipitação fina na austenita) elevou em até 130 MPa o limite de escoamento de um aço microligado obtido por meio do lingotamento contínuo de placas finas (LCPF) com posterior laminação controlada. O diâmetro médio das partículas precipitadas na austenita foi de 6,5 nm, com uma contribuição potencial pelo mecanismo de Orowan-Ashby de, aproximadamente, 50 MPa. A contribuição por precipitação interfásica ficou em torno de 80 MPa, com diâmetro médio do carbonitreto de 5 nm e espaçamento entre as fileiras (*sheets*) variando de 30 a 70 nm (Figura 5.41).

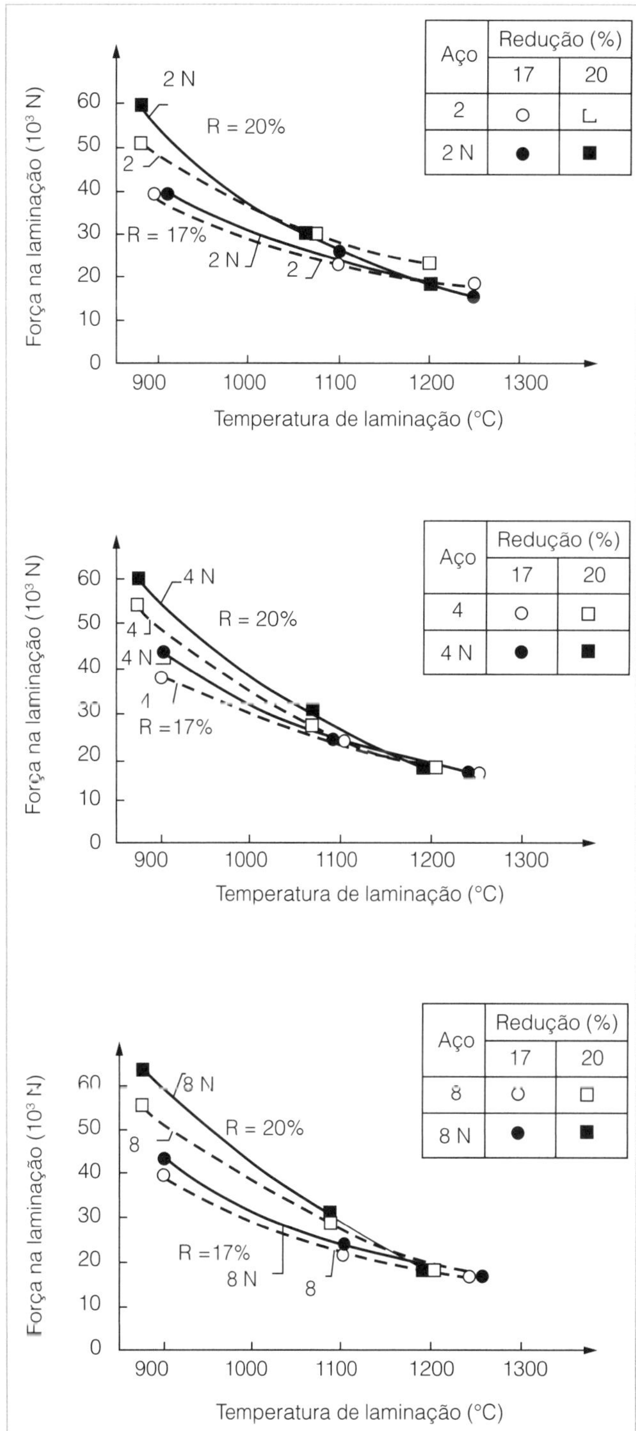

Figura 5.38 Força de laminação para os aços 0,2; 0,4 e 0,8% C, com e sem adição de nióbio, laminados em diferentes temperaturas. As temperaturas de laminação do primeiro passe foram de 900, 1100 e 1250 °C. Para o segundo passe, de 875, 1065 e 1200 °C [52].

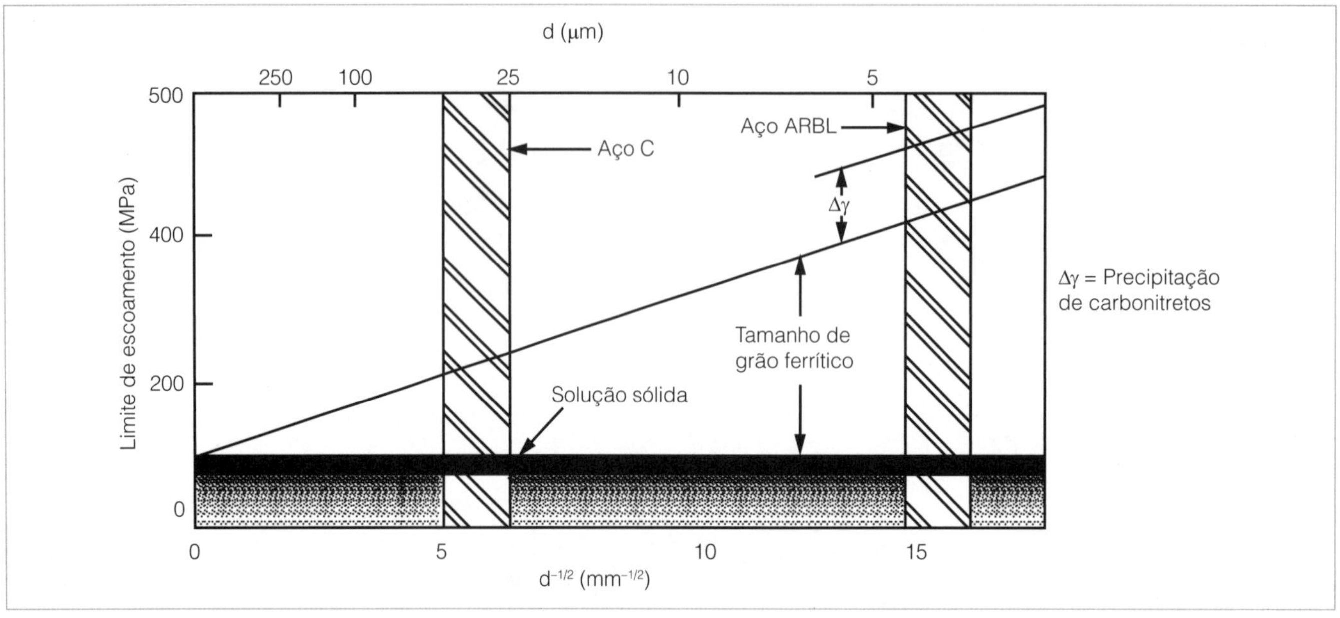

Figura 5.39 Efeito de microadições de Nb, V e Ti na resistência mecânica dos aços baixo carbono (C < 0,20%). Aços microligados são conhecidos como ARBL (Alta Resistência, Baixa Liga, ver Capítulo 6) [54].

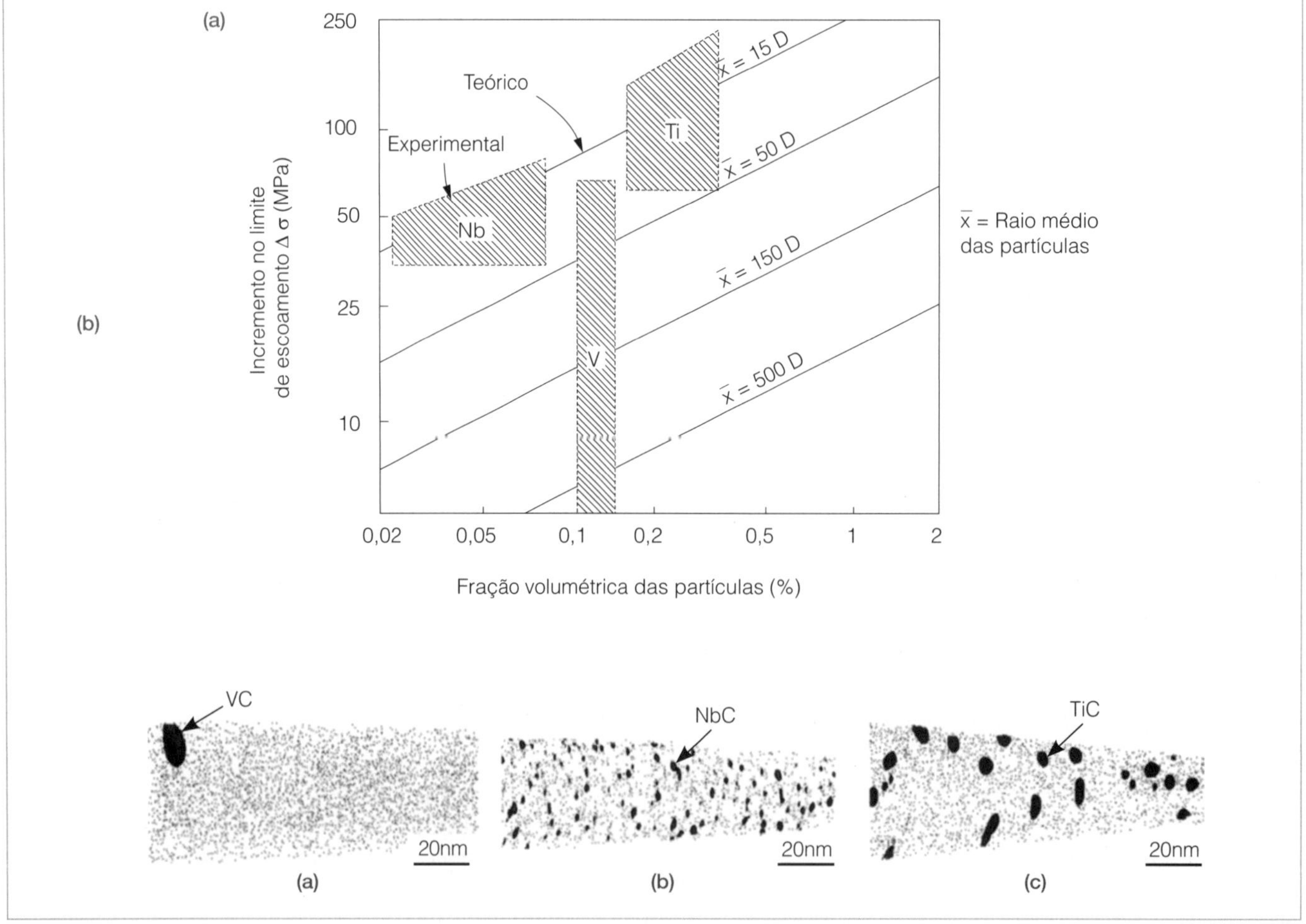

Figura 5.40 (a) comparação entre valores teóricos (modelo de Ashby-Orowan) e experimentais do incremento da tensão de escoamento, com o tamanho e densidade das partículas de carbonitreto de Nb, V e Ti [55]. (b) carbonetos precipitados na ferrita (*interphase precipitation*) de um aço baixo carbono (0,08 C/ 1,5 Mn / 0,05 Si, % em peso) com iguais adições (0,1% em peso) de vanádio, nióbio ou titânio, após austenitização a 1200 °C e transformação isotérmica a 690 °C [56].

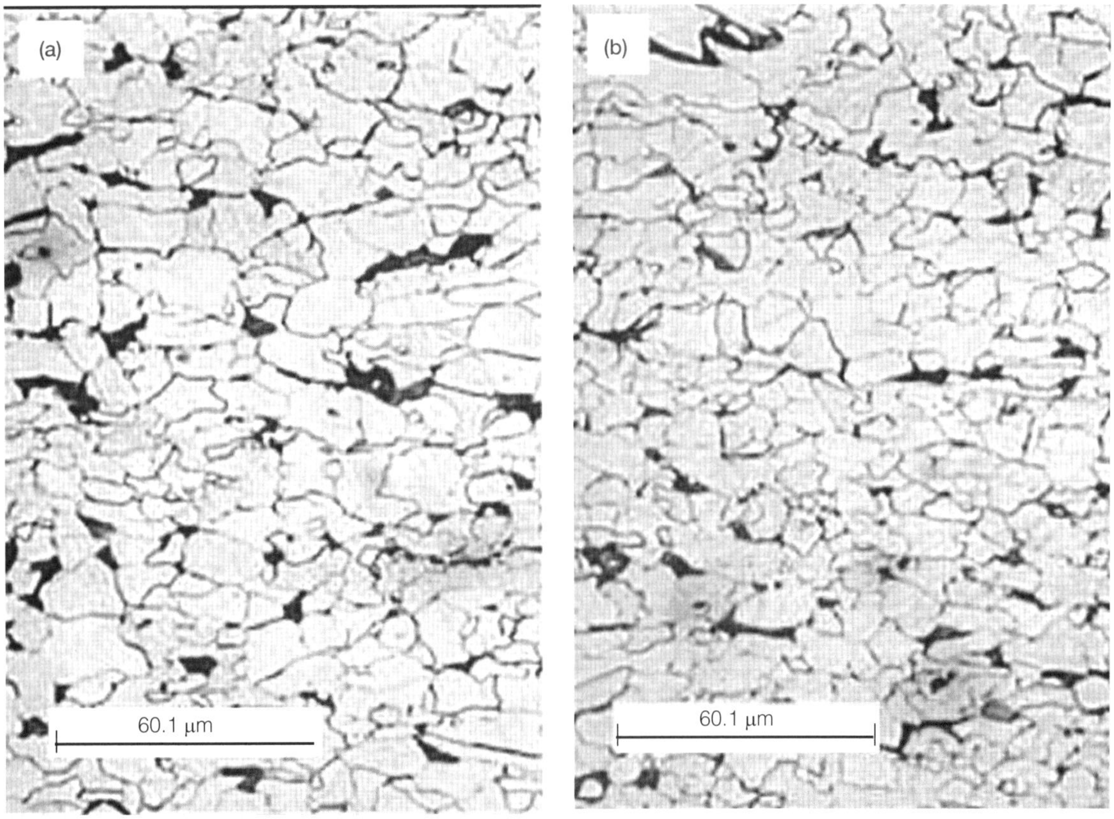

Microscopia ótica: ferrita e perlita. (Nital 2%).

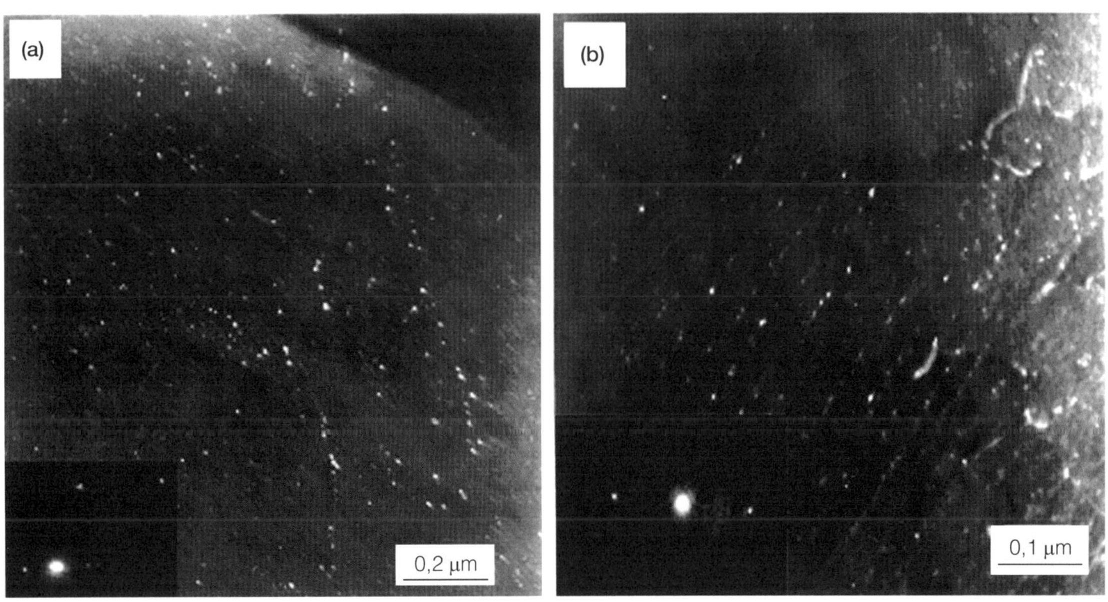

MET, campo escuro. Precipitação de carbonitretos de nióbio e vanádio.

(a) na austenita (b) interfásica.

Composição química (% em peso)										
Aço	C	Mn	Si	P	S	Al	Nb	V	Cu	N
V7Nb2	0,076	0,820	0,332	0,012	0,007	0,059	0,019	0,071	0,020	0,0115

Figura 5.41 Precipitação de carbonitretos de nióbio e vanádio no aço V7Nb2 laminado a 1000 °C [57].

5.5.7 EFEITO DOS CARBONITRETOS NA LAMINAÇÃO

5.5.7.1 Aços com baixo teor de carbono

Na Figura 5.42, observa-se que a adição de nióbio reduziu o tamanho do grão austenítico em um aço 0,2% C, além de elevar o limite de resistência (σ_{max}) e o limite de escoamento (σ_{esc}), embora com ligeira redução de ductilidade expressa pela redução de área (RA) e pelo alongamento. Esses efeitos foram mais pronunciados à medida que a temperatura de laminação (TL) foi elevada. Com o aumento da TL, houve uma maior fração de nióbio dissolvida na ferrita (Figura 5.43), que precipitou como finas partículas de NbC, impedindo o crescimento do grão austenítico e, por consequência, o do grão ferrítico, visto que estes são linearmente relacionados nesse aço (Figuras 5.44 e 5.45).

Entretanto, a pequena variação do tamanho do grão ferrítico provocada pela adição de nióbio não poderia explicar a grande variação das propriedades mecânicas, visto que no aço sem nióbio houve um aumento no diâmetro do grão ferrítico com o aumento da TL, porém esse aumento não foi detectado pela medida de dureza (Figura 5.46). No entanto, observou-se, no aço com nióbio, um pequeno aumento no diâmetro do grão ferrítico com a elevação da TL e um grande aumento da sua dureza.

Na realidade, o aumento do tamanho de grão ferrítico, por si só, deveria causar uma redução na macrodureza, pela redução dos contornos do grão. Como a fração volumétrica de ferrita não se mostrou sensível à adição de nióbio ou com a mudança da TL (Figura 5.47), mediu-se a dureza da ferrita isoladamente e verificou-se que, enquanto no aço carbono seu valor era constante, no aço com nióbio, o valor da dureza aumentava com a elevação da TL (Figura 5.48). Isso era de se esperar, pois a elevação da TL aumenta o nióbio em solução na austenita e sua posterior precipitação fina como NbC aumenta a dureza da ferrita. Entretanto, o aumento provocado pela precipitação do NbC na ferrita provocou um aumento de 10 pontos na escala Vickers, que seria equivalente a, aproximadamente, 10 pontos na escala Brinell. Já a variação da dureza Brinell foi de 30 pontos e outro fator deveria estar atuando. A análise das microestruturas (Figura 5.49) esclareceu a questão: o nióbio em solução na austenita favoreceu a formação de estruturas aciculares de maior dureza, e quanto maior a temperatura de laminação maior era sua fração dissolvida e maior o efeito de acicularização da estrutura.

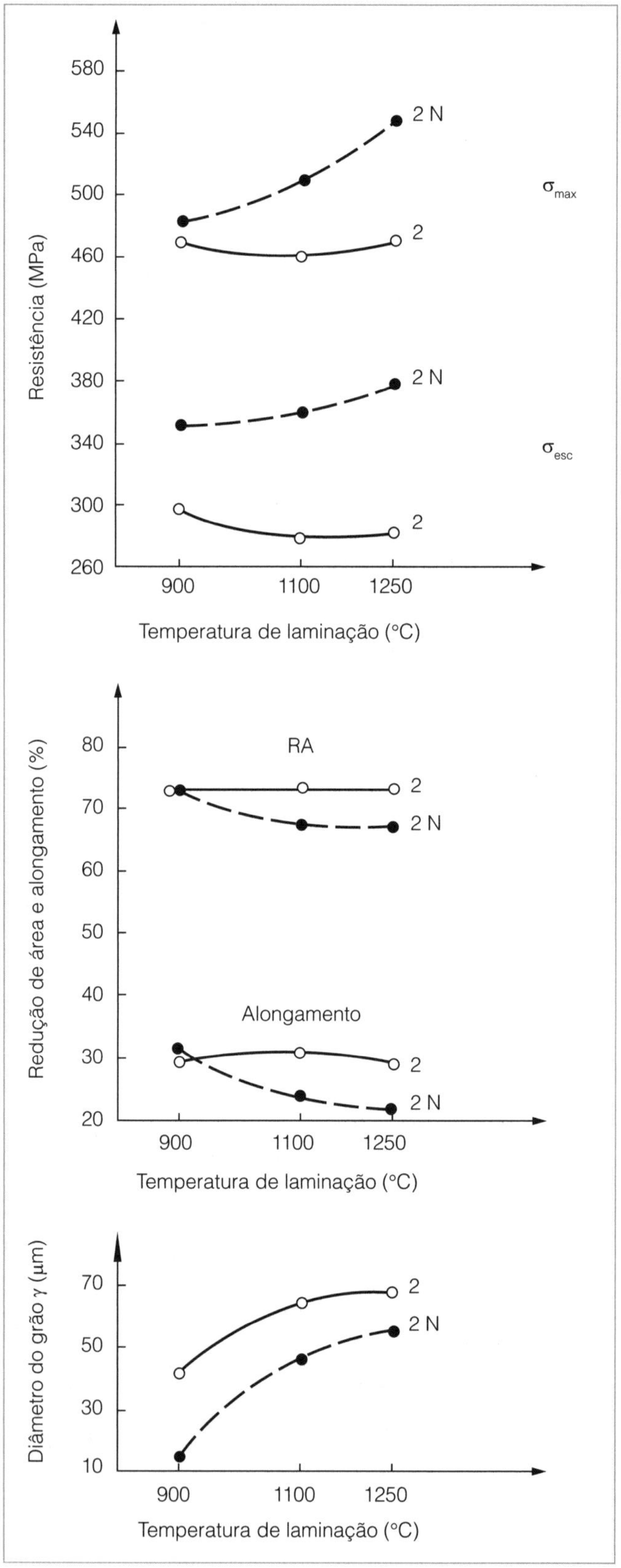

Figura 5.42 Efeito da temperatura de laminação e da adição de 0,026% Nb nas propriedades mecânicas e no tamanho do grão austenítico de aço 0,2% C. Redução de 34% aplicada em dois passes [52].

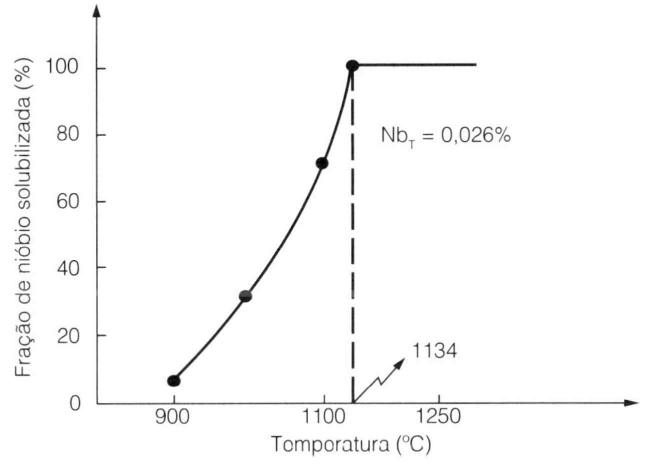

Figura 5.43 Fração de nióbio em solução na austenita para aços com 0,2% C aquecidos em diferentes temperaturas [52].

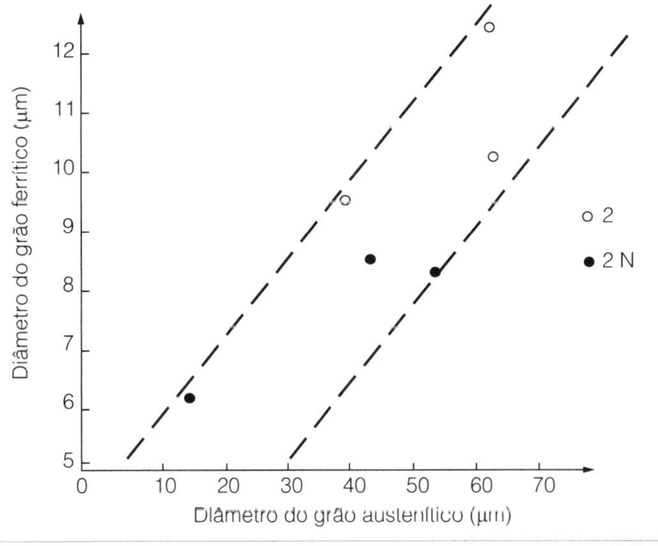

Figura 5.44 Correlação entre os tamanhos dos grãos austeníticos e ferríticos em aços 0,2% C, com e sem adição de nióbio [52].

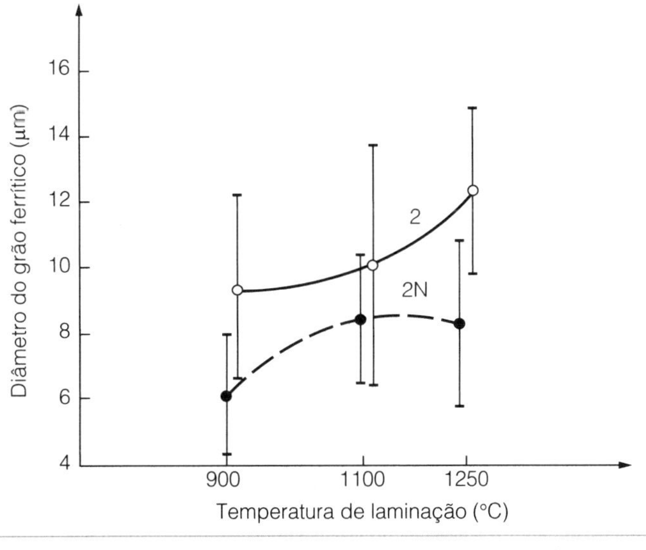

Figura 5.45 Diâmetro do grão ferrítico em aços 0,2% C, com e sem adição de nióbio, após laminação em diferentes temperaturas [52].

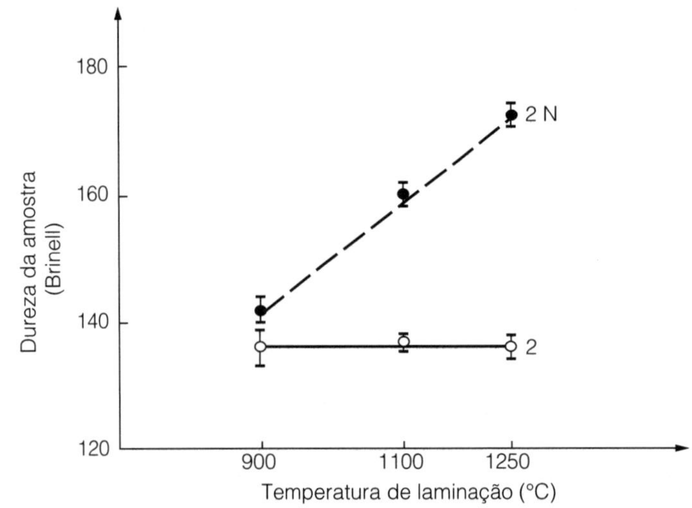

Figura 5.46 Dureza de amostras de aço 0,2% C, com e sem adição de nióbio, após laminação em diferentes temperaturas [52].

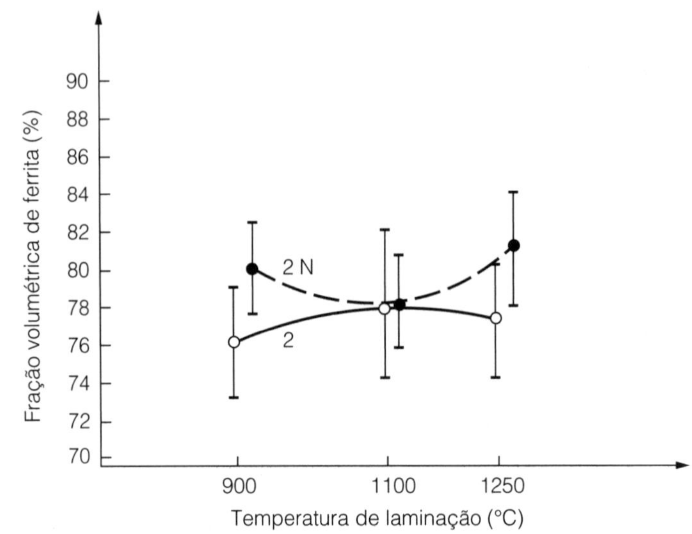

Figura 5.47 Fração volumétrica de ferrita para aços 0,2% C, com e sem adição de nióbio, laminados em diferentes temperaturas [52].

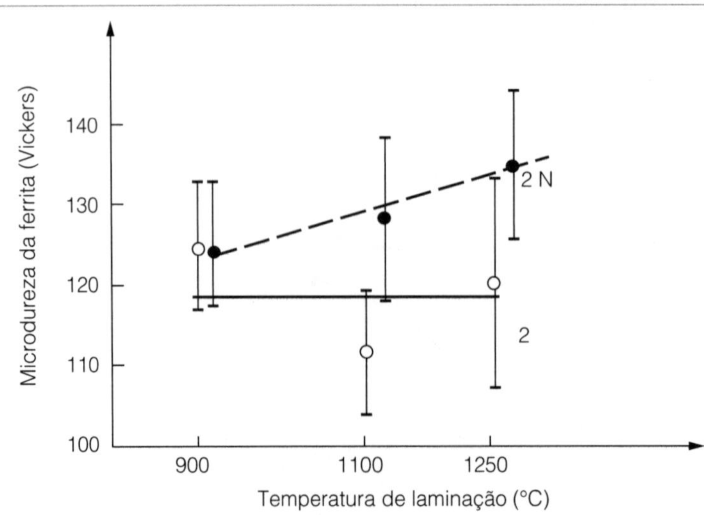

Figura 5.48 Dureza da ferrita em aços 0,2% C, com e sem adição de nióbio, laminados em diferentes temperaturas [52].

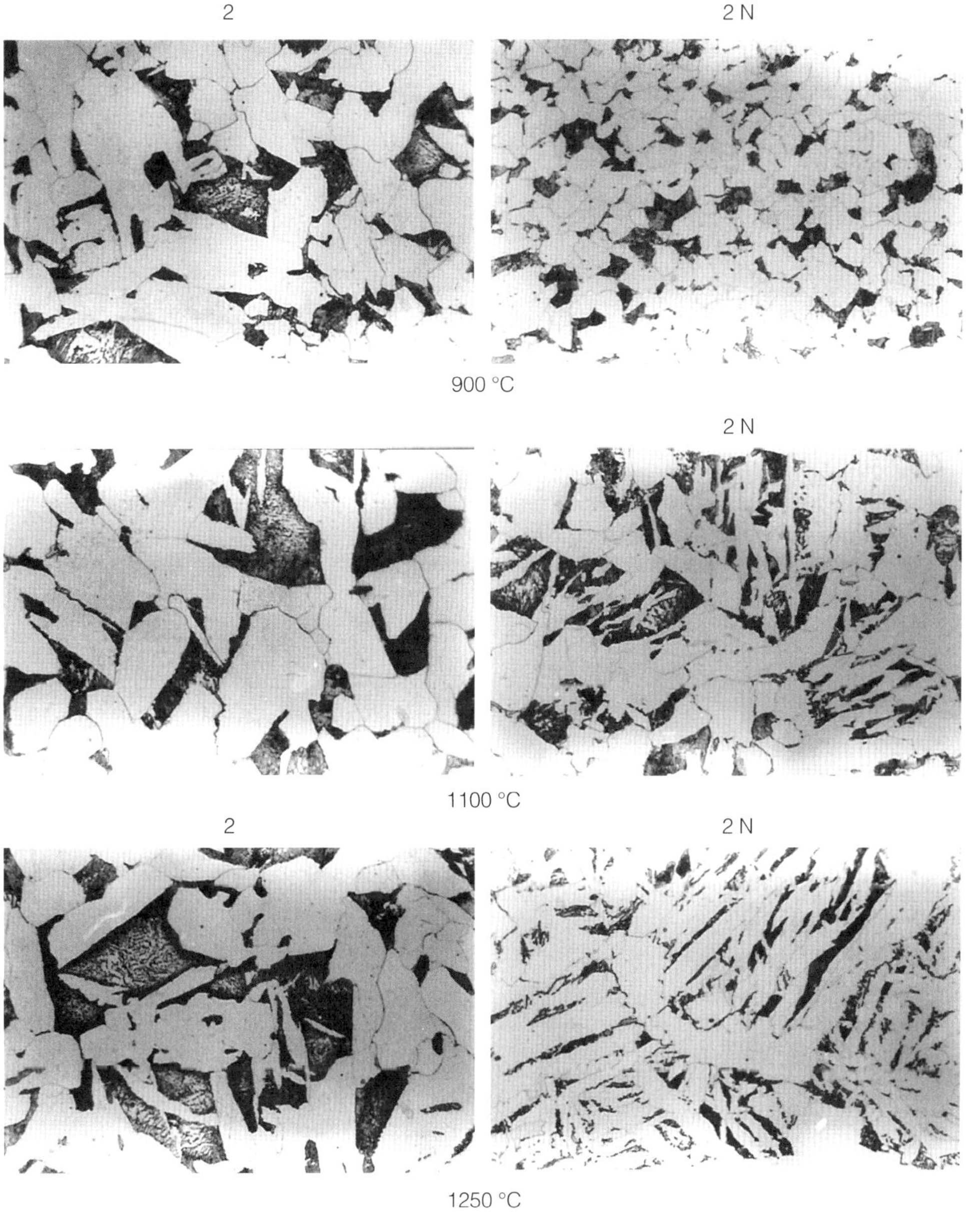

Figura 5.49 Microestrutura dos aços 0,2% C, com e sem adição de nióbio, após laminação em diferentes temperaturas. Nital 600X [52].

5.5.7.2 Aços com médio teor de carbono

No caso de um aço médio carbono (0,4% C) submetido ao mesmo tratamento do aço, 2% C, os efeitos nas propriedades mecânicas foram semelhantes, mas de menor intensidade. Na Figura 5.50, observa-se que a adição de nióbio reduziu o tamanho do grão austenítico e elevou os limites de resistência e de escoamento sem alterar a ductilidade. Esses efeitos foram mais pronunciados à medida que foi elevada a TL, o que produziu uma maior fração de nióbio dissolvida na ferrita (Figura 5.51).

Um aspecto interessante observado nesses aços é que a fração volumétrica de ferrita varia inversamente com o diâmetro do grão austenítico, independentemente da adição de nióbio (Figura 5.52). Como o aço com nióbio apresentou um menor tamanho de grão austenítico, sua fração volumétrica de ferrita foi maior (Figura 5.53), levando a um ligeiro aumento na largura das placas de ferrita (Figuras 5.54 e 5.55). O aumento da fração volumétrica da ferrita reduz a resistência mecânica desses aços (Figura 5.56), o que pode ser calculado pela equação de Gladman [55]. No entanto, o nióbio aumentou a dureza da ferrita, aumento proporcional à elevação da TL, como era de se esperar (Figura 5.57). Assim, o nióbio, no que diz respeito à ação da ferrita na resistência mecânica, provocou dois efeitos antagônicos: aumentou a fração volumétrica da ferrita, e isso reduziu a resistência mecânica, e aumentou a dureza da ferrita, o que elevou a resistência mecânica do aço.

No aço com nióbio o S_{0min}, espaçamento lamelar mínimo (no resfriamento contínuo, ocorre nucleação da perlita em diferentes temperaturas, dando origem a diferentes espaçamentos interlamelares e, por essa razão, utilizou-se o S_{0min}) foi menor que no aço sem nióbio, independentemente da TL utilizada (Figura 5.58). Observou-se também que a dureza da perlita permaneceu constante nos aços sem nióbio com a variação da TL, mas aumentou nos aços com o nióbio com a elevação da TL (Figura 5.59(a)). Como o nióbio não alterou o S_{0min}, o aumento de dureza observado na perlita poderia ser devido à precipitação do NbC na ferrita da perlita ou devido à formação de perlita degenerada (ver item 2.2 – Capítulo 2), ou ainda à soma dos dois efeitos. De fato, observou-se que as amostras com nióbio laminadas a 900 e 1250 °C apresentavam o mesmo S_{0min}, porém a perlita da amostra laminada a 1250 °C apresentava uma dureza Vickers de 284 pontos, enquanto que a da laminada a 900 °C apresentava uma dureza Vickers de 218 pontos (Figura 5.59(b)). Também foi observado que a adição de nióbio e a elevação da TL favoreciam o aparecimento de perlita degenerada.

Na Figura 5.60, observa-se um aumento crescente da macrodureza dos aços 0,4% C com e sem nióbio com a elevação da TL. Como para o aço sem nióbio não houve variação da dureza da ferrita e da perlita com o aumento da TL, o aumento da macrodureza poderia ser devido a um refino do grão austenítico ou devido a uma redução da fração volumétrica de ferrita. Como o grão austenítico aumentou com a TL (Figura 5.50), o aumento da macrodureza só poderia ser explicado em função da redução da fração volumétrica da ferrita, o que, de fato, ocorreu. Observa-se, na Figura 5.61, que a macrodureza do aço foi reduzida linearmente com a elevação da fração volumétrica de ferrita. Para o aço com nióbio, observa-se que sua dureza é maior do que a do aço sem nióbio para a mesma fração volumétrica de ferrita e que essa diferença cresce à medida que a TL é aumentada. Nesse caso, contribuiu também para o aumento da macrodureza com a elevação da TL o aumento da dureza da ferrita e da perlita pela precipitação do NbC. Utilizando-se as equações de Gladman [55], pode-se calcular o limite de escoamento e o limite de resistência:

$$\sigma_{esc}\,(MPa) = 15{,}2\,[f_\alpha^{\,1/3}\,(2{,}3 + 3{,}8\,Mn + 1{,}13\,d_\alpha^{-1/2}) + (1 - f_\alpha^{\,1/3})\,.\,(11{,}6 + 0{,}25\,S_0^{-1/2}) + 4{,}1\,Si + 27{,}6\,N_L^{1/2}] \quad \text{(Eq. 5.3)}$$

$$\sigma_{max}\,(MPa) = 15{,}2\,[f_\alpha^{\,1/3}\,(16 + 74{,}2\,N_L^{1/2} + 1{,}18\,d_\alpha^{-1/2}) + (1 - f_\alpha^{\,1/3}).\,(46{,}7 + 0{,}23\,S_0^{-1/2}) + 6{,}3\,Si] \quad \text{(Eq. 5.4)}$$

em que:

f_α = Fração volumétrica da ferrita

$(1 - f_\alpha)$ = Fração volumétrica da perlita

d_α = Diâmetro do grão ferrítico (mm)

S_0 = Espaçamento interlamelar da perlita (mm)

Si, Mn = Porcentagem em peso do elemento

N_L = Nitrogênio dissolvido na austenita, sem contar o nitrogênio dos nitretos, carbonitretos etc. (% em peso).

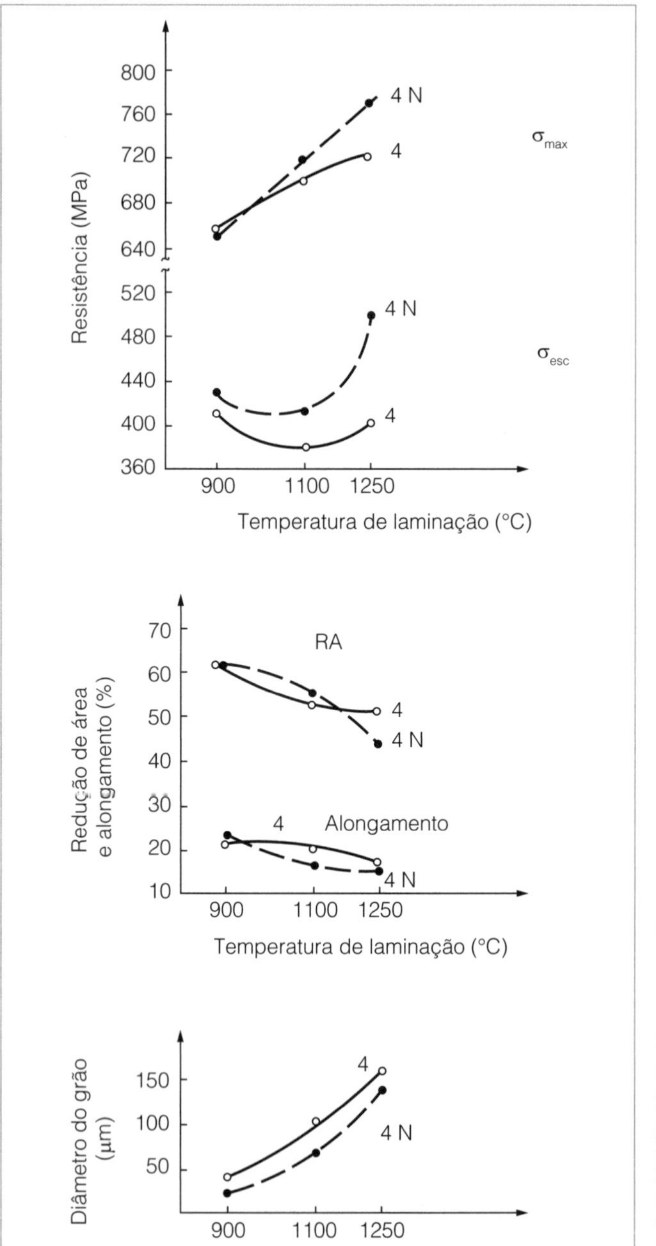

Figura 5.50 Efeito da temperatura de laminação e da adição de 0,031% Nb nas propriedades mecânicas e no tamanho do grão austenítico de aço 0,4% C. Redução de 34% aplicada em dois passes [52].

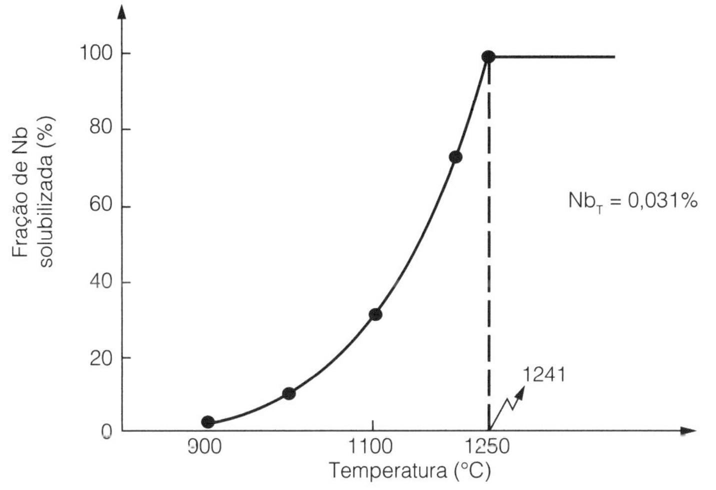

Figura 5.51 Fração de nióbio em solução na austenita para aços com 0,4% C aquecidos em diferentes temperaturas. Teor total de nióbio no aço de 0,031% [52].

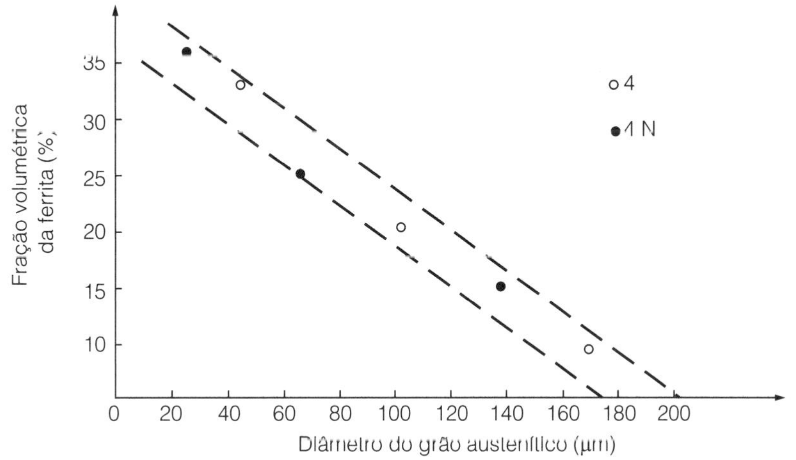

Figura 5.52 Correlação entre a fração volumétrica da ferrita e o diâmetro do grão austenítico em amostras de aço 0,4% C, com e sem adição de nióbio [52].

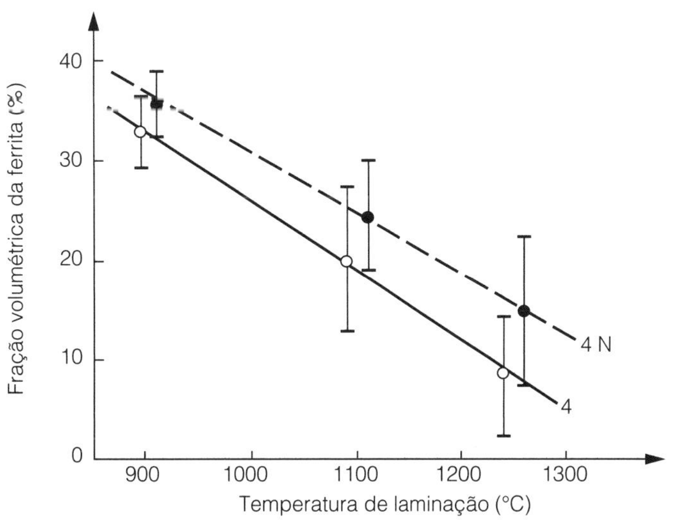

Figura 5.53 Variação da fração volumétrica de ferrita em função da temperatura de laminação para aços 0,4% C, com e sem adição de nióbio [52].

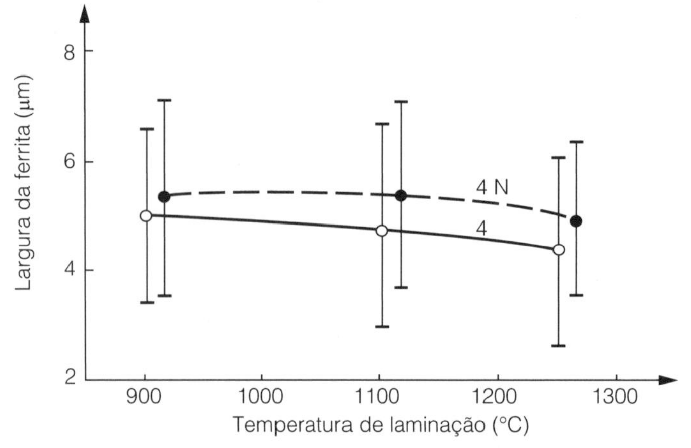

Figura 5.54 Variação da largura da ferrita em função da temperatura de laminação para aços 0,4% C, com e sem adição de nióbio [52].

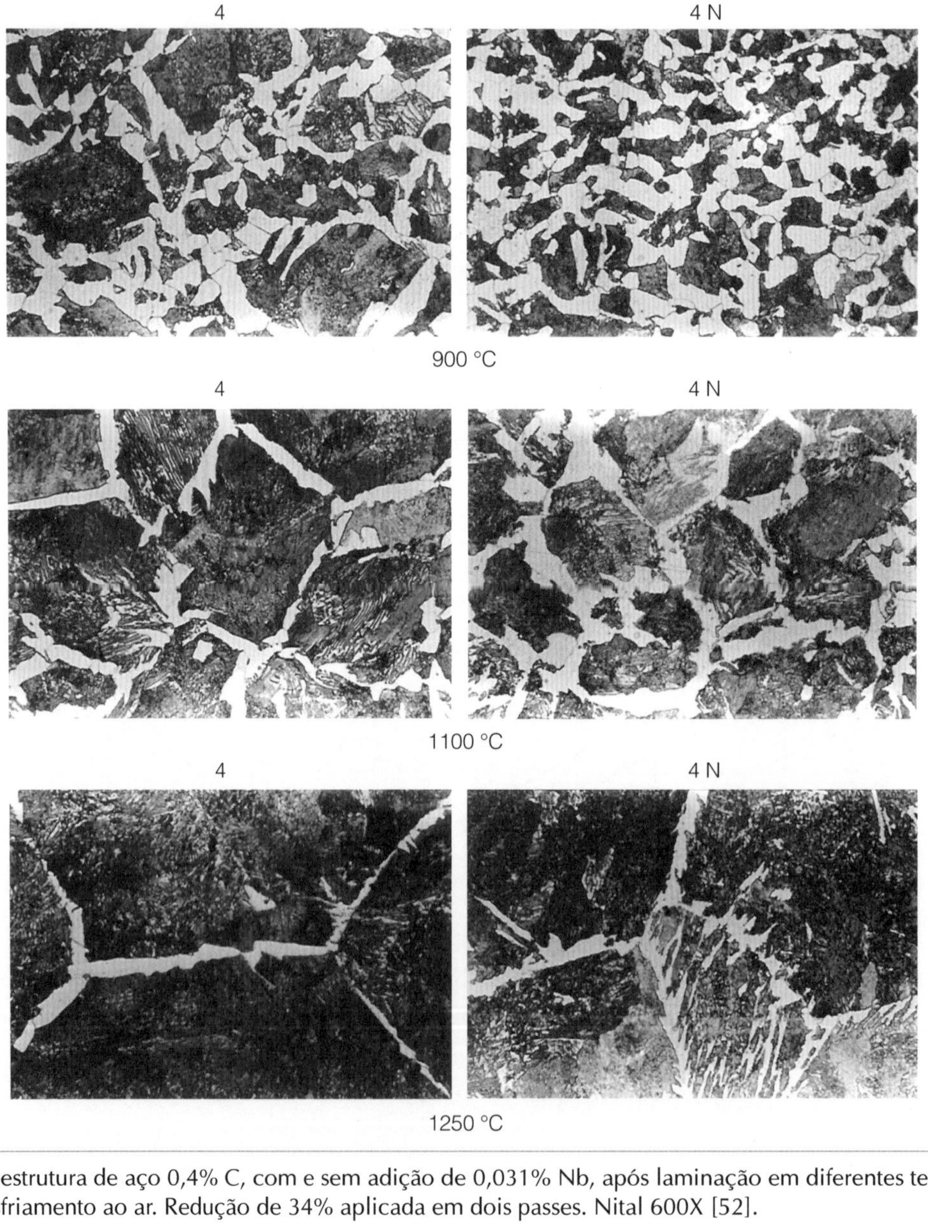

Figura 5.55 Microestrutura de aço 0,4% C, com e sem adição de 0,031% Nb, após laminação em diferentes temperaturas seguida de resfriamento ao ar. Redução de 34% aplicada em dois passes. Nital 600X [52].

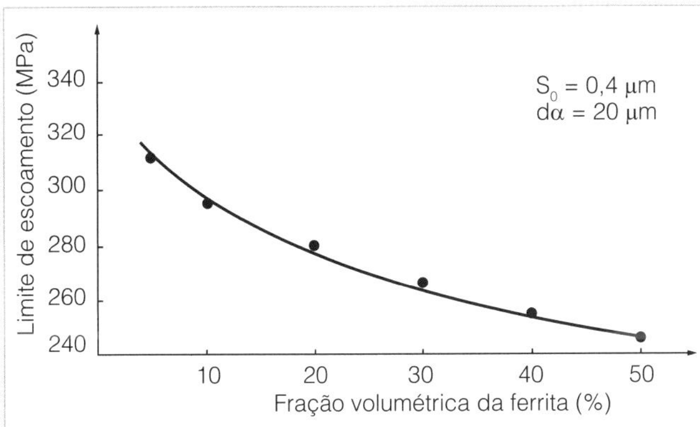

Figura 5.56 Efeito da fração volumétrica da ferrita (fα) no limite de escoamento, segundo a equação de Gladman. Suposto S_0 = 0,4 μm e dα: diâmetro do grão ferrítico de 20 μm [52].

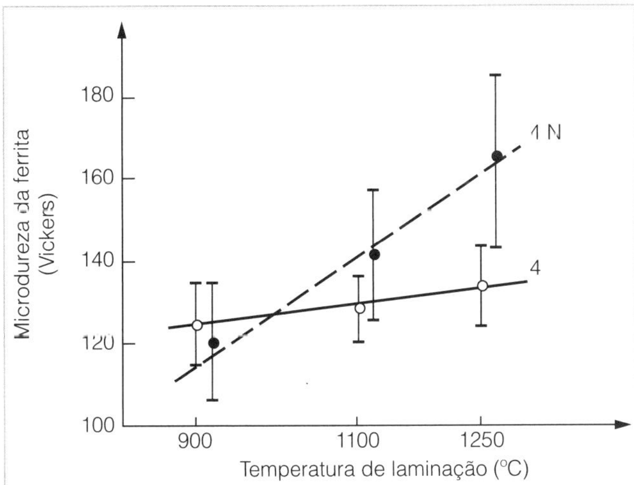

Figura 5.57 Efeito da temperatura de laminação na dureza da ferrita em aço 0,4% C, com e sem adição de nióbio [52].

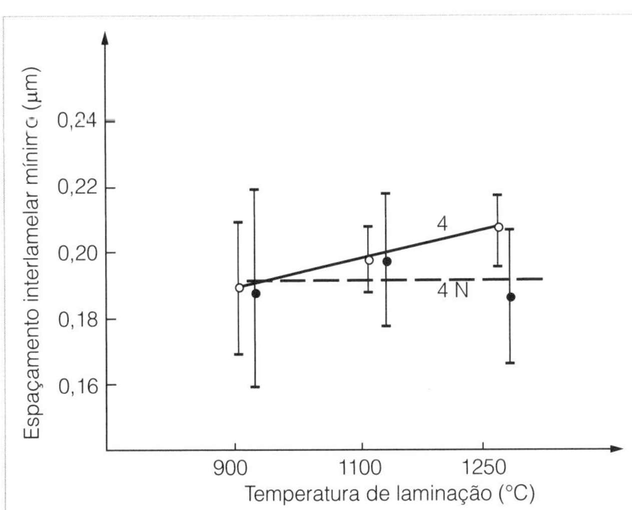

Figura 5.58 Espaçamento interlamelar mínimo para aços 0,4% C, com e sem adição de nióbio, após laminação em diferentes temperaturas [52].,

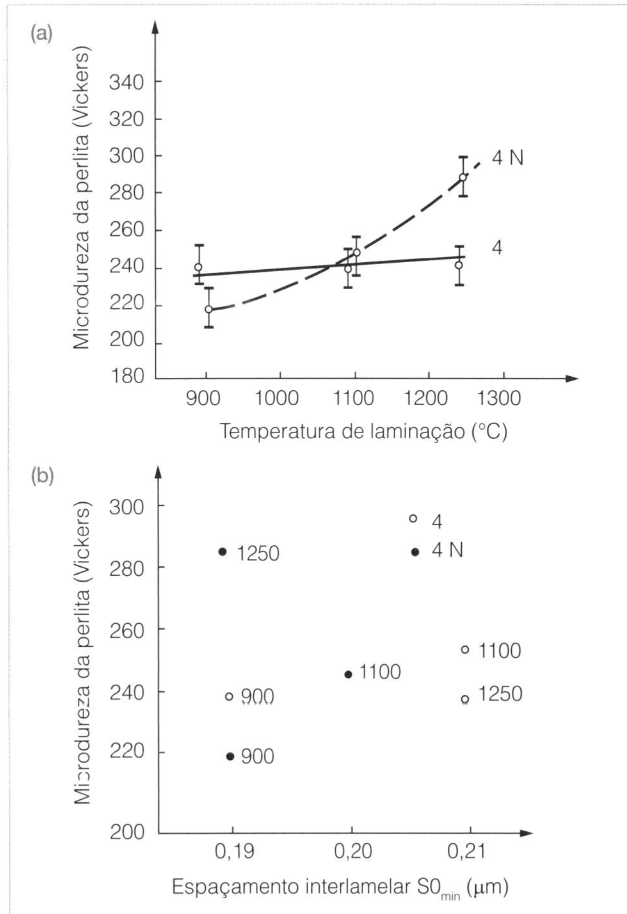

Figura 5.59 (a) dureza da perlita em aço 0,4% C, com e sem adição de nióbio, após laminação em diferentes temperaturas. (b) correlação entre a microdureza da perlita e o espaçamento interlamelar mínimo para aços 0,4% C, com e sem adição de nióbio [52].

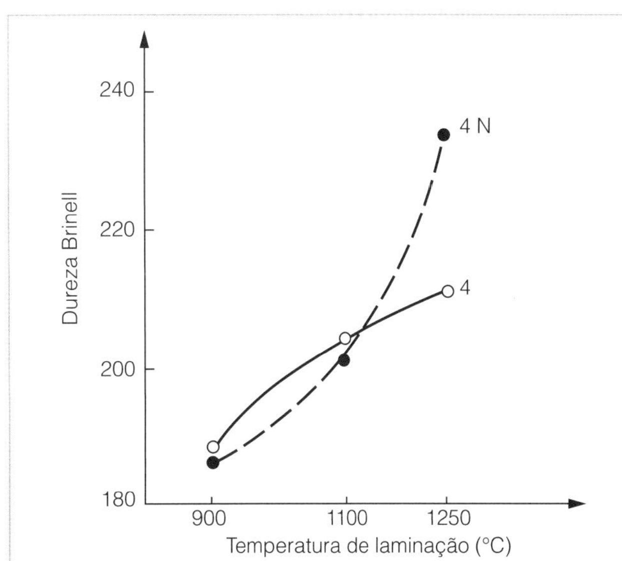

Figura 5.60 Macrodureza de aços 0,4% C, com e sem adição de nióbio, após laminação em diferentes temperaturas [52].

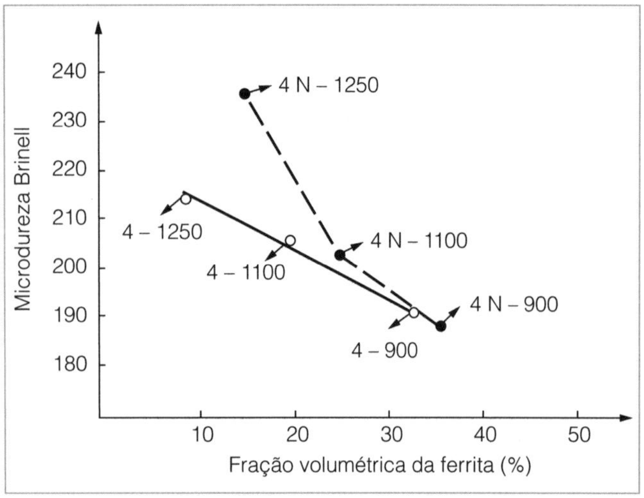

Figura 5.61 Correlação entre a fração volumétrica da ferrita e a macrodureza em aços 0,4% C, com e sem adição de 0,031% Nb laminados a 900, 1100 e 1200 °C e resfriado ao ar [52].

O cálculo dos limites de escoamento e de resistência dos aços 0,4% C, com e sem nióbio, mostrou resultados próximos aos valores medidos (Figuras 5.62 e 5.63).

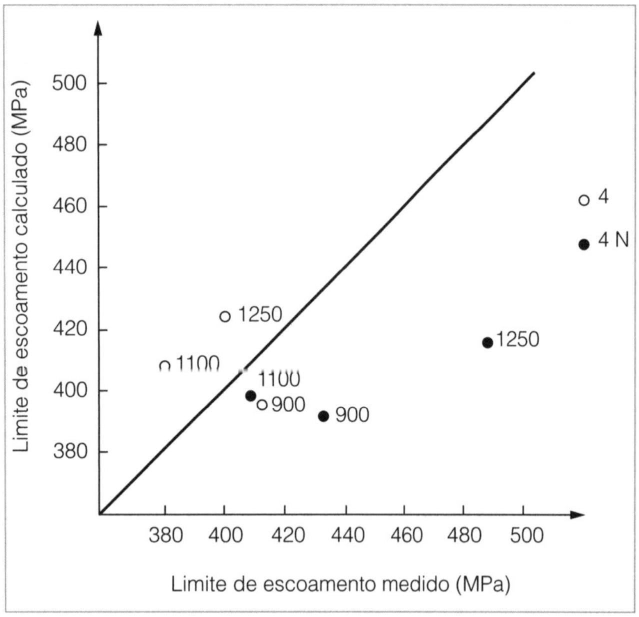

Figura 5.62 Correlação entre o limite de escoamento medido e o calculado pela equação de Gladman para aços 0,4% C, com e sem adição de nióbio, laminados a 900, 1100 e 1250 °C [52].

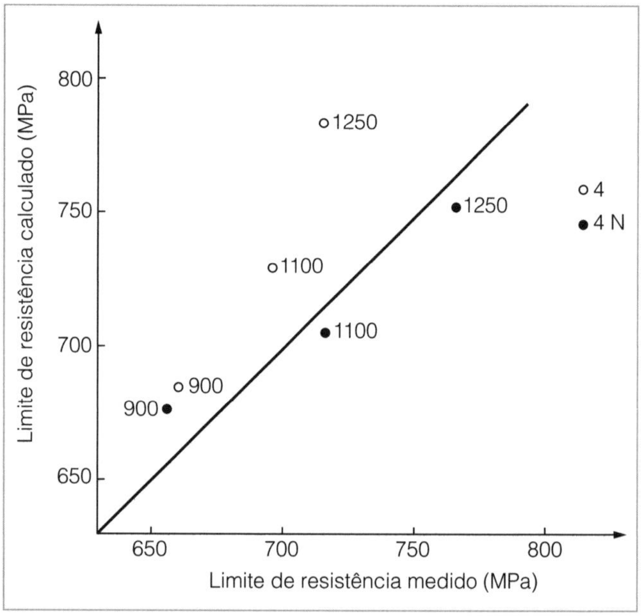

Figura 5.63 Correlação entre o limite de resistência medido e o calculado pela equação de Gladman para aços 0,4% C, com e sem adição de nióbio, laminados a 900, 1100 e 1250 °C [52].

5.5.7.3 Aços com alto teor de carbono

Para um aço eutetoide (0,8% C) submetido ao mesmo tratamento dos aços 0,2 e 0,4% C, observa-se, nas Figuras 5.64 e 5.65, que, com a elevação da TL, houve, para os aços com e sem nióbio, um aumento expressivo do tamanho do grão austenítico, o que causou uma elevação expressiva dos limites de resistência e de escoamento, porém com redução significativa da ductilidade. O aumento do grão austenítico dificulta a nucleação da perlita em virtude da diminuição das áreas de contorno que são substratos para a formação da perlita. Com isso, a perlita forma-se em temperaturas menores no resfriamento contínuo, o que leva a uma redução de seu espaçamento interlamelar, com consequente aumento da resistência mecânica.

A redução do $S_{0\,min}$ (espaçamento interlamelar mínimo) com o aumento do grão austenítico foi, de fato, comprovada para os aços com e sem nióbio (Figura 5.66). Na mesma Figura, observa-se que a microdureza da perlita para um mesmo $S_{0\,min}$ era praticamente igual nos aços com e sem nióbio, indicando que o endurecimento da ferrita da perlita por precipitação do NbC não foi significativo para o aumento da dureza da perlita nos aços com nióbio. Na Figura 5.67, observa-se que, com o aumento da TL, houve um aumento da dureza da perlita nos aços com e sem nióbio.

Nos aços com nióbio, a dureza da perlita foi sempre maior do que nos aços sem nióbio, e essa diferença de dureza se acentuou com a elevação da TL, o que era de se esperar em decorrência do aumento do teor de nióbio dissolvido na austenita (Figura 5.68). Como os aços com nióbio tinham sempre um tamanho do grão austenítico menor do que os aços sem nióbio e, como na Figura 5.66, observou-se que o aumento da dureza da perlita nos aços com nióbio não era devido ao endurecimento da ferrita da perlita, concluiu-se que este aumento da dureza era provocado pelo nióbio em solução na austenita. Ele retarda a nucleação da perlita, fazendo com que esta se forme em temperaturas mais baixas no resfriamento contínuo, reduzindo o $S_{0\,min}$. Isso pode ser verificado analisando-se a Figura 5.66.a. Para dois aços, com e sem nióbio, de mesmo tamanho de grão austenítico (200 μm, por exemplo), o aço com nióbio terá um menor espaçamento interlamelar da perlita (0,17 e 0,19 μm, respectivamente).

Notou-se também que o aumento da TL e a adição do nióbio favoreciam a degeneração da perlita, o que poderia contribuir para o seu aumento de dureza (essa hipótese foi levantada, mas não quantificada). Observou-se também que a dureza da perlita aumentava linearmente com o crescimento do grão austenítico desses aços (Figura 5.69). Com a adição de nióbio, a inclinação dessa curva era mais acentuada em razão dos efeitos já discutidos. Na Figura 5.70, observa-se um aumento crescente da macrodureza dos aços com e sem nióbio com a elevação da TL e, para o aço com nióbio, esta elevação foi mais acentuada. Na Figura 5.71, observa-se que a macrodureza dos aços com e sem nióbio aumenta linearmente com a dureza da perlita.

Utilizando-se as equações de Gladman [55], pode-se calcular os limites de escoamento e de resistência de um aço totalmente perlítico:

$$\sigma_{esc}\,(MPa) = 15{,}2\,[11{,}6 + 0{,}25\,S_0^{-1/2} + 4{,}1\,Si + 27{,}6\,N_L^{1/2}] \quad (Eq.\ 5.5)$$

$$\sigma_{max}\,(MPa) = 15{,}2\,[46{,}7 + 0{,}23\,S_0^{-1/2} + 6{,}3\,Si] \quad (Eq.\ 5.6)$$

em que:

S_0 = Espaçamento interlamelar da perlita (mm)

Si, Mn = Porcentagem em peso do elemento

N_L = Nitrogênio dissolvido na austenita, sem contar o nitrogênio dos nitretos, carbonitretos etc. (% em peso).

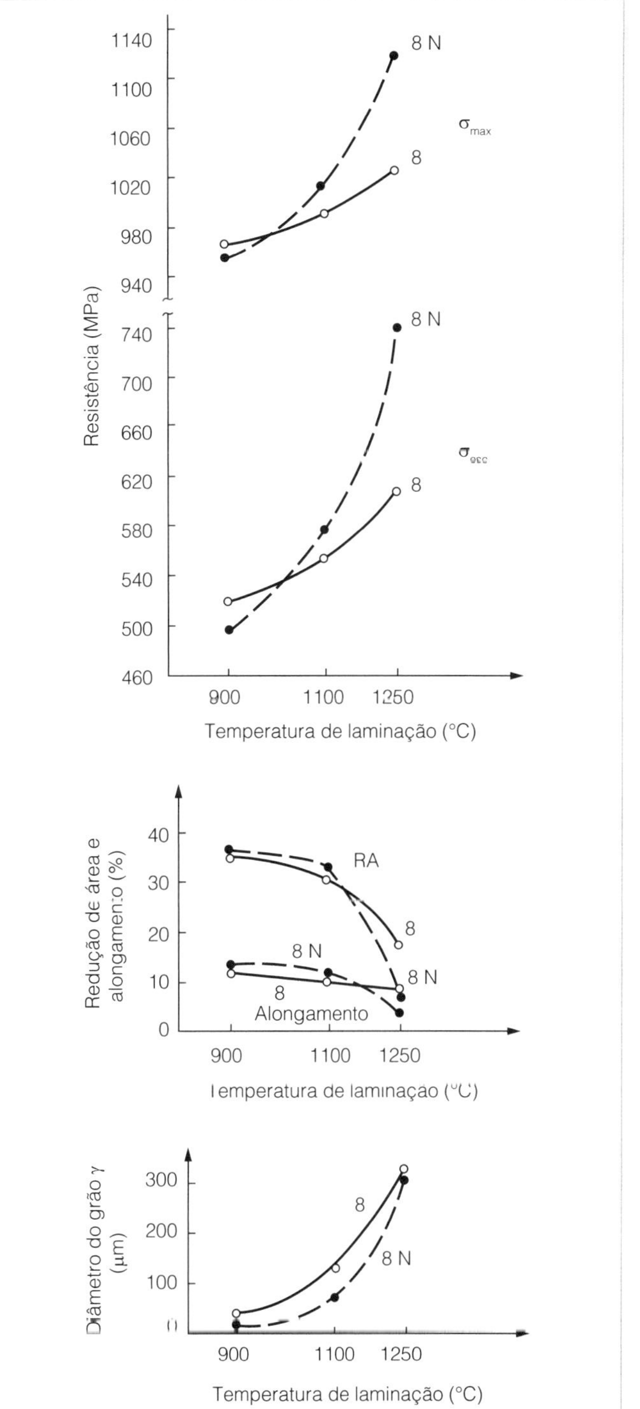

Figura 5.64 Propriedades mecânicas e tamanho do grão austenítico de aços 0,8% C, com ou sem adição de 0,026% Nb, após a laminação em diferentes temperaturas seguida de resfriamento ao ar. Redução total de 34% aplicada em dois passes [52].

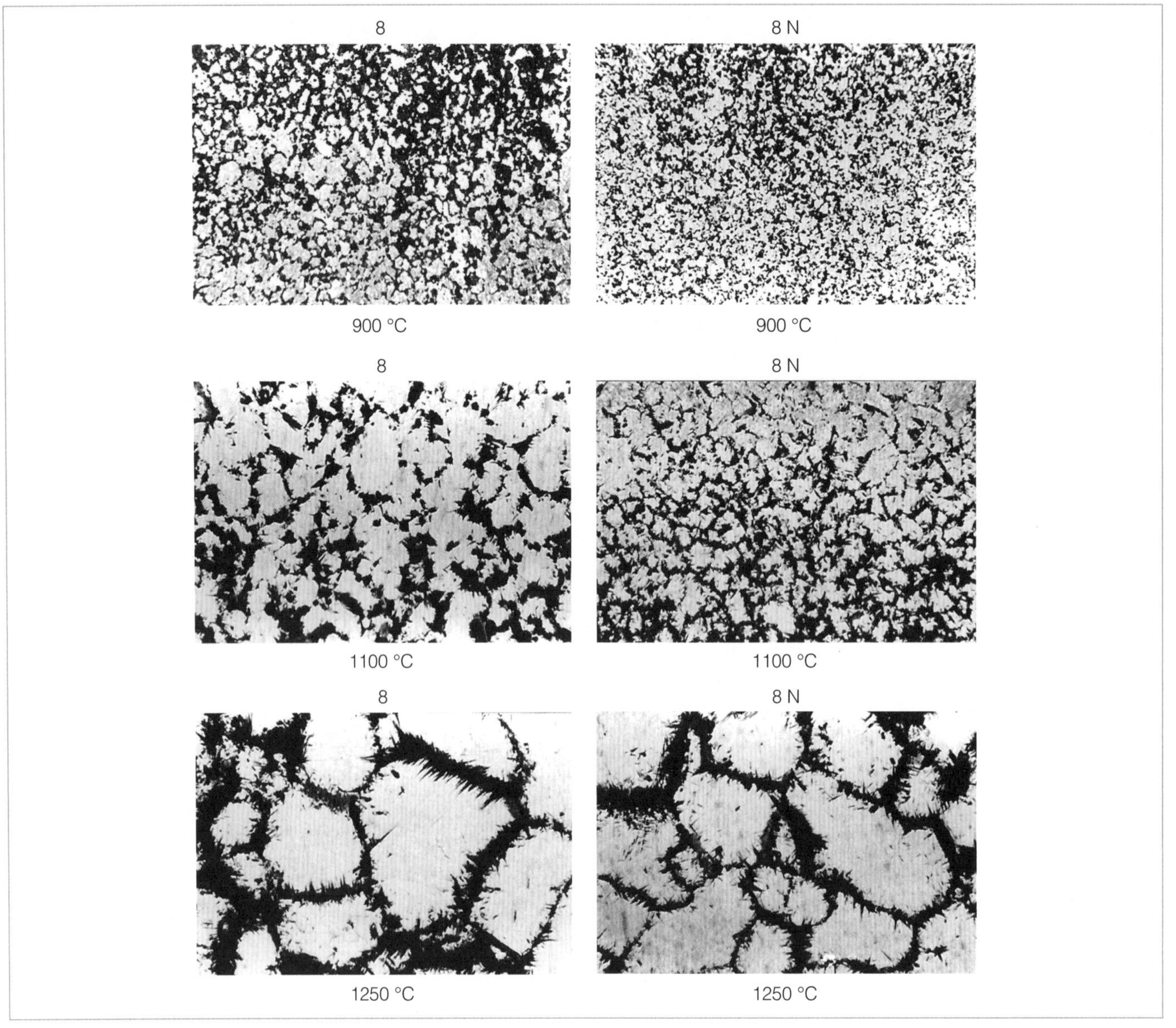

Figura 5.65 Regiões dos aços 0,8% C, com e sem adição de nióbio, parcialmente transformadas, após laminação em diferentes temperaturas seguida de têmpera parcial em água, para observação do contorno do grão austenítico. Nital 70X [52].

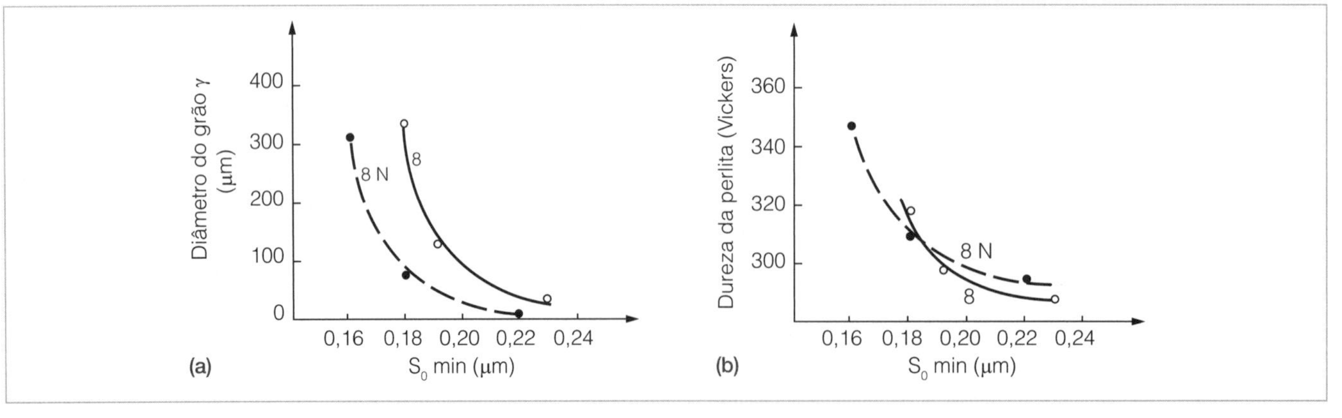

Figura 5.66 (a) correlação entre o diâmetro do grão austenítico e o espaçamento interlamelar mínimo (S_0 min) para aços 0,8% C, com e sem adição de nióbio. (b) correlação entre o espaçamento interlamelar da perlita e sua dureza para aços 0,8% C, com e sem adição de nióbio [52].

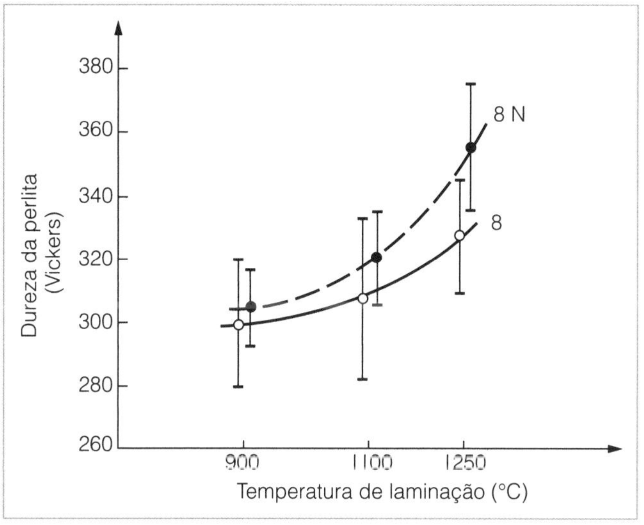

Figura 5.67 Dureza de perlita em aços 0,8% C, com e sem adição de nióbio, em função da temperatura de laminação destes aços [52].

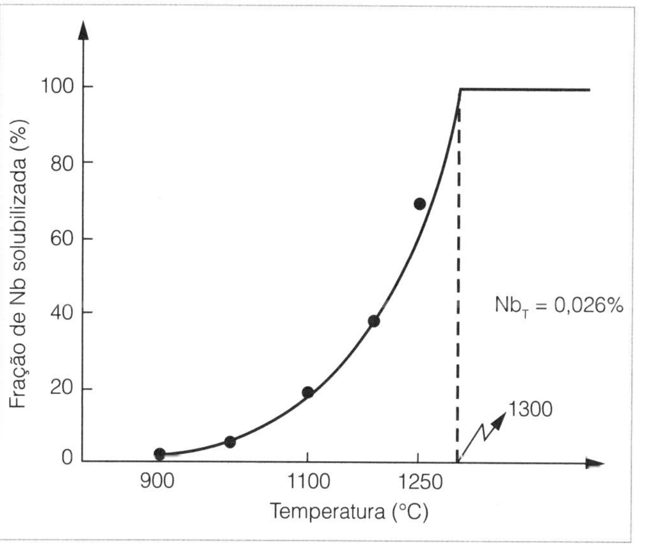

Figura 5.68 Fração de nióbio solubilizada em aços com 0,8% C aquecidos em diferentes temperaturas [52].

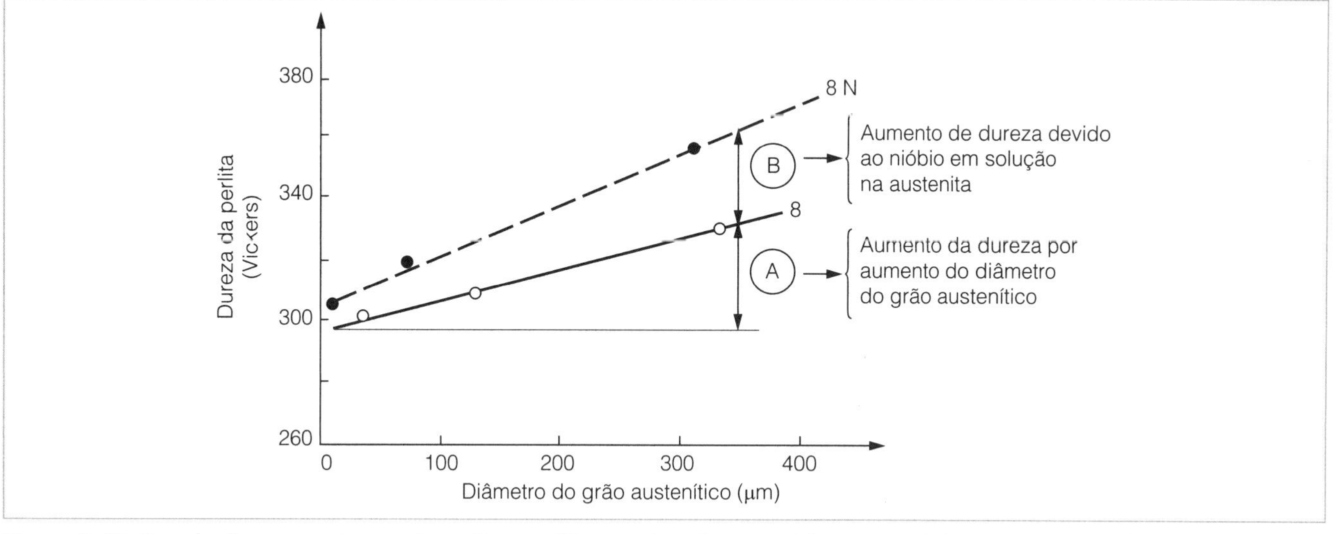

Figura 5.69 Correlação entre a dureza da perlita e o diâmetro do grão austenítico que a originou em aços 0,8% C, com e sem adição de nióbio [52].

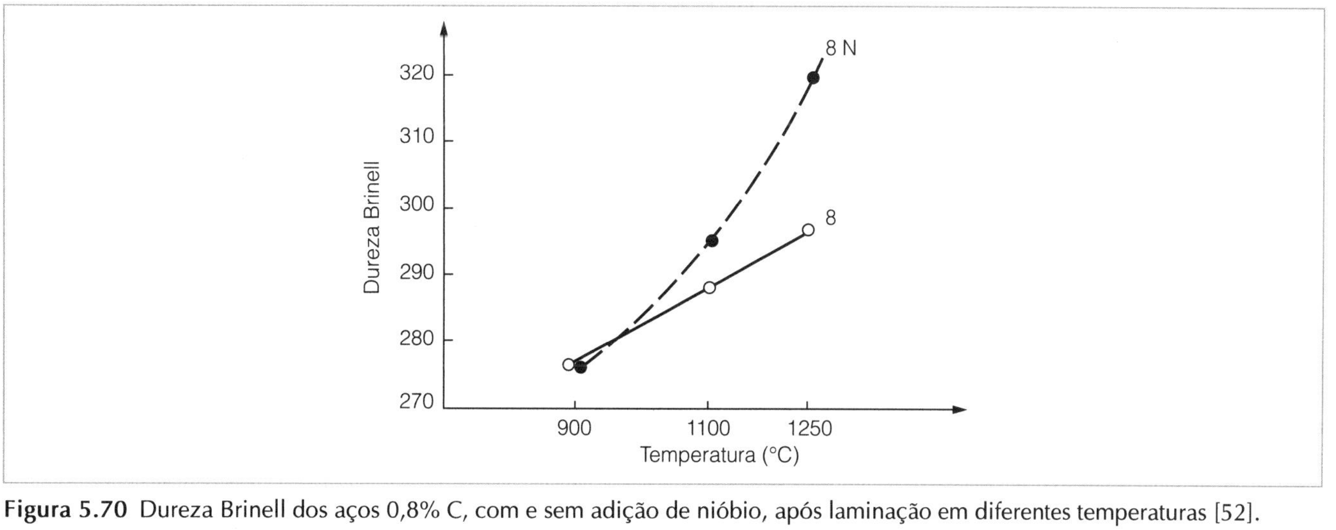

Figura 5.70 Dureza Brinell dos aços 0,8% C, com e sem adição de nióbio, após laminação em diferentes temperaturas [52].

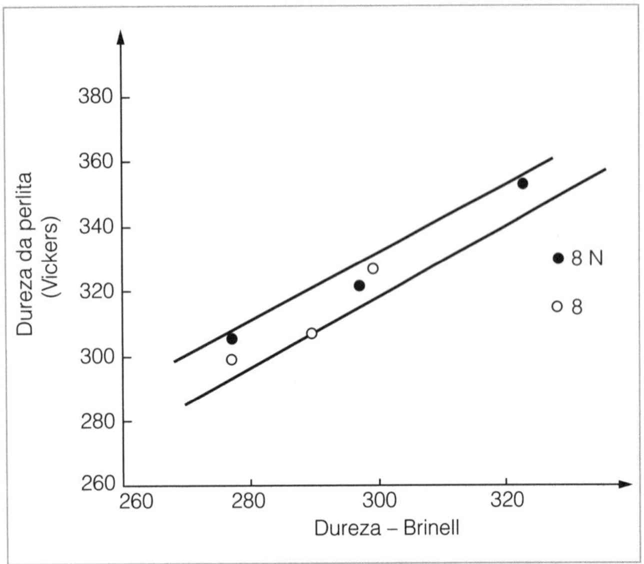

Figura 5.71 Correlação entre a dureza da perlita e a dureza de aço 0,8% C, com e sem adição de nióbio [52].

Os cálculos dos limites de escoamento e de resistência dos aços 0,8% C, com e sem nióbio, mostraram resultados sempre menores que os valores medidos (Figuras 5.72 e 5.73).

Na Figura 5.74, observa-se que existe uma correlação linear muito boa entre os limites de escoamento e de resistência com a dureza Brinell, independentemente de o aço conter ou não nióbio. Esses dados têm grande interesse industrial, pois permitem estimar a resistência mecânica a partir da dureza Brinell, que é uma propriedade de obtenção bastante simples.

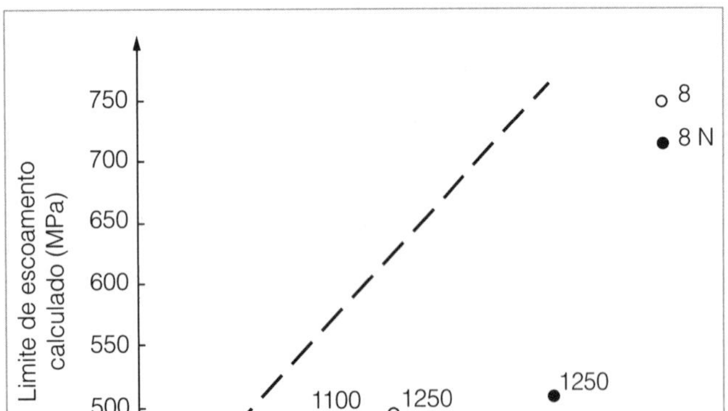

Figura 5.72 Correlação entre o limite de escoamento medido e o calculado pela equação de Gladman para aços 0,8% C, com e sem adição de nióbio, laminados a 900, 1100 e 1250 °C [52].

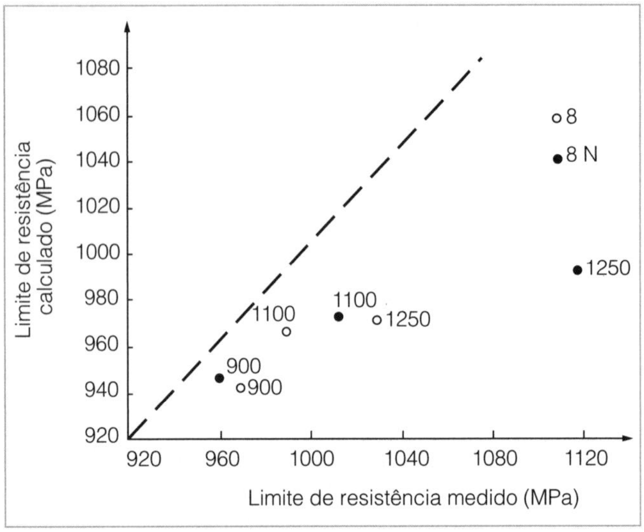

Figura 5.73 Correlação entre o limite de resistência medido e o calculado pela equação de Gladman para aços 0,8% C, com e sem adição de nióbio, laminados a 900, 1100 e 1250 °C [52].

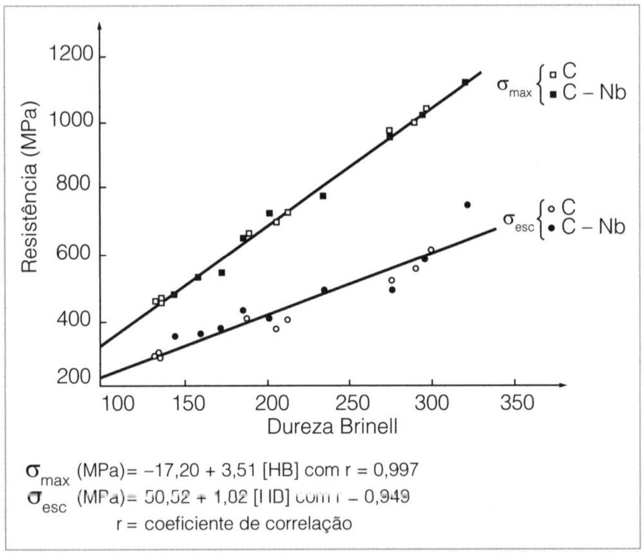

Figura 5.74 Correlação entre a resistência mecânica de aços 0,2; 0,4 e 0,8% C, com ou sem adição de nióbio, e a dureza Brinell após laminação em diferentes temperaturas e resfriamento ao ar [52].

Para se entender os efeitos dos elementos formadores de carbonetos, é fundamental conhecer os seus mecanismos de atuação. Neste subitem, foram mostrados três tipos de aços e o aumento da resistência mecânica provocado pela adição de nióbio foi causado por diferentes mecanismos:

Aço 0,2% C → Aumento da dureza da ferrita livre por precipitação de NbC e acicularização.

Aço 0,4% C → Aumento da dureza da ferrita livre por precipitação de NbC. Aumento da dureza da perlita por precipitação de NbC na sua ferrita.

Suspeita de que a degeneração da perlita também contribua para aumentar sua dureza.

Aço 0,8% C → Aumento da dureza da perlita (nióbio em solução sólida atrasa a formação da perlita, fazendo com que esta ocorra em temperaturas menores, reduzindo o espaçamento interlamelar).

Suspeita de que a degeneração da perlita também contribua para aumentar sua dureza.

5.6 EFEITO DAS INCLUSÕES NÃO METÁLICAS [1]

Inclusões são inevitáveis em aços elaborados por processos convencionais. Propriedades associadas à fratura dúctil (ductilidade, tenacidade etc.), assim como resistência à fadiga e à corrosão são influenciadas por inclusões não metálicas. O controle da forma, da quantidade e da distribuição dessas inclusões é fundamental para a qualidade do aço (ver Capítulos 8 e 10).

Como a grande maioria das inclusões não metálicas no aço é constituída de óxidos e sulfetos, o controle do oxigênio e do enxofre do aço é essencial no controle das inclusões. Na Figura 5.75, observa-se uma inclusão alongada de sulfeto de manganês em aço de baixo carbono.

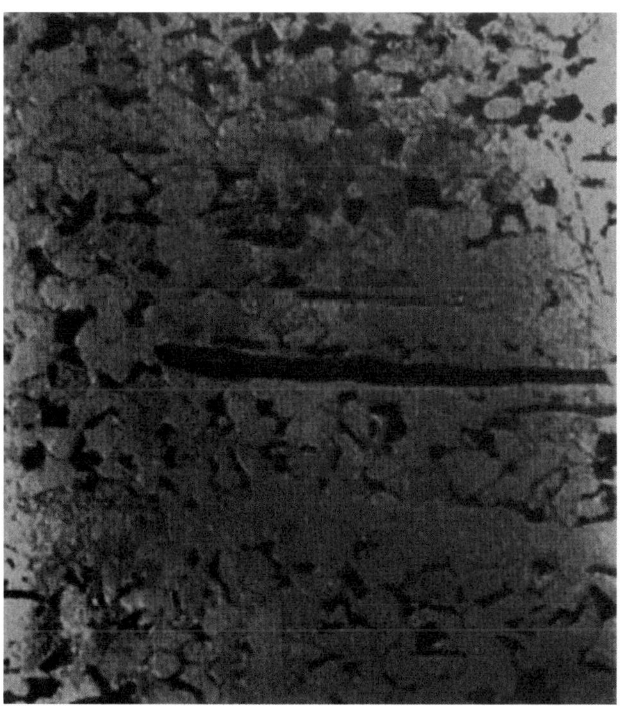

Figura 5.75 Inclusão alongada de sulfeto de manganês em um aço baixo carbono. Nital 250X.

5.7 EFEITO DOS ELEMENTOS DE LIGA NOS COMPOSTOS INTERMETÁLICOS

Nos aços de baixa liga, não existe, praticamente, a formação de compostos intermetálicos. Em superligas à base de níquel, formam-se intermetálicos do tipo Ni_3X, em que X = Ti, Al, Ti + Al. Compostos intermetálicos são muito importantes em aços maraging e PH (*Precipitation Hardening* – Endurecidos por Precipitação), os quais contribuem diretamente para o aumento da resistência, como no caso das superligas.

Em aços inoxidáveis, uma das fases intermetálicas importantes é a sigma (σ), cuja presença na temperatura ambiente tem influência catastrófica nas propriedades mecânicas. Essa fase pode precipitar em contornos de grãos austeníticos de ligas ferro-cromo, de alto teor de cromo, causando sua fragilidade. Em aços com ferrita e austenita, a fase σ nucleia na interface α/γ. Elementos como molibdênio e titânio aceleram a formação dessa fase.

5.8 EFEITO DE PARTÍCULAS METÁLICAS DISPERSAS [1]

Alguns metais apresentam-se na forma de partículas não dissolvidas dentro do aço.

O cobre, por exemplo, apresenta uma solubilidade máxima na ferrita de, aproximadamente, 2% a 835 °C e, a 590 °C, sua solubilidade é menor do que 0,3%. Então, o cobre dissolvido na ferrita a altas temperaturas é rejeitado, formando partículas de cobre puro à medida que a temperatura decresce. Em função disso, ligas de ferro com mais de 1,5% de cobre apresentam endurecimento por precipitação.

Chumbo, em quantidades de 0,25% no aço, serve para aumentar a usinabilidade, reduzindo o tamanho do cavaco formado.

5.9 EFEITO DOS ELEMENTOS DE LIGA NA FORMAÇÃO DA AUSTENITA [1]

Para o estudo dos efeitos dos elementos de liga na austenita, deve-se recorrer aos diagramas ternários; porém, como estes são em três dimensões, torna-se difícil sua acomodação nas páginas de um livro; além de que fotografias desses modelos não são muito úteis.

Recorre-se, então, aos diagramas binários, nos quais se fixa a composição do elemento de liga e trabalha-se com temperatura e porcentagem de carbono, como mostra a Figura 5.76. Com esse tipo de diagrama, pode-se prever a temperatura a que um aço 0,5 C-12% Cr deve ser aquecido para formar austenita.

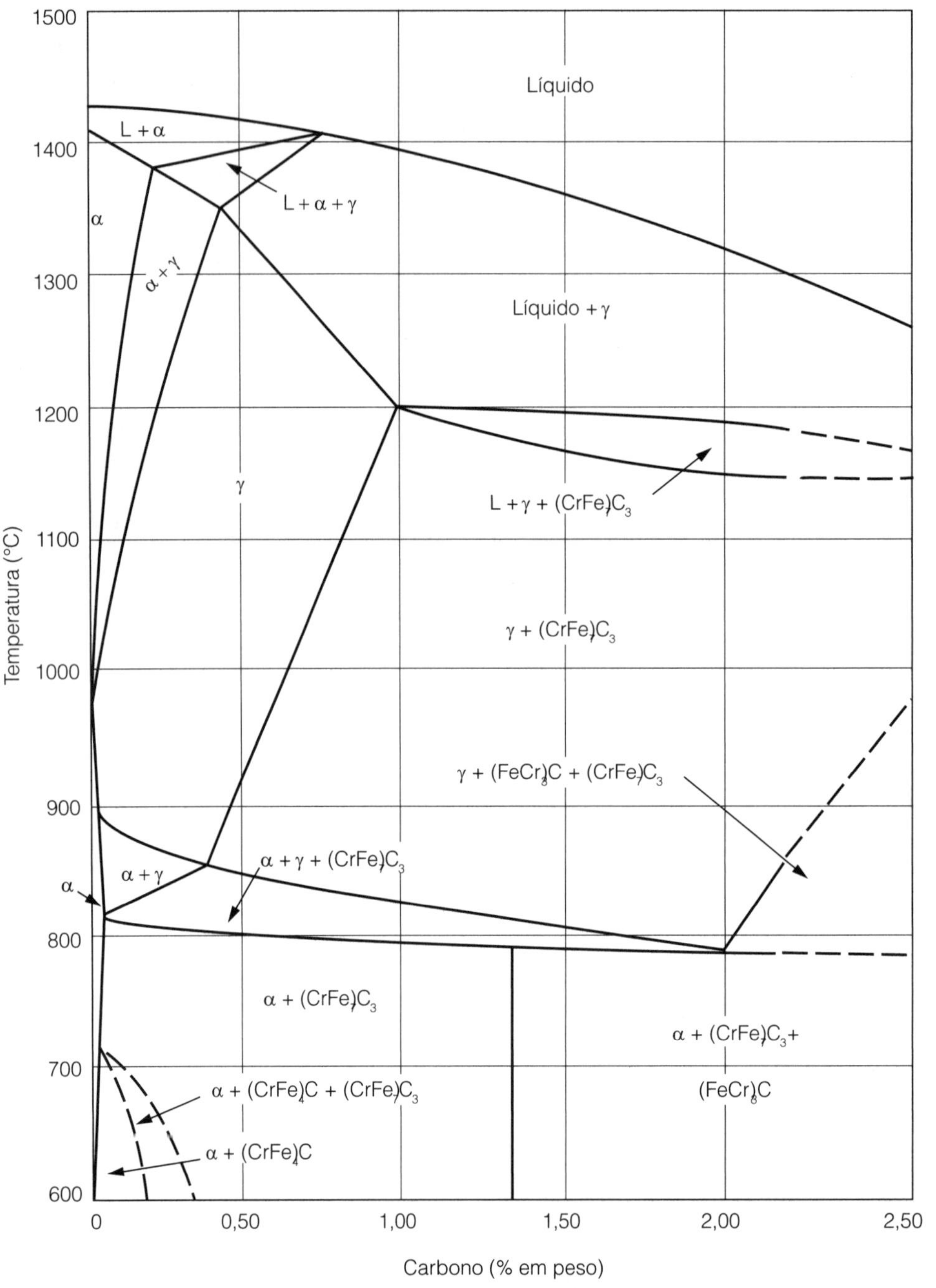

Figura 5.76 Secção de um diagrama Fe-Cr-C com teor de cromo de 12% [1].

Para se saber os limites da austenita pura (campo austenítico) em função da porcentagem de carbono e do elemento liga, utilizam-se diagramas específicos como os das Figuras 5.77 e 5.78. Existem elementos que restringem rapidamente o campo austenítico com o aumento de sua concentração no aço (por exemplo: Ti, Si, Mo e Cr), enquanto outros expandem esse campo ou não exercem muita influência sobre ele (Mn e também Ni e Co).

Para uma comparação dos efeitos causados pelos vários elementos de liga no campo austenítico, utiliza-se como temperatura básica a de 1148 °C, que é aquela em que ocorre a solubilidade máxima do carbono na austenita, conforme indica a Figura 5.79. As regiões abaixo das curvas de cada elemento indicam o campo de estabilidade da austenita. Observa-se, na Figura, a sequência de elementos que tendem a formar campos austeníticos maiores: Ti, V, Mo, Si, W, Cr, Ni e Mn. Como os elementos de liga modificam o campo austenítico dos aços, haverá uma variação também da temperatura e da composição eutetoide (ver item 5.4).

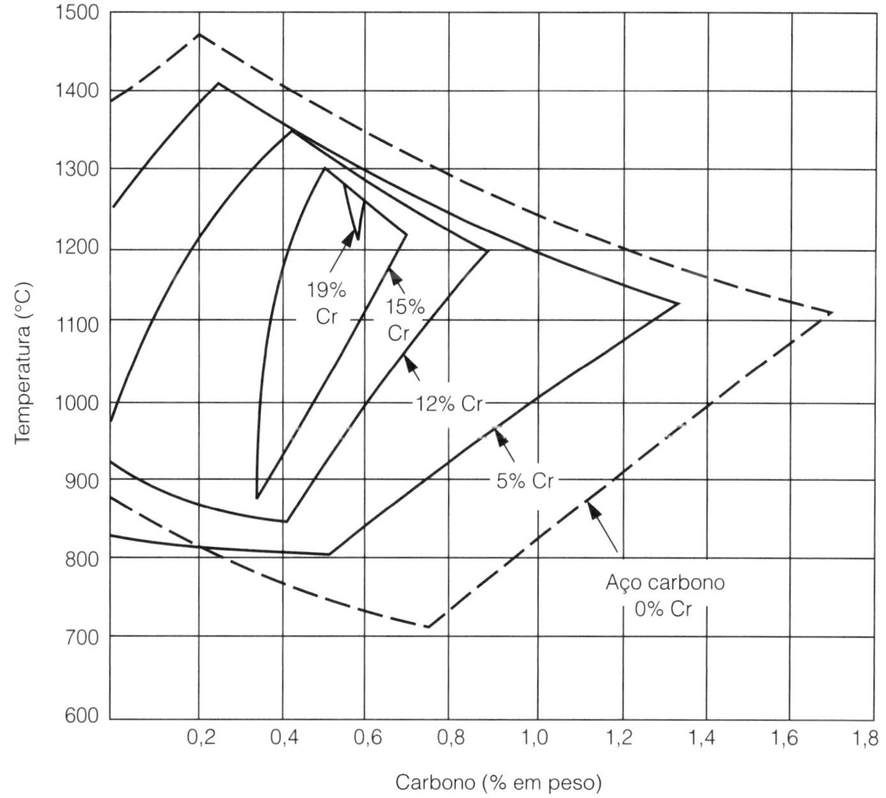

Figura 5.77 Efeito do cromo no campo austenítico [1].

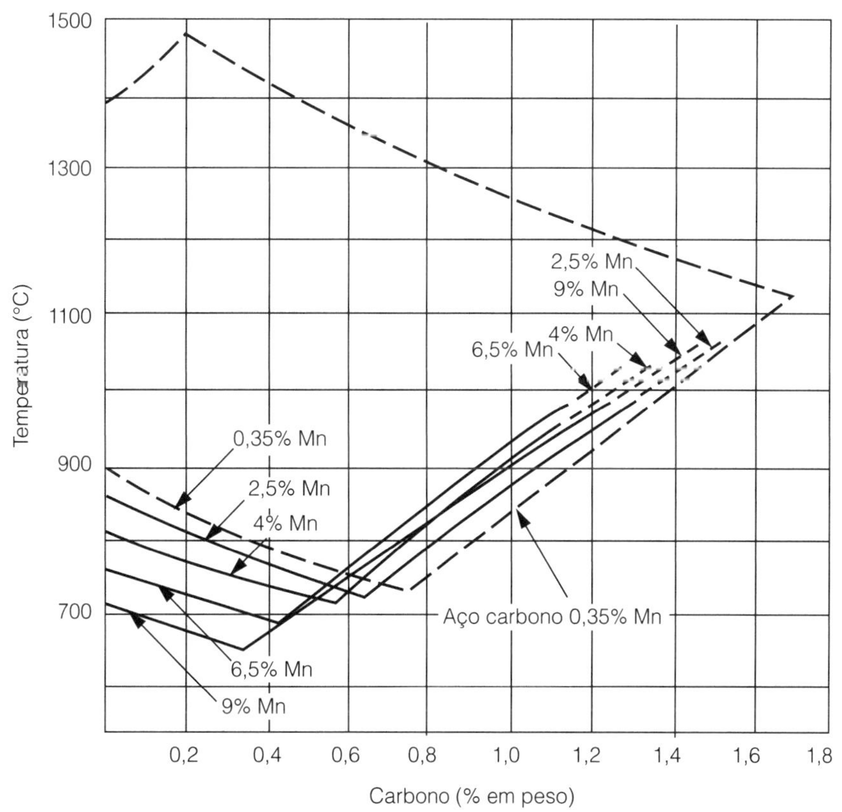

Figura 5.78 Efeito do manganês no campo austenítico [1].

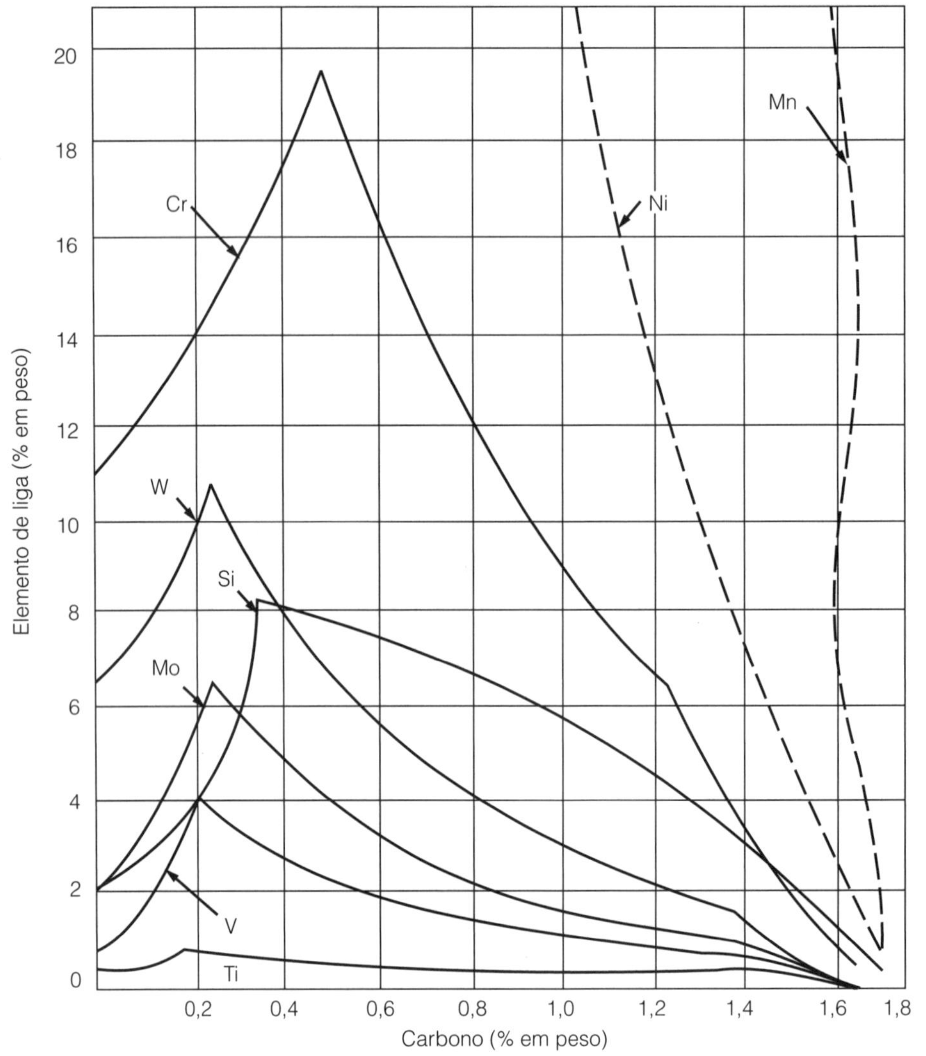

Figura 5.79 Limites do campo austenítico a 1148 °C para vários elementos. A área abaixo da curva representa a austenita [1].

5.10 EFEITO DOS ELEMENTOS DE LIGA NA TÊMPERA

Os elementos de liga podem influir nas propriedades dos aços temperados de três maneiras:

a) Alterando as temperaturas de início (M_I) e fim (M_F) da transformação martensítica.

b) Aumentando a dureza da martensita.

c) Alterando a temperabilidade.

5.10.1 TEMPERATURAS M_I E M_F

O carbono tem um efeito muito maior do que qualquer elemento de liga metálica na temperatura de início de formação da martensita, M_I (ver item 3.5, Capítulo 3). O efeito relativo dos elementos de liga na temperatura M_I pode ser estimado por relações empíricas, como a de Andrews [58]:

$$M_I\,(°C) = 539 - 423\,(\%\,C) - 30{,}4\,(\%\,Mn) - 17{,}7\,(\%\,Ni) - 12{,}1\,(\%\,Cr) - 7{,}5\,(\%\,Mo)$$

% dos elementos em peso (Eq. 5.7)

Ou a de Capdevila [59], incluindo outros elementos de liga:

$$M_I\,(K) = 767{,}7 - 305{,}4\,C - 30{,}6\,Mn - 14{,}5\,Si - 8{,}9\,Cr - 16{,}6\,Ni + 2{,}4\,Mo + 5{,}3\,V + 8{,}58\,Co + 40{,}4\,Al + 7{,}4\,W - 11{,}3\,Cu + 510{,}4\,Nb$$

% dos elementos em peso (Eq. 5.8)

5.10.2 DUREZA DA MARTENSITA

Outros elementos de liga além do carbono podem contribuir para aumentar a dureza martensítica se: (a) o teor de carbono do aço ser baixo; e (b) a têmpera ser realizada de modo a obter dureza máxima. Na Figura 5.80, observa-se o efeito do molibdênio e do cromo na dureza martensítica. É evidente que o efeito desses elementos é muito menor do que o do carbono, que, efetivamente, define a dureza da martensita.

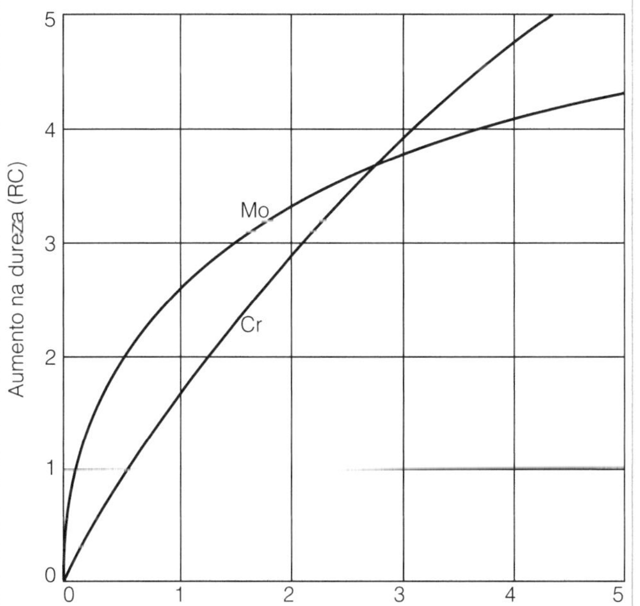

Figura 5.80 Efeito do molibdênio e do cromo na dureza martensítica máxima em aços com 0,35% C [1].

5.10.3 TEMPERABILIDADE

Como foi discutido nos itens 3.5 e 3.6 (Capítulo 3), a maioria dos elementos químicos dissolvidos na austenita aumenta a temperabilidade do aço. O carbono tem uma grande influência na temperabilidade (Figura 5.81), porém seu uso em altas concentrações é limitado, pois resulta na perda de tenacidade, aumento da probabilidade de distorção e trincas durante o tratamento térmico, bem como dificuldades na soldagem [2].

Outros elementos de liga, como o manganês, o cromo e o molibdênio, são utilizados para aumentar a temperabilidade. Pela equação a seguir, pode-se observar o efeito comparativo dos elementos de liga sobre o diâmetro crítico ideal (D_{CI}), que seria o máximo diâmetro possível de se obter em uma barra com estrutura de 50 % de martensita no centro da mesma, utilizando um meio de têmpera ideal, ou seja, de severidade "infinita" [82].

$$DCI = D_{CI(Base)} \times F_{Mn} \times F_{Si} \times F_{Ni} \times F_{Cr} \times F_{Mo} \quad \text{(Eq. 5.9)}$$

Onde:

D_{CI} = Diâmetro Crítico Ideal

$D_{CI(Base)}$ = Diâmetro Crítico Base, que leva em conta o tamanho de grão austenítico e o teor de carbono do aço.

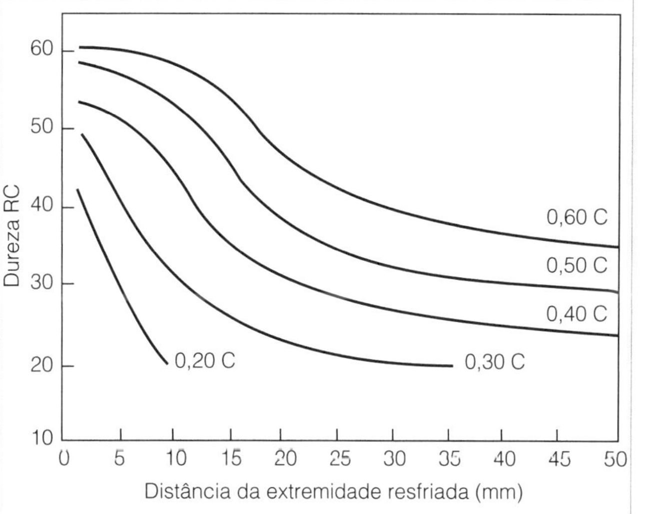

Figura 5.81 Efeito do carbono na temperabilidade de um aço 0,5Cr – 0,5Ni – 0,25Mo [2].

Como os fatores de correção por elemento químico ($F_{Elemento}$) são maiores que 1, o valor de DCI indica o efeito dos mesmos em aumentar a temperabilidade da liga. Nesta equação não estão incluídos outros elementos de liga como boro, vanádio e nióbio que também elevam fortemente a temperabilidade.

Pequenas adições de boro (0,001%) nos aços baixo carbono provocam um aumento acentuado da temperabilidade (Figura 5.82). Os aços com boro devem ser desoxidados e apresentar baixo teor de nitrogênio, pois, caso contrário, o boro, em vez de permanecer em solução sólida, formará nitretos e óxidos, deixando de contribuir no aumento da temperabilidade [66].

O teor de boro, no entanto, deve ser controlado. Adições acima de 0,008% B nos aços de baixo teor de carbono e acima de 0,005% B, nos de alto teor, provocam uma perda na ductilidade a quente [66].

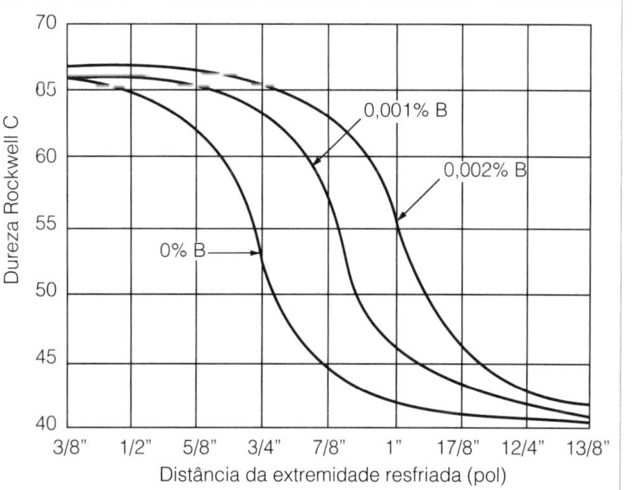

Figura 5.82 Efeito do boro sobre a temperabilidade de um aço com 0,63% C [60].

Assim, a diferença básica entre um aço carbono e um aço baixa liga é a temperabilidade. Adições maiores de elementos de liga aumentam a temperabilidade, elevando também o custo do aço (Figura 5.83).

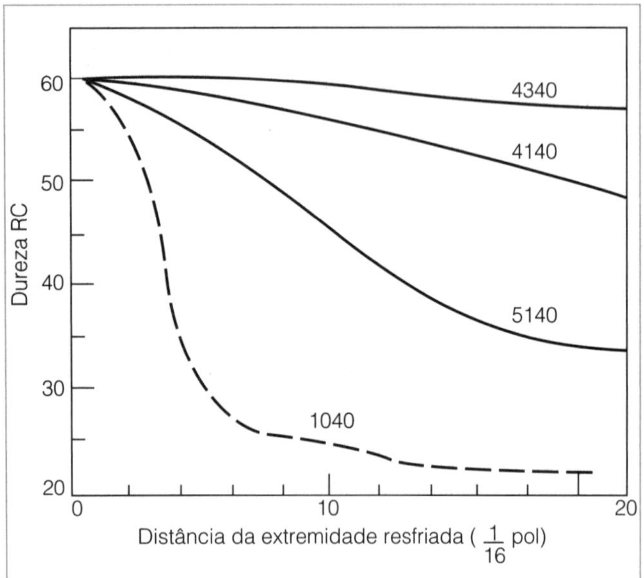

Composição química					
Aço	Mn	Si	Cr	Mo	Ni
1040	0,8	–	–	–	–
5140	0,8	0,3	0,8	–	–
4140	0,8	0,3	1,0	0,20	–
4340	0,8	0,3	0,8	0,25	1,8

(Todos aços com 0,4% C)

Figura 5.83 Dureza máxima obtida no ensaio Jominy para aços 0,4% C, com e sem adição de elementos de liga [61].

5.11 EFEITO DOS ELEMENTOS DE LIGA NO REVENIMENTO

5.11.1 FORMAÇÃO DOS CARBONETOS DE FERRO [2]

Embora ainda não se conheçam todas as alterações que os elementos de liga provocam no revenimento, alguns fatos já foram observados:

a) O silício estabiliza o carboneto ε e atrasa sua transformação para cementita. Aços com 1 a 2% Si apresentam o carboneto ε até 400 °C, enquanto nos aços sem silício esse carboneto é estável até 200 °C (ver Figura 3.38, Capítulo 3).

b) Alguns elementos como o Cr, Mo, W, V, Ti e Si estabilizam a martensita até temperaturas de 500 °C. Outros elementos, como o manganês e o níquel, diminuem essa estabilidade (Figura 5.84).

c) Em aços carbono, as partículas de cementita começam a coalescer entre 350 e 400 °C, enquanto nos aços com Cr, Si, Mo e W essa faixa passa para 500 a 550 °C.

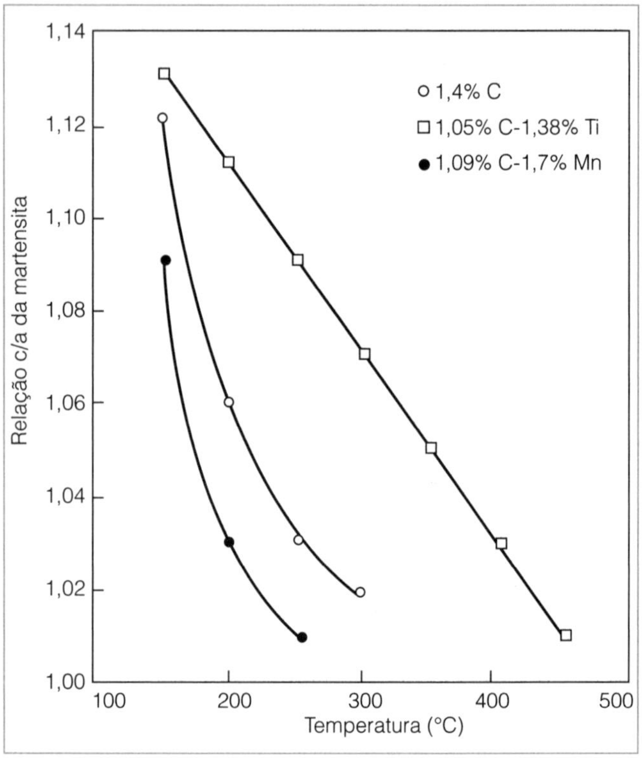

Figura 5.84 Efeito do titânio e manganês na tetragonalidade da martensita durante o revenimento [2].

5.11.2 ENDURECIMENTO SECUNDÁRIO

Como visto na Figura 5.24, a maioria dos carbonetos de elementos de liga é mais estável do que o carboneto de ferro (cementita). Entretanto, durante o revenimento dos aços ligados, os carbonetos de elementos de liga não se formam até a faixa de 500 a 600 °C em decorrência da dificuldade de difusão dos elementos metálicos (substitucionais) em temperaturas baixas. Os metais difundem-se substitucionalmente; enquanto o nitrogênio e o carbono, pelos interstícios da matriz de ferro. Assim, na ferrita, a difusividade do carbono ou nitrogênio é, muitas vezes, maior que a dos elementos metálicos (Tabela 5.5).

A precipitação dos carbonetos metálicos durante o revenimento aumenta a dureza e a resistência mecânica do aço, sendo esse fenômeno conhecido como "endurecimento secundário". Isso ocorre em aços com molibdênio, vanádio, tungstênio, titânio, bem como em aços com altos teores de cromo. Depois de a dureza passar por um pico, o coalescimento dos carbonetos metálicos leva novamente a uma perda de dureza no aço (Figura 5.85).

Tabela 5.5 Difusividade dos elementos químicos na ferrita e na austenita [2]

Solvente	Soluto	Energia de ativação, Q (kJ. mol^{-1})	Fator de frequência, Do (cm^2.s^{-1})	Coeficiente de difusão a 910 °C (cm^2.s^{-1})	Faixa de temperatura (°C)
γ-Fe	C	135	0,15	$1{,}5 \times 10^{-7}$	900 – 1050
	Fe	269	0,18	$2{,}2 \times 10^{-13}$	1050 – 1390
	Co	364	3×10^2	24×10^{-12}	1050 – 1250
				(a 1050 °C)	
	Cr	405	$1{,}8 \times 10^4$	$58{,}0 \times 10^{-12}$	
				(a 1050 °C)	1050 – 1250
	Cu	253	3	15×10^{-11}	800 – 1.200
	Ni	280	0,77	$7{,}7 \times 10^{-13}$	930 – 1.050
	P	293	28,3	$3{,}6 \times 10^{-12}$	1280 – 1.350
	S	202	1,35	$1{,}5 \times 10^{-9}$	1200 – 1350
	W	376	1×10^3	12×10^{-12}	1050 – 1250
				(a 1050 °C)	
α-Fe	C	80	$6{,}2 \times 10^{-3}$	$1{,}8 \times 10^{-6}$	
	N	76	3×10^{-3}	$1{,}3 \times 10^{-6}$	
	Fe	240	0,5		700 – 750
	Co	226	0,2	$2{,}1 \times 10^{-11}$	700 – 790
	Cr	343	3 × 104		
	Ni	258	9,7	$3{,}7 \times 10^{-11}$	700 – 900
	P	230	2,9	2×10^{-10}	860 – 900
	W	293	$3{,}8 \times 10^2$		

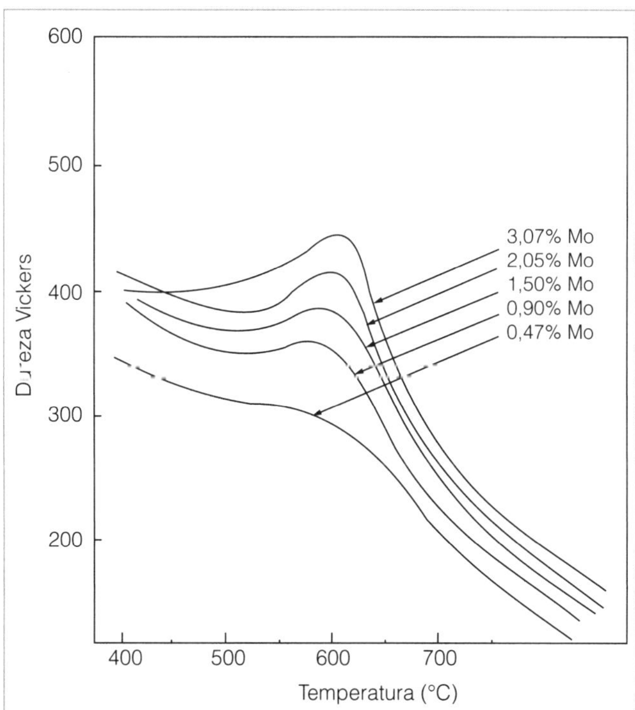

Figura 5.85 Efeito do molibdênio no revenimento de aços com 0,1% C. As amostras foram revenidas por 1 hora nas temperaturas indicadas [2].

Os elementos não formadores de carbonetos, como o silício, o níquel e o cobalto, não produzem endurecimento secundário, porém aumentam a dureza por solução sólida (Figura 5.86).

Aços com alto teor de austenita retida podem apresentar, no endurecimento secundário, uma dureza maior do que após a têmpera (Figura 5.87). Utilizando-se uma menor temperatura de austenitização, a quantidade de carbonetos solubilizados na austenitização é menor e, por consequência, também é menor o teor de carbono dissolvido na austenita. Assim, com um menor teor de carbono dissolvido, a fração de austenita que se transforma em martensita na têmpera é maior, pois as temperaturas M_I e M_F são maiores (ver Figura 3.9, Capítulo 3). Então, o aço com alto teor de martensita (75 a 90%) apresentará uma dureza alta após a têmpera, e o efeito posterior de endurecimento secundário será menos pronunciado.

No entanto, se o aço for austenitizado em alta temperatura (1100 °C, por exemplo), a maior parte de seus carbonetos será solubilizada e ele apresentará um alto teor de carbono dissolvido na austenita, o que reduzirá a fração da mesma, que se transformará em martensita. No revenimento, o carbono em solução sólida formará carbonetos, elevando a dureza do aço. Com a redução do carbono em solução sólida na austenita, as temperaturas M_I e M_F são elevadas e, ao ser resfriado, após o revenimento, mais martensita será formada, contribuindo para elevar a dureza do aço.

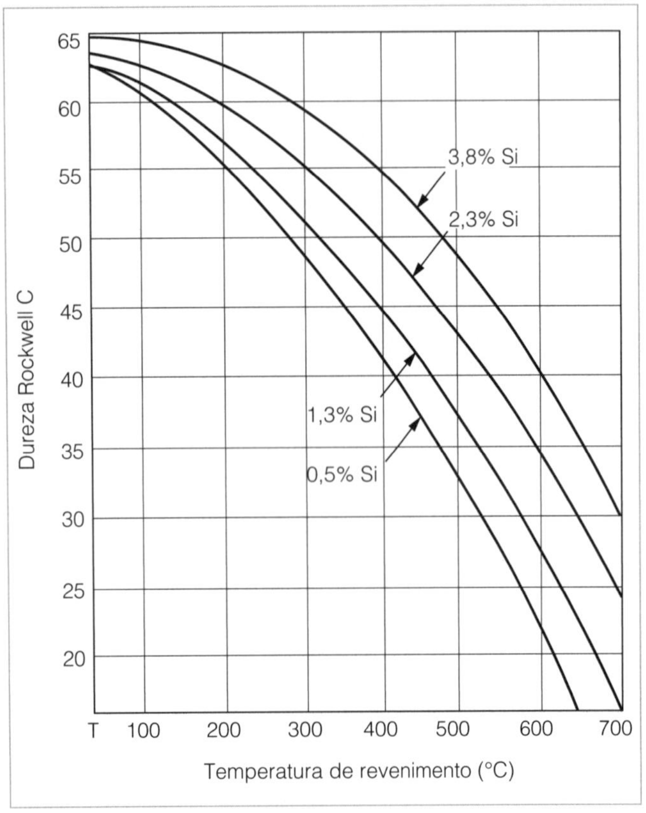

Figura 5.86 Influência do silício na dureza de aços com 0,5% C revenidos, por 1 hora [1].

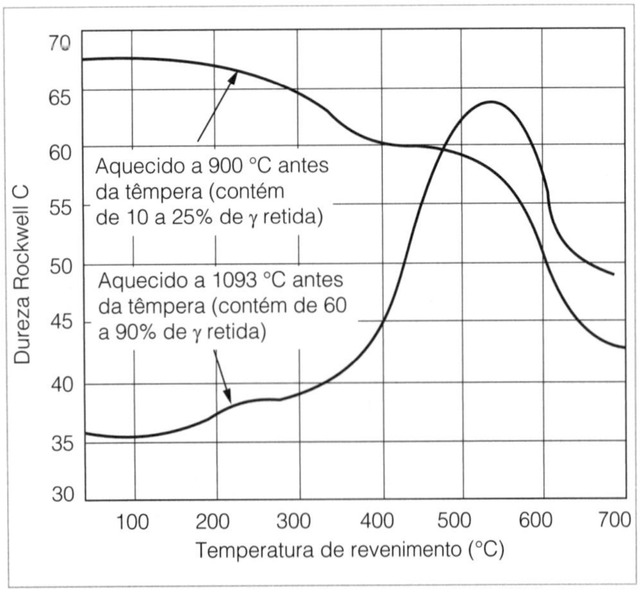

Figura 5.87 Endurecimento secundário em aços 1,8% C-6% Cr com grande quantidade de austenita retida [1].

5.11.3 AÇOS COM V, Cr, Mo E W [2]

5.11.3.1 Vanádio

Pequenas adições de vanádio no aço (< 0,1% em peso) provocam precipitação de finas partículas (50 Å de diâmetro) de V_4C_3 na ferrita, entre 550 e 650 °C, causando o endurecimento secundário.

Aços com outros elementos além do vanádio, do tipo (0,5 a 1%) Cr, (0 a 1%) Mo, (0,25 a 0,75%) V, precipitam carbonetos de vanádio no revenimento, pois estes são mais estáveis que os carbonetos de ferro, cromo ou molibdênio (ver Figura 5.24).

Por sua capacidade de manter os carbonetos sem coalescimento significativo em temperaturas de até 700 °C, o vanádio é um importante constituinte para os aços utilizados em altas temperaturas.

5.11.3.2 Cromo

Nos aços ao cromo, dois tipos de carbonetos são encontrados: Cr_7C_6 (ortorrômbico) e $Cr_{23}C_6$ (cúbico complexo). A sequência de precipitação é a seguinte:

$$\text{Matriz} \rightarrow (\text{Fe Cr})_3\text{C} \rightarrow \text{Cr}_7\text{C}_3 \rightarrow \text{Cr}_{23}\text{C}_6$$

Esta sequência ocorre em aços com mais de 7% de cromo. Abaixo desse teor, o $Cr_{23}C_6$ não é encontrado, a menos que o molibdênio esteja presente.

Por ser fraco formador de carbonetos, o Cr_7C_3 só aparece em aços com mais de 1% Cr (para um teor de carbono de 2%).

Aços ao cromo só exibem endurecimento secundário quando o teor de cromo ultrapassa 9% (Figura 5.85). O cromo difunde-se na ferrita mais facilmente do que a maioria dos outros elementos metálicos e, por isso, o endurecimento secundário começa a ser notado em temperaturas relativamente mais baixas (400 °C).

A adição conjunta de tungstênio favorece a nucleação do $Cr_{23}C_6$, enquanto a do vanádio tende a estabilizar o Cr_7C_3. Como é o Cr_7C_3 que provoca o endurecimento secundário, nos aços ao cromo é preferida a adição conjunta do vanádio, se isso for desejado.

5.11.3.3 Molibdênio e tungstênio

Quando molibdênio ou tungstênio são elementos de liga predominantes em um aço, é possível a formação de diversos tipos de carbonetos. Para aços com 4 a 6% em peso desses elementos, a sequência de precipitação é a seguinte:

$$Fe_3C \rightarrow M_2C \rightarrow M_6C \qquad (M = Mo \text{ ou } W)$$

Os carbonetos responsáveis pelo endurecimento secundário nesses aços são o Mo_2C ou o W_2C (Figura 5.88).

Para igual concentração atômica, o molibdênio é mais eficiente para provocar o endurecimento secundário do que o tungstênio e, por isso, é mais utilizado.

Em aços com concentrações de 0,5 a 2% de tungstênio ou molibdênio, formam-se precipitados intermediários ($M_{23}C_6$ e Fe_2MC) entre as fases M_2C e M_6C.

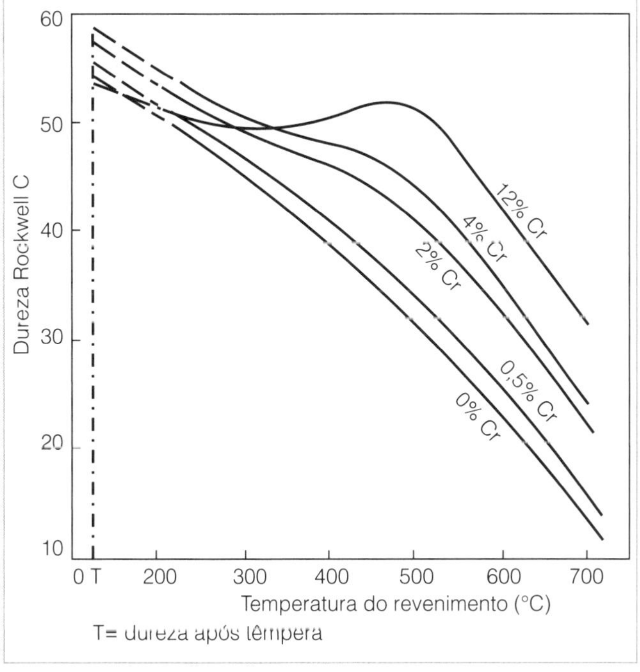

Figura 5.88 Efeito do cromo no revenimento de um aço com 0,35% C.

5.11.4 PROPRIEDADES MECÂNICAS [2]

Para obterem-se altos níveis no limite de resistência (> 1500 MPa), é usual revenir em baixas temperaturas (200 a 300 °C). Nesse caso, com aços ligados, a resistência mecânica e a tenacidade são maiores que as obtidas com aços sem elementos de liga (Figura 5.89).

Aços que apresentam endurecimento secundário têm alta resistência mecânica com boa tenacidade quando revenidos entre 500 e 700 °C. Um exemplo é o aço inoxidável 12Cr- 1,0Ni- 0,2C (Figura 5.90), que, após ser temperado e revenido entre 500 e 600 °C, apresenta uma boa combinação de resistência mecânica e tenacidade, sendo indicado para suportar esforços em elevadas temperaturas (partes de turbinas a gás e a vapor).

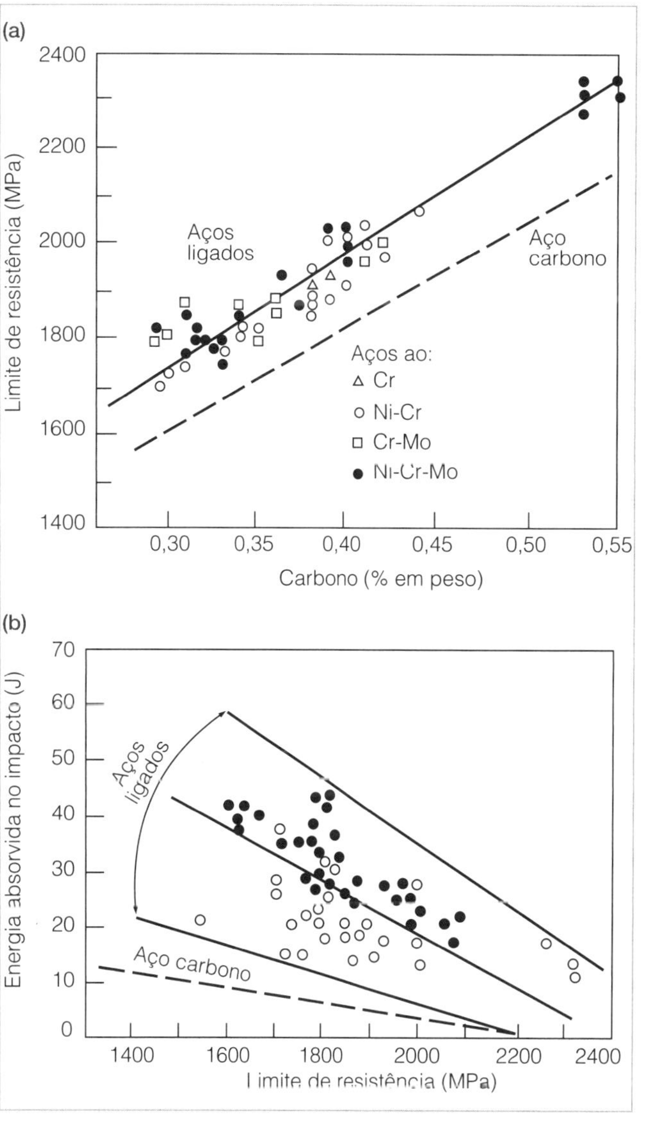

Figura 5.89 Comparação entre as propriedades mecânicas dos aços carbono e a dos aços ligados após um revenimento a 200 °C. (a) efeito do teor de carbono no limite de resistência. (b) Relação entre o limite de resistência e a energia absorvida no impacto [2].

5.11.5 AÇOS *MARAGING*

Aços *maraging* (martensite + aging) são ligas de ferro com baixíssimo teor de carbono (< 0,03%), alto teor de níquel (16 a 26%), além de adições de cobalto (0 a 12,5%), molibdênio (0 a 5,2%), titânio (0,15 a 1,7%) e alumínio (0,05 a 0,15%).

Devido ao baixo teor de carbono, a precipitação de carbonetos é eliminada; além disso, no revenimento entre 400 e 500 °C, formam-se compostos intermetálicos (Ni_3Mo, Ni_3Ti, Fe_2Mo etc.), os quais causam endurecimento por precipitação.

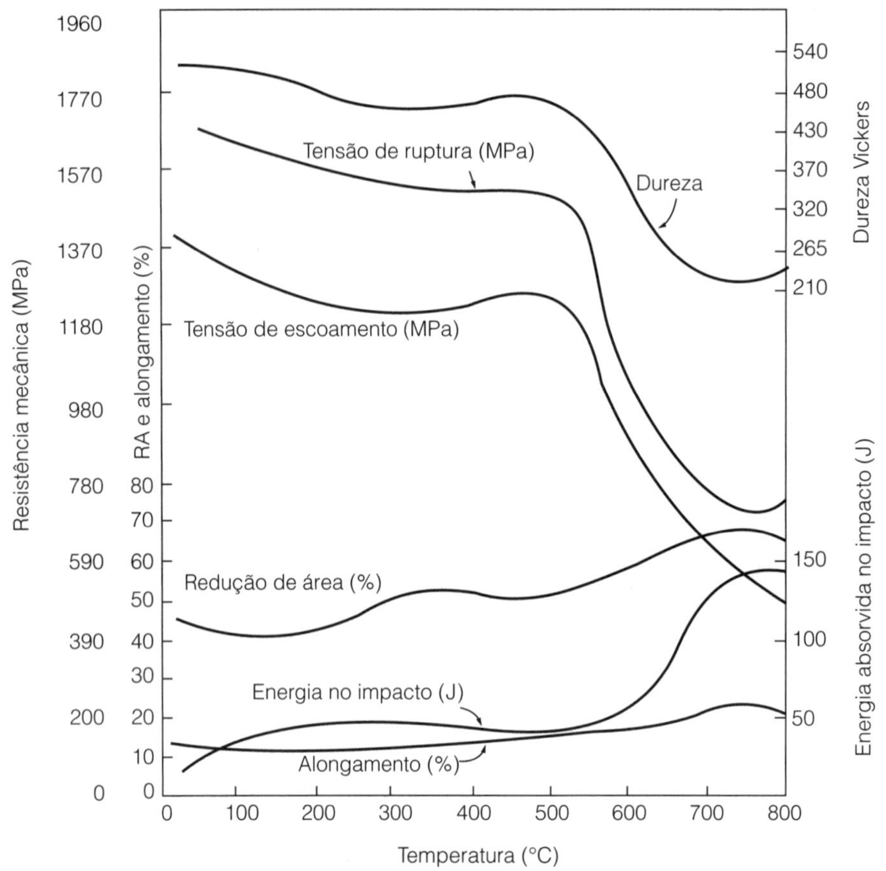

Figura 5.90 Efeito do revenimento por 1 hora nas propriedades mecânicas do aço inoxidável 12Cr – 1Ni – 0,2C [2].

Esses aços apresentam um alto limite de escoamento (até 2400 MPa), com boa tenacidade, além de fácil usinabilidade, sendo adequados para a fabricação de matrizes, punções, componentes aeroespaciais etc.

5.12 EFEITOS DOS ELEMENTOS DE LIGA NA FORMAÇÃO DA BAINITA

5.12.1 TEMPERATURA DE INÍCIO DA FORMAÇÃO BAINÍTICA (BI)

A temperatura de início da formação bainítica (B_I) é reduzida pela adição de elementos de liga, segundo a equação empírica [61]:

$$B_I\,(°C) = 830 - 270\,(\%\,C) - 90\,(\%\,Mn) - 37\,(\%\,Ni) - 70\,(\%\,Cr) - 83\,(\%\,Mo)$$

% = Porcentagem em peso (Eq. 5.10)

Como visto anteriormente, os elementos de liga atrasam a formação da ferrita e da perlita. Também como esses mesmos elementos abaixam a temperatura de início da formação bainítica, o resultado é que as "baias" de ferrita + perlita e a de bainita são mais separadas nos aços ligados (ver item 2.4, Capítulo 2). Um dos elementos mais efetivos em separar a reação bainítica é o boro, mesmo em pequenas adições (0,002%). Com isso, pode-se obter aços totalmente bainíticos, mesmo em resfriamento contínuo. A vantagem desses aços é que aliam uma boa resistência mecânica à ductilidade sem a necessidade de se empregar tratamentos térmicos posteriores. Essa característica é importante em peças que serão soldadas, pois haverá formação de bainita e não de martensita na zona afetada pelo calor (ZAC).

5.12.2 AÇOS BAINÍTICOS DE ALTA RESISTÊNCIA

Gorni e Mei [63-66] apresentaram um estudo sobre o desenvolvimento de aços bainíticos com limite de resistência entre 700 e 800 MPa para substituir aços de alta resistência temperados e revenidos com médio teor de liga, como o HY-80 (Tabela 5.6).

Os aços HY-80 e HY-100 são consagrados em aplicações severas, como vasos de pressão, tubos de alto desempenho, submarinos, construção civil etc., porém de difícil soldagem, requerendo o uso de eletrodos especiais, pré-aquecimento dos componentes a serem soldados e mão de obra especializada, o que onera severamente o custo das estruturas. Observa-se, na Figura 5.91, que o aço HY-80 pode sofrer trincamento sob quaisquer condições de soldagem. O diagrama ainda mostra o caminho a ser seguido para se minimizar esse problema: reduzir ao máximo o teor de carbono equivalente do material.

Dois novos conceitos de aços microligados foram propostos há alguns anos como alternativas às ligas HY-80 e HY-100, mas apresentando melhor soldabilidade, graças à minimização de seu teor de carbono. São eles os aços endurecíveis por precipitação de cobre (ASTM A710/HSLA-80) ou pela formação de estrutura bainítica (*Ultra Low Carbon Bainite* – ULCB). A melhor soldabilidade permite redução de até 50% nos custos totais de construção dos componentes e estruturas. Em função de seu teor reduzido de carbono, tais ligas devem apresentar mecanismos de endurecimento relativamente independentes desse elemento.

Nos aços da família HSLA-80, uma significativa fração da resistência mecânica deriva da presença do cobre. O cobre tem o diâmetro atômico muito próximo

Tabela 5.6 Composição e propriedades mecânicas típicas de chapas grossas do aço HY-80 [66]

Propriedades				
Espessura (mm)	LE (MPa)	LR (MPa)	Alongamento total (%)	Energia absorvida a -18 °C (J)
9,5	644	762	32	-
50	616	731	25	214

Composição química do aço (% em peso)										
C	Mn	Si	P	S	Ni	Cr	Mo	Cu	Al	C_{eq}
0,15	0,26	0,23	0,014	0,003	2,65	1,55	0,38	0,010	0,050	0,756

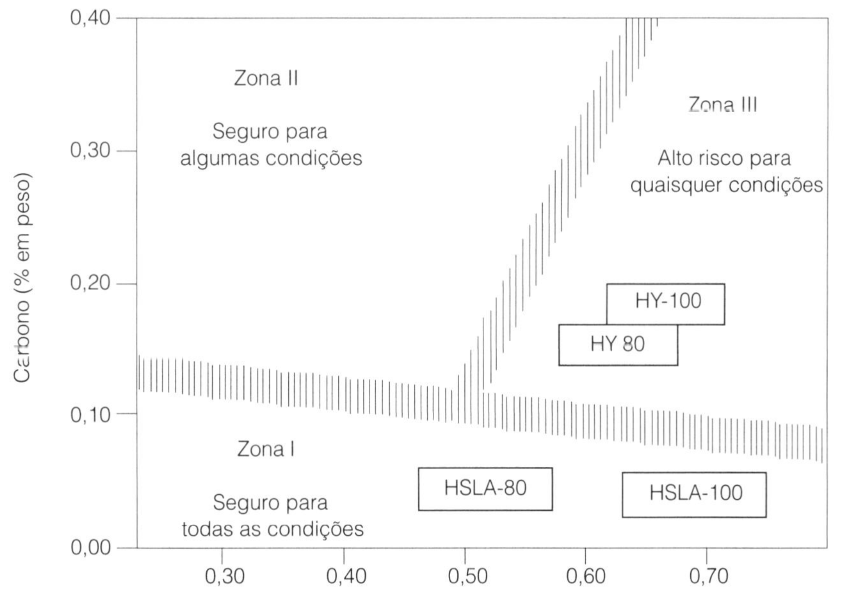

$$CE = C + \frac{Mn + Si}{6} + \frac{Ni + Cu}{15} + \frac{Cr + Mo + V}{5}$$

Figura 5.91 Susceptibilidade à ocorrência de trincamento na ZAC para vários aços utilizados na indústria naval militar [72].

ao do ferro, além disso, esses elementos não formam compostos intermetálicos entre si e o valor máximo de solubilidade do cobre em ferro é de 2,4% a 840 °C. O envelhecimento do material leva à precipitação de ε-Cu na forma de partículas com diâmetro variando entre 2 e 45 nm. Elas se localizam dentro de discordâncias formadas no interior dos grãos de ferrita, bem como em seus contornos e subcontornos.

No ULCB, esse papel é desempenhado pela microestrutura bainítica e o endurecimento, por solução sólida de elementos de liga. O boro é indispensável para se obter uma microestrutura plenamente bainítica em aços com teor extrabaixo de carbono. Sua associação com o nióbio cria um efeito sinérgico que aumenta acentuadamente a temperabilidade da austenita. Além disso, o nióbio também exerce seu já clássico efeito refinador de tamanho do grão em associação com o titânio. O titânio ainda tem a missão de combinar com todo o nitrogênio livre presente no aço, evitando que ele se combine com o boro e anule seu efeito na transformação da austenita. Manganês, níquel, cobre e cromo podem ser adicionados, conforme o nível de resistência mecânica desejado e a espessura da chapa grossa.

Outra vantagem dessas ligas é a supressão do tratamento de têmpera e revenido que normalmente se faz necessário nos aços HY-80/HY-100. É verdade que os aços HSLA-80 requerem envelhecimento após laminação a quente, mas isso representa uma vantagem no caso de peças que devam ser conformadas. A conformação pode ocorrer com a chapa grossa no estado laminado, quando ainda apresenta resistência mecânica relativamente baixa, efetuando-se o envelhecimento posteriormente, quando a peça estiver acabada e soldada.

Os diagramas TRC levantados para os aços HSLA-80 e ULCB estão mostrados na Figura 5.92. Pode-se observar que o aço HSLA-80 é, por excelência, um aço bainítico, pois somente se detectou a formação de quantidade muito pequena (5%) de ferrita para velocidades de resfriamento iguais ou menores a 0,5 °C/s. O mesmo ocorreu para o aço ULCB, cuja temperabilidade é ainda maior, pois não apresentou campo ferrítico. Note-se que, neste caso, o efeito sinérgico entre nióbio e boro, além da presença do molibdênio, teve um papel fundamental nesse resultado.

Os dois aços (HSLA-80, laminado e envelhecido a 600 °C durante 1 hora e ULCB laminado) testados por Gorni 66] apresentaram nível de resistência mecânica equivalente ao especificado para o aço HY-80, desde que aplicado um grau total de deformação de, pelo menos, 83% durante a laminação a quente (Figura 5.93). O alongamento total observado nos aços HSLA-80 e ULCB parece não ter sido afetado pelo grau total de deformação a quente. Também não houve diferenças significativas entre os valores de alongamento total verificados para as duas ligas. A alta razão elástica observada para o aço HSLA-80 é um ponto desfavorável, pois a diferença de magnitude entre os limites de escoamento e de resistência é muito pequena nesse caso, o que causa preocupação nos projetistas que consideram o uso desse material. Além disso, seu desempenho fica prejudicado pela maior probabilidade de ocorrência do chamado efeito mola (*spring-back*) durante sua conformação.

Os valores de resistência ao impacto a -20 °C foram significativamente maiores para o aço ULCB do que para o aço HSLA-80. Isso já era previsível, pois a maior contribuição do endurecimento por precipitação ocorrido nessa última liga compromete sua tenacidade.

Em termos do efeito dos parâmetros de processo de laminação, Gorni [66] verificou que o mais importante deles era o grau total de deformação a quente aplicado ao material, que influenciou decisivamente todas as propriedades mecânicas dos aços, com exceção de sua ductilidade e da razão elástica do aço ULCB. Gorni também estudou outros parâmetros de processo de laminação e verificou que a variação da temperatura de reaquecimento influenciou apenas o limite de resistência de ambos os materiais. Já a temperatura de acabamento afetou significativamente apenas a tenacidade.

5.13 EFEITO DOS PRINCIPAIS ELEMENTOS DE LIGA NOS AÇOS

Na Tabela 5.7, compilada do livro *Aços e ferros fundidos*, de V. Chiaverini [66], encontram-se sumarizados os efeitos dos principais elementos de liga nos aços.

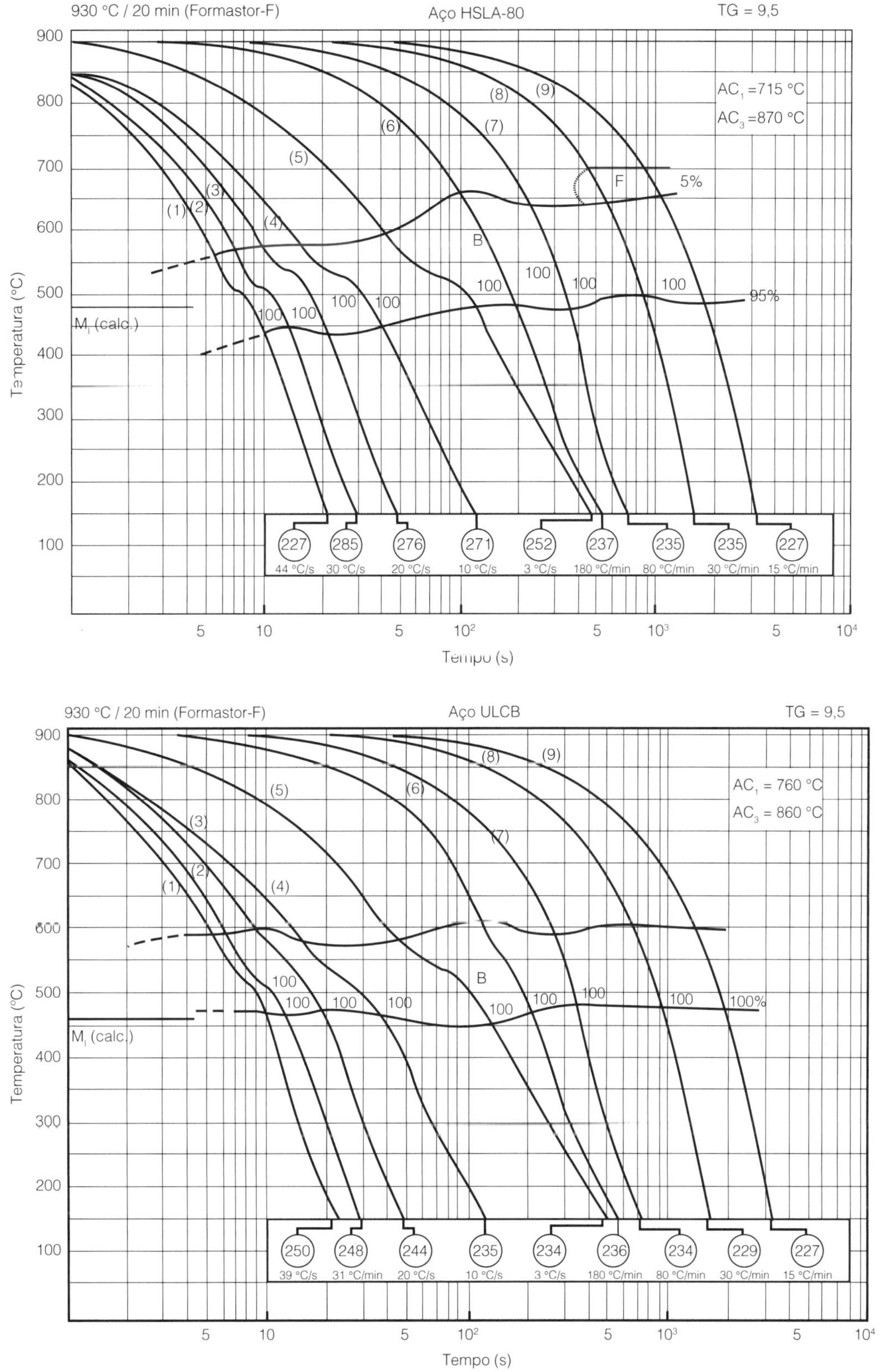

Aço	C	Mn	Si	P	S	Al_{sol}	Ni	Cr	Cu	Mo	Nb	Ti	B	N
HSLA-80	0,044	0,65	0,32	0,005	0,011	0,013	0,87	0,77	1,12	0,23	0,077	–	–	0,0030
ULCB	0,033	1,93	0,29	0,007	0,011	0,006	0,39	–	–	0,35	0,062	0,029	0,0016	0,0030

Figura 5.92 Diagrama de transformação sob resfriamento contínuo [64].

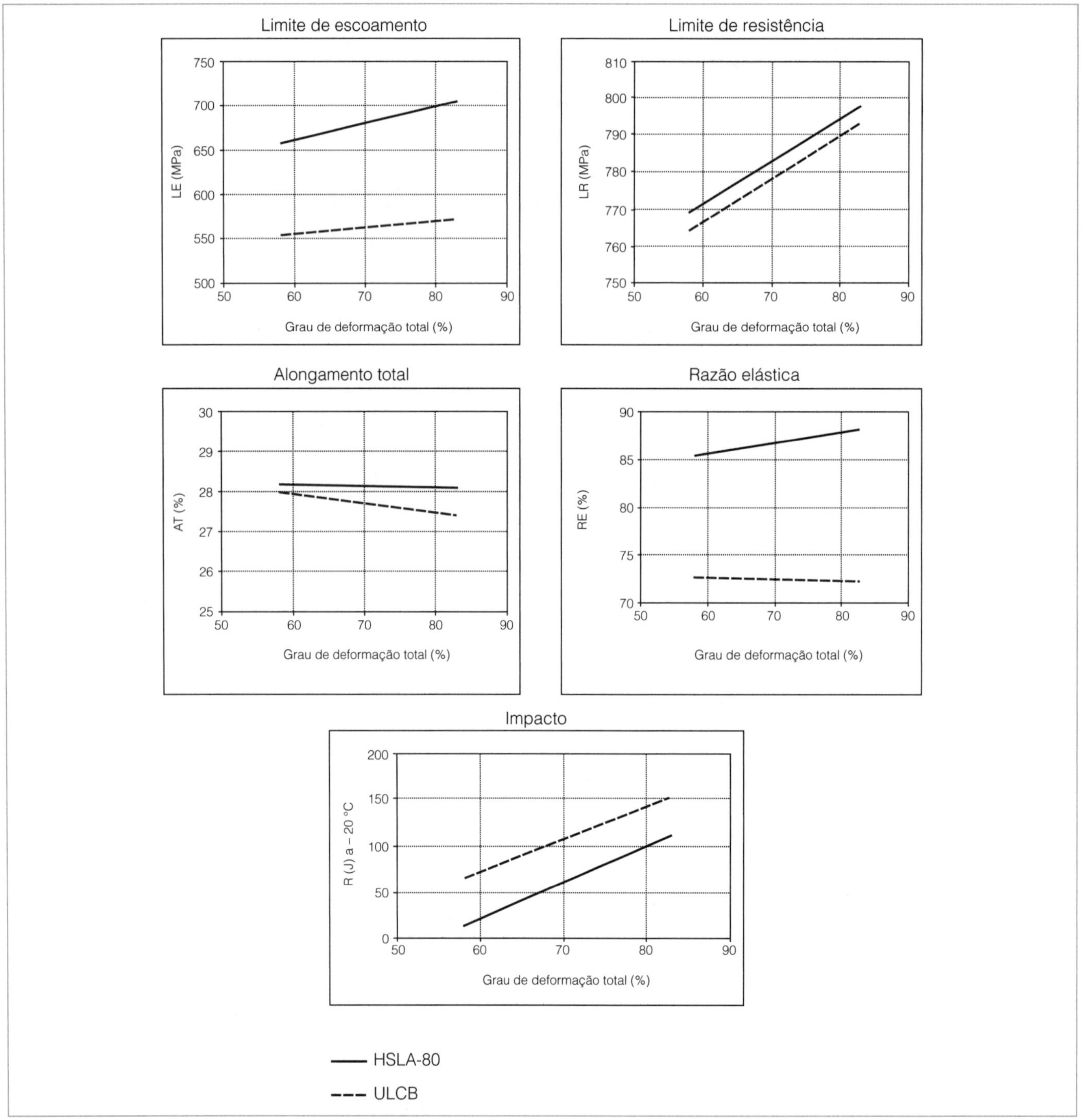

Figura 5.93 Efeito do grau de deformação total nas propriedades mecânicas dos aços HSLA-80 envelhecido e ULCB laminado. A temperatura para a laminação de acabamento foi de 750 °C [65].

Tabela 5.7 Efeitos específicos dos elementos de liga nos aços [66]

Elemento	Solubilidade sólida		Influência sobre a ferrita	Influência sobre a austenita (endurecibilidade)	Influência exercida por meio dos carbonetos		Principais funções
	No ferro γ	No ferro α			Tendência formadora de carbonetos	Ação durante o revenido	
Al	1,1% (aumentada pelo C)	36%	Endurece consideravelmente por solução sólida.	Aumenta a endurecibilidade moderadamente se dissolvido na austenita.	Negatividade (grafitiza)	–	– Desoxidante eficiente. – Restringe o crescimento do grão (pela formação de óxidos ou nitretos dispersos). – Elemento de liga nos aços para nitretação.
Cr	12,8% (20% com 0,5% C)	Sem limite	Endurece ligeiramente; aumenta a resistência à corrosão.	Aumenta a endurecibilidade moderadamente.	Maior que o Mn. Menor que o W.	Moderada. Resiste à diminuição de dureza.	1 – Aumenta a resistência à corrosão e à oxidação. 2 – Aumenta a endurecibilidade. 3 – Melhora a resistência a altas temperaturas. 4 – Resiste ao desgaste (com alto C).
Co	Sem limite	75%	Endurece consideravelmente por solução sólida.	Diminui a endurecibilidade no estado dissolvido.	Semelhante ao Fe.	Sustenta dureza pela solução sólida.	1 – Contribui para a dureza a quente pelo endurecimento da ferrita.
Mn	Sem limite	3%	Endurecimento acentuado. Reduz um tanto a plasticidade.	Aumenta a endurecibilidade moderadamente.	Maior que o Fe. Menor que o Cr.	Muito pequena nos teores normais.	– Contrabalança a fragilidade devida ao S. – Aumenta a endurecibilidade economicamente.
Si	2% (9% com 0,35% C)	18,5% (não muito alterada pelo C)	Endurece com perda de plasticidade (Mn < Si < P).	Aumenta a endurecibilidade moderadamente.	Negativa (grafitiza)	Sustenta a dureza por solução sólida.	– Desoxidante. – Elemento de liga para chapas elétricas e magnéticas. – Aumenta a resistência à oxidação. – Aumenta a endurecibilidade de aços contendo elementos não grafitizantes. – Aumenta a resistência de aços de baixo teor em liga.
Ti	0,75% (1% com 0,20% C)	6%±	Produz sistema endurecível por precipitação em ligas Ti-Fe com alto Ti.	Provavelmente aumenta muito a endurecibilidade no estado dissolvido.	A maior conhecida (2% Ti torna aços com 0,5% C não endurecíveis).	Carbonetos persistentes provavelmente não afetados. Algum endurecimento secundário.	– Reduz a dureza martensítica e a endurecibilidade em aços ao Cr de médio Cr. – Impede a formação de austenita em aços de alto Cr.

(continua)

Tabela 5.7 Efeitos específicos dos elementos de liga nos aços [66] *(continuação)*

Elemento	Solubilidade sólida		Influência sobre a ferrita	Influência sobre a austenita (endurecibilidade)	Influência exercida por meio dos carbonetos		Principais funções
	No ferro γ	No ferro α			Tendência formadora de carbonetos	Ação durante o revenido	
W	6% (11% com 0,25% C)	33%	Idem em ligas W-Fe com alto W.	Aumenta a endurecibilidade fortemente em pequenos teores.	Forte	Opõe-se à diminuição de dureza por endurecimento secundário.	– Forma partículas duras e resistentes ao desgaste em aços ferramenta. – Promove dureza e resistência a altas temperaturas.
V	1% (4% com 0,20% C)	Sem limite	Endurece moderadamente por solução sólida.	Aumenta muito fortemente a endurecibilidade no estado dissolvido.	Muito forte (V < Ti ou Nb).	Máxima para endurecimento secundário.	– Eleva a temperatura de crescimento do grão da austenita (promove refino do grão). – Aumenta a endurecibilidade (quando dissolvido). – Resiste ao revenido e causa acentuado endurecimento secundário.
Mo	3% (8% com 0,3% C)	37,5%	Produz o sistema endurecível por precipitação nas ligas Fe-Mo.	Aumenta a endurecibilidade fortemente (Mo < Cr).	Forte; maior que o Cr.	Opõe-se à diminuição de dureza criando a dureza secundária.	– Eleva a temperatura de crescimento do grão de austenita. – Produz maior profundidade de endurecimento. – Contrabalança a tendência à fragilidade de revenido. 4 – Eleva a dureza a quente, a resistência a quente e a fluência. 5 – Melhora a resistência à corrosão dos aços inoxidáveis. 6 – Forma partículas resistentes à abrasão.
Ni	Sem limite	10% (sem relação com o teor do carbono).	Aumenta a resistência e a tenacidade por solução sólida.	Aumenta a endurecibilidade ligeiramente; mas tende a re- ter a austenita com C mais elevado.	Negativa (grafitiza)	Muito pequena em teores baixos.	– Aumenta a resistência de aços recozidos. – Aumenta a tenacidade de aços ferríticos-perlíticos (sobretudo a baixas temperaturas). – Torna austeníticas ligas Fe-Cr altas em Cr.
P	0,5%	2,8% (sem relação com o teor do carbono).	Endurece fortemente por solução sólida.	Aumenta a endurecibilidade.	Nenhuma	–	1 – Aumenta a resistência de aços de baixo C. 2 – Aumenta a resistência à corrosão. 3 – Aumenta a usinabilidade em aços de usinagem fácil.

Estes são outros elementos de liga não incluídos na Tabela 5.7:

5.13.1 BORO

Em teores abaixo de 0,005%, aumenta a temperabilidade e a resistência mecânica. Acima de 0,005%, pode provocar a perda de ductilidade a quente.

5.13.2 COBRE

Em quantidades de até 1,5%, o cobre dissolve-se na ferrita, aumentando a resistência à corrosão atmosférica e à temperabilidade. Acima desse limite, começa a produzir endurecimento por precipitação. De maneira geral, teores elevados reduzem a ductilidade a quente.

5.13.3 ZIRCÔNIO

Forma compostos com oxigênio e enxofre, tornando-os inertes no aço. Pode ser empregado como desoxidante complementar, quando o uso de alumínio é limitado. Como elemento de liga apresenta os mesmos efeitos do vanádio, aumentando a tenacidade e refinando a estrutura granular.

5.13.4 SELÊNIO

Tem efeitos semelhantes aos do enxofre facilitando a usinagem em aços. As porcentagens desse elemento nos aços de corte fácil ao selênio são de 0,15 a 0,20%.

5.13.5 CHUMBO

Não forma liga com ferro ou demais elementos e, por conseguinte, não influi nas propriedades do aço, a não ser pelo aumento da usinabilidade.

5.13.6 NIÓBIO

É empregado em aços inoxidáveis para evitar sensitização. Também é empregado em aços ferramenta para trabalho em altas temperaturas. A aplicação do nióbio em aços de alta resistência com baixa liga HSLA (*High Strength Low Alloy*) é de desenvolvimento e emprego bastante recentes. É utilizado em porcentagens de 0,001 até 0,1%, substituindo, às vezes, o vanádio ou outros elementos de liga. O desenvolvimento de aços ao nióbio é de grande interesse atualmente, sobretudo para o Brasil, que tem a maior reserva de pirocloro (minério de nióbio) do mundo, localizada em Araxá – MG.

5.14 IMPUREZAS DOS AÇOS [66]

Além dos elementos adicionados propositalmente na fabricação dos aços (elementos de liga), existem outros, cuja introdução no aço é decorrente do processo de fabricação. Entre eles, pode-se citar: fósforo, enxofre, estanho, hidrogênio e oxigênio.

5.14.1 FÓSFORO

O fósforo dissolve-se na ferrita, endurecendo-a e ocasionando fragilidade a frio. Isso significa baixa resistência ao choque e baixa tenacidade, o que é acentuado pelo aumento da porcentagem de carbono. Além disso, é um dos responsáveis pelos fenômenos de fragilidade de revenido. Por isso, o teor máximo desse elemento é rigorosamente controlado nos aços e situa-se entre 0,005 e 0,1%, dependendo da qualidade desejada e da aplicação a que se destina o aço. Embora o fósforo apresente algumas vantagens, como aumento da resistência ao desgaste e à corrosão, melhoria na usinabilidade dos aços de corte rápido e aumento na resistência mecânica, seus aspectos prejudiciais nos aços predominam, sendo ele considerado uma impureza.

5.14.2 ENXOFRE

O enxofre entra no aço como impureza contida no coque, usado para a redução do minério de ferro. Quando ocorre a formação de FeS, o enxofre torna os aços frágeis durante os processos de trabalho a quente. O manganês, combinando-se com o enxofre, forma o sulfeto (MnS) e elimina esse problema, desde que a relação Mn/S e o teor máximo de S sejam adequadamente controlados.

Em aços de corte rápido, adiciona-se enxofre para formar, sob efeito do trabalho a quente, inclusões alongadas. Isso provoca a quebra dos cavacos na usinagem, prolongando a vida da ferramenta de corte.

5.14.3 ESTANHO

Sua presença se deve a chapas soldadas ou estanhadas na sucata, originando superfícies defeituosas e fragilidade no trabalho a quente. Nos aços temperados e revenidos, o estanho contribui para a fragilidade do revenido. O estanho tem os mesmos efeitos prejudiciais que o fósforo.

5.14.4 HIDROGÊNIO

Juntamente com o oxigênio e nitrogênio, o hidrogênio contamina o aço durante sua elaboração. Causa fragilização do aço. Pode ser eliminado por meio da desgaseificação.

5.14.5 OXIGÊNIO

O oxigênio tem elevada solubilidade no aço líquido e baixíssima solubilidade no aço sólido. Esta diferença de solubilidade pode conduzir à precipitação de diferentes óxidos durante a solidificação. Quando o CO é formado durante a solidificação, tem-se aços efervescentes ou semiacalmados. Outros óxidos (alumina, silicatos etc.) terão influência como inclusões não metálicas.

5.15 PRODUÇÃO E PREÇO DAS MATÉRIAS PRIMAS METÁLICAS PARA A PRODUÇÃO DE AÇO

No atual século, o Brasil passou de 8° maior produtor mundial de aço para o 9° em 2020, embora sua produção anual tenha subido de 28 para 31 milhões de toneladas por ano. Entretanto, sua produção em 2000 representava 3,3% da produção mundial de aço, ao passo que, em 2020, sua participação foi reduzida em 50%, para 1,7% (Tabela 5.8). Neste mesmo período, a China passou de 15% da produção mundial de aço em 2000 para 56% da produção mundial de aço em 2020.

A participação do Brasil no mercado mundial de minério de ferro passou de 19% em 2000 para 17% em 2020, sendo o país com a segunda maior reserva mundial de minério de ferro, em termos de ferro contido. A Austrália mais que dobrou sua participação no mercado mundial no mesmo período, passando de 16 para 38%. A China é o maior consumidor e importador de minério de ferro e uma viagem do Brasil à China de navio dura 45 dias, enquanto da Austrália à China o tempo é de 15 dias. Essa maior proximidade do mercado chinês favorece a Austrália na exportação de minério de ferro para aquele país [67]. Para enfrentar a concorrência da Austrália no mercado asiático, a Vale inaugurou um terminal marítimo na Malásia, em 2014, capaz de armazenar 30 milhões de toneladas de minério de ferro [68].

Tabela 5.8 Produção mundial de aço (mil toneladas) [69,70]

Posição	País	2000	2020
1	China	129 (15%)	1053 (56%)
2	Índia	27	100
3	Japão	106	83
4	EUA	102	73
5	Rússia	59	73
6	Coreia do Sul	43	67
7	Alemanha	46	36
8	Turquia	14	36
9	**Brasil**	**28 (3,3%)**	**31 (1,7%)**
10	Irã	7	29
	Mundo	850	1.864

Tabela 5.9 Produção mundial de minério de ferro e reservas (milhões de toneladas) [71,72]

País	Produção de minério usável 2000	Produção de minério usável 2020	Reservas em ferro contido 2020
Austrália	158 (16%)	900 (38%)	24.000
Brasil	**190 (19%)**	**400 (17%)**	**15.000**
China	215	340	6.900
Índia	68	230	3.400
Rússia	80	95	14.000
África do Sul	30	71	640
Ucrânia	50	62	2.300
Canadá	34	57	2.300
Total mundial	1.010	2.400	81.000

As Tabelas 5.10 a 5.21 apresentam os países produtores e suas reservas de elementos químicos usados para a fabricação de aço no período de 2006 a 2020. Aproximadamente 40% das reservas mundiais de bauxita, minério a partir do qual é extraída a alumina (Al_2O_3), estão na Guiné e na Austrália, países que respondem por metade da produção mundial deste minério. O Brasil detém 9 % das reservas mundiais de bauxita, sendo responsável por 9% da produção mundial da mesma. O metal alumínio é extraído da alumina por eletrólise, processo que demanda alta quantidade de energia. A China responde por pouco mais da metade da produção mundial de alumínio e o Brasil teve sua participação reduzida de 4,8 para 1% no período em questão, o que decorre do fato de o Brasil ter um dos maiores preços da energia elétrica industrial no mundo [73].

Tabela 5.10 Produção mundial de bauxita (mil toneladas) [72,74]

País	Produção 2006	Produção 2020	Reservas 2020
Austrália	61.400	110.000	5.100.000
Guiné	15.200	82.000	7.400.000
China	20.000	60.000	1.000.000
Brasil	**21.000 (12%)**	**35.000 (9%)**	**2.700.000 (9%)**
Indonésia	-	23.000	1.200.000
Índia	13.000	22.000	660.000
Jamaica	14.900	7.700	2.000.000
Rússia	7.200	6.100	500.000
Vietnã	-	4.000	3.700.000
Total mundial	177.000	371.000	30.000.000

Tabela 5.11 Produção mundial de alumínio metálico (mil toneladas) [72,74,75]

País	Produção 2006	Produção 2020
China	8.700	37.000
Rússia	3.720	3.600
Índia	1.000	3.600
Canadá	3.000	3.100
Emirados Árabes Unidos	770	2.600
Austrália	1.900	1.600
Bahrein	830	1.500
Noruega	1.360	1.400
EUA	2.300	1.000
Islândia	-	840
Brasil	**1.600 (4,8%)**	**680 (1%)**
Total mundial	33.100	65.200

Tabela 5.12 Produção mundial de minério de níquel (mil toneladas de níquel contido) [72,74]

País	Produção 2006	Produção 2020	Reservas 2020
Indonésia	160	760	21.000
Filipinas	42	320	4.800
Rússia	320	280	6.900
Nova Caledônia	112	200	-
Austrália	191	170	20.000
Canadá	230	150	2.800
China	79	120	2.800
Brasil	**74 (4,8%)**	**73 (2,9%)**	**16.000 (17%)**
Cuba	74	49	5.500
Total mundial	1.550	2.500	94.000

Tabela 5.13 Produção mundial de minério de manganês (mil toneladas de manganês contido) [72,74]

País	Produção 2006	Produção 2020	Reservas 2020
África do Sul	2.200	5.200	520.000
Austrália	1.500	3.300	230.000
Gabão	1.550	2.800	61.000
Gana	-	1.400	13.000
China	1.200	1.300	54.000
Brasil	**1.600 (15%)**	**1.200 (7%)**	**270.000 (21%)**
Índia	650	640	34.000
Ucrânia	770	550	140.000
Total mundial	11.000	18.000	1.300.000

Tabela 5.14 Produção mundial de minério de cromo (mil toneladas de cromo contido) [72,74,76,77,78]

País	Produção 2006	Produção 2020	Reservas 2020
África do Sul	8.000	16.000	200.000
Cazaquistão	3.600	6.700	230.000
Turquia	-	6.300	26.000
Índia	3.300	4.000	100.000
Brasil	**230**	**275 (2018)**	**2.450 (2016)**
Total mundial	20.000	40.000	570.000

Tabela 5.15 Produção mundial de minério de cobalto (mil toneladas de cobalto contido) [72,74,79]

País	Produção 2006	Produção 2020	Reservas 2020
Congo	22	95	3.600
Rússia	5	6,3	250
Austrália	6	5,7	1.200
Filipinas	-	4,7	260
Cuba	4	3,6	500
Canadá	5	3,2	220
Brasil	-	**0,2 (2017)**	**70 (2017)**
Total	57	140	7.100

Tabela 5.16 Produção mundial de minério de tungstênio (mil toneladas de tungstênio contido) [72,74,77]

País	Produção 2006	Produção 2020	Reservas 2020
China	62	69	1.900
Vietnã	-	4,3	95
Rússia	4,5	2,2	400
Mongólia	-	1,9	ND
Bolívia	0,5	1,4	ND
Áustria	1,4	0,9	10
Espanha	-	0,8	54
Brasil	-	-	**28 (2016)**
Total mundial	73,3	84	3.400

ND = Não Disponível

Tabela 5.17 Produção mundial de minério de vanádio (mil toneladas de vanádio contido) [72,74,80]

País	Produção 2006	Produção 2020	Reservas 2020
China	17,5	53	9.500
Rússia	18,8	18	5.000
África do Sul	25	8	3.500
Brasil	-	**7**	**120**
Total mundial	62,4	86	22.000

Tabela 5.18 Produção mundial de silício metálico e ligas ferro-silício (mil toneladas de silício contido) [72,74]

País	Produção 2006	Produção 2020
China	2.400	5.400
Rússia	600	540
Brasil	**230 (4,9%)**	**340 (4,3%)**
Noruega	270	330
EUA	143	290
França	140	130
Total mundial	4.700	8.000

Tabela 5.19 Produção mundial de minério de titânio (mil toneladas de TiO_2 contido na ilmenita* e no rutilo) [72,74]

País	Produção 2006	Produção 2020	Reservas 2020
China	475	2.300	230.000
África do Sul	1.001	1.100	42.000
Austrália	1.210	1.000	177.000
Canadá	780	680	31.000
Moçambique	-	600	27.000
Noruega	381	400	37.000
Índia	317	230	92.000
Brasil	**133 (2,5%)**	**25 (0,3%)**	**43.000**
Total mundial	5.400	8.200	746.000

Ilmenita* ($FeTiO_2$) responde por 92% da produção mundial de TiO_2

Tabela 5.20 Produção mundial de minério de nióbio (mil toneladas de nióbio contido) [72,74]

País	Produção 2006	Produção 2020	Reservas 2020
Brasil	**56 (93%)**	**71 (91%)**	**16.000 (90%)**
Canadá	3,5	6,2	1.600
Total mundial	60	78	17.700

Tabela 5.21 Produção mundial de minério de molibdênio (mil toneladas de molibdênio contido) [72,74,81]

País	Produção 2006	Produção 2020	Reservas 2020
China	41	120	8.300
Chile	39	58	1.400
EUA	61	49	2.700
Peru	18	30	2.800
México	3	17	130
Armênia	3	7	150
Rússia	3	3	1.000
Canadá	8	3	100
Brasil	-	-	**0,17 (2014)**
Total mundial	179	300	18.000

A Tabela 5.22 apresenta os preços médios de aços e dos elementos de liga usados na fabricação dos aços. Esses preços são apenas para referência, pois a variação dos mesmos é diária.

Tabela 5.22 Preços médios dos elementos de liga dos aços (Acessos em 21-05-2021)

Material	US$/ton (mês/ano)	Forma/referência
Minério de ferro	211 (05/2021)	https://markets.ft.com/data/commodities/tearsheet/summary?c=Iron+ore
Aço carbono	614 (04/2021)	Placa laminada a quente http://worldsteelprices.com/
Aço inox 304	2.314 (04/2021)	Chapa http://worldsteelprices.com/
Silício	1.500 (01/2021)	Liga Fe-75Si file:///C:/Users/User/Downloads/MMR%20Weekly%20 11.01.2021.pdf
Manganês	1.200 (01/2021)	Liga Fe-75Mn file:///C:/Users/User/Downloads/MMR%20Weekly%20 11.01.2021.pdf
Cromo	920 (01/2021)	Liga Fe-60Cr alto carbono file:///C:/Users/User/Downloads/MMR%20Weekly%2011.01.2021.pdf
Alumínio	2.440 (05/2021)	Metal http://www.infomine.com/investment/metal-prices/aluminum/1-week/
Titânio	5.800 (01/2021)	Liga Fe-70Ti file:///C:/Users/User/Downloads/MMR%20Weekly%2011.01.2021.pdf
Níquel	17.000 (05/2021)	Metal http://www.infomine.com/investment/metal-prices/nickel/1-year/
Vanádio	37.000 (05/2021)	Liga Fe-80V https://www.vanadiumprice.com/
Molibdênio	25.000 (05/2021)	Fe-65Mo https://tradingeconomics.com/commodity/molybden
Cobalto	44.000 (05/2021)	Metal https://tradingeconomics.com/commodity/cobalt
Tungstênio	31.000 (01/2021)	Liga Fe-75W file:///C:/Users/User/Downloads/MMR%20Weekly%2011.01.2021.pdf
Nióbio	41.000 (05/2021)	Liga Fe-65Nb https://www.niobiumprice.com/

Exercícios

1. Graficar o limite de solubilidade do nióbio na austenita (supondo formação $NbC_{0,87}$) em um aço com 0,4% C para temperaturas de 800 a 1400 °C com intervalos de 100 °C.

2. Graficar o limite de escoamento em função da fração volumétrica de ferrita variando de 10 a 50%, em intervalos de 10%, para um aço 0,4%C, 1%Mn, com nitrogênio e silício desprezível, espaçamento interlamelar de 0,4 μm e diâmetro do grão ferrítico de 20 μm.

3. Qual seria a variação da temperatura de início de formação da martensita e do diâmetro crítico ideal ao se trocar o aço 1040 pelo 4340? Usar a equação 5.7, supor um tamanho de grão austenítico de 20 μm e usar a tabela abaixo para os fatores dos elementos químicos [82]

Carbono ou elemento X (%)	DC (Base) para diferentes tamanhos de grão ASTM			Fator Fx para diferentes elementos de liga (X)				
	Nº 6	Nº 7	Nº 8	Mn	Si	Ni	Cr	Mo
0,05	0,0814	0,0750	0,0697	1,167	1,035	1,018	1,1018	1,15
0,10	0,1153	0,1065	0,0995	1,333	1,070	1,036	1,2160	1,30
0,15	0,1413	0,1315	0,1212	1,500	1,105	1,055	1,3240	1,45
0,20	0,1623	0,1509	0,1400	1,667	1,140	1,073	1,4320	1,60
0,25	0,1820	0,1678	0,1560	1,833	1,175	1,091	1,5400	1,75
0,30	0,1991	0,1849	0,1700	2,000	2,210	1,109	1,6480	1,90
0,35	0,2154	0,2000	0,1842	2,167	1,245	1,128	1,7560	2,05
0,40	0,2300	0,2130	0,1976	2,333	1,280	1,246	1,8640	2,20
0,45	0,2440	0,2259	0,2090	2,500	1,315	1,164	1,9720	2,35
0,50	0,2580	0,2380	0,2200	2,667	1,350	1,182	2,0800	2,50
0,55	0,2730	0,2510	0,2310	2,833	1,385	1,201	2,1880	2,65
0,60	0,284	0,262	0,2410	3,000	1,420	1,219	2,2960	2,80
0,65	0,295	0,273	0,2551	3,167	1,455	1,237	2,4040	2,95
0,70	0,306	0,283	0,260	3,333	1,490	1,255	2,5120	3,10
0,75	0,316	0,293	0,270	3,500	1,525	1,273	2,6200	3,25
0,80	0,326	0,303	0,278	3,667	1,560	1,291	2,7280	3,40
0,85	0,336	0,312	0,287	3,833	1,595	1,309	2,8360	3,55
0,90	0,346	0,321	0,296	4,000	1,630	1,321	2,9440	3,70
0,95	–	–	–	4,167	1,665	1,345	3,0520	–
1,00	–	–	–	4,333	1,700	1,364	3,1600	–

Respostas

1.

Para $Nb_{0,87}C$

$$\mathrm{Log}_{10}\left\{\mathrm{Nb.}\ 0{,}4^{0{,}87}\right\} = -7520/\left(T+273\right) + 3{,}11$$

$$\mathrm{Nb} = \left\{10\ \exp\left[-7520/\left(T+273\right) + 3{,}11\right]\right\}/0{,}45$$

T (°C)	-7520/(T+273)+3,11	Nb×10[3]
800	- 3,89	0,3
900	-3,30	1,1
1000	-2,80	3,5
1100	-2.37	9,5
1200	-2,00	22
1300	-1,67	47
1400	-1,38	93

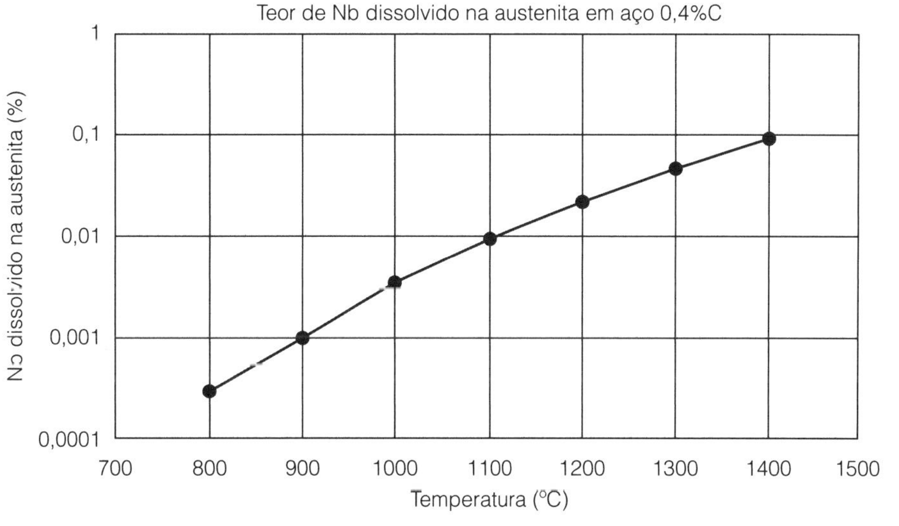

2.

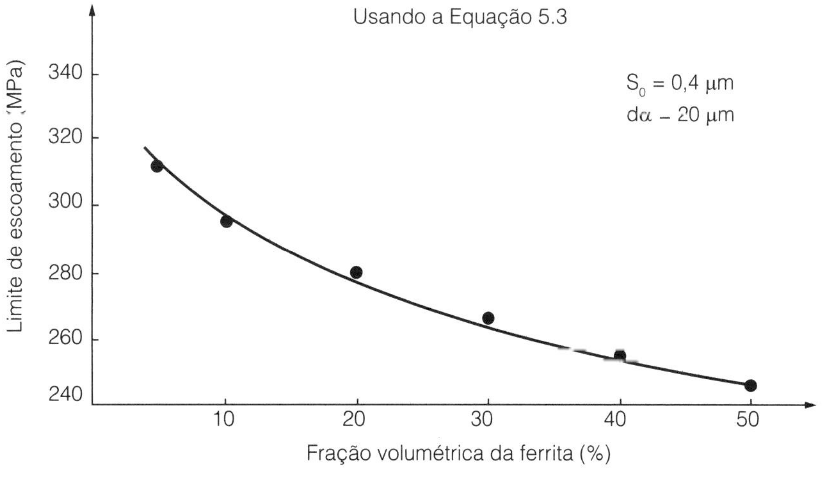

3. **Variação do diâmetro crítico:**

Figura 3.33 (capítulo 3): para diâmetro de grão austenítico de 20 μm, o número ASTM seria 8.

$D_{CI} = D_{CI(Base)} \times F_{Mn} \times F_{Si} \times F_{Ni} \times F_{Cr} \times F_{Mo}$

1040 composição: C= 0,40 / Mn = 0,8

$D_{CI} = D_{CI(Base)} \times F_{Mn} \times F_{Si} \times F_{Ni} \times F_{Cr} \times F_{Mo}$

$D_{CI(Base)}$ para ASTM = 8 e C = 0,40 tem-se $D_{CI(Base)} = 0{,}1976$

$D_{1040} = 0{,}1976 \times 3{,}667 \times 1 \times 1 \times 1 \times 1 =$ **0,72** (quando o teor do elemento é zero, seu fator na fórmula é 1).

4340 composição: C= 0,40 / Mn = 0,8 / Si = 0,3 / Ni = 1,8 / Cr = 0,8 / Mo = 0,25

$D_{CI} = D_{CI(Base)} \times F_{Mn} \times F_{Si} \times F_{Ni} \times F_{Cr} \times F_{Mo}$

$D_{4340} = 0{,}1976 \times 3{,}667 \times 2{,}21 \times 1{,}364 \times 2{,}7280 \times 1{,}75 =$ **10,42**

REFERÊNCIAS BIBLIOGRÁFICAS

1. Bain EC, Paxton HW. Alloying elements in steel. ASM, Metals Park; 1966;2.
2. Honeycombe RWK, Bhadeshia HKDH. Steels: microstructure and properties. London: Edward Arnold; 1981.
3. Hansen M. Constitution of binary alloys. 2. ed. New York: McGraw-Hill; 1958;2:527-665,670.
4. Mei PR, Bresciani FE. Efeito de adições do nióbio na dureza e na formação da perlita. Metalurgia. ABM. 1984;40(323):565.
5. Sharma RG, Purdy CR. Metallurgical Transactions. 1974;5:939.
6. Greenbank JC. JISI; dec. 1971;986.
7. Koyama S, et al. J. Japan Inst. Metals. Vol. 35; 1971;35:1.089.
8. McLellan RB, Dunn WWJ. Phys. Chem. Solids. 1969;30:2.631.
9. McLellan RB, Farraro R. Acta Metallurgica. 1977;25:1.217.
10. McMahon Jr. C. Metallurgical Transactions. 1980;11:531.
11. Mei PR. Efeitos da adição do nióbio na estrutura e propriedades dos aços com médio e alto teor de carbono. Tese (Doutorado). Campinas: Faculdade de Engenharia de Campinas, Universidade Estadual de Campinas; 1983.
12. Mei PR, et al. Partição do nióbio entre a ferrita e a austenita. Anais do 41° Congresso Anual da ABM; nov. 1986, São Paulo. v. II, 1986;2:47.
13. Aaronson HI. Transactions of the Metallurgical Society of AIME. 1962;224:870.
14. Aaronson, H. I. Transactions of the Metallurgical Society of AIME. 1966;236:768.
15. McLellan RB. Interstitial solid solutions of iron. In: Chemical metallurgy of iron and steel, London: The Iron and Steel Institute; 1973:337.
16. Kurokawa S, et al. Difusión de Nb en Fe y algunas aleaciones de base Fe. 36° CONGRESSO ANUAL DA ABM, Recife, 1981.
17. Aaronson HI. On the problems of the definition and the mechanisms of the bainita reaction. In: The mechanisms of phase transformation in crystalline solids. London: The Institute of Metals; 1969;29.
18. Aaronson HL, Lee JK. Difusional nucleation and growth. In: Russel RG. Aaronson HL (ed.). Precipitation process in solids. New York: AIME 1978;31.
19. Hillert M. The role of interface in phase transformations. In: Russel RC, Aaronson HL (Ed.). Precipitation process in solids. New York: AIME; 1978;231.
20. Honeycombe RWK. Metal Science. June 1980. p. 201.24. Bradley JR, Aaronson HL. Metallurgical Transactions. 1981;12:1729.
21. Lucke K, Detert K. Acta Metallurgica. 1957;5:628.
22. Purdy GR. Acta Metallurgica. 1978;26:487.
23. Shiflet CJ, et al. Metallurgical Transactions. 1981;12:1.743.
24. Bradley JR. Aaronson HL. Met. Trans. v. 12A, Oct. 1981:1.729.
25. Serin B, et al. Mem. Sci. Revue de Metallurgie. França; juin. 1978;355.
26. Mei PR. Effect of niobium additions on the structure and properties of medium carbon steels. CPGS [Dissertation]. Cambridge: Universidade de Cambridge, Inglaterra; 1981.

27. Pellissier GE, et al. Transactions ASM; dec. 1941;1.048.

28. Ridley N, et al. Effect of some alloy additions on the kinetics of pearlite growth. In: Chemical metallurgy of iron and steel. London: The Iron and Steel Institute; 1973.

29. Brown D, Ridley N. JISI.1969;1.232.

30. Al-Salman SA. et al. Acta Metallurgica. 1979;27:1.391.

31. Nordberg H, Aronsson B. JISI; dec. 1968;12:1.263.

32. Mori T, et al. Tetsu to Hagane. 1968;54:763.

33. Baker TN. Microalloyed steels. Sci Prog., Oxford. 1978;64:493.

34. Irvine KJ, et al. JISI.1967;2:161.

35. Hudd RC. JISI.1971;2:121.

36. Steinen A Von Der, et al. Stahl und Eisen. 1975;95:09.

37. Gray JM, Yeo RBG. Transactions ASM. 1968;61:255.

38. Mandry P, et al. Revue de Metallurgie. França; juin. août. 1969;563.

39. Simoneau R, et al. Metal Science. 1978;8:381.

40. Lebon A, et al. Metal Science. 1975;9:36.

41. Hoodendoorn TN, Spanraft M. Quantifying the effect of microalloying elements on structure during processing. In: Microalloying 75, Proc. Conf. New York: Union Carbide Corp; 1977;75.

42. Hansen SS, et al. Metallurgical Transactions. 1980;11:387.

43. Ouchi C, et al. Microstructural changes of austenite during hot rolling and their effects on transformation kinetics. In: Ballance T (Ed.). The hot deformation of austenite, TMS – AIME. New York; 1976;316.

44. Jonas JT, Weiss I. Metal Science; mar. apr. 1979;238.

45. Watanabe H, et al. Precipitation kinetics of niobium carbonitride in austenite of high-strength low-alloy steels. In: Ballance J. (ed.). The hot deformation of austenite, TMS-AIME. New York; 1976;140.

46. Akben MG, et al. Acta Metallurgica. 1981;29:111.

47. Weiss I, Jonas JO. Metallurgical Transactions. 1979;10:831.

48. Mei PR. Efeitos de adições de nióbio no crescimento do grão austenítico de aços carbono. Parte I. Anais do 40° Congresso Anual da ABM, jul. 1985a, Rio de Janeiro, v. Comfit, 1985;199.

49. Coladas R, et al. Metal Science. Nov. 1977;507.

50. MorI FY, et al. Metalurgia ABM. 1977;33(241):743.

51. Mei PR. Efeitos de adições de nióbio no crescimento do grão austenítico de aços carbono. Parte II. Anais do 40° Congresso Anual da ABM, jul. 1985b, Rio de Janeiro, v. Comfit, 1985;216.

52. Mei PR. Efeitos do tratamento termomecânico na estrutura e propriedades dos aços com médio e alto teor de carbono microligados com nióbio. Tese (Livre-docência). Campinas: Faculdade de Engenharia de Campinas, Universidade Estadual de Campinas; 1989.

53. Dutta B, Sellars CM. Materials Science and Technology. 1986;2:146.

54. Cohen M, Hansen SS. Microstructural control in microalloyed steels. In: Micon 78, Proc. Conf. Abrams H, et al. (ed.). ASTM; 1979;34.

55. Gladman T, et al. Structure – property relationships in high-strength microalloyed steels. In: Microalloying 75, Proc. Conf., Union Carbide Corp. New York; 1977;32.

56. Zhang Y, et al. Comparative study of VC, NbC, and TiC interphase precipitation in microalloyed low-carbon steels. Metallurgical and Materials Transactions A. 2020;10. Disponível em: https://doi.org/10.1007/s11661-020-06001-x. (Acesso jun 2021).

57. Sobral MDC, Kestenbach HJ, Mei PR. Precipitação de carbonitretos em placas finas de aço microligado V-Nb submetidas a tratamento termomecânico. Anais do 58° Congresso Anual da ABM, Rio de Janeiro, 21 a 24 jul. 2003. (publicado em CD-ROM).

58. Andrews KW. Empirical Formulae for Calculation of Some Transformation Temperatures – JISI. 1965; 203:721-727.

59. Capdevila C, et al. Prediction of martensite start temperature by neural network analysis. J. Phys. IV France. 2003;112:217-22160.

60. ASM Handebook 8. 1973;73.

61. Steven W, Mayer C. JISI; 1953;147:33.

62. Gorni AA. Desenvolvimento de aços alternativos aos materiais temperados e revenidos com limite de resistência entre 600 e 800 MPa. Tese [Doutorado]. Campinas: FEM, Universidade Estadual de Campinas; 2001.

63. Gorni AA, Mei PR. Aços alternativos ao HY-80 sem a necessidade de aplicação de têmpera e revenido. Revista da Escola de Minas, Ouro Preto. 2003;56(4):287-293.

64. Gorni AA, Mei PR. Austenite transformation and age hardening of HSLA-80 and ULCB steels. Journal of Materials Processing Technology. 2004;155(156):1513-1518.

65. Gorni AA, Mei PR. Development of alternative as-rolled alloys to replace quenched and tempered steels with tensile strength in the range of 600 to 800 MPa. Journal of Materials Processing Technology. 2005;162(163):298-303.

66. Chiaverini V. Aços e ferros fundidos. 4. ed. São Paulo: ABM; 1979;4:147-390.

67. GLOBO, 2020. Disponível em: https://oglobo.globo.com/economia/gigantes-do-minerio-de-ferro-montam-cerco-china-12595978. (Acesso set. 2020).

68. Valor, 2020. Disponível em: https://valor.globo.com/empresas/noticia/2014/11/07/vale-inaugura-centro-de-distribuicao-na-malasia.ghtml. (Acesso set. 2020).

69. Worldsteel, 2000. Disponível em: https://www.worldsteel.org/steel-by-topic/statistics/steel-data-viewer/P1_crude_steel_total/CHN/IND. (Acesso set. 2020).

70. Worldsteel, 2020. Disponível em https://www.worldsteel.org/media-centre/press-releases/2021/Global-crude-steel-output-decreases-by-0.9--in-2020.html (Acesso maio 2021).

71. USGS, 2001. U.S. Geological survey, mineral commodity summaries (2001). Disponível em: https://s3-us-west-2.amazonaws.com/prd-wret/assets/palladium/production/mineral-pubs/mcs/mcs2001.pdf. (Acesso jun 2021).

72. USGS, 2021. U.S. Geological survey, Mineral commodity summaries (2021). Disponível em: https://pubs.usgs.gov/periodicals/mcs2021/mcs2021.pdf. (Acesso jun 2021).

73. Mei PR. Energia solar fotovoltaica: oportunidades para o Brasil. Editado pela Kindle. 2020;2:221.

74. USGS, 2007. U.S. Geological survey, mineral commodity summaries (2007). Disponível em: https://s3-us-west-2.amazonaws.com/prd-wret/assets/palladium/production/mineral-pubs/mcs/mcs2007.pdf. (Acesso jun 2021).

75. ABAL, 2021. Disponível em: http://abal.org.br/estatisticas/nacionais/aluminio-primario/producao-mensal. (Acesso maio 2021).

76. DNPM, 2019. Disponível em: http://www.anm.gov.br/dnpm/publicacoes/serie-estatisticas-e-economia-mineral/anuario-mineral/anuario-mineral-brasileiro/amb_2019_ano_base_2018__3. (Acesso set. 2020).

77. DNPM, 2017. Disponível em: http://www.anm.gov.br/dnpm/publicacoes/serie-estatisticas-e-economia-mineral/sumario-mineral/sumariomineral_2017. (Acesso set. 2020).

78. DNPM, Cromo 2007. Disponível em: http://www.anm.gov.br/dnpm/publicacoes/serie-estatisticas-e-economia-mineral/sumario-mineral/sumario-mineral-brasileiro-2007/cromo_sm2007.pdf. (Acesso set 2020).

79. DNPM, Cobalto, 2018. Disponível em: http://www.anm.gov.br/dnpm/publicacoes/serie-estatisticas-e-economia-mineral/sumario-mineral/pasta-sumario-brasileiro-mineral-2018/cobalto. (Acesso jun. 2020).

80. DNPM, Vanádio, 2007. Disponível em: http://www.anm.gov.br/dnpm/publicacoes/serie-estatisticas-e-economia-mineral/sumario-mineral/sumario-mineral-brasileiro-2007/vanadio_sm2007.pdf. (Acesso set. 2020).

81. DNPM, 2015. Disponível em: http://www.anm.gov.br/dnpm/publicacoes/serie-estatisticas-e-economia-mineral/sumario-mineral/sumario-mineral-brasileiro-2015. (Acesso set. 2020).

82. Canale LCF, et al. Hardenability of Steel. In: Comprehensive Materials Processing, v. 12, 2014:39-97. Disponível em: https://doi.org/10.1016/B978-0-08-096532-1.01219-X. (Acesso jul. 2021).

Capítulo 6

Classificação e seleção de aços

Os Capítulos 6 e 7 tratam da classificação e da seleção de aços e ligas especiais.

Alguns aspectos comuns da classificação, da seleção e da especificação de materiais em geral são tratados a seguir, antes de se analisarem a classificação e a seleção dos aços em particular.

6.1 CLASSIFICAÇÃO E ESPECIFICAÇÃO DE MATERIAIS

A importância de especificações bem elaboradas para produtos industriais não pode ser subestimada. Especificações corretas conduzem à economia por parte dos produtores e dos compradores, a prazos mais curtos de entrega e, principalmente, ao melhor entendimento entre produtor e cliente. Uma especificação bem elaborada deve deixar claro o que se espera e o que se aceita do produto. Por esse motivo, muito esforço é dedicado nacional e internacionalmente, por diversas entidades, privadas ou não, no sentido de padronizar as especificações de produtos industriais, especialmente os materiais.

Aços e ligas especiais têm sido classificados de diferentes maneiras. São métodos usuais de classificação:

- Classificação baseada em características do aço ou liga. Exemplo: propriedades mecânicas, composição química etc.
- Classificação baseada no emprego do aço ou liga. Exemplo: aços para ferramentas, para construção mecânica etc.

Essas classificações não são excludentes, e um dos problemas que se encontra, ao tentar compreendê-las e aplicá-las, decorre da frequente superposição entre as classificações. Dois aspectos importantes devem ser ressaltados. Em primeiro lugar, tais classificações não constituem critérios definitivos e imutáveis e são estabelecidas visando ajudar o processo de seleção. Aços classificados como "para ferramentas", por exemplo, podem ser a melhor solução em determinadas aplicações em peças de equipamentos mecânicos. Em segundo lugar, determinados aços podem estar incluídos, simultaneamente, em mais de uma classificação, em especial quando os critérios de classificação são diferentes: por exemplo, aços baixo-carbono frequentemente são também classificados como "aços para conformação mecânica" ou aços de "alta resistência baixa liga" (ARBL). Além disso, também podem ser classificados como "aços estruturais" ou "aços para caldeiras e vasos de pressão".

Especificações de materiais são, em geral, derivadas do conhecimento acumulado sobre determinado material e sobre o seu comportamento e desempenho. Assim, por exemplo, definida uma determinada combinação promissora de composição química e estrutura para determinado material, determinam-se o seu comportamento e desempenho por meio de um processo mais ou menos longo de caracterização do material.

Propriedades mecânicas e tecnológicas, resistência à corrosão etc. são determinadas em função das aplicações contempladas. Conhecidas tais propriedades para diversas ligas, o engenheiro de projeto pode selecionar, em função da aplicação em vista, o material mais adequado. Naturalmente, para definir os critérios de aceitação na compra do material, um escopo de testes e exames mais limitado do que o empregado na caracterização é estabelecido pela especificação do material.

É importante ter em mente, entretanto, que as propriedades e características apresentadas em manuais e especificações são médias sobre universos de amostras amplas, sendo sempre recomendável um contato com o produtor de aço para definir, com maior exatidão, o que se pode esperar do material produzido segundo determinada especificação. Normalmente, o fabricante fornecerá um julgamento equilibrado sobre o comportamento do material selecionado pelo projetista e poderá, inclusive, opinar quanto à possibilidade de o aço ter suas propriedades em uma faixa mais estreita que a citada nos manuais. Também pode fornecer garantias sobre propriedades ou características não constantes da especificação. No entanto, normalmente o material é garantido apenas no que tange à especificação segundo a qual foi comprado.

Entre as propriedades que podem ser especificadas para um aço ou liga, além das características dimensionais (forma, dimensões e tolerâncias), estão:

- composição química;
- propriedades mecânicas e/ou tecnológicas;
- tamanho de grão;
- temperabilidade;
- nível de inclusões não-metálicas;
- tenacidade a fratura ou resistência ao impacto; e
- propriedades físicas.

Entretanto, como o custo do material varia diretamente com o número de propriedades especificadas, uma determinada especificação deve ser aceitável economicamente, tanto para o fornecedor como para o cliente. Além disso, há diversas falhas que podem estar presentes em uma especificação:

- Ser muito geral – causando aceitação de material inferior ao desejado.
- Ser muito restritiva – causando a recusa de material que seria adequado para a aplicação.
- Ser baseada em critérios impróprios ou inadequados – por exemplo, especificar a composição química quando o que se deseja, realmente, é a garantia de propriedades mecânicas, ou estabelecer critérios rigorosos para as propriedades mecânicas para um material, cuja principal característica necessária na aplicação é a resistência à corrosão.
- Ser impraticável, por exigir material ideal – por exemplo, especificar ausência total de fósforo e enxofre no aço, ou especificar isenção completa de inclusões não-metálicas.

É importante, então, que o projetista tenha um espírito permanentemente crítico, perguntando-se sempre se está especificando realmente o que é importante, se não está sendo excessivamente restritivo, encarecendo o produto; em suma, se está sendo razoável.

6.2 SELEÇÃO DE MATERIAIS

A seleção de materiais é uma das tarefas mais complexas na engenharia.

Normalmente, para cada aplicação, há um conjunto de requisitos de desempenho que o material deve satisfazer. Nem sempre esses requisitos de desempenho se traduzem claramente em propriedades mensuráveis. Parte da complexidade da seleção de materiais está em traduzir esses requisitos de desempenho nas condições de trabalho em características desejadas do material (isto é, propriedades mensuráveis). Além disso, nem sempre as propriedades mensuráveis são adequadas para testes de controle da qualidade. Assim, adicionalmente, é necessário traduzi-las em propriedades controláveis por meio de ensaios ou testes exequíveis para o controle da qualidade (testes de aceitação estabelecidos na especificação do material).

Há excelentes textos sobre a seleção de materiais e o leitor é encorajado a consulta-los (p. ex.: [1]).

Uma limitação usual no processo de seleção de um material é que a adequação ao uso deve ser obtida a custo mínimo. Assim, exceto nos casos extremamente simples ou em aplicações muito bem conhecidas, a seleção de um material para uma dada aplicação deve ser um processo iterativo.

No processo de seleção, busca-se correlacionar parâmetros de desempenho (ou propriedades cuja medida é mais difícil ou cara) com características mais facilmente controláveis dos materiais pré-selecionados para a aplicação (como dureza, resistência à tração etc.) até se encontrar um material otimizado para a aplicação.

Uma vez selecionado o material, seu fornecimento pode ser controlado por meio desses ensaios tecnológicos, com os requisitos definidos durante o processo iterativo de homologação.

Essas sistemáticas de homologação e qualificação de materiais são rotineiras em aplicações que se relacionam com a segurança de pessoas, tais como vasos de pressão, caldeiras, aeronaves etc. [2].

Adicionalmente, desde o final do século passado, aspectos ambientais têm sido considerados na seleção de materiais. Ciclo de vida, impacto ambiental, "pegada" (*footprint*) de carbono, por exemplo, são alguns dos aspectos cada vez mais relevantes, especialmente na seleção de itens para a produção seriada [3,4].

6.3 SELEÇÃO DE AÇOS

Há quase um século, os aços são os materiais industriais mais amplamente empregados. A Figura 6.1 mostra o valor e a quantidade da produção de diferentes materiais em anos recentes. O papel de destaque do aço é evidente. Possivelmente, o principal fator que levou o aço a ocupar este papel preponderante na engenharia é o amplo espectro de propriedades e características de desempenho que pode ser obtido a custos baixos, especialmente em decorrência da disponibilidade do ferro na crosta terrestre e da extrema otimização dos processos de fabricação do aço (ver Capítulo 8). Por outro lado, o impacto ambiental do aço é limitado por ser altamente reciclável, ter uma pegada de carbono relativamente baixa e um conteúdo energético moderado. Ainda assim, a busca pela maior reciclagem e por processos de menor uso de carbono é constante no desenvolvimento do processamento dos aços (ver Capítulo 8).

Modernamente, os fatores ambientais (ecopropriedades, Tabela 6.1), incluindo a análise do ciclo de vida, são necessariamente incorporados na seleção adequada de um material [3].

O aço é um material em constante evolução, e os padrões de qualidade, bem como os níveis de propriedades que podem ser atingidos hoje com aços convencionais, superam, em muito, as características de aços que eram considerados "especiais" há poucas décadas. O processo de seleção de aços para determinada aplicação deve levar em conta, então, não somente as propriedades dos aços presentemente disponíveis em comparação com os materiais alternativos, como as tendências de desenvolvimento na própria indústria do aço. A seleção é, portanto, um processo dinâmico e deve ser revisto, periodicamente, se os melhores resultados são desejados.

6.4 AÇOS BAIXO CARBONO PARA CONFORMAÇÃO MECÂNICA

Uma parcela significativa da produção de aços se destina, presentemente, a produtos planos (folhas, tiras ou chapas) destinados à conformação mecânica antes da aplicação, como embalagens de alimentos, bebidas, painéis de carroceria de automóveis etc. Dois aspectos são fundamentais na seleção de aços para essas aplicações: custo e formabilidade. A melhor combinação de custo baixo e elevada formabilidade é obtida com

Tabela 6.1 Ecopropriedades de alguns materiais comparados com o aço. Adaptada de [3]

Material	Fração reciclada média no material em uso atualmente (%)	Energia incorporada no material virgem (MJ/kg)	Energia incorporada no material reciclado (MJ/kg)	Pegada de carbono ($kg\ CO_2$ equivalente/kg)	
				Virgem	Reciclagem
Alumínio	36	210	26	12	2 (Média para latas com 42% reciclado 7,7)
Aço	42	26,5	7,3	1,8	0,57 (Média com 42% reciclado 1,23)
Cobre	42	58	13,5	3,7	0,9
PET	21	85	39	4	2,6
PP	5	74	50	3	2-2,2
Vidro	24	10,5	8,2	0,76	
Papel	72	45	20	1,1	0,75

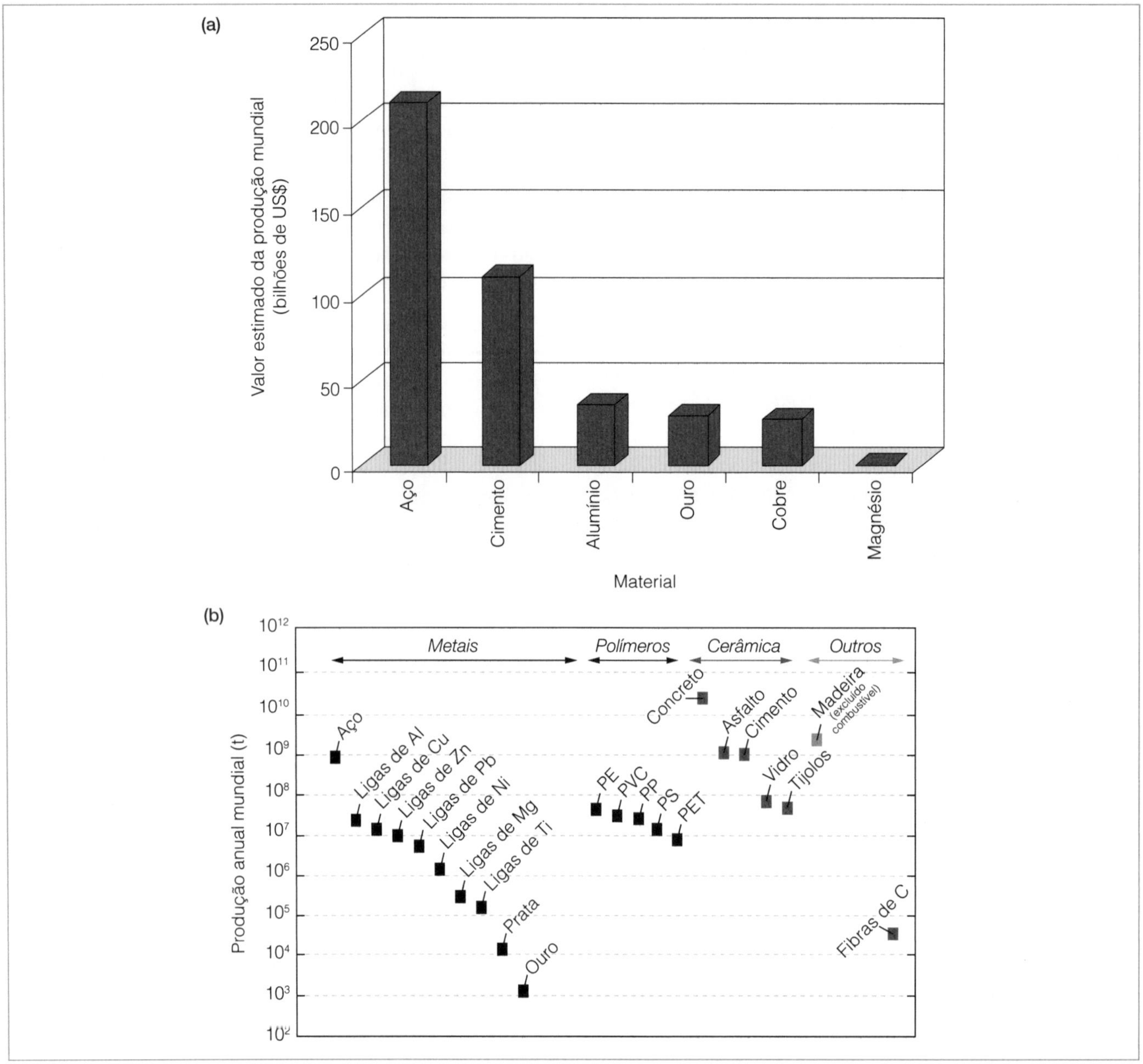

Figura 6.1 (a) Valor da produção mundial (em bilhões de dólares americanos, em 2000) de vários materiais estruturais. Dados de [5]. (b) Quantidade (em toneladas métricas em 2006) de alguns dos materiais mais importantes na engenharia. O gráfico em (b) usa a escala logarítmica, para acomodar os vários materiais em um só gráfico. A produção de aço, por exemplo, é 1 milhão de vezes maior que a de ouro. Adaptada de [3].

aços de baixo ou de ultrabaixo carbono, laminados a frio e recozidos. Essa é a seleção adotada para a maior parte das embalagens de aço, em que, além daquelas características, excelente acabamento superficial e rígida tolerância dimensional são requeridos. Naturalmente, a laminação a frio introduz custos adicionais e limita a maior espessura de produto disponível. Há um esforço de desenvolvimento considerável na obtenção de melhores propriedades de conformabilidade e calibração dimensional na laminação a quente, ocorrendo forte competição entre esses processos para diversas aplicações na faixa de espessuras em torno de 2 mm. Essas aplicações têm o alumínio e os polímeros como os principais competidores do aço.

Para cada aplicação, entretanto, além da formabilidade, outros fatores têm maior ou menor importância na seleção e especificação dos aços a empregar. A Tabela 6.2 lista alguns exemplos de aplicações e fatores importantes a serem considerados, adicionalmente, na seleção e especificação destes aços. Como, em geral, trata-se de aplicações de elevado consumo, os aços podem ser otimizados para cada aplicação específica (apenas a Inglaterra, por exemplo, consumiu, no ano 2000, cerca de 3,5 bilhões de latas de bebida de aço).

Tabela 6.2 Relação entre características importantes e fatores na seleção e especificação de aços baixo carbono para conformação, além do custo e da formabilidade

Característica	Fator importante na seleção
Conformação em pequenas espessuras (latas de bebida, grade de cinescópios de monitores e televisores etc.).	Tamanho e quantidade de inclusões não-metálicas, que podem levar à ruptura durante a conformação ou corte.
Necessidade de resistir a esforços mecânicos (peças expostas de carroceria de automóvel, sujeitas a pequenos impactos, por exemplo).	Resistência mecânica.
Acabamento superficial de elevada qualidade "estética" (embalagens, peças expostas de carroceria de automóvel etc.).	Deformação uniforme, ausência de escoamento nítido.

A combinação dessas propriedades com custo baixo representa um desafio considerável para a indústria siderúrgica. Os aços empregados para essas aplicações envolvendo laminação a frio são, em geral, aços de baixo carbono (até 0,05%), de microestrutura predominantemente ferrítica à temperatura ambiente.[1]

A formabilidade é uma propriedade de difícil caracterização, em especial porque a capacidade do aço se deformar, sem sofrer deformação localizada ou romper, depende significativamente do estado de tensões aplicado. Assim, por exemplo, operações de conformação que envolvem tração em duas direções são mais rigorosas do que aquelas em que só se aplica tração em uma direção. Classicamente, as variáveis empregadas na seleção dos aços sob o aspecto de formabilidade são:

a) alongamento total (ε_T medido no ensaio de tração, ver Capítulo 11);

b) coeficiente de encruamento (n); derivado da relação entre tensão e deformação reais (ver Capítulo 11); e

c) coeficiente de anisotropia da deformação plástica (r).

Testes tecnológicos têm também uso frequente na caracterização da formabilidade, embora em muitos casos sua correlação com o desempenho na conformação se faça de forma empírica. Exemplo comum é o teste de embutimento pelo método de Erichsen [6].

Além disso, outras ferramentas modernas de caracterização vêm sendo empregadas, tais como curvas-limite de deformação, por exemplo, mas dificilmente estão incluídas em especificações ou normas de aços para conformação. Estas técnicas são extremamente úteis quando acopladas à análise mais detalhadas (p. ex.: por elementos finitos) do processo de conformação [7].

O alongamento total ε_T é uma medida geral da ductilidade do material, em tensão uniaxial. O coeficiente de encruamento dá uma informação sobre a capacidade do material de redistribuir a deformação de forma uniforme à medida que a conformação ocorre. Por fim, uma das propriedades mais importantes associadas à conformação de produtos planos é a anisotropia da deformação.

Embora a deformação plástica ocorra com conservação de volume, é fundamental conhecer quais dimensões se alteram quando uma determinada tensão de conformação é aplicada em um material. Duas importantes manifestações da anisotropia de deformação plástica são o "orelhamento" nas operações de embutimento (Figura 6.2) e a redução da espessura. O "orelhamento", associado à anisotropia entre as direções longitudinal e transversal da chapa, produz desperdício por rebarba e limita a possibilidade de pintura antes da conformação. Por outro lado, a redução de espessura, associada à anisotropia entre as direções longitudinal e normal, implica a necessidade de uso de chapa mais espessa para garantir determinada espessura final na peça conformada, aumentando o peso e reduzindo a economicidade. A anisotropia da deformação plástica é controlada pela textura cristalográfica, como mostrado esquematicamente nas Figura 6.3 e Figura 6.4.

Figura 6.2 "Orelhamento" em copo conformado a partir de disco circular. A anisotropia da deformação leva à não uniformidade da altura do corpo.

1 Todas as composições químicas são expressas em % em massa, exceto se indicado de outra forma.

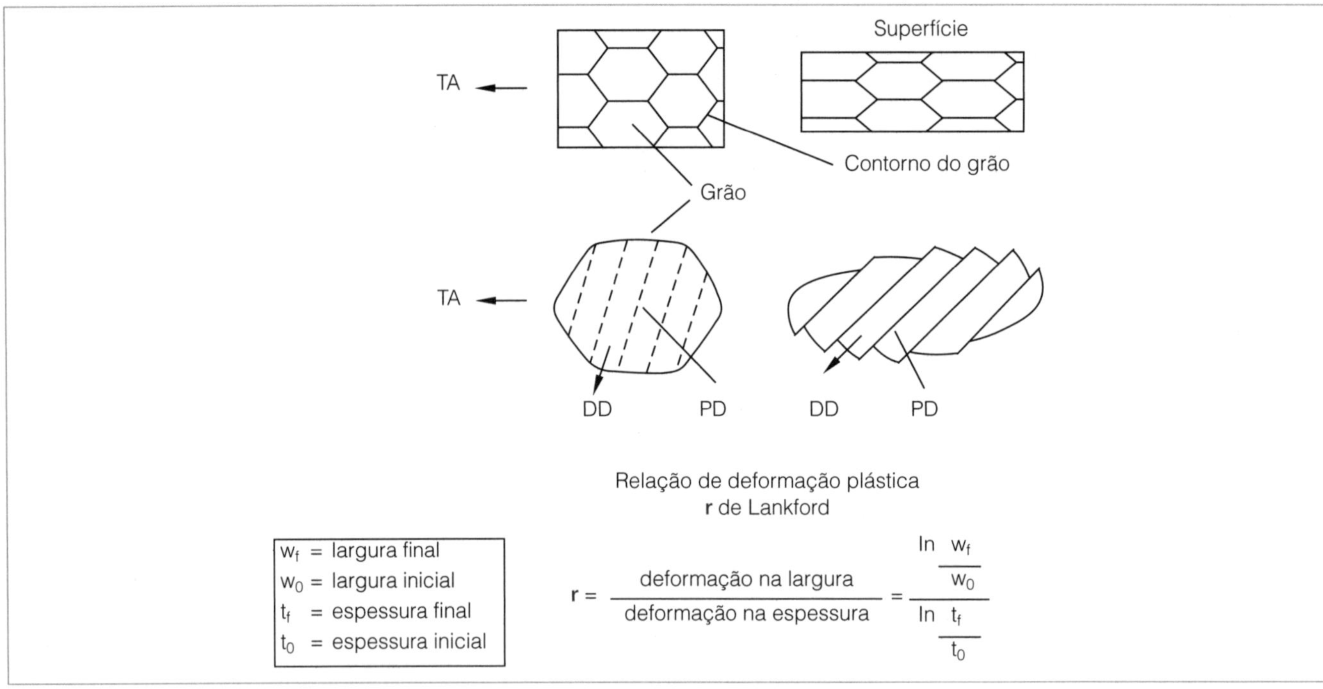

Figura 6.3 A orientação dos planos de deslizamento (PD) e das direções de deslizamento (DD) atuantes, quando o material é submetido à tensão axial (TA), definirá a anisotropia da deformação, como mostra a Figura 6.4.

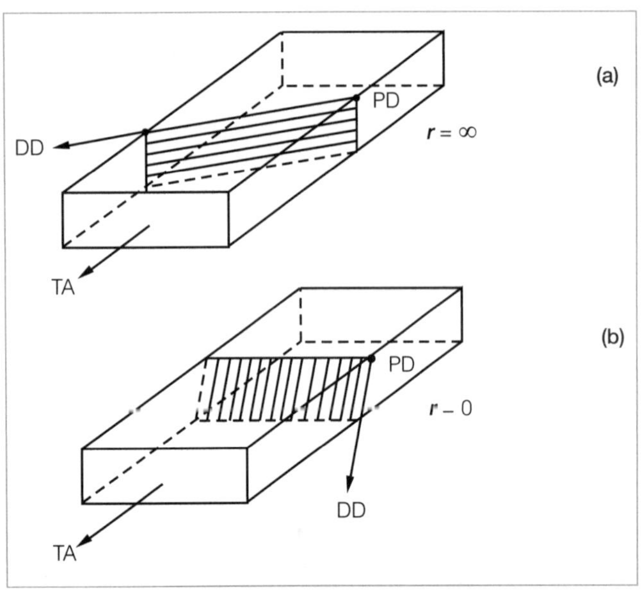

Figura 6.4 Dois casos-limite de anisotropia na deformação plástica, supondo apenas um sistema de deslizamento ativo (caracterizado por DD e PD). Em (a), o material sofre redução de largura e nenhuma redução de espessura. Em (b), ocorre redução de espessura sem redução de largura. Aços reais têm r entre 0 e 3, em função da orientação predominante de seus grãos (textura cristalográfica) (uma analogia, para facilitar a visualização, é imaginar um baralho, em cada caso posicionado com as cartas deslizando de uma das duas formas).

Contribuem para a obtenção de uma textura adequada à conformação: baixos teores de carbono em solução, suficiente deformação antes do recozimento, precipitação de nitreto de alumínio, entre outros fatores. Assim, as melhores propriedades de formabilidade são obtidas em material laminado a frio, seguido de recozimento [8-10].

O escoamento nítido no ensaio de tração está associado a deformação não uniforme. A teoria mais bem aceita é que o escoamento nítido decorre da separação das discordâncias das atmosferas de Cottrell [11], intersticiais que se localizam, preferencialmente, nas regiões com tensões trativas ("expandidas") no pé das discordâncias.

Para eliminar a ocorrência de escoamento nítido, associado à presença de elementos intersticiais em solução (carbono e nitrogênio), existem duas técnicas clássicas:

a) A precipitação de compostos que retirem os intersticiais de solução sólida (normalmente cementita – Fe_3C e nitreto de alumínio – AlN).

b) A realização de uma pequena deformação plástica antes da conformação, ultrapassando o limite de escoamento nítido.

Enquanto o primeiro método requer cuidadosos ciclos de tratamento térmico (recozimento) e ajuste rigoroso da composição química, o segundo método não tem efeito permanente, pois, mesmo à temperatura ambiente, os intersticiais se difundem, restaurando o escoamento nítido ao fim de alguns dias à temperatura ambiente.

A partir da década de 1970, passaram a ser comercializados os chamados aços IF (*Interstitial Free*), com teores de carbono e nitrogênio na faixa de 20 a 30 ppm (0,002-0,003%) máximos e com adições de elementos formadores de carbonetos e nitretos, tais como titânio e nióbio. Estes aços podem ser produzidos com tratamentos térmicos mais rápidos, encurtando o ciclo de produção na usina. No entanto, requerem descarburação a vácuo (ver Capítulo 9), o que representa um aumento do custo de processamento na aciaria. Como os teores de carbono são extremamente baixos, esses aços podem apresentar resistência muito baixa para diversas aplicações. A alternativa, nesse caso, são aços IF ligados, principalmente endurecidos ao fósforo [12], com adiçao de boro para prevenir a fragilização [13,14].

Produzir um aço adequado à conformação envolve, portanto: a) obtenção da textura adequada ao controle da anisotropia; e b) a eliminação do escoamento nítido, com o nível de resistência eventualmente desejado pelo cliente. Isso depende de harmonização entre composição química, parâmetros e condições da laminação a quente, parâmetros da laminação a frio e parâmetros e condições do tratamento de recozimento. Diferentes graus de conformabilidade podem ser obtidos, é evidente. Adicionalmente, as inclusões não-metálicas têm efeito na conformabilidade, como discutido no Capítulo 10.

Em geral, a seleção desses aços é baseada nas propriedades de conformação e na resistência mecânica, sendo a composição química e o processamento ajustados pelo produtor. A composição química é ajustada pelo fabricante do aço, dentro de limites bastante amplos fornecidos pelas normas. A conformabilidade, em geral, melhora com baixos (ou ultrabaixos) teores de intersticiais (C e N), sua remoção de solução através de precipitação, com a diminuição dos elementos endurecedores da ferrita, com a produção de uma textura cristalográfica adequada e com tamanho de grão controlado. Em geral, são aços acalmados ao alumínio, sem adição de Si e adições baixas a moderadas de Mn.

A norma brasileira de aços laminados a frio para estampagem (NBR 5915, partes 1, 2 e 3) [15] define diferentes graus de aço, em função da severidade de conformação. A norma alemã SEW 094 e a norma europeia EN 10130 são semelhantes. De forma geral, essas normas classificam os materiais quanto à severidade de estampagem a que podem ser submetidos. A norma ASTM A1008 [16] classifica os graus para conformação em comercial (CS), aço para embutimento (DS, *drawing steel*), aço para embutimento profundo (DDS, *deep drawing steel*) e aço para embutimento extra profundo (EDDS); em geral, para cada grau são especificadas propriedades mecânicas mínimas, incluindo coeficiente de anisotropia e coeficiente de encruamento (em ensaio tensão-deformação real). No caso da norma ASTM, estas propriedades não são mandatórias, são apenas orientativas. A norma NBR5915 parte 2, em sua edição de 2013, alterou os graus para conformação, estabelecendo os seguintes graus

a) estampagem média (EM);
b) estampagem profunda (EP);
c) estampagem extraprofunda (EEP), graus 1 (antigo EEP), 2 (antigo EEP-PC), 3 (antigo EEP-IF) e 4.

As propriedades estabelecidas para cada grau da NBR 5915 parte 2 estão apresentadas na Figura 6.5.

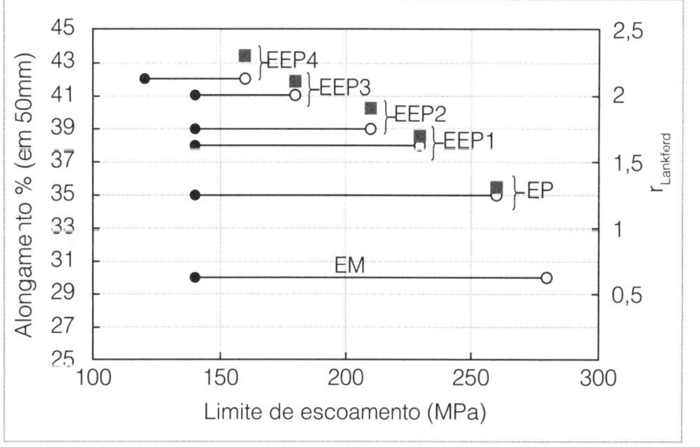

Figura 6.5 Propriedades especificadas para os diferentes graus dos aços da NBR 5915 parte 2. Limite de escoamento mínimo e máximo, alongamento mínimo (o,•), coeficiente de anisotropia mínimo (▪). Para o grau EM não é especificado um mínimo para o coeficiente de anisotropia.

Os diversos fabricantes desenvolvem, constantemente, aços com melhores propriedades de estampabilidade, visando atender a peças especiais. Isso é muito comum em peças para a indústria automobilística. É interessante observar que os aços de melhor formabilidade tendem a ter limites de escoamento muito baixo. Isso é especialmente problemático para peças como painéis de portas e capuz do motor, que precisam resistir a mossas durante seu emprego. Alguns aços de elevada conformabilidade têm a possibilidade de "envelhecer", retomando o escoamento nítido e aumentando em até 30 MPa o limite de escoamento, quando são submetidos às temperaturas da estufa de pintura da linha de fabricação dos automóveis. São os chamados aços "bake-hardening" [17,18], endurecidos em estufa, em português [19]. Esses aços exigem um rigoroso balanço entre os teores de elementos intersticiais e estabilizadores, como Nb e Ti e um processamento cuidadoso, para que o endurecimento esperado aconteça ao final da fabricação [20].

Para determinados graus, a garantia das propriedades é por um tempo definido, em vista dos possíveis efeitos de envelhecimento.

Apesar de diversos testes terem sido desenvolvidos para determinar o grau de estampabilidade aceitável pelo material (p. ex.: testes de copo Olsen, Erichsen), é bastante difícil correlacionar a severidade dos testes com a severidade da operação. Tradicionalmente, a seleção desses aços se fazia com base na experiência do projetista com peças semelhantes, sob o aspecto de deformação, seguido de testes práticos (com ferramental real) para otimizar a seleção. Esse método empírico frequentemente conduzia a fracassos ou ineficiência por: a) emprego de aço melhor (e mais caro) do que o necessário; ou b) necessidade de reprojeto de ferramental para reduzir a severidade de conformação. Presentemente, com o advento dos programas de modelamento por elementos finitos, é possível simular o comportamento do material e das ferramentas de conformação, de modo a reduzir significativamente a margem de erro na seleção de aços para tais aplicações. Uma ferramenta complementar são os Diagramas-Limite de Conformação, que vêm também permitindo uma análise mais sistemática dessas operações e uma melhor caracterização do comportamento do material.

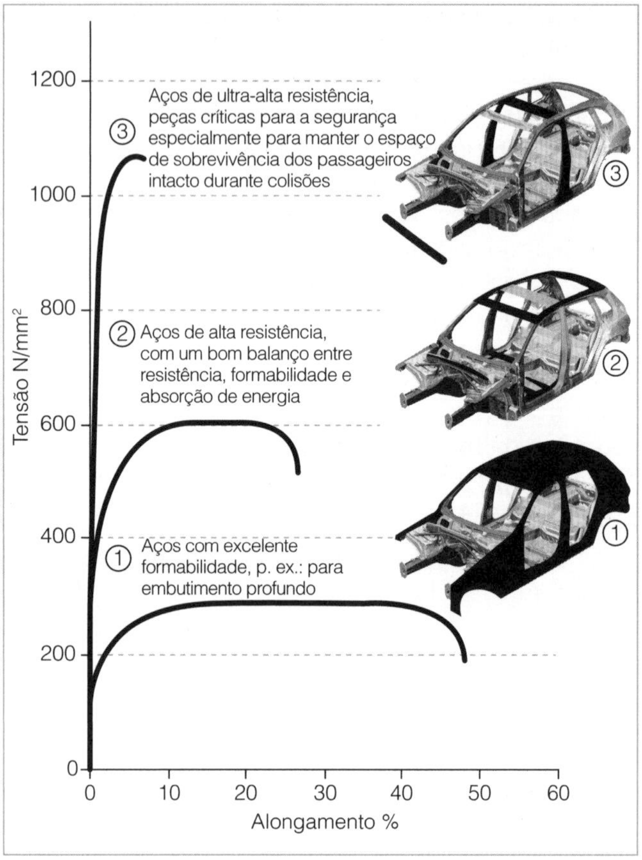

Figura 6.6 Curvas tensão (em MPa) deformação (em %) de diferentes aços para diferentes aplicações em um automóvel econômico e seguro. Para fins da Figura, simplificou-se em três níveis de resistência, apenas. Adaptada de [7] e [21].

6.5 AÇOS ESTRUTURAIS

Uma importante parte do desenvolvimento dos aços para conformação mecânica e estruturais tem se dado, ao menos nas últimas cinco décadas, visando aplicações automotivas, embora estes aços encontrem aplicações diversas, desde embalagens até vasos de pressão. Assim, discutir o desenvolvimento dos aços estruturais e para conformação mecânica aplicados na indústria automotiva é bastante proveitoso e geral.

Na indústria automobilística, aços com conformabilidade muito elevadas são empregados normalmente, nas partes expostas, ou de "fechamento" da estrutura. Para se obter estas elevadas conformabilidades, em geral, a resistência mecânica e a capacidade de absorver energia em impacto são comprometidas. Nas décadas recentes, os aços para a indústria automobilística têm sido desenvolvidos buscando a redução de peso, para fins de economia de combustível e menor impacto ambiental, conformabilidade, para simplificação da fabricação e aspectos estéticos e energia absorvida no impacto, para a segurança dos passageiros. A Figura 6.6 apresenta uma idealização dos aços empregados na construção de um automóvel econômico e seguro.

Uma alternativa interessante ao simples aumento de resistência do aço, para veículos, é o uso de elevados teores de Al e Mn, que podem reduzir a densidade do aço para valores inferiores a 7 g/cm^3, com propriedades mecânicas interessantes [22,23].

À medida que a exigência de conformabilidade é reduzida, outros caminhos de processamento e outras alternativas de composição química se tornam viáveis, além da combinação dos aços de baixo e ultrabaixo carbono e laminação a frio. Convencionou-se chamar os aços mais complexos desenvolvidos nas últimas décadas de *Advanced High Strength Steels* (AHSS). Conforme os anos passam, entretanto, alguns desses aços vão deixando a categoria de AHSS e passando "apenas" a HSS. Ao mesmo tempo, novas combinações de estrutura e composição química vão sendo desenvolvidas. Convencionou-se, também, chamar as famílias desenvolvidas, cronologicamente, de "gerações". Ao entrar na década de 2020, o mundo busca a "terceira geração" de aços AHSS. É importante observar que o conceito de AHSS é muito amplo e inclui, por exemplo, os aços de alta resistência e baixa liga (ARBL ou HSLA) empregados também extensamente em estruturas e vasos de pressão, sobretudo em espessuras maiores do que as usadas na indústria automotiva.

Para produtos destinados a aplicações em que a resistência mecânica é crítica, como as partes estruturais de um automóvel, novos aços têm sido desenvolvidos nas últimas décadas por meio do rigoroso controle da combinação de composição química e processamento termomecânico. A Figura 6.7 mostra as faixas de propriedade e aplicações cobertas pelas diferentes famílias de aços nessas aplicações. A nomenclatura das famílias é, em alguns casos, baseada na composição química e, em outros, na microestrutura. A evolução das famílias criou esta nomenclatura relativamente complexa.

Possivelmente o primeiro desenvolvimento notável, a partir dos aços C-Mn e dos aços para conformação mecânica, foram os aços ARBL a partir da década de 1960.

6.5.1 AÇOS DE ALTA RESISTÊNCIA E BAIXA LIGA (ARBL)

A classificação de aços como de Alta Resistência e Baixa Liga é bastante genérica e, frequentemente, conduz a mal-entendidos.

Há uma superposição natural entre o conceito de aços ARBL e classificações baseadas no emprego, isto é, aços ARBL são empregados como aços estruturais, aços para indústria automobilística, aços para tubulações, vasos de pressão etc.

Evidentemente, todas as classificações ou agrupamentos podem ser úteis dentro de determinadas condições; é importante, entretanto, não se deixar confundir pelas diversas nomenclaturas, pois, assim como o próprio "nome" dado ao aço, elas não podem alterar suas propriedades e características. Estas decorrem, fundamentalmente, de sua composição química, processamento e, consequentemente, da estrutura (macro e micro), e não dependem da "etiqueta" que se coloca no produto.

Os desenvolvimentos na tecnologia dos aços ARBL (ou HSLA, em inglês) foram baseados, em sua maioria, na compreensão da correlação entre propriedades-estrutura-processamento.

Historicamente, pontos notáveis da evolução desses aços, segundo Pickering [24,25], são: inicialmente, o projeto de estruturas era baseado no limite de ruptura e o carbono era o principal elemento de liga. Apesar do baixo custo, tenacidade e soldabilidade eram baixas. O advento da soldagem exigiu a redução do teor de carbono. Para manter a resistência, o teor de manganês foi aumentado. Falhas catastróficas de estruturas soldadas levaram ao reconhecimento da importância do controle da tenacidade. Ao mesmo tempo, os critérios de projeto passaram a dar mais importância ao limite de escoamento. O teor de carbono foi reduzido ainda mais, mantendo-se o teor de manganês elevado. A importância do tamanho de grão na resistência e na tenacidade foi reconhecida.

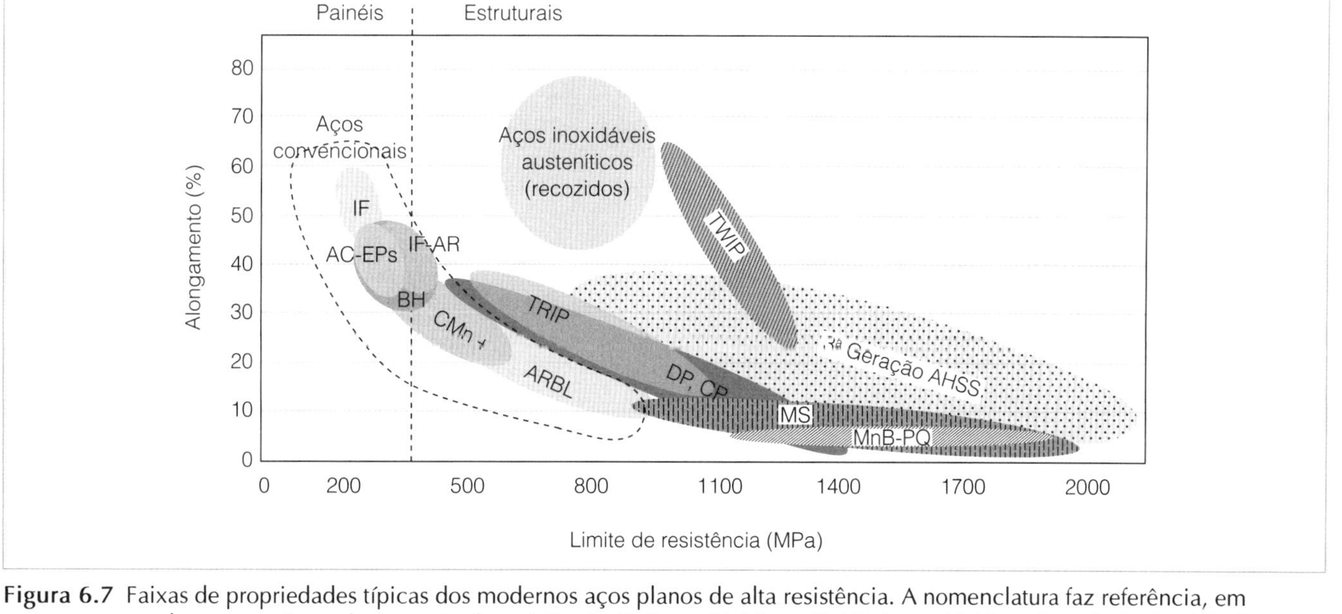

Figura 6.7 Faixas de propriedades típicas dos modernos aços planos de alta resistência. A nomenclatura faz referência, em geral, ao mecanismo de aumento da resistência. IF: Interstitial Free; IF-AR: *interstitial free* alta resistência; AC-EP: aços carbono para estampagem; BH: *bake hardening*; CMn+: aços estruturais ao carbono e manganês, eventualmente com alguma adição de ligas; ARBL: alta resistência baixa liga; TRIP: *transformation induced plasticity*; DP: *dual phase*; CP: complex phase; MS; martensítico; MnB-PQ: aços ligados ao Mn e B para prensagem a quente; TWIP: *twining induced plasticity*.

Aços de grão fino (com AlN precipitado na austenita, por exemplo) foram desenvolvidos. A vantagem associada a essas adições é obtida na condição normalizada. A obtenção dessa vantagem na condição "como laminado" é praticamente impossível com a precipitação de AlN. Limites de escoamento da ordem de 300 MPa e temperaturas de transição abaixo de 0 °C foram obtidos. Estes são os aços C-Mn básicos, com grão fino (acalmados ao Al) (p. ex.: ASTM A36 e A516). Aumentos adicionais do limite de escoamento passaram a ser obtidos nos aços de grão fino, por meio de endurecimento por precipitação (carbonetos de vanádio, nióbio e titânio).

Posteriormente, o reconhecimento de que a redução do tamanho de grão permitia aumentar resistência e tenacidade sem comprometer soldabilidade e ductilidade levou à pesquisa de meios de se obter grãos cada vez mais finos.

Um processo que permita obter, durante a laminação, austenita de grão fino e, eventualmente, encruada, favorece, naturalmente, a nucleação de ferrita no resfriamento e resulta em microestruturas de grão extremamente fino. Para se atingir essas condições, são necessários tratamentos termomecânicos em que deformações significativas são realizadas sob temperaturas inferiores à temperatura de recristalização do material.

Em virtude da baixa temperatura de recristalização dos aços C-Mn, para estes aços isso só é possível com laminadores de potência muito elevada, capazes de deformar significativamente a austenita a temperaturas relativamente baixas [9,26] (p. ex.: 20 a 30% de deformação abaixo de 900 °C em 3 a 6 passes de laminação [9]). Uma alternativa é o uso de elementos microligantes, como o nióbio, que, dissolvidos na austenita ou precipitados como carbonitretos, aumentam a temperatura de recristalização e retardam o crescimento do grão austenítico [25,27] (ver Capítulo 5).

Tais tratamentos termomecânicos permitem o aproveitamento máximo dos elementos de liga e microliga (especialmente Nb e Ti) que, corretamente empregados, conduzem a excelentes combinações de propriedades mecânicas e tecnológicas [28,29]. Aços assim produzidos vêm sendo extensivamente utilizados em diversas aplicações, como tubulações (oleodutos, gaseodutos), construção naval, vasos de pressão etc. [9,30-32]. A Figura 6.8 apresenta, esquematicamente, as alterações estruturais que causam a formação de grãos ferríticos finos nos aços submetidos à laminação controlada. Para que a austenita tenha este comportamento a temperaturas compatíveis com os laminadores atuais, a presença de Nb como microligante é essencial.

É evidente que essa evolução metalúrgica dos aços estruturais ocorreu e vem ocorrendo visando atender os requisitos descritos anteriormente.

Assim, algumas condicionantes importantes dessa evolução são:

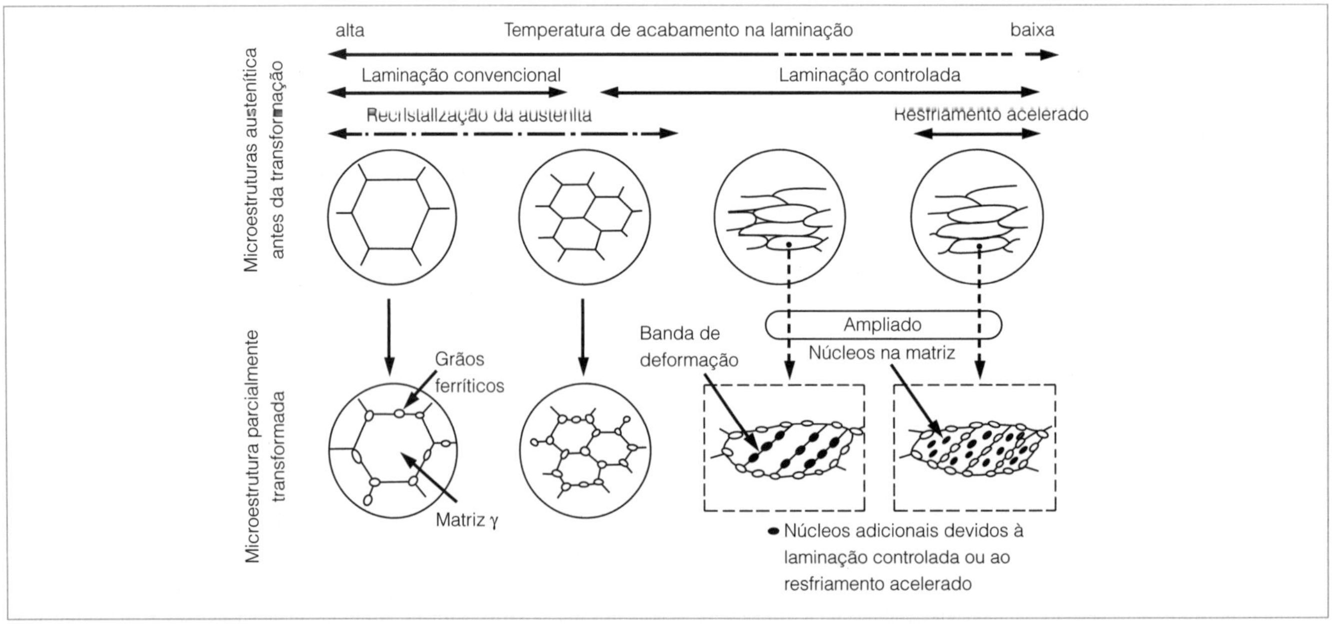

Figura 6.8 Alterações microestruturais durante a laminação. Quando não ocorre recristalização da austenita, obtêm-se grãos austeníticos menores e/ou alongados. A nucleação da ferrita é favorecida nessas condições, resultando em grão ferrítico mais fino no produto da laminação controlada. O resfriamento acelerado, após a laminação, também favorece a formação de grão ferrítico fino.

- Procura de mecanismos capazes de conduzir a um maior refino de grão, uma vez que isso resulta, simultaneamente, em aumento da tenacidade e do limite de escoamento (Figuras 6.9 e 6.10(a) e (b)).
- Melhoria da soldabilidade, por meio de redução do carbono equivalente (que expressa, de forma simplificada, a tendência à formação de martensita e, consequentemente, possibilidade de trincas a frio) e controle da evolução da microestrutura da zona afetada pelo calor (p. ex.: ver [33]), mediante, por exemplo, controle cuidadoso do teor de microligas e do carbono e nitrogênio presentes, capazes de reprecipitar na ZAC (zona afetada pelo calor), reduzindo sua tenacidade.
- Melhoria da tenacidade, de forma geral, e formabilidade, bem como busca da isotropia da ductilidade. O controle da quantidade e forma das inclusões não-metálicas é fundamental nesse aspecto (ver Capítulo 10).

O complexo balanço entre essas várias propriedades e o desejo crescente de aproveitá-las ao máximo, assim como a variedade de modos de atingi-las (do ponto de vista metalúrgico), recomendam que cada aplicação crítica seja discutida antecipadamente com o fabricante do aço, que deve poder aconselhar sobre as melhores condições de emprego e processamento de cada aço.

A conveniência de testes preliminares de qualificação/homologação deve ser aqui ressaltada, especialmente quando se consideram propriedades relativamente subjetivas, como soldabilidade e/ou formabilidade.

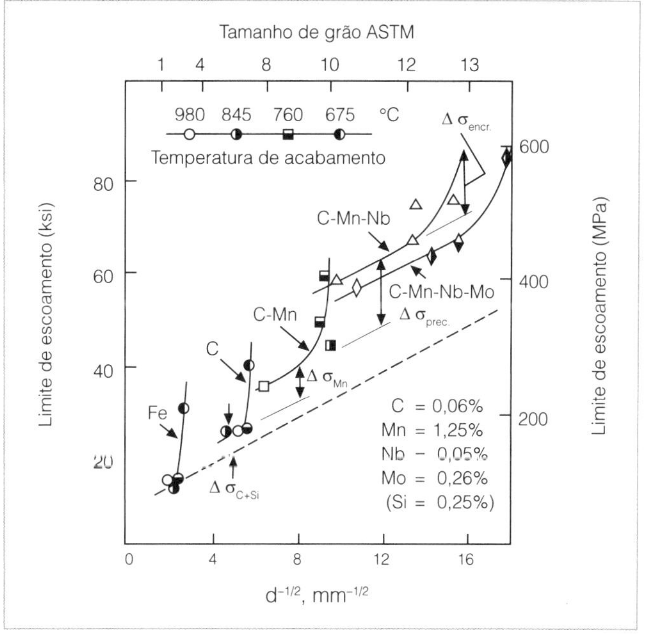

Figura 6.10 (a) Efeito do tamanho de grão sobre o limite de escoamento e o limite de ruptura de aços ARBL laminados a quente. Estão indicados os efeitos adicionais causados por: (i) endurecimento por solução sólida (p. ex.: $\Delta\sigma_{Mn}$); (ii) endurecimento por precipitação ($\Delta\sigma_{Prec.}$); (iii) endurecimento por encruamento ($\Delta\sigma_{encr.}$). A temperatura de acabamento da laminação controlada é também indicada. Adaptada de [34].

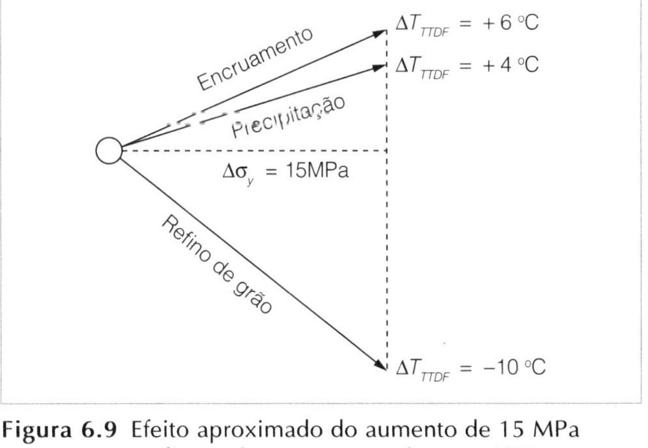

Figura 6.9 Efeito aproximado do aumento de 15 MPa no limite de escoamento de aços ARBL com microestrutura composta de ferrita e perlita sobre a temperatura de transição dúctil-frágil no ensaio de impacto Charpy-V, em função dos diferentes mecanismos de endurecimento disponíveis. Adaptada de [25].

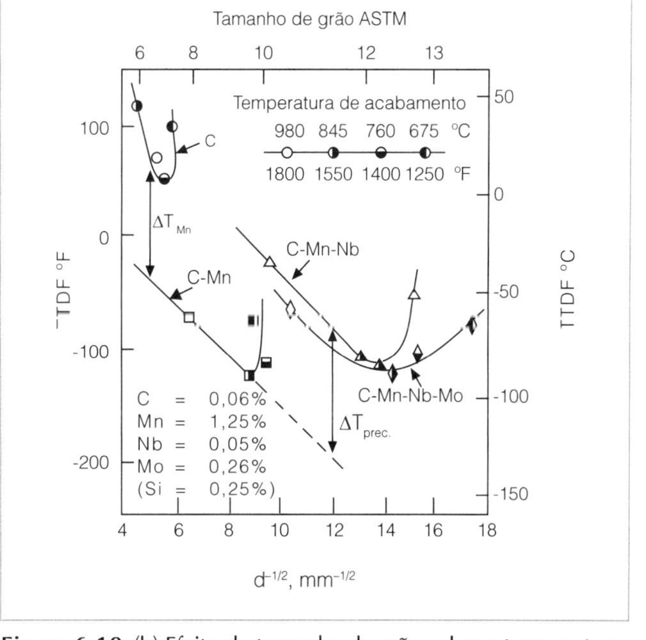

Figura 6.10 (b) Efeito do tamanho de grão sobre a temperatura de transição dúctil-frágil (medida pelo aspecto da fratura, 50% de fratura dúctil [35]) em aços ARBL laminados a quente. A temperatura de acabamento da laminação controlada é também indicada. Adaptada de [34].

6.5.2 AÇOS AHSS

Praticamente todos os aços AHSS partem dos conceitos de controle de grão austenítico na laminação a quente, para depois serem processados e gerar microestruturas mais complexas.

Os aços *dual phase* (DP), *complex phase* (CP) e *transformation induced plasticity* (TRIP) normalmente dependem de um tratamento intercrítico no campo ferrita+austenita. Esse tratamento pode ser realizado no resfriamento ao final da laminação [36]. Frequentemente, o tratamento intercrítico é realizado, entretanto, após a laminação a frio [37]. Esse tratamento intercrítico é muito frequentemente realizado em uma linha de recozimento contínuo e galvanização, de modo que o ciclo térmico envolve aquecimento e resfriamento contínuos, controlados pela velocidade com que o material atravessa a linha e pelas temperaturas estabelecidas em cada forno de cada zona da linha, sujeito à limitação da temperatura adequada para a galvanização.

O tratamento intercrítico cria condições únicas [37]: (a) a partição do carbono entre a ferrita e a austenita, enriquecendo a austenita em carbono, como mostra a Figura 6.11; (b) como os tempos de tratamento intercrítico costumam ser curtos, o teor de solutos substitucionais na austenita não se homogeneíza (Figura 6.12); e (c) a transformação no resfriamento ocorre em condições em que existe uma fração considerável de ferrita e, portanto, interfaces ferrita-austenita que têm efeito sobre a nucleação. Além disso, a deformação a frio antes do tratamento intercrítico tem um efeito significativo no refino da estrutura, ao favorecer a nucleação da austenita e a redistribuição do carbono ao longo de distancias menores, na microestrutura. Assim, a escolha dos parâmetros do tratamento intercrítico gera diversas possibilidades e permite produzir microestruturas com propriedades muito interessantes. O estudo e a compreensão dos efeitos do tratamento intercrítico são, possivelmente os maiores desafios nestas famílias de aços AHSS. Os resultados de Speich et al. [38], e outros [39-42] indicam que a dissolução dos carbonetos na interface entre a ferrita e os carbonetos é rápida e, no aquecimento, é a primeira etapa da austentização.

O crescimento da austenita nas regiões de ferrita pode ser influenciado pela dificuldade em particionar os solutos substitucionais, quando o crescimento "em equilíbrio local, sem partição" (*no partition, local equilibrium* NPLE [43,44]) não é viável. A recristalização da ferrita durante o tratamento intercrítico também pode influenciar a cinética da recristalização.

A Figura 6.13 mostra resultados experimentais e de simulação para dois aços em austenitização isotérmica. É interessante notar que, dependendo da temperatura e composição, a fração de austenita formada se aproxima mais ou menos do equilíbrio, possivelmente pelo mecanismo de crescimento por difusão envolvido, dependendo da possibilidade ou não de crescimento com pouca ou nenhuma redistribuição de solutos substitucionais.

As transformações no resfriamento são mais bem compreendidas, embora o efeito da presença da ferrita e da eventual heterogeneidade da austenita sejam importantes.

Nos aços DP tradicionais, obtinham-se ferrita e martensita [7] ou o constituinte MA (martensita-austenita) [46]. Nos aços *complex phase*, tem-se uma matriz de ferrita-bainita e combinações de bainita, perlita, MA e austenita retida [7]. O projeto dessas ligas é bastante complexo, envolvendo uma interação íntima entre composição química, tratamento termomecânico, laminação a frio e tratamento térmico. Praticamente cada usina desenvolve seus produtos de forma independente. Para fins de comparação de graus, é comum usar a descrição proposta em [7], como mostra a Figura 6.14.

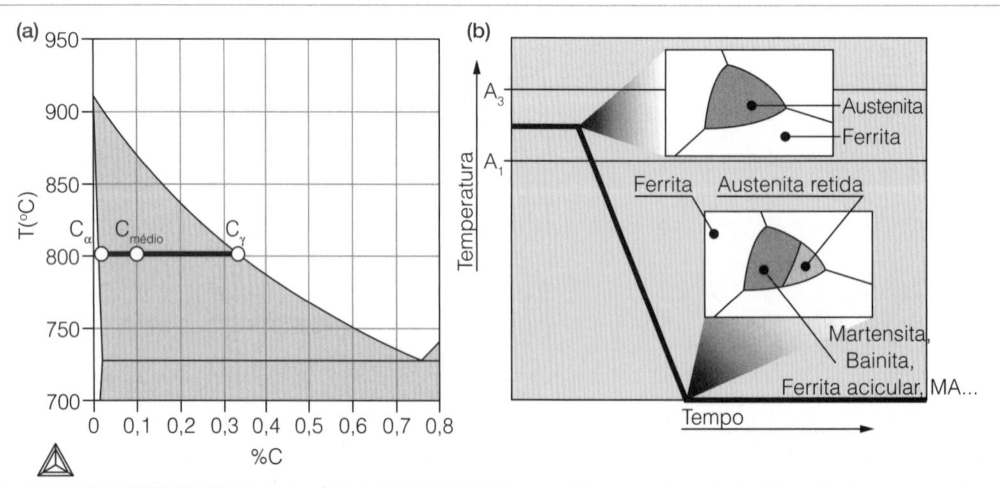

Figura 6.11 No tratamento intercrítico de aços AHSS como DP ou multifásicos, forma-se austenita enriquecida em carbono. (a) Figura mostra a condição de equilíbrio em uma liga Fe-C. (b) No resfriamento, a austenita se transforma, parcialmente, dependendo de sua composição química e condições de resfriamento, podendo restar alguma austenita retida, como mostrado esquematicamente. Adaptada de [41].

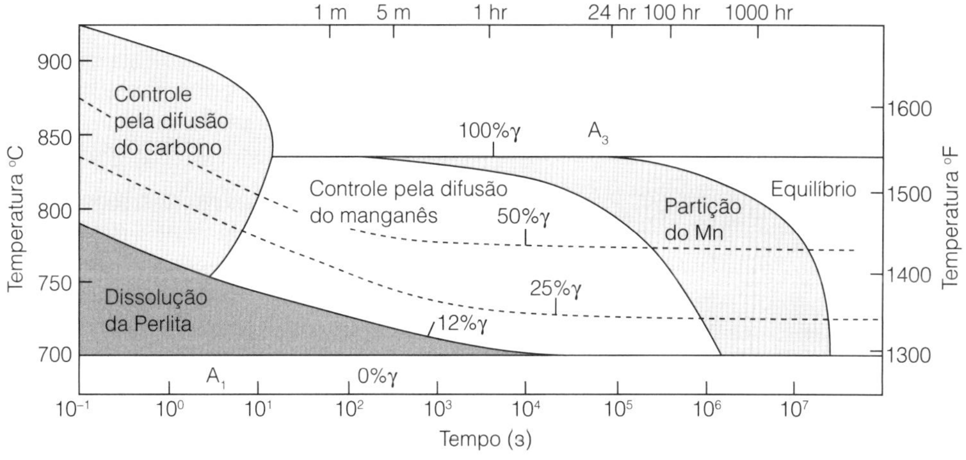

Figura 6.12 Diagrama para a formação da austenita em um aço com 0,12% C e 1,5% Mn. Dependendo da velocidade de aquecimento (ou do tempo a uma temperatura), diferentes processos podem controlar a velocidade com a qual a austenita se forma. Quando o aço é trabalhado a frio antes da austenitização, o tamanho dos carbonetos e seu espaçamento diminuem muito em relação aos dados da Figura e a etapa indicada como "dissolução da perlita" pode ser muito mais curta. Adaptada de [38].

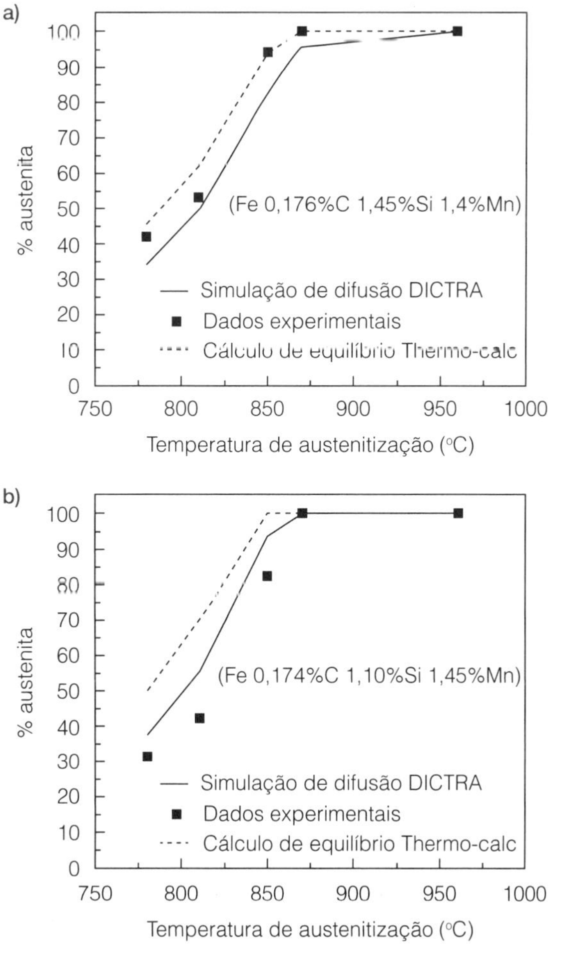

Figura 6.13 Resultados experimentais de austenitização isotérmica de dois aços C-Si-Mn, por 90 s a temperatura de tratamento térmico. A fração austenitizada experimental se aproxima da fração de equilíbrio calculado pelo Thermo-calc para o aço com 0,176% C 1,45% Si e 1,41% Mn, ao passo que é um pouco menor do que a prevista pela transformação controlada por difusão, calculada pelo DICTRA, no segundo caso. Adaptada de [45].

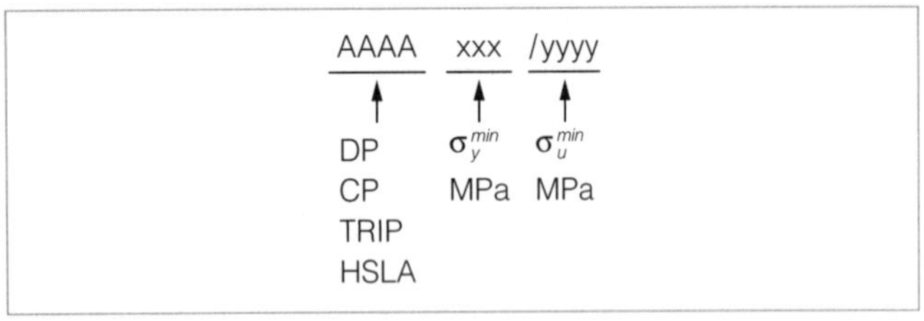

Figura 6.14 Nomenclatura genérica para os aços AHSS mais comuns, adaptada em [7].

Assim, no início do ano de 2020, por exemplo, os aços DP tipicamente variam de DP300/500 até DP880/1180; os aços TRIP, que se aproveitam da transformação de fase da austenita retida para obter ductilidade extra (como alguns aços inoxidáveis, ver Capítulo 7, variam entre TRIP350/600 e TRIP600/980 e os aços *complex phase* entre CP600/900 e CP1050/1470. Para auxiliar no projeto destas ligas, a partição do carbono e a quantidade de austenita formada podem ser inicialmente estimados usando a termodinâmica computacional [45,47,48]. A austenitização pode ser modelada usando modelos de difusão ou modelos empíricos de transformação de fases [49,50]. O modelamento da transformação no resfriamento tem, também, sido feito por modelos empíricos e de difusão. Normalmente o projeto de liga envolve ainda a fabricação e processamento de algumas ligas para otimização dos parâmetros de processo, pois o modelamento depende da medida de algumas variáveis iniciais.

Os aços para a prensagem a quente, MnB-PQ como o 20MnB5, vêm sendo desenvolvido há algumas décadas [51]. Hoje são uma solução extremamente interessante para a indústria automobilística. Reduzem as etapas de processamento tanto na fabricação do aço como na produção das peças. O aço é fornecido em condição recozida, em bobinas. Durante a fabricação, um *blank* é cortado e aquecido, sendo prensado a quente em uma matriz refrigerada à água, em que é conformado e resfria rapidamente, adquirindo sua forma e propriedades finais [52,53]. A conformação é feita no campo austenítico, de modo que a formabilidade é muito boa. Presentemente, é possível prensar aços revestidos ao alumínio e ligas Al-Zn. Esses aços têm sido bastante empregados em colunas estruturais de automóveis e outras aplicações em que a alta resistência é importante.

6.5.3 AÇOS ESTRUTURAIS, PARA CALDEIRAS, VASOS DE PRESSÃO E TUBULAÇÕES

Aços estruturais são, basicamente, os vergalhões para reforço de concreto, barras (normalmente em aplicações estáticas), bem como tubos, chapas e perfis para aplicações estruturais. A principal diferença em relação aos principais aços AHSS discutidos anteriormente é ligada ao fato de que, para grande parte das aplicações estruturais, são necessárias espessuras maiores do que as usadas na estrutura de um veículo. As maiores espessuras dificultam ou impossibilitam o emprego de algumas estratégias de processamento empregadas para os AHSS.

Uma grande parte dos aços empregados para a fabricação de equipamentos industriais, tais como caldeiras, vasos de pressão e tubulações, é equivalente aos aços estruturais, especialmente para aplicações a temperaturas inferiores a 350 °C, quando a fluência não é uma propriedade determinante na seleção. Por esse motivo, é conveniente discutir aqui a seleção desses materiais. Uma observação importante, entretanto, diz respeito aos materiais permitidos para vasos de pressão, caldeiras e tubulações. Em função do risco de acidentes graves com equipamentos pressurizados, existe, há mais de um século, forte regulamentação sobre o tema (p. ex.: [54]). Assim, esses equipamentos são projetados com base em códigos, em que a escolha do material, tensões admissíveis e demais condições de operação são harmonizadas com vistas à segurança. O código ASME, por exemplo, estabelece em sua seção II os materiais permitidos e as tensões admissíveis (Seção II, Parte D). Em 1992, o código ASME passou a aceitar, também, materiais descritos por especificações emitidas por organizações nacionais ou internacionais reconhecidas, além das especificações da ASTM [55].

Para estruturas e aplicações de maior carregamento, aços de alta resistência e baixa liga (ARBL) vêm sendo extensivamente desenvolvidos nas últimas décadas, como já discutido. Aços ARBL temperados e revenidos são também empregados na fabricação de perfis estruturais de grande porte [56]. Normas usuais para aços estruturais são ASTM A36 [57] e A242 [58], bastante flexíveis quanto à condição de tratamento térmico final.

Além disso, existem aplicações especiais que requerem aços de baixa ou média liga, como aços para reatores nucleares, vasos de alta pressão, mísseis, submarinos etc. Para aplicações de grandes espessuras em vasos de pressão, aços como ASME SA 508 Gr3 SA533 Cl1 (similares ao alemão 20MnMoNi55) e 2,25Cr1Mo, como o grau F22 de diversas normas ASME, foram especificamente desenvolvidos para ter elevada temperabilidade e ótima tenacidade. As curvas TTT desses aços são apresentadas nas Figuras 6.15 e 6.16. Em alguns casos, é importante levar em conta a possibilidade de fragilização no revenimento, que depende de vários fatores, inclusive do teor de residuais (ver item 6.9.4, neste capítulo). A definição da composição química visada e o controle de residuais são essenciais para o bom desempenho de aços como o F22. O F22 tem sido amplamente empregado na indústria do petróleo, em vista de sua temperabilidade superior à do 8630 Modificado. Ambos permitem atingir propriedades mecânicas elevadas, para aplicações em árvores de Natal, *manifolds* e conectores conforme a norma API 6A [59] atendendo os requisitos da NACE MR0175 [60]. O F22 permite o atendimento em espessuras superiores ao 8630Mod. Naturalmente, a discussão detalhada da seleção de materiais para tais aplicações especiais foge ao objetivo deste texto e é encontrada em publicações especializadas.

Nessa classe, está o consumo maciço de aços e a relação resistência/preço é, normalmente, fator decisivo na seleção.

Em geral, são produtos laminados, em função das grandes quantidades produzidas, mas podem ser obtidos também sob a forma de forjados e fundidos, aproveitando as vantagens da produção de formas próximas à da peça acabada (*near net shape*). No passado, aplicavam-se aços efervescentes e semiacalmados para os produtos com requisitos menos exigentes em função da economia associada a este tipo de desoxidação. A generalização do emprego do lingotamento contínuo praticamente eliminou a produção desses tipos de aços (ver Capítulo 8).

Os principais requisitos para aços destinados às aplicações estruturais são [24,25,31]:

- Tensão de escoamento elevada. A maioria dos códigos de projeto modernos vem reconhecendo a tensão de escoamento como a propriedade a ser considerada no projeto mecânico. O conceito de que uma relação elástica (limite de escoamento/limite de ruptura) baixa seria necessária para prevenir instabilidade plástica vem sendo substituído pelo uso criterioso do limite de escoamento como propriedade a ser considerada para prevenir deformação plástica generalizada [64,65]. A relação elástica continua sendo limitada em vários códigos, entretanto, com vistas à manutenção da tenacidade, especialmente quando a fratura dúctil da estrutura é uma consideração de projeto importante (gasodutos, por exemplo) [66].
- Elevada tenacidade. A prevenção da fratura rápida ou catastrófica de estruturas de aço tem merecido atenção especial desde, pelo menos, a Segunda Guerra Mundial (década de 1940). O controle da tenacidade é fundamental na prevenção da fratura rápida ("frágil").
- Boa soldabilidade. A alteração das características do material na junta soldada deve ser a menor possível, idealmente exigindo o mínimo de cuidados operacionais. Essa característica é fundamental para permitir montagens rápidas, simples e confiáveis, bem como o corte por chama.
- Boa formabilidade. Uma vez que, em muitos casos, é necessário se utilizar conformação mecânica (dobramento, calandragem etc.) para se fabricar a estrutura desejada.
- Custo mínimo.

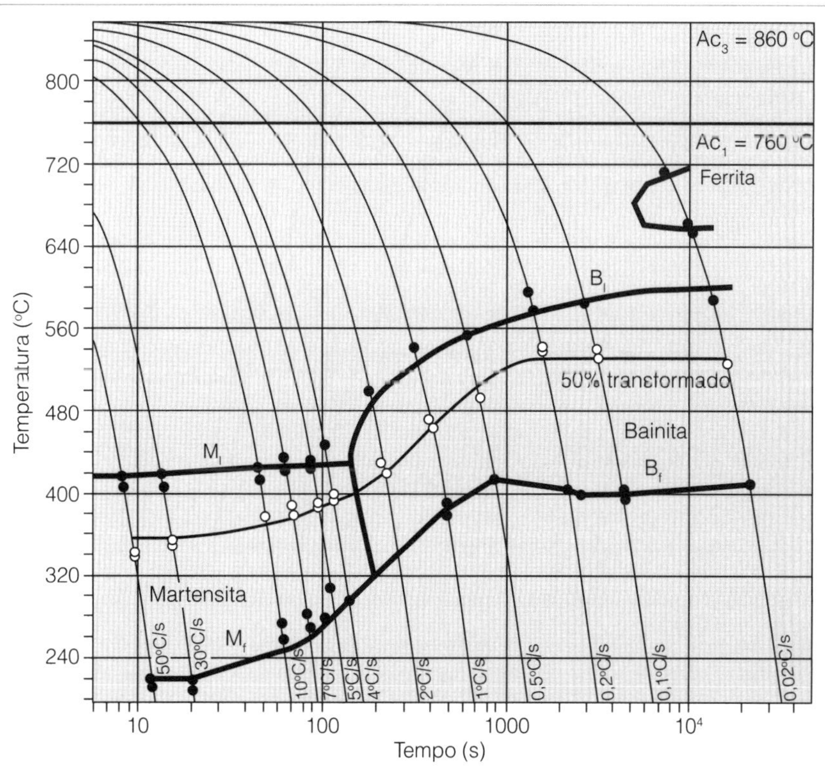

Figura 6.15 Curva CCT de um aço A 533 Cl. 1 contendo C = 0,2%, Mn = 1,38%, Mo = 0,49%, Ni = 0,83%, Cr = 0,15%. Austenitizado a 1100 °C durante 30 min. As velocidades de resfriamento estão indicadas na Figura. Adaptada de [41]. Figura original cortesia de B. Marini (CEA, França).

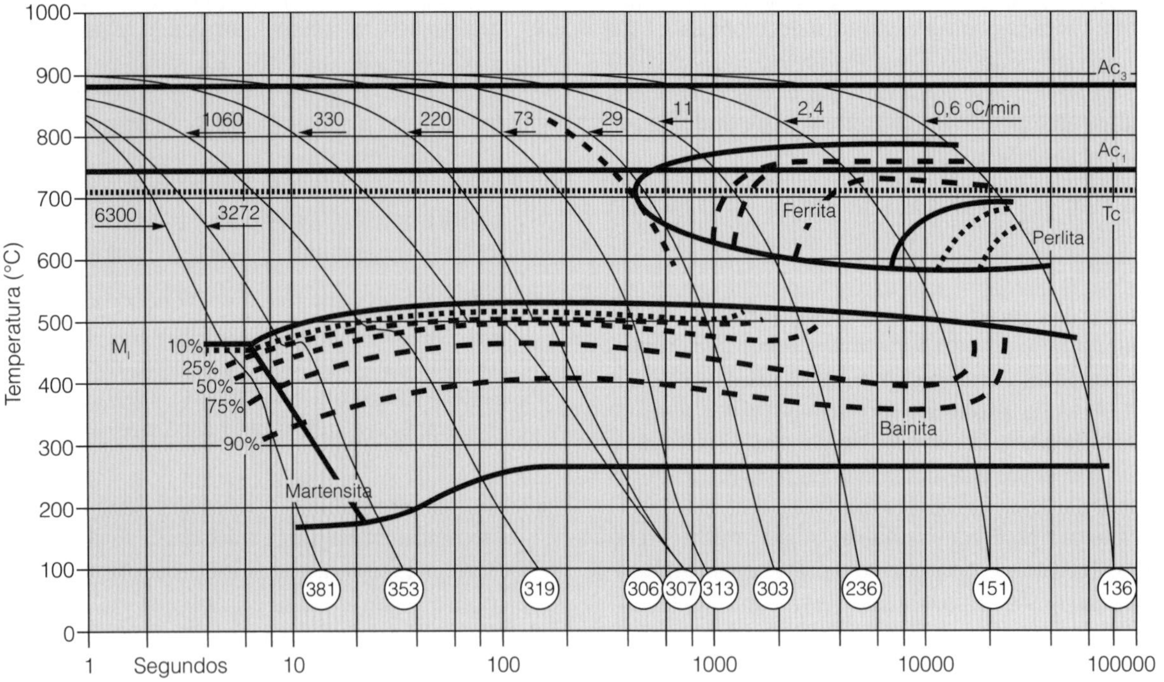

Figura 6.16 Curva CCT do aço F22 (2,25 Cr-1Mo). É praticamente impossível obter estruturas martensíticas, com este aço. Entretanto, microestruturas bainíticas são obtidas em ampla faixa de taxas de resfriamento. Os valores dentro dos círculos indicam a dureza (HV) obtida. Adaptada de [41] a partir de dados de [61].

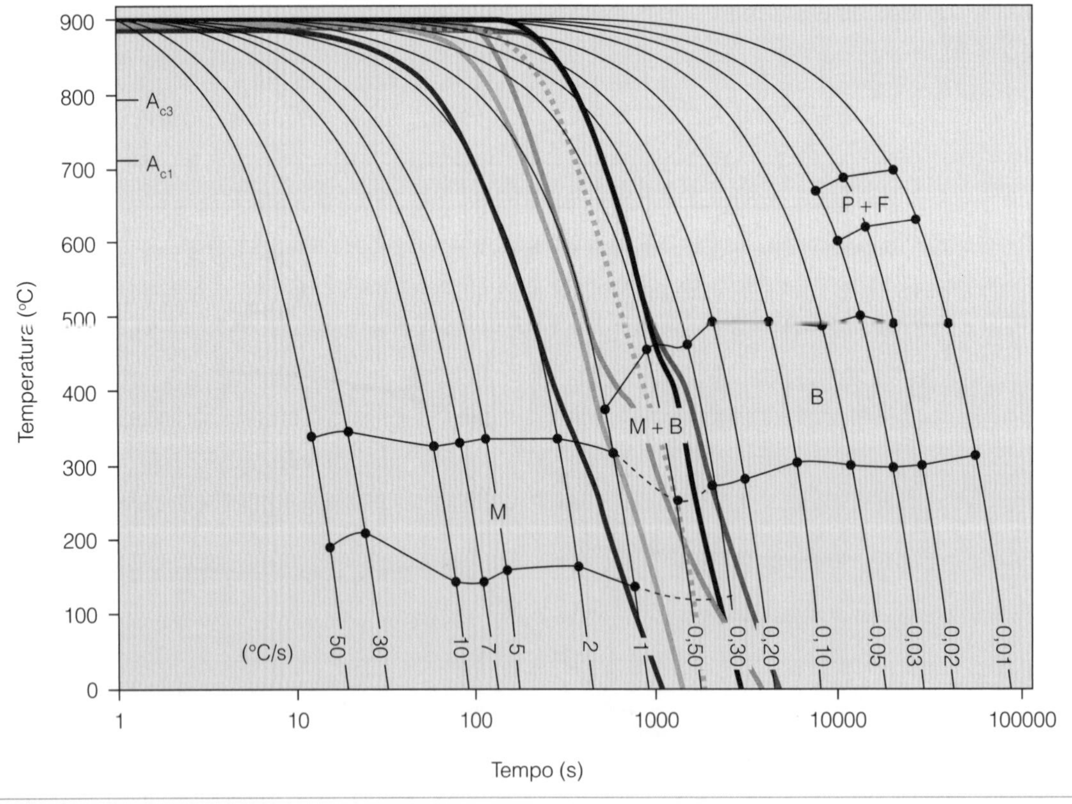

Figura 6.17 Curva CCT do aço 8630 Modificado (W.Nr. 1.6591) com C = 0,33%, Mn = 0,93%, Ni = 0,84%, Cr = 0,99%, Mo = 0,4%. Austenitizado a 890C. Adaptada de [62,63].

6.5.3.1 Tenacidade e prevenção de fratura rápida

É interessante observar que, enquanto critérios de projeto que permitem correlacionar condições de carregamento uniaxial (p. ex.: resultados de ensaios de tração) com o comportamento em condições reais de componentes ou estruturas foram estabelecidos há bastante tempo [67], com resultados bastante satisfatórios, o mesmo não ocorreu com critérios para prevenção de falhas rápidas (catastróficas), em presença de defeitos ou de outros concentradores de tensões.

Inicialmente, critérios empíricos foram estabelecidos por meio de correlações com falhas em serviço. Critérios frequentemente empregados como 15, 20 ou 35 ft.lbf (20, 27 ou 50 J) no ensaio de Charpy-V à temperatura de emprego, por exemplo, foram derivados da análise de centenas de fraturas frágeis ocorridas em navios [68] no período de 1940 a 1950.

A análise de vários casos de falha no *Naval Research Laboratory*, no início da década de 1960, levou Pellini et al. [68] a estabelecerem o ensaio para determinação da NDT (*nil ductility temperature*, ou temperatura de ductilidade nula) e os critérios semiempíricos de NDT + 60 °F (NDT + 33 °C) ou NDT + 120 °F (NDT + 66 °C) como temperaturas seguras contra a fratura frágil.

Nas últimas décadas, os conceitos de mecânica da fratura [64,65] vêm sendo aplicados para o estabelecimento de critérios de projeto que relacionam propriedades do material (tenacidade e resistência) com as tensões aplicadas e os defeitos presentes, com vistas à prevenção da falha catastrófica de estruturas [69,70]. O trabalho de Wallin [71-73], que observou uma correlação bem definida entre características dos aços que podem ser medidas em ensaios baratos como os ensaios de impacto Charpy-V e a tenacidade à fratura, foi decisivo neste aspecto. Desse trabalho, resultou o estabelecimento do conceito da *master curve*, que permite obter uma boa estimativa da tenacidade à fratura de um aço a partir da energia medida no ensaio de Charpy-V (ASTM E23 [35]) na região de transição dúctil-frágil (Figura 6.18). Essa possibilidade deu grande ímpeto à aplicação das técnicas de mecânica da fratura, hoje incluídas em vários códigos de projeto. Atualmente, é possível realizar análises confiáveis e, por consequência, especificar corretamente requisitos para a tenacidade, utilizando o ensaio de Charpy e os conceitos da *master curve* e similares (p. ex.: usando [74] ou [70]).

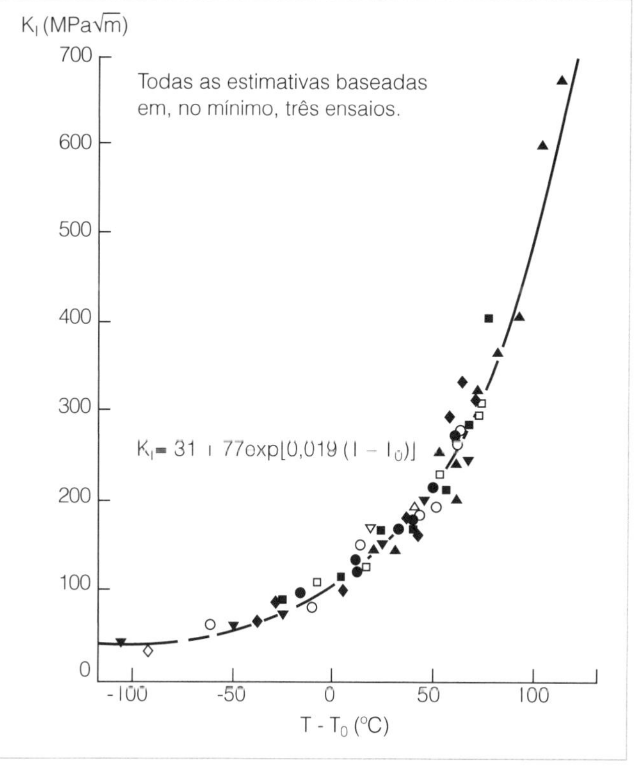

Figura 6.18 Exemplo da correlação da diferença entre a temperatura de teste e a temperatura de referência (T_0) com a tenacidade à fratura, para vários aços de diferentes estruturas e propriedades. Curva estabelecida de acordo com o conceito de master-curve da norma ASTM E1921 [75]. Adaptada de [72].

6.5.3.2 Emprego de aço estrutural à temperatura elevada

No caso de equipamentos industriais, a temperatura de operação elevada pode conduzir à deformação por fluência. O projeto de estruturas em condições de fluência é bastante complexo e, em geral, prefere-se selecionar aços com características estruturais que permitam a operação sem deformação dependente do tempo. Em geral, o critério para definição da temperatura máxima de operação de um aço no regime "independente do tempo" é a comparação entre o limite de escoamento e a tensão necessária para causar 1% de deformação permanente após 100000 h (Figura 6.19). Acima desse limite, se o projeto é convencional, os códigos estabelecem uma redução drástica na tensão admissível. A Figura 6.20 apresenta os valores de tensão admissível para diversos materiais empregados em equipamentos industriais em função da temperatura.

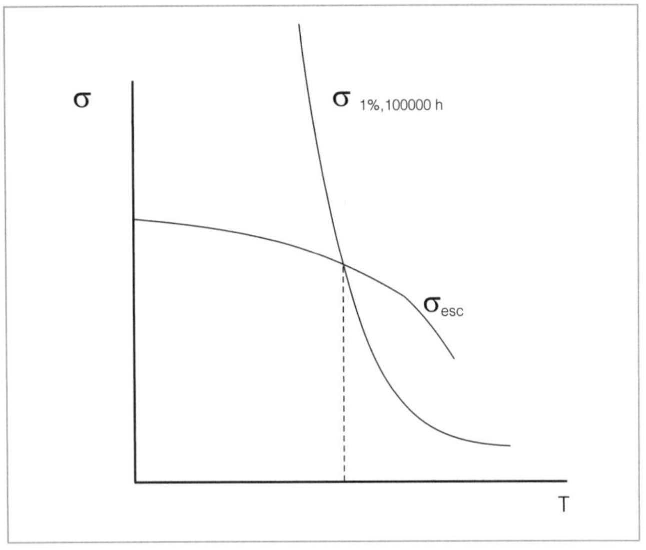

Figura 6.19 Representação esquemática da comparação entre a tensão de escoamento no ensaio de tração e a tensão de fluência para 1% em 10^5 h a diferentes temperaturas, usada para estabelecer a mudança do critério de projeto.

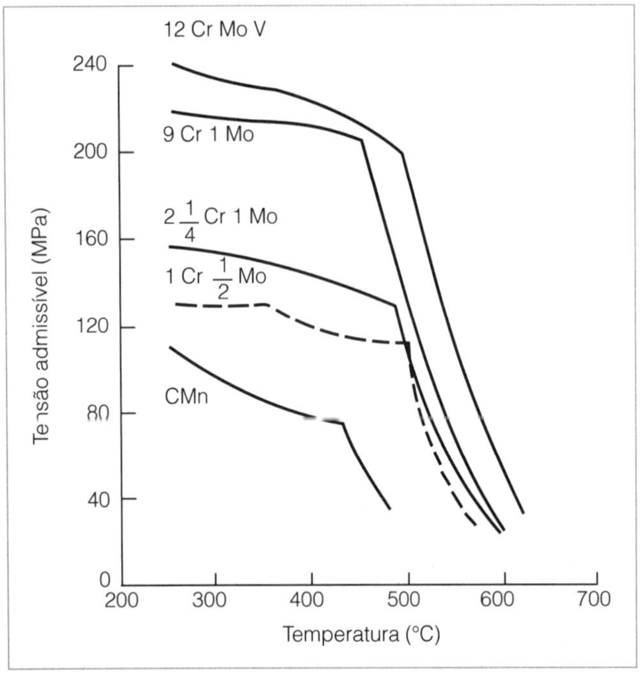

Figura 6.20 Tensões admissíveis em códigos de projeto (ASME VIII e BS 5500) em função da temperatura de emprego para diversos aços tipicamente aplicados em temperatura elevada. Adaptada de [31].

6.6 VERGALHÕES PARA CONCRETO

Os vergalhões para concreto armado são especificados segundo a norma NBR 7480,[76] sendo designados CA xx, em que os dois algarismos indicados por xx representam o limite de escoamento mínimo em kgf/mm^2 – (1 kgf/mm^2 ≅ 10 MPa. Por exemplo, CA-25 $f_{yk} \geq 250$MPa, CA-50 $f_{yk} \geq 500$MPa CA-60 $f_{yk} \geq 600$MPa.) Para cada categoria de resistência, a norma especifica, ainda, uma relação elástica mínima, alongamento mínimo e capacidade de dobramento.

A norma classifica como barras os produtos de diâmetro superior a 6,3 mm, obtidos por laminação a quente, sem deformação a frio posterior (exceto o endireitamento de material produzido em rolos). Produtos com diâmetro menor ou igual a 10 mm, obtidos por trefilação ou laminação a frio são classificados como fios. A soldabilidade e a resistência à fadiga não são, em princípio, garantidos pela norma. Muitos fabricantes limitam o carbono equivalente a valores próximos a 0,55%, tendo em vista o frequente uso de solda para telas e pré-montagem de armaduras. Entretanto, para emendas por solda, deve ser considerado o disposto na NBR 6118 [77]. O aço CA-42S [78] da norma NBR 8965 tem soldabilidade garantida.

Nas últimas décadas, aços microligados têm sido desenvolvidos para a aplicação como vergalhão visando especialmente reduzir o custo total dos elementos de liga. Aços microligados ao Nb e ao V têm sido empregados com sucesso [79-81], embora as condições de temperatura e deformação, na produção desses laminados longos, sejam significativamente diferentes das condições de processamento de aços planos, em que é possível otimizar, de melhor forma, os ciclos de deformação e temperatura para obter o aproveitamento máximo dos microligantes.

O fornecimento de vergalhões, no Brasil, só pode ser feito por empresas certificadas em acordo com determinação do INMETRO [82]. É sempre recomendável, quando se deseja soldar vergalhões, avaliar a composição química do material, para verificar sua soldabilidade ou obter a garantia de soldabilidade do fabricante.

6.7 PERFIS ESTRUTURAIS

Perfis são, em geral, fornecidos pelas grandes siderúrgicas ou fabricados (no caso de perfis dobrados ou soldados) a partir de chapas dessa procedência. Perfis são especificados de acordo com as normas NBR 7007 (aços para perfis laminados), NBR 6109 (cantoneiras de abas iguais) e NBR 6352 (cantoneiras de abas desiguais), entre outras. No caso de perfis e chapas laminados, as grandes siderúrgicas os fornecem em diversas resistências. É importante ter-se em mente que a formabilidade (para conformação a frio) é uma propriedade que merece cuidados especiais. Sempre que se desejar aço estrutural para posteriores dobramentos, é conveniente contactar o fornecedor, verificando especialmente a adequação do material à operação desejada. Deve-se especificar também o sentido do dobramento - longitudinal ou transversal - uma vez que a anisotropia desses materiais é bastante elevada em decorrência do próprio processo de produção. Testes devem ser realizados, em caso de dúvida, quanto à adequação do material.

No caso de perfis fabricados (soldados ou dobrados), é necessário certificar-se da capacidade do fornecedor de produzir soldas com o nível de qualidade desejado, seus métodos de inspeção etc. Novamente, nesse caso, é necessário que o projetista mantenha alerta o seu bom-senso. Em aplicações de pouca importância, em que o custo é o fator dominante, não há sentido em se exigir inspeção das soldas, por exemplo.

Tubos são bastante empregados em aplicações estruturais em que há esforços combinados, como torção, flexão e compressão, com excelentes resultados, em função do momento de inércia que proporciona elevada rigidez por unidade de massa.

6.8 AÇOS PARA A CONSTRUÇÃO MECÂNICA

Enquanto aços estruturais são normalmente fornecidos para atender a requisitos mecânicos (p. ex.: com alguns limites de composição química especificados com vistas à soldabilidade), aços para construção mecânica são usualmente fornecidos para atender a faixas de composição química, uma vez que, normalmente, são tratados termicamente para obter as propriedades finais após o processamento pelo comprador. A principal característica visada, ao se definir a composição química, é a temperabilidade.

6.8.1 O SISTEMA DE CLASSIFICAÇÃO ABNT PARA AÇOS CONSTRUÇÃO MECÂNICA

O sistema de classificação de aços empregado pela ABNT (NBR NM 87 [83]) é basicamente o mesmo usado pelo AISI (American Iron and Steel Institute) e pela SAE (Society of Automotive Engineers: SAE J404 [84]). Nesses sistemas, os aços são divididos em grupos principais e, dentro desses grupos, em famílias de características semelhantes (Tabelas 6.3 e 6.4). Essas famílias são designadas por conjuntos de algarismos, em geral quatro, da seguinte forma:

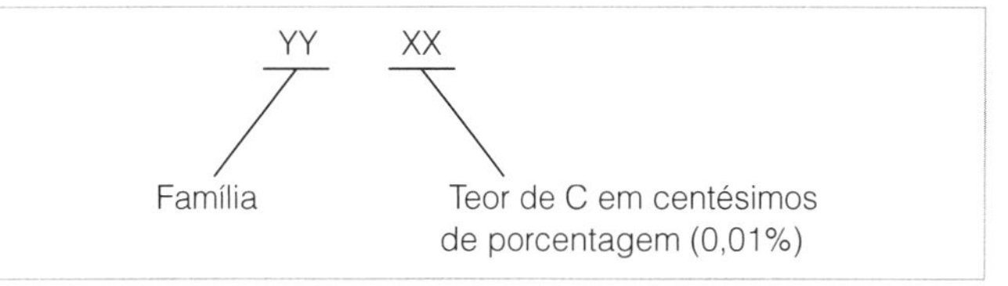

Assim, um aço 4340, é um aço da família 43, isto é, com 1,8% Ni, 0,80% Cr, 0,25% Mo e com 40 centésimos de porcentagem de C, isto é, 0,40% C.

Além dos algarismos, são empregadas letras na classificação, principalmente "H", após os algarismos, que indica temperabilidade assegurada e "B" entre os dois grupos de dois algarismos que indica a presença de boro, para aumento da temperabilidade. Por exemplo, um aço 8620H é aquele com resposta ao tratamento térmico mais consistente do que o 8620, e suas propriedades situam-se na parte superior da faixa de dureza do 8620. Do mesmo modo, o aço 10B46 é essencialmente um aço 1046 (aço-carbono com 0,46%C), ao qual se adiciona um mínimo de 5 ppm de boro, que melhora a temperabilidade.

Nos casos dos aços inoxidáveis e aços ferramenta, os algarismos finais não representam o teor de carbono (ver Capítulo 7). Há aços que são comercialmente mais comuns, como: 8620, 8640, 4140, 4340, 1045, 3310, 9315, 52100, 304, 410, 420. É claro que, ao se projetar uma peça que requererá pequena quantidade de aço e será fabricada com pouca frequência, deve ser dada preferência a um dos aços comercialmente mais comuns, pois são estes aços que se encontram, em geral, em estoque no produtor. Assim, as chances de se obter o material em curto prazo, por preço razoável, aumentarão bastante. Porém, na especificação de um aço para peças a serem produzidas em série e em grandes quantidades, é conveniente selecionar o material realmente necessário, evitando excessos (p. ex.: especificar aços com teores de elementos de liga superiores aos necessários), que, certamente, aumentarão os custos da produção seriada.

A partir de 1975, num esforço para estabelecer um sistema único para a designação de metais e ligas, a ASTM e a SAE passaram a publicar o UNS (*Unified Numbering System*).

Nesse sistema (ASTM E527 [85]), um prefixo de uma letra é seguido por cinco algarismos. A letra dá uma indicação da família do metal ou liga indicado, e os algarismos identificam a liga específica.

Para os aços normalizados pela SAE, o UNS procurou manter o mesmo código numérico. Um sistema semelhante ao UNS é adotado na Alemanha. O número de material (W.Nr.) é composto por um prefixo numérico (em que o algarismo 1 representa ligas à base de ferro), seguido de quatro algarismos que identificam cada liga.

Tabela 6.3 Principais grupos de aços nas classificações dos sistemas normativos mais comuns. O agrupamento é, por vezes, arbitrário, como discutido no texto. Os aços ARBL, por exemplo, na indústria automobilística, são considerados AAAR (AHSS), enquanto alguns dos inoxidáveis endurecíveis por precipitação (PH) são considerados maraging

• Aços Interstitial Free	
• Aços ao carbono	
• Aços avançados de alta resistência	Aços dual-phase Aços complex-phase Aços TRIP Aços TWIP
• Aços de alta resistência e baixa liga (ARBL)	
• Aços para construção mecânica	Aços para beneficiamento (ligados ou não) Aços para molas Aços para rolamentos Aços para cementação Aços para nitretação Aços de corte livre (ou usinagem fácil)
• Aços para Ferramenta	Aços para trabalho a quente (AISI H) Aços resistentes ao choque (AISI S) Aços para trabalho a frio (AISI A, D, O ou W) Aços para moldes de plásticos (AISI P) Aços rápidos (AISI M ou T)
• Aços Inoxidáveis	Ferríticos Austeníticos Duplex Endurecíveis por precipitação (PH) Martensíticos
• Aços Maraging	

Tabela 6.4 Classificação ABNT, excluindo aços ferramenta

Aços carbono		
10xx	Aço carbono	
11xx	Aço carbono ressulfurado (corte fácil)	
12xx	Aço carbono ressulfurado e refosforado (corte fácil)	
Aços de baixa liga (construção mecânica) Elem. (%)		
13xx	Mn 1,75	
23xx	Ni 3,5	
25xx	Ni 5,0	
31xx	Ni 1,25, Cr 0,65	
33xx	Ni 3,50, Cr 1,55	
40xx	Mo 0,25	
41xx	Cr 0,50 ou 0,95, Mo 0,12 ou 0,20	
43xx	Ni 1,80, Cr 0,50 ou 0,80, Mo 0,25	
46xx	Ni 1,55 ou 1,80, Mo 0,20 ou 0,25	
47xx	Ni 1,05, Cr 0,45, Mo 0,20	
48xx	Ni 3,50, Mo 0,25	
50xx	Cr 0,28 ou 0,40	
51xx	Cr 0,80 a 1,05	
5xxxx	Cr 0,50 ou 1,00 ou 1,45, C 1,00	
61xx	Cr 0,80 ou 0,95, V 0,10 ou 0,15 min	
86xx	Ni 0,55, Cr 0,50 ou 065, Mo 0,20	
87xx	Ni 0,55, Cr 0,50, Mo 0,25	
92xx	Mn 0,85, Si 2,00	
93xx	Ni 3,25, Cr 1,20, Mo 0,12	
98xx	Ni 1,00, Cr 0,80, Mo 0,25	
Aços inoxidáveis (Resistentes à corrosão e ao calor)		
2xx	Cr, Ni, Mn	Austenítico
3xx	Cr, Ni	Austenítico
4xx	Cr	Ferrítico
4xx	Cr	Martensítico
5xx	Baixo cromo (resistente ao calor)	

Quando aços são selecionados para determinada aplicação, raramente todas as propriedades terão a mesma importância. O problema consiste em determinar quais propriedades são mais relevantes e, em seguida, selecionar o material que atenda a tais requisitos ao menor custo. Ashby [1], por exemplo, divide as características do material, na seleção, entre restrições (*constraints*) e objetivos (*objective*). Assim, no exemplo da seleção de um visor para um capacete de motociclista, ele apresenta como restrições (exigências essenciais) ser transparente e resistente a impactos. Os objetivos, nesta seleção, podem ser alta resistência, formabilidade, baixa densidade etc. Para determinação das propriedades necessárias em aplicações mecânicas, empregam-se cálculos baseados na resistência dos materiais, análises de tensões, experiências anteriores com peças semelhantes, bem como os testes práticos dos conjuntos (ver item 6.2).

A microestrutura que, normalmente, conduz à melhor combinação de resistência e tenacidade em aços é a martensita revenida. Em geral, essa microestrutura não pode ser garantida em aços no estado bruto de fornecimento ("como forjado" ou "como laminado"), recozidos ou normalizados e é necessário, então, empregar tratamentos de têmpera e revenimento. Da mesma forma, peças, que poderiam ser produzidas em aços simplesmente normalizados, podem se tornar mais leves (em virtude do aumento de resistência), empregando-se aços temperados e revenidos.

Na seleção de aços para têmpera e revenimento, a propriedade mais importante é a temperabilidade. Não se deve confundir temperabilidade com dureza máxima na têmpera, que é função do teor de carbono. No projeto de peças temperadas e revenidas, emprega-se a dureza como indicador da resistência mecânica (Figura 6.24). A dureza só é relevante como propriedade, nos casos em que o fator mais importante no projeto é a resistência ao desgaste. Nesse caso, deve-se escolher aços tratados de modo a atingir 100% de martensita na superfície e a maior dureza possível.

O processo de seleção de aços pela temperabilidade combina uma avaliação metalúrgica com uma avaliação de transmissão de calor. O requisito usual de projeto, na construção mecânica, é que determinada resistência mecânica mínima seja garantida em uma posição conhecida da peça. Essa resistência é correlacionada com a dureza do aço.

Por um lado, é possível, por meio de conhecimentos metalúrgicos, determinar qual a velocidade de resfriamento necessária para que determinado aço (isto é, um aço com determinada temperabilidade) atinja esta dureza na posição desejada da peça. Por outro lado, a determinação da velocidade de resfriamento de cada posição da peça pode ser determinada conhecendo-se as dimensões da peça e o meio de resfriamento escolhido. A solução para este problema de transmissão de calor é bem conhecida.

Assim, é possível determinar qual aço, resfriado em qual meio de têmpera, atingirá a dureza (e, portanto, resistência) desejada na posição estabelecida da peça.

O processo real é um pouco mais complexo, pois: a) a peça deve ser revenida (o que reduz a dureza de têmpera); b) normalmente, há várias composições químicas que resultam em temperabilidade equivalente; e c) nem sempre a escolha do meio de têmpera é independente do tipo de peça, pois o resfriamento muito brusco pode causar trincas em peças complexas.

Classicamente, a seleção "manual" é feita empregando-se o método das curvas Jominy. Existem, atualmente, diversos *softwares* comerciais que auxiliam no processo de seleção. Um exemplo de um *software* de cálculo e seleção de aços por temperabilidade está disponível em www.blucher.com.br.

6.8.2 SELEÇÃO EMPREGANDO AS CURVAS JOMINY

O ensaio Jominy foi desenvolvido de modo a obter, de forma simples e rápida, informação sobre o efeito de ampla gama de velocidades de resfriamento na têmpera sobre a dureza do aço (ASTM A255 [86]) (Capítulo 3). As velocidades são geradas pelo resfriamento rápido da extremidade do corpo de prova (Figura 6.21). Após o ensaio, uma "pista" plana é preparada na lateral do corpo de prova, onde a dureza é medida, a partir da extremidade temperada (Figura 6.22). As curvas produzidas a partir desse ensaio dão uma visão bastante completa sobre a temperabilidade de determinado aço.

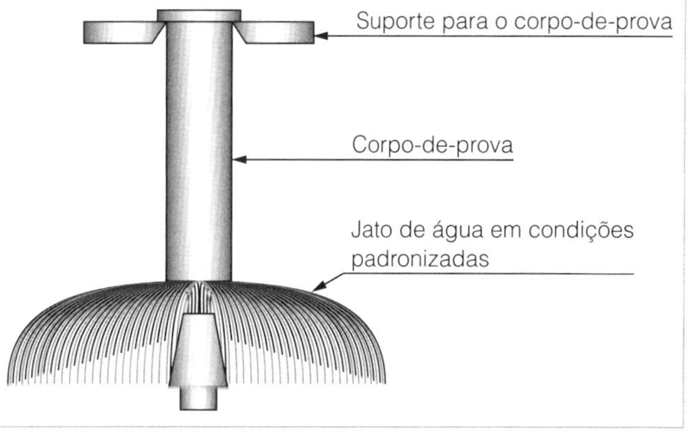

Figura 6.21 Esquema do arranjo do ensaio de temperabilidade Jominy segundo norma ASTM A255 [86] (e SAE J406). As dimensões do corpo-de-prova e todas as demais variáveis do ensaio são padronizadas para garantir a reprodutibilidade das taxas de resfriamento obtidas no corpo-de-prova. Assista a um ensaio Jominy em: http://www.doitpoms.ac.uk/tlplib/jominy/videoclips.php. Faça uma simulação do ensaio Jominy em: http://www.doitpoms.ac.uk/tlplib/jominy/sim2.php.

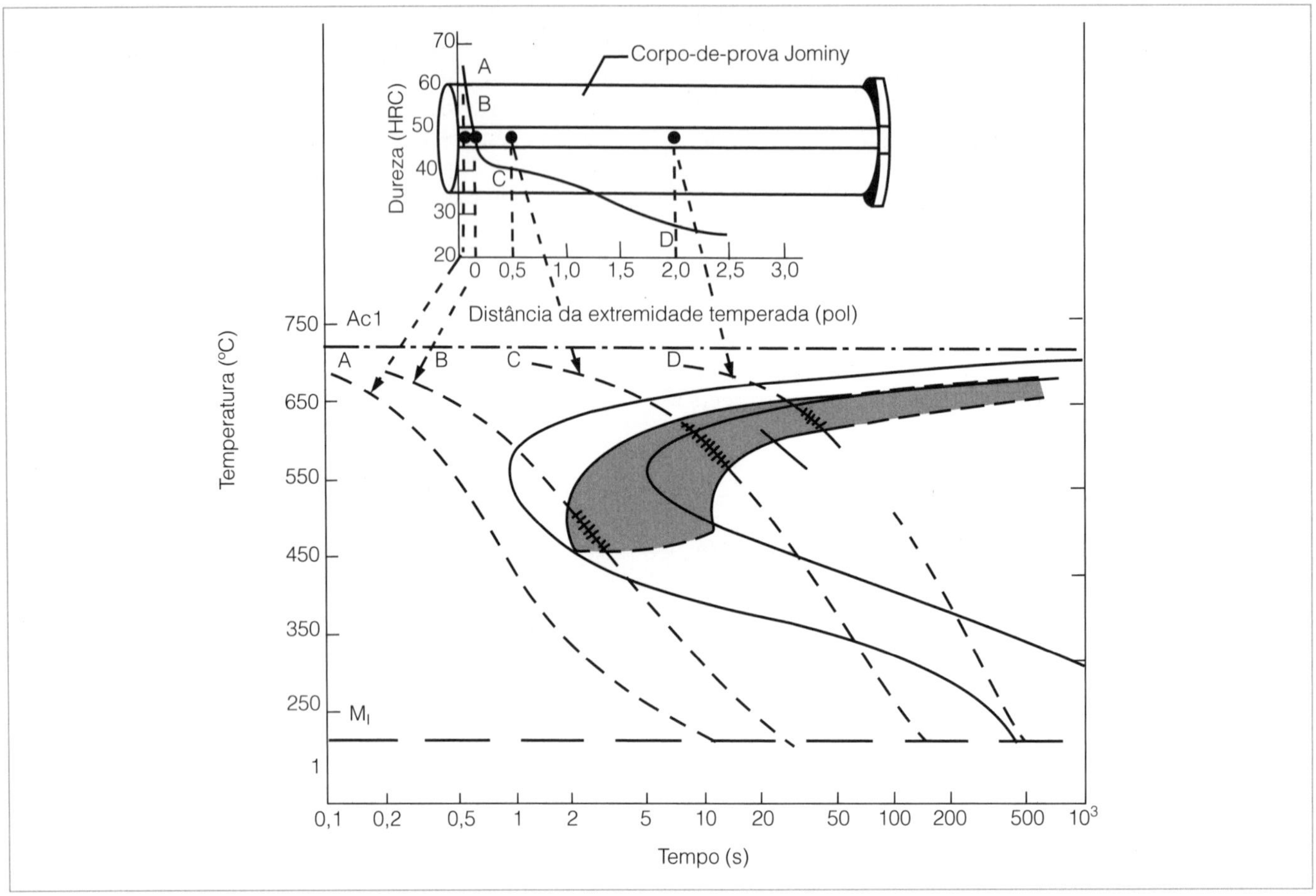

Figura 6.22 O ensaio Jominy permite obter, em um corpo-de-prova, ampla gama de velocidades de resfriamento do aço. Na figura, estão apresentadas estas velocidades sobre uma curva CCT e a curva de dureza versus posição Jominy (a partir da extremidade temperada), resultado do ensaio.

As principais etapas, no processo de seleção empregando curvas Jominy (Figura 6.23), são:

a) Estabelecer a resistência mecânica desejada em determinada posição da peça a ser fabricada (critério de projeto).

b) Determinar a dureza (na peça acabada) que corresponde àquela resistência mecânica.

c) Escolher o teor de martensita necessário, naquela posição da peça, em função do tipo de solicitações (cargas dinâmicas – fadiga ou cargas essencialmente estáticas). Como a dureza da martensita depende do teor de carbono, observar que deve-se escolher o menor teor de carbono possível, visando à melhor tenacidade.

d) Estabelecer a dureza após têmpera que resultará nessa dureza após revenido.

As etapas anteriores envolvem apenas análises metalúrgicas. Agora iniciam-se as avaliações relacionadas à transmissão de calor na têmpera.

e) Escolher um meio de têmpera compatível com a complexidade da peça (peças muito complexas ou que não devem sofrer distorções no tratamento térmico devem ser temperadas em meios menos drásticos do que água, como o óleo).

f) Determinar, por meio de correlações de transmissão de calor, qual a posição do ensaio Jominy que sofre a mesma velocidade de resfriamento que a posição desejada na peça, quando temperada no meio selecionado.

g) Verificar, por meio das análises das curvas Jominy, qual(is) aço(s) atinge(m) a dureza determinada no item d.

h) Selecionar o aço em função de disponibilidade, preço etc.

Cada uma destas etapas é discutida em mais detalhes, a seguir.

6.8.2.1 A resistência mecânica desejada

Nos cálculos estruturais de itens para construção mecânica, definem-se os esforços aplicados. Multiplicando-se esses esforços por um coeficiente de segurança, obtém-se o valor mínimo que determinada

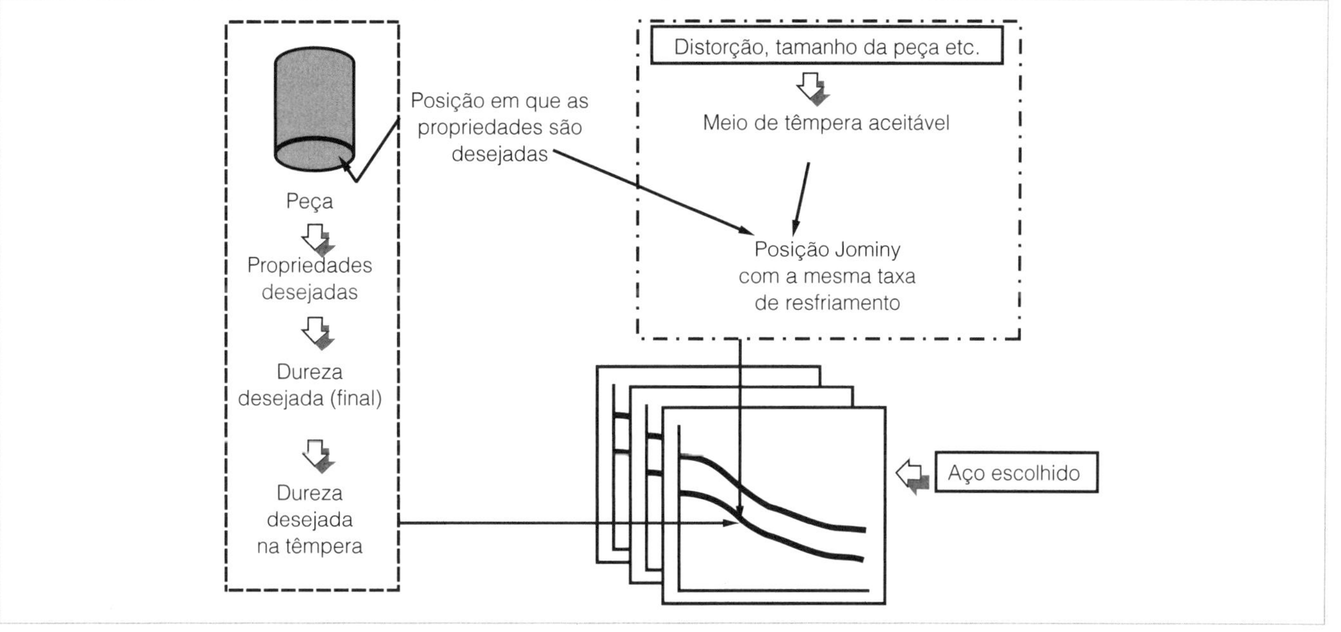

Figura 6.23 Esquema apresentando as principais etapas no processo de seleção de aços por temperabilidade, empregando curvas Jominy.

propriedade do material deve atingir para que a peça não falhe. Em geral, deseja-se evitar a deformação plástica, e é comum estabelecer-se como tensão máxima admissível uma fração do limite de escoamento. Entretanto, também é bastante usual estabelecer a tensão admissível com base no limite de ruptura, empregando, naturalmente, um coeficiente de segurança maior.

Embora nesse processo de seleção a tenacidade não seja uma grandeza tratada explicitamente, o engenheiro deve estar atento a esse aspecto da seleção, em especial ao escolher a temperatura e tempo de revenimento para garantir que a peça terá tenacidade adequada ao emprego.

Quando a resistência à fadiga é uma consideração importante, há, também, relações entre a tensão de ruptura (ou dureza) do material e o limite de ruptura, até uma determinada resistência (ver item relacionado à fadiga, a seguir).

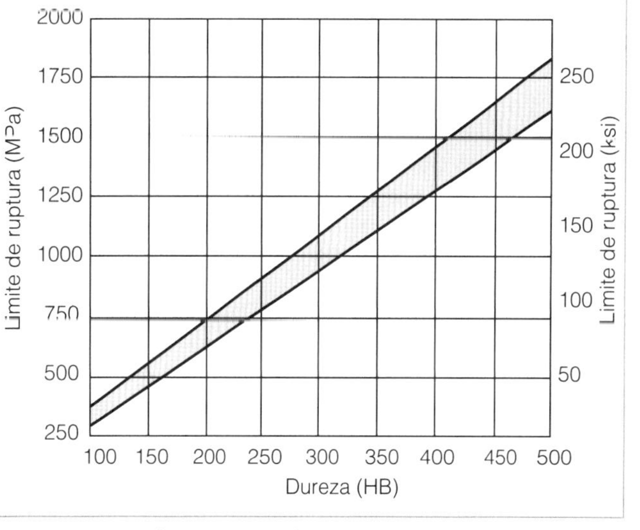

Figura 6.24 Relação entre o limite de ruptura e a dureza (HB) para aços nas condições temperado e revenido, normalizado ou como laminado.

6.8.2.2 Dureza final: relação resistência mecânica – dureza

Os aços apresentam uma boa correlação entre dureza e resistência mecânica. A Figura 6.24 apresenta, de forma gráfica, essa relação. As Equações 6.1 e 6.2 são relações empíricas que descrevem a relação do limite de ruptura (em MPa) e a dureza Brinell com esfera de 10 mm e carga de 3000 kgf.

LR (MPa) = 3,55 × HB	HB ≤175	Eq. 6.1
LR (MPa) = 3,38 × HB	HB >175	Eq. 6.2

A Figura 6.25 apresenta um sumário de avaliações experimentais da relação elástica de aços em função do limite de escoamento para diferentes microestruturas. Quando a propriedade importante para o projeto é o limite de escoamento, a estimativa da relação elástica permite aplicar as correlações entre dureza e limite de ruptura. No âmbito do projeto europeu de integridade estrutural SINTAP [74] foram desenvolvidas duas equações para aços estruturas. Uma conservadora (Equação 6.3), apresentada na Figura 6.25 e outra que se aproxima dos valores médios observados para aços ARBL contendo ferrita, perlita e bainita (Equação 6.4).

Os dados de Boegehold [87] foram obtidos com aços para a construção mecânica com 0,3 a 0,5%C, temperados e revenidos.

Para aplicações em que o limite de escoamento é muito elevado (normalmente acima de 1380 MPa), aços de ultra-alta resistência devem ser considerados (ver 6.10)

$$\frac{\sigma_y}{\sigma_u} = \frac{1}{\left[1+2\left(\frac{150}{\sigma_y}\right)^{2,5}\right]} \quad \text{(Eq. 6.3)}$$

$$\frac{\sigma_y}{\sigma_u} = \frac{1}{\left[1+2\left(\frac{150}{\sigma_y}\right)^{2}\right]} \quad \text{(Eq. 6.4)}$$

6.8.2.3 Porcentagem de martensita na microestrutura

A dureza é uma propriedade importante para o projetista apenas para peças em que a resistência ao desgaste é fundamental. Nos demais casos, a dureza interessa ao projetista indiretamente, isto é, para estimar a resistência mecânica da peça. No Capítulo 2, foi visto que a dureza da martensita é função do teor de carbono. É possível, portanto, obter-se a mesma dureza em dois aços temperados de teor de carbono diferentes se o teor de martensita na microestrutura não for o mesmo. Apresentando o problema de outra forma, dois aços de teor de carbono diferentes temperados para atingir a mesma quantidade de martensita na estrutura apresentarão durezas diferentes [41]. É claro que a porcentagem de martensita a ser atingida a uma determinada profundidade na peça está intimamente ligada à temperabilidade, de modo que, quanto mais alta tanto maior será a temperabilidade necessária.

A porcentagem de martensita necessária em determinada peça depende fundamentalmente da aplicação. A SAE recomenda [46], para peças sujeitas a altas solicitações e à flexão, que a estrutura de têmpera tenha 90% ou mais (considerada têmpera total) de martensita a 3/4 do raio da peça. Para garantir isso, frequentemente, a dureza a meio raio é especificada. Porém, peças com solicitações moderadas de flexão podem ter apenas 80% de martensita a 3/4 do raio[46].

Em peças sujeitas à tração, compressão ou cisalhamento, em que toda a seção é solicitada uniformemente, em caso de dúvidas, deve-se garantir as propriedades no centro da peça. Assim, garante-se a resistência total da seção. Um erro comum no projeto de peças sujeitas à tração é o projetista especificar, na superfície, dureza correspondente à resistência desejada para toda a seção transversal. Como, em função da temperabilidade, a dureza em direção ao centro decrescerá, a resistência média da peça ficará abaixo da necessária.

No caso de peças em que a resistência à fadiga é fundamental, prefere-se uma estrutura martensítica (têmpera total) por ser a estrutura de melhor resistência ao carregamento cíclico.

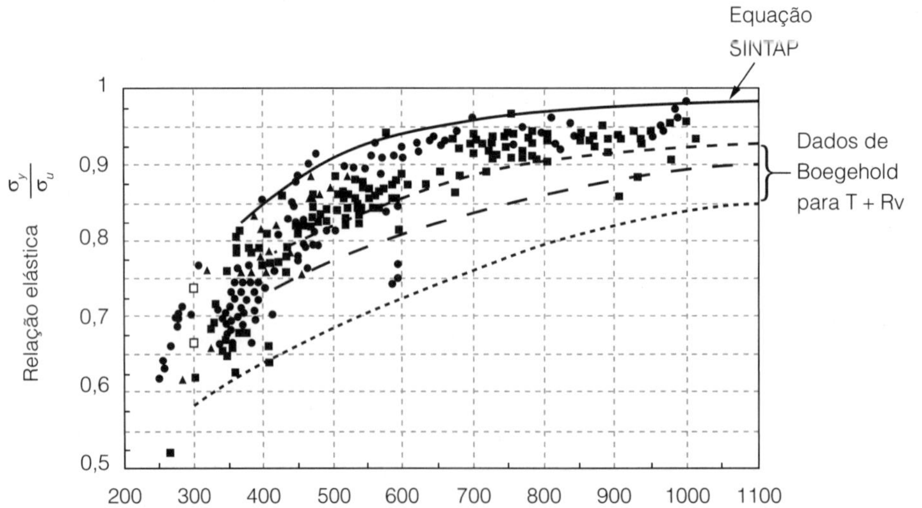

Figura 6.25 Relação elástica (limite de escoamento/limite de ruptura) para aços, em função do limite de escoamento. Dados experimentais coletados por [66] para aços ARBL com microestruturas típicas de ferrita+perlita e bainita. A equação SINTAP é um limite conservador para uso em análise de integridade. Os dados de Boegehold foram determinados para aços carbono e aços construção mecânica com 0,3 a 0,5% C das famílias ABNT 10xx, 41xx, 43xx, 61xx, 51xx, entre outros [87].

6.8.2.4 *Teor de carbono no aço*

A Figura 6.26 apresenta, para diferentes porcentagens de martensita na estrutura, a dureza após a têmpera em função do teor de carbono do aço.

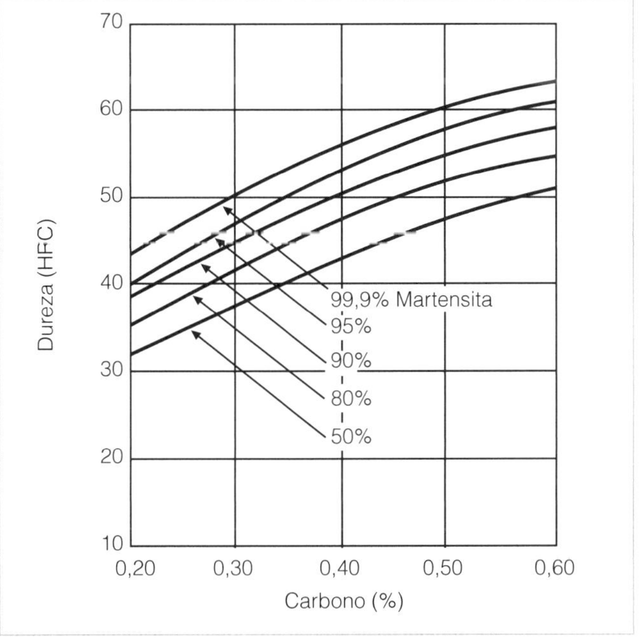

Figura 6.26 Dureza atingida pelo aço após têmpera em função do teor de carbono do aço e da porcentagem de martensita na microestrutura. Adaptada de [46].

É necessário definir o teor de carbono desejado, uma vez que, para uma dada percentagem de martensita, todos os teores acima de um determinado valor permitem atingir a dureza desejada, variando-se o revenimento. Como visto no Capítulo 4, quanto maior o teor de carbono, tanto maior será a distorção na têmpera. Além disso, o aumento do teor de carbono, em geral, compromete a usinabilidade. Por isso, normalmente, a maior parte das peças empregadas em construção mecânica tem teor de carbono limitado a 0,50%. A regra prática a empregar na seleção é que o carbono não deve ser superior ao necessário para garantir a dureza pretendida na têmpera. Exceções importantes a esta regra são: a) aplicações em que a dureza é fator importante no desempenho, como no caso de aços para rolamentos (AISI 52100 ou 100Cr6); b) aços para molas (discutidos no item 6.11 deste capítulo); e c) aços para aplicações ferroviárias (ver item 6.13 deste capítulo).

6.8.2.5 *Revenimento*

As curvas Jominy fornecem valores de dureza do material como temperado. No Capítulo 3, foi visto que as estruturas martensíticas necessitam de revenimento para atingir valores adequados de ductilidade e tenacidade, além de necessitarem de alívio das tensões de têmpera. É necessário, então, que haja previsão para a queda da dureza associada ao revenimento. A Figura 6.27 apresenta a dureza recomendada pelo SAE *War Engineering Board* [46] no material como temperado para se atingir determinada dureza após o revenimento.

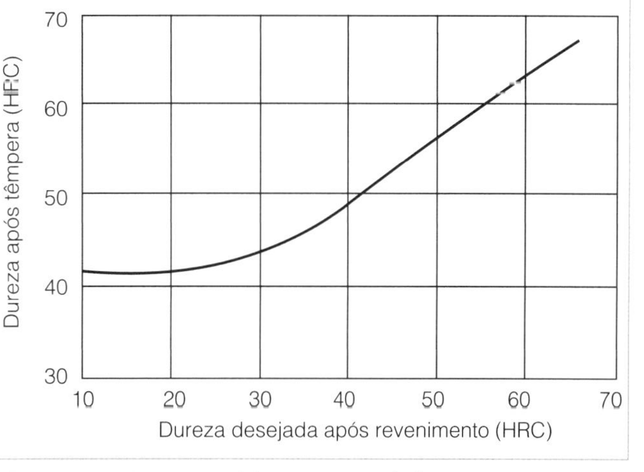

Figura 6.27 Dureza mínima recomendada após a têmpera, em função da dureza desejada após o revenimento. Adaptada de [46].

6.8.2.6 *Aços ligados ou aços carbono*

Quando temperados para se obter martensita (> 90%) e revenidos para a mesma dureza, todos os aços – carbono ou ligados – têm a mesma resistência à tração, aproximadamente. É claro que a resistência de uma peça será controlada pela profundidade de zona temperada: esta é a maior diferença entre os aços para construção mecânica ligados e ao carbono. A temperabilidade é superior nos aços ligados. Entre os aços ligados, pode se considerar, para fins práticos, que todas as composições, quando temperadas para a mesma dureza, têm também as mesmas propriedades de tração. De modo geral, a seleção, entre os aços ligados, será definida, portanto, pelo balanço entre temperabilidade, custo e disponibilidade.

A relação entre redução de área e resistência à tração não é a mesma para aços ligados e aços carbono (Figura 6.28). Como a redução de área é bastante influenciada pela limpeza interna (inclusões não-metálicas, ver Capítulo 10) pode ser conveniente observar, também, os dados da Figura 6.29 e a relação empírica proposta por Maynier et al. na Creusot-Loire [88] entre a dureza Vickers e o alongamento após revenimento (Equação 6.5).

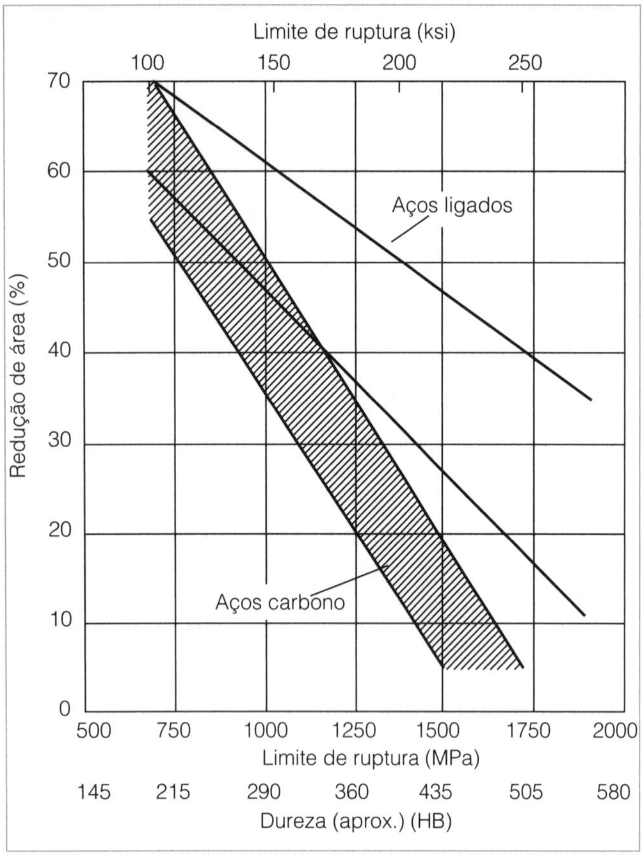

Figura 6.28 Redução de área em função do limite de ruptura para aços carbono e aços ligados [46].

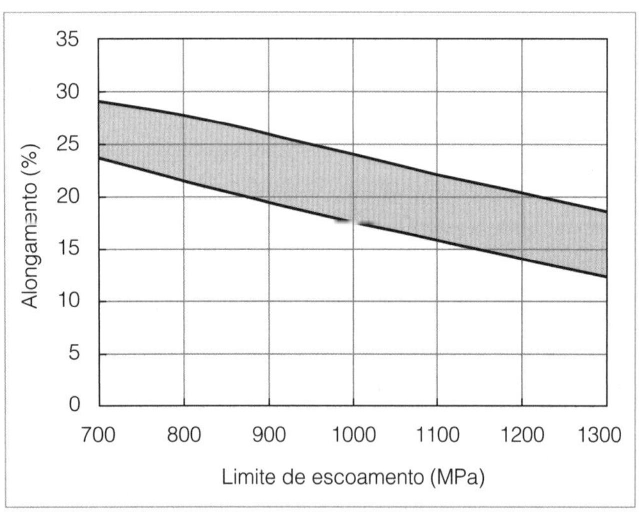

Figura 6.29 Relação empírica entre o limite de escoamento e o alongamento de aços baixa-liga temperados e revenidos. Adaptado de [89].

$$A(\%) = 41{,}038 - 0{,}073 \times HV \quad \text{(Eq. 6.5)}$$

Os aços ligados apresentam maior ductilidade para o mesmo nível de dureza (resistência mecânica), especialmente nas faixas de resistência mais elevadas. Um dos motivos é a maior resistência ao amolecimento pelo revenimento dos aços ligados. Para se atingir uma mesma dureza final, aços ligados devem ser revenidos a temperaturas superiores àquelas requeridas pelos aços carbono. Isso implica também um melhor alívio de tensões durante o revenimento.

Com relação à usinabilidade, os aços carbono apresentam melhores características em empregos até 300 HB; acima desse valor, os aços ligados são de mais fácil usinagem. Entre os aços ligados, os que contêm níquel e molibdênio são os mais facilmente usináveis.

6.8.2.7 *Escolha do meio de têmpera e correlações de transmissão de calor*

O meio de têmpera tem grande influência na possibilidade de ocorrência de trincas e distorção durante a têmpera. Como ocorre a superposição das tensões da expansão/contração térmica às tensões associadas à variação de volume na transformação de fases, a escolha do meio de têmpera é um fator crítico no sucesso da seleção por temperabilidade. Do ponto de vista da transmissão de calor, todos os meios de resfriamento são comparados à água sem aditivos, como mostra a Tabela 6.5.

Tabela 6.5 Severidade de têmpera de diversos meios, referida à severidade da água

Meio de têmpera	Severidade de têmpera (H)
Óleo sem agitação	0,2
Óleo moderadamente agitado	0,5
Óleo violentamente agitado	0,7
Água sem agitação	1
Água fortemente agitada	1,5
Salmoura sem agitação	2,00
Salmoura fortemente agitada	5,00

Crescem: Velocidade de resfriamento, Trincas, Distorção

Os valores de severidade de têmpera são valores básicos recomendados, e pode haver, evidentemente, variações. Em particular, como o uso de água pura traz problemas significativos, tanto de velocidade não uniforme (ver Capítulo 3) como de agressividade química, o uso de aditivos poliméricos tem sido cada vez mais comum. Existem métodos experimentais bem estabelecidos para a determinação experimental da severidade de têmpera. Esses métodos devem ser empregados no tratamento de peças críticas e quando o máximo de reprodutibilidade deve ser atingido.

Como orientação básica para a escolha do meio de têmpera, deve-se considerar que a água deve ser usada para peças de geometria simples, simétrica, em que alguma distorção pode ser tolerada (p. ex.: por meio de usinagem final pós-tratamento). Meios de resfriamento menos drásticos, que promovam menores gradientes de temperatura nas peças, devem ser empregados quando a distorção e a possibilidade de trincas são fatores críticos. De forma geral, a tendência à formação de trincas depende da temperatura M_I e do teor de carbono equivalente do aço escolhido (C_{eq}).

6.8.2.8 Transmissão de calor

Cada ponto do corpo-de-prova, no Ensaio Jominy, é submetido a uma velocidade de resfriamento diferente. Para empregar eficientemente a informação do ensaio Jominy, é preciso conhecer a velocidade de resfriamento de pontos escolhidos em peças reais. Para esse problema, existem soluções analíticas para geometrias simples e soluções numéricas são possíveis para peças complexas. Em geral, empregam-se soluções analíticas já suficientemente testadas e apresentadas em gráficos (Figuras 6.30 a 6.34) para diferentes geometrias e posições nessas peças. A aplicação das curvas é simples, como mostra o exemplo a seguir.

Exemplo:

Qual a distância Jominy equivalente ao centro de uma barra cilíndrica, com diâmetro de 2", temperada em água sem agitação? (Isto é, qual ponto do corpo-de-prova Jominy tem uma curva de resfriamento equivalente ao centro da barra citada?):

Solução:

- A tempera em água corresponde a uma severidade de têmpera H = 1 (conforme Tabela 6.5).
- Consultando-se a Figura 6.30, aplicável a posição centro da barra, buscamos a interseção da linha corresponde a H = 1 e ∅= 2" (no eixo vertical). Este ponto, na Figura 6.30, corresponde à posição aproximada 15/32" de distância da extremidade temperada no ensaio Jominy (eixo horizontal).
- Como os pontos no ensaio Jominy são espaçados de 1/16", a resposta é entre 7/16" e 8/16".

Assim, se desejarmos uma determinada dureza (ou estrutura) no centro de uma barra cilíndrica ∅ 2", após têmpera em água, devemos procurar um aço que atinja esta dureza (estrutura) no ensaio Jominy, a 15/32" da extremidade temperada. É claro, portanto, que, se desejarmos selecionar aços utilizando esse sistema, precisamos dispor de levantamentos de curvas Jominy para a maior quantidade possível de aços. Essas curvas são apresentadas no Apêndice, no final do livro.

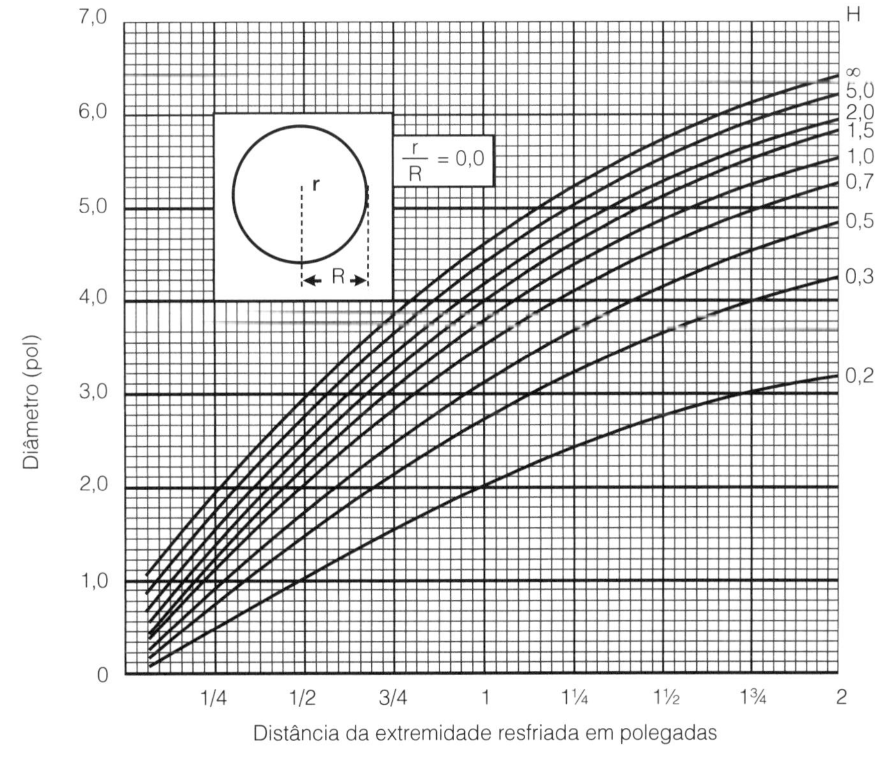

Figura 6.30 Correspondência Jominy-centro de barras temperadas. Adaptada de [90].

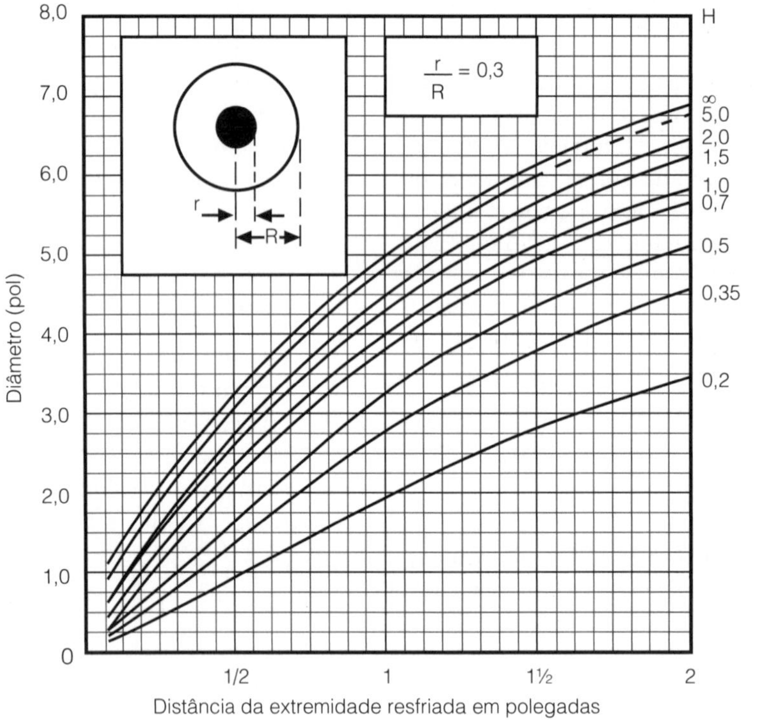

Figura 6.31 Correspondência Jominy – 30% do raio de barras temperadas. Adaptada de [90].

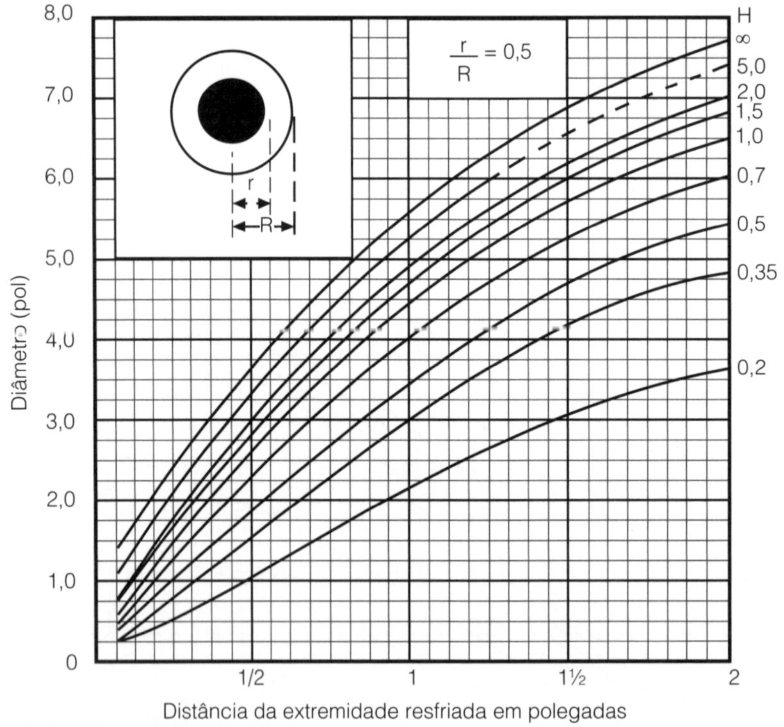

Figura 6.32 Correspondência Jominy – 50% do raio de barras temperadas. Adaptada de [90].

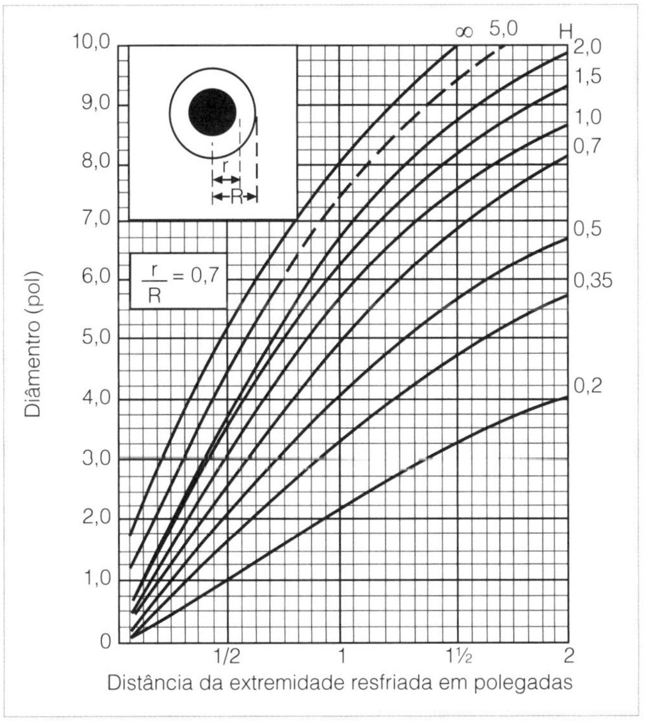

Figura 6.33 Correspondência Jominy – 70% do raio de barras temperadas. Adaptada de [90].

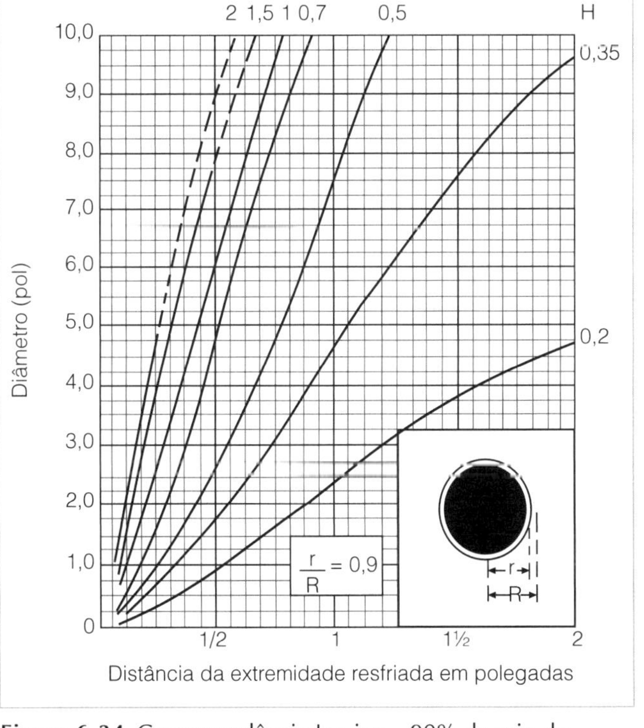

Figura 6.34 Correspondência Jominy – 90% do raio de barras temperadas. Adaptada de [90].

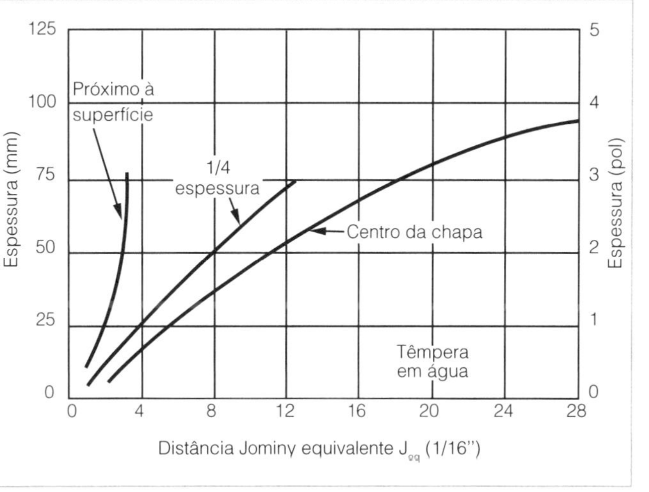

Figura 6.35 Correspondência Jominy – chapas temperadas em água [46].

Quando a geometria não é cilíndrica, aproximações se fazem necessárias. Por vezes são encontradas correlações de forma gráfica, como a apresentada na Figura 6.35. De forma geral, a prática usual é calcular o chamado "diâmetro equivalente" em função das dimensões e da forma da peça de modo a transformar o problema em um problema equivalente, envolvendo barra cilíndrica. A Tabela 6.6 apresenta algumas fórmulas simplificadas para cálculo do diâmetro equivalente. Valores mais precisos, e para outras geometrias, podem ser obtidos empregando a norma BS 5046 [91].

Tabela 6.6 Fórmulas para cálculo do "diâmetro equivalente" para geometrias simples

Forma geométrica			Diâmetro equivalente D_{eq}
Cilindro	Ø > 1,5 L		1,5 L
	Ø ≤1,5 L		Ø
Placa			1,5 menor dimensão
Corpos ocos (anéis etc.)	L ≤ t		1,5 L
	L > t	L < Ø interno	1,5 t
		L ≥ Ø interno	2 t
	Corpos muito longos se comportam como barras		Ø externo

L = comprimento, t = espessura Ø = diâmetro

6.8.2.9 Exemplos de seleção por temperabilidade

Exemplos auxiliam na compreensão do método de seleção de aços para construção mecânica por meio da temperabilidade.

Exemplo 1: Selecionar um aço para um eixo cilíndrico de 57 mm de diâmetro (2 1/4") submetido à carga axial estática que provoca uma tensão de projeto de 1500 MPa (já incluído fator de segurança). Considerar que a peça deve ter pouco empeno no tratamento térmico.

Um eixo solicitado à tração deve ter resistência garantida em toda a seção transversal. Portanto, devemos garantir a resistência de 1500 MPa na posição de resfriamento mais lento: no centro do eixo. Pela Figura 6.24, obtém-se a dureza correspondente a esta resistência, na peça pronta, de 440 HB ou 46 HRC. A Figura 6.27 indica uma dureza mínima recomendada de 53 HRC após a têmpera, para se atingir 45 HRC após o revenimento.

Considerando-se que esta solicitação é razoavelmente elevada e assumindo-se que se trata de uma peça de elevada responsabilidade, é desejável termos 90% de martensita no centro da peça. A Figura 6.26 indica um teor de carbono necessário de aproximadamente 0,45%. Apesar de a peça ser de forma simples, sua dimensão já é algo elevada, de modo que um meio de têmpera não muito drástico é recomendável. Nesse exemplo, escolheremos óleo agitado para a têmpera, com severidade H = 0,5.

Consultando-se a Figura 6.30 para 2 1/4" e H = 0,5, temos a distância Jominy equivalente ao centro do eixo de 23/32" (isto é, 11,5×1/16").

Nesse ponto, têm-se todas as informações necessárias para escolher um aço, com base nas curvas Jominy: é necessário um aço com dureza mínima de 53 HRC no ponto 11,5×1/16" da curva Jominy. É recomendável empregar-se o mínimo da faixa para garantir que serão obtidas as propriedades, mesmo com as oscilações permissíveis de composição, tamanho de grão etc.

Observando-se as curvas do Apêndice I, vemos que os seguintes aços atingem o valor desejado: 4150 H, 4147 H, 4340 H e 9850 H. É importante notar que as faixas de dureza fornecidas no Apêndice são para os aços H, de temperabilidade assegurada. No caso dos aços ABNT, fabricados para atender apenas aos limites de composição, pode-se antecipar uma dispersão maior na temperabilidade. Entretanto, avaliações mostraram [46] que mais de 90% das barras produzidas para atender aos limites de composição atendem também às exigências de temperabilidade.

A escolha entre os quatro aços possíveis leva em conta os fatores custo e disponibilidade. Enquanto o aço 4340 é um material que pode ser sempre encontrado em estoque, o 4150 terá, possivelmente, custo inferior, por não conter níquel.

Selecionado um aço (p. ex.: ABNT 4340), precisamos de um critério para determinar se o tratamento térmico foi executado corretamente, para controle de produção. O controle usual, no tratamento térmico, é a dureza medida na superfície da peça. Assim, para ∅ = 2 1/4" e H = 0,5, a Figura 6.34 indica que 7/16" é a distância Jominy correspondente à posição 90% do raio. Na curva Jominy do 4340, temos a faixa de dureza da superfície, após têmpera de 53 a 60 HRC correspondendo à dureza de 53 HRC no centro do eixo.

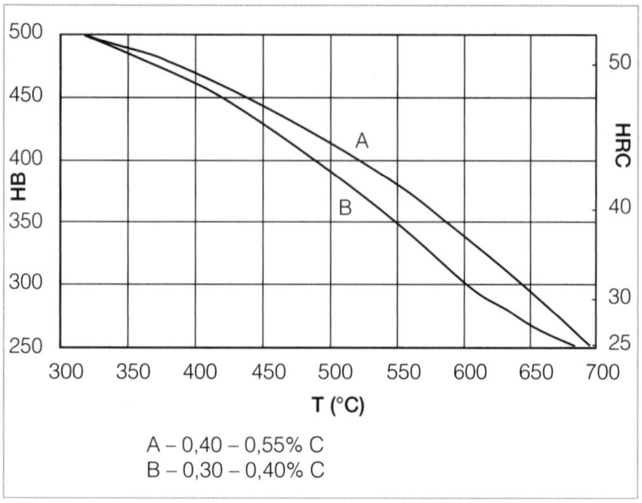

Figura 6.36 Efeito da temperatura de revenido sobre a dureza de aços. Tempo de tratamento: 1 a 2 horas [92].

Assim, o tratamento térmico indicado será:

Austenitização a 840 °C, têmpera em óleo agitado, e revenimento a 450 °C (Figura 6.36). Os parâmetros de revenimento devem ser ajustados até se obter a dureza desejada, como discutido no próximo item.

Exemplo 2: Um eixo de ∅ 44,45 mm (1 3/4") e 1050 mm de comprimento é necessário em uma máquina. A análise dos esforços indica que as tensões máximas decorrentes da torção serão de 180 MPa e da flexão serão de 560 MPa. Sem levar em conta a fadiga, verifique se o aço 4140 H, disponível em estoque, pode ser empregado nesse caso.

Como o esforço de torção é bastante inferior ao de flexão nesse caso, a análise pode ser baseada nos esforços de flexão. Como o eixo estará principalmente solicitado à flexão e a solicitação não é muito elevada, 80% de martensita a 3/4 do raio devem ser suficientes. Como o teor de carbono mínimo do 4140 H é 0,37%, verifica-se, na Figura 6.26 a dureza obtida com 80% martensita: 45 HRC.

Para se obter uma resistência de 1120 MPa (coeficiente de segurança = 2), necessita-se de aproximadamente 325 HB ou 36 HRC após o revenimento (Figura 6.24).

Pela Figura 6.27, verifica-se que 45 HRC após a têmpera é suficiente para se atingir 36 HRC após o revenimento. Resta agora verificar se, com um meio de têmpera pouco drástico (exemplo: óleo agitado, para evitar empeno do eixo), o aço 4140 H atingirá 45 HRC a 3/4 do raio do eixo.

Observando-se a curva Jominy do aço 4140 H, nota-se que, para distâncias inferiores a 9/16" da extremidade resfriada, obtém-se dureza superior a 45 HRC.

Na Figura 6.33, verifica-se que a posição 9/16", com H = 0,5, corresponde a um diâmetro de 2 1/4", superior ao da peça em questão. Logo, o eixo de aço 4140 H, com ∅ 1 3/4", temperado em óleo agitado, atingirá a resistência desejada.

No caso de ser prevista usinagem posterior ao tratamento térmico, é importante levar em conta a espessura da camada removida.

6.8.3 PARÂMETROS DE REVENIDO

O revenimento promove alterações metalúrgicas e alívio das tensões da tempera (Capítulo 3).

Os principais parâmetros a considerar na definição do tratamento de revenido são:

a) temperatura;

b) tempo;

c) velocidade de resfriamento a partir da temperatura de revenimento.

A seleção da temperatura de revenimento é baseada, principalmente, na dureza (ou resistência mecânica) desejada após o tratamento. As faixas de temperatura, em que fenômenos de fragilização (Capítulo 3, Fragilidade de Revenido e próximo item) podem ocorrer, devem ser evitadas. Para os aços usuais de construção mecânica, deve-se evitar a faixa de 230 a 370 °C, quando se deseja boa tenacidade.

O tempo necessário para o tratamento de revenido está ligado principalmente à difusão do carbono e, parcialmente, de alguns elementos de liga, como visto no Capítulo 3. Nos segundos iniciais do tratamento, mudanças de dureza rápidas são observadas. Essa característica é empregada, por exemplo, no processo de revenimento por indução. O controle preciso dos parâmetros tempo e temperatura é essencial para a obtenção de propriedades consistentes.

A variação das propriedades na faixa entre 1 e 2 horas de tempo de manutenção à temperatura de revenido é relativamente baixa. Em geral, essa é a faixa de tempo de duração adotada para o revenimento de aços para construção mecânica.

Como o revenimento é um fenômeno termicamente ativado, o efeito comparativo de tempo e temperatura pode ser obtido por meio de análises baseadas na equação de Arrhenius. Hollomon e Jaffe [93] desenvolveram um parâmetro para avaliar o efeito combinado do tempo e temperatura sobre a dureza no revenido. Combinações de tempo (h) e temperatura (K) que resultem no mesmo valor do parâmetro produzem o mesmo efeito de revenimento no aço.

$$P = T\left(C + \log(t)\right) \qquad \text{(Eq. 6.6)}$$

Em que:

P = é o parâmetro de Hollomon-Jaffe

T = é a temperatura em K

C = é uma constante, usualmente, 20.

6.8.4 FRAGILIZAÇÃO EM AÇOS TEMPERADOS E REVENIDOS

Como discutido no Capítulo 3, várias transformações ocorrem durante o revenido. É comum tentar classificá-las pela faixa de temperatura, como no Capítulo 3 e em [94]. Essas transformações, na maioria dos casos, causam efeitos monotônicos na dureza e nas propriedades medidas no ensaio de tração. A resistência diminui e a ductilidade aumenta com o aumento da temperatura de revenimento. Entretanto, a tenacidade tem um comportamento complexo devido aos vários fenômenos que ocorrem no revenido. Essas variações são apresentadas, para o aço ABNT 4340 na Figura 6.37. De forma geral, revenidos a temperaturas inferiores a 400 °C somente devem ser empregados quando se conhece bem o comportamento da tenacidade do aço nesta faixa. Além disso, para alguns aços mais ligados (como o 2,25Cr1Mo), os aquecimentos resfriamentos lentos na faixa de 500 a 600 °C podem levar à fragilização, como será discutido adiante. Assim, é especialmente importante estar atento aos fenômenos de fragilização que podem ocorrer no revenimento.

Krauss [96] apresenta três fenômenos importantes a serem considerados na fragilização, todos ligados:

a) Fragilização na têmpera (*quench embrittlement*)

b) Fragilização da martensita revenida (*tempered-martensite embrittlement*)

c) Fragilidade de revenido (*temper embrittlement*)

Todos esses fenômenos estão associados, de alguma forma, com fratura intergranular ao longo dos contornos de grão austeníticos prévios, embora precipitados possam interferir no processo.

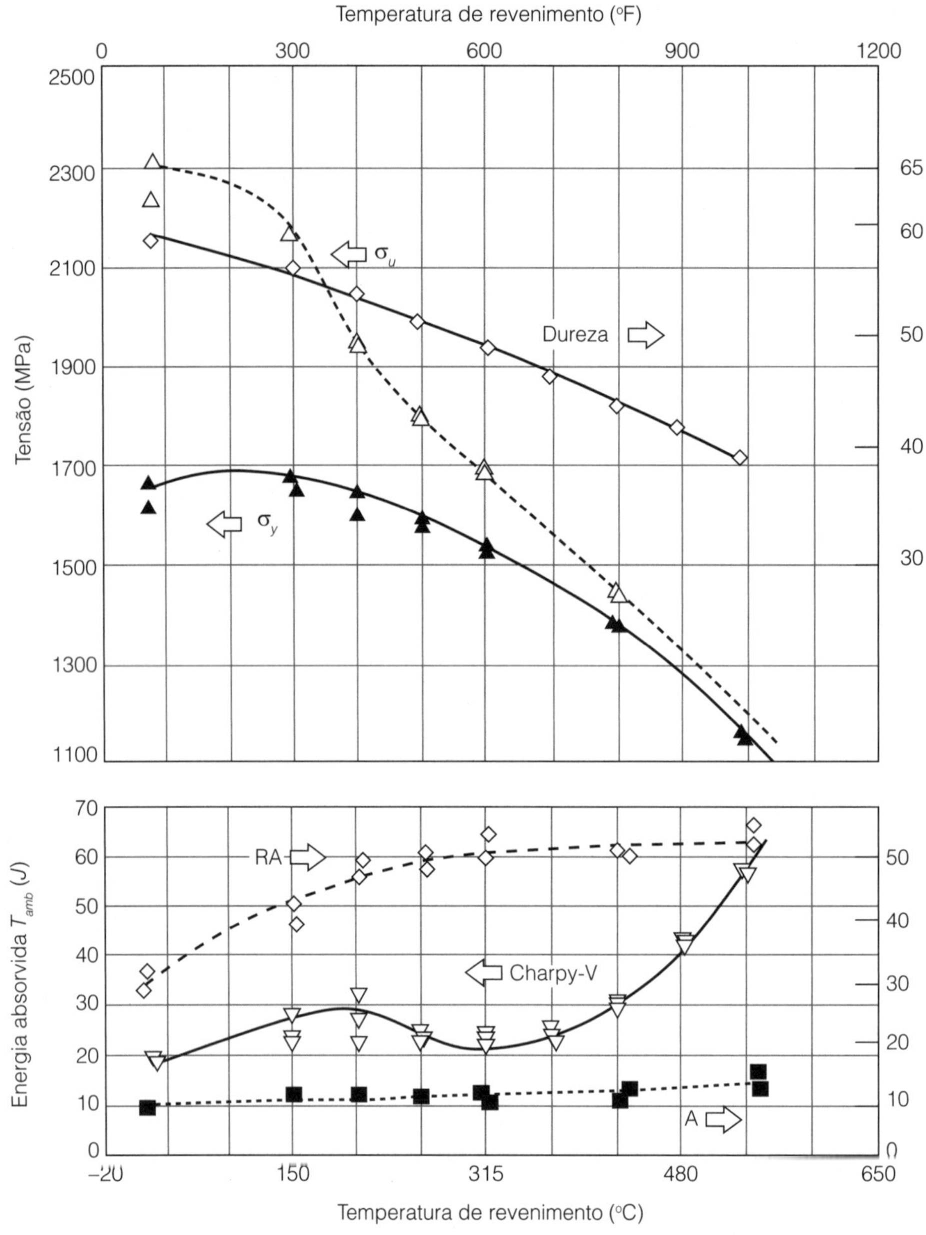

Figura 6.37 Efeito da temperatura de revenimento sobre as propriedades do aço AISI 4340. Propriedades medidas no ensaio de tração (limite de ruptura, limite de escoamento, alongamento e redução de área), dureza e energia absorvida no ensaio de impacto a temperatura ambiente (Charpy-V). Adaptada de [95].

6.8.4.1 Fragilização na têmpera

A característica importante da fragilização na têmpera é não depender do revenimento para ocorrer. Os aços com mais de cerca de 0,5% C são mais sensíveis ao fenômeno, que ocorre pela combinação dos teores de C e P no aço. Aparentemente, a segregação de P e a formação de finas partículas de cementita nos contornos de grão austeníticos prévios são as causas da fragilização [97] que ocorre já no material como temperado (Figura 6.38).

O fenômeno está associado à segregação do P para o contorno de grão austenítico durante a austenitização [98,99]. Krauss et al. [96,97] propuseram que, além da fragilização causada pelo fósforo, o enriquecimento em P pode afetar a solubilidade do carbono na austenita e fomentar a precipitação de cementita fina, que também é observada na fratura dos aços nesta condição. As temperaturas normais de austenitização desses aços tendem a prevenir a ocorrência desse fenômeno, em aços com teores de P controlado. O uso de B, que segrega mais fortemente e evita a segregação do P para os contornos de grão [99,100] pode ser um remédio efetivo. O aumento da aplicação de aços com boro, como 51B60 e 61B50 em vez dos aços convencionais 5160 e 6150 em molas, pode ser parcialmente explicado por este motivo.

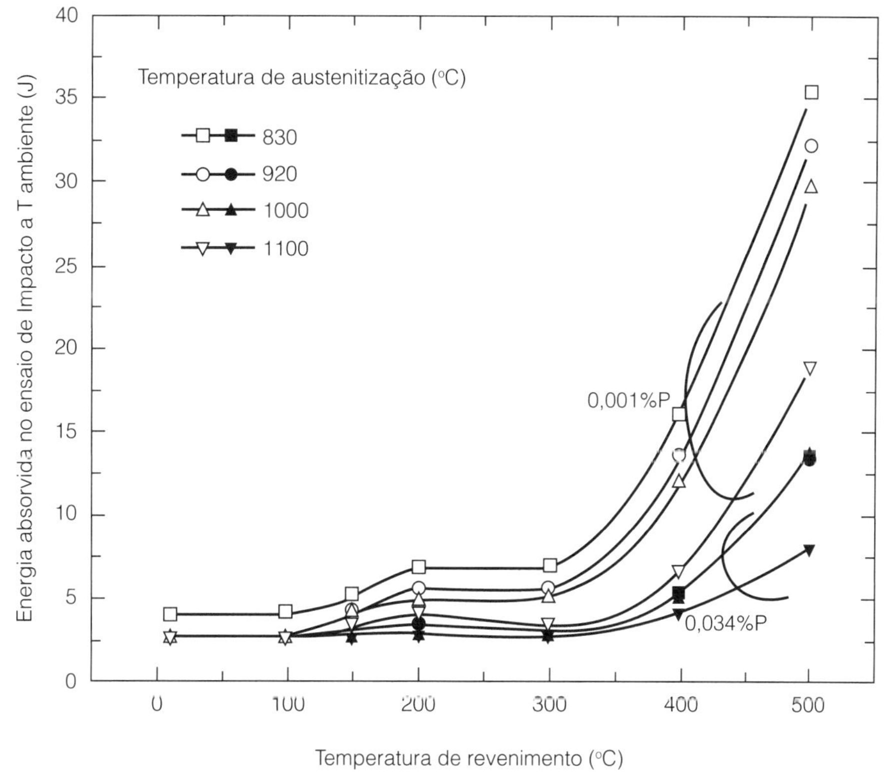

Figura 6.38 Energia absorvida no ensaio de Charpy à temperatura ambiente, em função da condição de revenimento, para o aço 5160, com dois diferentes teores de P e austenitizado a diferentes temperaturas. Adaptado de [97].

6.8.4.2 Fragilização da martensita revenida (tempered-martensite embrittlement)

Na Figura 6.37 observa-se uma faixa de resistências extremamente elevadas, quando o aço 4340 é revenido a temperaturas na faixa de 200 a 400 °C. Entretanto, o revenido nesta faixa de temperaturas é acompanhado por baixa energia absorvida no ensaio de impacto, como mostra a mesma Figura. Este revenido diminui a tenacidade à fratura, mesmo em carregamento mais lento do que no ensaio de impacto [96]. O aspecto da fratura, nestas condições de revenido, pode ser intergranular, de clivagem ou dúctil, dependendo da superposição de efeitos negativos do P, principalmente. Esse fenômeno é atribuído à precipitação de cementita nos estágios iniciais revenimento [96]. A decomposição da austenita retida pode ser, também um fator relevante. Para evitar a formação da cementita nos estágios iniciais do revenimento, o aço 300M foi desenvolvido a partir do 4340, com um teor de silício bem mais elevado, entre 1,5 e 1,8%. Acredita-se que o efeito do silício esteja associado à sua baixíssima solubilidade na cementita. Assim, para que a cementita se formasse, seria necessário que o silício se difundisse, saindo da região onde este carboneto se formaria. As temperaturas em questão são baixas demais para a difusão do silício, entretanto. Os resultados de Euser et al. [101], apresentados na Figura 6.39, confirmam essas hipóteses.

O fenômeno é mais grave para teores de P mais elevados como notado por [102].

6.8.4.3 Fragilização de revenido

Além da perda de tenacidade citada anteriormente, a fragilidade de revenido, também caracterizada por redução de tenacidade, pode ocorrer em aços mantidos por longo tempo na faixa de 375 a 575 °C. Esse fenômeno é atribuído à fragilização associada a residuais como fósforo, estanho, antimônio e arsênio. Esses elementos segregam para os contornos de grão austeníticos prévios, causando fragilização. Alguns elementos de liga agravam o problema, outros mitigam. O resfriamento rápido após o revenimento a temperaturas superiores a 575 °C pode ser uma maneira efetiva de evitar a ocorrência desse fenômeno, em especial em peças de maiores dimensões. O risco da ocorrência desse fenômeno é maior em forjados de grandes dimensões e em soldas de grande espessura que podem requerer tratamentos de revenimento ou de alívio de tensões a temperaturas nas faixas envolvidas por longo tempo. Embora o Mo colabore para reduzir o problema, não o elimina. O fenômeno normalmente é reversível e há exemplos de correção de desvios por retratamento fora da faixa crítica seguida por resfriamento que evite a nova fragilização [103].

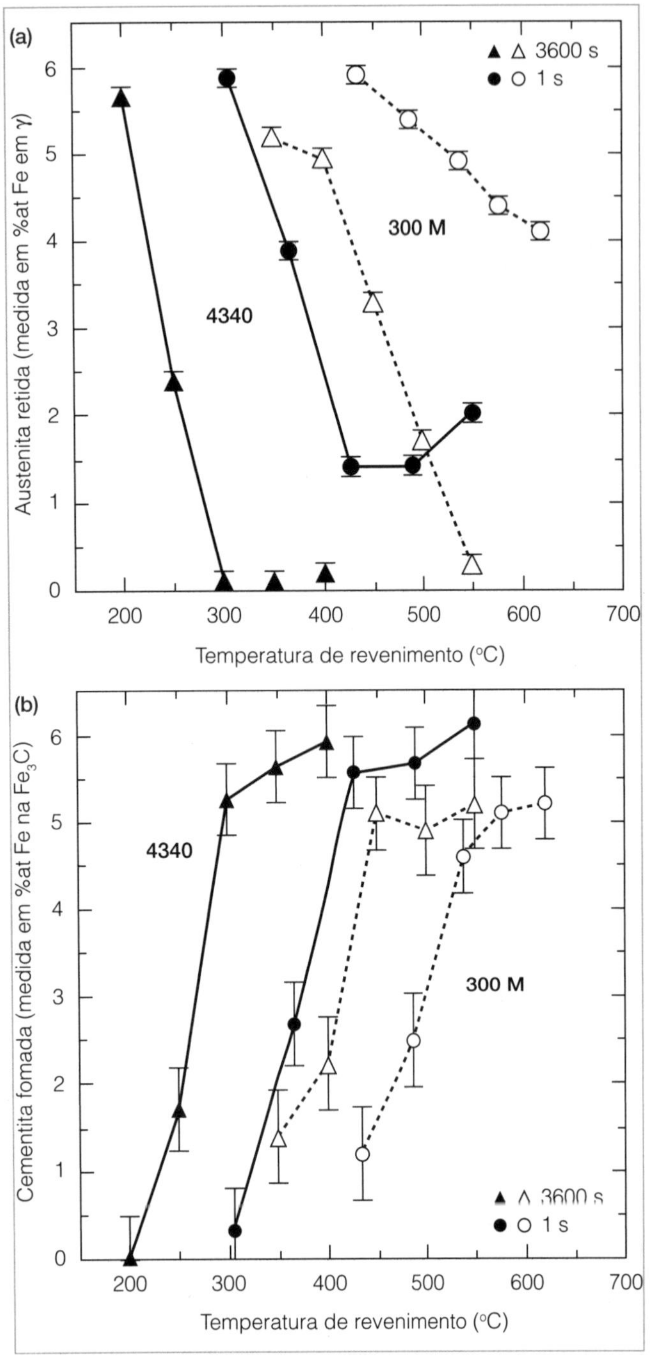

Figura 6.39 (a) Austenita retida e (b) cementita em função da temperatura de revenimento (revenimentos realizados por 1 s e por 3600 s, como indicado) para 4340 e 300M. Adaptada de [101].

O problema é bastante conhecido, porém ainda requer bastante atenção. Para o aço F22 (2,25Cr1Mo), por exemplo, fórmulas empíricas foram desenvolvidas para quantificar a tendência à fragilização. O limite para o fator de Watanabe (Equação 6.7), sugerido na literatura para evitar a fragilização de revenimento (ou no alívio de tensões), era de 150-200, no máximo, na década de 1980 [105,106]. Como o processo é termicamente ativado, quanto menor, melhor. Outro fator desenvolvido é o fator de Bruscato [107-109], (Equação 6.8) com um limite máximo de 20, para prevenir a fragilização do aço F22. O fator de Bruscato é mais aplicado em soldas.

$$J = (\%Mn + \%Si)(\%P + \%As) \times 10^4 \qquad \text{(Eq. 6.7)}$$

$$X = \frac{10 \times \text{ppm P} + 5 \times \text{ppm Sb} + 4 \times \text{ppm Sn} + \text{ppm As}}{100} \qquad \text{(Eq. 6.8)}$$

Além do controle dos residuais, o ajuste preciso da composição química do aço é muito importante para reduzir a fragilidade de revenido. Há extensa literatura no caso do F22 e similares, desde a década de 1980 [110,111].

6.8.5 FADIGA

No projeto de peças sujeitas à fadiga, deve-se corrigir os valores de resistência calculados considerando-se o limite de fadiga (p. ex.: veja [112]). Aços com durezas moderadas apresentam, na prática, limite de fadiga definido, que pode ser estimado a partir da dureza (ver Figura 6.41).

Determinado o limite de fadiga da peça, pode-se proceder à seleção como visto anteriormente, observando-se os seguintes aspectos:

- Estruturas de mais de 90% de martensita apresentam os melhores resultados quanto à fadiga.
- Aços com menor quantidade e distribuição uniforme de inclusões não-metálicas (p. ex.: aços refundidos por ESR) apresentam resistência mais elevada à fadiga, em geral.
- A têmpera drástica, que pode introduzir microtrincas, deve ser evitada.
- A descarbonetação superficial pode reduzir em mais de 25% a resistência à fadiga. Tratamentos de endurecimento superficial são, em geral, benéficos para a resistência à fadiga.

Como ordem de grandeza, para aços com HB < 400, o limite de resistência à fadiga no ensaio de flexão rotativa situa-se, aproximadamente, em 50% da resistência à tração. A Figura 6.41 mostra a relação entre dureza e o limite de resistência à fadiga para diversos aços em diversas condições de tratamento térmico, confirmando essa observação [113,114]. Com o aumento da dureza, a relação entre dureza e resistência à fadiga deixa de ser válida, como se observa na Figura 6.41. Isso ocorre porque, à medida que a resistência do aço aumenta e, consequentemente, o tamanho do defeito crítico para iniciar a falha por fadiga diminui, o papel das inclusões não-metálicas se torna cada vez mais importante. Para durezas elevadas, correlações que não levam em conta o nível de inclusões não-metálicas não são efetivas (ver Capítulo 10).

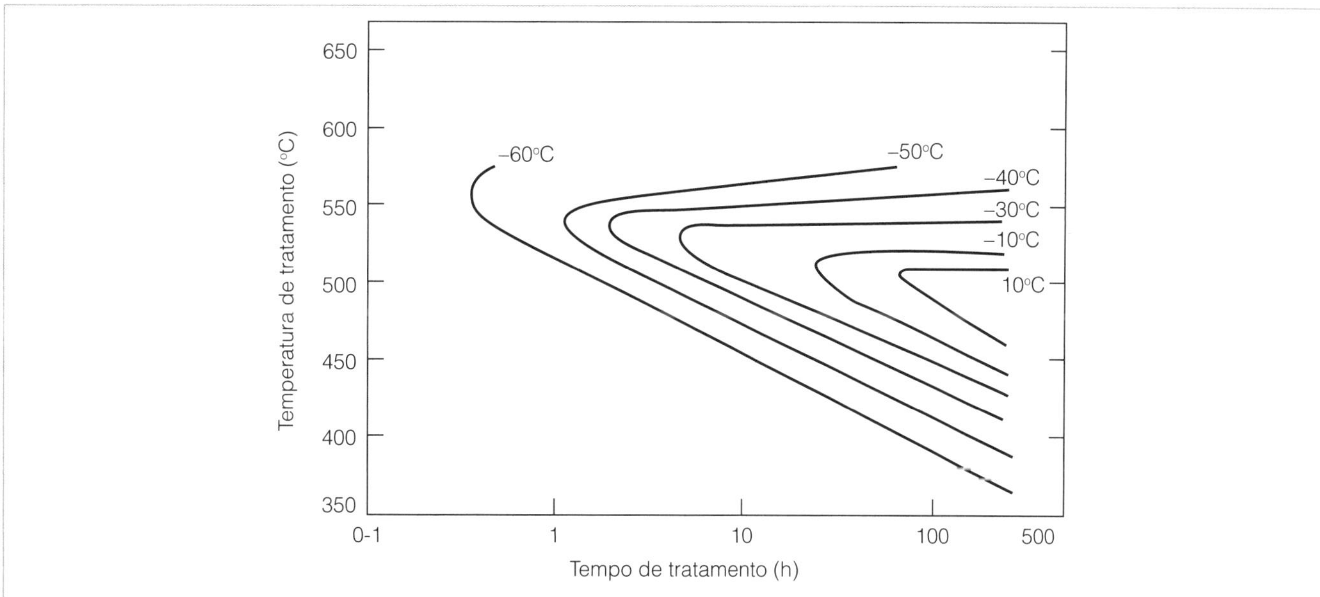

Figura 6.40 Efeito de tratamentos isotérmicos sobre a temperatura de transição dúctil-frágil em aço 3140 (composição 0-40% C, 0-80% Mn, 0-60% Cr, 1 -25% Ni), temperado de 900C antes dos tratamentos. Adaptada dos dados de [104].

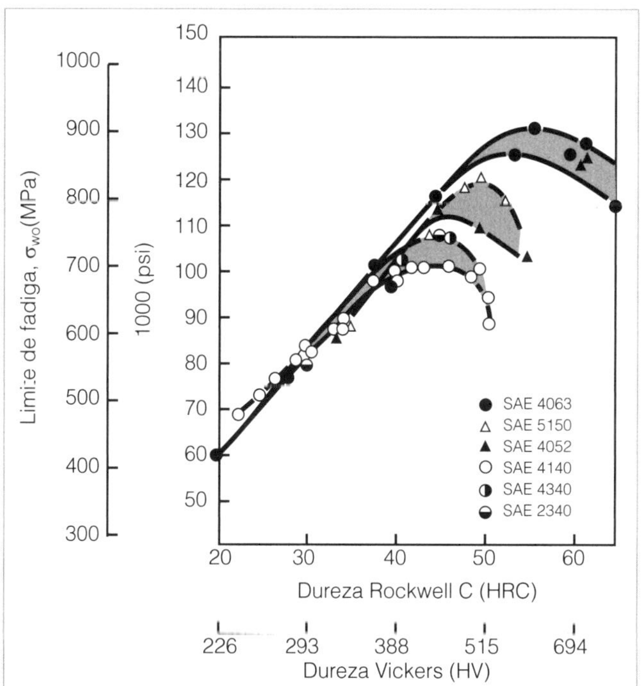

Figura 6.41 Correlação entre a dureza e o limite de fadiga para aços. Uma boa correlação com a dureza é mantida até cerca de 45 HRC. Acima dessa dureza, a correlação deve levar em conta a quantidade e o tamanho das inclusões não-metálicas, como demonstrado por Murakami et al. [113].

6.8.6 OUTROS MÉTODOS DE SELEÇÃO DE AÇOS PARA CONSTRUÇÃO MECÂNICA

A seleção com base em curvas Jominy é limitada em dois aspectos: a) o ensaio Jominy simula uma faixa de velocidades de resfriamento. Em diversas aplicações modernas, é necessário prever a temperabilidade e, consequentemente, a velocidade de resfriamento em peças e posições que resfriam mais lentamente do que o previsto pelo ensaio Jominy; e b) o método baseia-se no conhecimento *a priori* da temperabilidade de determinado aço, não sendo útil, portanto, para o projeto de ligas e melhoria de composição química para determinada aplicação.

Embora considerável esforço venha sendo dedicado ao modelamento de transformações de fase em aços nas últimas décadas [44,115-117] ainda não é possível realizar previsões de temperabilidade suficientemente precisas a partir da teoria das transformações de fases. As principais causas dessa limitação estão associadas principalmente à dificuldade de modelar os fenômenos de nucleação e crescimento e, em especial, as transformações para estruturas como ferrita acicular e bainita [118-121]. O módulo Steel Library do Thermo-Calc [122] emprega modelos fundamentais de transformação de fases [123-127] para fazer previsões de curvas de transformação, enquanto o módulo PRISMA emprega a teoria clássica de nucleação, crescimento e precipitação para prever o comportamento de precipitados [128]. Em 2020, ainda há dificuldades na previsão, a partir de fundamentos, do comportamento dos aços, embora os resultados sejam cada vez mais promissores (p. ex.: [129]). O software JMatPro [130] emprega uma combinação de equações fenomenológicas e parâmetros semiempíricos.

Modelos semiempíricos [88,131], entretanto, têm tido grande sucesso em realizar previsões bastante precisas por interpolação das propriedades de aços beneficiados. Embora existam diversos modelos, inclusive disponíveis comercialmente, o princípio de operação dos modelos não difere muito. Assim como no caso das curvas Jominy, os modelos têm uma porção metalúrgica e uma parte que trata da transmissão de calor.

Em geral, a primeira parte do modelo metalúrgico consiste em correlacionar estatisticamente as velocidades críticas das curvas de resfriamento contínuo (CCT) de uma grande quantidade de aços com a composição química e um parâmetro que descreva o efeito do tempo e da temperatura no tamanho do grão austenítico. A segunda informação importante é obter uma correlação da dureza das diferentes fases ou constituintes do aço com sua composição química e um parâmetro que descreva o efeito do tempo e da temperatura de revenimento. É necessário ter acoplado um modelo de transmissão de calor que permita prever a velocidade de resfriamento em diferentes pontos de peças de diferentes geometrias, em função das dimensões e do meio de resfriamento.

A Figura 6.42 mostra, esquematicamente, o fluxograma básico de um modelo desse tipo. Conhecida a composição química e os parâmetros de austenitização e a velocidade de resfriamento, o modelo calcula, com base no modelo metalúrgico das curvas CCT, a fração volumétrica de cada constituinte da microestrutura. Estabelecidos os parâmetros de revenimento, o modelo calcula a dureza de cada uma das fases, bem como a dureza do aço. Correlações mais ou menos sofisticadas são empregadas para calcular as propriedades mecânicas do aço em função do conhecimento da dureza e fração de cada fase presente na microestrutura. No *site* www.blucher.com.br, há uma demonstração de um desses modelos e mais detalhes sobre sua implementação.

Esses métodos têm como vantagem serem aplicáveis, com sucesso, a aços de temperabilidade muito baixa (p. ex.: como aços ARBL e aços para caldeiras e vasos de pressão). Entretanto, como são baseados em métodos empíricos, não é recomendada a extrapolação para faixas de composição química não cobertas pelo modelo. Programas comerciais como SteCal (132), da ASM e similares, são bastante utilizados na indústria.

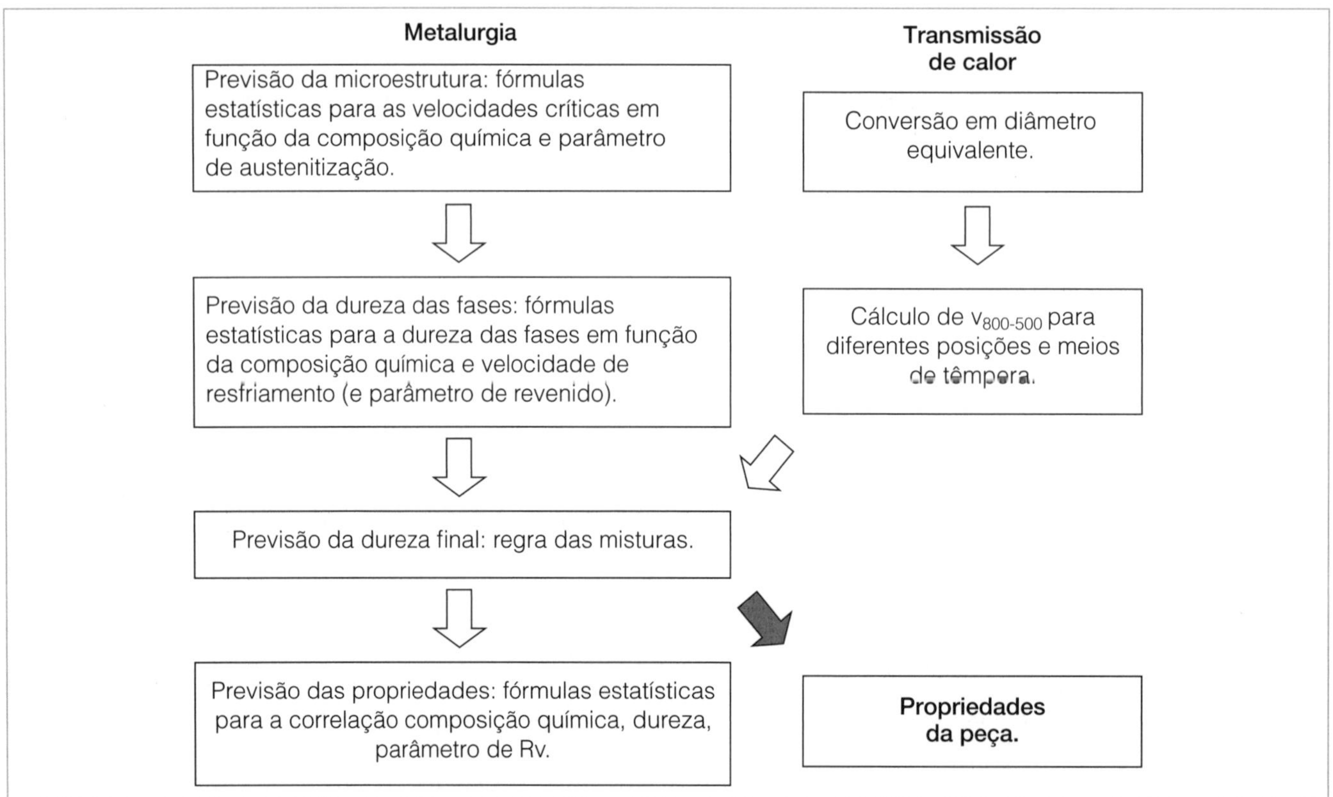

Figura 6.42 Fluxograma básico de um programa de cálculo de propriedades mecânicas de aços em função da temperabilidade ($V_{800-500}$ é a velocidade de resfriamento média nessa faixa de temperatura).

6.9 AÇOS DE ULTRA-ALTA RESISTÊNCIA

O desenvolvimento da indústria aeronáutica e aeroespacial criou a demanda para aços de ultra-alta resistência, com tensão de escoamento superior a 1380 MPa (200KSI), tenacidade, resistência à fadiga e soldabilidade aceitável.

Esses aços são empregados na indústria aeroespacial em fixadores de alta resistência, carcaças de motores e mísseis, estruturas de trens de aterrissagem etc., em que a relação resistência/peso é fundamental na seleção.

Com os avanços na indústria off-shore de petróleo, AISI 4340 refundido, tratado para resistências elevadas, embora inferiores a 1380 MPa, tem sido aplicado em colunas de perfuração conforme a norma API 7-1 [133] em virtude das elevadas solicitações desta aplicação. Há, assim, algumas aplicações importantes de aços para a construção mecânica em ultra-alta resistência e em resistências intermediárias. Como discutido no início do capítulo, as classificações de aços são frequentemente arbitrárias.

Como discutido na seção sobre os aços para construção mecânica, a resistência mecânica de aços com estrutura martensítica depende, fundamentalmente, do teor de carbono. Em função das propriedades desejadas (tenacidade, soldabilidade etc.), entretanto, o teor carbono deve ser mantido o mais baixo possível nesses aços.

Pode-se então atingir ultra-alta resistência com:

a) Revenimento a temperaturas baixas (até 350 °C).

b) Aços que apresentam endurecimento secundário.

Aços para construção mecânica revenidos abaixo de 250 °C podem ter ductilidade e tenacidade baixas, em função do revenimento insuficiente da martensita.

A faixa ideal de revenimento para as propriedades desejadas de aços com ultra-alta resistência de 0,3 a 0,4% C é entre 250 e 300 °C [31], uma vez que, acima de 350 °C, aproximadamente, os valores de resistência não satisfazem mais os requisitos para essa classificação.

O revenimento entre 250 e 300 °C pode conduzir à fragilização da martensita, como discutido anteriormente. Assim, o fabricante do aço deve ser consultado para verificar as propriedades esperadas.

A partir dessas teorias, observou-se o efeito benéfico do silício e cobalto na alteração da cinética do revenimento, assim como foi quantificado o efeito dos demais elementos neste fenômeno.

Dessa forma, aços de ultra-alta resistência foram desenvolvidos como:

- SAE 4330 ou 4340 modificados com até 1,5% Si (p. ex.: 300M)
- SAE 4137 + Co
- Etc.

Evidentemente, os teores de fósforo (ver Figura 6. 43), enxofre e outros residuais devem ser mantidos extremamente baixos, assim como se deve controlar a quantidade e a forma das inclusões não-metálicas, se resultados de tenacidade e fadiga satisfatórios são desejados. As melhores propriedades dos aços ultra-alta resistência são aproveitadas quando se tem o máximo de micro e macro homogeneidade, e elevada limpeza interna. Os processos de refusão (como VAR e ESR, Capítulo 9) são altamente recomendados para a produção desses aços. A Figura 6.44 apresenta o efeito da refusão sobre a resistência à propagação de trincas de fadiga no aço 4340 em duas condições de revenimento.

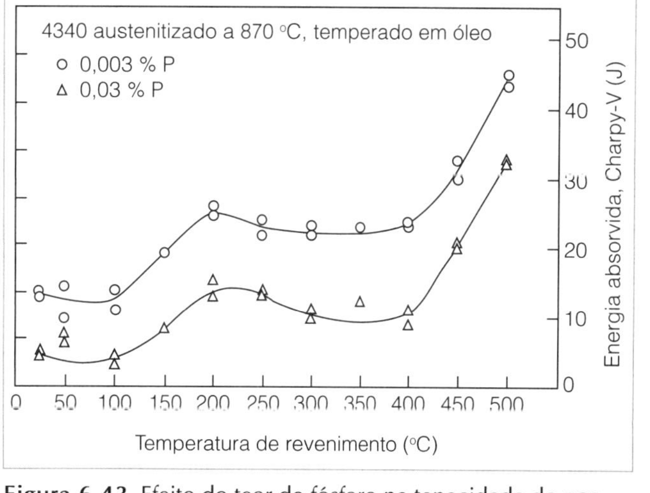

Figura 6.43 Efeito do teor de fósforo na tenacidade do aço 4340, medido por ensaio de impacto Charpy-V à temperatura ambiente. Ver também o item "Fragilização em Aços Temperados e Revenidos" e a Figura 6.38. Adaptada de [102].

O alongamento no ensaio de tração e a tenacidade são também afetados favoravelmente pela refusão, como mostram as Figuras 6.45 e 6.46.

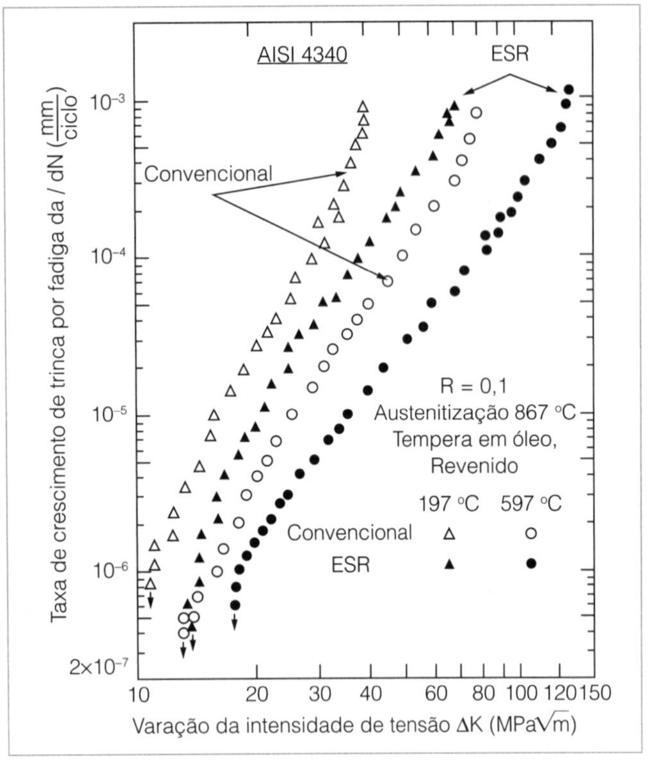

Figura 6.44 Efeito da refusão ESR sobre a resistência à propagação de trinca de fadiga em AISI 4340. O efeito é demonstrado tanto no limite inferior de revenimento (ultra-alta resistência) como na região de revenimento mais convencional. O efeito no $\Delta K_{threshold}$, abaixo do qual não há propagação e a redução da taxa de crescimento são evidentes. Adaptada de [134].

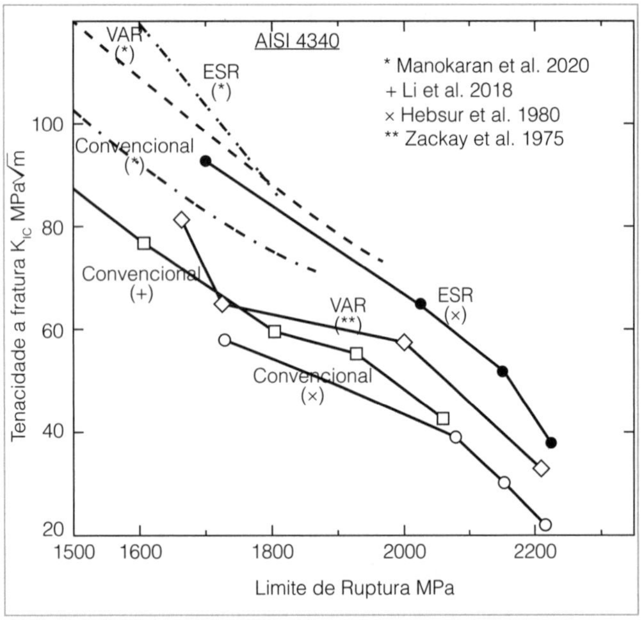

Figura 6.46 Tenacidade à fratura sob temperatura ambiente em função do processo de elaboração e do limite de ruptura (em função da temperatura de revenimento) para AISI 4340 temperado e revenido. Os dados de Manokaran et al. [135] são ajustados por uma regressão, para indicar melhor a tendência observada. As composições químicas e os tratamentos térmicos em cada caso não são idênticos. Os teores de residuais P e S estão apresentados na Tabela 6.7. A tendência de que aço submetido à refusão tenha melhor tenacidade à fratura, para uma mesma resistência, é evidente. Adaptada de [89,134-136].

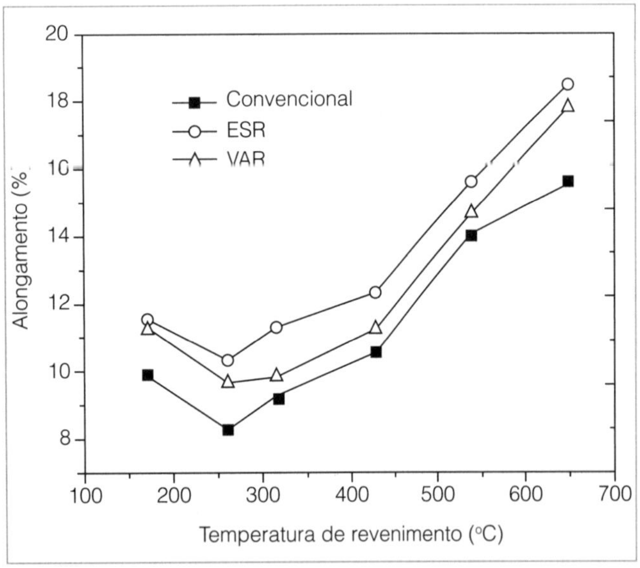

Figura 6.45 Efeito da refusão Electroslag ou VAR (comparado com elaboração convencional, refino em forno panela e desgaseificação a vácuo) e da temperatura de revenimento sobre o alongamento no ensaio de tração do AISI 4340. As diferenças entre o comportamento do material ESR e VAR estão associadas a diferenças de composição química, segundo os autores. Adaptada de [135].

Tabela 6.7 Valores de P e S relatados pelos vários autores para os aços 4340 cujos resultados de propriedades mecânicas são apresentados na Figura 6.46

Autor	Processo	P (%)	S (%)
Zackay 1975 [137]	VAR	0,004	0,010
Manokaran 2020 [135]	Convencional	0,008	0,015
	ESR	0,007	0,003
	VAR	0,007	0,002
Li 2018 [136]		0,009	0,014
Hebsur 1980 [134]	Convencional	0,042	0,025
	ESR	0,040	0,004

O controle de residuais e o emprego da refusão são especialmente importantes em aplicações aeronáuticas em que é comum a necessidade de tenacidade a baixas temperaturas além da alta resistência. Neste caso, o aço SAE 4340 é especificado pelas normas AMS 6414 e AMS 6415.

A complexidade do projeto desses materiais tem sido ideal para demonstrar a eficiência dos métodos de ICME (*Integrated Computational Materials*

Engineering), como no caso do projeto de ligas especiais para trens de pouso de aeronaves aplicadas em navios aeródromos, em que a resistência mecânica e a resistência à corrosão são essenciais [138].

O uso de aços que apresentam endurecimento secundário, como o H11, para fins estruturais, é discutido em conjunto com os aços ferramenta.

6.10 AÇOS PARA CEMENTAÇÃO

Os aços para cementação são de baixo teor de carbono, comuns ou ligados. Como visto no Capítulo 4, a introdução de carbono na superfície visa produzir, após a têmpera, uma superfície de alta dureza e resistência ao desgaste, suportada por um núcleo tenaz. Peças que tipicamente se beneficiam do uso dessa combinação de propriedades são: engrenagens em geral, sem-fins, pinos de pistões, eixos de comando de válvulas, eixos de bombas e outras.

Os aços ao carbono para cementação têm carbono normalmente de 0,08 a 0,25%, sendo o 1020 o mais comum. Atingem até, aproximadamente, 700 MPa de resistência no núcleo. São empregados para pequenas engrenagens para trabalhos leves, pequenos mecanismos, pinos etc., em que a resistência ao desgaste é a característica mais importante.

Quando o empeno não for fator crítico, podem ser usados para peças de até 50 mm de diâmetro, temperados em água. Os aços carbono, quando carbonetados, exigem, em geral, têmpera em água, exceto quando em pequenas dimensões.

Os aços de baixos teores de elementos de liga – séries 31xx, 41xx, 46xx, 51xx, 61xx, 86xx, 87xx e 94xx – apresentam temperabilidade suficiente para serem temperados em óleo, adquirindo, no centro, resistências superiores a 1000 MPa, mantendo bons valores de ductilidade.

Os aços AISI 8620, 9310 e o W.Nr. 1.6587 (similar ao AISI 4820) encontram ampla aplicação em peças de alta responsabilidade, cementadas.

Engrenagens são aplicações típicas de aços para cementação. Os aços empregados mundialmente para engrenagens cementadas são apresentados na Tabela 6.8.

Tobie et al. [139] resumiram os principais requisitos para aços empregados em engrenagens segundo a norma ISO 6336-5 e discutiram os problemas metalúrgicos associados [140]. Assim, a Figura 6.47 reflete parte da complexidade da seleção dos aços para o projeto eficiente de engrenagens. Como os mecanismos de fadiga tanto nas faces dos dentes (*pitting*) como na raiz dos dentes são extremamente importantes para o desempenho das engrenagens, para cada família de aço da. A norma apresenta três níveis de qualidade de material: o grau ML representa o nível mínimo de requisitos; o nível MQ representa requisitos que podem ser atingidos por fabricantes com experiência, a custos moderados e o grau ME representa os requisitos necessários para engrenagens em que os níveis mais elevados de tensões admissíveis são desejados [139]. Para fins de desempenho, além da espessura e do teor de carbono da camada carbonetada (que depende, entre outros fatores, do tamanho da engrenagem) e da dureza do núcleo da peça, devem ser considerados: a) tamanho de grão austenítico para garantir estrutura martensítica fina

Tabela 6.8 Aços comumente empregados em engrenagens cementadas, no mundo. Adaptada de [139]

Aço	Norma	Composição química (%)								Região geográfica
		C	Si	Mn	P	S	Cr	Mo	Ni	
20MnCr5	EN 10084 (1.7147)	0,17	-	1,10	-	-	1,00	-	-	Europa
		0,22	0,40	1,40	0,035	0,035	1,30	-	-	
18CrNiMo7-6	EN 10084 (1.6587)	0,15	-	0,50	-	-	1,50	0,25	1,40	Europa
		0,21	0,40	0,90	0,025	0,035	1,80	0,35	1,70	Brasil
SAE 8620	ASTM A 837	0,18	0,15	0,70	-	-	0,40	0,15	0,40	América do Norte, Brasil
		0,23	0,35	0,90	0,030	0,040	0,60	0,25	0,70	
SAE 9310	ASTM A 837	0,08	0,15	0,45	-	-	1,00	0,08	3,00	
		0,13	0,35	0,65	0,025	0,040	1,40	0,15	3,50	
20CrMnTi	GB T 3077-1999	0,17	0,17	0,80	-	-	1,00	0,00	-	
		0,23	0,37	1,10	0,035	0,035	1,30	0,15	0,30	China
20CrMnMo	GB T 3077-1999	0,17	0,17	0,90	-	-	1,10	0,20	-	
		0,23	0,37	1,20	0,025	0,035	1,40	0,30	0,30	Ti 0,04-0,10
SCM420	JIS G4051	0,18	0,15	0,60	-	-	0,90	0,15	-	Japão
		0,23	0,35	0,85	0,030	0,030	1,20	0,30	-	

[139,140]; b) oxidação intergranular na carbonetação; c) fração volumétrica de austenita retida; e d) limpeza interna – inclusões não-metálicas. Na Europa, o aço 1.6587 é considerado o padrão de referência para a aplicação e usado como base em comparações [139].

Nos processos modernos de cementação, nem sempre a cinética de difusão do carbono durante a etapa de carbonetação é adequada para gerar simultaneamente o teor de carbono superficial e o perfil de carbono desejado na peça. Isso porque os tratamentos devem ser realizados a temperaturas em que não ocorra crescimento excessivo de grão e em que as reações de carbonetação sejam suficientemente rápidas. É comum, na cementação a gás, realizar dois ciclos térmicos: em um primeiro, é empregada a atmosfera que introduz o carbono desejado e, na segunda, há a difusão do carbono no aço para gerar o perfil desejado. O ajuste desses processos nem sempre é fácil e o modelamento matemático é extremamente útil.

Um ciclo de 2 horas e 30 minutos para cementação, em atmosfera carburante, seguido de 5 horas para a difusão, em atmosfera protetora, foi testado por Turpin et al. [141] e comparado com a simulação por termodinâmica computacional. Para fins de testes, os autores prepararam amostras que foram retiradas ao fim do ciclo de cementação, para medidas, e amostras submetidas ao ciclo completo. Os perfis de carbono medidos e simulados são comparados na Figura 6.48.

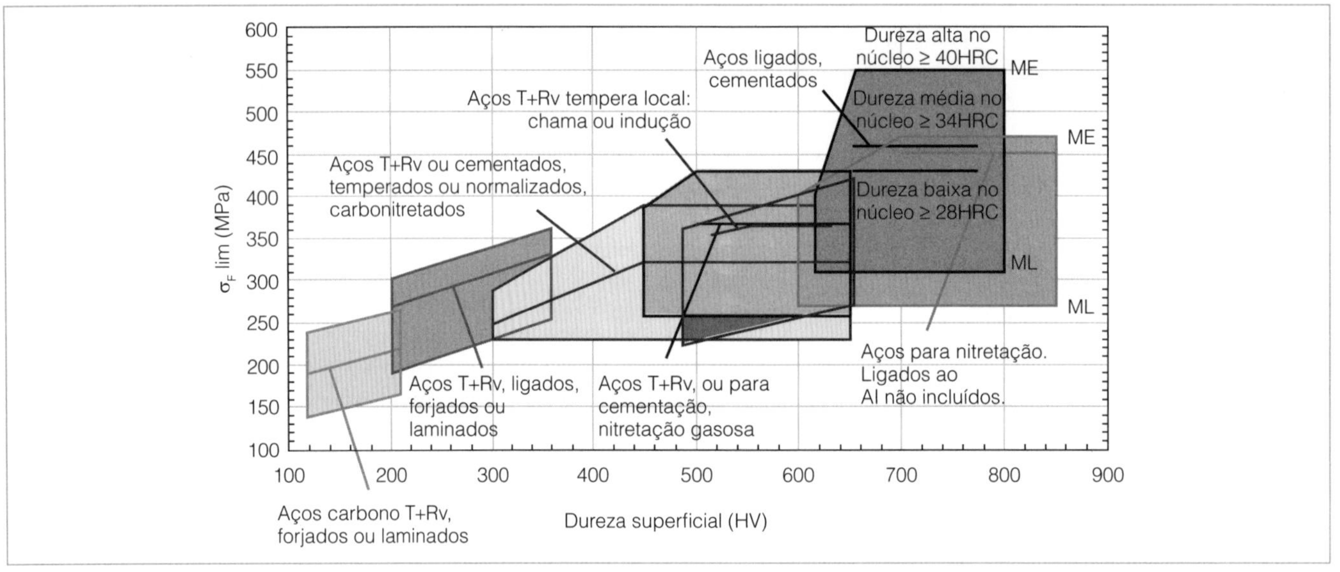

Figura 6.47 Combinações de tensão de flexão admissível na raiz do dente de engrenagem e dureza superficial para cada família de aço/roteiro de fabricação segundo a norma ISO 6336-5. As regiões são limitadas abaixo e acima pelos graus ML e ME (como indicado para duas famílias, na direita do gráfico). Adaptada de [139].

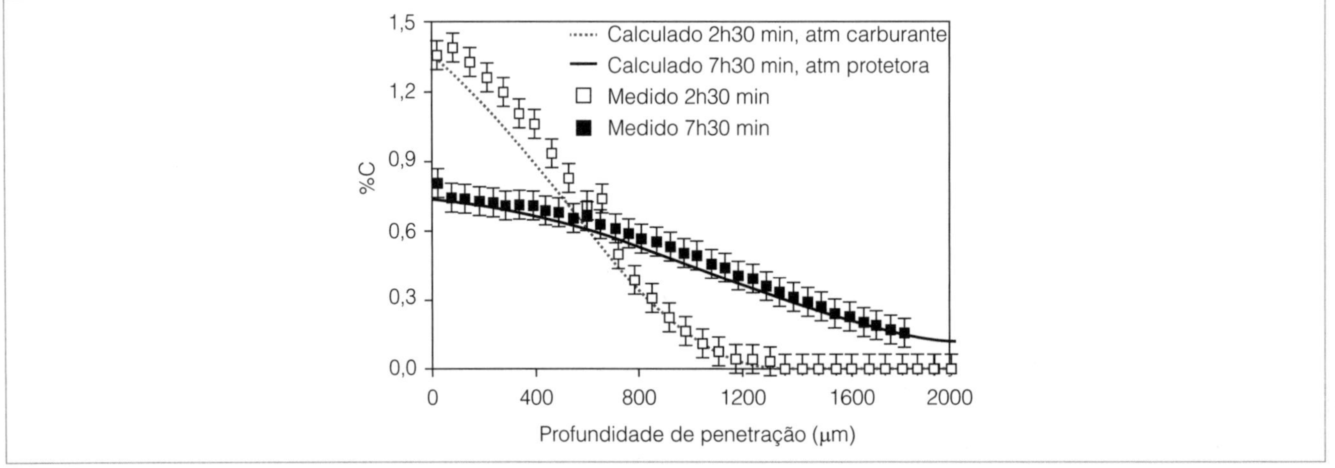

Figura 6.48 Teor de carbono abaixo da superfície em aço 1%Cr cementado por 2 horas e 30 minutos a 970 °C, e em amostras que sofreram diretamente um ciclo subsequente de mais 5 horas para a difusão do carbono, em atmosfera protetora. A possibilidade de controle do perfil e teor de carbono superficial com este tratamento é evidente, assim como a eficiência dos métodos de termodinâmica computacional (DICTRA, no caso) para a previsão dos resultados. Adaptada de [141].

6.11 AÇOS PARA MOLAS

Molas são amplamente empregadas em todas as indústrias de equipamentos mecânicos. Em vista das solicitações elevadas e cíclicas a que são submetidas, são um ponto potencial de falha desses equipamentos. Por esse motivo, os aços para molas, assim como os processos empregados para sua fabricação, vêm evoluindo dramaticamente nas últimas décadas. Os aços para molas evoluíram das composições baseadas em aços ao carbono para os aços Cr-V e, finalmente, para os aços Si-Mn e suas modificações (com adições de vanádio, níquel etc.). Paralelamente, cuidados especiais têm sido dedicados à limpeza interna (quantidade e tipo de inclusões não-metálicas) desses aços. Dessa forma, a indústria, especialmente a de transportes (automobilística, aeronáutica etc.), conseguiu praticamente eliminar as falhas associadas a molas em seus equipamentos. Em geral, os aços para molas têm teores de carbono entre 0,5 e 0,6%, na faixa mais elevada dos aços usuais para construção mecânica.

A seleção e o processo de fabricação empregados na produção de molas estão intimamente ligados à quantidade a fabricar. Para pequenas séries ou exigências não extremas, molas de pequenas dimensões são, normalmente, enroladas a frio e tratadas posteriormente. Nesses casos, os aços recomendados são: 1050, 1065, 1080, 1090, 1095, 6150 e 9254.

Molas que devem ser conformadas a quente e depois tratadas são geralmente fabricadas com os seguintes aços: 1070, 1080, 1095, 5150, 5160, 51B60H, 6150H, 9850.

As durezas de molas temperadas situam-se, após revenimento, normalmente, entre 40 e 48 HRC, sendo os valores superiores da faixa para aços ligados e os inferiores para aços ao carbono.

Molas produzidas em quantidades mais elevadas e com rigorosos requisitos de desempenho, em especial para aplicação automotiva, têm sido produzidas pelo enrolamento após têmpera e revenimento, seguido de alívio de tensões. Nesse caso, predominam o uso do aço Si-Mn 9254 e suas modificações. Esse processo de fabricação tem permitido o projeto mecânico de molas de diâmetro e passo variável, com resultados excepcionais na indústria automotiva.

Os aços 51B60 e 6150 tem, também, encontrado ampla aplicação em molas industriais e automotivas. É importante lembrar da possibilidade da fragilização de tempera, discutida anteriormente, na especificação, fabricação e tratamento destes aços.

Na seleção de aços para mola, a resistência à fadiga pode ser um fator fundamental [114]. Como a região mais solicitada de molas helicoidais é a superfície da barra ou fio, esta é uma região preferencial para o início de trincas de fadiga. Classicamente, é fundamental evitar descarbonetação, riscos e outros defeitos na superfície do material para se obter uma vida à fadiga satisfatória. O acabamento superficial do fio ou barra empregado na fabricação da mola é muito importante também. Além disso, é preciso extremo cuidado com as inclusões não-metálicas, potenciais nucleadores de trincas de fadiga. Não apenas a quantidade de inclusões é importante, mas o tipo e a composição química (ver Capítulo 10).

Exemplos típicos de aplicações industriais podem ser encontrados nas referências relacionadas no fim desse capítulo e nas Tabelas 6.9 a 6.11.

Os aços para molas da indústria automobilística, tanto para suspensão como para válvulas, sofreram grande desenvolvimento a partir da década de 1980, com o aprimoramento da engenharia de inclusões não-metálicas (Capítulos 9 e 10). O ajuste da composição química para a obtenção de inclusões deformáveis, nos aços Si-Mn, como o AISI 9254 e seus derivados, permitiu aumentos dramáticos na resistência à fadiga destes aços [142-145].

6.12 AÇOS PARA APLICAÇÕES FERROVIÁRIAS

O transporte ferroviário, no mundo, evoluiu para duas configurações básicas. Nas regiões em que as linhas são compartilhadas para transporte de carga e transporte de passageiros, com interesse em velocidade elevada para os transportes de passageiros, os trens de carga precisam trafegar a velocidades mais elevadas e, portanto, com menos carga por eixo, para não comprometer a eficiência do transporte de passageiros. Quando o transporte de carga a granel é prioritário, as ferrovias evoluíram para o modelo *heavy-haul* com cargas muito elevadas por eixo e velocidades relativamente baixas. As rodas, trilhos e eixos, nestas condições, são sujeitos a solicitações consideráveis, aliadas à possibilidade de fadiga [146,147] e desgaste [148]. individualmente ou combinados [149]. Falhas catastróficas de componentes precisam ser completamente eliminadas [150,151]. O material é especificado, principalmente pelas normas americanas AAR [152] e AREMA [153]. Para trilhos [41,154] e rodas [152] aços eutetoides, tratados para obter 100% perlita, têm sido a melhor opção. Para reduzir as fraturas por fadiga, trilhos são submetidos a END durante a vida e são esmerilhados periodicamente, reparando o perfil adequado e reduzindo trincas superficiais [155]. As rodas são, também, usinadas periodicamente, para eliminar pequenas trincas superficiais. Estes aços são ligados ao Si e Mn e, não raro, microligados [156]. Para eixos, a norma AAR preconiza um aço baseado no AISI 1050. Limpeza interna, acabamento superficial e eliminação de concentradores de tensões são medidas essenciais para o bom desempenho de forjados destes aços, nesta aplicação. O uso de microligantes também é favorável para o controle do tamanho de grão e melhoria das propriedades mecânicas, como no caso do aço VT50 da Villares Metals. A uniformidade das propriedades ao longo da seção é também desejável. São normalmente empregados na condição de dupla normalização e revenido (grau F da norma AAR). Soldagem é expressamente proibida [41]. Rodas podem ser produzidas fundidas em moldes permanentes de grafita [157] ou forjadas em matriz fechada [158]. Limpeza interna é essencial para o desempenho satisfatório [152].

Tabela 6.9 Exemplos "clássicos" de propriedades exigidas em peças de automóveis, caminhões e tratores. Exemplos de aços empregados nestas aplicações. Informações ilustrativas. O projeto de máquinas na indústria automotiva é extremamente otimizado e variações de composição específicas para cada caso são feitas na indústria globalizada. Adaptada de [46]

Peças	Braço e ponta de eixo		Eixo		Junta universal	Estabilizador	Árvore de manivela (caminhão)	Árvore de manivela (Diesel)
Resistência MPa	850 a 1100	1250 a 1400	1250 a 1400	1200 a 1550	850 a 1200	1000 a 1200	1000 a 1200	700 a 850
Aços	1340 3130-45 4047 4053 4135-42 8640-42 8740-42	4337-40 9840 8740-50	1330 3140-45 4063-68 4140-50 4640 8640-50	1340 4335-40 8653 9840-45	4317-20 4617-20 8720	4068 4140 5145	4142 4340 5145	5046 5145
Peças	**Parafuso-sem-fim e setor de direção**		**Pino do pistão e bucha**		**Válvula**	**Eixo de bomba**	**Eixo intermediário**	
Resistência MPa	800 a 1100 (núcleo)	1200 a 1750 (núcleo)	800 a 1100 (núcleo)		850 a 1100	850 a 1100 (núcleo)	850 a 1100 (núcleo)	1200 a 1700 (núcleo)
Aços	4220 5120 8620 8720	5132-35	5120-6120		8740	Nitralloy W. Nr. 1.8550	5120 8620	5135-40

Tabela 6.10 Exemplos de recomendação para a temperabilidade na seleção de peças para automóveis. Adaptada de [46]

Peça	Dureza HRC após		∅ (pol)	Profundidade	Peças temperadas em água		Peças temperadas em óleo	
	Rev. (limites)	Têmpera (a)			Jominy	Aços H	Jominy	Aços H
Biela	10 a 20	48 (água) 40 (óleo)	3/4	Centro	48 a 5/32″	1335 3135 4135 5135 8635	40 a 5/16″	1340 3135 5140 8635 9437

(continua)

Tabela 6.10 Exemplos de recomendação para a temperabilidade na seleção de peças para automóveis. Adaptada de [46] *(continuação)*

Peça	Dureza HRC após		Ø (pol)	Profundidade	Peças temperadas em água		Peças temperadas em óleo	
	Rev. (limites)	Têmpera (a)			Jominy	Aços H	Jominy	Aços H
Árvore de manivela	20 a 27	30	2 3/8	1/2 raio	30 a 7/16″	1045	30 a 12/16″	3140
						(não H)		4063
								4135
								5145
								8637
								9442
Ponta de eixo	25 a 34	42	1 1/2	1/2 raio	42 a 4/16″	1335	42 a 8/16″	4137
						3130		5147
						4132		8642
						5135		3140
						8632		
		42	1 13/16		42 a 11/32″	1340	42 a 9/16″	4140
						3135		6150
						4135		8647
						5140		8745
						8637		
		40	2		40 a 6/16″	1340	42 a 9/16″	4140
						3135		6150
						4135		8650
						5145		8745
						8637		
Parafuso de biela	32 a 36	47	1/4 a 5/16	Centro	Não recomendado	Não recomendado	47 a 5/32″	1335
								3135
								4047
								4132
								5135
								8635
								9437
		47	1/2	Centro	Não recomendado	Não recomendado	47 a 7/32″	1340
								3155
								4053
								4135
								4640
								5140
								8637
								8735
								9440
		45	3/4	Centro	Não recomendado	Não recomendado	45 a 5/16″	1340
								3135
								4053

(continua)

Tabela 6.10 Exemplos de recomendação para a temperabilidade na seleção de peças para automóveis. Adaptada de [46] *(continuação)*

Peça	Dureza HRC após		Ø (pol)	Profundidade	Peças temperadas em água		Peças temperadas em óleo	
	Rev. (limites)	Têmpera (a)			Jominy	Aços H	Jominy	Aços H
								4135
								5140
								8637
								8735
								9442
								3140
		45	1	Centro	Não recomendado	Não recomendado	45 a 6/16″	3135
								5147
								8640
								8737
								9445
Semi-eixo traseiro	32 a 37	45	1 1/4	1/2 raio	45 a 3/16″	1332	45 a 13/32 ″	4137
						3130		3142
						4132		5147
						5135		8640
						8635		8740
	37 a 42	46	1 1/4	1/2 raio	46 a 4/16″	3135	46 a 13/32″	1345
						4135		4140
			1 1/2			5140		5147
						8637		8645
						8735		8742
	42 a 47	50	2 1/2	1/2 raio	50 a 15/32	4142	50 a 13/16″	4150
						4337		4340
						8650		
						8747		
Engrenagem de transmissão	48 a 53	50	1/2 a 1 (b)	Centro	Não recomendado	Não recomendado	50 a 6/16″	4140
								4337
								5147
								6150
								8645
								8745

(a) Na profundidade indicada na coluna seguinte.

(b) No diâmetro do círculo primitivo.

Tabela 6.11 Exemplos de propriedades recomendadas para engrenagens [46,92]

Engrenagens						
Emprego	**Automóveis, caminhões e tratores leves**				**Caminhões e tratores pesados**	
Resistência à tração (MPa)	750 a 1050	1050 a 1400	—	1750 a 2100	750 a 1050	1050 a 1400
Tratamento	A	A	B	C		A
Aços	1320	4320	4140	2340-45	2317	2515-17
	4023-32	7815	4340	4140-45	3512	3316-16
	4620		5135-45	4340	4620	4320
	5120		8640	8640-50	8620	4820
	8615		8740	8740-50		8720
	8720		9840			

Emprego	**Aviões**		**Máquinas operatrizes, equipamento pesado**		
Resistência à tração (MPa)	850 a 1400	1050 a 1680	750 a 1050	1050 a 1400	1200 a 1750
Tratamento	A	A	A	A	C-D
Aços	2512-17	2517	2313	2515-17	3140-50
	4620	3310-16	2512	3310-16	4140-50
	8615-20	9310-15	4620	4820	4340
			8720	9310-15	8640-50
					8740-50
					9840-50

Tratamentos:

A: Qualquer dos dois tratamentos seguintes:

1: Cementação e têmpera direta em óleo; revenimento entre 135-190 °C.

2: Cementação, resfriamento lento, requecimento a 790-845 °C, têmpera em óleo e revenimento entre 135-190 °C. Menor distorção.

B: Aquecimento à temperatura de têmpera em um banho cianetante (para obter camada pouco profunda), têmpera em óleo e revenimento entre 180-230 °C.

C: Têmpera em óleo e revenimento.

D: Normalização e têmpera superficial por chama.

REFERÊNCIAS BIBLIOGRÁFICAS

1. Ashby MF. Materials selection in mechanical design. Burlington, MA: Butterworth-Heinemann; 2011;4:646.
2. Costa e Silva A. Garantia da qualidade na fabricação de aços para vasos de pressão. In: ABM (Org.). Seminário sobre Garantia da Qualidade de Produtos Siderúrgicos. São Paulo, SP: ABM; 1985;123.
3. Ashby MF. Materials and the environment: eco-informed material choice. Amsterdam; Boston: Elsevier/Butterworth-Heinemann; 2013;2:616.
4. Birat J-P. Society, materials, and the environment: the case of steel. Metals. 2 março 2020;10(3):331.
5. IISI. The steel Industry. Industry Sector Report for the United Nations World Summit on Sustainable Development. Brussels, Belgium: IISI; 2002.
6. ABNT. NBR 16281:2014 Determinação do índice de embutimento em chapas de aço pelo método Erichsen modificado. São Paulo, SP: ABNT; 2014.

7. Keeler S, Kimchi M, Mooney PJ (Org.). Advanced High Strength Steels (AHSS) Application Guidelines [Internet]. WorldAutoSteel; 2017. Disponível em: http://worldautomain.wpengine.com/downloads/599700/. (Acesso jun 2021)

8. Abe M. Formable steels. In: Pickering FB (Org.). Materials science and technology- constitution and properties of steels. New York: Wiley-VCH; 1996.

9. Kozasu I. Processing- thermomechanical controlled processing. In: Pickering FB (Org.). Materials science and technology – constitution and properties of steels. New York: Wiley-VCH; 1996.

10. Viana CSC Paula AS. Texturas de deformação. In: Workshop sobre Textura e Relações de Orientação, São Paulo, EPUSP 2001:23–37.

11. Cottrell AH, Bilby BA. Dislocation theory of yielding and strain ageing of iron. Proceedings of the Physical Society Section A. 1949;62(1):49.

12. ABNT. NBR 5915-3:2013 Chapas e bobinas de aço laminadas a frio – parte 3: aços isotrópicos e aços estruturais de extrabaixo carbono. São Paulo, SP: ABNT; 2013.

13. Takechi H. Metallurgical aspects on interstitial free sheet steel from industrial viewpoints. ISIJ international. 1994;34(1):1-8.

14. Takechi H. Application of IF and IF based Sheet Steels in Japan. In: Proceedings IF STEELS 2000 Conference. Pittsburgh: ISS-AIME Warrendale; 2000;1-12.

15. ABNT. NBR 5915:2013 Chapas e bobinas de aço laminadas a frio em 6 partes – parte 1. Requisitos. São Paulo, SP: ABNT; 2017.

16. ASTM A1008/A1008M – 20 Standard specification for steel, sheet, cold-rolled, carbon, structural, high-strength low-alloy, high-strength low-alloy with improved formability, required hardness, solution hardened, and bake hardenable1. West Conshohocken, PA: ASTM International; 2020.

17. De AK, Vandeputte S, De Cooman BC. Kinetics of low temperature precipitation in a ULC-bake hardening steel. Scripta Materialia. 2001;44(4):695-700.

18. De AK, Vandeputte S, De Cooman BC. Kinetics of strain aging in bake hardening ultra low carbon steel – a comparison with low carbon steel. Journal of Materials Engineering and Performance. 2001;10(5):567-75.

19. ABNT. NBR 5915-4:2013 Versão corrigida 2013 Chapas e bobinas de aço laminadas a frio – parte 4: aços endurecíveis em estufa. São Paulo, SP: ABNT; 2013.

20. Kawasaki K, Sanagi S, Senuma T, Akamatsu S, Yoshinaga N, Akisue O. Bake hardenability of cold rolled ti--bearing extra low carbon steel sheets due to precipitation control. Tetsu-to-Hagané. 1993;79(1):76-82.

21. Corus Automotive. Pocket book of steel: your reference guide to steel in the automotive industry. 2009.

22. Kim S-H, Kim H, Kim NJ. Brittle intermetallic compound makes ultrastrong low-density steel with large ductility. Nature; 2015;518(7537):77-9.

23. Kim H, Suh D-W, Kim NJ. Fe–Al–Mn–C lightweight structural alloys: a review on the microstructures and mechanical properties. Science and Technology of Advanced Materials. 2013;14(1):014205.

24. Pickering FB. Physical metallurgy and the design of steel. London: Applied Science Publishers, Ltd.; 1978.

25. Pickering FB. High strength low alloy steels. In: Pickering FB (Org.). Materials Science and Technology – Constitution and Properties of Steels. New York: Wiley-VCH; 1996.

26. Hodgson PD, Gibbs RK. A mathematical model to predict the mechanical properties of hot rolled C-Mn and microalloyed steels. ISIJ International. 1992;32(12):1329-38.

27. Vervynckt S, Verbeken K, Lopez B, Jonas JJ. Modern HSLA steels and role of non-recrystallisation temperature. International Materials Reviews. 2012;57(4):187-207.

28. Deardo AJ. Niobium in modern steels. International Materials Reviews. 2003;48(6):371-402.

29. Baker TN. Titanium microalloyed steels. Ironmaking & Steelmaking. 2019;46:(1):1-55.

30. Villalobos J, Del-Pozo A, Campillo B, Mayen J, Serna S. Microalloyed steels through history until 2018: review of chemical composition, processing and hydrogen service. Metals. 2018;8(5):351.

31. Llewellyn DT, Hudd RC. Steels: metallurgy and applications. Woburn, MA, USA: Butterworth-Heinemann; 1998.

32. Ouchi C. Development of steel plates by intensive use of TMCP and direct quenching processes. ISIJ International. 2001;41(6):542-53.

33. Easterling K. Introduction to the physical metallurgy of welding. Kent, Elsevier. 2014.

34. Porter LF, Repas PE. The Evolution of HSLA Steels. Journal of Metals – JOM. 1982;34(4):14-21.

35. ASTM E23 – 18 Standard Test Methods for Notched Bar Impact Testing of Metallic Materials. West Conshohocken, PA: ASTM International; 2018.

36. Kuziak R, Kawalla R, Waengler S. Advanced high strength steels for automotive industry. Archives of Civil and Mechanical Engineering. 2008;8(2):103-17.

37. Fonstein N. Advanced high strength sheet steels. Cham, Springer, 2015.

38. Speich GR, Demarest VA, Miller RL. Formation of austenite during intercritical annealing of dual-phase steels. Metallurgical and Materials Transactions A. 1981;12(8):1419-28.

39. Caballero FG, Capdevila C, Garcia de Andrés C. Modelling of kinetics of austenite formation in steels with diferent initial microstructures. ISIJ International. 2001;41(10):1093-102.

40. Asadi Asadabad M, Goodarzi M, Kheirandish S. Kinetics of austenite formation in dual phase steels. ISIJ International. 2008;48(9):1251-5.

41. Colpaert H, Costa e Silva A. Metalografia dos produtos siderúrgicos comuns. São Paulo: Editora Blucher; 2008;4:672.

42. Savran VI, Van Leeuwen Y, Hanlon DN, Kwakernaak C, Sloof WG, Sietsma J. Microstructural features of austenite formation in C35 and C45 alloys. Metallurgical and Materials Transactions A. 2007;38(5):946-55.

43. Schneider A, Inden G. Computer simulation of diffusion controlled phase transformations. In: Raabe D, Roters F, Barlat F, Chen L-Q (Org.). Continuum scale simulation of engineering materials: fundamentals – microstructures – process applications. Weinheim: Wiley-VCH Verlag; 2004.

44. Pereloma E, Edmonds DV (Org.). Phase transformations in steels. Vol 1. Fundamentals and diffusion-controlled transformations. Oxford; Philadelphia: Woodhead Publishing; (Woodhead Publishing in Materials). 2012.

45. Katsamas AI, Vasilakos AN, Haidemenopoulos GN. Simulation of intercritical annealing in low-alloy TRIP steels. Steel Research. 2000;71(9):351-6.

46. ASM Handbook 1 properties and selection – irons, steels and high-performance alloys. Materials Park, OH: ASM; 1990.

47. Murari FD, Costa e Silva A, Avillez RR. Cold-rolled multiphase boron steels: microstructure and mechanical properties. Journal of Materials Research and Technology. 2015;4(2):191-6.

48. Cotrim FAD, Tolomelli FTSF, Costa e Silva A. Computational thermodynamics as a tool to understanding and designing intercritical heat treatment of steels. In: 56° Seminário de Laminação e Conformação de Metais, ABM Proceedings, São Paulo, SP, Editora Blucher, 2019:187-193.

49. Jia T, Militzer M. General method of phase transformation modeling in advanced high strength steels. ISIJ international. 2010;50(4):583-90.

50. Kulakov M, Poole WJ, Militzer M. A microstructure evolution model for intercritical annealing of a low-carbon dual-phase steel. ISIJ International. 2014;54(11):2627-36.

51. Taylor T, Clough A. Critical review of automotive hot-stamped sheet steel from an industrial perspective. Materials Science and Technology. 3 maio 2018;34(7):809-61.

52. Suehiro M, Kusumi K, Miyakoshi T, Maki J, Ohgami M. Properties of aluminum-coated steels for hot-forming. Nippon Steel Technical Report. 2003;(88):16-21.

53. Nikravesh M, Naderi M, Akbari GH. Influence of hot plastic deformation and cooling rate on martensite and bainite start temperatures in 22MnB5 steel. Materials Science and Engineering A. 2012;540:24-9.

54. NR-13 Caldeiras, vasos de pressão, tubulações e tanques metálicos de armazenamento [Internet]. MTb – Brasil; 2019 [citado em 30 de dezembro de 2020]. Disponível em: https://sit.trabalho.gov.br/portal/images/SST/SST_normas_regulamentadoras/NR-13.pdf. (Acesso jun 2021).

55. Rao KR, American Society of Mechanical Engineers (Org.). Companion guide to the ASME boiler & pressure vessel code: criteria and commentary on select aspects of the boiler & pressure vessel and piping codes. New York, NY: ASME Press; 2018.

56. Banovic SW, McCowan CN, William EL. NIST NCSTAR 1-3E (draft) for public comment federal building and fire safety investigation of the World Trade Center disaster physical properties of structural steels. NIST: Gaithersburg, MD, 2005.

57. ASTM A36/A36M–19 Standard specification for carbon structural steel. West Conshohocken, PA, ASTM International; 2019.

58. ASTM A242/A242M – 13 (2018) Standard specification for high-strength low-alloy structural steel. West Conshohocken, PA, ASTM International, 2018.

59. API SPEC 6A Specification for Wellhead and Tree Equipment. Includes Errata 1 (2019), Errata 2 (2020), Errata 3 (2020) and Addendum 1 (2020). Washington, DC. American Petroleum Institute; 2019.

60. ANSI/NACE MR0175/ ISO 15156-1 Petroleum and natural gas industries – materials for use in H2S-containing environments in oil and gas production – part 1: general principles for selection of cracking-resistant materials. NACE, Houston, TX, 2009.

61. Cias W. Phase transformation kinetics and hardenability of medium carbon alloy steels. Connecticut: Climax Molybdenum Co Ltd; 1972.

62. Garza EIS. Mechanical properties and microstructure of large steel forgings for applications in the energy sector. Doctoral Thesis.. The University of Sheffield; 2017.

63. Saldana-Garza EI, Wynne BP, Cerda-Rojas R, Mercado-Solis RD. Effect of different quench media on the microstructure and mechanical properties of large-scale low alloy steel forgings. Key Engineering Materials. 2016;716:270-80.

64. Knott J. Fundamentals of fracture mechanics. London: Butherworths; 1973.

65. Anderson T. Fracture mechanics – fundamentals and applications. Boca Raton, FL: CRC Press; 2005.

66. Bannister AC, Trail SJ. SINTAP-Sub task 2.1 Report: the significance of the yield stress/ tensile stress ratio to structural integrity. Sheffield: British Steel, plc- SINTAP Consortium; 1996.

67. Popov E. Introduction to mechanics of solids. New York: Prentice Hall; 1968.

68. Pellini WS, Puzak PP. Fracture analysis diagram procedures for the fracture-safe engineering design of shell structures. Welding Research Council Bulletin. 1963;88.

69. BS 7910:2019 Guide to methods for assessing the acceptability of flaws in metallic structures. London, British Standards Institution – BSI; 2019.

70. API Recommended Practice 579, Fitness for Service. 2 ed. Washington, DC: American Petroleum Institute; 2007.

71. Wallin K. Irradiation damage effects on the fracture toughness transition curve shape for reactor pressure vessel steels. International Journal of Pressure Vessels and Pipelines. 1993;55(1):61-79.

72. Wallin K, Nevasmaa P. Structural integrity assessment procedures for the European Industry-SINTAP Sub-Task 3.2 Report: methodology for the treatment of fracture toughness data: procedure and validation report. VTT Manufacturing Technology; 1997 dez. Report No.: VAL A: SINTAP/VTT/7.

73. Wallin K. Low-cost J-R curve estimation based on CVN upper shelf energy. Fatigue and Fracture of Engineering Materials and Structures. 2001;24:537-49.

74. SINTAP Consortium. Structural integrity assessment procedures for European industry. Brussels: European Union; 1999.

75. ASTM E 1921-20 (espaço entre o zero e o T) Test method for the determination of reference temperature, T_0, for ferritic steels in the transition range. West Conshohocken, PA: ASTM; 2020.

76. ABNT NBR 7480:2007 Aço destinado a armaduras para estruturas de concreto armado – especificação. São Paulo, SP: ABNT; 2007.

77. ABNT NBR 6118:2014 Projeto de estruturas de concreto – procedimento. São Paulo, SP: ABNT; 2014.

78. ABNT NBR 8965:1985 Barras de aço CA 42 S com características de soldabilidade destinadas a armaduras para concreto armado – especificação. São Paulo, SP: ABNT; 1985.

79. Lino R, Barbosa L, Prado J, Oliveira F, Reis L, Barbosa R. Development of high strength microalloyed coiled rebar. In: AISTech 2017 Proceedings. 2017;10.

80. Chen W, Cao J, Yang Y, Shi Z, Zhang W, Huang M. Investigation on the strengthening and toughening mechanism of 500 MPa V-Nb Microalloyed Anti-Seismic Rebars. Materials Science. 2015;21(4):536-42.

81. Fonseca AC, Bittencourt TS, Pereda B, Lopez B, Rebellato MA, Costa e Silva A. Niobium microalloyed CA-50 rebars – development and characterization. In: 11th International Rolling Conference, part of the ABM Week 2019, October 1st-3rd, São Paulo, SP, ABM; 2019.

82. Portaria n. 73, de 17 de março de 2010, sobre os Requisitos de Avaliação da Conformidade para Barras e Fios de Aço destinados a Armaduras para Estruturas de Concreto Armado [Internet]. [citado 20 de dezembro de 2020]. Disponível em: http://www.inmetro.gov.br/legislacao/rtac/pdf/RTAC001544.pdf. (Acesso jun 2021).

83. ABNT NBR NM 87:2000 Aço carbono e ligados para construção mecânica – designação e composição química. São Paulo, SP. ABNT; 2000.

84. SAE International. J404_200901 Chemical Compositions of SAE Alloy Steels. Warrendale, PA, USA; 2009.

85. ASTM E527 – 16 Standard practice for numbering metals and alloys in the unified numbering system (UNS). West Conshohocken, PA: ASTM; 2016.

86. ASTM A255-20a Test methods for determining hardenability of steel. West Conshohocken, PA: ASTM; 2020.

87. Boegehold AL. Selection of automotive steel on the basis of hardenability. SAE Transactions. 1944;52:472-85.

88. Blondeau R, Maynier P, Dollet J. Prevision de la dureté et de la résistance des aciers au carbone et faiblement alliés d'après leur structure et leur composition. Mémoires Scientifiques de la Revue de Metallurgie. 1973;LXX(12):883-892.

89. Parker ER, Zackay VF. High strength steels-present status and future prospects. In: ASME/ AIAA 10th Annual Meeting 6n Structures, Structural Dynamics and Materials Conference, Apr. 1969:14-19.

90. Lamont JL. How to estimate hardening depth in Bars. The Iron Age. 1943;14:64-70.

91. BS 5046:1974 Method for the estimation of equivalent diameters in the heat treatment of steel. London: British Standards Institution – BSI; 1974.

92. Longo WP. Seleção dos aços para construções mecânicas. Rio de Janeiro, RJ: IME; 1966.

93. Hollomon JH, Jaffe LD. Time-temperature relations in tempering steels. Transactions of the AIME. 1945;162:223-49.

94. Thelning K-E. Steel and its heat treatment. London: Butterworth; 1984.

95. Klingler LJ, Barnett WJ, Frohmberg RP, Troiano AR. The embrittlement of alloy steel at high strength levels. Transactions ASM. 1954;46:1557-98.

96. Krauss G. Steels: processing, structure, and performance. Materials Park, Ohio: ASM International; 2015;2:682.

97. Reguly A, Strohaecker TR, Krauss G, Matlock DK. Quench embrittlement of hardened 5160 steel as a function of austenitizing temperature. Metallurgical and Materials Transactions A. 2004;35A:153-62.

98. Ding RG, Rong TS, Knott JF. Phosphorus segregation in 2.25Cr–1Mo steel. Materials Science and Technology. Jan. 2005;21(1):85-92.

99. Suzuki S, Tanino M, Waseda Y. Phosphorus and boron segregation at prior austenite grain boundaries in low--alloyed steel. ISIJ international. 2002;42(6):676-8.

100. Song XL, Lian RB, Peng K, Liu B, Jia J, Liu J, et al. Influence of boron on phosphorus grain boundary segregation behaviour in high-strength interstitial free steels. Materials Research Innovations. 2015;19(supl. 10):S10-225-S10-229.

101. Euser VK, Williamson DL, Clarke AJ, Speer JG. Limiting retained austenite decomposition in quenched and tempered steels: influences of rapid tempering and silicon. ISIJ International. 2020;60(12):2990-3000.

102. Materkowski JP, Krauss G. Tempered martensite embrittlement in SAE 4340 steel. Metallurgical Transactions A. 1979;10(11):1643-51.

103. Cerjak H, Mendez Martin F, Domakova M. Atom probe investigations on temper embrittlement and reversible temper embrittlement in S 690 steel weld metal. Science and Technology of Welding and Joining. 2018;23(2):140-7.

104. Carr FL, Goldman M, Jaffe LD, Buffum DC. Isothermal Temper Embrittlement of SAE 3140 Steel. Journal of Metals – JOM. 1953;5(8):998-998.

105. Swift RA. Effects of composition and heat treatment on the mechanical properties of 300-mm-gage 2V4CM Mo steel plate. In: Sangdahl GS, Semchyshen M (Org.). STP 755 Application of 2 1/4Cr-1Mo steel for thick-wall pressure vessels West Conshohocken, PA. ASTM International, 1982;166-188.

106. Grosse-Wordemann J, Dittrich S. Prevention of temper embrittlement in 2.25Cr-1Mo weld metal by metallurgical actions. Welding Journal 1983;62(5):123s-128s.

107. Bruscato R. Embrittlement of 21/4Cr-1 Mo weld deposits. Welding Journal. 1970;49:148s-156s.

108. Bruscato R. Embrittlement factors for estimating temper embrittlement in 2 1/4Cr-1Mo, 3.5 Ni-1.75 Cr-0.5 Mo-0.1 V and 3.5 Ni steels. In: ASTM Conference, Miami, FL. 1987.

109. Lalam SH, Bhadeshia H, MacKay DJC. Bruscato factor in temper embrittlement of welds. Science and Technology of Welding & Joining. 2000;5(5):338-40.

110. Tsuguyasu W, Eldis GT. Transformation characteristics of 2 1/4 Cr-1Mo steel. In: Sangdahl GS, Semchyshen M (Org.). STP 755 Application of 2 1/4 Cr-1 Mo steel for thick-wall pressure vessels. West Conshohocken, PA: ASTM 1982;343-62.

111. Bodnar R, Ohhashi T, Jaffee R. Effects of Mn, Si, and purity on the design of 3.5 NiCrMoV, 1CrMoV, and 2.25 Cr-1Mo bainitic alloy steels. Metallurgical Transactions A. 1989;20(8):1445-60.

112. Shigley J, Mischke CR, Budynas RG. Mechanical engineering design. New York, NY: McGraw-Hill; 2004.

113. Murakami Y, Kodama S, Konuma S. Quantitative-evaluation of effects of non-metallic inclusions on fatigue--strength of high-strength steels.1. Basic fatigue mechanism and evaluation of correlation between the fatigue fracture-stress and the size and location of non-metallic inclusions. International Journal of Fatigue. 1989;11(5):291-8.

114. Murakami Y. Metal fatigue: effects of small defects and nonmetallic inclusions. Kidlington, England: Elsevier Science; 2002.

115. Kirkaldy J. Prediction of alloy hardenability from thermodynamic and kinetic data. Metallurgical Transactions. 1973;4(10):2327-33.

116. Buchmayr B, Kirkaldy JS. Modeling of the temperature field, transformation behavior, hardness and mechanical response of low alloy steels during cooling from the austenite region. Journal of Heat Treating. 1990;8(2):127-36.

117. Rohde J, Jeppsson A. Literature review of heat treatment simulations with respect to phase transformation, residual stresses and distortion. Scandinavian Journal of Metallurgy. 2000;29(2):47-62.

118. Bhadeshia HKDH. Bainite in steels: theory and practice. Boca Raton, FL: CRC Press; 2019.

119. Hillert M. Paradigm shift for bainite. Scripta Materialia. 2002;47:175-80.

120. Inden G, Neumann P. Simulation of diffusion controlled phase transformations in steels. Steel Research. 1996;67(10):401-7.

121. Gouné M, Danoix F, Ågren J, Bréchet Y, Hutchinson CR, Militzer M, et al. Overview of the current issues in austenite to ferrite transformation and the role of migrating interfaces therein for low alloyed steels. Materials Science and Engineering: R: Reports. Jun. 2015;92:1-38.

122. Andersson JO, Helander T, Höglund L, Shi P, Sundman B. Thermo-Calc & DICTRA, computational tools for materials science. CALPHAD. 2002;26(2):273-312.

123. Cahn JW. The kinetics of grain boundary nucleated reactions. Acta Metallurgica. 1956;4(5):449-59.

124. Yan J-Y, Ågren J, Jeppsson J. Pearlite in Multicomponent steels: phenomenological steady-state modeling. Metallurgical and Materials Transactions A. 2020:511-24.

125. Leach L, Kolmskog P, Höglund L, Hillert M, Borgenstam A. Critical driving forces for formation of bainite. Metallurgical and Materials Transactions A. 2018;49(10):4509-20.

126. Leach L, Ågren J, Höglund L, Borgenstam A. Diffusion-controlled lengthening rates of bainitic ferrite a part of the steel genome. Metallurgical and Materials Transactions A. 2019;50(6):2613-8.

127. Stormvinter A, Borgenstam A, Ågren J. Thermodynamically based prediction of the martensite start temperature for commercial steels. Metallurgical and Materials Transactions A. 2012;43(10):3870-9.

128. Perez M, Dumont M, Acevedo-Reyes D. Implementation of classical nucleation and growth theories for precipitation. Acta Materialia. 2008;56(9):2119-32.

129. Costa e Silva A. Challenges and opportunities in thermodynamic and kinetic modeling microalloyed HSLA steels using computational thermodynamics. CALPHAD. 2020;68:101720.

130. Saunders N, Guo UKZ, Li X, Miodownik AP, Schillé J-P. Using JMatPro to model materials properties and behavior. Journal of Metals – JOM. 2003;55(12):60-5.

131. Li MV, Niebuhr DV, Meekisho LL, Atteridge DG. A computational model for the prediction of steel hardenability. Metallurgical and Materials Transactions B. 1998;29(3):661-72.

132. ASM International. SteCal 3.0 (CD ROM) [Internet]. Disponível em: https://www.asminternational.org/web/hts/heat-treating-progress-magazine-archives/-/journal_content/56/10192/17149903/PUBLICATION/. (Acesso jun 2021).

133. ANSI/API Specification 7-1 Specification for Rotary Drill Stem Elements; 2006, Reaffirmed 2021. Washington, DC. American Petroleum Institute; 2021.

134. Hebsur MG, Abraham KP, Prasad YVRK. Effect of electroslag refining on the fracture toughness and fatigue crack propagation rates in heat treated AISI 4340 steel. Engineering Fracture Mechanics. 1980;13(4):851-64.

135. Manokaran M, Kashinath AS, Jha JS, Toppo SP, Singh RP. Influence of tempering in different melting routes on toughness behavior of AISI 4340 steel Journal of Materials Engineering and Performance. 2020;29(10):6748-60.

136. Li HF, Wang SG, Zhang P, Qu RT, Zhang ZF. Crack propagation mechanisms of AISI 4340 steels with different strength and toughness. Materials Science and Engineering A. 2018;729:130-40.

137. Zackay VF. Fundamental considerations in the design of ferrous alloys. In: Specialists Meeting on "Alloy Design For Fatigue and Fracture Resistance", 40th Meeting of the Structures and Materials Panel, Brus sels, April 1975:14-15.

138. Olson GB. Transformations: selected works of G.B. Olson on materials, microstructure, and design. Materials Park, OH: ASM International; 2017;547.

139. Tobie T, Hippenstiel F, Mohrbacher H. Optimizing gear performance by alloy modification of carburizing ste els. Metals. 2017;7(10):415.

140. Mohrbacher H. Metallurgical concepts for optimized processing and properties of carburizing steel. Advances in Manufacturing. 2016;4(2):105-14.

141. Turpin T, Dulcy J, Gantois M. Carbon diffusion and phase transformations during gas carburizing of high--alloyed stainless steels: experimental study and theoretical modeling. Metallurgical and Materials Transactions A. 2005;36(10):2751-60.

142. Oshiro T, Ikeda T, Matsuyama H, Okushima S, Oki Y, Ibaraki N. Verbesserung der Dauerhaltbarkeit von Ventilfederdraht. Stahl und Eisen. 1989;10(21):1011-5.

143. Holapa L, Nurmi S, Louhenkilpi S, Antola T. Thermodynamic evaluation for inclusion formation in high carbon and spring steels. In: 7th International Conference on Clean Steel, Balatonfüred, Hungary. June, 2007:4-6.

144. Shiwaku K, Yamada Y, Koarai J, Kawaguchi Y. Improvement of fatigue life of valve spring wire by reducing non-metallic inclusions. SAE Technical Paper 850364. SAE Transactions. 1985;94-85:3.32-3.43.

145. Lima EVO, Sousa GH, Costa Neto JG, Peixoto JJM, da Silva CA. Thermodynamic simulations and industrial trials applied to inclusion control of SAE 9254 Si-Mn killed steel. Metallurgical and Materials Transactions B. 2020;51(5):2187-98.

146. Smith RA. Railway fatigue failures: an overview of a long standing problem. Materials Science & Engineering Technology (Materialwissenschaft und Werkstofftechnik). 2005;36(11):697-705.

147. Ekberg A, Kabo E. Fatigue of railway wheels and rails under rolling contact and thermal loading – an overview. Wear. 2005;258(7-8):1288-300.

148. Franklin FJ, Chung T, Kapoor A. Ratcheting and fatigue-led wear in rail–wheel contact. Fatigue and Fracture of Engineering Materials and Structures. 2003;26(10):949-55.

149. Magel EE Rolling contact fatigue: a comprehensive review. Washington, DC: Department of Transportation. 2011. Report N.: DOT/FRA/ORD-11/24.

150. Zerbst U, Beretta S, Köhler G, Lawton A, Vormwald M, Beier HTh, et al. Safe life and damage tolerance aspects of railway axles – a review. Engineering Fracture Mechanics. 2013;98:214-71.

151. Zerbst U, Mädler K, Hintze H. Fracture mechanics in railway applications. Engineering Fracture Mechanics. 2005;72:163-94.

152. AAR Manual of standards and recommended practices section G, wheels and axles. Washington DC: Association of American Railroads; 2020.

153. AREMA Manual for Railway Engineering. Chapter 4 – Rail. Lanham, MD American Railway Engineering and Maintenance of Way Association; 2020.

154. Ueda M, Matsushita K, Iwano K, Kobayashi A, Yamamoto T, Miyazaki T, et al. Development of Long-Life Rails for Overseas Freight Railways. Nippon Steel & Sumitomo Metal Technical Report. 2013;(105):63-71.

155. Silva FCM, Vidon Jr W, Caldwell R. Preventive gradual on cycle grinding: a first for MRS in Brazil. In: Proceedings of the 8th International Heavy Haul Conference, Brazil 2005. Brazil; 2005;10.

156. Freitas IM, Vieira EA, Minicucci DJ. Análise de propriedades e mecânica da fratura de rodas ferroviárias microligadas fundidas e forjadas. In: 70° Congresso Anual da ABM. ABM Proceedings São Paulo, SP: Editora Blucher; 2018:2226-36.

157. C. Lonsdale, J. Oliver. Cast Wheel Research and Improvements for Heavy Haul Service. In: International Heavy Haul (IHHA) specialist technical sessions 2011: railroading in extreme conditions, 2011, Calgary, Alberta, 2011.

158. Minicucci DJ, Fonseca ST, Boas RLV, Goldenstein H, Mei PR. Development of niobium microalloyed steel for railway wheel with pearlitic bainitic microstructure. Materials Research. 2020; 22(6):e20190324.

Capítulo 7

Aços ferramenta, inoxidáveis e ligas especiais

7.1 AÇOS PARA FERRAMENTAS

7.1.1 INTRODUÇÃO

Aços para ferramentas não são, apenas, os aços empregados em ferramentas manuais. Uma grande parte das ferramentas manuais é fabricada com aços para a construção mecânica e até aços carbono. Há, entretanto, um enorme volume de aplicação de aços especiais, por exemplo, em ferramentas para a conformação a quente e a frio de metais, polímeros e cerâmicos, para moldes para a fundição de ligas e para a usinagem e corte de materiais. Aços para ferramentas constituem, assim, uma das bases do desenvolvimento dos processos industriais. Com a Revolução Industrial e sua evolução ao longo do século XIX, acelerou-se a busca por ferramentas que pudessem ser utilizadas por períodos mais longos com solicitações mais severas e com melhor desempenho. Naturalmente, as características e a qualidade do material empregado na confecção de uma ferramenta definem, em grande parte, o seu desempenho. Iniciou-se, portanto, uma busca acelerada por materiais para ferramentas. Como as relações entre solicitações, características e desempenho em uma ferramenta são extremamente complexas, o desenvolvimento de materiais e aços para ferramentas foi completamente empírico até o final da primeira metade do século XX. Exemplos típicos são o desenvolvimento dos aços rápidos, por Taylor[1] e White, no final do século XIX [1] e o desenvolvimento da série de aços D, para trabalho a frio, inicialmente concebidos como uma evolução dos aços para trabalho a quente.

Atualmente, a grande evolução do conhecimento da interrelação entre características e desempenho dos aços para ferramentas permite que seu desenvolvimento, seleção e produção se façam de forma bastante científica. Em especial, a compreensão da importância do processamento como fator limitante do desempenho levou ao desenvolvimento e à aplicação de técnicas de elaboração e produção como refusão sob

1 Frederick Taylor é o conhecido autor de "Princípios de Administração Científica" ("The Principles of Scientific Management"), trabalho pioneiro na área de gestão do trabalho.

vácuo (VAR), refusão e sob escória (ESR), metalurgia do pó e manufatura aditiva, que permitem alargar os limites de desempenho desses aços.

7.1.2 CLASSIFICAÇÃO

Uma definição exata de aço ferramenta, satisfatória tanto para o usuário como para o produtor, é praticamente impossível. Enquanto, para o leigo, qualquer aço utilizado para fabricar uma ferramenta é um aço ferramenta, grande quantidade de aços considerados aços ferramenta pelos produtores é vendida para aplicações diversas, que não a de fabricar ferramentas.

É importante dividir as numerosas composições de aços ferramenta em um número restrito de grupos ou famílias visando facilitar sua comparação e seleção. Classificá-los por meio de composição química, como no caso da classificação SAE/ABNT para aços destinados à construção mecânica, vista anteriormente, não é viável uma vez que as variações de composição química são extremamente amplas, mesmo em aços para aplicações semelhantes. Além disso, alguns dos aços com maiores teores de elementos de liga podem sofrer mudanças radicais de composição (substituição de um elemento de liga por outro), sem que suas propriedades ou características de emprego se alterem substancialmente.

Uma classificação baseada apenas no emprego, porém, seria plausível para alguns casos, mas impossível para outros. Isso porque, para determinadas aplicações, como aços para machos, por exemplo, são usados desde aços carbono até aços rápidos.

A Tabela 7.1 apresenta a classificação original do AISI para aços ferramenta, presentemente publicada pelo AIST [2].

Em princípio, uma classificação que misture composição química, características de emprego e tipo de tratamento térmico pode parecer pouco lógica. Entretanto, essa classificação não foi imposta; ela decorreu do consenso entre produtores e usuários de ferramentas, o que leva a crer que possa ser a solução mais prática para o problema. Além dos aços classificados segundo AISI, há diversas outras especificações, como as normas ASTM, EN (EuroNorm, União Europeia) e BS (Inglaterra).

Em vários casos, resultados superiores podem ser obtidos com aços ferramenta não usuais na classificação AISI. O engenheiro interessado em aplicações de aços ferramenta deve consultar o produtor, pois, em geral, este desenvolve diversas composições e tipos de aços para aplicações usuais de determinados clientes e pode cooperar bastante na solução dos problemas de especificação e seleção.

Tabela 7.1 Classificação AISI dos aços ferramenta

- W – Aços temperáveis em água (Water)
- S – Aços resistentes ao choque (Shock)

Aços para fins especiais
- L – Tipo baixa liga (Low alloy)
- F – Tipo carbono-tungstênio
- P – Aços para moldes

Aços para trabalho a frio
- O – Aços temperáveis em óleo (Oil)
- A – Aços média liga, temperáveis ao ar (Air)
- D – Aço alto carbono, alto cromo

Aços para trabalho a quente (Hot Working)
- H1 – H19 – Ao cromo
- H20 – H39 – Ao tungstênio
- H40 – H59 – Ao molibdênio

Aços rápidos
- T – Ao tungstênio
- M – Ao molibdênio

7.1.3 APLICAÇÕES DE AÇOS EM FERRAMENTAS – CARACTERÍSTICAS DOS AÇOS

Idealmente, a seleção de um determinado aço para emprego como ferramenta em uma operação deveria ser feita correlacionando-se as características metalúrgicas do aço com as exigências de desempenho da ferramenta. Em geral, diversos aços poderão ser selecionados para uma certa aplicação. A vida da ferramenta em cada caso deve ser julgada juntamente com os fatores: produtividade, facilidade de fabricação da matriz e custo. O critério final da seleção será, obviamente, o custo de ferramenta por peça produzida por ela.

O projeto de ferramentas, em geral, não leva em consideração os critérios típicos de projeto mecânico, tais como comparação da resistência mecânica do material com as tensões aplicadas, comparação da tenacidade do material com a intensidade de tensão aplicada etc. Em geral, as solicitações são muito complexas e características tais como resistência ao desgaste, resistência ao trincamento a quente, distorção na têmpera etc. devem ser consideradas na seleção do aço para ferramentas. Assim, é importante conhecer essas características (em geral tecnológicas) e os fatores metalúrgicos que as influenciam para selecionar e desenvolver, satisfatoriamente, aços para ferramentas. Como em outras aplicações em que propriedades tecnológicas são importantes na seleção, a experiência acumulada é importante ferramenta no processo de seleção. O produtor do aço pode ser importante fonte de suporte e orientação neste caso.

7.1.3.1 Características gerais

Aços para aplicações em ferramentas estão entre os aços sujeitos às mais rigorosas solicitações entre todas as aplicações. Embora a discussão sobre a microestrutura e propriedades desejadas seja de grande importância, algumas características gerais dos produtos que limitam ou definem seu desempenho não podem ser negligenciadas.

7.1.3.1.1 Homogeneidade de composição química e microestrutura

Grande parte dos aços empregados para a produção de ferramentas tem elevados teores de elementos de liga. Além disso, aços de alto teor de carbono são, também, frequentemente, aplicados na produção de ferramentas. A capacidade de se obterem peças com composição química homogênea e, consequentemente, microestrutura uniforme, nesses aços, está intimamente ligada aos processos de fabricação empregados: no caso da fabricação convencional, a ocorrência de segregação de solidificação (Capítulo 8) é o principal fator limitador da obtenção de produtos uniformes. A segregação pode ser reduzida significativamente pela aplicação de processos de refusão (Capítulo 9) ou mitigada pela conformação a quente (Capítulo 10). A metalurgia do pó e a manufatura aditiva [3] tem excelente potencial para reduzir ou eliminar tais heterogeneidades. Ainda assim, cuidados associados à produção dos pós e à preparação das peças (Capítulo 9) são essenciais para a garantia da homogeneidade.

7.1.3.1.2 Limpeza (ou limpidez) interna

Inclusões não-metálicas são praticamente inevitáveis na produção de aços por rotas convencionais, incluindo a metalurgia do pó. Essas inclusões têm grande influência no desempenho das ferramentas, seja mediante efeito sobre as propriedades "classicamente" influenciadas por inclusões (ductilidade, tenacidade e resistência à fadiga, ver Capítulo 10), seja pela influência sobre o acabamento superficial [4-6]. A possibilidade de obtenção de acabamento especular em ferramentas, tais como moldes para a injeção de plásticos, assim como a capacidade de reproduzir detalhes microscópicos, é influenciada diretamente pela distribuição de inclusões no aço. Por sua vez, essa característica é definida pelo roteiro e processos de elaboração ou fabricação escolhidos.

7.1.3.1.3 Tratamento térmico

Embora em algumas aplicações os aços ferramenta sejam fornecidos já tratados termicamente, é comum que, como no caso dos aços para a construção mecânica, o processamento desses aços se dividia em duas etapas. O fabricante do aço é responsável pela produção e obtenção de peças de aço com a composição química, homogeneidade e limpeza interna requerida, mas não tem controle sobre o tratamento térmico, etapa essencial para a obtenção das melhores propriedades e que, em geral, só é realizada durante a fabricação da ferramenta. Uma vez que a usinagem da ferramenta é, normalmente, muito complexa e cara (em muitas aplicações, o custo do aço ferramenta representa menos de 10% do custo de fabricação da ferramenta), não é raro que a atenção dispensada ao tratamento térmico da ferramenta seja insuficiente. Como família, os aços ferramenta são, possivelmente, aqueles de tratamento térmico mais crítico: variações relativamente pequenas de parâmetros podem resultar em microestruturas diferentes e, consequentemente, em desempenho inadequado. Em vários casos, é possível fabricar a ferramenta a partir de aço já beneficiado (isto é, já temperado e revenido). Esta opção deve ser considerada, sempre que possível, por reduzir os riscos do fabricante e usuário da ferramenta.

Tratamento térmico incorreto ou sem os cuidados necessários é, possivelmente, a mais importante causa individual de falha precoce de ferramentas.

7.1.4 AÇOS PARA TRABALHO A FRIO

Ferramentas para trabalho a frio são usadas em operações de corte, conformação (embutimento, estiramento) e rebarbação sob temperaturas próximas à temperatura ambiente. As características mais importantes, do ponto de vista de emprego, são, normalmente: a) manutenção do gume cortante para ferramentas de corte; e b) baixo desgaste para ferramentas de conformação. Em ambos os casos, é essencial, evidentemente, a presença de tenacidade suficiente para evitar a quebra da ferramenta. Nas operações de conformação, o contato deslizante com o metal a conformar é uma característica importante para o desempenho, sob o ponto de vista do desgaste.

Em geral, buscam-se aços com elevada dureza, após têmpera e revenimento, para estas aplicações. Em função dessa elevada dureza, é mais conveniente reduzir ou eliminar as etapas de usinagem da ferramenta após tratamento térmico. O emprego de aços com alta temperabilidade, tratados a temperaturas de austenitização relativamente baixas, que conduzam à pequena distorção na têmpera, é preferido. Adicionalmente, o ajuste da microestrutura final para minimizar a variação dimensional no tratamento térmico pode ser um cuidado importante.

Evidentemente, a resistência à queda de dureza pelo aumento da temperatura não é uma característica crítica para esta aplicação.

Em geral, a melhor microestrutura para se obter desempenho satisfatório em aços para trabalho a frio é uma combinação de matriz composta por martensita revenida de alto carbono e uma dispersão uniforme de carbonetos duros de pequenas dimensões.

A Figura 7.1 mostra um exemplo da microestrutura de um aço D2 na condição de uso.

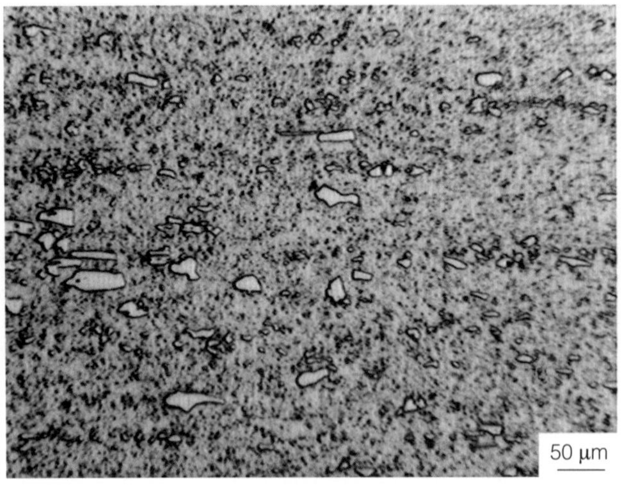

Figura 7.1 Microestrutura típica de aço D2 para trabalho a frio (matriz martensítica e carbonetos primários são visíveis na micrografia óptica). Cortesia Villares Metals.

A fração volumétrica de carbonetos depende da quantidade de carbono e da quantidade de elementos formadores de carbonetos presentes no aço, naturalmente. A obtenção de uma dispersão uniforme desses carbonetos depende do estágio do processo de fabricação em que eles se formam. À medida que se aumentam as quantidades de carbono e de formadores de carbonetos no aço, problemas importantes podem ocorrer na elaboração convencional, isto é, aquela em que o aço é produzido, com composição uniforme, na fase líquida e, posteriormente, solidificado em lingotes ou em outro produto semiacabado. O aumento do teor desses elementos faz com que o limite de solubilidade no ferro líquido seja excedido a temperaturas muito elevadas. Assim, a formação dos carbonetos pode ocorrer no estado líquido, durante a solidificação. Esses carbonetos tendem a ter dimensões relativamente grandes, formas inadequadas (distribuições em eutéticos etc.) e distribuição não uniforme no produto. Classicamente, busca-se reduzir esses efeitos nocivos pela deformação a quente quando tamanho, forma e distribuição dos carbonetos podem ser alterados (Capítulo 10). Entretanto, a extensão da melhoria das propriedades por essa rota é limitada e, durante várias décadas, o desenvolvimento de novas composições de aços ferramenta ficou limitada por esse aspecto. O desenvolvimento da aplicação em grande escala da metalurgia do pó aos aços ferramenta praticamente eliminou essa limitação (Capítulo 9).

7.1.4.1 Os aços para trabalho a frio e suas principais características

As principais famílias AISI de aços para trabalho a frio são as séries D, O, A e W.

Os aços para trabalho a frio da série D (*Die Steels*) são de alto cromo e alto carbono, apresentando elevada resistência ao desgaste (associada à presença de carbonetos de cromo) e baixíssima distorção no tratamento térmico, sendo também chamados de aços "indeformáveis". O aço D2 é o mais popular da série em termos mundiais, mas, no Brasil, o aço D6 é muito empregado, também.

A série O (*Oil Hardening*) engloba os aços mais empregados em ferramentas, excluindo-se os aços carbono e aços rápidos. As principais características que os tornam importantes para a aplicação em ferramentas para trabalho a frio são: pequena deformação na têmpera, elevada dureza após têmpera, boa temperabilidade, baixa tendência a trincas em seções complexas e manutenção do gume cortante. O aço O1, o mais comum da série, é caracterizado por baixas adições de cromo e vanádio, aliados à adição de tungstênio.

A série A (*Air Hardening*) é caracterizada por teores de elementos de liga intermediários entre as séries D e O. Esses aços têm elevada temperabilidade, sendo temperáveis ao ar, mesmo em grandes seções. A distorção na têmpera dos aços A é da ordem de 25% daquela dos aços da série O. Naturalmente, têm resistência ao desgaste intermediária entre as séries O e D.

A combinação de propriedades oferecidas pelos aços da série A, em que o A2 é o mais usual, torna-os extremamente úteis em aplicações nas quais boa resistência à abrasão é necessária, aliada à excepcional tenacidade.

Ainda não normalizados, os aços com a composição balanceada em torno de 0,8%C e 8%Cr são uma importante alternativa especialmente no trabalho de aços de alta resistência. Essas composições foram desenvolvidas a partir de composição semelhante à do aço D2 tendo excelente combinação de dureza, resistência à fadiga e tenacidade.

A série W (*Water Hardening*) é composta por aços carbono com pequenas adições de elementos de liga. Teores de carbono da ordem de 1% são típicos. São aços de baixa temperabilidade (para aços ferramenta) e baixo custo. Como regra, para qualquer aplicação, é possível selecionar um aço de outra série e obter desempenho superior.

7.1.4.1.1 Série W – Aços temperáveis em água

São basicamente aços ao carbono, com teores desse elemento na faixa de 0,60 a 1,40%, com ou sem adições significantes de silício, manganês, cromo e vanádio.

O silício está presente normalmente como desoxidante, pouco alterando as propriedades em teores inferiores a 0,5%. O silício tem importante efeito na desestabilização da cementita, levando à formação de outros carbonetos mais favoráveis no revenimento. Com teores elevados de silício e carbono acima de 1%, pode ocorrer grafitização, que tem efeitos negativos sobre a temperabilidade. O manganês é mais importante nesse caso. Acima de 0,40% Mn, aumenta a tendência a trincas de têmpera (em água) devido ao abaixamento da temperatura M_I e ao aumento da profundidade de têmpera.

Enxofre e fósforo, apesar de não terem influência na temperabilidade, devem ser mantidos em níveis baixos (< 0,025%) para garantir ótimas propriedades de forjabilidade, diminuir a quantidade de inclusões não-metálicas etc.

O vanádio é adicionado visando o controle do grão austenítico, durante a austenitização de tratamento térmico, melhorando a resistência ao impacto.

A Figura 7.2 apresenta o efeito da temperatura de austenitização para a têmpera sobre a penetração da dureza em um aço W1. Observa-se que o aumento da temperatura de austenitização aumenta a temperabilidade, especialmente entre 840 e 870 °C.

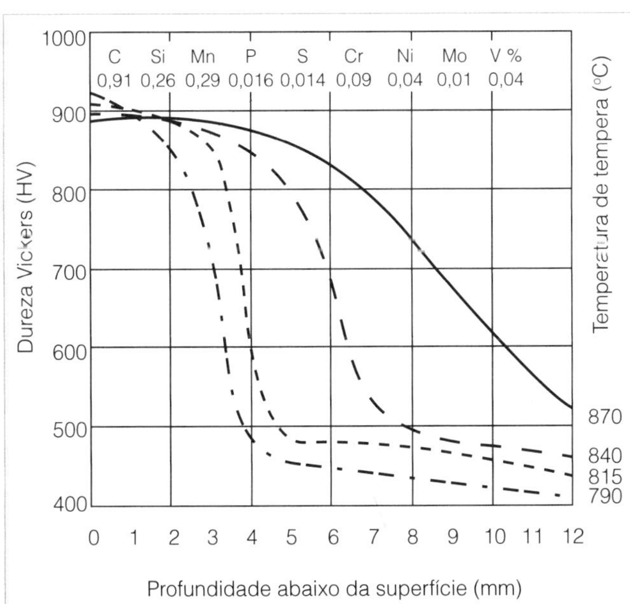

Figura 7.2 Profundidade de endurecimento de um aço C (W1) com 25 mm de diâmetro temperado em água a partir de diferentes temperaturas de austenitização. Adaptada de [7].

Este aumento pode ser causado pelo crescimento do grão austenítico, como especulado por [7], associado à dissolução de parte da pequena fração volumétrica de carbonitretos de vanádio disponível para o controle do tamanho de grão austenítico (Figura 7.3) ou pela dissolução completa da cementita proeutectoide nas temperaturas mais elevadas de austenitização (Figura 7.3). De qualquer forma, é importante observar o importante efeito da temperatura de austenitização, mesmo em um aço ferramenta relativamente simples como este.

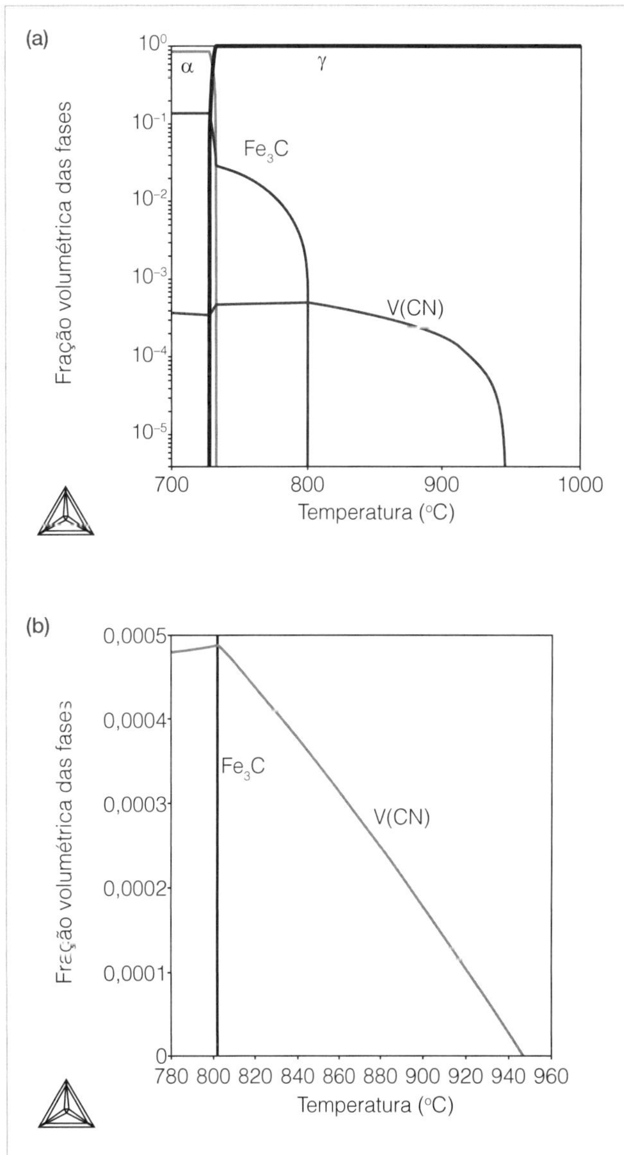

Figura 7.3 (a) Fração volumétrica das fases em equilíbrio em função da temperatura para o aço com composição da Figura 7.2 (50 ppm N adotados para o cálculo). (b) Fração volumétrica do carbonitreto de vanádio (V(CN)) em detalhe. A temperatura de dissolução completa (em equilíbrio) da cementita também está indicada. Calculado com Thermo-calc e banco de dados TCFE10.

Os tipos mais comuns são W1 e W2.

Sendo os aços da série W os mais simples aços ferramenta, podem ser considerados como base para comparações e seleção. Assim, seu emprego varia em ampla faixa de matrizes e ferramentas. De modo geral, os teores de carbono mais baixos favorecem a resistência ao choque, enquanto os mais altos desenvolvem maior resistência ao desgaste, obviamente com menor resistência a esforços bruscos. Em geral, são os de mais baixo custo e, normalmente, pode-se encontrar um aço ligado que, na aplicação, apresente vida mais longa. A composição química dos aços da série W conduz, entretanto, em muitas ferramentas, a uma importante característica: a têmpera de regiões superficiais, produzindo alta dureza, com o núcleo da ferramenta com dureza mais baixa e, portanto, mais tenaz. Um exemplo importante é o caso de matrizes de conformar cabeças a frio, em que, por consequência dessa combinação de superfície dura e núcleo tenaz, os aços W são insuperáveis.

7.1.4.1.2 Série O – Temperáveis em óleo

Os aços desta família têm teor de carbono elevado e elementos de liga em quantidade suficiente para garantir têmpera completa em óleo de peças de dimensões médias.

Entre os aços temperáveis em óleo, o O1 é o mais comum. Sua temperabilidade é obtida, principalmente, pelo teor de manganês por volta de 1,2%. Além disso, a presença de cromo e tungstênio reduz a tendência ao crescimento de grão.

Os usos típicos dos aços O são: machos, matrizes e punções, pequenas tesouras, guilhotinas, calibres, brocas, matrizes de cunhagem, trefilas, moldes para plásticos etc.

7.1.4.1.3 Série A – Temperáveis ao ar

Esses aços contêm elementos de liga em quantidade suficiente para garantir têmpera completa em seções de até 100 mm de diâmetro quando resfriadas ao ar [8].

Nesta família, o A2 é o mais largamente empregado. Seus competidores são os aços de série O (especialmente O1) e os da série D (D2, D3 e D6, principalmente).

A combinação única de propriedades dos aços da série A torna-os especialmente adequados para serviços em que boa resistência à abrasão deve ser conjugada com excepcional resistência ao impacto, além das propriedades básicas dos aços para trabalho a frio. São amplamente empregados em matrizes de corte, de estampagem, punções, matrizes para laminação de roscas, matrizes de embutimento etc.

Em virtude das óbvias vantagens da têmpera ao ar, esses aços têm encontrado cada vez mais aplicações em substituição aos aços O.

A tenacidade é uma propriedade básica desses aços e a refusão sob escória (ESR) permite aumentá-la ainda mais.

7.1.4.1.4 Série D – alto cromo – alto carbono

Os aços de alto cromo – alto carbono foram inicialmente desenvolvidos durante a Primeira Guerra Mundial para substituir aços rápidos. Não apresentaram bons resultados porque sua dureza a quente se mostrou insuficiente para tal fim. Notou-se, entretanto, que a alta resistência ao desgaste obtida pela presença de carbonetos duros de cromo e a notável indeformabilidade desses aços tornam-nos extremamente úteis para aplicações em matrizes.

Como esses aços têm 1,50 – 2,20% C e 12% Cr, são extremamente suscetíveis à segregação durante a solidificação em lingotes, resultando em estruturas de carbonetos pouco favoráveis. Rigoroso controle das variáveis de solidificação é essencial na produção desses aços. Trabalhosas operações de forjamento podem ser requeridas para modificar a distribuição desses carbonetos, tornando-a adequada ao emprego em ferramenta.

Como exemplo da evolução estrutural destes aços, a Figura 7.4 apresenta as quantidades de cada fase presente, em equilíbrio, no aço D2 em função da temperatura. Além da formação de carbonetos primários por uma reação eutética durante a solidificação, observa-se que a quantidade de carbonetos presente na austenita aumenta com a redução da temperatura. O efeito dessa variação da quantidade de carbonetos presentes na microestrutura sobre a composição da austenita pode ser visto na Figura 7.5(a). Quanto mais alta a temperatura, maior a quantidade de elementos de liga e de carbono em solução na austenita. Sob o ponto de vista de tratamento térmico, isso implica aumento de temperabilidade e redução das temperaturas M_I e M_F, como calculado na Figura 7.5(b).

É evidente que a têmpera até a temperatura ambiente, nessas condições, pode resultar em quantidades significativas de austenita retida. Tratamento subzero pode ser uma opção interessante para esses aços objetivando a eliminação dessa fase, porém pode facilmente conduzir a trincas, requerendo cuidados especiais, portanto.

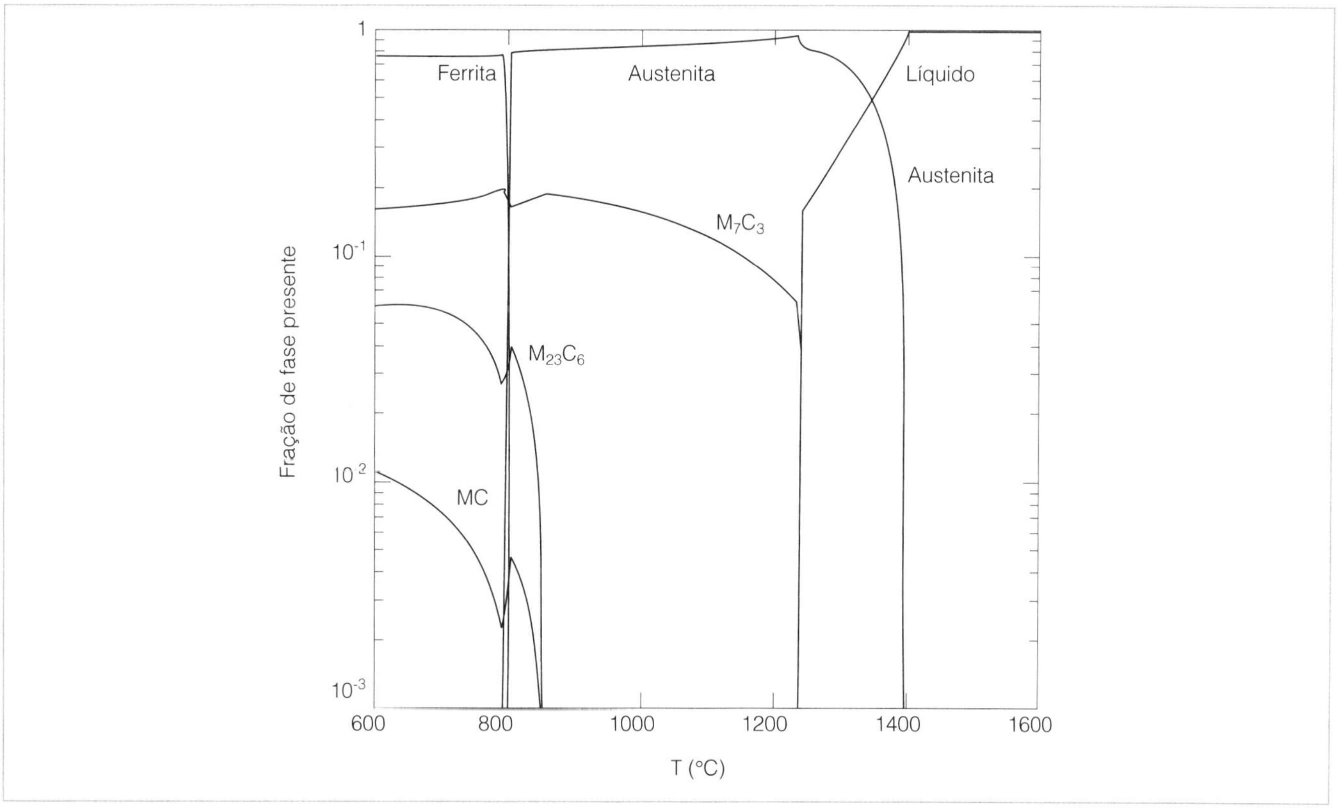

Figura 7.4 Fases presentes em equilíbrio em um aço D2, em função da temperatura. Esse diagrama representa a fração de cada fase presente (a soma das frações é igual à unidade) em escala logarítmica. A solidificação, em equilíbrio, envolveria a formação de austenita primária, seguida de um eutético entre austenita e o carboneto M_7C_3. A quantidade de carboneto precipitado aumenta com a redução da temperatura. $M_{23}C_6$ e MC precipitam a partir da austenita com a redução da temperatura. A transformação da austenita em ferrita ocorre em torno de 800 °C. Calculado com Thermo-calc e banco de dados TCFE10.

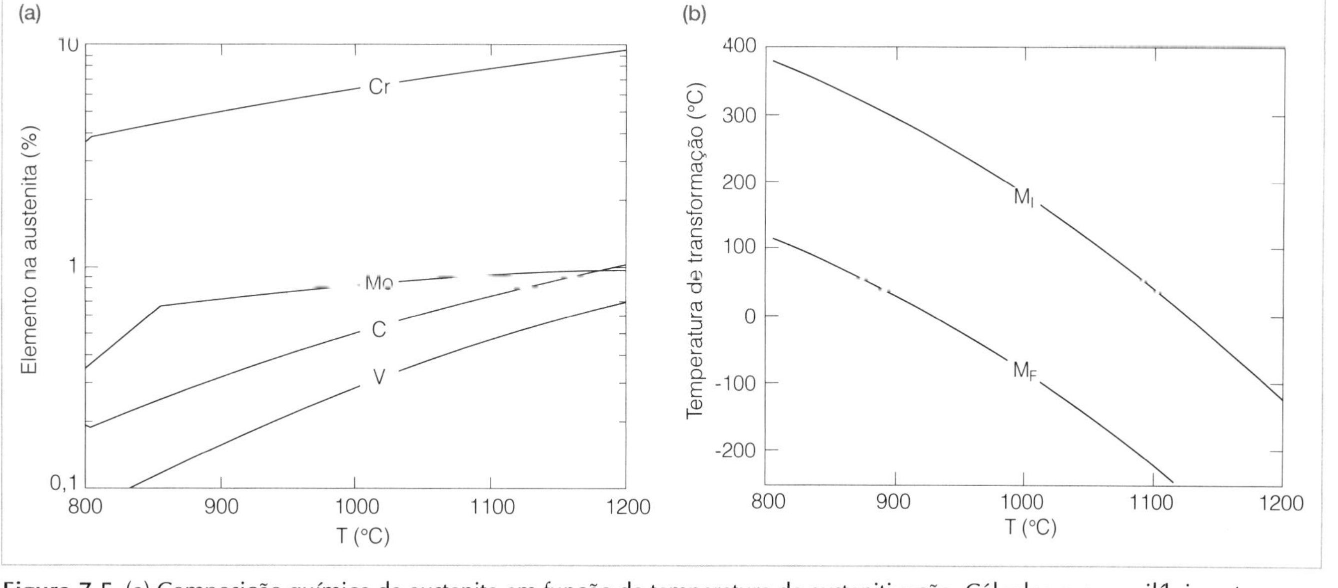

Figura 7.5 (a) Composição química da austenita em função da temperatura de austenitização. Cálculos para equilíbrio entre a austenita e carbonetos, conforme Figura 7.4. Calculado com Thermo-calc e banco de dados TCFE10. (b) Temperaturas M_I e M_F. Cálculos para as composições da austenita da Figura 7.5(a) empregando a equação de Andrews [9] e a equação de Koistinen-Marburger [10] para 95% de martensita formada.

A Figura 7.6 mostra resultados de têmpera e tratamento subzero para o aço D2, em acordo com o esperado pelos dados da Figura 7.5.

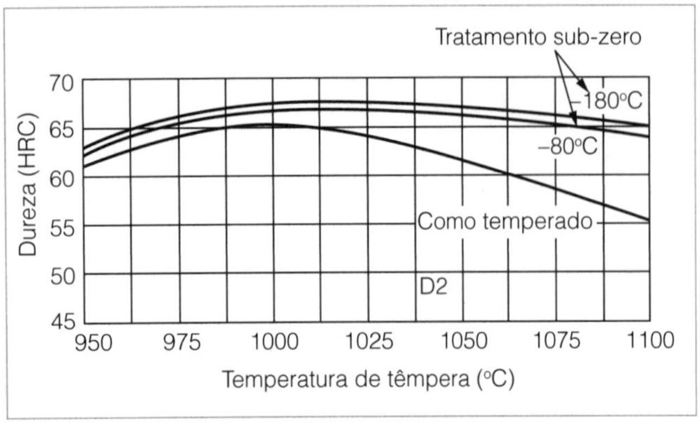

Figura 7.6 Influência da temperatura de têmpera e do tratamento subzero na dureza do aço D2. Adaptada de [7].

A Figura 7.7 ilustra, para uma composição experimental de um aço para trabalho a frio, o efeito do ciclo de austenitização e revenimento sobre a quantidade de austenita retida e sobre o potencial de endurecimento secundário (por precipitação) associado. Essas características são também críticas no processamento dos aços rápidos. Naturalmente, sempre que aços com potencial de formação de austenita retida são tratados, duplo ou triplo revenimento devem ser considerados, uma vez que a decomposição da austenita retida, no primeiro revenimento, pode levar à formação de mais martensita, ainda não revenida. Em aços com elevados teores de elementos de liga, esse fenômeno pode ocorrer ainda no segundo revenimento, recomendando-se um terceiro revenimento.

Assim, o uso de revenimentos múltiplos torna-se necessário para estes aços para reduzir ou eliminar a austenita retida, obtendo-se o máximo de dureza

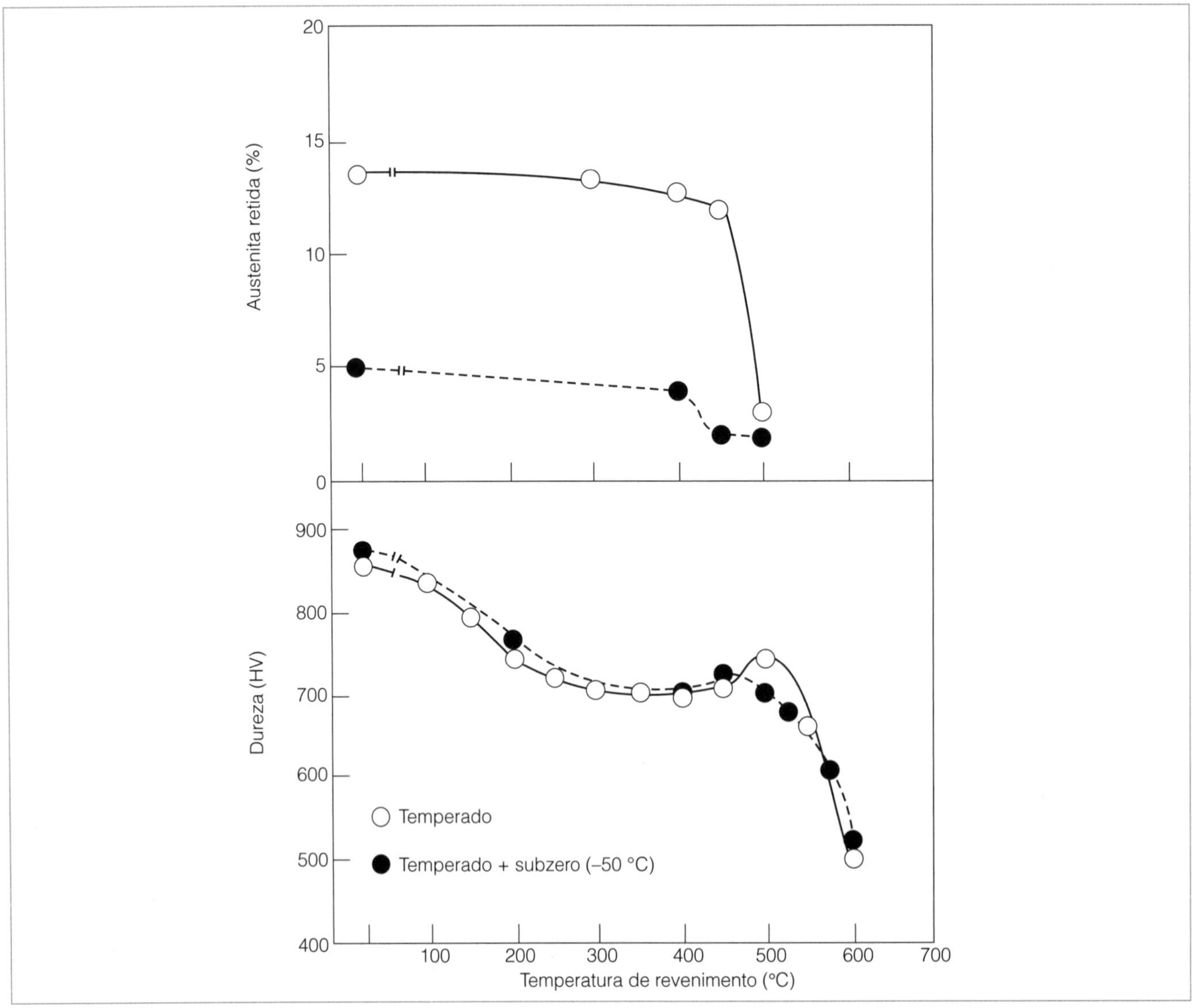

Figura 7.7 Efeito do tratamento térmico (têmpera e revenido) sobre a ocorrência de austenita retida e endurecimento secundário em um aço experimental (5% Cr-2% Mo-1% V). Austenitização a 1020 °C. Tempo de revenimento: 8 h . Adaptada de [14].

possível e o mínimo de tensões residuais. Adicionalmente, minimizar a quantidade de austenita retida é essencial para garantir a estabilidade dimensional da ferramenta, pois essa fase pode sofrer transformação induzida por deformação durante o uso da ferramenta com deformação significativa.

Os aços mais comuns na série D são: D2, D3, D4 e D6. Entre estes, o D2 é o mais popular mundialmente. Desejando-se vidas mais longas de ferramenta, D3 e D6, com teores de carbono mais elevado, podem ser usados. No Brasil, isso é bastante comum e o aço D6 é muito empregado. Apesar de ser um aço para trabalho a frio, o D2 é usado frequentemente em matrizes para rebarbagem "a morno" de forjados de matriz fechada.

Nesses aços, o aumento na resistência ao desgaste é associado à expressiva redução da resistência ao impacto. A tenacidade é significativamente menor que a dos aços da série A. Ferramentas de aços série D corretamente desenhadas e tratadas podem cortar, a frio, chapas de aço de até aproximadamente 6 mm de espessura. Aplicações principais dos aços D são punções e matrizes de corte, embutimento etc., além das citadas para os aços A.

A refusão sob escória (ESR – Capítulo 9) conduz a uma distribuição mais favorável de carbonetos em função da solidificação controlada. Forjados, os aços submetidos à refusão têm desempenho superior aos materiais elaborados de forma convencional. Ainda assim, os carbonetos primários presentes nos aços da série D produzidos por fusão e refusão podem tornar estes aços suscetíveis à fragilidade nos cantos das ferramentas [8]. Variações produzidas por metalurgia do pó apresentam melhor resistência a esse fenômeno.

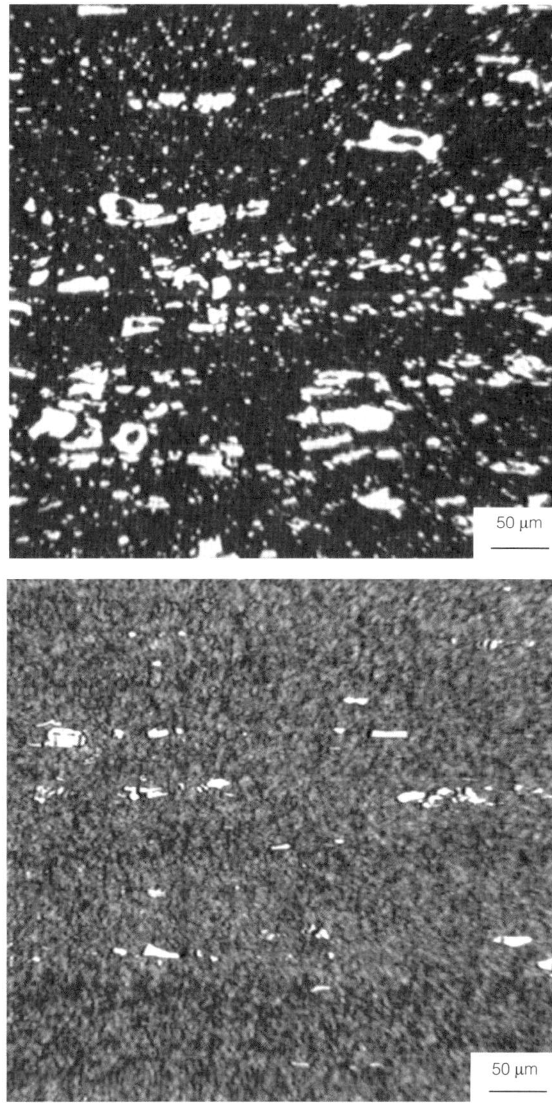

Figura 7.8 Microestrutura de aço D6 (acima) e aço 0,8C-8Cr (Villares Metals VF800AT®) (abaixo) na posição meio-raio de barras de 60 mm tratadas para 60 HRC. Carbonetos primários em matriz de martensita revenida (comparar, também, com a Figura 7.1 que apresenta a microestrutura do aço D2 tratado nas mesmas condições). Cortesia Villares Metals.

7.1.4.1.5 Aços 0,8C-8Cr

O desenvolvimento de novos materiais, especialmente os aços de alta resistência, cada vez mais empregados nas indústrias automobilística e de equipamentos eletrônicos e as exigências crescentes de produtos cortados e conformados com tolerâncias muito estreitas vêm encurtando a vida das ferramentas de trabalho a frio. Uma das alternativas encontradas foi o desenvolvimento dos aços 0,8C-8Cr. Esses aços (com cerca de 0,8%C e 8%Cr) vêm sendo desenvolvidos [11-13] de modo a reduzir o tamanho e a quantidade dos carbonetos primários M_7C_3, em relação aos aços da série D, como mostra a Figura 7.8. A redução dos teores de carbono e de cromo reduz, também, a dureza de têmpera e aumenta a tenacidade desses aços [12].

A melhor distribuição de carbonetos e suas menores dimensões faz, também, com que esses aços tenham a resistência à fadiga bastante melhorada [12]. A ocorrência de microlascamento e microtrincamento, importantes mecanismos de desgaste em várias operações de trabalho a frio, é também reduzida em relação à ocorrência nos aços da série D [11,13].

Os teores de molibdênio e vanádio, por sua vez, são mais elevados (2 a 2,7%Mo e 0,35 a 0,45% V são valores típicos para estes aços [11,12]) aumentando a temperabilidade e melhorando o endurecimento secundário. Isso resulta em um comportamento favorável no revenimento. Além de apresentarem significante endurecimento secundário (Figura 7.6), esses aços podem ser revenidos a temperaturas mais elevadas do que os aços da série D. Isso propicia melhor alívio de tensões, possibilidade de emprego de tratamentos superficiais e revestimentos realizados a temperaturas elevadas (nitretação ou PVD, p. ex.: item 7.1.8.4.7) e maior estabilidade dimensional da ferramenta.

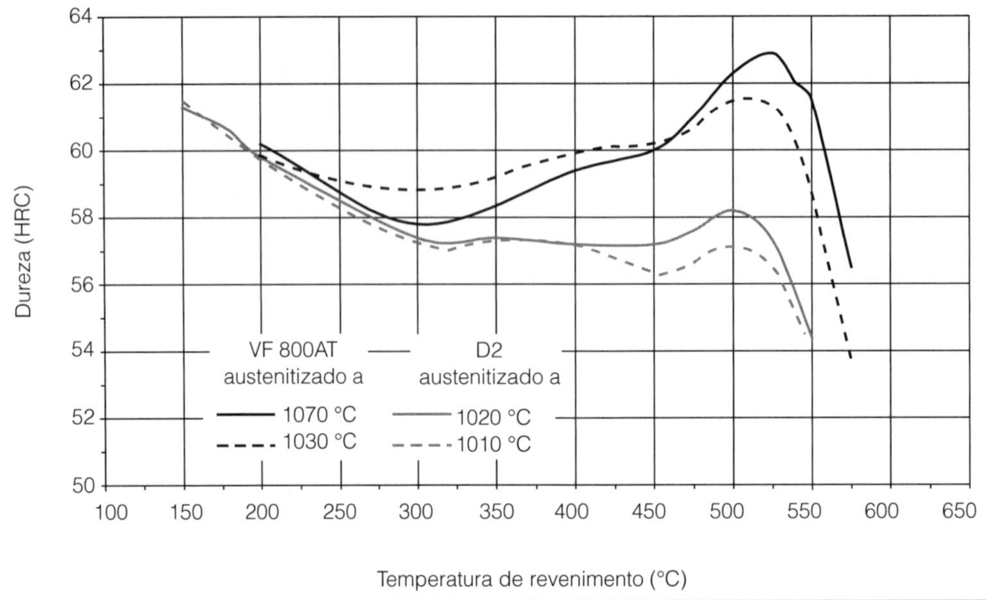

Figura 7.9 Curvas de revenimento de um aço 0,8C-8Cr (Villares Metals VF800AT®) e do aço D2, austenitizados a diferentes temperaturas. O aço 0,8C-8Cr apresenta endurecimento secundário significativo e pode ser revenido a temperaturas mais elevadas. Cortesia Villares Metals.

7.1.4.1.6 Série S – Aços resistentes ao choque

Os aços de série S foram inicialmente desenvolvidos para emprego em molas. Têm, por isso, alta resistência à fadiga e ao choque mecânico.

Para se atingirem os elevados valores de tenacidade necessários, o teor de carbono é mantido baixo – da ordem de 0,5% e a temperabilidade obtida por meio de elementos de liga. A temperabilidade dos aços S é normalmente superior à dos W. Em geral, a composição desses aços é ajustada de modo a torná-los imunes à fragilidade do revenimento, visto que são revenidos em temperaturas baixas, em torno de 200 °C.

A combinação de elevada tenacidade e alta resistência dos aços da série S faz com que eles sejam considerados, frequentemente, para aplicações estruturais [15].

7.1.4.2 Aços para trabalho a frio produzidos por metalurgia do pó

A quantidade de carbonetos presente nos aços D e A, destinados a trabalho a frio, é limitada pelos problemas de heterogeneidade decorrentes da formação de carbonetos primários. O mesmo ocorre com os aços rápidos (que também encontram emprego como ferramentas para trabalho a frio).

A opção encontrada para a produção de aços com maior resistência ao desgaste por meio do aumento da quantidade de carbonetos, de tamanho e distribuição uniforme, é o emprego da metalurgia do pó.

A possibilidade de produzir distribuições uniformes de elevadas quantidades de carbonetos (Figura 7.10), sem a ocorrência de grandes carbonetos primários, abriu novas possibilidades no projeto de liga dos aços ferramenta. As características do processo de produção são discutidas no Capítulo 9. Alguns exemplos interessantes são os aços rápidos e aços para trabalho a frio com elevado teor de vanádio. Esses materiais não são normalizados, sendo citados na literatura pela nomenclatura comercial. Aços produzidos pela metalurgia do pó para trabalho a frio, por exemplo, têm teores de cromo entre a série A e a série D, teores de molibdênio comparáveis aos destes aços e teores de carbono e vanádio bastante elevados, como mostra a Tabela 7.2. Nos aços com teores elevados de vanádio, o carboneto predominante é o MC, de altíssima dureza, ocorrendo, também, M_7C_3. A densidade dos carbonetos MC, em especial aqueles ricos em vanádio, é bastante inferior à dos carbonetos M_7C_3 e $M_{23}C_6$, ricos em cromo. Dessa forma, a fração volumétrica de carbonetos é aumentada.

A distribuição uniforme de carbonetos de menor tamanho resulta em reduzida incidência de trincas de canto e de bordas, assim como melhora o desempenho à fadiga. As composições derivadas dos aços A e D com vanádio até 10% podem se aproximar ou até superar o desempenho dos aços da série S, como o S7 nestes aspectos [16].

7.1.4.3 Exemplos de aplicação

A Tabela 7.2 apresenta as composições básicas e exemplos típicos de aplicação dos aços para trabalho a frio.

7.1.4.4 Processamento dos aços para trabalho a frio

Três características importantes para o processamento de aços de alta liga devem ser respeitadas no processamento dos aços para trabalho a frio: a) a elevada temperabilidade recomenda cuidado em todas as operações de resfriamento, evitando-se resfriamento brusco; b) a usinabilidade é melhorada na condição recozida; e c) revenimentos múltiplos são recomendados para evitar a presença de austenita retida em vista da temperatura M_I muito baixa.

7.1.4.4.1 Forjamento

Os aços das séries A e D têm baixa condutividade térmica, devido, principalmente, ao elevado teor de cromo. Esse fato, aliado à elevada resistência mecânica, mesmo à temperatura elevada, coloca-os entre os aços ferramenta mais difíceis de forjar. Além do pré-aquecimento recomendado para todos os aços dessa família, requerem tempos de aquecimento longos.

A elevada temperabilidade dos aços das séries A e D exige resfriamento controlado após forjamento: peças simples podem ser resfriadas em meio isolante, enquanto peças complexas devem ser resfriadas em forno auxiliar.

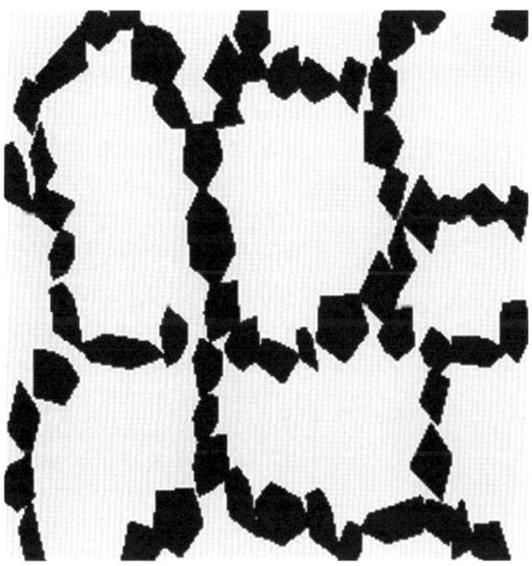

Aço ferramenta fundido, por exemplo W.Nr. 1.2382
- Isotrópico
- Boa resistência ao desgaste
- Baixa tenacidade

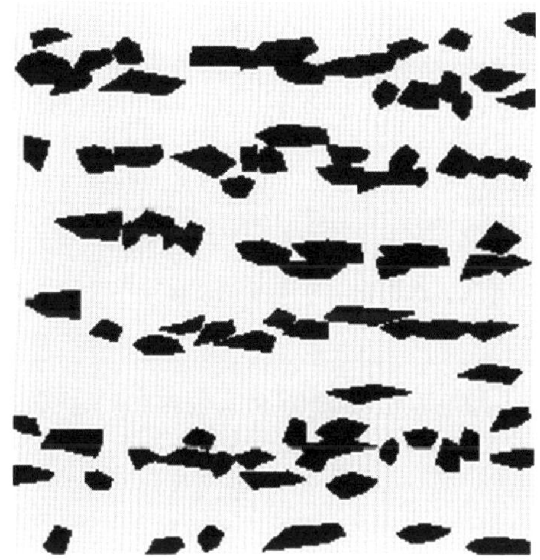

Aço ferramenta forjado, por exemplo D2.
- Anisotropia presente
- Boa resistência ao desgaste
- Tenacidade e ductilidade melhoradas (melhoria ainda possível por ESR)

Aço ferramenta obtido por metalurgia do pó, por exemplo VANADIS 4.
- Pouca anisotropia
- Excelente resistência ao desgaste (mais carbonetos)
- Tenacidade e ductilidade superiores
- Custo unitário maior
- Melhor resistência à fadiga e a trincamento

Figura 7.10 Distribuição esquemática de carbonetos em aços para trabalho a frio, em função do roteiro de fabricação e efeito sobre as principais características . Adaptada de [17].

Tabela 7.2 Composições básicas e aplicações típicas de aços para trabalho a frio

Aço	Composição química diretriz						Aplicações específicas
	% C	% Cr	% Mo	% V	% W	% Nb	
AISI D2	1,50	12,0	1,00	1,00	–	–	Matrizes para corte, estampagem e embutimento. Pentes para laminação de roscas, punções, calibres, mandris, lâminas para corte a frio, fieiras para trefilação.
AISI D3	2,00	12,5	–	0,20	–	–	Matrizes para corte, estampagem e embutimento. Punções e matrizes com gravações profundas, para forjamento a frio. Facas para tesouras, fieiras para trefilação, pentes para laminar roscas. Ferramentas para madeira. Instrumentos de medição.
AISI D6	2,00	12,5	–	0,07	1,00	0,15	Matrizes para corte, estampagem e embutimento, punções de alta solicitação, facas para tesouras de alto rendimento, pentes para laminação de roscas, fieiras para trefilação, fresas, brochas, moldes para prensagem de cerâmicos, ferramentas para prensas de extrusão, facas para corte de chapas de aço alto silício.
AISI O1	0,95	0,50	–	0,20	0,50	–	Ferramentas para corte em geral, machos, cossinetes, fresas, brochas, punções, facas para corte de papel etc. Ferramentas para madeira. Matrizes para embutimento, cunhagem e extrusão.
AISI W2	1,00	–	–	–	–	–	Punções e matrizes para trabalho a frio. Punções de martelo pneumáticos, tarraxas, fieiras, verrumas, ferramentas para madeira. Matrizes de estampo para cabeças de parafusos.
AISI A2	1,00	5,15	1,15	0,30	–	–	Matrizes pesadas e de formas complexas, punções, pentes para laminação de roscas; mandris e ferramentas de rebarbação; calibres; fieiras.
Aços rápidos sinterizados utilizados em trabalho a frio	1,3	4,20	5,0	3,0	6,3	–	Ferramentas e matrizes para produção de grandes séries em operações em peças espessas e materiais que causem desgaste adesivo (aço inoxidável, aço baixo carbono, cobre, alumínio) ou abrasivo-adesivo.
	1,3	4,20	5,0	3,0	6,3	Co = 8,40	
Aços de alto V (faixas usuais)	2,0 a 2,9	4,0 a 8,0	1,5 a 7,0	4,0 a 9,8	até 8,0	–	Resistência ao desgaste excepcional. Ferramentas para produção de grandes séries em operações em peças espessas e materiais que causem desgaste abrasivo (p. ex.: aço ao silício para fins elétricos).

Os aços da série O aceitam resfriamento ao ar, após forjamento, enquanto os cuidados com os aços da série W são essencialmente os mesmos aplicados a um aço carbono equivalente.

Em todos os casos, após o forjamento as peças devem ser recozidas.

7.1.4.4.2 Recozimento

Após forjamento ou antes de realizar nova têmpera, os aços para trabalho a frio devem ser recozidos. Para minimizar a formação de carepa e carbonetação ou descarbonetação, devem ser empregados fornos a vácuo ou de atmosfera controlada.

Velocidades de resfriamento inferiores a 10 °C/h para o aço O1 e a 30 °C/h para os aços W são recomendadas no recozimento. Para os aços das séries A e D, em vista da elevada temperabilidade, a realização de recozimento isotérmico é mais recomendada.

7.1.4.4.3 Usinagem e alívio de tensões

As operações de usinagem com grande remoção de metal introduzem tensões residuais. Essas tensões, se não aliviadas antes da têmpera, resultam em distorção no tratamento de têmpera e revenimento. Como regra, após usinagem associada à grande remoção de material, é conveniente realizar um alívio de tensões, seguido pela usinagem final que antecede a têmpera.

7.1.4.4.4 Têmpera

É essencial que o aquecimento para austenitização seja lento e uniforme, especialmente se os melhores resultados com relação à precisão dimensional são desejados. O pré-aquecimento é, portanto, altamente recomendado para as séries A, D e O.

A proteção superficial é essencial, especialmente para os aços das séries A, D e O. Fornos a vácuo, de atmosfera controlada ou banho de sal são recomendados, podendo, alternativamente, ser empregado empacotamento em meio neutro.

Os aços da série A são normalmente temperados ao ar, mas a martêmpera pode ser vantajosa (ver Capítulo 4). Os aços D3 e D6, assim como os aços da série O são, normalmente, temperados em óleo, enquanto o D2 pode ser temperado ao ar. A têmpera dos aços da série W é realizada em água ou salmoura, exceto para peças de dimensões muito reduzidas, que podem ser temperadas em óleo.

A quantidade de carbono e elementos de liga dissolvidos na austenita dependerá do tempo e da temperatura de austenitização empregados. A temperabilidade e as temperaturas M_I e M_F dependem da composição química da austenita; a escolha da temperatura e do tempo de austenitização são decisões importantes no tratamento desses aços, como exemplificado nas Figuras 7.4 e 7.5. Para peças grandes, por exemplo, em que longos tempos de austenitização são requeridos, deve-se preferir temperaturas de austenitização mais baixas, evitando a formação excessiva de austenita retida após têmpera.

Em caso de necessidade de nova têmpera, esta deve ser precedida de um recozimento.

7.1.4.4.5 Revenimento

Devido à possibilidade de ocorrência de austenita retida, revenimentos múltiplos são essenciais para esses aços.

Pelo mesmo motivo, processos de estabilização subzero podem também conduzir a excelentes resultados, especialmente quando o máximo de estabilidade dimensional e microestrutural é desejado. A Tabela 7.3 apresenta temperaturas típicas para o tratamento desses aços.

Tabela 7.3 Temperaturas típicas para tratamento térmico dos aços para trabalho a frio

Aço	Deformação a quente	Recozimento	Têmpera	Revenimentos (conforme dureza desejada. Vide curvas de Rv)
D2	Início: 1100 °C Final: 950 °C mín.	800/840 °C Resfriamento lento	980/1020 °C Resfriamento ao ar*	450/540 °C
D3	Início: 1100 °C Final: 930 °C mín.	845/900 °C Resfriamento lento	930/980 °C Resfriamento em óleo	≈500 °C → 52 HRC (menor variação dimensional)
D6	Início: 1050 °C Final: 900 °C mín.	840/860 °C Resfriamento lento	930/980 °C Resfriamento em óleo, ar ou banho de sal	Vide curva de Rv Figura 7.6
O1	Início: 1100 °C Final: 900 °C mín.	760/790 °C Resfriamento lento	790/845 °C Resfriamento em óleo	180/300 °C (evitar faixa 320/400 °C)
W2	Início: 1120 °C Final: 900 °C mín.	740/790 °C Resfriamento lento	780/815 °C Resfriamento em água	180 °C mín., por 2 horas, mín.
A2	Início: 1100 °C Final: 930 °C mín.	850/880 °C Resfriamento no forno até 500 °C, e então ao ar	950/980 °C Resfriamento ao ar*	200 °C → dureza máx. (≈60 HRC) 500 °C → boa tenacidade

* Têmpera em óleo pode ser empregada para peças grandes.

7.1.4.4.6 Resposta ao tratamento térmico

Como em todos os aços hipereutetoides, a resposta ao tratamento térmico é excepcionalmente influenciada pelas condições de austenitização, que definem a quantidade de carbono e elementos de liga dissolvidos na austenita e presentes sob a forma de carbonetos, além, evidentemente, do tamanho de grão austenítico.

Assim, a temperabilidade, a quantidade de austenita retida e o comportamento no revenimento (e, consequentemente, as propriedades da ferramenta) são fundamentalmente alterados pelos parâmetros de austenitização.

Observadas essas limitações, informações como dureza e seu comportamento no revenimento podem ser obtidas de curvas de revenimento, como exemplificado na Figura 7.11. Comparando-se os resultados apresentados na Figura 7.9 para o aço D2 e, na Figura 7.11 para o aço D6, observa-se a tendência esperada: quanto maior a temperatura de austentização, tanto mais elementos de liga estarão em solução na austenita e maior será o potencial de endurecimento secundário, para aços que apresentam este fenômeno.

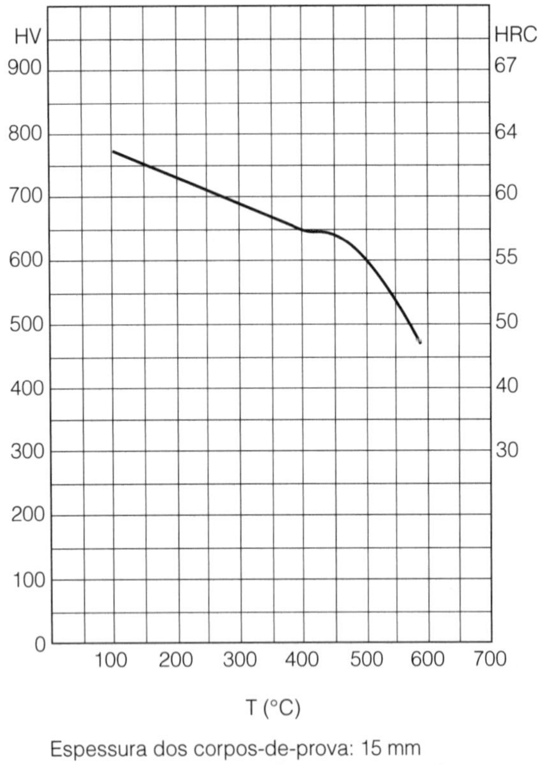

Espessura dos corpos-de-prova: 15 mm
- Austenitização a 960 °C e têmpera em óleo
- Corpos-de-prova revenidos por duas horas

Figura 7.11 Curva de revenimento do aço D6. Corpos de prova de 15 mm de espessura, austenitizados a 960 °C e temperados em óleo. Revenimento por 2 horas a cada temperatura.

7.1.4.4.7 Usinagem por eletroerosão

A usinagem por eletroerosão (EDM – *Electro Discharge Machining*) é uma alternativa importante para a usinagem de ferramentas complexas de aços de alta dureza. Nesse processo, um arco elétrico entre um eletrodo (consumível ou não) e o aço da ferramenta produz a remoção de material da ferramenta. O arco é estabelecido, normalmente, submerso em um tanque de óleo especial ou de água deionizada, que, entre outras funções, deve manter a temperatura da peça em níveis aceitáveis. É importante observar que o processo de eletroerosão gera temperaturas muito elevadas na superfície da peça. Isso resulta em uma zona termicamente afetada em que, em geral, ocorre fusão parcial do material. É necessário cuidado no emprego desse método de usinagem, seja pelo ajuste dos parâmetros de eletroerosão, para que nas etapas finais da usinagem a dimensão da zona afetada seja minimizada, seja realizando um revenimento pós-eletroerosão, seja pelo emprego de um polimento ou retífica final, para a eliminação da zona comprometida. Microtrincas presentes nessa zona de elevadíssima dureza frequentemente levam à falha da ferramenta por lascamento. Embora a eletroerosão com eletrodo de arame metálico (em vez de grafita) normalmente leve à zona afetada de dimensões bastante mais reduzidas (similares às etapas finais de EDM convencional), é conveniente ter os cuidados devidos, também nesse caso. O fabricante do aço ferramenta pode orientar sobre os cuidados necessários durante o uso de EDM.

7.1.5 AÇOS PARA TRABALHO A QUENTE

Em diversos casos, podem-se utilizar aços de baixa liga para matrizes de forjamento a quente. Em geral, empregam-se para trabalho a quente aços de média ou alta liga, na maior parte das vezes, com baixos teores de carbono (0,25 a 0,60%).

Para aplicações com solicitações muito elevadas ou quando se deseja vida da matriz mais longa, superligas podem ser usadas.

São propriedades necessárias a aços para trabalho a quente:

- Resistência à deformação na temperatura de uso
- Resistência ao impacto
- Resistência à "lavagem" (erosão)
- Resistência à deformação no tratamento térmico
- Usinabilidade
- Resistência a trincas a quente (*Heat Cracking* e *Heat Checking*)

7.1.5.1 Série H – aços para trabalho a quente – principais características

Entre os três subgrupos da série H, são mais usuais e mais disponíveis, comercialmente, os aços ligados com cromo, em especial H11, H12 e H13. Tais aços foram inicialmente desenvolvidos para fundição sob pressão de alumínio em virtude da resistência à erosão pelo metal líquido, resistência às trincas a quente e médio custo.

Aplicações típicas dos aços H10 – H13 são:

- Moldes para fundição sob pressão de metais não ferrosos (Al, Zn, Mg)
- Matrizes e punções para trabalho a quente (forjamento, extrusão a quente etc.)
- Facas para corte a quente (tesouras etc.)
- Moldes para plásticos
- Peças estruturais de ultra-alta resistência (H11-H13)

Os aços de resistência ao choque mais elevada desta família são também empregados em operações de trabalho a frio, em que a tenacidade é o fator fundamental, na forma de:

- Facas para corte pesado de espessuras grossas
- Matrizes para cunhagem
- Ferramentas pneumáticas

Entre os aços da norma DIN equivalentes à série H, estão os W.Nr. 1.2365, 1.2362, 1.2344. O W.Nr. 1.2365, por exemplo, é semelhante ao H10, porém com teores de molibdênio e vanádio mais altos, melhorando as propriedades a quente do aço. Os aços da norma DIN W.Nr. 1.2714 e 1.2721, ligados ao níquel, são particularmente indicados para matrizes de martelos de queda e aplicações em que gravações profundas são necessárias (Tabela 7.4).

Tabela 7.4 Aços para trabalho a quente. Composições químicas e aplicações típicas

Aço	Composição química diretriz					Aplicações específicas
	% C	% Cr	% Mo	% V	Outros	
AISI H10 W. Nr. 1.2365	0,35	3,00	2,80	0,55	–	Matrizes para trabalho a até 550 °C. Ferramentas para prensas de extrusão de tubos e tarugos. Moldes para plásticos. Facas para corte a quente. Ferramentas para fundição sob pressão de não-ferrosos.
AISI H11	0,40	5,25	1,30	0,40	–	Punções e matrizes para prensas de extrusão e forjamento a quente, moldes para fundição sob pressão de ligas leves, ferramentas para fabricação de parafusos, para rebites etc. (cossinetes, machos, tesouras). Componentes estruturais para mísseis e uso aeronáutico.
AISI H12	0,40	5,30	1,45	0,25	W = 1,30	Buchas, pistões e camisas para prensas de extrusão, matrizes de prensas para forjamento e estampagem a quente, tesouras, punções, mandris e facas para trabalho a quente. Moldes para plásticos e para fundição sob pressão de não-ferrosos.
AISI H13	0,40	5,25	1,40	0,90	–	Buchas, pistões e camisas para prensas de extrusão. Matrizes para forjamento e estampagem a quente. Moldes para fundição sob pressão de não-ferrosos (Al, Zn, Mg). Facas para corte a quente. Moldes para plásticos. Matrizes refrigeradas com água. Componentes estruturais para mísseis e uso aeronáutico.
AISI H20	0,30	2,65	–	0,35	W = 8,50	Matrizes, fixadores de rebites a quente, componentes para prensas de extrusão a quente de não-metálicos. Tesouras para corte a quente, mandris para fabricação de molas.
W. Nr. 1.2714 AISI 6F3	0,55	1,10	0,50	0,10	Ni = 1,65	Especialmente indicado para matrizes para forjamento em martelos e matrizes com gravações profundas. Também usado para lâminas de corte e componentes de prensas para extrusão de alumínio.
W. Nr. 1.2721	0,52	1,05	0,30	–	Ni = 3,25	Matrizes de forjamento de gravuras rasas, matrizes e punções para furação de chapas, bigornas para martelos de forjamento. Para trabalho a frio, pode ser usado como matriz de todos os tipos, ou para lâminas de corte, facas para rebarbagem e corte de tarugos.

7.1.5.2 Exemplos de aplicação

Como a tenacidade é fator preponderante na seleção de aços para trabalho a quente (matrizes para fundição sob pressão, ferramentas para forjamento etc.), é comum nesta série a utilização de aços refundidos sob escória eletrocondutora (ESR – Capítulo 9).

Nos casos em que as solicitações à matriz não são tão elevadas e/ou em que o contato peça-matriz é de curta duração causando menor aquecimento na ferramenta, os aços DIN W.Nr. 1.2713, 1.2714 e 1.2766, com teores de ligas um pouco inferiores aos aços H, são opções interessantes, principalmente pelo menor custo. Esses aços também são muito empregados em matrizes de grandes dimensões, de até 500 mm ou superior, dada a adequada combinação do baixo custo e alta tenacidade.

A característica notável dos aços H11 e H13 é sua tenacidade. Apesar de a sua dureza a quente ser algo inferior à dos aços mais ligados da família H, sua ótima resistência ao choque torna esses aços preferíveis em grande parte das aplicações, especialmente quando for necessário resfriar as matrizes durante o uso, com água ou outro meio.

O H11 tem limite de ruptura à temperatura ambiente na faixa de 1700 a 2000 MPa, tem tenacidade razoável, além de resistir ao amolecimento durante a exposição contínua a temperaturas de até 540 °C [8].

Um fator fundamental que permite essa combinação favorável de propriedades é o endurecimento secundário apresentado por esses aços (Figura 7.13). Esse mecanismo de endurecimento permite o revenimento a temperaturas elevadas, que garante alívio das tensões de têmpera, importante para se atingir uma tenacidade adequada e para a resistência a quente.

Como em qualquer fenômeno termicamente ativado, o tempo e a temperatura têm efeito sobre o resultado do revenimento. A Figura 7.12(a) mostra o efeito do tempo e da temperatura sobre a dureza no revenimento do aço H13 e a Figura 7.12(b) mostra uma curva padrão para o mesmo aço, empregando o parâmetro de Hollomon-Jaffe [18] como ordenada. Naturalmente, todos os revenimentos são realizados em amostras temperadas de uma mesma temperatura, em um mesmo meio de têmpera.

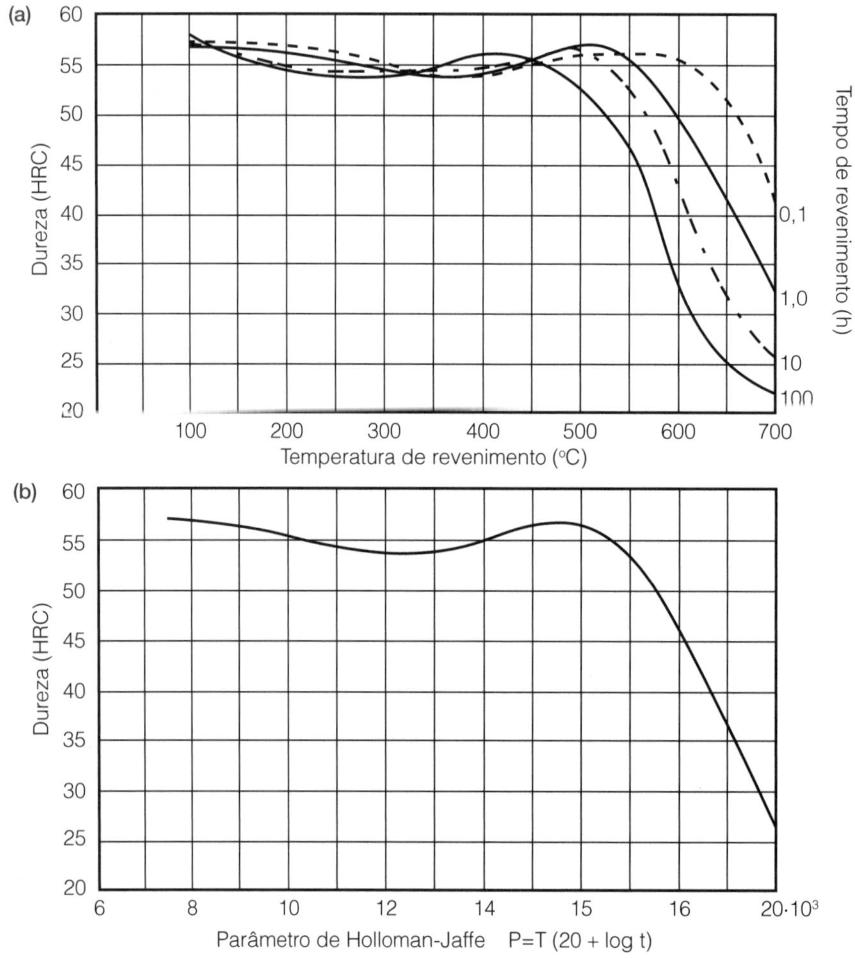

Figura 7.12 (a) Efeito do tempo e temperatura de revenimento sobre a dureza do aço H13. (b) Curva "mestra" de revenimento utilizando o parâmetro de Hollomon-Jaffe como ordenada. Adaptada de [7].

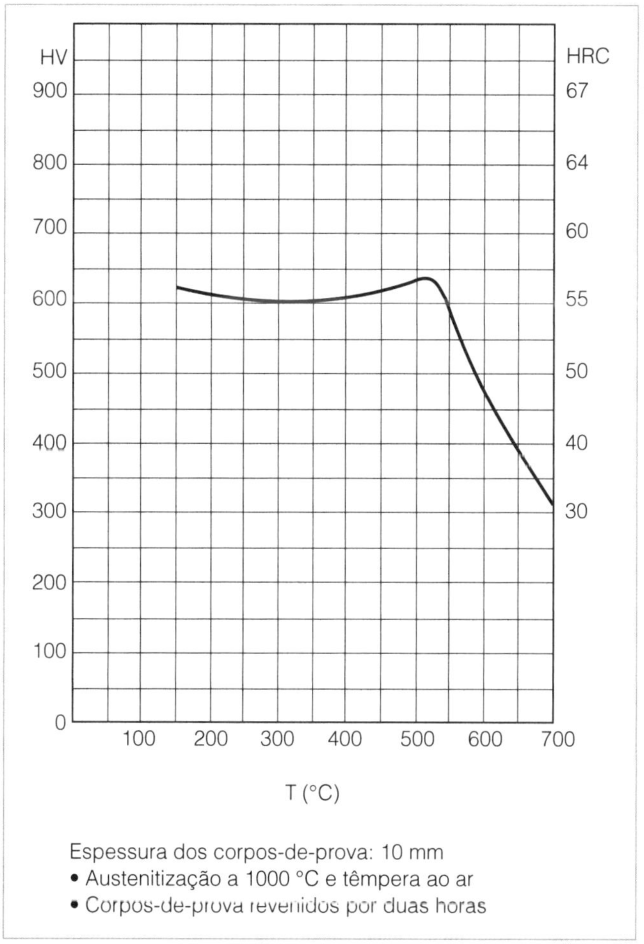

Figura 7.13 Curva de revenimento do aço H12. Corpos de prova de 10 mm de espessura, austenitizado a 1000 °C e temperado ao ar. Revenimento por 2 horas a cada temperatura.

Uma das aplicações mais importantes dos aços para trabalho a quente é em matrizes para forjamento. As ferramentas empregadas nessas operações são expostas a grandes variações de temperatura (no forjamento de peças de aço, por exemplo, ficam em contato com partes a cerca de 1000 °C, sendo imediatamente resfriadas e lubrificadas após o forjamento). Além do desgaste, fadiga e fadiga térmica são importantes mecanismos de falha dessas ferramentas.

Os aços H11 e H13 têm teores de silício elevados, da ordem de 1%. Estudos recentes têm mostrado que a redução do teor desse elemento para níveis em torno de 0,30% gera expressivo aumento da tenacidade [19,20] e da resistência à fadiga a quente [21] desses aços, promovendo significativa melhoria de rendimento nas matrizes de forjamento, por exemplo [22]. Os resultados indicam que a redução da fragilidade desses materiais em temperaturas em torno de 550 °C assegura tenacidade mais alta mesmo para temperaturas de revenimento elevadas [21]. Uma das causas importantes dessas alterações parece ser o efeito do silício sobre a precipitação de carbonetos no revenimento [19,21]. Modificações com baixo Si e P extremamente controlado são usadas para injeção sob pressão de ligas de alumínio.

Para as aplicações estruturais críticas, em que limpeza interna, homogeneidade e baixíssimo teor de gases dissolvidos são fundamentais, a refusão sob vácuo (VAR, Capítulo 9) pode ser aplicada. Os aços H11, H12 e H13, principalmente o primeiro, são também aplicados como aços estruturais de ultra-alta resistência, especialmente na indústria aeronáutica (Ver Capítulo 6). A refusão por ESR leva, também, a um considerável aumento da resistência da fadiga de ultra alto-ciclo (*very high cycle fatigue* VHCF) [23].

A manufatura aditiva do aço H13 tem sido amplamente estudada [24-27]. A fabricação de itens complexos, com excelentes propriedades, tem sido relatada [28]. Entre os aços para ferramenta, o mais amplamente estudado, na área de manufatura aditiva, é o H13.

7.1.5.3 Processamento dos aços para trabalho a quente

7.1.5.3.1 Forjamento

Devido aos teores de carbono e elementos de liga relativamente baixos, essa família constitui um dos grupos de aços ferramenta de mais fácil forjamento.

O pré-aquecimento é recomendado para peças grandes.

Além disso, como esses aços têm elevada temperabilidade, o resfriamento após forjamento deve ser controlado em forno ou em meio isolante.

7.1.5.3.2 Normalização

Apesar de aços que temperam ao ar não serem normalizados, esse tratamento foi empregado no aço H11, para melhorar a ductilidade transversal de grandes forjados [8].

7.1.5.3.3 Recozimento

Normalmente, utiliza-se vácuo, atmosfera protetora ou meio protetor neutro contra carbonetação ou descarbonetação superficial. O resfriamento deve ser no máximo de 25 °C/h até 500 °C, podendo ser mais rápido abaixo dessa temperatura.

7.1.5.3.4 Têmpera

Em praticamente todos os casos, os aços da série H e o W.Nr. 1.2365 podem ser temperados ao ar para pequenas dimensões. Para as dimensões usuais de matrizes, esses aços até adquirem alta dureza se temperados ao ar. Contudo, a precipitação de carbonetos em contornos de grão fragiliza o material, prejudicando a vida útil em termos de resistência ao impacto e fadiga térmica [29]. Assim, são normalmente temperados em óleo ou em fornos de tratamento térmico a vácuo, com resfriamento com nitrogênio sob alta pressão. Para os aços W.Nr. 1.2714 e W.Nr. 1.2721, emprega-se quase que unicamente a têmpera em óleo.

A temperatura de austenitização para têmpera deve ser ajustada dentro da faixa recomendada, considerando a temperabilidade necessária, em função do meio de têmpera e dimensões da peça.

Carbonetação ou descarbonetação têm grande efeito na resistência à fadiga térmica da superfície das ferramentas, devendo ser evitadas. Recomenda-se o aquecimento em forno a vácuo, de atmosfera controlada ou em banho de sal (com pré-aquecimento) ou em meio de empacotamento neutro.

7.1.5.3.5 Revenimento

Os aços da série H são geralmente revenidos para a faixa de 44-50 HRC. Quando condições extremas de choque ou pressão estão presentes, essa faixa é reduzida para 40-44 HRC. Para aplicações a frio, durezas mais elevadas podem ser desejadas (55-57 HRC), enquanto para matrizes grandes, em W.Nr. 1.2714, convém limitar a dureza a 37-42 HRC.

Revenimentos múltiplos (duplo, no mínimo) são recomendados para esses aços, para garantir o máximo de tenacidade e estabilidade microestrutural.

O efeito de tratamento subzero seguido de múltiplos revenidos foi estudado, por exemplo, em [30]. Os autores observaram a redução significativa do teor de austenita retida e das tensões residuais, quando a combinação de têmpera, tratamento subzero e, no mínimo, duplo revenimento foi empregada [30].

A Tabela 7.5 apresenta temperaturas típicas para o tratamento desses aços. Dados específicos para definição de processos industriais podem ser obtidos com o produtor do aço.

7.1.5.3.6 Resposta ao tratamento térmico

A dureza superficial de peças produzidas a partir desses aços pode ser determinada a partir de curvas de revenimento, como mostram os exemplos das Figuras 7.12 e 7.13. É importante observar que o comportamento desses aços, na têmpera e revenimento, dependerá, sensivelmente, da quantidade de carbonetos dissolvidos, tamanho de grão etc. Essas características são muito influenciadas pela temperatura e tempo de austenitização. Assim, variações no ciclo de têmpera podem alterar substancialmente a distribuição de dureza no estado revenido, em relação aos exemplos das Figuras 7.12 e 7.13.

Tabela 7.5 Temperaturas típicas de processamento de aços para trabalho a quente (para tratamento de ferramentas, consultar as recomendações do fabricante do aço)

Aço	Deformação a quente	Recozimento	Têmpera	Revenimento (conforme a dureza desejada. Vide curvas de Rv)
W. Nr. 1.2365	Início: 1150 °C Final: 950 °C mín.	870/900 °C Resfriamento lento	1000/1030 °C Resfriamento em óleo	400/550 °C
H11	Início: 1150 °C Final: 950 °C	830/870 °C Resfriamento lento	980/1030 °C Resfriamento em óleo	1º Rv: 550 °C 2º Rv: 550/650 °C
H12	Início: 1150 °C Final: 950 °C mín.	840/870 °C Resfriamento lento	980/1050 °C Resfriamento em óleo	1º Rv: 550 °C 2º Rv: 580/650 °C
H13	Início: 1150 °C Final: 950 °C	845/870 °C Resfriamento lento	1010/1025 °C Resfriamento em óleo	500/650 °C
H20	Início: 1150 °C Final: 950 °C mín.	760/800 °C Resfriamento lento	1150/1175 °C Resfriamento em óleo	≈500 °C
W. Nr. 1.2714	Início: 1150 °C Final: 900 °C mín.	670/710 °C Resfriamento lento	840/870 °C Resfriamento em óleo	200 °C, mínimo
W. Nr. 1.2721	Início: 1150 °C Final: 900 °C mín.	660/680 °C Resfriamento lento	840/870 °C Resfriamento em óleo	200/400 °C

7.1.6 AÇOS PARA TRABALHO A MORNO

A conformação a frio produz melhor acabamento superficial e melhor precisão dimensional do que a conformação a quente (ver Capítulo 10). Entretanto, as forças necessárias a deformar os materiais, em geral, diminuem com o aumento da temperatura, o que torna o trabalho a quente vantajoso, frequentemente. Todavia, alterações metalúrgicas interessantes podem ser produzidas no trabalho a temperaturas intermediárias entre o trabalho em que não há recristalização (a frio) e o trabalho a quente [31,32]. O trabalho nestas temperaturas intermediárias é chamado "trabalho a morno" e vem encontrando aplicações crescentes em várias indústrias [33], como a automobilística.

As demandas para o ferramental empregado no trabalho a morno são complexas. Como o material é mais resistente, por um lado, as forças locais são maiores e os aços para trabalho a quente muitas vezes não resistem adequadamente. Por outro lado, os aços para trabalho a frio, com frequência, não têm tenacidade adequada para estas operações e perdem a dureza quando expostos às temperaturas em questão.

Tabela 7.6 As composições adaptadas para aços para trabalho a morno comparadas com aços para trabalho a quente e aços rápidos. Dados parcialmente adaptados de [34]

Aço e Classificação	Composição química, (%)							
	C	Mn	Si	Cr	Mo	V	W	Co
Aço para trabalho a quente W.Nr.1.2367 (H11+Mo)	0,38	0,40	0,40	5,0	2,8	0,65	–	–
Aço para trabalho a quente W.Nr.1.2885 (H10A)	0,39	0,30	0,35	2,9	2,8	0,68	–	2,9
Aço rápido W.Nr. 1.3343 (M2)	0,90			4,1	5,0	1,8	6,4	–
Aço para trabalho a morno Boehler W360	0,50	0,20	0,20	4,5	3,0	0,55	–	–
Aço para trabalho a quente H13 (W.Nr.1.2344)	0,40	0,35	1,00	5,25	1,4	0,9		
Aço para trabalho a morno Villares VTMPLUS	0,50	0,30	0,30	3,8	3,0	0,55		

Alguns aços especiais foram desenvolvidos especialmente para estas operações, considerando estes objetivos metalúrgicos.

7.1.7 AÇOS PARA FINS ESPECIAIS

7.1.7.1 L – Tipos de baixa liga

Basicamente, este grupo é composto por aços de alto carbono com cromo como principal elemento de liga. Para fins de classificação, podem ser considerados como aços W com quantidades moderadas de cromo, vanádio, níquel ou molibdênio para aumentar a temperabilidade. O níquel adicionado ao L6 aumenta a sua tenacidade. Os tipos mais comuns são L2 e L6. Aplicações usuais são: calibres de precisão, tesouras, brocas para rochas, ferramentas para madeira, brocas e empregos extra ferramentas em rolamentos – roletes e cilindros, árvores de ressaltos etc., em que elevada tenacidade e boa resistência são necessárias.

7.1.7.2 F – Tipos carbono-tungstênio

Os aços de série F são usados geralmente quando são necessárias alta resistência ao desgaste e a manutenção de gume cortante. Aplicações típicas são trefilas e ferramentas para usinagem de rolos. Normalmente, apenas alguns aços de série D e alguns aços rápidos superam a resistência ao desgaste dos aços da série F, tendo, entretanto, menores resistências a choques do que estes. É importante não confundir a série F da AISI, que tem alto carbono (1,20%) e tungstênio, com os aços grau F de algumas normas ASTM (p. ex.: A182); que são de baixo carbono.

7.1.7.3 P – Aços para moldes

O rápido crescimento e a importância adquirida pela indústria de polímeros nas décadas recentes causaram uma expansão considerável no número de aços para moldes. O uso desses aços, entretanto, estende-se também à fundição em moldes permanentes ou por injeção de chumbo, estanho e ligas de zinco.

Entre as diversas propriedades requeridas de um aço para moldes, podem ser citadas: baixa dureza no estado recozido (para facilitar a usinagem ou o forjamento de cavidades *hobbing* – na matriz), resistência ao desgaste, ao impacto e resistência mecânica no núcleo. Além disso, as propriedades de manufatura, como usinabilidade e polibilidade, são essenciais. Alguns polímeros podem favorecer a corrosão do aço à temperatura de fabricação das peças [35]. Compostos de cloro, por exemplo, podem ser liberados na fabricação de PVC em presença de umidade. A escolha do aço adequado e do tratamento térmico correto [36] é essencial para o bom desempenho. Tratamentos termoquímicos podem, também, apresentar resultados interessantes tanto com respeito a desgaste como à corrosão [37].

O elevado volume de material removido na confecção dos moldes torna a usinabilidade do aço empregado muito importante para os moldes de plástico [38]. A usinabilidade de um material depende de fatores metalúrgicos e das condições de usinagem como ferramenta e velocidade de corte, sendo um resultado de interação do metal com a operação de usinagem [6]. O termo é geralmente usado para expressar o estado da superfície usinada, a taxa de remoção de material, a facilidade de saída do cavaco ou a vida da ferramenta [39]. Do ponto de vista das características básicas do aço, a sua usinabilidade deve ser melhorada para reduzir não só o consumo de ferramentas, mas principalmente o tempo de usinagem. Para se conciliar aos requisitos de polimento, descritos a seguir, a melhoria da usinabilidade é normalmente promovida por engenharia de inclusões e refino com cálcio, bem como distribuições finas de inclusões não-metálicas [40], principalmente sulfetos, obtidas após refusão (ESR ou VAR, Capítulo 9) [38].

A polibilidade pode ser entendida como capacidade de receber polimento e reproduzir detalhes finos. Um exemplo típico é a indústria de lentes de faróis de automóveis, em que os polímeros substituíram o vidro por completo nas últimas décadas. A capacidade de receber polimento está intimamente ligada à quantidade e ao tipo das inclusões presentes. Para esses aços, a limpeza interna e o controle do tipo de inclusões não-metálicas e outras partículas de segunda fase (p. ex.: carbonitretos) remanescentes no aço são fundamentais [41]. Aços refundidos pelo processo ESR são especialmente recomendados, inclusive em função das necessidades de homogeneidade nas grandes dimensões frequentemente encontradas em moldes para plásticos.

Vários tipos de aços são empregados para a fabricação de moldes para a indústria de plásticos ou para a fundição de ligas de baixo ponto de fusão. Além dos aços da série P, é comum o uso de aços inoxidáveis martensíticos (p. ex.: AISI 420 ou W.Nr. 1.2083) e endurecíveis por precipitação (p. ex.: similares ao PH 13-8 Mo) nessas aplicações. Aços ferramenta de outras séries (como aços para trabalho a frio ou para trabalho a quente) também podem ser utilizados: um exemplo típico é o aço H13 refundido por ESR.

O desenvolvimento moderno de aços para moldes de plásticos tem sido focado em aços derivados de inoxidáveis martensíticos, com composição química e tratamento térmico otimizados [42]. Os aços W.Nr 1.2083, W.Nr. 1.4028, M310 ISOPLAST, M330 VAR e M333 ISOPLAST, por exemplo [42], têm composições na faixa de 0,28 a 0,45% C e em torno de 13 a 14% Cr, derivadas da composição básica do AISI 420. O mesmo ocorre com os aços VP420IM e o aço W.Nr. 1.2738 (P20+Ni), que foi desenvolvido, com temperabilidade aumentada, para grandes blocos. Com a possibilidade de refusão ESR sob pressão, adições de nitrogênio têm sido usadas com excelentes resultados, possibilitando a redução do teor de carbono para o mínimo da faixa e melhorando o desempenho à corrosão [42], associado, possivelmente, ao efeito positivo do nitrogênio na prevenção de pites (ver item Aços Inoxidáveis). A Tabela 7.7 apresenta a composição de alguns aços típicos para moldes de plásticos.

Para aplicações, em que a cavidade é de usinagem relativamente simples e para casos de grandes matrizes, deve-se considerar a possibilidade de utilizar aços já beneficiados. Na China, por exemplo, em 2011, mais de 40% do consumo de aços para moldes de plástico já era de blocos pré-beneficiados [43]. Desse modo, os riscos de trinca, distorção e oxidação, associados ao tratamento térmico, são eliminados. Beneficiamento prévio para 26-34 HRC é usual, especialmente para moldes de injeção.

Tabela 7.7 Exemplos de composições químicas diretrizes de aços para moldes de plásticos (em %)

AISI/W.Nr. e nomes comerciais	C	Cr	Mo	Ni	Outros
P20 W.Nr. 1.2311	0,36	1,80	0,3		
W.Nr. 1.2738	0,36	1,80	0,20	0,70	
420 W.Nr. 1.2083	0,4	13,5			
VP420IM (Refundido)	0,40	13,5			V 0,25 Si 0,80
M310 ISOPLAST	0,40	14,3			Mo 0,60
VPATLAS	0,26	1,90	0,70	0,60	

O limite para esse tipo de emprego é normalmente associado à capacidade de usinagem, especialmente considerando-se a boa temperabilidade desses aços. Quando os aços são comprados já beneficiados, é possível aproveitar todo o conhecimento dos fornecedores experientes. Frequentemente são oferecidas ligas especialmente modificadas pelos fornecedores de modo a que o balanceamento entre refino, composição química, tratamento termomecânico e tratamento térmico final seja otimizado. O exemplo do VPATLAS, uma modificação do AISI P20, fornecido pré-endurecido a 38-42 HRC, é típico deste caso. A composição é ajustada para uma elevada temperabilidade bainítica.

Os aços para moldes podem ser usados cementados ou nitretados ou revestidos, quando maior dureza superficial e melhor resistência a desgaste, oxidação e erosão são desejadas ou são empregados simplesmente temperados e revenidos. Os aços P2 a P6 são aços para cementação, enquanto P20 e P21 são normalmente empregados, temperados e revenidos. Para moldes plásticos, P20 pode ser cementado e tratado após a usinagem da cavidade do molde.

Os aços mais usuais dessa família são: P1, P6, P20 e P20 refundido sob escória (ESR). Os aços P1 e P6, atualmente, são pouco utilizados. O principal material é o aço P20 (ou W.Nr.1.2738) e suas variações incluindo os aços W.Nr. 1.2311 e W.Nr. 1.2312. W.Nr. 1.2714 e 1.2711 também são empregados.

7.1.7.4 Processamento

7.1.7.4.1 Recozimento

O recozimento é essencial antes de nova têmpera, devendo-se empregar atmosfera protetora.

7.1.7.4.2 Têmpera

Os cuidados com as tensões residuais antes da têmpera, mencionados no caso dos aços para matrizes a frio, devem ser aqui considerados, também. Após usinagem pesada ou de desbaste e antes da têmpera, é conveniente realizar um alívio de tensões e uma usinagem leve para minimizar as distorções na têmpera. Para material ainda não beneficiado, recomenda-se 550 °C para o alívio de tensões do P20, e 650 °C para o AISI 420.

O aquecimento para a têmpera deve englobar uma etapa de pré-aquecimento e deve ser feito em atmosfera controlada, banho de sal ou vácuo. O resfriamento deve ser feito em óleo morno, seguindo-se imediatamente o revenimento.

7.1.7.4.3 Revenimento

Recomenda-se, no mínimo, revenimento duplo.

7.1.7.4.4 Alívio de tensões

Principalmente em função da elevada quantidade de material removida durante a usinagem, recomenda-se o alívio de tensões após esta operação. Nos aços pré-beneficiados, como o aço P20 e variações, o alívio de tensões deve ser feito em torno de 500 °C.

7.1.7.4.5 Polimento

Esses aços apresentam excelente resposta ao polimento. Além dos cuidados inerentes à operação de polimento, como controle da pressão, velocidade etc., o tratamento térmico adequado, controlando a quantidade de austenita retida e carbonetos em contornos de grão, é essencial para se atingir um polimento adequado.

7.1.7.4.6 Resposta ao tratamento térmico

A Tabela 7.8 apresenta temperaturas típicas para o tratamento desses aços. Na Figura 7.14, está apresentada a curva de revenimento do aço P20. Em vista da alta temperabilidade desses aços, a dureza da superfície não difere muito daquela no núcleo, para as seções comumente usadas.

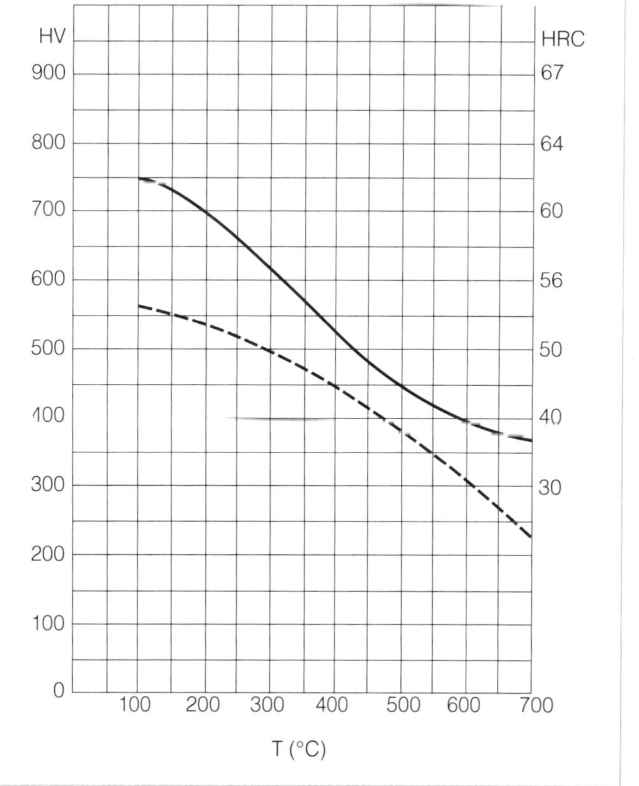

Figura 7.14 Curva de revenimento do aço P20. Linha cheia, cementação a 870 °C e têmpera em óleo. Linha tracejada, austenitização a 870 °C e têmpera em óleo. Corpos-de-prova revenidos por 2 horas.

Tabela 7.8 Temperaturas típicas de tratamento térmicos de dois aços para moldes para plástico

Aço	Deformação a quente	Recozimento	Têmpera	Revenimento (conforme dureza desejada, ver curvas de Rv)
P20	Início: 1130 °C Final: 930 °C mín.	760/815 °C Resfriamento no forno até 540 °C, e então ao ar	840/890 °C Resfriamento em óleo	Vide curva de Rv Figura 7.10
420	Início: 1120 °C Final: 900 °C mín.	780/850 °C Resfriamento no forno até 650 °C, e então ao ar	1000/1050 °C Resfriamento em óleo, ou ao ar para peças delicadas	240/270 °C → Dureza e tenacidade elevadas (vide item 7.2.3)

7.1.8 AÇOS RÁPIDOS

Os aços rápidos são basicamente empregados na fabricação de ferramentas de corte, normalmente quando se deseja corte à grande velocidade e com pesados avanços. Esses aços têm muitas características metalúrgicas importantes em comum, apesar da diversidade de composições químicas empregadas.

A característica mais importante comum aos aços rápidos é a capacidade de manter dureza elevada a altas temperaturas, normalmente superior a 58 HRC a 550 °C e a 55 HRC a 600 °C.

Outras características importantes são resistência ao desgaste e abrasão, estabilidade dimensional e boa tenacidade.

Os aços rápidos são aplicados na fabricação de ferramentas de usinagem de materiais de média e alta resistência, lâminas de serra para corte de metais, cilindros para laminação de roscas etc.

Apesar das grandes diferenças em composição química encontradas entre os diversos tipos de aços rápidos, suas características são basicamente similares: a) contêm carbono suficiente para combinar-se com os elementos de liga, produzindo carbonetos de elevada dureza e abrasividade em grande quantidade; b) são austenitizados para têmpera a aproximadamente 50 a 75 °C da temperatura de fusão; c) temperam completamente, apresentando dureza uniforme em seções de até 300 mm; d) apresentam endurecimento secundário no revenimento entre 510 °C e 590 °C; e) atingem praticamente a dureza máxima quando temperados em ar calmo.

Suas composições variam em amplas faixas, atingindo níveis elevados dos elementos de liga de mais alto custo: molibdênio, vanádio, tungstênio e cobalto. Por consequência, nota-se que os aços rápidos estão, normalmente, entre os mais caros existentes. Na aplicação correta, entretanto, seu preço é mais do que compensado pela longa vida de ferramenta, redução das paradas para afiação e aumento da produtividade.

A combinação de carbonetos primários e secundários e matriz martensítica de alta dureza é responsável pela elevada resistência ao desgaste destes aços. O elevado teor de carbono e de elementos de liga faz com que a solidificação desses aços seja bastante complexa, ocorrendo, frequentemente, fora de equilíbrio [44,45]. Durante a solidificação, ocorrem reações eutéticas com a formação de carbonetos, chamados de "carbonetos primários". A distribuição dos carbonetos primários não é uniforme. Uma das funções importantes do trabalho a quente posterior ao lingotamento (forjamento ou laminação a quente) é alterar essa distribuição para torná-la menos desfavorável ao desempenho do aço. Três tipos de carbonetos são observados normalmente em aços rápidos: MC, M_2C e M_6C, em que M representa um elemento de liga metálico. Os elementos vanádio, carbono e nitrogênio promovem a formação dos carbonetos do tipo MC. Para a formação de carbonetos MC em aços rápidos, é, normalmente, necessária a presença de mais de 1% de vanádio [46]. Embora titânio e nióbio também promovam a formação desse tipo de carboneto e seu emprego em aços rápidos tenha sido estudado, esses elementos não são comuns em composições comerciais. O molibdênio favorece a formação do carboneto M_2C, que, em geral, é metaestável nos aços rápidos e só ocorre em determinadas condições de solidificação. Os elementos tungstênio e silício promovem a formação do carboneto M_6C. O vanádio também se dissolve nos carbonetos do tipo M_6C [44].

As ferramentas convencionais de aço rápido são produzidas por usinagem, seguida de tratamento térmico, ou usinadas por retífica com o material já temperado e revenido. Quando a usinagem é realizada na condição recozida, a microestrutura é composta de matriz ferrítica e carbonetos primários e de recozimento. A baixa dureza da matriz facilita a remoção de material – importante para ferramentas de maiores dimensões. Os carbonetos primários têm dimensões da ordem de alguns micrômetros e uma variação de tamanho considerável.

Os carbonetos de recozimento têm dimensões inferiores a 1 μm.

O tratamento de têmpera e revenido desses aços visa aproveitar ao máximo todos os mecanismos de aumento de resistência disponíveis. A quantidade de carbonetos dissolvidos durante a austenitização define o potencial de reprecipitação de carbonetos durante o revenimento. Esses carbonetos são responsáveis pela ocorrência de endurecimento por precipitação, que dá origem ao endurecimento secundário observado no revenimento. Da mesma forma que discutido no caso dos aços da série D, o aumento da quantidade de elementos de liga e carbono em solução, em função da temperatura de austenitização, tem importante efeito sobre as temperaturas M_I e M_F e, em consequência, sobre a quantidade de austenita retida presente. Além disso, o teor de elementos de liga e carbono em solução tem efeito sobre o endurecimento secundário.

Uma vez que as disponibilidades dos elementos de liga (e consequentemente seus custos) são extremamente sensíveis ao mercado, embargos, guerras etc., o usuário de aço rápido deve se manter informado com relação aos custos de aços de diversas famílias e, se possível, desenvolver opções alternativas para casos de falta de material ou aumento excessivo de preços.

7.1.8.1 Série T – Aços rápidos ao tungstênio

O primeiro aço rápido, desenvolvido por Taylor em 1910, tinha a seguinte composição: 18% W, 4% Cr e 1% V (T1). Essa composição se manteve popular nos EUA até a Segunda Guerra Mundial e a Guerra da Coreia, quando foi necessário desenvolver alternativas a esses elementos de liga, principalmente utilizando-se molibdênio (série M).

Na série T, o aço mais usual é o T1, para aplicação geral, combinando boa resistência ao choque, dureza a quente e custo. O T15, com 5% V é o de maior resistência ao desgaste, no grupo, sendo especialmente indicado para o corte de metais duros, aços de alta resistência, aços austeníticos e ligas refratárias. A adição de cobalto, apesar de fragilizar um pouco o aço rápido, aumenta significativamente a resistência à perda em dureza (ou resistência ao revenido), resultando em maiores durezas a quente e, portanto, maior produtividade.

7.1.8.2 Série M – Aços rápidos ao molibdênio

Como o peso atômico do molibdênio é aproximadamente metade daquele do tungstênio, o mesmo peso de molibdênio e tungstênio resulta em, aproximadamente, duas vezes mais átomos de molibdênio. Para uma determinada estequiometria de carboneto, 1% de molibdênio resulta em aproximadamente duas vezes mais carboneto do que a mesma porcentagem em tungstênio.

Nas últimas décadas, os aços da série M vêm apresentando aceitação bastante superior aos da série T, como discutido anteriormente. Em particular, o aço M2 (contendo molibdênio e tungstênio) tem se caracterizado como um dos mais populares. Os aços rápidos contendo cobalto têm se tornado de aplicação restrita, devido à escassez de cobalto no mercado mundial.

Um estudo da ASM mostrou que no período de 1950 a 1960, nos EUA, os aços M2, Ml e M10, representaram acima de 70% dos aços rápidos consumidos, em peso. O aço M2, porém, teve sua participação no consumo de aços rápidos situada em torno de 40% da tonelagem total de aços rápidos consumidos nesses anos. Atualmente a série M representa mais de 95% do aço rápido produzido nos EUA [15].

Os aços rápidos têm se mantido importantes para a indústria nos últimos 70 anos, apesar do desenvolvimento de diversos materiais alternativos.

7.1.8.3 Aços rápidos obtidos por metalurgia do pó

Um dos competidores mais importantes dos aços rápidos em operações de corte (usinagem) são as ferramentas de carbonetos sinterizados (ou "Cermets") em que uma grande fração volumétrica de carbonetos duros é sinterizada em uma matriz metálica. Para fins de comparação, os aços rápidos produzidos convencionalmente têm uma fração volumétrica de cerca de 25% de carbonetos duros em uma matriz metálica, enquanto as ferramentas de carbonetos sinterizados (tipicamente WC com matriz metálica à base de cobalto) contêm uma fração volumétrica da ordem de 90% de carbonetos duros. O resultado comparativo, em termos de dureza, resistência e tenacidade pode ser visto na Figura 7.15.

O desenvolvimento da aplicação da metalurgia do pó aos aços rápidos iniciou-se pela busca de melhores propriedades com as mesmas composições "clássicas". Posteriormente, as composições vêm sendo otimizadas considerando o processamento. A termodinâmica computacional tem sido útil nestes desenvolvimentos [48,49]. Com a fabricação por metalurgia do pó, obtêm-se melhor distribuição de carbonetos e eliminação dos carbonetos primários, como mostra a Figura 7.16 e, consequentemente, potencial para melhor desempenho da ferramenta. O uso de HIP após a metalurgia do pó tem sido adotado com frequência para obter a consolidação máxima, equivalente a um forjado, com a segregação mínima, associada ao processo de metalurgia do pó. Manufatura aditiva vem sendo desenvolvida também [50]. Os custos, no caso de ferramentas que podem ser obtidas de semiacabados forjados ou produzidos por metalurgia do pó+HIP, ainda não parecem ser competitivos [51].

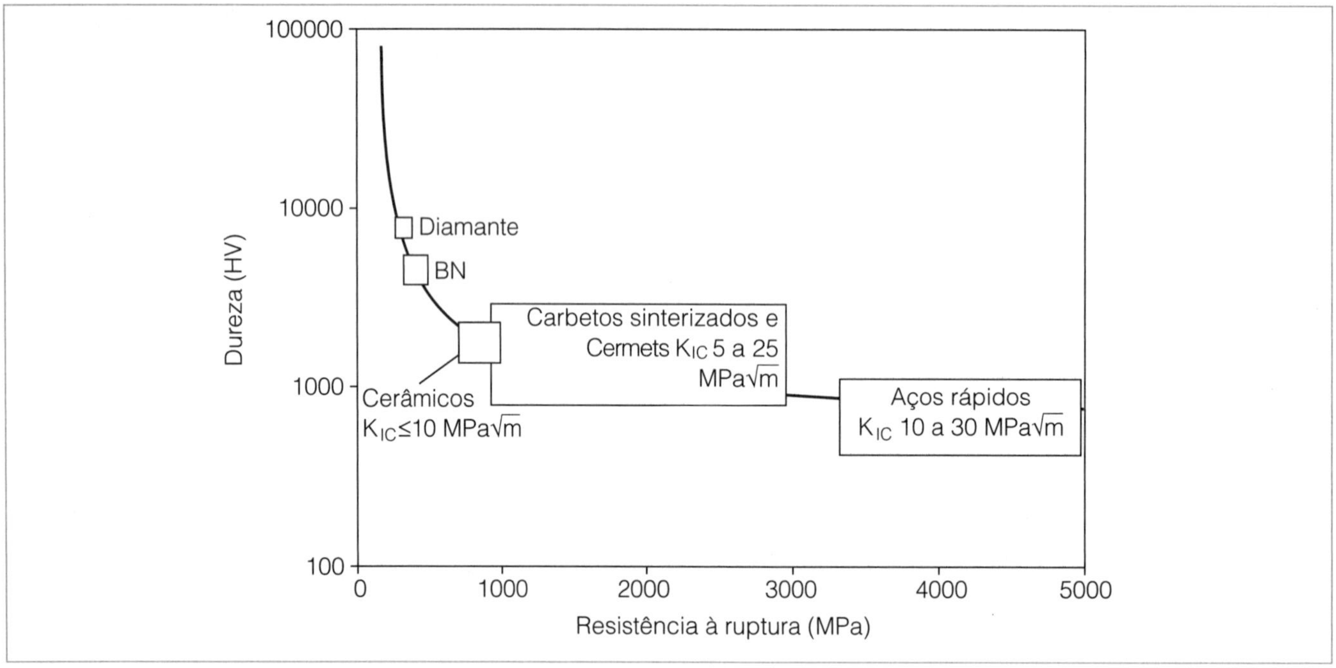

Figura 7.15 Relação dureza – resistência à ruptura para materiais usados como ferramentas de corte (para alguns materiais, a tenacidade à fratura é também indicada no gráfico). Carbonetos sinterizados correspondem aos valores mais altos de dureza e mais baixos de tenacidade na faixa indicada. Aços rápidos convencionais podem ter sua tenacidade melhorada por refusão (ESR). Adaptada de [47].

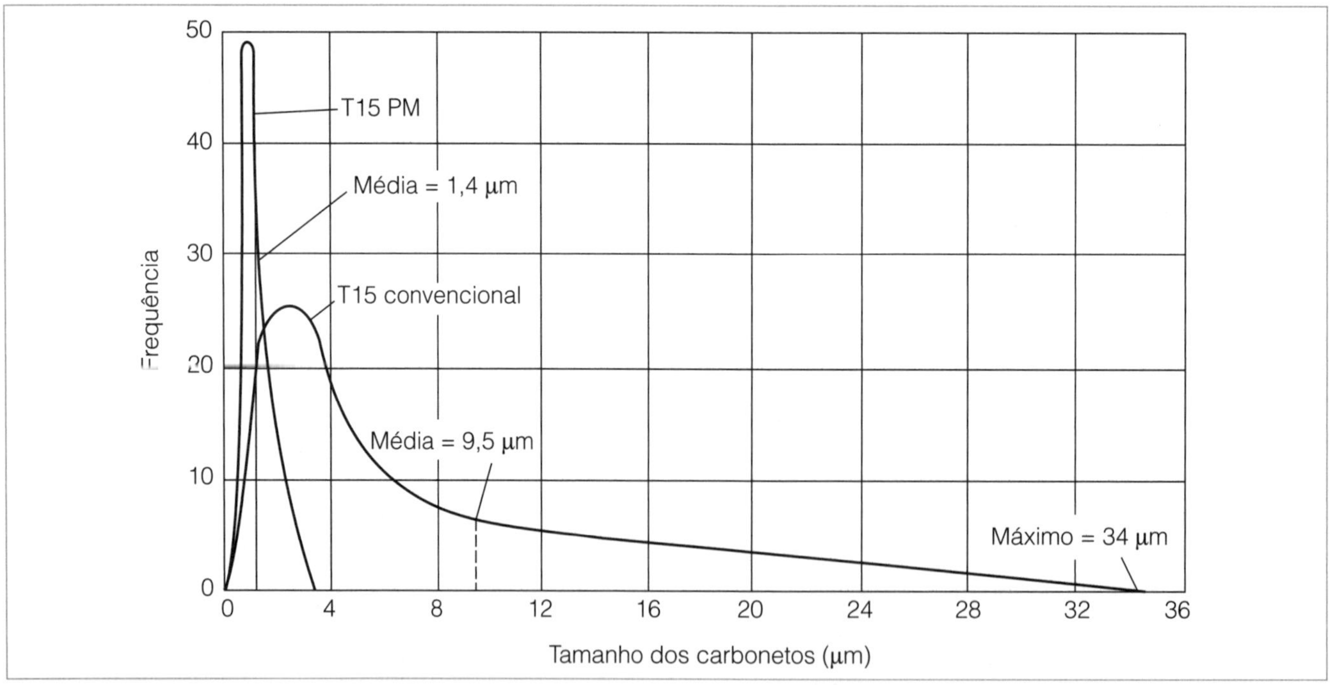

Figura 7.16 Distribuição de tamanho de carbonetos em aço rápido T15 em função do processo de fabricação (PM = metalurgia do pó). Adaptada de [15].

A fabricação por deposição por *spray* também é um método eficaz para a fabricação de aços rápidos [52]. Evita a formação de carbonetos grosseiros, primários, produzindo "billets" uniformes para posterior trabalho a quente (ver Capítulo 10).

7.1.8.4 Exemplos de aplicação

A Tabela 7.9 apresenta as composições básicas e exemplos típicos de aplicação dos aços rápidos.

Tabela 7.9 Exemplos de composições básicas de aços rápidos

AISI/W.Nr. e nomes comerciais Villares Metals	Composição química diretriz					
	%C	%Co	%Cr	%Mo	%V	%W
M36	0,80	8,00	4,00	5,00	2,00	6,00
VK8E similar ao M36	1,10	7,80	4,00	6,00	1,55	5,30
M1	0,85		4,20	8,70	1,15	1,75
M2	0,85-1,00		4,20	5,00	2,00	6,15
M2 VWM2	0,90		4,20	5,00	2,00	6,15
M2 VWM2V	0,84		4,20	5,00	2,00	6,15
M3 Classe 2	1,20		4,20	6,50	2,80	5,90
M35	0,90	4,75	4,20	5,00	1,90	6,30
M42	1,10	8,25	3,90	9,50	1,15	1,50
M50	0,82		4,20	4,30	1,00	
M7	1,00		3,80	8,70	2,00	1,75
W.Nr. 1.3333 N3333A	1,00		4,20	2,70	2,30	2,85

7.1.8.4 Processamento dos aços rápidos

7.1.8.4.1 Pré-aquecimento

O pré-aquecimento é sempre recomendado para aços rápidos. Além de evitar choques térmicos e reduzir as tensões associadas à transformação, o pré-aquecimento diminui o tempo requerido à alta temperatura, reduzindo as chances de descarbonetação. Para tratamento em banho de sal, o emprego de duas etapas de pré-aquecimento é recomendado para reduzir o risco de trincamento.

7.1.8.4.2 Forjamento

Os aços rápidos devem ser recozidos antes do forjamento. A faixa de temperatura para conformação a quente é estreita, requerendo controle cuidadoso do processo (Tabela 7.10).

Peças pequenas podem esfriar em material isolante; para peças grandes, entretanto, resfriamento em forno auxiliar é recomendado.

7.1.8.4.3 Recozimento

Mesmo com o aço M2, um dos mais resistentes à descarbonetação entre os aços rápidos, é necessário o uso de atmosfera controlada ou empacotamento. O recozimento realizado pode ser pleno, com austenitização seguida de resfriamento lento (da ordem de 20 °C/h). Um processo alternativo é o recozimento subcrítico ou isotérmico, em geral, entre 740 e 780 °C. Este último promove menor tamanho de grão austenítico, porém maior dureza. Alternativamente, como é usual para aços hipereutectoides [9] o recozimento isotérmico pode ser feito aquecendo a 840-870 °C, mantendo a esta temperatura por 2 horas, esfriar até 760 °C, e conservar nesta temperatura por mais 4 horas, seguido de resfriamento ao ar.

Tabela 7.10 Parâmetros indicativos das faixas usuais de processamento dos aços rápidos. O fabricante do aço deve ser consultado para definir os detalhes do tratamento

Aço	Deformação a quente	Recozimento	Têmpera	Revenimento (conforme a dureza desejada. Ver curvas de Rv)
M2	Início: 1120 °C Final: 950 °C mín.	850/900 °C Resfriamento lento	1180/1220 °C Pré-aquecimento a 550 °C e 850 °C Resfriamento em óleo	550/600 °C → dureza e tenacidade elevadas Ver Figura 7.13
M35	Início: 1120 °C Final: 950 °C mín.	790/860 °C Resfriamento no forno até 600 °C e, então, ao ar	1210/1250 °C Pré-aquecimento a 850 °C e 1050 °C Resfriamento em óleo	550/600 °C → dureza e tenacidade elevadas

7.1.8.4.4 Têmpera

A têmpera deve ser sempre precedida de recozimento. A faixa de temperaturas para austenitização destes aços é relativamente ampla, dependendo das dimensões da ferramenta, taxa de aquecimento, propriedades desejadas etc. Naturalmente, as condições de austenitização definirão a quantidade de carbono e elementos de liga em solução e, consequentemente, os resultados da têmpera.

A martêmpera pode ser aplicada com sucesso ao aço M2. O resfriamento para têmpera pode ser ao óleo, ao ar ou em banho de sal ou chumbo.

Observadas estas limitações, informações como dureza e seu comportamento no revenimento podem ser obtidas de curvas de revenimento, como exemplificado na Figura 7.13.

7.1.8.4.5 Revenimento

O revenimento deve ser iniciado logo após a têmpera. Revenimentos múltiplos são essenciais, em vista da ocorrência de austenita retida. Também tratamentos subzero podem ser aplicados com sucesso.

7.1.8.4.6 Resposta ao tratamento térmico

O tratamento térmico dos aços rápidos é uma operação bastante delicada. Independentemente dos problemas de tratamento térmico já descritos (descarbonetação, trincas etc.), que podem conduzir à falha da ferramenta, o ajuste dos parâmetros de tratamento é crítico e definirá as propriedades finais.

Em primeiro lugar, as temperaturas de austenitização podem ser muito próximas da temperatura *solidus* do aço, como mostra a Figura 7.17. Nos aços convencionais, o controle preciso da composição química na aciaria, o controle do lingotamento ou da refusão (para minimizar a segregação, ver Figura 7.17(b)) e o tratamento termomecânico são essenciais para obter um produto suficientemente homogêneo (ver Capítulos 8, 9 e 10) que possa ser austenitizado, com segurança, nas temperaturas em que se obtém o máximo benefício dos elementos de liga destes aços.

Os parâmetros de austenitização definem a quantidade de carbono e elementos de liga dissolvidos na austenita e presentes sob a forma de carbonetos, além, evidentemente, do tamanho de grão austenítico.

Assim, a temperabilidade, quantidade de austenita retida e comportamento no revenimento, bem como, consequentemente, as propriedades da ferramenta são fundamentalmente afetados pelos parâmetros de austenitização, como mostra a Figura 7.18.

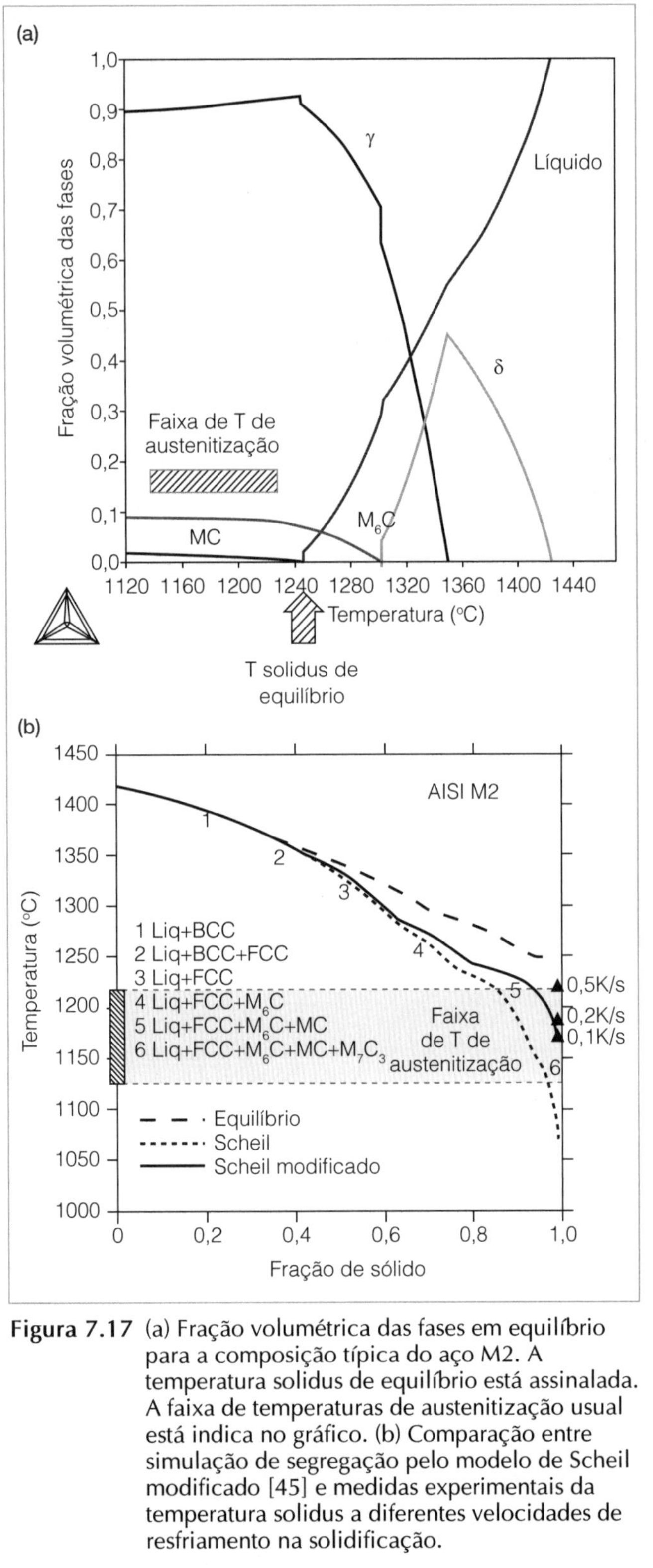

Figura 7.17 (a) Fração volumétrica das fases em equilíbrio para a composição típica do aço M2. A temperatura solidus de equilíbrio está assinalada. A faixa de temperaturas de austenitização usual está indica no gráfico. (b) Comparação entre simulação de segregação pelo modelo de Scheil modificado [45] e medidas experimentais da temperatura solidus a diferentes velocidades de resfriamento na solidificação.

A Figura 7.19(a) mostra variação da composição química da austenita na faixa de temperaturas explorada na curva de revenimento da Figura 7.18. A Figura 7.19(b) mostra o efeito sobre as temperaturas de transformação martensítica. O aumento do teor de Mo, W e V em solução na austenita contribuem, também, para o aumento do endurecimento secundário.

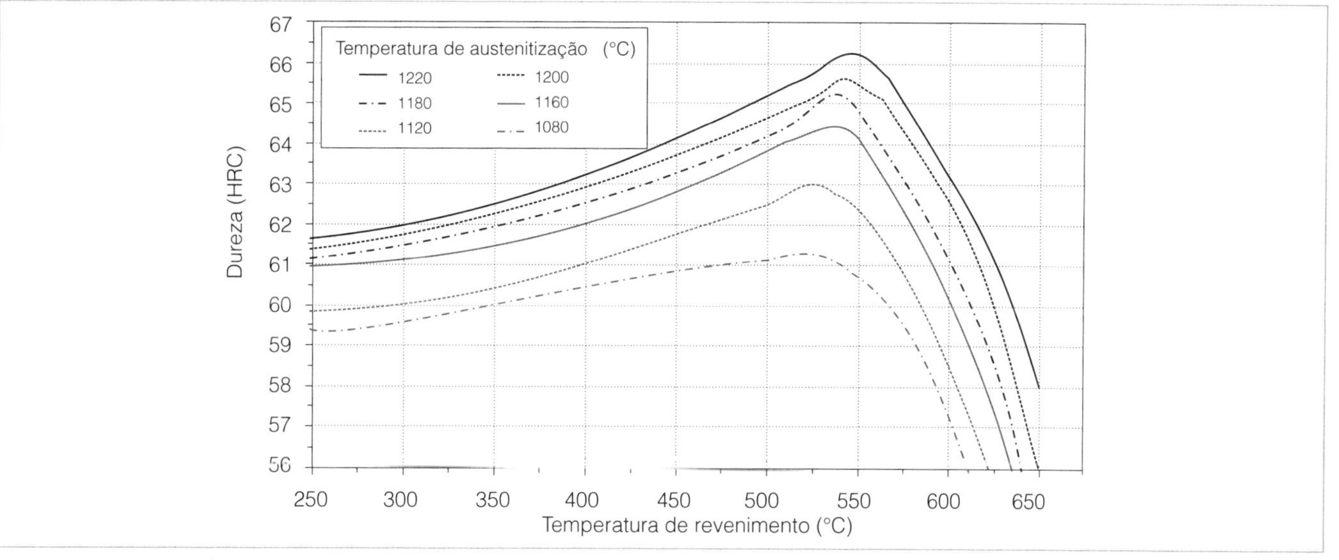

Figura 7.18 Curva de revenimento do aço M2. Os parâmetros de austenitização têm grande influência sobre as propriedades no revenido.

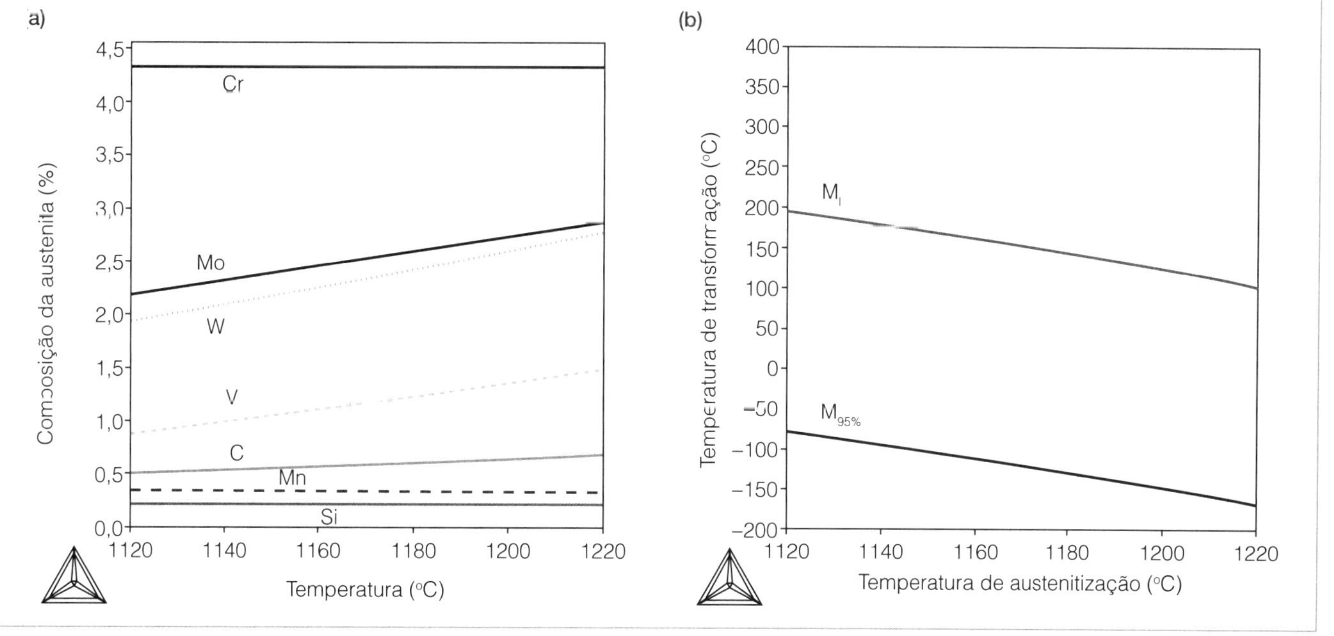

Figura 7.19 (a) Composição química da austenita em equilíbrio. (b) Temperatura MS estimada com a equação de Andrews [9] para diferentes temperaturas de austenitização. Aço M2. Temperatura de 95% de martensita estimada com a equação de Kostinen-Marburger [10] (o efeito do W e do V não é considerado na equação de Andrews). Calculado com Thermo-calc e TCFE10.

7.1.8.4.7 Nitretação e tratamentos superficiais

Os aços rápidos nitretados adquirem excepcional dureza superficial e melhor resistência à corrosão [53,54]. Os tratamentos de PVD e CVD também promovem resultados eficazes na vida da ferramenta em virtude da maior dureza superficial produzida [54,55].

7.1.9 A ESCOLHA DO AÇO FERRAMENTA

As aplicações dos aços ferramenta são extremamente variadas – e da seleção correta do aço dependerá o desempenho da ferramenta. Entretanto, é possível agrupar essas aplicações em tipos básicos de operações, o que facilita a análise das necessidades quanto às propriedades dos aços (Tabela 7.11).

Tabela 7.11 Tipos básicos de aplicação dos aços ferramenta

1. Conformação a. a quente b. a frio 2. Cisalhamento a. corte de blanks b. puncionamento c. corte d. rebarbagem 3. Corte (usinagem) a. metais b. não-metais	4. Moldagem a. fundição sob pressão b. moldagem de plásticos c. moldagem de materiais cerâmicos d. moldagem de pós 5. Diversos a. peças sujeitas ao desgaste b. ferramentas de percussão c. calibres

Ferramentas para conformação, a quente ou a frio, são: matrizes, peças embutidas em matrizes, ferramentas para forjamento a quente, ferramentas para estampagem profunda, punções e matrizes para formar cabeças a frio, matrizes de extrusão etc. Essas ferramentas têm contato deslizante com o metal sólido durante parte da operação e podem estar sujeitas a esforços elevados por curto período de tempo. O requisito principal será, portanto, resistência ao desgaste, e os requisitos secundários, resistência ao impacto e usinabilidade. Aquelas empregadas para trabalho a quente necessitam também de dureza a quente.

O desgaste, na conformação a frio, pode ocorrer por dois mecanismos principais: desgaste abrasivo e desgaste adesivo. Materiais de elevada dureza ou que contêm partículas, como carbonetos, causam, em geral, desgaste abrasivo. Aços beneficiados, aços de alta resistência, cerâmicas e madeira são alguns dos materiais que causam desgaste abrasivo. As propriedades da ferramenta que melhoram a resistência ao desgaste abrasivo são:

- Alta dureza
- Elevada fração volumétrica de carbonetos de alta dureza
- Carbonetos de maior tamanho

O desgaste adesivo envolve a adesão por microssoldagem do material à ferramenta. A pressão de trabalho produz uma soldagem localizada entre a peça e a ferramenta, e o movimento relativo causa a ruptura desses pontos de adesão, arrancando o material da ferramenta. Materiais de menor dureza, como alumínio, cobre, aços inoxidáveis e aços de baixo carbono comuns, causam desgaste adesivo. As características importantes para evitar o desgaste adesivo são:

- Alta dureza
- Baixo coeficiente de atrito entre peça e ferramenta
- Alta ductilidade da matriz

O desgaste no trabalho a quente é, frequentemente, do tipo adesivo.

Quando as ferramentas para conformação trabalham com material à temperatura elevada, a resistência a fadiga térmica é uma consideração importante [56].

Ferramentas para corte por cisalhamento incluem facas, matrizes para corte de *blanks*, punções etc. São ferramentas sujeitas a esforços elevados, particularmente quando cortam espessuras mais elevadas. É requisito a alta resistência ao impacto aliada à resistência ao desgaste para manter o gume cortante e as dimensões. Segurança na têmpera (com relação à trinca e ao empeno) aliada à pequena distorção é requisito que aumenta de importância à proporção que as matrizes se tornam maiores ou mais intrincadas.

Ferramentas de corte, usadas para usinagem, requerem dureza a quente e resistência ao desgaste. Resistência ao impacto é desejável.

Ferramentas para moldes incluem não apenas moldes para plásticos, mas também para fundição sob pressão e moldes permanentes para fundição, assim como ferramental para operação em metalurgia do pó e processamento de materiais cerâmicos, como prensagem de tijolos. Essas ferramentas estão sujeitas a desgaste abrasivo e, no caso de operações com material quente, à fadiga térmica.

Ferramentas diversas, peças sujeitas à elevada abrasão (como peças de sistema de jateamento de areia, moinhos etc.), peças para furação por percussão, requerendo alta resistência ao impacto e calibres, que necessitem de alta dureza, bom acabamento e estabilidade dimensional, são exemplos típicos de aplicações diversas.

Pode-se notar, assim, que o primeiro passo na seleção de um aço para ferramenta é determinar quais propriedades são mais importantes em função das condições de trabalho e da fabricação da ferramenta.

Deve-se levar em conta que a influência do preço do aço no custo da ferramenta é, em geral, bastante pequena em decorrência de posteriores operações de usinagem, tratamentos térmicos etc.

Assim, sensível economia pode ser obtida, muitas vezes, com o emprego de aços mais caros, desde que esteja presente um dos seguintes fatores : aumento da vida da ferramenta, decréscimo no número de paradas para afiação, decréscimo nos rejeitos de ferramentas após o tratamento térmico por distorções, trincas, pontos moles etc. É importante considerar, também, que a troca de ferramentas pode ser um trabalho longo e difícil, causando atrasos na produção. Todos esses fatores devem ser levados em conta pelo engenheiro ao analisar a viabilidade econômica de determinada alteração em aços para ferramenta.

Determinadas as propriedades desejadas na ferramenta, é necessário conhecer as propriedades dos aços disponíveis para selecionar, de modo que a melhor correlação de propriedades desejadas e propriedades fornecidas possa ser obtida. Em linhas gerais, as seguintes regras são válidas:

- A resistência ao desgaste varia diretamente com o teor de carbono em virtude da formação de carbonetos (partículas de elevadíssima dureza na microestrutura). É importante considerar o tipo de material a conformar e identificar o mecanismo de desgaste: abrasivo, adesivo ou misto.
- No entanto, a resistência ao impacto decresce com o aumento do teor de carbono.
- Da mesma forma, elementos formadores de carbonetos (Capítulo 5) aumentam a resistência ao desgaste, diminuindo-se, entretanto, a resistência ao impacto.
- Todos os elementos de liga contribuem, mais ou menos, para o aumento da temperabilidade (Capítulos 3 e 5).
- A dureza a quente aumenta com o teor de elementos de liga, especialmente molibdênio, tungstênio e vanádio.

Como visto anteriormente, em decorrência das necessidades de padronização, tanto dos produtores como dos usuários, em cada família há aços preferidos, por apresentarem as combinações de propriedades mais desejadas daquela família. O ASM Handbook [15] cita 17 aços ferramenta como os mais frequentes em estoque nos fornecedores. Novamente, aqui, é recomendável ao usuário um contato próximo com o fornecedor, que certamente resultará em menores prazos de entrega e menores custos.

A Tabela 7.12, adaptada de Rauter [57] e de Roberts et al. [8], apresenta um guia básico para pré-seleção de aços ferramenta, em função das propriedades desejadas.

Essa Tabela deve ser compreendida como uma diretriz geral para a seleção, em que são dadas tendências de propriedades e seleções iniciais. Em princípio, a seleção feita por meio dela poderá ser melhorada após os primeiros resultados práticos e/ou utilizando tipos de aços não explicitamente listados na tabela. Porém, considerações como a vida desejada da ferramenta alteram substancialmente a escolha. Por exemplo, para selecionar lâminas para corte a frio e uma pequena produção, os aços W1 e W2 podem ser plenamente satisfatórios. Entretanto, no caso da produção de grandes lotes, os aços A2 e D2 serão mais indicados.

A Tabela 7.13 apresenta uma comparação entre designações de normas usuais, para aços ferramenta, e a nomenclatura comercial de alguns fabricantes.

As Tabelas 7.14 a 7.16 adaptadas do ASM Materials Handbook [15] e de Rauter [57] dão exemplos típicos de seleção de aços ferramenta para algumas das aplicações mais comuns.

Tabela 7.12 Guia prático para a pré-seleção de aços ferramenta. Adaptada de [8] e [57]

Decrescem: resistência ao choque e usinabilidade.
Crescem: Profundidade de têmpera, resistência ao amolecimento pelo calor. →

(↑ Cresce a resistência à abrasão. Decresce resistência ao choque.)

	Trabalho a frio. Deformação na têmpera é fator secundário	Trabalho a frio. Deformação na têmpera é importante	Trabalho a quente. Baixa deformação (Resistência ao calor é o principal fator)
Máxima resistência à abrasão	F2 W1, W2	D2* D3* D6*	M2 M3 T5 T8
Média Resistência à abrasão (Ferramentas de corte em geral)	W1, W2	A2* O7	M1 M2 T1
Baixa resistência à abrasão (matrizes em geral)	W1, W2	O1 O2 L6	W.Nr.1.2365* H21 H12* H13*
Ferramentas resistentes ao choque	S1 W.Nr.1.2542 W.Nr.1.2550	S5 W.Nr.1.2542	H11 H12* H13* W.Nr.1.2714

* Normalmente disponíveis em versão refundida por ESR.

Uma estratégia eficiente de seleção de aços ferramenta é a modificação do aço selecionado até que a vida da ferramenta seja limitada por seu desgaste e não por qualquer um dos outros modos de falha.

A Figura 7.14 apresenta os principais mecanismos de falha de ferramentas para trabalho a frio e a Figura 7.15, a comparação de custo para produção de peças utilizando aço convencional e produzido por metalurgia do pó.

Tabela 7.13 Aços Ferramenta – Correspondência entre normas e nomenclatura comercial de alguns fabricantes

AISI	W.Nr	DIN	No. UNS	Marca VILLARES Metals	Marca BÖHLER	Marca UDDEHOLM
Aços Rápidos						
M36	1.3209	HS-5-6-2-8		VK8E		
-	1.3207	S10-4-3-10	T11344	VK10E	S700	~Vanadis 30*
M35	1.3243	HS6-5-2-5	~T11336	VK5E	S705	-
M42	1.3247	HS2-10-1-8	T11342	VKM42	S500	-
M2 Reg.C	1.3343	HS6-5-2C	T11302	VWM2	S600	-
M7	1.3348	S2-9-2	T11304	VWM7	S400	-
PM M3:2*	1.3345*	S6-5-3C*	~T11323*	SINTER 23*	S 790 Microclean	Vanadis 23*
-	1.3244*	S6-5-3-8*	-	SINTER 30*	S 590 Microclean	Vanadis 30*
Aços para Trabalho a Quente						
~H11	~1.2343	~X38CrMoV51	~T20811	TENAX300	W400	~Dievar
H10	1.2365	X32CrMoV33	T20810	VCM	W320	~QRO90
H13	1.2344	X40CrMoV51	T20813	VH13ISO	W302	Orvar
-	~1.2367	~X38CrMoV53	-	VHSUPER	~W303	~Dievar
-	1.2721	50NiCr13	-	VCO	K605	Grane
6F3	1.2714	56NiCrMoV7	T61206	VMO	W500	Alvar14
H11	1.2343	X38CrMoV51	T20811	VPCA	W300	Vidar
H12	1.2606	X37CrMoW51	T20812	VPCW	W304	-
H21	1.2581	X30 WCrV93	T20821	VW9	W100	-
-	1.2885	X32CrMoCoV 3-3-3	-	VCMAIM	W321	-
Aços para Trabalho a Frio						
-	1.2601	X165CrMoV12	T30404	N2601	K105	-
-	1.2631	X50CrMoW9 11	-	N2631	K350	~Viking/Chipper
D3	1.2080	X210Cr12	T30403	VC130	K100	Sverker 1
D6	1.2436	X210CrW12	-	VC131	K107	~Sverker 3
D2	1.2379	X155CrVMo12 1	T30402	VD2	K110	Sverker 21
W2	1.2833	100V1	-	VETD	K760	-
-	1.2345	X50CrVMo51	-	VH13A	~K306	-
O1	1.2510	100MnCrW4	T31501	VND	K460	Arne
S1	1.2542	45WCrV7	T41901	VW3	K450	Regin 3
A2	1.2363	X100CrMoV5-1	T30102	VA2	~K305	UHB151
Aços para Moldes de Plástico						
H13	1.2344	X40CrMoV51	T20813	VH13IM	W302 ISOBLOC	Orvar Supreme
~P20	1.2738	40CrMnNiMo 8-6-4	~T51620	VP20IM	M238 ISOBLOC	Impax Supreme
~P20	1.2738	40CrMnNiMo 8-6-4	~T51620	VP20ISO	M238	Impax
~420	1.2083	~ X42Cr13	~ S42000	VP420IM	M310 ISOPLAST	Stavax

~ indica composição próxima, mas não equivalente.

* Produzido por metalurgia do pó.

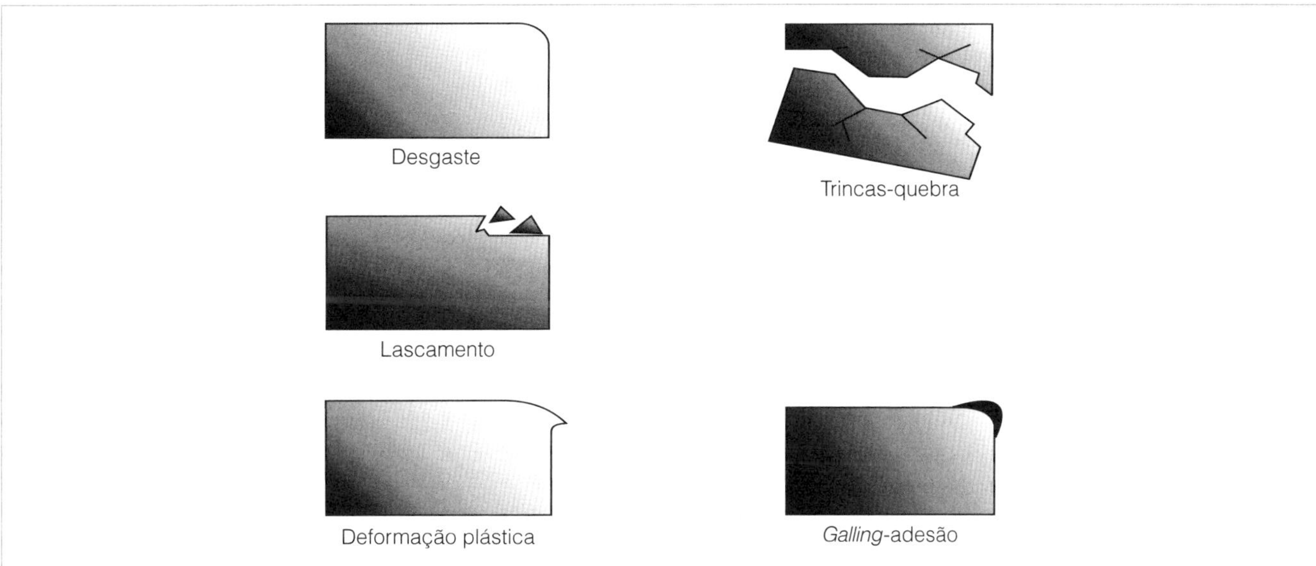

Figura 7.20 Modos de falha mais frequentes em ferramentas de trabalho a frio.

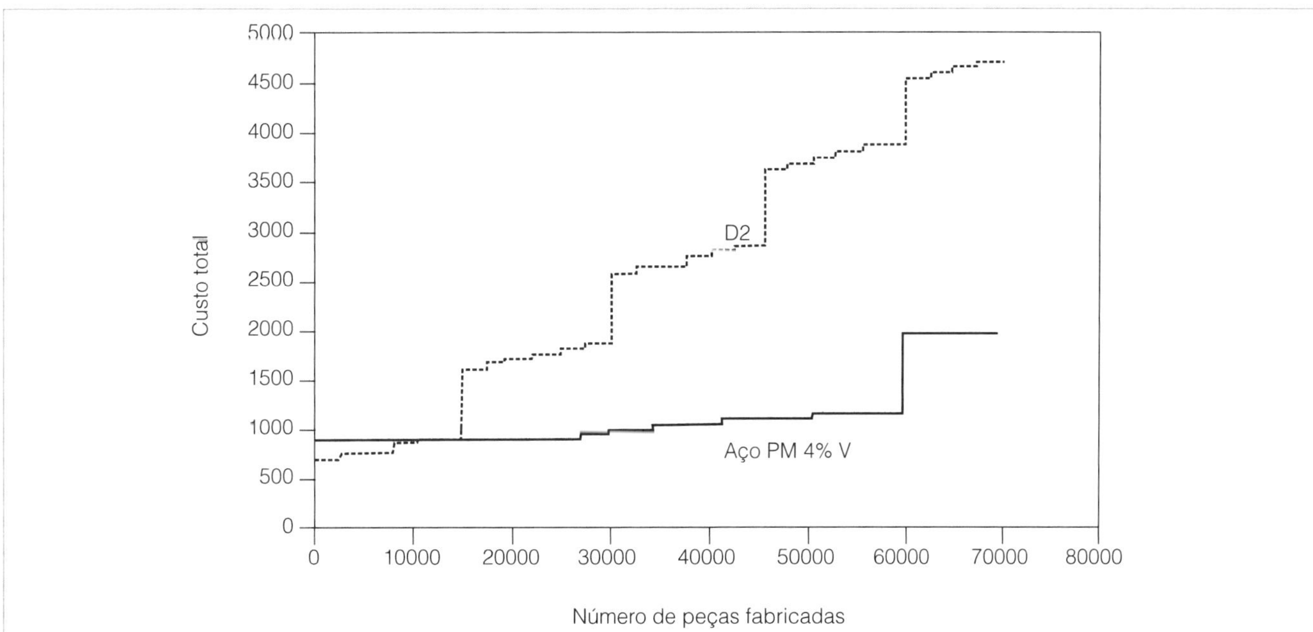

Figura 7.21 Comparação do custo total de ferramental na produção seriada de uma peça. A vida da ferramenta de aço D2 é de 15 mil peças. A vida da ferramenta empregando aço produzido por metalurgia do pó 4% V é de 60 mil peças. Os incrementos de custo ao longo da vida da ferramenta são custos de esmerilhamento e reajuste da ferramenta.

Tabela 7.14 Aços recomendados para matrizes e punções de corte. Adaptada [15,57]

Seve-ridade	Exemplo de peça	Produção desejada	Alumínio cobre magnésio	Aços: carbono, ligados C < 0,7% inox-ferríticos	Inoxidáveis austeníticos	Aço para molas HRC < 52	Chapas para transformadores espessuras 0,025″	Papel, juntas e outros materiais macios	Plásticos	Plásticos reforçados
1	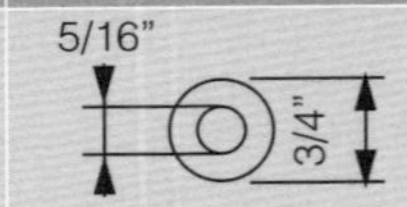 Arruela simples	1.000	W1	W1	W1	A2	W1, A2	W1	W1	O1, A2
		10.000	W1, O1	W1, O1	W1, A2	A2, D2	W1, A2	W1	W1, O1	A2
		100.000	O1, A2	O1, A2	A2, D2	D2	A2, D2	W1, A2	O1, A2	A2
		1.000.000	D2	D2	D2, D4	D4	D4	W1, A2	D2	D2
2	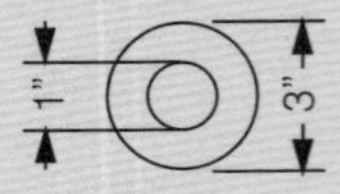	1.000	O1, A2	O1, A2	O1, A2	A2	A2	W1	O1	O1, A2
		10.000	O1, A2	O1, A2	O1, A2	A2, D2	A2, D2	W1	O1	A2
		100.000	O1, A2	O1, A2	A2, D2	D2	A2, D2	W1, A2	O1, A2	A2
		1.000.000	D2	D2	D4	D4	D4	W1, A2	D2	D2
3	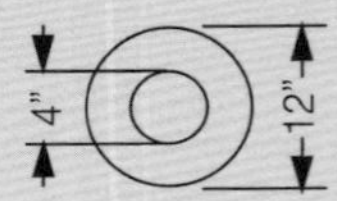	1.000	4140	4140 (T. Sup.)	A2	A2	A2	4140	4140	A2 (Nitretado)
		10.000	4140 (T. Sup.) A2	4140 (T. Sup.) A2	A2, D2	A2, D2	A2, D2	4140	4140 (T. Sup.) A2	A2 (Nitretado)
		100.000	A2	A2	D2	D2	A2, D2	A2	A2	A2 (Nitretado)
		1.000.000	A2, D2	A2, D2	D2, D4	D2, D4	D2, D4	A2	D2	
4	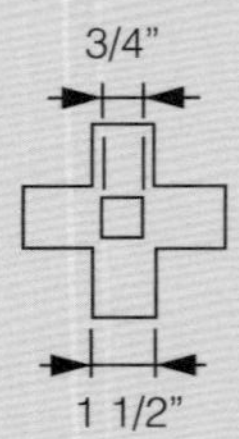	1.000	A2, O1	A2, O1	A2	A2	A2	W1	A2, O1	A2 (Nitretado) D4
		10.000	A2, O1	A2	A2, D2	A2, D2	A2, D2	W1	O1, A2	A2 (Nitretado)
		100.000	O1, A2	A2, D2	D2	D2, D4	A2, D2	W1, A2	A2	A2 (Nitretado)
		1.000.000	D2	D2	D2, D4	D4	D4	W1, A2	A2, D2	D4
5		1.000	O1, A2	O1, A2	A2	A2	A2	W1	A2	O1 (Carbonitr.)
		10.000	O1, A2	O1, A2	A2, D2	A2, D2	A2, D2	W1	O1	A2 (Nitretado)
		100.000	O1, A2	O1, A2	A2, D2	D2, D4	D2, D4	W1, A2	A2	A2 (Nitretado)
		1.000.000	A2, D2	A2, D2	D2, D4	D2, D4	D2, D4	W1, A2	A2, D2	D2 (Nitretado)
6	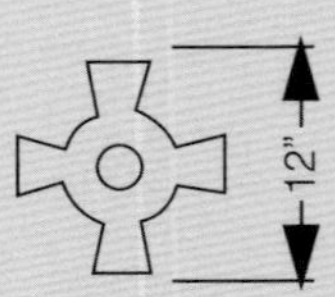	1.000	A2	A2	A2	A2	A2	W1	A2	A2 (Nitretado)
		10.000	A2	A2	A2, D2	A2, D2	A2, D2	W1	A2	A2 (Nitretado)
		100.000	A2, D2	A2, D2	A2, D2	D2	D2	W1, A2	A2	D2 (Nitretado)
		1.000.000	A2, D2	A2, D2	D2, D4	D2, D4	D2, D4	D2	A2, D2	D2 (Nitretado)

Tabela 7.15 Prática de lâminas de corte (dez fábricas). Adaptada de [15,57]

Corte	Material	Forma	Espessura	Aços da lâmina	Dureza da lâmina HRC	Vida da lâmina entre afiações
A frio	Aço baixo C	Chapa	Até 3/16"	W2	58-60	30.0000 cortes
				A2	58-60	55.000
				D2	58-60	100.000
	AISI 1025-1040	Barras	1"	W1	58-60	20.000
				L6	–	40.000
				S5	–	100.000
	AISI 1010	Chapas e Tiras	Até 3/16"	D2	58-60	150.000
	Aço Inoxidável	Chapas e Tiras	1/12"	D2	58-60	65.000
A quente	Inoxidável ferrítico	Barra	1/8" – 1/4"	T1	60	30.000
	Austenítico	Barra	1/8" – 1/4"	T1	60	10.000

Tabela 7.16 Aços recomendados para lâminas de tesouras para corte a frio de chapas. Adaptada de [15,57]

Espessura	Produção	Aço C ou baixa liga até C = 0,35%	Aço C ou baixa liga C > 0,35%	Inoxidáveis e ligas resistentes ao calor	Chapas para transformadores	Ligas de cobre	Ligas de titânio
Até 1/4"	Baixa	W1, W2, W3	W1, W2, W3	D2	W1, W2, W3	W1, W2, W3	D2
	Alta	D2	D2	D2	A2	–	D2
1/4" – 1/2"	Baixa	W1, W2	W1, W2	S2, S5	S2,S5	W1, W2	–
	Alta	A2	S5	A2	S2, S5	A2	–
1/2" ou mais	–	S2, S5	S2, S5	S2, S5	–	S2, S5	–

Tabela 7.17 Aços e dureza para emprego em matrizes de forjamento em martelo de queda. Adaptada de [15,57]

Severidade	Exemplo de peça	Produção desejada	Aços: carbono ou ligado	Aços inox e ligas resistentes ao calor	Ligas de alumínio e magnésio	Ligas de cobre
1	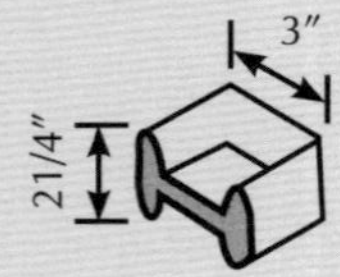	100 a 10.000	W.Nr. 1.2714 a 341-375HB	W.Nr. 1.2714 a 388-429HB	W.Nr. 1.2714 a 302-321HB	H11 405-433HB ou W.Nr. 1.2714 341-375HB
		10.000 +	W.Nr. 1.2714 a 388-429HB	W.Nr. 1.2714 a 388-429HB	W.Nr. 1.2714 a 341-375HB	W.Nr. 1.2714 341-375HB ou H12 405-448HB
2	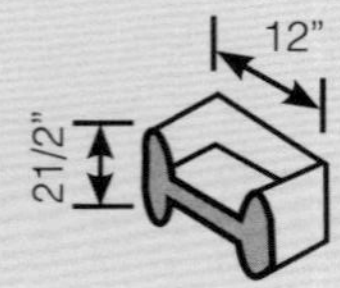	100 a 10.000	W.Nr. 1.2714 a 341-375HB	W.Nr. 1.2714 a 341-375 HB	W.Nr. 1.2714 a 302-331HB	W.Nr. 1.2714 a 341-375HB
		10.000 +	W.Nr. 1.2714 a 341-375HB	W.Nr. 1.2714 a 341-375HB	W.Nr. 1.2714 341-375HB ou H12 405-448HB	W.Nr. 1.2714 341-375HB ou H12 405-448HB
3	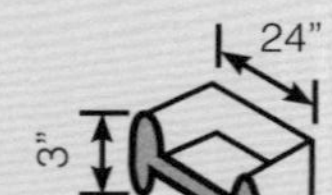	100 a 10.000	W.Nr. 1.2714 a 302-331HB	W.Nr. 1.2714 a 341-375HB	W.Nr. 1.2714 a 269-293HB	W.Nr. 1.2714 341-375HB ou H12 405-448HB
		10.000 +	W.Nr. 1.2714 a 302-331HB enxerto de W.Nr. 1.2714 a 341-375HB	W.Nr. 1.2714 a 341-375HB	W.Nr. 1.2714 a 302-331HB	W.Nr. 1.2714 341-375HB ou H12 405-448HB
4	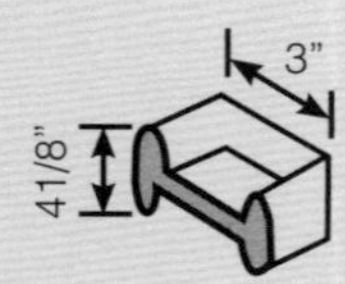	100 a 10.000	W.Nr. 1.2714 341-375HB enxerto de H12 a 369-388HB	O mesmo da coluna anterior: dureza do enxerto 429/488	W.Nr. 1.2714 341-375HB ou H11 405-433HB	H11 405-433HB
		10.000 +	W.Nr. 1.2714 341-375HB H12 405-433HB	W.Nr. 1.2714 341-375HB H12 429-488HB	H11 405-433HB	H11 405-433HB
5	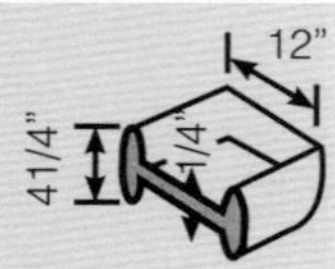	100 a 10.000	W.Nr. 1.2714 a 302-331HB	W.Nr. 1.2714 a 302-331HB	W.Nr. 1.2714 a 269-293HB	W.Nr. 1.2714 a 302-331HB
		10.000 +	Idem com enxerto de 2714 369-388HB	Idem com enxerto de H12 369-388HB	Idem com enxerto de 2714 302-331HB	Idem com enxerto de H12 405-448HB
6	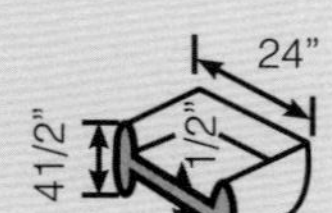	100 a 10.000	W.Nr. 1.2714 a 269-293HB	O mesmo da coluna anterior	W.Nr. 1.2714 a 269-293HB	O mesmo da coluna anterior
		10.000 +	Idem	Idem	O mesmo da coluna anterior com enxerto W.Nr. 1.2714 341-375HB	O mesmo da coluna anterior

Observação:
1 – Podem ser usados os aços 6G, 6F2 ou 6F3 (W.Nr. 1.271[illegible]).
2- Para forjamento em prensas, em que os impactos são mer ores e a temperatura da matriz mais alta, empregar 20-40HB acima dos valores da tabela.

7.1.10 REVESTIMENTOS

As demandas crescentes sobre aços para ferramenta fizeram com que, nas últimas décadas, revestimentos de alta dureza passassem a ser empregados sobre aços ferramenta em algumas das aplicações mais rigorosas [58-60]. As composições à base de TiC e TiN demonstraram ter excelente potencial para aumento da resistência ao desgaste e à oxidação. A dureza do nitreto de titânio é de 2000 HV e pode chegar até a 3200 HV por meio da modificação com Al, formando (Ti, Al)N [61]. Esses compostos são extremamente estáveis (o ponto de fusão do TiN é de cerca de 2800 °C), de modo que os revestimentos são inertes quimicamente e resistem muito bem à oxidação. Além das propriedades do material do revestimento em si, os processos e as composições empregados para o revestimento devem ser compatíveis com os aços e seus tratamentos térmicos. Assim, por exemplo, os processos de CVD (*Chemical Vapor Deposition*), para depositar TiC ou TiN, são realizados a temperaturas elevadas, que afetam a microestrutura do substrato (aço ferramenta). É necessário realizar novo tratamento térmico, em forno a vácuo, após o processo de deposição por CVD, com os riscos inerentes a esta operação sobre uma ferramenta pronta. Esse fato deve ser considerado na seleção da técnica de revestimento. PVD (*Physical Vapor Deposition*) tem sido um dos processos preferidos para a deposição. A Tabela 7.18 apresenta alguns exemplos de aplicação em aços ferramenta.

Tabela 7.18 Alguns exemplos de aplicação de revestimento em aço ferramenta [61]

Aço (substrato)	Aplicação
Aço rápido M2	Ferramentas de corte e brocas
Aço para trabalho a quente	Matriz para extrusão de alumínio
Aço D2	Matriz para conformação a frio

Na conformação a frio (estampagem e embutimento) dos novos aços de alta resistência para a indústria automobilística discutidos no Capítulo 6, por exemplo, o uso de revestimento tem se mostrado essencial para a obtenção das vidas desejadas pela indústria [17]. Na extrusão a quente de alumínio, o desgaste de matrizes de aço H13 é reduzido significativamente pelo uso de revestimento. Também na injeção de plástico reforçado por fibras, o uso de aço D2 revestido por TiN ocasionou redução significativa do desgaste da ferramenta.

7.2 AÇOS INOXIDÁVEIS

7.2.1 INTRODUÇÃO

Adições de cromo aumentam a resistência à oxidação e à corrosão do aço. Aços com teores de cromo superiores a 12% têm grande resistência à oxidação e são comumente designados como aços inoxidáveis. Esses aços são de grande interesse para a engenharia, em função de sua resistência à oxidação e à corrosão, propriedades mecânicas a temperaturas elevadas e tenacidade (dos inoxidáveis austeníticos).

Entretanto, nenhum material é completamente inoxidável, no sentido da palavra, e muita atenção deve ser dada à correta seleção do material para aplicações em meios corrosivos; o aço ao carbono comum, por exemplo, pode apresentar resultados superiores a um aço "inoxidável", inadequadamente selecionado.

A resistência à corrosão de ligas à base de Fe + Cr está associada ao fenômeno de passivação, isto é, à formação de uma camada de óxidos mistos (de ferro, cromo e de outros elementos de liga) e a dissolução dessa camada no meio corrosivo. A formação ou não dessa camada, sua impermeabilidade e a sua taxa de dissolução no meio corrosivo controlarão a resistência à corrosão (medida em perda de peso/área/unidade de tempo) do material, no meio corrosivo em questão. Além da consideração da corrosão uniforme (chamada "generalizada"), a prevenção dos fenômenos de corrosão localizada é, também, muito importante para o desempenho satisfatório dos aços inoxidáveis.

As composições mais comuns de aços inoxidáveis (p. ex.: 12% Cr, 18% Cr + 8% Ni etc.) foram desenvolvidas, acidentalmente, no começo do século XX [62,63]. A partir dessas composições, foram estudados os efeitos de diversos elementos de liga e residuais, como carbono, nitrogênio, molibdênio etc. Novas composições vêm sendo desenvolvidas desde então, com base nos resultados obtidos nessas pesquisas. Uma vez que a microestrutura tem efeito dominante sobre as propriedades, os aços inoxidáveis são classificados com base em sua microestrutura à temperatura ambiente. Os efeitos dos diversos elementos de liga sobre a microestrutura dos aços inoxidáveis podem ser apreciados a partir dos diagramas de equilíbrio de fases. O efeito individual dos elementos de liga sobre as propriedades e estrutura foi discutido no Capítulo 5. Para considerar os efeitos dos múltiplos elementos presentes, diagramas de equilíbrio de fases podem ser calculados, mesmo para aços complexos, com bastante precisão, de forma que a microestrutura esperada desses aços pode ser prevista [64], incluindo as fases minoritárias, que podem ser muito importantes nestes aços [64,65]. O projeto de composições otimizadas destes aços tem se beneficiado muito da termodinâmica computacional

[66] e do ICME (*Integrated Computational Materials Engineering*) [67,68].

Para fins de classificação e discussão de suas propriedades, os aços inoxidáveis são agrupados em cinco categorias:

1) Martensíticos – são ligas de ferro e cromo (11 a 18%) com teor de carbono, em geral, acima de cerca de 0,1%. Mais recentemente, entretanto, estão sendo desenvolvidos e usados aços denominados "supermartensíticos", que apresentam teores de carbono abaixo de 0,1% e baixos teores de elementos residuais. As composições químicas dos aços martensíticos interceptam o campo austenítico no diagrama de equilíbrio de fases sendo, portanto, endurecíveis por tratamento térmico de têmpera. Em vista do elevado teor de cromo, têm altíssima temperabilidade. São magnéticos. Incluem-se nesta família os aços: (AISI) 403, 410, 414, 416, 420, 431, 440A, B e C, 501. Uma classe intermediária, aqui agrupada com os aços martensíticos, é a dos martensítico-austeníticos (ou martensítico-ferríticos): composições mais ricas em níquel do que os aços martensíticos permitem obter transformação parcial no endurecimento por têmpera.

2) Ferríticos – são ligas Fe + Cr essencialmente ferríticas a todas as temperaturas e que não endurecem por tratamento térmico de têmpera. Normalmente têm teores de cromo mais elevados do que os aços martensíticos e têm, naturalmente, menores teores de carbono. Os principais graus são: (AISI) 405, 430, 430F, 446, 502.

3) Austeníticos – são ligas à base de ferro, cromo (16 a 30%) e níquel (8 a 35%) predominantemente austeníticas após tratamento térmico comercial. São não magnéticas. Incluem-se nesta família: (AISI) 301, 302, 304, 304L, 308, 310, 316, 316L, 317, 321, 347. O teor de carbono é, em geral, inferior a 0,08%. Outros aços inoxidáveis austeníticos incluem aqueles em que, por questão de custo, parte do níquel é substituído por manganês ou nitrogênio (elementos estabilizadores de austenita, Capítulo 5). Exemplo: (AISI) 201, 202 e 204. Aços com maiores teores de elementos de liga têm sido desenvolvidos e, em alguns casos, classificados como "superausteníticos".

4) Ferrítico-austeníticos (duplex) – microestruturas contendo austenita e ferrita em frações aproximadamente iguais são obtidas com composições balanceadas de ferro, cromo (18 a 27%), níquel (4 a 7%), molibdênio (1 a 4%) e outros elementos, especialmente nitrogênio e apresentam propriedades muito interessantes para diversas aplicações. Incluem-se nesta família: AISI 329, UNS S32304 e S31803. Essa família apresenta teor de níquel relativamente menor que os aços austeníticos e propriedades mecânicas e de corrosão, sobretudo por pite (ou alveolar), iguais ou superiores a estes últimos. Em vista da elevação do preço do níquel nos anos 1990 e 2000, este grupo de aços vem sendo muito pesquisado e uma nova geração tem sido apresentada ao mercado com a denominação "superduplex" como o UNS S32760. Em geral, a classificação "superduplex" é associada a um coeficiente PRE ou PREN (*pitting resitance equivalent number*, ver adiante) superior a 40.

5) Endurecidos por precipitação – ligas ferro, cromo (12 a 17%), níquel (4 a 8%), molibdênio (0 a 2%) contendo adições que permitam o endurecimento da martensita de baixo carbono pela precipitação de compostos intermetálicos (alumínio, cobre, titânio e/ou nióbio).

7.2.2 RELAÇÕES ENTRE COMPOSIÇÃO QUÍMICA E ESTRUTURA

A microestrutura tem efeito dominante sobre o desempenho dos aços inoxidáveis e depende, diretamente, da composição química e do tratamento térmico realizado. Em vista da complexidade dos sistemas envolvidos (em geral, os efeitos dos elementos cromo, carbono e níquel precisam ser considerados, no mínimo), buscam-se representações simplificadas das relações de fases em função da composição química. Um dos enfoques mais bem-sucedidos é o proposto por Schaeffler e Delong [69,70]. Todos os elementos estabilizadores da estrutura CCC são computados em um valor de "Cr equivalente" e os estabilizadores de CFC em um valor de "Ni equivalente":

$$Cr_{eq} = \%\ Cr + 1{,}5 \times \%\ Si + \%\ Mo \qquad \text{Eq. 7.1}$$

$$Ni_{eq} = \%\ Ni + 30 \times (\%\ C + \%\ N) + 0{,}5 \times (\%\ Mn + \%\ Cu + \%\ Co) \qquad \text{Eq. 7.2}$$

Embora o diagrama tenha sido originalmente desenvolvido para prever o teor de ferrita (fase CCC) em metal depositado por solda e aços fundidos, ele fornece uma visão útil das fases presentes em metais laminados ou forjados. A estimativa do teor de ferrita na faixa abaixo de 10% tende a ser incorreta em laminados e forjados, pois esses produtos se aproximam mais das condições de equilíbrio do que soldas e fundidos. A Figura 7.16 apresenta o diagrama de Schaffler com as faixas de composição aproximadas de cada família de aços inoxidáveis indicadas.

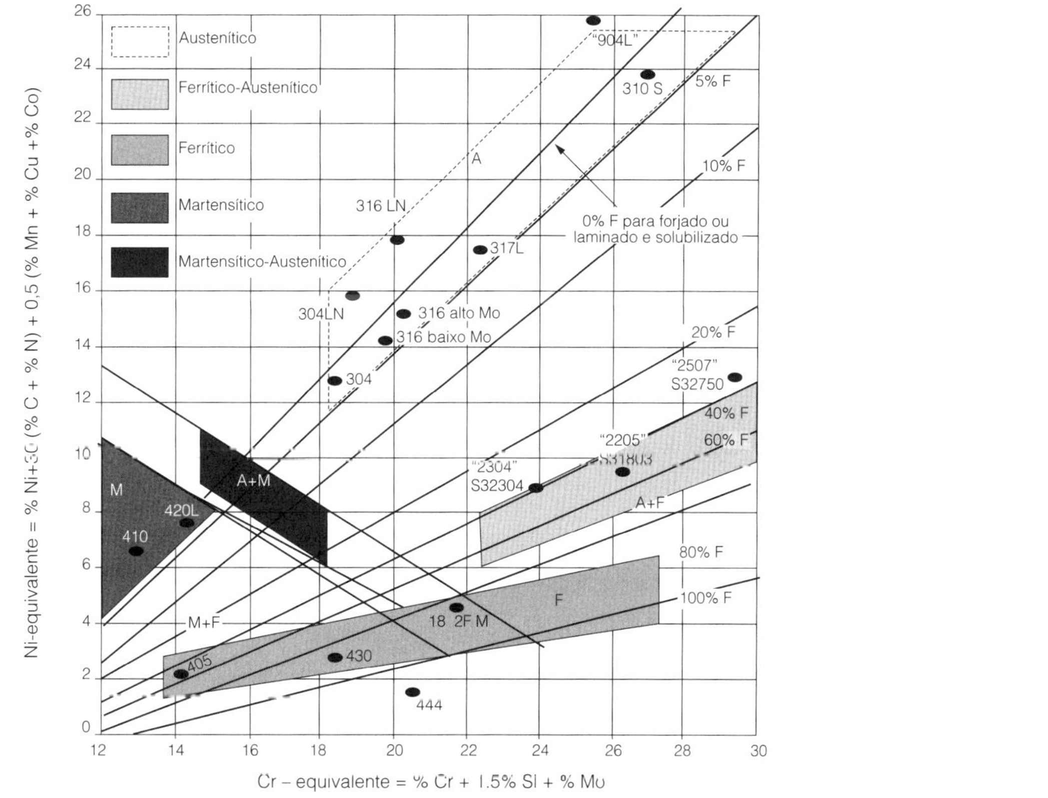

Figura 7.22 Diagrama de Schaeffler. Regiões de composição química das diferentes famílias indicadas [69,70] (Constituintes: A = austenita, F = ferrita, M = martensita).

7.2.2.1 O sistema Ferro-Cromo

O equilíbrio de fases no sistema ferro-cromo é fundamental para a compreensão da metalurgia dos aços inoxidáveis. Duas características são muito importantes (Figura 7.23):

a) O campo austenítico desaparece para teores de cromo da ordem de 18% (na ausência de outros elementos de liga).

b) A fase sigma (σ), um composto intermetálico, ocorre com, aproximadamente, 50% Cr, a temperaturas abaixo de 800 °C. O campo bifásico entre sigma e ferrita estende-se para teores de cromo de até 20%.

Essa fase é importante no comportamento mecânico e na resistência à corrosão destes aços: sendo frágil e dura, compromete a tenacidade e a ductilidade. Além disso, como contém 50% Cr, ao se formar, reduz a quantidade de cromo na região adjacente, podendo comprometer a resistência à corrosão. A exposição por longo período de tempo de aços inoxidáveis a temperaturas na faixa em que a velocidade de precipitação de sigma é mais alta (750 a 820 °C) deve, portanto, ser evitada.

Observa-se, ainda, uma região de imiscibilidade na fase cúbica de corpo centrado (CCC). A temperaturas abaixo de cerca de 500 °C, ocorre a formação de uma fase CCC rica em cromo, α', cujo efeito é discutido no item 7.2.4 (Inoxidáveis Ferríticos). Tanto a precipitação de α' como a decomposição espinodal em α + α' são possíveis [71]. O processo de transformação tem sido amplamente estudado, em função da sua importância tecnológica [72,73].

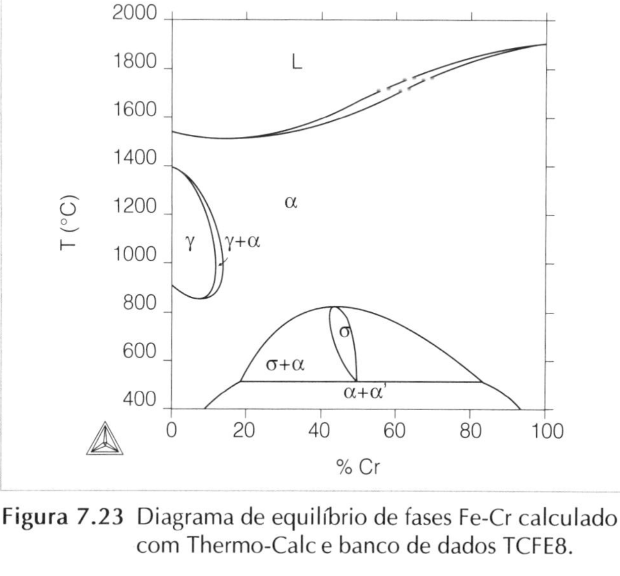

Figura 7.23 Diagrama de equilíbrio de fases Fe-Cr calculado com Thermo-Calc e banco de dados TCFE8.

7.2.2.2 O sistema Fe-Cr-C

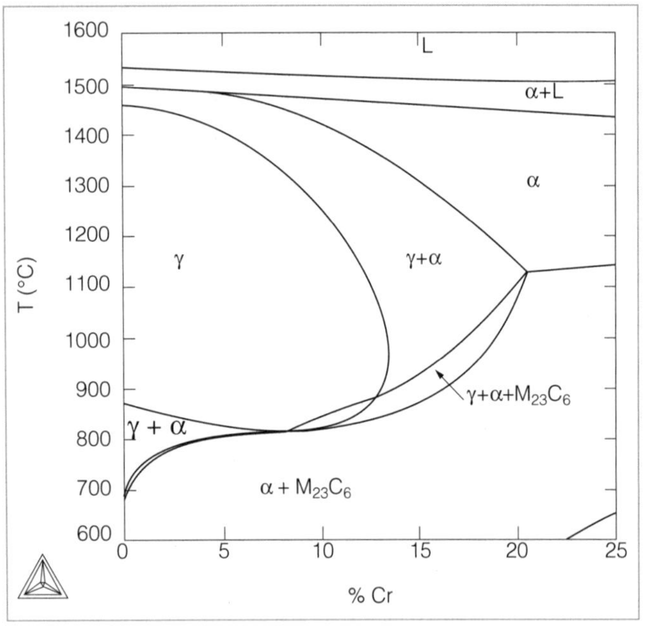

Figura 7.24 Seção isopleta do diagrama Fe-Cr-C com teor de C constante de 0,1% (o diagrama foi calculado supondo que o único carboneto presente é $M_{23}C_6$). Para baixos teores de Cr (fora da área de interesse para aços inoxidáveis), isso pode não ser correto. Calculado com Thermo-calc e banco de dados TCFE8.

Nota importante: A "regra da alavanca" não pode ser aplicada em seções isopletas. Assim, uma seção isopleta informa as regiões onde há mais de uma fase, mas não permite inferir a quantidade de cada fase.

A Figura 7.24 mostra uma seção Fe-Cr no diagrama Fe-Cr-C contendo 0,1% C. Observa-se o aumento do campo austenítico em relação ao sistema Fe-Cr (Figura 7.23). Aços com até cerca de 13% cromo podem ser completamente austenitizados a cerca de 1050 °C. Acima desse teor de cromo, o tratamento de têmpera conduzirá a uma estrutura bifásica de ferrita e martensita (martensítico-ferrítico). O aumento do teor de cromo acima de cerca de 20% resultará em uma microestrutura de matriz ferrítica até a temperatura de fusão. Assim, o balanço entre o teor de carbono e o teor de cromo pode definir se o aço será completamente martensítico, martensítico-ferrítico, ou ferrítico. Observa-se a estabilidade do carboneto $(Cr,Fe)_{23}C_6$, normalmente rico em cromo, nesses aços.

7.2.3 INOXIDÁVEIS MARTENSÍTICOS

Os aços inoxidáveis martensíticos podem ser considerados equivalentes aos aços para têmpera e revenimento (carbono ou ligados), com a diferença principal no alto teor de cromo. O elevado teor de cromo desses aços produz elevadíssima temperabilidade, abaixamento da temperatura M_I e aumento da resistência ao amolecimento no revenimento.

Além disso, pode ocorrer endurecimento secundário, pela precipitação de carbonetos de cromo.

A elevada resistência ao amolecimento no revenimento, conferida pelo cromo, e a boa resistência à corrosão/oxidação fazem com que estes aços encontrem amplas aplicações a altas temperaturas.

Os aços martensíticos são austenitizados a temperaturas relativamente elevadas (925 a 1070 °C), de modo a dissolver completamente os carbonetos (ver diagrama Fe-Cr-C, Figura 7.24) para obter austenita uniforme. O controle do tamanho de grão austenítico é importante para garantir a tenacidade.

A Figura 7.25 apresenta o amolecimento, no revenimento, de aços martensíticos contendo aproximadamente 0,14% C, em função do parâmetro de Hollomon-Jaffe (Capítulo 6).

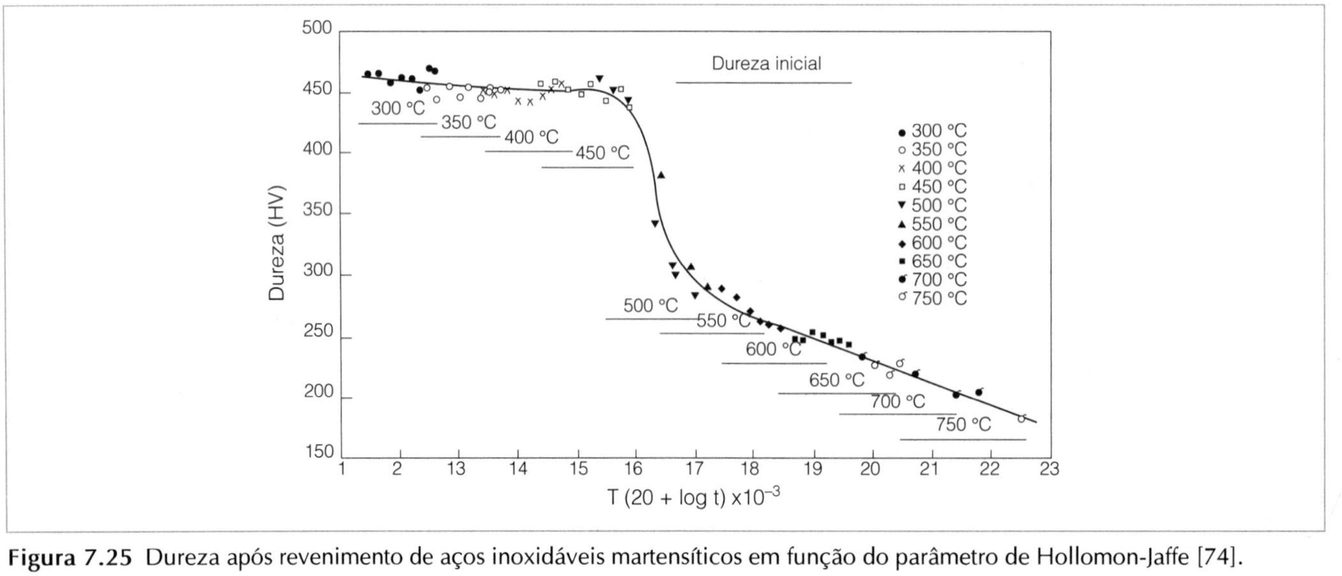

Figura 7.25 Dureza após revenimento de aços inoxidáveis martensíticos em função do parâmetro de Hollomon-Jaffe [74].

Observa-se que há três faixas de revenimento importantes. Até cerca de 400 °C a dureza cai pouco com o revenimento, podendo, em alguns graus, ocorrer endurecimento secundário um pouco acima dessa temperatura. Revenimento nesta faixa de temperatura (450 a 500 °C) pode resultar em perda de tenacidade e deve ser evitado. Acima de 500 °C há uma rápida redução na dureza e na resistência mecânica, acompanhada por aumento de ductilidade e tenacidade. Essa faixa de temperatura é frequentemente empregada para obtenção da melhor combinação de propriedades para fins estruturais. Cuidado especial é necessário, pois temperaturas muito elevadas podem causar reaustenitização parcial e conduzir à presença de martensita não revenida no resfriamento. Esse fenômeno é especialmente notável nos chamados "supermartensíticos" em que a adição usual de Níquel torna a austenita mais estável.

Como as temperaturas de transição dos inoxidáveis martensíticos são, na melhor hipótese, comparáveis com a temperatura ambiente, não são empregados para serviço criogênico.

A soldabilidade dos aços inoxidáveis martensíticos é limitada pela sua elevadíssima temperabilidade [62].

O aço inoxidável martensítico "básico" é o AISI 410. Elementos de liga podem ser adicionados a essa composição básica, como mostra a Figura 7.26, com objetivos específicos. O aumento do teor de carbono conduz à maior dureza, com sacrifício da tenacidade e da soldabilidade. Para os aços de mais alto teor de carbono, como o AISI 440, não é viável solubilizar completamente os carbonetos durante a austenitização. A dispersão de carbonetos na microestrutura aumenta a resistência ao desgaste por abrasão desses aços. O aumento do teor de carbono causaria, eventualmente, superposição com a série D dos aços ferramenta.

A Tabela 7.19 apresenta composições e aplicações típicas de alguns dos aços martensíticos mais usuais.

Para aplicação à alta temperatura, a resistência ao amolecimento no revenimento é importante. Adições de molibdênio e vanádio são bastante eficientes nesse caso. Adicionalmente [74], nióbio e nitrogênio têm efeito benéfico na redução do amolecimento no revenimento. Uma série de aços do tipo 12% Cr-Mo-V e suas modificações é empregada em aplicações à alta temperatura, tais como caldeiras e tubulações de termoelétricas. A redução do teor de cromo causa a redução da resistência à oxidação e superposição com a família dos aços 9Cr-1Mo (ASME P91) [75], amplamente empregados em tubulações de alta temperatura em caldeiras para a geração termoelétrica.

A adição de níquel aumenta a tenacidade dos aços martensíticos. Como o níquel estabiliza a austenita, as composições com níquel podem não ser completamente austenitizadas, resultando em aços martensítico-ferríticos ou martensítico-austeníticos. Composições como 13 Cr-5 Ni, por exemplo, têm melhor tenacidade do que o AISI 410. A adição de molibdênio melhora a resistência à corrosão, e a redução do teor de carbono conduz à melhor soldabilidade no 16Cr-5Ni-1Mo.

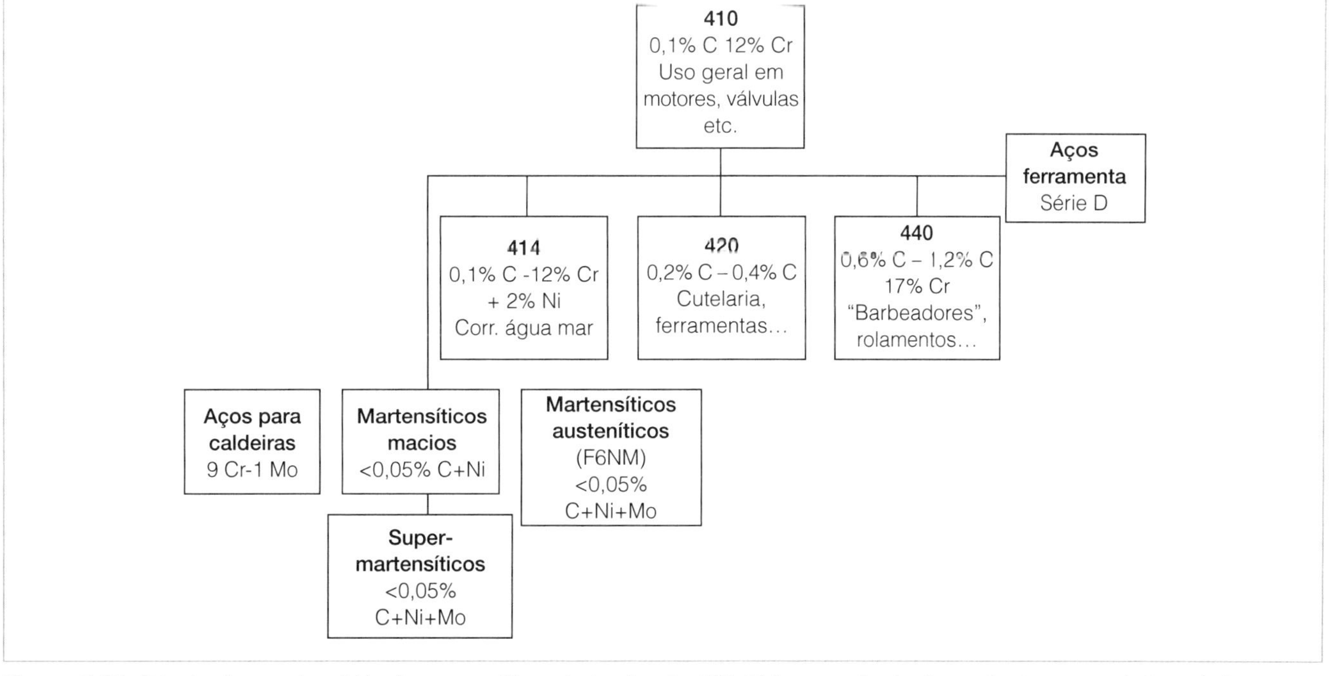

Figura 7.26 Principais aços inoxidáveis martensíticos derivados do AISI 410 por meio de alteração da composição química e sua relação com outras famílias importantes de aços.

Tabela 7.19 Composições químicas e exemplos de aplicações de alguns aços inoxidáveis martensíticos mais comuns

	Composição química diretriz				Aplicações típicas
	% C	% Cr	% Ni	% Mo	
AISI 410	0,10	12,5	–	–	Palhetas para turbinas a vapor, eixos e rotores de bombas, pistões de motores marítimos; componentes para indústria petroquímica, alimentícia e farmacêutica; facas.
AISI 420	0,20	13,0	–	–	Peças para construção mecânica exigindo alta tenacidade, por exemplo: eixos e peças diversas para bombas, pás e peças para turbinas a vapor, válvulas. Para artigos de cutelaria, instrumentos cirúrgicos e dentários, componentes de forma e instrumentos de medição, pode ser usado o aço 420AC (C = 0,34%).
AISI 440C	1,10	17,5	0,75 máx.	0,75 máx.	Rolamentos especiais, submetidos à ação de agentes corrosivos ou a altas temperaturas. Instrumentos cirúrgicos e dentários, artigos de cutelaria, peças para bombas de óleo, assento de válvulas etc. Rolos para conformação de embalagens, por exemplo: latas de óleo, produtos comestíveis etc.

Para melhorar a tenacidade e a soldabilidade, duas importantes famílias de inoxidáveis martensíticos foram desenvolvidas: os martensíticos macios (como W.Nr. 1.4313), amplamente empregados em bombas e outros equipamentos de centrais elétricas; bem como os chamados supermartensíticos, caracterizados por teores de carbono muito baixos (C < 0,02%) e composições em torno de 12% Cr, 2-6% Ni e 0-2,5% Mo. Os aços martensíticos macios podem formar uma fina dispersão de austenita no processo de revenimento [76], o que contribui para a sua tenacidade. Assim, deve ser dada especial atenção à escolha da temperatura de revenimento de aços como W.Nr. 1.4313, F6NM e similares, quando se deseja otimizar a tenacidade.

Tanto os aços martensíticos como os aços chamados supermartensíticos vêm encontrando ampla aplicação em tubulações empregadas na produção de petróleo, em que resistência mecânica, resistência à corrosão e soldabilidade são características críticas [77]. Dados específicos sobre a resistência à corrosão desses materiais nessa aplicação podem ser encontrados em [78].

Apesar de esses aços serem empregados, naturalmente, temperados e revenidos, de modo a aproveitar as vantagens já descritas, as propriedades no estado recozido são particularmente importantes para a fabricação, em que a ductilidade é importante. A Tabela 7.20 apresenta propriedades típicas desses aços recozidos.

É importante notar que o "recozimento" desses aços é, na realidade, um revenimento à temperatura elevada, por suas altas temperabilidades.

7.2.4 INOXIDÁVEIS FERRÍTICOS

Classicamente são definidos como ferríticos os aços inoxidáveis, cuja composição situa-se à direita do campo austenítico no diagrama Fe-Cr; mais exatamente esta análise deve ser feita sobre o diagrama ternário Fe-Cr-C, em virtude do forte efeito estabilizador da austenita pelo carbono. Sua estrutura consiste, essencialmente, de ferrita em todas as temperaturas, até a $T_{liquidus}$.

Surpreendentemente, entretanto, a maioria dos aços chamados de "ferríticos" não atende a essa definição. Por exemplo, o AISI 430 (0,1% C máx, 17% Cr, o mais popular dos inoxidáveis ferríticos) pode apresentar de 30 a 50% de austenita, se aquecido acima de 800 °C. Durante o resfriamento, a austenita se transformará em martensita, de forma que a estrutura bruta de forjado desse aço consistirá de uma mistura de martensita e ferrita. Mesmo os aços ferríticos de alto cromo (como AISI 446, 27% Cr) podem apresentar alguma austenita à alta temperatura e, consequentemente, apresentarão ferrita + martensita quando brutos de forjado (ou resfriados ao ar). A Figura 7.27 apresenta os principais aços inoxidáveis ferríticos, a partir do aço "básico" dessa família, o AISI 430.

Tabela 7.20 Propriedades mecânicas de inoxidáveis martensíticos recozidos

AISI	Limite de escoamento 0,2% (MPa)	Limite de resistência (MPa)	Alongamento em 50 mm (%)	RA (%)
410	285	530	25	70
416	280	530	30	60
420	350	670	25	55

O tratamento comum desses aços, realizado pelo fabricante, é uma solubilização ou recozimento. É comum realizar, a seguir, um tratamento de revenimento ou alívio de tensões na faixa de 750 °C, quando a martensita eventualmente presente se decompõe em ferrita e carbonetos, obtendo-se, assim, uma microestrutura quase completamente ferrítica. Consequentemente, nesse contexto, são considerados ferríticos os aços inoxidáveis com mais de 12% Cr e que são empregados com estrutura essencialmente ferrítica (ferrita + carbonetos).

Do ponto de vista do emprego, são aços com boas características de resistência à corrosão, em especial a trincas de corrosão sob tensão e de tenacidade média a baixa. Os teores elevados de cromo conferem boa resistência à oxidação e a ausência de níquel melhora o desempenho, em relação aos inoxidáveis austeníticos, em ambientes contendo enxofre, a temperaturas elevadas. Na aplicação desses aços, devem ser levadas em consideração a resistência ao impacto, relativamente baixa, bem como as dificuldades associadas à soldagem. Os aços inoxidáveis austeníticos são substancialmente mais caros do que os aços inoxidáveis ferríticos. Em muitas aplicações simples em condições ambientes "normais, atmosféricas", a diferença de resistência à corrosão entre eles pode nem ser perceptível [79].

Aços de corte fácil são fornecidos para diversas aplicações, como o AISI 430F (ASTM 582 [80]). Para uso em injetores de combustível automotivos, a composição química e o tratamento térmico podem ser ajustados para garantir as propriedades magnéticas desejadas [81]. O material 430FG da Villares Metals é projetado e tratado para esta aplicação.

A soldagem dos aços inoxidáveis ferríticos normalmente conduz ao crescimento de grão na zona termicamente afetada (ZAC) e precipitação nos contornos de grão. Esses fenômenos, quando ocorrem, comprometem grandemente sua tenacidade e resistência à corrosão.

Como será discutido adiante, a precipitação de carbonetos de cromo pode ser muito nociva também para a resistência à corrosão dos aços inoxidáveis. Para evitar essa precipitação, adições de elementos formadores de carbonetos mais estáveis, como titânio e nióbio, podem ser empregadas (p. ex.: 430 Ti, 430 Nb).

Para aplicação em ambientes corrosivos, especialmente quando corrosão sob tensão associada a cloretos, por exemplo, é um problema, duas soluções são adotadas: o uso de molibdênio como elemento de liga (AISI 434 – 17% Cr-1% Mo); e a redução dos intersticiais (C, N) para teores extremamente baixos (E – Brite 26-1, AISI 446 Modificado, AISI 434 Modificado). Além do efeito favorável na resistência à corrosão sob tensão, a redução dos intersticiais e consequente eliminação dos precipitados (carbonetos e nitretos) nos contornos de grão melhoram significativamente a tenacidade e a soldabilidade dos inoxidáveis ferríticos. Os aços 409 e 439, por exemplo, têm teores de C e N bastante baixos e são estabilizados, encontrando ampla aplicação comercial.

Para tanto, evidentemente, a elaboração sob vácuo – por exemplo, VOD ou VIM (Capítulo 9) ou por meio de AOD, é essencial. O desenvolvimento destes processos viabilizou a produção econômica dos aços 409 e 439.

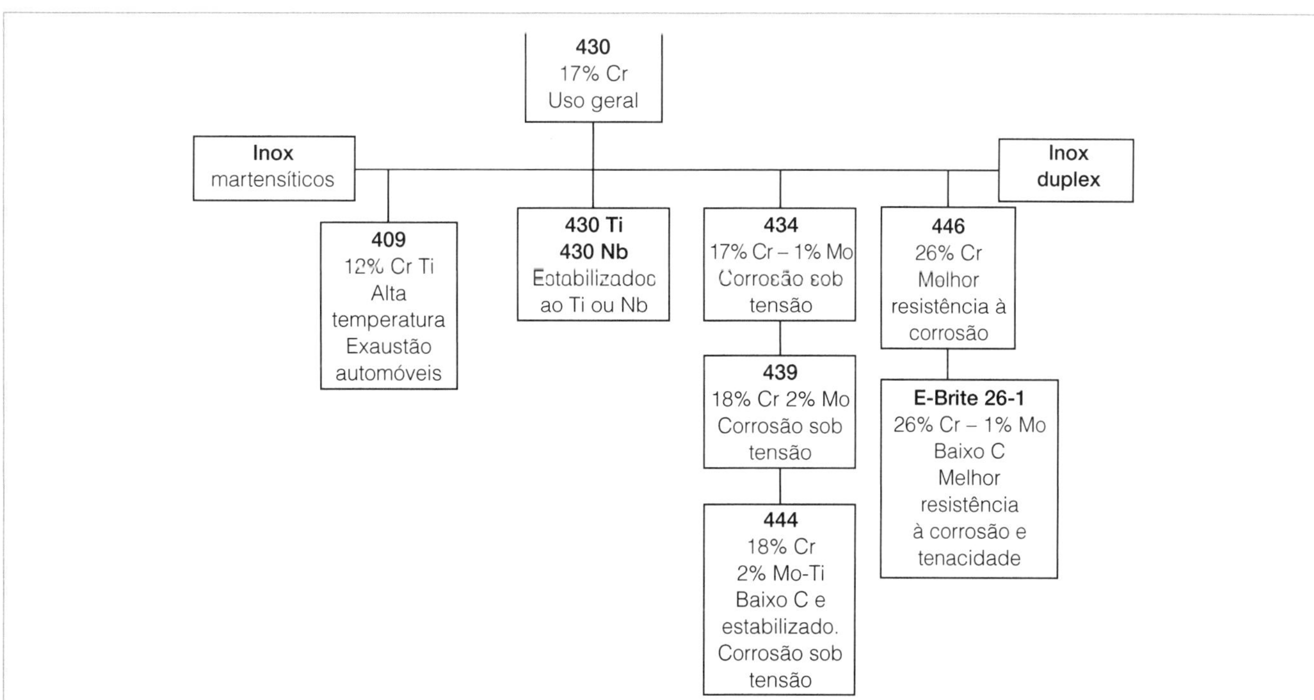

Figura 7.27 Principais aços inoxidáveis ferríticos e suas relações por meio da composição química.

A resistência à formação de "pites" (alvéolos) nos aços inoxidáveis ferríticos é bastante boa, em vários casos superior à dos aços austeníticos [82].

A aplicação dos aços inoxidáveis ferríticos à alta temperatura é limitada a atmosferas oxidantes [83] e é vantajosa quando é necessária resistência à absorção de carbono e/ou enxofre [84]. Sua resistência à oxidação em alta temperatura é comparável à dos aços austeníticos e, por terem menores teores de elementos de liga, têm custos mais baixos.

Esses aços têm temperaturas de transição elevadas (frequentemente acima da temperatura ambiente) [85], não sendo indicados, portanto, para serviço criogênico. Além disso, a tenacidade dos inoxidáveis ferríticos pode ser ainda mais comprometida pelo aquecimento prolongado a temperaturas na faixa de 400 a 550 °C (ver Figura 7.28). Como o fenômeno é mais grave por volta de 475 °C, é conhecido como "fragilização de 475 °C" e é causado pelas transformações de fase na região de imiscibilidade da fase CCC, $\alpha + \alpha'$ (ver diagrama Fe-Cr, Figura 7.23). Como indicado no diagrama Fe-Cr, esse fenômeno é reversível, podendo ser eliminado pelo aquecimento a, aproximadamente, 600 °C, seguido de resfriamento rápido. A degradação da tenacidade ocorre mais rapidamente do que as alterações das propriedades de resistência, quando o fenômeno é observado.

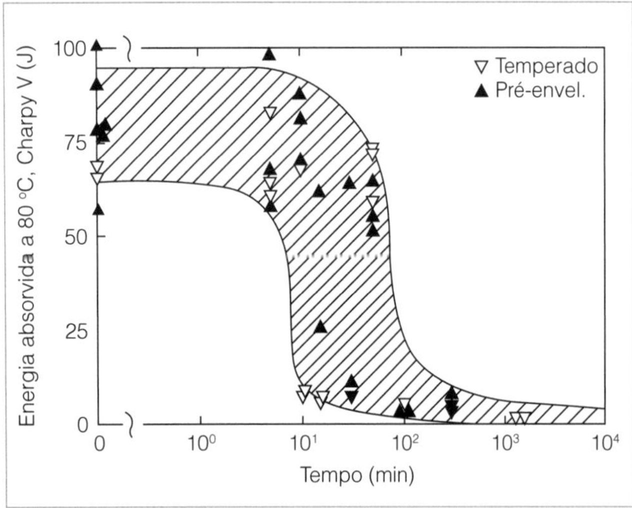

Figura 7.28 Efeito do tempo de tratamento a 475 °C na energia absorvida a 80 °C para um aço ferrítico experimental. Corpos de prova inicialmente temperados de 1000 °C ou pré-envelhecidos a 650 °C por 1 hora (para precipitar eventuais carbonetos e nitretos). Adaptada de [71].

7.2.5 INOXIDÁVEIS AUSTENÍTICOS

Os aços inoxidáveis austeníticos são os mais comuns entre os aços inoxidáveis e são caracterizados por resistência à corrosão muito boa, elevada tenacidade e boa soldabilidade. A estrutura austenítica (CFC) é estabilizada à temperatura ambiente pela adição de níquel e outros estabilizadores dessa estrutura, como manganês, por exemplo. A estrutura austenítica os torna especialmente interessantes tanto para aplicações criogênicas (por não sofrerem transição dúctil-frágil) como para aplicações à temperatura elevada, em função da resistência ao amolecimento e resistência à deformação a quente.

7.2.5.1 Sistema Fe-Cr-Ni

A metalurgia dos aços inoxidáveis austeníticos (e duplex austenítico-ferríticos) pode ser mais bem compreendida, inicialmente, pela análise do sistema Fe-Cr-Ni. Posteriormente, deve-se considerar o efeito dos demais elementos de liga sobre as relações de equilíbrio nesse sistema.

A Figura 7.29 mostra uma seção do diagrama de equilíbrio de fases Fe-Cr-Ni com teor de cromo constante de 18%. A avaliação desse diagrama reforça a observação sobre as duas características desse sistema especialmente importantes para a metalurgia dos aços inoxidáveis austeníticos: a presença do níquel causa a estabilização da fase austenítica.

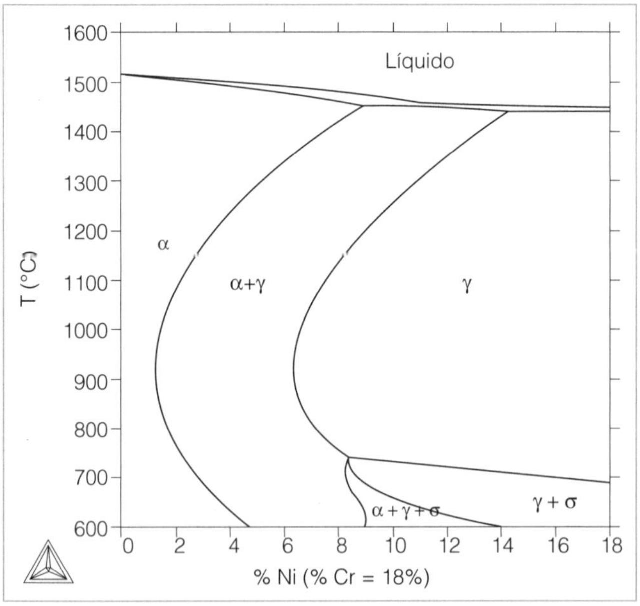

Figura 7.29 Seção isopleta do diagrama de equilíbrio de fases para o sistema Fe-Cr-Ni com teor de Cr constante de 18%. O menor teor de níquel em que existe somente austenita é de cerca de 7-8%.

Nota importante: A "regra da alavanca" não pode ser aplicada em seções isopletas. Assim, uma seção isopleta informa as regiões onde há mais de uma fase, mas não permite inferir a quantidade de cada fase.

Cálculos com Thermo-calc e TCFE9.

A partir de aproximadamente 8%, é possível obter uma estrutura completamente austenítica nesse sistema, ao menos a temperaturas elevadas. A fase sigma (σ) é uma fase de equilíbrio importante nesse diagrama, abaixo de aproximadamente 700 °C. As composições básicas dos aços inoxidáveis austenítico giram em torno de 18% Cr e 8% Ni. Esses aços são normalmente tratados a, aproximadamente, 1050 °C (solubilização) e resfriados rapidamente (para evitar a precipitação de carbonetos, como será visto a seguir), preservando estruturas metaestáveis, em que a fase sigma não aparece.

Mais detalhes sobre o sistema Fe-Cr-Ni podem ser observados na Figura 7.30. Essa figura apresenta duas seções do diagrama de equilíbrio Fe Cr Ni. Por volta de 1000 °C, (Figura 7.30(a)) o sistema apresenta ferrita e austenita como fases de equilíbrio. Essa é a faixa de temperatura em que os aços inoxidáveis austeníticos (e duplex austenítico-ferríticos) são normalmente tratados termicamente, no tratamento chamado de solubilização. O efeito da redução da temperatura é demonstrado na seção isoterma a 650 °C (Figura 7.30(b)). A importância da fase σ e a mudança das relações de equilíbrio no resfriamento é outra vez evidente. O tratamento de solubilização é, normalmente, concluído com um resfriamento suficientemente rápido para que não se atinja o equilíbrio mostrado na Figura 7.30(b) nem a precipitação de carbonetos, que não está presente no diagrama Fe-Cr-Ni, evidentemente.

No caso dos aços austeníticos clássicos, a cinética de precipitação da fase sigma é bastante lenta (Figura 7.31),

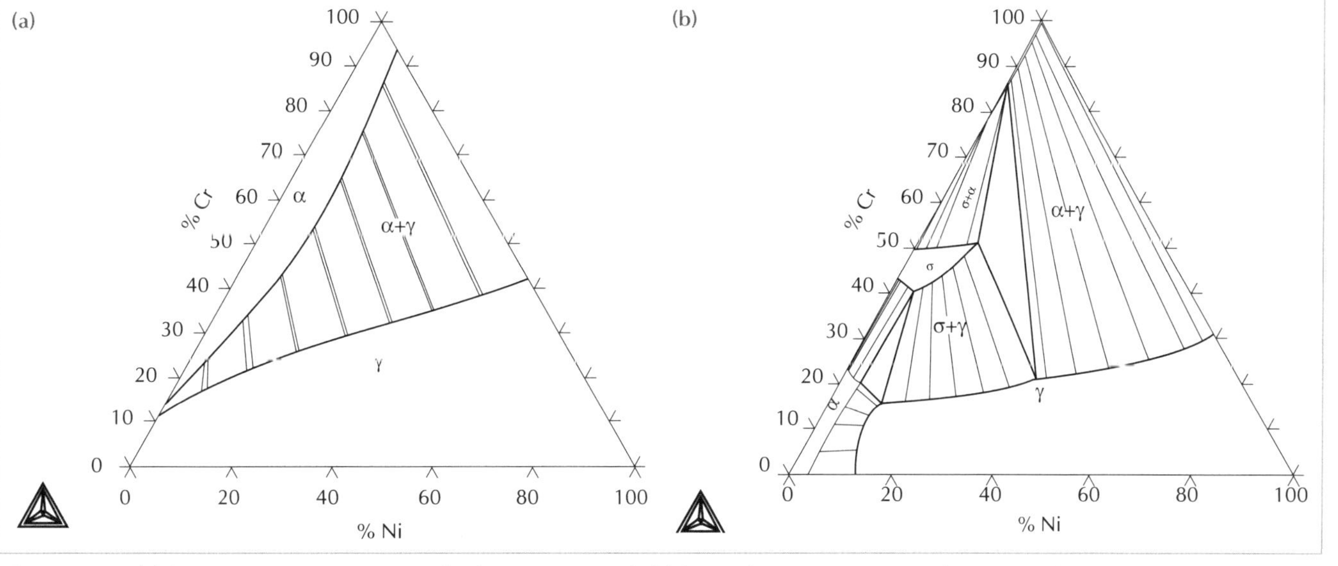

Figura 7.30 (a) Seção isoterma a 1000 °C do sistema Fe-Cr-Ni. (b) Seção isoterma a 650 °C do mesmo sistema. Nos campos bifásicos, as linhas de ligação (tie-lines) foram desenhadas indicando a composição das duas fases em equilíbrio. Cálculos com Thermo-calc e banco de dados TCFE11.

Nota: A "regra da alavanca" se aplica em seções isotermas, pois as tie-lines estão no plano da seção do diagrama.

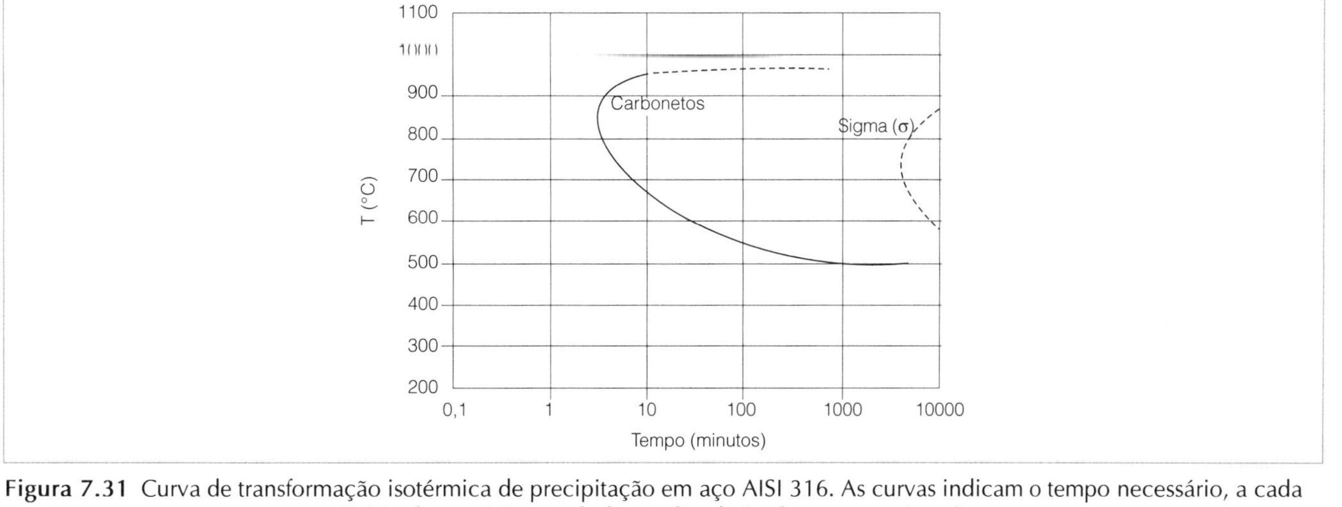

Figura 7.31 Curva de transformação isotérmica de precipitação em aço AISI 316. As curvas indicam o tempo necessário, a cada temperatura, para o início da precipitação da fase indicada (carbonetos ou sigma).

de forma que sua precipitação durante o tratamento térmico não é, normalmente, um problema relevante, sendo a precipitação de carbonetos muito mais importante, como será discutido a seguir. Entretanto, a exposição desses aços por longo período de tempo, na faixa em que σ precipita, pode levar à estrutura mais próxima de equilíbrio, com consequente fragilização.

A Figura 7.32 apresenta os principais aços inoxidáveis austeníticos, a partir do AISI 304, considerado o aço "clássico" dessa família.

A resistência à corrosão, em geral, aumenta com o teor de cromo e molibdênio. A resistência à corrosão sob tensão é obtida com o aumento dos teores de molibdênio e de níquel. A observação das faixas de composição química dos aços inoxidáveis típicos sobre o diagrama de Schaeffler-Delong (Figura 7.22) indica que composições em que existe uma fração de ferrita presente são aceitáveis. Assim, para aplicações em que a presença de ferrita é inaceitável (aplicações em que as propriedades magnéticas são críticas), é necessário estreitar a composição química, especificando, por exemplo, aço AISI 316NM. No entanto, quando soldagem sem metal de adição será realizada, pode ser conveniente trabalhar com composições que resultem, na condição de "bruto de fusão", na presença de ferrita, o que é favorável para evitar trincas a quente durante a soldagem.

Duas estratégias principais são adotadas para evitar a precipitação de carbonetos de cromo, que tem efeito negativo na resistência à corrosão: a redução do teor de carbono, viabilizada pelos processos de descarburação sob vácuo e a chamada "estabilização" pelo emprego de elementos com maior afinidade pelo carbono do que o cromo. A resistência mecânica pode ser aumentada por meio de adições de nitrogênio. Em alguns casos, endurecimento por precipitação pode também ser empregado para aumento de resistência mecânica.[86]

A alta plasticidade e a capacidade de encruamento dos aços austeníticos, associadas à estrutura CFC, permitem que estes sejam trabalhados a frio até atingirem-se valores excepcionais de limite de escoamento e ruptura, como mostra a Figura 7.33. Essa grande capacidade de deformação permite, também, conformações severas na fabricação de cubas, pias, tanques etc., assim como rica reprodução de detalhes na conformação de peças, como baixelas, talheres etc. Nesse aspecto, os aços com estrutura austenítica (CFC) são praticamente inigualáveis.

O emprego em condição "trabalhado a frio" pode ser uma alternativa para o aumento da resistência. É importante observar que, como essa resistência é obtida por encruamento a frio, operações que envolvam aquecimento (p. ex.: como soldagem) podem destruí-la.

Com respeito ao efeito da deformação a frio, esses aços podem ser classificados em austeníticos estáveis e austeníticos metaestáveis. Os austeníticos estáveis são os que retêm estrutura austenítica, mesmo após considerável deformação a frio. Os austeníticos metaestáveis transformam a estrutura para martensítica, quando sujeitos à deformação a frio. Essa diferença manifesta-se claramente na curva tensão-deformação do material e é a causa da observação frequente de comportamento magnético em peças de aços austeníticos conformados a frio. O tipo 304, austenítico estável, mostra um decréscimo do encruamento com o aumento da deformação. No caso do tipo 301, metaestável, após 10 a 15% de deformação, ocorre um encruamento acelerado, associado à formação de martensita induzida por deformação, como apresentado na Figura 7.34.

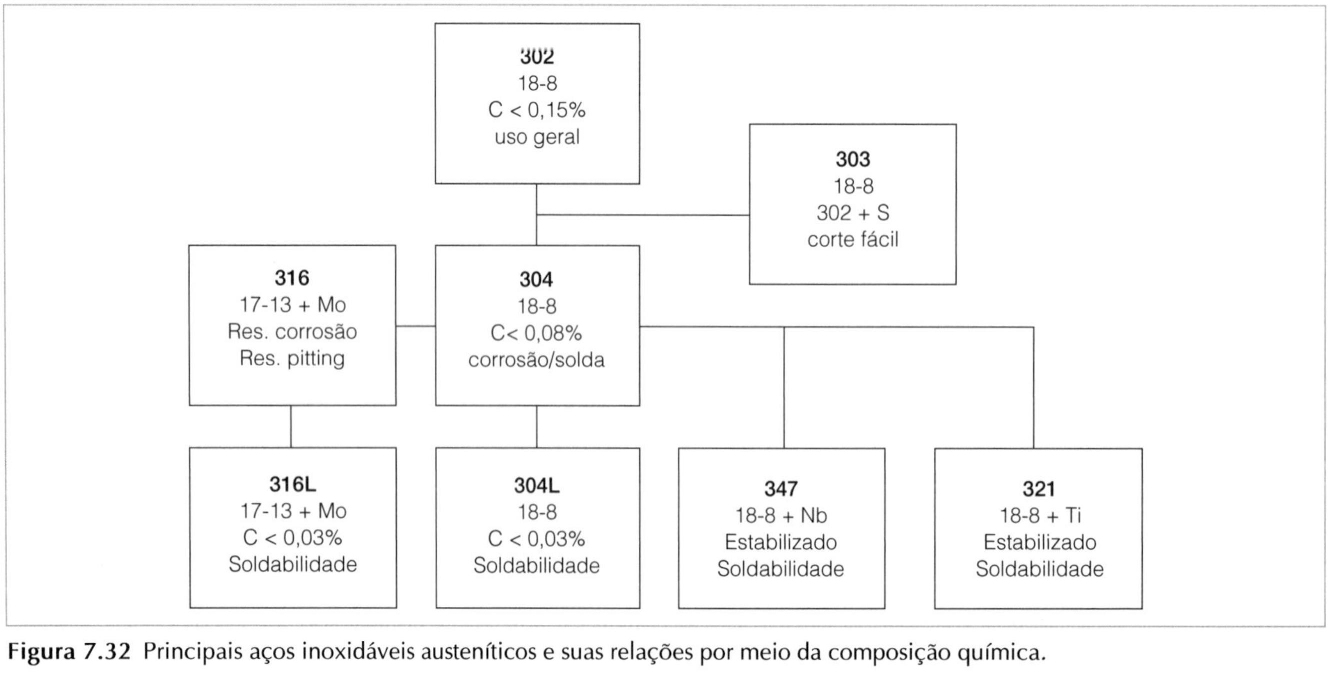

Figura 7.32 Principais aços inoxidáveis austeníticos e suas relações por meio da composição química.

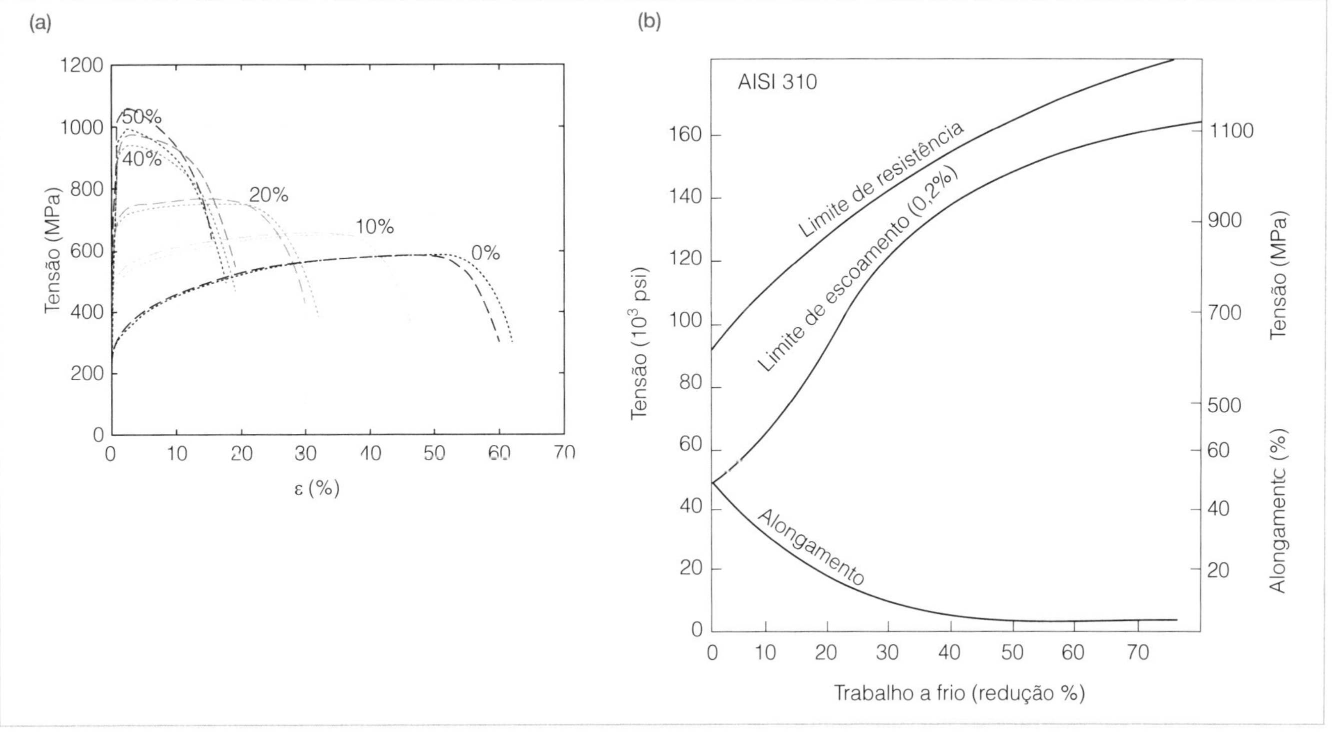

Figura 7.33 (a) Curvas tensão-deformação para placas de aço inoxidável AISI 316 conformado a frio. O grau de conformação é expresso em %. Curvas tracejadas, ensaio na direção transversal das placas (ver Capítulo 10). Adaptada de [87]. (b) Propriedades mecânicas (medidas em ensaio de tração) de aço inoxidável AISI 310, em função do grau de conformação a frio.

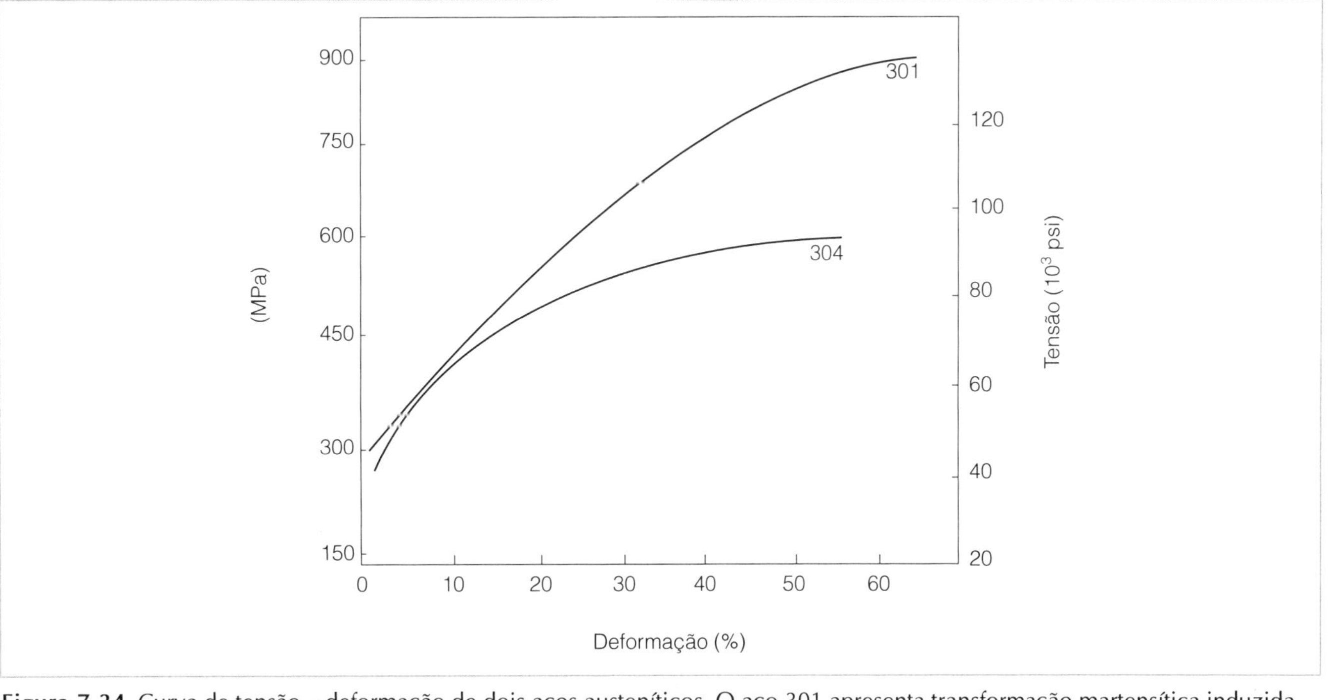

Figura 7.34 Curva de tensão – deformação de dois aços austeníticos. O aço 301 apresenta transformação martensítica induzida por deformação, com aumento da plasticidade.

Observando-se a Tabela 7.21, pode-se verificar o efeito dessas altas taxas de "encruamento" nos limites de resistência dos inoxidáveis austeníticos.

Os aços 201, 202, 301 de austenita metaestável apresentam, obviamente, as mais altas relações limite de resistência/limite de escoamento, e os de austenita estável (304, 310) apresentam valores altos também em virtude da estrutura cristalina CFC. Esse fenômeno de aumento da ductilidade aparente resultante da transformação de fase de austenita para martensita é aproveitado em aços não inoxidáveis, chamados aços TRIP (*Transformation Induced Plasticity*) mencionados no Capítulo 6.

A Tabela 7.22 apresenta composições e aplicações típicas dos aços inoxidáveis austeníticos mais usuais.

Os aços inoxidáveis austeníticos estão entre aqueles que apresentam melhores propriedades de resistência à temperatura elevada. Na aplicação em alta temperatura desses aços, dois aspectos importantes devem ser considerados: a) o coeficiente de expansão térmica dos aços austeníticos é aproximadamente 60% maior que o dos aços ferríticos usuais; e b) a condutividade térmica dos aços austeníticos é aproximadamente 30% menor que a dos aços ferríticos.

As propriedades mecânicas em alta temperatura desses aços podem ser otimizadas explorando-se as possibilidades de endurecimento por precipitação. Aços estabilizados ao nióbio, por exemplo, como o AISI 347, podem ser tratados para se obter o máximo de vantagem com a precipitação, na resistência à fluência [86].

Além disso, modificações da variedade típica 18-8 são disponíveis como aços semiausteníticos endurecíveis por precipitação, pela adição de alumínio, cobre, molibdênio ou nióbio (17-7 PH, AM 350 etc.).

Tabela 7.21 Propriedades típicas de aços inoxidáveis austeníticos na condição de tratamento térmico "solubilizado" (medidas em ensaio de tração)

AISI	Limite de escoamento 0,2% (MPa)	Limite de resistência (MPa)	Alongamento em 50 mm (%)	RA (%)
201	390	810	55	(Teste em chapas finas)
202	390	740	55	–
301	280	770	55	70
304	300	590	60	70
310	320	670	50	65

Tabela 7.22 Composições químicas e exemplos de aplicações de alguns aços inoxidáveis austeníticos mais comuns

Aço	Composição química diretriz					Aplicações específicas
	% C	% Cr	% Ni	% Mo	Outros	
AISI 303	0,15 máx.	18,0	9,0	0,60 máx.	S = 0,15 máx.	Peças torneadas para indústrias alimentícia e leiteira. Peças produzidas em tornos automáticos: parafusos, pinos, porcas etc. Peças para indústrias automobilística e aeronáutica.
AISI 304	0,08 máx.	19,0	10,0	–	–	Válvulas e peças de tubulações; equipamentos hospitalares, trocadores de calor, equipamentos para indústrias químicas, petroquímicas, farmacêuticas, alimentícias e de celulose. Armações metálicas, peças para construção mecânica, parafusos, rebites, tirantes, fio para molas etc.
AISI 304L	0,03 máx.	19,0	10,0	–	–	Mesmas aplicações do AISI 304, para partes soldadas que não podem ser solubilizadas posteriormente. É também aplicado nas indústrias aeronáutica e elétrica.
AISI 316	0,08 máx.	17,0	12,0	2,50	–	Mesmas aplicações do AISI 304, além de peças para construção naval. Possui melhor resistência à corrosão e oxidação que o AISI 304, além de propriedades mecânicas superiores. É amplamente empregado na indústria de papel. Melhor resistência a água do mar.
AISI 316L	0,03 máx.	17,0	12,0	2,50	–	Mesmas aplicações do AISI 316, para partes soldadas.

No entanto, por terem estrutura CFC, apresentam excelentes valores de resistência ao impacto e não sofrem o fenômeno de transição dúctil-frágil, sendo, portanto, os mais indicados para serviços criogênicos ou quando a garantia de tenacidade em qualquer situação é fundamental.

7.2.5.2 Aços austeníticos de "alta-liga"

Os aços inoxidáveis austeníticos com PRE (*pitting resitance equivalent*, ver adiante) acima de 40 são classificados como "superausteníticos" por diversos autores. Como o AISI 316 tem um PRE aproximado de 28-29, há um amplo campo de aços inoxidáveis mais ligados, não considerados "superausteníticos", porém com maior teor de elementos de liga, que apresentam elevada resistência à corrosão e boas possibilidades nas propriedades mecânicas. Por vezes, o fato de serem não magnéticos (diferentemente dos aços duplex, que contêm ferrita), é um diferencial importante para aplicação, como no caso de cascos de barcos para algumas aplicações militares [88]. O emprego do nitrogênio como elemento de liga foi um dos desenvolvimentos que viabilizaram alguns destes aços. A Tabela 7.23 apresenta dois exemplos relevantes de aços desta classe. O XM-19 (W.Nr. 1.3964) é um projeto de liga bastante bem-sucedido.

Embora o PRE do XM-19 não ultrapasse 40, o valor de 34 é semelhante ao de vários aços duplex (ver item 7.2.6). Além disso, esse aço tem características de recristalização à alta temperatura bastante interessantes [89]. Isso permite obter propriedades mecânicas elevadas ao final da laminação a quente, quando os parâmetros são corretamente selecionados. Além disto, o material pode ser fornecido recozido e tem, como todos os inoxidáveis austeníticos, elevada capacidade de encruamento.

O XM-19 é aceito pela NACE MR0175 para aplicações em ambientes com H2S [90] e é empregado em uma grande variedade de aplicações: navais com alta resistência (eixos de bombas, válvulas, eixos propulsores), na indústria do petróleo e na indústria química.

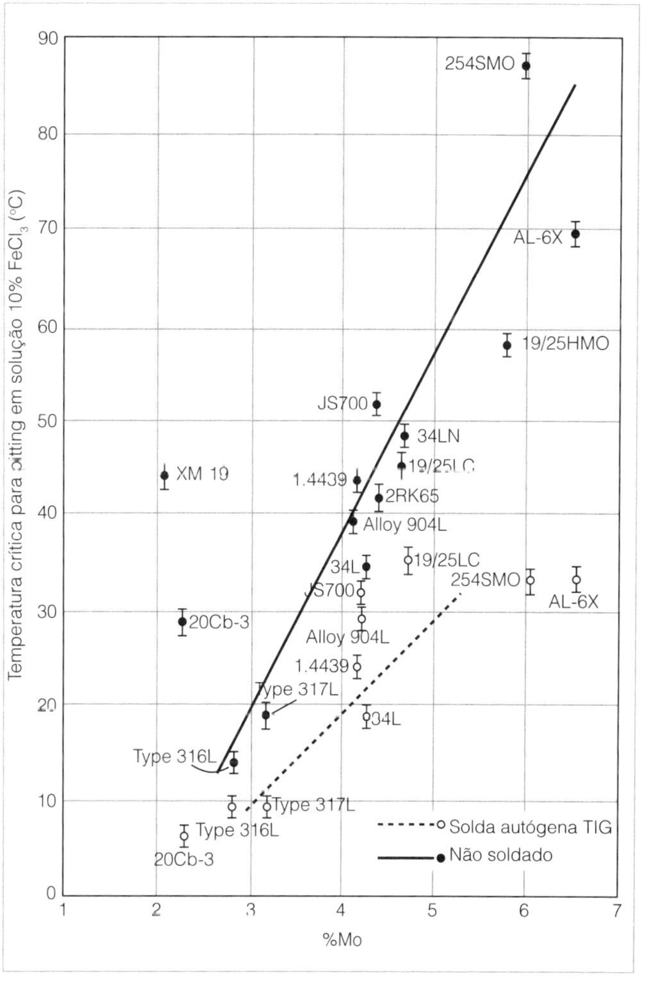

Figura 7.35 Temperatura crítica para a ocorrência de pites em solução 10% de $FeCl_3$ em função do teor de molibdênio do aço. A maior parte dos aços inoxidáveis segue uma tendência indicada pela linha sólida. A linha tracejada indica o comportamento após refusão por traço TIG, quando a microestrutura é alterada em relação ao material laminado ou forjado. O XM-19 apresenta resistência bastante elevada para o teor de Mo contido, em função do balanço de composição e de seu PRE (observar a posição semelhante das temperaturas críticas do XM-19 e 904L trabalhados). Adaptada de [83].

Tabela 7.23 Dois exemplos de aços austeníticos de alta-liga (composições em %). O XM-19 não chega a se qualificar como "superaustenítico", por ter um PRE abaixo de 40. Os dois aços exemplificados têm PRE de aproximadamente 34 (ver Figura 7.35)

Nomes Comerciais e Norma	C	Mn	Cr	Mo	Ni	Outros	N
XM-19 UNS20910	0,06 máx.	4,00 – 6,00	20,5 – 23,5	1,50 – 3,00	11,5 – 13,5	Nb e V 0,1-0,3	0,2 – 0,4
904L UNS08904	0,02 máx.	2,00 máx.	19,0-23,0	4,00-5,00	23,0-28,0	Cu 1,00-2,00	

7.2.6 AÇOS FERRÍTICO-AUSTENÍTICOS (DUPLEX)

Os aços inoxidáveis duplex ferrítico-austeníticos têm microestruturas que consistem em frações aproximadamente iguais dessas duas fases. Esses aços são caracterizados por uma combinação favorável das propriedades dos aços inoxidáveis ferríticos e austeníticos: têm elevada resistência mecânica, boa tenacidade, resistência à corrosão muito boa em diversos meios e excelente resistência à corrosão sob tensão e à fadiga. Essa microestrutura e combinação de propriedades são obtidas, em geral, pelo aumento dos teores de cromo e molibdênio em relação aos aços austeníticos e com o aumento do teor de nitrogênio. Enquanto os três elementos aumentam a resistência à corrosão, o nitrogênio, como soluto intersticial, tem efeito muito favorável sobre a resistência mecânica. Essas alterações de composição química aumentam a estabilidade da fase sigma e possibilitam o aparecimento de algumas outras fases intermetálicas, especialmente a chamada fase chi (χ), $Fe_{30}Cr_{18}Mo_4$. Do ponto de vista de ajuste da composição química, o aspecto mais importante é, para determinada composição de elementos de liga metálicos (cromo, níquel e molibdênio), ajustar o teor de nitrogênio para obter a microestrutura desejada no tratamento térmico de solubilização.

O nitrogênio tem grande efeito sobre o equilíbrio ferrita-austenita, como mostra a Figura 7.36. Como as altas adições de cromo aumentam muito a solubilidade do nitrogênio na liga, o uso deste elemento, como adição até cerca de 0,25% (2500 ppm), é bastante comum.

Além dos cuidados para prevenir a precipitação de carbonetos após a solubilização, os aços duplex requerem cuidado com o potencial de precipitação de fases intermetálicas, como sigma (σ) e chi (χ), que fragilizam o material e comprometem sua resistência à corrosão. O elevado teor de elementos de liga que estabilizam essas fases acelera a cinética de precipitação, como indicado na Figura 7.37.

Evitar a precipitação desses compostos é um desafio importante, especialmente no desenvolvimento de procedimentos de solda para esses materiais. Em caso de dúvidas, deve-se especificar um dos métodos de teste estabelecidos na norma ASTM A 923 [91] para garantir a ausência de fases intermetálicas prejudiciais. Embora o número de aços para os quais já existem critérios de aceitação bem definidos na norma seja limitado, essa norma é um bom ponto de partida, mesmo para aços diferentes do 2205 (UNS S31803).

O projeto e desenvolvimento das ligas "duplex" austenítico-ferrítico é, portanto, uma tarefa complexa, que envolve várias considerações importantes: o teor de nitrogênio do aço frequentemente é definido em função da resistência mecânica desejada.

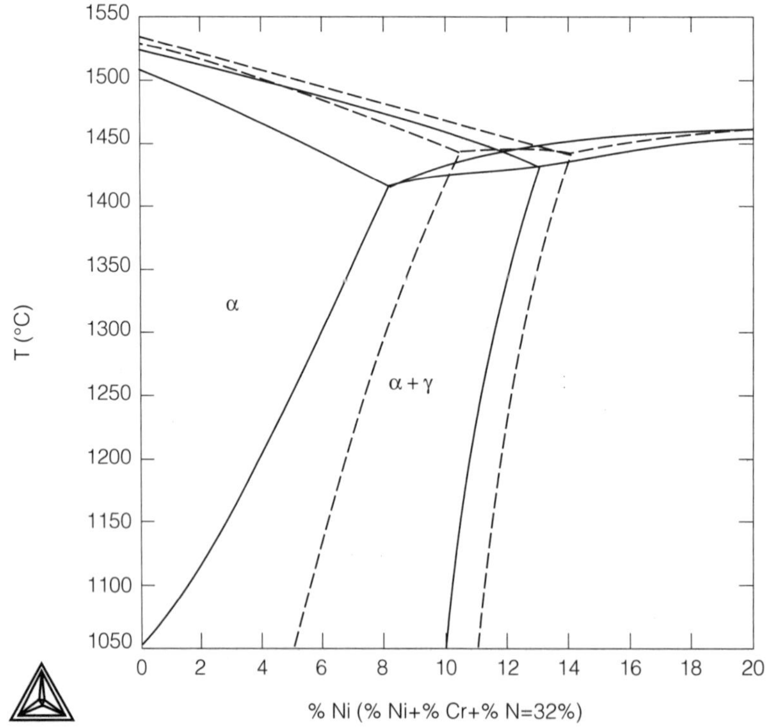

Figura 7.36 Seção isopleta do diagrama de equilíbrio de fases do sistema Fe-Cr-Ni-N. Equilíbrio entre as fases ferrita e austenita em ligas contendo 68% Fe (% Ni + % Cr + % N = 32%). As linhas tracejadas apresentam o equilíbrio quando não há nitrogênio no aço. As linhas sólidas mostram o equilíbrio na presença de 0,1% (1000 ppm) de nitrogênio. A posição do campo bifásico α+γ é muito afetada pela presença de nitrogênio, estabilizador da austenita. Cálculos com Thermo-calc e banco de dados TCFE10.

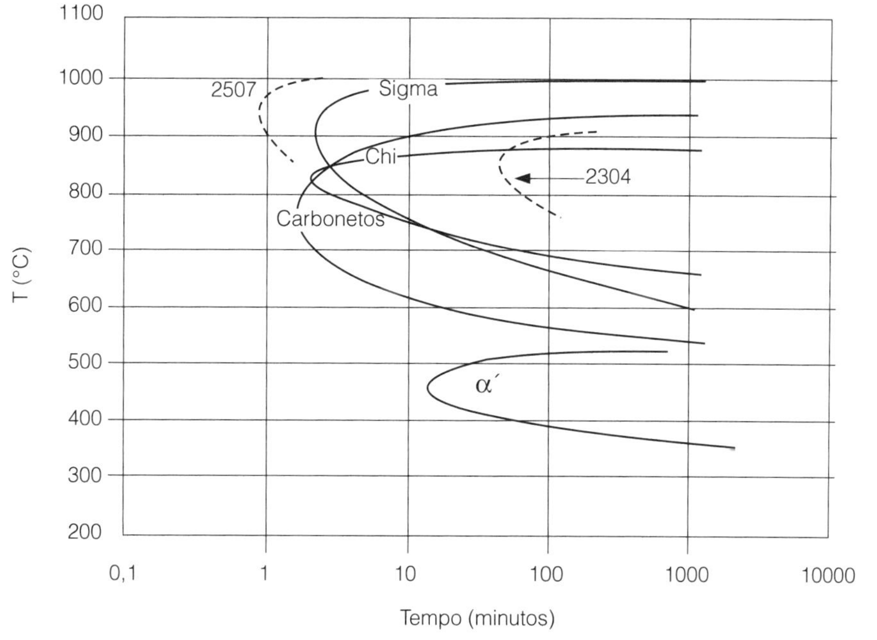

Figura 7.37 Curva de transformação isotérmica de precipitação em aço DIN – W.Nr. 1.4462 (2505 / UNS S31803) após solubilização a 1050 °C. As curvas indicam o tempo necessário, a cada temperatura, para o início da precipitação da fase indicada (carbonetos, sigma, chi ou α'). As linhas pontilhadas indicam o início da precipitação de intermetálicos em duas outras composições típicas de aços duplex (2507/UNS S31803 e 2304/UNS S32304). A precipitação é mais rápida no aço com teores de cromo e molibdênio mais altos (2507/UNS S32750).

Os aços duplex foram desenvolvidos com o emprego termodinâmica computacional [66]. Um exemplo típico do benefício do uso de aços "duplex" são os equipamentos de processo empregados em plataformas semissubmersíveis utilizadas na exploração de petróleo em águas profundas. O peso dos equipamentos sobre a plataforma é uma variável crítica em seu projeto, pois define as condições de flutuabilidade necessárias. Os aços "duplex" têm resistência à corrosão melhor ou igual aos melhores aços austeníticos nos meios empregados, mas têm limite de escoamento duas ou mais vezes superior. Isso resulta em significante redução da espessura de parede de vasos e trocadores, com redução de peso e, consequentemente, economia na fabricação da plataforma.

Determinado o teor de nitrogênio, é necessário ajustar o restante da composição do aço para:

a) Garantir a igualdade aproximada das frações de austenita e ferrita à temperatura de solubilização, controlada principalmente por cromo e níquel.

b) Garantir a resistência à corrosão, especialmente a corrosão alveolar (pites), por meio do ajuste dos teores de cromo, molibdênio e níquel (ver fórmulas de PRE, Equações 7.3 e 7.4, no próximo item).

c) Garantir que as fases intermetálicas estejam completamente dissolvidas à temperatura de solubilização, característica influenciada por cromo, molibdênio e níquel, principalmente.

Esse processo iterativo de projeto de liga vem levando ao desenvolvimento de ligas cada vez mais complexas, como mostrado na Figura 7.38 e na Tabela 7.24. Os aços duplex básicos, como o 2304 (UNS S32304 – W.Nr. 1.4362) têm pouco ou nenhum molibdênio e são alterações da composição clássica dos aços austeníticos visando aumentar a resistência à corrosão sob tensão e obter melhores propriedades mecânicas.

A chamada primeira geração dos aços duplex compreendeu os aços AISI 329 e o 3RE60 (inicialmente produzido sem adição deliberada de nitrogênio). Os aços da segunda geração têm teores de nitrogênio controlados, como mostra a Tabela 7.24. Atualmente, o aço 2205 é o duplex mais empregado na indústria, respondendo por aproximadamente 80% da produção mundial de aços duplex.

Da mesma forma que os aços ferríticos, os aços duplex podem sofrer degradação das propriedades (tenacidade e resistência à corrosão, principalmente) pela exposição prolongada a temperaturas na faixa de 475 °C e consequente precipitação da fase α. Resultados experimentais indicam que adições de tungstênio são benéficas para retardar esse fenômeno em aços duplex [92]. Os aços duplex são, ainda, sensíveis à fragilização por hidrogênio. Em aplicações nas quais se pode esperar a absorção de hidrogênio em serviço (p. ex.: proteção catódica submarina), esta característica deve ser considerada no projeto [93,94].

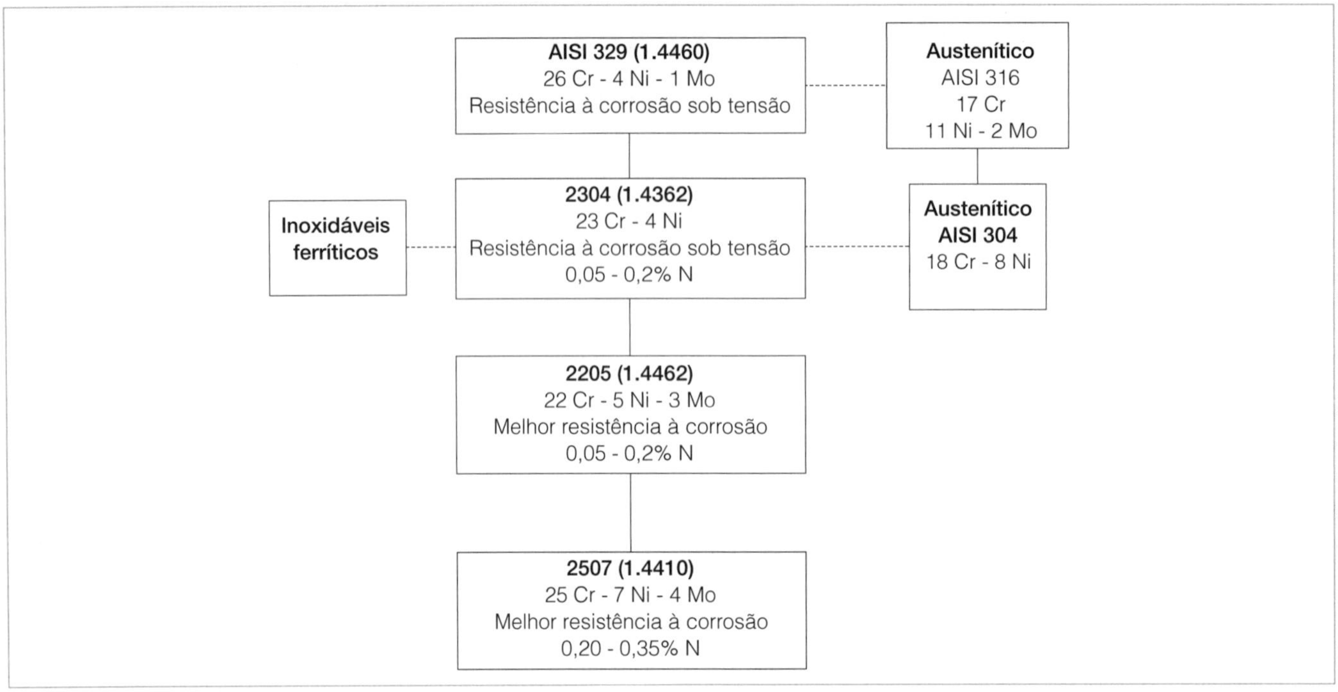

Figura 7.38 Relação esquemática entre os aços duplex (austenítico-ferríticos) mais comuns.

Tabela 7.24 Composições típicas (%) dos aços inoxidáveis duplex mais comuns

Nome comum	UNS	W.Nr. (EN)	C máx.	Cr	Ni	Mo	N	Outros
AISI329	S32900	1.4460	0,08	23-28	2,5-5,0	1-2	Não esp.	
3RE60	S31500	1.4417	0,03	18-19	4,3-5,2	2,5-3	0,05-0,1	
2304	S32304	1.4362	0,03	21,5-24,5	3-5,5	0,05-0,6	0,05-0,2	
2205	S31803	1.4462	0,03	21-23	4,5-6,5	2,5-3,5	0,1-0,22	
F55	S32760	1.4501	0,03	24-26	6-8	3-4	0,2-0,3	Cu = 0,7 W = 0,7
2507	S32750	1.4410	0,03	24-26	6-8	3-5	0,2-0,3	Cu = 0,5

7.2.7 AÇOS INOXIDÁVEIS ENDURECÍVEIS POR PRECIPITAÇÃO

Os aços inoxidáveis endurecíveis por precipitação são classificados em três famílias: martensíticos, austeníticos e semiausteníticos.

Estes aços podem ser considerados como tendo sido desenvolvidos a partir de aços austeníticos clássicos 18-8. No desenvolvimento dos aços martensíticos endurecíveis por precipitação, as principais modificações foram a redução do teor de níquel e a adição de outros elementos (principalmente cobre) para promover a formação de precipitados.

De forma geral, os aços martensíticos endurecíveis por precipitação combinam resistência à corrosão equivalente à de aços austeníticos clássicos, como o AISI 304, com propriedades mecânicas elevadas, comparáveis àquelas dos aços inoxidáveis martensíticos.

O tratamento térmico típico para os aços endurecidos por precipitação é de solubilização e envelhecimento (ver Tabela 7.25).

No tratamento de solubilização, os compostos intermetálicos à base de cobre, nióbio e ou alumínio são dissolvidos na matriz austenítica. O aço é resfriado com uma velocidade suficientemente alta para evitar a reprecipitação dos compostos intermetálicos. No caso dos aços martensíticos, a microestrutura formada no resfriamento é essencialmente martensítica. Como o teor de carbono é muito baixo, a martensita tem baixa dureza.

Grande parte do endurecimento desses aços ocorre durante o tratamento de envelhecimento, quando ocorre precipitação na matriz martensítica. Assim, na condição solubilizada, esses aços são de fácil usinagem. Como o envelhecimento é feito a temperaturas relativamente baixas e a variação dimensional é pequena,

Tabela 7.25 Propriedades típicas do aço 17-4 PH nas condições de tratamento térmico "solubilizado" e envelhecido a 465 °C

Estado T°T°	Ciclo realizado	RT (MPa)	LE (MPa)	A (%)	(HRC)
Solubilizado	1035 °C/ 30 min/ óleo	1030	760	15	30/35
Envelhecido	465 °C/ 60 min/ ar	1380	1280	17	40/45

problemas de distorção, trincas e descarbonetação após endurecimento são praticamente eliminados. Os ciclos de envelhecimento empregados têm diferentes efeitos sobre as propriedades finais. O tempo e a temperatura do tratamento são importantes, como mostra a Figura 7.39. Como os precipitados responsáveis pelo endurecimento têm dimensões muito pequenas, a eficiência do envelhecimento não pode ser avaliada por meio de metalografia.

Desenvolvidos inicialmente para a indústria aeronáutica, estes aços vêm sendo amplamente utilizados também em outros campos, como nas indústrias de extração de petróleo, petroquímica, química e de papel e celulose, entre outras.

Aços inoxidáveis martensíticos endurecíveis por precipitação situam-se entre os aços martensíticos temperados e revenidos clássicos (12% Cr) e os aços *maraging* de 18% Ni (veja item 7.3).

Ligas como 17-4 PH ou PH 15-7 Mo contêm 12 a 17% de cromo, níquel, molibdênio e nióbio, cobre e/ou alumínio para a precipitação.

São produzidas pelos processos AOD, VOD ou VIM e refundidas pelos processos ESR ou VAR (Capítulo 9) para aplicações críticas, em que dupla fusão sob vácuo pode ser especificada.

Esses aços encontram emprego em aplicações críticas nas quais resistência à corrosão e elevadas propriedades mecânicas são desejadas até 425 °C.

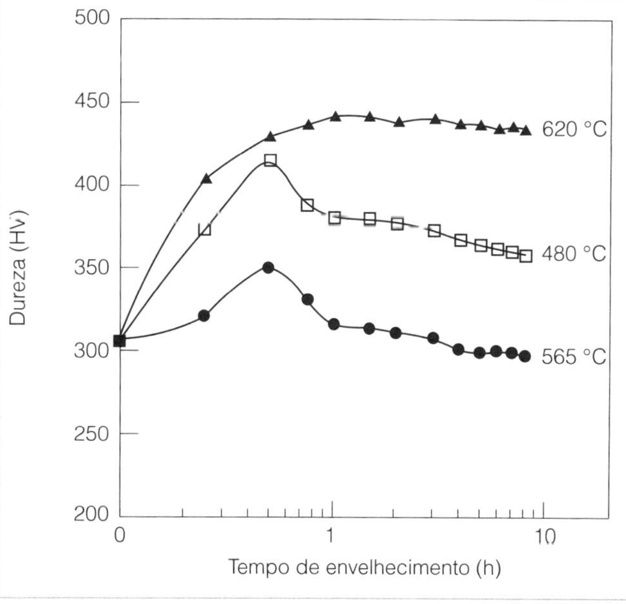

Figura 7.39 Efeito do tempo e da temperatura de envelhecimento sobre a dureza do aço 17-4 PH . Adaptada de [95].

A Tabela 7.26 apresenta composições e aplicações típicas de alguns aços martensíticos endurecíveis por precipitação. A norma NACE MR0175 [90] permite o uso de 17-4PH e UNS S45000 com durezas relativamente elevadas em ambientes contendo H_2S. Por este motivo, estes materiais são frequentemente selecionados para fixadores e outras peças com solicitações elevadas, nestes ambientes.

Tabela 7.26 Composições e aplicações típicas de alguns aços inoxidáveis martensíticos endurecíveis por precipitação

W.Nr. e/ou (ASTM)	Nome comercial	Composição química diretriz					Aplicações específicas
		% C	% Cr	% Ni	% Cu	% Nb + Ta	
1.4540 (XM12)	15-5 PH	0,07 máx.	15,0	4,5	3,5	0,45 máx.	Componentes para indústria aeronáutica, química, petroquímica, de celulose etc., em que são requeridas boa resistência à corrosão e dureza alta. Por exemplo, correntes, engrenagens, eixos, molas, bombas, válvulas de sistema de alta pressão etc.
1.4542 (630)	17-4 PH	0,07 máx.	16,5	4,0	4,0	0,45 máx.	Mesmas aplicações do 15-5 PH que apresenta, porém, as vantagens de ser isento da ferrita delta e ter propriedades mecânicas transversais superiores.
1.4534 (XM13)	13-8 PH	0,045 máx.	13,0	8,0	2,5	Al = 1%	Conexões, parafusos e componentes de sistemas hidráulicos de aviões.

Propriedades mecânicas típicas são apresentadas na Tabela 7.27.

Tabela 7.27 Propriedades típicas de aços inoxidáveis martensíticos solubilizados e envelhecidos

Aço	Envelhecimento	Propriedades mecânicas típicas			
		RT (MPa)	LE (MPa)	A (5d)%	RA (%)
1.4540	480 °C/ 1h/ ar	1310	1180	13	35
(15-5 PH)	620 °C/ 4h/ ar	930	730	16	50
1.4542	480 °C/ 1h/ ar	1310	1180	13	40
(17-4 PH)	620 °C/ 4h/ ar	930	725	16	50

7.2.8 RESISTÊNCIA À CORROSÃO

Individualmente, a propriedade mais importante dos aços inoxidáveis é a resistência à corrosão. A vida em serviço e o sucesso da seleção do aço inoxidável são frequentemente dependentes dessa propriedade. Assim, um conhecimento básico dos fenômenos de corrosão que podem afetar a durabilidade dos itens fabricados em aço inoxidável em serviço é fundamental na seleção do material mais econômico.

Os fenômenos associados à corrosão e à capacidade dos materiais de apresentarem maior ou menor resistência a esses processos são de natureza complexa e seu estudo em profundidade foge aos propósitos deste trabalho. Uma excelente análise desses fenômenos pode ser encontrada nas referências bibliográficas citadas no fim deste capítulo, em particular, em [83,96,97].

A corrosão dos aços pode ser classificada, de forma genérica, em corrosão aquosa e corrosão de alta temperatura.

7.2.8.1 Corrosão aquosa

A classificação "corrosão aquosa" aplica-se à corrosão em meios líquidos ou gases úmidos a temperaturas relativamente baixas (< 300 °C). É um processo eletroquímico e requer, portanto, a presença de um eletrólito, seja o meio líquido, seja uma camada de umidade condensada.

A resistência do aço à corrosão generalizada (isto é, sem ataque localizado) depende da presença de elementos de liga que garantam a estabilidade da camada de óxido passivadora na superfície da peça. Em geral, considera-se resistente a um meio o material que apresente uma taxa de corrosão inferior a 0,1 mm/ano. De forma geral, o aumento dos teores de cromo, níquel e molibdênio contribuem para o aumento da resistência à corrosão generalizada. Exceções importantes são alguns ácidos oxidantes (ácido nítrico ou crômico, concentrado, quente), em que o molibdênio é indesejável.

Informações sobre resistência à corrosão generalizada são encontradas em curvas "isocorrosão" em diversas fontes, tais como manuais da NACE [98] e outras publicações especializadas [97,99,100], bem como bancos de dados. Esses dados devem fornecer uma orientação inicial para o processo seletivo que, em função da complexidade da aplicação, pode vir a requerer testes de laboratório, com protótipos etc., até a decisão final sobre o material mais adequado.

7.2.8.1.1 Corrosão localizada

Metais e ligas que dependem da formação de uma camada passivadora para obter resistência à corrosão estão sujeitos a fenômenos de corrosão localizada, associada à ruptura dessa proteção.

Determinados mecanismos de corrosão localizada que ocorrem nos aços inoxidáveis (mas não apenas nesses materiais) podem conduzir a falhas prematuras e merecem, portanto, atenção especial.

7.2.8.1.1.1 Corrosão por pites, ou alveolar e em frestas

A camada de passivação nunca é completamente perfeita, contendo defeitos microscópicos que normalmente não afetam a resistência à corrosão [96,97]. A presença de halogenetos (cloretos, fluoretos etc.) no meio de emprego do aço inoxidável pode levar à destruição do filme de passivação e impedir que ele se recomponha, conduzindo à corrosão localizada.

Fatores que promovem a corrosão por pites [96,97,101] são:

1) Soluções de cloreto e sais oxidantes.
2) Soluções neutras, aeradas, de cloreto.
3) Aumento da temperatura.

A água do mar é um dos meios mais comuns em que a corrosão localizada de aços inoxidáveis pode ocorrer.

São métodos usuais para evitar este tipo de corrosão em equipamentos [96,97]:

1) Evitar concentração de íons halogênios (nem sempre possível).
2) Manter as soluções agitadas, para evitar potencial de oxigênio não uniforme.
3) Manter a concentração de oxigênio alta, ou eliminar o oxigênio. No primeiro caso, aumenta-se a passividade e, no segundo, evitam-se pilhas ativo-passivo.
4) Aumentar o pH. O íon (OH^-) age como inibidor da corrosão por pites.
5) Trabalhar à temperatura mais baixa possível.
6) Empregar passivadores ou proteção catódica.

Entre os aços inoxidáveis, os austeníticos, que contêm molibdênio (2 a 4%), apresentam a mais elevada resistência à corrosão por pites. Exemplos de soluções em que os aços austeníticos com molibdênio (p. ex.: AISI 316) apresentam redução na corrosão por pites são: soluções de cloreto de sódio, água do mar, ácidos sulfúrico, fórmico e fosfórico. O desempenho de aços inoxidáveis sob o aspecto de resistência ao fenômeno de corrosão alveolar foi correlacionado com um fator empírico chamado PRE (*Pitting Resistance Equivalent*, ou PREN *Pitting Resistance Equivalente Number*) por meio da fórmula [102,103]:

$$PRE = \%\,Cr + 3{,}3 \times \%\,Mo + 16 \times \%\,N \quad \text{Eq. 7.3}$$

Essa fórmula apresenta excelente correlação com o comportamento de aços duplex austenítico-ferríticos. Para aços austeníticos em que nitrogênio não é usado como elemento de liga, a fórmula a seguir, em que o coeficiente do nitrogênio foi ajustado para 30, apresenta melhor correlação (104).

$$PRE = \%\,Cr + 3{,}3 \times \%\,Mo + 30 \times \%\,N \quad \text{Eq. 7.4}$$

A NACE MR0175 [105] recomenda a inclusão do W no cálculo do PRE, como mostra a Equação 7.5

$$PRE = \%\,Cr + 3{,}3 \times (\%\,Mo + 0{,}5\%W) + 16 \times \%\,N \quad \text{Eq. 7.5}$$

Do ponto de vista do material, as mesmas medidas que podem ser empregadas para melhorar a resistência à corrosão alveolar são efetivas para reduzir a corrosão por frestas. As fórmulas de PRE são também efetivas na correlação com o comportamento em corrosão por frestas. Além das medidas relacionadas à seleção do material, medidas eficazes para reduzir a ocorrência de corrosão por frestas devem ser consideradas, na etapa de projeto do equipamento, áreas de fluido estagnado, frestas estreitas; e locais em que resíduos possam se acumular devem ser sistematicamente eliminados durante o projeto, para evitar a ocorrência desse tipo de corrosão.

7.2.8.1.1.2 Corrosão intercristalina ou intergranular

Determinados elementos podem segregar para os contornos de grão do aço em determinadas temperaturas. Adicionalmente, os contornos de grão são regiões de mais alta energia e, por isso, sítios preferenciais de precipitação de segundas fases. Em algumas condições, isso pode deixar os contornos de grão de aços inoxidáveis muito reativos, dando origem à chamada corrosão intercristalina ou intergranular. Tanto aços austeníticos como ferríticos são susceptíveis a esse tipo de corrosão.

Quando aços austeníticos são aquecidos na faixa de 425 a 815 °C ou resfriados lentamente nessa faixa de temperatura, pode ocorrer a precipitação de carbonetos de cromo nos contornos de grãos.

O principal carboneto precipitado é o $Cr_{23}C_6$ e, portanto, cada átomo de carbono retira de solução da matriz austenítica, aproximadamente, quatro átomos de cromo. Como resultado, a região da austenita ao redor dos precipitados fica suscetível à corrosão, pelo empobrecimento em cromo, como ilustra a Figura 7.40. Esse mecanismo foi proposto por Bain [106] e Strauss [107]. Esse fenômeno chama-se "sensitização".

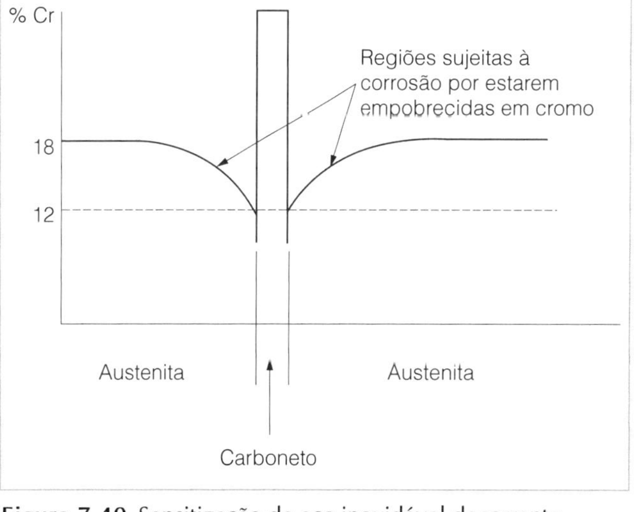

Figura 7.40 Sensitização de aço inoxidável decorrente da precipitação de carbonetos de cromo (esquemático).

Não há consenso, na literatura, sobre o nível de empobrecimento em cromo necessário para que ocorra sensitização. Embora seja comum mencionar o limite de 12%, não há suporte, na literatura, para o estabelecimento desse limite. Acredita-se que o mecanismo de sensitização seja mais complexo do que a simples perda da inoxidabilidade, envolvendo a diferença de potencial eletroquímico nas regiões do aço. Uma certa redução do teor de cromo ao longo de uma distância mínima definida seria necessária [97,108-110].

A sensitização pode ocorrer no resfriamento lento após solubilização (ou forjamento), no alívio de tensões na faixa de precipitação de carbonetos de cromo ou na soldagem. Adicionalmente, pode ocorrer durante o emprego por tempo longo na faixa de temperatura em que a cinética de precipitação do carboneto de cromo é mais rápida. A Figura 7.41 mostra o tempo necessário para que ocorra sensitização em aço AISI 304 medida por meio do Método E da norma ASTM A262. O efeito do teor de carbono é evidente.

Quando a sensitização ocorre durante a soldagem, permite, posteriormente, corrosão localizada na zona afetada pelo calor, na faixa que permaneceu por mais longo tempo na temperatura de sensitização. A corrosão de um aço sensitizado somente ocorre, naturalmente, na presença de meios corrosivos capazes de causar este fenômeno. Alguns aços, como os ferríticos AISI 430 e 434, não resistem à corrosão generalizada nesses meios, mas, ainda assim, cuidados devem ser tomados para minimizar os riscos de corrosão intercristalina.

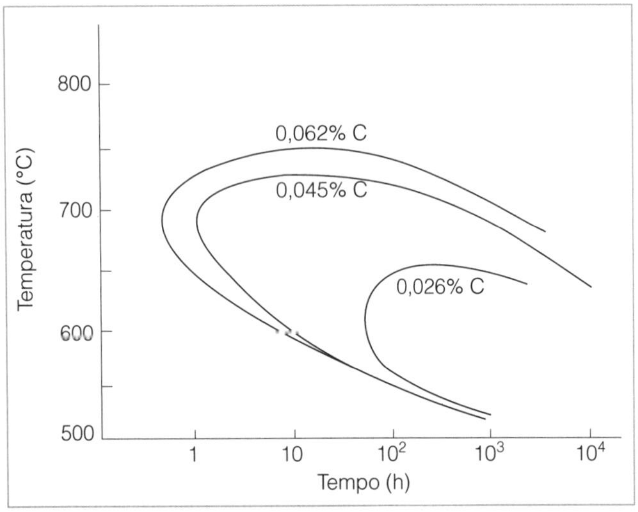

Figura 7.41 Tempo de tratamento, na temperatura indicada, necessário para que ocorra sensitização e o material seja rejeitado pelo ensaio do Método E da norma ASTM A262 para avaliação de corrosão intercristalina. Resultados para AISI 304 com diferentes teores de carbono, solubilizado a 1050 °C, seguido de resfriamento em água.

Os seguintes métodos podem ser aplicados para prevenir a presença de carbonetos de cromo nos contornos de grão:

- Peças de aços austeníticos, que não serão tratadas termicamente ou soldadas, podem ser compradas na condição "solubilizada", isto é, submetidas a um aquecimento a temperaturas na faixa de 1040 a 1150 °C para dissolver os carbonetos, seguido de um resfriamento rápido para evitar a reprecipitação. Ensaios de laboratório para comprovar o estado "solubilizado" são usuais, segundo ASTM A 262 ou ISO 3651-2.
- Seleção de aços de extrabaixo teor de carbono (C < 0,03%), como 304L, 316L etc. A redução do teor de carbono normalmente é suficiente para prevenir a sensitização (p. ex.: Figura 7.41). Esses aços são produzidos com facilidade por meio dos processos VOD ou AOD e têm custos comparáveis aos aços com teor de carbono normal.

  Como o carbono (soluto intersticial) tem uma contribuição importante na resistência mecânica desses aços, os aços de extrabaixo carbono têm propriedades mecânicas ainda mais baixas (limite de escoamento 0,2% de 210 MPa) que os materiais normais. Aços com adições de nitrogênio (também intersticial) como 304LN e 316LN têm sido desenvolvidos para compensar essa redução nas propriedades mecânicas.
- Seleção de aços estabilizados, como 321 (estabilizado ao Ti) ou 347 (estabilizado ao Nb). A proteção, nesse caso, é obtida pela formação preferencial de carbonetos dos elementos estabilizantes que têm maior afinidade pelo carbono do que o cromo. O controle do titânio, entretanto, pode ser difícil durante a soldagem em função de sua alta reatividade. Nos aços em que nióbio é usado, seu teor deve ser o mais próximo possível ao nível requerido para fixar o carbono (em peso, Nb/C = 8, aproximadamente 1 átomo de Nb para cada átomo de C).

  Nióbio em excesso pode tornar o aço suscetível a trincas na soldagem, especialmente em peças espessas.

A ocorrência de sensitização em aços inoxidáveis pode reduzir significativamente sua resistência à corrosão em diversos meios. Um caso ilustrativo é a ocorrência de corrosão sob tensão em aços austeníticos sensitizados, em reatores nucleares do tipo BWR, em contato com água de composição bastante bem controlada [111,112].

Os aços inoxidáveis ferríticos também são suscetíveis à sensitização. O aquecimento a temperaturas superiores a 920 °C dissolve carbonetos e nitretos, que reprecipitam com praticamente qualquer taxa de resfriamento. Uma das causas desse comportamento é a baixíssima solubilidade do carbono e nitrogênio na ferrita (CCC).

Para eliminar a sensitização, um tratamento possível é um aquecimento de aproximadamente 780 °C para homogeneizar novamente a matriz ferrítica, eliminando as zonas empobrecidas em cromo (observar que, nesse caso, não ocorre dissolução dos carbonetos e nitretos).

Nem mesmo os aços ferríticos de alta pureza são completamente imunes à sensitização [113].

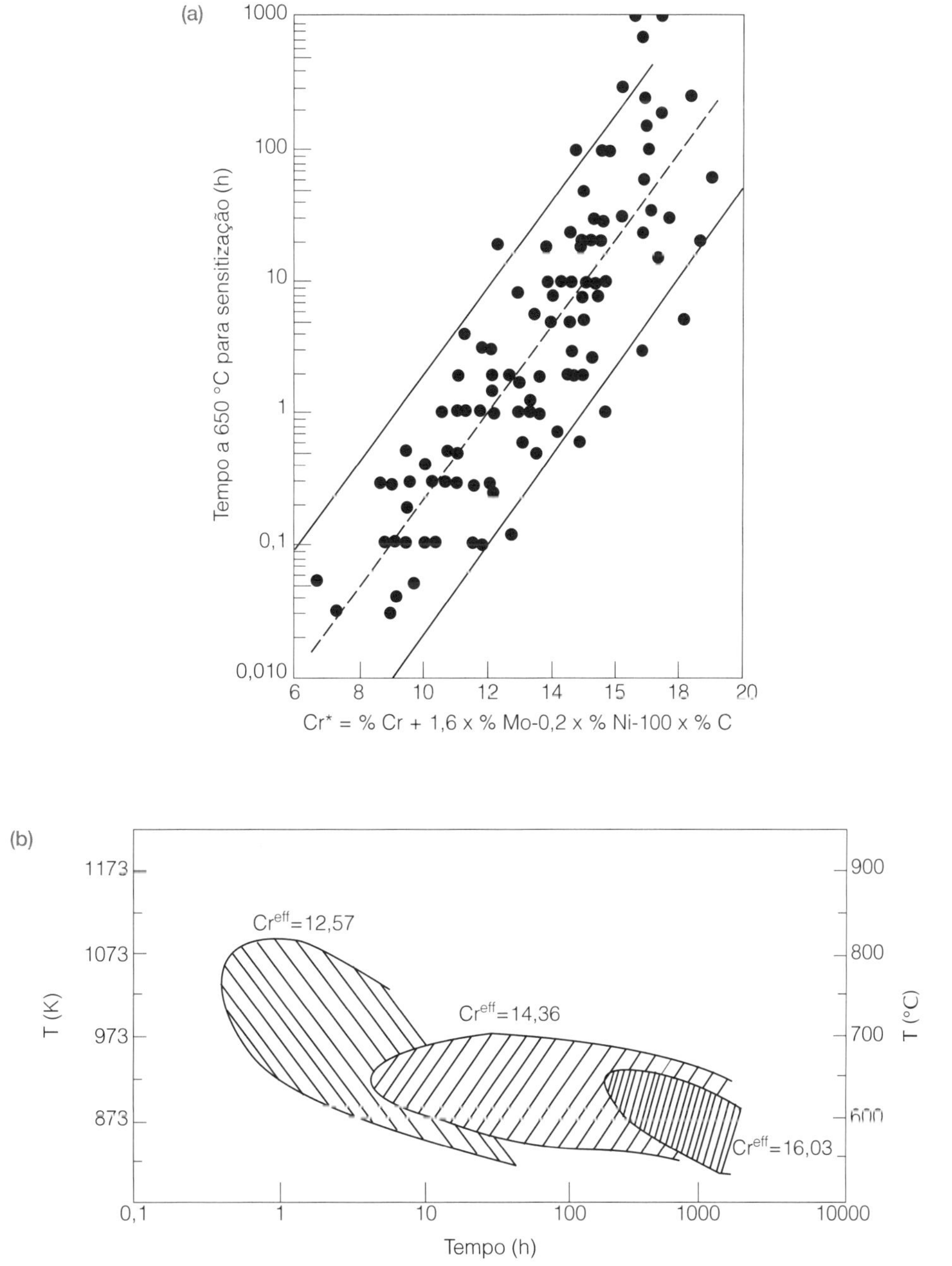

Figura 7.42 (a) Correlação entre o "parâmetro de normalização da composição" Cr* para aços inoxidáveis austeníticos e o tempo de tratamento a 650 °C para a ocorrência de sensitização medida pelo ensaio da norma ASTM 262 (Strauss, modificado). A reta média ajustada tem a equação $\ln(t_s) = +9{,}108 + 0{,}748\,Cr^*$. Adaptada de [114]. (b) Curvas de sensitização para aço AISI 316 com diferentes composições químicas. O parâmetro de normalização foi Cr^{eff} = % Cr + 1,45 × % Mo – 0,19 × % Ni – 100 × % C + 0,13 × % Mn – 0,22 x % Si – 0,51 × % Al – 0,20 × % Co + 0,01 × % Cu + 0,61 × % Ti + 0,34 × % V – 0,22 × % W + 9,2 × % N. Adaptada de [115].

A tendência à sensitização depende das condições termodinâmicas e cinéticas de precipitação de carbonetos no aço. Diferentes modelos, empíricos ou não, têm sido formulados para tentar prever a tendência à sensitização de aços inoxidáveis com relativo sucesso [116]. A Figura 7.42 mostra a correlação entre parâmetros empíricos como "cromo efetivo" ou "cromo normalizado" e os resultados de testes de sensitização [114,115]. Embora a tendência seja adequadamente descrita, a dispersão dos resultados impede o uso de forma preditiva ou para projeto de ligas. Mesmo os modelos que incluem aspectos termodinâmicos e cinéticos [114,117] ainda têm sucesso limitado na realização de previsões em vista da complexidade do fenômeno [116].

7.2.8.1.1.3 Corrosão sob tensão

A combinação de tensões (de tração) de trabalho ou residuais com determinados ambientes corrosivos e temperaturas, pode levar a um tipo de corrosão acelerada que conduz a trincas e fragilização do metal. Apesar de ser um fenômeno que ocorre por mecanismos ainda pouco claros, algumas combinações conhecidas sujeitas à corrosão sob tensão são:

- Aços martensíticos são sujeitos à corrosão sob tensão em ambientes contendo cloretos, bases quentes, nitratos quentes e sulfeto de hidrogênio [98,118]. Tais combinações devem ser, portanto, evitadas.
- Aços austeníticos podem sofrer corrosão sob tensão em bases concentradas [98] ou na presença de cloretos. Composição química da liga, temperatura, nível de tensões, concentração de cloretos, condição superficial, pH e teor de oxigênio no meio são algumas das variáveis que influenciam na ocorrência de corrosão sob tensão.

  Existem composições particularmente resistentes à corrosão sob tensão. O teor de níquel da liga é especialmente importante na resistência a esse tipo de corrosão.

  A suscetibilidade máxima à corrosão sob tensão é obtida, em aços inoxidáveis, com 8% de níquel [113].
- Aços ferríticos são os menos suscetíveis à corrosão sob tensão, especialmente por cloretos. É importante observar que, sensitizados ou inadequadamente selecionados, estes aços também podem sofrer corrosão sob tensão.

O níquel tem influência importante no fenômeno, como mostra a Figura 7.43.

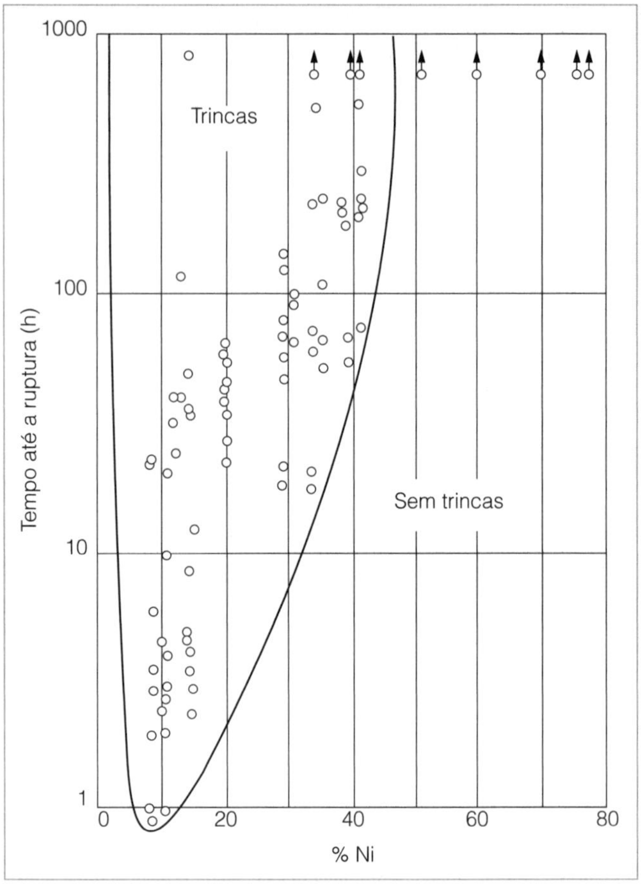

Figura 7.43 Efeito do teor de níquel no tempo necessário para a ruptura de amostras sob tensão em solução de $MgCl_2$, conforme método de ensaio da norma ASTM. Adaptada de [119,120].

Os principais meios de controle ou proteção contra esse tipo de corrosão são:

- Minimizar tensões: reduzir concentradores de tensões, utilizar tratamentos de alívio de tensões (p. ex.: quando possível e quando não implicar outras alterações metalúrgicas, como sensitização) ou processos que produzam tensões residuais compressivas na superfície das peças (p. ex.: *shot peening* etc.).
- Projeto adequado: evitando locais de acúmulo de espécies químicas nocivas [96,97] etc.
- Proteção catódica [113] ou uso de inibidores.
- Alteração da liga utilizada. Uma das principais limitações nesse caso é que os testes de laboratório existentes para avaliar a resistência à corrosão nem sempre permitem boa correlação com os meios industrialmente empregados. A seleção tem de ser baseada, em geral, em experiências anteriores ou ensaios especiais de simulação, também de validade limitada.

Na indústria do petróleo, o H_2S é um dos compostos mais importantes sob o aspecto de corrosão sob tensão. Nas normas MR0175 [90] e MR0103 [105], a NACE apresenta recomendações sobre ligas (inclusive aços inoxidáveis), condições de tratamento térmico e dureza máxima para emprego em meios em que pode ocorrer corrosão por H_2S [121,122].

7.2.8.1.2 Aços para implantes cirúrgicos

Implantes cirúrgicos representam um importante exemplo da seleção de materiais para aplicação em ambiente corrosivo a temperatura ambiente. As principais características requeridas dos materiais para esta aplicação são: biocompatibilidade com os fluidos orgânicos do corpo humano, não serem tóxicos nem conterem adições de elementos de liga que possam ser tóxicos e apresentar boas propriedades mecânicas, especialmente resistência à fadiga. Esta é uma aplicação de elevadíssima responsabilidade.

Entre as ligas empregadas, os aços inoxidáveis austeníticos especialmente projetados para essa aplicação encontram boa aceitação. Esses materiais são os mais consumidos nessa aplicação, especialmente em implantes temporários. Esses aços têm sua composição química balanceada para serem isentos de ferrita (δ-delta) e fases intermetálicas como sigma (σ) e chi (χ), e sua capacidade de encruar por trabalho a frio é aproveitada.

Aços para essa aplicação são submetidos normalmente à refusão pelo processo ESR ou VAR (Capítulo 9) para garantir homogeneidade de composição química e níveis extrabaixos de inclusões não-metálicas. A Tabela 7.28 apresenta as características dos dois aços mais usados atualmente para fabricação de implantes.

7.2.9 Corrosão em alta temperatura

Em função de sua elevada resistência à oxidação, os aços inoxidáveis são frequentemente empregados em temperaturas elevadas, expostos a diferentes atmosferas. Nesses ambientes, os fenômenos de corrosão são diferentes daqueles observados na presença de soluções líquidas.

Os principais mecanismos de ataque na corrosão à alta temperatura são: oxidação, ataque pelo enxofre, carbonetação e nitretação. Naturalmente, quando operam em misturas de gases, com diferentes potenciais químicos desses elementos, fenômenos complexos podem ocorrer; além disso, a exposição a sais fundidos e atmosferas de plantas químicas também pode resultar em corrosão.

7.2.9.1 Oxidação

A proteção do aço inoxidável contra o ambiente está ligada à formação e manutenção da camada de óxido rica em Cr_2O_3 na superfície. Da estabilidade dessa camada depende a resistência à oxidação. O aumento da temperatura, em atmosferas oxidantes, acelera a cinética de oxidação, tornando a camada de óxido mais espessa. A adição de silício à composição química melhora a estabilidade da camada de óxido em temperatura elevada. Acima de determinada temperatura, chamada de temperatura de formação de carepa, a taxa de crescimento de óxido torna-se excessiva e, por isso, o material não deve ser empregado. A Tabela 7.29 apresenta alguns valores aproximados de temperatura de formação de carepa em aços inoxidáveis.

Tabela 7.28(a) Características dos aços inoxidáveis mais usuais para implantes cirúrgicos. (b) Propriedades mecânicas típicas de aços usuais para implantes cirúrgicos

(a)

Designação		Composição química diretriz							Aplicações especificas
Villares	Equivalência	% C	% Cr	% Ni	% Mo	% Nb	% N	% S	
VI 138	ASTM F 138 ISO 5832-1	0,03 máx.	18	12	2,8	—	—	0,010 máx.	Implantes ortopédicos, tais como: pinos, placas de fixação, parafusos e hastes.
VI 58329	ASTM F 1568 ISO 5832-9	0,08 máx.	20	10	2,5	0,30	0,40	0,010 máx.	As mesmas do aço ASTM F 138, porém este aço apresenta maior resistência mecânica e à corrosão.

(b)

Aço	Condição	LE (MPa) mín.	RT (MPa) mín.	A (5d) [%] típico	Dureza (HB) típica
ASTM F 138	Solubilizado (recozido)	190	490	45	170
	Trabalhado a frio (média resistência)	700	900	15	280
	Trabalhado a frio (alta resistência)	800	1100	12	300
ASTM F 1568	Solubilizado (recozido)	430	730	40	230
	Trabalhado a frio (média resistência)	800	1100	20	340
	Trabalhado a frio (alta resistência)	1100	1350	10	390

Tabela 7.29 Temperatura aproximada de formação de carepa para diversos aços inoxidáveis

Aço	Temperatura aproximada de formação de carepa (°C)
AISI 410	830
AISI 446	1075
AISI 316	850
AISI 310	1100
2205	1000

Em determinadas condições, os aços inoxidáveis podem apresentar taxas de oxidação muito elevadas a temperaturas relativamente baixas. Esse fenômeno está normalmente associado à presença de algum composto que conduza à formação de óxido líquido em vez de sólido, destruindo a proteção superficial da camada passivadora. O molibdênio deve ser evitado como adição em aços inoxidáveis destinados à aplicação em alta temperatura (> 640 °C), pois, em determinadas condições, pode formar óxidos que formam eutéticos de baixo ponto de fusão com o Cr_2O_3. A presença de contaminantes metálicos no ambiente é uma fonte importante de oxidação catastrófica. O vanádio é um contaminante relativamente comum em óleo combustível e pode conduzir à falha resultante da formação de eutéticos com o V_2O_5. Metais alcalinos ou seus óxidos, assim como chumbo e tungstênio, têm efeitos semelhantes.

7.2.9.2 Ataque pelo enxofre

Os compostos de enxofre podem reagir com aços inoxidáveis em temperatura elevada para formar sulfetos e óxidos complexos de baixo ponto de fusão. O níquel tem elevada afinidade pelo enxofre e favorece a formação de eutéticos de baixo ponto de fusão. Aços com níquel devem ser evitados para o trabalho a quente em atmosferas que contenham enxofre e sulfetos.

Embora o mecanismo de ataque por H_2S não seja o mesmo a altas e baixas temperaturas, uma vez que o efeito do hidrogênio dissolvido diminui em temperaturas elevadas, cuidados devem ser tomados quando atmosferas contêm esse gás em alta temperatura.

7.2.9.3 Ataque pelo carbono

Atmosferas que contêm CO, CO_2 e metano podem ser carbonetantes para os aços inoxidáveis. O mecanismo de ataque é, principalmente, pela formação de carbonetos de cromo. Há perda de resistência à corrosão pelo mesmo mecanismo discutido no fenômeno de sensitização. Além disso, ocorre variação de volume do aço, que pode levar a trincas e aceleração do ataque. O efeito de atmosferas carbonetantes pode ser calculado com bastante precisão pela termodinâmica computacional [123]. Cromo, níquel e silício são os elementos com efeitos mais favoráveis na resistência à carbonetação. Em geral, os aços austeníticos são capazes de tolerar melhor a absorção de carbono do que as demais famílias de aços inoxidáveis.

7.2.9.4 Absorção de nitrogênio

Diversos processos industriais empregam atmosferas contendo nitrogênio e/ou amônia a temperaturas elevadas. A diferença de potencial químico do nitrogênio entre a atmosfera e o aço pode conduzir à nitretação do aço e formação de nitretos. Se nitretos de cromo são formados, um mecanismo de empobrecimento em cromo na interface semelhante à sensitização pode possibilitar o ataque por outros componentes da atmosfera e/ ou a oxidação acelerada. O níquel é o elemento que tem melhor efeito no aumento da resistência à absorção do nitrogênio. Se as condições de operação são oxidantes, teores elevados de cromo e silício podem ser favoráveis por formar camada de óxido menos permeável.

7.2.9.5 Aços para válvulas de motores de combustão interna

Um exemplo importante de seleção de materiais para emprego em ambiente corrosivo, em alta temperatura, são as válvulas empregadas em motores de combustão interna. Vários fatores influenciam a seleção de materiais para essa aplicação. Os fatores mais importantes são: temperatura de operação, nível de tensões e ambiente corrosivo a que a válvula é exposta. De forma geral, válvulas de admissão estão submetidas à temperatura mais baixa que as válvulas de exaustão. Assim, a aplicação em válvulas de exaustão é, genericamente, mais rigorosa.

Aços inoxidáveis são frequentemente empregados nessas válvulas, tanto os martensíticos como os austeníticos, como mostra a Tabela 7.30.

Em casos extremos de temperatura, principalmente, superligas à base de níquel, como Nimonic 80 (VAT 80 A) ou Inconel 751 (VAT 751), discutidas no item 7.5, podem ser a melhor solução. Em algumas aplicações, especialmente em válvulas de admissão, válvulas "compostas" podem ser usadas. Assim, a haste da válvula pode ser produzida em aço para construção mecânica (principalmente AISI 1541, 1547, 4140 ou 8645 – Capítulo 6) e soldada a uma cabeça de aço resistente à corrosão. Assim, uma haste martensítica, com boa resistência à fadiga e ao desgaste, pode ser soldada a uma cabeça austenítica, com melhores características para resistir a temperaturas elevadas e à corrosão.

Com a eliminação dos aditivos antidetonantes contendo chumbo, da gasolina, foi possível considerar ligas com menor teor de níquel [125]. Com a redução do teor de níquel, foi necessário ajustar a composição e a fração volumétrica dos precipitados, de modo a garantir as propriedades mecânicas necessárias (ver item 7.5.2 Metalurgia das Superligas) [125,126]. Exemplos dessas ligas são apresentadas na Tabela 7.31.

O emprego de revestimentos nas superfícies de contato do assento das válvulas ajuda a reduzir o desgaste nessas regiões. Normalmente, utiliza-se deposição de revestimentos com ligas à base de cobalto.

7.3 AÇOS *MARAGING*

7.3.1 INTRODUÇÃO

Em contraste com a maioria dos aços analisados no Capítulo 6, aços *maraging* são endurecidos por uma reação que não envolve o carbono, como no caso dos aços inoxidáveis endurecíveis por precipitação (item 7.2.7).

Esses aços são endurecidos pela precipitação de compostos intermetálicos (durante um tratamento de envelhecimento) em uma matriz martensítica de baixo carbono.

O nome *maraging* deriva de "MARtensite + AGE hardening". Esses aços são projetados para atingir limites de escoamento na faixa de 1.400 a 2.400 MPa.

Do ponto de vista da aplicação, a característica mais importante dos aços *maraging* é atingir elevadíssimas propriedades de resistência com tenacidade à fratura notável, bastante superior à dos aços de ultra-alta resistência (Capítulo 6), como mostra a Figura 7.44.

Tabela 7.30 Composições típicas de aços inoxidáveis empregados em válvulas de motores de combustão interna. Alguns dados adaptados de [124]

Tipo	Marcas		Composição química nominal									
	Villares	Equivalente	% C	% Si	% Mn	% Cr	% Ni	% Fe	% N	% Mo	% V	% Nb
Aços martensíticos	VV45	SAE HNV3 Silchrome I	0,45	3,30	0,40	8,50	–	base	–	–	–	–
	VV80	SAE HNV6 SilXB	0,80	2,10	0,40	19,5	1,20	base	–	–	–	–
	VV85	Chromo 193/X85 CrMoV 182	0,8	<1	<1,5	17,5	–	base	–	2,2	0,5	–
Aços austeníticos	VV20	SAE EV-4	0,20	1,0	1,30	21,0	11,50	base	–	–	–	–
	VV33	SAE EV-16	0,33	0,75	3,25	23,0	8,00	base	0,30	–	–	–
	VV50	SAE XEV-F	0,50	0,17	9,00	21,0	4,25	base	0,50	–	–	2,15
	VV53	SAE EV-8	0,53	0,17	8,75	21,0	3,90	base	0,42	–	–	–
	VV56	SAE EV-12	0,55	0,17	8,25	20,4	2,10	base	0,30	–	–	–

Tabela 7.31 Composições típicas de superligas à base de Fe-Ni empregadas em válvulas de motores de combustão interna. Alguns dados adaptados de [124,126]

Tipo	Villares Metals	Equivalente	%C	%Cr	%Ni	%Mo	%Ti	%Al	%Nb
Superligas FeNi	VAT30	UNS S66315 Ni30 NCF3015	<0,08	14,5	30,0-33,5	0,4- 1,00	2,3- 2,9	1,6- 2,2	0,4 -0,9
	VAT36	-	0,05	19,0	36,0	-	1,20	1,95	2,0

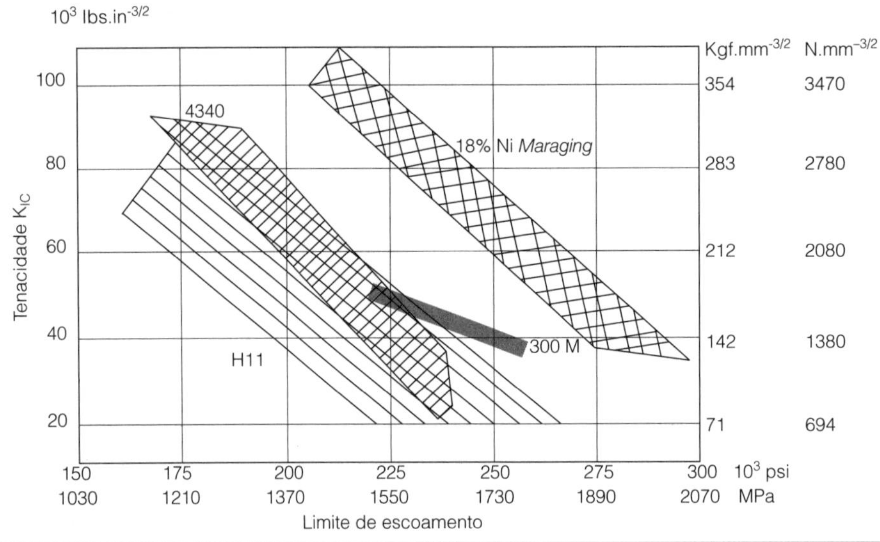

Figura 7.44 Tenacidade à fratura para diversos aços estruturais em função do limite de escoamento. Adaptada de [7].

Duas outras características desses aços são muito importantes do ponto de vista da aplicação:

a) A variação dimensional que acompanha o "endurecimento", isto é, a precipitação, é mínima, o que facilita a fabricação de peças complexas que são endurecidas somente após a usinagem quando atingem a elevada resistência desejada.

b) Em vista do baixíssimo teor de carbono, têm excelente soldabilidade.

Essas propriedades fazem com que os aços dessa família encontrem uma importante aplicação em dois campos principais [15]:

a) Na área aeroespacial, em vista da elevadíssima resistência específica (por unidade de peso) aliada à tenacidade excelente e sua boa soldabilidade, são escolhidos para carcaças de mísseis, forjados aeronáuticos, molas especiais etc.

b) Como ferramentas, em função da ausência de distorção no envelhecimento, além, evidentemente, das excepcionais propriedades mecânicas.

7.3.2 METALURGIA DOS AÇOS *MARAGING*

Aços *maraging clássicos* contêm cerca de 18% Ni e menos de 0,03% C. Aços maraging contendo Co têm melhores propriedades e foram desenvolvidos posteriormente, como mostra a Tabela 7.32. Periodicamente há esforços no sentido de desenvolver aços maraging sem Co, por questões de custo. Mas as combinações Fe-Ni-Co ainda são as mais importantes para as classes de elevadas propriedades mecânicas. Os aços maraging são caracterizados pela formação de martensita praticamente sem carbono, com baixa distorção e posterior endurecimento pela precipitação de compostos intermetálicos. As ligas Fe-Ni de alto teor de níquel, que é um forte estabilizador da austenita, têm um interessante comportamento de histerese na transformação austenita-martensita-austenita [127-129] que é aproveitado no desenvolvimento dos aços maraging.

O diagrama da Figura 7.45 mostra o equilíbrio de fases e a temperatura M_I de ligas Fe-Ni.

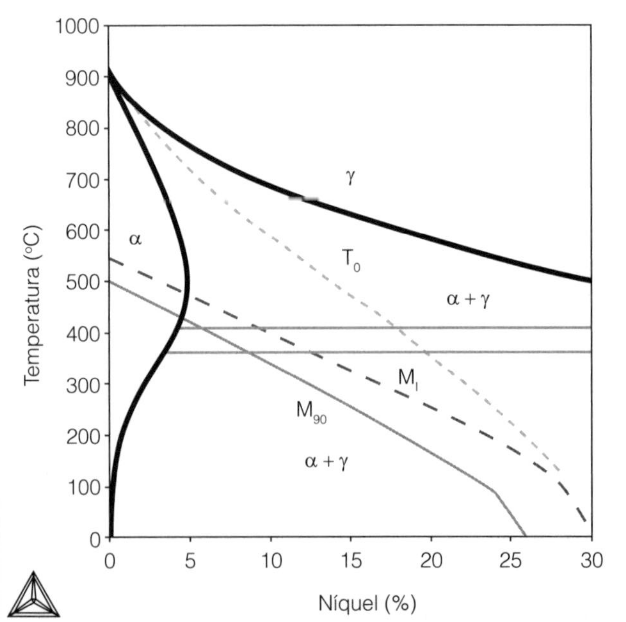

Figura 7.45 Diagrama de equilíbrio de fases Fe-Ni. As temperaturas de início da formação de martensita (M_I), 90% de martensita (M_{90}) e de igualdade da energia livre molar das fases ferrita e austenita (T_0) estão indicadas. Calculado com Thermo-calc e banco de dados TCFE11.

Para ligas de elevado teor de níquel, à temperatura ambiente, as fases de equilíbrio são ferrita e austenita. Em equilíbrio nas ligas 18% há uma fração elevada de austenita na microestrutura (diferentemente dos aços para construção mecânica, em que não há austenita em equilíbrio à temperatura ambiente). Entretanto, as ligas Fe-Ni apresentam uma grande histerese na transformação martensita-austenita, de modo que tratamentos térmicos de envelhecimento no campo bifásico austenita-ferrita podem ser realizados com pouca ou nenhuma reformação de austenita.

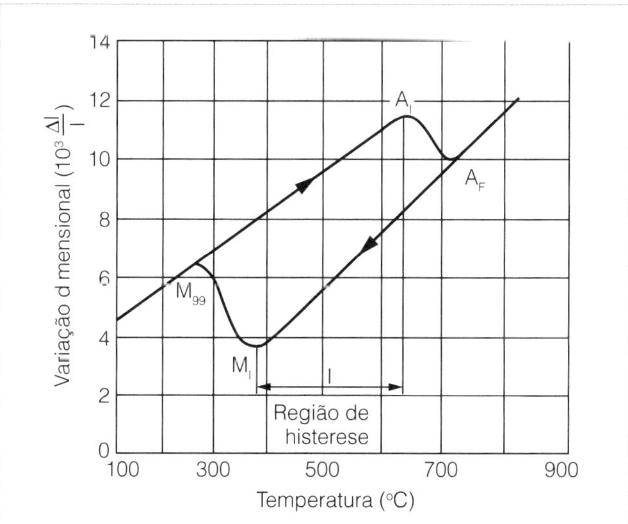

Figura 7.46 Histerese no ensaio de dilatometria de uma liga Fe-10%Ni. A reversão para austenita, durante o aquecimento, ocorre apenas a temperaturas bem mais altas do que à temperatura (M_I), o que viabiliza tratamento de envelhecimento abaixo da temperatura (A_I) desde que por tempos limitados, naturalmente. Adaptada de [128].

Jones e Pumphrey [127] propuseram, em um diagrama, apresentar a histerese na transformação ferrita-austenita, como mostra a Figura 7.47.

Enquanto a transformação austenita-martensita ocorre, no resfriamento, em temperaturas da ordem de 200 a 300 °C para uma liga com 20% Ni, por exemplo, a temperatura para a reversão martensita--austenita dessa liga, por este gráfico, é próxima a 600 °C. Essa temperatura é suficientemente alta para permitir um envelhecimento da matriz martensítica, em temperaturas da ordem de 480 a 510°C [130], sem que ocorra reversão. Naturalmente, o fenômeno de reversão da martensita para austenita não é independente do tempo. As observações como as relatadas na Figura 7.47 mostram apenas que a reversão é normalmente muito lenta. Extremamente mais lenta do que a precipitação dos compostos intermetálicos endurecedores [130].

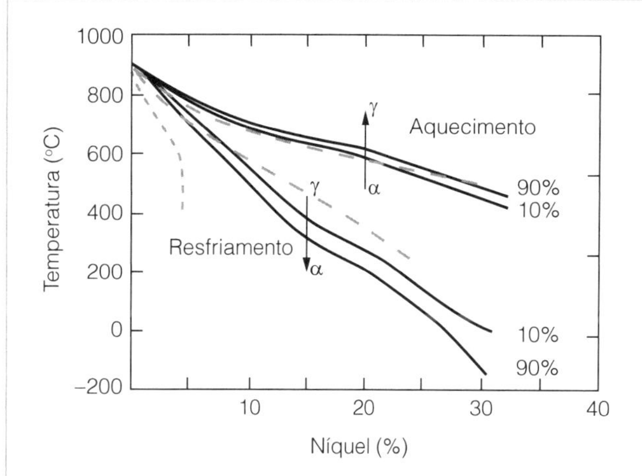

Figura 7.47 Histerese na transformação ferrita austenita no sistema Fe-Ni, proposta por Jones e Pumphrey [127] superimposta ao diagrama de equilíbrio de fases calculado, incluindo a curva (T_0) (linhas tracejadas) (Figura 7.45).

Tabela 7.32 Composição química típica de alguns aços maraging 18NiCoMo

	Composição química diretriz			
	% C	% Co	% Mo	% Ni
Maraging 18 Ni (250)	0,03 máx.	7,75	4,90	18,0
Maraging 18 Ni (300)	0,03 máx.	9,00	4,85	18,0
Maraging 18 Ni (350)	0,03 máx.	12,00	4,75	18,0

É importante notar também que, mesmo resfriamentos lentos, a partir das temperaturas típicas de solubilização (≅ 820 °C) nessas ligas, resultam apenas em formação de martensita, de forma que esses aços são resfriados ao ar após a solubilização e antes do envelhecimento.

Assim como o níquel, outros elementos de liga abaixam a temperatura de início da transformação martensítica M_I (ver Capítulo 5) com exceção do cobalto.

A maioria dos aços *maraging* tem M_F entre 200 e 300 °C e, portanto são completamente martensíticos em temperatura ambiente. A martensita obtida é cúbica de corpo centrado, com baixíssimo teor de carbono (nesses aços, o carbono é considerado um residual indesejável) e com alta densidade de discordâncias [131,132]; tem dureza de 30-35 HRC [15] e é relativamente fácil de usinar.

No tratamento de envelhecimento, em função da histerese descrita anteriormente, não há formação de austenita, mas sim a precipitação de fases intermetálicas, acelerada pela influência da alta densidade de discordâncias na difusividade dos elementos substitucionais. Com a presença de molibdênio e titânio, Ni_3Mo, Ni_3Ti e Fe_2Mo (fase de Laves), são precipitados [132]. A presença de cobalto reduz a solubilidade do molibdênio, o que aumenta a quantidade de precipitados contendo esse elemento. A Tabela 7.34 apresenta propriedades típicas de aços *maraging*. A Figura apresenta uma micrografia típica de um aço maraging MAR 300 envelhecido.

Naturalmente, o aumento da temperatura na faixa de formação de austenita ou a manutenção em temperatura de envelhecimento, por um período excessivamente longo, podem provocar superenvelhecimento. Nesse caso, além do aumento de tamanho e perda de coerência dos precipitados, transformações de fase no sentido do equilíbrio (Figura 7.45) podem ocorrer, formando-se austenita e ferrita. Carbono e enxofre são as impurezas mais importantes nesses aços e requerem rigoroso controle [15].

Tabela 7.33 Precipitados identificados como responsáveis pelo endurecimento em aços maraging

Família de aços maraging	Composto precipitado	Referência
Fe–12Ni–6Mn	θ-NiMn ($MnNi\ L1_0$)	[130]
C250, MAR 250 Fe–18Ni–9Co–4Mo–0.4Ti	Ni_3Ti e Fe_2Mo ou Fe_7Mo_6	[130,131]
C300 MAR 300 Fe–18.5Ni–9Co–4.8Mo–0.6Ti	Ni_3Ti e Fe_7Mo_6	[130,131]
T250 Fe-18.4Ni-3Mo-1.34Ti	Ni_3Ti	[133]

Figura 7.48 Micrografia ótica de um aço maraging MAR 300 na condição solubilizado (temperado) e envelhecido. Cortesia AG dos Reis e J Otubo [134].

Tabela 7.34 Propriedades típicas de alguns aços maraging em função da condição de tratamento térmico

	Estado solubilizado					Estado solubilizado e envelhecido				
	RT (MPa)	LE (MPa)	A (%)	RA (%)	Dureza (HRC)	RT (MPa)	LE (MPa)	A (%)	RA (%)	Dureza (HRC)
MAR 250	1010	799	19	72	29	1690	1660	11	50	49
MAR 300	1020	795	17	76	32	1815	1785	8	40	53
MAR 350	1140	825	18	70	35	2400	2350	6	25	58

A Figura 7.49 mostra um exemplo do envelhecimento do aço C250 a três temperaturas. A composição empregada foi Fe–18,06Ni–8,29Co–5,01Mo–0,47Ti–0,098Al–0,06C. O comportamento é tipo de endurecimento por precipitação.

Sha et al. modelaram a precipitação e a reversão da austenita neste aço a 538 °C, como mostrado na Figura 7.50. Eles notaram que não houve reversão de austenita para as temperaturas de envelhecimento de 427 e 482 °C (Figura 7.49). Os resultados na Figura 7.50 para 538 °C, indicam reversão, o que é compatível com o pico de dureza máxima menor do que nas temperaturas de envelhecimento mais baixas. A fração precipitada, no modelo dos autores, atinge seu máximo antes do pico de dureza máxima. Isso pode estar associado à ocorrência de coalescimento posterior, se os precipitados iniciais forem muito pequenos, já que o modelamento dos autores apresentou bom ajuste às medidas experimentais [130,135].

Para garantir propriedades satisfatórias, normalmente esses aços são submetidos à fusão e refusão sob vácuo (VIM + VAR, Capítulo 9) para controle de segregação, inclusões não-metálicas, bem como teores muito reduzidos de oxigênio, nitrogênio e hidrogênio.

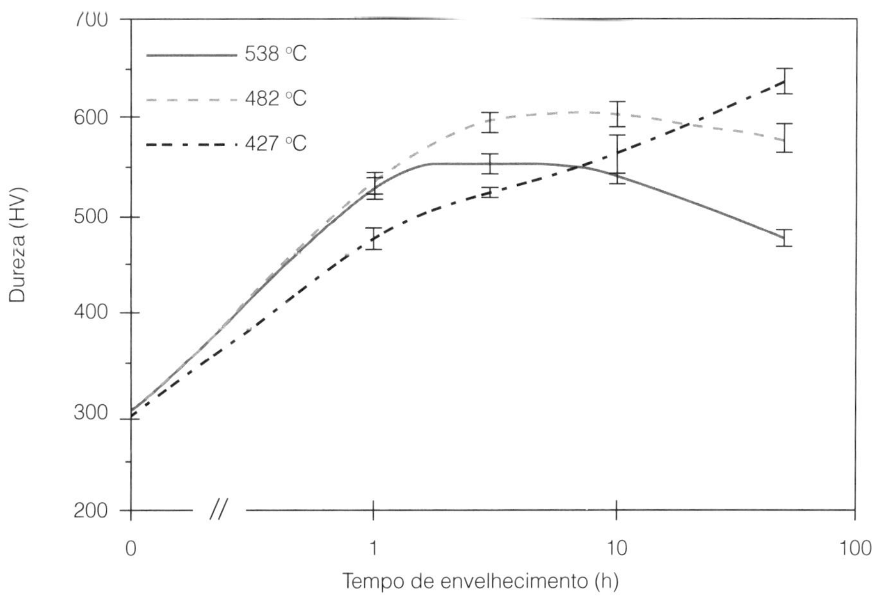

Figura 7.49 Envelhecimento do aço maraging C250 a diferentes temperaturas. Adaptada de [130].

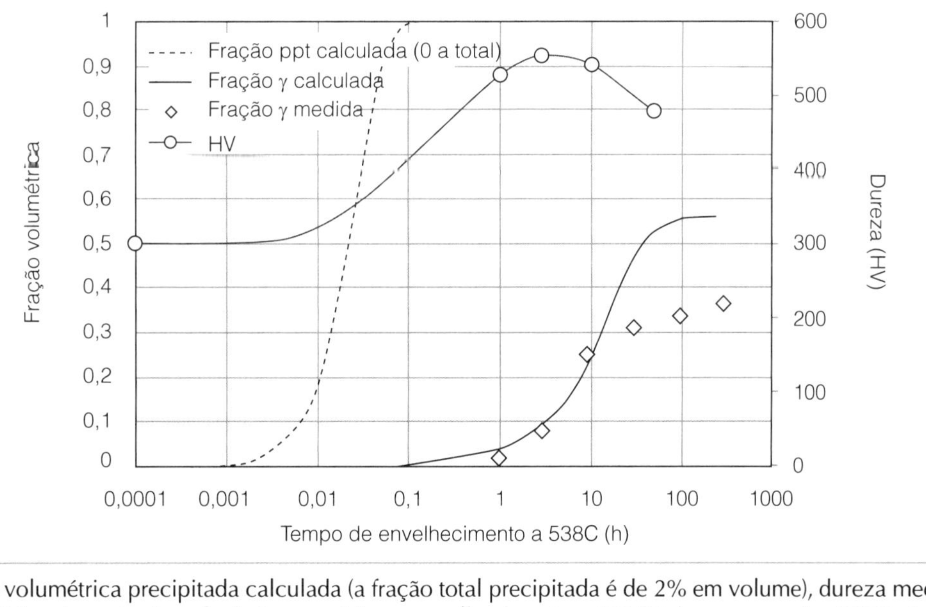

Figura 7.50 Fração volumétrica precipitada calculada (a fração total precipitada é de 2% em volume), dureza medida, fração volumétrica de austenita calculada e medida no envelhecimento a 538 °C do aço maraging C250. Adaptada de [130].

7.4 NÍQUEL E SUAS LIGAS

O níquel é um dos mais importantes metais usados na engenharia. Além de extensa aplicação como elemento de liga em aços e outras ligas, o níquel puro e suas ligas têm características importantes, responsáveis por sua ampla utilização [136]. Ligas à base de níquel representam um amplo espectro de propriedades e importante gama de aplicações, como mostra a Figura 7.51. Como o processamento metalúrgico do níquel e de suas ligas é muito semelhante ao do aço, é comum que as mesmas instalações que produzem aços especiais produzam ligas à base de níquel.

Níquel puro (Níquel 200, 201) tem uma boa combinação de propriedades, incluindo resistência à corrosão em diversos meios, boa resistência mecânica e elevada ductilidade, mesmo a temperaturas muito baixas. Algumas das aplicações importantes são encontradas em equipamentos para indústrias de alimentos, componentes elétricos e eletrônicos, na indústria química, especialmente no manuseio de bases e meios de pH elevado.

Ligas à base de níquel têm estrutura CFC e podem ser conformadas a quente ou a frio. No caso de conformação a quente, o controle de combustíveis e atmosferas é essencial para evitar a contaminação por enxofre que causa degradação severa da ductilidade e ocorrência de trincas a quente.

Velas para motores a explosão são partes bastante compactas e complexas. Alguns requisitos conflitantes tornam a seleção e o projeto das partes metálicas das velas bastante complexos. Os eletrodos precisam resistir à oxidação sob alta temperatura e à degradação pela formação extremamente frequente de arcos. Estes arcos precisam ser uniformes e controlados para assegurar uma detonação adequada das misturas empregadas [137,138]. Por outro lado, os eletrodos não podem aquecer excessivamente, para não gerar, por exemplo, pré-ignição. Desse modo, a condutividade térmica seria um requisito importante. Projetos compostos, empregando um material adequado para o eletrodo, como ligas de Níquel (NiCr2MnSi, com 1,5%Si, 1,5%Cr e 2%Mn, VEV952), eventualmente combinado com material mais adequado para a extração de calor, foram desenvolvidos para esta aplicação. Para o bom desempenho dos eletrodos, é também essencial controle rigoroso da limpeza interna (inclusões não-metálicas) e do acabamento superficial. Fusão sob vácuo (VIM) e refusão ESR (Capítulo 9) são regularmente aplicadas e um rigoroso e cuidadoso acabamento é essencial nestas ligas, para garantir o bom desempenho dos eletrodos.

A adição de cobre ao níquel cria uma série de ligas úteis. Monel® 400 com aproximadamente 67% de níquel – sendo o resto basicamente cobre – apresenta melhor resistência mecânica do que o níquel puro, bem como excelente resistência à corrosão em diversos meios, especialmente em água do mar corrente. Além disso, apresenta boa soldabilidade e tenacidade em ampla faixa de temperaturas. Aplicações típicas para as ligas dessa família são: bombas e válvulas, hélices e eixos de hélices, equipamentos marítimos, equipamentos para a indústria química, trocadores de calor etc.

Adições de alumínio e titânio tornam esta liga endurecível por precipitação (Monel® K-500). O composto intermetálico $Ni_3(Al,Ti)$ com estrutura ordenada, derivada da estrutura CFC, é o principal responsável pelo aumento das propriedades mecânicas nestas ligas, no envelhecimento (ver o item Superligas, a seguir).

A Tabela 7.35 apresenta características típicas dessas ligas.

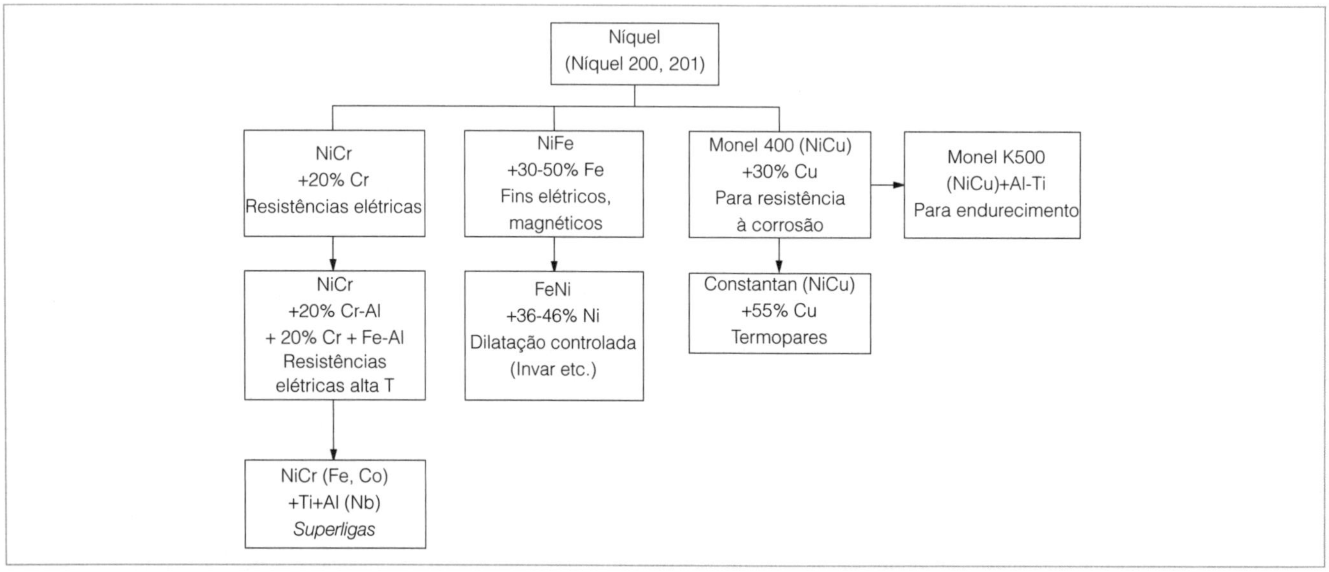

Figura 7.51 Ligas à base de níquel e suas relações.

Tabela 7.35 Características típicas de ligas Ni-Cu comerciais

	Composição química diretriz					Aplicações específicas
	% Ni	% Fe	% Cu	% Ti	% Al	
MONEL 400	base	2,0	30,0	–	–	Bombas, eixos, válvulas, componentes para ambientes marinhos, equipamentos para petróleo e componentes eletro-eletrônicos.
MONEL K500	base	–	30,0	0,6	3,0	Eixos para bombas, válvulas e seus componentes, molas etc.

O tratamento térmico usual para as ligas Ni-Cu é solubilização, enquanto a liga K-500 pode ser endurecida, posteriormente, por tratamento de envelhecimento. O máximo de resistência é obtido quando o envelhecimento é feito após trabalho a frio.

O aumento do teor de cobre até 55% produz uma importante liga para resistência elétrica (Constantan), utilizada também em termopares com cobre puro e ferro puro.

Ligas Ni-Fe têm importantes propriedades magnéticas. Baixa perda por histerese durante ciclo magnético, baixa perda por corrente induzida e alta permeabilidade magnética (isto é, material magnético "mole") são características possíveis de se obter com essas ligas. A permeabilidade inicial (para baixa força de magnetização) aumenta com a adição de níquel ao ferro [136], atingindo o máximo com cerca de 80% Ni. Esse tipo de liga é conhecido como Permalloy e foi descoberta nos laboratórios Bell em 1916. A Tabela 7.36 apresenta um resumo das composições e propriedades típicas das ligas mais comuns para esse emprego.

Diferentes ligas com características magnéticas especiais são desenvolvidas para outras aplicações específicas, como NiFe 50 e NiFe 37, bem como liga a Termo C.

Determinadas composições de ligas Fe-Ni são caracterizadas por baixos coeficientes de dilatação, sendo Invar (Fe-36% Ni, NiFe 36) a mais conhecida. Essas ligas são empregadas em padrões de comprimento, elementos mecânicos de precisão em equipamentos, termostatos e algumas aplicações especiais em eletrônica, assim como selos vidro-metal, essenciais para a produção de lâmpadas e válvulas eletrônicas.

O aumento do teor de níquel (até a faixa de 42 a 46% de níquel) aumenta o coeficiente de dilatação, mas amplia a faixa em que este permanece constante [136].

Tabela 7.36 Ligas Ni-Fe magneticamente moles

Identificação da Liga		Composição química diretriz				
		% Fe	% Ni	% Si	% Mo	% Cu
NiFe37	PERMENORM 3601KS	base	37,0	–	–	–
NiFe50	PERMENORM 5000H2	base	50,0	–	–	–
NiFe75	MUMETALL	base	75,0	–	3,5	4,5
3060	TRAFOPERM N3	base	–	3,5	–	–

Liga	Permeabilidade máxima (μ)	Força coersiva (A/cm)	Indução de saturação Bs (T)
NiFe37	20000	0,16	1,30
NiFe50	80000	0,040	1,55
NiFe75	250000	0,008	0,78
3060	30000	0,20	2,03

A adição de cobalto a ligas Fe-Ni aumenta um pouco o coeficiente de dilatação dessas ligas, mas amplia ainda mais o campo de temperaturas em que esse coeficiente se conserva uniforme [136]. Ligas como Kovar (GMS 1) têm larga aplicação como selos vidro-metal em função dessa característica. A Tabela 7.37 apresenta um resumo das características das mais comuns ligas FeNi com expansão controlada.

Tabela 7.37 Características típicas das principais ligas FeNi com expansão controlada

Liga	Composição química diretriz			
	% Fe	% Ni	% Cr	% Co
Ni SPAN C	base	42,0	5,50	–
ASTM F30-77	base	46,0	–	–
VALOVIT S11	base	51,0	1,0	–
KOVAR A	base	28,0	–	17,0

Liga	Coeficientes de expansão térmica ($10^{-6}K^{-1}$)	
Ni SPAN C	$\alpha_{22}^{93} = 8{,}0$	$\alpha_{22}^{150} = 9{,}0$
ASTM F30-77	$\alpha_{30}^{330} = 8{,}0$	$\alpha_{30}^{350} = 9{,}0$
VALOVIT 511	$\alpha_{20}^{200} = 10{,}1$	$\alpha_{20}^{600} = 10{,}9$
KOVAR A	$\alpha_{20}^{300} = 5{,}1$	$\alpha_{20}^{500} = 7{,}1$

As ligas Ni-Cr e Ni-Cr-Fe têm elevada resistência mecânica e resistência à corrosão e à oxidação em ampla faixa de temperaturas e diversos ambientes.

Aplicações importantes cobrem um vasto campo, desde resistências elétricas para aquecimento, vasos e trocadores em indústrias químicas e produção de energia até aplicações em turbinas a jato, sob a forma das chamadas "superligas". A liga mais importante para aquecimento elétrico é 80Ni-20Cr (NiCr80), aplicada em atmosferas oxidantes até aproximadamente 1150 °C.

Em função de suas boas propriedades em alta temperatura, a liga 80Ni-20Cr foi uma das bases para o desenvolvimento das superligas Nimonic, na Inglaterra [139].

As principais características requeridas para aplicação em resistências para aquecimento elétrico são [136]:

- Alto ponto de fusão
- Alta resistividade elétrica
- Reprodutibilidade do coeficiente de variação da resistividade com a temperatura
- Resistência à oxidação no ambiente do forno
- Resistência à contaminação

Naturalmente, a baixa expansão térmica e o alto módulo de elasticidade são características importantes dessas ligas, pois permitem minimizar a ocorrência de fadiga térmica.

Para aplicações a temperaturas mais elevadas (1100 a 1300 °C), quando a resistência à oxidação é especialmente importante, adições de alumínio, além do cromo, podem ser especialmente úteis para a formação da camada protetora de óxido. Ligas Fe-Cr-Al (como CrAl 1 e 2) são recomendadas para resistências elétricas aplicadas nessas temperaturas.

A consideração da atmosfera do forno, bem como da presença de contaminantes, é fundamental para a correta seleção de ligas para aquecimento. Condições oxidantes, por exemplo, são mais favoráveis para ligas que dependem da formação de camada de óxido (Cr, Al) para passivar, enquanto pequenas porcentagens de enxofre na atmosfera podem comprometer, em muito, a vida de resistências à base de níquel.

Para aplicações em ambientes corrosivos e altas temperaturas, diferentes ligas Ni-Cr e outras ligas mais complexas foram desenvolvidas.

Ligas desenvolvidas pela International Nickel Co. incluem as ligas inicialmente chamadas Inconel® 6xx e 7xx, que se tornaram famosas e adotadas internacionalmente. Ligas Nimonic® (marca registrada de Henry Wiggin & Co.), Rene® (desenvolvidas pela General Electric Co.), Udimet® (Special Metals Inc.) e MARM (de Martin Metals Division de Martin Marietta Co.) são ligas frequentemente classificadas como superligas e que serão discutidas no item a seguir.

7.5 SUPERLIGAS

7.5.1 INTRODUÇÃO

Superligas são ligas à base de ferro, níquel ou cobalto, contendo cromo para resistência à oxidação e à corrosão, bem como outros elementos para resistência mecânica em temperatura elevada [140,141]. Tradicionalmente, são consideradas as ligas para emprego a temperaturas superiores a aproximadamente 540 °C [142].

Para uso acima de 600 °C, normalmente, três grupos de materiais são considerados [142]:

- Aços austeníticos para alta temperatura
- Superligas endurecidas por solução sólida
- Superligas endurecidas por precipitação

Para aplicações estruturais, o limite atual da tecnologia de superligas é de aproximadamente 950 °C enquanto, para aplicações sem solicitações mecânicas, temperaturas de até 1200 °C podem ser aceitas em alguns casos. Para aplicações acima desses limites, outros materiais são normalmente considerados, como cerâmicas, compostos intermetálicos (p. ex.: Ni_3Al) e metais e ligas refratárias. Naturalmente, revestimentos e refrigeração abrem potencial extraordinário para a aplicação das superligas além desses limites, como é o caso de aplicações em turbinas.

Grande parte do desenvolvimento das superligas pode ser creditada às necessidades decorrentes do desenvolvimento de turbinas a gás. É particularmente interessante observar que o desenvolvimento dessas turbinas, desde sua concepção, vem sendo limitado pelos materiais disponíveis [142,143].

Superligas à base de Fe-Ni são normalmente produtos trabalhados mecanicamente (forjados ou laminados). Ligas à base de níquel e de cobalto são, frequentemente, projetadas para fundição. Algumas composições com maior quantidade de elementos de liga só podem ser obtidas por fundição, ou por modernos processos alternativos (solidificação rápida, metalurgia do pó etc.).

Como regra, em função dos elementos de liga empregados, do controle de residuais, fundamental para se atingir as propriedades necessárias, assim como da necessidade do melhor controle possível da estrutura de solidificação, superligas requerem fusão sob vácuo e refusão (VAR, ESR ou EB, ver Capítulo 9), para viabilizar o completo aproveitamento das propriedades possíveis.

As exigências crescentes sobre as superligas, como classe de material, requerem o máximo em desenvolvimento metalúrgico, tanto no projeto da liga (*alloy design* [140]) como nos processos de fabricação.

Propriedades importantes no desenvolvimento e caracterização de superligas são:

- Resistência à fluência
- Resistência à fadiga térmica e mecânica
- Estabilidade estrutural
- Resistência à corrosão/oxidação a quente no ambiente em questão

Além disso, propriedades tecnológicas, como soldabilidade, formabilidade etc. devem ser consideradas.

7.5.2 METALURGIA DAS SUPERLIGAS

Como classe, as superligas estão entre os materiais mais complexos metalurgicamente. A descrição aqui apresentada é, portanto, apenas um sumário. Para uma discussão aprofundada, consultar as referências [15,140-142].

De forma geral, as superligas são constituídas por uma matriz de estrutura CFC (γ) e fases secundárias.

Essas fases secundárias podem ser:

- Carbonetos.
- γ'. Fase com estrutura cristalina ordenada, com rede baseada em CFC, $L1_2$ (notação Strukturbericht, [144-146], protótipo Cu_3Au, tipicamente $Ni_3(Al,Ti)$), podendo ocorrer alguma dissolução de outros elementos. Normalmente é coerente com a matriz. Ocorre em ligas à base de níquel e de Fe-Ni. γ'', tetragonal de corpo centrado TCC, $D0_{22}$ [144] ordenada, protótipo Al_3Ti, ocorre em ligas de teor de nióbio mais elevado, com composição aproximada Ni_3Nb [143].
- Outras fases, normalmente indesejáveis, como σ, η, fase de Laves etc.

Os principais mecanismos responsáveis pelas notáveis propriedades mecânicas das superligas são o endurecimento por precipitação e o endurecimento por solução sólida. A principal função dos carbonetos é estabilizar os contornos de grão [142].

É importante observar que, em aplicações em alta temperatura, a microestrutura é uma característica dinâmica. Normalmente, ao longo do tempo de vida dos componentes, ocorrem alterações microestruturais que dificultam, ainda mais, uma discussão sumária da estrutura dessas ligas.

A seguir, são apresentadas e discutidas as principais famílias de superligas, com ênfase em suas características metalúrgicas.

7.5.2.1 *Superligas à base de ferro e níquel*

Uma família dessas ligas foi desenvolvida a partir dos aços inoxidáveis austeníticos.

O teor de cromo é balanceado para se obter resistência à oxidação e/ou corrosão, e o teor de níquel deve ser suficiente para garantir a estabilidade da austenita a temperaturas elevadas.

O uso de nióbio e titânio evita a formação de carbonetos de cromo nos contornos de grão. Além disso, endurecimento por precipitação de carbonetos pode ser utilizado, como em alguns aços inoxidáveis. Elementos como molibdênio e tungstênio podem ser empregados para produzir endurecimento por solução sólida.

Ligas 800 (UNS N08800/ W.Nr. 1.4876), 800H (UNS N08810) e 825 são bastante semelhantes a aços inoxidáveis modificados. Foram desenvolvidas pela International Nickel Co. com a marca Incoloy®. São ligas austeníticas endurecidas por solução sólida, em que partículas de nitretos e carbonetos, principalmente de titânio, estão presentes. As adições de titânio são suficientes para se considerar esses materiais como estabilizados. Essas ligas são empregadas em uma grande variedade de aplicações, em que combinações de resistência mecânica, resistência à corrosão e à oxidação são requeridas, especialmente a temperaturas elevadas, como mostra a Tabela 7.38. Essas aplicações incluem equipamentos em indústria petroquímica (trocadores de calor, tubulações etc.), inclusive quando a corrosão sob tensão é uma possibilidade para outros materiais, tubos para geradores de vapor em usinas nucleares PWR etc. [147]. A liga 800H tem teor de carbono entre 0,05 e 0,10% e tamanho de grão relativamente maior, e é mais adequada que a liga 800 para emprego à temperatura elevada.

A classe mais importante dessas superligas, entretanto, é a de ligas endurecidas por precipitação de compostos intermetálicos.

Ligas como A-286 e Liga 901 são endurecidas por precipitação de γ', o precipitado mais comum, enquanto na Liga 718, com teor de nióbio mais elevado, a precipitação de γ'' é importante (apesar de conter em torno de 18,5% de ferro, a Liga 718 é frequentemente classificada como liga à base de níquel – ver Tabela 7.39).

Tabela 7.38 Características e aplicações das ligas 800H e 825

Liga	Composição química diretriz						Aplicações específicas
	%Ni	%Cr	%Fe	%Ti	%Cu	Outros	
Liga 800	33,0	21,0	base	0,4	–	Al = 0,4%	Equipamentos para indústria petroquímica.
Liga 800 H	33,0	21,0	base	0,4	–	Al = 0,4% C =0,07%	Equipamentos para indústria petroquímica. Tamanho de grão controlado para alta temperatura.
Liga 825	42,0	21,0	base	0,9	2,0	Mo = 3%	Equipamentos de controle de poluição, aquecedores de tanques de decapagem, ganchos, tanques químicos, produção de ácido fluorídrico, válvulas e bombas.

Tabela 7.39 Principais superligas comerciais à base de Fe e Ni.

Liga	Composição química diretriz								Aplicações específicas
	% Ni	% Cr	% Fe	% Mo	% Nb	% Ti	% Al	Outros	
Liga A-286	26,0	15,0	base	1,3	–	2,1	–	V = 0,3	Liners de extrusão, rolos para lingotamento contínuo, equipamentos para indústria petroquímica, parafusos, peças para bombas e turbina.
Liga 718	base	19,0	19,0	3,0	5,0	1,0	0,6	–	Componentes para turbinas a gás, corpo e partes de bombas, facas para corte a quente, matrizes para extrusão, motores aeronáuticos e equipamentos para extração de petróleo.

A Figura 7.52 procura resumir as relações entre as ligas à base de níquel para aplicação em meio agressivo ou corrosivo e a altas temperaturas.

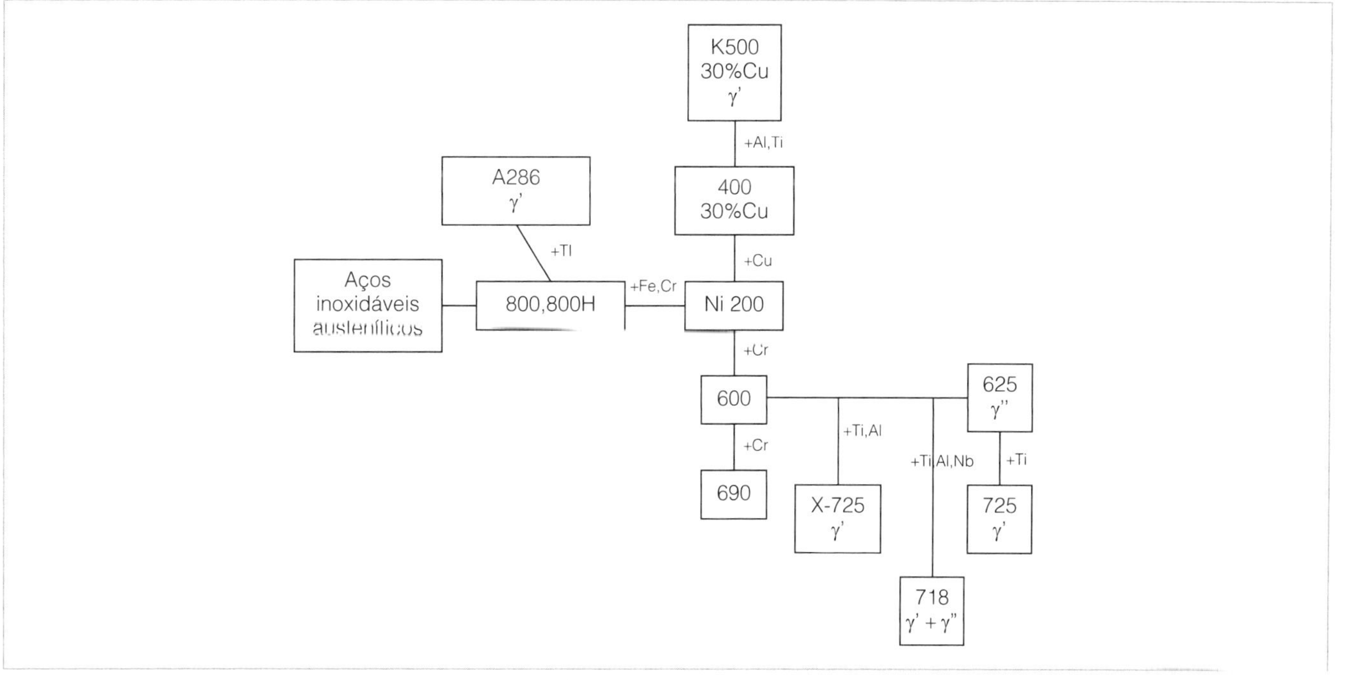

Figura 7.52 Relações entre as principais ligas de níquel para aplicações em ambientes agressivos e altas temperaturas. As várias ligas são descritas a partir da liga Ni 200, no centro do diagrama. Ver também [148].

7.5.2.2 Superligas à base de níquel

As ligas à base de níquel também empregam o cromo para obter resistência à corrosão e oxidação, por meio de formação de uma película protetora de óxido de cromo.

De forma geral, as ligas Ni-Cr são semelhantes aos aços austeníticos e têm mecanismos de endurecimento também semelhantes. Ligas como Hastelloy C-276 e outras ligas Hastelloy (p. ex.: C ou X) obtêm resistência mecânica sobretudo por endurecimento por solução sólida e, possivelmente, pela precipitação de carbonetos (Tabela 7.40). As ligas da série 600 são amplamente utilizadas em usinas nucleares, especialmente PWR, em aplicações tanto em contato com a água do circuito primário como aplicações em contato com a do secundário. O desempenho em serviço da liga 600 não foi satisfatório a longo prazo nesta aplicação [149,150], embora os resultados de Copson [120] sugerissem, no passado, de outra forma, em conflito com os resultados de Coriou [151]. O tema é bem discutido por Staehle [152]. No final do século XX, houve uma padronização do uso da liga 690, de melhor resistência à corrosão sob tensão, como mostra a Figura 7.53.

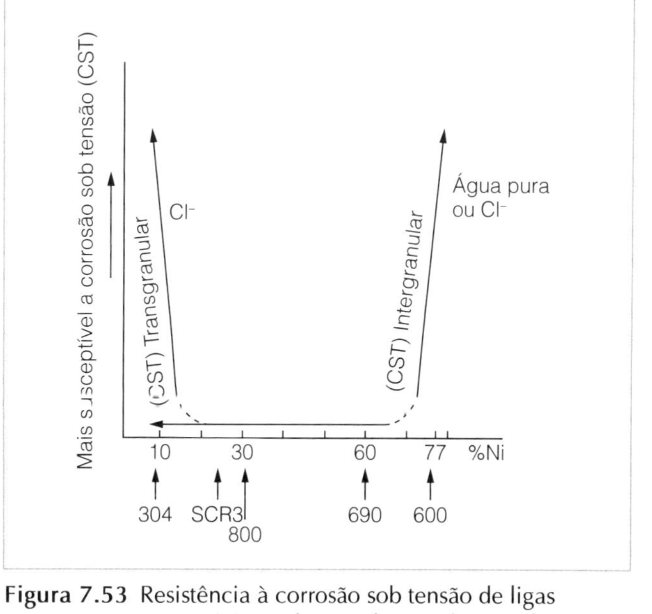

Figura 7.53 Resistência à corrosão sob tensão de ligas comerciais em função do teor de níquel nas ligas. Adaptada de [151].

Tabela 7.40 Principais ligas Ni-Cr resistentes à corrosão

	Composição química diretriz					Aplicações específicas
	% Ni	% Cr	% Fe	% Mo	Outros	
Liga 600	base	15,0	8,0	–	–	Componentes de reatores e trocadores de calor nucleares até 1990, fornos industriais e peças eletrônicas. Trocadores de calor, bandejas para fornos, câmara de fusão; indústrias químicas e alimentícias.
Liga 690	base	30,0	9,0	-	-	Componentes de reatores e trocadores de calor nucleares.
Liga 601	base	23,0	12,0	–	Al = 1,30	Trocadores de calor, cestos de fornos, tubos de termopares, partes para motores aeronáuticos, terminais e suportes para resistência elétrica.
Liga 625	base	22,0	–	9,0	Nb = 3,7	Equipamentos químicos e de controle de poluição, válvulas, eixos para bombas, equipamentos marítimos e componentes de reator nuclear. Equipamentos para produção off-shore de petróleo.
HASTELLOY B2	base	–	–	28,0	–	Equipamentos em contato com gás clorídrico ou ácidos: clorídrico, sulfúrico, acético e fosfórico.
HASTELLOY C-276	base	15,0	5,0	16,0	W = 4,0	Equipamentos para indústria química, petroquímica e de petróleo.

É interessante observar que as condições que conduzem a propriedades ótimas a temperaturas elevadas (resistência, estabilidade microestrutural) frequentemente conflitam com outros requisitos, como a resistência à corrosão. O caso das ligas Ni-Cr-Mo-W (Hastelloys C, C276 e X) é um exemplo em que a resistência à corrosão foi considerada mais importante no projeto e no desenvolvimento da superliga [153].

O usuário da liga deve ter em mente que a otimização de todas as propriedades é praticamente impossível e somente por meio da correta caracterização das condições de aplicação a seleção poderá ser bem-sucedida.

Adições de alumínio são favoráveis na resistência à oxidação, especialmente a temperaturas elevadas (acima de 1000 °C) quando a película de óxido de cromo (Cr_2O_3) torna-se menos protetora em virtude de tendência à volatilização do CrO, e a contribuição da alumina passa a ser crítica [154]. Além disso, o alumínio desempenha papel fundamental nas reações de precipitação, responsáveis pelo endurecimento.

A introdução de adições de alumínio e de titânio nas superligas à base de níquel possibilita o endurecimento por precipitação da fase γ', dando origem à classe mais importante entre essas superligas. Nessa classe, incluem-se Waspaloy, Udimet 700, IN-100, Inconel X-750 etc. (Tabela 7.41). Embora tanto o níquel como o alumínio tenham estruturas CFC, vários compostos intermetálicos (fases ordenadas) se formam no sistema Ni-Al, como mostra a Figura 7.54.

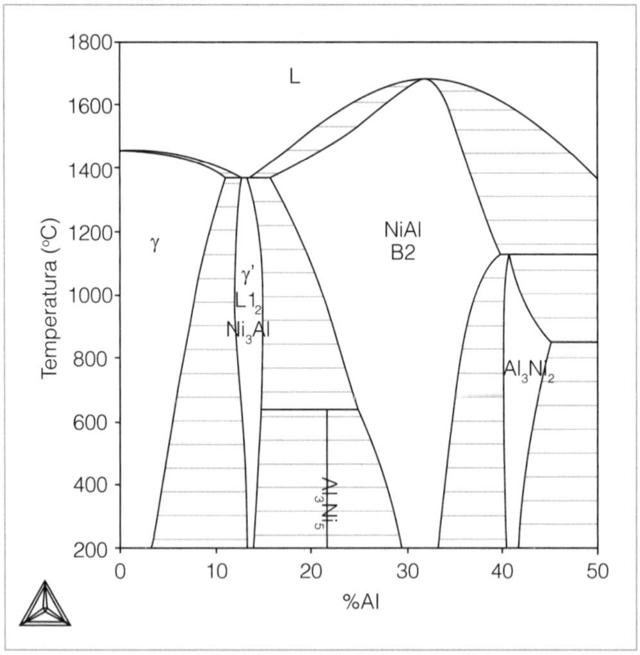

Figura 7.54 Parte rica em Ni do diagrama de equilíbrio de fases Ni-Al. A fase gama linha ou $L1_2$ tem a estequiometria aproximada Ni_3Al. Campos bifásicos com tie-lines indicadas. Calculado com Thermo-calc e banco de dados TCBIN.

Embora o composto Ni_3Ti tenha uma estrutura diferente da estrutura da fase γ'', o Ti tem grande solubilidade na fase γ'', como mostra a Figura 7.55.

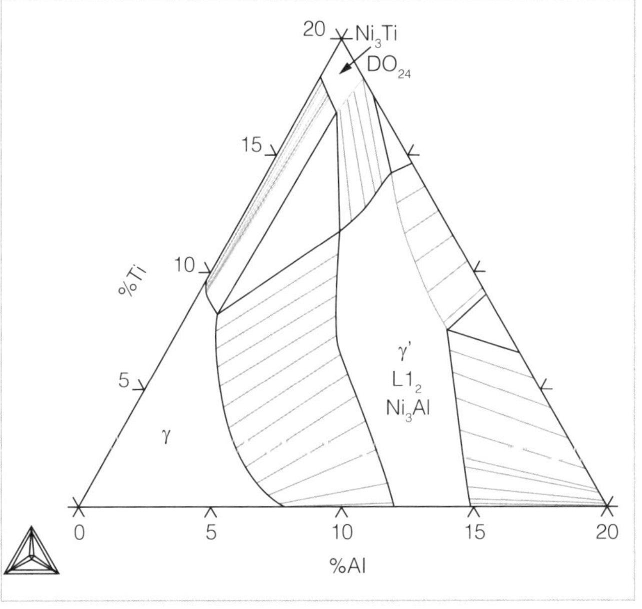

Figura 7.55 Isoterma a 1000 °C do sistema Ni-Ti-Al, canto rico em níquel. O titânio tem grande solubilidade na fase γ e na fase γ'. Calculado com Thermo-calc e banco de dados TCNI10.

A liga 625 teve seu desenvolvimento iniciado na década de 1950 visando seu uso em tubulações de vapor superaquecido. Nesta liga, o endurecimento é associado à formação de γ″ [155]. Esta liga oferece uma combinação extraordinária de resistência à corrosão em diversos meios, inclusive água do mar e ambientes submarinos, e propriedades mecânicas muito boas [155]. Além disso, tem excelente soldabilidade e é fácil de fabricar. Revestimentos por solda de liga 625 têm sido, também, amplamente empregados na indústria do petróleo, com muito sucesso [156,157]. A produção de arame da liga 625 para consumíveis de soldagem tem requisitos rigorosos de composição química e controle estrito durante as etapas de tratamento térmico para preservar a composição química da superfície do arame.

Historicamente, Nimonic ® 80, desenvolvido na década de 1940, na Inglaterra, pela Mond Nickel Co./ International Nickel Co. e Inconel ® X-750, a partir do Inconel 600 (endurecido por solução sólida) e do Monel® K-500 pela International Nickel Co. nos EUA, foram as primeiras superligas a aproveitarem o endurecimento por precipitação de γ″.

Nesse caso, a semelhança com os mecanismos de resistência dos aços inoxidáveis é limitada, especialmente em ligas que empregam frações volumétricas elevadas de precipitados. Nessas ligas, normalmente, a fração volumétrica da fase precipitada controla as propriedades obtidas, como mostra a Figura 7.56. Assim, não é surpreendente que a tendência natural do desenvolvimento dessas ligas seja no sentido de teores crescentes de elementos de liga para produzir elevadas frações volumétricas de precipitados (Figura 7.57).

Tabela 7.41 Algumas das principais superligas comerciais à base de níquel

Liga	Composição química diretriz								Aplicações específicas
	% Ni	% Cr	% Fe	% Mo	% Nb	% Ti	% Al	Outros	
NIMONIC 80A	base	20,0	–	–	–	2,4	1,3	–	Componentes de turbinas, válvulas de motores, parafusos para alta temperatura, peças para reator nuclear.
NIMONIC 90	base	20,0	–	–	–	2,4	1,4	Co = 19,0	Componentes de turbinas, fabricação de molas resistentes a altas temperaturas e ferramentas para trabalho a quente.
INCONEL X 750	base	15,0	7,0	–	1,0	2,5	0,7	–	Componentes de turbinas a gás, motores a jato, equipamentos de tratamento térmico, ferramentas de perfilar e matrizes para extrusão.
WASPALOY	base	20,0	–	4,3	–	3,0	1,3	Co =14,0	Utilizado amplamente em turbinas a gás, palhetas e discos. Bigornas para prensas de forjamento.

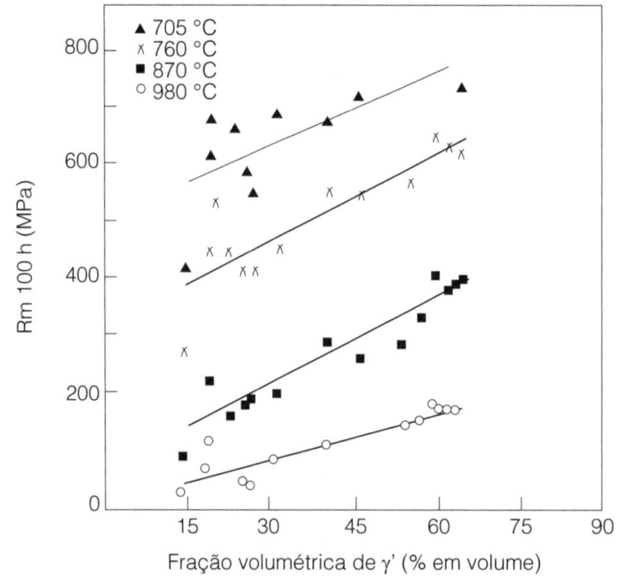

Figura 7.56 Tensão de ruptura (100 h) sob carga em função da fração volumétrica de γ' em ligas à base de níquel para diversas temperaturas [142].

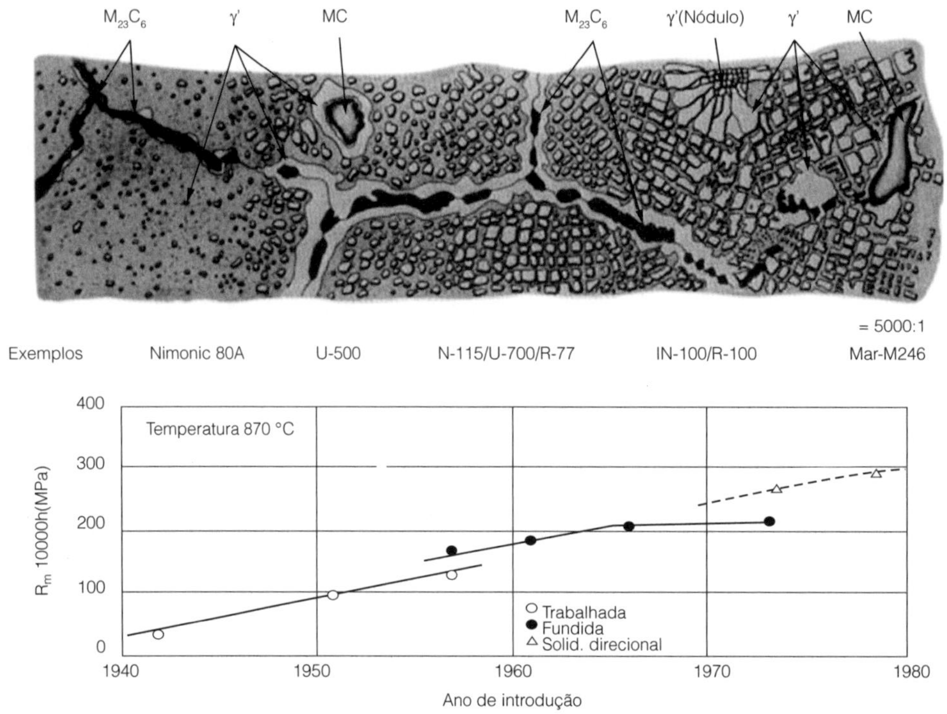

Figura 7.57 Desenvolvimento das superligas à base de níquel. Ano de introdução da liga, resistência mecânica e característica microestrutural importante. Adaptada de [158].

As superligas com maior teor de elementos de liga e fração volumétrica de precipitados (acima de 45%, tipicamente [142]) requerem, em geral, processamento especial (fundição sob vácuo, de precisão, ou metalurgia do pó). Esse processamento visa evitar defeitos que seriam esperados no caso da produção de lingotes seguida por conformação mecânica.

O efeito da fração volumétrica de γ'' sobre as propriedades mecânicas das ligas $\gamma + \gamma'$ é mais complexo do que o esperado apenas pela regra das misturas. Além disso, o efeito da temperatura sobre as propriedades das duas fases é bastante diferente. Para explorar o efeito da variação da fração das fases em ligas $\gamma + \gamma'$, alguns autores buscaram variar a quantidade de elementos formadores γ' ao longo de composições em que, praticamente, esta fosse a única alteração. Ligas similares a MAR-200 foram fabricadas desde 100% γ (Ni_3Cr, isto é, uma liga com 25% dos átomos de cromo) até 100% γ' (Ni_3Al como mostra a Figura 7.58).

Os resultados para o limite de escoamento das ligas assim produzidas, em função da temperatura, são apresentados na Figura 7.59.

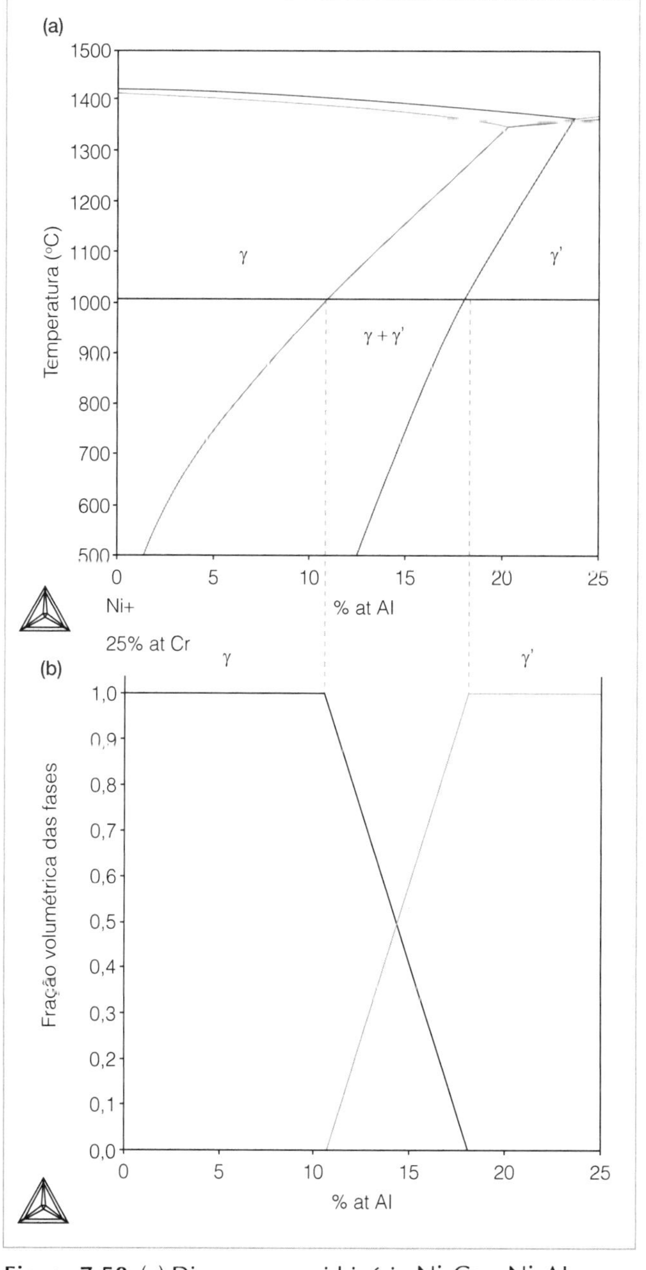

Figura 7.58 (a) Diagrama quasi-binário Ni_3Cr – Ni_3Al, em que ligas semelhantes em composição a MAR-200 passam de 100% γ' a 100% γ' como calculado em (b), para 1000 °C com a substituição do Cr pelo Al. Dados de composição completa em [159]. Cálculos com Thermo-calc e banco de dados TCNI10.

O limite de escoamento em função da temperatura das ligas assim produzidas é apresentado na Figura 7.59. Duas observações são evidentes: (a) o comportamento do escoamento com a temperatura é completamente diferente para as duas fases; e (b) o efeito da fase precipitada e na matriz parece passar por um ótimo entre 50 e 60% de precipitados.

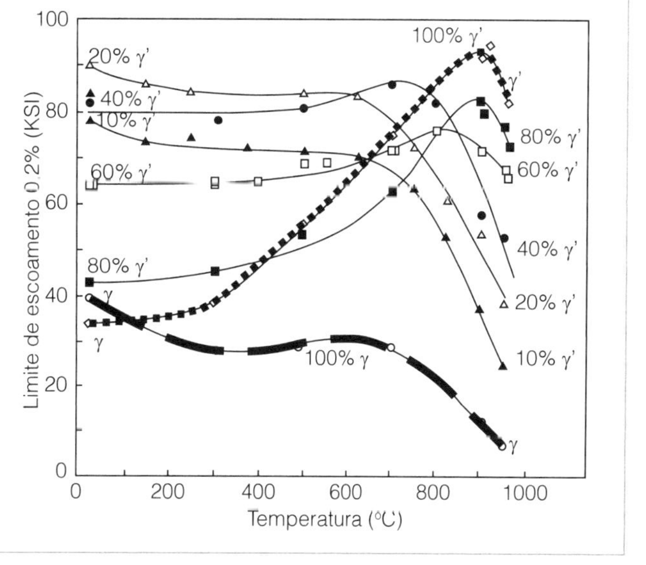

Figura 7.59 Limite de escoamento em função da temperatura para ligas similares a MAR-200 com diferentes frações volumétricas de γ e γ'. Adaptada de [159].

Este tipo de estudo foi também realizado para outras propriedades e outras ligas, como mostra a Figura 7.60.

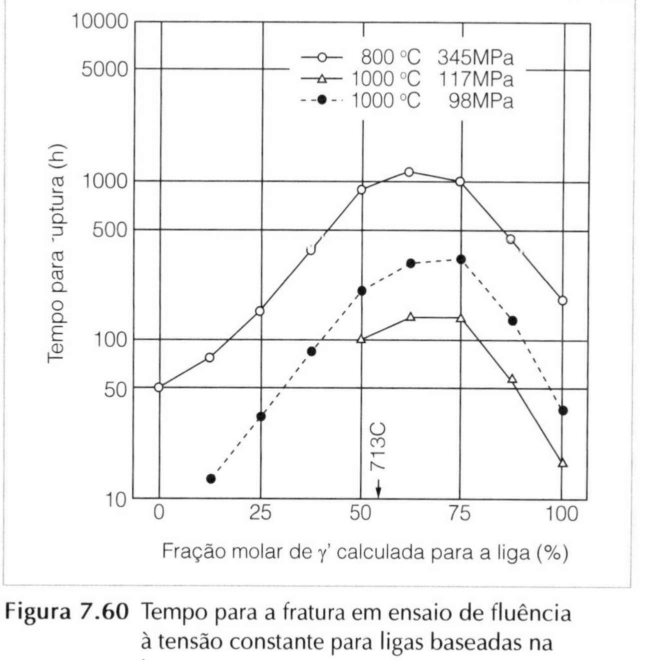

Figura 7.60 Tempo para a fratura em ensaio de fluência à tensão constante para ligas baseadas na liga 713C, com quantidades variáveis de γ'. Adaptada de [160].

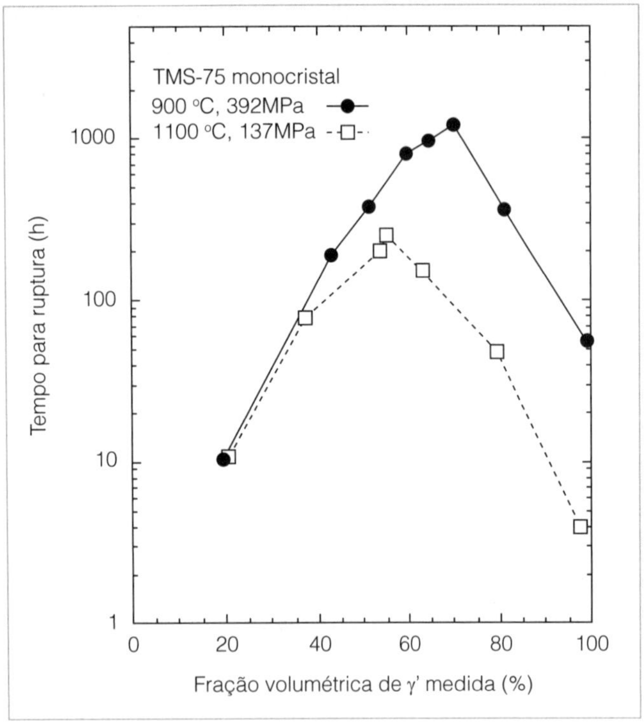

Figura 7.61 Tempo para a fratura em ensaio de fluência à tensão constante para ligas baseadas na liga TMS-75, com quantidades variáveis de γ'. Adaptada de [161].

Estes conceitos são diretamente aplicados nos projetos de liga [162], que envolvem ferramentas cada vez mais complexas, desde a escala atômica até a macroscópica [163,164].

Em algumas aplicações, especialmente palhetas de turbinas, o efeito dos contornos de grão sobre a fluência é muito importante. O limite de aplicação das superligas, nesse campo, tem se expandido pelo emprego de solidificação direcional, em que os contornos de grão transversais à solicitação mecânica são eliminados, produzindo-se grãos colunares, apenas, ou por meio da produção de peças monocristalinas [140], como mostra a Figura 7.62.

Uma classe adicional de superligas à base de níquel são as ligas endurecidas por dispersão de óxidos (*Oxide Dispersion Strengthened*), a exemplo de IN MA 754.

Como a eficiência das turbinas depende diretamente da temperatura de operação, a temperatura do gás quente atinge, presentemente, cerca de 250 °C acima do ponto de fusão das superligas à base de níquel. Isso só é possível mediante emprego de revestimentos refratários (*Thermal Barrier Coatings*) aplicados sobre as peças, como mostra a Figura 7.63.

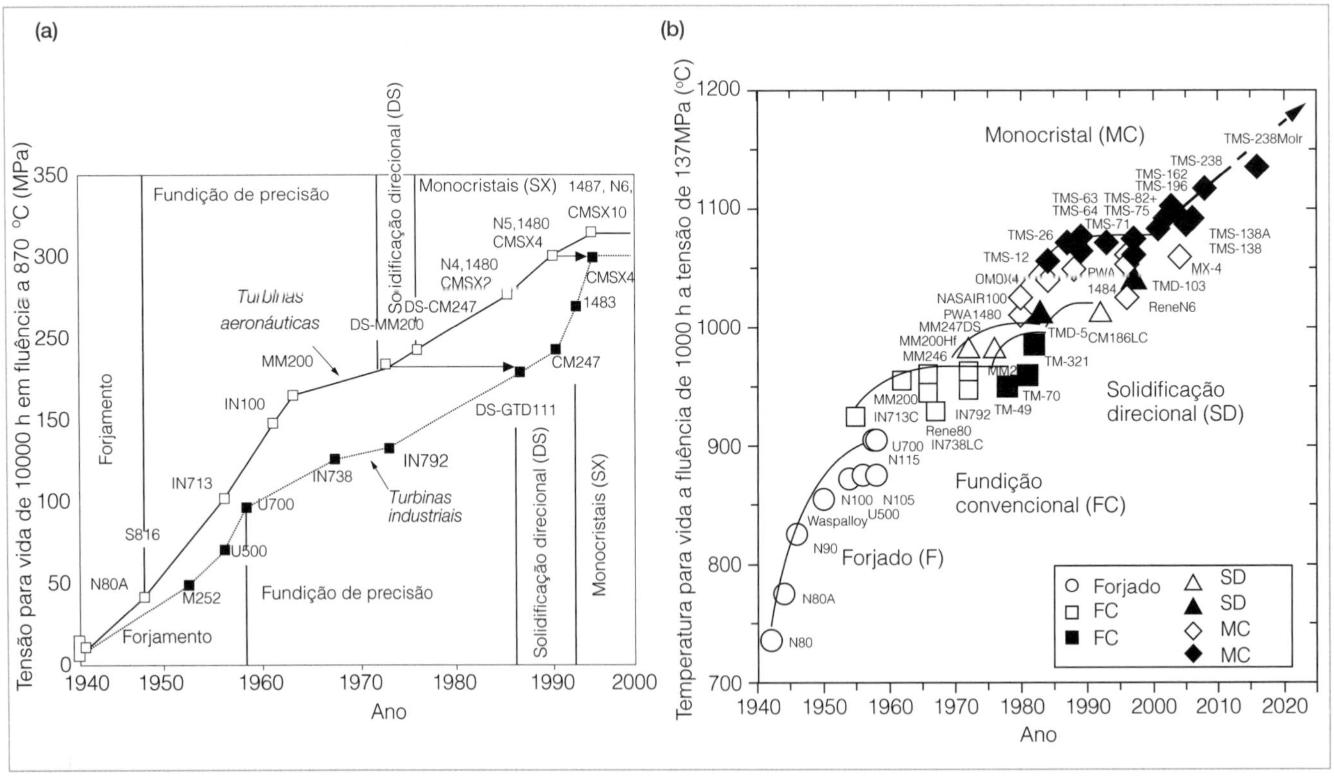

Figura 7.62 Evolução das ligas usadas para palhetas de turbina em aplicações industriais e aeronáuticas. O uso de solidificação direcional e o emprego de palhetas monocristalinas têm sido a solução mais eficaz para aumentar a resistência à fluência. Figura (a) adaptada de [165], (b) de [162].

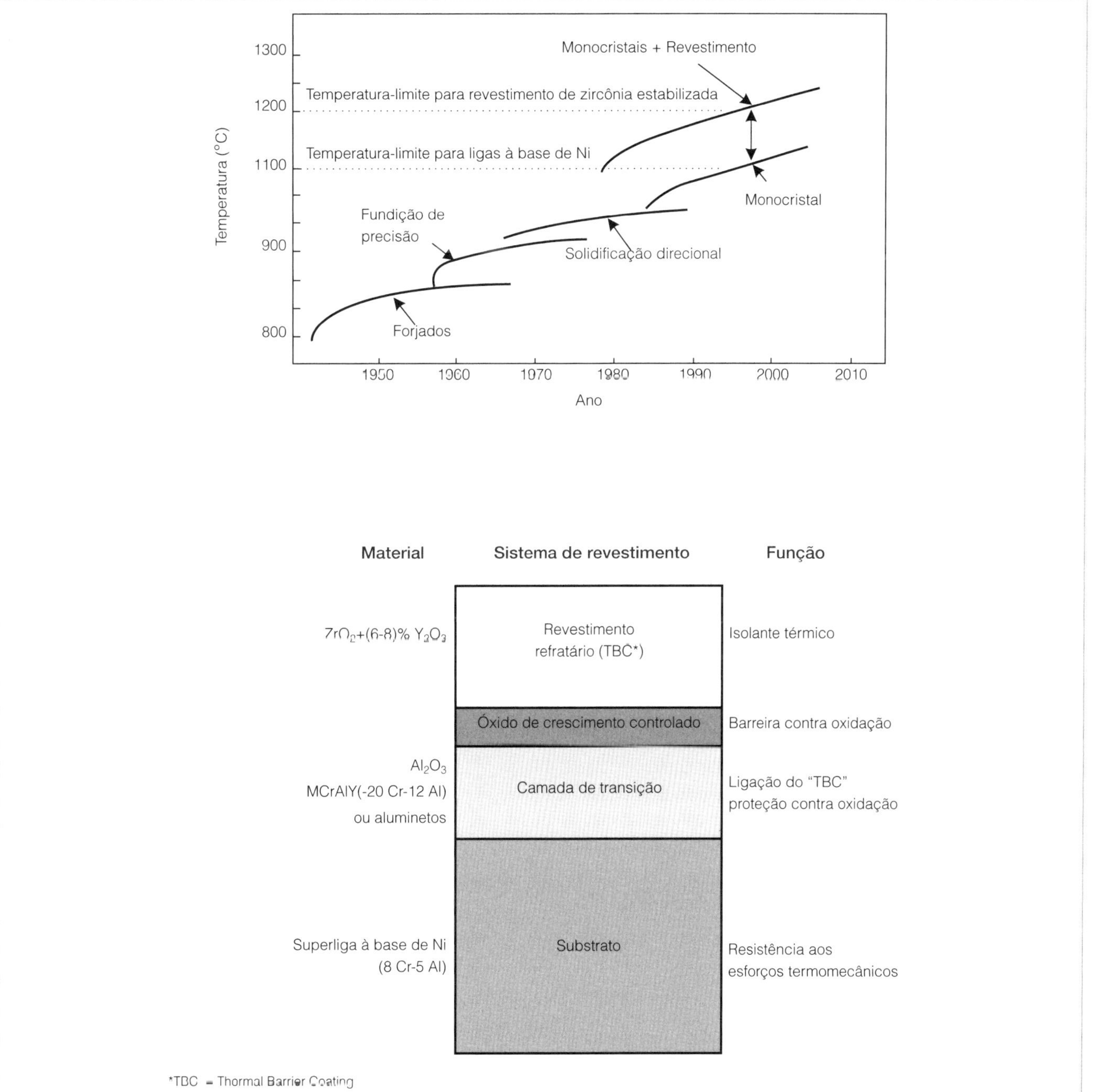

Figura 7.63 Em turbinas, o emprego de complexos revestimentos refratários permite a aplicação das superligas em contato com gás a temperaturas acima de seu ponto de fusão. Adaptada de [165].

7.5.2.3 Superligas à base de cobalto

Ligas de cobalto para aplicações a temperaturas elevadas foram extensivamente empregadas nas primeiras turbinas a jato desenvolvidas durante a Segunda Guerra Mundial.

Com o advento da fusão sob vácuo (ver Capítulo 9), superligas à base de níquel endurecidas por precipitados de elementos de liga altamente reativos (alumínio, titânio) foram desenvolvidas. Tais ligas superaram em muito as de cobalto até então empregadas e praticamente interromperam o desenvolvimento dessas ligas para turbinas.

Uma vez que as superligas à base de cobalto têm boa soldabilidade (o que facilita reparos) e, em função dos elevados teores de cromo adicionado, apresentam boa resistência à corrosão em temperatura elevada, ainda encontram ampla aplicação em turbinas em partes estacionárias a temperaturas acima de 980 °C.

Durante muitos anos, as ligas à base de cobalto tiveram composições químicas que não permitiam o aproveitamento do endurecimento pela precipitação da fase γ'. Essa fase era vista como metaestável ou de muito baixa estabilidade [142]. Os principais mecanismos de resistências nessas ligas eram o endurecimento por solução sólida e a precipitação de carbonetos.

Em 2005, composições em que a fase γ' é metaestável, mas pode ser precipitada, foram identificadas [166] como mostra o diagrama de equilíbrio de fases da Figura 7.64.

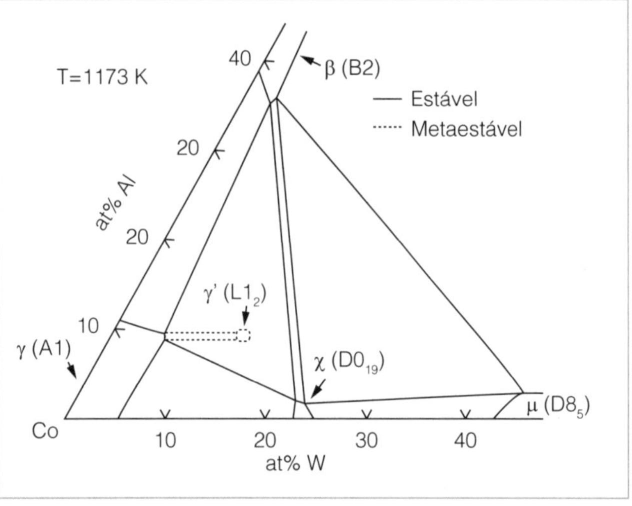

Figura 7.64 Canto rico em cobalto da isoterma a 900 °C do sistema Co-Al-W. O campo metaestável $\gamma + \gamma'$ está indicado. Adaptada de 167.

Como o ponto de fusão do cobalto é 1495 °C, 40 graus acima do ponto de fusão do níquel, esta observação resultou em grande interesse na busca de novos materiais para turbinas [166]. Ligas com propriedades mecânicas semelhantes às de superligas à base de níquel e com resistência à oxidação e densidades comparáveis têm sido desenvolvidas [168], estimulando o estudo de elementos de liga como o Ta [168,169] ou Nb+Mo (170), por exemplo, que possam estabilizar γ' nestas ligas.

Em função da má distribuição geográfica das reservas mundiais de cobalto, esse metal é considerado estratégico. A década de 1970 assistiu a consideráveis esforços, principalmente nos EUA, de substituição de cobalto e suas ligas por outros metais em função desse aspecto, como mencionado no item relativo aos aços maraging.

Uma limitação adicional no emprego de ligas de cobalto na indústria aeronáutica diz respeito à sua elevada densidade, especialmente quando propriedades específicas (por unidade de peso) são consideradas (ver item 7.6).

Outras aplicações importantes de ligas de cobalto são em peças para fornos de tratamento térmico (como também as superligas à base de níquel e Fe-Ni) e ligas com elevada resistência ao desgaste, como Stellites (Stellite 4, 6 e Stellite F).

Ligas para resistência ao desgaste são utilizadas como fundidos, forjados e, frequentemente, depositadas por soldagem ou plasma.

7.6 TITÂNIO E SUAS LIGAS

7.6.1 INTRODUÇÃO

O titânio é particularmente valorizado por sua densidade, 4,51 g/cm^3, ou seja, 60% da densidade do aço, metade da do cobre e apenas 1,7 vezes maior que a do alumínio, combinada com boa resistência mecânica e resistência à corrosão. Titânio puro pode alcançar resistência à tração de até 740 MPa e uma liga contendo alumínio, vanádio e estanho, até 1200 MPa. A excelente relação resistência/peso das ligas de titânio, combinada à sua rigidez e suas propriedades mecânicas sob alta temperatura, é fator importante que conduziu, a partir da década de 1950, à sua ampla (e crescente) aplicação na indústria aeroespacial, apesar dos custos relativamente elevados para sua obtenção. As ligas de titânio são empregadas em uma larga gama de aplicações estruturais em aviões – desde pequenos parafusos, pesando alguns gramas, até truques de trens de pouso e longarinas de asas, pesando até uma tonelada. O titânio entra em combustão, entretanto, e isso limita algumas das aplicações em partes mais quentes de turbinas a gás. Atualmente, é amplamente empregado nos estágios iniciais de compressão de turbinas aeronáuticas. Nas últimas décadas, o uso do titânio em aplicações aeronáuticas se intensificou, com a busca pela eficiência no consumo de combustível, como mostra a Figura 7.65.

Além disso, a resistência à corrosão em determinados meios especialmente corrosivos (p. ex.: ácido sulfúrico e cloro), bem como suas propriedades a temperaturas subzero, faz do titânio e suas ligas candidatos obrigatórios na seleção de materiais para determinadas aplicações.

De forma geral, titânio "puro" ou "comercialmente puro", "CP-Ti", com resistência mecânica relativamente baixa, mas de fácil fabricação e processamento, é empregado para aplicações em que a resistência à corrosão é a consideração mais importante no processo de seleção.

Ligas de titânio são, em geral, empregadas em aplicações visando à elevada relação resistência/peso. Nessas aplicações críticas, reprodutibilidade de propriedades e nível muito baixo de defeitos (inclusões, segregação etc.) são requeridos e, normalmente, o custo de processamento é bem mais elevado. A tendência atual, nessas ligas, é o desenvolvimento (*alloy design*) de ligas especiais para aplicações específicas.

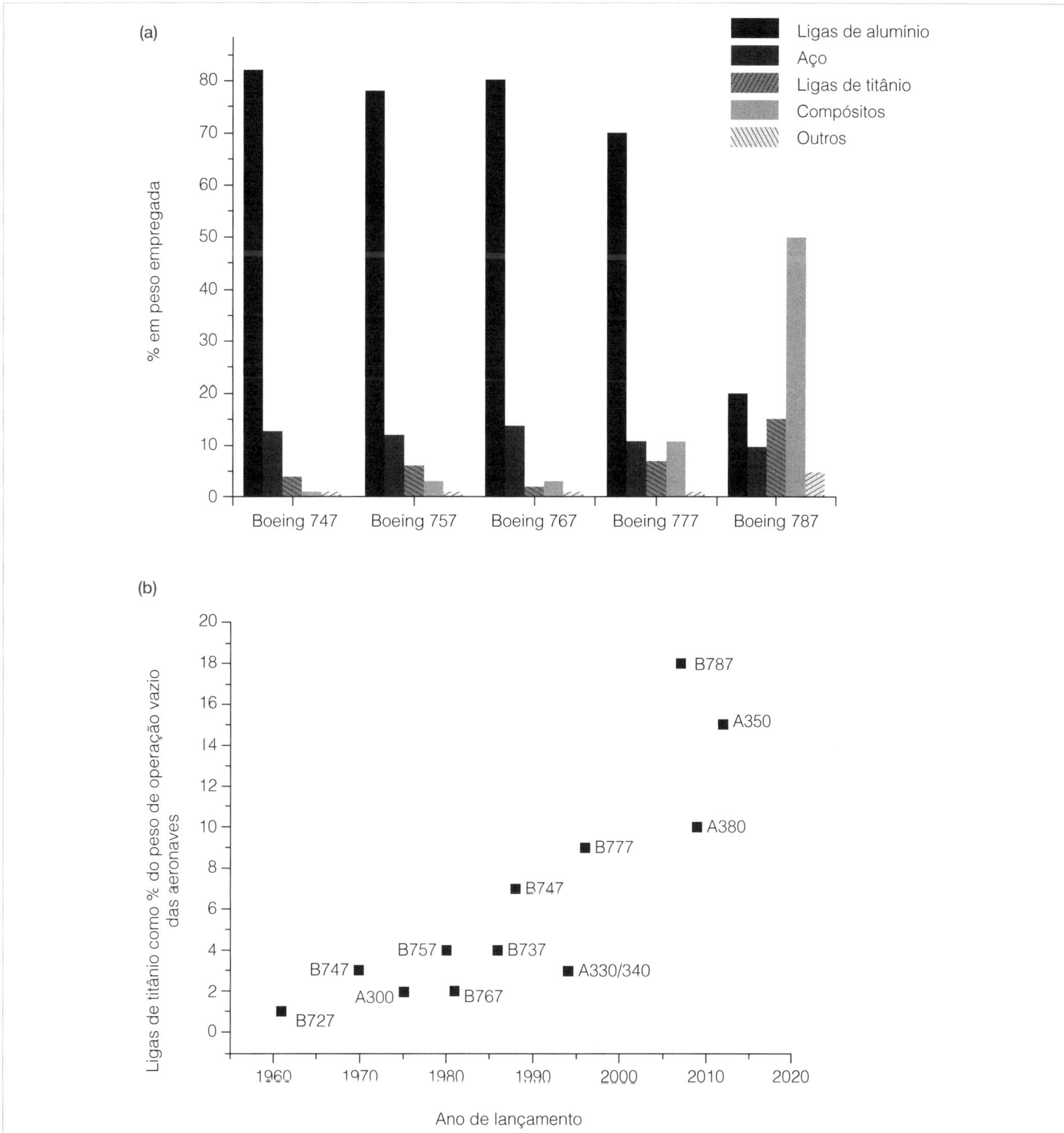

Figura 7.65 (a) Participação dos diferentes materiais nas aeronaves de diferentes séries da Boeing. (b) Participação do titânio no peso vazio de operação da aeronave (peso da aeronave e todos os itens necessários para voar, inclusive fluidos necessários para a operação).Adaptada de [171].

7.6.2 METALURGIA DO TITÂNIO E SUAS LIGAS [136]

A temperaturas inferiores a 882 °C, o titânio tem estrutura hexagonal compacta (α, HCP). Acima dessa temperatura, até o ponto de fusão a 1670 °C, ocorre a variedade alotrópica β, cúbica de corpo centrado (CCC). O titânio tem grande afinidade com os elementos hidrogênio, carbono, nitrogênio e oxigênio, todos formadores de soluções sólidas intersticiais. A presença desses elementos tende a aumentar a dureza e a resistência. Uma vez que o oxigênio é, normalmente, o intersticial mais importante, é comum expressar o efeito total desses residuais como "oxigênio equivalente". A Figura 7.66 mostra o efeito do "oxigênio equivalente" em algumas propriedades do titânio.

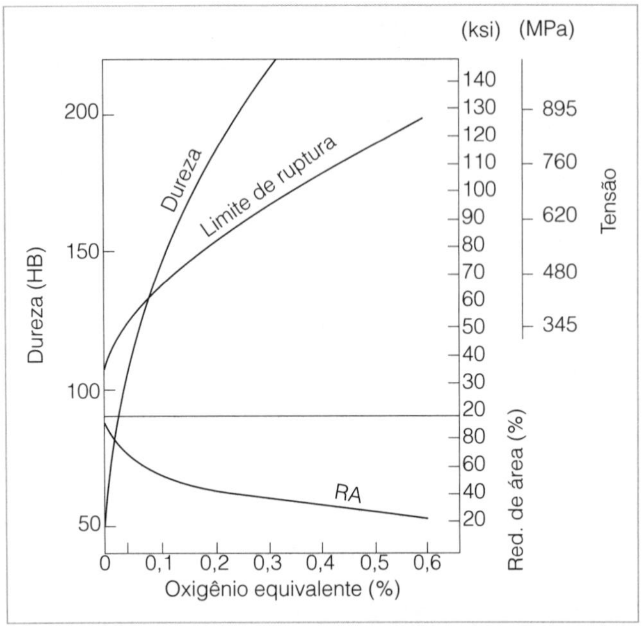

Figura 7.66 Dureza e propriedades mecânicas medidas no ensaio de tração do titânio em função do teor de "oxigênio equivalente" % OE = % O + 2 × % N + 2/3 × % C. Adaptada de [68].

É importante observar que qualquer efeito benéfico do oxigênio nas propriedades do titânio é normalmente perdido acima de 300 °C [136]. Como esses intersticiais reduzem a tenacidade do titânio e suas ligas, tanto em temperatura ambiente como a baixas temperaturas, para aplicações com solicitações extremas ou subzero, é recomendado o uso de ligas ELI (*Extra-Low Interstitial*) com teores de intersticiais extremamente baixos.

Além disso, a elevada solubilidade do oxigênio causa um problema peculiar no processamento do titânio e suas ligas. Além da oxidação superficial, normalmente esperada, o oxigênio se difunde em uma camada superficial (α-*case*), endurecendo-a por solução sólida. Essa camada deve ser necessariamente removida se as melhores propriedades são desejadas.

Em ligas de titânio, os elementos adicionados agem como estabilizadores da fase α (alfa, hexagonal compacta) presente, no titânio puro, abaixo de 882 °C ou da fase β (beta, cúbica de corpo centrado), existente acima dessa temperatura. Assim, elementos como alumínio, estanho, zircônio, oxigênio, carbono e nitrogênio aumentam a temperatura de transição α–β e são, portanto, estabilizadores de α (Figura 7.67).

Molibdênio, vanádio, manganês, cobre, cromo e ferro são estabilizadores de β (Figura 7.68). O alumínio é o elemento de liga mais utilizado [136,172] pelo seu efeito favorável na densidade e elevado endurecimento por solução sólida, entre outros motivos. O efeito dos elementos estabilizadores de alfa pode ser expresso em termos de um teor de alumínio equivalente:

Alumínio equivalente (%) = % Al + 1/3 (%Sn) + 1/6 (%Zr) + 10 (% O + % C + 2 × %N).

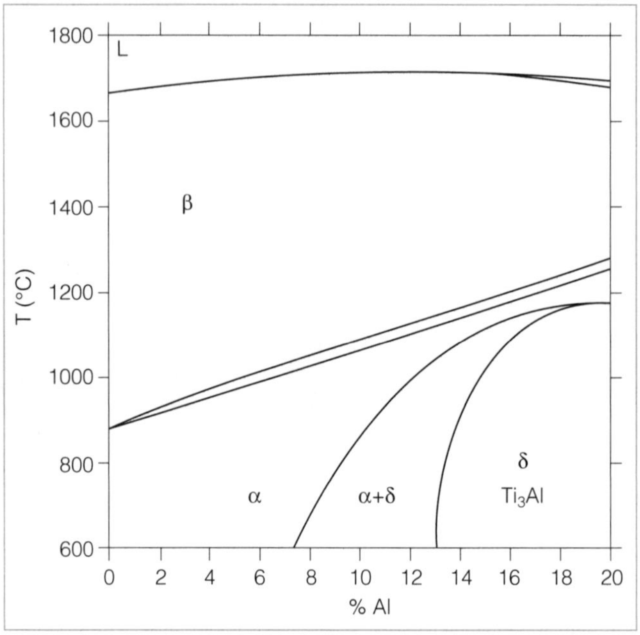

Figura 7.67 Diagrama de equilíbrio de fases Ti-Al, região rica em titânio. O alumínio é um estabilizador de α. Adições excessivas de alumínio podem causar a precipitação de Ti_3Al (α_2 ou δ). Cálculos com Thermo-calc e banco de dados TCBIN.

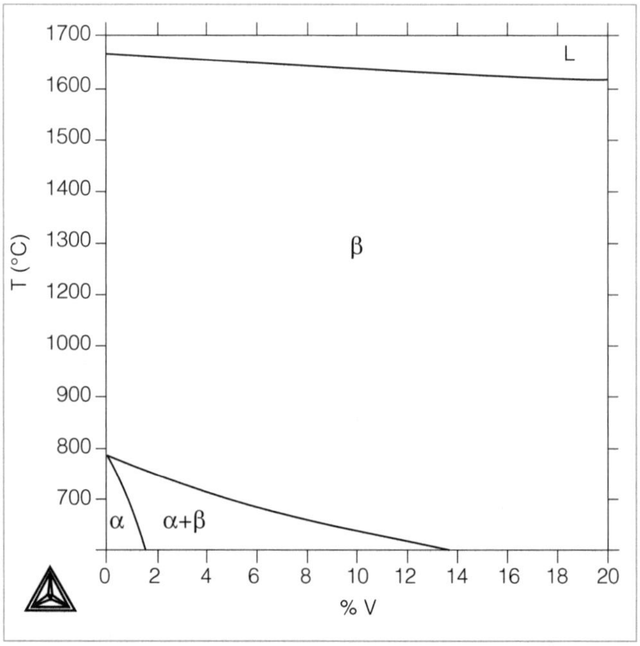

Figura 7.68 Diagrama de equilíbrio de fases Ti-V. O vanádio é um estabilizador de β. Calculado com Thermo-calc e banco de dados TCBIN.

O máximo teor de alumínio (e alumínio equivalente) adicionado é normalmente limitado entre 7 e 9% em função do aparecimento de Ti_3Al (α_2 ou δ) e eventual fragilização [136,173]. Ligas TiAl (em torno de 50% at ou 40% de Al) são uma família de ligas importantes para aplicações à alta temperatura, desenvolvidas no final do século passado, com base no composto ordenado TiAl, alumineto de titânio [174].

Vanádio e molibdênio são os mais frequentes estabilizadores de β empregados. As ligas de titânio são convenientemente classificadas em função das fases presentes em sua microestrutura. As ligas mais simples são aquelas com microestrutura totalmente α.

Titânio "puro" "Cp-Ti" tem microestrutura α e é endurecido por elementos em solução sólida (p. ex.: graus Fl, F2, F3, F4, da norma ASTM B 381 [175]). Elementos típicos contidos no titânio comercialmente puro são oxigênio, ferro, nitrogênio e hidrogênio [176]. Esse material é empregado na indústria química (resiste à maior parte dos ácidos minerais e cloretos), indústria de papel e celulose (resiste a cloro, cloro úmido e outros compostos de cloro utilizados no branqueamento), ambientes marinhos (condensadores de usinas nucleares) etc. É fornecido em diferentes formas de produtos (tubos, chapas, fundidos etc.) e utilizado em grande variedade de equipamentos em função da excelente resistência à corrosão, boa soldabilidade e fácil fabricação. Do ponto de vista da resistência mecânica, entretanto, é bastante limitado.

Melhorias sensíveis na resistência mecânica são obtidas pela adição de um estabilizador de α, como o alumínio. Adições de estanho produzem mais endurecimento por solução sólida, sem reduzir significativamente a ductilidade.

Ti-5A1-2.5Sn (5% Al, 2,5% Sn) é uma composição frequentemente utilizada, respondendo por cerca de 25% do consumo mundial de ligas de titânio. Essa liga tem boas propriedades criogênicas (atenção: ligas de titânio não podem ser usadas em contato com oxigênio líquido [136]) e, como todas as ligas totalmente α, excelente soldabilidade. Não apresenta endurecimento por tratamento térmico, mas tem boa soldabilidade. Adições de alumínio, estanho e zircônio têm efeito favorável na resistência à fluência da fase α.

Ligas α + β, com pequenas adições de estabilizadores de β, incluem a mais comum das ligas de titânio, Ti-6Al-4V, cujo consumo representa 65% da produção de ligas de titânio.

Além disso, nessa categoria enquadra-se a maior parte das ligas comerciais disponíveis. São amplamente aplicadas na indústria aeronáutica (segundo especificações MIL ou AMS) e também em implantes ortopédicos. Para a indústria de implantes, ligas sem vanádio foram desenvolvidas. Ti-6Al-7Nb é uma liga empregada em aplicações médicas, evitando a dissolução de vanádio e absorção pelo corpo humano.

Ligas Ni-Ti apresentam efeito de memória de forma e superelasticidade. Com deformações elásticas de até 8%, podem ser aplicadas em ortodontia, por exemplo, com efeito semelhante a "elásticos".

A fase β tem maior ductilidade do que a fase α, de modo que pequenas quantidades de beta na microestrutura podem ser favoráveis para a forjabilidade. As ligas com pequena quantidade de β na microestrutura (tipicamente menos de 2-3% β [136]) são chamadas "*near*-α" ou "super-α" e têm comportamento semelhante ao das ligas α. São utilizadas principalmente quando resistência à fluência sob temperatura elevada é desejada. A redução de peso obtida em componentes rotativos de turbinas (até 44% em palhetas e 20% em discos) justifica o interesse crescente nessas ligas, já aplicadas, atualmente, até a 590 °C.

Ligas β são fáceis de conformar e endurecem por tratamento térmico. São preferidas quando resistência elevada é necessária a temperaturas relativamente baixas [136-173]. Ligas com resistência à combustão, contendo cromo, como Ti-35V-15Cr, têm sido desenvolvidas para aplicações aeronáuticas.

Tratamentos térmicos e termomecânicos de ligas de titânio constituem um amplo campo de possibilidades metalúrgicas, inclusive conformação superplástica.

7.6.3 OBTENÇÃO DO TITÂNIO

O titânio é normalmente obtido a partir do rutilo (TiO_2), pelo processo Kroll. Neste processo, o óxido é convertido, inicialmente, em $TiCl_4$ (tetracloreto de titânio). Utiliza-se o magnésio, que tem maior afinidade pelo cloro do que o titânio, para reduzir esse cloreto, obtendo-se um produto poroso de titânio ("esponja") e cloreto de magnésio. Esse cloreto é decomposto eletroliticamente e o cloro e o magnésio recirculados no processo.

Os pedaços de esponja são compactados, com ou sem adição de elementos de liga, para formar um eletrodo destinado à refusão sob vácuo (VAR, veja Capítulo 9). A refusão sob vácuo é essencial para controlar a absorção de oxigênio e nitrogênio do ar, extremamente perniciosos para as propriedades do titânio e suas ligas. Dupla refusão sob vácuo pode ser empregada, quando refino e homogeneidade elevados são requeridos.

7.7 ZIRCÔNIO E SUAS LIGAS

Zircônio e titânio têm características físicas e químicas muito semelhantes. Apesar de não ser tão abundante quanto o titânio, o zircônio é importante em função de sua aplicação na indústria nuclear. Em vista de sua baixíssima seção de choque para absorção de nêutrons térmicos (o zircônio é praticamente "transparente" para nêutrons nessa faixa de energia) e do fato de não ter isótopos inconvenientes, encontra aplicação na fabricação dos tubos de revestimento dos elementos combustíveis de usinas nucleares. Estes tubos são sujeitos a elevadas temperaturas por estarem junto ao combustível nuclear, à irradiação e à corrosão pelo meio de refrigeração do reator (água em reatores PWR, BWR e CANDU) [177].

Acima de 870 °C, o zircônio tem estrutura cúbica de corpo centrado (CCC, β). Abaixo dessa temperatura, a estrutura é hexagonal compacta (HCP, α), com uma relação c/a de 1,593, uma pequena expansão na direção "a" em relação ao valor da estrutura ideal, $c / a = 2\sqrt{2/3} = 1{,}63$.

A transformação β–α dá origem à elevada anisotropia das propriedades mecânicas. Essa característica é muito importante e deve ser considerada sempre que se trabalha com ligas de zircônio [136,177]. Se, por exemplo, zircônio é recozido a 500 °C para aliviar todas as tensões, as diferenças de coeficiente de dilatação térmica nas direções "a" e "c" (Figura 7.69) causará uma tensão residual trativa de cerca de 100 MPa na direção "c", ao esfriar até a temperatura ambiente. Consequentemente, a direção "a" estará em compressão interna para equilibrar as tensões residuais.

Durante a irradiação nuclear, em reatores, há a formação de anéis (*loops*) de discordâncias pelo deslocamento dos átomos causados pelos choques de nêutrons, principalmente. Esses *loops* se formam preferencialmente nos planos prismáticos do Zr. A fabricação dos tubos é feita de modo a gerar uma textura cristalográfica preferencial. A textura gerada coloca a direção "c" na direção radial-tangencial a cerca de 35° com a direção radial. A formação de *loops* de discordância e a posterior formação de precipitados contendo ferro (um dos elementos de liga) causa um crescimento das varetas de combustível, que deve ser acomodado no projeto do elemento combustível. Além disso, a oxidação do Zr no interior do reator, reagindo com a água, produz hidrogênio atômico que é parcialmente absorvido pelo Zr e gera hidretos na estrutura. A textura dos tubos garante a orientação adequada dos hidretos para causarem dano mínimo aos tubos (geralmente na direção tangencial dos tubos) [178]. Resfriamento rápido do combustível, tensões residuais e outras mudanças relevantes podem causar a reorientação dos hidretos, ensejando inclusive falhas dos elementos combustíveis [179].

Assim como no caso do titânio, o oxigênio tem importante efeito nas propriedades do zircônio e deve ser rigorosamente controlado.

Carbono, silício e fósforo têm baixa solubilidade no zircônio, precipitando compostos intermetálicos.

Háfnio, o terceiro elemento do subgrupo IV B na tabela periódica (junto com titânio e zircônio), é um elemento sempre presente nos minérios de zircônio. Durante muito tempo, misturas de háfnio e zircônio foram consideradas apenas um metal [180]. Apesar de ter propriedades mecânicas, metalúrgicas e químicas muito semelhantes ao zircônio, o háfnio é absorvedor de nêutrons [136,181].

Para aplicações nucleares, portanto, a presença de háfnio nas ligas de zircônio não é aceitável [181]. Para outras aplicações, até 4,5% de háfnio é, normalmente, aceitável [136].

A maior parte das ligas de zircônio é diluída, sendo metalurgicamente semelhantes ao zircônio puro. A Tabela 7.42 apresenta as principais ligas de zircônio usadas para aplicações nucleares.

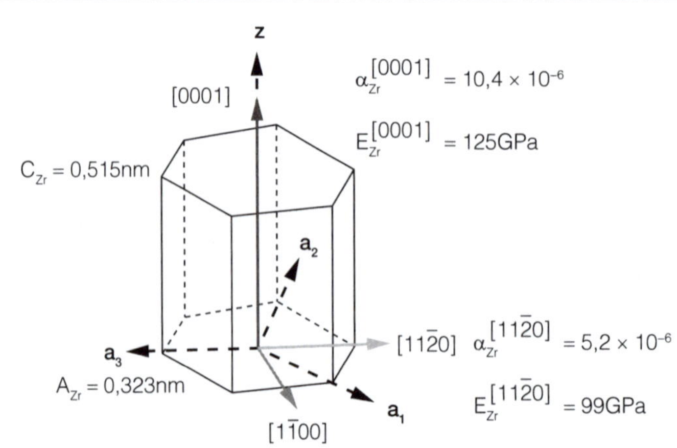

Figura 7.69 Parâmetros de rede, coeficiente de expansão térmica e módulo elástico à temperatura ambiente do Zr. Observar a forte anisotropia da dilatação entre "c" e "a". Adaptada de [178].

Tabela 7.42 Composição das principiais ligas de zircônio empregadas como revestimento de combustível nuclear (*ZIRLO®, uma liga da Westinghouse Co.)

Elementos (%)	Zircaloy-2	Zircaloy-4	Zr-2,5 Nb	Zr-Sn-Nb-Fe*
Zr	97,5-98,5	97,9-98,5	97,5	97,9
Sn	1,2-1,7	1,2-1,7	–	1
Fe	0,07-0,20	0,18-0,24	–	0,1
Cr	0,05-0,15	0,07-0,13	–	–
Ni	0,03-0,08	–	–	–
Nb	–	–	2,5	1,0

Zircaloy 2 e 4 são as ligas mais comuns, contendo estabilizadores de α (Sn, O) e estabilizadores de β (Fe, Cr, Ni). Zr-2.5Nb é outra liga significante comercialmente [177,182], tendo propriedades semelhantes aos Zircaloys, exceto pela resistência à corrosão, algo inferior. No final do século XX, houve um grande estímulo ao maior aproveitamento do combustível nuclear em usinas comerciais por meio do aumento do *burnup* (medido como quantidade de energia gerada por peso de combustível). Isso levou à necessidade de melhoria do desempenho das ligas de zircônio empregadas no revestimento do combustível, especialmente em centrais PWR e BWR. As ligas Zr-Sn-Nb-Fe como Zirlo foram desenvolvidas para melhorar esse desempenho, como mostram as Figuras 7.70(a) e 7.70(b).

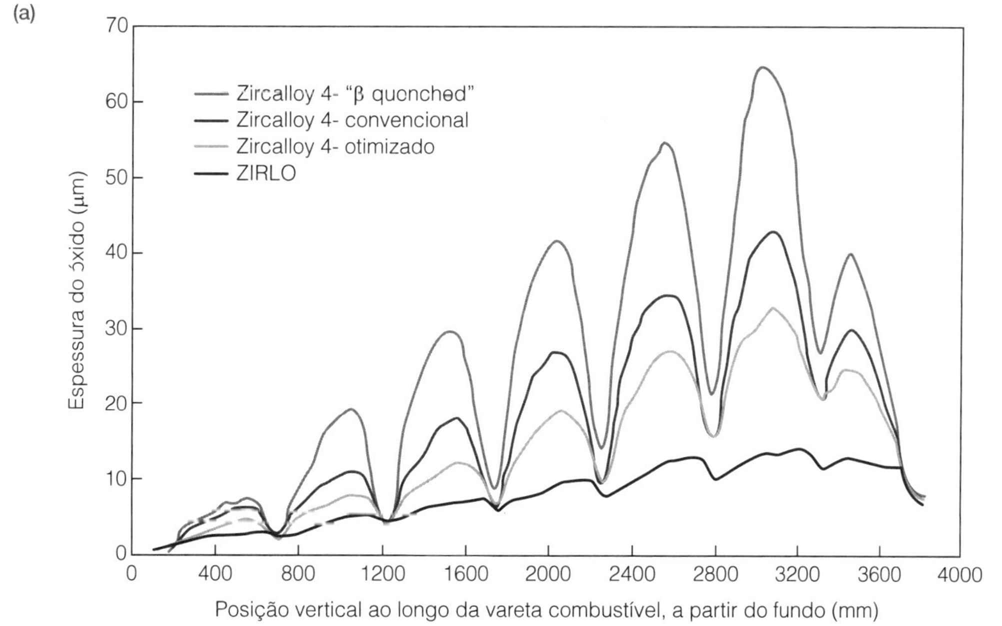

Figura 7.70 (a) Espessura do óxido formado no revestimento do combustível em reator PWR após *burnup* de 52,5 GWd/t. A altura zero corresponde à posição do fundo do reator, por onde a água mais fria entra. As regiões menos corroídas em todos os tubos correspondem à posição das grades do elemento combustível, que ficam em contato com os tubos. Adaptada de [183,184]. (b) Variação de peso em função do tempo de permanência a 360 °C exposto à água com composição semelhante à do interior de um reator. Adaptada de [182]. *(continua)*

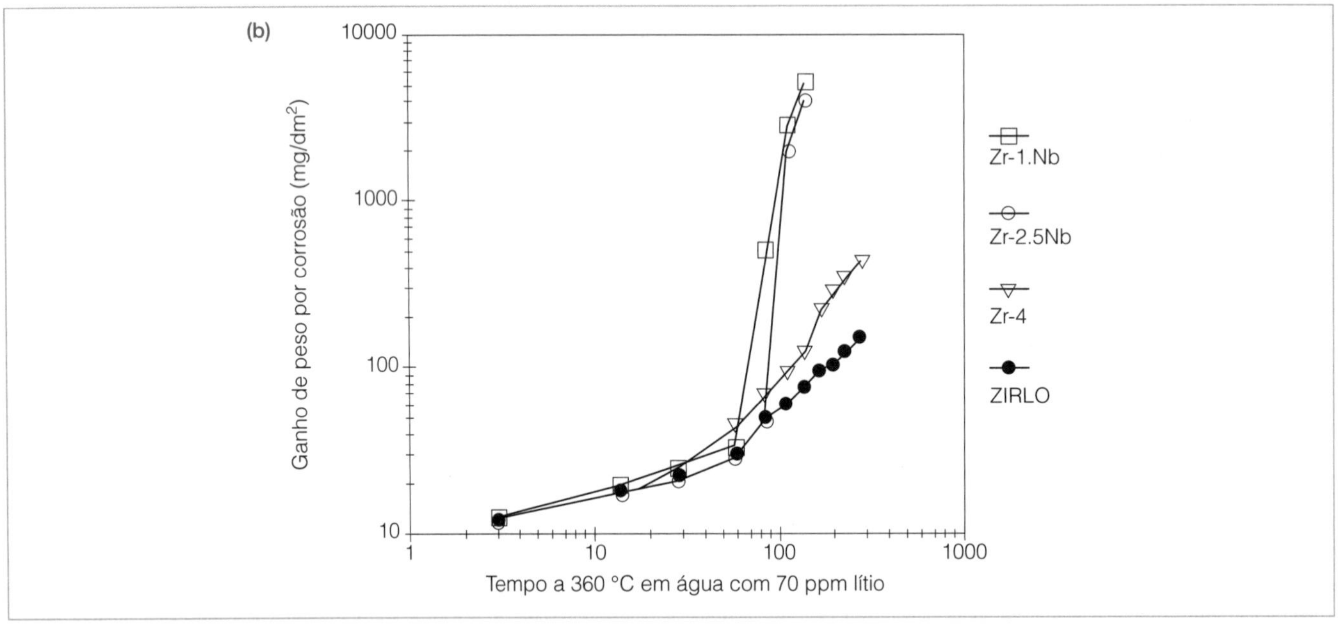

Figura 7.70 (a) Espessura do óxido formado no revestimento do combustível em reator PWR após *burnup* de 52,5 GWd/t. A altura zero corresponde à posição do fundo do reator, por onde a água mais fria entra. As regiões menos corroídas em todos os tubos correspondem à posição das grades do elemento combustível, que ficam em contato com os tubos. Adaptada de [183,184]. (b) Variação de peso em função do tempo de permanência a 360 °C exposto à água com composição semelhante à do interior de um reator. Adaptada de [182]. *(continuação)*

7.8 METAIS REFRATÁRIOS E SUAS LIGAS

Os metais dos grupos VB e VIB da tabela periódica são, normalmente, considerados metais refratários em função de seus elevados pontos de fusão (Tabela 7.43).

Entre eles, os mais importantes são nióbio e tântalo (grupo VB) e molibdênio e tungstênio (grupo VIB).

Durante muitos anos, as aplicações desses metais e de suas ligas limitaram-se a filamentos de lâmpadas e outras resistências elétricas para temperaturas elevadas, grades de válvulas eletrônicas e contatos elétricos [136].

Tabela 7.43 Características de alguns metais para aplicação à temperatura elevada [172]

Metal	Densidade (g/cm^3)	Ponto de fusão (°C)	Grupo da tabela periódica
Ni	8,9	1453	VIII B
Co	8,85	1495	VIII B
V	6,1	1900	V B
Cr	7,19	1875	VI B
Nb	8,57	2468	V B
Mo	10,22	2610	VI B
Ta	16,6	2996	V B
W	19,3	3410	VI B

Atualmente, importantes aplicações para metais refratários e suas ligas têm sido encontradas nas indústrias nuclear, aeroespacial e na produção de componentes eletrônicos.

Além das características inerentes à aplicação, a capacidade de ser fabricado é decisiva na seleção de um material refratário. Nesse ponto, nióbio e tântalo têm sensível vantagem sobre os elementos do grupo VIB. A elevada solubilidade dos intersticiais C, N, O e H nesses metais é uma das causas importantes da sua boa ductilidade em temperatura ambiente. O nióbio metálico, por exemplo, pode sofrer 90% de redução a frio antes de ser necessário um tratamento térmico para a recuperação da ductilidade [185]. Como o molibdênio e o tungstênio têm baixa solubilidade desses intersticiais, cuidados adicionais são requeridos em seu refino e fabricação [172].

7.8.1 NIÓBIO E TÂNTALO

Nióbio e tântalo ocorrem associados em diversos minerais na natureza. O nióbio (ou colúmbio) foi descoberto em 1801 e o tântalo, em 1802 [186]. Suas propriedades químicas são tão semelhantes que, naquela época, sua separação e caracterização apresentavam sérias dificuldades.

O nióbio tem ponto de fusão de 2468 °C. Entre os quatro metais refratários aqui discutidos, esse é o de mais baixo ponto de fusão. Tanto o nióbio como o tântalo têm resistência mecânica moderada (200 a 300 MPa), elevada ductilidade e capacidade de encruamento e tenacidade a baixas temperaturas. Ligas desses metais com propriedades satisfatórias de resistência até 1650 °C são disponíveis [172,185]. O nióbio tem densidade pouco superior à do ferro e da ordem de metade daquela do tântalo.

Do ponto de vista de resistência química, o tântalo é, de forma geral, mais resistente do que o nióbio [172,187]. O nióbio resiste à maior parte dos ácidos orgânicos e minerais em qualquer concentração (até 100 °C), exceto ácido fluorídrico [186]. O tântalo é mais resistente às concentrações mais elevadas e até a temperaturas mais altas (190 °C) [186]. Tanto o nióbio como o tântalo têm excelente resistência ao ataque por vários metais líquidos, como chumbo, mercúrio, bismuto, lítio, sódio etc. Resistem também ao cloro úmido e gasoso [186,188].

Em vista de sua elevada reatividade com oxigênio e nitrogênio e capacidade de dissolver intersticiais, a exposição direta ao ar a temperaturas elevadas não é recomendada [185]. Para aplicações a temperaturas elevadas, revestimentos protetores devem ser empregados (compostos de alumínio ou silício, principalmente). Na verdade, as aplicações a temperaturas elevadas dos metais refratários são limitadas pelo desenvolvimento desses revestimentos [189]. Trabalho a quente é limitado a seções de grandes dimensões, com a eliminação posterior da região "contaminada" pela absorção de intersticiais, principalmente oxigênio. Felizmente, a elevada ductilidade em temperatura ambiente do nióbio e do tântalo permite sua conformação a frio em inúmeras formas.

Em vista da elevada reatividade e do alto ponto de fusão, processos de soldagem adequados devem ser selecionados. TIG e soldagem por feixe eletrônico são alguns dos processos mais adequados.

Especial atenção deve ser dada à limpeza das peças a soldar e à total proteção da poça líquida do lado oposto da junta a soldar ("raiz"). Observados esses cuidados, nióbio e tântalo são satisfatoriamente soldáveis. Revestimentos de nióbio ou tântalo podem ser aplicados sobre outros metais, como aço, alumínio e cobre para minimizar custos. Essa solução é muito empregada na indústria química.

7.8.1.1 Emprego

Aproximadamente, 60% do tântalo produzido é consumido pela indústria eletrônica, principalmente na fabricação de capacitores [186]. A importância do tântalo na indústria química, entretanto, não pode ser desconsiderada, principalmente no processamento dos ácidos nítrico, clorídrico, brômico e sulfúrico.

Em vista de seu menor custo [188], o nióbio e suas ligas devem ser consideradas sempre que o tântalo ou revestimento de tântalo forem selecionados para aplicações em ambientes corrosivos. O nióbio apresenta supercondutividade, isto é, perda de toda a resistividade elétrica abaixo de uma temperatura crítica, próxima ao zero absoluto. A temperatura crítica do nióbio puro é 9,15 K [188]. Diferentes sistemas supercondutores baseados no nióbio têm sido desenvolvidos como Nb_3Sn e Nb_3Ge [188]. Tecnologias de produção e desenvolvimento desses materiais, bem como de equipamentos para sua utilização, têm sido intensamente pesquisadas. A principal aplicação atualmente contemplada para essas ligas supercondutoras é a produção de supermagnetos compactos. Tomógrafos para diagnóstico médico, desenvolvimento de geradores de potência à fusão nuclear, trens levitados, capazes de atingir até 500 km/h, são algumas áreas em que esses magnetos são essenciais para o desenvolvimento tecnológico [188]. Embora vários novos materiais supercondutores venham sendo descobertos nas últimas décadas, como mostra a Figura 7.71, as ligas de nióbio ainda têm importante papel em aplicações, em especial enquanto os novos materiais não são desenvolvidos a ponto de atingir aplicações comerciais.

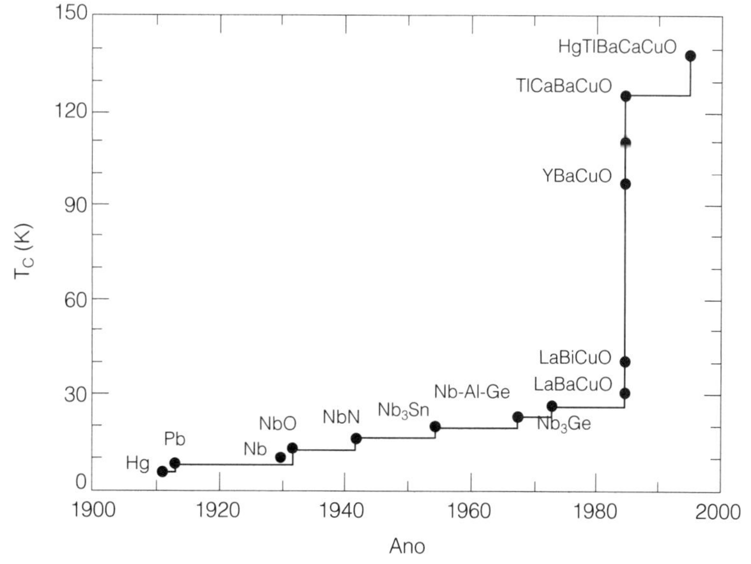

Figura 7.71 Temperatura crítica para a supercondutividade para diversos materiais em função do ano de sua descoberta. Adaptada de [190].

A densidade relativamente baixa do nióbio favorece o emprego desse metal e suas ligas a temperaturas elevadas na indústria aeroespacial. C-103 (Nb-10Hf-1Ti), por exemplo, é utilizado no sistema de propulsão de foguetes até a 1480 °C, assim como em partes de turbinas [191,192]. Sua excelente formalibilidade e boa soldabilidade são vantagens decisivas nessas aplicações [136].

Nióbio e suas ligas são candidatos a emprego na fabricação de reatores nucleares para uso no espaço [192,193] em função de sua densidade, compatibilidade com metais líquidos (refrigerante do reator) e baixíssima seção de choque para nêutrons térmicos. Ligas aplicadas em reatores nucleares são, atualmente, Zr-Nb (1 ou 2,5% Nb) aplicadas como internos de reatores e/ou revestimento de combustível. A liga C103 (Nb-10Hf-1Ti) é aplicada em foguetes, reatores etc., inclusive em uso contínuo, na faixa de 980 a 1300 °C.

Outras aplicações importantes do nióbio e suas ligas incluem rebites para a indústria aeronáutica (Nb-55 Ti, AMS4982) [136], que requerem menor força para aplicação e são mais resistentes à temperatura elevada do que as ligas de titânio comumente empregadas e partes estruturais de válvulas e lâmpadas de vapor de sódio.

A elevada reatividade e solubilidade de intersticiais e o elevadíssimo ponto de fusão desses metais exigem o emprego de técnicas especiais de refino para a sua produção. Um dos principais roteiros de obtenção do nióbio passa pela redução aluminotérmica [185] de concentrados de seu óxido. O refino é normalmente realizado por refusão em forno de feixe eletrônico (*Electron Beam Remelting*) (Capítulo 9).

7.8.2 MOLIBDÊNIO

Além do elevado ponto de fusão, o molibdênio tem alto módulo de elasticidade, alta resistência mecânica a temperaturas elevadas, alta condutividade térmica e boa resistência à corrosão. Sua densidade é sensivelmente menor que a do tântalo e do tungstênio.

O maior problema no emprego do molibdênio em temperatura elevada é a sua rápida oxidação (a mais rápida entre os metais refratários aqui analisados) [136]. Molibdênio e suas ligas são produzidos por metalurgia do pó ou por refusão sob vácuo (VAR) ou em forno de feixe eletrônico (EB).

Tem estrutura cúbica de corpo centrado, como nióbio, tântalo e tungstênio. Ao contrário do nióbio e do tântalo, entretanto, tem temperatura de transição dúctil-frágil relativamente elevada (-20 °C a 100 °C) [136], o que requer fabricação em temperatura elevada. Apesar de 10 a 30% de rênio ser efetivo no abaixamento da temperatura de transição do molibdênio, essa opção é extremamente cara pela escassez do rênio. Em vista de sua rápida oxidação, o trabalho deve ser realizado no máximo a 540 °C.

7.8.2.1 Emprego

Na indústria elétrica e eletrônica, o molibdênio encontra variadas aplicações, como catodos e partes de catodos em diversos equipamentos, partes de válvulas eletrônicas etc.

É empregado em resistências elétricas para aquecimento a temperaturas até cerca de 2000 °C, desde que observadas as precauções necessárias para evitar sua oxidação catastrófica. Na indústria aeroespacial, é aplicado, por exemplo, em bordos de ataque de superfícies de controle e blindagens térmicas em mísseis.

Quando maior resistência mecânica for desejada à temperatura elevada, ligas como Mo-0.5Ti ou TZM (Mo-0.5Ti-0.1Zr) podem ser empregadas. Além da formação de TiC, um dos importantes efeitos dos elementos de liga é elevar a temperatura de recristalização, mantendo resistência elevada a temperaturas de emprego mais altas [172].

A liga TZM é também extensivamente aplicada em ferramental para trabalho a quente como matrizes, punções, bigornas etc. Na indústria química, o molibdênio é comparável ao tântalo para serviço em meio ácido, resistindo, inclusive, ao ácido clorídrico [172].

7.8.3 TUNGSTÊNIO

O tungstênio é o metal de mais alto ponto de fusão. Tem, entretanto, elevada densidade, o que normalmente é uma desvantagem em aplicações estruturais e pouca resistência à oxidação (melhor que o molibdênio, mas pior que nióbio e tântalo [172]). Como o molibdênio, apresenta problemas de transição dúctil-frágil em temperatura ambiente, é difícil de fabricar e é o metal refratário mais difícil de soldar. Tungstênio é usualmente produzido por metalurgia do pó, mas bons resultados podem ser obtidos, também, com refusão sob vácuo (VAR) ou por EB.

7.8.3.1 Emprego

Os mais conhecidos empregos do tungstênio são em filamentos para lâmpadas incandescentes e válvulas eletrônicas e eletrodos para soldagem TIG.

Filamentos de lâmpada são frequentemente produzidos com tungstênio “dopado” (AKS). Pequenas adições de alumínio, potássio e silício são feitas para controle da recristalização e resistência à fluência.

Para eletrodos de soldagem TIG ligas W-ThO_2 são empregadas, visto que a adição de 1 a 2% de ThO_2 aumenta a emissão termiônica de elétrons e melhora a resistência à fluência a temperaturas muito altas (> 0,5 T_f) [136].

Cadinhos de tungstênio são empregados no reprocessamento de combustível nuclear na recuperação de urânio e plutônio. Tungstênio e molibdênio apresentam miscibilidade completa e diversas ligas tanto ricas em tungstênio como em molibdênio são empregadas em aplicações semelhantes às desses metais puros.

Ligas de W-Ni com cobre, ferro ou outro elemento, produzidas por metalurgia do pó, são empregadas em aplicações em que a elevada densidade do tungstênio é uma vantagem, como contrapesos em aviões, helicópteros, relógios automáticos e outros instrumentos, rotores de giroscópios, blindagem contra raios X e raios γ etc.

REFERÊNCIAS BIBLIOGRÁFICAS

1. Hatfield HR. The Taylor white process for tool steel. Journal of Political Economy. 1900;8(4):538-9.
2. Cobb HM (editor). Tool steels. Warrendale, PA: Iron & Steel Society; 2000.
3. ASM Handbook: additive manufacturing processes. Materials Park: ASM International; 2020.
4. Costa e Silva A. The effects of non-metallic inclusions on properties relevant to the performance of steel in structural and mechanical applications. Journal of Materials Research and Technology. 2019;8(2):2408-2422.
5. Costa e Silva A. Non-metallic inclusions in steels – origin and control. Journal of Materials Research and Technology 2018;7(3):283-99
6. Ånmark N, Karasev A, Jönsson P. The effect of different non-metallic inclusions on the machinability of steels. Materials. 2015;8(2):751 83.
7. Thelning K-E. Steel and its heat treatment. 2. ed. London: Butterworth; 1984;678.
8. Roberts GA, Krauss G, Kennedy R, Roberts G. Tool Steels. Metals Park, OH: ASM; 1998.
9. Colpaert H, Costa e Silva A. Metalografia dos produtos siderúrgicos comuns. 4. ed. São Paulo: Blucher; 2008;4:672.
10. Koistinen DP, Marburger RE. A general equation prescribing the extent of the austenite-martensite transformation in pure iron-carbon alloys and plain carbon steels. Acta Metallurgica. 1959;7(1):59-60.
11. Uddcholm Tooling AB. Cold work steel. International Patent Application WO1999/50469, WIPO, Genebra; 1999.
12. Fukaura K, Yokoyama Y, Yokoi D, Tsujii N, Ono K. Fatigue of cold-work tool steels: effect of heat treatment and carbide morphology on fatigue crack formation, life and fracture surface observations. Metallurgical and Materials Transactions A. 2004;35A(4):1289-300.
13. Mesquita RA, Barbosa CA. Avaliação das propriedades de desgaste e tenacidade em aços para trabalho a frio. Tecnologia em Metalurgia e Materiais. 2005;2(2):12-8.
14. Kimura T, Ishi M, Amano K, Ueda S, Oka Y, Nakano S. Secondary hardening characteristics wear and thermal shock resistance for cold strip mill and those effects on of 5% Cr-Mo-V steel roll for cold strip mill. ISIJ International. 1992;32(11):1224-1231.
15. ASM Handbook – vol. 1 Properties and selection – irons, steels and high-performance alloys. Materials Park, OH: ASM; 1990.
16. Hillskog T. Powder metallurgy tool steels: an overview. Metalforming (www.metalformingmagazine.com). 2003;48-51.
17. IISI. AHSS Guidelines. Tooling / Tribology. Disponível em: www.autosteel.org. (Acesso jun 2021). Brussels: IISI; 2004.
18. Hollomon JH, Jaffe LD. Time-temperature relations in tempering steels. Transactions of the AIME. 1945;162:223-49.
19. Mesquita RA, Barbosa CA, Kestenbach HJ. Efeito do Si e P na tenacidade do aço H11, utilizado em ferramentas de trabalho a quente. In: 61° Congresso Anual da ABM. Rio de Janeiro: ABM São Paulo; 2006.

20. Fuchs KD. Hot working tool steels with improved properties for die casting applications. In: 6th International Tooling Conference. Disponível em: www.ingvet.kau.se/mtrl/itc2002.shtml. (Acesso jun 2021). Karlstads, Suécia; 2002.

21. Delagnes D, Lamesle P, Mathon MH, Mebarki N, Levaillant C. Influence of silicon content on the precipitation of secondary carbides and fatigue properties of a 5%Cr tempered martensitic steel. Materials Science and Engineering A. 2005;394(1-2):435-44.

22. Mesquita RA, França LC, Barbosa CA. Casos de aplicação de novos aços ferramenta para trabalho a quente. Tecnologia em Metalurgia, Materiais e Mineração. 2005;2(1):70.

23. Tridello A. VHCF response of two AISI H13 steels: effect of manufacturing process and size-effect. Metals. 2019;9(2):133.

24. Mertens R, Vrancken B, Holmstock N, Kinds Y, Kruth J-P, Van Humbeeck J. Influence of powder bed preheating on microstructure and mechanical properties of H13 tool steel SLM parts. Physics Procedia. 2016;83:882-90.

25. Pinkerton AJ, Li L. Direct additive laser manufacturing using gas and water atomised H13 tool steel powders. International Journal of Advanced Manufacturing Technology. 2005;25(5):471-9.

26. Åsberg M, Fredriksson G, Hatami S, Fredriksson W, Krakhmalev P. Influence of post treatment on microstructure, porosity and mechanical properties of additive manufactured H13 tool steel. Materials Science and Engineering A. 2019;742:584-589.

27. Fonseca EB, Gabriel AHG, Araújo LC, Santos PLL, Campo KN, Lopes ESN. Assessment of laser power and scan speed influence on microstructural features and consolidation of AISI H13 tool steel processed by additive manufacturing. Additive Manufacturing. 2020;34:101250.

28. Fayazfar H, Salarian M, Rogalsky A, Sarker D, Russo P, Paserin V, et al. A critical review of powder-based additive manufacturing of ferrous alloys: process parameters, microstructure and mechanical properties. Materials & Design. 2018;144:98-128.

29. Mesquita RA, Barbosa CA. Estudos de tratamento térmico nos aços ferramenta VH13ISO e VF800AT. In: Anais do 3° Encontro da Cadeia de Ferramentas, Moldes e Matrizes. São Paulo: ABM; 2005;30-40.

30. Pérez M, Belzunce FJ. The effect of deep cryogenic treatments on the mechanical properties of an AISI H13 steel. Materials Science and Engineering A. 2015;624:32-40.

31. Reynolds JH, Naylor DJ. Microstructure and properties of warm worked medium carbon steels. Materials Science and Technology. 1988;4(7):586-602.

32. Spena PR, Firrao D. Thermomechanical warm forging of Ti-V, Ti-Nb, and Ti-B microalloyed medium carbon steels. Materials Science and Engineering A. 2013;560:208-15.

33. Behrens B-A, Suchmann P, Schott A. Warm forging: new forming sequence for the manufacturing of long flat pieces. Prod Eng Res Devel. 2008;2(3):261-8.

34. Fisher K, Schweiger H, Hasenberger J, Dremel H. New tool steel for warm and hot forging. In: The Use of Tool Steels: Experience and Research, Proceedings of the 6th International Tooling Conference, Karlstad, Sweden 2002;129-39.

35. Menges G, Michaeli W, Mohren P. How to make injection molds. Munich: Cincinnati: Hanser; Distributed in USA by Hanser Gardner Publications; 2001;612.

36. Schneider R, Perko J, Reithofer G. Heat treatment of corrosion resistant tool steels for plastic moulding. Materials and Manufacturing Processes. 2009;24(7-8):903-8.

37. Boztepe E, Alves AC, Ariza E, Rocha LA, Cansever N, Toptan F. A comparative investigation of the corrosion and tribocorrosion behaviour of nitrocarburized, gas nitrided, fluidized-bed nitrided, and plasma nitrided plastic mould steel. Surface and Coatings Technology. 2018;334:116-23.

38. Mesquita RA, Barbosa CA. Aços com propriedades melhoradas para produção de moldes. Revista Máquinas e Metais. Ago. 2005;70-88.

39. Cook N. What is machinability? In: Tipnis VA (Editor.). Influence of metallurgy on machinability. Materials Park, OH: ASM; 1975;1-10.

40. He Y, Li L, Wu X, Wollants P. Computer aided composition design of prehardened-mould steel for plastic. Journal of Materials Science & Technology. 2004;20(1):71-74.

41. Uhlmann E, Zanatta AM, Mahr F, Gomes JO. Influence of inclusion contents on the micro-machinability of three plastic mold steels. International Journal of Advanced Manufacturing Technology. 2013;68(9-12):2451-60.

42. Sammt K, Sammer J, Geckle J, Liebfahrt W. Development Trends of Corrosion Resistant Plastic Mould Steels. In: 6th International Tooling Conference, Karlstad University , Karlstadt, 2002;10:339-348s.

43. Wu X, Xu L. New products and techniques of mould steels. In: Weng Y, Dong H, Gan Y (Org.). Advanced Steels. Berlin, Heidelberg: Springer Berlin Heidelberg; 2011;423-441.

44. Bocallini Jr M, Goldenstein H. Solidification of high speed steels. International Metals Reviews. 2001;46(2)92-115:1992.

45. Chen Q, Sundman B. Computation of partial equilibrium solidification with complete interstitial and negligible substitutional back diffusion. Materials Transactions JIM. 2002;43(3):551-9.

46. Pippel E, Woltersdorf J, Pockl G, Lichtenegger G. Microstructure and nanochemistry of carbide precipitation in high-speed steel 6-5-2-5. Materials Characterization. 1999;43:41-55.

47. Bienvenu Y, Wronski AS, Jeandin M, Wright CS, Lemoisson F, Vardavoulias M. PM high speed steels. A survey of ongoing developments. La Revue de Metallurgie. CIT. 1994;693-705.

48. Ansara I, Durand-Charre M, Wright CS, Wronski AS, Mascarenhas J, Oliveira M, et al. Phase diagram calculations and the optimization of high speed steel compositions for economic powder metallurgy processing routes. In: Caliste J-P, Truyol A, Westbrook JH (Org.). Thermodynamic Modeling and Materials Data Engineering. Berlin, Heidelberg: Springer Berlin Heidelberg; 1998;255-262.

49. Wright CS, Youseffi M, Wronski AS, Ansara I, Durand-Charre M, Mascarenhas J, et al. Supersolidus liquid phase sintering of high-speed steels – part 3: computer aided design of sinterable alloys. Powder Metallurgy. 1999;42(2):131-46.

50. Kempen K, Vrancken B, Buls S, Thijs L, Van Humbeeck J, Kruth J-P. Selective laser melting of crack-free high density M2 high speed steel parts by baseplate preheating. Journal of Manufacturing Science and Engineering. 2014;136(6):061026.

51. Hällgren S, Pejryd L, Ekengren J. Additive manufacturing and high-speed machining - cost comparison of short lead time manufacturing methods. Procedia CIRP. 2016;50:384-9.

52. Mesquita RA, Barbosa CA. Spray forming high speed steel-properties and processing. Materials Science and Engineering A. 2004;383(1):87-95.

53. Doyle ED, Pagon AM, Hubbard P, Dowey SJ, Pilkington A, McCulloch DG, et al. Nitriding of high-speed steel. International Heat Treatment and Surface Engineering. 2011;5(2):69-72.

54. da S Rocha A, Strohaecker T, Hirsch T. Effect of different surface states before plasma nitriding on properties and machining behavior of M2 high-speed steel. Surface and Coatings Technology. 2003;165(2):176-85.

55. Pessin MA, Tier MD, Strohaecker TR, Bloyce A, Sun Y, Bell T. The effects of plasma nitriding process parameters on the wear characteristics of AISI M2 tool steel. Tribology Letters. 2000;8(4):223-8.

56. Sjostrom J, Bergstrom J. Thermal fatigue in hot-working tool steels. Scandinavian Journal of Metallurgy. 2005;34:221-31.

57. Rauter RO. Aços ferramentas. Rio de Janeiro: Livros Técnicos e Científicos Editora; 1974.

58. Haubner R, Lessiak M, Pitonak R, Köpf A, Weissenbacher R. Evolution of conventional hard coatings for its use on cutting tools. International Journal of Refractory Metals and Hard Materials. 2017;62:210-8.

59. Zhang S, Zhu W. TiN coating of tool steels: a review. Journal of Materials Processing Technology. 1993;39(1):165-77.

60. Inspektor A, Salvador PA. Architecture of PVD coatings for metal cutting applications: a review. Surface and Coatings Technology. 2014;257:138-53.

61. PalDey S, Deevi SC. Single layer and multilayer wear resistant coatings of (Ti,Al)N: a review. Materials Science and Engineering A. 2003;342:58-79.

62. Streicher MA. In: Barr RQ (Org.). Stainless Steel 77. London: Climax Molybdenum Co.;1977;1.

63. Padilha AF. Aços inoxidáveis: histórico e desenvolvimento. In: Bott I (Org.). Aços: perspectivas para os próximos 10 anos. Rio de Janeiro: RECOPE; 2002;129-38.

64. Saunders N, Miodownik P. Calphad – a comprehensive guide. London: Pergamon Press; 1998.

65. Hsieh C-C, Wu W. Overview of intermetallic sigma (σ) phase precipitation in stainless steels International Scholarly Research Network, ISRN Metallurgy, Article ID 732471, 2012;16. doi:10.5402/2012/732471.

66. Widmark H. Importance of Mats Hillert's research work on industrial applications. Scandinavian Journal of Metallurgy. 1991;20:72-8.

67. Campbell CE, Olson GB. Systems design of high performance stainless steels I. Conceptual and computational design. Journal of Computer-Aided Materials Design. 2000;7(3):145-70.

68. Campbell CE, Olson GB. Systems design of high performance stainless steels II. Prototype characterization. Journal of Computer-Aided Materials Design. 2000;7(3):171-94.

69. Schaeffler AL. Constitution diagram for stainless steel weld metal. Metal Progress. 1949;56(11):680-680B.

70. DeLong WT. Ferrite in austenitic stainless steel weld metal. Welding Journal. 1974;53(7):273-s-286-s.

71. Cortie MB, Pollak H. Embrittlement and aging at 475 °C in an experimental ferritic stainless steel containing 38 wt.% chromium. Materials Science and Engineering A. 1995;199(2):153-63.

72. Danoix F, Auger P. Atom probe studies of the Fe-Cr system and stainless steels aged at intermediate temperature: a review. Materials Characterization. 2000;44:177-201.

73. Zhou J, Odqvist J, Höglund L, Thuvander M, Barkar T, Hedström P. Initial clustering – a key factor for phase separation kinetics in Fe–Cr-based alloys. Scripta Materialia. 2014;75:62-65.

74. Irvine KJ, Crowe DJ, Pickering FB. The physical metallurgy of 12% Cr steels. Journal of the Iron and Steel Institute – JISI. 1960;195:386.

75. Haarmann K, Vaillant JC, Vandenberghe B, Bendick W, Arbab A. The T91/P91 Book. Boulogne, France: Vallourec & Mannesmann Tubes; 2002;2.

76. Iwabuchi Y. Factors affecting on mechanical properties of soft martensitic stainless steel castings. JSME International Journal, Series A. 2003;46(3):441-6.

77. Coudrese L, Verneau M, Dufrane JJ. Weldable supermartensitic stainless steels. In: Supermartensitic Stainless Steels Conference 1999. Brussels, Belgium; 1999;299:27-28.

78. Turnbull A, Griffiths A. Corrosion and cracking of weldable 13%Cr martensitic stainless steels for application in the oil and gas industry. Corrosion Engineering, Science and Technology. 2003;38(1):21-50.

79. McGuire MF. Stainless steels for design engineers. Materials Park, Ohio: ASM International; 2008;304.

80. ASTM A582/A582M – 12 (Reapproved 2017) Specification for Free-Machining Stainless Steel Bars. West Conshohocken, PA: ASTM International; 2017.

81. DeAntonio DA. Soft magnetic ferritic stainless steels. Advanced Materials & Processes. 2003;161(10):29-32.

82. Ki Leuk Lai J, Ho Lo K, Hung Shek C (Org.). Stainless steels: an introduction and their recent developments [Internet]. Bentham Science Publishers; 2012 [citado 15 de dezembro de 2020]. Disponível em: http://www.eurekaselect.com/50733/volume/1. (Acesso jun 2021).

83. ASM Handbook – 13B corrosion: materials. Materials Park, OH: ASM; 2005.

84. Apraez J. Aceros especiales y otras aleaciones. Madrid: Uno; 1975.

85. Abo H. In: Barr RQ (Org.). Stainless Steel 77. London: Climax Molybdenum Co.; 1977;35.

86. Keown SR, Pickering FB. In: Creep strength in steel and high temperature alloys. Sheffield: The Metals Society, London; 1972;134.

87. Kamaya M, Kawakubo M. True stress–strain curves of cold worked stainless steel over a large range of strains. Journal of Nuclear Materials. 2014;451(1-3):264-75.

88. Sedriks AJ, Dudt PJ. Corrosion resistance, coating, and magnetic property issues of nonmagnetic austenitic stainless steels for ship hulls. Corrosion. 2001;57(1):84-91.

89. Mataya MC, Perkins CA, Thompson SW, Matlock DK. Flow stress and microstructural evolution during hot working of alloy 22Cr-13Ni-5Mn-0.3N austenitic stainless steel. Metallurgical and Materials Transactions A. 1996;27(5):1251-66.

90. ANSI/NACE MR0175/ISO 15156-1 Petroleum and natural gas industries – materials for use in H2S-containing environments in oil and gas production – part 1: general principles for selection of cracking-resistant materials. Houston, TX, NACE; 2009.

91. ASTM A 923-14 Standard test method for detecting detrimental intermetallic phase in wrought duplex austenitic/ ferritic stainless steel. West Conshohocken, PA: ASTM International 2014.

92. Park CJ, Kwon HS. Effects of aging at 475 °C on corrosion properties of tungsten-containing duplex stainless steels. Corrosion Science. 2002;44(12):2817-30.

93. Wastberg S, Solnordal M, Heiberg G, Tornqvist R, Vargas PM. Hydrogen induced stress cracking (HISC) in duplex stainless steels: DNV-RP-F112, design of duplex stainless steel subsea equipment exposed to cathodic protection. In: ASME 2009 28th International Conference on Ocean, Offshore and Arctic Engineering. Paper no. OMAE2009-79655. ASME Conf Proc. 2009(43468):123-35.

94. DNV Det Norske Veritas. Recommended practice Det Norske Veritas DNV-RP-B401 Cathodic Protection Design. Norway: DNV; 2010. Report No.: DNV R B401.Out. 2010.

95. Hsiao CN, Chiou CS, Yang JR. Aging reactions in a 17-4 PH stainless steel. Materials Chemistry and Physics. 2002;74:134-42.

96. Revie RW. Corrosion and corrosion control: an introduction to corrosion science and engineering. Hoboken NJ. John Wiley & Sons; 2008.

97. Gentil V. Corrosão. Rio de Janeiro: Livros Técnicos e Científicos Editora; 2003.

98. NACE. Corrosion Handbook. Houston, TX: NACE; 2004.

99. Sedriks AJ. Corrosion of stainless steel. New York, NY: John Wiley and Sons, Inc.; 1996;2.

100. Dillon C. Corrosion resistance of stainless steels. Boca Raton FL, CRC Press; 1995.

101. Lankford Jr, Samways NL, Craven RF, McGannon HE. The making, shaping and treating of steel. Pittsburgh PA: AISE; 1985;10.

102. Jargelius-Pettersson RFA. Application of the pitting resistance equivalent concept to some highly alloyed austenitic stainless steels. Corrosion. 1998;54(2):162-8.

103. Llewellyn DT, Hudd RC. Steels: metallurgy and applications. Woburn, MA: Butterworth-Heinemann; 1998.

104. Leffler B. Stainless steels and their properties. Avesta Polarit Report – Avesta Polarit Research Foundation; 2001.

105. ANSI/NACE MR0103/ISO 17945-2015 Materials resistant to sulfide stress cracking in corrosive petroleum refining environments. Houston, TX: NACE; 2015.

106. Bain EC, Aborn RH, Rutherford JJB. The nature and prevention of intergranular corrosion in austenitic stainless steels. Transactions American Society for Steel Treating. 1933;21:481-509.

107. Strauss B, Schottky H, Hinnüber J. Die carbidausscheidung beim Gluhen von nichtrostendem unmagnetischem Chromnickelstahl. Zeitschrift für anorganische und allgemeine Chemie. 1930;188:309-24.

108. Stawstrom C, Hillert M. An improved depleted-zone theory of intergranular corrosion of 18-8 stainless steel. Journal of the Iron and Steel Institute JISI. 1969;77-85.

109. Tokunaga T, Ohtani H, Ågren J. Evaluation of sensitization and self-healing in austenitic stainless steels based on simulations of Cr-depleted zones. ISIJ international. 2011;51(6):965-8.

110. Gaudett MA, Scully JR. Distributions of Cr depletion levels in sensitized AISI304 stainless-steel and its implications concerning intergranular corrosion phenomena. Journal of the Electrochemical Society. 1993;140(12):3425-35.

111. Scott PM. Environment-assisted cracking in austenitic components. International Journal of Pressure Vessels and Piping. 1996;65(3):255-64.

112. Scott PM. A review of environment-sensitive fracture in water-reactor materials. Corrosion Science. 1985;25(8/9):583.

113. Hoxie CE. Some corrosion consideration in the selection of stainless steels for pressure vessels and piping. In: Pressure vessels and piping: decade of progress; New York: ASME; 1975.

114. Bruemmer SM, Page RE, Attenridge DG. Sensitization development in austenitic stainless steel piping. Nuclear Engineering and Design. 1985;89:319-31.

115. Parvathavarthini N, Dayal RK. Influence of chemical composition, prior deformation and prolonged thermal aging on the sensitization characteristics of austenitic stainless steels. Journal of Nuclear Materials. 2002;305(2-3):209-19.

116. Dayal RK, Parvathavarthini N, Raj B. Influence of metallurgical variables on sensitisation kinetics in austenitic stainless steels. International Materials Reviews. 2005;50(3):129-55.

117. Grujicic M, Tangrila S. Thermodynamic and kinetic analyses of time-temperature-sensitization diagrams in austenitic stainless steels. Materials Science and Engineering A. 1991;A142(2):255-9.

118. Craig BD, Anderson DS. Handbook of corrosion data. Materials Park, OH: ASM International; 1995.

119. Copson HR. In: 1st International Congress on Metallic Corrosion. London: Butterworths; 1962;328.

120. Copson HR. Effect of composition on stress corrosion cracking of some alloys containing nickel. In: TN Rhodin (Org.). Physical Metallurgy of Stress Corrosion Fracture. New York NY: Interscience Publishers; 1959.

121. Bush D, Brown J, Lewis K. An overview of NACE international standard MR0103 and comparison with MR0175. In: Corrosion 2004 – Paper 04649. New Orleans: Houston TX: NACE; 2004.

122. Adams M, Gosset JL. Sulfide stress cracking and the commercial application of NACE MR0175-84. Technical Monograph 34, Fisher Instruments; 1999. Disponível em https://euedocs.emersonprocess.co.uk/groups/public/documents/tech_bulletin_monograph/d350412x012.pdf. (Acesso maio 2021).

123. Costa e Silva A, Ågren J, Clavaguera-Mora MT, Djurovic D, Gomez-Acebo T, Lee B-J, et al. Applications of computational thermodynamics – the extension from phase equilibrium to phase transformations and other properties. CALPHAD. 2007;31(1):53-74.

124. SAE. Engine poppet valve information report SAE J775_200411. SAE International; 2004.

125. Sato K, Saka T, Ohno T, Kageyama K, Sato K, Noda T, et al. Development of low-nickel superalloys for exhaust valves. SAE Technical Paper 980703 https://doi.org/10.4271/980703. 1998. Disponível em: https://www.sae.org/content/980703/. (Acesso maio 2021).

126. Farina AB, Liberto RCN, Barbosa CA. Development of new intermediate nickel alloys for application in automotive valves of high performance engines. In: SAE 2013 World Congress & Exhibition 2013 SAE Technical Paper 2013;01:1153, 2013.

127. Jones FW, Pumphrey WJ. Free energy and metastable states in the iron nickel and iron manganese systems. Journal of the Iron and Steel Institute JISI. 1949;163:121-31.

128. Scheil E. Über die Irreversibilität der Eisen-Nickel-Legierungen. Archiv für das Eisenhüttenwesen. 1953;24(3-4):153-60.

129. Kaufman L, Cohen M. The martensitic transformation in the iron-nickel system. Journal of Metals – JOM. Out. 1956;8(10):1393-401.

130. Sha W, Guo Z. Maraging steels-modelling of microstructure, properties and applications. Cambridge, Woodhead Publishing Limited and Boca Raton, CRC Press. 2009.

131. Floreen S. The physical metallurgy of maraging steels. Metallurgical Reviews. 1968;13(1):115-28.14.

132. Honeycombe RWK. Steels: microstructure and properties. London: Edward Arnold; 1981.

133. Vasudevan V, Kim S, Wayman C. Precipitation reactions and strengthening behavior in 18 Wt Pct nickel maraging steels. Metallurgical Transactions A. 1990;21:2655-68.

134. Reis AG dos, Reis DAP, Abdalla AJ, Otubo J. High-temperature creep resistance and effects on the austenite reversion and precipitation of 18 Ni (300) maraging steel. Materials Characterization. 2015;107:350-7.

135. Guo Z, Sha W, Li D. Quantification of phase transformation kinetics of 18 wt.% Ni C250 maraging steel. Materials Science and Engineering A. 2004;373(1-2):10-20.

136. ASM Handbook – 2 Properties and selection – non-ferrous alloys and special purpose materials. Materials Park, OH: ASM International; 1990.

137. Killick LA. The sparking plug some design considerations. Materials & Design. 1982;3:511-514.

138. Rager J, Flaig A, Schneider G, Kaiser T, Soldera F, Mücklich F. Oxidation damage of spark plug electrodes. Advanced Engineering Materials. 2005;7(7):633-40.

139. Betterridge W, Heslop J. The nimonic alloys. New York: Crane, Russak & Co.; Cambridge: 1974.

140. Sims CT, Stoloff NS, Hagel WC. Superalloys II. New York: J Wiley; 1987.

141. Reed RC. The superalloys: fundamentals and applications. Cambridge University Press; 2008.

142. Donachie Jr. MJ. Introduction to superalloys. In: Superalloys – source book. Materials Park, OH: ASM International; 1983.

143. Kear BH. Advanced Metals. Scientific American. 1986;255(4):137.

144. Encyclopedia of Crystallographic Prototypes [Internet]. [citado 22 de dezembro de 2020]. Disponível em: http://aflow.org/prototype-encyclopedia/. (Acesso jun 2021).

145. Mehl MJ, Hicks D, Toher C, Levy O, Hanson RM, Hart G, et al. The AFLOW library of crystallographic prototypes: part 1. Computational Materials Science. 2017;136:S1-828.

146. Hicks D, Mehl MJ, Gossett E, Toher C, Levy O, Hanson RM, et al. The AFLOW library of crystallographic prototypes: part 2. Computational Materials Science. 2019;161:S1-1011.

147. Kilian R, Wieling N, Stieding L. Corrosion resistance of SG tubing material Incoloy 800 mod. and Inconel 690 TT. Materials and Corrosion. 1991;42(9):490-6.

148. Davis JR (Editor). ASM Specialty Handbook: Nickel, cobalt, and their alloys. Materials Park, OH: ASM International; 2000;442.

149. Staehle RW, Gorman JA. Quantitative assessment of submodes of stress corrosion cracking on the secondary side of steam generator tubing in pressurized water reactors: part 2. Corrosion. 2004;60(1):5-63.

150. Xu H, Fyfitch S, Hyres JW. Laboratory investigation of PWSCC of CRDM nozzle 3 and its J-groove weld on the Davis-Besse reactor vessel head. In: Proceedings of 12th International Conference on Environmental Degradation of Materials in Nuclear Power Systems–Water Reactors, Warrendale PA: TMS; 2005.

151. Coriou H, Grall L, Le Gall V, Vettier S. Stress corrosion cracking of inconel in high-temperature water. In: 3e Colloque de Métallurgie sur la Corrosion, Saclay,1959 North Holland Publishing, Amsterdam; 1960;161-169.

152. Staehle RW. Historical views on stress corrosion cracking of nickel-based alloys: the Coriou effect. In: Féron D, Staehle RW (Eds.). Stress corrosion cracking of nickel-based alloys in water cooled nuclear reactors. Amsterdam, Elsevier; 2016.

153. Tawancy HM, Herchenroeder RB, Asphahani AI.High-performance Ni-Cr-Mo-W alloys. Journal of Metals – JOM. 1983;35(6):37-43.

154. Lai, GY. High temperature corrosion problems in the process industries. Journal of Metals – JOM. 1985;37(7):14-19.

155. Eiselstein HL, Tillack DJ. The Invention and definition of alloy 625. In: Superalloys 718, 625 and various derivatives (1991) Warrendale PA: TMS; 1991;1-14.

156. Shoemaker LE. Alloys 625 and 725: trends in properties and applications. In: Superalloys 718, 625, 706 and various derivatives (2005) Warrendale PA: TMS; 2005;409-18.

157. Capitanescu D. Alloy 625 weld overlays for offshore and onshore projects. In: Superalloys 718, 625 and various derivatives (1991). Warrendale PA: TMS; 1991;821-35.

158. Schubert F. Temperature and time dependent transformation: application to heat treatment of high temperature alloys. Materials Park, OH: ASM International; 1983.

159. Beardmore P, Davies RG. On the temperature dependence of the flow stress of Nickel-Base alloys. Transactions of the Metallurgical Society of AIME. 1969;245:1537-45.

160. Ro Y, Koizumi Y, Harada H. High temperature tensile properties of a series of nickel-base superalloys on a γ-γ' tie line. Materials Science and Engineering A. 1997;A223:59-63.

161. Murakumo T, Kobayashi T, Koizumi Y, Harada H. Creep behaviour of Ni-base single-crystal superalloys with various γ' volume fraction. Acta Materialia. 2004;52(12):3737-44.

162. Yokokawa T, Harada H, Kawagishi K, Kobayashi T, Yuyama M, Takata Y. Advanced alloy design program and improvement of sixth-generation Ni-base single crystal superalloy TMS-238. In: Tin S, Hardy M, Clews J, Cormier J, Feng Q, Marcin J, et al. (Orgs.). Superalloys 2020 (The Minerals, Metals & Materials Series) Springer, Cham. 2020;122-30.

163. Olson GB. Beyond discovery: design for a new material world. CALPHAD. 2001;25(2):175-90.

164. Niezgoda S, Zhao P, Wang Y. ICME for Creep of Ni-base superalloys in advanced ultra-supercritical steam turbines [Internet]. United States; https://doi.org/10.2172/1601245. jan. 2020 Disponível em: https://www.osti.gov/servlets/purl/1601245. (Acesso jun 2021).

165. Konter M, Thumann M. Materials and manufacturing of advanced industrial gas turbine components. Journal of Materials Processing Technology. 2001;117:386-90.

166. Sato J, T. Omori, K. Oikawa, I. Ohnuma, R. Kainuma, K. Ishida. Cobalt-base high-temperature alloys. Science. 2006;312(5770):90-1.

167. Kobayashi S, Tsukamoto Y, Takasugi T, Chinen H, Omori T, Ishida K, et al. Determination of phase equilibria in the Co-rich Co-Al-W ternary system with a diffusion-couple technique. Intermetallics. 2009;17(12):1085–9.

168. Suzuki A, Inui H, Pollock TM. $L1_2$-strengthened Cobalt-base superalloys. Annual Review of Materials Research 2015;45(1):345-68.

169. Nithin B, Samanta A, Makineni SK, Alam T, Pandey P, Singh AK, et al. Effect of Cr addition on γ–γ′ cobalt--based Co–Mo–Al–Ta class of superalloys: a combined experimental and computational study. Journal of Materials Science. 2017;52(18):11036-47.

170. Makineni SK, Nithin B, Chattopadhyay K. Synthesis of a new tungsten-free γ–γ′ cobalt-based superalloy by tuning alloying additions. Acta Materialia. 2015;85:85-94.

171. Zhang X, Chen Y, Hu J. Recent advances in the development of aerospace materials. Progress in Aerospace Sciences. 2018;97:22-34.

172. Brick RM, Pense AW, Gordon RB. Structure and properties of engineering materials. Tokio: Mc Graw Hill; 1977.

173. Eylon D, Fujishiro S, Postans PJ, Froes FH. High-temperature titanium alloys – a review. Journal of Metals – JOM, 1984;36(11);55-62.

174. Kothari K, Radhakrishnan R, Wereley NM. Advances in gamma titanium aluminides and their manufacturing techniques. Progress in Aerospace Sciences. 2012;55:1-16.

175. ASTM B381-13(Reapproved 2019) Standard specification for titanium and titanium alloy forgings. West Conshohocken, PA: ASTM International; 2019.

176. Veiga C, Davim JP, Loureiro AJR. Properties and applications of titanium alloys: a brief review. Reviews on Advanced Materials Science. 2012;32:133-48.

177. Lemaignan C, Motta AT. Zirconium alloys in nuclear applications. In: Frost BRT (Org.). Nuclear Materials, Weinheim, Germany: VCH; 1994;2:1-51.

178. Lemaignan C. Science Des Matériaux Pour Le Nucléaire (Génie Atomique). Institut National des Sciences et Techniques Nucléaires (INSTN) (France) – EDP Sciences; 2004.

179. Colas KB, Motta AT, Daymond MR, Almer JD. Effect of thermo-mechanical cycling on zirconium hydride reorientation studied in situ with synchrotron X-ray diffraction. Journal of Nuclear Materials. 2013;440(1-3):586-95.

180. Mahan B. University Chemistry. Reading, MA: Addison-Wesley; 1965.

181. Xu L, Xiao Y, van Sandwijk A, Xu Q, Yang Y. Production of nuclear grade zirconium: a review. Journal of Nuclear Materials. 2015;466:21-8.

182. Bull A. The future of nuclear power – materials challenges. London, BNFL; 2005.

183. Motta AT, Couet A, Comstock RJ. Corrosion of Zirconium alloys used for nuclear fuel cladding. Annual Review of Materials Research. 2015;45(1):311-43.

184. Sabol G, Comstock R, Weiner R, Larouere P, Stanutz R. Reactor corrosion performance of ZIRLO™ and zircaloy-4. In: Garde A, Bradley E (Orgs.). Zirconium in the Nuclear Industry: Tenth International Symposium, West Conshohocken, PA, ASTM International; 1994;724-724-21.

185. Lyakishev NP, alii et. Niobium in steels and alloys. São Paulo, SP: CBMM; 1984.

186. Balliett RW, Coscia M, Hunkeler FJ. Niobium and tantalum in materials selection. Journal of Metals – JOM, 1986;38(9):25-27.

187. Wilkinson WD. Properties of refractory metals. New York: Gordon and Breach Sci. Publ.; 1969.

188. CBMM. Nióbio – características, aplicações e consumo. São Paulo: CBMM; 1990.

189. Packer CM. Overview of silicide coatings for refractory metals. In: Grobstein T, Doychak J (Eds.), Oxidation of high temperature intermetallics. Warrendale PA: TMS; 1989;235.

190. Branício PS. Introdução à supercondutividade, suas aplicações e a mini-revolução provocada pela redescoberta do MGB_2: uma abordagem didática. Revista Brasileira de Ensino de Física. 2001;23(4):381-90.

191. Heisterkamp F, Carneiro T (2001, December). Niobium: Future possibilities technology and the market place. In Proceedings of the International Symposium, Niobium, Orlando, FL, 2001;2-5.

192. Condliff AF. Applications for Zirconium and Columbium Alloys. Journal of Metals – JOM 1986;38:15-19.

193. El-Genk MS, Tournier J-M. A review of refractory metal alloys and mechanically alloyed-oxide dispersion strenghtened steels for space nuclear power systems. Journal of Nuclear Materials. 2005;340:93-112.

Processos de elaboração de aços

8.1 INTRODUÇÃO

O ferro é um dos elementos mais abundantes da crosta terrestre (Figura 8.1) e as ligas de ferro são o material metálico mais consumido no mundo, há décadas. A metalurgia extrativa do ferro se desenvolveu dramaticamente ao longo dos últimos séculos. A partir da obtenção de gusa líquido em alto-forno e, posteriormente, do desenvolvimento de processos de refino do aço líquido no século XIX, o aço assumiu posição de destaque entre os materiais metálicos.

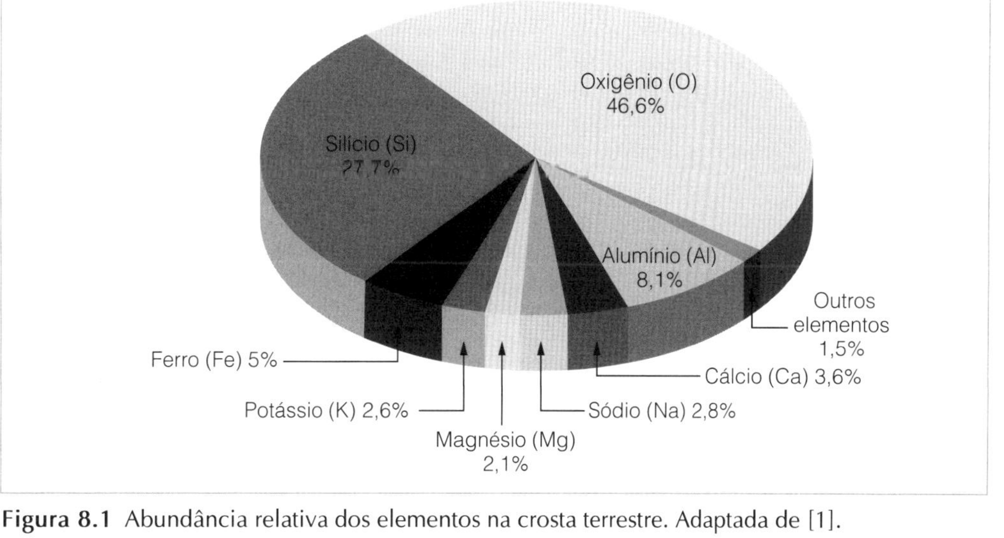

Figura 8.1 Abundância relativa dos elementos na crosta terrestre. Adaptada de [1].

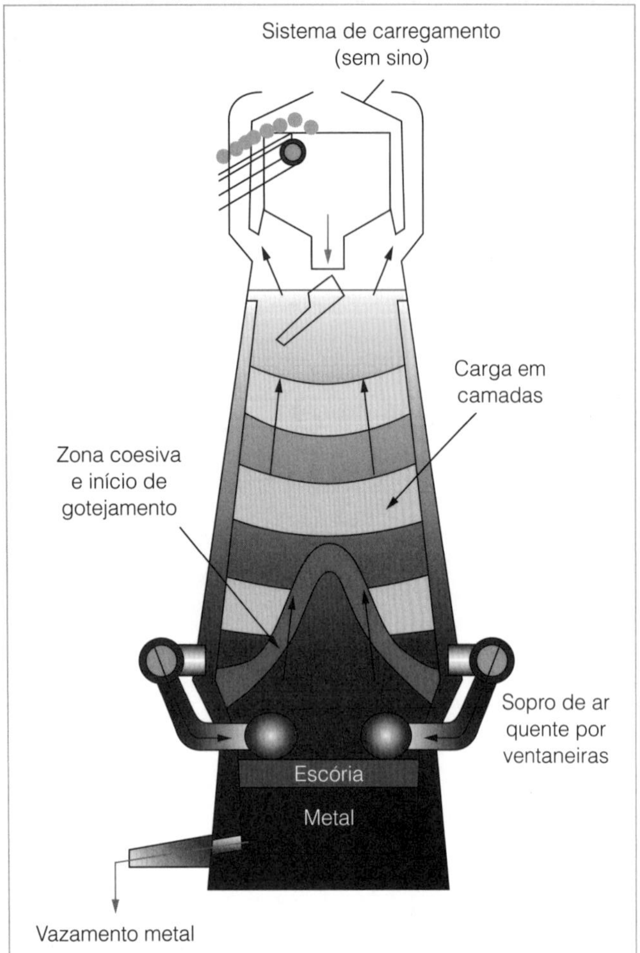

Figura 8.2 Esquema de um alto-forno, em corte. Adaptada de [8].

Todavia, embora este roteiro seja bem desenvolvido e estabelecido, apresenta interessantes complexidades sob o aspecto termodinâmico, de composição química e ambiental, como será discutido neste capítulo. O desafio de produzir na ordem de 1800 Mt/ano (produção mundial em 2018 [3]) de aços contendo pelo menos cinco elementos controlados em níveis de precisão de até dezenas de ppm (partes por milhão em peso), a custos razoáveis e a temperaturas nas quais os revestimentos dos equipamentos terminam por participar dos processos, faz desta, possivelmente, uma das indústrias químicas mais avançadas atualmente [4,5].

Entre as diversas matérias-primas necessárias à produção de ferro e aço, a mais importante é o minério de ferro, tanto em quantidade como em custo.

O ferro ocorre, na natureza, sob diversas formas de minerais. Entretanto, apenas algumas destas têm valor comercial como fontes de ferro. Entre elas, os minerais formados por óxidos de ferro representam a grande maioria das fontes de ferro para a indústria siderúrgica. São eles [6]:

- Magnetita (Fe_3O_4) – corresponde a aproximadamente 72% Fe/28% O em peso, de coloração cinza-escura a preta e densidade de 5,16 g/cm^3. É altamente magnética, facilitando a separação de resíduos indesejáveis do minério (ganga). A magnetita é minerada principalmente na Suécia e na Rússia e tem a vantagem da facilidade de concentração decorrente de suas propriedades magnéticas;
- Hematita (Fe_2O_3) – corresponde à composição aproximada de 70% Fe/30% O em peso: sua coloração varia de cinzenta a avermelhada, tendo densidade de 5,26 g/cm^3. É o minério de maior emprego na siderurgia, sendo o Brasil um dos maiores produtores mundiais.

Em muitas jazidas, há certa proporção de material friável, que se desagrega facilmente, produzindo finos que não podem ser usados diretamente no alto-forno ou nos processos de redução. Também na moagem e classificação da hematita e na sua concentração, ocorre a formação de finos. A existência desses finos ocasionou o desenvolvimento dos processos de aglomeração de minério: sinterização e pelotização. As vantagens decorrentes do uso desses aglomerados no alto-forno, tais como controle da permeabilidade, uniformidade de reatividade, alto rendimento etc. transformaram estes materiais nos preferidos para a carga dos modernos altos-fornos.

Os óxidos de ferro precisam ser quimicamente reduzidos para que se obtenha o ferro metálico (redução: $Fe^{+3} + 3\ e^- \rightarrow Fe$ ou $Fe_2O_3 + 3\ C \rightarrow 2\ Fe + 3\ CO$). Atualmente, há duas técnicas mais importantes para a redução do minério de ferro: o alto-forno, produzindo gusa líquido,[1] e a redução direta. Embora os processos de produção de aço em um único reator, a partir do minério de ferro, sejam interessantes e motivo de constante pesquisa, até o início do século XXI somente um processo, o COREX, opera comercialmente [7].

As usinas siderúrgicas que produzem aço a partir da redução do minério e refino do gusa líquido são chamadas usinas integradas.

8.2 A PRODUÇÃO DE FERRO-GUSA – O ALTO-FORNO

Os primeiros registros da extração do ferro de seus minérios datam da era pré-histórica. Entretanto,

1 Processos alternativos ao alto-forno, como COREX®, que produz metal líquido equivalente ao gusa, vêm sendo desenvolvidos nas últimas décadas [7].

somente após o século XIV foram desenvolvidos fornos capazes de reduzir o óxido de ferro a ferro metálico, e também o fundir, de modo que o produto metálico pudesse ser retirado do forno na forma líquida com facilidade e, adicionalmente, fundido nas formas desejadas. Dois fatores contribuíram para que se conseguisse produzir metal líquido: em primeiro lugar, o aumento das dimensões dos fornos de redução e o uso de carvão ou coque como redutor e combustível melhoram a eficiência térmica, permitindo a elevação da temperatura no interior do forno. Paralelamente, a presença de grandes quantidades de carbono no interior do forno permite que o ferro dissolva uma elevada quantidade desse elemento, reduzindo significativamente o ponto de fusão do metal (ver o diagrama Fe-C no Capítulo 1). Ainda que excessivamente rico em carbono para a maior parte das aplicações e, portanto, com propriedades um tanto limitadas, a disponibilidade de gusa ou ferro fundido em grandes quantidades viabilizou o progresso da fundição ferrosa e incentivou o desenvolvimento de processos de refino para obter aço a partir destas ligas de ferro-carbono.

Os equipamentos desenvolvidos com o fim de produzir ferro metálico líquido por meio da redução do minério pelo carbono são os chamados altos-fornos. É importante ter em mente, portanto, que o alto-forno, com sua alta eficiência e produtividade, é o resultado de mais de 500 anos de evolução tecnológica.

8.2.1 O FERRO-GUSA

O ferro-gusa é a forma intermediária pela qual passa praticamente todo o ferro usado na produção primária do aço (exceção importante são os produtos de Redução Direta). Além desse emprego, o ferro-gusa pode ser empregado em fundições para a produção de fundidos de ferro.

Genericamente, o ferro-gusa tem composição química situada nas seguintes faixas:

- Carbono 3,5 a 4,5%;
- Silício 0,3 a 2%;
- Enxofre 0,01 a 0,1%;
- Fósforo 0,05 a 2%;
- Manganês 0,5 a 2%.

8.2.2 O ALTO-FORNO

A Figura 8.2 mostra, esquematicamente, o corte de um alto-forno. Nesse processo, são carregados, alternadamente, em camadas, pelo topo: minério de ferro (e/ou pelotas ou sínter), coque (combustível e redutor) e fundente (calcário e/ou dolomita). Por meio de penetrações na parte inferior do forno, chamadas "ventaneiras", ar quente e/ou enriquecido com oxigênio é injetado. Em altos-fornos modernos, carvão pulverizado (e, eventualmente, óleo ou gás combustível) pode também ser injetado pelas ventaneiras para complementar as necessidades de combustível e redutor. O ar soprado pelas ventaneiras queima parte do coque e o combustível injetado para fornecer calor às reações químicas e para fusão do ferro, enquanto o resto do coque e o CO formado na queima participam da remoção do oxigênio combinado com o metal nas reações de redução. Ocorrendo a redução do minério, o metal líquido goteja e é coletado no cadinho, no fundo do forno.

O alto-forno é, portanto, um complexo reator químico que envolve três fases em contracorrente: gás, sólido e líquido. A fase sólida, por sua vez, é uma mistura de diferentes materiais, com diferentes características físicas

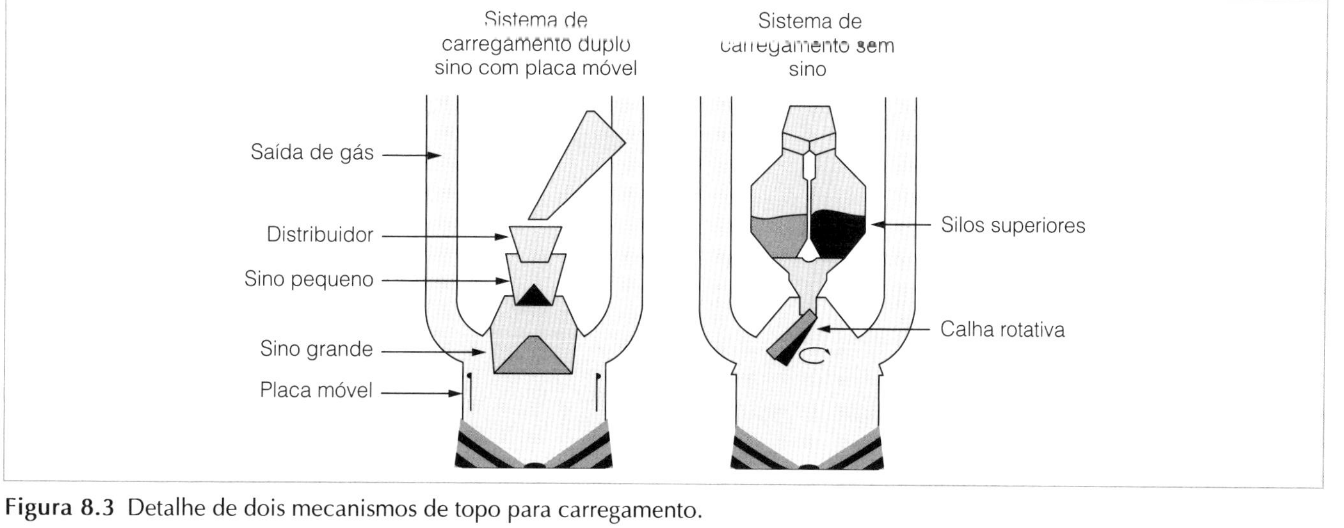

Figura 8.3 Detalhe de dois mecanismos de topo para carregamento.

e químicas. Em um forno de cerca de 30 m de altura, por exemplo, o tempo de residência do gás varia de 1 a 5 s, enquanto o dos sólidos, de 6 a 7 horas [9]. Mudanças na carga, portanto, podem demorar a se refletir no gusa vazado, o que torna o controle do processo bastante complexo, e a eficiência na troca de calor e nas reações gás-sólido é essencial para garantir o aproveitamento do gás gerado nas ventaneiras.

Uma das variáveis críticas para operação eficiente do alto-forno é, portanto, a permeabilidade no interior do forno. Como a carga sólida tem grande importância na definição da permeabilidade, é necessário observar e controlar:

a) as características dos materiais carregados (tamanho e comportamento no interior do forno);

b) o modo de carregamento para garantir distribuição o mais uniforme possível;

c) as alterações físico-químicas que esses materiais sofrem, à medida que "descem" pelo interior do alto-forno, participando das reações químicas inerentes ao processo.

O controle do escoamento dos gases exige que a pressão no interior do alto-forno seja controlada. Além disso, a maior parte dos altos-fornos opera à pressão acima de 1 atm, o que é vantajoso do ponto de vista termodinâmico. Para manter a pressão interna, empregavam-se os sistemas tradicionais de dois cones, com abertura alternada. Para obter distribuições mais uniformes da carga, sistemas com silos intermediários e um distribuidor giratório foram desenvolvidos na década de 1970 [10]. Este sistema, corretamente controlado, é capaz de colocar o material em posição predefinida no topo da carga do forno, pelo conhecimento da sua trajetória da queda, prevista em função de densidade e granulometria [11]. Os fornos que operam com sistema de duplo cone, em geral, dispõem de um anteparo regulável ou placa móvel que melhora a distribuição do material carregado. Tal controle permite a operação estável do forno [8] (Figura 8.3).

Os processos que ocorrem no interior do alto-forno são complexos e só foram corretamente compreendidos depois de um extenso programa de "congelamento" de altos-fornos, iniciado no Japão, que permitiu analisar o estado das diferentes reações no interior do forno [12].

O balanço energético do alto-forno é, normalmente, ajustado de modo a atender às necessidades da usina integrada, considerando os custos relativos dos combustíveis e produtos. Enquanto no começo da década de 1970 grandes quantidades de óleo combustível eram injetadas para reduzir o consumo específico de coque, o aumento dos preços do petróleo resultou na seleção de outras fontes de energia. Paralelamente, observou-se que o gás gerado pelo alto-forno tem um importante potencial econômico como combustível. O aumento dos custos do coque e as pressões ambientais sobre as operações de coquerias fomentaram o uso da injeção de carvão pulverizado (*Pulverized Coal Injection* – PCI). Atualmente, o balanço energético do alto-forno leva em conta não só as necessidades do processo, mas, no caso de usinas integradas, o valor do gás combustível gerado para o balanço energético da usina. A Figura 8.4 apresenta um balanço energético simplificado para o alto-forno e seus regeneradores e a Figura 8.5 mostra a evolução do consumo específico de energia na produção de gusa no alto-forno. Também do ponto de vista energético, é evidente que o alto-forno evoluiu significativamente (Figura 8.5).

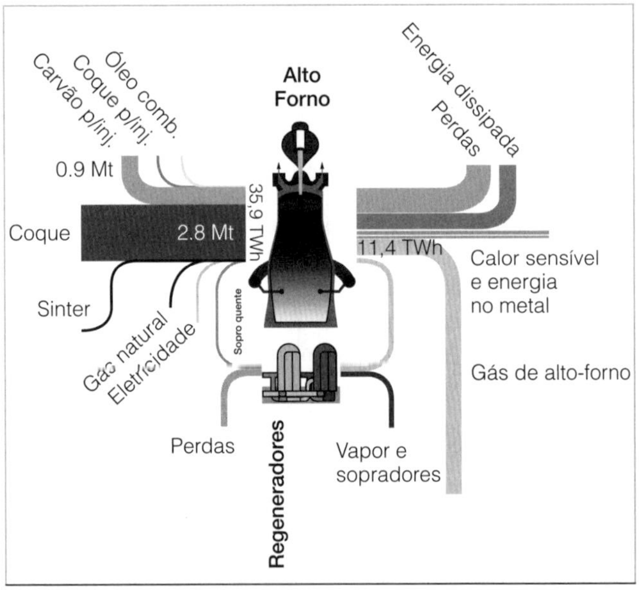

Figura 8.4 Balanço de energia para o processo de alto-forno e seus regeneradores, dados da Inglaterra em 2009. A largura das barras é proporcional à quantidade de energia. Adaptada de [13].

As proporções dos materiais empregados variam em função da prática operacional. A Figura 8.6 mostra um balanço para a produção de 1 t de gusa usando sínter autofluxante e pelotas, enquanto a Figura 8.7 mostra o balanço para a produção de 1 mol de Fe no gusa em uma operação norte-americana [15].

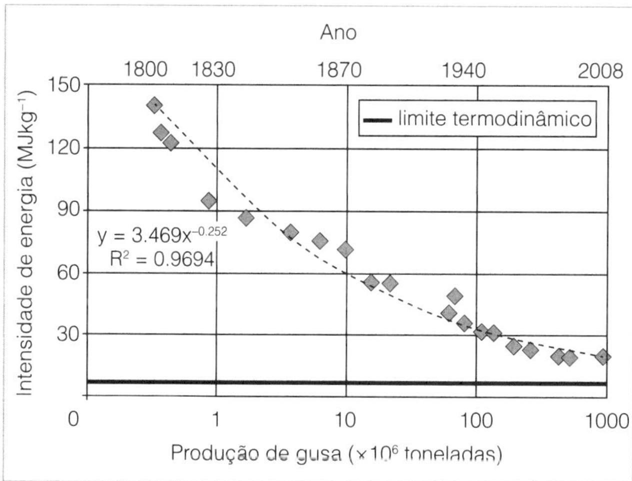

Figura 8.5 Evolução do consumo específico de energia para a produção de 1 kg de gusa no alto-forno ao longo do tempo (eixo superior). No eixo inferior, é apresentada a produção mundial de gusa, a cada ano. Adaptada de [2] e de dados compilados por [14].

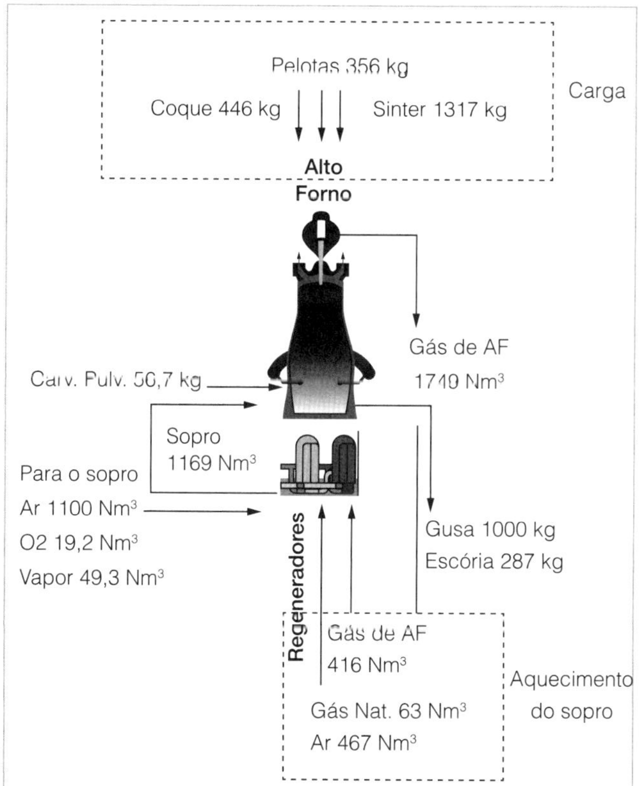

Figura 8.6 Balanço de massa simplificado para a produção de 1 t de gusa em alto-forno operado convencionalmente, no Japão[2]. Adaptada de [16].

[2] É comum, industrialmente, indicar a quantidade de gás em volume. Como a quantidade (massa) de gás em determinado volume depende da pressão e da temperatura, é preciso fixar essas condições. Em aciaria, usam-se as Condições Normais de Temperatura e Pressão (CNTP) e indica-se o volume em Nm^3, "normais metros cúbicos".

Na Figura 8.6 pode-se observar que há um saldo significativo de gás de alto-forno, que é normalmente usado para aquecimento em diversas aplicações na usina, por conter alto teor de CO.

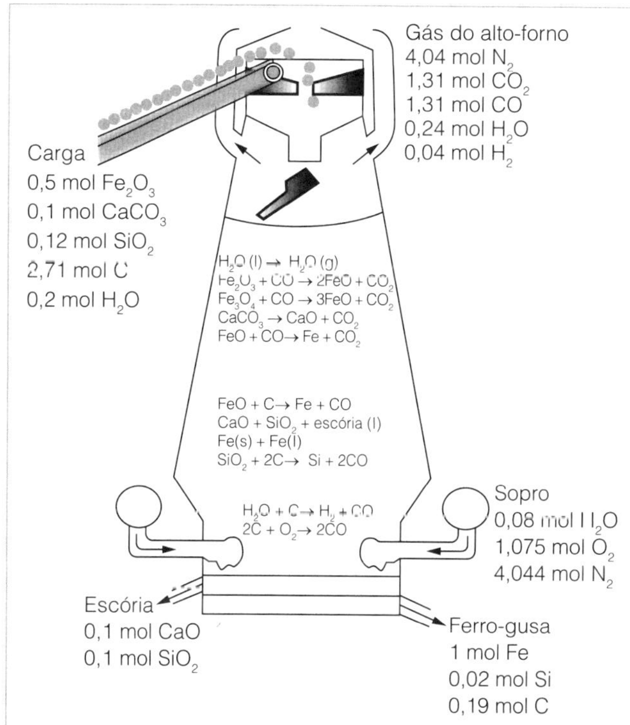

Figura 8.7 Balanço de massa típico de um alto-forno. Adaptada de [15,16].

A tecnologia de redução evolui constantemente, resultando em aprimoramentos da eficiência do equipamento. O custo dos carvões coqueificáveis, o impacto ambiental das coquerias e a busca de eficiência máxima levaram diferentes países a diferentes formas de operação quanto ao uso de redutores. De forma geral, a quantidade total de redutores caiu significantemente nas últimas décadas, e a injeção de carvão pulverizado substitui em maior ou menor escala o coque (Figuras 8.8 e 8.9).

Como o alto-forno é um equipamento cuja produtividade cresce com a capacidade, a tendência é de se utilizarem equipamentos cada vez maiores, na faixa de 5 a 10 Mt/ano, com produtividade da ordem de 2-2,4 t gusa/m^3/dia [17]. Volumes de 2500 a 5500 m^3 são típicos [17,18]. Ao mesmo tempo, a quantidade de equipamentos auxiliares e periféricos envolvidos na instalação e operação de um alto-forno é bastante grande, incluindo pátio de matérias-primas, coqueria, sistemas de carregamento, trocadores de calor-regeneradores (*cowpers*), gasômetros, sinterização etc. Tais sistemas envolvem elevados investimentos, com amortização em mais de 20 anos.

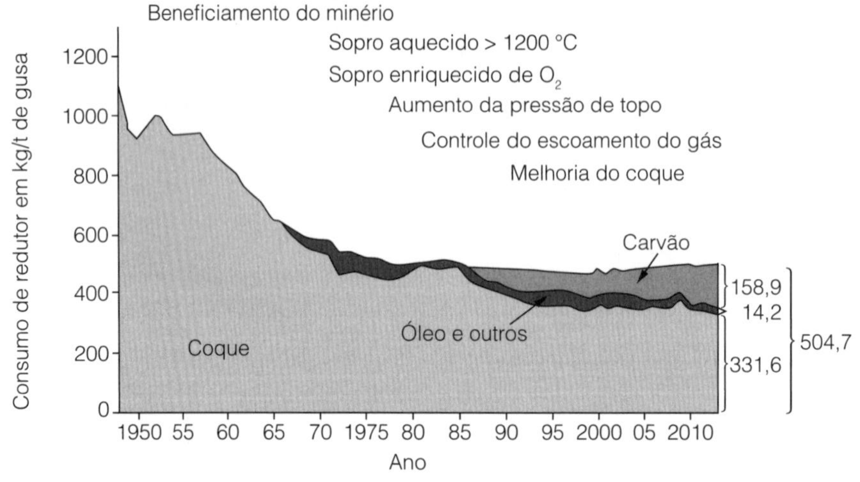

Figura 8.8 Evolução do consumo de redutores em altos-fornos na Alemanha e passos importantes na evolução tecnológica do processo do alto-forno. Adaptada de [9].

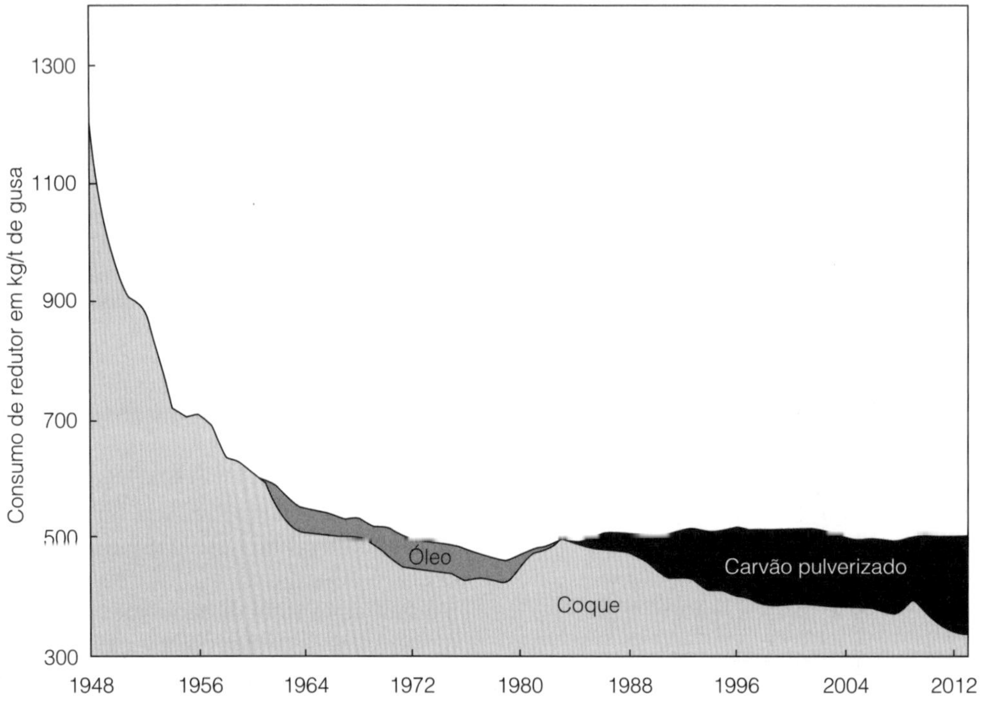

Figura 8.9 Evolução de consumo de redutores em altos-fornos japoneses. Adaptada de [17].

No Brasil, produz-se quantidade significativa de gusa empregando o carvão vegetal como redutor. Em função das propriedades físicas desse redutor, os altos-fornos a carvão vegetal não atingem as mesmas dimensões que os fornos que empregam coque produzido a partir de carvão mineral. Uma parcela importante da produção de gusa com carvão vegetal no Brasil não é integrada, isto é, realiza-se em instalações dedicadas apenas à produção de gusa.

8.2.2.1 Reações no processo do alto-forno

A análise das reações que ocorrem no processo do alto-forno é realizada pela termodinâmica metalúrgica e pela cinética química. A seguir, é apresentada uma análise simplificada dessas reações. Uma análise detalhada pode ser encontrada em [8,9,19].

8.2.2.2 Produção de calor e redução do ferro

Quando os materiais de carga e o coque são carregados no topo do alto-forno, eles são pré-aquecidos pelos gases quentes que sobem pela coluna. Assim, quando o coque atinge a porção inferior do forno, entrando em contato com o ar quente insuflado pelas ventaneiras, ele queima com grande intensidade, em conjunto com o carvão pulverizado injetado. Nas temperaturas existentes nessa região (> 1500 °C), o CO_2 não é estável em presença de um excesso de carbono, como mostra a Figura 8.10, sendo a reação de oxidação expressa por:

$$C + 1/2\ O_2 = CO \qquad \text{(Eq. 8.1)}$$

No caso do carvão injetado, essa oxidação se completa a uma distância muito pequena das ventaneiras (1 a 3 m) [15] em tempos extremamente curtos, da ordem de 5 ms [8]. Os processos que o carvão injetado sofre incluem, neste curto espaço de tempo: evaporação da umidade, aquecimento, gaseificação dos voláteis, ignição e oxidação dos voláteis e ignição e oxidação do sólido [8]. A oxidação das diversas fontes de carbono não apenas produz o calor necessário ao processo, como produz um dos importantes redutores do processo, o monóxido de carbono (CO). Esse gás redutor flui para cima, no forno, em correntes que exercem pressão contra o minério que desce. À medida que esse gás troca calor com o minério que desce, reações de redução ocorrem entre o minério e o gás.

Várias reações de redução no estado sólido (reações gás-sólido) podem ocorrer durante a descida da carga, como listadas a seguir. O equilíbrio termodinâmico impede que todo o CO seja consumido:

$$3Fe_2O_3 + CO = 2Fe_3O_4 + CO_2$$

$$1/2\ Fe_2O_3 + 3/2\ CO = Fe + 3/2\ CO_2$$

$$4\ Fe_3O_4 + 4\ CO = 12\ FeO + 4\ CO_2 \qquad \text{(Eq. 8.2)}$$

$$1/3\ Fe_3O_4 + 4/3\ CO = Fe + 4/3\ CO_2$$

$$FeO + CO = Fe + CO_2$$

O equilíbrio entre carbono, CO e CO_2 a cada temperatura é representado pela Equação 8.3.

$$CO_2 + C = 2CO \qquad \text{(Eq. 8.3)}$$

A relação entre as pressões de CO e de CO_2 fixa, também, a pressão parcial (ou potencial químico) do oxigênio no sistema pela Equação 8.4.

$$CO + 1/2O_2 = CO_2 \qquad \text{(Eq. 8.4)}$$

O equilíbrio no sistema Fe-O pode ser definido, a cada temperatura, pelo potencial químico (ou pressão parcial) do oxigênio. Este potencial é definido pela relação entre CO e CO_2, em função da Equação 8.4. Assim, em um mesmo gráfico, é possível visualizar o equilíbrio do sistema Fe-O-C a pressão constante. As condições de equilíbrio entre Fe-O-C, em função da temperatura, a 1 atm, são apresentadas na Figura 8.10.

Como o gás deixa o forno ainda rico em CO, tem excelente valor como combustível.

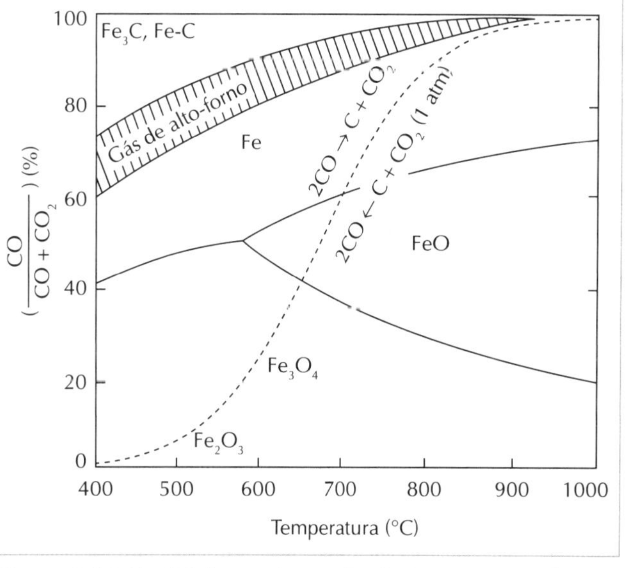

Figura 8.10 Equilíbrio no sistema Fe-O-C, pressão total 1 atm. As misturas com alta relação CO/($CO + CO_2$) coexistem com Fe metálico, isto é, são capazes de reduzir os óxidos de ferro. A linha tracejada representa o equilíbrio da reação $CO_2 + C = 2CO$. Para uma certa temperatura, se a relação CO/($CO + CO_2$) é superior aos valores de equilíbrio (da linha), existe C presente, em equilíbrio no sistema. Quando a relação é inferior ao valor de equilíbrio, todo o carbono é consumido. A linha sólida mostra as regiões em que as diferentes fases do sistema Fe-O são estáveis (no canto superior esquerdo há uma pequena região em que a cementita Fe_3C, é estável). Adaptada de [20].

A umidade do ar soprado e os hidrocarbonetos presentes no carvão injetado estabelecem, no gás, o equilíbrio:

$$C + H_2O = CO + H_2 \qquad \text{(Eq. 8.5)}$$

Assim, hidrogênio também está disponível para atuar como redutor. A Figura 8.10 poderia ser desenhada para o sistema F-O-H apresentando o potencial químico do oxigênio por meio da relação H_2/H_2O em virtude da Equação 8.6.

$$H_2 + 1/2O_2 = H_2O \qquad \text{(Eq. 8.6)}$$

A produção de aço por intermédio do roteiro que envolve o alto-forno gera de 1,8 a 2,2 kg CO_2/kg aço [2]. Como o volume de aço produzido no mundo é muito elevado, isso resulta em uma contribuição significativa para a quantidade de CO_2 gerado em processos industriais. Na produção mundial de materiais, o aço é responsável por cerca 32% do CO_2 produzido, enquanto cimento (28%) e alumínio (31%) representam as outras grandes parcelas. Na metodologia aceita atualmente, é computado todo o carbono usado na produção, incluindo, por exemplo, carvão, óleo e gás usados na produção da energia elétrica consumida no processo [21]. O aço representa, assim, 6% da produção antropogênica de CO_2, atualmente [22]. Assim, desde a década de 2010, há um esforço significativo de aumentar o uso de hidrogênio no alto-forno. O aumento do teor de hidrogênio no gás de coqueria [23] e a injeção de hidrogênio adicional são caminhos possíveis [24,25], cuidando, evidentemente, para que a produção deste hidrogênio não envolva a queima de combustíveis fosseis.

O óxido de ferro não reduzido nas regiões mais altas do forno será reduzido na porção inferior, a mais alta temperatura, em que o CO_2 não é estável, portanto:

$$FeO + CO = Fe + CO_2$$

$$CO_2 + C = 2CO \qquad \text{(Eq. 8.7)}$$

ocorre em sequência, resultando em:

$$FeO + C = Fe + CO \qquad \text{(Eq. 8.8)}$$

A reação descrita pela Equação 8.7 é a chamada "reação de Boudoard", ou "gaseificação endotérmica do carbono".

A Figura 8.11 exibe uma representação simplificada das etapas de redução e da temperatura ao longo da altura do forno.

A Figura 8.12 apresenta resultados de modelamento matemático de um alto-forno indicando o progresso das reações de redução, à medida que a carga desce no interior do forno, comparada com resultados de medidas reais em alto-forno "congelado".

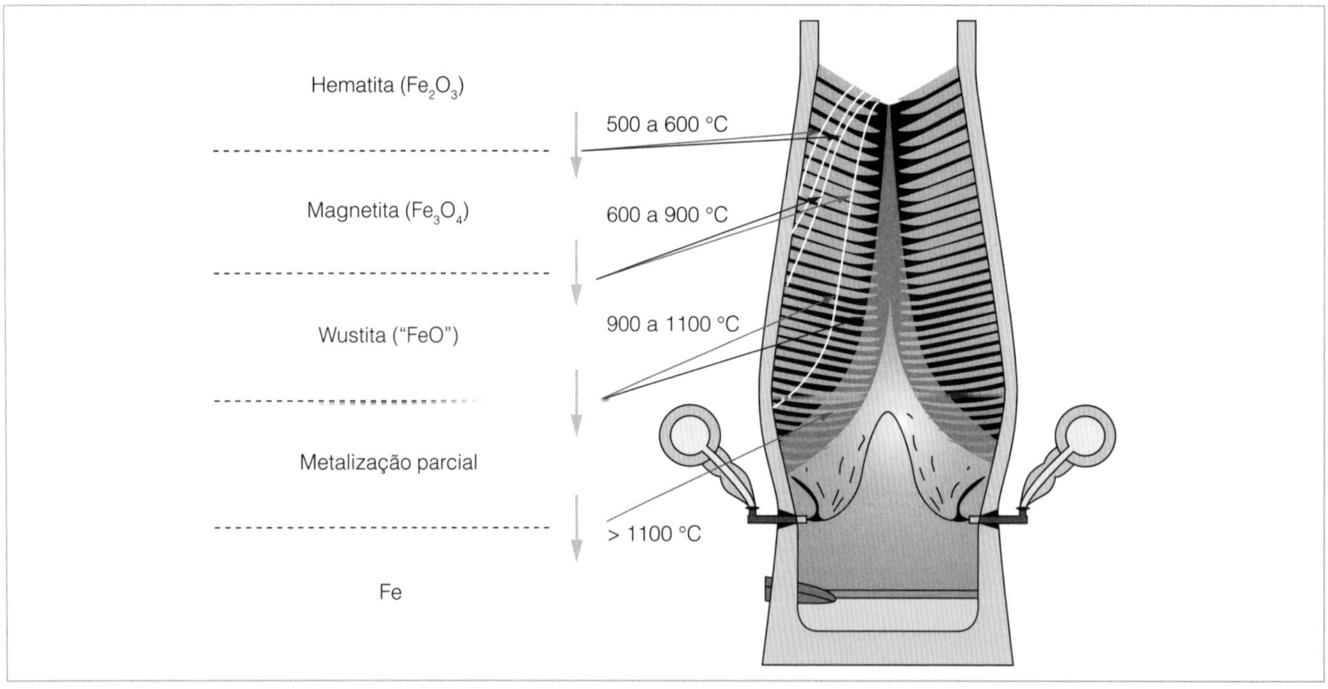

Figura 8.11 Representação esquemática simplificada da sequência de redução e da temperatura no interior do alto forno. Adaptada de [8].

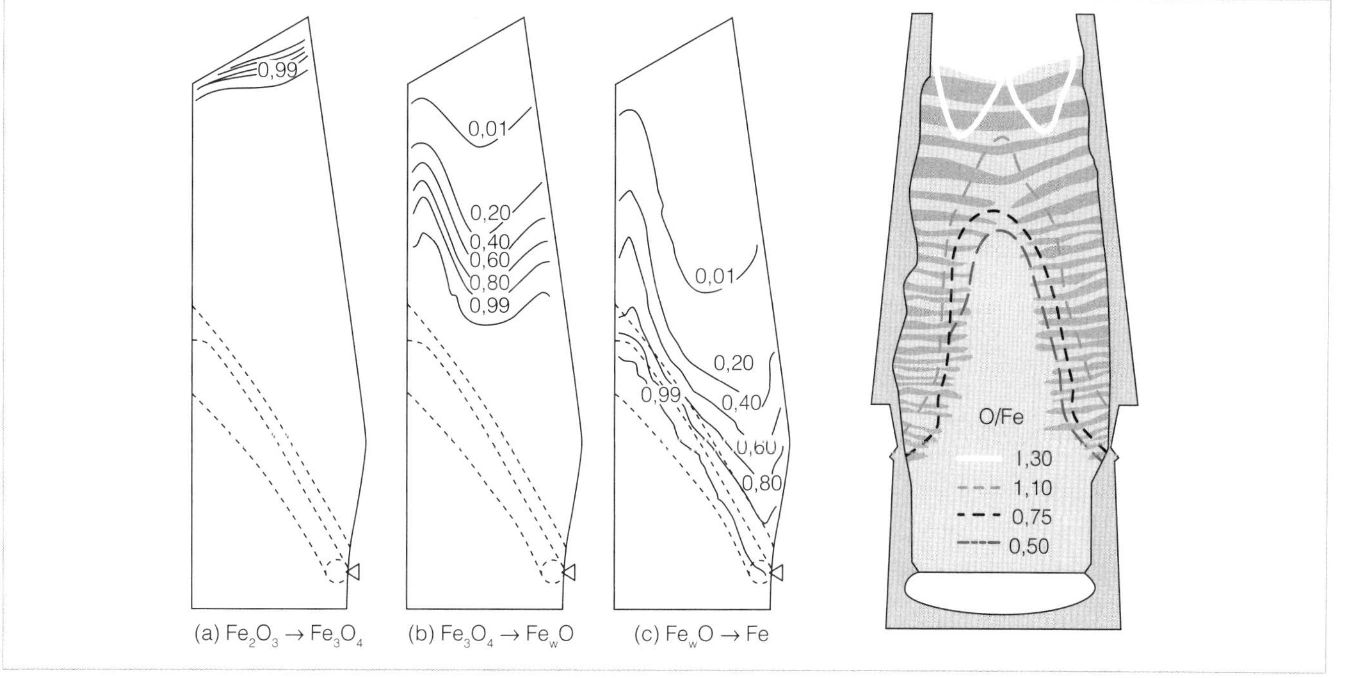

Figura 8.12 (a) Progresso (em fração de óxido reduzido) da redução dos óxidos de ferro no interior de um alto-forno. A redução da hematita para magnetita completa-se rapidamente. A redução para ferro metálico marca a zona de gotejamento do alto-forno. Adaptada de [7]. A fração de redução de 0,99 para um dado óxido corresponde a 99% deste óxido já reduzido para o próximo estado de oxidação. (b) O grau de oxidação expresso pela relação O/Fe no interior do Alto-Forno. Adaptada de [8,12].

Uma maneira simplificada de apresentar a estabilidade dos óxidos puros e visualizar a dificuldade de redução destes óxidos é empregar a energia livre de Gibbs de formação do óxido puro à temperatura de interesse, a partir dos elementos em seu estado puro a 1 atm $\left(\Delta G_f^0(T)\right)$. Esta variação de energia livre é por vezes chamada "energia livre padrão de formação". Variações negativas representam reações espontâneas. Quanto maior a magnitude da variação negativa, tanto mais estável é o óxido. Assim, mantida a quantidade de oxigênio constante para a formação de cada óxido, é possível comparar, em um gráfico, os valores de $\Delta G_f^0(T)$ para os diferentes óxidos. Se o óxido e o metal estão em seu estado puro, é possível mostrar que a pressão parcial de oxigênio em equilíbrio com óxido e metal é dada pela Equação 8.9:

$$\Delta G_f^0(T) = RT\ln p_{O_2} \qquad \text{(Eq. 8.9)}$$

Pressões de oxigênio (ou potencial químico de oxigênio) inferiores a esta, a temperatura em questão, tornam o óxido puro instável e viabilizam sua redução para o metal puro. Esta representação foi concebida por Ellingham [26] e aprimorada por Richardson e é denominada "diagrama de Ellingham-Richardson" [27]. Para maiores informações sobre o diagrama, consulte textos básicos de termodinâmica metalúrgica como [28-30].

No diagrama de Ellingham-Richardson, tem-se, para cada óxido puro, o valor da energia livre de formação a cada temperatura. Como, pela Equação 8.9, cada valor de $\Delta G_f^0(T)$ corresponde, também, a uma pressão parcial (ou atividade) de oxigênio, é possível traçar, no gráfico, os potenciais de oxigênio dentro do alto-forno, por exemplo. Como o ambiente do forno tem sempre excesso de carbono (saturação) à alta temperatura, o potencial de oxigênio é definido aproximadamente pelo equilíbrio com o carbono, como mostra a Figura 8.13.

A presença de grandes quantidades de carbono no forno e a alta solubilidade deste elemento no ferro líquido (diagrama Fe-C, Capítulo 1) são responsáveis pelo alto teor de carbono e consequente redução do ponto de fusão do ferro (desde 1535 °C para o ferro puro até 1153 °C para o eutético com a grafita, composição próxima à do gusa).

Um dos principais motivos pelos quais não se obtinha ferro líquido antes do século XIV é justamente o fato de que os fornos eram pequenos demais e operavam a temperaturas muito baixas para permitir suficiente absorção de carbono pelo ferro, de modo a reduzir seu ponto de fusão até a temperatura máxima do forno.

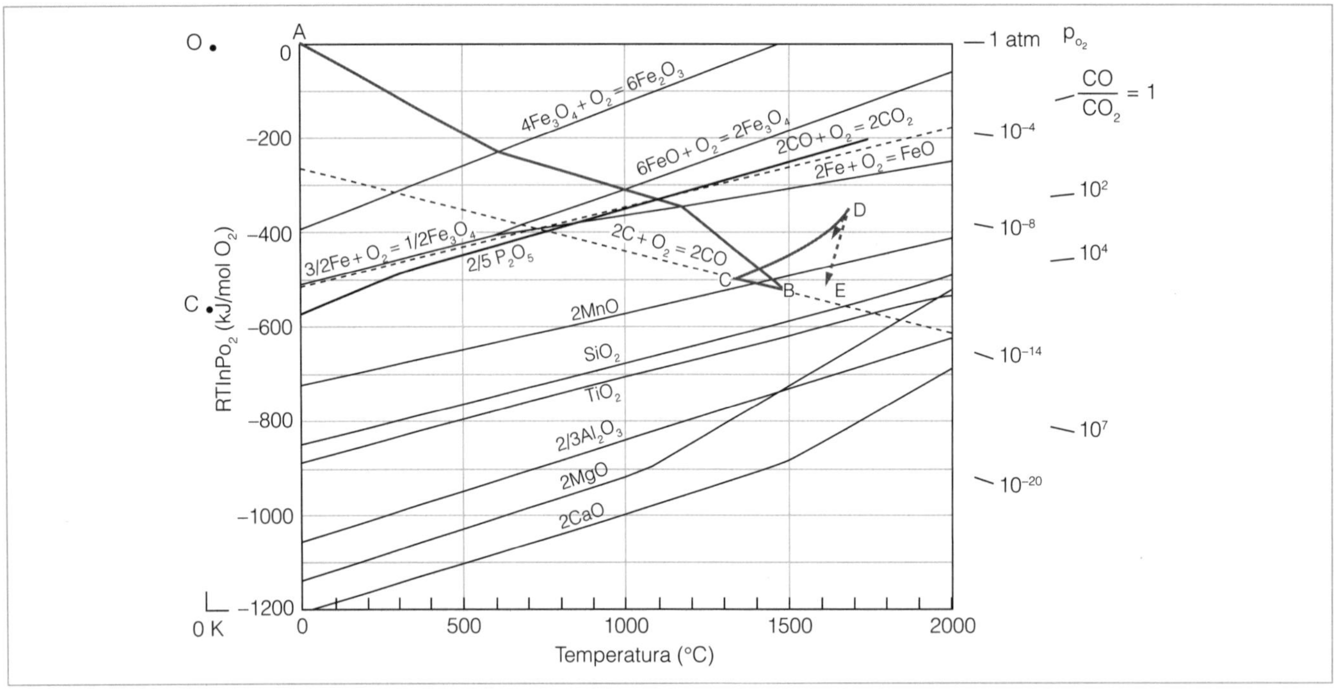

Figura 8.13 Diagrama de Ellingham-Richardson para óxidos. Cada linha corresponde à variação de energia livre de formação do óxido indicado, quando 1 mol de O_2 reage. Os óxidos mais "abaixo" no diagrama são os óxidos mais estáveis termodinamicamente. A linha de A a B representa, aproximadamente, a variação do potencial de oxigênio no interior do alto-forno, à medida que a temperatura aumenta (ou nos aproximamos do cadinho). O ponto B representa o potencial de oxigênio no gusa saturado com carbono a cerca de 1450 °C. Se o gusa sofre pré-tratamento, para de-S, por exemplo, continua saturado em carbono e a temperatura é reduzida até o ponto C, na Figura. Na aciaria (como será visto no item 8.4), o teor de carbono precisa ser diminuído. Isso é feito por oxidação, como mostra a linha C-D. Concluído o refino, é preciso diminuir a quantidade de oxigênio dissolvido no aço, com desoxidantes como Al ou Si, linha D-E. Adaptada de notas de aula de S.Eketorp, KTH, Suécia, citado por [31].

8.2.2.3 Redução do silício, fósforo e manganês

Nas temperaturas da parte superior do alto-forno, alguns dos óxidos superiores de manganês são reduzidos pelo CO:

$$MnO_2 + CO = MnO + CO_2 \quad \text{(Eq. 8.10)}$$

$$Mn_3O_4 + CO = 3MnO + CO_2$$

Entretanto, o MnO não é redutível a manganês puro pelo CO nas temperaturas encontradas na região da rampa. Assim, a reação que pode expressar sua redução é:

$$MnO + C = \underline{Mn}^* + CO \quad \text{(Eq. 8.11)}$$

*Os elementos dissolvidos no ferro líquido são representados sublinhados.

Nesta reação, o manganês é dissolvido no ferro líquido, com potencial químico (ou atividade) mais baixa do que o manganês puro. A adição de óxidos de manganês ou de minérios que contenham manganês ao sínter é uma maneira econômica de adicionar manganês ao aço [9] (mais barata do que o custo das adições de ferro-ligas na aciaria, ver adiante, item 8.4).

Ocorrendo na parte inferior do alto-forno em temperaturas mais altas, a redução do manganês é favorecida, mas, na maior parte dos casos, o total reduzido chega a 60 a 75% do total carregado, indo o restante para a escória. A partição do Mn entre escória e metal $(\%Mn_{esc} / \%\underline{Mn})$, depende da temperatura do metal. O aumento da partição (e vazamento de gusa com menos manganês) é um indicador de redução da temperatura do gusa, se todos os demais parâmetros estão constantes [9].

A redução do silício é também favorecida pelas altas temperaturas, de acordo com a reação global:

$$SiO_2 + 2\,C = \underline{Si} + 2CO \quad \text{(Eq. 8.12)}$$

Aparentemente, durante a descida dos reagentes, há formação do subóxido SiO, gasoso, que tanto pode ser reoxidado como pode ser reduzido pelo carbono do metal que goteja, incorporando-se ao metal. Do ponto de vista termodinâmico, entretanto, a Equação 8.12 expressa a reação global de redução do silício.

Para uma determinada carga e composição de escória, o teor de silício no gusa é diretamente proporcional à temperatura do metal. Para a fabricação do aço em conversores, o teor de silício no gusa é uma variável essencial pois: (a) a oxidação desse elemento é uma importante fonte de energia no processo; e (b) a quantidade de silício no gusa define, em princípio, a quantidade de escória no refino na aciaria já que a relação CaO/SiO_2 (basicidade binária) é normalmente mantida constante na operação de aciaria.

O fósforo entra no alto-forno principalmente como P_2O_5, $3(CaO).P_2O_5$, e $3(FeO).P_2O_5$

A sílica da carga ajuda a desestabilizar os fosfatos, como o exemplo da Equação 8.13.

$$3CaO.P_2O_5 + 3SiO_2 = 3(CaO.SiO_2) + P_2O_5 \quad \text{Eq. 8.13}$$

A redução do fósforo pode ser sumarizada pela reação global da Equação 8.14:

$$P_2O_5(g) + 5\,C = 2\,\underline{P} + 5CO \quad \text{(Eq. 8.14)}$$

É possível, também, que ocorra a redução do óxido gasoso pelo próprio gás redutor.

Praticamente, todo o fósforo carregado no alto-forno é incorporado ao gusa (ver Figura 8.14), uma vez que a única maneira de incorporá-lo à escória seria pelo uso de condições mais oxidantes, incompatíveis com o processo do alto-forno.

Nesse ponto, vários minérios brasileiros apresentam importante vantagem comercial, por apresentarem baixos teores de fósforo.

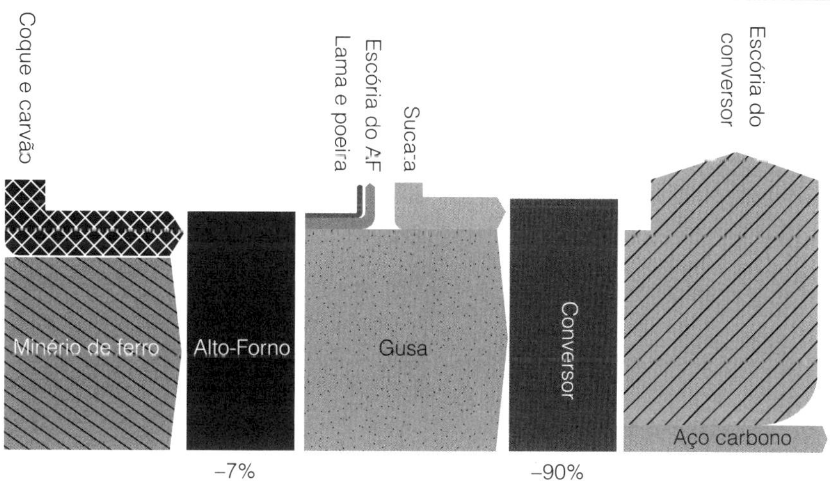

Figura 8.14 Fluxo típico do fósforo em uma usina integrada (diagrama tipo Sankey). Adaptada de [32].

Com o emprego de minérios de mais baixa qualidade, processos de desfosforação do gusa tem sido desenvolvidos. Estes processos envolvem a injeção de pós formadores de escória no gusa líquido, em panelas de gusa ou no vaso comumente empregado para o transporte do gusa do alto-forno para a aciaria, o carro-torpedo. Como a reação de desfosforação envolve oxidação (ver item 8.4.1.3) há alguma redução dos teores de carbono e silício, também, neste processo [33-35].

8.2.2.4 Eliminação do enxofre

O enxofre entra no alto-forno principalmente por meio do coque e do carvão injetado – este é um fator limitador importante do emprego dos carvões brasileiros na produção de coque metalúrgico: seu alto teor de enxofre. A eliminação do enxofre requer o uso de escórias básicas (alta relação CaO/SiO_2), com alta razão de distribuição (ou partição) do enxofre (% S na escória/% S no metal, em equilíbrio), uma vez que o processo ocorre durante o gotejamento do ferro líquido pela escória (ver item 8.4). As condições redutoras, no alto-forno, são favoráveis à eliminação do enxofre do metal. Se as matérias-primas carregadas contêm alto teor de enxofre, o gusa produzido pode chegar a ter até 0,1% desse elemento. Em geral, o alto-forno não é otimizado para obter remoção do enxofre. Assim, tratamento posterior do gusa e/ou dessulfuração na aciaria tornam-se necessários. Os tratamentos de de-S do gusa em panela ou em carro-torpedo são bastante comuns em quase todas as usinas integradas [36-38]. O balanço de massa do enxofre na produção do aço é apresentado na Figura 8.15.

Vazado o metal do alto-forno, este é transportado, líquido, em panela ou carros-torpedo, para a aciaria na própria usina (ver item 8.4). Nas usinas não integradas, é fundido em "pães", pequenos lingotes, para posterior utilização por fundições ou aciarias externas.

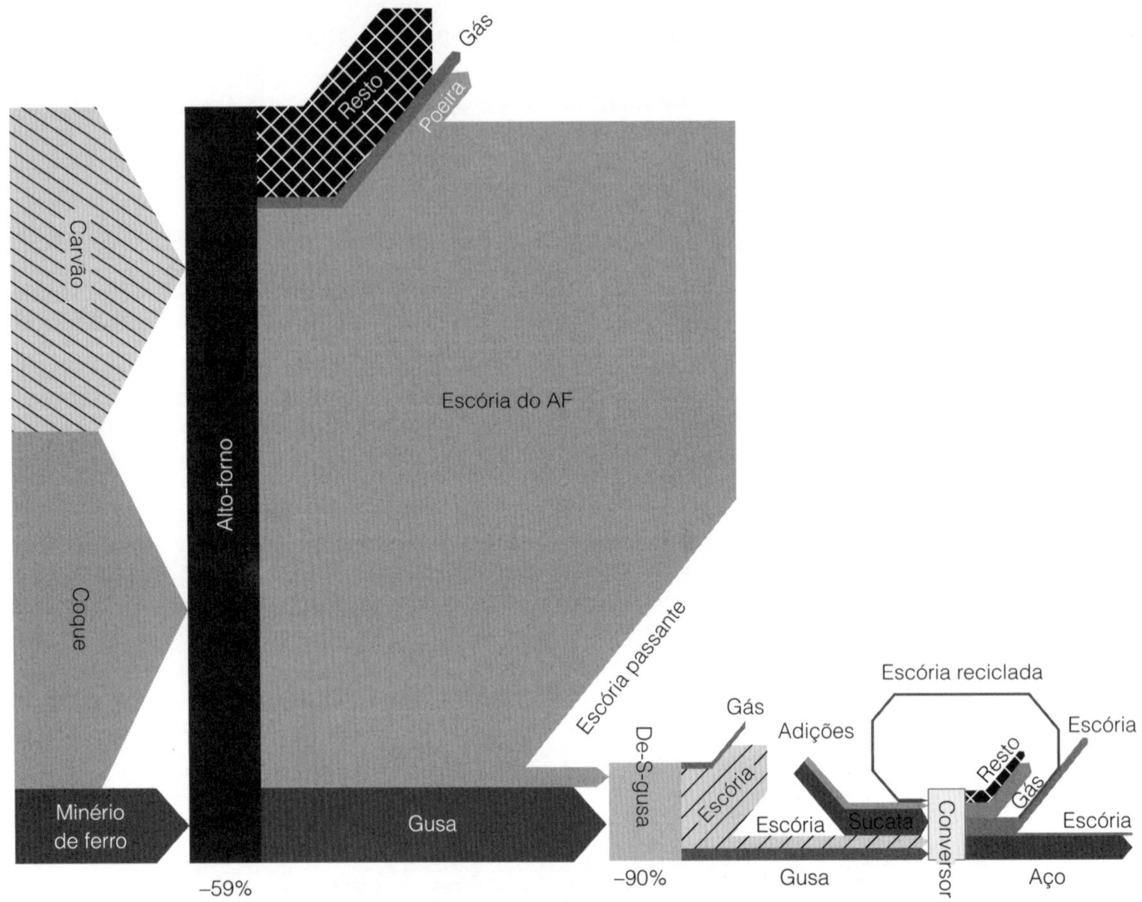

Figura 8.15 Fluxo do enxofre na usina Tata Steel IJmuiden em 2015 (diagrama de Sankey). Adaptada de [36].

É interessante observar que o alto-forno é um processo contínuo, embora o vazamento seja descontínuo. Problemas diversos surgem na partida e nas paradas desse equipamento, que podem requerer semanas e devem ser evitadas ao máximo, razão pela qual muita ênfase é colocada na melhoria dos revestimentos (refratários ou, mais recentemente, placas de cobre refrigerado, chamadas *staves*) dos altos-fornos e na correta operação desses equipamentos para se obter o máximo de produtividade.

8.3 PROCESSOS DE REDUÇÃO DIRETA

Processos de redução direta são aqueles em que ferro metálico é produzido, por meio da remoção do oxigênio a ele associado no óxido, a temperaturas inferiores ao ponto de fusão do produto formado. O produto da redução é uma massa porosa, com o formato aproximado da fonte de ferro carregada no equipamento, e é chamado de "ferro-esponja" (DRI, *direct reduced iron*, em inglês). O ferro-esponja é mais comumente empregado como carga em fornos elétricos a arco. Os processos de redução direta têm se beneficiado da carbonetação do ferro produzido, formando uma fração de Fe_3C, que tem ponto de fusão mais baixo do que o ferro metálico (ver diagrama Fe-C metaestável, Capítulo 1) e agrega carbono à carga do forno elétrico, melhorando o desempenho do ferro-esponja nesses fornos. Apesar de alguns processos experimentais envolverem a produção direta do aço, essa possibilidade não é discutida aqui.

Historicamente, os processos de redução direta precederam o alto-forno; entretanto, não puderam evoluir para grandes escalas de produção e foram ultrapassados pelo alto-forno. Uma das principais vantagens apresentadas por estes processos é a possibilidade de aproveitar carvões não coqueificáveis, usar gás natural em regiões ricas nesses insumos e produzir ferro metálico a partir de minério com custos de capital menores do que com altos-fornos.

Assim, uma importante vantagem é que os processos de redução direta são adequados à instalação de miniusinas, com volume de produção menor do que as usinas integradas e requerendo menores investimentos. Tal fato é especialmente importante em países pobres e de grandes áreas, de modo a atender às necessidades de produção de aço localmente, com expansões de produção mais baratas e proporcionando emprego em várias regiões. É necessário, entretanto, dispor-se de redutor/combustível em quantidade suficiente no local.

A principal diferença entre os diversos processos existentes está na maneira como os reagentes são postos em contato, bem como na fonte de redutor empregado.

Muitas fontes de redutores foram experimentadas (evidentemente, em todos os casos, as reações de redução envolvem monóxido de carbono e hidrogênio como gases redutores). A maior parte das instalações comerciais bem-sucedidas utiliza gás natural, carvão e derivados de petróleo [39,40]. Quando gás natural é utilizado, um processo de "reforma" em que o gás é convertido em CO e H_2 é necessário. O gás natural não pode ser usado diretamente como redutor por precipitar carbono antes de atingir a temperatura de redução do minério de ferro. Pode, evidentemente, ser usado como combustível e como matéria-prima para a geração de gás redutor com > 95% $CO+H_2$ [40].

Quanto à forma dos reatores (e, consequentemente, o modo de contato dos reagentes), quatro tipos principais atingiram viabilidade comercial [40]:

- Fornos de leito móvel (*shaft furnaces*);
- Fornos de soleira rotativa;
- Leitos fluidizados;
- Fornos rotativos.

FINMET e FINEX são processos de leito fluidizado sucessores do HIB – *High Iron Briquette* implantado comercialmente em 1971, na Venezuela, pela US Steel. Nessa instalação, para 1 milhão de toneladas de briquetes/ano, com grau de redução 75%, o gás redutor é produzido pela reforma catalítica a partir de gás natural e vapor, reduzindo o minério moído. O produto da redução é, posteriormente, briquetado.

Fornos de leito móvel (como o alto-forno) atualmente são representados pelas instalações MIDREX, compostas de um gerador de gás redutor (que pode ser projetado para utilizar gás natural, óleo combustível pesado ou outros materiais) e um forno de redução, no qual o minério é reduzido por este gás redutor. Em 2012 o Processo MIDREX produziu 72 Mt de ferro reduzido.

O ENERGIRON, sucessor do processo HyL (da empresa mexicana Hylsa, hoje desenvolvido por TENOVA HYL e Danieli [41]), inicialmente era um processo de leito fixo, que se realizava em estágios, com gás e minério em contracorrente. Há variações no modo de obtenção do gás redutor, sendo reforma de gás natural e gaseificação de carvão duas das técnicas mais empregadas no processo HyL. Atualmente, o processo ENERGIRON tem variantes com ou sem reforma do gás natural externamente ao reator principal. Há variante que usa reforma em reator externo e a outra possibilita a reforma do gás *in situ*. Opera com um reator de leito móvel, em contracorrente, no qual se passa a redução, e outro reator principal, para as reações de preparação do gás redutor.

Os processos de forno rotativo (como o SL/RN) empregam carvão como fonte de redutor e são extremamente sensíveis à formação de "anéis" de material que adere às paredes do forno por sinterização.

FASTMET é um representante importante dos processos de soleira rotativa. Existem seis instalações no Japão dedicadas à reciclagem de resíduos siderúrgicos por redução direta. Cada uma das instalações no Japão tem capacidade para aproximadamente 200000 t/ano. Este processo é uma importante solução ambiental para a reciclagem de finos e poeiras ricas em ferro geradas em outras etapas do processo de usinas siderúrgicas [42]

As características mais importantes de um ferro-esponja são: grau de metalização (% do ferro reduzido) ou grau de redução, teor de carbono (% de carbono absorvido no processo) e quantidade e composição da ganga ou escória (uma vez que não há fusão, os óxidos e impurezas presentes no minério passam diretamente ao produto final).

O ferro-esponja é uma excelente carga para fornos elétricos por apresentar teores de elementos residuais muito baixos, composição química uniforme e conhecida e por ser de fáceis manuseio e estocagem. As variáveis de composição química mais importantes, do ponto de vista de aciaria, são o grau de metalização (que indica a porcentagem do ferro reduzido) e o teor de carbono. Vantagens econômicas significativas podem ser obtidas com o carregamento a quente do ferro-esponja no forno elétrico, como demonstrado em diversas instalações comerciais [10].

Assim, em condições específicas, o roteiro redução direta-aciaria elétrica compete economicamente na produção "integrada" de aço. À proporção que o ciclo de vida dos produtos de aço se acelera, a tendência de concentração de alguns elementos metálicos residuais na sucata vem tornando o ferro-esponja cada vez mais competitivo como carga metálica. Um exemplo interessante deste problema, que se repete com vários elementos (p. ex.: Cu, Zn, Sn, Pb, As), é o acúmulo de cobre na sucata de aço industrial, como mostra a Figura 8.16.

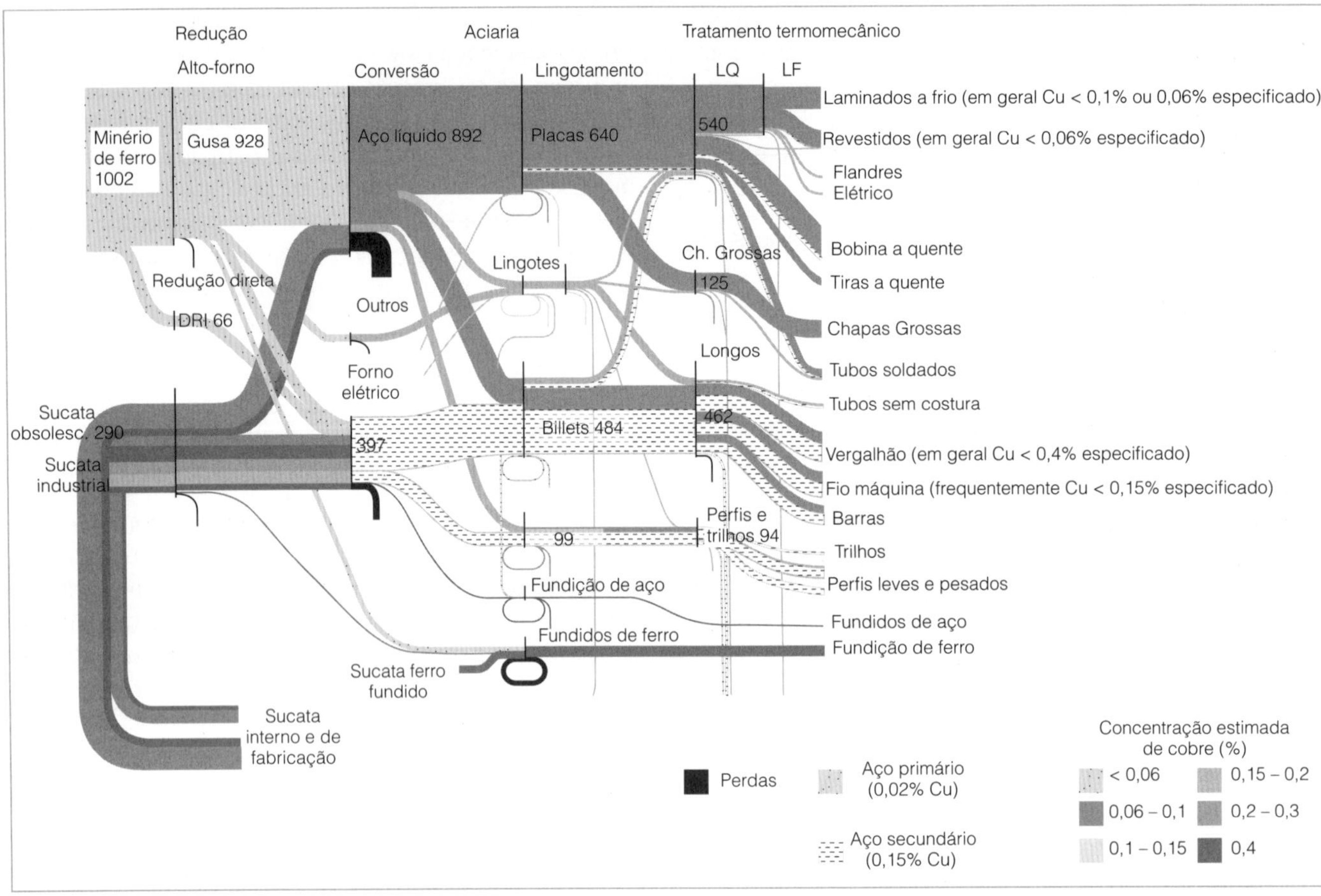

Figura 8.16 Fluxos de massa em Mt correspondentes à produção e reciclagem mundial de aço em 2008 indicando os teores de cobre residuais nos diferentes estágios e produtos. Em função dos requisitos de ductilidade (e conformabilidade) principalmente, os limites toleráveis de cobre em produtos para a conformação são bastante baixos, enquanto aplicações menos rigorosas, como vergalhões para a construção civil, não soldados, são mais tolerantes. Este problema é comum a todos os residuais "metálicos" do grupo Cu, Zn, Sn, As, Sb.... que não são refinados na aciaria. Diagrama adaptado de [43].

8.4 ACIARIA

Observando-se a composição típica do ferro-gusa, nota-se que, para se atingir a composição desejada nos aços, além da adição dos elementos de liga, é necessário reduzir o teor de carbono, fósforo e enxofre principalmente. Em uma usina siderúrgica, tais operações são realizadas na aciaria. Com as diferentes alternativas de processo disponíveis para a produção do ferro metálico (vistos no item anterior) e as alternativas para o refino destes materiais até a obtenção do aço, diferentes roteiros podem ser seguidos. A Figura 8.18 apresenta os roteiros mais utilizados mundialmente, indicando a quantidade aproximada, em massa, da produção mundial, que segue cada roteiro.

A escória tem papel importantíssimo no refino dos aços. Diferentemente do que se poderia pensar, a escória não é o conjunto das impurezas e "gangas" do processo. Nos processos de produção do gusa e de refino do aço, a escória tem uma formulação química bem definida, obtida por meio de adições controladas de formadores de escória (ou fluxos, ou escorificantes,) que dependem dos objetivos dos processos em que são empregadas. Há um aforismo clássico na siderurgia do mundo inteiro, que diz: "cuide da escória e o aço cuidará de si mesmo" [44]. Dependendo do tipo de escórias empregadas e, consequentemente do tipo de refratário do forno, os processos de aciaria dividem-se em processos ácidos ou básicos. Enquanto o carbono, manganês e silício podem ser removidos facilmente com qualquer dos dois tipos de processos, o enxofre e o fósforo somente são removidos em condições especiais, atendidas apenas pelos processos básicos. Nestes processos, cal, principalmente (CaO é o óxido básico mais comum), é adicionada ao sistema em quantidade suficiente para formar uma escória básica, capaz de reter os compostos de fósforo e enxofre formados durante o processo de refino. Obviamente, a grande maioria dos processos de aciaria modernos é de processos básicos, por esse motivo.

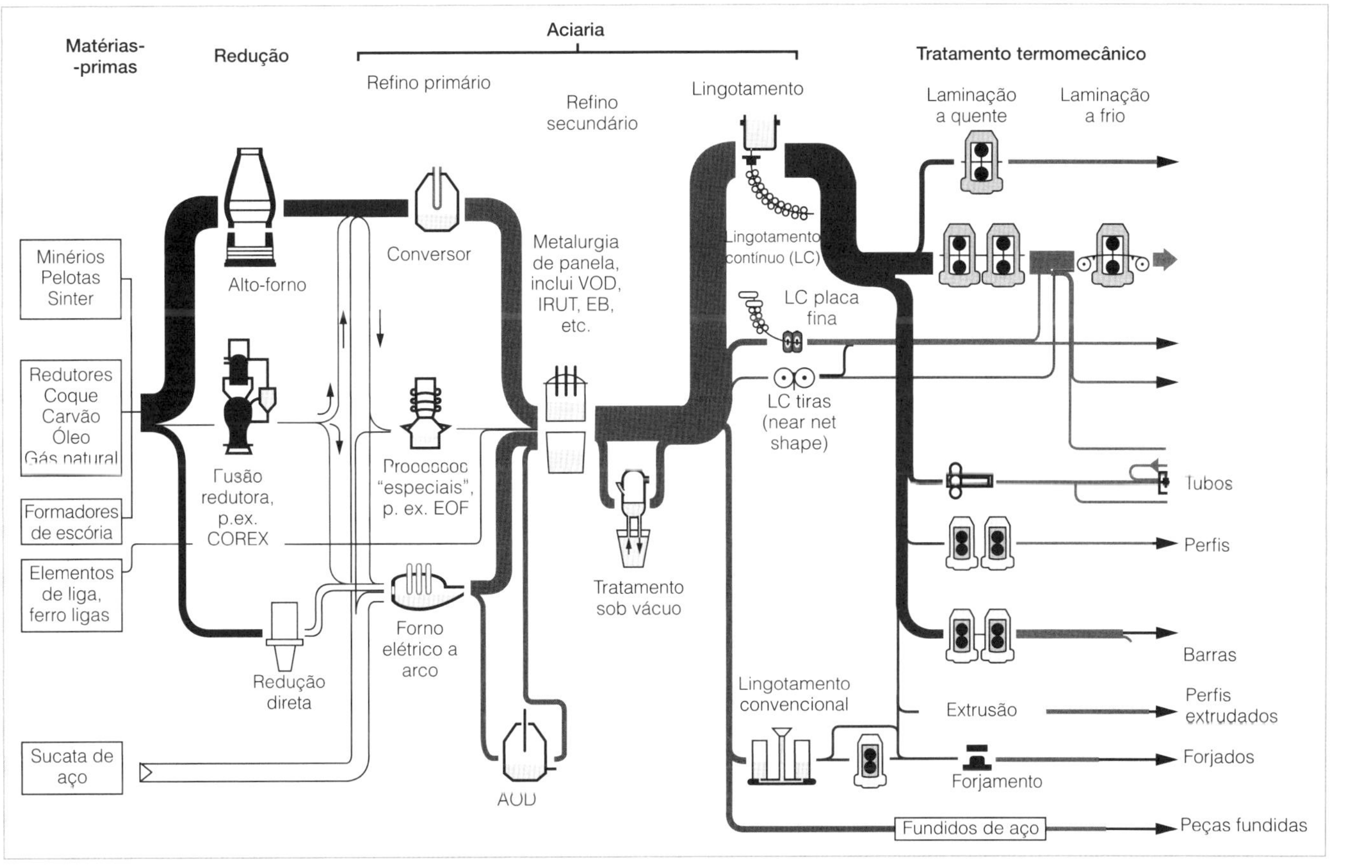

Figura 8.17 Fluxograma de produção de aço com as diversas alternativas de processo para cada etapa. Naturalmente, nem todas as usinas têm todos os equipamentos listados. As barras são proporcionais ao peso de material em cada rota (diagrama de Sankey). Adaptada de [45].

O desenvolvimento dos processos de aciaria é orientado pela necessidade de aumento da produtividade e redução de custos. Entretanto, do ponto de vista metalúrgico, duas condicionantes básicas também influenciam, fortemente, o desenvolvimento destes processos:

a) como o refino, na aciaria, é a etapa que define a composição química do aço, as demandas sobre os processos de refino vêm aumentando, tanto sob o ponto de vista de capacidade de controle de cada vez mais elementos presentes no aço como sob o aspecto da precisão desse controle;

b) o refino e a solidificação do aço, combinados, têm grande efeito sobre dois aspectos fundamentais para o desempenho dos produtos de aço: a segregação e a composição química; e a distribuição e o tamanho das inclusões não-metálicas. Aços mais "limpos" (com menos inclusões não-metálicas) e menos segregados (mais uniformes) dependem de maior controle e desenvolvimento de processos de refino e solidificação.

O princípio químico empregado no refino do gusa para obtenção do aço é a oxidação. Assim, todos os processos de aciaria envolvem meios de introduzir quantidades controladas de oxigênio no metal a refinar. O oxigênio se dissolve no ferro e se combina com os elementos indesejáveis (exceto o enxofre) e, inevitavelmente, com parte do ferro, formando óxidos que podem deixar o sistema como gases ou passar à escória. A remoção do enxofre em condições oxidantes é pouco eficiente e depende da basicidade da escória e da temperatura atingida no processo, como será discutido no item 8.4.1.

À proporção que o gusa é refinado (reduzindo-se os teores de carbono e silício, principalmente), seu ponto de fusão aumenta, sendo necessário introduzir calor, por algum meio, para se manter a carga líquida. O refino do gusa pode ser apresentado, esquematicamente, como mostra a Figura 8.18.

A compreensão dos processos de aciaria envolve o entendimento da termodinâmica de reações entre elementos e substâncias que não estão em seu estado puro, e sim em solução. Quando um elemento se dissolve em outro ou quando uma substância se dissolve em outra, ocorre um processo espontâneo. Por isso, os elementos em solução estão em um estado mais estável do que quando estão puros. Sua tendência a reagir (medida pelo potencial químico) é, por esse motivo, menor do que aquela que tem quando estão puros.

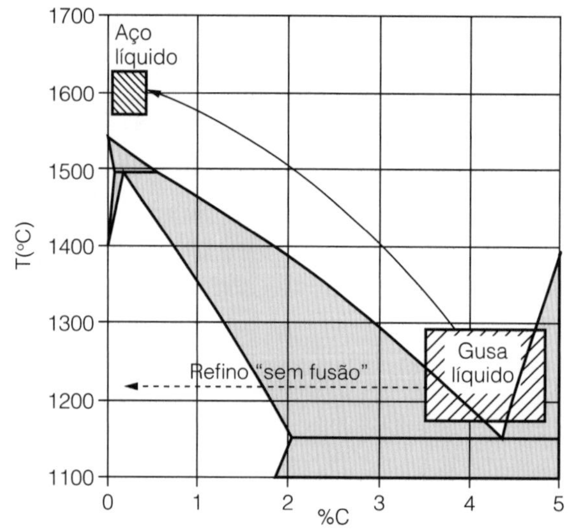

Figura 8.18 Rota esquemática da passagem ("conversão") do gusa líquido em aço, obtendo-se aço líquido. Adaptada de [46].

Qualitativamente, quanto maior a concentração de um elemento em uma solução, tanto maior sua tendência a reagir. Duas medidas da tendência a reagir são mais comumente empregadas: o potencial químico e a atividade. Os dois são relacionados matematicamente e variam diretamente, um com o outro. Experimentalmente, Dalton observou que, quando os gases ideais se misturam à pressão de 1 atm, sua atividade pode ser expressa diretamente pela sua concentração na mistura (expressa em fração molar) [29].

8.4.1 Fundamentos do Refino dos Aços

As reações que ocorrem no refino, envolvendo oxigênio, carbono, fósforo, enxofre e desoxidantes seguem os mesmos princípios, independentemente do reator (forno, conversor) em que ocorrem. Os diferentes processos permitem o controle de diferentes variáveis termodinâmicas e/ou promovem alterações na forma como as fases reagem, favorecendo a cinética de algumas reações. Assim, é conveniente analisar, inicialmente, os fundamentos das principais reações de refino dos aços, antes de discutir em detalhe os processos de refino. Isso porque diferentes combinações de reatores podem ser empregadas para atingir os objetivos do refino, como mostra, esquematicamente, a Figura 8.17.

8.4.1.1 O sistema Ferro-Oxigênio

A Figura 8.19a apresenta o diagrama de equilíbrio de fases do sistema Fe-O, talvez o sistema mais importante na elaboração dos aços. A escala de composição química é "cortada" para destacar a solubilidade do oxigênio no ferro líquido e, ao mesmo tempo, apresentar os óxidos de ferro, discutidos na seção anterior. Como a solubilidade do oxigênio nas fases sólidas do ferro é muito baixa, a região próxima ao ferro puro é apresentada, em detalhe, na Figura 8.19(b).

Alguns pontos notáveis do diagrama de equilíbrio de fases do sistema Fe-O, sob o aspecto da produção de aços, são:

a) O oxigênio tem grande solubilidade no ferro líquido (cerca de 0,2% a 1600 °C);

b) A solubilidade do oxigênio nas fases sólidas do ferro é muito baixa (da ordem de ppm);

c) Quando as fases sólidas do ferro saturam em oxigênio, um óxido de ponto de fusão relativamente baixo é formado ("FeO" ou wustita);

d) O óxido "FeO" não é estequiométrico. A estequiometria 1:1, atômica, existe no estado líquido, próxima ao equilíbrio com ferro saturado em oxigênio a 1600 °C. O óxido sólido é sempre mais pobre em ferro do que a estequiometria nominal.

A elevada solubilidade do oxigênio no ferro líquido permite acelerar as reações de refino, pois o oxigênio dissolvido no aço pode reagir com os elementos a remover do aço. Experimentalmente, Sieverts [29,47] observou que os gases se dissolvem atomicamente nos metais. Assim, a dissolução do oxigênio no ferro é descrita por:

$$\frac{1}{2}O_2 = \underline{O} \quad \text{(Eq. 8.15)}$$

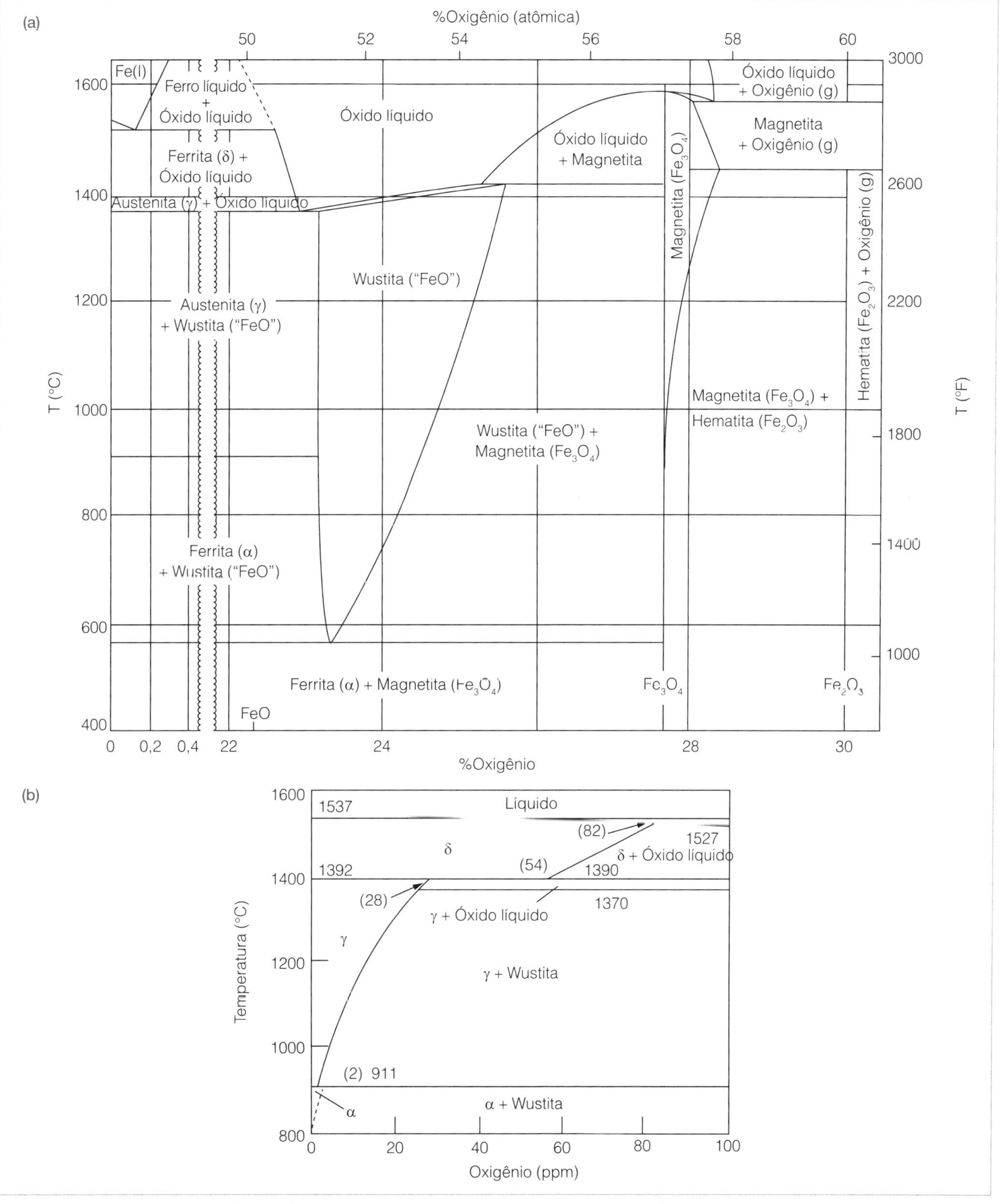

Figura 8.19 Diagrama de equilíbrio de fases do sistema Fe-O, a 1 atm, com duas escalas de composição química. O diagrama em (a) mostra os três óxidos de ferro e o campo de solubilidade do oxigênio no aço líquido. O diagrama em (b) tem a escala expandida na região de baixas concentrações de oxigênio, mostrando a baixa solubilidade do oxigênio no ferro sólido.

À medida que a pressão de oxigênio sobre o ferro líquido aumenta, a quantidade de oxigênio dissolvido no aço, em equilíbrio, aumenta também, como mostra a Figura 8.20.

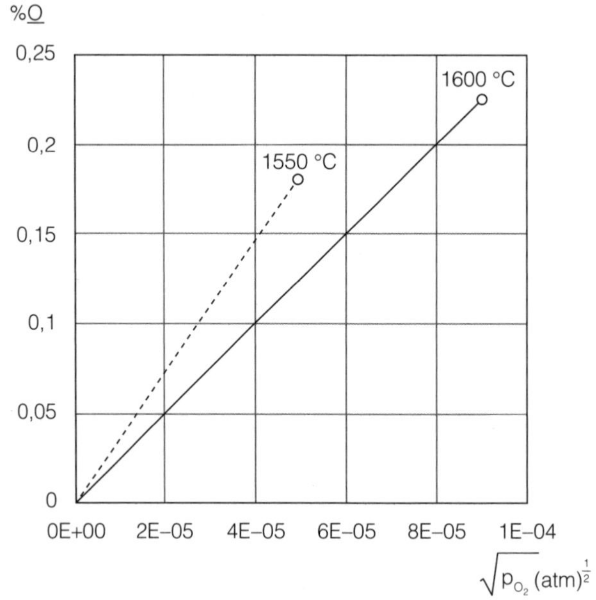

Figura 8.20 Equilíbrio entre um gás com determinada pressão de oxigênio e o oxigênio dissolvido no ferro a duas temperaturas. À medida que a pressão de oxigênio sobre o ferro líquido aumenta, mais oxigênio se dissolve no metal. A proporcionalidade seguida é $\%\underline{O} = K(T)\sqrt{p_{O_2}}$. Em determinado ponto (círculos na figura), é atingido o limite de solubilidade do oxigênio no ferro líquido. Nota-se, no diagrama da Figura 8.19, que este ponto corresponde ao final do campo do ferro líquido (Fe(l)) e início do campo bifásico Fe-líquido + óxido líquido. Neste campo, como há duas fases presentes, em um sistema binário, o potencial químico dos elementos não pode variar, sendo dado pela pressão de oxigênio na saturação a temperatura definida. Dados de [48,49].

A relação entre o oxigênio dissolvido no ferro e a pressão de oxigênio na atmosfera é dada por (Figura 8.20):

$$\%\underline{O} = K(T)\sqrt{p_{O_2}} \qquad \text{(Eq. 8.16)}$$

É importante observar, na Figura 8.20, que, a partir de aproximadamente $p_{O_2} \cong 8{,}5 \times 10^{-9}$ atm, o ferro satura em oxigênio e óxido de ferro é formado. Proteger o aço líquido do contato com o ar $(p_{O_2} \cong 0{,}21 \text{ atm})$, portanto, é essencial. Em todos os processos de aciaria, inclusive no transporte do aço em panela, a presença de uma escória, ao menos para reduzir o contato ar, é essencial. Nas operações de vazamento, quando a relação área/volume do aço é necessariamente aumentada, e forte convecção é comum, a proteção é ainda mais importante.

O valor de $K(T)$ pode ser obtido a partir do limite de solubilidade do oxigênio no ferro, que é dado aproximadamente pela Equação 8.17 [48] :

$$\%\underline{O}_{max} = 10^{-\frac{5762}{T(K)}+2{,}439} \qquad \text{(Eq. 8.17)}$$

Este teor de oxigênio corresponde, também, ao teor de oxigênio para o equilíbrio expresso pela Equação 8.18:

$$Fe + \underline{O} = FeO \qquad \text{(Eq. 8.18)}$$

O FeO, óxido de ferro líquido, na Equação 8.18, só pode existir puro, no sistema binário Fe-O. Logo, sua atividade será unitária. Assim, é possível obter a constante de equilíbrio da Equação 8.18, a uma dada temperatura como mostra a Equação 8.19:

$$\frac{a_{FeO}}{\%\underline{O}} = \frac{1}{\%\underline{O}_{max}} \qquad \text{(Eq. 8.19)}$$

Deve-se notar que, se o FeO estiver dissolvido na escória, com atividade inferior a 1, a solubilidade de oxigênio no metal diminuirá.

8.4.1.2 Descarburação

Quando os elementos ou substâncias na solução interagem entre si e com o solvente, a mistura não ocorre de forma ideal, resultando em atividade maior ou menor do que a fração molar (isso acontece no caso do oxigênio, visto anteriormente). Quando se trata de soluções diluídas, existem formalismos simplificados para calcular estas atividades e, portanto, o equilíbrio entre os elementos em solução. No caso do aço líquido, o formalismo simplificado proposto por Wagner [50] é amplamente utilizado [20,28,29]. Naturalmente, existem tratamentos mais precisos, empregando, por exemplo, a termodinâmica computacional, que devem ser empregados quando o comportamento das soluções não é simples (soluções não diluídas, escórias liquidas etc.) [51].

Mas o formalismo simplificado permite deduzir relações importantes e úteis como o produto de solubilidade de uma substância ou composto em uma determinada fase, como visto no Capítulo 5. Assim, por exemplo, para que o carbono (grafita) puro (atividade igual a 1), a uma certa temperatura de, por exemplo 1500 °C, oxide e forme CO, basta que a atividade (ou pressão parcial) do oxigênio exceda o valor de cerca de $1{,}2 \times 10^{-16}$, que pode ser calculado com base no diagrama da Figura 8.13. Se, entretanto, a atividade do carbono também pode variar, por estar dissolvido no ferro, passam a existir duas incógnitas. A atividade do oxigênio e do carbono em equilíbrio com o CO a uma certa temperatura. Se o oxigênio estiver dissolvido no ferro, existirá uma pressão de oxigênio em equilíbrio com a concentração de oxigênio dissolvido, como discutido. Assim, empregando o formalismo simplificado, é possível calcular o equilíbrio entre o carbono e o oxigênio dissolvidos no ferro e o CO no gás (Equação 8.20), obtendo-se a Equação 8.21:

$$\underline{C} + \underline{O} = CO \qquad \text{(Eq. 8.20)}$$

$$\%\underline{C}\%\underline{O} = P_{CO}(\text{atm}) \times 10^{\frac{-1168}{T(K)} - 2{,}07} \qquad \text{(Eq. 8.21)}$$

Aproximando-se a atmosfera dentro do conversor como tendo 1 atm de CO, observa-se que, à medida que o carbono é oxidado (Figura 8.21), mais oxigênio fica dissolvido no metal líquido. Como existe um teor de oxigênio máximo que pode ser dissolvido no aço, dissolvidos no ferro (Figura 8.20), a descarburação, nestas condições termodinâmicas, não pode passar abaixo de cerca de 0,01% C.

A influência da pressão parcial de CO (normalmente a pressão total do sistema) na Equação 8.20 é bastante grande. A Figura 8.22 mostra como a redução da pressão de CO para níveis facilmente atingíveis, em escala industrial, altera significativamente o equilíbrio entre o carbono e o oxigênio dissolvidos no aço. Este efeito viabiliza a elaboração dos aços IF e dos aços inoxidáveis de baixo carbono. Além disso, pode ser empregado com vantagem para produzir a desoxidação pelo carbono sob vácuo.

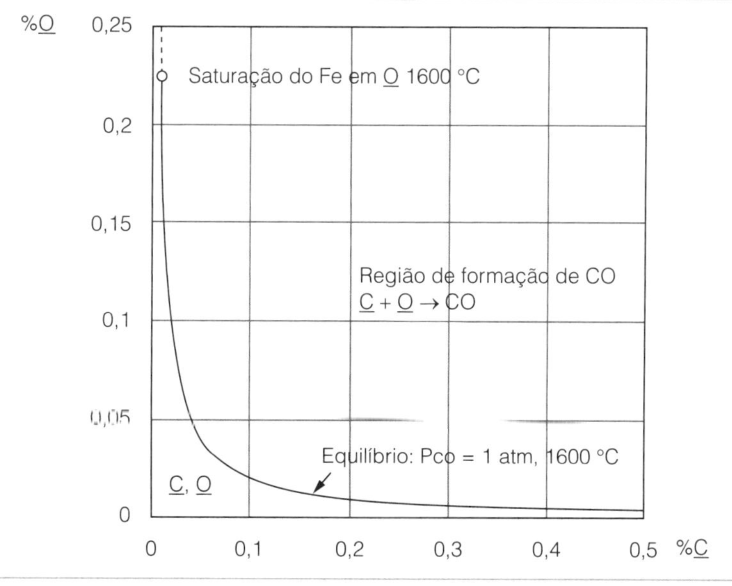

Figura 8.21 Equilíbrio entre carbono e oxigênio dissolvidos no ferro a 1600 °C e CO a 1 atm. A Equação 8.20, $\%\underline{C}\%\underline{O} = K(T)$ resulta em uma hipérbole. Os pontos sobre a curva são os teores de C e de O dissolvidos no aço que correspondem a uma solução de Fe contendo C e O dissolvidos em equilíbrio com o CO. Pontos acima e à direita da curva estão fora de equilíbrio. Para atingir o equilíbrio, o sistema formaria CO, a partir do C e do O dissolvidos, que diminuiriam. A diminuição do C e do O com formação de CO tem de seguir a estequiometria, logo o sistema caminharia sobre uma linha de inclinação $\frac{M_O}{M_C} = \frac{16}{12}$ até atingir a linha de equilíbrio. Nos pontos abaixo da curva, que incluem a origem do gráfico, onde existe Fe puro, os teores de C e de O não são suficientes para equilibrar com o CO. Os elementos ficam, portanto, em solução, sem reagir. Se houvesse CO disponível no sistema, ele se dissociaria para aumentar os teores de C e O até atingir a linha de equilíbrio.

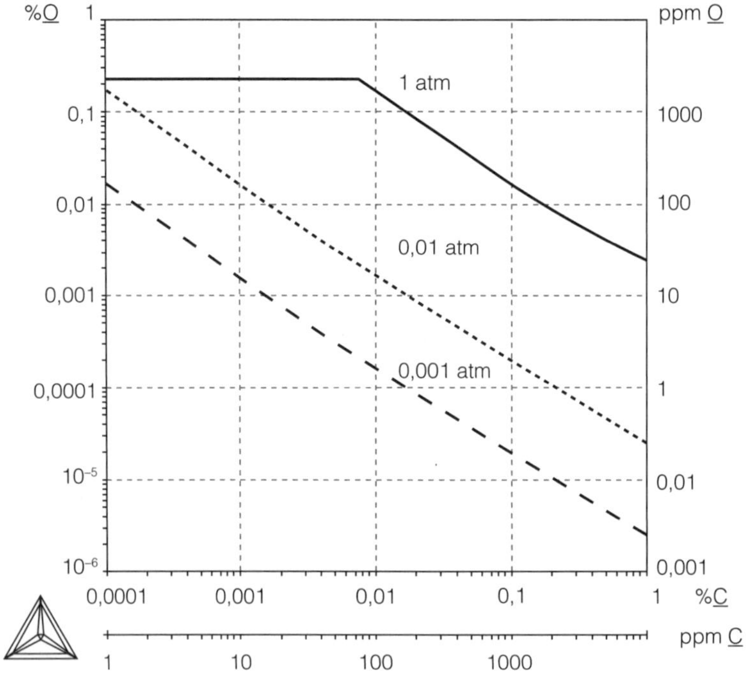

Figura 8.22 Equilíbrio entre carbono e oxigênio dissolvidos no ferro a 1600 °C e CO a 1, 0,01 e 0,001 atm. O gráfico tem eixos em escala logarítmica. Por esse motivo, a Equação 8.20 resulta não mais em hipérboles, mas em linhas retas. Para as pressões mais baixas, não se atinge, no gráfico, a saturação do Fe em oxigênio, mostrada pela linha horizontal a 1 atm. No caso da pressão total de 1 atm, como os teores de oxigênio são mais elevados, é possível observar um pequeno desvio da linha reta para os teores mais elevados de carbono. Esse efeito é causado pela interação entre oxigênio e carbono em solução, não incluída na Equação 20 (ver [29]). Calculado com Thermo-calc [52], banco de dados SLAG4.

As pressões parciais de oxigênio típicas em equilíbrio com o aço, na aciaria, variam de $\cong 2{,}56 \times 10^{-14}$ atm , para um aço desoxidado com alumínio, com 4 ppm de oxigênio dissolvido, até cerca de $7{,}8 \times 10^{-10}$ atm para um aço com 700 ppm de oxigênio, ao final da oxidação, com cerca de 0,04% de carbono. Assim, em aciaria, o potencial químico do oxigênio no aço varia, aproximadamente entre $10^{-14} \approx 10^{-9}$ atm. Abaixo dessa faixa, a desoxidação é extremamente cara e, acima deste valor, a fase em equilíbrio deixa de ser o ferro metálico, passando a ser óxido de ferro (Figuras 8.20 e 8.22).

8.4.1.3 Desfosforação

A desfosforação do aço é realizada em condições oxidantes. Na década de 1970 [53], foi observado que, em condições extremamente redutoras, é possível também transferir fósforo do aço para a escória. Esta alternativa é usada somente em casos muito especiais em virtude do elevado custo de desoxidação associado, da necessidade de uso de cálcio ou bário metálicos e ao potencial risco associado à formação de fosfetos e reações com produtos tóxicos. Assim, embora, em princípio, o fósforo possa ser absorvido por escórias de aciaria tanto em condições redutoras como em condições oxidantes, a absorção em condições oxidantes é muito mais viável (Figura 8.23).

O fósforo, no refino do aço em condições oxidantes, forma o íon fosfato na escória. Assim, a desfosforação em meio oxidante é descrita pela Equação 8.22:

$$\underline{P} + 5/2\ \underline{O} + 3/2\ O^{-2} = PO_4^{-3} \qquad \text{(Eq. 8.22)}$$

O íon O^{-2} no modelo iônico das escórias corresponde ao seu caráter básico e é obtido, principalmente, por meio de adições de CaO.

No passado, se usava o modelo molecular para descrever as reações de aciaria (embora não existam "moléculas" nas escórias, este modelo ainda é usado com frequência maior do que a desejada [20]). A Equação 8.23 expressa a desfosforação segundo o modelo "molecular" das escórias.

$$2\ \underline{P} + 5\ FeO + 3\ CaO = (CaO)_3P_2O_5 \qquad \text{(Eq. 8.23)}$$

A reação descrita pela Equação 8.23 pode ocorrer na desfosforação, quando a escória é ajustada, em sua composição, para ter fase sólida presente. Neste caso, o fósforo é retido na fase líquida da escória como íon fosfato e na fase sólida como soluções sólidas $2CaO{\cdot}SiO_2{-}3CaO{\cdot}P_2O_5$ [35,55].

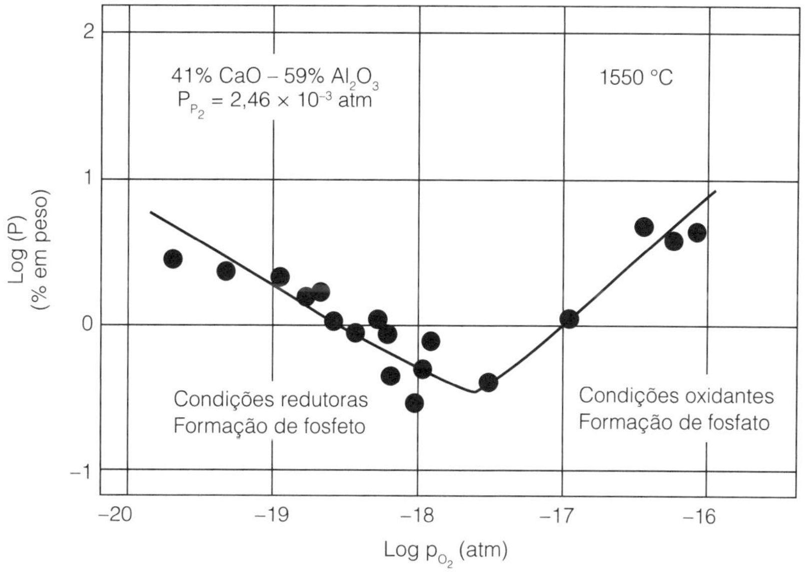

No experimento:

$$\frac{1}{2}P_2(g) + \frac{3}{2}O^{-2} = P^{-3} + \frac{3}{4}O_2(g)$$

Com aço:

$$2\underline{P} + 3O^{-2} = 2P^{-3} + 3\underline{O}$$

No experimento:

$$\frac{1}{2}P_2(g) + \frac{5}{4}O_2(g) + \frac{3}{2}O^{-2} = PO_4^{-3}$$

Com aço:

$$2\underline{P} + 5\underline{O} + 3O^{-2} = 2(PO_4^{-3})$$

Figura 8.23 A quantidade de fósforo absorvida por escórias básicas depende do potencial de oxigênio. O gráfico mostra o teor de fósforo em uma escória $CaO\text{-}Al_2O_3$ em função da pressão parcial de oxigênio, mantido o potencial químico do P constante. Adaptada de [54]. A desfosforação em condições oxidantes, formando fosfato (a direita do gráfico), é a opção mais viável. A desfosforação com formação de fosfetos (a esquerda do gráfico) exige desoxidação extremamente rigorosa, fora das práticas usuais. Veja a discussão anterior sobre a faixa de potencial químico usual do oxigênio em aços.

As condições termodinâmicas ideais para o progresso da desfosforação em meio oxidante são:

- Baixa temperatura (≅ 1540 °C), pois a oxidação do fósforo é exotérmica;
- Alta basicidade da escória (alto O^{-2} ou alto CaO) e escória com elevada capacidade de dissolver o íon PO_4^{-3} ou "P_2O_5". Escórias projetadas para formação de soluções sólidas $2CaO.SiO_2 - 3CaO{\cdot}P_2O_5$ [56,57].
- Alto nível de oxidação do aço (alto $\underline{O}$ ou FeO).

Em termos práticos, obtêm-se estas condições pela adição de cal e fornecimento de oxigênio.

Alterando-se as condições termodinâmicas que viabilizam a desfosforação, a reação de desfosforação pode se inverter, resultando em "reversão" do fósforo para o aço. Assim, é importante que a escória que contém o fósforo removido do aço não esteja presente quando a temperatura for aumentada ou o aço desoxidado: caso contrário, haverá retorno de fósforo para aço.

8.4.1.4 Desoxidação e dessulfuração

8.4.1.4.1 Desoxidação

Embora o oxigênio tenha elevada solubilidade no aço líquido, sua solubilidade no aço sólido é muito baixa, como mostra o diagrama de equilíbrio de fases Fe-O (Figura 8.19). Se não for removido pela desoxidação, o oxigênio que não pode ser mantido em solução quando o aço solidifica formará FeO, que tem baixo ponto de fusão e compromete a conformação a quente do aço. Alternativamente, caso exista carbono, o oxigênio poderá gerar CO, resultando na evolução de bolhas durante a solidificação (aço que forma bolhas de CO controladas, para compensar a contração de solidificação é chamado aço "efervescente"; esse aço era produzido em lingotamento convencional e não é mais fabricado há algumas décadas).

A desoxidação é normalmente realizada pela adição de elementos com maior afinidade pelo oxigênio do que o ferro. Os desoxidantes mais comuns são alumínio, silício e manganês (Figura 8.24). A grande maioria dos aços comerciais é desoxidada por alumínio. A vantagem do emprego de um forte desoxidante, capaz de auxiliar no controle de grão austenítico e na remoção de nitrogênio de solução, a custos razoáveis, tornou a desoxidação por alumínio uma opção quase universal para produtos planos e aços de construção mecânica. Aços para produtos longos frequentemente são desoxidados por uma combinação de silício e manganês. Esta combinação pode ter custo mais baixo do que o uso do alumínio e pode ser favorável para evitar obstruções de válvulas no lingotamento.

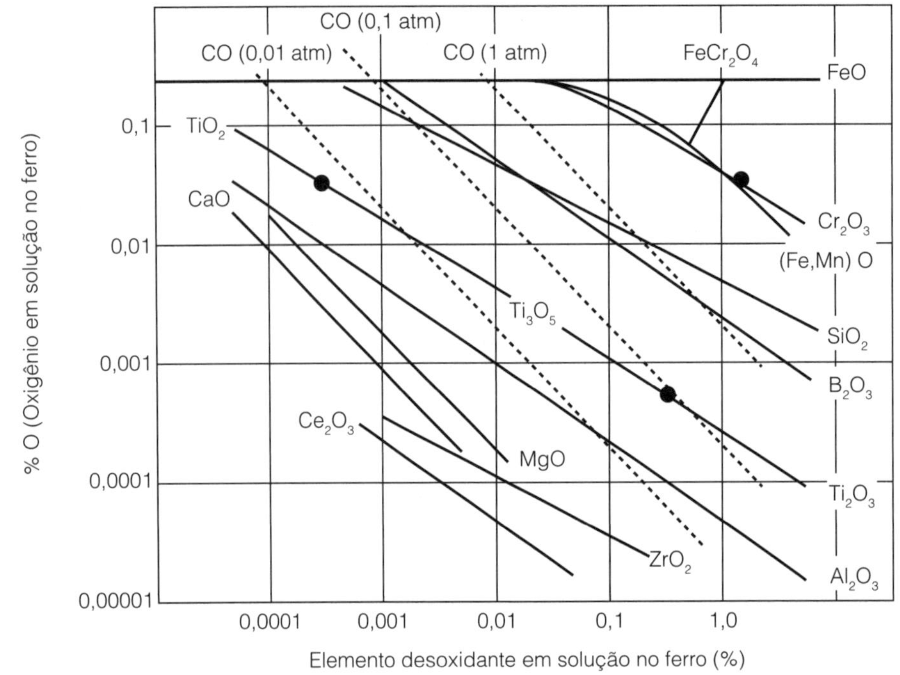

Figura 8.24 Equilíbrio entre oxigênio e diferentes desoxidantes em solução no ferro líquido e o óxido puro a 1600 °C. Para garantir o teor de oxigênio em solução desejado no aço, é necessário que um desoxidante seja adicionado em quantidade suficiente para (a) combinar com a quantidade de oxigênio que se deseja remover do aço formando óxido ($\underline{O}_{\text{antes da desoxidação}} - \underline{O}_{\text{final desejado}}$) e (b) manter o equilíbrio com o teor de $\underline{O}_{\text{final desejado}}$ e o óxido.

O resultado da desoxidação é a redução do teor de oxigênio em solução no aço e a formação de partículas de óxido rico no desoxidante empregado (Al_2O_3, SiO_2 etc.). É necessário tomar medidas para que essas partículas (sólidas ou líquidas) deixem o aço. Caso contrário, estarão presentes no produto final como inclusões não-metálicas, que influenciam as propriedades e o desempenho do aço (ver Capítulo 10). Embora a densidade das inclusões seja menor do que a do aço, não é suficiente esperar que flutuem. Em virtude de suas pequenas dimensões, tempos muito longos podem ser necessários para a flutuação ou "flotação" das inclusões. Agitação controlada e escórias capazes de absorver as inclusões precisam ser empregadas durante um período de tempo (quando realizado em panela, essa operação, por vezes, é chamada de rinsagem), cuja duração depende da qualidade desejada do aço (ver Capítulo 9). A combinação dos desoxidantes utilizados define, também, a composição química das inclusões não-metálicas formadas. Isso pode ser importante para o desempenho do produto (Ver Capítulo 10). Com o resfriamento do aço, a solubilidade dos óxidos diminui. Assim, mesmo que fosse possível eliminar todas as inclusões formadas na desoxidação, novas inclusões não-metálicas são precipitadas no resfriamento, até o final da solidificação.

8.4.1.4.2 Dessulfuração

A Figura 8.25 mostra a capacidade de dessulfurar das escórias básicas em função do potencial químico do oxigênio no sistema. As condições para realizar uma razoável oxidação do enxofre a sulfato não são compatíveis com a existência de ferro metálico, pois o potencial químico do oxigênio é muito elevado. É evidente que a dessulfuração é mais eficiente em condições redutoras, como as que existem no gusa ou no aço bem desoxidado. Por isso, a dessulfuração em conversores é pouca ou inexistente. A dessulfuração do aço pela escória, em condições redutoras é expressa pela Equação 8.24:

$$\underline{S} + \underline{O}^{-2} = O + S^{-2} \qquad \text{(Eq. 8.24)}$$

$$\tfrac{1}{2} S_2 + O^{-2} = \tfrac{1}{2} O_2 + S^{-2}$$

Além do efeito favorável das condições redutoras, o aumento do teor de carbono aumenta a tendência do enxofre a reagir (atividade), o que também favorece a dessulfuração [58,29]. Assim, no caso de usinas integradas, tem sido amplamente empregado o tratamento do gusa para a dessulfuração. Esses tratamentos empregam, por exemplo, carbonato de sódio, carbureto de cálcio ou misturas de magnésio e coque, podendo ser realizados no carro-torpedo, que conduz o gusa líquido do alto-forno à aciaria ou em panela, na aciaria, antes da carga do gusa no conversor.

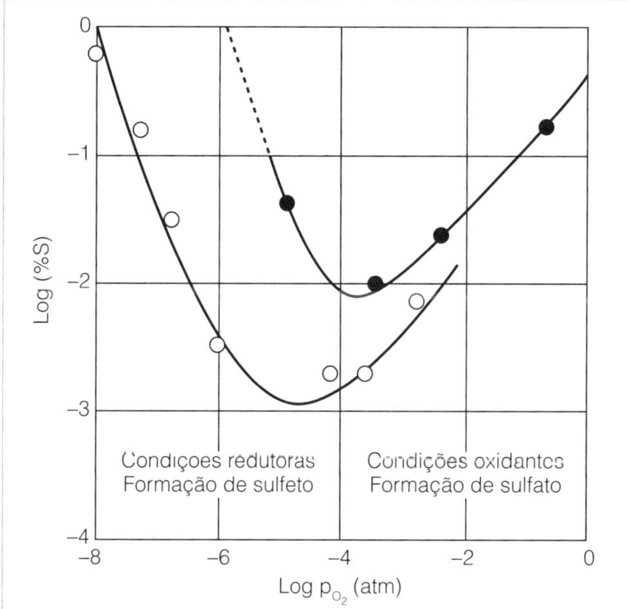

No experimento (redução):

$$\frac{1}{2}S_2(g) + O^{-2} = S^{-2} + \frac{1}{2}O_2(g)$$

No experimento (oxidação):

$$\frac{1}{2}S_2(g) + \frac{3}{2}O_2(g) + O^{-2} = SO_4^{-2}$$

Com aço:

$$\underline{S} + O^{-2} = S^{-2} + \underline{O}$$

Figura 8.25 A quantidade de enxofre absorvido pela escória depende do potencial de oxigênio. O gráfico mostra o teor de enxofre absorvido pela escória em função do nível de oxidação, mantido o potencial químico do enxofre constante. O nível de oxidação necessário para transferir enxofre eficientemente como sulfato (condições oxidantes) é excessivo para a presença de ferro metálico (seria formado óxido de ferro acima de $10^{-14} \approx 10^{-9}$ atm). Pontos abertos: escórias CaO-FeO, 1873 K, P_{SO_2} = 6-8%. Pontos pretos. CaO-FeO-SiO_2, 1773 K, P_{SO_2} = 2%. Adaptada de [54].

As condições para uma boa dessulfuração serão, portanto:

- Alta basicidade da escória (alto O^{-2} ou alto CaO)
- Aço desoxidado (baixo $\underline{O}$)
- Temperaturas mais elevadas (1600-1620 °C)

Para viabilizar a desulfuração, é preciso, portanto, desoxidar o aço. Isso não é viável em conversores, que dependem do refino secundário (ver Capítulo 9) para esta operação. Em fornos elétricos a arco, é possível realizar esta operação, mas, para economia de tempo e maior produtividade, ela tem sido cada vez mais transferida para o refino secundário, especialmente em forno-panela.

A escória usada para a desfosforação não pode ser mantida em contato com o aço quando é feita a desoxidação. Caso isso seja feito, a Equação 8.22 é revertida e o fósforo retorna ao aço.

O processamento em condições redutoras favorece, entretanto, a absorção de gases (hidrogênio e nitrogênio) pelo aço líquido, de forma que, para a produção de aços de qualidade, pode se tornar necessária a desgaseificação posterior (Capítulo 9) em função das dimensões e especificações dos produtos.

8.4.1.5 Sumário das reações de refino

Usando-se o potencial de oxigênio, é possível ordenar as operações de refino do aço em um gráfico único, como mostra a Figura 8.26.

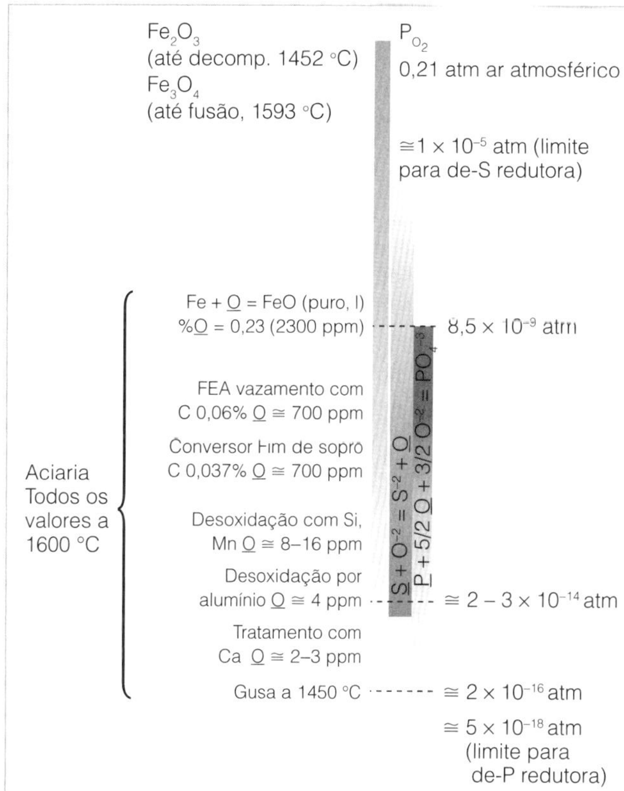

Figura 8.26 As principais operações do refino dos aços apresentadas em função do potencial de oxigênio. O limite máximo para a existência de ferro líquido é a saturação em FeO [l], puro. A faixa de desulfuração indicada é onde esta reação ocorre formando sulfeto (condições redutoras). A faixa de desfosforação indicada é onde esta reação ocorre formando fosfato (condições oxidantes). Está indicado o limite para iniciar a desfosforação redutora. Valores típicos de oxigênio dissolvido no aço ao final do processo de elaboração primário (conversor ou forno elétrico a arco (FEA)) estão indicados, assim como valores típicos para o teor de oxigênio dissolvido no aço após as desoxidações mais usuais. O potencial de oxigênio do gusa foi calculado para 4,5%C a 1450 °C.

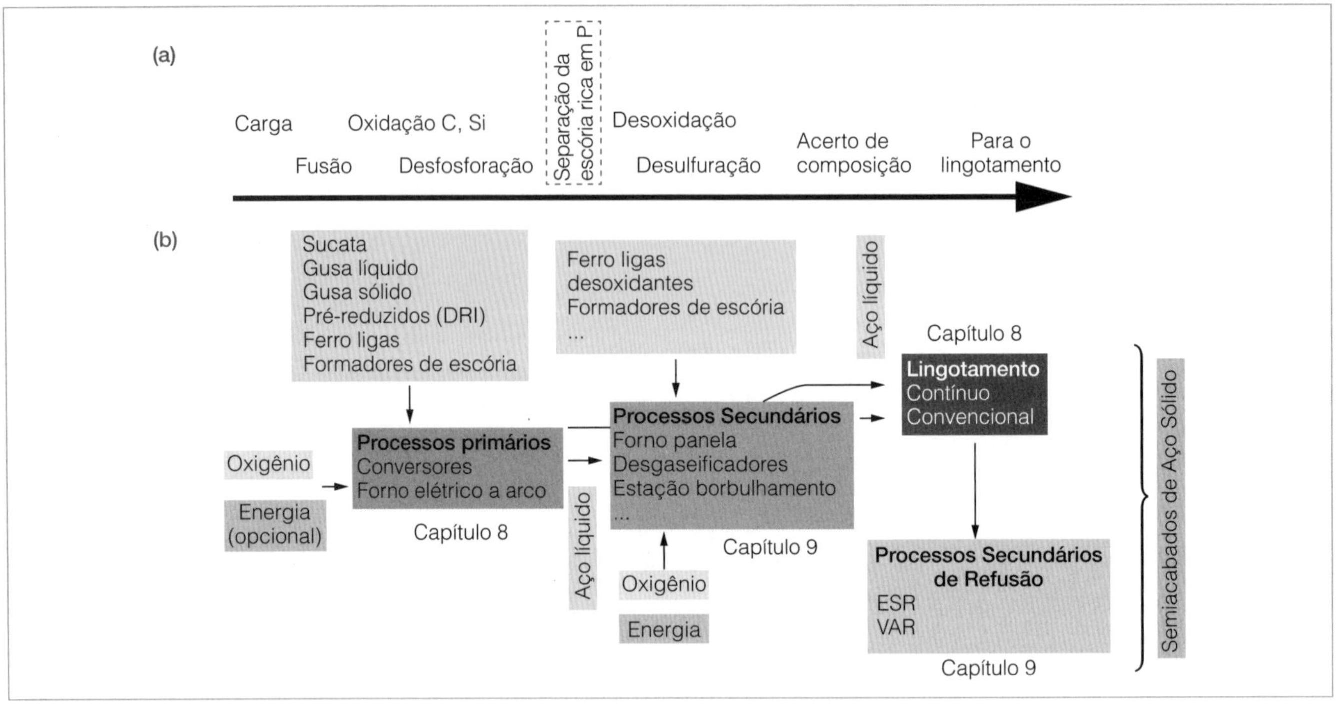

Figura 8.27 Etapas do refino dos aços, em sequência. Nem sempre a desulfuração é requerida. Diferentes reatores podem ser empregados para realizar partes das etapas como indicado em (a). Em (b) estão indicados os capítulos em que cada tema é discutido.

8.4.2 PROCESSOS PNEUMÁTICOS DE ACIARIA (CONVERSORES)

As observações de Sir Henry Bessemer, no século XIX, de que gases contendo oxigênio (como o ar) são capazes de oxidar "preferencialmente" (antes do ferro) as impurezas contidas no gusa – carbono, silício e manganês – e que, nesse processo, calor suficiente é gerado para atingir a temperatura de vazamento sem fonte externa de calor, resultaram na sua patente do conversor em 1856 [59]. Esse reator, em que nenhum combustível adicional é empregado, foi chamado de "conversor" (no Brasil são usados "conversor" e "convertedor" para traduzir *converter* do inglês) em vez de "forno", por "converter" o gusa em aço. O conversor tornou-se, rapidamente, um dos meios mais eficientes de produção de aço a partir de gusa.

Assim, processos pneumáticos de conversão são aqueles em que ar (historicamente) ou oxigênio puro é soprado sob pressão, por ventaneiras submersas ou sobre a superfície do gusa líquido para produzir o aço. Quando o ar era usado, o nitrogênio contido nesse gás não servia para nenhum fim prático, apenas resfriando o material e sendo absorvido, parcialmente, pelo aço. O aço produzido no conversor Bessemer (ou Thomas, versão com refratários básicos) tinha teores elevados deste residual, que influencia negativamente a conformabilidade (ductilidade) e a tenacidade. Além disso, com o calor gasto para aquecer o nitrogênio, não havia sobra térmica para o uso de uma parcela de sucata, na carga. Se o oxigênio puro é empregado, esses problemas são eliminados.

Conversores pneumáticos representam, no início do século XXI, cerca de 60 a 65% da produção mundial de aço. O processamento é extremamente rápido (tempo de sopro de oxigênio de 15 a 25 minutos, tempo de corrida de 28 a 35 minutos para conversores de 150 a 350 t). A fonte de calor é a oxidação exotérmica do silício, carbono, ferro e manganês contidos no gusa, não sendo empregadas fontes adicionais de energia. Obviamente, tais processos requerem o uso de uma porcentagem elevada de gusa líquido na carga.

Os principais tipos de conversores são [60-62]:

- LD ou BOF (*Linz-Donawitz* ou *basic oxygen furnace*) com sopro por cima
- Q-BOP (*quick-basic oxygen process*) com sopro submerso, por baixo
- Processos de sopro combinado ou sopro misto

8.4.2.1 Conversor LD (ou BOF)

Os primeiros conversores desenvolvidos foram o Bessemer (sopro de ar por baixo) e Thomas (Bessemer, básico).

O efeito refrigerante do nitrogênio do ar limitava a quantidade de sucata que podia ser fundida por esses conversores a valores inferiores à quantidade de sucata interna de uma usina integrada da época. Além disso, o alto teor de nitrogênio obtido com a insuflação de ar nos conversores sempre colocou limitações no emprego dos aços Bessemer e Thomas. Apesar de Bessemer já haver previsto a possibilidade de emprego de oxigênio puro em conversor [59], esse gás só se tornou disponível em grandes quantidades e a preços razoáveis após a Segunda Guerra Mundial. Uma vez que o uso de oxigênio diretamente em ventaneiras submersas causa erosão muito acentuada dos refratários em torno delas, o processo desenvolvido na Áustria (em Linz) [31] utiliza o sopro por cima do banho, com uma lança metálica refrigerada à água, como mostra a Figura 8.28(a).

Devido à rapidez do processo e à necessidade de elevada produtividade, nos conversores (hoje produzindo até 350 t por corrida) um bom controle do processo é essencial. Utilizando-se a composição química e a temperatura do ferro-gusa líquido e a composição e temperatura de vazamento do aço desejado, é possível calcular, por meio de balanços de massa e de energia, a quantidade de sucata a adicionar, o volume do oxigênio a soprar e a quantidade de formadores de escória a adicionar (cal, calcário, calcário e/ou cal dolomítica e, eventualmente, fluorita, CaF_2). Alguns parâmetros dos modelos são empíricos, já que o processo não atinge equilíbrio termodinâmico. É comum utilizar sistemas que se ajustam com os resultados das corridas anteriores, para melhorar a capacidade de previsão dos modelos.

Após os cálculos preliminares, o forno é basculado e sucata e gusa líquido, nas quantidades calculadas, são carregados pela boca. O forno retorna à posição vertical, abaixa-se a lança e o sopro é iniciado, quando se adiciona também parte dos formadores de escória ("fundentes") necessários. O sopro é realizado com base nos valores reais de gusa e sucata carregados. Quando o sopro é realizado somente com base nestes dados iniciais, diz-se que o controle é "estático".

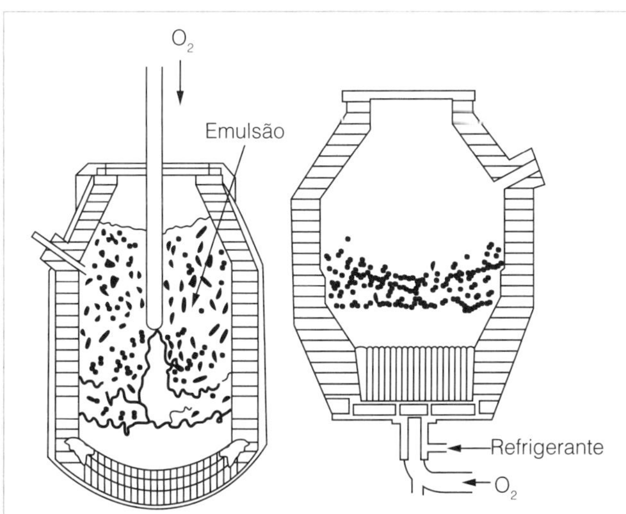

Figura 8.28 (a) Conversor LD (BOF). (b) Sopro submerso (Q-BOP) (ver item 8.4.2.2).

A velocidade com a qual a descarburação ocorre no conversor Bessemer ou Thomas era facilmente justificável pelas condições cinéticas favoráveis, decorrentes da injeção submersa: elevada agitação do metal, da escória e grande área de interface metal-gás [20,62,63]. Nas primeiras décadas após a introdução do processo LD, entretanto, houve controvérsias sobre os motivos da elevada velocidade das reações de refino também observada no conversor LD. A Figura 8.29 mostra a evolução da composição química do banho em uma corrida típica de conversor LD e a taxa de descarburação, medida em outro conversor, esquematicamente. Os tempos de refino são comparáveis aos do conversor Bessemer, com sopro submerso.

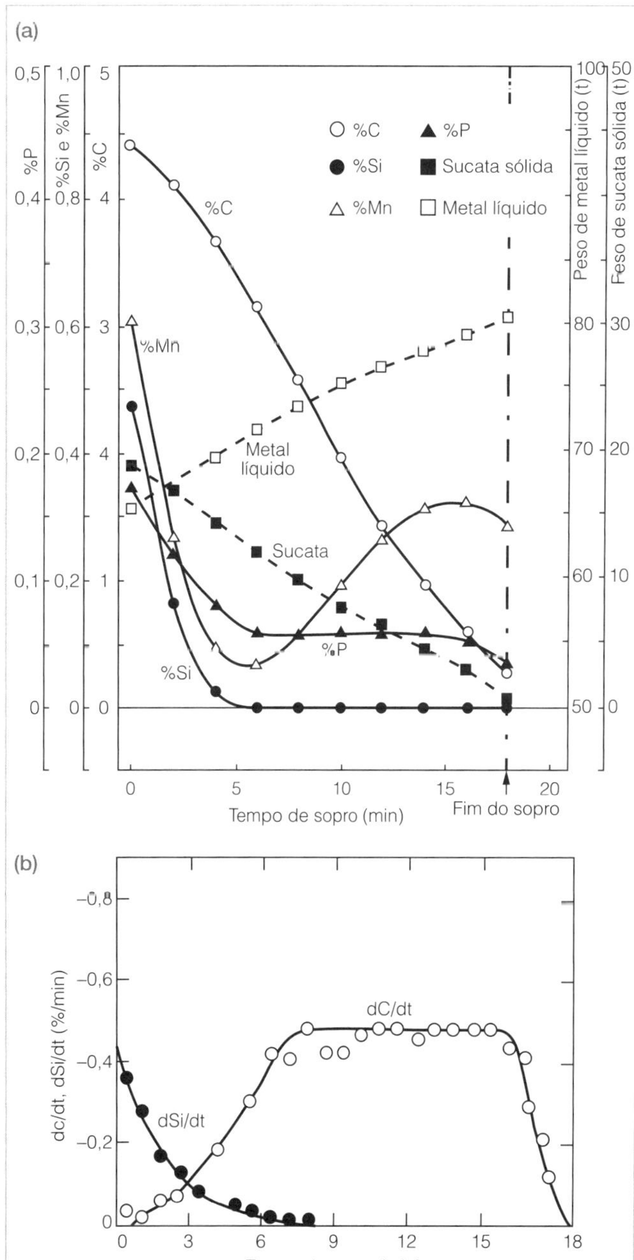

Figura 8.29 (a) Evolução da composição química, do peso de sucata e de metal líquido no interior de um conversor industrial. (b) Taxa de oxidação do silício e do carbono em função do tempo em um conversor industrial. Adaptada de [64].

Estudos detalhados do processo [60,61] mostraram que o fator fundamental para a cinética dessas reações é a formação de uma emulsão gás-metal-escória durante o sopro. Durante algumas décadas, possivelmente entre 1970 e 1990, acreditou-se que praticamente toda a descarburação ocorria na emulsão [65]. Estimativas mais modernas indicam que entre 25 e 50% da descarburação nos conversores de sopro por cima ocorrem na emulsão [66].

Como o silício tem maior afinidade do que o carbono pelo oxigênio, o silício é praticamente todo oxidado antes de ocorrer queda substancial do teor de carbono do banho. Além disso, com o controle da altura da lança e da intensidade do sopro, é possível promover mais ou menos oxidação superficial do banho, com geração de FeO.

Assim, inicialmente o sopro tem menos energia para que se forme uma escória líquida no conversor LD. Isto ocorre por meio da oxidação do silício e do ferro que geram FeO e SiO_2 que, por sua vez, fluxam a cal, formando uma escória líquida. Formada uma escória líquida, a energia do sopro é aumentada. A elevada energia do sopro sobre o metal gera gotas de metal que são arrastadas para dentro da escória líquida oxidada. A reação do carbono do metal das gotas projetadas pelo sopro com o FeO da escória gera gás CO, formando a emulsão gás-metal-escória. Até 30% do peso de metal no conversor pode estar sob a forma de gotas, nas etapas de alta taxa de descarburação. Como a relação área de interface/volume de metal, na emulsão, é muito grande, as reações de refino se passam rapidamente. A evolução de CO por meio da oxidação do carbono das gotas metálicas segundo a Equação 8.25 é essencial para a manutenção da estabilidade da emulsão.

$$\underline{C} + \underline{O} = CO \qquad \text{(Eq. 8.25)}$$

Uma vez reduzido o teor de carbono (e de outros elementos) das gotas, estas "caem" de volta para o banho, no qual se homogeneízam, alterando sua composição média. Esse ciclo se repete, resultando em um progresso do refino, como mostrado na Figura 8.29. Regulando-se a vazão de oxigênio e a altura da lança, é possível controlar o grau de oxidação da escória, manter a emulsão estável e garantir o progresso do refino.

A maior parte da oxidação do carbono se dá no chamado segundo estágio do refino, em que a taxa de descarburação é praticamente constante (Figura 8.29(b)). Nesta etapa do sopro, a descarburação é controlada pela capacidade de se fornecer oxigênio pela lança, sem que a emulsão transborde do conversor. Quando o teor de carbono do banho diminui, o transporte dos átomos de carbono no metal líquido passa a controlar a velocidade de descarburação.

Concluído o sopro, o forno é novamente basculado, feita uma medida da temperatura e retirada amostra para o laboratório químico. Se a composição química e a temperatura estiverem dentro do desejado, a corrida é vazada. Podem ocorrer corridas fora da faixa de composição química e/ou de temperatura especificada para vazamento. Se o aço estiver muito quente, adiciona-se calcário e/ou sucata e, se estiver muito frio, é feito um novo sopro, de curta duração. As duas ações comprometem a produtividade e podem comprometer a qualidade do aço produzido.

Quando o sopro é realizado somente com base nos dados iniciais, diz-se que o controle é "estático" e a ocorrência de desvios ao final do sopro pode ser uma fração considerável do número de corridas (20 a 25%). Tais desvios ocorrem, principalmente, porque o processo não se passa em equilíbrio termodinâmico, e cálculos de balanço de massa e térmico não são suficientes para garantir o acerto em todas as corridas. Os modelos de controle "estático" normalmente introduzem correções para prever o estado das reações químicas e as perdas térmicas, no mínimo, baseadas em dados da experiência da usina ou realimentados de corridas anteriores.

É possível realizar análise intermediária da temperatura e dos teores de carbono e oxigênio do banho utilizando-se um acessório denominado "sublança". Se essa informação é obtida próximo ao final do sopro, as condições de sopro podem ser reajustadas e o controle é chamado "dinâmico" (embora seja, na realidade, "semidinâmico"). As informações de composição e quantidade de gás gerado pelo conversor são, normalmente, obtidas em tempo real para permitir o aproveitamento deste gás. Essas informações são frequentemente utilizadas, também, para o controle do conversor. A avaliação do oxigênio "acumulado" no interior do forno e da taxa de variação da saída de carbono do forno (o carbono sai sob a forma de CO e CO_2) são úteis para o conhecer o estado das reações dentro do conversor e são, frequentemente, incorporadas ao sistema de controle do conversor [67-69].

Os sistemas de controle têm, portanto, importância central na operação eficiente de um conversor. O uso de medidas intermediárias no processo (sublança [70], controle semicontínuo de temperatura [71] e análise do gás de exaustão [72], por exemplo) permite que informações sobre o progresso do refino sejam obtidos sem interromper a corrida, possibilitando ajustes finais nos modelos de controle de sopro, melhorando a produtividade do conversor. Isso melhora em muito o índice de acerto de corridas, reduzindo drasticamente a necessidade de ressopro ou de adição de "refrigerantes". Usinas com sistema de controle mais avançados podem, inclusive, realizar o vazamento somente com o conhecimento da análise final de carbono e oxigênio e medida de temperatura por sublança.

Acertadas a composição química e a temperatura de vazamento, o forno é basculado no sentido oposto ao de carregamento e a corrida vazada pelo furo de corrida. Antes do início da corrida seguinte, a escória é vazada no pote de escória.

8.4.2.2 Q-BOP (sopro submerso) e conversores de sopro misto

A década de 1970 assistiu ao rápido desenvolvimento dos conversores com sopro submerso (por baixo do banho, Figura 8.28(b)) [63].

Isso foi possível em virtude do desenvolvimento de ventaneiras refrigeradas e refratários mais resistentes para o fundo do conversor. A principal tecnologia de refrigeração de ventaneiras envolve a injeção de hidrocarbonetos por uma ventaneira concêntrica, externa à de oxigênio [73]. O uso da refrigeração permitiu atingir-se uma vida aceitável para o fundo desse tipo de conversor.

As principais vantagens do sopro por baixo estão ligadas a:

a) Melhor homogeneização do banho;

b) Promoção do equilíbrio metal-escória;

c) Nucleação de bolhas e, consequentemente, abaixamento da pressão parcial de gases dissolvidos.

As principais vantagens do sopro por cima estão ligadas a:

a) Facilidade de formar escória, controlando as condições de sopro;

b) Melhor pós-combustão (não discutida em detalhe neste texto. A pós-combustão decorre da presença de oxigênio na região "sobre o banho" onde o CO é liberado).

Uma comparação entre os conversores com sopro por cima e com sopro por baixo indica, portanto [74]:

Conversores de sopro por baixo:

a) Maior investimento inicial;

b) A vida das ventaneiras ainda é mais curta do que a do resto do vaso. O fundo do conversor precisa ser trocado duas ou três vezes por campanha dos refratários do vaso;

c) Como o gás é mais rico em CO (menos pós-combustão) e um refrigerante é empregado, a quantidade de sucata que pode ser utilizada é menor;

d) O teor de hidrogênio no final do sopro, mesmo com alguma rinsagem com argônio, ainda é maior do que no conversor LD, por causa da decomposição do refrigerante. Embora isso possa ser controlado com desgaseificação a vácuo, esta operação representa um custo adicional, se for necessária.

Conversores de sopro por cima (LD, BOF)

a) Falta de homogeneização química e térmica do banho por falta de agitação;

b) Dificuldade em formação de escória, requer padrão de sopro controlado e reatividade adequada da cal;

c) Perda de ferro na escória em decorrência do alto teor de FeO ao final de sopro;

d) Dificuldades no controle da oxidação excessiva (do banho) e "reações" (*slopping*), projeções e cascão, associadas ao balanço delicado da estabilidade da emulsão.

O desenvolvimento dos conversores com sopro por baixo, aliado a estudos metalúrgicos dos processos que ocorrem no interior dos conversores, permitiu compreender as justificativas para as vantagens e as desvantagens dos dois tipos de conversores (sopro por cima e sopro por baixo). Na década de 1980 [75,76], iniciou-se o grande desenvolvimento de processos de sopro misto ou combinado, em que quantidades variáveis de oxigênio e, principalmente, de outros gases (gás inerte, nitrogênio etc.) são injetadas por baixo em modernos conversores com lança para sopro de oxigênio por cima, visando aproveitar o melhor das duas tecnologias (Figura 8.30). Observou-se que a introdução de sopro de gases inertes por baixo, mesmo que em quantidades relativamente reduzidas, traz vantagens significativas para os conversores LD. A diminuição do desequilíbrio entre metal e escória, em virtude da agitação e a facilidade de remoção de CO pela eliminação da barreira de nucleação de bolhas no interior do banho, são responsáveis pelas maiores vantagens. As vantagens incluem a menor oxidação ao final da corrida, tanto do aço como da escória, conforme mostra a Figura 8.31. Isso implica melhor rendimento metálico (menos ferro perdido como FeO) e menor custo de desoxidação (menos oxigênio dissolvido a remover). Além disso, a reação de descarburação se passa de forma mais estável, evitando reações "bruscas" e projeções de metal e escória para fora do conversor. Como essas modificações podem ser introduzidas com custo relativamente baixo, tiveram ampla aceitação.

Detalhes sobre a teoria dos diversos processos de conversão podem ser encontrados em [20,60,62,74].

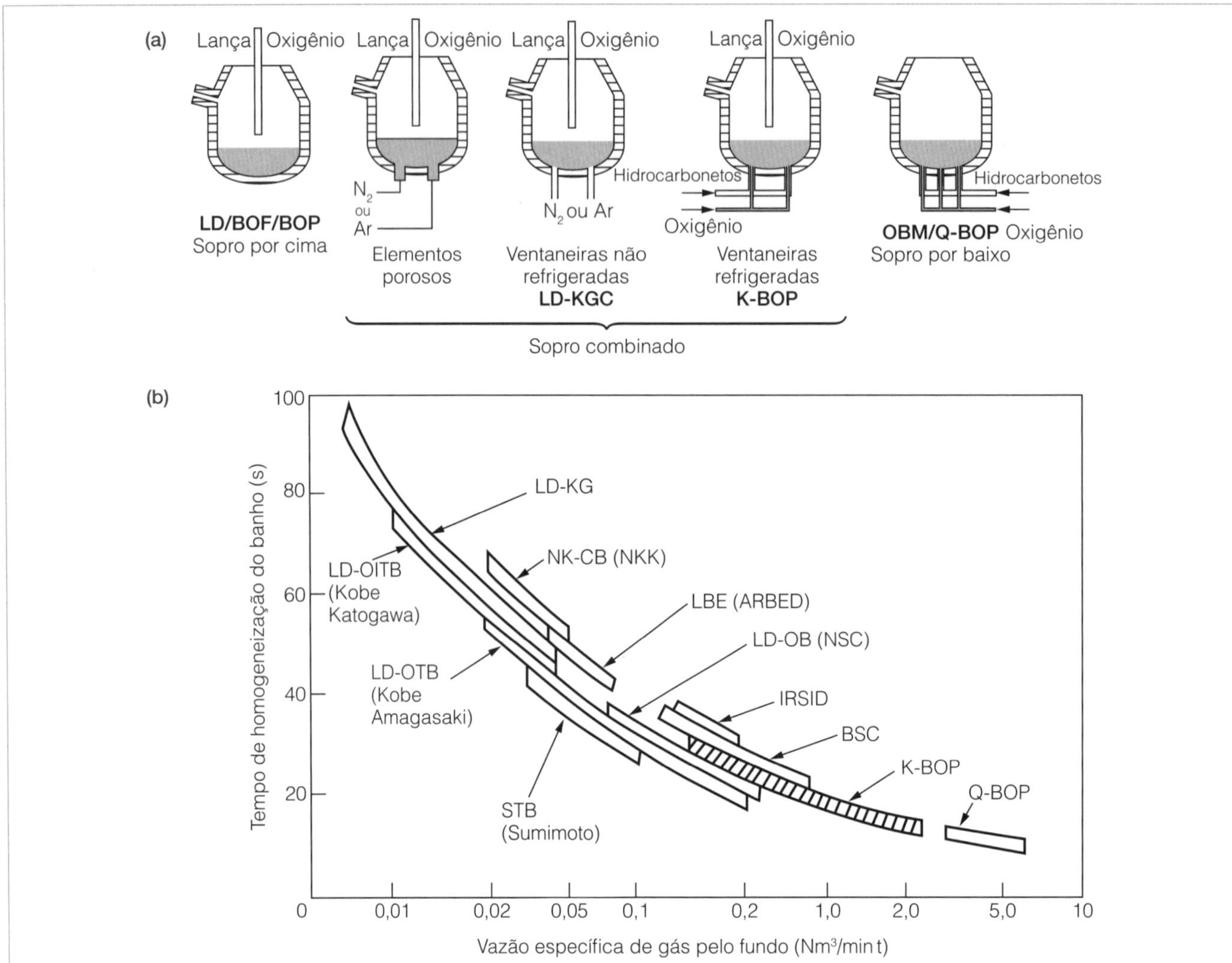

Figura 8.30 (a) Esquema de conversores: sopro por cima, exemplos de sopro combinado e sopro por baixo. Adaptada de [76]. (b) tempo de homogeneização (ou mistura) do metal líquido (em s) em função da vazão específica de gás soprado por baixo. Adaptada de [77].

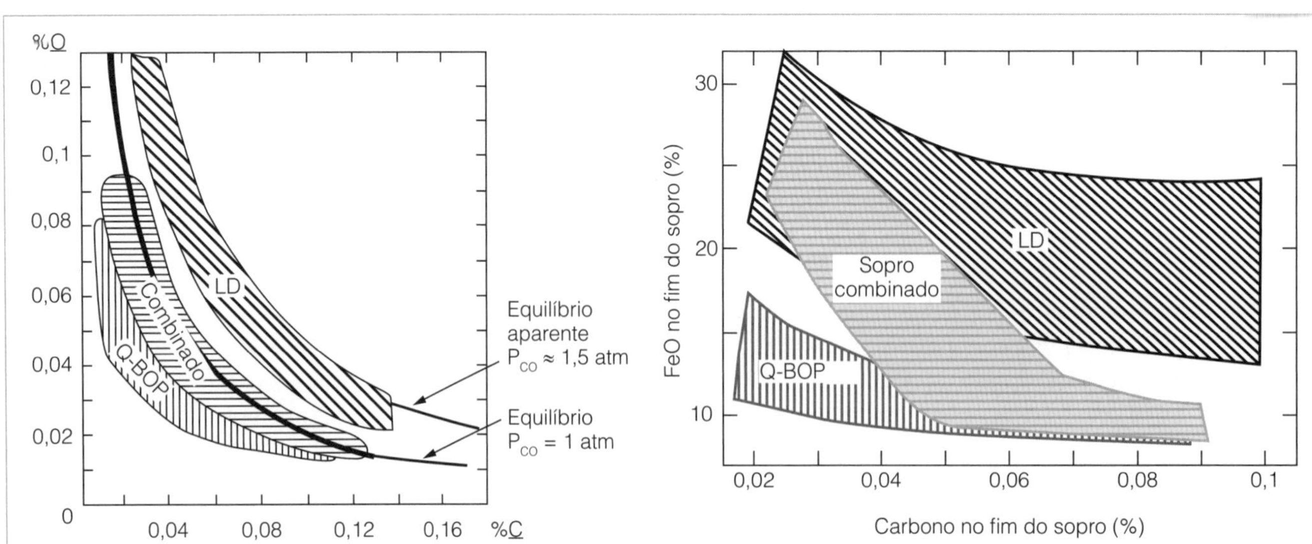

Figura 8.31 Resultados do teor de oxigênio dissolvido no aço e do teor de FeO na escória (nível de oxidação) em função do teor de carbono de fim de sopro em conversores LD, Q-BOP e sopro combinado. Adaptadas de [14]. O valor de 1,5 atm para a pressão aparente do final de sopro no conversor LD, em (a), é uma estimativa. Depende do conversor e do modo de operação.

Basicamente, a maior quantidade de aços comuns e baixa liga para aplicações normais é produzida hoje em conversores. Conversores respondiam por cerca de 72% do peso total de aço produzido no mundo em 2017 (Figura 8.32). Essa proporção aumentou um pouco nas últimas décadas com a entrada em operação de usinas integradas na China, principalmente.

Com o advento dos processos de refino secundários (Capítulo 9), não há praticamente nenhuma limitação aos aços que podem ser produzidos por uma usina que opere com conversores. Essas usinas podem, inclusive, produzir eficientemente aços ligados e com requisitos de qualidade especiais. Por questões ambientais, especialmente relacionadas à redução da geração de CO_2 e ao uso mais intensivo de ferro esponja e sucata, tem sido antevisto um aumento significativo da participação do forno elétrico a arco, no futuro, como mostra a Figura 8.32 [78,79].

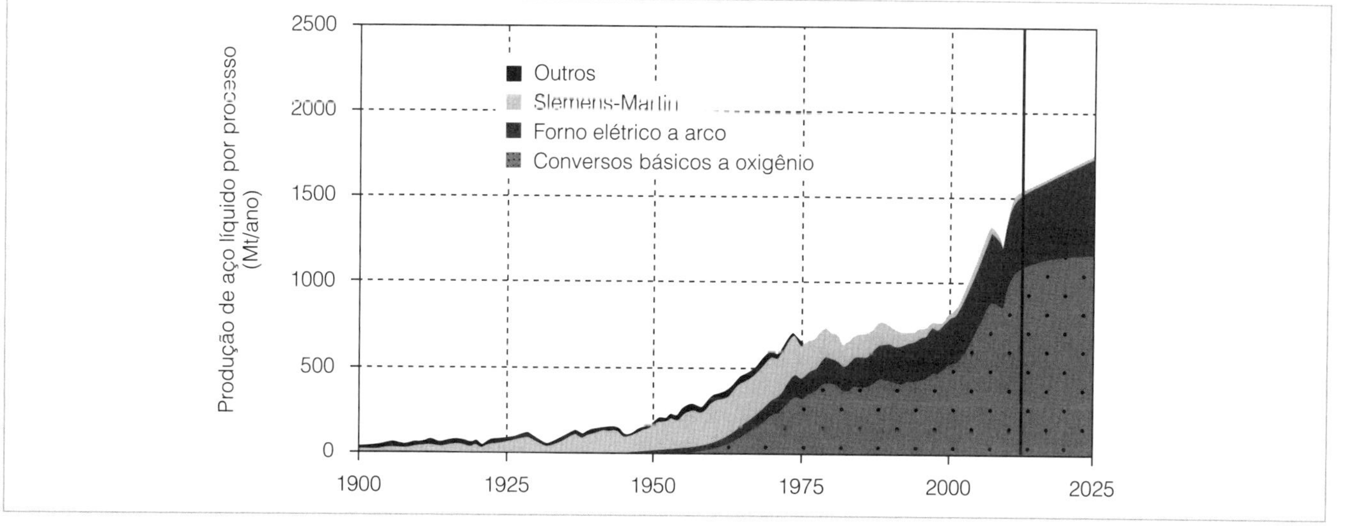

Figura 8.32 Produção mundial de aço líquido. Série histórica e previsão até 2025. Adaptada de [79].

8.4.3 O FORNO ELÉTRICO

Numerosos tipos de fornos empregando a eletricidade como fonte de energia para o aquecimento do metal têm sido desenvolvidos. Entretanto, em termos de utilização, o forno a arco e o forno de indução são os mais comuns. Como o emprego de escória no forno de indução é complicado (em função da dificuldade para seu aquecimento), esses fornos encontram maior emprego em fundições e praticamente 100% da quantidade produzida em aciarias elétricas provém de fornos a arco.

O forno elétrico a arco (FEA) foi inventado por Paul Héroult em 1889 [80]. O crescimento da utilização desse forno, na indústria siderúrgica, ficou vinculado ao custo da produção de eletricidade durante vários anos, entretanto. Já na década de 1930, porém, o FEA atingira um nível de desenvolvimento e participação na siderurgia em que "seria difícil ou quase impossível produzir determinadas especificações de aço sem seu emprego" [81].

Uma das características notáveis do FEA, que permitiram este avanço, é viabilizar o controle da temperatura de forma praticamente independente do controle do potencial de oxigênio, o que não é possível nos conversores e era quase impossível nos fornos Siemens-Martin. Assim, o FEA é o equipamento primário mais versátil de produção de aço e vem se tornando também, nas últimas décadas, um dos mais eficientes. Algumas das importantes vantagens do FEA são:

- Permite produzir praticamente qualquer tipo de aço, em função do controle do aquecimento virtualmente independente de reações químicas;
- Tem alta eficiência energética;
- Versatilidade no que tange à carga, podendo ser operado desde 100% de carga sólida até 100% de carga líquida;
- Permite operação intermitente e mudanças rápidas na prática de produção em escalas desde dezenas até centenas de toneladas. Permite operação com adição contínua de sucata ou ferro esponja.

O número crescente de fornos a arco instalados, a tendência a instalações cada vez maiores (fornos de 200 a 250 t) e a participação crescente desses fornos na produção mundial de aço são claras evidências da importância crescente desse processo.

Embora no Brasil os fornos elétricos a arco sejam, predominantemente, de corrente alternada, cerca de 45% da capacidade mundial instalada de fornos elétricos a arco, em aciarias, é de corrente contínua [78].

Fornos de corrente contínua introduzem menos instabilidade e "ruído" na rede elétrica a que estão ligados, tendo sido este o principal motivo de seu desenvolvimento na Europa e nos EUA.

Em geral, os três principais componentes do custo operacional de um FEA são a carga metálica, os eletrodos e a energia elétrica.

8.4.3.1 Equipamento

Classicamente, os FEA são compostos por uma carcaça de forma próxima à cilíndrica, com um fundo elíptico e uma abóbada, além de uma sofisticada instalação elétrica (para prover a energia de forma controlada) e mecânica (capaz de bascular o forno, abrir a abóbada e manter os eletrodos corretamente posicionados). Frequentemente, dispõem de uma bica de vazamento, como mostra o esquema da Figura 8.33(a). A tecnologia de vazamento excêntrico foi um importante avanço (Figura 8.33(b)), eliminando a bica. Em um forno a arco de corrente alternada, trifásico, três eletrodos de grafita são ligados às três fases do secundário de um transformador de tensão variável cuja faixa de operação é, normalmente, de 100 a 1000 V. Estabelecem-se arcos elétricos entre os eletrodos, por meio da sucata ou do metal líquido, e a radiação do arco funde a carga.

Nos fornos de corrente contínua, é empregado um eletrodo central de grafita e uma conexão elétrica no fundo do forno, como mostra a Figura 8.33(c). A corrente alternada é retificada por intermédio de tiristores, que têm importante papel no controle do forno.

O consumo teórico de energia para aquecer e fundir 1 t de ferro desde 25 °C até 1600 °C é da ordem de 387 kWh. No começo da década de 1960, empregavam-se fornos com potência de 300 a 400 kVA/t. Ocorreu um grande desenvolvimento, visando otimizar a capacidade de produção desses fornos, tendo-se atingido potências instaladas de 600 a 750 kVA/t e até superiores a 1000 kVA/t em fornos UHP (*ultra high power* – ultra-alta potência).

Obviamente, quanto maior a potência instalada, tanto mais rápida, em princípio, será a fusão da carga.

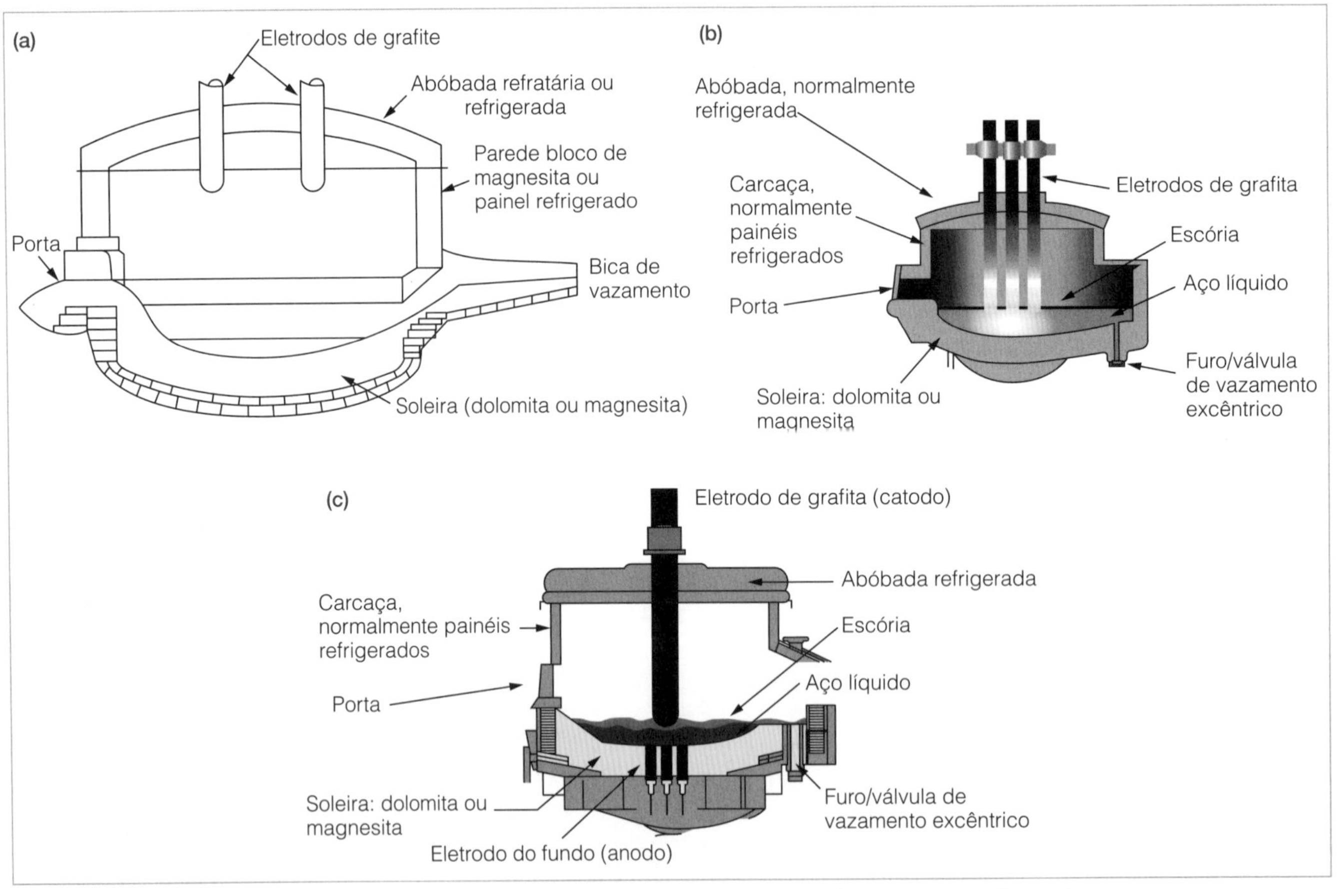

Figura 8.33 Esquema simplificado de fornos elétricos a arco, de corrente alternada, (a) corrente alternada, com vazamento em bica. (b) Corrente alternada com vazamento por furo excêntrico. (c) Corrente continua com vazamento por furo excêntrico. O diâmetro do eletrodo superior é consideravelmente maior do que o de cada um dos eletrodos de um FEA de corrente alternada. Em todos os esquemas a carcaça foi cortada. Em (a), a carcaça foi cortada diametralmente. Um dos eletrodos não aparece na figura por esse motivo. Em (b) e (c), o corte não é diametral na posição dos eletrodos.

Entretanto, a radiação causada pela alta energia disponível no arco acelera o desgaste dos refratários das paredes e da abóbada do forno e as elevadas correntes conduziam à necessidade de eletrodos de grandes diâmetros e considerável consumo destes, por oxidação. O adequado aproveitamento dos fornos UHP exigiu o desenvolvimento de painéis refrigerados à água em suas paredes e também abóbodas refrigeradas à água. Sobre esses painéis, forma-se uma camada de escória sólida e o conjunto age como "refratário".

A Figura 8.34 mostra os principais desenvolvimentos tecnológicos dos FEA nas últimas décadas e a melhoria dos indicadores econômicos e de produtividade.

Os eletrodos são consumidos, principalmente, por oxidação. Eletrodos de maior diâmetro, em geral, são de fabricação mais complexa e cara e têm maior custo por peso. Para reduzir o consumo de eletrodos em fornos de alta potência, a solução encontrada foi reduzir a corrente por fase, aumentando a tensão no arco, para manter a mesma potência. O aumento da tensão implica operar com arcos mais longos. A energia, em um arco, é principalmente dissipada por radiação, no arco. Para bem aproveitá-la no FEA, portanto, é necessário que a radiação seja absorvida pela escória ou pelo aço sólido ou líquido, como mostra a Figura 8.35.

A energia irradiada que não for absorvida pelo metal e pela escória será absorvida pelas paredes e abóbada. Para manter as paredes e a abóbada protegidas desses arcos longos e estabilizá-los durante a operação, desenvolveu-se o uso de escórias espumantes, uma vez que aumentar a quantidade de escória, para aumentar a espessura da camada de escória, teria efeitos muito

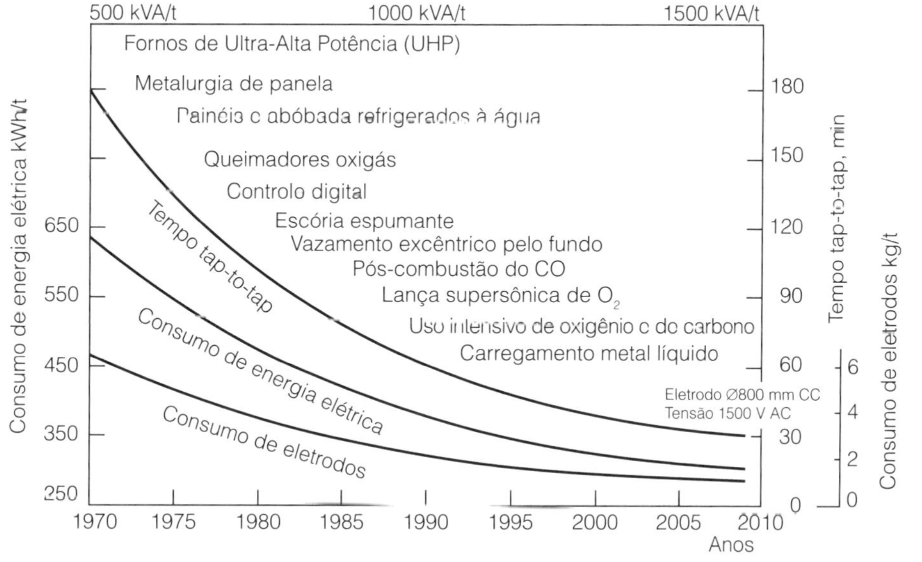

Figura 8.34 Principais desenvolvimentos tecnológicos e evolução dos principais indicadores em aciaria elétrica nas últimas décadas. Adaptada de [82,83]. Ver também [84].

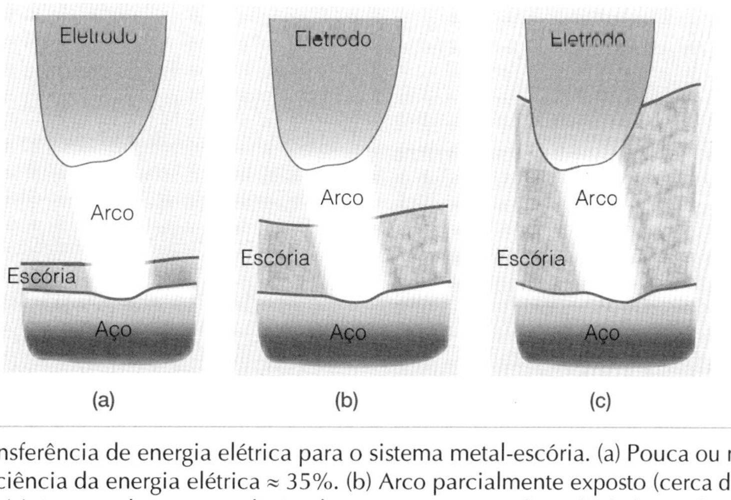

Figura 8.35 Eficiência da transferência de energia elétrica para o sistema metal-escória. (a) Pouca ou nenhuma escória ou arco muito longo. Eficiência da energia elétrica ≈ 35%. (b) Arco parcialmente exposto (cerca de metade do comprimento exposto) ≈ 65%. (c) Arco totalmente "oculto" pela escória ≈ 90%. Adaptada de [83,85].

negativos na eficiência do processo. A escória espumante é gerada pela injeção de carbono (coque ou grafita) na escória, que contém um teor adequado de óxido de ferro (FeO). O carbono reage com o FeO, causando a formação de bolhas de CO no interior da escória, aumentando seu volume.

$$FeO + C = CO + Fe \qquad \text{(Eq. 8.26)}$$

A geração de CO dentro da escória a faz espumar, desde que tenha viscosidade e tensão superficial adequadas [86-88]. As condições ideais para a espumação envolvem uma pequena saturação em fase sólida, para aumentar a viscosidade aparente e basicidade binária em torno de 1,6 a 2. As condições de espumação foram estudadas por Ito e Fruehan [89,90] e por Pretorious [86]. A manutenção da condição de escória espumante requer o balanço entre a formação de FeO, pela injeção de oxigênio no forno, e o fornecimento de carbono, pela injeção de grafita ou coque granulado. A formação da escória espumante melhora a transferência de calor do arco para a carga e reduz o desgaste de refratários, o consumo de eletrodos e o nível de ruído.

Em fornos de corrente contínua, o arco é extremamente estável, depois da ignição. Em fornos de corrente alternada, entretanto, o arco, teoricamente, poderia se extinguir a cada ciclo, quando a tensão se anula. O controle da impedância do sistema elétrico do forno, portanto, é fundamental para que a tensão e corrente não estejam exatamente em fase. Por outro lado, a eficiência elétrica depende do ângulo de fase. A regulagem elétrica do forno e o controle da impedância são fundamentais para a eficiência do processo [82].

Concluída a fusão de toda a carga, os requisitos de energia para controle de temperatura e compensação de perdas térmicas caem para ≅ 100-150 kVA/t. Evidentemente, a utilização de transformadores UHP, caríssimos, nesses níveis de potência é antieconômica. Esse foi um dos principais motivos que fomentaram o desenvolvimento da metalurgia de panela (Capítulo 9). Utilizando-se um forno-panela, é possível transferir as operações de desoxidação e desulfuração para fora do forno elétrico, liberando esse equipamento para fusão e desfosforação de uma nova corrida. Assim, o forno elétrico é dedicado, basicamente, à fusão. Essa é a utilização atual dos fornos elétricos a arco, em que tempos de corrida de 40 minutos são viáveis (dados de 2004).

O carregamento do forno a arco normalmente é feito pela abertura da abóbada, que gira, deixando o forno livre para carga. Há ainda uma porta por onde podem ser adicionados materiais como ligas, formadores de escórias etc. oposta a esta, há uma bica de vazamento ou a região da válvula de vazamento, por onde, mediante o basculamento do forno, o aço vaza na panela após concluir-se a corrida. Fornos que trabalham com escória espumante normalmente trabalham com a porta fechada, sendo todas as adições realizadas durante o carregamento ou pelas lanças de injeção.

A partir da década de 1980 [91], fornos com vazamento pelo fundo (válvula-gaveta instalada, excentricamente, no fundo do forno) foram desenvolvidos. Com esse sistema, é possível vazar o aço completamente livre de escória do forno, o que favorece as operações subsequentes, principalmente de metalurgia de panela. Além disso, o ângulo de basculamento do forno é muito reduzido, o que permite a instalação segura de painéis refrigerados à água até muito próxima da linha de escória, reduzindo significativamente a complexidade e os custos da parte mecânica do forno. Nestes fornos não é raro se operar mantendo, entre corridas, um volume de metal líquido dentro do forno (que garante a retenção da escória). Esta operação é chamada de operação com "pé líquido". O controle da quantidade de metal que fica no forno, entretanto, é fundamental para a segurança da operação. Nível excessivo de metal pode levar a contato de escória, ou mesmo metal, com os painéis refrigerados com grande risco de explosões.

Assim como nas aciarias que empregam conversores, um sistema de captação de fumos, que evite a liberação de pós poluentes para a atmosfera, é essencial.

8.4.3.2 A carga do forno elétrico a arco

Normalmente, a carga do forno a arco é composta de sucata e ferro-ligas nas usinas não integradas. A necessidade de se aproveitarem os elementos de liga contidos na sucata e de se evitar a presença de elementos indesejáveis em determinados aços exige do operador de forno elétrico – especialmente o produtor de aços especiais – cuidado na separação e no armazenamento da sucata. A sucata é reunida em grupos, por famílias de aços (p. ex.: sucata de aços 43xx, sucata de aços 86xx) de modo que, ao ser empregada, possa-se prever, com segurança, a composição química a ser obtida. No caso de aços ferramenta, com elevados teores de elementos de liga de custo elevado, é conveniente separar-se a sucata por aço, e não por família. Assim, uma usina de aços especiais chega a ter 50 ou mais diferentes grupos de sucata. O controle dos elementos residuais na sucata é, também, essencial. Alguns elementos não oxidáveis (Cu, Sn, Zn, Pb...) vem se acumulando na sucata industrial (ver o exemplo do Cu na Figura 8.16). A carga precisa levar em conta o efeito dos residuais no produto. Aços para vergalhão de construção civil, por exemplo, toleram maiores teores de residuais, enquanto outros (o 2¼Cr1Mo (F22), por exemplo) podem ser extremamente sensíveis a estes elementos que podem causar, neste caso, fragilidade de revenido. Gusa sólido é uma opção de baixo teor de residuais, porém mais cara do que a sucata. Há, ainda, usinas que operam com frações significativas de gusa líquido na carga [92,93].

Além disso, o aspecto físico da sucata é também muito importante. Uma vez que a sucata pode ter densidade aparente muito baixa (sucata a granel tem densidade da ordem de 1 t/m^3), é importante balancear corretamente a carga, para se evitar a necessidade de muitos carregamentos, que comprometam a produtividade. Normalmente, dois carregamentos é o mínimo viável, em função do volume do forno e do volume de metal fundido a ser produzido.

Além da sucata, são empregados ferro-ligas ou metais puros para compor a carga desejada para cada aço. Evita-se carregar ferro-ligas de elementos oxidáveis (como cromo, vanádio etc.) juntamente com a sucata, para diminuir as perdas. Elementos como o níquel, porém, podem ser carregado em conjunto com a sucata, por serem menos oxidáveis do que o ferro.

Entre as ferro-ligas, há também várias opções. Há ligas de alto teor de carbono ou baixo teor de carbono, ligas de baixos teores de fósforo e enxofre, ligas de alto teor de residuais etc. Obviamente, o operador deve fazer um balanço econômico das opções disponíveis para atingir determinada especificação de aço, escolhendo a que apresentar melhor equilíbrio econômico/ operacional. Esse balanço é, normalmente, realizado por programas de computador.

Novamente, nesse ponto, é importante o conhecimento, por parte do usuário de aço, dos problemas de fabricação. Assim, por exemplo, dois aços inoxidáveis com exatamente a mesma composição – exceto pelo limite máximo de fósforo aceitável – podem requerer cargas e elaborações completamente diferentes, que refletirão, certamente, no custo final do produto.

8.4.3.3 A elaboração no forno a arco

São necessários, normalmente, dois carregamentos de sucata para completar a carga. O segundo é realizado tão logo tenha ocorrido fusão suficiente para que o volume da segunda carga possa ser acomodado no forno. Alguns operadores têm conseguido realizar apenas um carregamento, quando o cuidado com a preparação da sucata (especialmente tamanho e densidade aparente) é elevado e/ou aumentando o volume do forno e cestos de sucata [94]. Classicamente, terminada a fusão da carga, inicia-se a etapa de refino que, antes do advento e ampliação do emprego da metalurgia de panela, englobava descarburação e desfosforação e, posteriormente, desoxidação e dessulfuração. A desoxidação, na maioria das aciarias com FEA, é realizada no vazamento e a desulfuração, em operações de metalurgia secundária. Essas decisões foram essenciais para garantir o aproveitamento máximo dos fornos UHP como instrumentos de fusão. Na elaboração de aços especiais, nem sempre é possível carregar todo o material no início da corrida. Em alguns roteiros de elaboração de aços inoxidáveis especiais, por exemplo, pode ser necessária uma forte desfosforação antes da adição do Cr (sob a forma ferro cromo) para evitar sua perda durante a desfosforação. Da mesma forma, em corridas com adições significativas de sucata contendo elementos oxidáveis, o uso da escória espumante pode ser restrito.

8.4.3.4 Fornos de elevada produtividade

Nos fornos elétricos de elevada produtividade, as principais atividades de refino ocorrem em grande parte durante e no final do processo de fusão. Na operação clássica, as operações de refino se iniciavam com a carga totalmente fundida, quando oxigênio começava a ser injetado. Nesse tipo de operação, cerca de 8Nm^{3}O$_2$/t de aço eram empregados. Na operação visando à alta produtividade, valores da ordem de 40 Nm^{3}O$_2$/t de aço são empregados (para comparação, um conversor emprega em torno de 50 Nm^{3}O$_2$/t de aço). A injeção inicia-se antes do final da fusão completa da carga. Em alguns fornos, parte do metal líquido da corrida anterior é deixada no forno para acelerar o processo de fusão e prevenir a passagem excessiva de escória para a panela (operação com pé líquido). O uso de elevadas quantidades de oxigênio altera substancialmente o balanço térmico e econômico da operação do forno elétrico. A energia disponível nas principais reações de oxidação na fusão é muito significativa, como mostra a Tabela 8.1.

Tabela 8.1 Energia teórica disponível nas reações de oxidação do ferro e do carbono

$Fe + ½ O_2 = FeO$	6 kWh/Nm^3 de O_2
$C + ½ O_2 = CO$	2,8 kWh/Nm^3 de O_2

Assim, é comum, nesses fornos, que 30 a 40% da energia provenha de reações de oxidação, como exemplificado na Figura 8.36, dependendo do custo relativo das formas de energia.

(a)

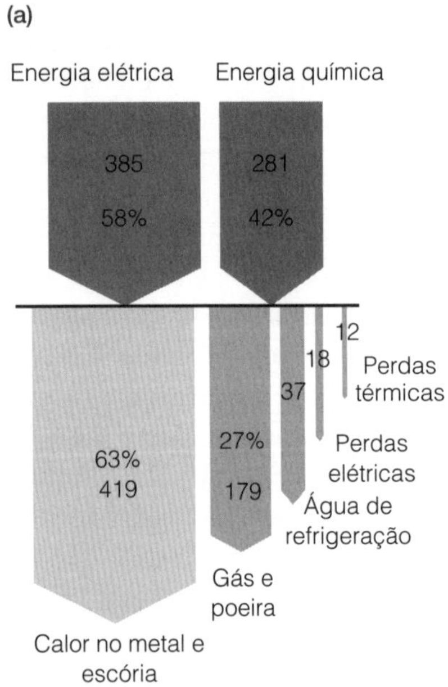

(b)

Rendimento metálico		93,5%
Energia elétrica	kWh/t aço líquido	385
Oxigênio	Nm^3/t aço líquido	47
Gás natural	Nm^3/t aço líquido	5
Carvão	kg/t aço líquido	14
Eletrodos	kg/t aço líquido	1,6

Figura 8.36 (a) Exemplo de balanço de energia típico em um FEA de corrente alternada. Energia por t aço líquido. Total: 666 kWh/t. (b) Exemplos de alguns indicadores importantes do FEA. Adaptado de [95] (ver também Figura 8.34).

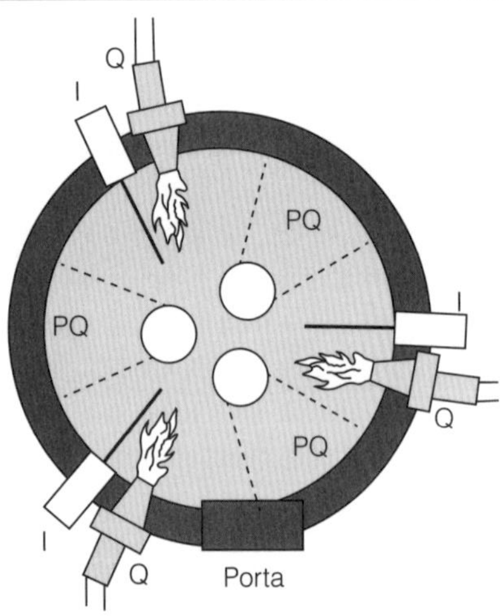

Figura 8.37 Queimadores (Q) e injetores para múltiplos propósitos (I) são empregados nos FEA de alta produtividade. Estes aparelhos são, normalmente, defasados dos "pontos quentes" (PQ) relacionados aos eletrodos.

Naturalmente, a oxidação do ferro compromete o rendimento metálico da operação e deve ser limitada ao suficiente para o corte da sucata, auxiliando no processo de redução de volume durante a fusão e no estabelecimento de condições favoráveis à formação de escória espumante.

Além do uso de grandes quantidades de oxigênio, queimadores oxicombustível e lanças de injeção são também empregados nesses fornos por dois motivos principais. Na direção radial de cada eletrodo no forno elétrico, há um chamado "ponto quente", em que ocorrem maior radiação e aquecimento. No espaço intermediário entre cada dois eletrodos, há uma região chamada "ponto frio". Queimadores instalados nessas regiões, como mostra a Figura 8.37, uniformizam a distribuição de energia no forno e promovem a pós-combustão do gás CO gerado, aproveitando a energia da reação $CO + ½ O_2 = CO_2$. Isso resulta em fusão mais rápida, menor consumo de eletricidade, eletrodos e refratários [60,96]. Atualmente, vários tipos de lanças de injeção são disponíveis, inclusive injetores multifunção [97].

As principais funções dos injetores são:

a) sopro de oxigênio, tanto para acelerar a fusão e aquecimento como para produzir FeO para a escória espumante como para produzir pós-combustão do CO gerado ainda dentro do forno. Jatos supersônicos e jatos supersônicos coerentes [98,99] são frequentemente empregados;

b) injeção de carbono para formar a escória espumante ou injeção profunda, para reação com metal [98];

c) injeção de formadores de escória [97].

A extensão do uso de oxigênio e queimadores é definida pelo balanço econômico da operação, uma vez que substituem, principalmente, o consumo de energia elétrica e aceleram o processo [83].

8.4.3.5 Descarburação e desfosforação

Na elaboração clássica, terminada a fusão, normalmente deseja-se que o teor de carbono do aço esteja acima da faixa final para que, com a evolução de CO decorrente da oxidação do carbono pelo sopro de oxigênio (C + O = CO), ocorram agitação (e consequente homogeneização de composição química e temperatura) e eliminação de gases dissolvidos. Além disso, como as ferro-ligas de alto teor de carbono são, em geral, mais baratas do que as de baixo carbono, é conveniente oxidar-se o carbono abaixo da composição desejada do aço, de modo a se poder introduzir os elementos de liga sob a forma de ligas de alto teor de carbono. Nesse estágio da corrida, dá-se também a desfosforação.

Como a desfosforação ocorre em condições oxidantes e a temperaturas relativamente baixas no processo, é comum que toda a desfosforação seja realizada simultaneamente com o fim da fusão e descarburação no forno elétrico, quando existem condições oxidantes associadas à escória espumante. Durante o vazamento, a escória de desfosforação é removida, para evitar a reversão do fósforo (ou, mais comumente, retida no interior do forno), e é iniciada a desoxidação do aço antes ou durante a transferência para a panela, permitindo que uma nova escória seja formada para as atividades de refino subsequentes.

8.4.3.6 Desoxidação e dessulfuração

Há algumas décadas as operações de desoxidação e dessulfuração eram realizadas e completadas no próprio forno elétrico. Hoje, exceto em situações muito especiais, essas atividades foram transferidas, em grande parte, para os processos de refino secundários (metalurgia de panela).

Retirada a escória de desfosforação, é necessário desoxidar o aço, acertar sua composição química (especialmente com respeito aos elementos de liga), dessulfurar, se necessário, e aquecer a corrida até a faixa de temperatura especificada para o lingotamento. Essas atividades podem ser realizadas fora do FEA, na metalurgia secundária, liberando o forno para a fusão de uma nova corrida.

8.5 LINGOTAMENTO E LINGOTES

A elaboração do aço em conversor ou FEA, seguida ou não de operações de metalurgia de panela, produz uma massa homogênea de metal líquido. Esse metal é transferido em panelas revestidas de refratários para a área de lingotamento. A maior parte da produção mundial de aços é, então, processada por meio de lingotamento contínuo, em que o aço começa a solidificação em um molde de cobre refrigerado à água e, após a formação de uma "casca" sólida de espessura suficiente, é resfriado diretamente por aspersão de água. Para aços especiais, produzidos em menores quantidades, para grandes forjados e para alguns aços que exigem condições de solidificação especiais, o lingotamento "estático" ou convencional continua sendo empregado. Nesse caso, o aço é vazado em formas ou moldes denominados "lingoteiras", em que se solidifica, originando fundidos chamados "lingotes".

O produto de lingotamento (lingote ou semiacabado lingotado continuamente) ideal seria homogêneo física e quimicamente, com estrutura fina, equiaxial e isenta de segregação, porosidade, cavidades e inclusões não-metálicas. Entretanto, as próprias leis que regem a solidificação impedem a obtenção desse tipo de material homogêneo. Os solutos sempre se redistribuem entre o líquido e o sólido e raramente há tempo para se homogeneizarem outra vez no sólido e os aços sólidos são mais densos do que o líquido, o que causa contração. Além desses problemas de qualidade interna que segregação e contração podem originar, podem ocorrer também problemas superficiais, como dobras, trincas etc.

8.5.1 LINGOTAMENTO CONVENCIONAL

8.5.1.1 Tipos de lingoteiras – técnicas de lingotamento

Lingoteiras têm, em geral, a forma de uma caixa, feita de ferro fundido, pesando 1 a 1,5 vezes o peso do lingote a ser produzido.

O projeto da combinação lingoteira/lingote é feito visando otimizar as variáveis de solidificação e considerando sua conformação mecânica posterior. Diferentes formas de seção transversal são empregadas: quadrada, cilíndrica, oitavada (ou facetada) e, menos comumente, retangular. Normalmente, os lingotes têm alguma conicidade (as dimensões da seção transversal variam ao longo da altura), o que facilita a desmoldagem (estripagem) e favorece a solidificação direcional.

Quanto à conicidade, há dois principais tipos de lingotes: lingotes de topo maior que a base (*big end up*) e lingotes de base maior que o topo (*big end down*).

As faces dos lingotes podem ter diferentes configurações: faces planas, convexas ou corrugadas podem ser utilizadas. Lingotes destinados à forjaria pesada têm, em geral, seção transversal poligonal corrugada, como mostra a Figura 8.38.

Tal fato está associado à prevenção de trincas na superfície de lingotes. Lingotes cilíndricos ou com faces planas têm grande propensão a trincamento superficial em razão do fato de a pele sólida não resistir à pressão ferrostática do aço líquido contido em seu interior. Porém, lingotes com a seção transversal, como indicado na Figura 8.38, solidificam mais rapidamente nos cantos (indicados por "a" na Figura). Quando a pele sólida se contrai, afastando-se da lingoteira, tais partes terão espessura suficiente para resistir à pressão. Enquanto isso, as faces (indicadas por "b" na Figura), côncavas, resistirão melhor à pressão ferrostática, por estarem submetidas à compressão.

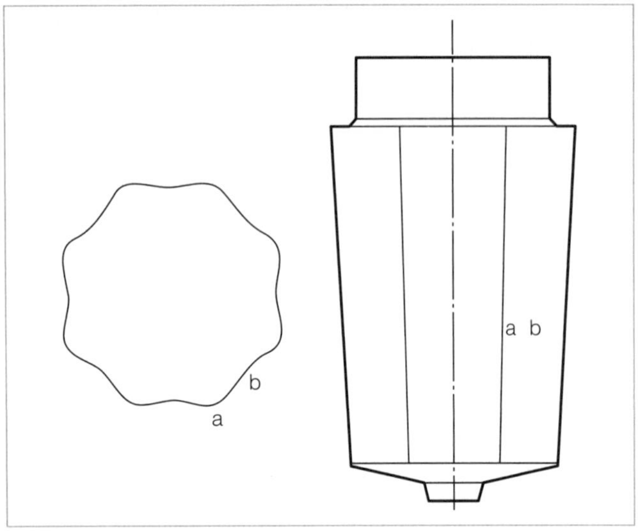

Figura 8.38 Formato típico de lingote para forjaria.

As lingoteiras podem ser enchidas de aço líquido por cima ou por baixo. O enchimento por baixo requer o emprego de tubulações refratárias descartáveis, como mostra a Figura 8.39.

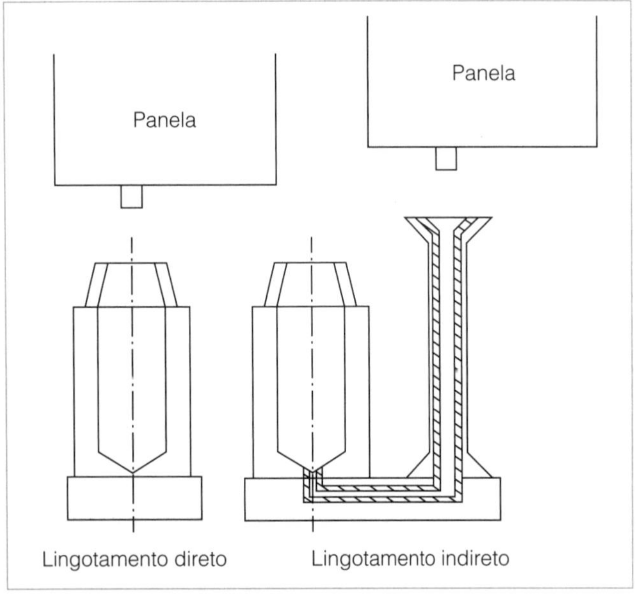

Figura 8.39 Enchimento de lingotes convencionais. Em usinas de aços especiais, o jato de metal líquido entre a panela e a lingoteira ou a "mestra" (tubulação principal no lingotamento indireto) é protegido contra a reoxidação. Na Figura, essa proteção não é indicada para facilitar a visualização do processo.

O lingotamento por baixo (indireto) permite o enchimento simultâneo de vários lingotes, produzindo, em geral, melhores superfícies e desgastando menos as lingoteiras. No entanto, o enchimento por cima (direto) economiza refratários e mão de obra. Atualmente, enchimento por cima tem sido limitado a lingotes de grandes dimensões ou quando o acabamento superficial do lingote não é uma variável crítica.

8.5.1.2 Aços efervescentes – uma nota histórica

Durante boa parte do século XX, aços "efervescentes" representaram parcela significativa da produção mundial de aços. Os aços efervescentes basicamente não são desoxidados, de forma que, durante o resfriamento na lingoteira, com a alteração do equilíbrio carbono *versus* oxigênio associada à redução da temperatura e à segregação de C e O durante a solidificação, há evolução de gás, principalmente CO. É possível controlar (pelo correto balanço dos teores de O e C em solução) essa reação de modo que a pele do lingote seja sólida e, posteriormente, as bolhas de gás compensem a contração de solidificação. O aço assim obtido é o mais barato possível dos aços lingotados convencionalmente por dispensar desoxidação e medidas de controle de contração de solidificação e, apesar de ser extremamente segregado, tem qualidade superficial muito boa, sendo adequado para produção de chapas para conformação e produtos estruturais simples, de uso geral.

O aço chamado "semiacalmado" era parcialmente desoxidado, ocorrendo, ainda, alguma reação de evolução de CO na lingoteira. Era empregado em perfis, chapas e barras estruturais.

O termo "acalmado" (*killed*, em inglês) aplica-se ao aço suficientemente desoxidado, de forma a não ocorrer qualquer formação de CO na lingoteira. Os aços carbono, ligados, ferramenta e inoxidáveis, para aplicação de qualidade, são sempre produzidos acalmados, quando se obtém o máximo de homogeneidade possível.

Como as condições necessárias para as reações de efervescência não são ideais para o processo de lingotamento contínuo, que é muito mais barato do que o lingotamento convencional, os aços efervescentes e semiacalmados praticamente desapareceram no final do século XX.

8.5.2 LINGOTAMENTO CONTÍNUO

Mais de 90% da produção mundial de aço é produzida pelo lingotamento contínuo [100]. Nesse sistema, o aço líquido é vazado em um molde de cobre refrigerado à água, em que uma primeira casca sólida se forma e vai sendo extraída por um sistema mecânico de rolos e suportes. Formada a casca com uma espessura suficiente para resistir à pressão ferrostática (do aço líquido), o aço deixa o molde e passa a ser refrigerado por aspersão de água em *sprays* ou jatos e por radiação, até a conclusão da solidificação, como mostra o esquema da Figura 8.40.

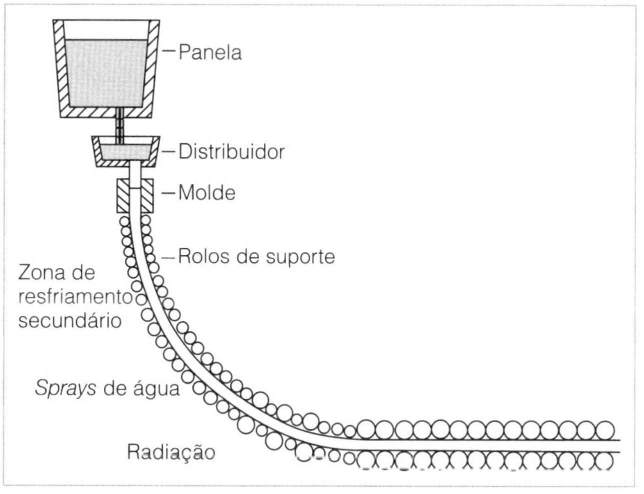

Figura 8.40 Esquema de uma máquina de lingotamento contínuo. A solidificação é concluída vários metros abaixo do nível do molde. Velocidades de lingotamento (ou do veio) na faixa de 1 m/min são típicas.

O lingotamento contínuo pode produzir semiacabados de diferentes seções transversais. Usinas que produzem aços planos trabalham com lingotamento de placas, usualmente de aproximadamente 250 mm de espessura e larguras superiores a 1 m. O processo de *thin slab casting* trabalha com placas na faixa de 80 a 100 mm de espessura e elimina a primeira etapa da laminação a quente. *Billets* ou tarugos quadrados e redondos são lingotados nas siderúrgicas que produzem produtos longos.

O rendimento metálico do lingotamento contínuo é muito superior ao do lingotamento convencional. Por esse motivo, só se emprega lingotamento convencional quando a qualidade do aço exige ou as quantidades a produzir são inviáveis para lingotamento contínuo.

Uma vez que o controle do nível do aço no molde do lingotamento contínuo é uma variável importante para a qualidade, o aço não é vazado da panela diretamente no molde. Há um distribuidor (*tundish*) intermediário, que regula o fluxo de aço e permite que várias corridas sejam lingotadas sequencialmente, sem interrupções, aumentando ainda mais o rendimento do processo. Sobre o aço líquido no distribuidor, aplica-se um "pó de cobertura" que tem funções de isolamento térmico e proteção contra a reoxidação. No interior do molde, podem ser empregados fluxos de lingotamento (no caso de produtos planos) ou lubrificantes (no caso de produtos não planos). Para prevenir a reoxidação, o aço entre a panela e o distribuidor é conduzido por um tubo refratário. Do distribuidor para o interior do molde, em produtos planos, também é empregado um tubo refratário para a proteção contra a reoxidação. Essa prática vem sendo adotada, também, em produtos longos, em que as dimensões dos moldes e os fluxos de aços são menores e os desafios, portanto, maiores.

8.5.3 TRANSMISSÃO DE CALOR NA SOLIDIFICAÇÃO

O modo como um metal se solidifica é de grande importância na definição das propriedades do produto obtido. Em larga escala, esse modo de solidificação é definido pelo modo como o calor é extraído do metal que está se solidificando.

De forma geral, a extração de calor durante a solidificação de um metal puro em contato com um molde pode ser esquematizada como mostra a Figura 8.41.

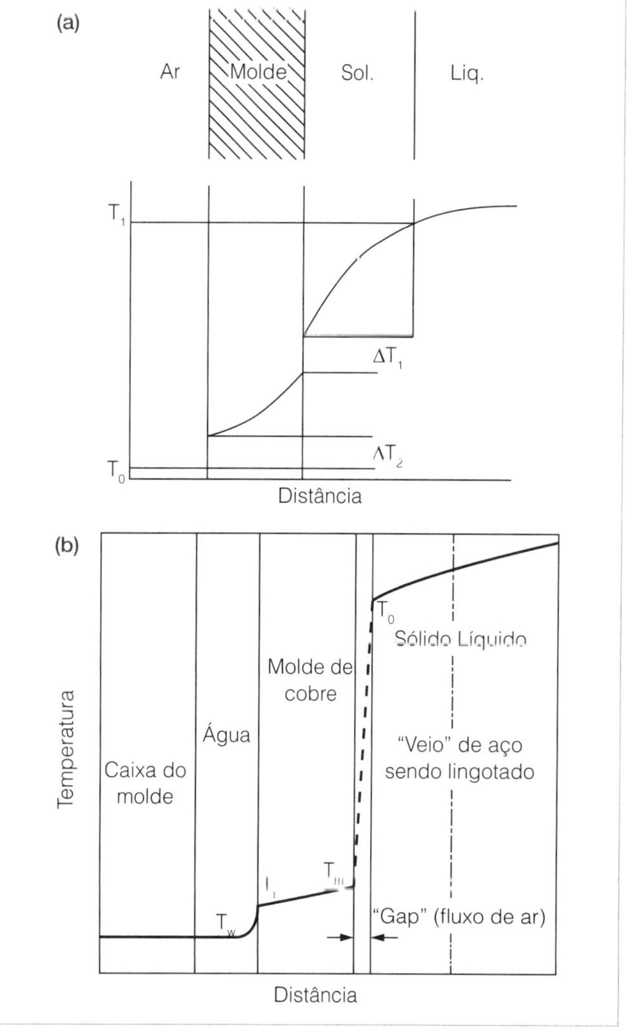

Figura 8.41 (a) Perfil esquemático de temperatura durante a solidificação em molde de material bom condutor térmico. (b) Perfil esquemático de temperatura para o caso de lingotamento contínuo.

Esse tipo de problema de transmissão de calor não é facilmente resolvido de forma analítica. Modelamento matemático empregando métodos de diferenças finitas ou de elementos finitos [101] tem sido empregado com grande sucesso na solução numérica desses problemas, entretanto.

8.5.3.1 Fundição em molde isolante ou de baixa condutividade

No caso de moldes isolantes ou de baixa condutividade térmica (p. ex.: areia), uma solução aproximada pode ser obtida analiticamente. Um balanço térmico considerando que a temperatura do metal permanece sempre uniforme ao longo da seção transversal e que o molde pode ser considerado semi-infinito conduz à solução-limite dada pela Equação 8.27 para solidificação unidimensional [102]:

$$s = K_{metal,molde}\sqrt{t} \qquad \text{(Eq. 8.27)}$$

A solução para o caso unidimensional é ilustrativa, mas o efeito da extração de calor em mais de uma dimensão, no espaço, precisa ser considerado. Embora a extração de calor em cantos e em regiões côncavas possa diferir significativamente do comportamento na situação unidimensional, essa aproximação é útil para formas geométricas simples.

Assumindo-se que cada mm^2 da área da interface metal-molde tem a mesma capacidade de extrair calor do metal, independentemente da geometria do fundido, a espessura solidificada (s) deve ser uniforme e pode ser calculada em função do volume solidificado (V_S) e da área superficial do fundido:

$$s = \frac{V_s}{A} \qquad \text{(Eq. 8.28)}$$

Assim, igualando as duas equações, tem-se:

$$\frac{V_s}{A} = K_{metal,molde}\sqrt{t} \qquad \text{(Eq. 8.29)}$$

e, no fim da solidificação, portanto:

$$t_f = C\left(\frac{V}{A}\right)^2 \qquad \text{(Eq. 8.30)}$$

onde t_f é o tempo total de solidificação de fundidos de geometria simples e V e A são, respectivamente, o volume e a área interfacial da peça. A Equação 8.30 é a conhecida regra de Chvorinov (Figura 8.42) e permite comparar tempos de solidificação para peças de geometria simples.

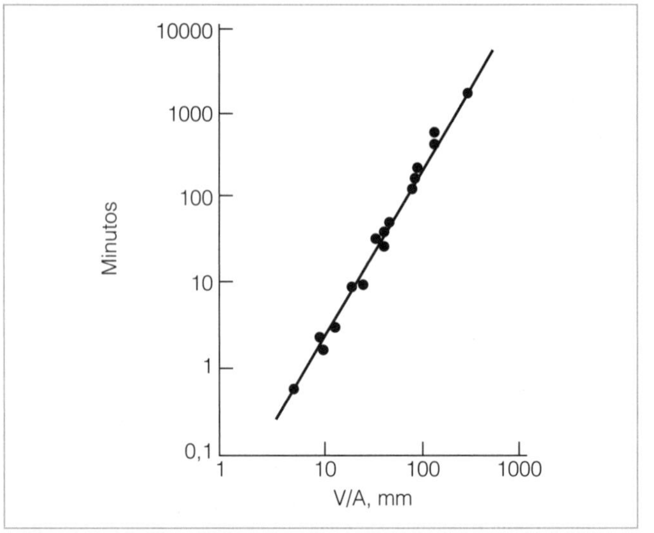

Figura 8.42 Resultados experimentais de Chvorinov: tempo de solidificação de fundidos em função da relação volume/área do fundido. Ensaios com o mesmo metal e material de molde. Adaptada de [103].

8.5.3.2 Casos-limite – soluções simplificadas para o progresso da solidificação

Normalmente, o perfil térmico esquematizado na Figura 8.41(a) se aplica a lingotes. Embora o controle dos fenômenos que se passam na solidificação de aços de qualidade requeira soluções mais precisas, é possível avaliar alguns casos-limite que são úteis para a compreensão e avaliação preliminar dos fenômenos do lingotamento. Em casos-limite, quando se pode desprezar a resistência térmica da interface, é possível obter-se uma solução analítica para moldes mantidos em temperatura constante ou semi-infinitos, que indica o progresso da solidificação proporcional a $\sqrt{t}$ como na Equação 26. Esse tipo de relação de crescimento é chamado de "parabólico" em função da relação de proporcionalidade $s = k\sqrt{t}$. No caso do lingotamento contínuo (como indica a Figura 8.43), essa aproximação é, talvez, ainda melhor do que no caso do lingotamento convencional.

Resultados experimentais de lingotamento convencional (na fase em que não há interferência entre a solidificação das laterais e do fundo do lingote) conduzem a uma equação parabólica adaptada da Equação 8.27:

$$s = a\sqrt{t} - b \qquad \text{(Eq. 8.31)}$$

O aparente retardo no início da solidificação (termo – b na Equação 8.31) pode ser associado à dissipação do superaquecimento do líquido lingotado e à resistência não nula à transferência de calor na interface metal-molde. Os parâmetros dessas equações podem ser determinados empiricamente ou ajustados com base em simulações numéricas mais completas.

No caso do lingotamento contínuo, o tempo é medido a partir da entrada de um volume de aço no molde. Como o aço não solidifica imediatamente, ajustes na Equação 8.31 são necessários para descrever empiricamente o comportamento no começo da solidificação (solidificação dentro do molde), como mostra a Figura 8.43.

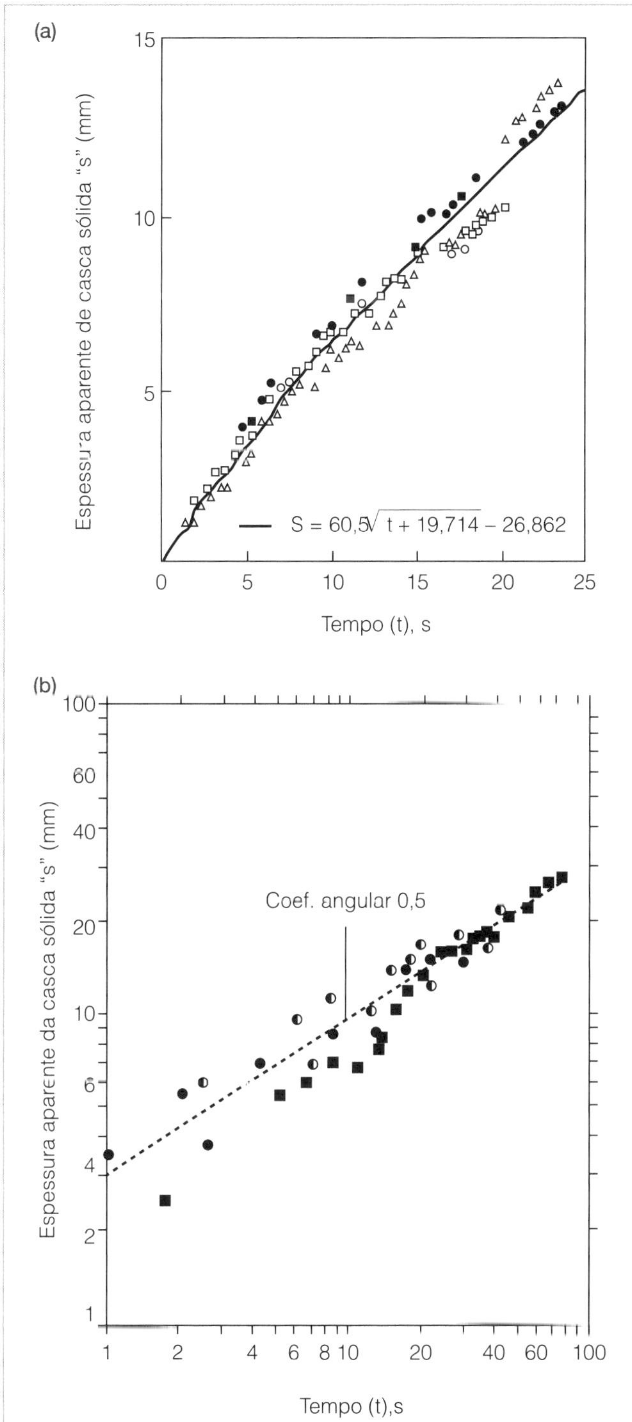

Figura 8.43 (a) Espessura de camada solidificada em placa de aço carbono lingotada continuamente a partir da entrada de um volume de aço no molde, em função do tempo. (b) Espessura da camada solidificada em placa de aço inox AISI 304, a partir da entrada de um volume de aço no molde, em função do tempo. A inclinação de 0,5, no gráfico log-log, corresponde à dependência da raiz quadrada do tempo. O ajuste ao modelo parabólico é razoável, sendo o maior desvio observado na região do molde (tempos mais curtos). Adaptada de [100].

Equações parabólicas encontram boa aplicação na previsão da espessura média solidificada englobando molde e resfriamento secundário.

Para aços carbono, o fator k determinado empiricamente em diversas instalações varia entre 12 e 30 $mm.min^{-0,5}$. Para a solidificação dentro do molde, pode ser necessário aplicar outras correções, como mostra a Figura 8.43.

A fase final da solidificação de lingotes convencionais, caracterizada pela acelerada "solidificação vertical", não pode, entretanto, ser descrita por essa lei, como mostra a Figura 8.44. Nessa fase, há maior interação entre as frentes de solidificação que avançam do fundo e das laterais do lingote. Esse fato é extremamente relevante, pois vários fenômenos importantes para a estrutura do lingote ocorrem nessa etapa da solidificação (p. ex.: rechupe secundário e segregação em "V") [104].

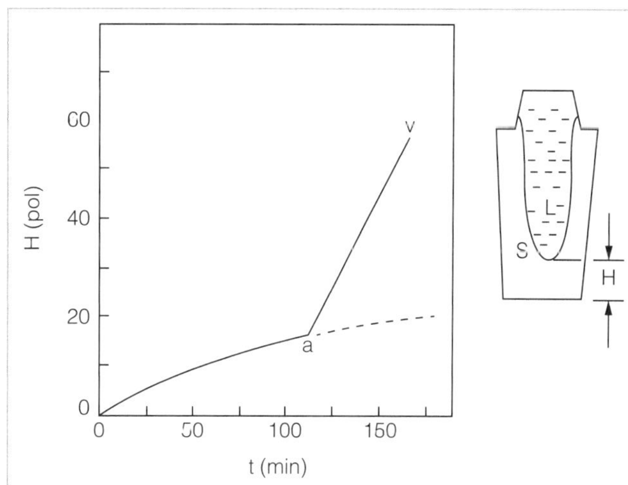

Figura 8.44 Progresso da solidificação na direção vertical em um lingote 32″ × 32″. Até o ponto "a", a Equação 8.27 é obedecida. A partir de "a" até "v", ocorre solidificação vertical acelerada.

8.5.3.3 Contração de solidificação

Durante a solidificação do aço, ocorre contração de aproximadamente 4% em volume, em virtude da diferença de densidade entre o aço sólido e o líquido (Figura 8.45). A sequência de fases na solidificação e o intervalo de temperatura em que esta se passa tem importância sobre como a contração (e as tensões associadas) se distribui durante a solidificação. Nos aços efervescentes, essa contração era compensada pela evolução dos gases durante a solidificação.

Para garantir a ausência de vazios internos ao lingote (rechupe, porosidade etc.) e, portanto, bom rendimento metálico nos aços acalmados, é necessário

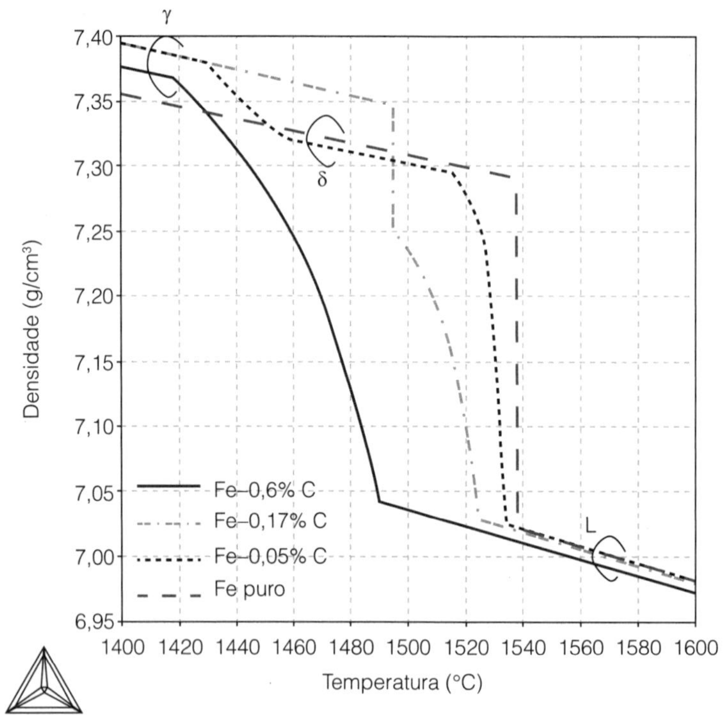

Figura 8.45 Densidade de ligas Fe-C em função da temperatura, durante a solidificação em equilíbrio. O Fe puro solidifica a uma temperatura fixa, para a fase CCC (δ) que não é compacta. Ligas com baixo teor de carbono atravessam a transformação peritética. A liga com 0,05% forma δ+L, depois fica completamente ferrítica (δ). O resfriamento leva a atravessar o campo δ+γ e, a cerca de 1400 °C, a liga é completamente austenítica, mais densa do que a ferrita. A liga de aproximadamente 0,17% tem a composição do ponto peritético. Forma δ+L até ocorrer a transformação peritética, δ+L→γ, com brusca contração. Cálculos com Thermo-calc [52], banco de dados TCFE10.

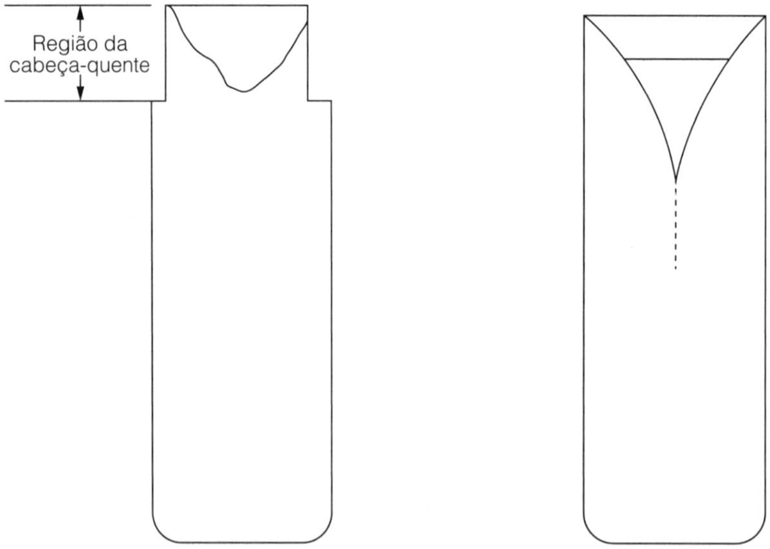

Figura 8.46 Contração de solidificação em lingotes. À direita, lingote sem "cabeça-quente": a solidificação progride uniformemente ao longo de toda a parede da lingoteira. À medida que o nível do aço líquido abaixa, pela contração associada à transformação líquido-sólido, o nível do líquido no interior do lingote é reduzido. Isso gera uma cavidade profunda no centro do lingote. O isolamento e os materiais exotérmicos na "cabeça-quente" retardam a solidificação dessa região em relação ao restante do lingote. O metal líquido contido na "cabeça" alimenta o lingote, compensando sua contração. Todo o volume correspondente à contração fica contido na "cabeça".

concentrar essa contração em uma determinada parte do lingote. Isso é feito pelo controle do avanço da solidificação nas direções horizontal e vertical, garantindo a ocorrência de "solidificação direcional".

O controle do avanço da solidificação se faz no lingotamento convencional, basicamente, pelo controle dos aspectos térmicos do fenômeno. Projeto adequado da lingoteira (conicidade, relação altura/diâmetro etc.) e uso de "cabeça-quente" são as principais medidas disponíveis para esse controle.

Cabeças-quentes são peças isolantes (eventualmente exotérmicas) colocadas no topo da lingoteira para garantir que essa região seja a última a se solidificar, servindo de "alimentador" para o corpo do lingote (Figura 8.46). Pós isolantes ou exotérmicos são empregados, no topo do lingote, com a mesma finalidade.

No lingotamento contínuo, a contração de solidificação precisa ser compensada pela posição dos rolos de suportação do veio e pelo movimento de líquido no interior do veio. As condições de regulagem da máquina de lingotamento devem levar em consideração esse aspecto.

8.5.3.4 Solidificação em um intervalo de temperatura

A maior parte das ligas se solidifica em uma faixa de temperatura, em vez de em uma temperatura única, como mostra a Figura 8.47. A Figura 8.47 apresenta o perfil de temperatura de uma liga, com composição C_o, que se solidifica unidirecionalmente e tem o diagrama de equilíbrio de fases mostrado nessa Figura.

A compreensão do efeito da presença desse intervalo de solidificação sobre as características da solidificação é importante para a análise dos fenômenos que ocorrem durante a produção de lingotes. A Figura 8.48 apresenta resultados experimentais na solidificação direcional de uma placa de aço com 0,6% C. Esse resultado é comum para ligas em geral. Alguns aspectos importantes a serem observados dessas curvas são:

- A distância vertical entre a linha que representa o avanço das isotermas *liquidus* e *solidus* representa a extensão da zona bifásica (S + L) – por vezes chamada "zona pastosa", isto é, a zona na qual sólido e líquido coexistem. Características como alimentação (principalmente em escala microscópica), trincas a quente e macrossegregação são extremamente dependentes da extensão dessa zona. Se essa região for muito extensa (p. ex.: lingotes grandes), ou tiver baixa permeabilidade para o líquido, pode haver dificuldade de o líquido necessário para compensar a contração de solidificação em fluir, originando microcavidades, chamadas "microporosidades" (Figura 8.49);
- A distância horizontal entre as curvas é o tempo local de solidificação, do qual dependem características importantes da estrutura resultante da solidificação, como espaçamento interdentrítico e tamanho das inclusões não-metálicas.

Quando ligas se solidificam em moldes isolantes, caso comum em fundição, as diferenças de temperatura no metal podem ser inferiores ao intervalo de solidificacão em algumas ligas. Nesse caso, todo o volume do fundido permanece entre T_s e T_l e não há muito sentido em se considerar uma "frente de solidificação", como descrita anteriormente.

No entanto, quando a faixa de solidificação é estreita, as equações apresentadas anteriormente, para metais puros, fazem previsões adequadas do tempo de solidificação.

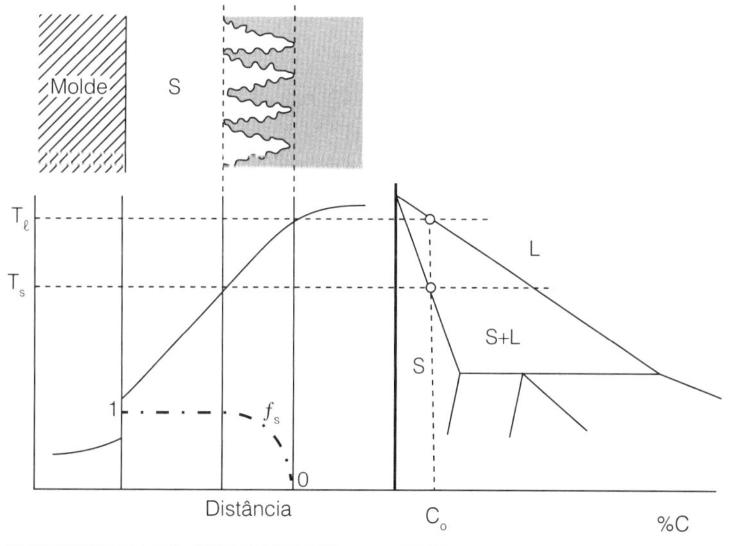

Figura 8.47 Solidificação unidirecional de uma liga em contato com um molde plano. Diagrama de equilíbrio de fases e distribuição de temperaturas. Temperatura liquidus T_l, solidus T_s e fração de sólido T_s (obtida pela regra da alavanca) estão indicados. Os fenômenos que ocorrem na região bifásica ("pastosa" ou mushy) são discutidos adiante.

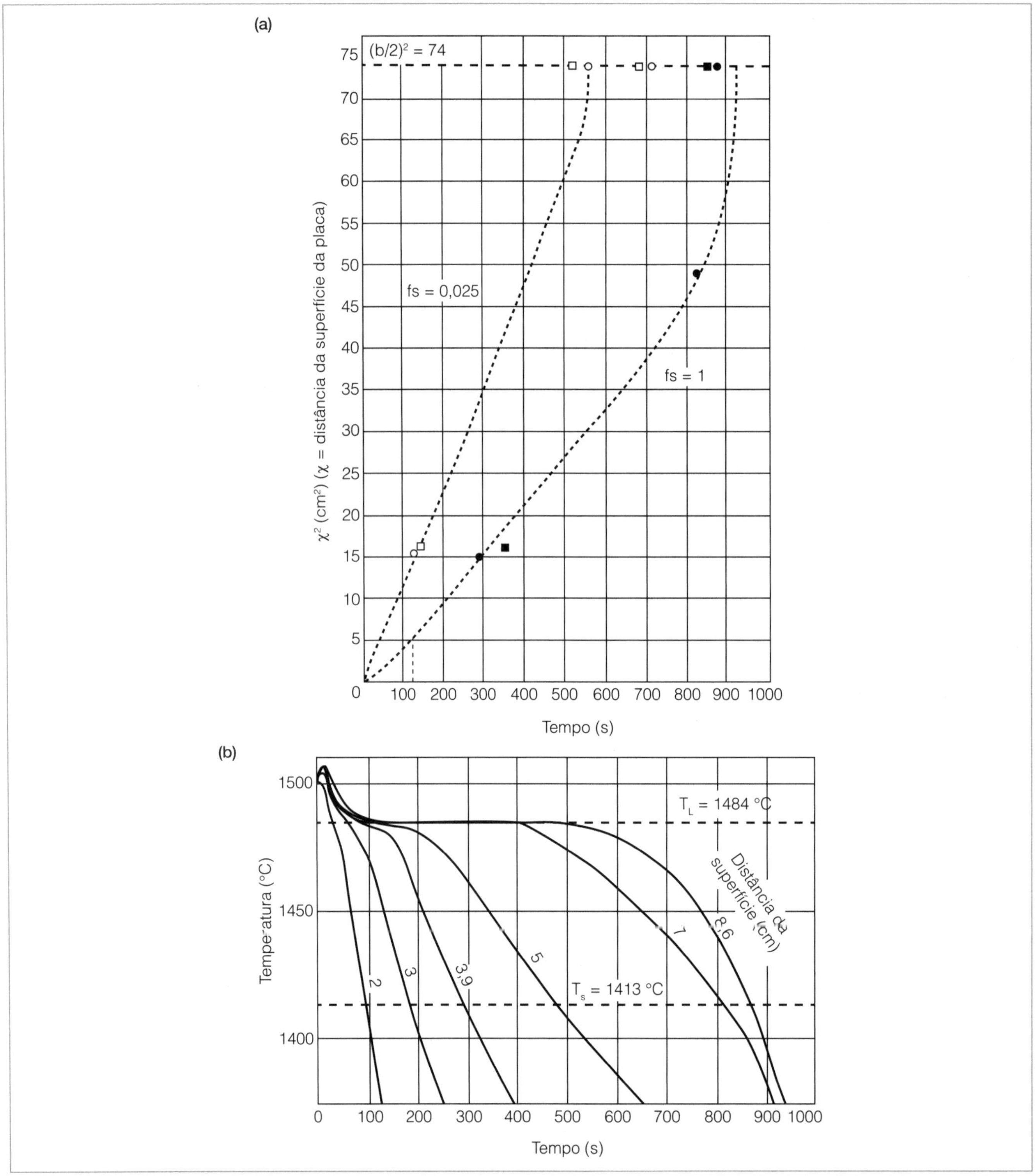

Figura 8.48 (a) Avanço da "frente" de solidificação (isotermas da posição solidus $f_s = 1$ e aprox. liquidus $f_s = 0{,}025$) em um experimento de solidificação de uma placa de aço com 0,6%C, de 1 t com 172 mm de espessura em condições de solidificação unidirecional (da superfície para o centro da placa). A Equação 8.26 é seguida, aproximadamente, para solidus e liquidus, isto é, $x = k\sqrt{t}$ ou $x^2 = Kt$ até próximo ao final da solidificação, quando há interação térmica entre as duas frentes de solidificação. A extensão da zona bifásica (S+L) aumenta à medida que a solidificação progride para mais longe da superfície. Isso se deve à redução da velocidade de resfriamento, indicada em (b) para as várias posições na espessura da placa.

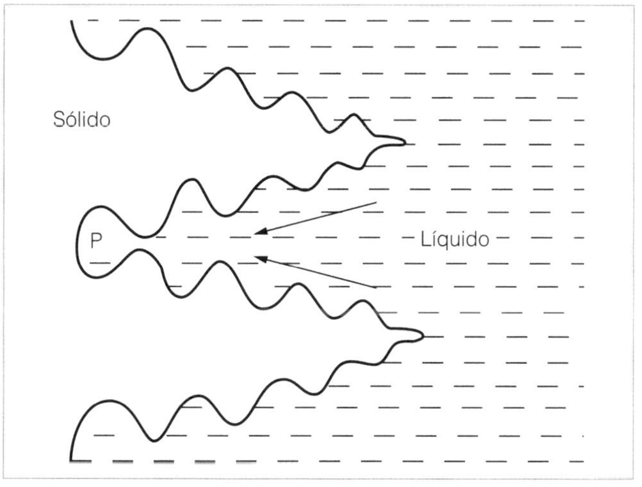

Figura 8.49 Formação de microporosidades. As setas indicam o fluxo de líquido para compensar a contração de solidificação. O ponto P indica a região na qual ocorrerá microporosidade se o fluxo de líquido for restrito.

8.5.3.5 Redistribuição de soluto na solidificação

Quando ligas se solidificam, normalmente a composição do sólido e a do líquido em equilíbrio varia continuamente com a temperatura. A Figura 8.50 apresenta uma porção esquemática de um diagrama binário de equilíbrio de fases, em que as linhas foram linearizadas.

Uma liga de composição inicial C_0 inicia a solidificação com a formação de um sólido de composição kC_0 (onde k é o coeficiente de distribuição da liga em questão).

Se houver tempo suficiente para que, ao longo da solidificação, o equilíbrio entre sólido e líquido seja mantido, conforme o diagrama de equilíbrio, o último líquido a se solidificar terá composição C_0/k, e o sólido final terá composição homogênea C_0, como mostra a Figura 8.51. Não haveria, portanto, qualquer heterogeneidade química no produto sólido.

Entretanto, nos processos normais de solidificação, a transformação se passa em minutos, ou, no máximo, horas. Nessas condições, sólido e líquido não se mantêm homogêneos, uma vez que essa homogeneização depende de fenômenos como difusão, que podem requerer um tempo muito mais longo. Normalmente, existe equilíbrio termodinâmico apenas onde as duas fases estão em contato, isto é, na interface sólido-líquido.

As heterogeneidades decorrentes da solidificação – segregações – são detectáveis por análises localizadas, por exemplo, por meio de microssonda ou mesmo de MEV.

Um modelo simples que permite avaliar a redistribuição de soluto é o modelo de Scheil [105]. Esse modelo supõe que não ocorre redistribuição de soluto no sólido (porque a difusão é muito lenta) e que o líquido se mantém perfeitamente homogêneo (p. ex.: por convecção), havendo sempre equilíbrio na interface, como mostra a Figura 8.52.

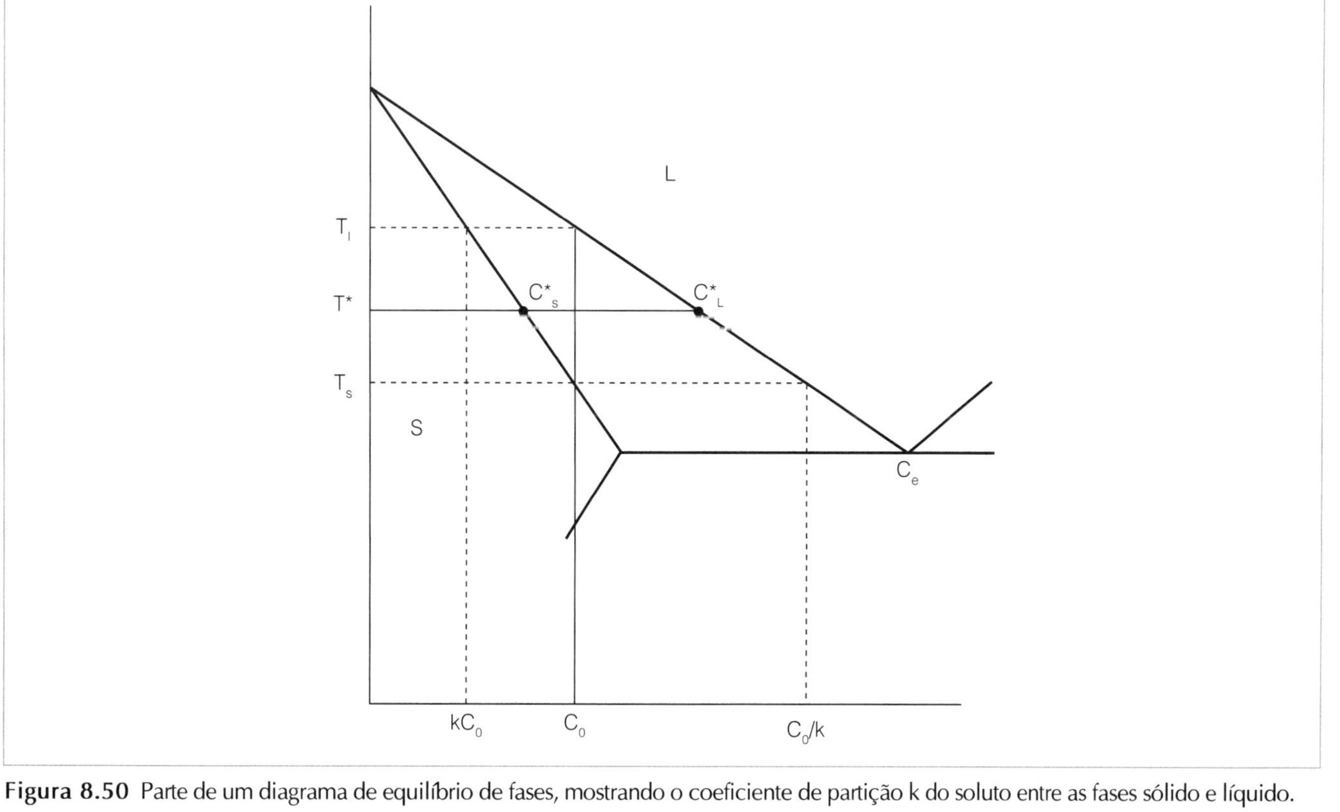

Figura 8.50 Parte de um diagrama de equilíbrio de fases, mostrando o coeficiente de partição k do soluto entre as fases sólido e líquido.

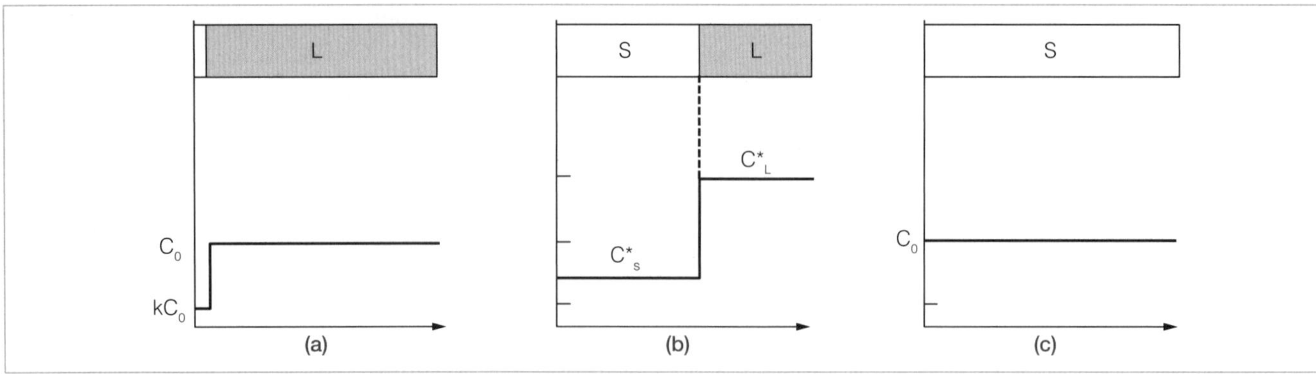

Figura 8.51 Progresso da solidificação unidirecional de uma liga com composição C_0 no diagrama Figura 8.59, em condições em que há tempo suficiente para que o sólido e o líquido fiquem perfeitamente homogêneos durante todo o processo de solidificação. (a) Início da solidificação. (b) Amostra em equilíbrio a T*. (c) Final da solidificação.

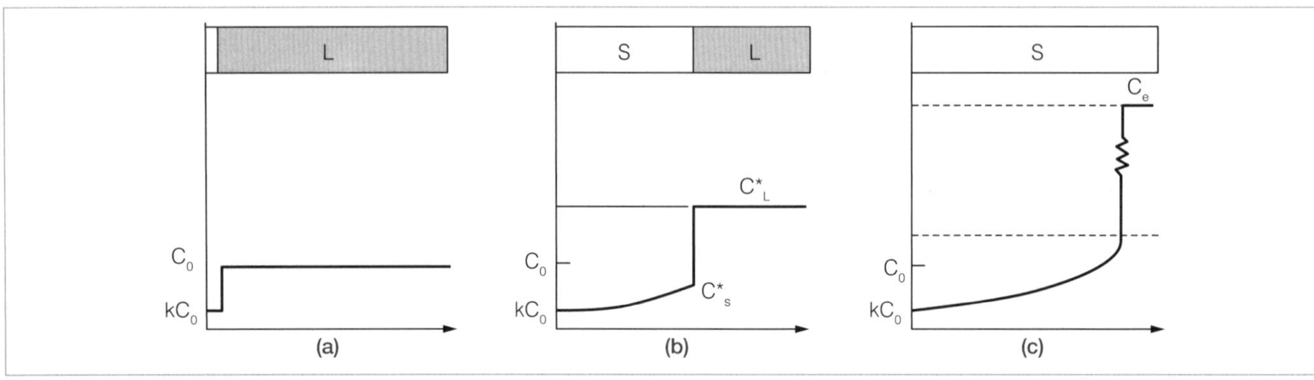

Figura 8.52 Progresso da solidificação unidirecional de uma liga com composição C_0 no diagrama da Figura 8.29, em condições em que ocorre homogeneização total do líquido e não ocorre nenhuma homogeneização do sólido. Embora em qualquer momento como em (b) as composições na interface possam ser obtidas do diagrama de equilíbrio, as frações das fases não podem ser obtidas pela "regra da alavanca", pois o sólido não tem composição homogênea.

Isso é razoável quando se considera que a homogeneização do sólido só se dá por difusão (em escala atômica), enquanto no líquido, não só a difusão é bastante mais rápida, mas também existe a possibilidade de ocorrer homogeneização macroscópica por convecção.

No início da solidificação da liga de composição C_0, mostrada no diagrama da Figura 8.52, o primeiro sólido formado tem, também, a composição kC_0. Entretanto, quando a solidificação progride, o novo sólido formado tem uma composição um pouco mais rica em soluto do que kC_0, como esperado, mas a porção de sólido inicialmente formada continua com a mesma composição, pois não há difusão. Assim, neste momento, o líquido já será levemente mais rico em soluto do que na condição de equilíbrio. E a composição média do sólido será menor do que a composição de equilíbrio, que ocorre na interface.

A Figura 8.53 mostra, qualitativamente, o desvio da composição do sólido da composição de equilíbrio, causado pela falta de homogeneização do sólido.

O sólido assim obtido tem composição heterogênea e é chamado "sólido de composição "zonada"" (*cored*). Evidentemente, uma análise química macroscópica do sólido indica uma concentração média igual a C_0, embora existam regiões, em escala microscópica, com composição diferente.

Para muitos aços, os cálculos realizados com o modelo de Scheil são bastante úteis por realizar previsões razoáveis da sequência de fases formada na solidificação e do intervalo de temperatura em que o fenômeno ocorre, como mostra a Figura 8.54.

Adaptações do modelo de Scheil são muito utilizadas para simular a redistribuição de soluto em condições industriais [106,107,52]. Existem variações do modelo de Scheil que permitem calcular a redistribuição dos substitucionais, assumindo a difusão dos intersticiais, no aço [108]. Adicionalmente, é possível calcular, em condições unidimensionais, a redistribuição de soluto levando-se em consideração tanto a difusão no sólido como no líquido [109,107].

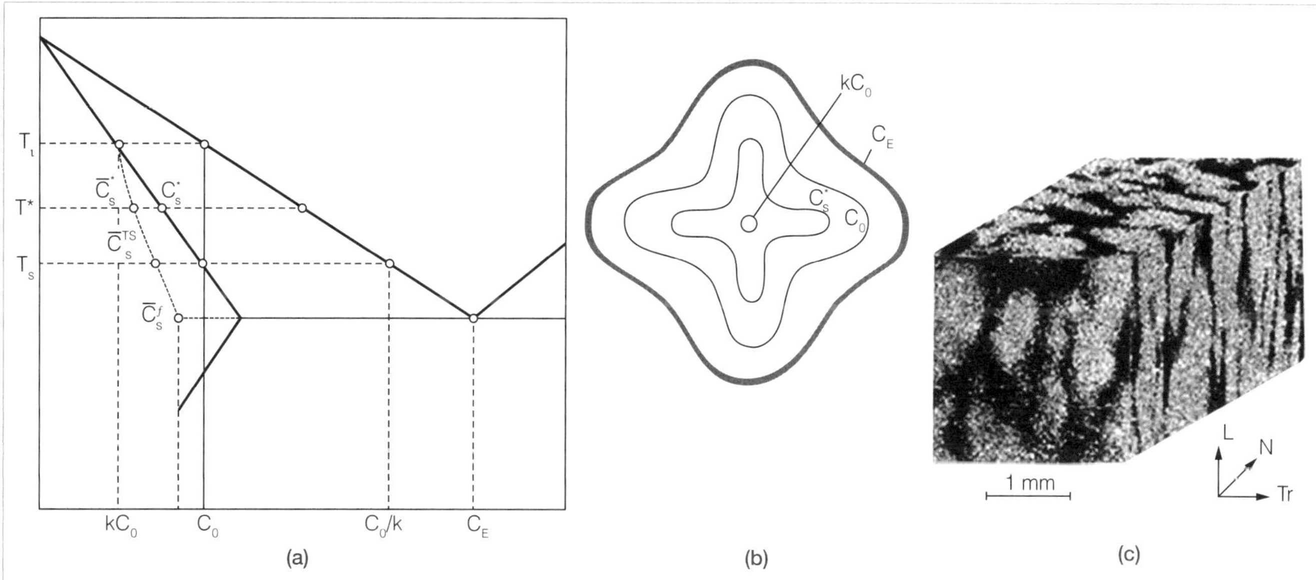

Figura 8.53 (a) Progresso da solidificação quando há equilíbrio na interface sólido-líquido, mas não há homogeneização do sólido (ver Figura 8.52). O primeiro sólido formado tem composição kC_0. Como a composição do sólido não se altera mais, chegando a temperatura T*, o sólido formado, na interface terá composição C_s^* em equilíbrio com C_L^*. Mas, como mais soluto foi rejeitado para o líquido, a composição média do sólido será $\bar{C}_s^*$, e não C_s^*, como ocorreria em equilíbrio. A regra da alavanca não pode ser aplicada com as composições do diagrama, portanto. Ao atingir a temperatura solidus, a composição química do sólido ainda será $\bar{C}_s^{Ts}$, e não C_0. Assim, ainda existirá líquido presente, com composição C_0 / k e a solidificação continua. Ao final da solidificação, o sólido terá a composição média $\bar{C}_s^f$ e existirá uma fração de eutético. O eutético não seria atingido se não houvesse segregação, isto é, se a solidificação se passasse em equilíbrio, como na Figura 8.51. (b) Linhas de mesma concentração em uma dendrita supondo a solidificação conforme o modelo de Scheil. (c) Uma reconstrução tridimensional usando metalografias, da estrutura de um produto de aço, em que se observa a heterogeneidade da microestrutura causada pela heterogeneidade de composição química resultante de segregação de solidificação (L = longitudinal, Tr = transversal, N = normal). Figura (c) reproduzida com autorização da IAEA, de INTERNATIONAL ATOMIC ENERGY AGENCY, ALLISON G.B. et al., Application of Surveillance Programme Results to Reactor Pressure Vessel Integrity Assessment, IAEA-TECDOC-1435, IAEA, Vienna (2005).

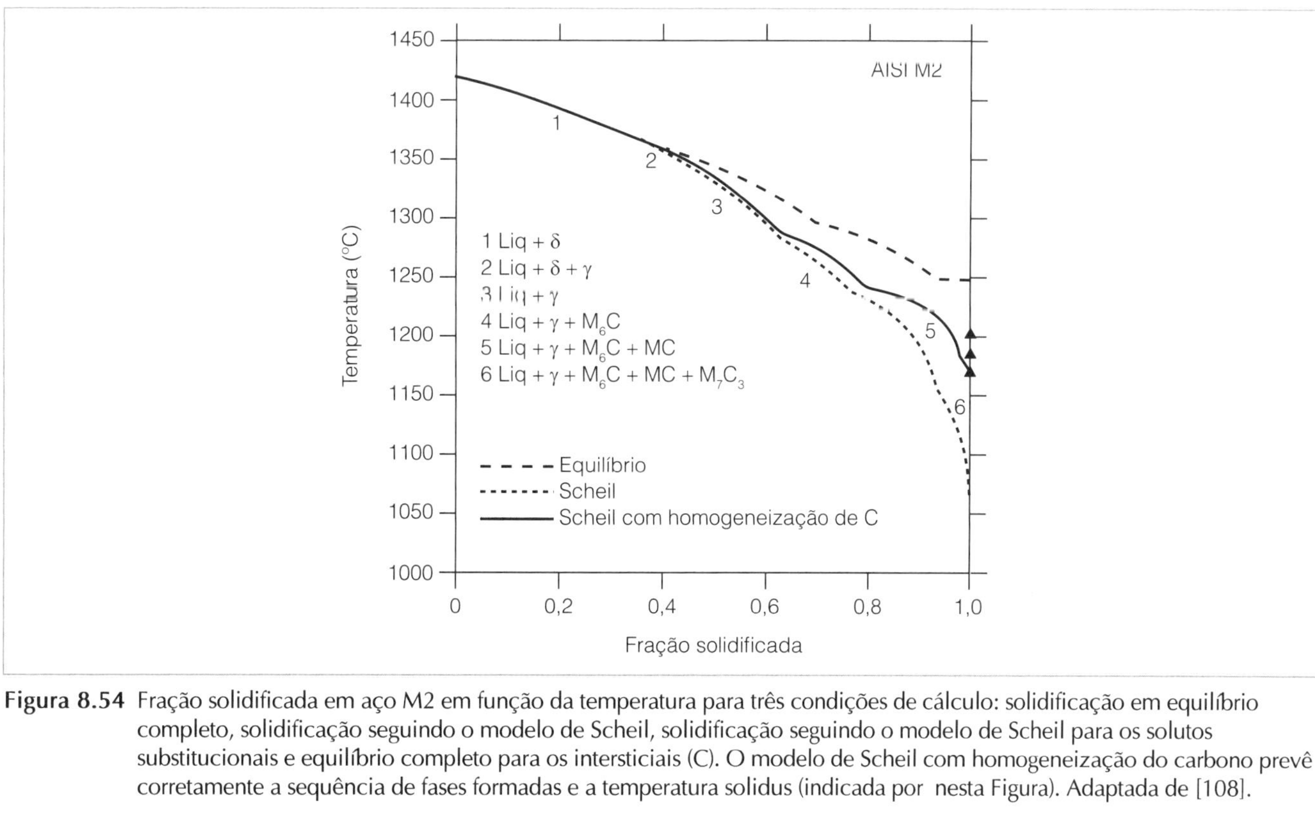

Figura 8.54 Fração solidificada em aço M2 em função da temperatura para três condições de cálculo: solidificação em equilíbrio completo, solidificação seguindo o modelo de Scheil, solidificação seguindo o modelo de Scheil para os solutos substitucionais e equilíbrio completo para os intersticiais (C). O modelo de Scheil com homogeneização do carbono prevê corretamente a sequência de fases formadas e a temperatura solidus (indicada por nesta Figura). Adaptada de [108].

8.5.3.6 Crescimento dendrítico

Observando-se a estrutura de metais solidificados, pode-se notar que, frequentemente, o crescimento do sólido ocorre com uma interface não plana.

Além disso, existem casos em que sólido é nucleado adiante da frente de solidificação e casos em que núcleos sólidos lançados adiante da interface sólido-líquido encontram condições térmicas que permitem sua sobrevivência e crescimento.

Uma vez que existem planos cristalográficos em que o processo de ajuste dos átomos à rede cristalina, na transformação líquido-sólido, é mais fácil, é natural que nem todas as orientações cristalográficas cresçam na mesma velocidade. O que define se a interface sólido-líquido será plana ou não é a condição de sobrevivência de uma dessas instabilidades na interface, isto é: existem condições à frente da interface que permitem que um grão sólido, que cresce mais rapidamente do que os demais, sobreviva e continue crescendo? Ou existem condições para que um plano cristalográfico, que avança à frente dos demais (por agregar os átomos mais facilmente), crescendo mais rápido do que as demais, sobreviva à frente da interface inicialmente plana?

É evidente que, no caso de metais puros, esses fenômenos só podem ocorrer na presença de um gradiente de temperatura negativo no líquido. Nesses casos, eventuais perturbações na interface que avancem para dentro do líquido encontram temperaturas cada vez mais baixas e, consequentemente, condições propícias a seu avanço adiante da interface como mostra, esquematicamente, a Figura 8.55.

Assim, o crescimento celular ou dendrítico é possibilitado.

No caso de ligas, é possível estabelecer um mecanismo que justifique a ocorrência desses fenômenos, com base na redistribuição de soluto durante a solidificação. Esse mecanismo é chamado “superesfriamento constitucional” [102,110,111]. Nos casos-limite de redistribuição de soluto discutidos na seção anterior, supôs-se homogeneização completa do líquido à frente da interface. Caso essa premissa não seja adotada, e o soluto rejeitado à frente da interface não seja homogeneizado instantaneamente no líquido, é possível assumir a existência de um perfil de composição de soluto à frente da interface, como o esquematizado na Figura 8.56(b), em que o líquido estaria se homogeneizando por difusão, por exemplo [111,112]. Supondo que esse perfil de composição do líquido exista, a temperatura *liquidus* do metal à frente da interface não será constante, mas dependerá da sua composição, como mostra a Figura 8.56(c). Se o gradiente de temperatura real existente for tal que existam pontos do líquido com temperatura abaixo de sua temperatura *liquidus*, o líquido é instável nesses pontos. Ou seja, é possível ocorrer a nucleação de sólido à frente da interface, nesta região. Ou, caso uma perturbação ocorra na interface plana, ela encontrará condições de sobrevivência, condições em que o sólido é estável. Assim, existem condições para a ocorrência de crescimento dendrítico.

É importante observar que, nesse caso, o crescimento dendrítico ocorre em condições de gradiente de temperatura positivo adiante da interface, isto é, nas condições normalmente encontradas em solidificação em escala industrial.

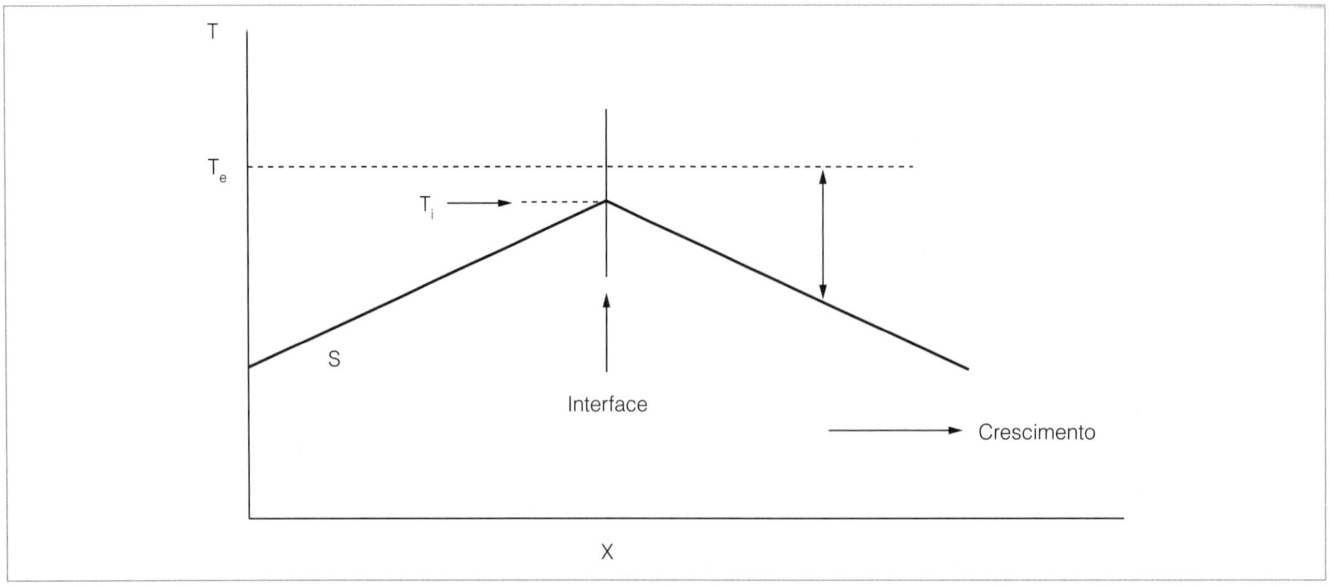

Figura 8.55 Instabilidades interfaciais podem crescer se existir um gradiente negativo de temperatura no líquido adiante da interface.

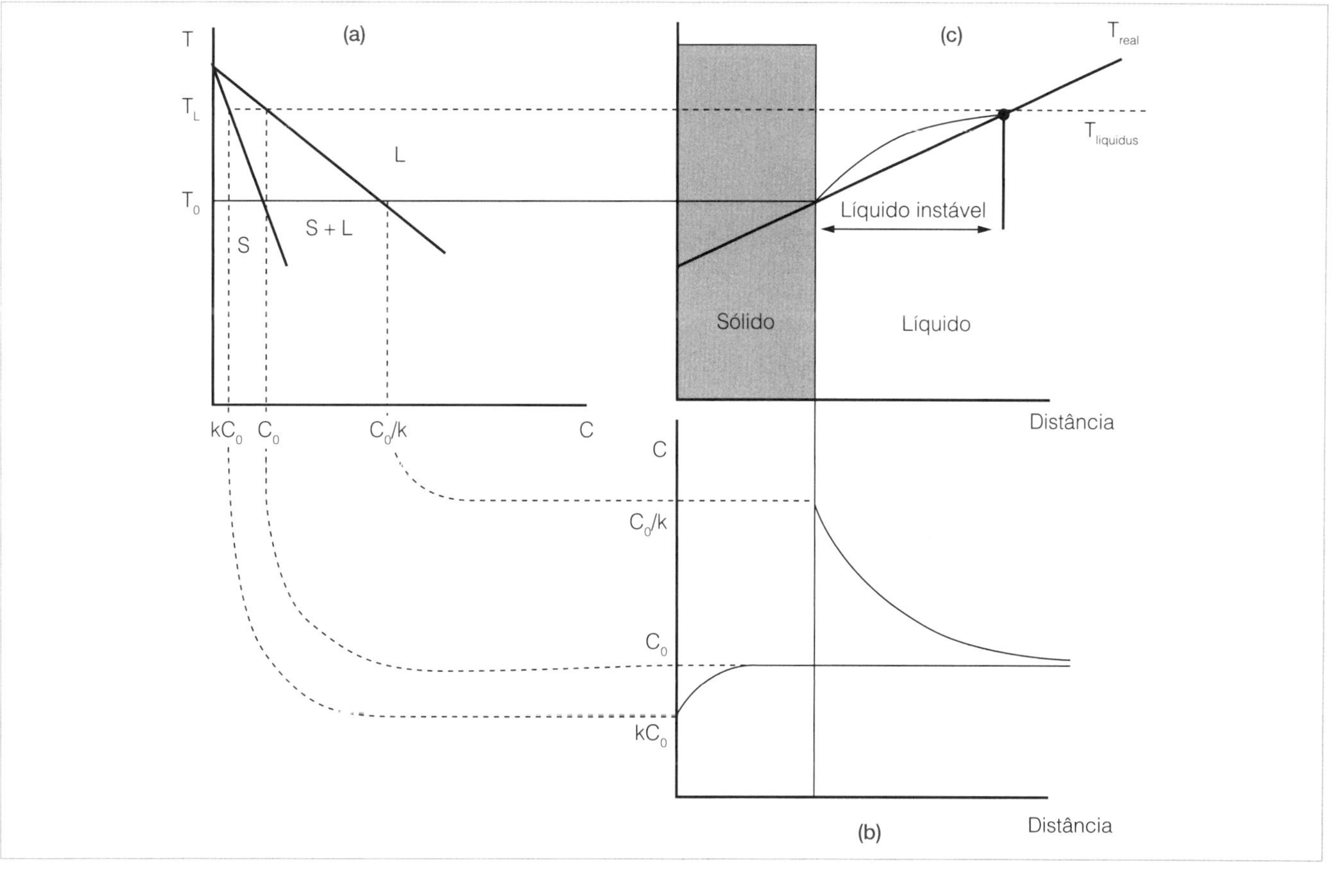

Figura 8.56 Condições para ocorrência de superesfriamento constitucional e instabilidade da interface sólido-líquido. Se a liga indicada no diagrama de fases (a) se solidifica com segregação de soluto, como mostrado em (b), a temperatura *liquidus* varia à frente da interface. A região em que a temperatura real é inferior à temperatura liquidus é onde uma instabilidade da interface pode sobreviver, formando uma dendrita.

8.5.4 ESTRUTURA DE LINGOTES E PRODUTOS DE LINGOTAMENTO CONTÍNUO

Lingotes são fundidos projetados para otimizar a estrutura de solidificação, levando-se em consideração o trabalho mecânico posterior a que serão submetidos. A facilidade com que os lingotes podem ser conformados, bem como as propriedades do metal obtido, dependem, frequentemente, da estrutura do lingote, isto é:

- Forma, tamanho e orientação dos grãos;
- Localização e composição de eventuais heterogeneidades geradas durante a solidificação.

Lingotes comerciais apresentam, em geral, três zonas de estruturas diferentes, como mostra a Figura 8.57:

- Zona equiaxial fina na superfície: essa zona aparece em razão da farta nucleação que ocorre quando o metal é vazado e entra em contato com as paredes frias do molde (ou da lingoteira). Os cristais nessa região são dendríticos e equiaxiais. Seu crescimento é limitado pela presença de outros núcleos;
- Zona colunar: à proporção que o crescimento da zona equiaxial prossegue em direção ao interior do metal vazado, os cristais favoravelmente orientados em relação ao fluxo térmico crescerão mais rapidamente, como mostra, de modo esquemático, a Figura 8.58;
- Zona equiaxial central: se o líquido no interior do molde (ou do lingote) chegar a ficar superesfriado, pode ocorrer o crescimento equiaxial central. Este crescimento pode partir de núcleos existentes na região ou de pontas de dendritas "quebradas" e trazidas ao interior do líquido por correntes de convecção.

A Figura 8.59 apresenta, esquematicamente, as condições necessárias para a ocorrência do crescimento dendrítico, crescimento colunar (relacionado à extração de calor orientada) e crescimento equiaxial (quando o calor pode ser extraído em todas as direções do líquido superesfriado).

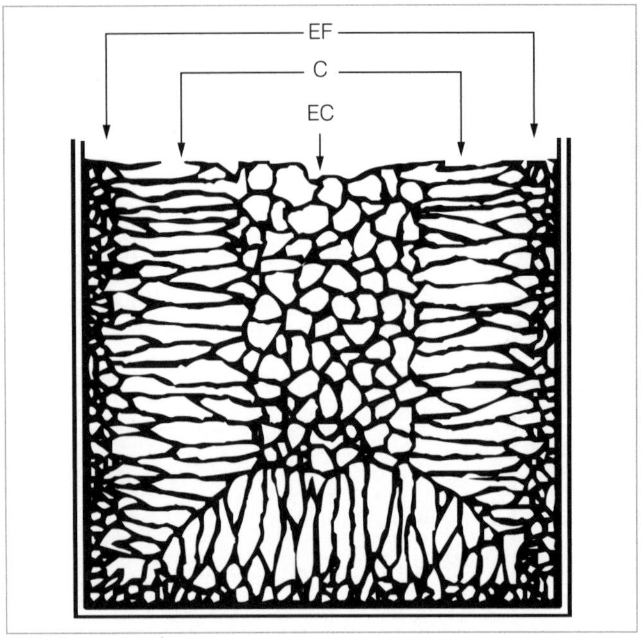

Figura 8.57 Diferentes estruturas em um lingote: zona equiaxial fina (EF), zona colunar (C) e zona equiaxial central (EC). A extensão de cada zona depende do material solidificado e das condições de solidificação.

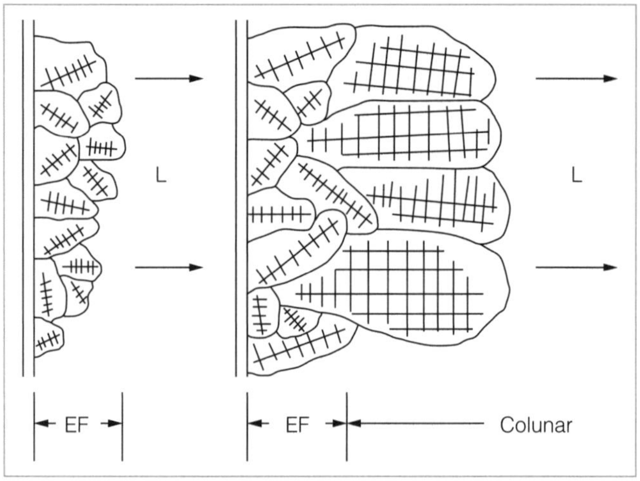

Figura 8.58 Transição da zona de cristais equiaxiais finos (EF) para zona de crescimento colunar. Os grãos com orientação cristalográfica favorável em relação à direção de extração de calor crescem mais rápido e dominam a estrutura.

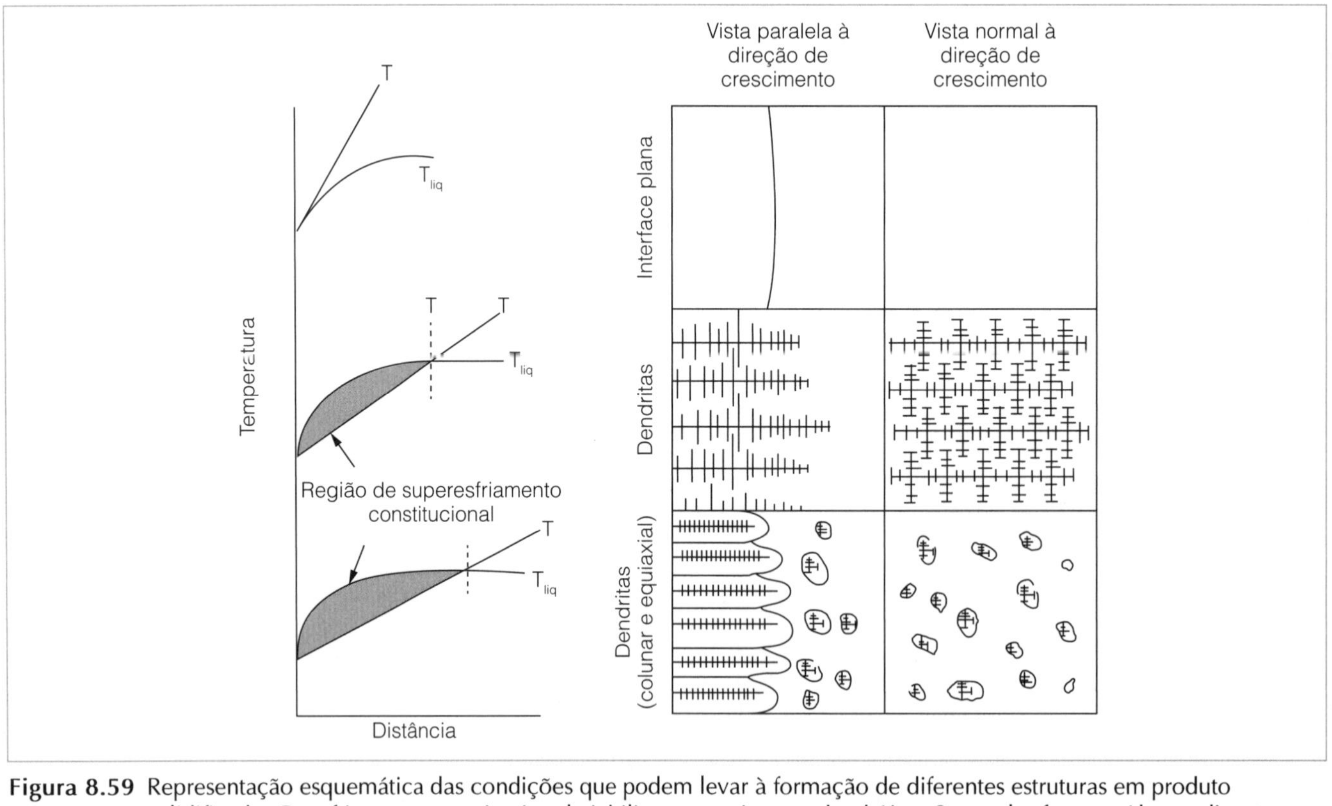

Figura 8.59 Representação esquemática das condições que podem levar à formação de diferentes estruturas em produto solidificado. O resfriamento constitucional viabiliza o crescimento dendrítico. Se o calor for extraído em direção preferencial, o crescimento dendrítico será colunar. Uma zona resfriada extensa pode viabilizar a nucleação de cristais à frente da interface, gerando uma região de cristais equiaxiais, que crescem cercados por líquido superesfriado. Adaptada de [111].

É importante observar que nem sempre as três zonas estão presentes em lingotes ou produtos de lingotamento contínuo comerciais. A ocorrência de cada uma das zonas pode ser favorecida ou dificultada por vários fatores, inclusive o tipo da liga em questão.

Produtos de lingotamento contínuo têm a mesma variação de estrutura ao longo da seção. Junto ao molde, tem-se uma camada equiaxial fina, seguida de uma zona colunar. Frequentemente se observa também uma zona de cristais equiaxiais centrais.

A variável que tem maior influência sobre a extensão relativa das zonas colunar e equiaxial é o superaquecimento no lingotamento, como mostra a Figura 8.60.

O uso de agitação eletromagnética na região imediatamente após a saída do metal do molde pode alterar a distribuição dessas zonas, assim como a incidência de segregação.

8.5.4.1 Microssegregação

A segregação que ocorre na escala do espaçamento interdendrítico é chamada de "microssegregação". Os modelos de redistribuição de soluto, se aplicados ao espaço entre as dendritas, permitem descrever, com razoável precisão, a microssegregação interdendrítica em ligas comerciais [115,107].

A Figura 8.61 apresenta um exemplo de medida de microssegregação em um aço de estrutural C-Mn realizada com microssonda eletrônica. A amostra é retirada da posição ¼ da espessura de uma placa de lingotamento contínua, bruta de lingotamento, com 250 mm de espessura.

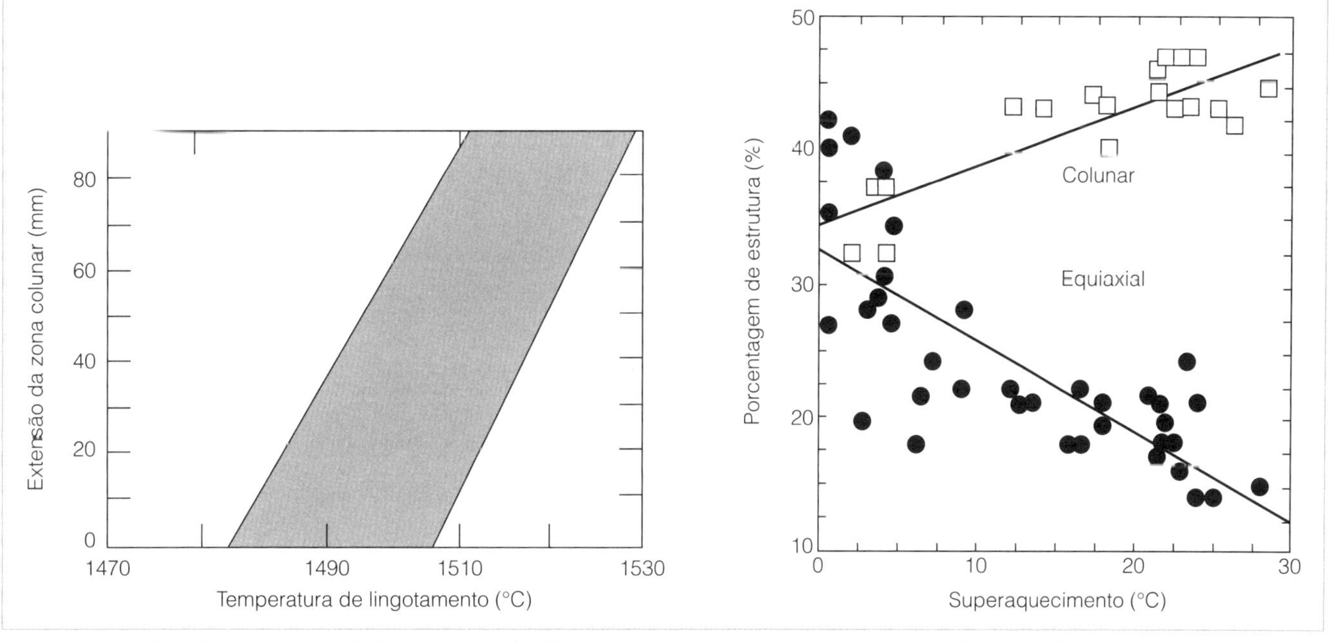

Figura 8.60 Efeito da temperatura de lingotamento de diferentes aços ao carbono sobre a extensão da zona colunar. Adaptada de [113].

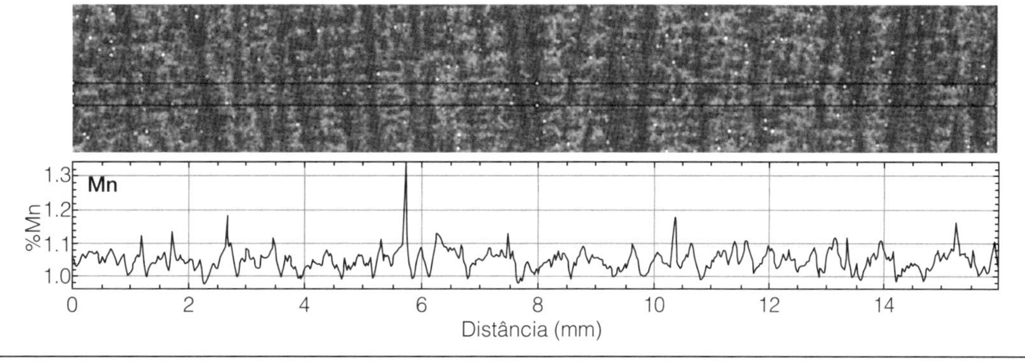

Figura 8.61 Microssegregação de Mn medida com microssonda (WDS) em uma placa de aço baixa liga, bruta do lingotamento. Posição ¼ da espessura de 250 mm. Os tons da imagem são um mapa da concentração de Mn em duas dimensões. Os teores indicados no gráfico são medidos na linha destacada na imagem.

8.5.4.2 Espaçamento interdendrítico

A morfologia dendrítica nos processos usuais de fundição e lingotamento se altera pouco em uma ampla faixa de taxas de resfriamento. Ela simplesmente se torna mais fina com o aumento da taxa de resfriamento.

Um sistema em solidificação "ajusta" o espaçamento interdendrítico de modo a reduzir o superesfriamento constitucional a um mínimo. De forma geral, observa-se que o espaçamento interdendrítico é proporcional ao Tempo Local de Solidificação, como mostra a Figura 8.62. Várias equações empíricas são propostas para correlacionar o espaçamento interdendrítico (primário ou, mais comumente, secundário) com a taxa de resfriamento no local da medição [102,116,117].

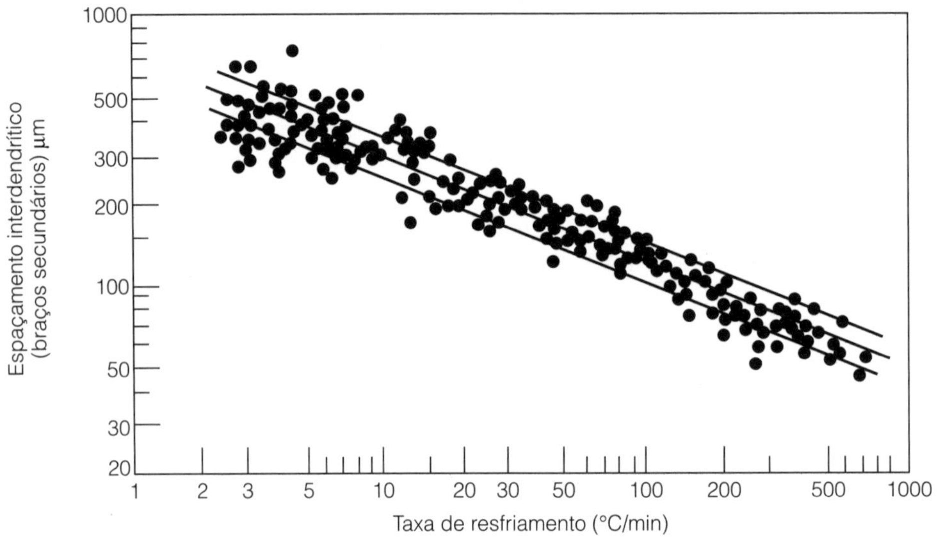

Figura 8.62 Dados experimentais de espaçamento interdendrítico em função da velocidade de resfriamento em aços comerciais. Adaptada de [116].

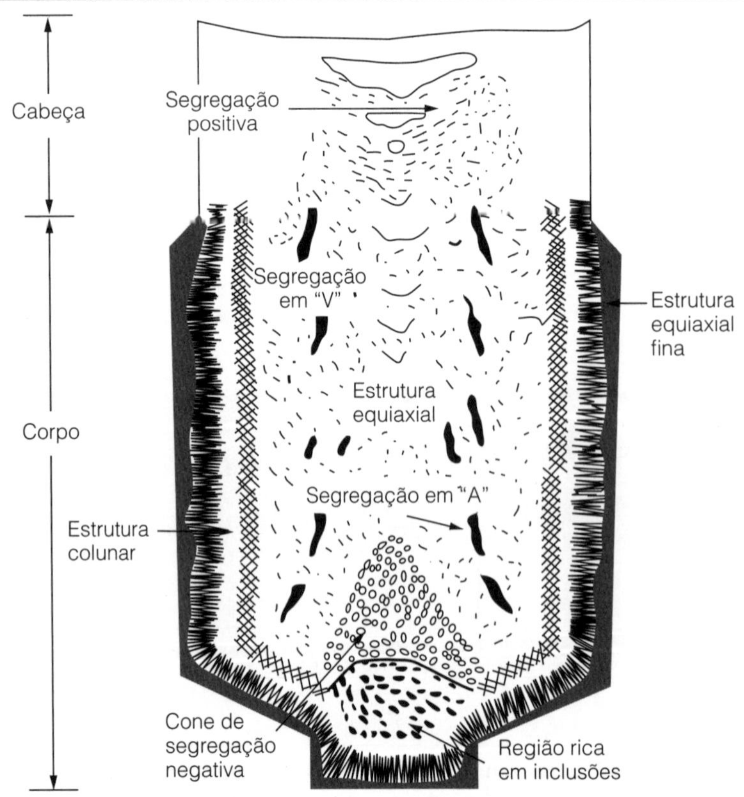

Figura 8.63 Características estruturais de um lingote de aço acalmado. Adaptada de [118-120].

8.5.4.3 Macrossegregação

Variações de composição química, que ocorrem em distâncias superiores à ordem de grandeza do espaçamento interdendrítico, são chamadas "macrossegregações".

Os principais tipos de macrossegregação observados em lingotes convencionais são (Figura 8.63):

- Segregação em "A";
- Segregação em "V";
- Segregação positiva, no topo;
- Segregação negativa, na base.

8.5.4.4 Segregação em "A"

Uma vez que os segregados em "A" têm, por vezes, vários centímetros de extensão, a hipótese de formação desses segregados por difusão pode ser descartada.

A hipótese mais aceita para a formação dos segregados em "A" é a do movimento de líquido interdendrítico durante a solidificação [121].

O líquido interdendrítico, enriquecido em solutos, tem densidade diferente da densidade do líquido no interior do lingote não segregado. O efeito dos elementos em solução no aço sobre a densidade do aço líquido pode ser visto na Figura 8.64. É evidente que elementos como fósforo, silício e enxofre têm um efeito drástico na densidade do aço líquido.

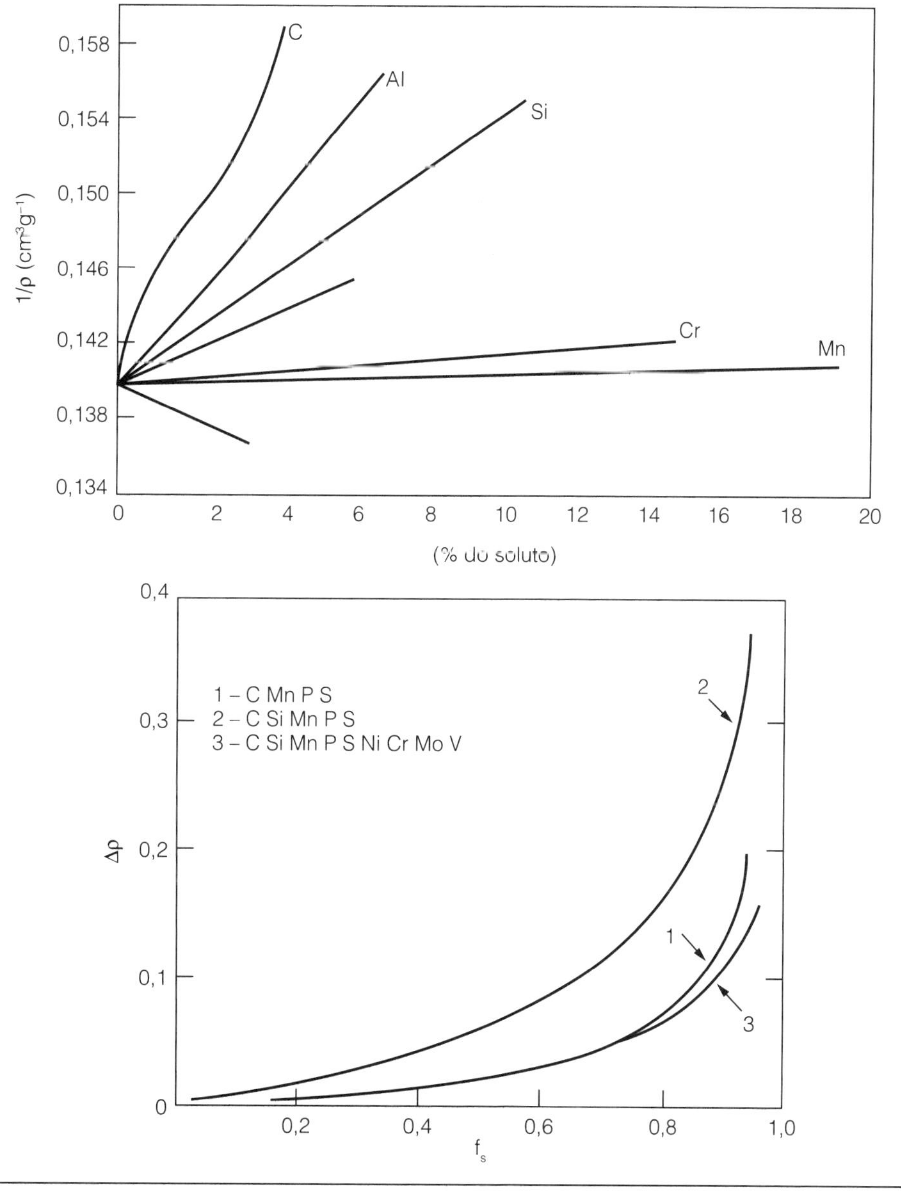

Figura 8.64 (a) Efeito da composição do aço sobre o volume específico da fase líquida (inverso da densidade) a 1600 °C. Adaptada de [122]. (b) Diferença de densidade entre o líquido interdendrítico (segregado) e o líquido não segregado em função da fração solidificada (dados para aços de diferentes composições). Adaptada de [121].

O líquido de menor densidade (segregado) "flutua" em virtude das diferenças de densidade (Figura 8.64b), formando canais de fluxo preferencial, que resultam nas segregações em "A".

O controle dos elementos que têm forte efeito sobre a densidade do aço líquido (p. ex.: fósforo, enxofre e silício) é fundamental, portanto, para evitar ou minimizar a segregação em "A". Para lingotes grandes, valores bastante inferiores aos normalmente especificados podem ser requeridos para evitar ou reduzir este tipo de macrossegregação (nos lingotes refundidos Electroslag ou VAR (Capítulo 9), este tipo de segregado, quando ocorre, é chamado de *freckle*).

8.5.4.4.1 Segregação negativa (base) e positiva (topo)

Os canais formados pelo mecanismo de segregação em "A" conduzem líquido rico em soluto para o topo do lingote. Essa região ficaria, então, com um desvio positivo em relação à composição média do lingote, sendo denominada "região de segregação positiva".

A teoria mais aceita para explicar a formação da segregação negativa é a da queda ou "chuva" de cristais. Segundo essa teoria, cristais equiaxiais, formados no interior do lingote afundam (em virtude da maior densidade), criando, na base do lingote, um "cone sedimentado" de cristais de menor conteúdo de solutos.

Esses cristais, durante o afundamento, arrastariam as inclusões não-metálicas presentes no metal líquido (óxidos, basicamente), criando uma região mais rica em inclusões no pé do lingote.

8.5.4.4.2 Segregação em "V"

Nas etapas finais da solidificação de um lingote, quando a extração de calor é mais lenta, pode ocorrer a formação de uma grande região central de sólido+líquido (ver Figura 8.48), em que o sólido tem a forma de cristais equiaxiais (Figura 8.57).

Durante a solidificação vertical dessa região, haverá necessidade de alimentação, com fluxo de líquido, de cima para baixo. Esse fluxo e a própria contração de solidificação podem causar o aparecimento de canais descendentes a 45°, resultado do cisalhamento dessa massa pastosa (Figura 8.65).

Esses canais se solidificam como segregações em "V".

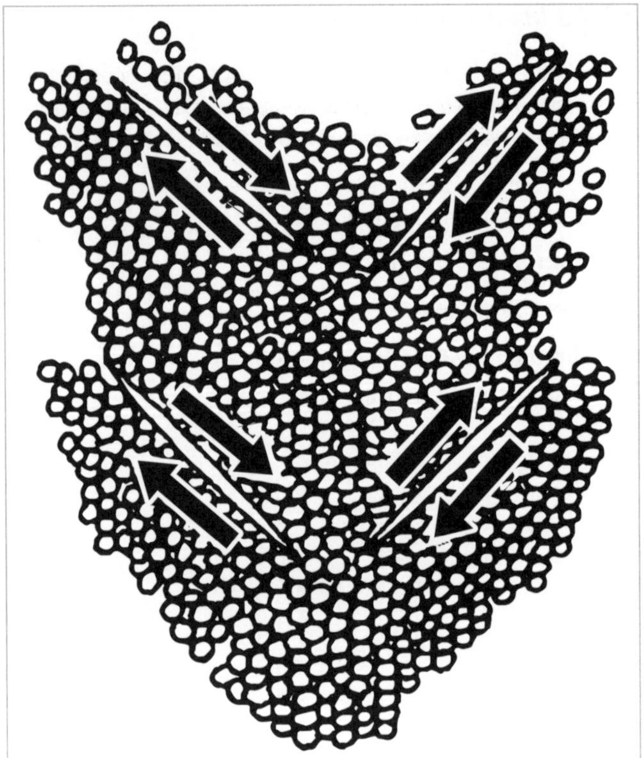

Figura 8.65 Esquema da formação de canais por cisalhamento da zona sólido-líquido no final da solidificação. O cisalhamento é causado pela contração abaixo da região central que "suga" o material. Criados os canais, o líquido segregado corre por eles, neste modelo. Adaptada de [120,121].

8.5.4.4.3 Movimento de líquido interdendrítico em lingotamento contínuo

Embora os tempos de solidificação sejam, em geral, relativamente curtos no lingotamento contínuo, outras fontes de movimento de líquido interdendrítico devem ser consideradas, além das discutidas anteriormente. A principal está ligada à sustentação da placa ou tarugo durante o lingotamento contínuo. À medida que o aço se solidifica, a seção transversal diminui, em virtude da contração de solidificação e a contração térmica do sólido já formado. A sustentação, por rolos, deve ser adequadamente espaçada para não causar pressões excessivas, além da contração e não permitir a deformação da casca sólida pela pressão ferrostática, o chamado *bulging*. Se a suportação é inadequada ou a posição dos rolos de suporte é mal ajustada, movimentos de líquido podem ser gerados, como mostra a Figura 8.66. Esses movimentos podem ocasionar o aparecimento de segregação nos produtos de lingotamento contínuo.

Em alguns casos, uma pressão controlada é empregada no final da solidificação no lingotamento contínuo, resultado em eliminação de porosidade central e também em redução da segregação no centro das placas. Este processo é chamado de *soft-reduction* [125,126].

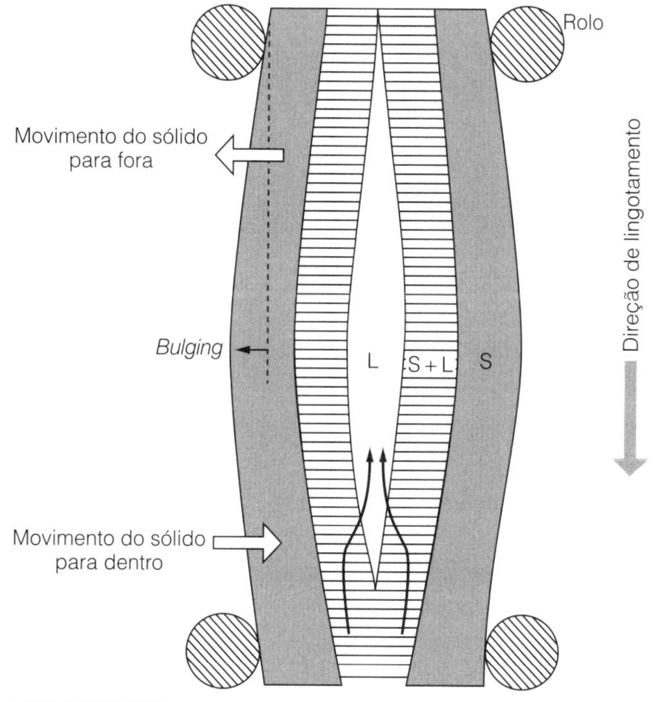

Figura 8.66 Mecanismo de movimentação de líquido interdendrítico causado por bulging no lingotamento contínuo. Adaptada de [123,124].

REFERÊNCIAS BIBLIOGRÁFICAS

1. Lutgens FK, Tarbuck EJ. Essentials of geology. 11 ed. Boston: Prentice Hall; 2012;554.
2. Ashby MF. Materials and the environment: eco-informed material choice. Amsterdam; Boston: Elsevier/Butterworth-Heinemann; 2013;2:616.
3. IISI. [Internet]. Disponível em: https://www.worldsteel.org/steel-by-topic/statistics.html. (Acesso maio 2021).
4. Costa e Silva A. Refino dos aços – avanços e perspectivas. In. Bott I (Org.). Aços: perspectivas para os próximos 10 anos. Rio de Janeiro: RECOPE; 2002;55-68.
5. Seetharaman S, McLean A, Guthrie R, Sridhar S (Org.). Industrial processes. Amsterdam: Elsevier; 2014;1100. (Treatise on process metallurgy).
6. Abreu SF. Recursos Minerais do Brasil. São Paulo, SP: Blucher; 1973;2.
7. Anameric B, Kawatra SK. Direct Iron Smelting Reduction Processes. Mineral Processing and Extractive Metallurgy Review. 2008;30(1):1-51.
8. Geerdes M, Toxopeus H, Vliet C van der, Chaigneau R, Vander T, Wise J. Modern blast furnace ironmaking: an introduction. Amsterdam: IOS Press; 2009;2:164.
9. Davenport W. Blast furnace ironmaking: analysis, control and optimization. Waltham, MA: Elsevier; 2019.
10. Mahr RN, Legille E. Furnace charging apparatus. Patente US3693812A, 26 set. 1972.
11. Mio H, Komatsuki S, Akashi M, Shimosaka A, Shirakawa Y, Hidaka J, et al. Effect of chute angle on charging behavior of sintered ore particles at bell-less type charging system of blast furnace by discrete element method. ISIJ International. 2009;49(4):479-86.
12. Committee on Reaction within Blast Furnace. Joint Society on Iron and Steel Basic Research. The Iron and Steel Institute of Japan. Blast Furnace Phenomena and Modelling. Elsevier Applied Science; 1987.
13. Rose W. Energy Trends June 2011. National Statistics, England; 2011;72.
14. Smil V. Energy in nature and society: general energetics of complex systems. Cambridge, MA: MIT Press; 2008. 480 p.

15. Geiger GH. In: Tien JK, Elliott JF (Org.). Metallurgical Treatises. New York: TMS-AIME; 1981;191.

16. Nogami H, Yagi J, Kitamura S, Austin PR. Analysis on material and energy balances of ironmaking systems on blast furnace operations with metallic charging, top gas recycling and natural gas injection. ISIJ International. 2006;46(12):1759-66.

17. Naito M, Takeda K, Matsui Y. Ironmaking technology for the last 100 years: deployment to advanced technologies from introduction of technological know-how, and evolution to next-generation process. ISIJ International. 2015;55(1):7-35.

18. Lu Z, Gu H, Chen L, Liu D, Yang Y, McLean A. A review of blast furnace iron-making at Baosteel facilities. Ironmaking & Steelmaking. 2019;46(7):618-24.

19. Rizzo EM da S. Processo de fabricação de ferro-gusa em alto-forno. São Paulo: ABM; 2009.

20. Turkdogan E. Principles of steelmaking. London. The Institute of Materials; 1996.

21. Materials Economics. The Circular Economy a Powerful Force for Climate Mitigation [Internet]. Estocolmo, Suécia; 2018. Disponível em: https://materialeconomics.com/. (Acesso maio 2021).

22. Zhao J, Zuo H, Wang Y, Wang J, Xue Q. Review of green and low-carbon ironmaking technology. Ironmaking & Steelmaking. 2020;47(3):296-306.

23. JISF. Course 50 Technologies to reduce CO_2 emissions [Internet]. 2018. Disponível em: https://www.jisf.or.jp/course50/tecnology01/index_en.html. (Acesso dez. 2020).

24. Nogami H, Kashiwaya Y, Yamada D. Simulation of blast furnace operation with intensive hydrogen injection. ISIJ International. 2012;52(8):1523-7.

25. Bode A, Agar DW, Büker K, Göke V, Hensmann M, Janhsen U, et al. Research cooperation develops innovative technology for environmentally sustainable syngas production from carbon dioxide and hydrogen. In 20th World Hydrogen Energy Conference 2014.

26. Ellingham HJT. Reducibility of oxides and sulphides in metallurgical processes. Journal of the Society of Chemical Industry. 1944;63(5):125-60.

27. Richardson F, Jeffes JHE. The thermodynamicss of substances of interest in iron and steel making from 0 C to 2400 C. Journal of the Iron and Steel Institute JISI. 1948;160:261-70.

28. Gaskell DR, Laughlin DE. Introduction to the thermodynamics of materials. Boca Raton, FL. CRC Press; 2017.

29. da Silva CA, Alves da Silva I, Andrade de Castro LF. Termodinâmica metalúrgica. São Paulo: Blucher; 2018.

30. Darken L, Gurry R. Physical chemistry of metals. New York: McGraw-Hill, Inc.; 1953.

31. Holappa L. Historical overview on the development of converter steelmaking from Bessemer to modern practices and future outlook. Mineral Processing and Extractive Metallurgy. 2019;128(1-2):3-16.

32. Saqlain M, Owais M, Järvinen M, Visuri V-V, Fabritius T. Desphosphorization in ironmaking and oxygen steelmaking. Aalto, Finland, Aalto University. 2018;42.

33. Motta MN, Castro LFA de. Modelo matemático para o processo de desfosforação de ferro-gusa líquido. Tecnologia em Metalurgia Materiais e Mineração. 2017;14(4):366-72.

34. Kitamura S, Ito K, Pahlevani F, Mori M. Development of simulation model for hot metal dephosphorization process. Tetsu-to-Hagane. 2014;100(4):491-9.

35. Kitamura S, Shibata H, Maruoka N. Kinetic Model of hot metal dephosphorization by liquid and solid coexisting slags. Steel Research International. 2008;79(8):586-90.

36. Schrama FNH, Beunder EM, Van den Berg B, Yang Y, Boom R. Sulphur removal in ironmaking and oxygen steelmaking. Ironmaking & Steelmaking. 2017;44(5):333-43.

37. Visuri V-V, Vuolio T, Haas T, Fabritius T. A review of modeling hot metal desulfurization. Steel Research International. 2020;91(4):1900454.

38. Kitamura S. Hot metal pretreatment. In: Treatise on Process Metallurgy, Amsterdam, Elsevier; 2014;77-221.

39. Anameric B, Kawatra SK. Properties and features of direct reduced iron. Mineral Processing and Extractive Metallurgy Review. 2007;28(1):59-116.

40. Battle T, Srivastava U, Kopfle J, Hunter R, McClelland J. The direct reduction of iron. In: Treatise on Process Metallurgy, Amsterdam, Elsevier; 2014 p. 89-176

41. ENERGIRON – About us [Internet]. Disponível em: https://www.energiron.com/pioneering-achievements/. (Acesso maio 2021).

42. Tsutsumi H, Yoshida S, Tetsumoto M. Features of FASTMET process. Kobelco Technology Review n.29 dec. 2010;29:8.

43. Daehn KE, Cabrera Serrenho A, Allwood JM. How will copper contamination constrain future global steel recycling? Environmental Science & Technology. 2017;51(11):6599-606.

44. Ban-ya S. Preface – special issue on physics and chemistry of molten slags. ISIJ International. 1993;33(1):1.

45. Eggert A. European steel industry pathways towards the smart, low carbon and competitive industry of the future. EU Industry Day, Brussels. 2018.

46. Colpaert H, Costa e Silva A. Metalografia dos produtos siderúrgicos comuns. 4. ed. São Paulo: Blucher; 2008;672.

47. Sieverts, A. The absorption of gases by metals. Zeitschrift fur Metallkunde. 1929;21(2):37-46.

48. Gokcen N. Equilibria in reactions of hydrogen, and carbon monoxide with dissolved oxygen in liquid iron; equilibrium in reduction of ferrous oxide with hydrogen, and solubility of oxygen in liquid iron. Journal of Metals – JOM. 1956;8:1558-1567.

49. Schwerdtfeger K. Measurement of oxygen activity in iron, iron-silicon,manganese, and iron-manganese melts using solid electrolyte galvanic cells. Transactions Metallurgical Society of AIME. 1967;239:1276-1281.

50. Wagner C. Thermodynamics of alloys. Reading, MA: Addison-Wesley, Inc.; 1952.

51. Costa e Silva A. Application of computational thermodynamics to steelmaking and processing- Keynote Lecture. In: Proceeding of the 19th IAS Steel Conference. Rosario, Santa Fe, Argentina: IAS; 2013;1-21.

52. Sundman B, Jansson B, Andersson JO. The Thermo-Calc databank system. CALPHAD. 1985;9:153-90.

53. Tokumitsu N, Harashima K, Nakamura Y. Removal of Phosphorus from Liquid Iron-Alloys with Ca-CaF_2 Melt. Tetsu-to-Hagane.1977;63(13):2172-80.

54. Sano N. Thermodynamics of slags. In: Sano N, Lu W-K, Riboud PV (Org.). Advanced Physical Chemistry for Process Metallurgy. San Diego: Academic Press; 1997.

55. Inoue R, Suito H. Phosphorous partition between 2CaO.SiO_2 particles and CaO-SiO_2-Fe_tO slags. ISIJ International. 2006;46(2):174-9.

56. Inoue R, Suito H. Mechanism of dephosphorization with CaO-SiO_2-Fe_tO slags containing mesoscopic scale 2CaO.SiO_2 particles. ISIJ International. 2006;46(2):188-94.

57. Kitamura S, Saito S, Utagawa K, Shibata H, Robertson DGC. Mass transfer of P_2O_5 between liquid slag and solid solution of 2CaO·SiO_2 and 3CaO·P_2O_5. ISIJ International. 2009;49(12):1838-44.

58. Costa e Silva A. Termodinâmica aplicada à aciaria – notas de aula EEIMVR-UFF. [Internet]. Disponível em: www.equilibrium.trix.net/refino_dos_acos.html. 1998. (Acesso maio 2011).

59. Bessemer H. Sir Henry Bessemer, FRS, An autobiography. London, England: Offices of Engineering; 1905. New York Public Library, digital copy by Google. Disponível em: http://babel.hathitrust.org/cgi/pt?id=nyp.33433000048458;view=1up;seq=11. (Acesso maio 2011).

60. Fruehan R (Org.). Making, shaping, and treating of steel, steelmaking and refining. Pittsburgh PA: AISE Steel Foundation; 1998;11.

61. Gaines JM (Org.). BOF Steelmaking. New York, NY: ISS-AIME; 1974.

62. Jalkanen H, Holappa L. Converter Steelmaking. In: Treatise on Process Metallurgy. Amsterdam, Elsevier; 2014;223-70.

63. Niles P (Org.). Basic oxygen steelmaking – a new technology emerges? In: Basic Oxygen Steelmaking – A New Technology Emerges? Pittsburgh, PA: ISS-AIME; 1979.

64. Lange KW. Physikalische und chemische Einflüsse beim Stoffübergang im Sauerstoffaufblasverfahren. Wiesbaden: VS Verlag für Sozialwissenschaften; 1982.

65. Coley KS, Chen E, Pomeroy M. Kinetics of reaction important in oxygen steelmaking. In: Celebrating the Megascale: Proceedings of the Extraction and Processing Division Symposium on Pyrometallurgy in Honor of David G.C. Robertson. Warrendale, PA; TMS; 2014.

66. Cicutti C, Valdez M, Pérez T, Petroni J, Gomez A, Donayo R, et al. Study of slag-metal reactions in an LD-LBE converter. In 6th International Conference on Molten Slags, Fluxes and Salts, Stockholm, Sweden, and Helsinki, Finland; 2000.

67. Meyer HW, Dukelow DA, Fischer MM. Static and dynamic control of the basic oxygen process. Journal of Metals – JOM. 1964;16(6):501-7.

68. Iso H, Jyono Y, Kanemoto M, Ueda Y, Yoshida T, Isogami K. Dynamic refining control by analysis of exhaust gas. Transactions of the ISIJ. 1987;27:351-9.

69. Murayama N. Past developments and future prospect of converter steelmaking technology in Japan. In: Sublance and Dynamic Control Steelmaking Conference. Hoogovens: Hoogovens IJmuiden; 1991.

70. Koopmans P (Org.). Consistent BOS performance: final report. (EUR Technical Steel Research Primary Steelmaking). Luxembourg: Office for Official Publications of the European Communities; 2003;131.

71. Turner T, LaRoy A, England J, Bosserman B, Fredrick P, Walchuk B. Application of a man-less, on-demand immersion optical temperature measurement device at the EAF. In: AISTech2019 Proceedings of the Iron and Steel Technology Conference. Warrendale, PA: AIST; 2019;835-48.

72. Iso H, Jyono Y, Kanemoto M, Ueda Y, Yoshida T, Isogami K. Dynamic refining control by analysis of exhaust gas from LD converter. ISIJ International. 1987;27(5):351-9.

73. Mackey PJ, Brimacombe JK. Savard and Lee transforming the metallurgical landscape. In: Proceedings of the Savard and Lee International Symposium on Bath Smelting, Brimacombe JK, Mackay PJ, G. J. W. Kor. C. Bickert and M. G. Ranade (Org.), Warrendale, PA: TMS. 1992:234-259.

74. Emi T, McLean A. Thermal processing: pyrometallurgy – ferrous. In: Lakshmanan VI, Roy R, Ramachandran V (Org.). Innovative Process Development in Metallurgical Industry. Cham: Springer International Publishing; 2016.

75. Niles PE. New techniques in basic oxygen steelmaking. In: Niles PE (Org.). Mixed Gas Blowing in Steelmaking. Pittsburgh, PA: ISS-AIME; 1982;3-13.

76. Emi T. Steelmaking technology for the last 100 years: toward highly efficient mass production systems for high quality steels. ISIJ International. 2015;55(1):36-66.

77. Nagai J, Take H, Nakanishi K, Yamamoto T, Tachibana R, Iida Y, et al. Metallurgical characteristics of combined-blown converters. Kawasaki Steel Technical Report. 1982;(6):12-20.

78. Birat JP. A future study analysis of the technological evolution of the EAF by 2010. Revue de Metallurgie. 2000;97(11):1347-1363.

79. Oda J, Akimoto K, Tomoda T. Long-term global availability of steel scrap. Resources, Conservation and Recycling. 2013;81:81-91.

80. Madias J. Electric furnace steelmaking. In: Treatise on Process Metallurgy. Amsterdam: Elsevier; 2014;271-300.

81. Arnold S. The 3-phase electric arc furnace. Electrical Engineering. 1933;52(12):839-43.

82. Toulouevski YN, Zinurov IY. Innovation in electric arc furnaces: scientific basis for selection. Heidelberg; New York: Springer; 2010;258.

83. Pfeifer H, Kirschen M, Simoes JP. Thermodynamic analysis of EAF electrical energy demands. In: Proceedings of the EEC 2005 Birmingham. 2005;1-19.

84. Lugo N. Electric Arc Furnace Best Operation Practices. In: 45th Steelmaking Seminar, May 25th-28th, 2014,. Porto Alegre, RS: ABM Proceedings: São Paulo: Blucher; 2014;44-53.

85. Markus HP, Hofmeister H, Heußen M. Die Lech-Stahlwerke in Bayern – ein modernes Elektrostahlwerk und seine Schlackenmetallurgie. In: Thomé-Kozmiensky, K J; Versteyl, A (Org.): Schlacken aus der Metallurgie – Rohstoffpotential und Recycling. Neuruppin: TK Verlag Karl Thomé-Kozmiensky; 2011;63-90.

86. Pretorius EB, Carlisle RC, Refractories B. Foamy slag fundamentals and their practical application to electric furnace steelmaking. In: 1998 Electric Furnace Conference. Warrendale:PA: AIST; 1998;24.

87. Ozawa M, Kitagawa S, Najkayama S, Takesono Y. Reduction of FeO in molten slags by solid carbon in the electric arc furnace operation. Transactions of the ISIJ. 1986;26:621-8.

88. Morales RD, Rubén LG, López F, Camacho J, Romero JA. The slag foaming practice in EAF and its influence on the steelmaking shop productivity. ISIJ International. 1995;35(9):1054-62.

89. Ito K, Fruehan RJ. Study on the foaming of CaO-SiO_2-FeO slags: part I. Foaming parameters and experimental results. Metallurgical Transactions B. 1989;20B(4):509-14.

90. Ito K, Fruehan RJ. Study of the foaming of CaO-SiO_2-FeO-Slags Part II. Dimensional analysis and foaming in Iron and steelmaking processes. Metallurgical Transactions B. 1989;20B(4):515-21.

91. Braga P. Estado atual da tecnologia EBT (Eccentric Bottom Tapping) para fornos elétricos a arco. Metalurgia–ABM. 1988;44(4):358.

92. Lee B, Sohn I. Effect of hot metal on decarburization in the EAF and dissolved sulfur, phosphorous, and nitrogen content in the steel. ISIJ International. 2015;55(3):491-9.

93. Yang L, Jiang T, Li G, Guo Y. Discussion of carbon emissions for charging hot metal in EAF steelmaking process. High Temperature Materials and Processes. 2017;36(6):615-21.

94 McCauley J, Clark C, Hartgraves L, Quintanilla O, Vassar J, Carraway K, et al. Single-bucket charge conversion at Nucor-Yamato steel: planning, design and results. Iron & Steel Technology. Jan. 2017;72-9.

95. Cavaliere P. Clean ironmaking and steelmaking processes: efficient technologies for greenhouse emissions abatement. Cham: Springer; 2019;596.

96. Moraes GC, Amaral Filho W, Grant M, Schifrin V, Popenov A, Delabroy O, et al. Implementation of Pyrejet technology in Electric Arc Furnaces at Siderurgica Barra Mansa. In: XXXIII Seminário de Fusão Refino e Solidificação de Metais. Vitória ES: ABM São Paulo, SP; 2002.

97. Markus HP, Hofmeister H, Heußen M. Schlackenkonditionierung im Elektrolichtbogenofen: Metallurgie und Energieeffizienz. In: Thomé-Kozmiensky, K J; Versteyl, A (Org.): Schlacken aus der Metallurgie – Rohstoffpotential und Recycling. Neuruppin: TK Verlag Karl Thomé-Kozmiensky; 2011;63-90.

98. Voss J, Cotchen Z. Carbon and oxygen usage in the EAF — is more always better? In: AISTech2019 Proceedings of the Iron and Steel Technology Conference. Warrendale, PA: AIST; 2019;649-60.

99. Mathur P. Coherent jets in steelmaking: principles and learnings. Praxair Metals Technologies, Indianapolis; 2004;16.

100. Cramb A (Org.). The making, shaping and treating of steel, casting volume. Pittsburgh, PA: AISE; 2003;11.

101. Thomas BG. Issues in thermal-mechanical modeling of casting processes. ISIJ International. 1995;35(6):737-43.

102. Flemings MC. Solidification processing. New York: McGraw-Hill; 1974.

103. Chvorinov N. Giesserei. 1940;27:177.

104. Hultgren A. A and V segregation in killed steel ingots. Scandinavian Journal of Metallurgy. 1973;2:217-27.

105. Scheil E. Bemerkungen zur schichtkristallbildung. Zeitschrift Fur Metallkunde. 1942;34:70-2.

106. Costa e Silva A. Aplicações da termodinâmica computacional à aciaria. In: XXXVI Seminário de Fusão Refino e Solidificação dos Metais – Internacional, 2005. Vitória, ES, Brazil: ABM São Paulo Brazil; 2005;386-98.

107. Costa e Silva A. Using computational thermodynamics to understand the evolution of solidification segregation during steel processing. Journal of Phase Equilibria and Diffusion. 2020;41:522-531.

108. Chen Q, Sundman B. Computation of partial equilibrium solidification with complete interstitial and negligible substitutional back diffusion. Materials Transactions JIM. 2002;43(3):551-9.

109. Andersson JO, Helander T, Höglund L, Shi P, Sundman B. Thermo-Calc & DICTRA, computational tools for materials science. CALPHAD. 2002;26(2):273-312.

110. Flemings MC. Solidification. In: Sano N, Lu W-K, Riboud PV, Maeda M (Org.). Advanced Physical Chemistry for Process Metallurgy. San Diego, CA: Academic Press; 1997;151-82.

111. Mizoguchi S. Chapter 11, Structural control of Casting. In: Cramb A (Org.). The Making, Shaping and Treating of Steel, Casting Volume. Pittsburgh: AISE; 2003;11.

112. Tiller WA, Jackson KA, Rutter JW, Chalmers B. The redistribution of solute atoms during the solidification of metals. Acta Metallurgica. 1953;1(4):428-37.

113. Drunen GV, Brimacombe JK, Weinberg F. Ironmaking & Steelmaking. 1975;2:125-33.

114. Krauss G. Solidification, segregation, and banding in carbon and alloy steels. Metallurgical and Materials Transactions B. 2003;34B(6):781.

115. Escobar DP, Castro CSB, Borba EC, Oliveira AP, Camey K, Taiss E, et al. Correlation of the solidification path with as-cast microstructure and precipitation of Ti,Nb(C,N) on a high-temperature processed steel. Metallurgical and Materials Transactions A. 2018;49(8):3358-72.

116. Suzuki A, Suzuki T, Nagaoka Y, Iwata Y. On secondary dendrite arm spacing in commercial carbon steels with different carbon content. Journal of the Japan Institute of Metals. 1968;32(12):1301-5.

117. El-Bealy M, Thomas BG. Prediction of dendrite arm spacing for low alloy steel casting processes. Metallurgical and Materials Transactions B. 1996;27(4):689-93.

118. Bailey WH. Refining and casting of large forging ingots. Ironmaking & Steelmaking. 1977;4(2):72-80.

119. Lesoult G. Macro segregation in steel strands and ingots: characterisation, formation and consequences. Materials Science and Engineering A. 2005;413:19-29.

120. Pickering EJ. Macrosegregation in steel ingots: the applicability of modelling and characterisation techniques. ISIJ International. 2013;53(6):935-49.

121. Moore JJ, Shah NA. Mechanisms of formation of A and V segregation in cast steel. International Metals Reviews. 1983;28(1):336-56.

122. Deiehmann W. Radex Rundschau. 1971;(3):455.

123. Kajitani T, Drezet J-M, Rappaz M. Numerical simulation of deformation-induced segregration in continuous casting of steel. Metallurgical and Materials Transactions A. 2001;32A(6):1479-91.

124. Schwerdtfeger K. Solidification rate in casting processes. In: Sano N, Lu W-K, Riboud PV (Org.). Advanced Physical Chemistry for Process Metallurgy. San Diego: Academic Press; 1997;381.

125. Humes DM, Korzi MJ, Kozak BA, Laughlin JT. Dynamic Soft Reduction of Continuously Cast Slabs. Iron & Steel Technology. 2008.

126. Nippon Kokan. Soft reduction of CC strand to improve centerline segregation. Transactions ISIJ. 1988;28:413.

Capítulo 9

Processos especiais de refino e obtenção de aços e ligas especiais

9.1 INTRODUÇÃO

A evolução da engenharia exige cada vez mais dos materiais. O aço vem evoluindo, também, para se manter competitivo. Cerca de 75% dos aços empregados hoje em dia não existiam há 20 anos [1]. Para acompanhar as solicitações de materiais com propriedades cada vez melhores, além dos avanços no projeto de ligas, foram desenvolvidos processos de refino e obtenção de produtos, visando melhorar as características dos aços e das ligas especiais.

A maior parte dos processos especiais de refino é de processos de metalurgia secundária, em que o aço produzido em um processo primário (forno elétrico a arco ou conversor, basicamente) é reprocessado com objetivos específicos. Entre estes, os mais comuns são os processos que tratam o aço líquido, principalmente aqueles de metalurgia de panela e de desgaseificação. Existem ainda processos secundários de refusão, em que o aço já elaborado e solidificado passa por novo refino e solidificação controlados. Por fim, existem processos primários especiais, em que se fazem a primeira fusão e homogeneização de ligas especiais. O mais importante processo primário especial é a fusão por indução sob vácuo.

Neste capítulo, é também discutida uma alternativa aos processos clássicos que envolvem solidificação de semiacabados de grandes dimensões: a metalurgia do pó de aços ferramenta e o processo de conformação por *spray*. São discutidos, em especial, os aspectos ligados à obtenção dos pós com a limpeza interna necessária e as alternativas para a consolidação e o processamento desses pós. Os desenvolvimentos crescentes na área de manufatura aditiva indicam a importância crescente dessas rotas e o interesse cada vez maior na preparação e no processamento de pós, arames e outros percussores de aços e ligas. Diferentes técnicas de manufatura aditiva têm sido desenvolvidas para diversas ligas e diferentes tamanhos de peças [2-4]. Ligas de titânio [2], aços ferramenta [5], aços inoxidáveis [6] e superligas à base de níquel [7], por exemplo, têm sido processados com sucesso por essas técnicas, permitindo, inclusive a fabricação de peças de dezenas de kg. Essas técnicas podem vir a viabilizar controle microestrutural e de segregação superior aos roteiros convencionais, assim como a produção de itens de geometria complexa e até composição química variável. Evidentemente, ainda há dificuldades a serem enfrentadas em algumas áreas tais como as tensões residuais em peças grandes e a sanidade interna (especialmente porosidade) no processamento de ligas.

Processos especiais de refino, tanto primários como secundários, são empregados por dois motivos principais: a) quando se deseja obter e controlar condições termodinâmicas (ou cinéticas) que não podem ser obtidas nos processos primários disponíveis (p. ex.: baixa pressão de gás, longos tempos em condições desoxidantes etc.); e b) quando se busca uma melhoria de eficiência e economia, aumentando a capacidade dos processos primários da aciaria pela transferência de operações de refino para equipamentos de metalurgia secundária. Esses processos são discutidos em mais detalhe em [8,9].

Esses processos compreendem:

- Operações após forno ou de metalurgia da panela: realizadas após o vazamento do aço do forno de refino primário – antes, entretanto, de o metal solidificar. Incluem: desgaseificação, dessulfuração, injeção de pós na panela, refino e ajuste de composição em forno panela etc. Tais processos influem na composição química e limpeza do aço, sem, no entanto, alterar a estrutura de solidificação diretamente;
- Processos de refusão: caracterizados pela refusão de um lingote de aciaria (ou de outro processo primário) submetido ou não a refino secundário no estado líquido, compreendendo refino e solidificação gradual, com estrutura muito superior em homogeneidade à dos lingotes convencionais e dos produtos de lingotamento contínuo;
- Processos especiais de elaboração: processos em que o aço (ou outra liga) é elaborado em fornos com característica especiais, por exemplo, em condições de pressão diferentes dos processos convencionais de aciaria.

9.2 METALURGIA DE PANELA

9.2.1 TRATAMENTO SOB VÁCUO – DESGASEIFICAÇÃO

A desgaseificação é uma operação de refino secundário, em que o aço líquido é exposto a um vácuo médio (0,5 a 2 mmHg ou 60 a 250 Pa) e agitado durante essa exposição. O objetivo principal desse processo é, obviamente, afetar reações químicas em que haja a participação de gases.

Os principais objetivos que conduzem a utilização de processamento em desgaseificadores são:

- Remoção de gases dissolvidos. Classicamente, a remoção do hidrogênio deu origem ao uso da desgaseificação no processamento do aço [10-13]. Em condições adequadas, o nitrogênio também pode ser removido;
- Redução do teor de carbono. A oxidação do carbono até os níveis desejados para os aços de extrabaixo carbono (por exemplo, *Interstitial Free* (IF)) e diversos aços inoxidáveis e aços para fins elétricos só é viável, atualmente, pela redução da pressão do gás CO;
- Desoxidação pelo carbono. A alteração do equilíbrio entre carbono e oxigênio dissolvidos no aço causada pela redução da pressão do gás CO resulta em teores de oxigênio muito baixos sem a formação de inclusões não-metálicas (e, consequentemente, em alta limpeza interna [14,15]) em aços para construção mecânica, como aços para rotores[16] e aços para rolamentos.

Há alguns benefícios adicionais, associados à redução da pressão. A redução da pressão de oxigênio minimiza a reoxidação e viabiliza a operação em condições desoxidantes, com menos gasto de desoxidante. A redução da pressão total resulta em maior energia de agitação associada à injeção de gás inerte e à geração de CO. Isso causa aumento da agitação do aço, da interface metal-escória e maior evolução de gases.

9.2.1.1 Gases dissolvidos

9..2.1.1.1 Hidrogênio

Os defeitos causados pelo hidrogênio nos aços são conhecidos há bastante tempo [17]. Entretanto, por força do altíssimo coeficiente de difusão do hidrogênio e de sua baixa solubilidade no ferro sólido, a correta caracterização do teor de hidrogênio associado à ocorrência de defeitos é, até hoje, motivo de discussão. De forma geral, os defeitos em produtos de aço causados pelo hidrogênio estão associados à combinação de teor de hidrogênio, segregação e tensões aplicadas [18]. A solubilidade do hidrogênio é relativamente alta no aço líquido, sendo reduzida no sólido. A solubilidade na austenita é significantemente maior do que na ferrita (Figura 9.1).

A concentração de hidrogênio na atmosfera, entretanto, é muito baixa (menor que 1 ppm [19]). Assim, a principal fonte de hidrogênio no aço é a umidade, tanto do ar como de adições, tais como cal, ferros ligas etc. Óleos ou hidrocarbonetos contaminantes da sucata (ou do resfriamento, em conversor de sopro por baixo, Capítulo 8) também contribuem para a absorção de hidrogênio pelo aço durante o refino. Todos os materiais que entram em contato com o aço (como refratários do lingotamento, pós de cobertura etc.)

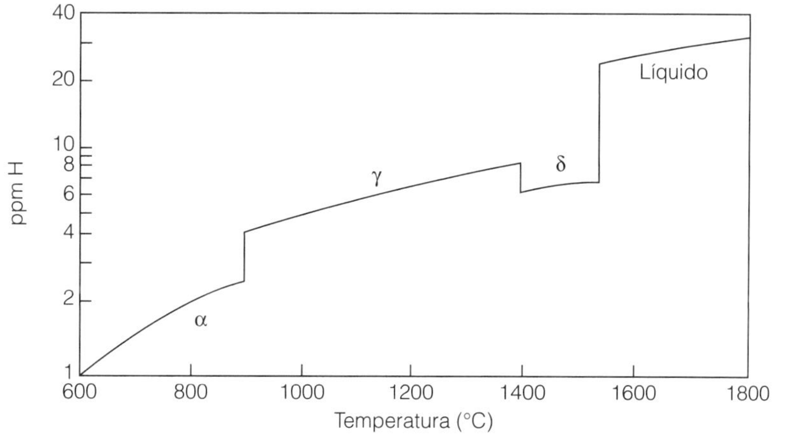

Figura 9.1 Solubilidade do hidrogênio no ferro e em aços baixa liga em função da temperatura a 1 atm de pressão. Adaptada de [8].

podem ser importantes fontes de hidrogênio para produto sensíveis a este problema. A absorção do hidrogênio se dá conforme a Equação 9.1.

$$H_2O = 2\underline{H} + \underline{O} \quad \text{(Eq. 9.1)}$$

É evidente que a dissolução de hidrogênio será tanto maior quanto maior a pressão do vapor d'água (umidade) e quanto menor o teor de oxigênio dissolvido no aço, como mostra a Figura 9.2.

Após a desoxidação, o aço líquido tem maior solubilidade para o hidrogênio, portanto, e os cuidados devem ser redobrados. Escórias básicas protegem menos o aço contra a absorção de hidrogênio proveniente da umidade do ar, em função da solubilidade e permeabilidade dos íons envolvidos (principalmente OH^-) [22].

O principal efeito do hidrogênio no ferro e em suas ligas é a fragilização. Em função da mobilidade do hidrogênio no aço (elevadíssimo coeficiente de difusão), segregação e tensões (p. ex.: durante o tratamento térmico), podem ocorrer movimentação e concentração do hidrogênio em pontos desfavoráveis do aço, o que resulta no aparecimento de trincas internas, chamadas "flocos" [23].

Como ocorre segregação na solidificação, há regiões que contêm mais elementos estabilizadores da austenita do que outras. Essas regiões segregadas têm sua transformação de austenita para ferrita retardada durante o resfriamento do aço. Quando as outras regiões se transformam, o hidrogênio vai sendo rejeitado para a austenita não transformada, na qual esse elemento tem maior solubilidade. Nessas regiões, o hidrogênio tende a se localizar próximo aos concentradores de tensões em virtude de sua interação com a rede cristalina. Quando essas regiões se transformam, podem estar tão concentradas em hidrogênio que venham a trincar em decorrência da fragilização por ele causada.

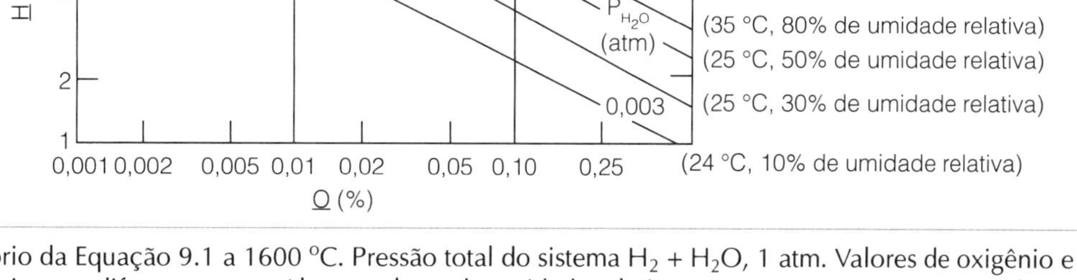

Figura 9.2 Equilíbrio da Equação 9.1 a 1600 °C. Pressão total do sistema $H_2 + H_2O$, 1 atm. Valores de oxigênio e hidrogênio em equilíbrio com diferentes p_{H_2O}. Alguns valores de umidade relativa e temperatura que correspondem a esses valores de pressão parcial de vapor de água são indicados. Adaptada de [20]. Saturação do ar calculada conforme [21].

A susceptibilidade ao aparecimento de flocos aumenta com o grau de segregação e com o abaixamento da temperatura de transformação (temperatura M_I no caso de aços com transformação martensítica), principalmente, sendo os aços média liga (p. ex.: Ni-Mo-V) os mais propensos à ocorrência desse defeito. Em geral, as tensões de transformações de fases são as tensões dominantes para o aparecimento de flocos, de forma que uma peça de aço pode não apresentar flocos quando recozida ou normalizada e vir a trincar por esse mecanismo quando submetida à têmpera [18].

Quanto maior a seção, mais difícil torna-se para o hidrogênio difundir-se para fora da peça, aumentando, portanto, as chances de problemas.

Tais problemas passaram a receber maior atenção prática após as falhas catastróficas ocorridas em 1954, nos Estados Unidos, quando o rotor de uma turbina a vapor de um gerador de 165 MW fraturou em pedaços, operando a 3600 rpm, praticamente destruindo a Usina de Ridgeland, Chicago [10]. No mesmo ano, um rotor produzido para a Arizona Public Service Co. explodiu em pedaços durante testes. A análise dos fragmentos revelou que uma das causas das fraturas eram falhas possivelmente causadas por hidrogênio [11].

A partir daí, a desgaseificação foi incluída como passo obrigatório para aceitação na produção de rotores de aços Ni-Mo-V. A evolução do processo mostrou que a desgaseificação é extremamente benéfica em muitos outros casos, em especial quando se torna necessário utilizar escórias desoxidantes por tempos consideráveis para atingir baixos teores de enxofre (ver Capítulo 8). Nessas condições, a absorção de gases é máxima, e aços susceptíveis a problemas com hidrogênio somente podem ser produzidos com baixo enxofre, em seções grandes, se desgaseificados.

9.2.1.1.2 Nitrogênio

O nitrogênio é um contaminante importante nos processos de elaboração de aços em função de sua presença na atmosfera.

A Figura 9.3 apresenta a solubilidade do nitrogênio no aço à pressão de 1 atm.

Embora a remoção do nitrogênio dissolvido no aço, segundo a Equação 9.2, seja afetada pela pressão, como esperado, a cinética de remoção do nitrogênio é extremamente limitada pela presença de elementos mais tensoativos no aço, enxofre e oxigênio principalmente [24,25]. Embora isso possa ser vantajoso por limitar a absorção desse elemento quando o aço está oxidado, nos processos primários, é uma importante limitação na produção de aços com baixo nitrogênio. Em aços oxidados, praticamente não se observa a redução do nitrogênio quando o aço é tratado sob vácuo.

$$N_2 = 2\,\underline{N} \qquad \text{(Eq. 9.2)}$$

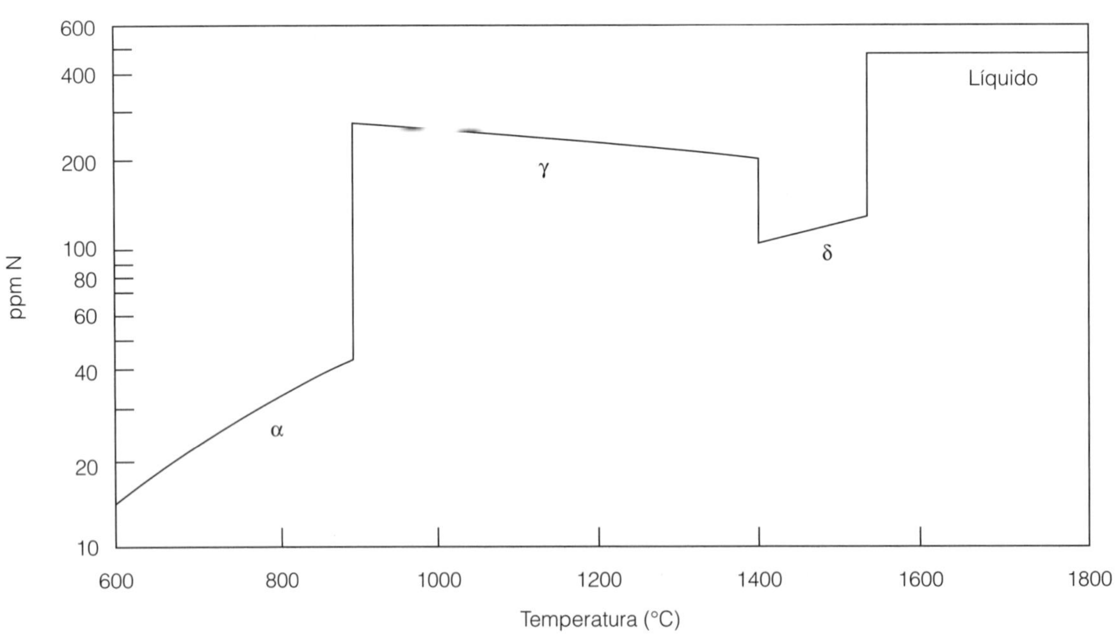

Figura 9.3 Solubilidade do nitrogênio em função da temperatura, a 1 atm, no ferro e em aços baixa liga. Adaptada de [8].

9.2.1.2 Desoxidação pelo carbono sob vácuo

O abaixamento da pressão tem efeito sobre o equilíbrio de qualquer reação que envolva o consumo ou a geração de gás. A reação de formação do CO (Equação 9.3), em particular, é muito influenciada, como mostra a Figura 9.4.

$$\underline{C} + \underline{O} = CO\ (g) \qquad \text{(Eq. 9.3)}$$

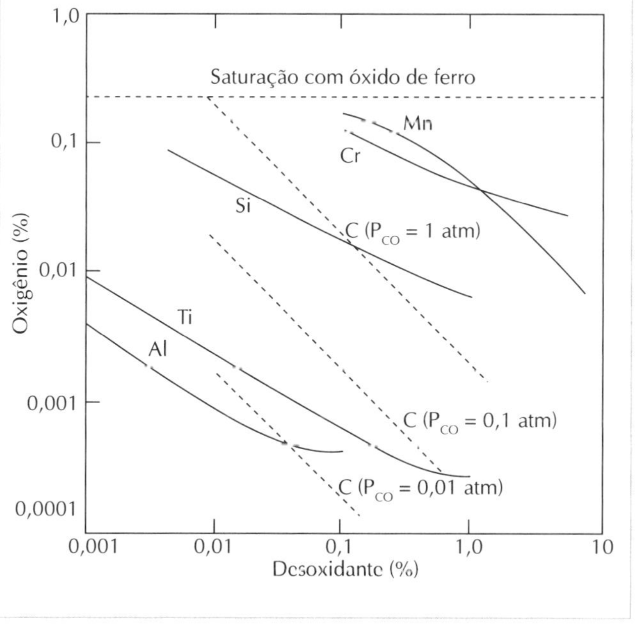

Figura 9.4 Teor de oxigênio e desoxidante em equilíbrio, a 1600 °C com o óxido puro. A redução da pressão de CO favorece a formação desse óxido e reduz significativamente o teor de oxigênio em equilíbrio com um determinado teor de carbono. Adaptada dos dados de [8].

Com o abaixamento da pressão de CO causado pelo vácuo, a reação é deslocada no sentido de formação do CO. Assim, em função da pressão atingida, o carbono pode se tornar um desoxidante tão ou mais eficiente do que o próprio alumínio, com a principal vantagem de não produzir inclusões não-metálicas durante a desoxidação.

Limpeza elevada (isto é, a pequena quantidade de inclusões [15,16]) e a possibilidade de se produzirem aços com teores bastante reduzidos de silício (elemento que coopera no aparecimento de macrossegregação [26]), bem como de alumínio, são as principais vantagens dessa técnica.

9.2.1.3 Descarburação sob vácuo

A oxidação do carbono dissolvido no aço, sob pressão total de 1 atm, é limitada pela quantidade de oxigênio que pode ser dissolvida no ferro líquido antes da saturação com oxigênio e precipitação de óxido de ferro, como visto no Capítulo 8. O limite é de cerca de 0,23% $\underline{O}$ a 1600 °C (Figura 9.4). Esse teor de oxigênio corresponde, no equilíbrio com CO a 1 atm, a aproximadamente 0,01 a 0,02% C. A produção de aço IF com teores de carbono da ordem de 15 a 20 ppm (0,0015 a 0,0020 %) só é possível pelo emprego de baixa pressão de CO, que altera o equilíbrio da Equação 9.3. Na produção de aços IF, os teores de oxigênio e de carbono dissolvidos no aço, no início do tratamento, são da mesma ordem de grandeza. Os coeficientes de transporte de massa dos dois elementos são, também, semelhantes [27]. Dessa forma, a cinética da reação de descarburação pode vir a ser controlada pelo transporte do carbono ou do oxigênio até os locais em que a reação de formação do CO (Equação 9.3) ocorre. A Figura 9.5 apresenta, esquematicamente, a evolução deste processo.

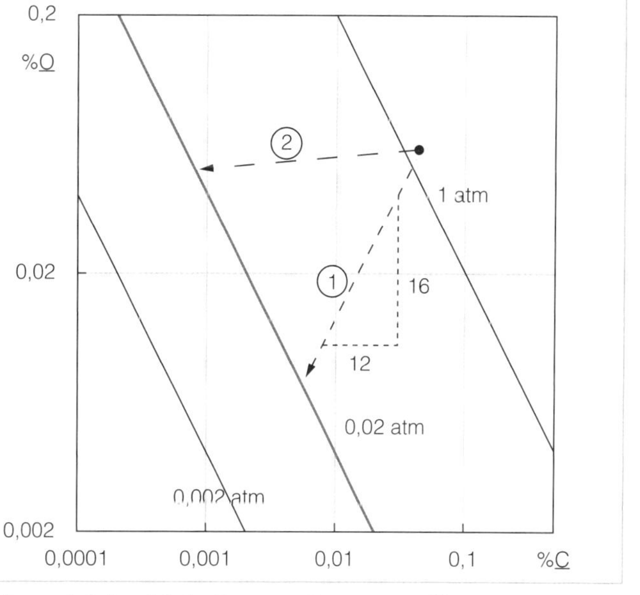

Figura 9.5 Equilíbrio C versus O no aço a diferentes pressões a 1600 °C. Partindo de um ponto inicial, correspondente ao vazamento de um conversor, duas trajetórias simplificadas são traçadas. Na trajetória 1, não há oxigênio adicional além daquele dissolvido no aço no vazamento. O oxigênio consome o carbono em proporção estequiométrica (em busca do equilíbrio com a pressão interna de 2 mbar ou 0,002 atm). Neste processo, o teor de oxigênio cai significativamente. A cinética da descarburação pode ser controlada pelo transporte do oxigênio, o que é indesejável. Pode faltar oxigênio para atingir o teor de carbono desejado (p. ex.: 10 ppm ou 0,001%). Na trajetória 2, é fornecido oxigênio. O transporte de oxigênio não controlará a cinética do processo. Pode-se atingir teores de carbono mais baixos, com teores de oxigênio mais elevados. Na prática industrial, a cinética de descarburação é lenta para teores de carbono abaixo de 20 ppm e a descarburação é frequentemente encerrada em um "equilíbrio aparente" com 0,02 atm de CO.

Para garantir que o tempo gasto no processo de descarburação seja o menor possível, é importante que o transporte do oxigênio nunca controle a cinética da descarburação [28]. Dessa forma, o excesso de oxigênio deve ser garantido, principalmente pela injeção durante o processo de descarburação (RH-OB – *oxygen blowing*) [29].

9.2.1.4 Processos de desgaseificação do aço

A evolução da desgaseificação conduziu a três principais sistemas, tendo cada um suas vantagens e desvantagens. A opção entre os diversos processos depende dos produtos desejados, dos tipos de aço etc.

Os três principais sistemas de desgaseificação são:

- Desgaseificação no jato: ocorre no vazamento do forno ou no lingotamento sob vácuo. Apesar de ser, em termos de desgaseificação, extremamente eficiente, uma vez que todo o metal é exposto ao vácuo com alta relação área/volume, tal sistema não apresenta a mesma flexibilidade dos processos em panela. É empregado com mais frequência para lingotes grandes (acima de 70 t) (p. ex.: [26,30]);
- Desgaseificação em panela: a panela contendo o aço é transferida para uma câmara, em que é feito o vácuo. A agitação pode ser feita por insuflação de argônio ou por indução eletromagnética (nesses casos, necessita-se de panelas de aço não magnético, austenítico). Esses equipamentos são os mais adequados para a realização de operações de metalurgia de panela simultânea à desgaseificação;
- Desgaseificação por circulação: nesse sistema, o aço líquido é mantido na panela e aspirado para dentro de uma câmara de vácuo capaz de conter parte do volume total da corrida. Com a circulação, todo o aço é exposto ao vácuo. Requer equipamentos complexos, sem ter a flexibilidade dos processos de panela quanto à execução de operações de refino com escória, simultaneamente. A cinética do processo de desgaseificação por circulação é muito rápida, entretanto, especialmente na descarburação sob vácuo [29,31]. É recomendado para corridas grandes (100 a 350 t) e na operação em conjunto com conversores.

Os principais processos de desgaseificação em panela são: VD (*Vacuum Degassing*), VAD (*Vacuum Arc Degassing*, em que aquecimento a arco está disponível também); a combinação de agitação eletromagnética (com panela não magnética) com forno panela sob vácuo foi desenvolvida pela ASEA-SKF e, por vezes, leva esse nome [32].

Nesses processos, utiliza-se, normalmente, no fundo da panela, uma peça refratária por onde um gás inerte, normalmente argônio, é injetado. Ele tem a dupla função de agitar e homogeneizar o banho, bem como de agir como nucleador de bolhas de gás na massa de aço.

Quando o desgaseificador dispõe de equipamento de aquecimento a arco, é possível estender o tempo de processamento, realizar adições de escória, ligas etc., isto é, as operações típicas de metalurgia de panela.

A Figura 9.6 mostra, esquematicamente, os mais importantes processos industriais de desgaseificação. Como a pressão ferrostática (exercida pelo aço líquido) é muito elevada (1 atm = 760 mmHg ≈ 1400 mmFe), é necessário que o aço seja adequadamente exposto ao vácuo. No caso do lingotamento sob vácuo, a exposição do jato de metal ao vácuo o faz "explodir" em gotas, o que favorece a cinética do processo. Na desgaseificação em panela, a agitação (por injeção de gás inerte e/ou eletromagnética) é fundamental para que todo o aço seja exposto ao vácuo. Além disso, as bolhas de gás inerte injetadas no fundo da panela vencem a barreira de nucleação de bolhas. Os gases a serem removidos do aço podem, também, ser absorvidos por essas bolhas, pois elas têm pressão parcial zero de H_2, N_2 e CO, quando são injetadas.

No processo RH, em uma das tubulações imersas na panela, a chamada "perna de subida", argônio é injetado através de várias ventaneiras distribuídas ao longo do diâmetro, em um ou mais níveis. A redução da densidade da coluna metal-gás causa sua subida e cria a circulação do aço no processo. No interior do vaso, onde o aço é exposto ao vácuo, a profundidade do aço é pequena durante todo o processo.

Os sistemas de vácuo mais comumente empregados são compostos por vários estágios de ejetores a vapor combinados com condensadores ou bombas mecânicas robustas.

A Figura 9.7 mostra um esquema de uma instalação VAD.

Na desgaseificação no jato, o processo é muito rápido e valores muito próximos dos teores de equilíbrio dos gases com a atmosfera podem ser atingidos. A remoção do nitrogênio pode ser limitada se houver elevado teor de elementos tensoativos.

Na desgaseificação em panela, VAD ou processo ASEA-SKF (em que há agitação eletromagnética, também), a remoção dos gases é limitada pela cinética de transporte de massa. No caso do nitrogênio, pode, também, ser retardada pela presença de elementos tensoativos. Há dois locais preferenciais para a ocorrência da desgaseificação. A interface das bolhas de argônio que são injetadas no fundo da panela e a superfície da panela, exposta ao vácuo. Um modelo simples para a remoção de gases em desgaseificador de panela (VAD) foi formulado pelo IRSID [33,34]. Uma das conclusões deste estudo foi que, para a desgaseificação, o efeito das bolhas é mais importante do que a reação na interface entre a superfície do banho e a atmosfera no interior do desgaseificador.

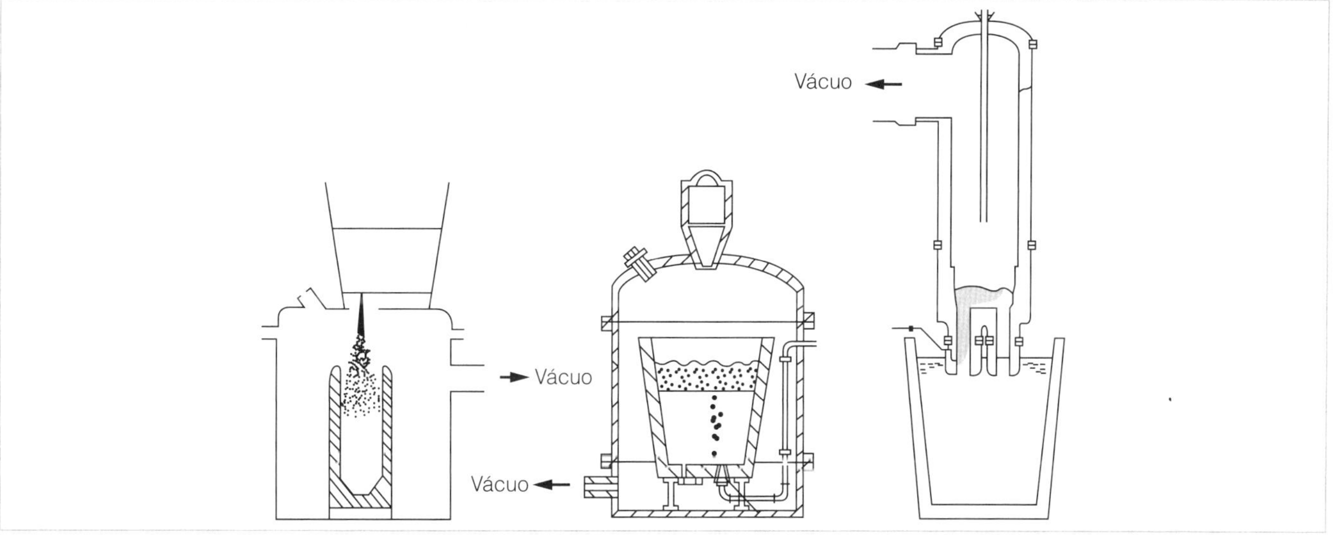

Figura 9.6 Processos de desgaseificação de aços mais usuais. Da esquerda para a direita: desgaseificação no lingotamento, desgaseificação em panela, desgaseificação por circulação RH (a Figura mostra o RH com lança de oxigênio, RH-OB).

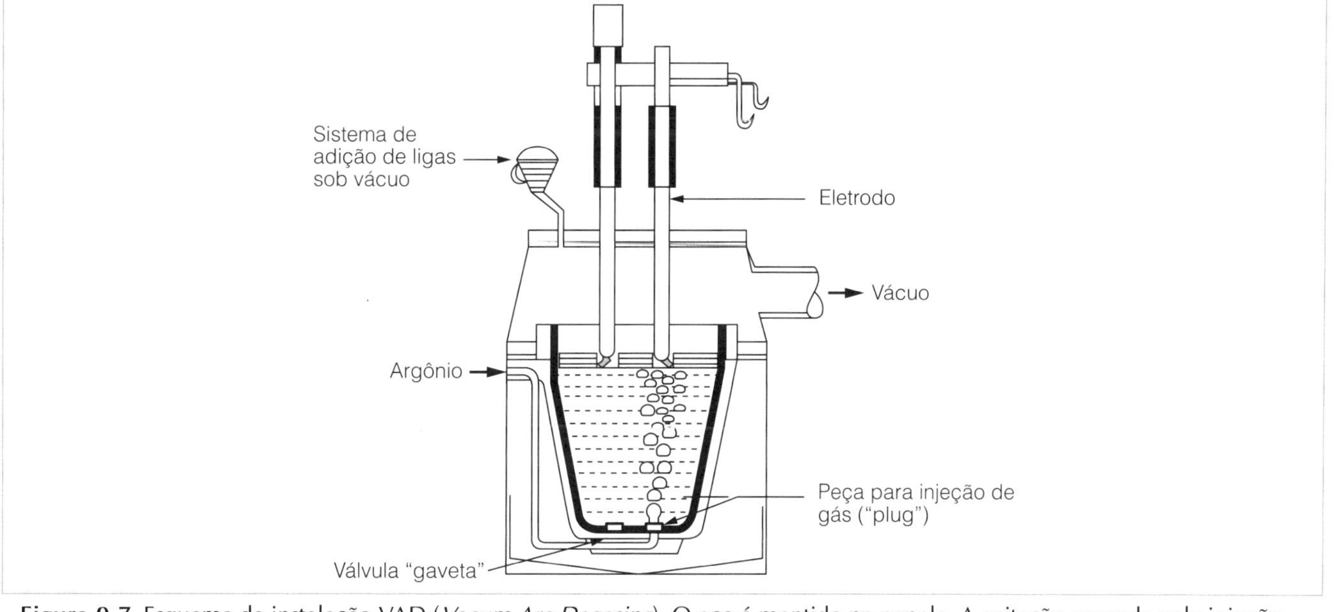

Figura 9.7 Esquema de instalação VAD (*Vacum Arc Degasing*). O aço é mantido na panela. A agitação causada pela injeção de argônio não está indicada neste esquema. A interface metal-escória aparece sem agitação.

Na desgaseificação com circulação, há vários sítios onde pode ocorrer a remoção dos gases. Aqui também os elementos tensoativos têm papel importante na eventual remoção do nitrogênio. Muitos estudos e modelos foram realizados [29,31,35,36] para caracterizar a remoção do CO quando é realizada a descarburação sob vácuo. Observou-se que dois fatores são extremamente importantes na remoção do carbono: a taxa de circulação do aço entre a panela e o vaso desgaseificador e o transporte dos reagentes, carbono e oxigênio, para os locais onde CO pode ser formado. Para garantir que o transporte de oxigênio não seja importante, é comum utilizar o sopro de oxigênio nos equipamentos RH. RH-OB (*oxygen blow*) é uma designação usual para este processo.

O modelo simplificado de Sumida et al. [31] mostrou a importância relativa da circulação e da reação do carbono e tem sido amplamente empregado para aprimorar o processo, industrialmente. No modelo de Sumida, a taxa de descarburação do aço na panela é dada pela Equação 9.4, onde K é uma constante que depende da taxa de circulação do aço (Q) e do coeficiente volumétrico de transporte de massa do carbono, ak. O modelo assume, no instante inicial, que a concentração de carbono na panela é $C_P(0) = C_P^0$.

$$C_P(t) = C_P^0 \exp(-Kt) \qquad \text{(Eq. 9.4)}$$

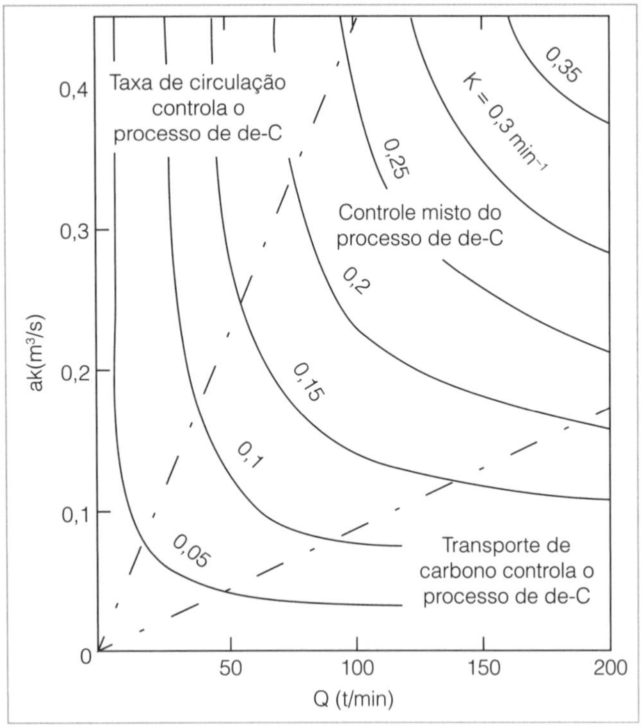

Figura 9.8 Efeito da taxa de circulação Q e do coeficiente volumétrico de transporte de massa do carbono ak sobre a constante cinética aparente de descarburação K no processo RH. No gráfico, são destacadas as regiões de controle pela circulação, pelo transporte de carbono e controle misto. Usando Q' (m^3/min), K é expresso como: $K = \dfrac{Q'ak}{V(Q'+ak)}$. Adaptada de [31].

9.2.2 OPERAÇÕES DE METALURGIA DE PANELA – FORNO-PANELA

Em geral, as operações de metalurgia de panela são realizadas com o objetivo de ajustar e homogeneizar a composição química e a temperatura do aço líquido, desoxidar, dessulfurar, reduzir e alterar o tipo de inclusões não-metálicas e, muito raramente, desfosforar. Em alguns casos, essas operações são combinadas com desgaseificação e atuação sobre reações influenciadas pela pressão [37,38].

A realização dessas operações “fora do forno” tem várias vantagens operacionais, como discutido no Capítulo 8, além de vantagens metalúrgicas. Liberam o forno de refino primário para a produção de mais aço líquido, permitem ajustar as condições termodinâmicas mais próximas ao ideal para as reações desejadas etc. O equipamento típico de metalurgia de panela, o chamado “forno panela” (FP) (Figura 9.9), consiste em uma instalação para movimentar a panela até a estação do forno, equipamento para aquecimento (normalmente transformador e eletrodos para aquecimento a arco, com potências instaladas na faixa de 100 a 200 kVA/t, como no VAD), provisão para agitação do aço líquido (por meio de injeção de gás inerte pelo fundo da panela e/ou agitação eletromagnética) e instalações para a realização de adições controladas de formadores de escória, ferros-ligas, desoxidantes e outros materiais, além de coletores de pó para controle ambiental. Em algumas instalações equipamentos que possibilitam a remoção de escória podem estar presentes, viabilizando refino mais extenso para aços especiais.

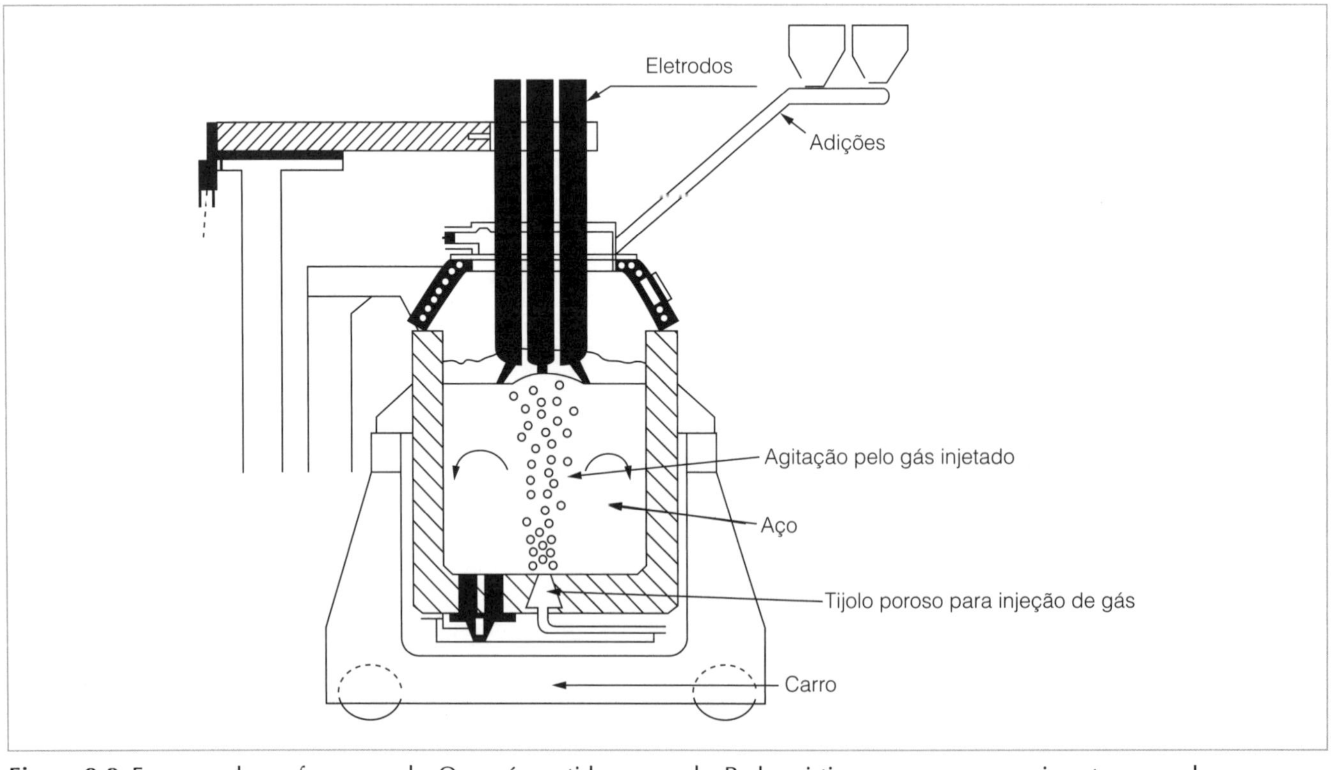

Figura 9.9 Esquema de um forno-panela. O aço é mantido na panela. Pode existir um carro para movimentar a panela (como mostra o esquema) ou ela pode ser colocada diretamente em posição por ponte rolante.

9.2.2.1 Homogeneização e desulfuração

A agitação com argônio (ou por indução, em fornos do tipo ASEA-SKF [32]) permite a rápida homogeneização térmica e química do aço líquido, como mostra a Figura 9.10. Consequentemente, dispõe-se de melhor controle de composição química, obtendo-se menores desvios na composição e maior reprodutibilidade nas propriedades do aço. O forno panela é extensivamente empregado para o acerto da composição química final, por meio de adições de ferros-ligas e outros materiais. Alguns materiais, modernamente, são adicionados sob a forma de arame[1] injetado mecanicamente no aço líquido. Isso garante que a adição submerja e se dissolva no aço sem oxidação ao ar. O controle preciso da temperatura, essencial para o lingotamento de aços de alta qualidade, é possível até níveis de ± 5 °C.

Além disso, quando a agitação é forte, aumenta a reação entre metal e escória, pois o transporte de massa entre as duas fases é favorecido. Quando se faz um balanço de massa do enxofre no metal, considerando o fluxo de enxofre para a escória, é possível obter-se uma equação diferencial na forma da Equação 9.5.

$$\frac{d\%\underline{S}}{dt} = -\frac{Ak}{100W}\left(\%\underline{S}(t) - \%\underline{S}_{eq}\right) \qquad \text{(Eq. 9.5)}$$

Em que:

Ak = é o coeficiente volumétrico de transporte de massa do enxofre

W = é a massa de aço na corrida

$\%\underline{S}_{eq}$ = é o teor de enxofre no aço em equilíbrio com a escória no momento t.

Essa equação não é de solução simples, pois, mesmo que a desoxidação mantenha o potencial de oxigênio no aço constante (ver Capítulo 8), o teor de enxofre no aço, em equilíbrio com a escória, varia com o tempo. Esta variação é resultado do fato de que o enxofre removido do aço vai para a escória, alterando o potencial químico deste elemento na escória e, consequentemente, o valor dc $\%\underline{S}_{eq}$. A solução numérica deste problema é discutida, por exemplo, em [40]. No caso, o interesse imediato é na análise do valor de Ak, que define a taxa com a qual a dessulfuração ocorre. A Figura 9.11 mostra a variação de Ak, o coeficiente volumétrico de transporte de massa metal-escória em função da agitação na panela

1 A adição de alumínio pode ser feita com arame deste metal. Para os demais materiais, em geral frágeis, os "arames" são confeccionados envolvendo pós das ligas em folhas de aço, formando um tubo, preenchido com a liga. O mesmo procedimento é usado para fazer "arames" para a adição de grafita ou enxofre ao aço, por exemplo.

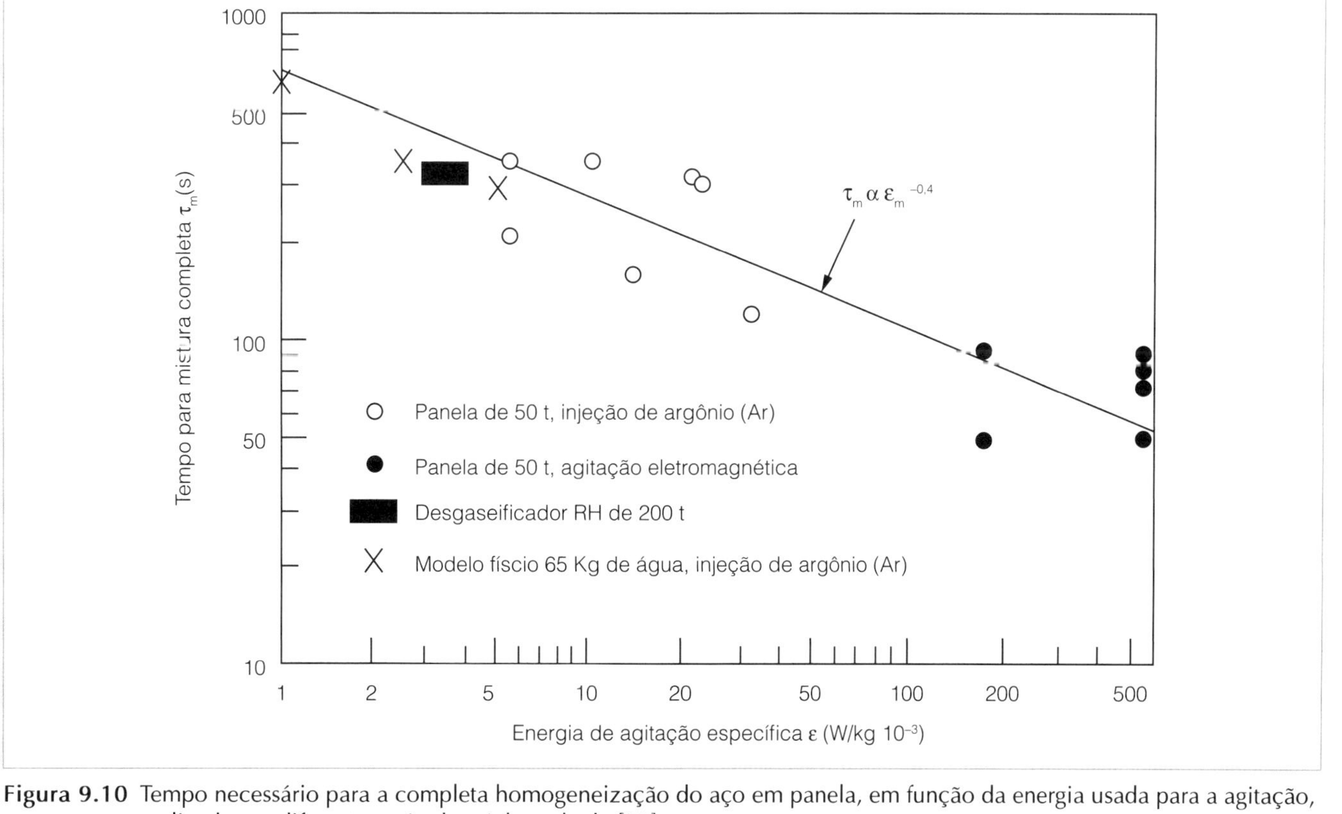

Figura 9.10 Tempo necessário para a completa homogeneização do aço em panela, em função da energia usada para a agitação, realizada por diferentes métodos. Adaptada de [39].

À medida que a agitação aumenta, o coeficiente de transporte de massa aumenta, na região indicada como I na Figura 9.11. Em determinado momento, começa a ocorrer emulsificação da escória próximo ao "olho", região da superfície, na panela, onde chega a pluma gás-metal que vem do fundo, onde o gás é injetado (Figura 9.12). Com a emulsificação, a área interfacial metal-escória aumenta muito e o coeficiente de transporte de massa aumenta a uma razão mais alta, a região indicada como II na Figura 9.11.

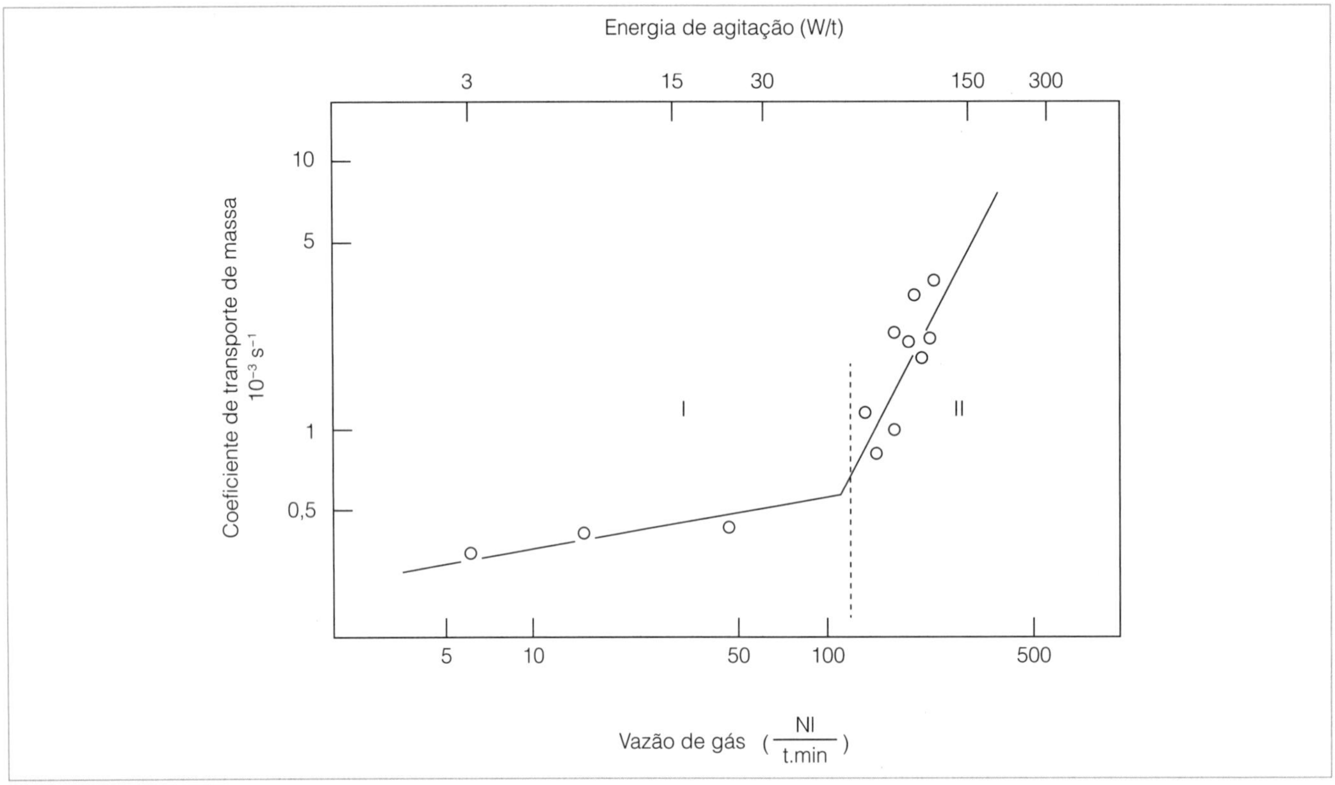

Figura 9.11 Coeficiente de transporte de massa para a remoção de S do aço na panela em função da vazão específica de gás injetado na panela. Adaptada de [41,42].

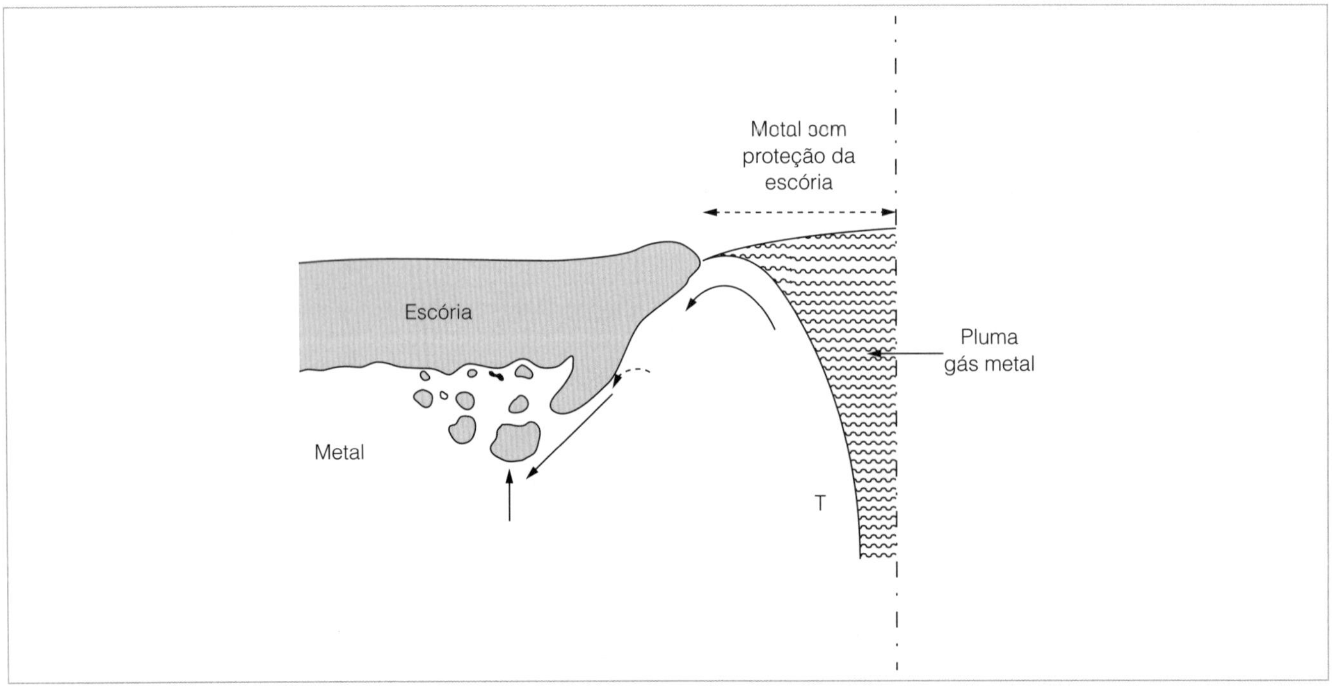

Figura 9.12 Esquema do mecanismo de emulsificação da escória no metal na borda do "olho" causado pela pluma gás metal ao atingir a superfície do banho, na panela. Adaptada de [43].

Evidentemente, do ponto de vista da reação metal--escória, este fenômeno é bastante favorável. Entretanto, a agitação excessiva pode causar a abertura de um "olho" excessivo na escória, levando à elevada reoxidação do aço, quando o processo não se passa sob vácuo, e pode causar o aumento do número de inclusões não-metálicas no aço líquido.

A baixa pressão parcial de oxigênio na atmosfera (quando se emprega vácuo) evita a reoxidação intensa. A presença de escórias com composição ajustada para os objetivos metalúrgicos, com elevada razão de distribuição de enxofre e a agitação, que favorece a cinética das reações metal-escória, faz do VAD um excepcional equipamento para dessulfuração. O forno panela também é muito efetivo na dessulfuração, requerendo apenas maior atenção com os fenômenos de reoxidação, uma vez que a escória está permanentemente exposta ao ar.

A metalurgia de panela é, atualmente, uma das melhores opções para aciarias que empregam conversores e desejam produzir aços com baixos teores de enxofre. No conversor, as condições são sempre oxidantes, em função da injeção de oxigênio e, como visto no Capítulo 8, não são favoráveis para a dessulfuração. Parte da desulfuração em usinas integradas é realizada por pré-tratamento do gusa e o restante no forno panela. Em usinas empregando FEA também é comum que a desulfuração seja realizada no forno panela. No FEA são realizadas as operações em condições oxidantes e a desoxidação se inicia no vazamento e é concluída no forno panela, junto com a desulfuração [40,44].

9.2.2.2 Remoção de inclusões não-metálicas

A desoxidação é uma grande fonte de inclusões não-metálicas. Embora, aparentemente, não haja barreira de nucleação para a formação dos óxidos, sua remoção é bastante lenta, pois as dimensões das partículas formadas são pequenas, o que inviabiliza sua flutuação em tempos realistas, pela lei de Stokes [45]. A Figura 9.13 mostra que quando o desoxidante é adicionado, o oxigênio em solução cai rapidamente, entrando em equilíbrio com o desoxidante e o óxido formado, na temperatura do processo. As partículas de óxido formadas, entretanto, demoram a ser removidas do banho, de modo que o oxigênio total cai mais lentamente do que o oxigênio em solução. Assim, é necessário promover agitação para que (a) as inclusões se choquem e coalesçam, o que deve favorecer sua remoção e (b) as inclusões atinjam a escória e as paredes da panela, onde são absorvidas [45].

O uso da energia de agitação adequada (função da vazão de argônio no VAD e/ou da corrente de agitação eletromagnética) favorece a remoção de inclusões, especialmente em presença de uma escória de composição controlada, capaz de absorvê-las. Uma maneira usual de quantificar a limpeza interna, durante o refino secundário, é pelo teor total de oxigênio. Esse teor é a soma do oxigênio em solução no aço – associado ao nível de desoxidação e previsível pela termodinâmica (ver Figura 9.4 e o Capítulo 8) – e o oxigênio presente como inclusões de óxido ainda não eliminadas do aço líquido. Para aços desoxidados ao alumínio (com teores de Al da ordem de 0,02 a 0,04%), o teor de

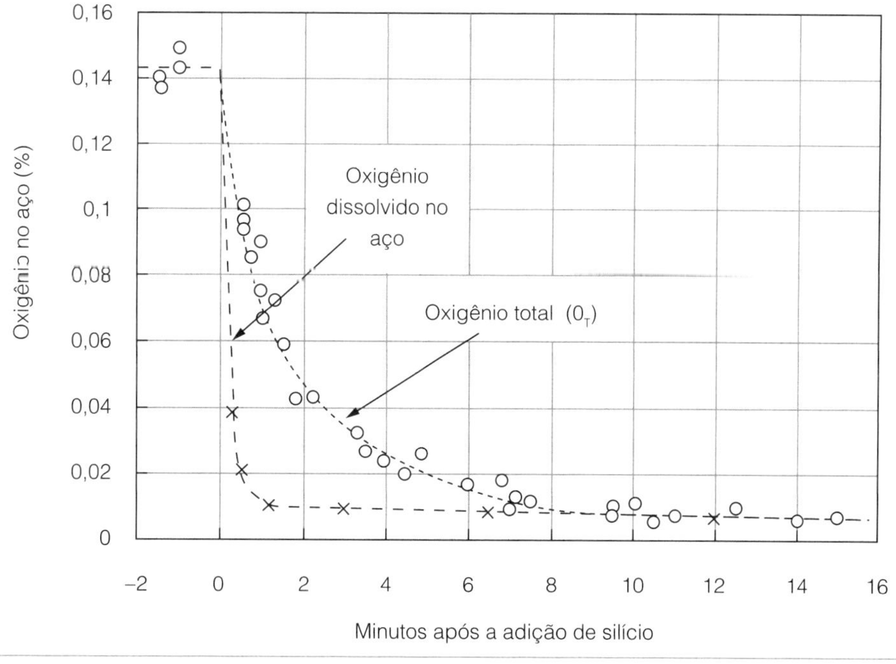

Figura 9.13 Redução do teor de oxigênio no aço em um forno de indução de laboratório, contada a partir da adição do desoxidante, silício, no caso. Foram medidos o teor de oxigênio total (dissolvido mais óxidos presentes como inclusões) e o teor de oxigênio dissolvido. Adaptada de [46].

oxigênio em solução é bastante baixo (cerca de 3 a 5 ppm). Normalmente, a maior parte do oxigênio nestes aços está presente associada a essas inclusões. A remoção permite obter aços com quantidade de inclusões reduzidas, como indicam os teores de oxigênio final, tipicamente abaixo de 10 a 20 ppm. Aços elaborados com extremo cuidado (sem envolver fusão sob vácuo, item 9.4.2 ou refusão, item 9.4) atingem, sistematicamente, valores de oxigênio total abaixo de 10 ppm.

Zhang e Thomas [47] compilaram dados de diversos autores relacionando a redução do oxigênio total com a agitação. Propuseram, em acordo com resultados anteriores de Suzuki et al. [48] e de Tivelius et al. [32] (Figura 9.14), que existe um ponto ótimo da agitação na panela para a remoção de inclusões, como mostra a Figura 9.15. Agitação excessiva seria negativa para a limpeza interna do aço, possivelmente pela emulsificação de escória, já discutida.

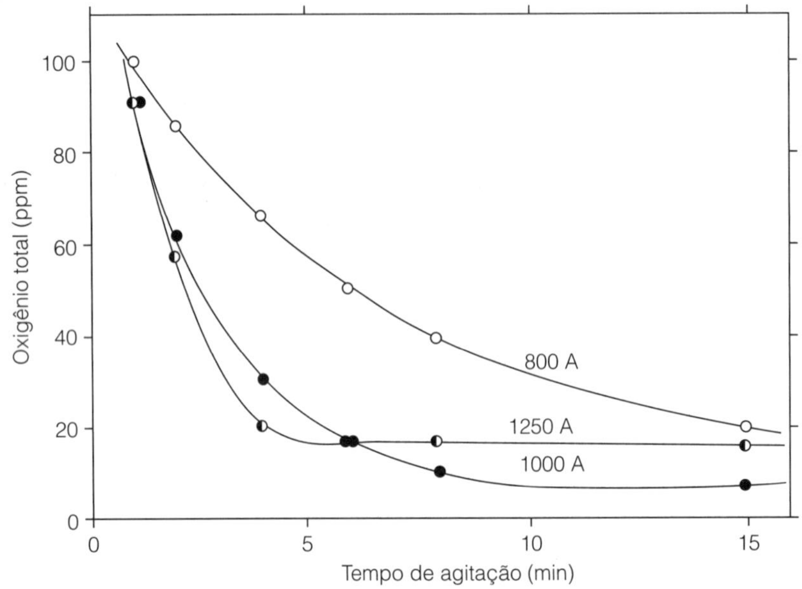

Figura 9.14 Efeito do tempo e da energia de agitação (medida pela corrente, em A, na agitação eletromagnética) sobre a remoção de inclusões não-metálicas (medidas pelo teor de oxigênio total no aço) em um forno ASEA-SKF. Energia baixa não é muito eficaz na remoção das inclusões. Energia excessiva pode promover reoxidação (se o aço é exposto ao ar) e/ou reabsorção de óxidos da escória. Adaptada de [32].

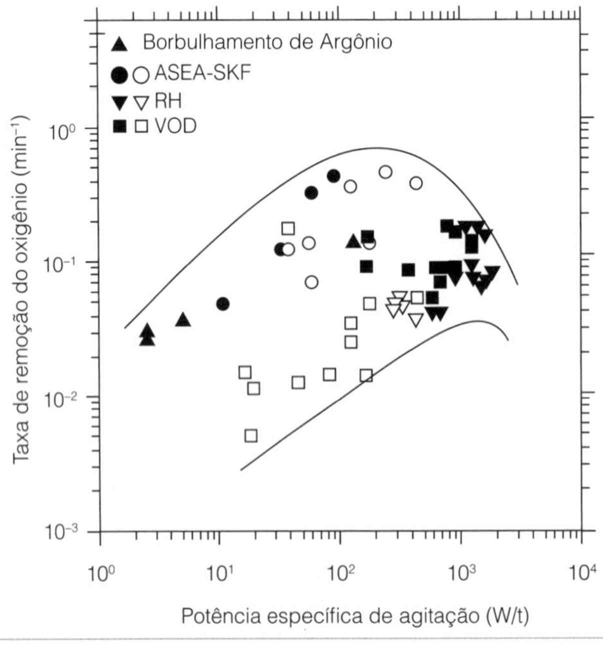

Figura 9.15 Efeito da potência de agitação na panela sobre a taxa de remoção de oxigênio (principalmente inclusões não-metálicas). Dados de diversos autores compilados por [47].

9.2.2.3 Modificação de inclusões não-metálicas

Nem todas as inclusões não-metálicas tem o mesmo efeito sobre os produtos de aço [49]. Esse assunto é discutido em mais detalhe no Capítulo 10.

Além disso, durante o lingotamento contínuo, inclusões sólidas podem se aglomerar nas paredes das válvulas (submersas ou não) e tubos longos, causando obstruções que instabilizam ou interrompem o lingotamento.

Uma das áreas mais promissoras no refino dos aços nas últimas décadas é a engenharia de inclusões não-metálicas [50]. Em vez de obter as inclusões resultantes de um processo de refino qualquer, o processo de refino é ajustado com vistas à obtenção de determinado tipo de inclusão que é, por algum motivo, desejável para o produto em questão.

Um dos melhores exemplos desta técnica é a produção de arames de alto carbono para molas, como o AISI 9254 (ver Capítulo 6) ou arames finos trefilados para cordoalhas de pneus. Em ambos os casos, observou-se que a presença de inclusões de alto ponto de fusão e, por consequência, baixa deformabilidade (ver Capítulo 10) é extremamente negativa para o desempenho dos aços (Figura 9.16).

A partir daí, o processamento desses aços passou a ser definido de modo a produzir as inclusões desejadas, por meio do ajuste da composição química da escória do FP, como mostram os dados de Oshiro et al. [51], na Figura 9.16. É importante notar que as inclusões são mais complexas do que é possível representar em um diagrama de um sistema ternário. Normalmente contém, também, MnO, por exemplo. Para apresentar os resultados, dependendo da relação Si/Mn no aço, os autores escolhem o diagrama do sistema ternário mais representativo. Em um exemplo similar, a Figura 9.17 mostra, esquematicamente, em outro aço Si-Mn, como determinar a composição química da escória necessária a obter os baixos teores de alumínio, necessários a garantir a formação de inclusões de baixo ponto de fusão.

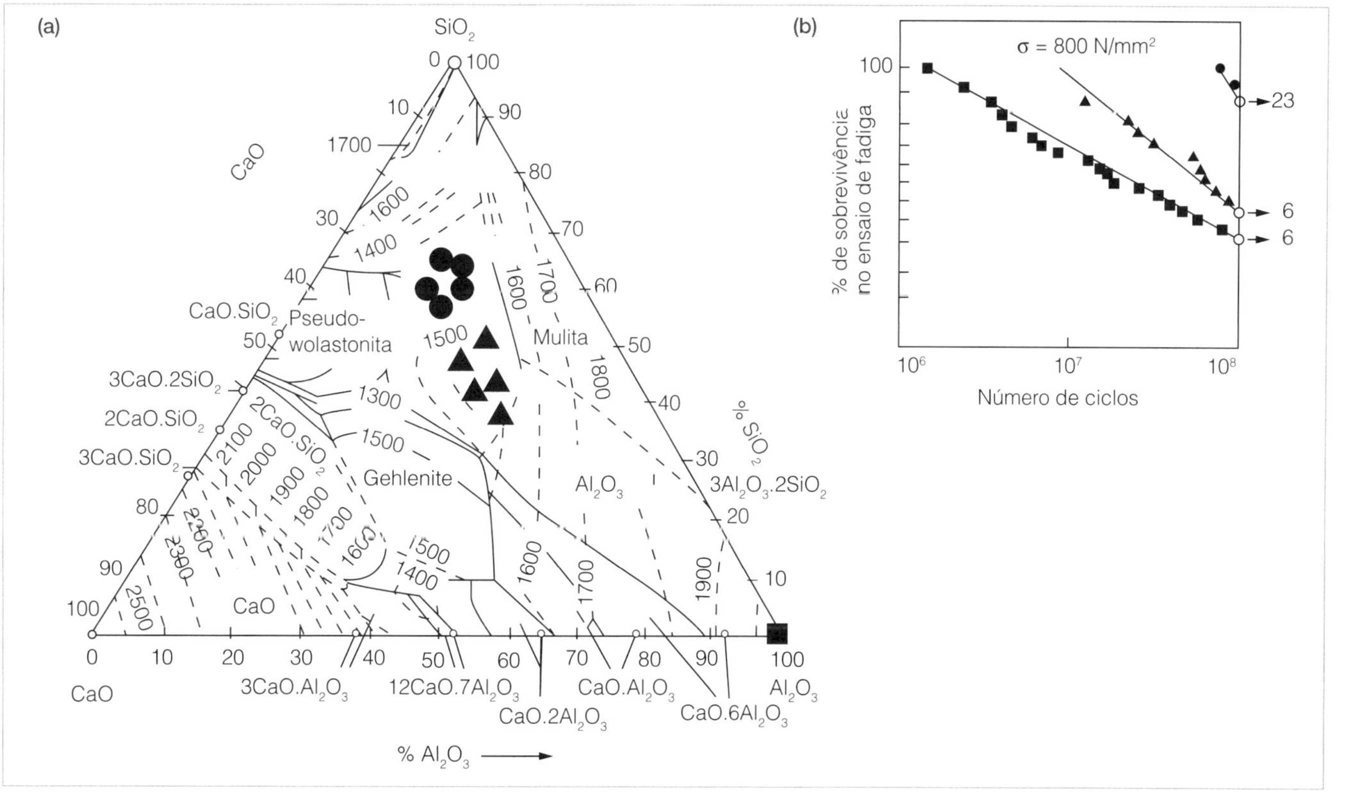

Figura 9.16 (a) Projeção da superfície *liquidus* do sistema $CaO-Al_2O_3-SiO_2$ com as principais fases primárias indicadas. No desenvolvimento de aços para molas, Oshiro et al. [51] modificaram a escória do forno panela de modo a produzir SAE 9254 com inclusões(■) ricas em alumina, duras, com alto ponto de fusão (•) inclusões de baixo ponto de fusão, < 1400 °C, bastante plásticas, (▲) inclusões de ponto de fusão aproximado de 1550 °C, composição aproximada CaO. Al_2O_3. SiO_2. As inclusões são mais complexas do que é possível representar em um sistema ternário. (b) Resultados dos ensaios de fadiga à tensão constante de 800 MPa para os três aços SAE 9254 com as inclusões descritas na Figura 9.16 (a). A resistência à fadiga dos arames com inclusões de baixo ponto de fusão foi muito superior à dos demais arames.

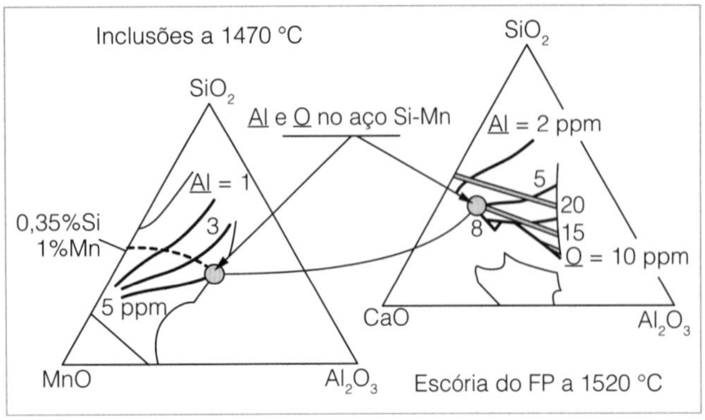

Figura 9.17 Projeto de escória (Sistema $CaO–Al_2O_3–SiO_2$) para atingir baixos teores de alumínio (< 5 ppm) necessários a garantir, em aço com 1%Mn e 0,35%Si, inclusões de baixo ponto de fusão e elevada deformabilidade, no sistema $MnO–Al_2O_3–SiO_2$. Adaptada de [52].

Quando a alumina deve ser evitada, como nos dois exemplos citados, basicidades baixas (0,8 a 1,1) e baixos teores de alumina (< 5%) são essenciais na escória do FP. Além disso, as matérias-primas devem ter seu teor de alumínio controlado. A presença de alumínio no ferro liga Fe-Si pode ser elevada, frequentemente.

Adições de cálcio metálico (adicionado como CaSi ou outras ligas contendo Ca) são usadas para converter as inclusões de alumina em aluminatos de cálcio, líquidos à temperatura de fabricação do aço [53,54]. Para que se formem inclusões líquidas no sistema Fe-Al-O-Ca-S, é necessário balancear corretamente a adição de cálcio em função dos teores dos demais elementos. A Figura 9.18 mostra as fases formadas em equilíbrio, a diferentes temperaturas, quando Ca é adicionado a um aço contendo 0,015%S, 0,03%Al e 20 ppm de oxigênio total. Se a quantidade de Ca adicionada é adequada, é possível formar somente inclusões liquidas [55].

Fixando-se uma temperatura, é possível observar a sequência de fases formadas à medida que a adição de cálcio aumenta (Figura 9.19). É evidente, também, que maiores adições de Ca resultam em maior quantidade de inclusões não-metálicas no aço líquido.

A termodinâmica do cálcio no aço é complexa [54,53]. Além disso, como o cálcio tem baixo ponto de ebulição (1484 °C), inferior à temperatura de processamento da maior parte dos aços no FP, é necessário o uso de técnicas especiais para garantir sua dissolução no aço. A injeção profunda de partículas de liga contendo cálcio (nas quais a pressão de vapor do cálcio é mais baixa), no aço, ou a injeção de arames de ligas de cálcio que aquecem e dissolvem a profundidade considerável na panela são as soluções que resultam em aproveitamento razoável das caras ligas de cálcio.

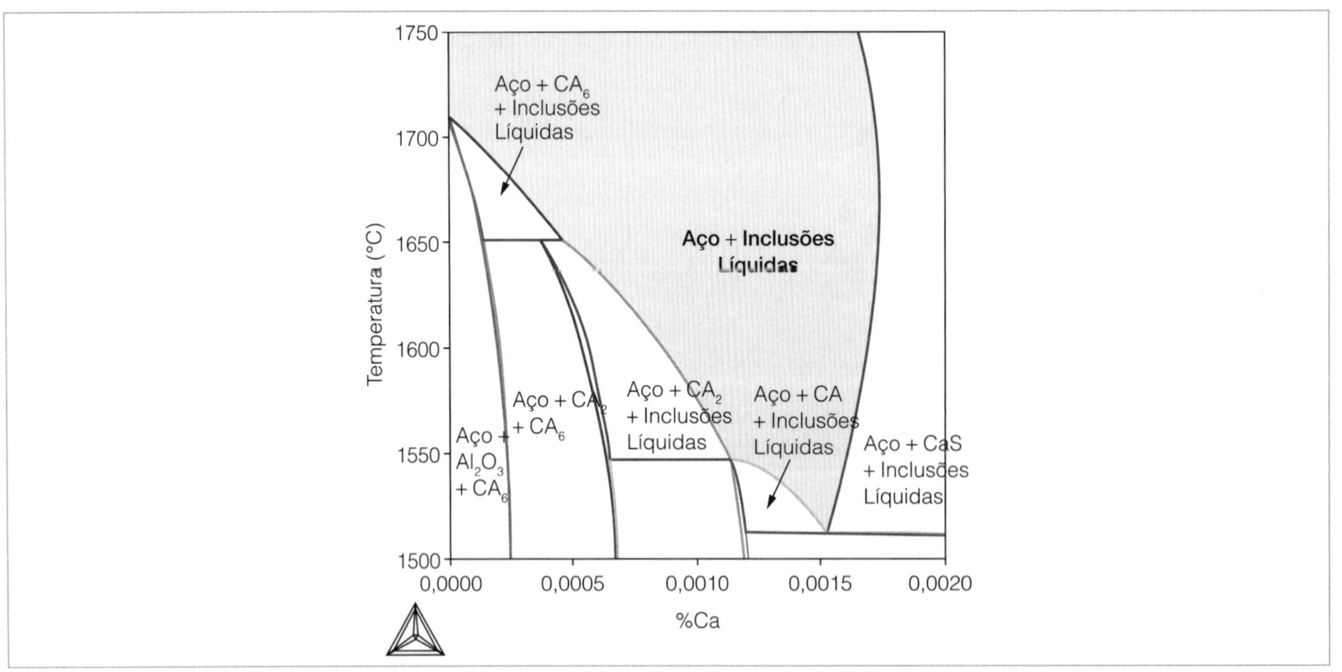

Figura 9.18 Seção isopleta apresentando as fases em equilíbrio em um aço contendo 0,03%Al, 0,015%S e 20 ppm de oxigênio total, em função do teor de cálcio e da temperatura. Na região superior, à esquerda, não é representada a presença de Al_2O_3+aço quando não há cálcio presente. A solidificação do aço foi suprimida para melhor compreensão das inclusões não-metálicas formadas. Na região central, acinzentada, formam-se apenas inclusões liquidas, condição ideal para o lingotamento (a chamada "janela de lingotabilidade"). À medida que a temperatura diminui, a largura da janela (em termos de ppm de Ca 1 ppm = 0,0001%) se estreita. O lado esquerdo do diagrama é semelhante ao diagrama pseudobinário $CaO-Al_2O_3$. Adições elevadas de Ca levam à formação de CaS mesmo nas temperaturas elevadas. Calculado com Thermo-calc e banco de dados SLAG4.

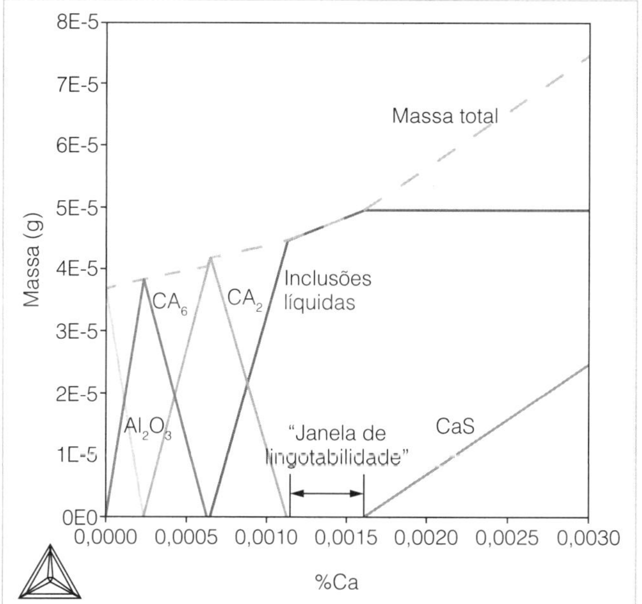

Figura 9.19 Efeito da adição de cálcio em um aço com % Al = 0,03%, % S = 0,015% e 20 ppm de oxigênio total a 1550 °C sobre a composição e peso de inclusões não-metálicas formadas em 1 g de aço. Na região central do gráfico, obtêm-se apenas inclusões líquidas, a "janela de lingotabilidade". Desvios para a direita levam à formação de CaS, de alto ponto de fusão. Desvios para a esquerda ocasionam a formação de aluminatos de cálcio cada vez mais ricos em Al_2O_3, até a formação desse óxido puro quando não há cálcio no aço. O tratamento com cálcio aumenta a quantidade de inclusões formadas no aço líquido. Calculado com Thermo-calc e banco de dados SLAG4.

Como cinco variáveis sao importantes para definir a região de formação de inclusões liquidas (T, %Ca, %S, %Ot, %Al), há grande variedade de formas de apresentar as condições ideais para a formação dessas inclusões, além das escolhidas nas Figuras 9.18 e 9.19. Esta região é, frequentemente, chamada de "janela de lingotabilidade" [54].

As inclusoes liquidas evitam o entupimento das válvulas, frequentemente causado pela alumina. É importante, entretanto, controlar a adição de cálcio de modo a conseguir o efeito desejado.

Adicionalmente, o tratamento com cálcio modifica os sulfetos formados no aço. Como o cálcio tem elevada afinidade pelo enxofre, os sulfetos formados passam a ser complexos, de ponto de fusão elevado e menor plasticidade do que o sulfeto de manganês, como discutido no Capítulo 10.

A adição de cálcio pode, também, visar a desulfuração. Nesse caso, tanto fluxos como compostos à base de cálcio podem ser injetados na panela [37]. A injeção de CaSi (p. ex.: processo TN [56]) é utilizada para controle do tipo e forma das inclusões não-metálicas, normalmente não sendo econômico o emprego desse composto apenas para dessulfuração.

9.2.2.4 *Desfosforação em Forno Panela*

Em algumas usinas na Europa e no Japão, pratica-se desfosforação como parte da metalurgia de panela, mas essa prática não é comum. Nesse caso, a escória oxidada do forno é vazada com o metal e, eventualmente, minério de ferro é adicionado. É evidente que a escória de desfosforação deve ser totalmente removida antes da desoxidação (Capítulo 8) para evitar reversão de fósforo para o aço e garantir boa eficiência da posterior dessulfuraçao.

É importante observar que a retirada da escória da panela não é, normalmente, uma operação de fácil execução em forno panela.

9.2.3 PROCESSOS DE PRODUÇÃO DE AÇOS INOXIDÁVEIS

A crescente demanda de aços inoxidáveis, especialmente os de extrabaixo carbono (tipo 304L, 316L etc.), forçou um grande desenvolvimento nos processos de produção de aços inoxidáveis.

A oxidação do carbono na presença de cromo em processos primários é limitada pela termodinâmica. Normalmente, seria um processo trabalhoso e de baixo rendimento, pois as Equações 9.6 e 9.7 competem às temperaturas e concentrações normais nos aços inoxidáveis

$$\underline{C} + \underline{O} = CO \qquad \text{(Eq. 9.6)}$$

$$2\,\underline{Cr} + 3\,\underline{O} = Cr_2O_3 \qquad \text{(Eq. 9.7)}$$

Para favorecer a oxidação do carbono, em vez do cromo, no FEA, empregavam-se temperaturas elevadas (> 1900 °C), que favorecem a Equaçao 9.6. Entretanto, tais processos têm dificuldade em atingir os níveis exigidos pela série L de aços inoxidáveis (C < 0,030% e Cr ≅ 18%), apresentam baixo rendimento de cromo, além de exigirem longas operações a elevadas temperaturas, sacrificando os refratários ou os painéis do forno. Também nos conversores o aproveitamento do cromo proveniente da sucata, por exemplo, é limitado pela competição entre as duas reações.

Desde as décadas de 1960 e 1970, dois processos têm sido empregados para a produção desses aços, com grandes vantagens: AOD (*Argon Oxygen Decarburization*) e VOD (*Vacuum Oxygen Decarburization*). Nos dois processos, a ideia básica é fornecer oxigênio ao aço em condições de baixa pressão parcial de CO, favorecendo a reação Equação 9.6 [42,57,58]. A Figura 9.20 apresenta as condições termodinâmicas para a ocorrência das Equações 9.6 e 9.7 em função dos teores de carbono e cromo no aço. Para viabilizar essa análise, as duas reações são combinadas em uma única, a Equação 9.8 e os pontos em que há equilíbrio são determinados para cada conjunto de T e P escolhido.

$$2\ \underline{Cr} + 3\ CO = Cr_2O_3 + 3\ \underline{C} \qquad \text{(Eq. 9.8)}$$

Cada linha de equilíbrio na Figura 9.20 divide o plano C × Cr em duas regiões: uma onde a afinidade do C pelo oxigênio é maior do que a do Cr e outra onde o inverso ocorre. Durante um processo a pressão e temperatura constantes, iniciado fora do equilíbrio, não é possível passar de uma região para a outra através da oxidação. Assim, as linhas calculadas na Figura 9.20 mostram os menores teores de carbono que podem ser obtidos por oxidação, para um determinado teor de cromo, nas condições de P e T definidas.

No processo VOD, o oxigênio é soprado sobre o aço, sob vácuo, como esquematizado na Figura 9.21.

No processo AOD, o oxigênio é misturado com o argônio e injetado no aço pela região inferior do conversor. A proporção O_2/Ar no gás injetado decresce ao longo da corrida. O efeito da injeção dessa mistura é a formação de bolhas com pressão parcial de CO muito baixa que, sob o aspecto termodinâmico, tem o mesmo efeito de uma redução da pressão. À medida que as bolhas sobem pelo aço, absorvem CO resultante da Equação 9.6. A proporção da mistura de gases e a profundidade do banho devem ser tais que as bolhas somente deixem o aço ao se aproximarem do equilíbrio da Equação 9.8, para o melhor aproveitamento do argônio injetado. O RH-OB (item 9.2.2) também pode ser usado para a produção de aços inoxidáveis.

Tais processos permitem rendimentos de cromo acima de 97%, teor de carbono < 0,012%, além de somente necessitarem do forno a arco como instrumento de fusão. Na Figura 9.23 é mostrado o andamento de uma descarburação sob vácuo. O aço é inicialmente fundido em FEA ou em conversor a oxigênio, buscando-se a dissolução das adições de cromo e outros elementos de liga, sem buscar descarburação elevada. O metal vazado do processo primário pode apresentar teor de carbono superior a 0,2%, para evitar a perda de cromo. Esse metal é, então, descarburado no AOD ou VOD.

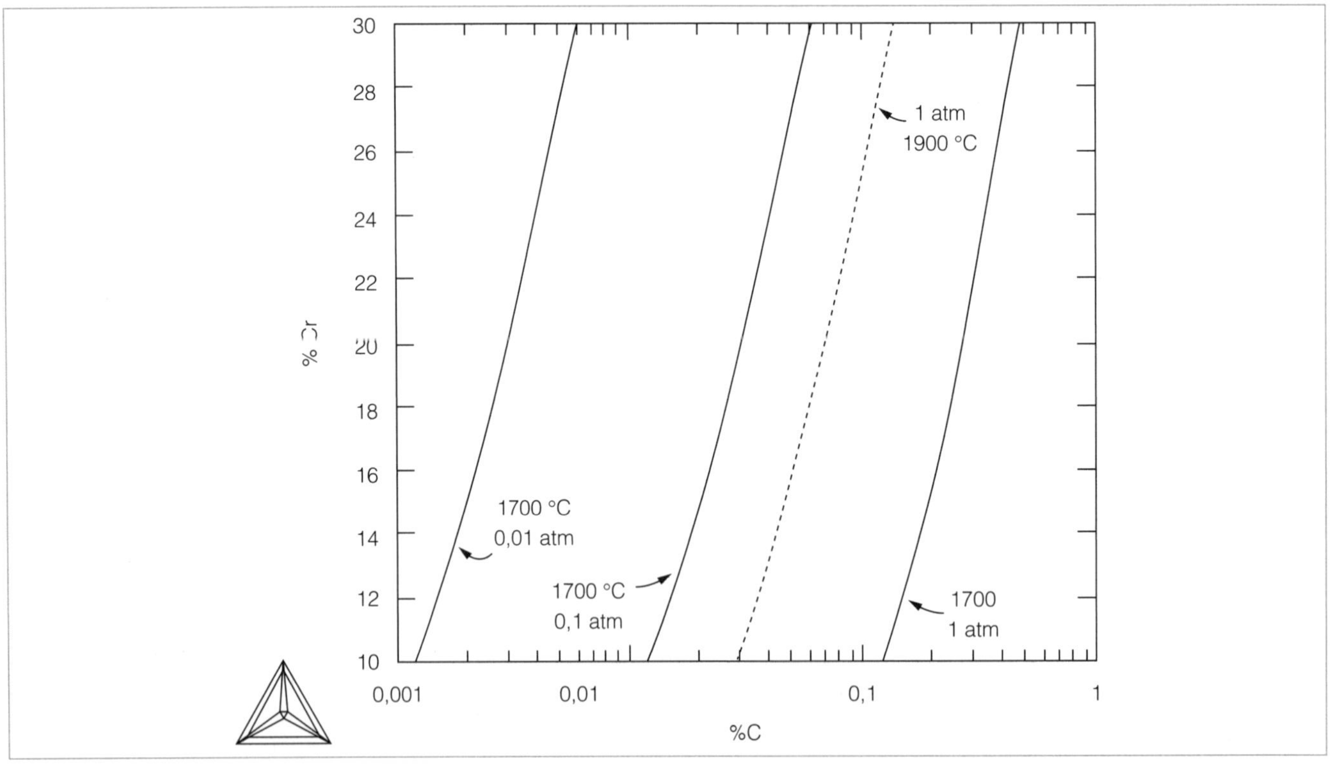

Figura 9.20 Condições de equilíbrio da reação $2\ \underline{Cr} + 3\ CO = Cr_2O_3 + 3\ \underline{C}$ assumindo-se a presença de Cr_2O_3 puro ou escória saturada nesse óxido. Cada linha representa o equilíbrio da reação para uma condição de pressão e temperatura. Escolhida uma condição de P e T, pontos à esquerda da linha em questão representam condições em que o cromo será oxidado. Nessas condições, não é possível reduzir o teor de carbono do aço. Pontos à direita da linha representam condições em que o carbono será oxidado sem que se perca cromo. Para uma condição de P e T, a linha representa, portanto, para um dado teor de cromo, o menor teor de carbono possível de ser produzido por descarburação. Calculado com Thermo-calc [59] e banco de dados SLAG3.

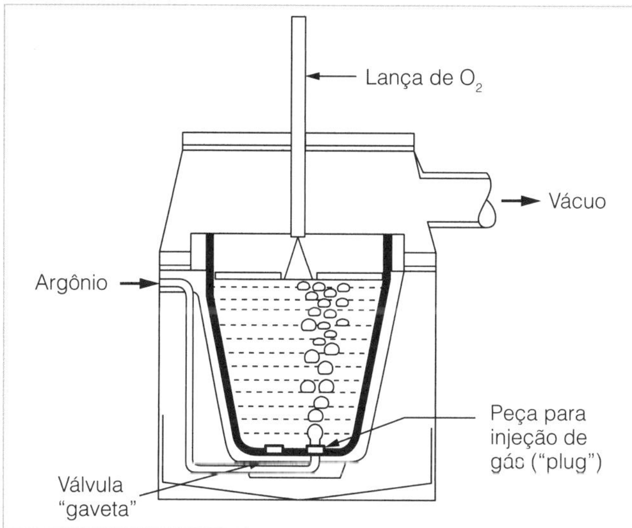

Figura 9.21 Esquema simplificado de um forno VOD. A agitação causada pela injeção de argônio não está indicada neste esquema. A interface metal-escória aparece sem agitação. Fornos VOD podem, também, ter aquecimento a arco e, normalmente, dispõem de mecanismo para realizar adições sob vácuo.

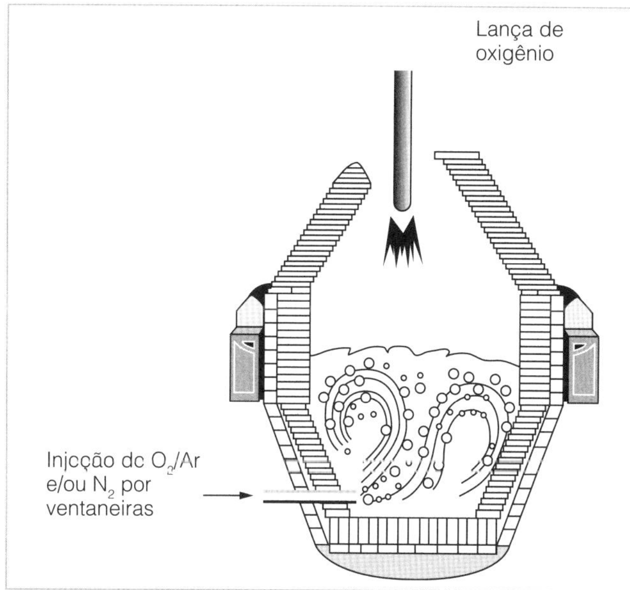

Figura 9.22 Esquema de um conversor AOD. Normalmente o metal é fundido em um processo primário de refino e transportado para o AOD. Adaptada de [42]

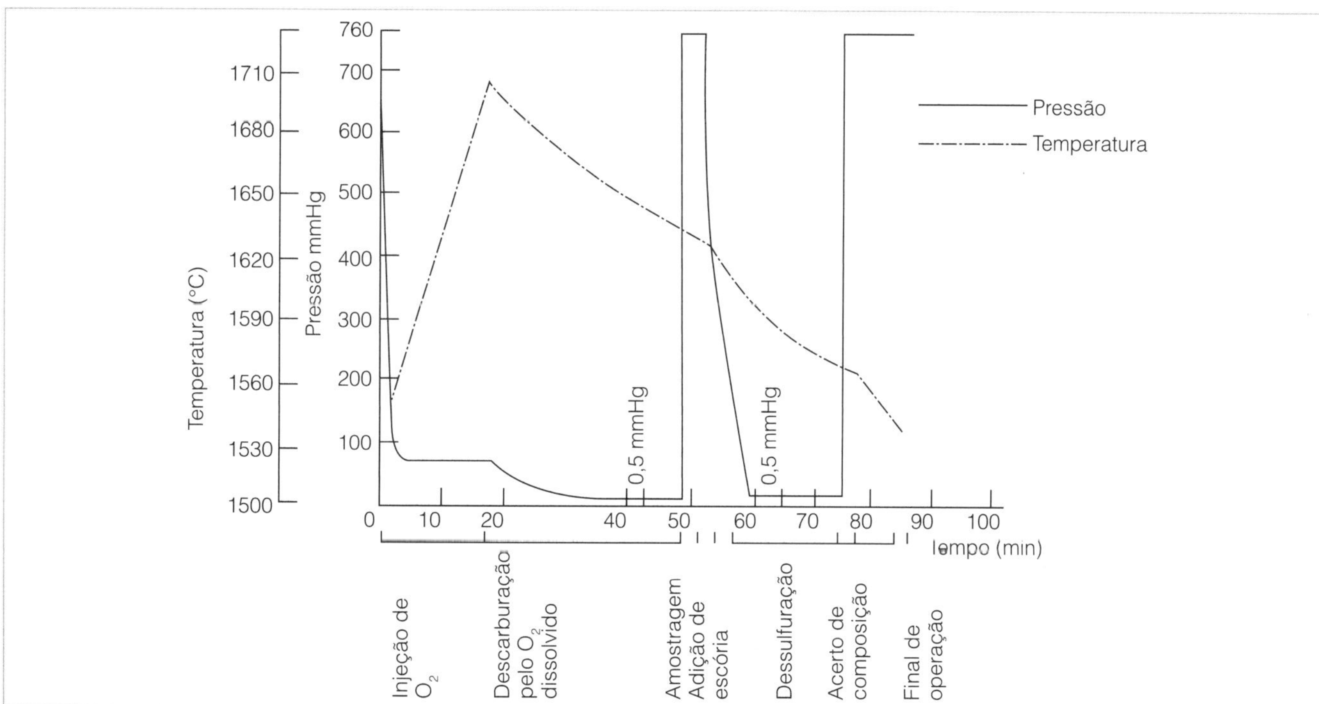

Figura 9.23 Andamento de uma descarburação de aço inoxidável em forno VOD.

As dificuldades termodinâmicas para a produção de aços elétricos ao silício, com baixo carbono, são semelhantes às descritas para aços inoxidáveis e roteiros de processamento semelhantes são empregados.

A desfosforação de aços inoxidáveis é, também, um problema complexo do ponto de vista termodinâmico. Quando sucata de aços inoxidáveis é empregada na carga, a maneira mais usual de preparação de cargas econômicas, é praticamente impossível desfosforar o aço sem perda significativa de cromo. Quando a carga é preparada a partir de materiais "virgens", é possível desfosforar a corrida antes da adição do cromo. Ainda assim, fontes de cromo com baixo teor de fósforo são mais caras, pois dependem, usualmente, de minérios de cromo contendo baixo fósforo.

9.3 FORNO DE INDUÇÃO SOB VÁCUO (VIM)

As rigorosas especificações dos materiais para aplicações a altas temperaturas em turbinas, reatores etc. forçou o aparecimento e desenvolvimento de diversos processos de elaboração e refino. Entre os processos primários mais importantes, está a fusão por indução sob vácuo [60,61].

A Figura 9.24 mostra um forno de indução sob vácuo (*Vacuum Induction Melting*, VIM). As principais características desse processo são:

- Controle independente de temperatura, pressão e agitação, permitindo grande flexibilidade na elaboração de vários tipos de ligas;
- Aquecimento por indução, sem contato com o metal e, portanto, sem contaminação, com excelente controle da temperatura;
- Elevada homogeneização causada pela agitação decorrente da indução;
- Processamento sob vácuo (10 a 100 μm Hg ou 0,13 a 1,3 Pa): (a) elimina a contaminação e oxidação pela atmosfera, permitindo adição de elementos reativos (alumínio, titânio) e aproveitamento de sucata de ligas que contém esses elementos. (b) Além de eficiente desgaseificação, o elevado vácuo e a ausência de escória também possibilitam a evaporação parcial das impurezas de baixo ponto de fusão (bismuto, chumbo etc.), extremamente perniciosas em superligas para trabalho a altas temperaturas [62]. (c) além disso, a desoxidação e descarburação sob vácuo são extremamente efetivas nesse processo [61,63].

Como discutido no Capítulo 7, o desenvolvimento desse processo foi fundamental para o aparecimento de superligas à base de níquel endurecidas por precipitação de compostos intermetálicos (p. ex.: Ni_3Al).

Essas características, aliadas ao rígido controle das matérias-primas, permitem que, com o forno de indução sob vácuo, obtenham-se os menores níveis de residuais e o melhor controle de composição química entre todos os processos primários de elaboração.

Assim, o VIM permite obter, consistentemente, reprodutibilidade elevada de composição química – inclusive de elementos facilmente oxidáveis, como alumínio e titânio (Figura 9.25) e, consequentemente, desvio mínimo nas propriedades mecânicas de ligas de elevada pureza, que não poderiam ser produzidas em larga escala de outra forma.

Um dos exemplos da importância desse processo são os altíssimos índices de disponibilidade (horas de vôo/horas de manutenção) e longas vidas dos modernos motores a jato, que somente puderam ser atingidos com o advento dessa técnica, aliada à refusão, que será vista a seguir.

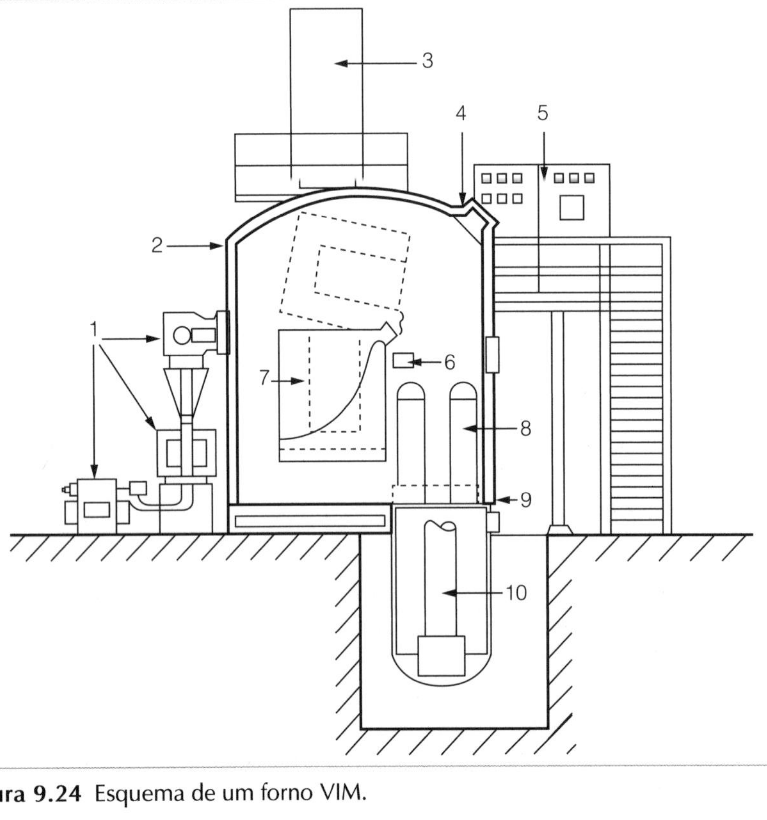

Figura 9.24 Esquema de um forno VIM.

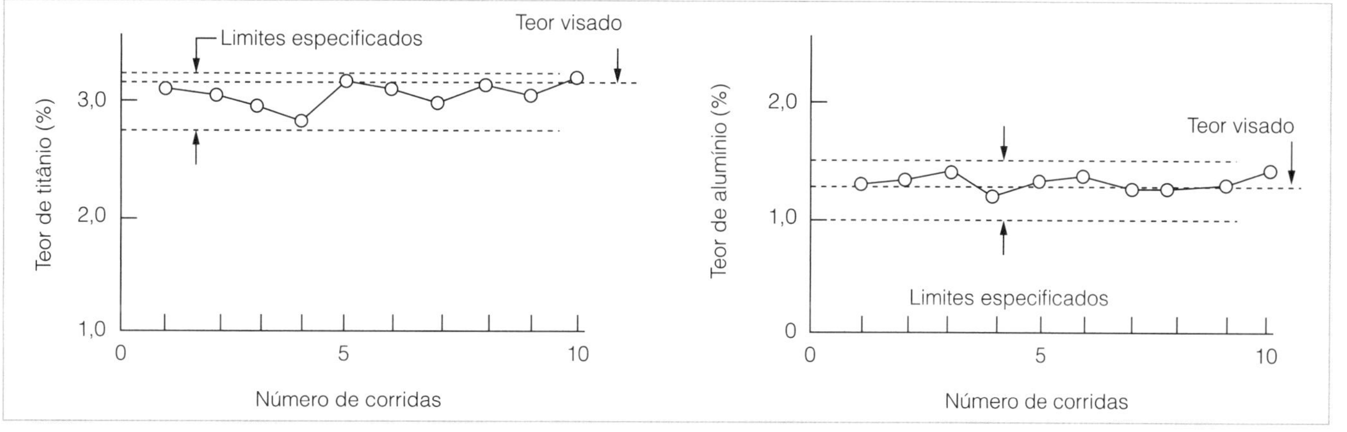

Figura 9.25 Resultados análise química de titânio e alumínio em corridas de Waspalloy produzidas em VIM.

9.4 PROCESSOS DE REFUSÃO

Apesar do elevado grau de limpeza e controle de composição química obtidos com os modernos roteiros de elaboração, conjugando processos primários e metalurgia secundária (Forno a Arco + VAD ou VD, Forno Elétrico + Forno Panela + VD, Forno a Arco + VOD, Forno de Indução sob Vácuo), o controle sobre a solidificação do metal (aço ou superliga) é praticamente inexistente nesses processos. Assim, a massa total do lingote é vazada no interior da lingoteira, solidificando naturalmente, no lingotamento convencional ou é lingotada em equipamento de lingotamento contínuo em que as condições de solidificação ficam limitadas pelas exigências de estabilidade da operação e produtividade. Essa solidificação dá origem às heterogeneidades (como segregação, concentração de inclusões etc.), discutidas no Capítulo 8. Obviamente, tais heterogeneidades são aceitáveis em uma grande parte dos aços nas aplicações usuais. Entretanto, à medida que as solicitações crescem, nota-se a tendência de as falhas se concentrarem nesses defeitos, ou surgirem em decorrência deles.

Nesses casos, empregam-se processos de refusão que, mediante o controle da entrada e extração de calor, permitem a realização de uma solidificação progressiva, além do refino do metal. Mesmo em um lingote grande, refundido, a massa de metal líquida e em solidificação, em cada instante, é significativamente menor que nos processos clássicos de solidificação (ver Figura 9.26).

Os lingotes produzidos pelos processos de refino por refusão apresentam as seguintes características principais:

- Baixo nível de inclusões;
- Baixo nível de segregação – homogeneidade química;
- Ausência de porosidade;
- Macroestrutura homogênea (Figura 9.26);
- Melhor microestrutura, decorrente da homogeneidade de composição e macroestrutura.

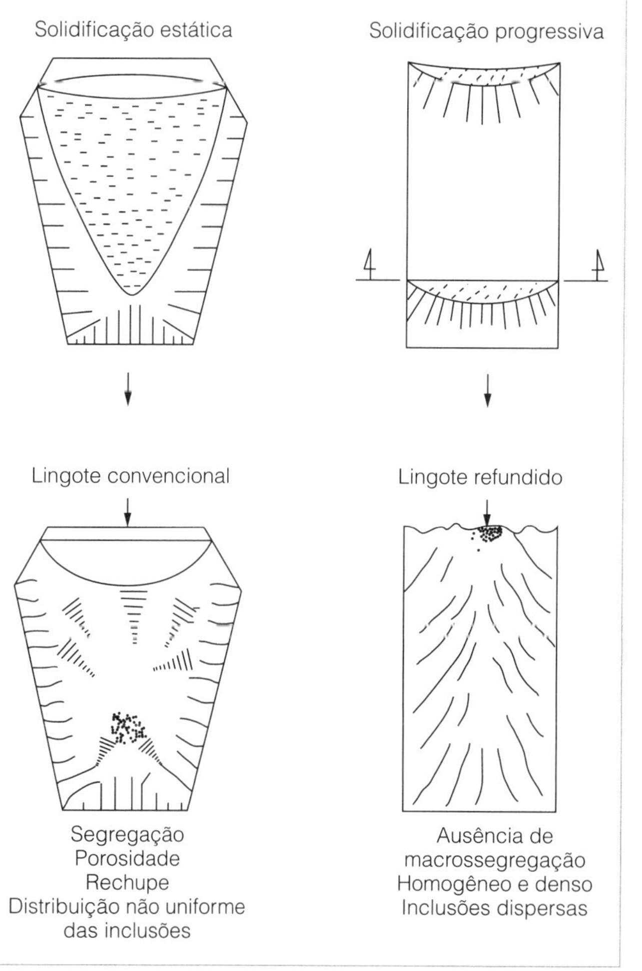

Figura 9.26 Esquema de lingote convencional e lingote refundido. Para o mesmo tamanho aproximado, a quantidade de metal líquido a cada momento é muito menor no lingote refundido, resultando em estrutura mais homogênea.

Tais características conferem aos produtos refundidos:

- Propriedades mecânicas mais elevadas (especialmente resistência ao impacto, ductilidade e resistência à fadiga);
- Isotropia das propriedades;
- Alta resistência à propagação de trincas;
- Estabilidade dimensional – menor distorção no tratamento térmico;
- Reprodutibilidade de propriedades mecânicas.

Os dois principais processos de refusão são: refusão sob escória eletrocondutora ou *electroslag* (ESR); e refusão a arco sob vácuo ou *vacuum arc remelting* (VAR).

9.4.1 REFUSÃO SOB ESCÓRIA ELETROCONDUTORA (ESR)

O processo ESR consiste basicamente em um circuito em série (Figura 9.27), constituído pelo eletrodo a ser refinado (normalmente um lingote elaborado pelos processos de refino descritos anteriormente), um banho de escória e o lingote refinado em formação no interior de uma lingoteira de cobre refrigerado à água.

O calor gerado pela corrente atravessando a escória eletrocondutora (por efeito Joule) funde a ponta do eletrodo.

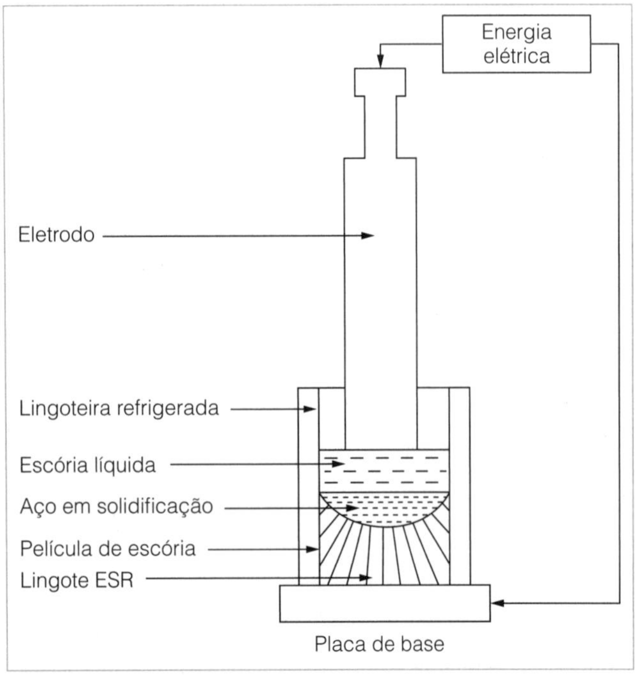

Figura 9.27 Esquema de um forno de refusão sob escória (electroslag remelting – ESR).

As gotas de metal líquido atravessam a escória altamente reativa, caindo na poça líquida que se solidifica progressivamente para formar o lingote refinado. O contato com a escória de composição especialmente selecionada, em alta temperatura, remove grande parte das inclusões não-metálicas, além do enxofre, que normalmente é inferior a 0,003% após a refusão ESR. As inclusões que permanecem no material refundido são muito pequenas, obtidas do equilíbrio entre o aço e a escória empregada e normalmente são aluminatos de cálcio e sulfetos complexos contendo cálcio, finamente distribuídos.

Como a qualquer instante a quantidade total de metal líquido existente é pequena e a extração de calor pelo molde é bastante intensa, a solidificação se processa em condições ótimas, resultando na ausência dos defeitos discutidos anteriormente.

Para evitar a reabsorção de hidrogênio durante a refusão, emprega-se ar seco, com umidade relativa inferior a 1%. A refusão sob pressão foi também desenvolvida para a fabricação de aços ligados ao nitrogênio [64].

Embora no passado a desulfuração tenha sido uma grande vantagem do processo, hoje é possível atingir níveis equivalentes em processos de menor custo, em metalurgia de panela. As vantagens decisivas da refusão ESR são a homogeneidade, a sanidade interna e a redução significativa de inclusões não-metálicas.

Entre as propriedades obtidas pela refusão ESR, têm-se:

- Elevada homogeneidade da estrutura – ausência de macrossegregação;
- Ausência de macroinclusões, porosidade etc.;
- Baixa quantidade de microinclusões, que, além disso, apresentam tamanho bem menor do que as encontradas nos aços convencionais.

Todas essas vantagens fazem com que o processo encontre amplas aplicações nos seguintes casos:

- Aços rápidos;
- Matrizes para trabalho a frio (especialmente aços Dx);
- Matrizes para trabalho a quente (especialmente aços Hxx);
- Aços para moldes de plástico (tipo P20);
- Superligas Ni-Cr etc.;
- Aços de média liga (p. ex.: ABNT 4340, 300M, aços da série HY: 80, 100, 140) em que se desejam, além de elevados valores de resistência mecânica, notáveis características de ductilidade e tenacidade, aliadas à alta reprodutibilidade e confiabilidade.

Para a obtenção dessas características, as taxas de refusão devem ser relativamente baixas. Um lingote de 15 t pode consumir cerca de 12 horas para ser refundido. Como o processo se passa em molde refrigerado à água, o consumo de energia é significativo, na faixa de 1100 a 1200 kWh/t, cerca de duas a três vezes mais do que o consumo típico de um FEA.

9.4.2 REFUSÃO A ARCO SOB VÁCUO (*VACUUM ARC REMELTING* – VAR)

As principais diferenças entre os processos ESR e VAR estão na fonte de calor para fusão e na atmosfera do processo. No processo VAR (Figura 9.28), em vez de se aquecer a escória por efeito Joule, forma-se um arco elétrico entre o eletrodo a ser refundido e o lingote refinado. Obviamente, o processo se passa sob vácuo e não há escória.

A refusão sob vácuo permite a volatilização de impurezas, protege os elementos de liga oxidáveis (titânio e alumínio nas superligas) e favorece a desoxidação final pelo carbono, pela Equação 9.3.

Enquanto, mesmo no processo VIM, o nível mínimo de oxigênio possível de se obter é limitado pela presença dos refratários [63,65], no processo VAR, em molde totalmente inerte, e na ausência de escória, atingem-se valores extremamente baixos (5 ppm) desse elemento.

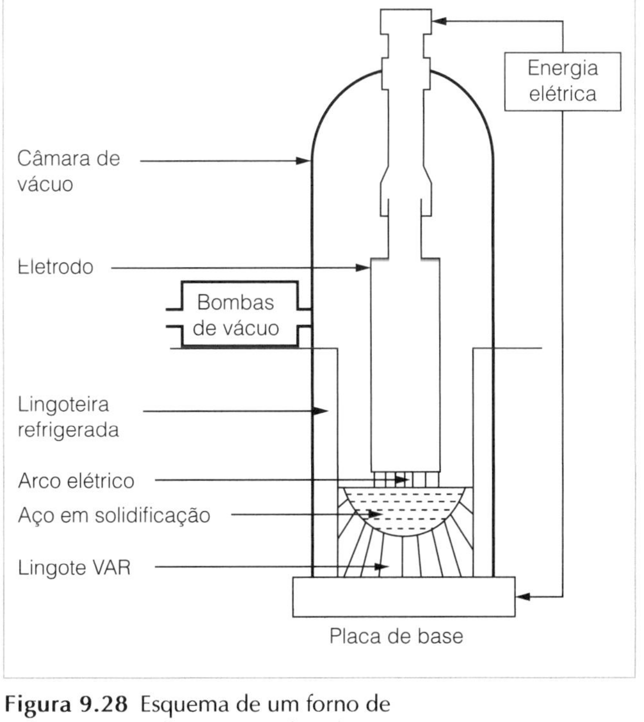

Figura 9.28 Esquema de um forno de refusão a arco (VAR).

O processo VAR é especialmente indicado para:

- Aços de média liga, extremamente sensíveis ao hidrogênio;
- Superligas;
- Titânio, zircônio e suas ligas.

Além disso, pode ser empregado com excelentes resultados também nos materiais processados normalmente por ESR (Dx, Hxx, P20 etc.).

9.4.3 FORNO DE REFUSÃO POR FEIXE ELETRÔNICO

O desenvolvimento de "canhões" de feixe eletrônico de elevada potência e de sistemas de vácuo adequados à geração e propagação desse feixe permitiu a introdução de fornos de refusão *electron beam* em escala industrial [66].

A Figura 9.29 apresenta, esquematicamente, um forno de refusão EB (*electron beam*). Na parte de geração do feixe eletrônico, vácuo da ordem de 10^{-2} a 10^{-4}Pa é requerido, enquanto na câmara do forno propriamente dita, ~10^{-2}Pa é normalmente adequado.

Aquecimento e fusão ocorrem devido à energia transmitida pelos elétrons livres emitidos pelo "canhão", que atingem o metal. Naturalmente, esses elétrons são acelerados e o feixe focalizado e dirigido por campos magnéticos e elétricos de forma semelhante ao feixe eletrônico de um tubo de raios catódicos ou de um microscópio eletrônico de varredura.

Uma vez que a movimentação do feixe é facilmente controlada por programação, o processo EB oferece a opção de controlar, independentemente, a taxa de fusão (em função da permanência do feixe no metal a refundir) e a temperatura e tempo de residência do metal líquido na "poça" (em função da permanência do feixe sobre a "poça"). Isso dá ao processo uma versatilidade superior aos processos ESR e VAR, em que taxa de fusão e o aporte de calor na "poça" líquida não podem ser alterados independentemente.

A alta densidade de potência do feixe de elétrons e a baixíssima pressão de trabalho fazem do processo a seleção ideal para o refino de metais refratários.

Diferentes variantes do processo são disponíveis, assim como sua aplicação para a fundição de metais reativos.

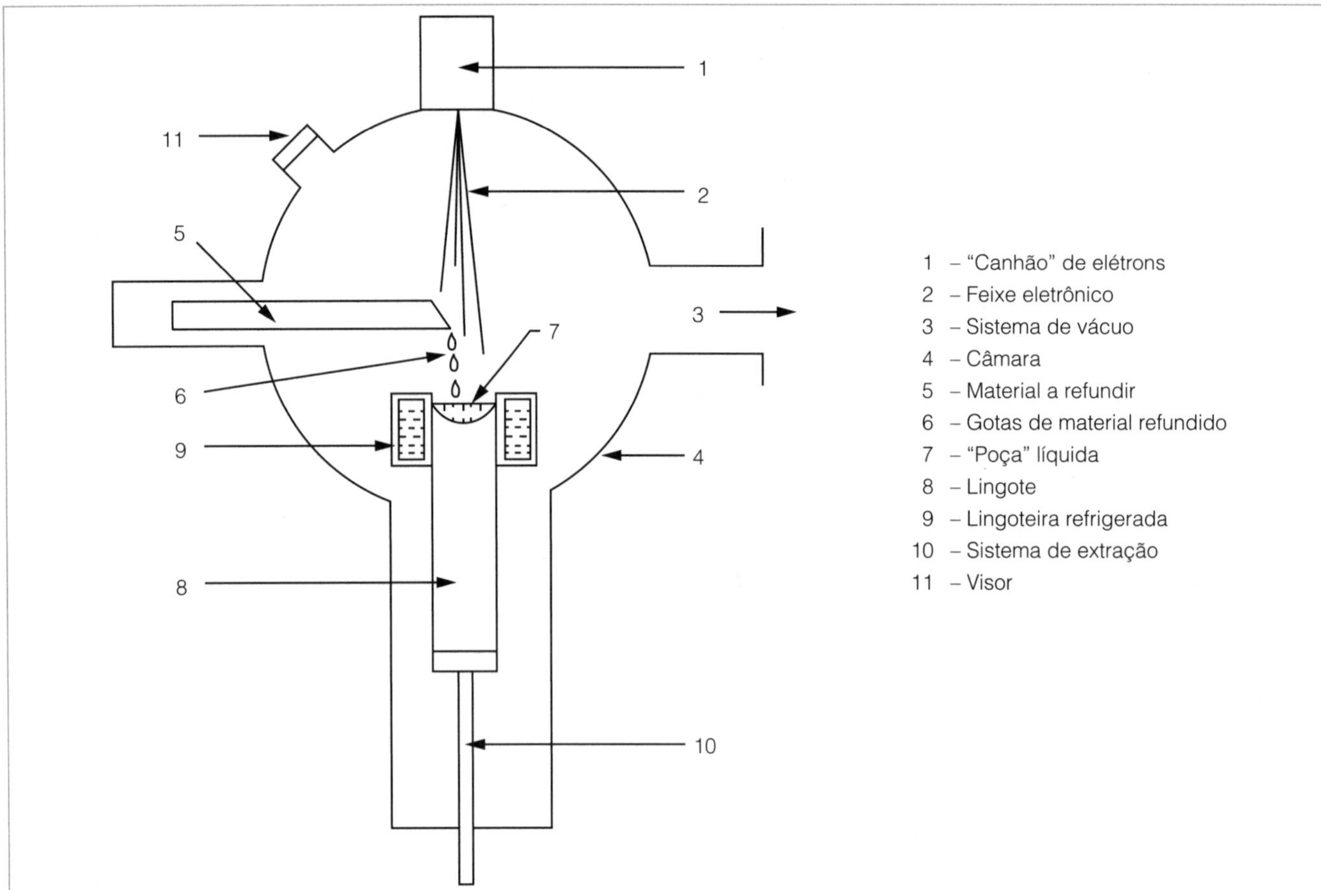

Figura 9.29 Esquema de um forno para refusão por feixe de elétrons (electron beam, EB Remelting) [66].

9.5 METALURGIA DO PÓ PARA AÇOS FERRAMENTA

Aços ferramenta processados por roteiros que envolvem solidificação convencional, mesmo com refusão e conformação mecânica, representam um desafio de processamento, em função da dificuldade de se obter uma estrutura favorável de carbonetos primários. Frequentemente, as falhas por fadiga ou quebra de ferramentas estão associadas a agrupamentos de carbonetos primários, um fator limitante da vida das ferramentas. Os processos de fabricação de pós metálicos por atomização do metal líquido têm tempos de solidificação muito curtos, o que resulta em microestruturas com escalas muito menores do que a da solidificação convencional e distribuição de carbonetos muito mais fina e mais homogênea. Portanto, a perspectiva de produzir ferramentas e aços ferramenta pela rota da compactação ou sinterização desses pós parece atraente. Os primeiros esforços nesse sentido, há algumas décadas, efetivamente resultaram em microestruturas com distribuições muito favoráveis de carbonetos. Entretanto, como a limpeza interna na produção de pós não era suficiente, falhas passaram a ser observadas em inclusões não-metálicas e, no caso de produtos apenas sinterizados, em defeitos de sinterização, tais como poros.

Ainda assim o potencial dos roteiros de metalurgia do pó para a produção de ferramentas continuou a ser explorado e desenvolvido. Dois roteiros principais se desenvolveram e continuam a ser empregados, como mostra a Figura 9.30.

O roteiro que envolve a sinterização sob vácuo ou atmosfera controlada de pré-formados é muito semelhante ao processamento usual de metalurgia do pó e pode resultar em ferramentas com forma muito próxima ao produto final desejado. É chamado *direct sintering* ou sinterização direta. A incidência de algumas características "clássicas" de metalurgia do pó, entretanto, pode limitar a aplicação desses produtos. Composições específicas e condições de processamento têm sido desenvolvidas com relativo sucesso por essa rota [67,68].

O roteiro que envolve a prensagem isostática a quente (*HIPping*) tem demonstrado excelente potencial comercial, viabilizando o desenvolvimento de novas composições com desempenho excepcional. Isso foi possível graças ao desenvolvimento de processo que resultou na produção de aço com limpeza comparável ou superior ao aço elaborado por roteiros convencionais. A Figura 9.31 apresenta o roteiro do processo.

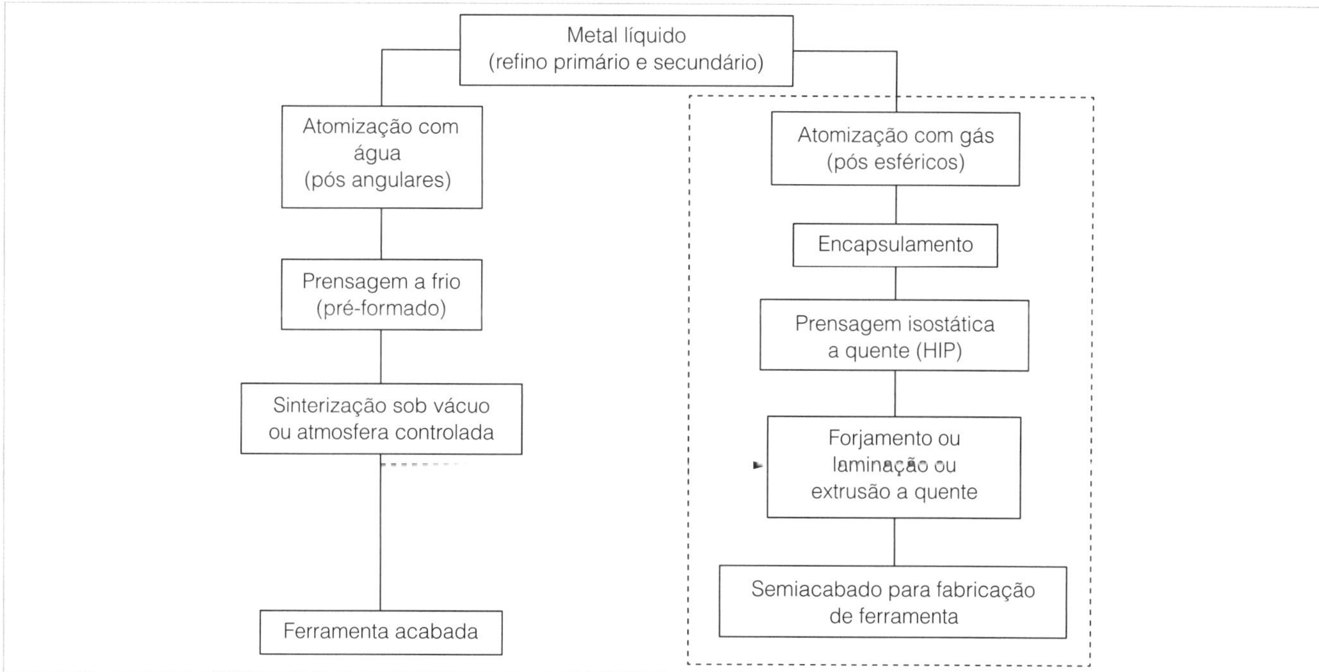

Figura 9.30 Roteiros de processamento de metalurgia do pó para a obtenção de aços ferramenta. O roteiro que envolve atomização gasosa e prensagem isostática a quente (*hot isostatic pressing*, HIP) vem se consolidando como o que resulta em melhores combinações de propriedades e produtividade.

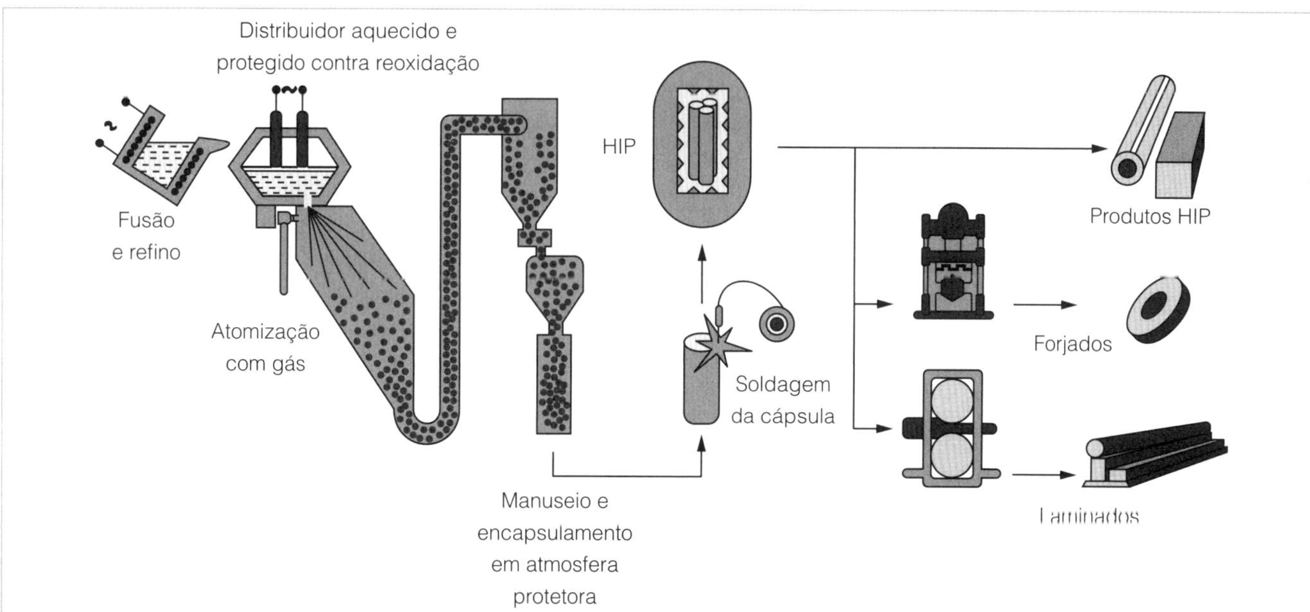

Figura 9.31 Fluxo de produção de aço ferramenta de alta limpeza por metalurgia do pó e hipping [69].

Para obter pós com tamanho de partícula e estrutura muito uniforme, é necessária uma operação extremamente estável. A recarga do distribuidor deve ser evitada, pois conduz à instabilidade. Segundo Fölzer e Tornberg [69], partículas da ordem de 60 μm são produzidas rotineiramente. A atomização por gás é lenta, entretanto (20 a 40 kg/min), o que exige que o aço no distribuidor seja mantido aquecido durante o processo. Os pós produzidos são encapsulados sem serem expostos à atmosfera e com um mínimo de manipulação.

No processo de prensagem isostática a quente, o material encapsulado é exposto a pressões isostáticas elevadas (da ordem de 100 MPa) a temperaturas que favorecem também a sinterização (cerca de 1150 °C para aços rápidos), porém sem ultrapassar a linha *solidus* da liga. O resultado é um produto isotrópico e completamente denso [69,70].

A Figura 9.32 compara as microestruturas de um aço rápido convencional e de um aço rápido obtido por metalurgia do pó, *hipping* e laminação. Observa-se a homogeneidade de tamanho e distribuição de carbonetos no produto de metalurgia do pó. Isso resulta em menor distorção no tratamento térmico, menor risco de trincas e, normalmente, melhor desempenho da ferramenta.

Os cuidados com a proteção contra a reoxidação do aço em todas as etapas desde o refino até o final da prensagem (*hipping*) conduzem a elevada limpeza interna e excelente desempenho (Figura 9.33).

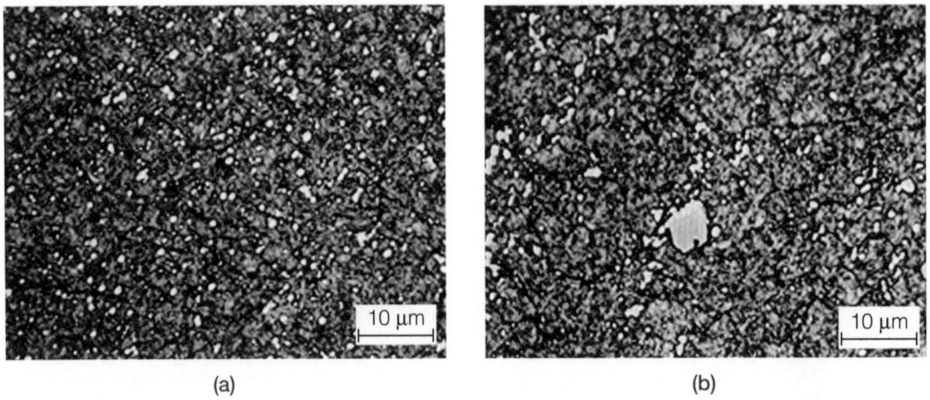

Figura 9.32 Microestrutura mostrando os carbonetos primários de aço rápido: (a) PM23, produzido por metalurgia do pó; e (b) M2, produzido por roteiro convencional. Cortesia Villares Metals.

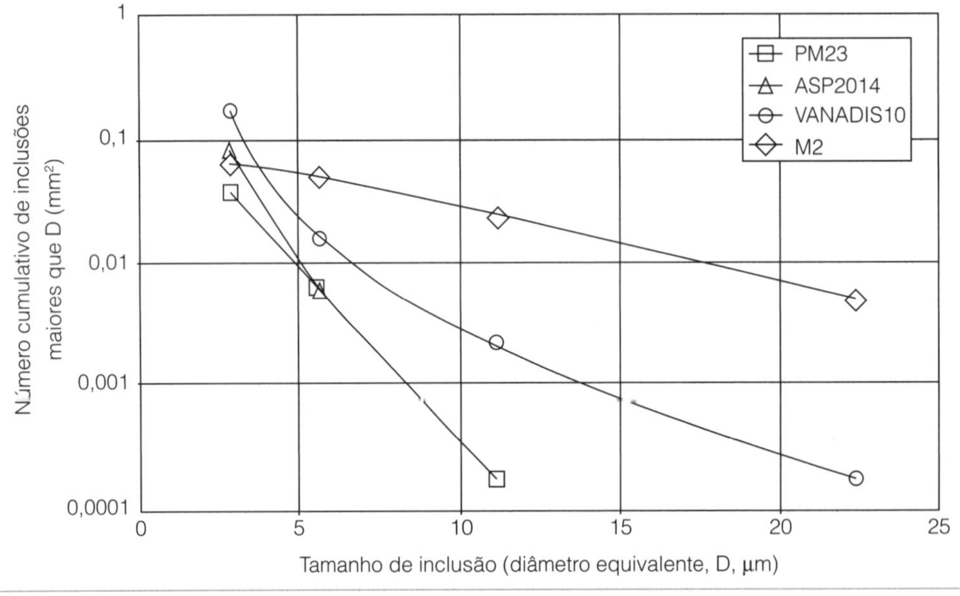

Figura 9.33 Medida da limpeza interna de três aços produzidos por metalurgia do pó seguida de hipping comparada com a de um aço M2 produzido por processo convencional de solidificação e conformação [71].

9.6 CONFORMAÇÃO POR *SPRAY* (*SPRAY FORMING*) [72]

O processo de conformação por *spray* (*spray forming*) é uma alternativa moderna para a obtenção de produtos, cujas composições químicas sejam difíceis de processar pelo roteiro clássico de fusão, lingotamento, solidificação e conformação. O processo foi desenvolvido desde a década de 1970. Posteriormente, a empresa Osprey Metals realizou muitos avanços no processo, que, por vezes, é conhecido como *Osprey forming* por esse motivo [72]. A concepção do processo é a atomização do metal líquido, que é acelerado sob a forma de um *spray* por um gás até atingir um anteparo em que as partículas, parcialmente líquidas, são coletadas, formando um bloco semiacabado ou peça, dependendo da configuração adotada, do movimento e da posição do anteparo. O processo é extremamente flexível e permite, por exemplo, a introdução de partículas de reforço cerâmico dispersas no metal por pulverização simultânea. Um esquema do processo, na configuração para a produção de blocos semiacabados (*billets*), é mostrado na Figura 9.34.

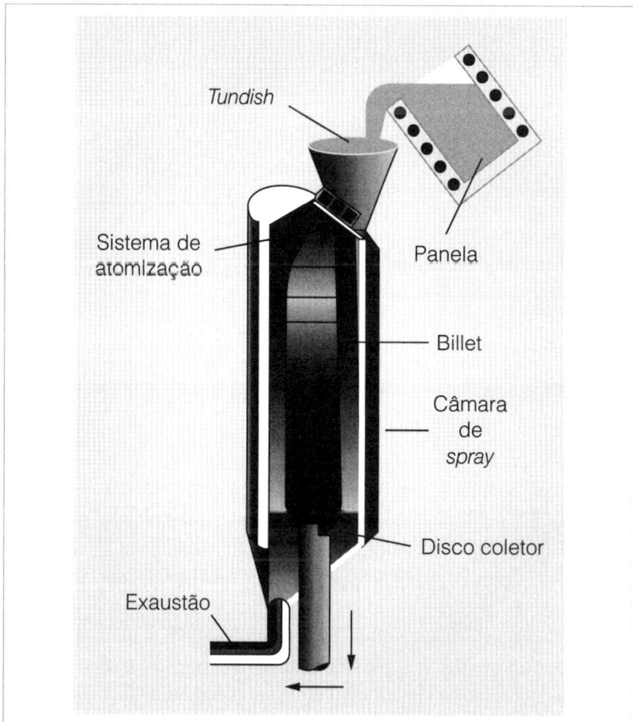

Figura 9.34 Esquema do processo de conformação por spray.

Da etapa de elaboração até a atomização, o processo de conformação por *spray* é semelhante aos processos de preparação de pós para metalurgia do pó atualmente aplicados a aços ferramenta e aços rápidos. O material atomizado é submetido à alta taxa de resfriamento, resultando em microestrutura refinada, próxima à obtida em metalurgia do pó. Como as partículas atomizadas são recolhidas antes da solidificação, um semiacabado extremamente homogêneo é obtido de forma direta. As características desses semiacabados são tais que se pode dispensar a etapa de HIP – a mais cara no processamento dos aços obtidos por metalurgia do pó [73].

A aplicação do processo de conformação por *spray* a aços ganhou novo impulso após o aumento das dimensões do maior semiacabado que pode ser produzido, de 150 mm para 500 mm. Essa modificação foi obtida após o desenvolvimento do atomizador duplo (*twin atomizer*), sendo muito importante para os aços ferramenta normalmente empregados em barras e blocos de dimensões acima de 200 mm [73]. O processo encontra aplicação também em superligas [72] e outros aços em que a homogeneidade é crítica para o desempenho [74].

9.7 Manufatura aditiva

Os processos chamados de "manufatura aditiva" compreendem uma ampla família de processos em que se busca produzir peças pela adição de material, em contraste com processos usuais que envolvem a remoção de material de um semiacabado de geometria simples [75]. Esses processos têm como principais atrativos conservar matéria-prima, permitir "construir" peças complexas mediante processos de adição controlados por computador (CAD-CAM) e projetar e controlar a micro e macroestrutura pelos parâmetros de adição do material à peça.

Há grande variedade de processos desenvolvidos em escala de aplicação e em desenvolvimento [2,3,75]. Em vista deste rápido e amplo desenvolvimento, esforços de normalização, inclusive da nomenclatura, têm sido importantes [75]. Os processos mais empregados para metais envolvem o aquecimento local, para fusão ou sinterização de pós ou arames metálicos. Um exemplo do desenvolvimento histórico desses processos, embora de sofisticação muito inferior aos processos atuais, foram os processos de *shape welding*, desenvolvidos na década de 1970 e 1980 para a produção de peças de simetria cilíndrica para componentes nucleares. As peças eram "construídas" pela deposição sucessiva de camadas de solda, por arco submerso [76]. Na época, o controle do posicionamento da fonte de calor e da adição de material era bastante rudimentar comparado com os processos modernos, mas já era possível prever os potenciais benefícios da técnica. O material era adicionado sob a forma de arame e a energia através do arco [76] . Para classificar os processos mais empregados para aços ligas especiais, pode-se empregar a fonte de calor e o modo de adição do material ao processo (ver também a Ref. [75]). Nos processos atuais aplicados aos metais, fontes de calor comuns na indústria são o *laser* e o feixe de elétrons (*electron beam*), além de processos mais semelhantes a soldagem, como TIG [5]. A adição de material pode ser feita a uma "mesa", sob a forma de pó, que é fundido seletivamente pelo *laser* ou feixe de elétrons ou sob a forma de pó ou arame, adicionado ao ponto onde a peça está sendo construída. Quando a adição é feita sobre uma "mesa" os processos são classificados como "fusão em leito de pó" [75]. Os processos em que a adição de material é realizada no ponto onde a peça está sendo construída são chamados de *directed energy deposition* (deposição por energia direcionada [75] e são possivelmente os sucessores dos processos de *shape welding* e revestimento (*cladding*). A diferença fundamental é o nível de flexibilidade e controle da deposição e da energia aplicada, controlados por computador em sistema CAD-CAM ou de "impressão tridimensional" como se costumou denominar.

O *laser* pode ser usado em atmosferas controladas de Ar-N_2, por exemplo, para prevenir a oxidação de aços e ligas especiais, enquanto o feixe de elétrons requer operação sob vácuo [77]. Uma classificação proposta por Gu et al. [78] para os processos em que a energia é aportada por *laser* é apresentada na Figura 9.35. Em todos os casos, a qualidade do pó é fundamental para a obtenção de produtos de qualidade. Pós de geometria e tamanho rigorosamente controlados são necessários para garantir escoamento, disposição correta das camadas e uniformidade de fusão. O controle da composição química e da limpeza interna do material é essencial, naturalmente, e processos avançados de refino (como VIM e atomização a gás inerte) são usados frequentemente para produzir pós de qualidade para este tipo de fabricação.

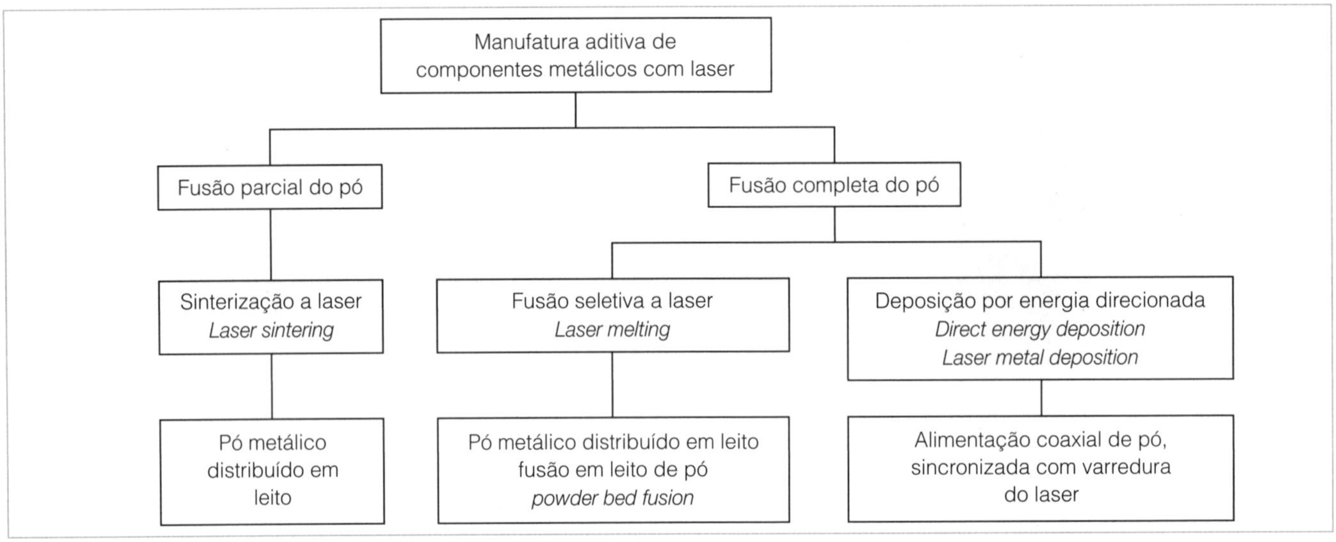

Figura 9.35 Uma classificação dos processos de manufatura aditiva que empregam *laser*, baseada na interação entre o *laser* e o material. Fusão parcial pode ser usada para obter peças porosas através de deposição a *laser*. Adaptada de [78]. A terminologia em língua portuguesa está disponível na Ref. [75].

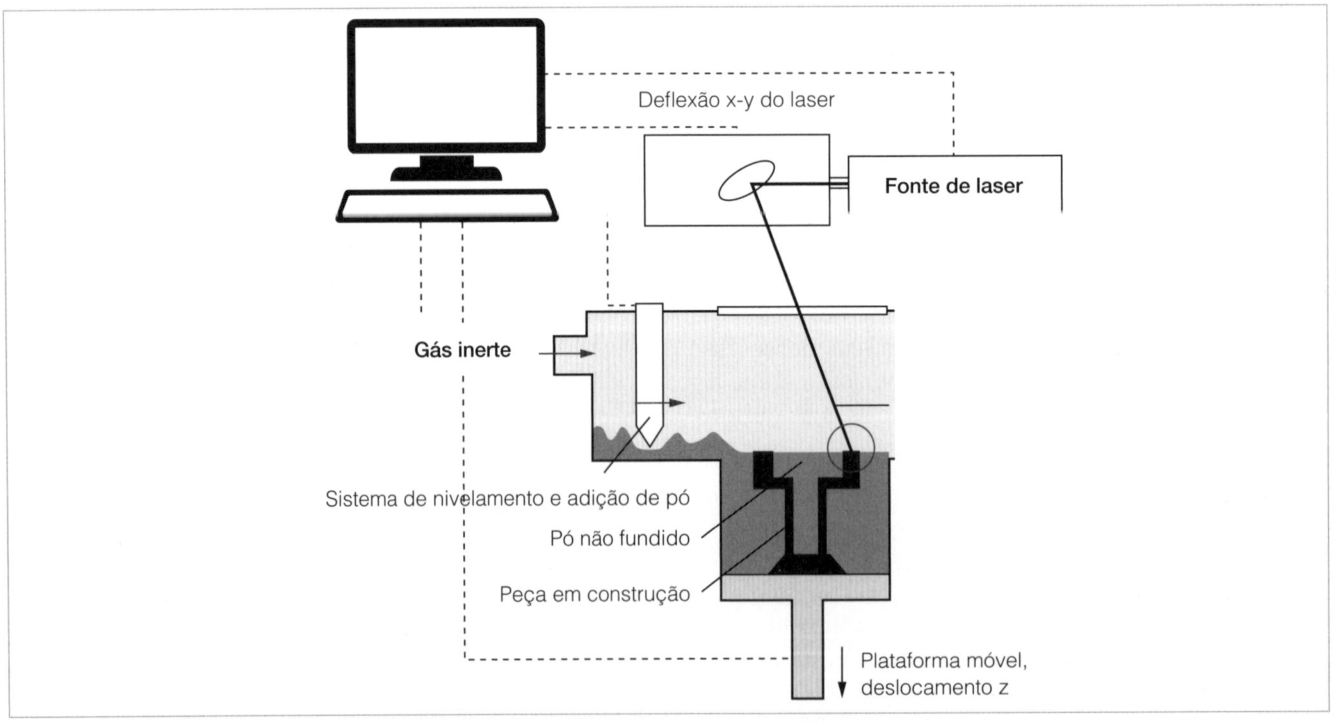

Figura 9.36 Esquema do processo de fusão a *laser* ou fusão seletiva a *laser*. A peça a ser construída é composta de seções planas digitalizadas. O *laser*, controlado pelo computador, funde a imagem da seção desejada e a peça se desloca para baixo o suficiente para que o pó seja redistribuído se necessário, e nova camada seja fundida. Os arranjos físicos variam. Para a adição do pó, é comum existir um depósito com plataforma móvel na direção vertical, também.

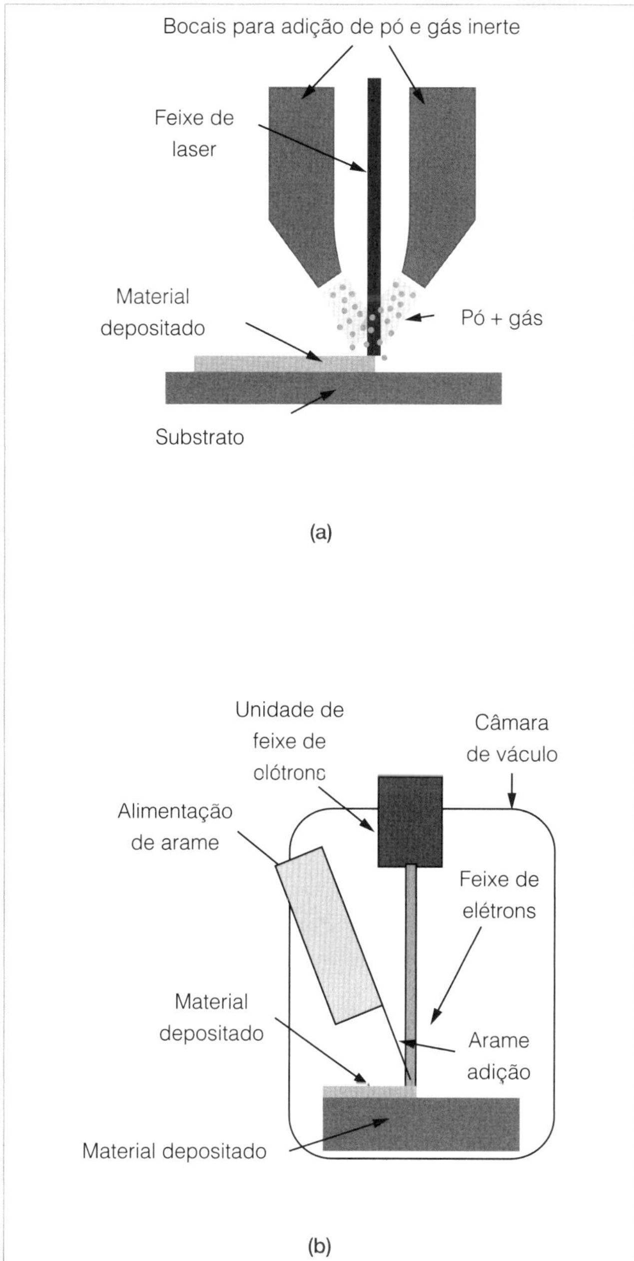

Figura 9.37 Dois processos de *directed energy deposition* (DED), deposição por energia direcionada. Em (a) deposição de metal a *laser*. Em (b) deposição com feixe de elétrons e arame de adição. Adaptada de [79].

Estes modernos processos têm potencial para gerar peças com propriedades extraordinárias, mas requerem atenção para técnicas e problemas específicos associados ao método de construção das peças e os potenciais defeitos associados. A geração de defeitos característicos dos processos de MA e as técnicas de ensaios não destrutivos aplicáveis são discutidos em detalhe em [80].

A Tabela 9.1 resume as principais vantagens da aplicação dessas técnicas, sob o ponto de vista de custo de fabricação e qualidade.

Tabela 9.1 Principais casos em que há importante vantagem na aplicação das técnicas de manufatura aditiva a itens metálicos, sob o ponto de vista de custo de produção ou qualidade. Adaptada de [81]

Vantagem em custo de produção	Vantagem em qualidade
Fabricação complexa. Peças com usinagem extensa e complexa, soldagem, geometrias complexas	Peças mais complexas
Pequenos volumes de produção	Peças com canais de resfriamento (palhetas de turbina, moldes etc.)
Peças pequenas	Protótipos ou peças em desenvolvimento

Em uma revisão da literatura sobre manufatura aditiva de aços, publicada em 2018 [82] são resumidos avanços relevantes no desenvolvimento de aços inoxidáveis, como os austeníticos AISI 316, 316L, 321 e 347, endurecíveis por precipitação como 17-4PH e 15-5PH, aços ferramenta como H13, M2 e aços para a construção mecânica como AISI 4140 e 4340. Sames et al. [83] compilaram propriedades obtidas em peças de liga 718 e de Ti-6Al-4V produzidas por manufatura aditiva. A produção de diversos materiais metálicos, por fusão seletiva a *laser*, já é normalizada. Exemplos importantes são AISI 316 [84], Ti-6Al-4V [85], liga 625 [86], liga 718 [87]. Os métodos para a caracterização dos pós destinados a esses processos também são normalizados [88]. Isso indica, claramente, o grau de maturidade industrial desta técnica. Como qualquer processo industrial, o ajuste das condições de processamento e pós-processamento (p. ex.: *HIPping*, tratamento térmico etc.) é essencial para a obtenção de produtos com a qualidade desejada. Uma discussão detalhada dos parâmetros de deposição, seu efeito sobre a solidificação, estrutura e propriedades de peças metálicas, assim como os principais tipos de defeitos associados a este tipo de processamento, pode ser encontrados em [81,83].

REFERÊNCIAS BIBLIOGRÁFICAS

1. World Steel Association. Steels Facts. Brussels, Belgium: World Steel Association; 2018. Disponível em: https://www.worldsteel.org/en/dam/jcr:ab8be93e-1d2f-4215-9143-4eba6808bf03/20190207_steelFacts.pdf. Acessado em: 13 maio 2010.
2. Frazier WE. Metal additive manufacturing: a review. Journal of Materials Engineering and Performance. 2014;23(6):1917-28.
3. Wong KV, Hernandez A. A review of additive manufacturing. ISRN Mechanical Enguineering. 2012;2012:1-10.
4. Bajaj P, Hariharan A, Kini A, Kürnsteiner P, Raabe D, Jägle EA. Steels in additive manufacturing: a review of their microstructure and properties. Materials Science Engineering A. 2020;20;772:138633.
5. Ali Y, Henckell P, Hildebrand J, Reimann J, Bergmann JP, Barnikol-Oettler S. Wire arc additive manufacturing of hot work tool steel with CMT process. Journal of Materials Processing Technology. 2019;269:109-16.
6. Wang Z, Palmer TA, Beese AM. Effect of processing parameters on microstructure and tensile properties of austenitic stainless steel 304L made by directed energy deposition additive manufacturing. Acta Materialia. 2016;110:226-35.
7. Sheridan L, Scott-Emuakpor OE, George T, Gockel JE. Relating porosity to fatigue failure in additively manufactured alloy 718. Materials Science Engineering A. 2018;727:170-6.
8. Turkdogan E. Principles of steelmaking. London. The Institute of Materials. 1996.
9. Costa e Silva A. Refino dos Aços: fundamentos e aplicações. São Paulo. Blucher; 2022.
10. Emmert H. Investigation of large steam-turbine spindle failure. Transactions ASME. 1956;78(10):1547.
11. Schabtach C, Fogleman E, Rankin A, Winne D. Report of the investigation of two generator rotor fractures. Transactions ASME. 1956;78(10):1567.
12. Murphy EL, Steiner JE. Hydrogen – its occurrence, determination, and control in steel forgings. In: Nisbett EG, Melilli AS (eds). Steel Forgings, ASTM STP 903. West Conshohocken, PA: ASTM International; 1986:573-82.
13. Steiner JE, Murphy EL, Williams RD. Hydrogen and flaking after 40 years of vacuum degassing. In: Steel forgings: second volume, ASTM STP 1259. American Society for Testing and Materials; 1997.
14. Viswanathan R. Clean/superclean steel rotors for electric utility applications. In: Steel forgings: second volume, ASTM STP 1259. West Conshohocken, PA: ASTM International; 1997.
15. Holappa L. On physico-chemical and technical limits in clean steel production. Steel Research International. 2010;81(10):869-74.
16. Green WB Jr. A brief history, status, and mission of ASTM subcommittee A01.28 on bearing steels. In: Bearing steels: into the 21st century, ASTM STP 1327. West Conshohocken, PA: ASTM International; 1998.
17. Troiano AR. The role of hydrogen and other interstitials in the behavior of metals. Transactions ASM. 1960;52:54-79.
18. Scott TE, Troiano AR. Hydrogen and segregates in flaking. Journal of Metals – JOM. 1959;11:619-22.
19. Glueckauf E, Kitt GP. The hydrogen content of atmospheric air at ground level. Quarterly Journal of the Royal Meteorological Society. 1957;83(358):522-8.
20. Epstein H, Chipman J, Grant NJ. Hydrogen in steelmaking practice. Journal of Metals – JOM. 1957;9:597-608.
21. Parish OO, Putnam TW. Equations for the determination of humidity from dewpoint and psychrometric data; NASA Technical Note NT D-8401, Edwards, CA, NASA.1977.
22. Lingras AP. Hydrogen control in steelmaking. In: Electric Furnace Conference. Warrendale, PA: ISS-AIME; 1982:133-43.
23. Steuber JE. In: Interrante CG, Pressouyere GM (eds.). Proceeding of the First International Conference in Current Solutions to Hydrogen Problems in Steels. Materials Park, OH: ASM International, 1982:55.

24. Belton GR. How fast can we go? The status of our knowledge of the rates of gas-liquid metal reactions. Metallurgical Transactions B. 1993;24B:241-58.

25. Goldstein DA, Fruehan RJ. Mathematical model for nitrogen control in oxygen steelmaking. Metallurgical and Materials Transactions B. 1999;30(5):945-56.

26. Maidorn C, Blind D. Solidification and segregation in heavy forging ingots. Nuclear Engineering and Design. 1985;84(2):285-96.

27. Suzuki K, Mori K. Rate of desorption of CO from liquid iron. Transactions of the ISIJ. 1977;17:136-42.

28. Castro RN, Costa e Silva A. A method for the analysis of the controlling step during vacuum decarburization of steel. Mathematica in Education and Research. 1997;6(2):29-36.

29. Cordeiro NB, Tokumitsu N, Costa e Silva A. Modelamento matemático da descarburação no desgaseificador a vácuo com circulação. In: 2 Congresso Internacional de Tecnologia Metalúrgica e de Materiais, 52 ABM Annual International Conference. São Paulo SP: ABM; 1997.

30. Paura M, Santis MD, Calderini M, Neri S, Palomba R, Sartini L. Vacuum treatments for hydrogen removal in 140 ton ladle for big ingots casting. La Metallurgia Italiana. 2010;(9):23-27.

31. N Sumida, T Fujii, Y Oguchi, H Morishita, K Yoshimura, F Sudo. Production of ultra-low carbon steel by combined process of bottom-blown converter and RH degasser. Kawasaki Steel Technical Report. 1983;(8):69-76.

32. Tivelius B, Schlgren T, Wretlind C. The processing of z-steel in an ASEA-SKF ladle furnace. In: Secondary steelmaking: proceedings of a conference / organized by The Metals Society, Royal Lancaster Hotel, London, on 5-6 May 1977 (publicado em 1978). London: The Metals Society; 1977.

33. Bannenberg N, Bergmann B, Gaye H. Combined decrease of sulphur, nitrogen, hydrogen and total oxygen in only one secondary steelmaking operation. Steel Research. 1992;63(10):431-7.

34. Bergmann B, Bannenberg N, Gaye H. La denitruration au cours du degasage en poche. Revue de Metallurgie. 1989;86(11):907-18.

35. Martins AA, Ferreira WF, Sitta M, Costa e Silva A. Recentes desenvolvimentos no refino em desgaseificador RH visando a fabricação de aços com teores de carbono inferiores a 30 ppm. In: XXXIV Seminário de Fusão, Refino e Solidificação dos Metais. São Paulo: ABM; 2003.

36. Kuwabara T, Umezawa K, Mori K, Watanabe H. Investigation of decarburization behavior in RH-reactor and its operation improvement. Transactions of the ISIJ. 1988;28(4):305-14.

37. Lange KW. Thermodynamics and kinetic aspects of secondary steelmaking processes. International Materials Reviews. 1988;33(2):53-89.

38. Szekely J, Carlsson G, Helle L. Ladle metallurgy. New York, NY: Springer Science & Business Media; 2012.

39. Nakanishi K, Fujii T, Szekely J. Possible relationship between energy dissipation and agitation in steel processing operation. Ironmaking & Steelmaking 1975;2(3):193-7.

40. Costa e Silva A, Silva VLF, Silva ACS . Estudo da cinética da dessulfuração do aço em forno panela. In: 49º Seminário de Aciaria, Fundição e Metalurgia de Não-Ferrosos, ABM Week, São Paulo, SP, Editora Blucher; 2018.

41. Asai S, Kawachi M, Muchi I. In: Proceedings, Scaninject III, part I. 1983;12:1.1983.

42. Fruehan R (Org.). Making, shaping, and treating of steel, steelmaking and refining volume. 11. ed. Pittsburgh PA: AISE Steel Foundation; 1998.

43. Mazumdar D, Guthrie IL. The physical and mathematical modeling of gas stirred ladle systems. ISIJ International. 1995;35(1):1-20.

44. Silva VLF, Leitão LS, Santos EA, Silva ACS, Costa e Silva A. Evaluating slag-metal deoxidation equilibrium in secondary steelmaking. Journal of Materials Research and Technology. 2019;8(4):3453-3458.

45. Costa e Silva A. Non-metallic inclusions in steels – origin and control (review). Journal of Materials Research and Technology. 2018;7(3):283-299.

46. Miyashita Y. Change of the dissolved oxygen content in the process of silicon deoxidation. Tetsu-to-Hagane. 1966;52(7):1049-57.

47. Zhang L, Thomas BG. State of the art in evaluation and control of steel cleanliness. ISIJ International. 2003;43(3):271-91.

48. Suzuki K, Kitamura K, Takenouchi T, Funazaki M, Iwanami Y. Manufacturing of high-purity steels by ladle refining. Iron & Steelmaker. 1982;9(7):33-7.

49. Costa e Silva A. The effects of non-metallic inclusions on properties relevant to the performance of steel in structural and mechanical applications. Journal of Materials Research and Technology. 2019;8(2):2408-2422

50. Mizoguchi S. A study on segregation and oxide inclusions for the control of steel properties. Ph.D. Thesis. University of Tokyo; 1996.

51. Oshiro T, Ikeda T, Matsuyama H, Okushima S, Oki Y, Ibaraki N. Verbesserung der Dauerhaltbarkeit von Ventilfederdraht. Stahl und Eisen. 1989;10(21):1011-5.

52. Stouvenot F, Gaye H, Gatellier C, Lehmann J. Secondary steelmaking slag treatment for inclusions control in semi-killed steels. In: Electric Furnace Conference Proceedings, ISS, Warrendale, PA. ISS, Warrendale, PA; 1994:423-8.

53. Costa e Silva A. Calcium and magnesium thermodynamics in steel and its impacts on secondary steelmaking: a computational thermodynamics approach. Revue de Metallurgie – CIT. 2008;105(4):181-93.

54. Costa e Silva A. A termodinâmica do cálcio em aços e suas implicações sobre os tratamentos de metalurgia secundária. In: XXXVII Steelmaking Seminar-. Porto Alegre: ABM; 2006:695-708.

55. Botelho T, Medeiros G, Ramos GL, Costa e Silva A. The application of computational thermodynamics in the understanding and control of clogging and scum in continuous casting of steel. Journal of Phase Equilibria and Diffusion. 2017;38(3):201-7.

56. Pircher H, Klapdar W. Controlling inclusions in steel by injecting calcium into the ladle. In: Microalloying 75. Washington DC: Union Carbide Co; 1975.

57. Swinbourne D, Kho T, Langberg D, Blanpain B, Arnout S. Understanding stainless steelmaking through computational thermodynamics Part 2; VOD converting. Mineral Processing and Extractive Metallurgy Review. 2010;119(2):107-15.

58. Swinbourne DR, Kho TS, Blanpain B, Arnout S, Langberg DE. Understanding stainless steelmaking through computational thermodynamics: Part 3; AOD converting. Mineral Processing and Extractive Metallurgy. 2012;121(1):23-31.

59. Sundman B, Jansson B, Andersson J-O. Thermo-Calc, a databank for calculation of phase equilibria and phase diagrams. In: Computer Calculation of Phase Diagrams. Materials Park, OH: ASM International, 1986.

60. Reed RC. The superalloys: fundamentals and applications. Cambridge: Cambridge University Press; 2008.

61. Winkler O, Bakish R. Vacuum metallurgy. Amsterdam: Elsevier; 1987.

62. Holt RT, Wallace W. Impurities and trace elements in nickel-base superalloys. International Metals Reviews. 1976;21(1):1-24.

63. Cowen AG, Charles JA. Deoxidation during vacuum induction melting. Journal of the Iron Steel Institute JISI. 1971;(1):37-45.

64. Sammt K, Sammer J, Geckle J, Liebfahrt W. Development Trends of Corrosion Resistant Plastic Mould Steels. 6th International Tooling Conference: the use of tool steels : experience and research. Karlstad University,2002:285-292.

65. Costa e Silva A. Refractories in vacuum induction melting. Masters of Applied Science Thesis: Vancouver, Canada. University of British Columbia; 1979.

66. Schiller S, Heisig U, Panzer S. Electron beam technology. New York: J. Wiley and Sons; 1988.

67. Bienvenu Y, Wronski AS, Jeandin M, Wright CS, Lemoisson F, Vardavoulias M. PM high speed steels. A survey of ongoing developments. Revue de Metallurgie – CIT. 1994;91(5):693–706.

68. Wright CS, Wronski AS, Iturriza I. Development of robust processing routes for powder metallurgy high speed steels. Materials Science Technology. 2000;16(9):945-57.

69. Folzer A, Tornberg C. Advances in processing technology for powder-metallurgical tool steels and high-speed steels giving excellent cleanliness and homogeneity. Materials Science Forum. 2003;426-432:4167-72.

70. Hillskog T. Powder metallurgy tool steels: an overview. Metal Forming(USA). 2003;37(1):48-51.

71. Meurling F, Melander A, Tidesten M, Westin L. Influence of carbide and inclusion contents on the fatigue properties of high-speed steels and tool steels. International Journal of Fatigue. 2001;23:215-24.

72. Grant PS. Spray forming. Progress in Materials Science. 1995;39:397-545.

73. Mesquita RA, Barbosa CA. Spray forming high speed steel–properties and processing. Materials Science and Engineering A. 2004;383(1):87-95.

74. Cui C, Fritsching U, Schulz A, Tinscher R, Bauckhage K, Mayr P. Spray forming of homogeneous 100Cr6 bearing steel billets. Journal of Materials Processing Technology. 2005;168(3):496-504.

75. ABNT NBR ISO/ASTM 52900:2018 Manufatura Aditiva – Princípios Gerais – Terminologia. Additive manufacturing – General principles – Terminology. Sao Paulo, SP: ABNT; 2018

76. Schmidt J, Dorner H, Tenckhoff E. Manufacture of complex parts by shape welding. Journal of Nuclear Materials. 1990;171(1):120-7.

77. Murr LE, Gaytan SM, Ramirez DA, Martinez E, Hernandez J, Amato KN, et al. Metal fabrication by additive manufacturing using laser and electron beam melting technologies. Journal of Materials Science Technology. 2012;28(1):1-14.

78. Gu DD, Meiners W, Wissenbach K, Poprawe R. Laser additive manufacturing of metallic components: materials, processes and mechanisms. International Materials Reviews. 2012;57(3):133-64.

79. Narayan R (Org.). Rapid prototyping of biomaterials. Waltham: Elsevier; 2019.

80. Shamsaei N, Daniewicz S, Hrabe N, Beretta S, Waller J, Seifi M (Orgs.). Structural integrity of additive manufactured parts STP 1620. West Conshohocken, PA: ASTM International; 2020

81. ASM Handbook Volume 24: Additive manufacturing processes. Materials Park, OH: ASM International; 2020.

82. Zadi-Maad A, Rohib R, Irawan A. Additive manufacturing for steels: a review. IOP Conference Series: Materials Science and Engineering. 2018;285:012028.

83. Sames WJ, List FA, Pannala S, Dehoff RR, Babu SS. The metallurgy and processing science of metal additive manufacturing. International Materials Reviews. 2016;61(5):315-60.

84. ASTM F3184-16 Standard Specification for Additive Manufacturing Stainless Steel Alloy (UNS S31603) with Powder Bed Fusion; West Conshohocken, PA: ASTM International 2016.

85. ASTM F2924-14 Specification for Additive Manufacturing Titanium-6 Aluminum-4 Vanadium with Powder Bed Fusion. West Conshohocken, PA: ASTM International 2014.

86. ASTM F3056-14 Standard Specification for Additive Manufacturing Nickel Alloy (UNS N06625) with Powder Bed Fusion. West Conshohocken, PA: ASTM International 2014.

87. ASTM F3055-14 Specification for Additive Manufacturing Nickel Alloy (UNS N07718) with Powder Bed Fusion. West Conshohocken, PA: ASTM International 2014.

88. ASTM F3049-14 Standard Guide for Characterizing Properties of Metal Powders Used for Additive Manufacturing Processes. West Conshohocken, PA: ASTM International 2014.

Capítulo 10

Conformação mecânica

10.1 INTRODUÇÃO

A conformação mecânica dos metais tem dois objetivos principais: alterar a forma do material; e modificar sua estrutura, em diferentes escalas, alterando suas propriedades e desempenho.

A temperatura em que a conformação mecânica se realiza é uma variável importante. É comum dividir a conformação em deformação a frio e deformação a quente, dependendo da temperatura em que o processo é realizado e, consequentemente, das alterações estruturais que podem ocorrer. Para definir as características da conformação, são também importantes a taxa com a qual o material é deformado e o estado de tensões predominante durante a deformação.

10.2 EFEITO DA TEMPERATURA – TRABALHO A QUENTE E TRABALHO A FRIO

A variável que permite uma classificação mais coerente dos processos de conformação dos metais – no que diz respeito a características do produto – é a temperatura em que o processo se passa.

Os processos de conformação são classificados, basicamente, em trabalho a quente e trabalho a frio. No trabalho a quente, a deformação se passa sob condições de temperatura e taxa de deformação que permitem a recuperação e recristalização rápida, ocorrendo simultaneamente com a deformação ou entre etapas (passes) da conformação. Por outro lado, a deformação a frio se passa em condições em que os processos de recuperação e recristalização não ocorrem.

Em geral, processos que se passam acima de 0,5 T_f (em que T_f é o ponto de fusão do metal em K) são processos de deformação a quente para taxas de deformação usuais [1].

10.3 TRABALHO A QUENTE

A discussão do efeito do trabalho a quente sobre os metais pode ser convenientemente discutida analisando-se:

- Efeito sobre a resistência mecânica;
- Consolidação de cavidades;
- Alteração de forma e distribuição de segregados;
- Efeito sobre as fases insolúveis – inclusões não-metálicas, carbonetos e nitretos estáveis;
- Alterações microestruturais, especialmente o refino de grão.

10.3.1 Efeito sobre a resistência mecânica e alterações microestruturais

Em geral, o trabalho a quente é o primeiro passo na conformação de lingotes e produtos de lingotamento contínuo de aços e outras ligas especiais. O aumento da temperatura de trabalho resulta em diminuição da resistência mecânica e aumento da ductilidade, como mostra a Figura 10.1. Isso resulta em diminuição da energia necessária para deformação.

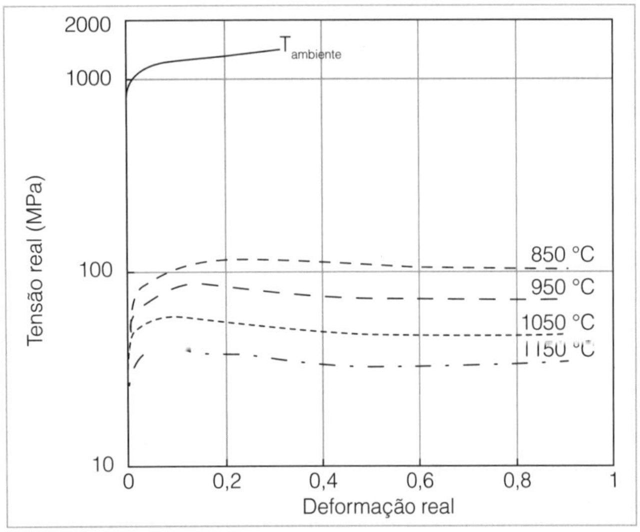

Figura 10.1 Curvas tensão deformação (reais) para o aço 42CrMo (equivalente ao AISI 4140) em compressão, a diferentes temperaturas, com taxa de deformação de 0,01/s. A tensão é apresentada em escala logarítmica, para melhor visualização. As tensões à temperatura ambiente são, pelo menos, uma ordem de grandeza maior do que as tensões à temperatura elevada (acima de 850 °C). Na deformação à temperatura ambiente, a tensão aumenta com o aumento da deformação. Na deformação a quente, depois do escoamento não há mais encruamento, praticamente. Mais detalhes sobre tensão e deformação reais podem ser encontrados no Capítulo 11. Dados para temperatura ambiente de [2]. Dados a temperatura elevada de [3].

Durante o trabalho a quente ocorrem diferentes fenômenos associados à deformação. O tempo passa a ser uma variável muito importante. A taxa de deformação ($\dot{\varepsilon}$), por exemplo, tem um efeito importante no comportamento mecânico do material como mostra a Figura 10.2.

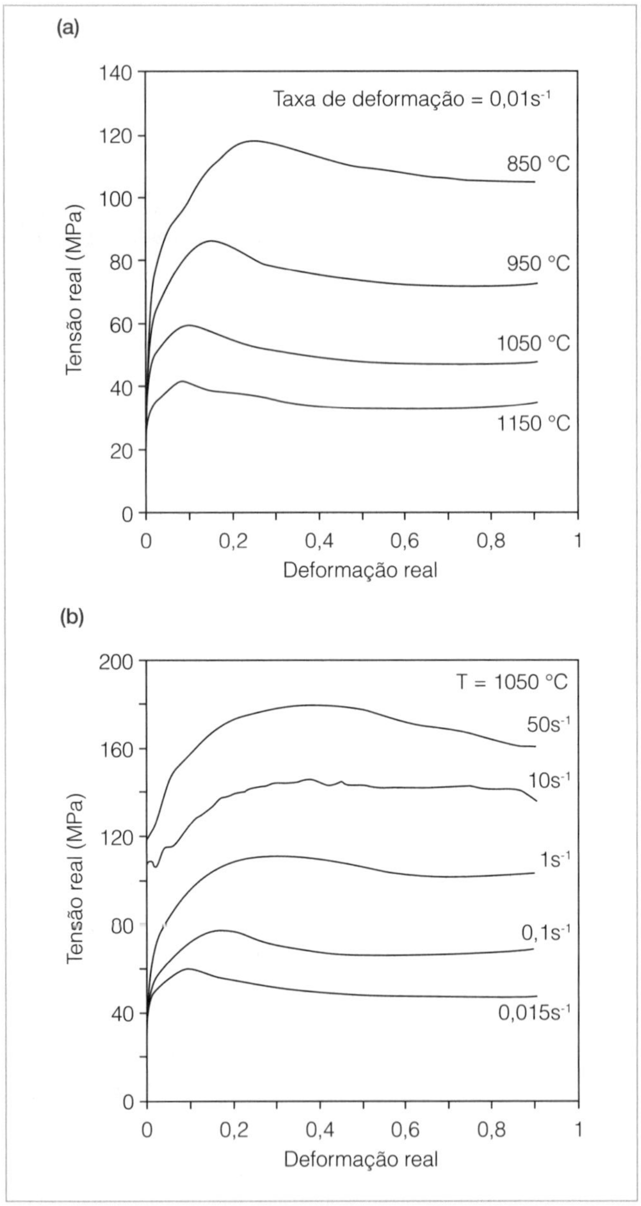

Figura 10.2 Efeito da temperatura (a) e da taxa de deformação (b) na curva tensão deformação do aço 42CrMo (similar a AISI 4140) durante o trabalho a quente. Os dados em (a) são os mesmos da Figura 10.1 [3].

Diferentes processos de conformação aplicam diferentes taxas de deformação (Figura 10.3) e, portanto, resultarão em diferentes respostas do material. Este aspecto é discutido em mais detalhe na seção 10 deste Capítulo.

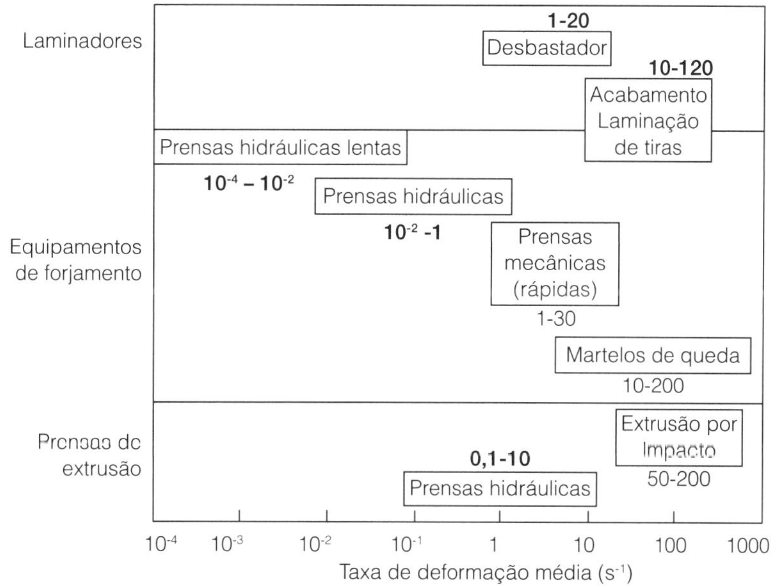

Figura 10.3 Taxas de deformação média para diferentes processos de conformação. Adaptada de [4].

A importância do tempo ou da taxa de deformação sobre o comportamento do material é explicada, principalmente, pelos diferentes mecanismos de amolecimento que ocorrem durante a deformação a quente em consequência da mobilidade atômica elevada.

O principal mecanismo de alteração de microestrutura no trabalho a quente é a recristalização [5]. Quando a energia de deformação armazenada no material atinge determinado nível, que depende, basicamente, do material e da temperatura, ocorre a nucleação de novos grãos não deformados. Esse fenômeno é chamado "recristalização". Além de praticamente eliminar o aumento de resistência associado ao encruamento, a recristalização produz novos grãos (Figura 10.4).

A Figura 10.4 resume as principais alterações em uma divisão algo arbitrária em quatro estágios [6]. A escolha de apenas três estágios também é comum [7,8]. No primeiro estágio, a taxa de encruamento é mais alta do que o amolecimento causado pela recuperação dinâmica. No estágio II, de transição, há competição entre o encruamento e os fenômenos de amolecimento causados pela recuperação dinâmica e pela recristalização dinâmica. Embora a tensão continue a aumentar, o aumento se passa a uma taxa cada vez menor. No estágio III, a tensão cai, associada à intensidade da recuperação dinâmica e da recristalização dinâmica. Por fim, no estágio IV pode ser atingido um estado estacionário, em que um balanço entre encruamento e amolecimento se estabelece.

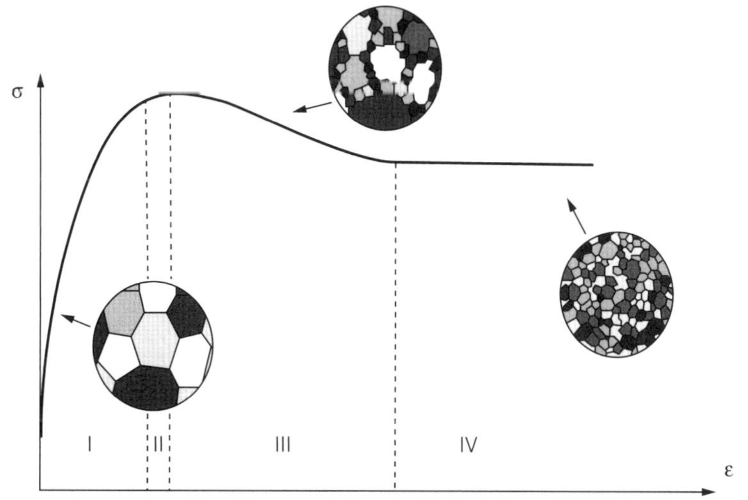

Figura 10.4 Diferentes taxas de encruamento, recuperação dinâmica e recristalização dinâmica causam o formato observado da curva tensão real versus deformação real. Ver texto para discussão.

Embora a Figura 10.4 apresente a sequência de alterações que ocorrem em um ensaio mecânico (em que há aumento monotônico da tensão com o tempo) corretamente, o que ocorre durante o trabalho a quente é algo diferente. No trabalho a quente, a deformação, em cada etapa, não é conduzida a valores tão elevados e existem, normalmente, intervalos de tempo entre as etapas de deformação, em que alterações estruturais podem ainda ocorrer. Pode ocorrer recristalização dinâmica durante o trabalho ou recristalização após a deformação. A recristalização dinâmica, durante o trabalho a quente, pode ser parcial. Ela pode continuar a partir dos núcleos da recristalização dinâmica como recristalização metadinâmica [9]. A ocorrência e o controle da extensão da recristalização dependem da deformação, temperatura e tempo, além da presença de determinados solutos e de precipitados. O planejamento da sequência de deformação, quando possível, pode ser muito eficiente para controlar a alteração da microestrutura. Em processos como a laminação de chapas grossas e o forjamento, em que há a oportunidade de reter o material entre deformações, para, por exemplo, a redução da temperatura, produzir grandes alterações de microestrutura é menos complexo do que quando se opera um processo contínuo como a laminação de longos ou de tiras, em que o intervalo entre deformações e as temperaturas em cada etapa estão intimamente ligados à velocidade do processo. Jonas [10], por exemplo, categorizou os processos de laminação em função do tempo entre passes. Em aços microligados, este tempo é especialmente importante para a ocorrência de fenômenos de precipitação induzida por deformação que podem inibir significativamente a recristalização, tanto estática como dinâmica, favorecendo a formação de microestruturas finais muito finas [11,12] como discutido no Capítulo 6.

Dependendo do controle do processo de deformação (temperatura, grau de deformação), é possível controlar a taxa de nucleação e evitar o crescimento do grão. Nesse caso, obtém-se, ao fim da conformação, tamanho de grão fino. Essa sistemática de trabalho é essencial para materiais que não apresentam transformação de fase no resfriamento após a conformação.

Assim, por exemplo, quando se deseja produzir grão fino em aços inoxidáveis austeníticos e aços inoxidáveis ferríticos, é preciso empregar programas de deformação a quente tais que, nos últimos passes, tenha-se deformação suficiente à temperatura relativamente baixa para obter elevada taxa de nucleação na recristalização e pouco ou nenhum crescimento de grão. Atualmente, mesmo na conformação a quente de aços que apresentam transformações de fase no resfriamento, cuidados para a obtenção de grão austenítico fino, ao final da conformação, têm se tornado norma. Isso requer conhecimento preciso das relações tensão-deformação e características de nucleação do material a conformar.

10.3.2 Consolidação de Cavidades

A temperatura dos processos de conformação a quente favorece a difusão, o que permite que microcavidades e porosidades inerentes ao processo de solidificação possam ser eliminadas por caldeamento. Para isso, é necessário que ocorra um estado de tensões favorável, aliado a tempo e temperatura suficientes para a eliminação do defeito (Figura 10.6) [13-15].

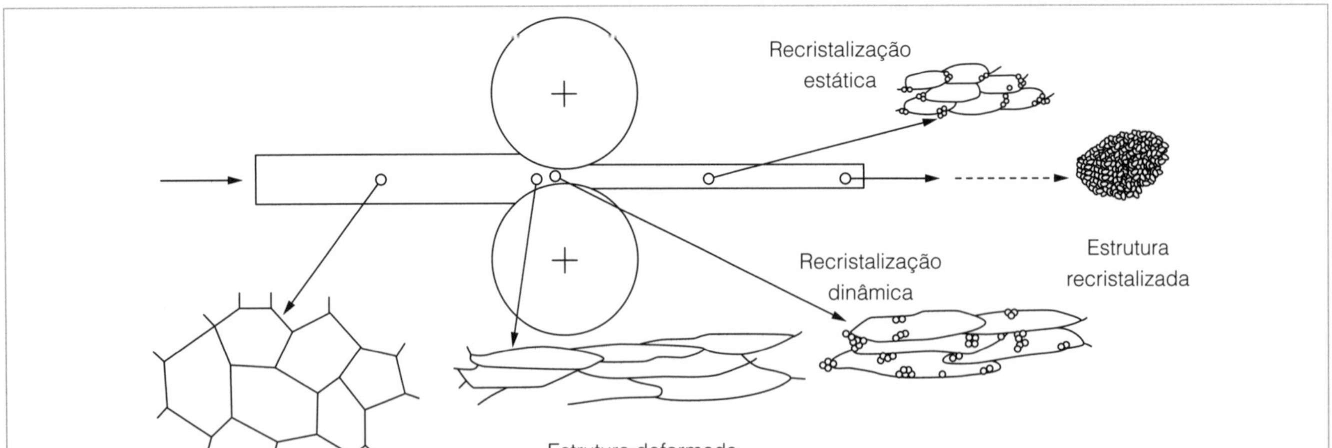

Figura 10.5 Esquema ilustrativo da evolução da microestrutura durante o trabalho a quente (no exemplo, laminação). Duas possibilidades estão ilustradas: quando a recristalização se inicia ainda durante a deformação, tem-se "recristalização dinâmica"; se um intervalo de tempo após a deformação é necessário para o início da recristalização, tem-se uma "recristalização estática".

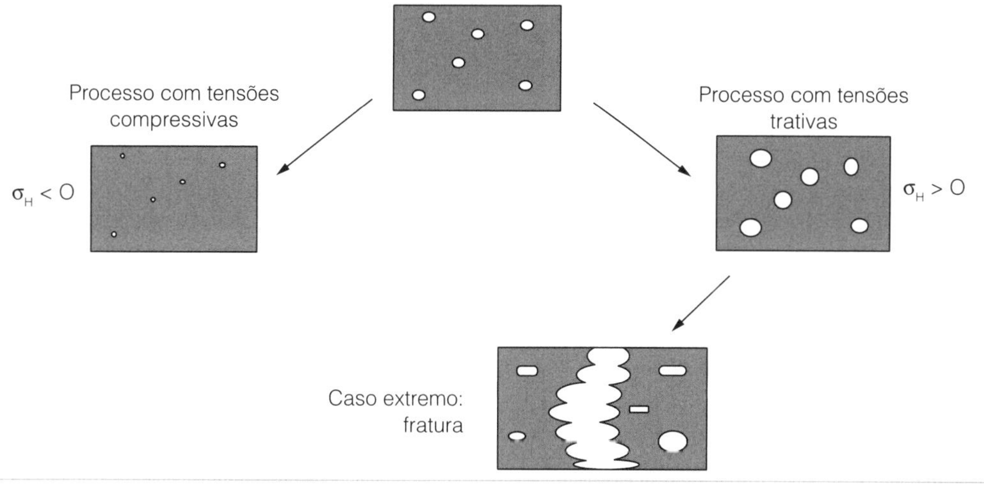

Figura 10.6 O efeito da deformação sobre "vazios" existentes no material. Tensões hidrostáticas (σ_H) compressivas são essenciais para produzir consolidação com eliminação de vazios. Estado de tensões desfavorável por conduzir até a ruptura durante a conformação.

As microcavidades têm efeito importante sobre a resistência mecânica e sobre a ductilidade. O efeito das cavidades é menor sobre o limite de escoamento, como mostra a Figura 10.7.

Essa possibilidade é também explorada em modernos processos de "consolidação", não caracterizados especialmente como "conformação", uma vez que não visam à alteração de forma. HIP (*Hot Isostatic Pressing*), discutido no Capítulo 9, por exemplo, é aplicada a produtos da metalurgia do pó ou a fundidos [18-20] e a peças produzidas por manufatura aditiva [21], visando também esse caldeamento pela introdução de elevadas tensões isostáticas a temperaturas suficientemente altas [20]. A ausência de um componente deviatório das tensões implica a não ocorrência de alteração da forma do produto.

10.3.3 Alteração de forma e distribuição de segregados

A deformação a quente altera a orientação das regiões segregadas e pode reduzir o espaçamento

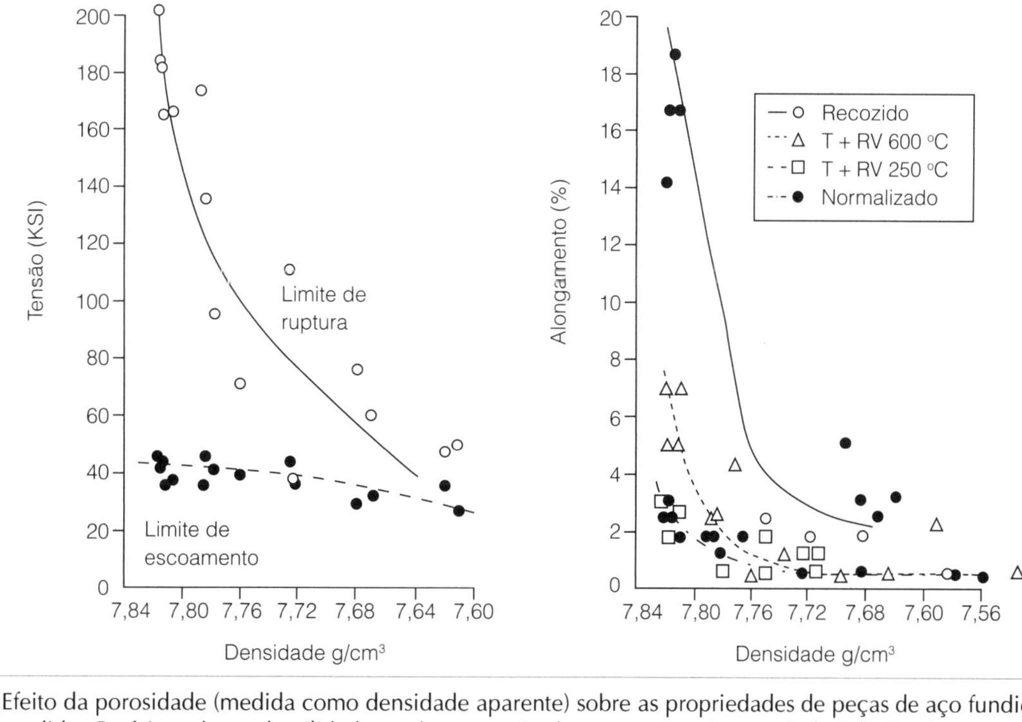

Figura 10.7 Efeito da porosidade (medida como densidade aparente) sobre as propriedades de peças de aço fundidas em cera perdida. O efeito sobre a ductilidade e sobre a tensão de ruptura é muito sensível. O limite de escoamento é menos afetado. Adaptada de [16]. Ver também [17].

desses segregados, como mostra a Figura 10.8. Isso favorece a redução do grau de segregação por difusão. Cálculos simples de difusão [22] mostram, entretanto, que é praticamente impossível eliminar a segregação de forma completa, em especial de solutos substitucionais, que se difundem mais lentamente. Isso é bem comprovado experimentalmente. Ward [23], por exemplo, demonstrou que longos tempos a temperaturas muito elevadas são necessários para alterar significativamente a segregação de um produto fundido. Assim, fenômenos como "fibramento" são observados em exame metalográfico em virtude da diferença de resistência ao ataque químico entre áreas com diferentes graus de segregação no produto conformado [24]. Também o "bandeamento" é associado ao efeito da segregação dos substitucionais, que resulta, em certas velocidades de resfriamento, na segregação do carbono durante a decomposição da austenita e que têm efeito relevante sobre o comportamento do material [24-26].

10.3.4 Efeito sobre fases insolúveis – Inclusões não-metálicas, carbonetos e nitretos estáveis

Algumas propriedades das inclusões não-metálicas são importantes na definição de como estas partículas influenciam o comportamento do aço. Dureza e plasticidade em função da temperatura, coeficiente de dilatação e comportamento de cristalização (para inclusões vítreas) estão entre as propriedades mais relevantes. As inclusões têm caráter iônico, covalente ou misto: assim, em geral são frágeis à temperatura ambiente e não têm forças de ligação forte com a matriz metálica [28].

Durante a deformação a quente, as inclusões não-metálicas apresentam diferente comportamento, dependendo, principalmente, de sua plasticidade em relação à plasticidade do aço. Inclusões que apresentam plasticidade elevada, nas temperaturas de conformação, alongam-se no sentido da deformação. Inclusões que não se deformam podem quebrar, sendo distribuídas ao longo do produto, como ilustra a Figura 10.9. Por um lado, o processo de redistribuição é bastante complexo, dependendo da forma e do tamanho da inclusão original e do processo de deformação [29]. Por outro lado, algumas inclusões precipitam antes do início do processo de solidificação e podem, portanto, estar distribuídas de forma aleatória, no aço. Entretanto, as chamadas inclusões secundárias, que precipitam durante e após a solidificação do aço, manterão relação com a segregação de solidificação. O exemplo mais notável são os sulfetos de manganês. Como estas partículas precipitam, em geral, nas últimas frações de líquido a solidificar, tendem a se concentrar em regiões mais segregadas do aço, não tendo distribuição uniforme no produto do lingotamento.

A Figura 10.9 apresenta valores de plasticidade relativa para as inclusões mais comuns em aços. Sulfetos de manganês e silicatos são as inclusões de maior plasticidade. Consequentemente, são as inclusões que mais se alongam durante o trabalho a quente (a maior parte dos processos de conformação a quente envolve alongamento significativo do aço em uma direção principal). Em função da elevada plasticidade dos sulfetos, estas inclusões foram estudadas em mais detalhes, especialmente no que diz respeito ao efeito de outros elementos sobre sua plasticidade, como mostra a Figura 10.11.

A plasticidade dos silicatos varia com a temperatura, de modo que essas inclusões podem se apresentar alongadas e distribuídas em fragmentos, em função do ciclo de temperatura e de deformação empregado.

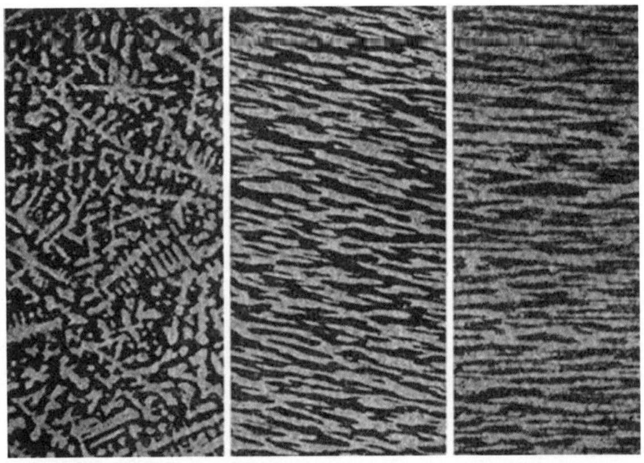

Da esquerda para a direita:
- Estrutura dendrítica de um lingote de aço.
- Após redução para 1/5 da área da seção transversal do lingote.
- Após redução para 1/30 da área da seção transversal do lingote.

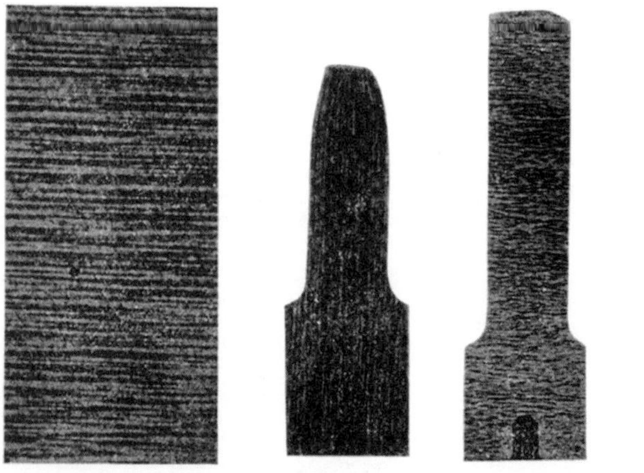

Da esquerda para a direita:
- Após a redução para 1/150 da área da seção transversal do lingote.
- Corpo-de-prova de tração, longitudinal (paralelo à direção de trabalho a quente).
- Corpo de prova de tração, transversal (transversal à direção de trabalho a quente).

Figura 10.8 Efeito do trabalho a quente sobre a estrutura do aço, em especial sobre a distribuição da microssegregação [27].

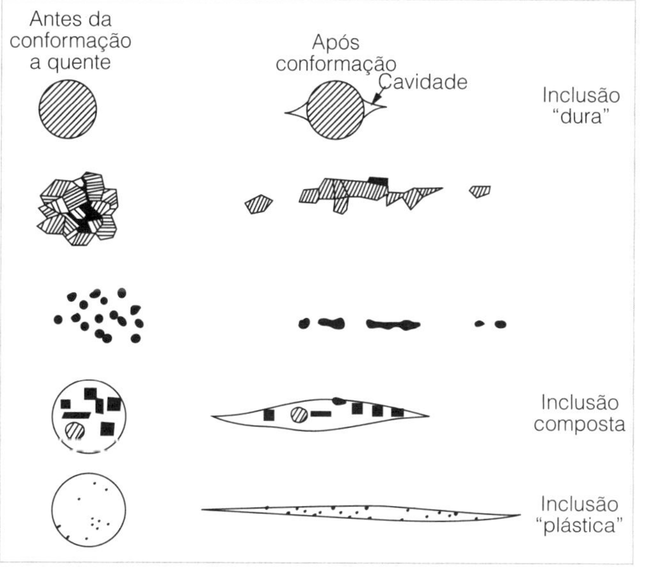

Figura 10.9 A plasticidade relativa da inclusão define sua deformação em relação ao aço. Inclusões plásticas se alongarão de acordo com o trabalho a quente. Inclusões duras podem permanecer inalteradas ou quebrarem, com redistribuição no produto.

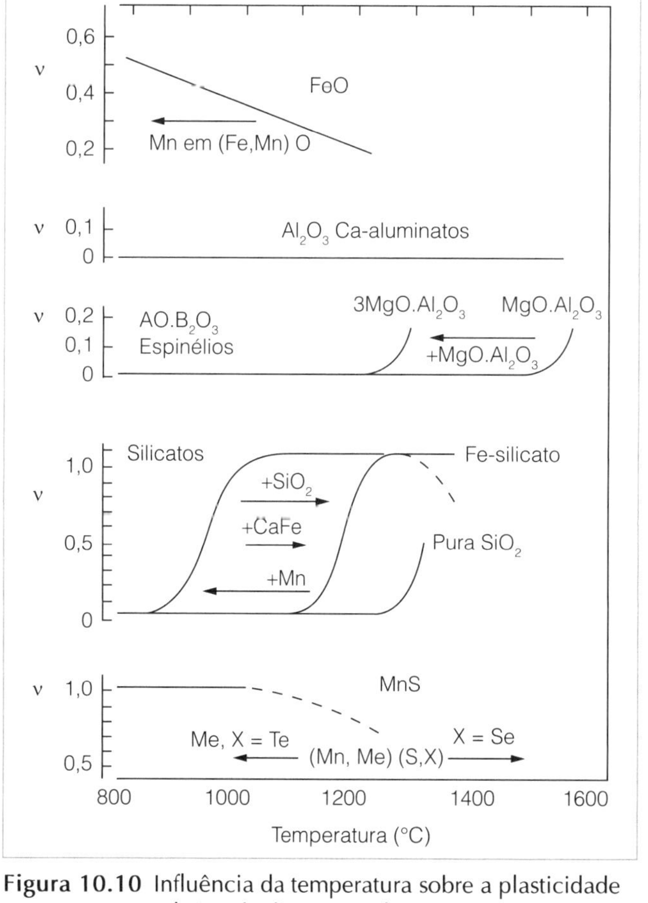

Figura 10.10 Influência da temperatura sobre a plasticidade relativa de diversas inclusões típicas em aços. A plasticidade relativa é medida como ν = plasticidade da inclusão/ plasticidade do aço. Adaptada de [30].

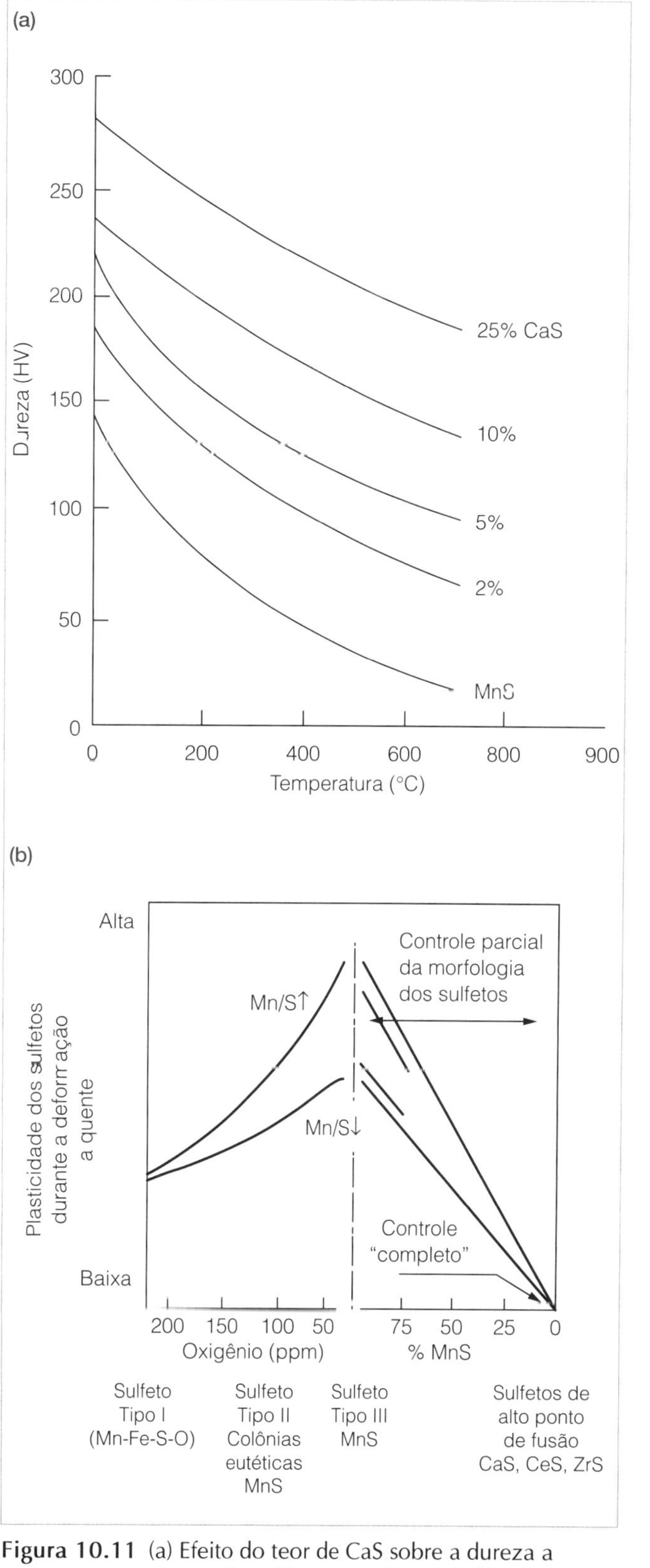

Figura 10.11 (a) Efeito do teor de CaS sobre a dureza a quente de sulfetos complexos. Sulfetos com mais CaS se deformam menos do que o MnS, gerando menos anisotropia. Adaptada de (b) Efeito das variáveis mais comum (teor de oxigênio/nível de desoxidação, relação Mn/S e %MnS em sulfetos compostos sobre o tipo de sulfeto formado e sua plasticidade). Adaptada do resumo proposto por [32].

Partículas de segundas fases tem efeito significativo nas propriedades dos aços e ligas especiais. As propriedades influenciadas, assim como a extensão do efeito, dependem, principalmente, da fração volumétrica e do tamanho das partículas. Dependem também das características da interface entre o metal e a partícula e das propriedades das partículas. Frações volumétricas significativas de segunda fase influenciam as propriedades do material segundo o comportamento estudado para materiais compósitos [33,34]. A importância das propriedades da interface entre a matriz e a segunda fase, nestes casos, foi claramente demonstrada por vários autores, em especial por Ashby [35]. O efeito de frações volumétricas significativas de carbonetos em aços e ligas especiais, por exemplo, tem sido estudado há anos. A Figura 10.12 é um exemplo [36]. Para situações em que todas as variáveis, exceto uma, são mantidas aproximadamente constantes, correlações interessantes são observadas. Entretanto, o modelamento mais preciso do efeito dessas partículas depende, naturalmente, também da consideração do tamanho e espaçamento das partículas [37] assim como da resistência da interface e é, portanto, mais complexo.

Além desses efeitos associados à "regra das misturas" [33,34], frações volumétricas reduzidas, de pequenas partículas, podem também ter influência importante no comportamento dos aços e ligas especiais.

À medida que o tamanho das partículas é reduzido, outros efeitos podem ser observados. Dispersões de partículas suficientemente finas podem interagir com contornos de grão e/ou com discordâncias. Zener [38,39] formulou um modelo de como pequenas partículas poderiam limitar o movimento de contornos de grão. Embora os coeficientes da equação deste modelo não correspondam aos valores experimentalmente observados, a forma da equação é seguida para precipitados finos em vários metais. O tamanho de grão é limitado por um valor máximo R_C que depende diretamente do tamanho das partículas dispersas e inversamente da fração volumétrica de partículas (ver Figura 10.13). Esse mecanismo permite que frações volumétricas relativamente pequenas de partículas muito pequenas sejam eficazes para controlar o tamanho de grão em aços, por exemplo (exemplos típicos dos casos: austenita/AlN [40,41], austenita/MnS [42-44], austenita e Nb(CN) [45] são apresentadas na Figura 10.13). Interações de partículas pequenas com discordâncias podem

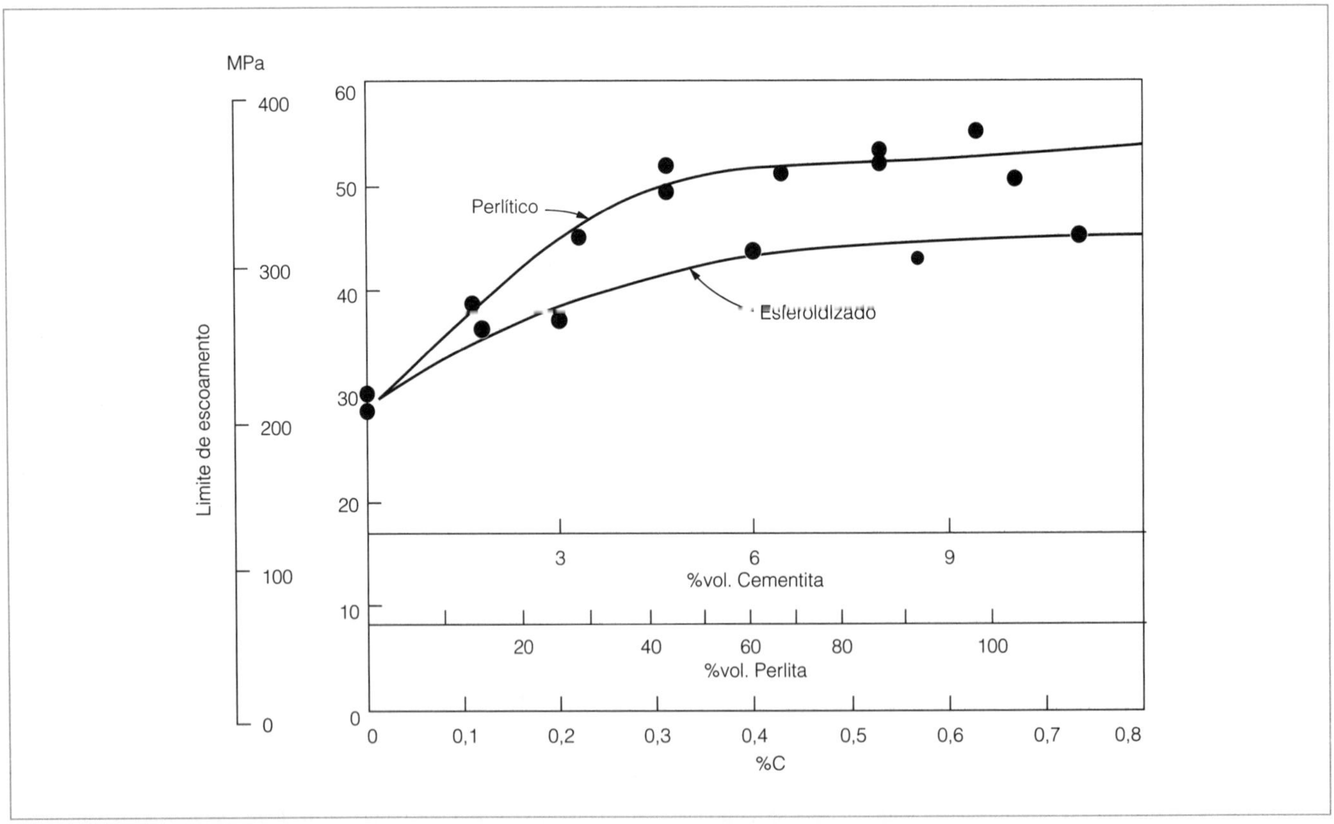

Figura 10.12 Limite de escoamento de aços-carbono com tamanho de grão ferrítico aproximadamente constante (ASTM ≅ 8) em função da fração volumétrica de perlita, de cementita e do teor de carbono. As linhas são, aproximadamente, os valores previstos por um modelo simplificado [36]. Para as fontes de dados, ver [36].

resultar no endurecimento, chamado "endurecimento por precipitação" [46,47].

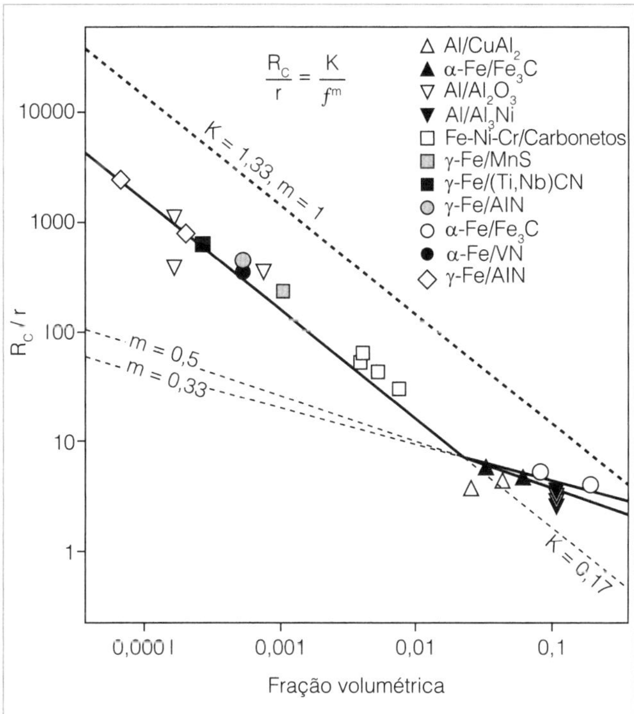

Figura 10.13 Relação entre o tamanho máximo do grão R_C em material com grão controlado por dispersão de partículas de raio r e fração volumétrica f. Ajuste de coeficientes à equação de Zener. Dados compilados por [48].

A Figura 10.14 mostra o efeito da precipitação fina de carbonitretos de elementos microligantes sobre o limite de escoamento em aços. Em superligas, a necessidade de evolução das propriedades mecânicas conduziu ao uso de frações volumétricas de precipitados extremamente elevadas, como mostra a Figura 10.15 (Ver também Capítulo 7).

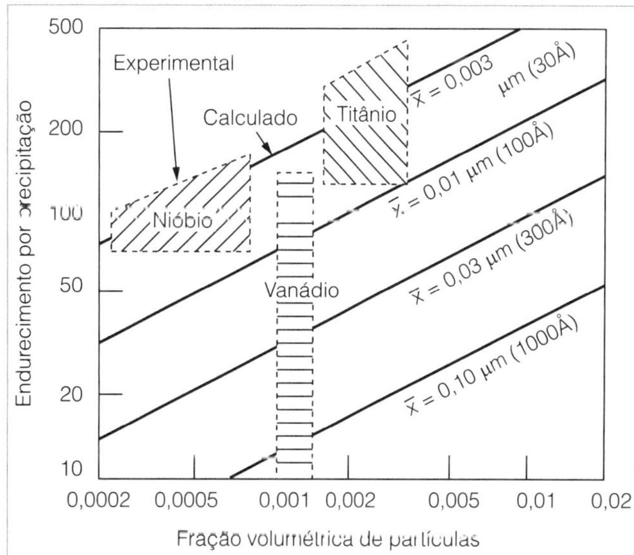

Figura 10.14 Aumento do limite de escoamento causado pela presença de dispersão de partículas finas em aço microligado. Faixas típicas para microligas estão indicadas. Frações volumétricas calculadas com base na composição do aço e temperatura de tratamento. Tamanhos ($\bar{x}$) medidos por MET. Adaptada de [49]. Ver também [46].

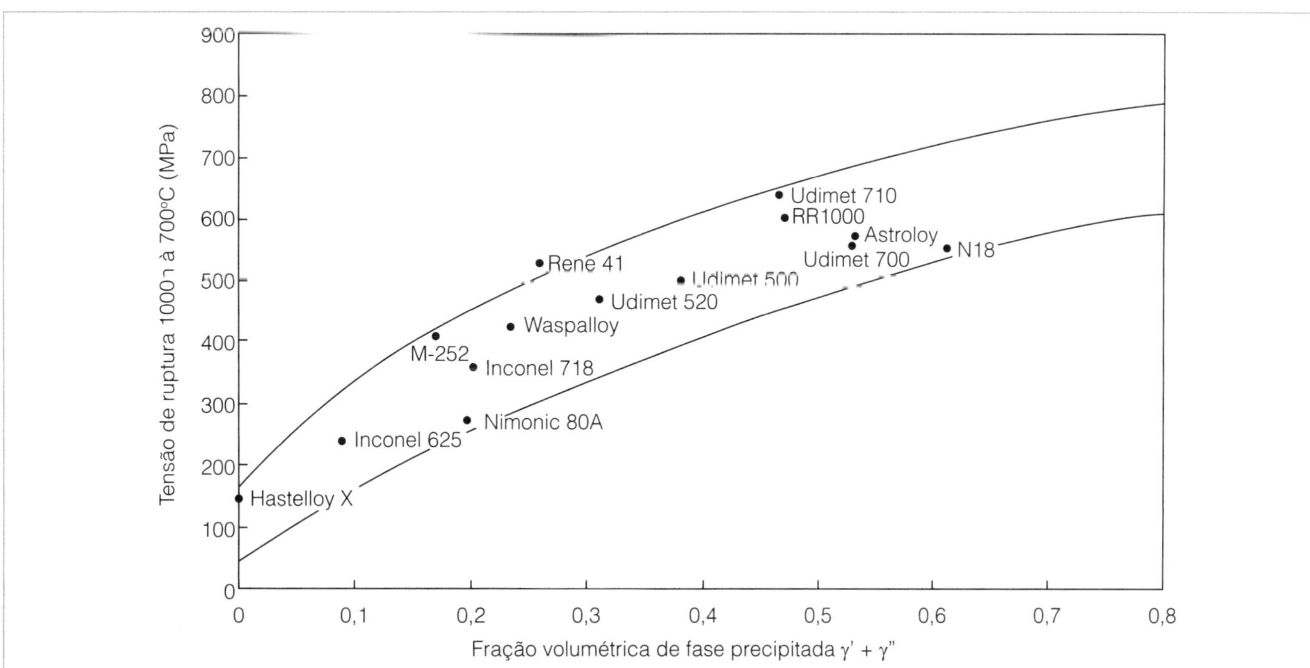

Figura 10.15 Tensão de ruptura em fluência para várias superligas empregadas para discos de turbinas aeronáuticas em função da fração volumétrica de precipitados. Os precipitados têm tamanhos inferiores a 100 nm – 50 nm. Adaptada de [50].

Estudos realizados em produtos de ferro sinterizado com adições controladas de partículas de alumina ajudam a compreender o efeito de pequenas partículas [51,52]. Adições de diferentes frações volumétricas produzem diferentes efeitos, dependendo do tamanho das partículas, como mostra a Figura 10.16.

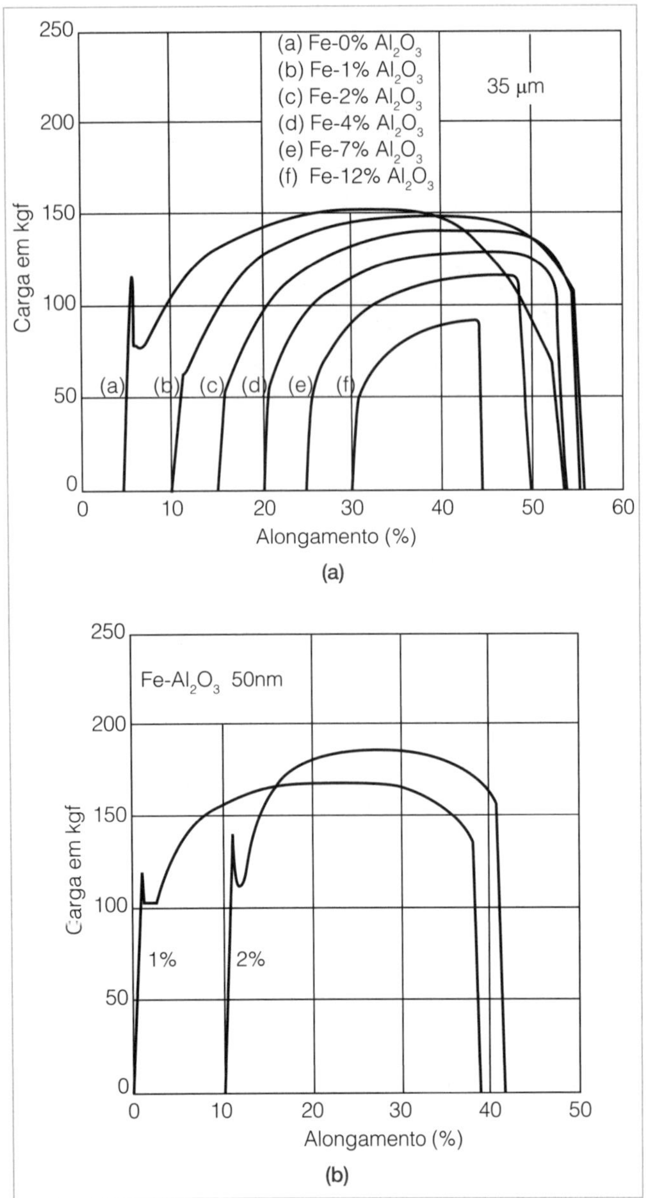

Figura 10.16 Efeito de dispersões de partículas esféricas de alumina em ferro sinterizado. (a) Partículas maiores (35 μm) micrometros causam efeitos aproximadamente em acordo com o comportamento de compósitos. (b) Partículas de 50 nm causam endurecimento por dispersão (ou "precipitação"). Adaptado de [51].

Gladman et al. produziram dispersões de partículas finas de alumina em aço no estado sólido [52]. Observaram que, em diversos ciclos térmicos, não houve crescimento de grão austenítico. O tamanho de grão observado foi maior do que o previsto pela equação de Zener ou similares, mas o crescimento foi limitado. Os autores creditaram esta observação ao fato de que o tamanho de grão austenítico, nestas amostras, foi controlado pela nucleação durante a austenitização. Neste momento, a dispersão de partículas não é eficiente para estabelecer um tamanho de grão em acordo com a previsão da equação de Zener. Entretanto, não ocorreu crescimento do grão austenítico, nem mesmo durante um tratamento de 4 horas a 1100 °C ou na ZTA de uma solda TIG realizada sobre o material, o que indica que esta dispersão foi muito eficaz na prevenção do crescimento do grão austenítico.

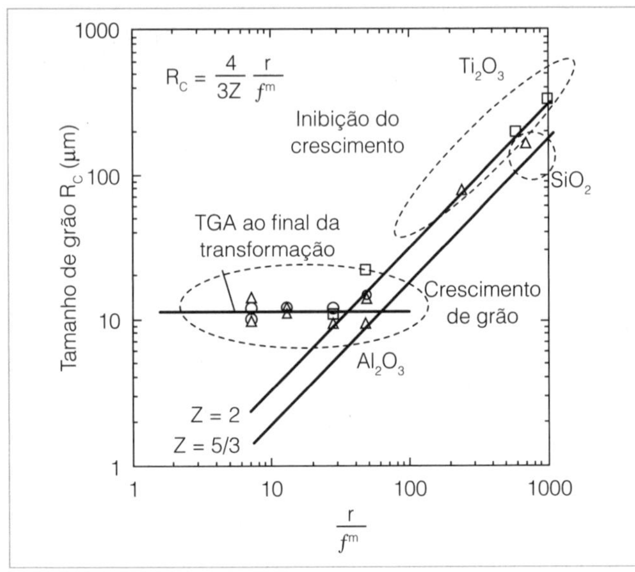

Figura 10.17 Tamanho de grão austenítico (TGA) em experimentos com dispersões de óxidos em aço. As dispersões de alumina foram produzidas no estado sólido e as partículas são bastante finas (100 nm ou menos). As dispersões de óxidos de titânio e de sílica foram produzidas no estado líquido e são mais grosseiras (como indicado pelo tamanho de grão observado). Resultados de Gladman et al. Adaptado de [52].

Por um lado, as dispersões de inclusões não-metálicas em aços e ligas especiais não são finas o suficiente para causar endurecimento por precipitação (ou dispersão) ou agir como barreiras para o crescimento de grão, como mostra a Figura 10.18. Por outro lado, as frações volumétricas não são, normalmente, suficientes para alterar a resistência mecânica ou o limite de escoamento pelos mecanismos típicos de compósitos ("regra das misturas").

Inclusões não metálicas normalmente ocorrem em faixas de dimensões e frações volumétricas

(Figura 10.18) capazes de influenciar as seguintes propriedades dos aços:

- Propriedades associadas ao processo de fratura dúctil:
  - Ductilidade;
  - Redução de área e alongamento;
  - Tenacidade na região dúctil e na região de transição dúctil-frágil.
- Resistência à fadiga;
- Capacidade de receber polimento;
- Resistência à corrosão [53,54].

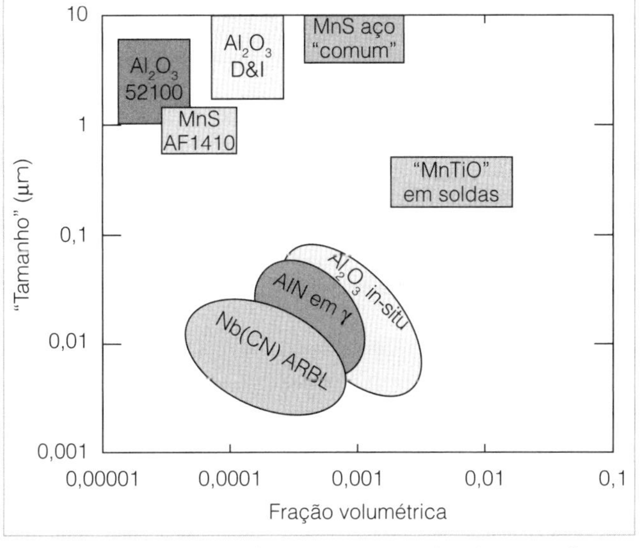

Figura 10.18 Fração volumétrica e tamanho de partículas de segunda fase em aços. As inclusões não-metálicas normalmente têm combinação de tamanho e distribuição fora da região que permite produzir endurecimento por precipitação – exemplo Nb (CN) em ARBL – ou controle de tamanho de grão austenítico – exemplo AlN em austenita. A influência mais dramática é no processo de fratura dúctil e nos processos de fadiga, especialmente em aços de alta resistência. Dados: AF 1410 e similares [55-57]. Al_2O_3 in situ: [52], AlN na austenita [40], carbonitretos [58,59,12]. Soldas [60,61].

Além disso, se as inclusões não forem esféricas e tiverem sua forma e distribuição alteradas pelo trabalho a quente, como será discutido adiante, influenciarão na anisotropia destas propriedades.

10.3.4.1 Influência na Fratura dúctil

O mais importante mecanismo operante na fratura dúctil dos metais é a nucleação e coalescimento de vazios [62-64]. Na presença de uma fase com propriedades diferentes da matriz, pode ocorrer a nucleação de vazios, nos casos em que há dificuldade de transferir tensões para a partícula (p. ex.: interface fraca ou mesmo a existência de vazio entre a partícula e a matriz) ou a fratura da partícula (quando a ductilidade das partículas é menor do que a matriz ou há forte concentração de tensões localizada). Os vazios crescem e coalescem. Entre os vazios, o material sofre, normalmente, redução de área de 100%, isto é, alonga até um ponto ou uma linha. Este processo é esquematizado na Figura 10.19. A Figura 10.20 apresenta imagens deste processo.

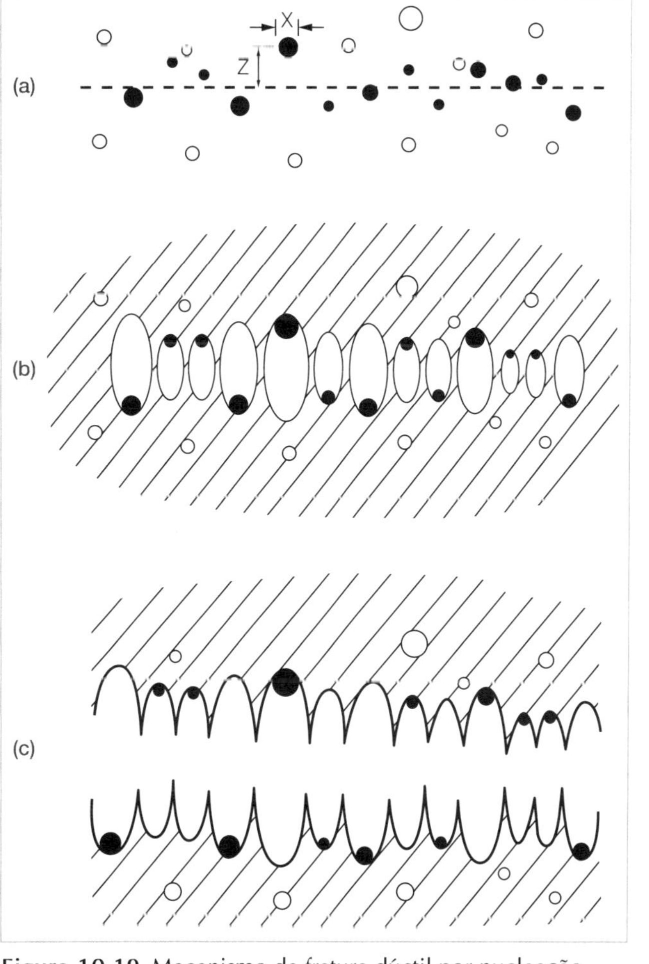

Figura 10.19 Mecanismo de fratura dúctil por nucleação e crescimento de vazios. Corte esquemático de um corpo de prova de tração. A tração é aplicada no sentido vertical da página. As inclusões marcadas em preto participam do processo que se inicia com a concentração de tensões localizada pela instabilidade da deformação, que dá origem à estricção. Nesta região, aparecem tensões triaxiais. Estas tensões causam a separação das partículas da matriz, nucleando vazios (o vazio poderia ser nucleado, também, pela quebra da partícula). Os vazios se expandem, coalescendo até a fratura. Entre os vazios, o material sofre deformação alongando-se até um "ponto" ou uma "linha". Adaptada de [63].

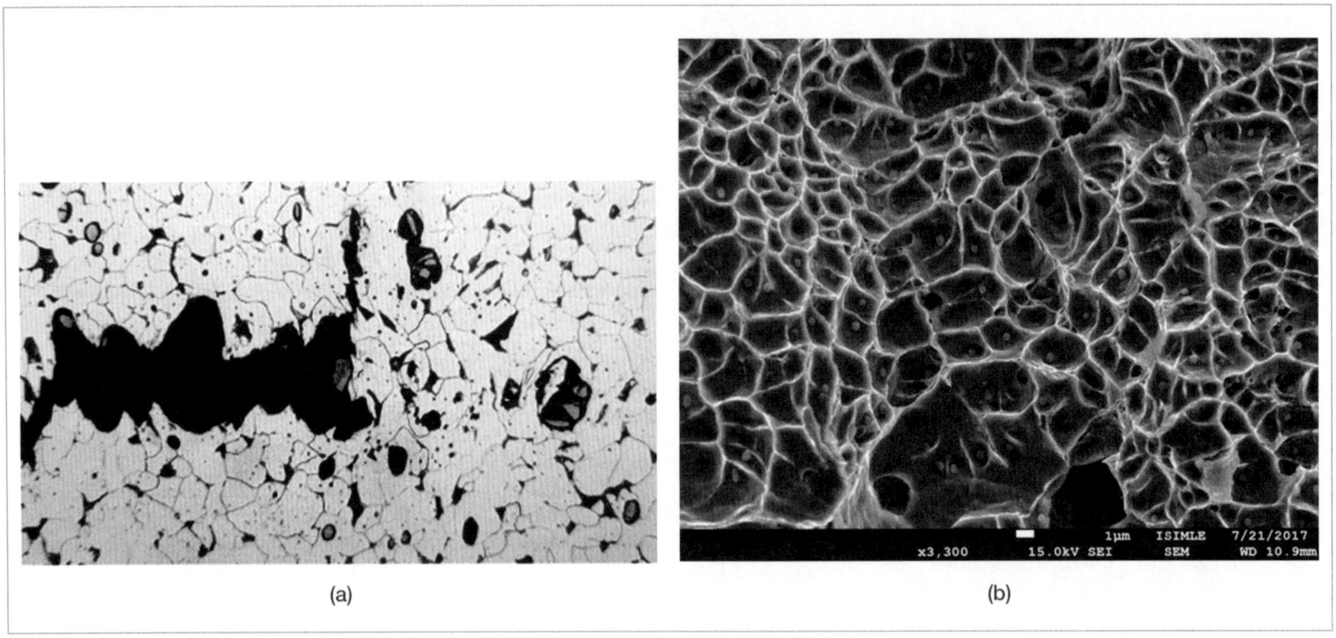

Figura 10.20 (a) Seção transversal do crescimento de uma fratura dúctil durante o ensaio de um aço baixo carbono. Observa-se a formação de vazios em torno das inclusões não metálicas, mas não em torno da perlita (aumento original, 240X). Publicada em [64]. (b) Imagem por elétrons secundários em microscópio eletrônico de varredura de uma fratura dúctil. Observam-se os vazios e as inclusões não-metálicas que deram origem a eles. O metal, entre as inclusões, alonga-se até formar "linhas" que aparecem mais claras nas imagens. Aço para tubulações API. Fonte; Cortesia do Instituto SENAI de Inovação em Metalurgia e Ligas Especiais, CIT SENAI – MG.

O efeito das inclusões não-metálicas sobre as propriedades relacionadas à fratura dúctil é bastante bem caracterizado e depende, principalmente, da fração da área da seção transversal à solicitação ocupada por essas partículas (Figuras 10.21, 10.22 e 10.23). Adicionalmente, aspectos como o tipo da interface e a existência ou não de tensões residuais decorrentes de contração diferencial podem ter um papel no efeito sobre as propriedades.

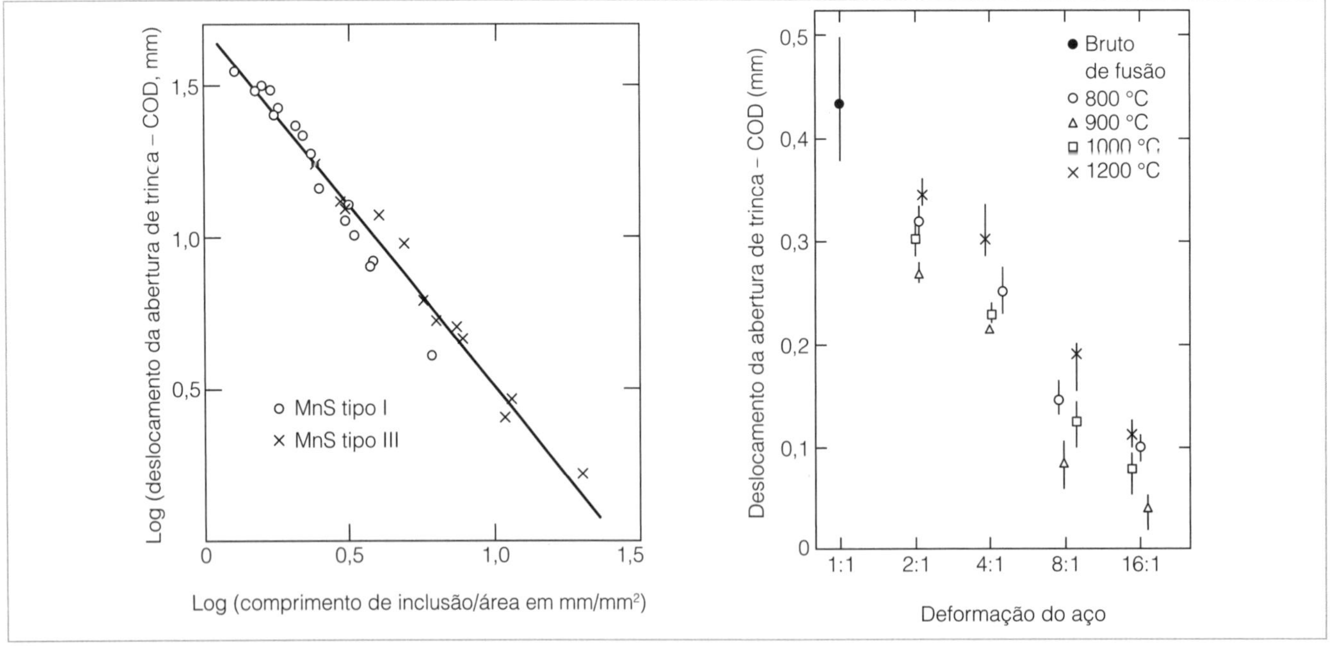

Figura 10.21 (a) Efeito do comprimento das inclusões por unidade de área (sulfetos de manganês) sobre o deslocamento da abertura de trinca – COD) a temperatura ambiente, abertura da trinca no plano paralelo a superfície da chapa laminada, em aços experimentais com 0,1 e 0,28% S. (b) Efeito do grau e temperatura de deformação a quente da chapa sobre o COD à temperatura ambiente. O COD foi medido na carga máxima. Os dois aços foram elaborados de modo a não haver a formação de sulfeto MnS eutético (Tipo II). Adaptado de [65].

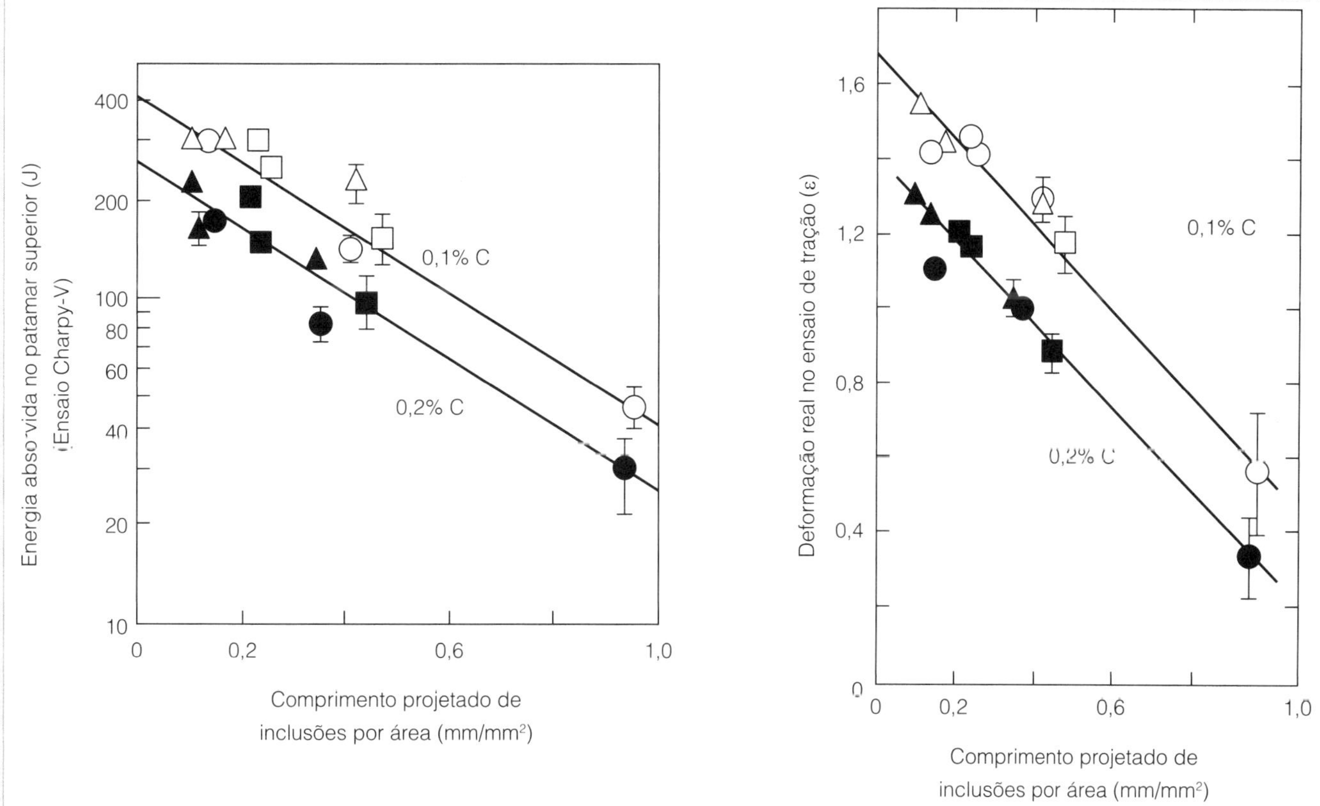

Figura 10.22 Efeito da presença de inclusões não-metálicas sobre propriedades mecânicas associadas à fratura dúctil. É possível correlacionar muito bem as características dimensionais das inclusões nas seções observadas com as propriedades medidas. As dimensões características para a medição do comprimento projetado de inclusões por área estão indicadas na Figura 10.23. Resultados para aços estruturais C-Mn adaptados de [66].

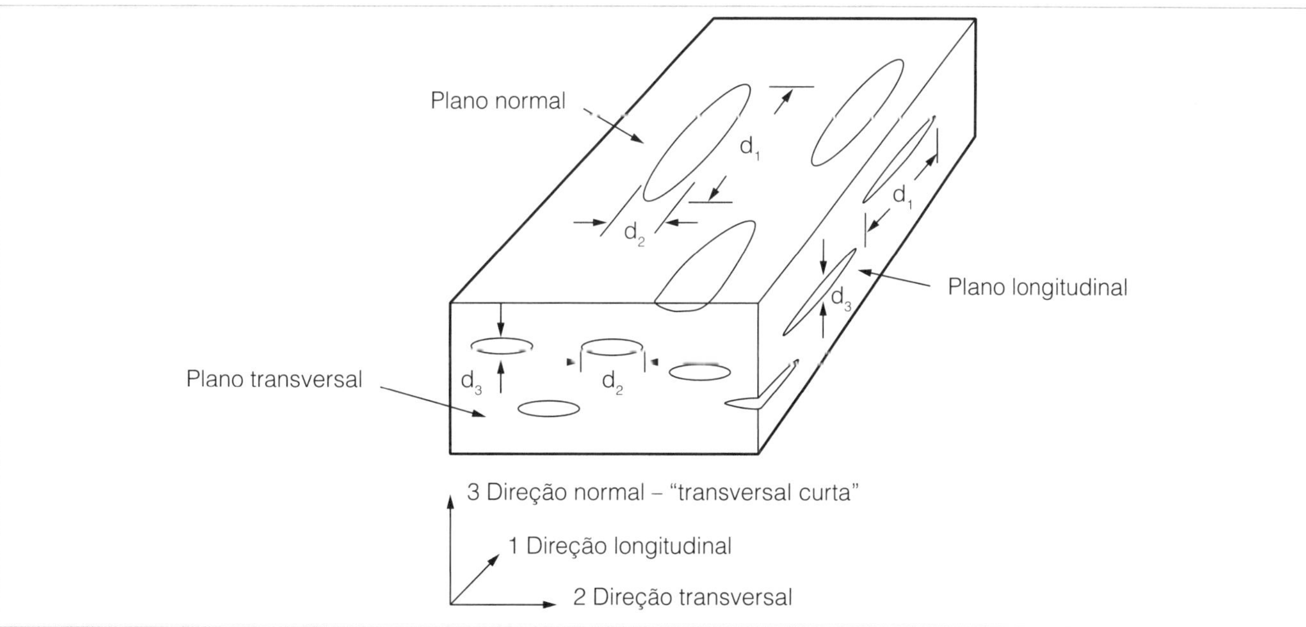

Figura 10.23 Nomenclatura das direções e planos empregados para a caracterização das seções representativas e dimensões projetadas das inclusões não metálicas usadas na Figura 10.22

Assim, tratamentos que modifiquem os sulfetos, transformando-os em sulfetos com cálcio, menos plásticos, e técnicas de desoxidação que eliminem os silicatos são extremamente benéficos, quando baixa anisotropia é desejada, por exemplo, em peças empregadas em aplicações em que solicitações multiaxiais estão presentes (nós de plataformas *off-shore*, vasos de pressão, blindagens etc. – Figuras 10.24 e 10.26).

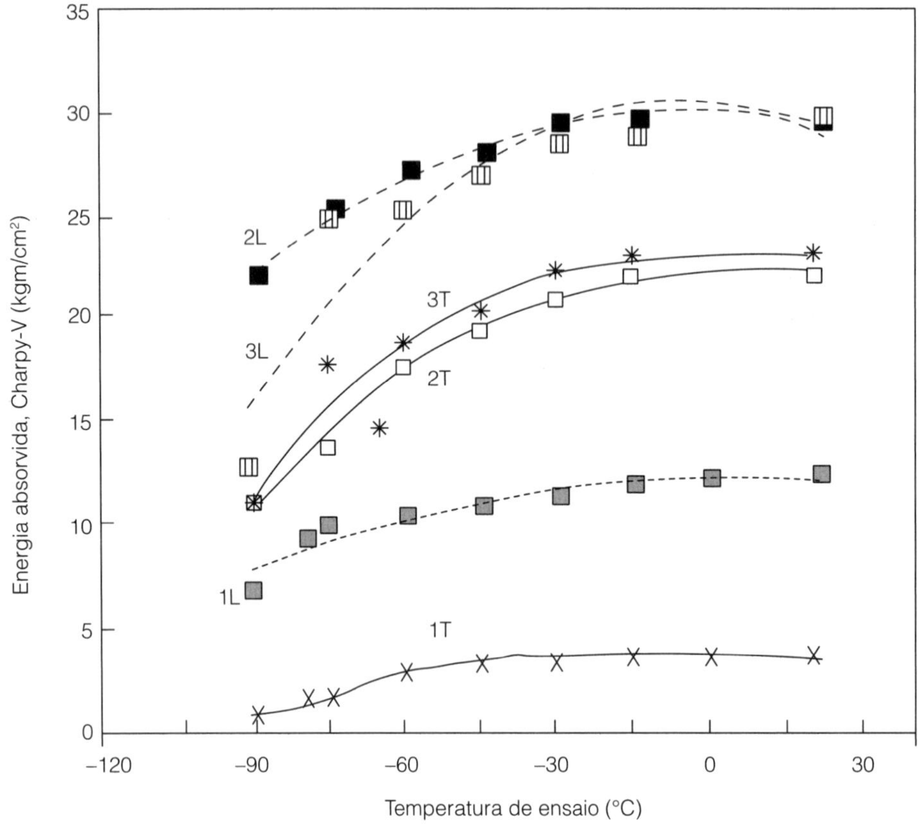

Figura 10.24 Anisotropia da energia absorvida em ensaio de impacto Charpy-V em relação à direção de deformação: L (eixo do corpo de prova paralelo à direção de deformação, eixo do entalhe normal à superfície da peça); T (eixo do corpo de prova transversal à direção de deformação, eixo do entalhe normal à superfície da peça). Dados de três corridas de aço microligado C-Mn. desoxidadas ao Al. Corrida 1, S = 0,034%. Corrida 2, S = 0,006%, Corrida 3, S = 0,005%. Corridas 2 e 3 tratadas com injeção de Ca para controle das inclusões. O baixo teor de enxofre e as inclusões menos plásticas permitem obter elevada energia absorvida no patamar superior e menor anisotropia. A energia absorvida no patamar inferior (fratura por clivagem) praticamente não é afetada pela alteração das inclusões. Adaptada dos dados de [67].

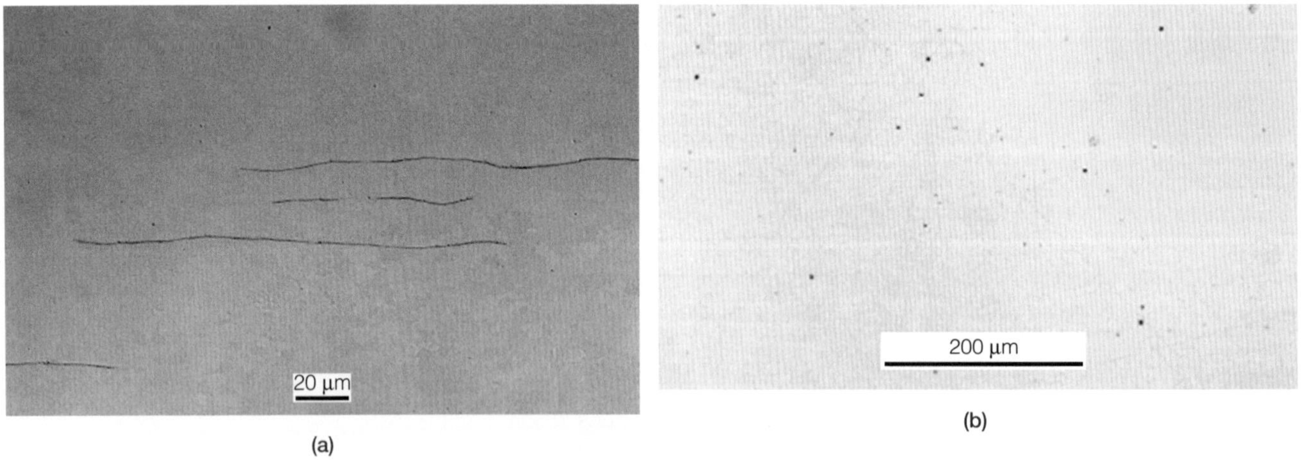

Figura 10.25 (a) Inclusões de sulfeto de manganês alongadas no sentido longitudinal da deformação a quente em chapa de aço estrutural. Sem ataque. (b) Seção longitudinal de chapa laminada a quente de aço médio carbono, tratado com cálcio para globularização de inclusões. Inclusões classificadas conforme ASTM E45 como óxidos globulares grau 1,5, série fina.

Fonte: (a) Cortesia do NIST — National Institute of Standards and Technology, NIST, Gaithersburg, EUA [68].
(b) Cortesia ArcelorMittal Tubarão, ES, Brasil.

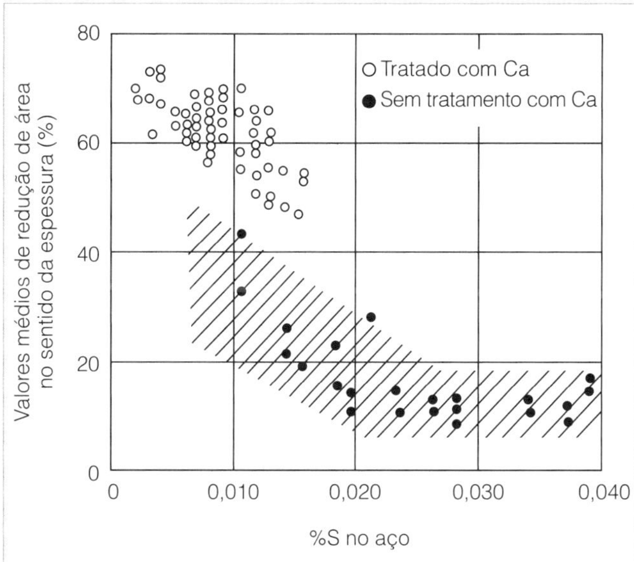

Figura 10.26 Efeito do tratamento com cálcio sobre a redução de área no ensaio de tração no sentido da espessura de chapas de aço estrutural. Adaptada da Ref. [69].

Além disso, anisotropia plástica associada à textura cristalográfica pode aparecer, durante o trabalho, principalmente na laminação [1].

10.3.4.2 Influência na Fadiga

A influência das inclusões não-metálicas sobre a resistência à fadiga foi apresentada no Capítulo 6. Para aços de resistência elevada, observa-se uma correlação bem definida entre o tamanho da maior inclusão presente no aço e a resistência à fadiga do aço. Medidas de controle de limpeza interna (Capítulos 8 e 9) são, portanto, essenciais para a produção de aços com elevada resistência à fadiga.

A presença das inclusões não metálicas também introduz anisotropia na resistência à fadiga [70-73]. A seleção da orientação da deformação em relação às solicitações esperadas é importante também. Sempre que possível, deve-se considerar que solicitações no sentido "normal" à deformação devem ser evitadas, uma vez que, nessa direção, o efeito negativo das inclusões alongadas sobre as propriedades mecânicas é máximo. Quando o processo de conformação é suficientemente flexível quanto à orientação da deformação (p. ex.: forjamento), é possível produzir peças com o "fibramento" mais favorável, isto é, com a direção "normal" orientada de modo a sofrer o mínimo de solicitações.

Murakami desenvolveu fórmulas que permitem correlacionar o tamanho das inclusões não metálicas, projetadas no plano de falha, com o limite de fadiga, como mostra a Figura 10.27.

Em aços de alta limpeza para rolamentos, por exemplo, Murakami demonstrou que o tamanho (e a quantidade) das inclusões não metálicas é mais crítico do que o tipo das inclusões, como mostra a Figura 10.29.

Um dos efeitos práticos destas observações tem sido a busca por elevada limpeza interna nestes aços. A evolução história dos teores de oxigênio total em aços para rolamento são um indicativo claro desta tendência (ver Figura 10.28). A termodinâmica computacional tem sido também empregada para garantir composições que possam resultar em um mínimo de oxigênio, titânio, alumínio e magnésio no aço, elementos que tendem a produzir óxidos e nitretos desfavoráveis [75].

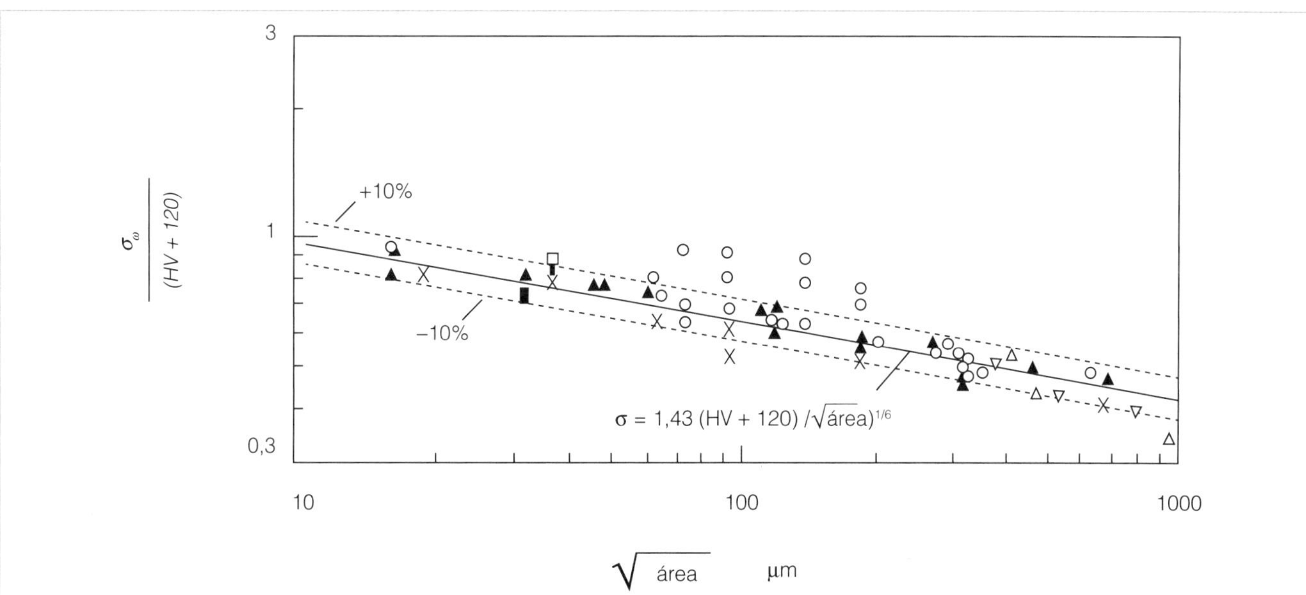

(**Figura 10.27** Dados experimentais de um grande número de ensaios de fadiga apresentados em função da relação desenvolvida por Murakami. Para aplicação e mais informações, consultar [74].

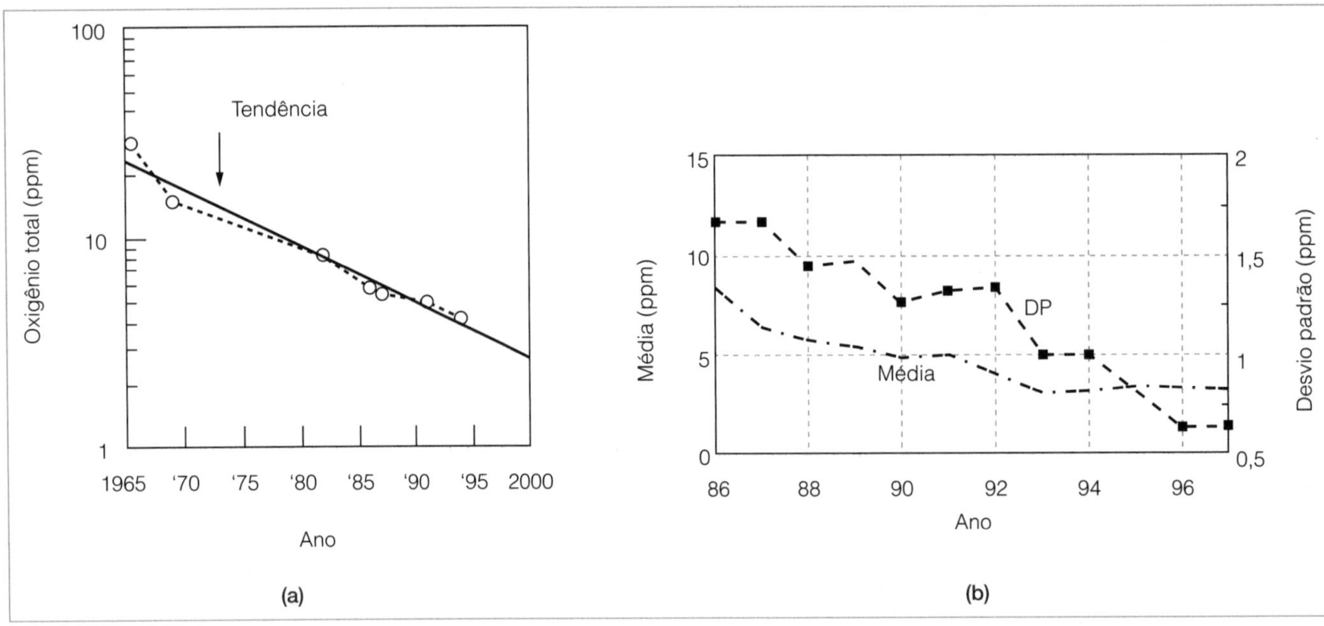

Figura 10.28 Evolução do teor de oxigênio total em aços para rolamentos (AISI 52100, 100Cr6) em dois fabricantes. (a) Adaptada de [76]. (b) Adaptada de [77].

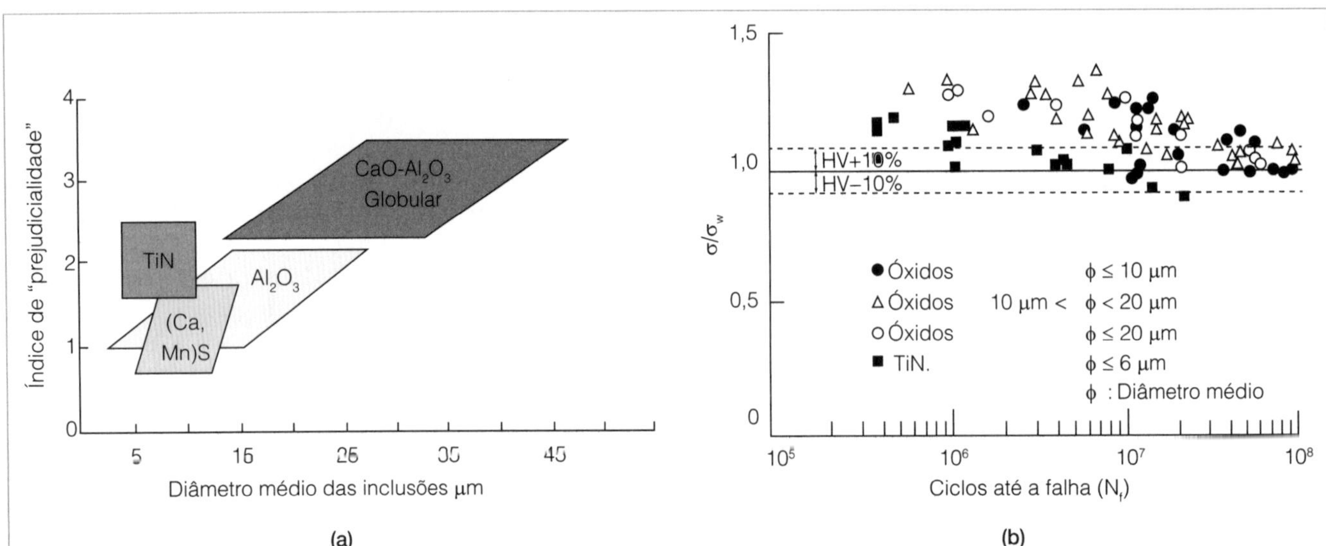

Figura 10.29 (a) Índice de "prejudicialidade" (harmfulness) de diferentes tipos de inclusões não-metálicas e função de seu tamanho, avaliadas por Monnot et al. [78] (b) Dados de Monnot et al. reavaliados por Murakami [74] mostram que a influência do tipo de inclusão praticamente não existe no caso da fadiga de rolamentos. Ver também [28].

10.3.5 Efeito do trabalho a quente sobre as propriedades mecânicas

A combinação das alterações de forma e distribuição de segregados, em conjunto com a consolidação de vazios, tem importante efeito sobre as propriedades mecânicas dos aços e ligas especiais. As alterações de forma e distribuição de inclusões e segregados são as principais responsáveis pelo aparecimento de anisotropia (dependência da direção no produto) de propriedades mecânicas, característica em produtos conformados a quente, enquanto a consolidação de eventuais vazios do processo de fundição ou sinterização produz melhoria de propriedades, de forma geral, como visto na Figura 10.7.

A Figura 10.30 mostra a evolução das propriedades de um aço convencional forjado, em função do grau de deformação (medido como a relação entre as áreas da seção transversal antes e depois da conformação).

Em uma primeira etapa, para graus de deformação até 3-4:1, observa-se uma melhoria generalizada nas propriedades mecânicas. Esta melhoria está associada, principalmente, ao fechamento de pequenos defeitos do lingote, provenientes da solidificação.

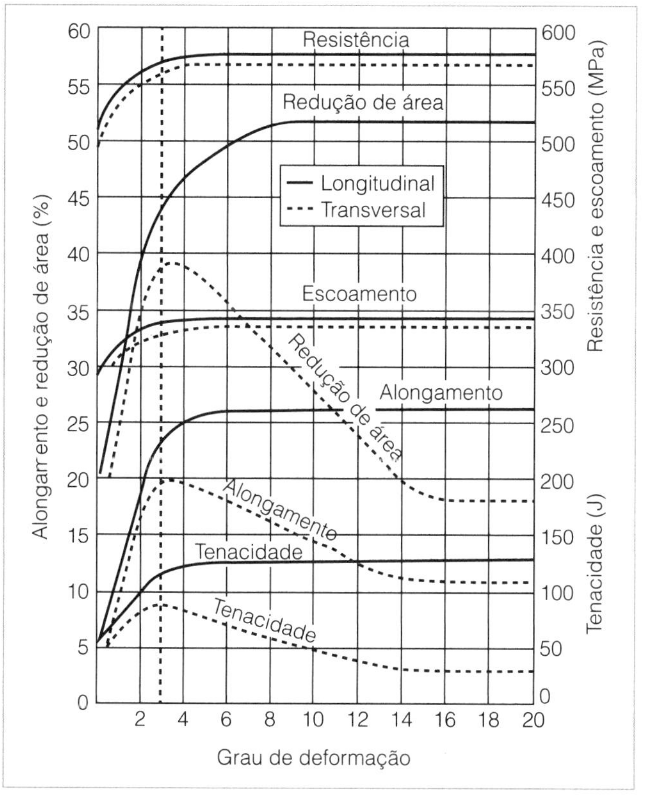

Figura 10.30 Evolução das propriedades mecânicas de aço convencional (Ni-Cr) em função do grau de deformação no forjamento a quente (medido como a relação entre a área da seção transversal antes e depois do forjamento). Adaptada de [79].

Produtos "consolidados" por *HIPping* apresentam também melhoria considerável nas propriedades [18] em relação ao material inicial, em função do fechamento de microcavidades [18,80].

Aumentando-se o grau de deformação, não é mais possível melhorar as propriedades mecânicas, uma vez que a maior parte dos microdefeitos já foi eliminada. Se a deformação tem direção preferencial, observa-se uma "degeneração" da ductilidade e tenacidade nas direções transversais à direção preferencial de deformação. Como as propriedades do produto passam a depender da orientação em que o ensaio é realizado, diz-se que o material é anisotrópico.

O aparecimento da anisotropia no material conformado a quente está associado ao alongamento das inclusões e segregados no sentido da deformação.

Produtos de qualidade são normalmente deformados o suficiente para garantir a eliminação dos defeitos de solidificação, porém sem atingir a faixa de deformação em que a anisotropia é acentuada. Isso requer planejamento cuidadoso, desde a seleção das dimensões do lingote até a definição do processo e sequência de conformação.

Quando a presença de vazios, a segregação e as inclusões são minimizadas (como no caso de material refundido por ESR), a melhoria inicial das propriedades com a deformação é menor, e a anisotropia é reduzida ou desaparece, como mostra a Figura 10.31.

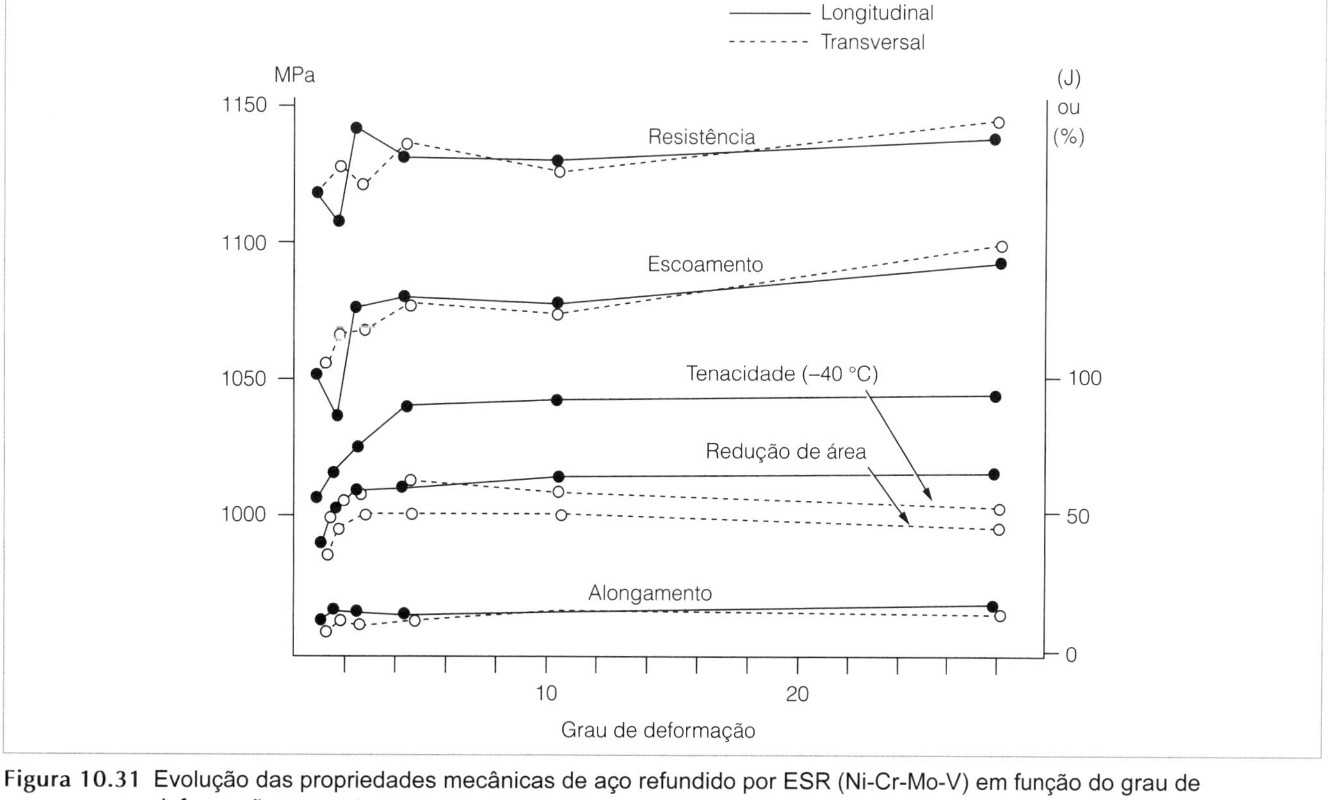

Figura 10.31 Evolução das propriedades mecânicas de aço refundido por ESR (Ni-Cr-Mo-V) em função do grau de deformação a quente.

As observações das Figuras 10.30 e 10.31 podem ser resumidas da seguinte forma:

a) A "melhoria" das propriedades mecânicas causada pelo trabalho a quente é causada pela redução ou eliminação de defeitos ("cavidades") e reorientação de segregados e inclusões não-metálicas. (Os resultados para um lingote refundido por ESR, Figura 10.31, são bastante menos dramáticos do que aqueles observados para um lingote convencional, Figura 10.30, em função da diferença de qualidade interna dos dois lingotes.)

b) Há uma melhoria geral até uma redução de cerca de 3:1 a 4:1. A partir deste ponto, o trabalho a quente não introduz mais melhorias nas propriedades longitudinais e as propriedades transversais se degradam. Por esse motivo, forjarias que produzem forjados de matriz aberta têm uma ampla faixa de tamanhos de lingotes convencionais. As dimensões dos lingotes podem ser assim selecionadas para obter a deformação ótima nas peças, sem deformação "excessiva".

c) Apenas as propriedades ligadas à ductilidade (alongamento, redução de área e tenacidade) são degradas na direção transversal quando o trabalho a quente é excessivo. Anisotropia da resistência mecânica e do limite de escoamento não é observada, como discutido anteriormente.

10.3.6 Conformação a quente – tratamentos termomecânicos

Classicamente, as operações de conformação a quente, especialmente dos aços que sofrem transformações de fases no resfriamento, são realizadas visando, principalmente, a conformação satisfatória e pré-condicionamento da estrutura. O tratamento térmico posterior é responsável pela obtenção da microestrutura e propriedades mecânicas finais desejadas, como mostra, esquematicamente a Figura 10.32.

Com vistas à economia e melhoria das propriedades finais, especialmente em produtos laminados, a conformação vem sendo realizada com o objetivo de se obter uma estrutura favorável e propriedades adequadas já no resfriamento após a conformação, como mostra a Figura 10.33.

No caso de aços que não sofrem transformação de fases no resfriamento após a conformação a quente, como aços inoxidáveis austeníticos e ferríticos, o emprego de tratamentos termomecânicos é essencial para a obtenção de estrutura e propriedades adequadas.

Operacionalmente, alguns aspectos gerais do trabalho a quente merecem atenção especial, como descrito a seguir.

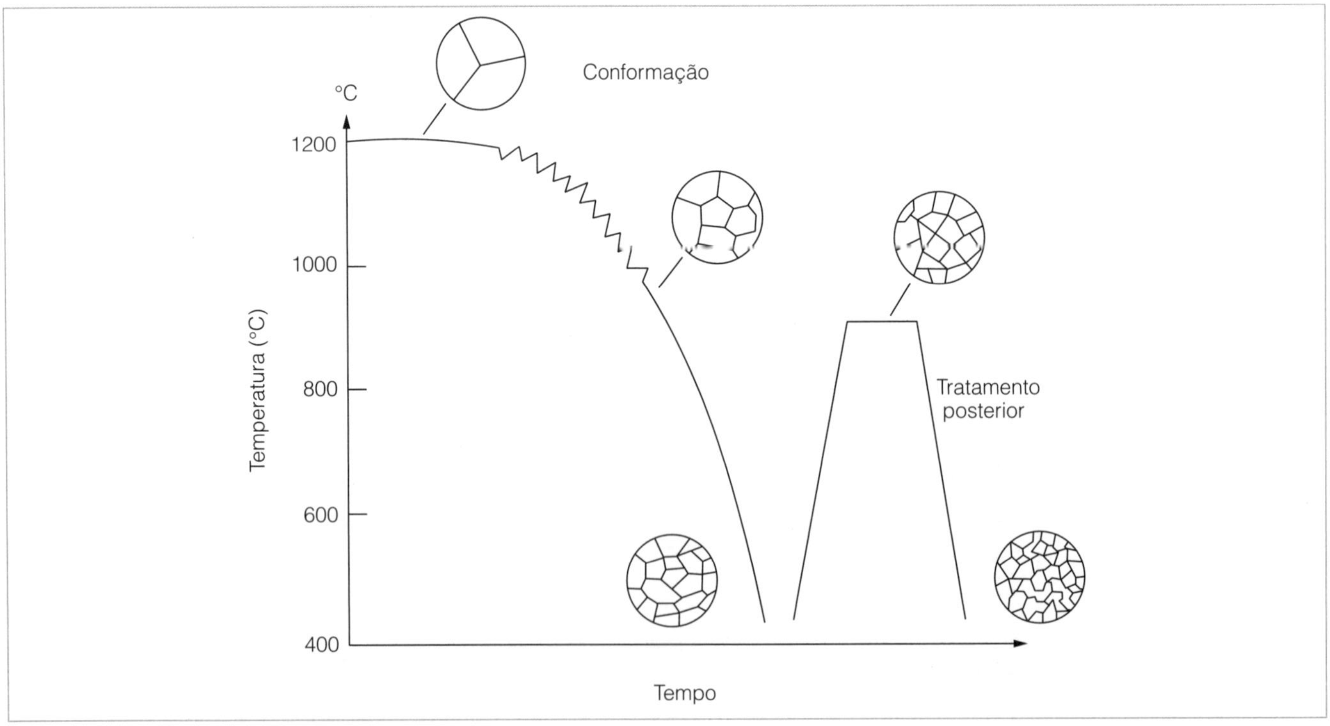

Figura 10.32 Conformação a quente convencional de aço com transformação de fase no resfriamento. Embora a estrutura seja controlada durante a conformação, pela combinação de deformação e temperaturas adequadas, as propriedades finais são definidas em um tratamento térmico posterior. Materiais como aços ferramenta e outros aços especiais requerem esse tipo de processamento em função da complexidade e dos cuidados necessários em cada uma das etapas.

10.3.7 Aquecimento

A taxa de aquecimento deve ser lenta o suficiente para evitar trincas por choque térmico no material a trabalhar. No caso de lingotes, cuidados especiais são requeridos em função de sua heterogeneidade. Em diversos casos, um patamar intermediário, para homogeneização da temperatura, pode ser recomendável. Esse patamar não deve coincidir com temperaturas de envelhecimento (p. ex.: superligas, aços *maraging*) nem com temperaturas de transformações de fases (p. ex.: aços inoxidáveis martensíticos).

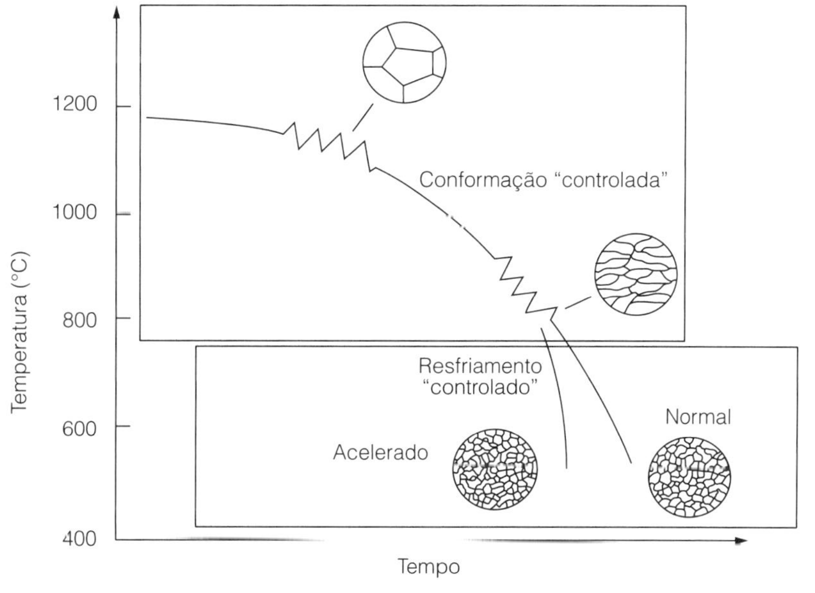

Figura 10.33 Tratamento termomecânico de aço com transformação de fase no resfriamento. A conformação "controlada" conduz a um tamanho de grão austenítico reduzido. Esse tamanho de grão reduzido favorece a nucleação dos constituintes finais do aço. Com o resfriamento controlado, pode ser possível eliminar a necessidade de um tratamento térmico para a obtenção de propriedades, especialmente em aços ARBL (ver Capítulo 6).

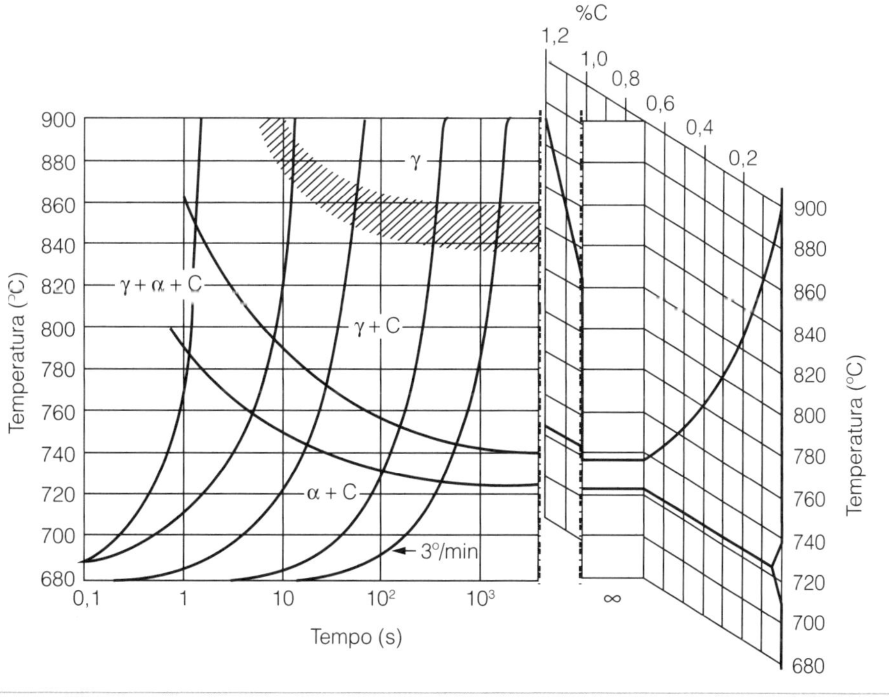

Figura 10.34 Curva tempo-temperatura-transformação esquemática para o aquecimento de um aço AISI 1070 e sua relação com o diagrama de equilíbrio de fases. A dissolução dos carbonetos (indicados como C na Figura) normalmente é a etapa mais lenta na cinética de homogeneização da austenita.

A seleção do meio de aquecimento deve levar em consideração as possíveis reações com o material a ser trabalhado. Descarbonetação e oxidação excessiva ou contaminação com enxofre (superligas à base de níquel são especialmente sensíveis) são problemas a serem considerados. Adicionalmente, é necessário considerar as transformações de fases que ocorrem no aquecimento: normalmente, reaustenitização e dissolução de precipitados, tais como carbonetos. É importante observar que é preciso dissolver todas as fases na austenita (em alguns casos, é possível trabalhar, com o devido cuidado, estruturas duplex, como nos aços inoxidáveis).

10.3.8 Temperatura

Talvez o parâmetro mais crítico na deformação a quente, a temperatura de trabalho envolve a escolha de uma faixa de temperaturas em que a liga apresenta ductilidade e resistência adequadas à conformação, isto é, trabalhabilidade adequada.

O limite superior dessa faixa é fixado pela temperatura *solidus* da liga; isto é, a temperatura na qual começa a surgir líquido no metal. Esse valor é determinado, em princípio, a partir de diagramas de equilíbrio de fases. Entretanto, fenômenos como segregação e outras heterogeneidades forçam a seleção de limites superiores bem abaixo de $T_{solidus}$, por segurança. Regiões segregadas fundem, em geral, a temperaturas mais baixas do que as previstas pela composição de equilíbrio da liga. A temperatura inferior da faixa é normalmente fixada pela ductilidade e resistência da liga a ser trabalhada. Obviamente, quanto mais estreita a faixa de temperaturas para trabalho a quente, tanto mais difícil esta operação se torna, requerendo estrito controle de temperatura, eventuais reaquecimentos etc.

Enquanto um aço carbono, por exemplo, pode ser trabalhado em uma faixa de até 300 °C, certas superligas somente aceitam deformação em faixas de 50 °C.

O tempo de manutenção na temperatura de trabalho, para encharque, deveria ser, teoricamente, apenas o suficiente para atingir a temperatura no centro da peça ou lingote e completar as transformações de fase desejadas. Na prática, entretanto, esse tempo tem efeito positivo no aumento da ductilidade por promover alguma homogeneização, ficando limitado, principalmente, pelo crescimento de grão excessivo ou pela decomposição superficial.

Aços com teores de elementos de liga mais elevados, como aços inoxidáveis e aços ferramenta das séries D e A, apresentam condutividade térmica bastante inferior à dos aços carbono. É importante levar esse fato em conta, evitando-se trabalhar material com o núcleo frio, o que pode ser desastroso, especialmente nessas ligas de forjamento difícil.

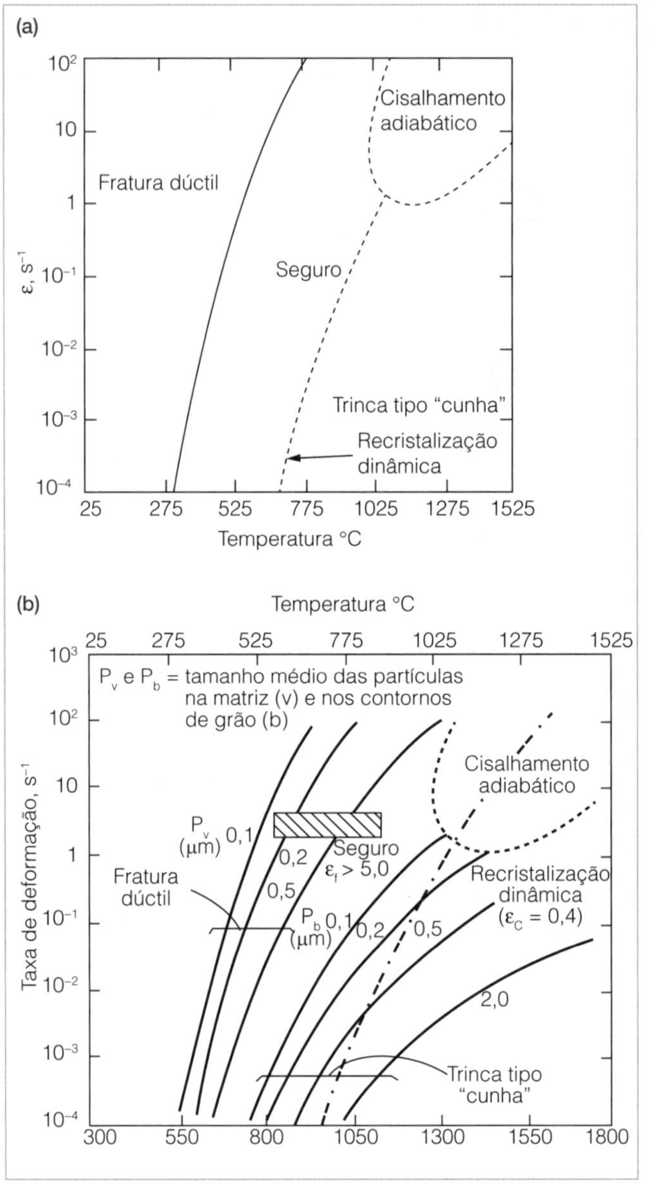

Figura 10.35 (a) "Mapa de Raj" [82] para AISI 304 com tamanho de grão austenítico de 50 µm. Adaptada de [84]. (b) "Mapa de Raj" para AISI 316. Neste caso, o limite da região de fratura dúctil é traçado para diferentes tamanhos de partículas (P_v) e o limite da falha por trincas de fluência "tipo cunha" em contorno de grão é apresentado para diferentes tamanhos de partículas em contorno de grão (P_b). Adaptada de [83].

O controle da temperatura de trabalho complica-se pelo fato de a energia de deformação ser parcialmente dissipada no interior da peça, sob a forma de calor, aumentando sua temperatura. Algumas etapas da laminação de produtos longos, por exemplo, frequentemente se passam de forma quase isotérmica por este motivo. Um programa de deformações muito severo (grandes deformações ou elevadas taxas de deformação) pode conduzir o núcleo do lingote ou peça a ultrapassar o limite superior da faixa de trabalho, causando a perda do material.

Como já discutido, a temperatura do programa de deformação no final do trabalho a quente é especialmente importante para controlar a extensão da recristalização e, por consequência, o tamanho de grão da peça acabada.

A compreensão dos fenômenos que controlam a formabilidade e os modos de expressar esta informação de maneira prática é muito importante. Além dos diagramas propostos por Frost e Ashby para determinar os mecanismos de deformação operantes à alta temperatura [81], Raj [82] concebeu um diagrama em que as regiões de operação dos mecanismos de fratura à alta temperatura são indicadas em função da temperatura e da taxa de deformação (p. ex.: Figura 10.35). Embora estes diagramas sejam interessantes do ponto de vista metalúrgico, por seu enfoque atomístico, na maior parte das ligas os diferentes fenômenos microscópicos terminam por se combinar e pode ser muito difícil determinar diagramas práticos para ligas industriais [83].

Um enfoque macroscópico para a análise da conformabilidade foi desenvolvido, principalmente por Prasad [4,84,85]. Neste enfoque, o modelamento dinâmico do material (*dynamic material model* – DMM) usa a mecânica do contínuo. A partir de medidas experimentais cuidadosas, são determinadas equações constitutivas viscoplásticas e "mapas de processamento". A teoria associada à formulação dos mapas é bastante complexa. Aqui é apresentado um breve resumo, focado na eventual aplicação pelo usuário. Nestes mapas, dois aspectos importantes são considerados: a dissipação de potência no material (Figura 10.36); e as regiões de instabilidade de deformação. Processos como recristalização dinâmica, recuperação dinâmica e superplasticidade causam grande dissipação da potência no material.

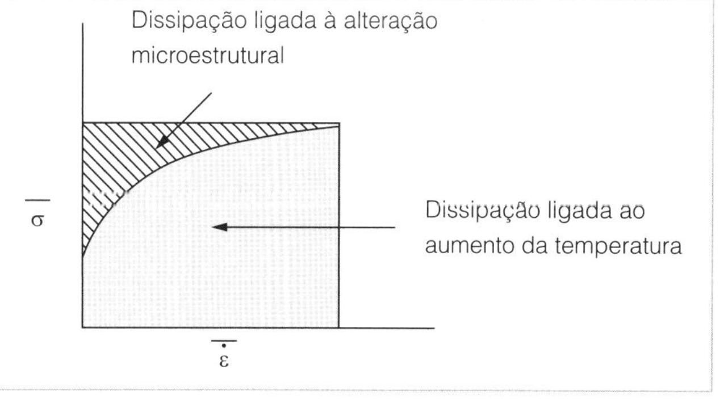

Figura 10.36 A potência total dissipada na deformação é o produto $P = \bar{\sigma}\dot{\bar{\varepsilon}}$. Uma parte dessa potência, em geral a maior parte, é dissipada como aumento da temperatura. Outra parte é usada em alterações microestruturais como recristalização dinâmica.

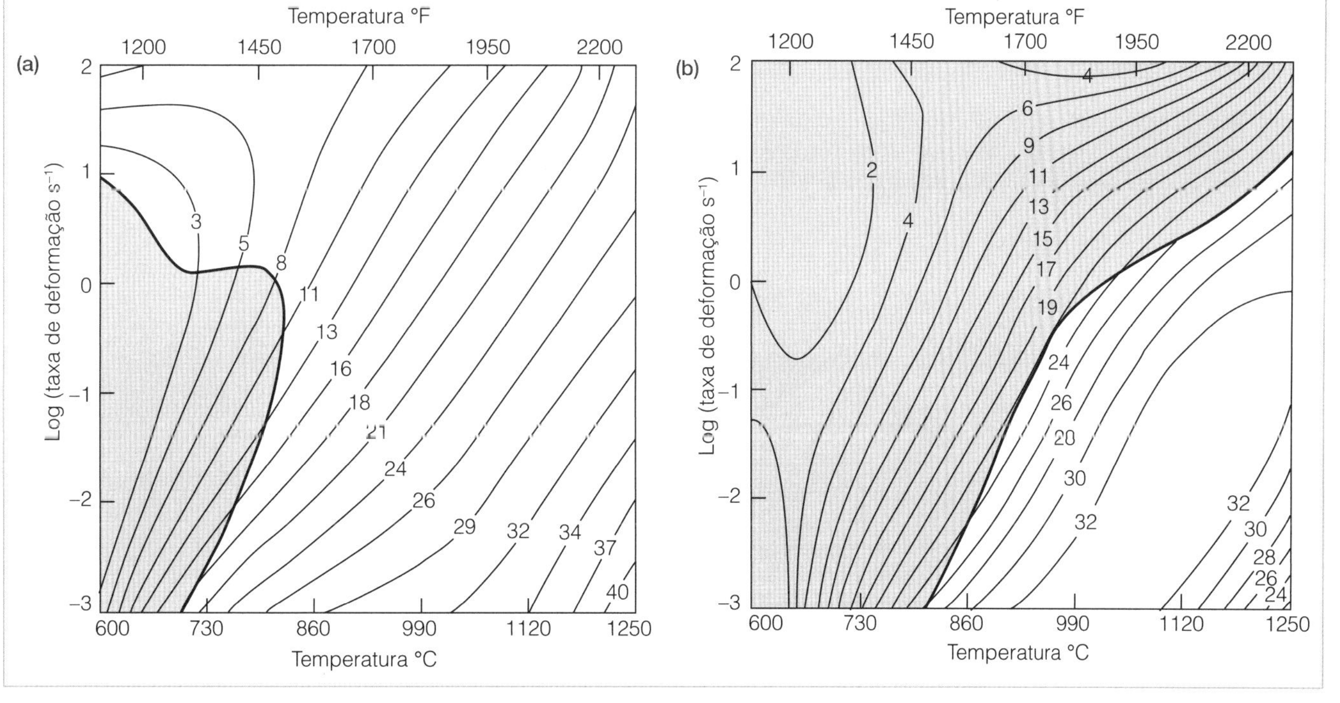

Figura 10.37 (a) Mapa de processamento para AISI 304 bruto de fusão, deformação total $\varepsilon = 0{,}5$. As linhas mostram curvas de mesma eficiência na dissipação de potência. A condição ideal de conformação é perto de 1250 °C e taxas de deformação baixas, $\varepsilon = 0{,}001s^{-1}$. A região cinza indica instabilidade, com deformação localizada. (b) Mapa de processamento para AISI 304 já deformado. Deformação total $\varepsilon = 0{,}5$. As linhas mostram curvas de mesma eficiência na dissipação de potência. A condição ideal de conformação é aproximadamente 1100 °C e $\dot{\varepsilon} = 0{,}01s^{-1}$. A região cinza indica instabilidade, com deformação localizada. Adaptada de [4].

O comportamento do material a uma certa temperatura e taxa de deformação define a trajetória seguida no espaço $\bar{\sigma}\times\bar{\varepsilon}$ durante a deformação definida. A teoria indica que quanto maior a "eficiência" da dissipação (que cresce com o aumento da dissipação microestrutural), tanto melhor será a formabilidade. Assim, os mapas de processamento apresentam curvas de mesma eficiência, superpostas a um mapa das regiões onde o processo de deformação é instável. Esses resultados são obtidos a partir de cuidadosos ensaios mecânicos e avaliação estrutural [4] e podem ser extremamente úteis no projeto da conformação de materiais. Um compêndio de mapas para ligas especiais e outros materiais complexos, determinados em condições bem controladas, foi publicado pela ASM [4].

As Figuras 10.38 e 10.39 são exemplos de um mapa de processamento para um aço microligado. Naturalmente, nestes mapas, definem-se as condições para a deformação com recristalização dinâmica. Os passes finais, que buscam encruar e/ou alongar os grãos austeníticos (*pancaking*) sem recristalização, não são contemplados nesta análise. Para esta análise, a determinação das condições em que a recristalização deixa de ocorrer é essencial. Além de técnicas experimentais para esta determinação, há fórmulas empíricas razoavelmente precisas, adequadas para estimativas iniciais [86].

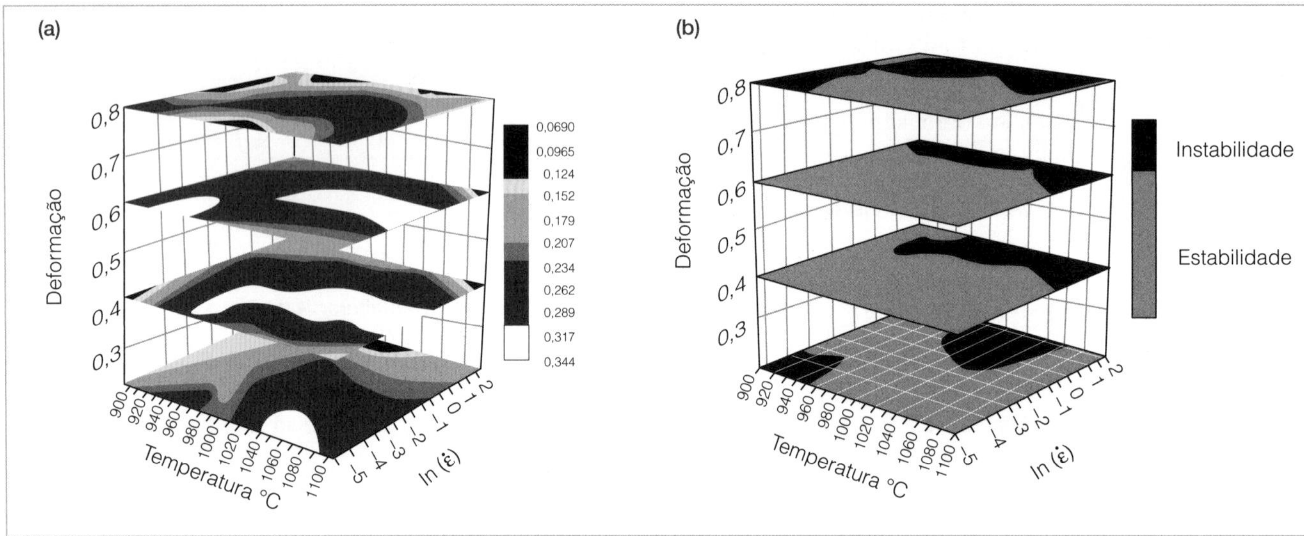

Figura 10.38 Mapas tridimensionais de (a) eficiência da dissipação de potência e (b) parâmetro de instabilidade para um aço microligado ao Ti-Nb. Adaptada de [87].

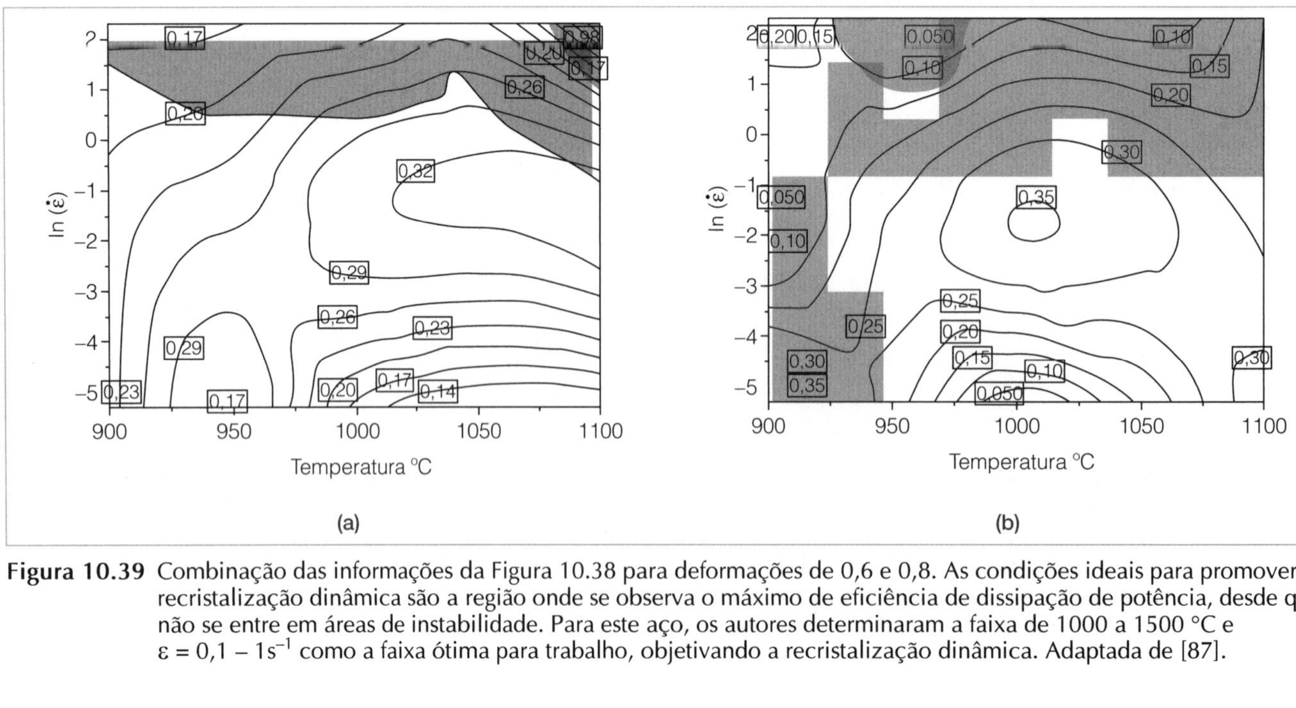

Figura 10.39 Combinação das informações da Figura 10.38 para deformações de 0,6 e 0,8. As condições ideais para promover recristalização dinâmica são a região onde se observa o máximo de eficiência de dissipação de potência, desde que não se entre em áreas de instabilidade. Para este aço, os autores determinaram a faixa de 1000 a 1500 °C e $\varepsilon = 0,1 - 1s^{-1}$ como a faixa ótima para trabalho, objetivando a recristalização dinâmica. Adaptada de [87].

Um exemplo extremo da influência da taxa de deformação é o fenômeno de superplasticidade. Ligas de titânio (p. ex.: Ti-6Al-4V), de alumínio e Zircalloy, entre outras, podem apresentar alongamentos uniformes superiores a 1000%, desde que controladas as variáveis metalúrgicas relevantes (principalmente o tamanho de grão, que deve ser muito fino), temperatura e taxa de deformação adequada [1,4]. Esse fenômeno é aproveitado na conformação superplástica de várias peças, principalmente na indústria aeroespacial.

10.3.9 Sequência de deformação

Ao se iniciar a deformação de um produto bruto de fundido (lingote ou produto do lingotamento contínuo), é importante que os primeiros passes sejam de pequenas deformações, uma vez que a estrutura bruta de fundido tem pior trabalhabilidade, como mostra a Figura 10.40.

Assim que a estrutura colunar é eliminada, pode-se aumentar as deformações. Quando a temperatura se aproxima do limite inferior da faixa de forjamento, novamente deve-se procurar empregar deformações menores, em virtude da menor ductilidade em temperatura mais baixa. Isto depende, é claro dos objetivos da deformação. Sequências mais complexas podem ser necessárias quando outras alterações metalúrgicas (laminação ou forjamento "controlado") são desejadas.

De forma geral, temperatura de trabalho e sequência de deformação devem ser ajustadas à trabalhabilidade do material, como visto anteriormente.

Esta depende não só de características do material, tais como tamanho de grão, homogeneidade de composição química, inclusões não metálicas etc. e taxa de deformaçao, como visto, mas também de como o trabalho é executado. O estado de tensões existente na conformação é muito importante na definição da capacidade do material se deformar, sem o aparecimento de defeitos. Estados de tensões sobretudo compressivos são, normalmente, favoráveis. Assim, nas mesmas condições, é possível que um material que não resista à trefilação seja facilmente extrudado.

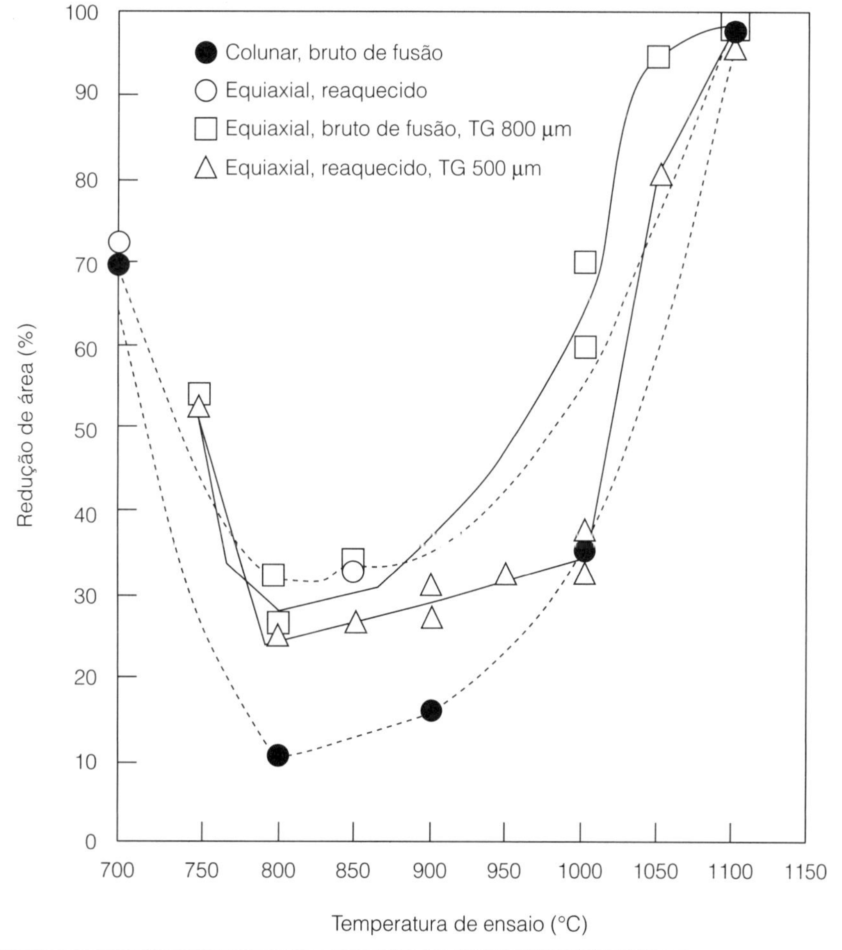

Figura 10.40 Efeito da estrutura e do tamanho de grão (TG) sobre a ductilidade a quente de aço C-Mn-Nb-Al. A ductilidade da estrutura colunar pode ser bastante baixa em muitos aços. Adaptada de [88].

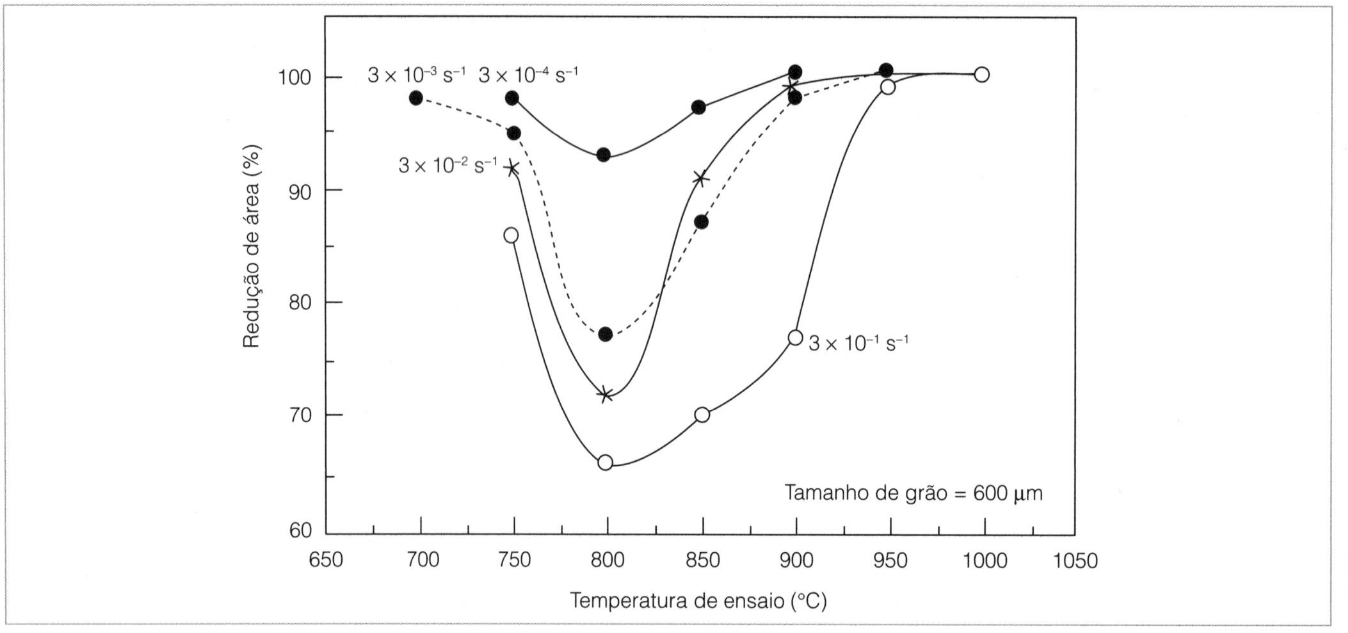

Figura 10.41 Efeito da taxa de deformação sobre a ductilidade a quente de um aço inoxidável ferrítico com grão grosseiro (bruto de fusão). Taxas de deformação elevadas resultam em baixa ductilidade. Adaptado de [89].

10.3.10 Resfriamento

Concluído o trabalho a quente, especial atenção deve ser dedicada ao resfriamento do produto. Além da própria tendência que determinados materiais apresentam de trincarem pelas tensões de transformações que ocorrem no resfriamento ao ar, tensões residuais podem ser introduzidas durante o trabalho a quente. É essencial, portanto, que, para aços ferramenta ou de média e alta liga e peças de grandes dimensões, o resfriamento após forjamento seja feito de maneira controlada, seja cobrindo as peças com vermiculite, seja transferindo-as para fornos de tratamento térmico, imediatamente após o forjamento.

A deformação a quente apresenta algumas desvantagens: em temperaturas do processo, os aços e superligas oxidam-se a taxas bastante sensíveis, resultando em perdas por oxidação (até 7% em peso); menor precisão dimensional; possibilidade de incrustações de óxidos etc. No caso de forjados, por exemplo, deve-se prever um sobremetal, de modo a obterem-se as dimensões finais desejadas.

10.4 TRABALHO A FRIO

No trabalho a frio, por definição, os mecanismos de recuperação e recristalização não são operativos. Nesse caso, à proporção que o metal é deformado, ocorre o encruamento, isto é, a resistência aumenta e a ductilidade diminui. Tal característica de deformação a frio foi abordada em anterior referência aos aços inoxidáveis austeníticos, no Capítulo 7.

O mecanismo de encruamento envolve o aumento da densidade de discordâncias (defeitos de linha microscópicos, responsáveis pela deformação dos metais), e a diminuição de sua mobilidade, que não será discutido neste texto. Para uma análise simples do problema, ver [90]. Para uma análise mais profunda, ver [1,91]. A Figura 10.42 apresenta a variação típica das propriedades mecânicas de metais com a deformação a frio.

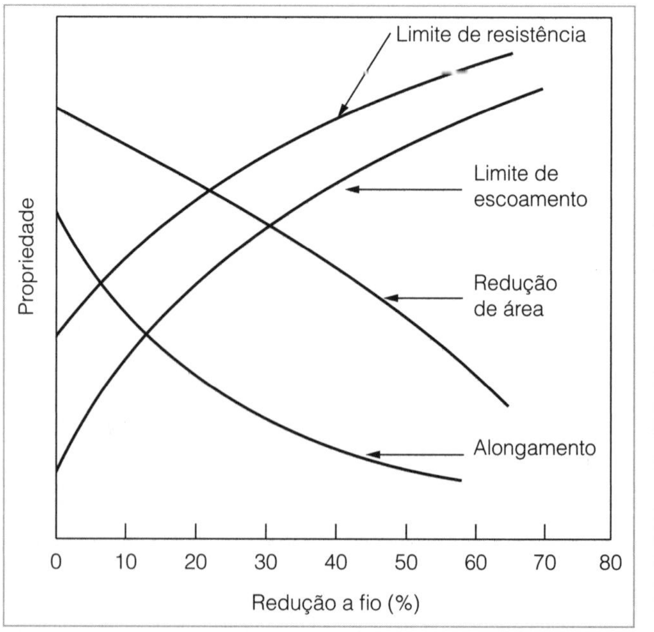

Figura 10.42 Variação típica de propriedades mecânicas de metais deformados a frio.

Em função da deformação a frio, pode aparecer, também, anisotropia de propriedades. Em contraste com a anisotropia proveniente do trabalho a quente, essa parcela de anisotropia pode ser eliminada por tratamento térmico que restaure a microestrutura original, isotrópica, do material.

Como a ductilidade diminui com o progresso da deformação, pode ocorrer ruptura antes de se atingir as dimensões finais desejadas, se a deformação for excessiva.

Para evitar essas dificuldades, as operações de deformação a frio, em geral, são realizadas em etapas, com operações de recozimento intermediárias. Apesar do aumento do custo envolvido, tais operações permitem uma elevadíssima flexibilidade, na medida em que possibilitam a produção de material com diversos graus de encruamento e, consequentemente, diferentes propriedades mecânicas e níveis de anisotropia.

Em materiais planos, principalmente, a deformação a frio é uma ferramenta extremamente importante. Passes leves em material laminado a quente podem eliminar o escoamento nítido permitindo melhor conformabilidade, por exemplo. A deformação a frio combinada com o recozimento de recristalização pode produzir texturas adequadas à conformação. Esta técnica é muito empregada em materiais para a indústria automobilística [92,93]. Por fim, a deformação a frio pode ser extremamente eficaz para condicionar o material antes de um tratamento térmico de austenitização completa ou parcial, visando produzir estrutura extremamente fina [94-97].

10.4.1 Estado de tensões durante a deformação

A avaliação do tipo de forças aplicadas durante a deformação permite avaliar a severidade da deformação, isto é, qual a possibilidade de o material falhar por fratura, durante o processo de conformação.

Existem centenas de processos para deformar e conformar metais. A classificação apresentada por Dieter [91], entretanto permite dividi-los em poucos grupos, de acordo com os tipos de forças aplicadas durante a deformação:

- Processos de compressão direta;
- Processos de compressão indireta;
- Processos de tensão;
- Processos de dobramento;
- Processos de cisalhamento.

Nos processos de compressão direta, a força é aplicada na superfície da peça e o metal alonga-se em direção perpendicular ao sentido da força. Exemplos principais desse tipo são forjamento e laminação, que representam a maior tonelagem de aço deformado mecanicamente (Figura 10.41).

Os processos de compressão indireta incluem trefilação, extrusão e embutimento. Nesses processos, a força direta é, frequentemente, trativa, mas as tensões compressivas desenvolvidas pela reação matriz-peça atingem elevados valores. Assim, o metal se deforma sob efeito de um estado de tensões combinado, que inclui elevada compressão em pelo menos uma das direções principais. A conformação de chapas esticadas (*stretch forming*) ilustra bem um processo de tensão, enquanto os processos de dobramento e cisalhamento são bastante conhecidos.

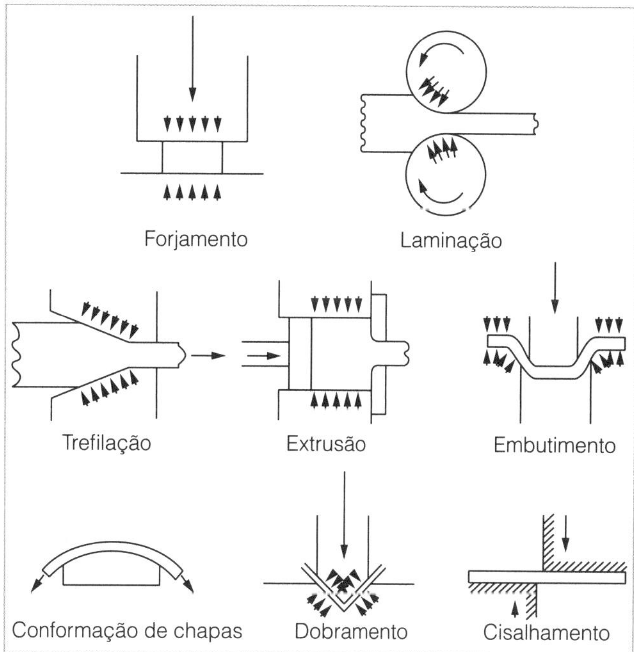

Figura 10.43 Processos de conformação mecânica. Análise das forças aplicadas. Adaptada de [91].

10.5 FORJAMENTO

Possivelmente, o processo mais antigo de conformação mecânica – o forjamento – é uma operação normalmente realizada a quente e é, até hoje, responsável pela produção de grande parte dos elementos mecânicos. A combinação de formas adequadas com excelentes propriedades obtidas com esse processo tem garantido sua permanência entre os mais empregados, inclusive para aplicações aeroespaciais. Além disso, para peças de grandes dimensões, somente o forjamento permite a obtenção das formas e propriedades requeridas. Entretanto, com o desenvolvimento dos aços e superligas e com as exigências cada vez maiores colocadas sobre os produtos forjados, modernamente o forjamento nada retém do processo empírico desenvolvido ao longo dos séculos [98].

Operações de forjamento cobrem uma ampla faixa de dimensões e formas de produto. Taxas de deformação desde $10^{-1}s^{-1}$ (prensas hidráulicas) até 10^2 s^{-1} (martelos de queda) são empregadas em operações normais de forjamento.

Forjarias pesadas são responsáveis pelo forjamento de grandes peças, como eixos, rotores, tubos de canhão, partes para vasos de pressão e trocadores de calor, tanto para a indústria química como para a produção de energia (caldeiras, nuclear etc.) [99]. O forjamento pesado, em matriz aberta vem sendo aprimorado de modo a permitir o desenvolvimento de estados de tensões durante a conformação cada vez mais favoráveis à eliminação de defeitos internos [14,15]. Ao longo de décadas, ferramental adequado, controle do avanço do forjamento e controle de temperatura [100-103] têm sido desenvolvidos de modo a forjar lingotes de até 500 t, obtendo-se peças de alta qualidade com custos compatíveis. Esses forjados são responsáveis pelo aproveitamento, com segurança, de economia de escala em várias indústrias, principalmente a de energia [104,105].

O forjamento em matriz fechada é frequentemente selecionado por permitir economia de material (forjado bruto próximo às dimensões do produto acabado) e, mais importante, permitir controle da anisotropia associada ao trabalho mecânico, de modo a orientá-la favoravelmente em relação às solicitações esperadas na utilização da peça. Flanges, conexões, discos de turbinas, rotores, entre outros são peças em que estas vantagens são aproveitadas.

O forjamento em máquinas automáticas de forjar é capaz de produzir grande variedade de formas e dimensões de barras com grande flexibilidade, inclusive no que diz respeito aos materiais processados, sendo uma alternativa à laminação quando pequenas quantidades de produtos de diferentes dimensões são desejadas.

10.6 LAMINAÇÃO

A laminação é, em termos de quantidade de metal produzido, o processo de conformação mais empregado. Consiste na passagem do material entre dois cilindros ("rolos") que giram com a mesma velocidade periférica e em sentidos opostos, e estão espaçados a uma distância algo inferior à espessura da peça a laminar. Nessas condições, em função do atrito metal-cilindros, a peça é "puxada" para entre os rolos, tendo sua espessura reduzida, o comprimento alongado e a largura levemente aumentada. O controle do atrito é fundamental, na medida em que define a maior redução possível sem forças externas que empurrem a peça.

Laminação a quente é realizada, normalmente, em equipamentos pesados. As elevadas solicitações sobre os rolos normalmente requerem refrigeração constante. Para uma mesma redução, é possível mostrar [1,104] que rolos menores sofrem menor força de separação (reação), em função da menor área de contato metal-rolos. Rolos menores, entretanto, são menos resistentes e deformam-se durante a laminação. Para evitar isso, arranjos diversos, em que pesados "cilindros de encosto" são empregados para suportar os cilindros de trabalho, de menor diâmetro, são comuns nos processos de laminação.

Cilindros de laminação são produzidos, normalmente, em aços ligados ou em ferro fundido coquilhado.

Produtos pré-conformados a quente podem ser, posteriormente, laminados a frio. As seguintes vantagens são obtidas na laminação a frio:

- Propriedades mecânicas aumentadas (devido ao encruamento);
- Excelente precisão dimensional;
- Excelente qualidade superficial;
- Produção econômica de produtos de pequenas espessuras.

A obtenção de textura adequada à conformação mecânica severa em aços baixo carbono depende do emprego de laminação a quente, seguida de laminação a frio e recozimento. Em alguns casos, especialmente em produtos revestidos para embalagens, passes de encruamento são ainda aplicados após o recozimento (Capítulo 6).

10.7 EXTRUSÃO

No processo de extrusão, o metal sólido, semiacabado, é forçado a fluir, por compressão, por meio de um orifício em uma matriz com seção transversal inferior à do semiacabado original.

A extrusão é um dos processos de maior flexibilidade com respeito à forma de secção transversal do produto obtido. Perfis diversos, assim como tubos sem costura, podem ser produzidos, com excelente precisão dimensional, por esse processo.

O estado de tensões principalmente compressivo é bastante favorável em termos de trabalhabilidade.

Apesar da grande variedade de condições em que a extrusão pode ser realizada (velocidade, temperatura, forças etc.), há uma semelhança muito grande entre os fatores que controlam o processo, em qualquer caso. Assim, as condições do escoamento do material durante a extrusão rápida ou lenta, a quente ou a frio, e em diferentes materiais, são extremamente semelhantes.

REFERÊNCIAS BIBLIOGRÁFICAS

1. Meyers MA, Chawla KK. Mechanical Behavior of Materials. Cambridge, Cambridge University Press; 2009.
2. Zhu Z, Lu Y, Xie Q, Li D, Gao N. Mechanical properties and dynamic constitutive model of 42CrMo steel. Materials & Design. 2017;119:171-9.
3. Lin YC, Chen M-S, Zhong J. Prediction of 42CrMo steel flow stress at high temperature and strain rate. Mechanics Research Communications. 2008;353:142-50.
4. Hot Working Guide: a compendium of processing maps. Materials Park, OH: ASM International; 2015;2:628.
5. Sellars CM. Recrystallization of metals during hot deformation. Philosophical Transactions of the Royal Society of London Series A, Mathematical and Physical Sciences. 1978;288(1350):147-58.
6. Lin YC, Chen X-M. A critical review of experimental results and constitutive descriptions for metals and alloys in hot working. Materials & Design. 2011;32(4):1733-59.
7. Tamura I. Some fundamental steps in thermomechanical processing of steels. Transactions of the ISIJ. 1987;27(10):763-79.
8. Tamura I, Sekine H, Tanaka T. Thermomechanical processing of high-strength low-alloy steels. Oxford. Butterworth-Heinemann; 2013.
9. Barbosa R. Simulação de processos industriais a partir de ensaio de torção a quente. In: (Diversos Autores) Textura e Relações de Orientação. 2. ed. IPEN. São Paulo Brasil: IPEN; 2003;151-62.
10. Jonas JJ. Dynamic recrystallization – scientific curiosity or industrial tool? Materials Science and Engineering A. 1994;A184(2):155-65.
11. Baker TN. Microalloyed steels. Ironmaking & Steelmaking. 2016;43(4):264-307.
12. Deardo AJ. Niobium in modern steels. International Materials Reviews. 2003;48(6):371-402.
13. Kakimoto H, Arikawa T, Takahashi Y, Tanaka T, Imaida Y. Development of forging process design to close internal voids. Journal of Materials Processing Technology. 2010;210(3):415-22.
14. Park CY, Yang DY. A study of void crushing in large forgings I: bonding mechanism and estimation model for bonding efficiency. Journal of Materials Processing Technology. 1996;57(1-2):129-40.
15. Park CY, Yang DY. A study of void crushing in large forgings: II. Estimation of bonding efficiency by finite-element analysis. Journal of Materials Processing Technology. 1997;72(1):32-41.
16. Cole GS. Inhomogeneities and their control via solidification. Metallurgical Transactions. 1971;2(2):357-70.
17. Edelson BI, W M Baldwin Jr. The effect of second phases on the mechanical properties of alloys. Transactions ASM. 1962;55:230-50.
18. Lawley A. Modern Powder Metallurgy Science and Technology, Journal of Metals – JOM. 1986;38(8):15-25.
19. Chang S H, Lee S C, Tang T-P, Ho H-H. Influences of soaking time in hot isostatic pressing on strength of inconel 718 superalloy. Materials Transactions – JIM. 2006;47(2):426-32.
20. Yuan C, Li J, Dong K-X, Guo J-T. On healing mechanism of cast porosities in cast Ni-based superalloy by hot isostatic pressing. In: Liu X, Liu Z, Brinkman K, Das S, Dryepondt S, Fergus JW, et al. (Org.). Energy Materials 2017. Cham: Springer International Publishing; 2017;265-75.
21. Wu M-W, Chen J-K, Lin B-H, Chiang P-H. Improved fatigue endurance ratio of additive manufactured Ti-6Al-4V lattice by hot isostatic pressing. Materials & Design. 2017;134:163-70.
22. Flemings MC. Solidification processing. New York: McGraw-Hill; 1974.
23. R Ward. Effect of annealing on the dendritic segregation of manganese in steel. Journal of the Iron and Steel Institute – JISI. 1965;203:930-2.
24. Colpaert H, Costa e Silva A. Metalografia dos produtos siderúrgicos comuns. 4. ed. São Paulo: Blucher; 2008;672.
25. Krauss G. Solidification, segregation, and banding in carbon and alloy steels. Metallurgical and Materials Transactions B. 2003;34B(6):781.

26. Costa e Silva A. Using computational thermodynamics to understand the evolution of solidification segregation during steel processing. Journal of Phase Equilibria and Diffusion. 2020;41:522-531.

27. Sauveur A. Metallography and heat treatment of iron and steel. New York: McGraw-Hill; 1935;4.

28. Costa e Silva A. The effects of non-metallic inclusions on properties relevant to the performance of steel in structural and mechanical applications. Journal of Materials Research and Technology.2019;8(2):2408-2422.

29. Robinson SW, Martin IW, Pickering FB. Formation of alumina in steel and its dissemination during mechanical working. Metals Technology. 1979;6(1):157-69.

30. Kiessling R. Non-metallic inclusions in steels. London: The Iron and Steel Institute; 1968.

31. Leung C-H, Vlack LH. Solution and precipitation hardening in (Ca, Mn) sulfides and selenides. Metallurgical Transactions A. 1981;12A(6):987-91.

32. Paliwoda EJ, Wilson W. Relationship between inclusions and hot workability. In: Mechanical working of steel, I. AIME Metallurgical Society Conferences, vol. 21, Smith, PE (Org.). Gordon and Breach Science Publishers; 1964;126-42.

33. Chawla KK. Composite materials science and engineering. New York: Springer-Verlag; 1987.

34. Weber L, Dorn J, Mortensen A. On the electrical conductivity of metal matrix composites containing high volume fractions of non-conducting inclusions. Acta Materialia. 2003;51(11):3199-211.

35. Ashby MF, Blunt FJ, Bannister M. Flow characteristics of highly constrained metal wires. Acta Metallurgica et Materialia. 1989;37(7):1847.

36. Butler TW, Drucker DD. Yield strength and microstructural scale: a continuum study of pearlitic versus spheroidized steel. Transactions of the ASME: J. Appl. Mech. 1973;40(3):780-784.

37. Deng X, Patterson BR, Chawla KK, Koopman MC, Fang Z, Lockwood G, et al. Mechanical properties of a hybrid cemented carbide composite. International Journal of Refractory Metals and Hard Materials. 2001;19(4-6):547-52.

38. Manohar PA, Ferry M, Chandra T. Five decades of the Zener equation. ISIJ International. 1998;38(9):913-24.

39. Rios PR, Zöllner D. Critical assessment 30: grain growth – unresolved issues. Materials Science and Technology. 2018;34(6):629-38.

40. Gladman T, Dulieu D. Grain-Size Control in Steels. Metal Science. 1974;8(1):167-76.

41. Gladman T. Aluminum for grain size control. Heat Treatment of Metals. 1994;(1):11-4.

42. Gladman T. Recrystallization and grain growth of multiphase and particle-containing alloys. In Proceedings of the 1st International Riso Symposium, Riso, Hansen. 1980;183-90.

43. Takahashi M. Effect of manganese and salfur on austenite grain size and recrystallized ferrite grain size after cold rolling of low carbon steel. Tetsu-to-Hagané. 1974;60(5):501-13.

44. Cesar M das GMM, Paolinelli S da C, Alcântara FL, Cota AB. Effect of the low temperature annealing on primary and secondary structures and magnetic properties of Fe-3% Si. Materials Research. 2011;15(1):1-8.

45. Manohar PA, Dunne DP, Chandra T, Killmore CR. Grain growth predictions in microalloyed steels. ISIJ International. 1996;36(2):194-200.

46. Gladman T. Preciptation hardening in metals. Materials Science and Technology. 1999;15:30-6.

47. Hornbogen E. Hundred years of precipitation hardening. Journal of Light Metals. 2001;1(2):127-32.

48. Manohar PA, Kunishige K, Chandra T, Ferry M. Continuous cooling transformation behaviour of Si-Mn and Al-Mn transformation induced plasticity steels. Materials Science and Technology. 2002;18(8):856-60.

49. Gladman T, D Dulieu, I D McIvor. Structure-property relationships in high-strength microalloyed steel. In Microalloying 75- International Symposium on High-Stregth Low-Alloy Steels, Washington, Union Carbide Corp.; 1975:32-55.

50. Reed RC. The superalloys: fundamentals and applications. Cambridge, Cambridge University Press; 2008.

51. Pomey G, Trentini B. Quelques considérations sur la propreté des aciers. Revue de Metallurgie. 1971;68(10):603-24.

52. Gladman T, G.Fourlaris, Talafi-Noghani M. Grain refinement of steel by oxidic second phase particles. Materials Science and Technology. 1999;15:1414-24.

53. Wranglen G. Pitting and sulphide inclusions in steel. Corrosion Science. 1974;14(5):331-49.

54. Williams DE, Kilburn MR, Cliff J, Waterhouse GIN. Composition changes around sulphide inclusions in stainless steels, and implications for the initiation of pitting corrosion. Corrosion Science. 2010;52(11):3702-16.

55. Maloney JL, Garrison WM. The effect of sulfide type on the fracture behavior of HY180 steel. Acta Materialia. 2005;53(2):533-51.

56. Iorio LE, Garrison WM. Effects of gettering sulfur as CrS or MnS on void generation behavior in ultra-high strength steel. Scripta Materialia. 2002;46(12):863-8.

57. Garrison WM, Wojcieszynski AL. A discussion of the spacing of inclusions in the volume and of the spacing of inclusion nucleated voids on fracture surfaces of steels. Materials Science and Engineering A. 2009;505(1–2):52-61.

58. Gladman T. On the theory of the effect of precipitate particles on grain growth in metals. Proceedings of the Royal Society A: Mathematical, Physical and Engineering Sciences. 1966;294(1438):298-309.

59. Palmiere EJ, Garcia CI, DeArdo AJ. The influence of niobium supersaturation in austenite on the static recrystallization behavior of low carbon microalloyed steels. Metallurgical and Materials Transactions A. 1996;27A(4):951-60.

60. Babu SS, David SA. Inclusion formation and microstructure evolution in low alloy steel welds. ISIJ International. 2002;42(12):1344-53.

61. Fox AG, Brothers DG. The role of titanium in the non metallic inclusions which nucleate acicular ferrite in the submerged arc weld (SAW) fusion zone of navy HY-100 steel. Scripa Metallurgica et Materialia. 1995;32(7):1061-6.

62. Cottrell AH. The Bakerian Lecture, 1963. Fracture. Proceedings of the Royal Society of London Series A, Mathematical and Physical Sciences. 1963;276(1364):1-18.

63. Widgery DJ, Knott JF. Method for quantitative study of inclusions taking part in ductile fracture process. Metal Science. 1978;12(1):8-11.

64. Knott J. Fundamentals of fracture mechanics. London: Butherworths; 1973.

65. Baker TJ, Charles JA. Influence of deformed inclusions on the short transverse ductility of hot-rolled steels. In: Effect of second-phase particles on the mechanical properties of steel. ISI London; 1971;79.

66. Spitzig WA. Effect of Sulfides and Sulfide Morphology on Anisotropy of Tensile Ductility and Toughness of Hot-Rolled C-Mn Steels. Metallurgical Transactions A. 1983;14A:471-84.

67. Ray A, Paul SK, Jha S. Effect of inclusions and microstructural characteristics on the mechanical properties and fracture behavior of a high- strength low- alloy steel. Journal of Materials Engineering and Performance. 1995;4(6):679-88.

68. Banovic SW, McCowan CN, William E. Luecke. NIST NCSTAR 1-3E (draft) for public comment federal building and fire safety investigation of the world trade center disaster physical properties of structural steels (draft). NIST: Gaithersburg, MD, 2005.

69. Pircher H, Klapdar W. Controling inclusions in steel by injecting calcium into the ladle. In: Microalloying 75-International Symposium on High-Stregth Low-Alloy Steels, Washington, Union Carbide Corp.; 1975.

70. Pessard E, Morel F, Bellett D, Morel A. A new approach to model the fatigue anisotropy due to non-metallic inclusions in forged steels. International Journal of Fatigue. 2012;41:168-78.

71. Pessard E, Morel F, Verdu C, Flacelière L, Baudry G. Microstructural heterogeneities and fatigue anisotropy of forged steels. Materials Science and Engineering A. Nov. 2011;529:289-99.

72. Temmel C, Ingesten N-G, Karlsson B. Fatigue anisotropy in cross-rolled, hardened medium carbon steel resulting from MnS inclusions. Metallurgical and Materials Transactions A. 2006;37(10):2995-3007.

73. Roiko A, Hänninen H, Vuorikari H. Anisotropic distribution of non-metallic inclusions in a forged steel roll and its influence on fatigue limit. International Journal of Fatigue. 2012;41:158-67.

74. Murakami Y. Metal fatigue: effects of small defects and nonmetallic inclusions. Kidlington, England: Elsevier Science; 2002.

75. Costa e Silva A. Non-metallic inclusions in steels – origin and control (review). Journal of Materials Research and Technology. 2018;7(3):283-299.

76. Tsubota K, Sato T, Kato Y, Hiraoka K, Hayashi R. Bearing steels in the 21st century. In: Bearing steels: into the 21st century. ASTM STP 1327. Hoo JJC, Green WB (Eds.) West Conshohocken, PA. ASTM International; 1998.

77. Beswick J, Gabelli A, Ioannides E, Tripp JH, Voskamp AP. Rolling bearing life models and steel internal cleanliness. In: Bearing Steel Technology: Advances in the Production and Use of Steel with Improved Internal Cleanliness ASTM STP 1361. Beswick, J (Ed.), West Conshohocken, PA, ASTM; 1999.

78. Monnot J, Heritier B, Cogne JY. Relationship of melting practice, inclusion type, and size with fatigue resistance of bearing steels. In: Effect of Steel Manufacturing Processes on the Quality of Bearing Steels. ASTM STP 987, West Conshohocken, PA, ASTM; 1988.

79. Brossi A. Untersuchung Uber Den Einfluss Des Schmiedens Auf Die Mechanischen Eigenschaften Bei Freiformschmiedestucken. In: International Forgersmasters Conference. 1952;365-81.

80. Froes FH, Pickens JR. Powder Metallurgy of Light Metal Alloys for Demanding Applications. Journal of Metals--JOM. 1984;36:14-28.

81. Frost HJ, Ashby MF. Deformation mechanism maps: the plasticity and creep of metals and ceramics. Oxford, New York, NY: Pergamon Press; 1982.

82. Raj R. Development of a processing map for use in warm – forming and hot-forming processes. Metallurgical Transactions A. 1981;12(6):1089-97.

83. Anitha Lakshmi A, SrinivasaRao Ch, Gangadhar J, Srinivasu Ch, Singh SK. Review of processing maps and development of qualitative processing maps. Materials Today: Proceedings. 2017;4(2):946-56.

84. Prasad YVRK, Seshacharyulu T. Modelling of hot deformation for microstructural control. International Materials Reviews. 1998;43(6):243-58.

85. Rao KP, Prasad YVRK. Advanced techniques to evaluate hot workability of materials. In: Comprehensive materials processing. Amsterdam: Elsevier; 2014.

86. Boratto F, Barbosa R, Yue S, Jonas J. Effect of chemical composition on the critical temperatures of microalloyed steels. In International Conference on Physical Metallurgy of Thermomechanical Processing of Steels and Other Metals. THERMEC-88. 1988;383-90.

87. Qian P, Tang Z, Wang L, Siyasiya CW. Hot deformation characteristics and 3-D processing map of a high--titanium Nb-micro-alloyed steel. Materials. 2020;13(7):1501.

88. Mintz B, Cowley A, Abushosha R. Importance of columnar grains in dictating hot ductility of steels. Materials Science and Technology. 2000;16(1):1.

89. Mintz B, Shaker M, Crowther DN. Hot ductility of an austenitic and a ferritic stainless steel. Materials Science and Technology. 1997;13(3):243.

90. Reed-Hill RE, Abbaschian R. Physical Metallurgy Principles. Boston: PWS-Kent; 1992;3.

91. Dieter G. Mechanical metallurgy. New York, NY: McGraw-Hill Book Co; 1986.

92. Mitsunobo A. Formable steels. In: Pickering FB (Org.). Materials Science and Technology- Constitution and Properties of Steels. New York: Wiley–VCH; 1996.

93. Viana C da C, Paula A dos S. Texturas de deformação. In Workshop sobre textura e relações de orientação. São Paulo: EPUSP; 2001;23-37.

94. Matlock DK, Speer JG. Third generation of AHSS: microstructure design concepts. In: Haldar A, Suwas S, Bhattacharjee D (Org.). Microstructure and texture in steels and other materials. Surrey, England: Springer--Verlag London Ltd; 2009;185.

95. Matlock DK, Speer JG, Moor ED, Gibbs PJ. Recent developments in advanced high strength sheet steels for automotive applications: an overview. JESTECH, 2012;15(1):1-12.

96. Caballero FG, Garcia Junceda A, Capdevila C, Garcia de Andrés C. Evolution of Microstructural Banding during the Manufacturing Process of Dual Phase Steels. Materials Transactions – JIM. 2006;47(9):2269-76.

97. Cotrim F de AD, Tolomelli FT dos SF, Costa e Silva A. Computational thermodynamics as a tool to understanding and designing intercritical heat treatment of steels. In: 56° Seminário de Laminação e Conformação de Metais, ABM Week 2019, São Paulo, SP: Blucher; 2019;187-93.

98. Brooks JW. Forging of superalloys. Materials & Design. 2000;21(4):297-303.

99. Baier W. Freiformschmieden – Grundlagen und betriebliche Verfahren. Duesseldorf: VDEh; 1980.

100. Kawaguchi S, Tsukada H, Suzuki K, Sato I, Onodera S. Manufacturing of Large and Integral-Type Steel Forgings for Nuclear Steam Supply System Components, In: Steel Forgings, ASTM STP 903, Nisbett, EG, Melilli, AS (Orgs.), West Conshohocken, PA, ASTM, 1986;398-409.

101. Tamura K, Tajima J. Optimisation of open die forging condition and tool design for ensuring both internal quality and dimensional precision by three-dimensional rigid–plastic finite element analysis. Ironmaking & Steelmaking. 2003;30(5):405-11.

102. Sarnet J, Widell B. Influence of various heating and forging routes on the microstructure of 3% Ni steels. In 15th International Forgemasters Meeting. Kobe, Japan; 2003.

103. Masek B, Novy Z, Kesner D. Technological chain of free forging of large shafts developed with the aid of FEM simulation. In: ICFG Workshop on Process Simulation in Metal Forming Industry, Stockholm. Royal Institute of Technology 2003.

104. Tanaka Y, Sato I. Development of high purity large forgings for nuclear power plants. Journal of Nuclear Materials. 2011;417(1-3):854-9.

105. Suzuki K, Kurihara I, Sasaki T, Koyoma Y, Tanaka Y. Application of high strength MnMoNi steel to pressure vessels for nuclear power plant. Nuclear Engineering and Design. 2001;206(2-3):261-77.

106. Parkins RN. Mechanical Treatment of Metals. London: George Allen and Unwin Ltd.; 1970.

Capítulo 11

Gestão e controle da qualidade

11.1 INTRODUÇÃO

A produçao de peças e materiais para itens de alta responsabilidade gera um importante compromisso entre o fabricante e o usuário. É essencial, para o usuário (e para o fabricante), a certeza de que as propriedades e características especificadas para determinado item sejam efetivamente atingidas com segurança na peça acabada. Mais do que isso, interessa ao usuário, normalmente, a garantia de que o item será "adequado ao uso" previsto.

Se as especificações são adequadas, os dois conceitos anteriormente descritos se tornam equivalentes. É comum estabelecer o conceito de qualidade a partir destas duas ideias:

- Qualidade é a conformidade com os requisitos especificados;
- Qualidade é a adequação ao uso.

Diversas técnicas e conceitos gerenciais têm sido desenvolvidos, nas últimas décadas, na área da qualidade [1,2] incluindo modelos de gestão integrada. O objetivo deste capítulo não é discutir os conceitos de qualidade e de gestão visando a qualidade, mas sim as técnicas empregadas na medição das características comumente especificadas e controladas na fabricação e tratamento de aços e ligas especiais, assim como algumas das dificuldades encontradas na sua correta aplicação na área. O conhecimento dessas técnicas, suas características, vantagens e limitações é essencial para a aferição da qualidade dos itens de aços e ligas especiais.

É importante destacar, entretanto, alguns conceitos básicos da área de qualidade que não devem ser esquecidos:

- As ações que resultam na qualidade não são atividades exclusivas de determinados setores de uma indústria (p. ex.: Departamento de Controle ou Garantia da Qualidade). Todos os setores participam nas atividades relacionadas com a qualidade, desde o desenvolvimento, a partir das necessidades do usuário, até a área de comercialização, passando pelas áreas de produção, controle etc. (Figura 11.1).

A qualidade é responsabilidade de quem executa uma atividade. Este é um princípio fundamental que muitas vezes não recebe o destaque devido na indústria. Aos responsáveis pelas atividades de controle da qualidade cabe, apenas, medir e atestar atributos, uma vez que a "verdadeira" qualidade é produzida em outros setores;

- Medidas planejadas e sistemáticas são necessárias para assegurar que as funções de qualidade, isto é, a participação de cada órgão do sistema responsável pela produção de um item, sejam efetivamente cumpridas;
- A interação entre usuário, projetista e fabricante, gerando especificações, desenvolvendo e fabricando produtos, caracterizando-os e realimentando o sistema com as informações sobre o desempenho, é essencial quando se deseja efetiva "adequação ao uso", a custos compatíveis, como resultado final. O sistema não pode ser fechado em si mesmo e ignorar a retroalimentação externa.

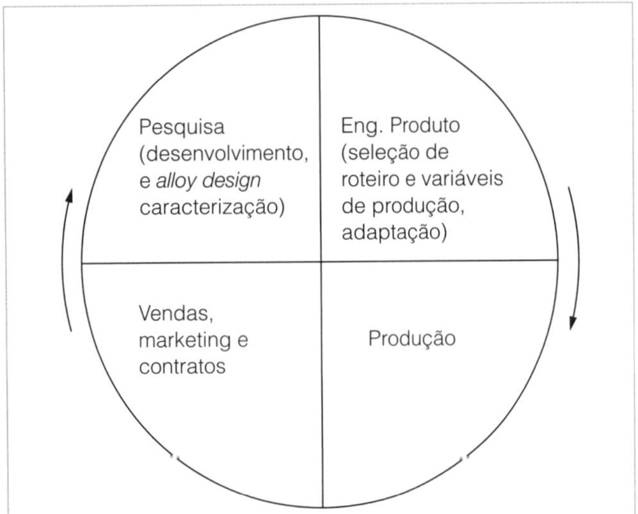

Figura 11.1 O Ciclo "PDCA". Embora seja um conceito "clássico", o ciclo Plan-Do-Check-Act continua dando uma visão importante da interação entre todos os setores da indústria nas atividades que resultam na qualidade do material. O aspecto "ciclo" não pode ser esquecido. É essencial para a manutenção de padrões elevados e para a melhoria dos produtos e dos processos, assim como a redução de custos. Participação dos diferentes setores de uma usina nas atividades que resultam na qualidade do material [1,3].

Assim, durante a fase de seleção e especificação do material (Capítulos 6 e 7), os esforços do fabricante e do usuário devem ser conjugados, de modo a encontrar ou desenvolver um material que seja efetivamente adequado ao uso em questão, com custo compatível. A partir desta escolha, devem ser claramente definidos os critérios de aceitação e rejeição a serem empregados no fornecimento do material: quais testes e ensaios deverão ser realizados, com qual amostragem, em que etapa da fabricação, segundo qual norma, como serão avaliados os resultados etc. Essas são definições fundamentais em qualquer especificação para fornecimento de material. Isso permite um relacionamento claro e objetivo entre fornecedor e usuário, agilizando prazos, reduzindo custos e registrando, claramente, o que se espera obter e o que se obtém, na prática, de um determinado material.

Uma dificuldade constante é a relação entre as propriedades especificadas e medidas de um material e a "adequação ao uso" do item produzido com este material. As propriedades especificadas e medidas, em geral, são medidas indiretas das características essenciais para o desempenho adequado. Um ensaio de tração, um *drop weight test* ASTM E208 [4] ou um teste de corrosão intercristalina em solução de sulfato de cobre (ASTM A262 [5]), por exemplo, na maior parte dos casos, não representam situações reais a que o material será submetido. São medidas indiretas de propriedades e características estruturais que, se espera, garantirão um desempenho adequado, isto é, a "adequação ao uso".

Quando existe experiência anterior com material semelhante, em geral não é difícil ajustar novos requisitos de propriedades a novos requisitos de uso. Entretanto, converter as necessidades de desempenho de um item em propriedades tecnológicas mensuráveis do material a ser empregado em sua produção nem sempre é fácil ou direto. A fabricação de protótipos, os testes de produção e o acompanhamento de lotes de qualificação ou do desempenho de protótipos ou "cabeças de série" são técnicas frequentemente adotadas para reduzir a incerteza e realizar ajustes na especificação do material com rapidez e eficiência. Uma introdução a este complexo processo é apresentada no texto clássico de Ashby, para o projeto mecânico [6]. Quando considerações adicionais como sustentabilidade, por exemplo, são incluídas, o processo se torna ainda mais complexo [7].

11.2 TIPOS DE TESTES E ENSAIOS NO CONTROLE DA QUALIDADE

Os testes e ensaios empregados na avaliação e controle das propriedades e características de aços e ligas especiais são classificados, basicamente, em ensaios destrutivos e ensaios não destrutivos. O sentido da classificação é bastante óbvio, se bem que diversos casos ocorram em que a classificação se torna difícil, como no ensaio de dureza, que, dependendo do estado, tamanho e posição na peça, pode ser destrutivo ou não.

Como discutido no item anterior, a definição dos testes e ensaios a executar em determinado item a ser fornecido deve ser realizada na etapa de especificação. Escopos mais extensos de testes e exames conduzem, em geral, a maior garantia quanto ao atendimento dos requisitos especificados. No entanto, a extensão dos controles estabelecidos influi fortemente no custo do produto. Forjados para determinadas indústrias (p. ex.: nuclear e aeronáutica) podem ter mais de 50% do custo associado a testes e controles realizados.

Uma vez que a efetiva qualidade de um item ou produto não é afetada pela extensão da inspeção realizada sobre ele, é conveniente que o comprador ou especificador analise, cuidadosamente, quais características do produto se deseja, efetivamente, comprovar nas etapas de controle e, mais importante, com que objetivo.

Ensaios destrutivos, de forma geral, medem propriedades mecânicas relativas a determinada posição em uma peça ou produto. Controles para garantir a amostragem na posição e orientação corretas, assim como a perfeita rastreabilidade dos corpos de prova a peça ou lote são essenciais. Como discutido no Capítulo 6, o requisito estabelecido para as propriedades medidas nesses testes pode derivar diretamente de propriedades empregadas no projeto do item ou resultar de medidas indiretas de características estabelecidas por ocasião da homologação do material para a aplicação em questão.

Ensaios não destrutivos visam, basicamente, a localização e dimensionamento de descontinuidades nos produtos. Além disso, existem técnicas não destrutivas para identificar e separar aços por composição química e/ou microestrutura e, em fase muito próxima à aplicação tecnológica, técnicas capazes de avaliar propriedades mecânicas e tecnológicas de forma não destrutiva. Para garantir a confiabilidade dos resultados dos ensaios não destrutivos, é comum exigir que os responsáveis pelo planejamento, execução e avaliação desses ensaios sejam qualificados de modo adequado e tenham estas qualificações certificadas, normalmente por instituições independentes.

Os requisitos de aceitação para ensaios não destrutivos podem ser fixados seguindo dois critérios básicos: padrão de qualidade de uma boa fabricação (*good workmanship*) ou padrão de adequação ao uso (*fitness for purpose*) [8-10].

A maior parte das normas tradicionais de ensaios não destrutivos, tanto para forjados como para laminados, fundidos ou itens soldados, estabelece critérios de aceitação baseados no que se considera o padrão atingido por uma fabricação criteriosa, segundo práticas técnicas adequadas (*good workmanship*). Esse tipo de critério é perfeitamente adequado quando se deseja controlar o padrão médio de qualidade de determinado item ou peça. A segurança no uso é obtida, em geral, com base no aspecto histórico, isto é, na experiência acumulada em aplicações equivalentes.

Critérios baseados em adequação ao uso, por sua vez, são derivados de conceitos de mecânica da fratura [9,11-13] e permitem definir, para as solicitações aplicadas ao item e considerando as propriedades do material empregado, um critério de aceitação para descontinuidades, de tal forma que não comprometam o desempenho do item. Naturalmente, é raro ocorrer a coincidência dos dois critérios. Em casos específicos, entretanto, a aplicação de critérios baseados em "adequação ao uso" pode justificar a aceitação, com segurança, de descontinuidades que excedam os limites da "fabricação criteriosa". Análises desse tipo são relativamente caras, porém justificadas, quando aplicadas a itens de custo elevado e de difícil reposição ou reparo [13]. Naturalmente, controles baseados nos padrões de "fabricação criteriosa" devem ser sempre implementados e monitorados com vistas ao controle da qualidade da fabricação e não devem ser substituídos, na etapa de aceitação dos produtos novos, por critérios de "adequação ao uso", exceto em casos especiais, como já discutido.

11.3 ENSAIOS EMPREGADOS NA PRODUÇÃO DE AÇOS E LIGAS ESPECIAIS

A Tabela 11.1 apresenta os principais ensaios e controles que costumam ser empregados na produção de aços e ligas especiais, suas vantagens e limitações e o propósito de seu emprego. São omitidos os controles dimensionais, que, evidentemente, representam uma parcela importante e essencial no controle da qualidade de itens da indústria metal-mecânica.

Tabela 11.1 Principais ensaios e controles empregados na produção de aços e ligas especiais

Ensaio	Objetivo	Vantagens	Limitações
1.Análise química	Determinação da composição química.	Garantia total contra a mistura e do atendimento de especificações.	Requer retirada de amostra.
2.Ultrassom	Inspeção quanto a defeitos internos.	Ensaio não destrutivo, sem radiação, que permite inspecionar desde seções pequenas até forjados de grandes dimensões.	Somente para defeitos internos. Requer prática na interpretação das indicações do defeito. Sensível à estrutura do metal.
3.Dureza	Controle de propriedades mecânicas.	Em geral, pode ser não destrutivo. É mais barato e rápido que ensaios completos. Excelente teste para o controle sistemático de lotes de peças.	Apenas a dureza é medida. A resistência à tração deverá ser estimada a partir da dureza. Pode ser destrutivo.
4.Espectometria portátil (EDS)	Determinação não destrutiva, semiquantitativa da composição química.	Garantia contra a mistura de material.	Alguns elementos leves (como carbono) não podem ser analisados com a tecnologia atual.
5.Líquido penetrante	Inspeção quanto a defeitos superficiais.	Ensaio não destrutivo, sem limitações no tamanho ou material da peça. Detecta defeitos bastante pequenos.	Requer superfície com bom acabamento e extremamente limpa. Exige desmontagem se a peça estiver em serviço.
6.Raios X	Inspeção quanto a defeitos internos.	Ensaio não destrutivo com alta sensibilidade para descontinuidades internas.	Custo elevado. Risco de radiação. Limitação quanto ao tamanho da peça e orientação do defeito.
7.Partículas magnéticas	Inspeção quanto a defeitos superficiais e subsuperficiais.	Indicação direta sobre a peça, não há limitação quanto ao tamanho e à forma da peça.	Aplicável apenas a materiais ferro-magnéticos. Limpeza pode ser trabalhosa após a inspeção. Interpretação pode ser difícil. Desmagnetização pode ser necessária.
8.Correntes parasitas	Identificar condições e propriedades como: propriedades magnéticas, tamanho de grão e tratamento térmico. Detectar falhas como dobras, inclusões etc.	Teste extremamente versátil, com possibilidade de controlar diversas características do material.	A própria versatilidade pode confundir as indicações. Necessidade de equipamento adequado e padronizações.
9.Ensaios mecânicos	Caracterizar as propriedades mecânicas; resistência, ductilidade, tenacidade, resistência à fadiga, resistência à propagação de trincas etc.	Garantia do atendimento aos valores exigidos no projeto em testes destrutivos, similares às condições do emprego ou comprovação de valores especificados.	Ensaio destrutivo. Requer, em geral, prolongamento das peças ou semiacabados para a retirada dos CP. Custo médio a elevado dependendo dos ensaios selecionados.

11.3.1 INSPEÇÃO POR ULTRASSOM

A inspeção por ultrassons (UT, *ultrasonic testing*) é um método não destrutivo em que ondas de ultrassom (1-25 MHz) são introduzidas no material para detectar descontinuidades. Na forma mais clássica do ensaio, um pulso de onda sonora é introduzido em uma superfície da peça, propaga-se pelo material e é refletido por interfaces. O feixe refletido é detectado e analisado para definir a presença e a localização das falhas. Frequentemente, emprega-se um transdutor único (cabeçote), capaz de introduzir um pulso de ultrassom e de detectar o eventual feixe refletido.

Trincas, flocos, poros, cavidades de solidificação e interfaces metal-gás são facilmente detectáveis, dependendo de suas dimensões e das dimensões das peças examinadas. Inclusões e outras heterogeneidades no metal podem também ser detectadas por causarem reflexão parcial ou espalhamento das ondas de ultrassom. Uma vez que esse processo só dá indicação das reflexões das ondas emitidas, não é possível, em escala industrial, precisar o tipo de defeito que dá origem à determinada indicação.

Da mesma forma, complexidades geométricas da peça a examinar podem dar origem a indicações "falsas", isto é, que não são provenientes de defeitos reais. A detecção satisfatória do feixe refletido depende da orientação relativa da descontinuidade e do feixe incidente, que definem a direção do feixe refletido. A introdução de ondas de compressão perpendiculares à superfície da peça (cabeçote "normal") permite a detecção ótima de defeitos orientados paralelamente à superfície. Quando se buscam defeitos de outras orientações em relação à superfície da peça, a introdução da onda pode ser feita em um ângulo conhecido como a superfície da peça. Por fim, quando se buscam descontinuidades em orientações sobre as quais não é possível garantir a incidência do feixe em ângulo favorável, técnicas de tandem (*pitch-catch*), que detectam o desaparecimento da onda transmitida, podem ser empregadas, como mostra a Figura 11.2.

A propagação das ondas ultrassônicas no metal é sensível a diversas características metalúrgicas. Tamanho de grão e anisotropia elástica (módulo de elasticidade dependente da orientação cristalográfica, como no caso de aços austeníticos) são fatores metalúrgicos que influenciam o ensaio. Algumas técnicas modernas de caracterização não destrutiva baseiam-se no efeito das propriedades metalúrgicas sobre a propagação das ondas de ultrassom. A Figura 11.3 mostra, esquematicamente, um sistema de inspeção por ultrassom em um arranjo clássico.

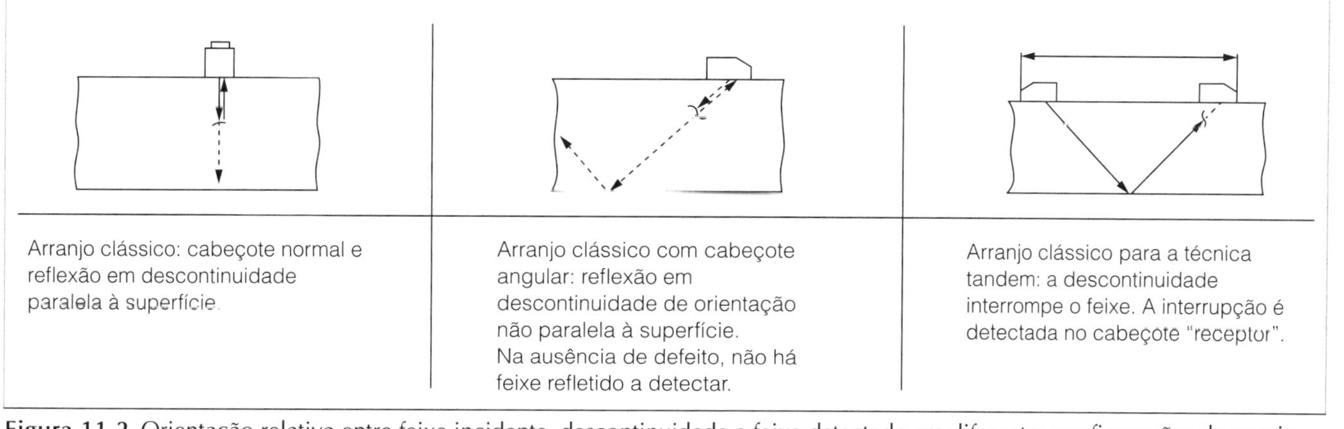

Figura 11.2 Orientação relativa entre feixe incidente, descontinuidade e feixe detectado em diferentes configurações de ensaio de ultrassom convencional.

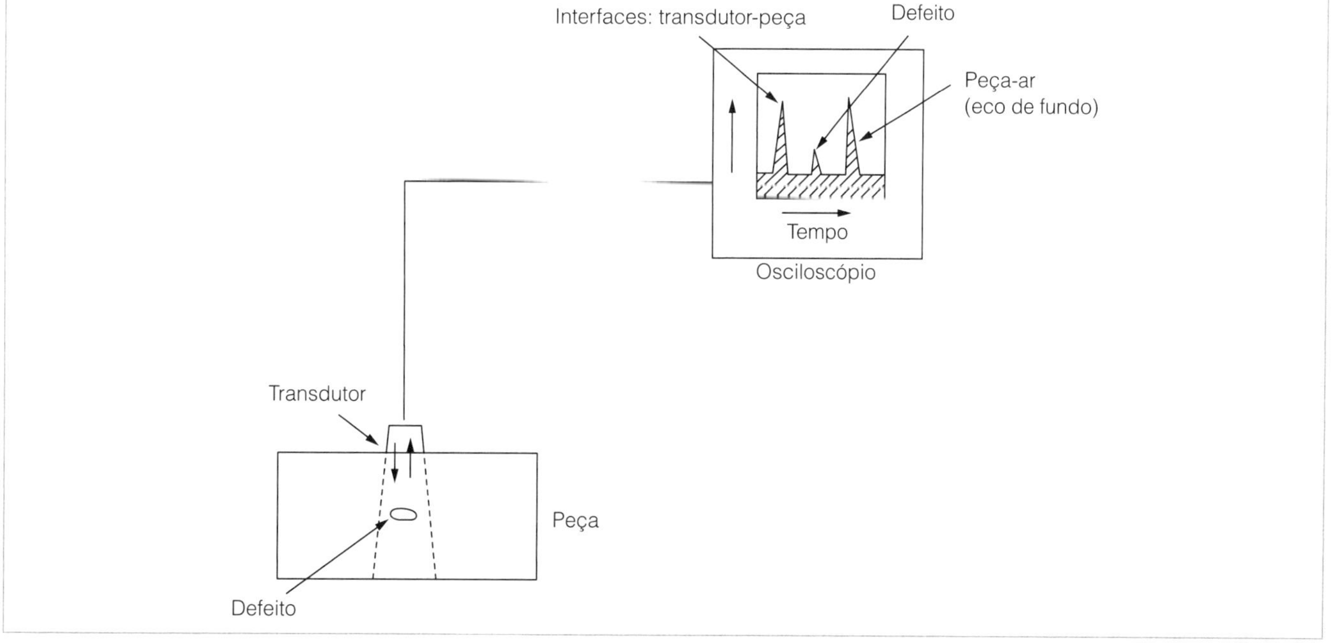

Figura 11.3 Configuração clássica para o exame por ultrassom "pulso-eco".

O transdutor emite um pulso de onda de ultrassom, que é transmitido à peça por um meio de acoplamento, como a glicerina etc. Essa onda é refletida pelos defeitos na peça (ou outras descontinuidades), se existirem, e pela interface peça-ar, na superfície oposta da peça. Evidentemente, os ecos de defeitos atingirão o detector em tempo mais curto do que o eco da superfície oposta, chamado "eco de fundo", por viajarem distâncias mais curtas. Um circuito eletrônico converte o sinal recebido em uma imagem intensidade *versus* tempo viajado pela onda. Como a velocidade das ondas de ultrassom é praticamente constante em cada material, o tempo de percurso pode ser convertido em posição na peça. Essa característica é também aproveitada no uso do ultrassom como ferramenta para a medida de espessuras e detecção de sua redução, por exemplo, por corrosão (em tubulações, vasos de pressão etc.).

O tratamento digital dos sinais obtidos nos exames por ultrassom permite realizar mapeamentos de intensidade *versus* posição na direção de propagação do som (*A-scan*), posição ao longo da peça (*B-Scan*) e posição na direção de propagação do som em que determinada intensidade é excedida *versus* posição na superfície da peça (*C-Scan*), como esquematizado na Figura 11.4. A combinação destas informações pode ser útil para a geração de visualizações tridimensionais de defeitos por métodos matemáticos de reconstrução [14]. Essas técnicas permitem gerar registros digitais do exame e reduzir a dependência no fator humano.

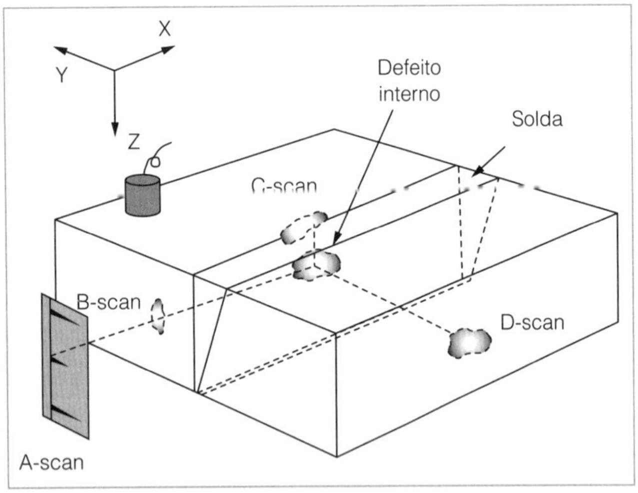

Figura 11.4 Esquema apresentando as visualizações de um defeito interno em solda nos diferentes modos de visualização com varreduras (scan) A, B, C e D, em UT. Adaptada de [14].

A maior parte dos exames por ultrassom é realizada com transdutores que agem simultaneamente como emissores e receptores. Existe, assim, um período de tempo, a partir da emissão do pulso, em que o transdutor não pode receber sinal refletido. Esse período de tempo resulta em uma zona não examinável junto à superfície da peça. Essa "zona morta" pode ser eliminada pela inspeção pela face oposta da peça ou, quando essa opção não é viável, por meio do uso de transdutores com dois cristais.

Os avanços das técnicas eletrônicas e digitais levaram a grandes desenvolvimentos recentes nas técnicas de ultrassom. O uso de transdutores *phased-array*, em que o ângulo de emissão e recepção pode ser variado continuamente, permite a inspeção rápida e confiável de volumes de material de difícil acesso, avaliando várias orientações possíveis de defeitos, como exemplificado na Figura 11.5. O mesmo método é empregado para a inspeção em serviço das soldas das penetrações das tampas dos reatores nucleares, em que soldas circunferenciais localizadas muito próximas umas das outras e com acesso limitado precisam ser examinadas com segurança.

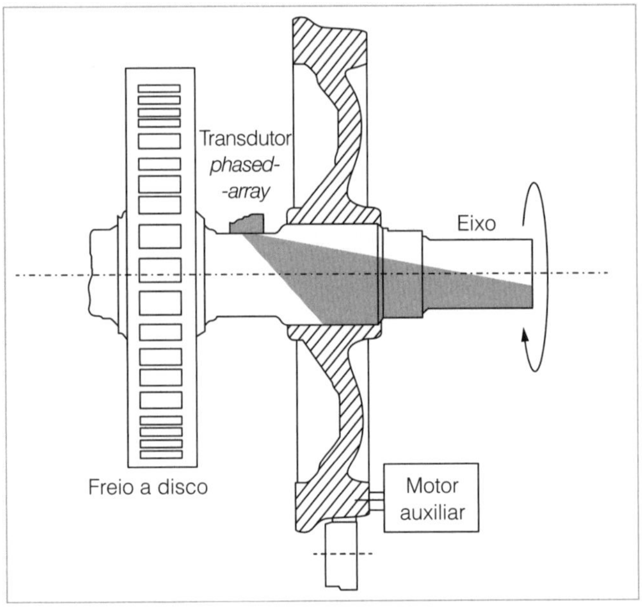

Figura 11.5 Inspeção com sistema de ultrassom *phased-array* do volume de um eixo ferroviário sem a remoção da roda. O método permite variar o ângulo de incidência do feixe em uma larga faixa, de modo a explorar diferentes orientações de possíveis descontinuidades. Adaptado de [15].

A observação de que quando uma onda de ultrassom atinge uma descontinuidade pode ser difratada pelas extremidades dessa descontinuidade levou ao desenvolvimento de uma poderosa técnica para o dimensionamento dessas descontinuidades, chamada *Time of Flight Difraction* (TOFD). O dimensionamento exato das descontinuidades é cada vez mais importante para a aplicação criteriosa da mecânica da fratura em procedimentos de "adequação ao uso".

A focalização do feixe por métodos eletrônicos similares aos que permitem o desenvolvimento do *phased-array* permite também o foco dos feixes para a melhor determinação da localização e dimensão das indicações e a reconstrução tridimensional das indicações [16,17].

11.3.1.1 Vantagens do ensaio por ultrassom

- Poder de penetração elevado. Rotores de até 6 m de comprimento podem ser inspecionados no sentido axial, por exemplo;
- Alta sensibilidade;
- Grande precisão na determinação da posição e estimativa do tamanho da descontinuidade. Entretanto, é necessário pessoal corretamente treinado e qualificado (ver Desvantagens);
- Somente uma superfície precisa estar acessível, normalmente;
- Operação eletrônica, com observação imediata dos resultados. Potencial para tratamento digital da informação;
- Não oferece riscos ao pessoal de operação nem aos equipamentos próximos;
- Portátil.

11.3.1.2 Desvantagens

- Requer técnicos com elevada experiência e treinamento na execução do ensaio e avaliação de seus resultados. O fator humano é muito importante, especialmente na execução do ensaio "clássico" manual. Para aplicações extremamente críticas (p. ex.: soldas em reatores nucleares), a "validação" das técnicas empregadas e a qualificação das equipes de inspeção em peças contendo "defeitos" conhecidos têm sido adotadas [18-21]. Adicionalmente, o uso de técnicas digitais tanto para a movimentação do cabeçote como para o registro dos resultados vem sendo adotado, permitindo a aceitação da técnica em substituição a outros exames;
- Requer superfície regular;
- Descontinuidades logo abaixo da superfície podem não ser detectadas, se não forem tomadas as precauções devidas na definição do procedimento de inspeção.

11.3.1.3 Aplicações típicas

- Cilindros de laminação, colunas de prensa e eixos;
- Forjados para turbinas de geradores, tubulação de pressão;
- Soldas;
- Forjados para turbinas a jato e discos de engrenagens;
- Ferramentas – blocos para matrizes e aços ferramenta;
- Peças para aplicações ferroviárias: eixos, rodas e trilhos;
- Peças de automóveis: forjados, fundidos e peças soldadas.

A propagação das ondas de ultrassom no material é também afetada pelas tensões residuais presentes. Dessa forma, técnicas para a medição de tensões residuais, de maneira não destrutiva, têm sido propostas, aplicando a inspeção por ultrassom. Atualmente, a maior dificuldade no emprego da técnica é a correta calibração do efeito das tensões presentes no material sobre os sinais medidos no exame por ultrassom [22].

Exame por ultrassom em itens submersos em água/acoplante é também uma técnica muito eficiente, quando as dimensões permitem. É mais adequado à produção seriada.

11.3.2 TESTES DE TRINCAS SUPERFICIAIS [23]

Frequentemente, em itens mecânicos, as maiores solicitações se localizam na região superficial das peças. A capacidade de detectar descontinuidades superficiais tem, portanto, grande importância. Duas técnicas principais são empregadas para a detecção de descontinuidades superficiais: ensaio por líquido penetrante; e ensaio por partículas magnéticas.

11.3.2.1 Líquido penetrante

O teste por líquido penetrante é um ensaio não destrutivo para detectar descontinuidades abertas para a superfície de materiais não porosos.

O ensaio por líquido penetrante pode indicar falhas na superfície de peças, independentemente das características do material como composição química, tratamento térmico, estrutura interna etc.

Tal processo é muito empregado na inspeção de produtos forjados, laminados, fundidos, plásticos etc. Detecta trincas superficiais de todos os tipos, dobras, porosidade (aberta à superfície), laminações etc.

A inspeção por líquido penetrante depende principalmente da capacidade do líquido de "molhar" a peça a ser inspecionada. Tal capacidade é definida pela tensão superficial líquido-metal. Sendo o líquido adequado, ele penetrará nos defeitos e aberturas da superfície não visíveis a olho nu. Depois, a superfície da peça é limpa para retirar o excesso de líquido penetrante e o revelador, usualmente um pó, é aplicado. A aplicação do revelador faz com que o líquido retido nas descontinuidades venha à superfície, colorindo o pó, e indique o defeito, normalmente com um certo fator de ampliação, como mostra a Figura 11.6.

Diferentes materiais podem requerer diferentes tempos de penetração e de revelação para a correta avaliação.

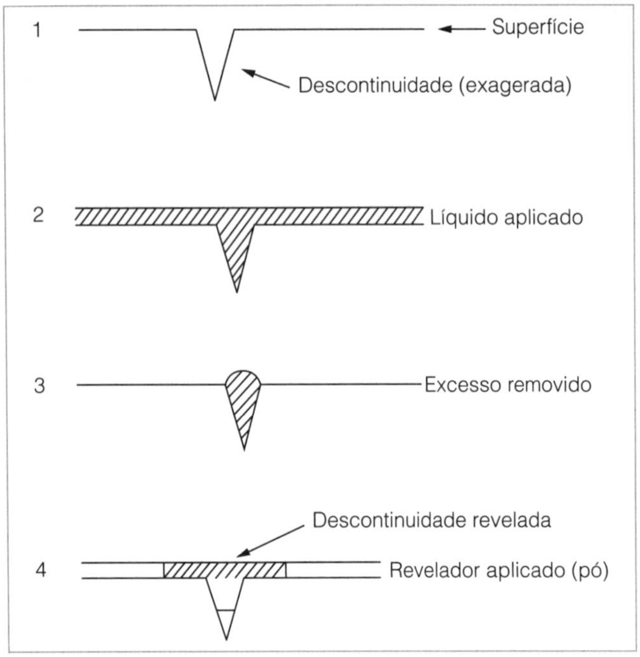

Figura 11.6 Esquema do exame por líquido penetrante.

A limpeza (antes do ensaio e antes da revelação) é um ponto crítico para a obtenção de resultados confiáveis.

A temperatura da peça é uma variável importante e deve ser mantida na faixa recomendada pelo fabricante do conjunto penetrante-revelador.

A principal limitação desse teste é que, obviamente, somente defeitos com abertura para a superfície são detectados. Defeitos subsuperficiais não são indicados. No entanto, a rugosidade da superfície da peça pode apresentar indicações falsas de defeitos. Do mesmo modo, se a limpeza, após a aplicação do líquido penetrante e antes do revelador, for feita com pouco cuidado, podem surgir indicações falsas, decorrentes, por exemplo, de asperezas de usinagem. O uso do jateamento, antes do exame, pode ocultar indicações.

O exame só é confiável quando se empregam conjuntos de produtos (penetrante – removedor – revelador) qualificados. A troca de um dos produtos em um conjunto, normalmente, requer uma nova qualificação do conjunto.

11.3.2.2 Partículas magnéticas

Descontinuidades superficiais e subsuperficiais em materiais ferro-magnéticos podem ser detectadas por meio do exame por partículas magnéticas.

Quando a peça a ser testada é magnetizada, descontinuidades magnéticas transversais à direção de magnetização causam o aparecimento de uma fuga de campo magnético na superfície e imediatamente acima dela. A presença dessa fuga de campo magnético e, por consequência, da descontinuidade, é detectada pela aplicação de finas partículas magnéticas sobre a superfície, que serão por ela atraídas. As partículas podem ser aplicadas secas ou por via úmida e ser coloridas ou fluorescentes.

Existem diferentes formas de magnetizar e examinar a peça e a garantia da obtenção de um campo de intensidade e orientação adequadas são fundamentais para que o exame seja efetivo na detecção de descontinuidades.

Esse método não é tão sensível às condições de limpeza da peça quanto aquele por líquidos penetrantes e é, normalmente, o escolhido para materiais ferro-magnéticos em função de sua sensibilidade.

Aplicações típicas incluem soldas, forjados, fundidos etc. de materiais ferro-magnéticos. Em alguns casos, em função da aplicação de item examinado, desmagnetização após o exame pode ser requerida.

Uma vez que qualquer fator que cause alteração da permeabilidade magnética do material pode dar origem a indicações, a análise dos resultados desse ensaio requer pessoal adequadamente treinado. Indicações "fantasma", isto é, não causadas por defeitos, podem ser produzidas por alterações microestruturais causadas, por exemplo, por segregação ver [24].

11.3.3 RADIAÇÕES IONIZANTES (RAIOS X E RAIOS γ) [23,25,26]

A inspeção por radiações ionizantes (raios X – radiografia e raios γ, gamagrafia) – é um método de inspeção não destrutivo, baseado na absorção e penetração diferencial de radiações em peças ou materiais metálicos. Em virtude de diferentes espessuras, variações de composição química ou diferenças de densidade, diferentes partes das peças ou materiais absorverão mais ou menos radiação. A radiação não absorvida, que atravessa a peça, é, então, analisada por meio de um filme sensível à radiação, uma tela fluorescente ou outro detector de radiação. Há algumas décadas a radiografia digital assumiu um papel importantíssimo em todos os campos em que esta técnica é empregada, inclusive na área metal-mecânica.

Um detector de radiação capaz de adquirir e transmitir a informação de forma digital é empregado, reduzindo tempo de processamento, melhorando a qualidade da imagem e permitindo o tratamento matemático da imagem para melhor detecção de defeitos [27-29].

A Figura 11.7 apresenta esquematicamente um teste de raios X.

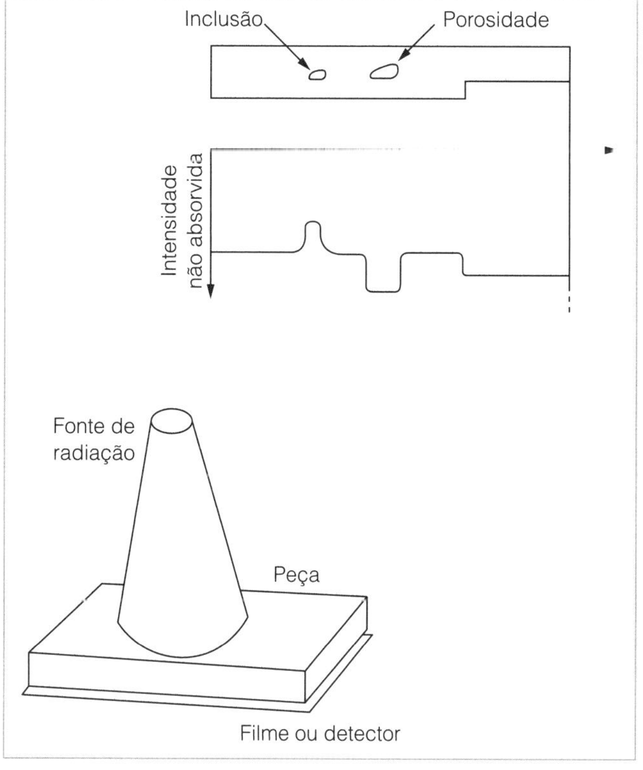

Figura 11.7 Esquema simplificado de um exame por raios X.

Defeitos volumétricos (poros, inclusões, vazios etc.) são facilmente detectados, desde que consideradas suas dimensões e o poder de resolução do sistema.

Defeitos planares, porém (trincas, falta de fusão em soldas), dependem de orientação favorável entre a fonte, o plano do defeito e o filme.

Como, do ponto de vista de mecânica da fratura, os defeitos planares são os mais críticos, essa limitação dos ensaios por radiações ionizantes (raios X ou raios γ) é muito importante. É um processo empregado extensivamente para fundidos e soldas, em especial para avaliação com base em critérios de "'boa fabricação". A interpretação das radiografias envolve bastante prática e requer muito cuidado, separando-se defeitos reais de problemas de processamento fotográfico ou da elaboração da radiografia em si. Técnicas digitais têm sido aplicadas com grande sucesso aos exames radiográficos. Inicialmente, a digitalização de filmes convencionais, seguida de tratamento digital de imagem, permite avaliação mais confiável e precisa do que a avaliação direta dos filmes. As técnicas digitais de aquisição de imagens vêm propiciando redução de custos e, mais importante, o emprego de fontes com energia e poder de penetração menos perigosos aos seres humanos. Isso é especialmente relevante quando o exame é realizado durante montagens no campo, em que é necessário excluir o acesso de pessoal às regiões em torno da fonte de radiação.

É um processo de custo elevado, não só pelo equipamento como também pelo custo de processo. O controle das condições de testes por profissionais qualificados em proteção radiológica é essencial para garantir a saúde e a segurança do pessoal envolvido.

11.3.4 ENSAIOS MECÂNICOS

Como ferramenta de controle de qualidade, os ensaios mecânicos são realizados em condições padronizadas, de modo a permitir a comparação com valores especificados.

11.3.4.1 Amostragem para ensaios mecânicos

As propriedades mecânicas medidas em um produto de aço ou liga especial dependem, normalmente, dos seguintes fatores principais:

a) Orientação (em relação à direção de maior trabalho). Produtos conformados são anisotrópicos e, portanto, as propriedades medidas em ensaios mecânicos dependerão da orientação dos corpos de prova (Figura 11.8). Alongamento e redução de área (no ensaio de tração) e medidas de tenacidade, em geral, são as propriedades mais afetadas (ver Capítulo 10).

b) Distância de superfícies livres. A microestrutura da maior parte dos aços é sensível à velocidade de resfriamento. Para praticamente todos os tratamentos térmicos usuais de peças acabadas, pontos mais próximos à superfície resfriarão mais rapidamente e terão propriedades diferentes do centro (ver Figura 11.9).

c) Posição em relação ao lingote ou ao produto de lingotamento contínuo. Uma vez que nos lingotes convencionais ocorre macrossegregação (Capítulos 8 e 9), a composição química nas regiões correspondentes ao pé e à cabeça de lingotes convencionais será diferente. Além disso, da superfície para o centro ocorre também segregação. Naturalmente, na produção de itens de qualidade a partir de lingotes convencionais, as regiões mais segregadas devem ser eliminadas, de modo a garantir suficiente homogeneidade do produto (ver Figura 11.10).

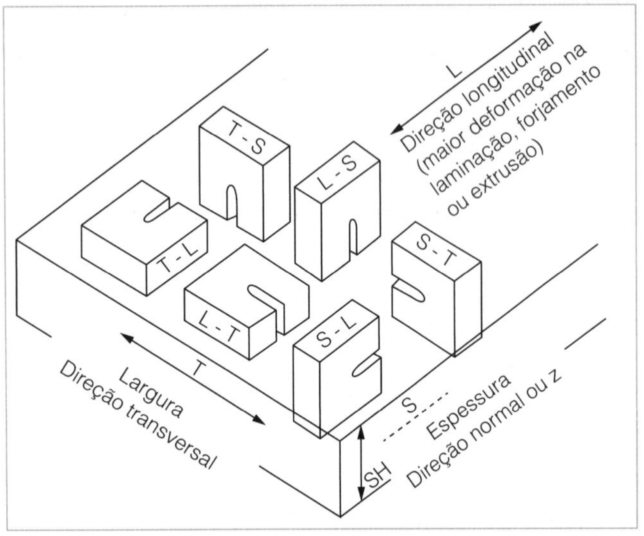

Figura 11.8 Orientação de ensaios para medida de tenacidade à fratura [30]. Quando os corpos de prova têm entalhe, não apenas a orientação do eixo do corpo de prova mas também a orientação do entalhe precisam ser claramente definidos e a marcação deve manter a rastreabilidade das direções durante todo o processo de corte e usinagem.

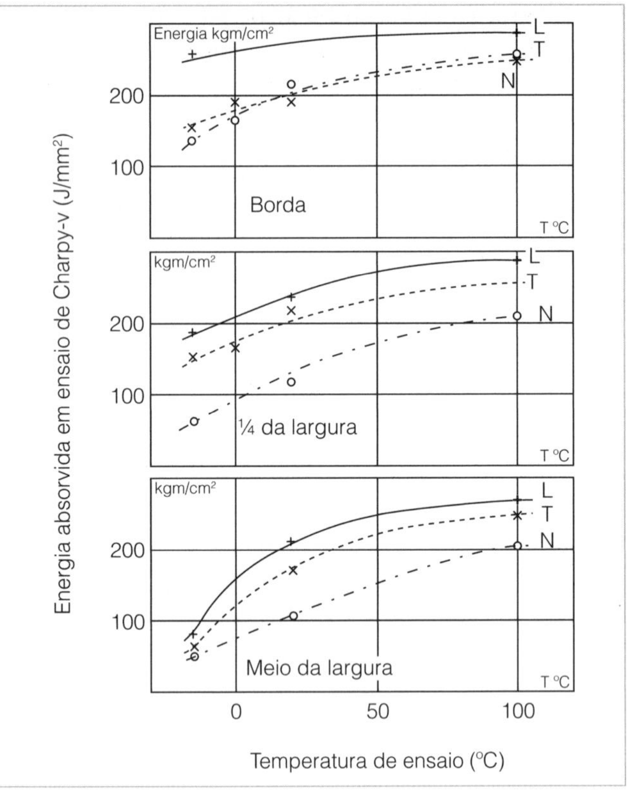

Figura 11.10 Energia absorvida no ensaio de Charpy-V a diferentes temperaturas dependendo da posição na largura de uma chapa de 66 mm de espessura de SA508 Cl.2.
Ensaios no meio da espessura, orientação do corpo de prova indicada na figura: L: longitudinal; T: transversal; N: normal ou Z. Adaptada de [32].

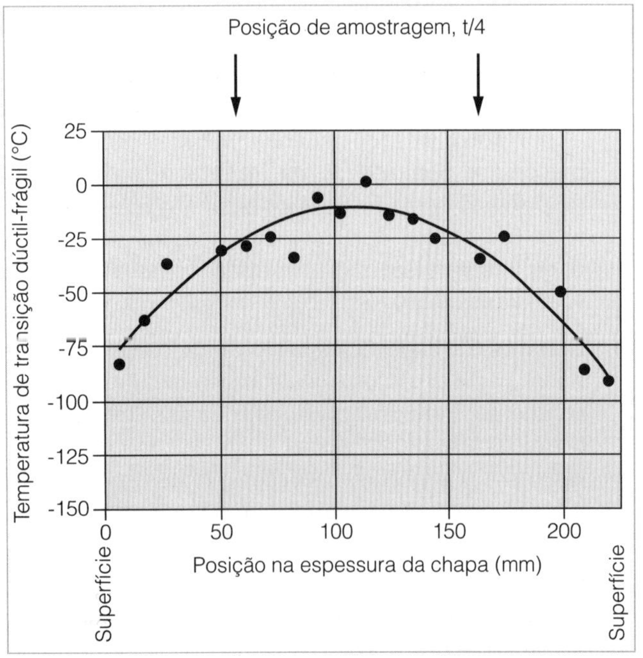

Figura 11.9 Variação da temperatura de transição dúctil-frágil em aço 20MnMoNi55, temperado e revenido, fornecido para aplicação nuclear. A posição de amostragem especificada é, no mínimo, a 3/4 da espessura abaixo da superfície. Adaptada de [31].

No caso de produtos de lingotamento contínuo, embora não haja segregação ao longo do comprimento, ocorre segregação ao longo da espessura, como no lingotamento convencional, afetando as propriedades do produto. Além disso, eventos associados a instabilidades no lingotamento contínuo podem resultar em heterogeneidades no produto: trocas de panela e obstruções de válvula são alguns eventos que podem afetar as características do produto. No lingotamento contínuo, existe também o sequenciamento de corridas. Várias corridas do mesmo aço (especificado) costumam ser lingotadas sem interrupção. Como há mistura de aço no distribuidor, é importante estabelecer um critério para a definição de quais produtos pertencem a qual corrida. Especialmente importante é, também, a questão das placas ou *billets* "de partida" em que a máquina entra em regime contínuo e as placas ou *billets* de troca de grau, quando acaba o lingotamento de um aço e começa o de outro, sem interrupção do lingotamento.

Ao especificar uma posição de amostragem em um produto de aço, portanto, orientação do corpo de prova, a distância das superfícies livres ("descartes") e a posição em relação ao lingote devem ser fixadas.

Normas usuais de fornecimento como ABNT, ASTM, EN, BS etc. estabelecem, em geral, esses três pontos.

Uma vez que testes mecânicos são destrutivos, eles podem ser realizados em prolongamentos das peças produzidas, em peça adicional (a ser destruída para ensaio) ou em "coupon" ou testemunho, eventualmente forjado e/ou tratado em separado. Também essas condições devem ser discutidas entre fabricante e comprador buscando a otimização do custo do produto em função de sua aplicação. As normas usuais de fornecimento também estabelecem diretrizes gerais nesses aspectos e devem ser consultadas.

De forma geral, é importante ter em mente que requerer um ensaio mecânico e estabelecer um critério de aceitação sem fixar orientação, descartes etc. é essencialmente inútil, uma vez que os valores obtidos no ensaio podem não ter nenhuma correlação (conhecida, ao menos) com as propriedades efetivas da peça.

11.3.4.2 Ensaio de Dureza

Os diversos ensaios de dureza existentes possibilitam uma excelente cobertura de todas as gamas usuais de durezas e dimensões encontradas nos aços. Além disso, o ensaio de dureza corretamente escolhido e interpretado é uma excelente ferramenta para o controle indireto das propriedades mecânicas, a baixíssimo custo, comparado com as demais opções existentes.

As correspondências típicas entre dureza e resistência dos aços já foram apresentadas, assim como os critérios de seleção de escalas de dureza para aços e superligas. Na grande maioria dos casos, os ensaios Rockwell e Brinell são os testes empregados. Certos cuidados, entretanto, devem ser sempre levados em consideração.

- Trabalhar sempre dentro da faixa recomendada para cada escala de dureza, evitando leituras falsas;
- Especial atenção deve ser dada às peças e chapas finas, materiais muito macios e materiais tratados superficialmente (como nitretados, carbonetados etc.). Em geral, a profundidade da impressão deve ser menor que dez vezes a espessura da peça ou camada que se deseja medir para garantir resultados confiáveis. As normas de medida de dureza estabelecem este requisito, normalmente;
- No caso de mais de uma endentação, estas devem ser espaçadas, em geral, de, no mínimo, três vezes o diâmetro ou maior dimensão da endentação. As normas de medida de dureza especificam o espaçamento mínimo entre endentações e a distância mínima da borda (não é raro encontrarem-se padrões de dureza utilizados em não conformidade com este requisito, para fins de "economia");
- Correto assentamento da peça sobre a bigorna do aparelho de dureza e da bigorna em seu suporte;
- Preparar corretamente a superfície.

Os testes Rockwell são amplamente empregados na indústria, por várias razões: simplicidade, rapidez, ampla faixa de medidas e por obter-se uma medida direta.

A Tabela 11.2 apresenta as escalas Rockwell mais empregadas e suas aplicações usuais.

Tabela 11.2 Aplicações típicas de escalas Rockwell (consultar a norma aplicável para os limites de espessura exatos)

A	Aço fino, camadas carbonetadas ou endurecidas, finas.
B	Ligas de cobre, aços macios, ligas de alumínio.
C	Aços, ferros fundidos, titânio e outros materiais com dureza acima de HRB 100.
D	Aço fino, camadas endurecidas médias.
E	Ferros fundidos, ligas de alumínio e magnésio.
F	Ligas de cobre recozidas.
G	Bronze fosforoso e outros materiais muito finos ou muito macios.

O ensaio Brinell (HB), especialmente o que emprega a carga de 3000 kgf e impressão por esfera de 10 mm de diâmetro, é amplamente utilizado na avaliação da dureza de semiacabados, em função de suas elevadas confiabilidade e reprodutibilidade. Medidas escleroscópicas e similares, embora usadas com alguma frequência, devem merecer atenção especial quanto à sua validade.

A maior parte das normas de dureza estabelece dois tipos de calibração. A calibração da máquina, com verificação de força, dimensão e forma dos penetradores etc. e uma verificação periódica com o uso de padrões. Normalmente a verificação com padrões não substitui a calibração. Os requisitos da norma aplicável devem ser verificados.

11.3.4.3 Ensaio de tração

Um dos ensaios mecânicos mais comuns é o de tração uniaxial. Nesse ensaio, um corpo de prova de seção uniforme é submetido a um carregamento axial crescente até sua ruptura. Normalmente, registra-se a deformação do material em função da carga aplicada.

A Figura 11.11 apresenta o resultado típico de um ensaio de tração de um material metálico. Por convenção, os valores são apresentados como tensão (σ_E) e deformação (ε_E) de engenharia, em vez de tensão e deformação reais. Assim, o eixo vertical apresenta a carga em qualquer momento do ensaio (P) dividida pela área da seção transversal inicial do corpo de prova (A_0), isto é, $\sigma_E = P / A_0$. A deformação de engenharia, no eixo horizontal, é referida sempre ao comprimento inicial do corpo de prova (l_0) e, assim, $\varepsilon_E = \Delta l / l_0$. Normalmente, não são empregados subscritos nas tensões e deformações de engenharia, pois são as mais utilizadas.

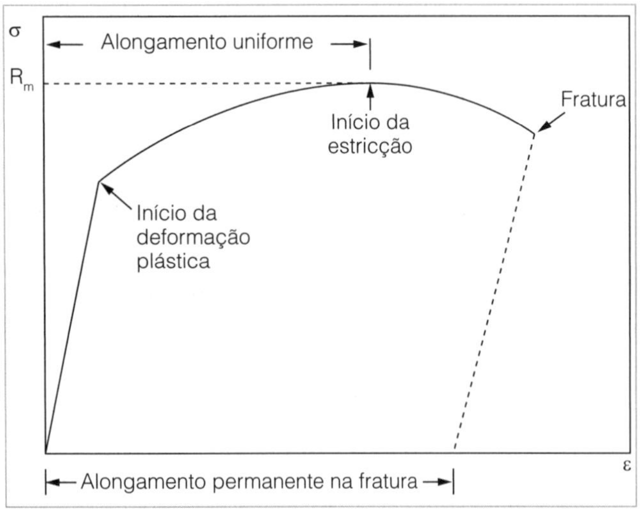

Figura 11.11 Curva tensão de engenharia-deformação de engenharia. Resultado típico de um ensaio de tração uniaxial de material metálico com alguma ductilidade. A transição do estágio elástico para plástico foi idealizada no gráfico. Normalmente não é nítida.

Durante o carregamento do material, observa-se, no início, um período em que a deformação é diretamente proporcional à tensão aplicada. Nessa fase, a deformação não é permanente, isto é, removido o carregamento, a deformação desaparece. Esta fase é chamada "fase elástica do material" e a constante de proporcionalidade que relaciona tensão com deformação é denominada "módulo de elasticidade" (E). Assim, $\sigma_E = E\varepsilon_E$. A deformação elástica, reversível, acontece pelo aumento das distâncias interatômicas no material. Durante a deformação elástica, o volume do material não se conserva.

A partir de um certo nível de tensão aplicada, começa a ocorrer deformação permanente (plástica) e a deformação total medida é a soma das deformações elástica e plástica. Naturalmente, deixa de existir proporcionalidade entre tensão e deformação total, embora a parte elástica da deformação continue sendo proporcional à tensão.

O ponto em que se inicia a deformação plástica é chamado de "limite de escoamento". O início da deformação plástica pode ocorrer por meio de uma transição "suave" ou não. Quando a transição não é "suave", é chamada de "escoamento nítido" (Figura 11.12), e sua determinação é facilitada, em função da descontinuidade observada na curva tensão x deformação.

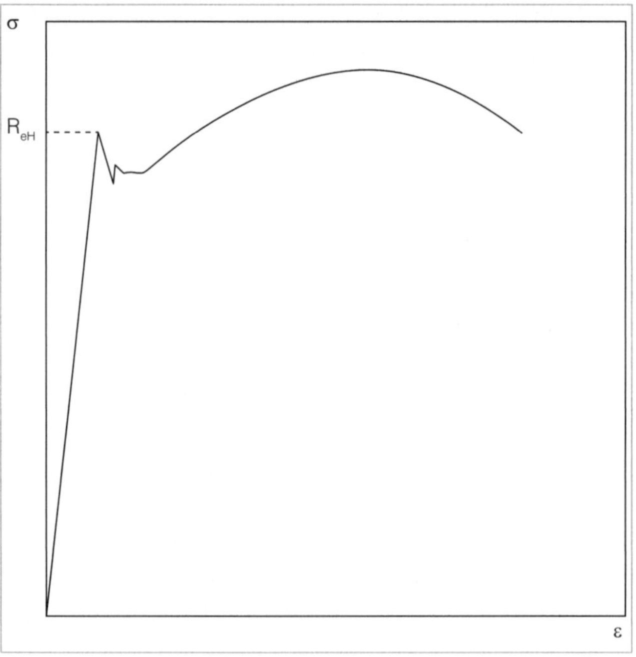

Figura 11.12 Curva tensão x deformação (de engenharia) de um aço que apresenta escoamento nítido (R_{eH} = limite de escoamento superior [33].

Quando não ocorre escoamento nítido, a definição do ponto exato em que se inicia a deformação plástica é muito difícil. Nesse caso, convenciona-se uma determinada deformação plástica para definir o limite de escoamento. Os limites de escoamento convencionais mais comumente adotados são 0,2% de deformação plástica ou 0,5% de deformação total, como mostrado na Figura 11.13.

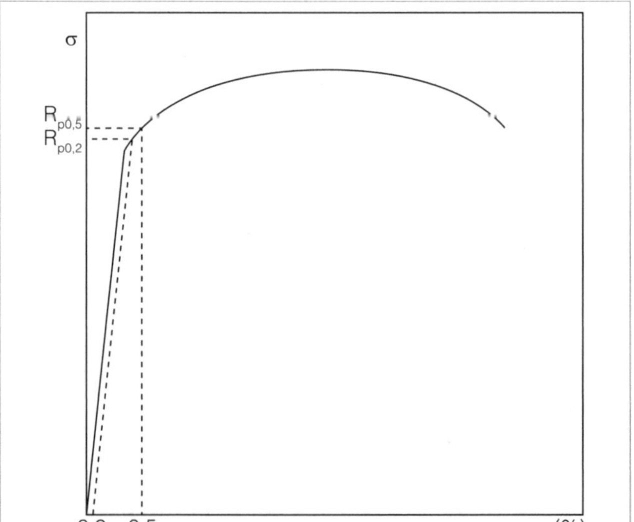

Figura 11.13 Curva tensão x deformação (de engenharia) de um material sem escoamento nítido. Limites convencionais.

$R_{p\,0,2}$ – Tensão para 0,2% de deformação permanente.
$R_{p\,0,5}$ – Tensão para 0,5% de deformação total, ou 0,5% de deformação sob carga.

Quando se emprega tensão de engenharia, a curva tensão x deformação passa por um máximo associado à força máxima medida durante o ensaio. Essa tensão é chamada de "limite de ruptura".

A diminuição da força a partir desse ponto está associada ao fenômeno da estricção. Até se atingir a força máxima, o aumento da força durante o ensaio é balanceado pelo encruamento do material e, naturalmente, pela redução de área associada à conservação de volume do material durante a deformação plástica.

A ocorrência da carga máxima está associada ao fim desse equilíbrio. Nesse ponto, uma determinada região do corpo de prova passa a se deformar mais do que as demais. Assim, esta região se alonga mais e, consequentemente, tem sua área mais reduzida do que o restante do corpo de prova. É importante notar isso porque os aços, no ensaio de tração à temperatura ambiente, encruam até romper. A curva tensão-deformação de engenharia poderia dar a impressão de que a capacidade de o material encruar "acaba" no limite de ruptura. Isso é apenas uma distorção causada pelo uso da área inicial para o cálculo das tensões.

A tensão real nesta região submetida à estricção é elevada; entretanto, como sua área é reduzida, a tensão de engenharia decresce em relação à tensão de ruptura. Naturalmente, a fratura ocorrerá na região de estricção.

O alongamento permanente (plástico) após a fratura e a redução de área na região da fratura são medidas convencionais da ductilidade do material.

11.3.4.3.1 Tensão e deformação real

As medidas obtidas no ensaio de tração de engenharia podem ser convertidas em tensão e deformação real, observando-se as seguintes relações, usando o subscrito R para tensão e deformação reais.

A qualquer momento, pela definição de deformação, a deformação real é calculada pela Equação 11.1:

$$d\varepsilon_R = \frac{dl_R}{l_R} \qquad \text{(Eq. 11.1)}$$

A integração da Equação 11.1 desde o comprimento inicial até um comprimento qualquer, permite obter a Equação 11.2:

$$\varepsilon_R = \ln\frac{l_R}{l_0} \qquad \text{(Eq. 11.2)}$$

Como, a qualquer momento, $l_R = l_0 + \Delta l$ obtém-se a Equação 11.3

$$\varepsilon_R = \ln(1+\varepsilon_E) \qquad \text{(Eq. 11.3)}$$

Como o volume se conserva na deformação plástica, isto é, a qualquer momento $A_R l_R = A_0 l_0$, pode-se relacionar a tensão real com a tensão de engenharia (Equação 11.4):

$$\sigma_R = \frac{P}{A_R} = \frac{P}{A_0}\frac{l_R}{l_0} = \sigma_E\frac{(l_R - l_0)+l_0}{l_0} = \sigma_E(1+\varepsilon_E) \qquad \text{(Eq. 11.4)}$$

Uma curva de tensão real *versus* deformação real apresenta crescimento contínuo da tensão com a deformação, naturalmente, mostrando que o processo de encruamento não se encerra até a fratura do corpo de prova. Grande parte dos materiais metálicos tem sua curva tensão real *versus* deformação real ajustada por uma equação do tipo $\sigma_R = K\varepsilon_R^n$ onde "n" é o coeficiente de encruamento, importante propriedade na definição da conformabilidade de materiais, como discutido no Capítulo 6.

As medidas dos coeficientes de anisotropia, que relacionam a deformação longitudinal, transversal e normal em um corpo de prova plano não podem normalmente ser obtidas apenas por meio de relações matemáticas e medidas extensométricas, durante o ensaio, são necessárias.

Outra contradição aparente quando a tensão e a deformação de engenharia são usadas, é o aumento do limite de escoamento do material encruado, que não corresponde à tensão para a qual se retornaria, caso o ensaio fosse interrompido. A Figura 11.14 apresenta curvas tensão deformação para AISI 304 com diferentes graus de encruamento obtidos por trabalho a frio. Observa-se que, como esperado, o limite de escoamento e o de ruptura do aço aumentam com a deformação a frio introduzida por deformação. Se, entretanto, interrompermos o ensaio do material não deformado ao atingirmos 10% de deformação e recarregarmos o material, no mesmo ensaio, obteremos a mesma curva de um ensaio não interrompido e o material voltará a deformar plasticamente no valor de tensão indicado na Figura 11.14 como $\sigma_{10\%}$ que é muito inferior ao limite de escoamento do aço submetido a uma deformação a frio de 10%, mostrado na mesma Figura. O aparente paradoxo ocorre porque $\sigma_{10\%}$ é calculada empregando-se a força aplicada no ensaio, dividida pela área inicial do corpo de prova não deformado. Se a área do corpo de prova fosse medida e o corpo de prova recarregado, após deformação a frio de 10%, a tensão de engenharia para o escoamento seria exatamente a mesma medida na curva do material deformado a frio em 10%.

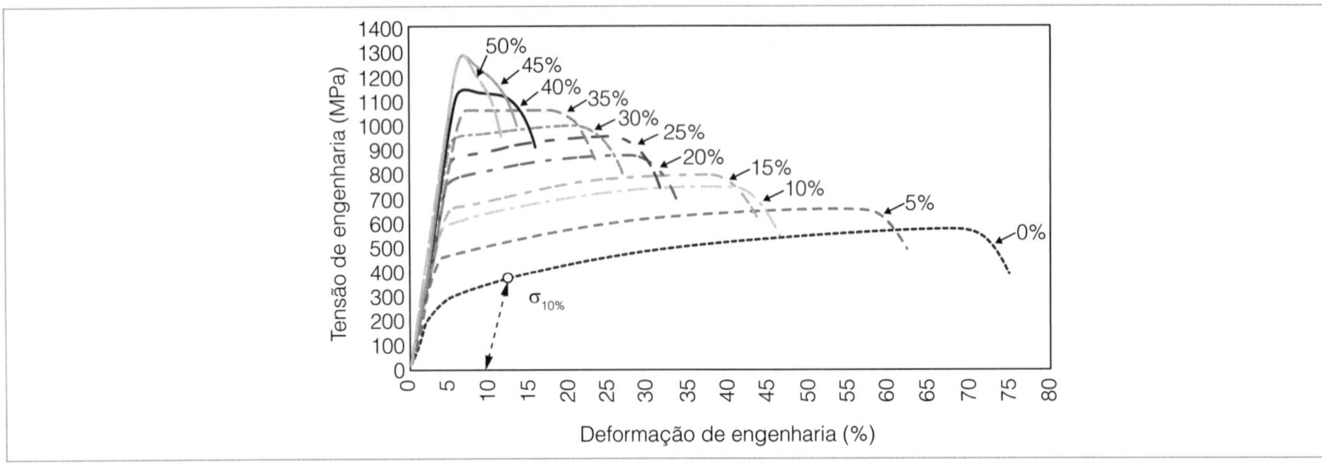

Figura 11.14 Curvas tensão de engenharia versus deformação de engenharia para AISI 304 deformado a frio. O grau de deformação a frio está indicado na figura. Ver texto para discussão. Adaptada de [34].

Quando curvas tensão real *versus* deformação real do material não encruado e encruado com diferentes graus de deformação são apresentadas no mesmo gráfico, considerando-se a deformação a frio inicial (Figura 11.15), as curvas se superpõem perfeitamente, indicando que o comportamento do material, quando sujeito à deformação a frio, é único, característico de sua estrutura, como esperado.

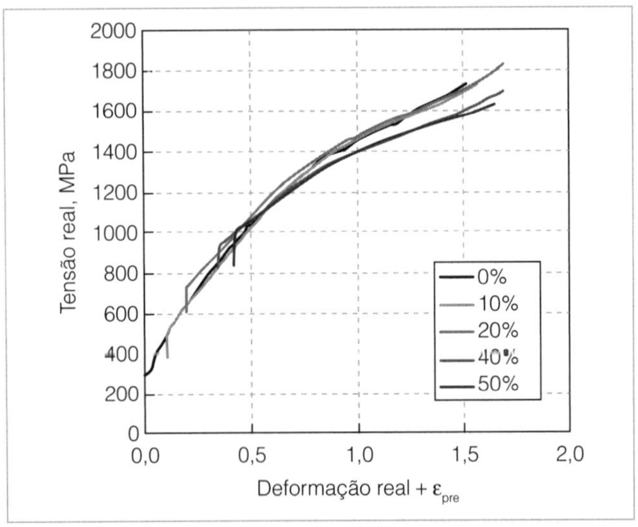

Figura 11.15 Curvas tensão real versus deformação real de aço encruado por deformação a frio. Cada curva começa do grau de deformação real aplicado inicialmente para encruar o material (off-set, ou ε_{pre}). Este valor, em %, é apresentado na Figura. Aço inoxidável austenítico AISI 316. Adaptado de [35].

11.3.4.4 Variáveis no ensaio de tração

O ensaio de tração é utilizado para a caracterização do comportamento mecânico dos metais e também como importante ferramenta de controle da qualidade. Nesse caso, é fundamental a padronização das variáveis de ensaio para permitir a comparação dos resultados entre si e com critérios preestabelecidos.

A velocidade com que o carregamento é aplicado, por exemplo, tem efeito sobre a tensão de escoamento, como mostra a Figura 11.16. Assim, é fundamental a observância dos parâmetros fixados nas normas de ensaio [33,36] para a obtenção de resultados válidos.

Da mesma forma, a rigidez do sistema de ensaio tem influência direta sobre o limite de escoamento inferior [37]. Se essa variável deve ser determinada, cuidados especiais devem ser tomados.

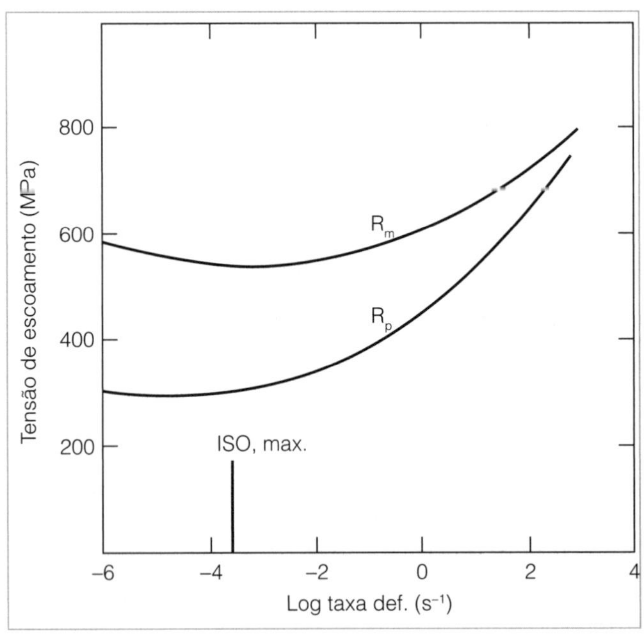

Figura 11.16 Efeito da velocidade de deformação sobre as propriedades medidas no ensaio de tração convencional. A linha "ISO, max" indica o limite máximo de taxa de deformação, para aços, na norma ISO para ensaio de tração de materiais metálicos [33].

Até o início da estricção, a deformação se distribui uniformemente ao longo do corpo de prova. Iniciada a estricção, ela se concentra nessa região. A medida do alongamento total depende, portanto, do peso relativo atribuído à região de alongamento não uniforme e à região em que o alongamento é uniforme, como mostra a Figura 11.17.

Alongamentos determinados em diferentes bases de medida, conforme a especificação do material: quatro diâmetros, normalmente, quando se usa a norma ASTM [36] ou cinco diâmetros, usual quando se empregam normas europeias [33], por exemplo, conduzirão certamente a resultados diferentes.

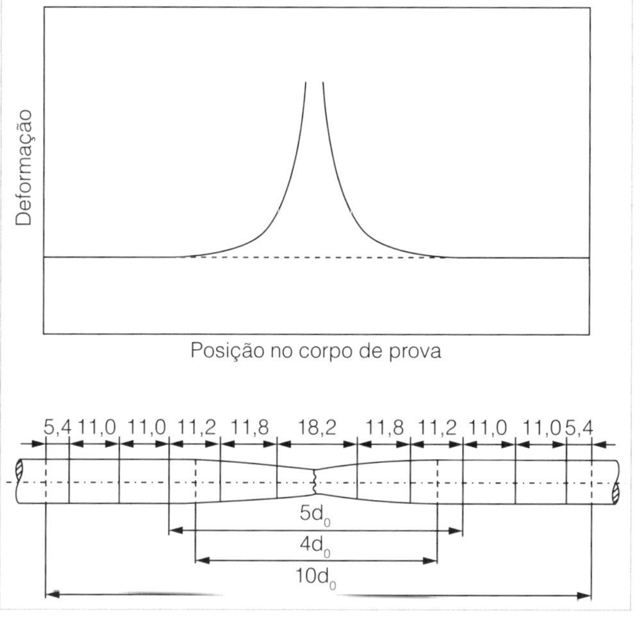

Figura 11.17 Distribuição da deformação plástica em um corpo de prova de tração fraturado. Observa-se o efeito da base de medida sobre o alongamento medido. A_4 = 30,2%, A_5 = 28,4% e A_{10} = 19% (o subscrito indica o comprimento da base de medida, em diâmetros do corpo de prova não deformado, d_0. No caso, d_0 = 10 mm). Adaptada de [38].

11.3.4.5 Medidas de tenacidade

No Capítulo 6 foram brevemente discutidas as origens dos requisitos de tenacidade estabelecidos para aços. Os ensaios de impacto, desenvolvidos empiricamente, são, até hoje, os mais empregados para medidas de tenacidade, em especial no controle da qualidade.

O ensaio de impacto mais comum é o ensaio de impacto em corpo de prova entalhado, normalmente chamado de "ensaio de Charpy"[39] (Figura 11.18). O conceito do ensaio foi desenvolvido na virada do século XIX para o século XX [40]. Nesse ensaio, um pêndulo de massa padronizada atinge um corpo de prova entalhado a uma velocidade também padronizada. A energia absorvida para fraturar o corpo de prova é uma medida da tenacidade do material à temperatura do ensaio. O aspecto da fratura e a chamada "expansão lateral" do corpo de prova fraturado podem ser também apresentados como resultados do ensaio. A expansão lateral ocorre quando parte ou toda a fratura é dúctil e uma parte do corpo de prova se deforma, em flexão, causando o alargamento da região comprimida do corpo de prova, oposta ao entalhe. O aspecto da fratura é classificado entre dúctil e frágil, e as normas estabelecem o procedimento para a medida da porcentagem de cada aspecto em função da observação da superfície de fratura.

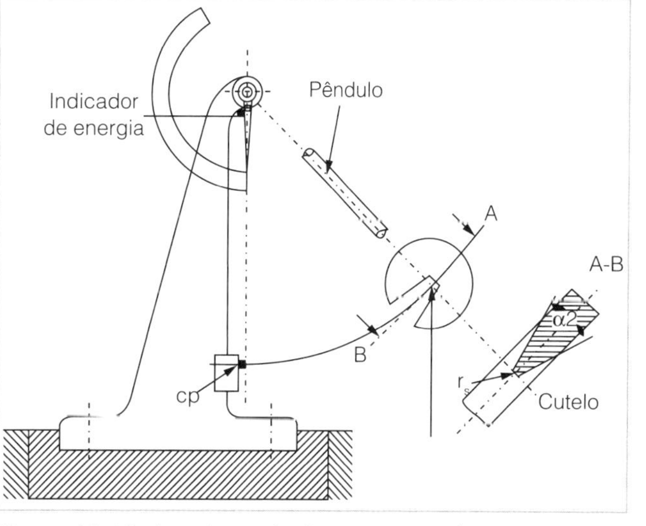

Figura 11.18 Arranjo e máquina para o ensaio de impacto Charpy.

Naturalmente, uma característica básica desse ensaio é a padronização. Todas as medidas relevantes do equipamento de ensaio e do corpo de prova são estabelecidas em normas, e a sua verificação, na frequência adequada, é fundamental para a garantia da obtenção de resultados confiáveis (Figura 11.18). A verificação da máquina é a chamada "verificação direta". A norma ASTM E23 [39] exige ainda a "verificação indireta" em que corpos de prova com propriedades certificadas são testados para verificar os valores obtidos na máquina.

É importante observar que os resultados obtidos no ensaio "Charpy", segundo a norma ASTM E23 [39], não são necessariamente iguais àqueles obtidos quando se realiza o ensaio segundo norma DIN EN (ISO), mesmo mantido o entalhe em forma de "V". A principal causa dessa diferença está na geometria do cutelo do pêndulo que atinge o corpo de prova. A norma ASTM E23, desde 2016, passou a regular dois cutelos, embora o "normal" seja o uso do chamado cutelo de 8 mm. O chamado cutelo de 2 mm pode ser usado quando requerido. A norma esclarece que "para alguns materiais, o raio do cutelo pode afetar significativamente os resultados".

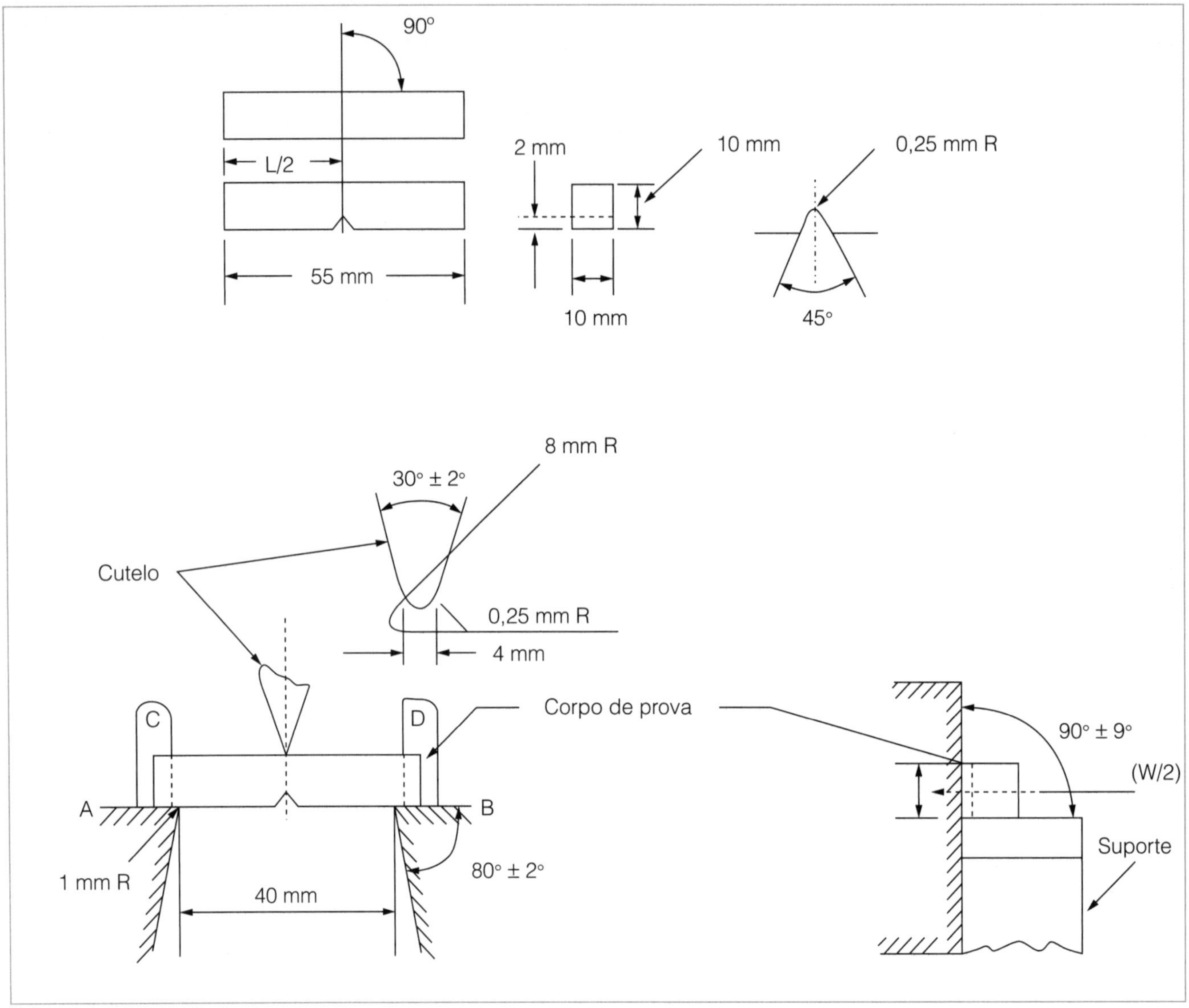

Figura 11.19 Detalhes geométricos padronizados no ensaio de impacto (Charpy) segundo ASTM E23. Corpo de prova com entalhe em "V". Cutelo de 8 mm. Adaptada de [39].

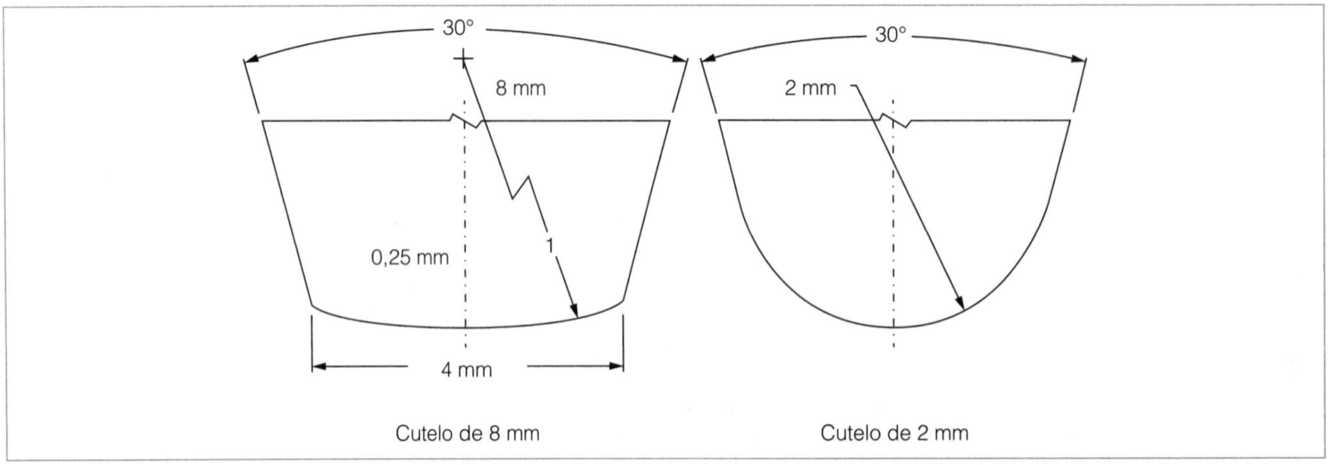

Figura 11.20 Detalhe dos cutelos de 8 e 2 mm segundo a ASTM E23. O cutelo usual para materiais especificados segundo normas ASTM e ASME é o de 8 mm. O de 2 mm é similar ao utilizado na Europa e nas normas ISO. As tolerâncias dimensionais são apresentadas nas normas. Adaptada de [39].

No passado, acreditava-se que havia um desvio sistemático entre os resultados obtidos com os dois cutelos, que se manifestava mais claramente à medida que a energia absorvida aumentava como mostra a Figura 11.21.

Esta tendência continua sendo observada na média dos ensaios em diferentes aços, por diferentes autores, como mostra a Figura 11.22. Entretanto, a discrepância entre os dois métodos de ensaio existe e é significativa, embora ainda persista a dificuldade em explicar a causa exata e o comportamento esperado. Lucon e Splett [41] testaram corpos de prova de referência, produzidos em condições extremamente controlados e usados para verificação indireta de máquinas de ensaio e obtiveram, em alguns casos, valores idênticos e, em outros, discrepâncias estatisticamente significativas, mesmo para energias absorvidas relativamente baixas, como mostra a Figura 11.23. Estes resultados confirmam as observações de Siewert e Vigliotti [42] e justificam claramente que não há garantia de que os resultados obtidos com os diferentes cutelos sejam iguais para qualquer material.

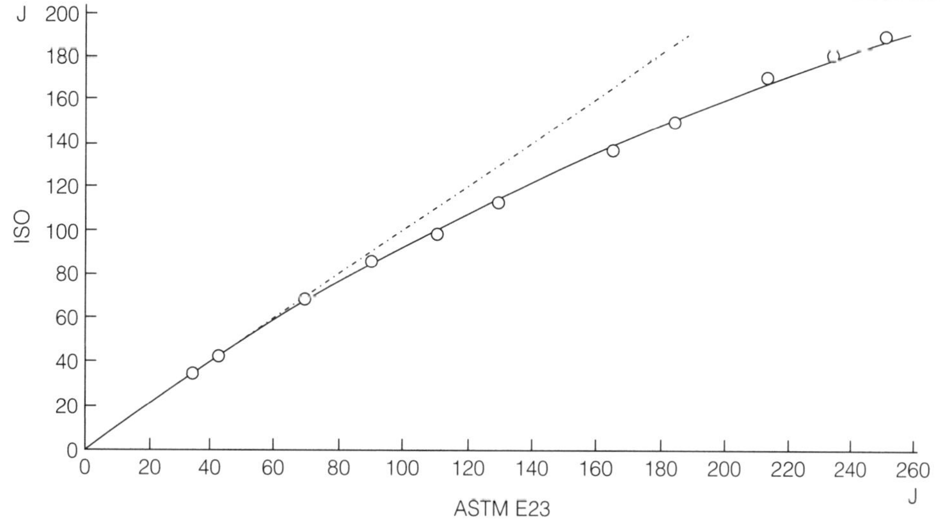

Figura 11.21 Comparação dos resultados obtidos no ensaio de Impacto (Charpy-V) segundo DIN 50115 (ISO) e ASTM E23. Adaptada de [38].

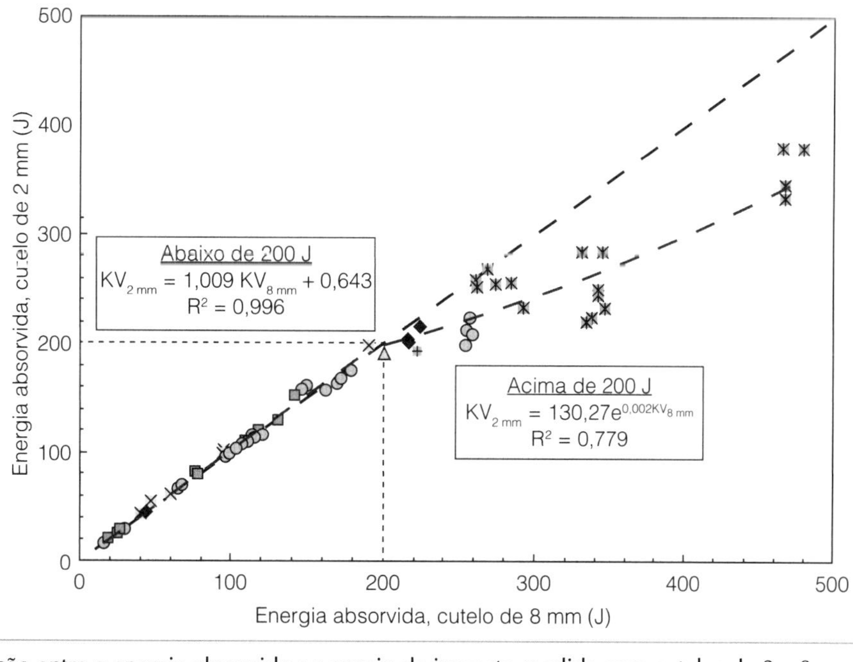

Figura 11.22 Correlação entre a energia absorvida no ensaio de impacto medida com cutelos de 2 e 8 mm, usando dados do estudo de Lucon [43] e de outros autores, por ele coletados. Duas correlações estatísticas são propostas. Adaptada de [43].

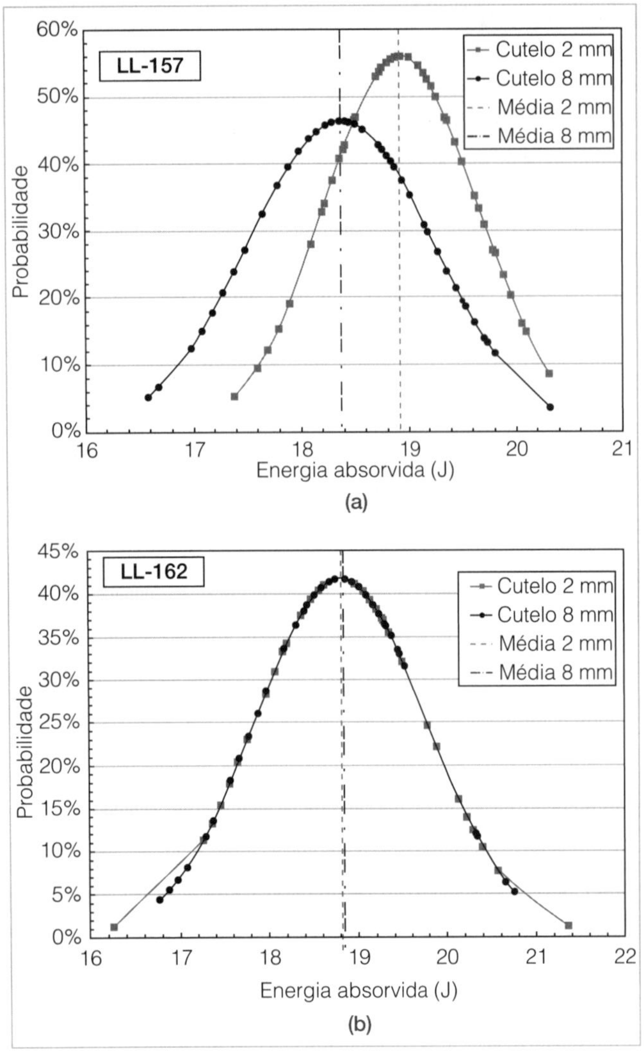

Figura 11.23 (a) Curvas de distribuição de probabilidade da energia absorvida para corpos de prova do lote LL-157 do NIST testados a (21 °C ± 1 °C) com cutelos de 2 e 8 mm. Mais de 70 testes com cada cutelo. A diferença da média é significante, estatisticamente. (b) Curvas de distribuição de probabilidade da energia absorvida para corpos de prova do lote LL-162 do NIST testados a (21 °C ± 1 °C) com cutelos de 2 e 8 mm. Mais de 70 testes com cada cutelo. A diferença da média não é significante, estatisticamente. Adaptada de [41].

Uma vantagem praticamente insuperável do ensaio de Charpy é a pequena quantidade de material empregada. Isso permite, por exemplo, que, para o monitoramento da tenacidade de reatores nucleares durante sua vida, vários corpos de prova possam ser colocados no interior do reator e removidos, periodicamente, para testes, de modo a investigar o efeito da irradiação sobre a tenacidade do material [44]. O ensaio de Charpy se tornou especialmente mais útil depois do desenvolvimento do conceito da *master curve* de Wallin (ver Capitulo 6) [45,46]. Ainda assim, há ocasiões em que corpos de prova reduzidos precisam ser usados [47] ou o material de corpos de prova já testados precisa ser aproveitado [48,49], por exemplo, quando a vida de um reator é estendida além do inicialmente previsto [50]. É importante observar que, quando se empregam corpos de prova reduzidos, por exemplo em produtos de espessura inferior a 10 mm, não é diretamente evidente que a medida de energia absorvida por unidade de área seja adequada. A Figura 11.24 compilada por Wallin et al. [51] mostra o efeito da largura do corpo de prova sobre a temperatura em que 35 J / cm^2 são atingidos. Esse critério é baseado em um critério usual de 28 J para um corpo de prova normal: a variação da energia por área com a espessura do corpo de prova é evidente. É importante seguir o requisito para o ensaio em corpo de prova reduzido, estabelecido pela norma ou especificação do material.

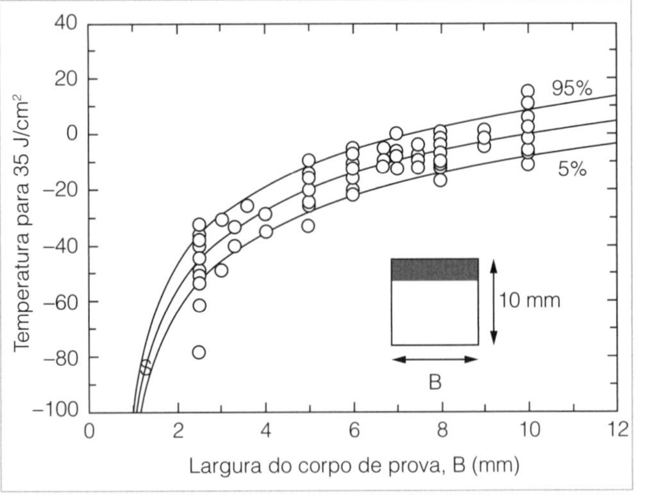

Figura 11.24 Efeito da largura do corpo de prova de Charpy V sobre a temperatura em que é atingido o valor de 35 J / cm^2. É evidente que a energia por área não é constante. Adaptada de [51].

Outros ensaios tecnológicos para a avaliação da tenacidade são os ensaios de Pellini ou DWT (ASTM E208 [4]), Robertson etc. Também nesses testes, a importância do rigoroso cumprimento das condições padronizadas e estabelecidas pela norma de ensaio não pode ser esquecida.

Ensaios de mecânica da fratura têm sido cada vez mais empregados, inclusive como ferramenta para controle da qualidade. Determinação de K_{IC} (ASTM E399/ 1820) e COD ou CTOD, por exemplo, são ensaios realizados para controle da tenacidade de materiais para aplicações especiais, como aeroespacial, *off-shore*, nuclear etc. Com os avanços na área da mecânica da fratura nas últimas décadas, não só tem sido viável obter informações relevantes para projeto a partir de ensaios de Charpy, conforme discutido no Capítulo 6, como ensaios para determinação de parâmetros de tenacidade como J (integral J) em corpos de prova de dimensões razoáveis tornaram-se mais acessíveis [52] e têm sido utilizados no desenvolvimento, homologação e até, em casos especiais, na aceitação de aços e superligas [12].

Ensaios de tenacidade medem a resistência de um material à extensão de uma trinca.

A tenacidade de um material, isto é, a resistência à extensão da trinca, pode ser, adequadamente, expressa por um único valor de propriedade ou por uma "curva de resistência". No caso em que a fratura ocorre por clivagem, que é tipicamente instável, a tenacidade pode ser, normalmente, caracterizada por um único valor da propriedade. Quando a trinca cresce por coalescimento de vazios, o crescimento pode ser estável, ao menos inicialmente. Nesse caso, uma "curva de resistência" expressa melhor a tenacidade do material.

Os corpos de prova empregados para ensaios normalizados de tenacidade têm configurações geométricas muito semelhantes em todas as normas [30,53]. Para a obtenção de uma trinca aguda inicial, todas as normas empregam o mecanismo de fadiga, embora as condições de tensão e ciclamento para a formação dessa trinca inicial não sejam as mesmas para todas as normas.

À semelhança do ensaio de tração, é necessário medir, no mínimo, carga e alguma forma de deslocamento, no corpo de prova, durante o ensaio. O deslocamento medido no corpo de prova deve ser correlacionado com a abertura da trinca que, por sua vez, pode ser correlacionada com o comprimento da trinca [12]. Adicionalmente, técnicas de medida da queda do potencial elétrico no corpo de prova têm sido usadas para medir a extensão da trinca, especialmente na construção de curvas de resistência [12,53].

A mecânica da fratura e os ensaios de medida de tenacidade, assim como a aplicação desses critérios ao projeto de itens, evoluíram drasticamente nas últimas décadas. O estabelecimento correto de requisitos de tenacidade, assim como a execução de ensaios de medida de tenacidade e a interpretação dos resultados obtidos, requer conhecimentos atualizados da área. As informações a seguir são um guia inicial para dois dos ensaios mais comuns. O leitor deve sempre buscar informações exatas nas normas citadas e na literatura atualizada [12].

Testes de mecânica da fratura podem ser realizados em máquinas de ensaio servo-hidráulicas, como mostra a Figura 11.25. Essas máquinas permitem impor diferentes ciclos de carregamento ou de deformação e são empregadas, também, em ensaios de tração ou de fadiga.

Figura 11.25 Máquina de ensaio servo-hidráulica com controle por computador. Cortesia Villares Metals.

11.3.4.6 Medida de K_{IC} – ASTM E399 [30]

Quando a fratura se propaga com pouca ou nenhuma plasticidade e o material tem comportamento linear elástico antes da propagação da trinca, a tenacidade pode ser adequadamente caracterizada pelo parâmetro K_{IC} (no qual o índice I romano descreve o modo de aplicação da carga em relação à trinca (Figura 11.26), e o índice C significa "crítico").

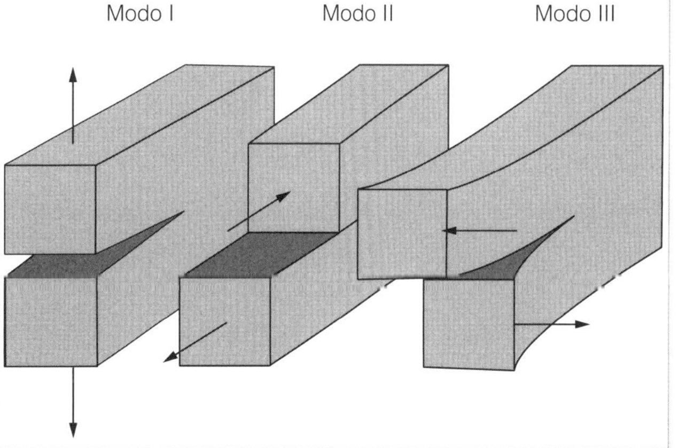

Figura 11.26 Os três modos de carregamento que podem ser aplicados a uma trinca.

Classicamente, K_{IC} é medido conforme a norma ASTM E399 [30]. Essa norma estabelece requisitos rigorosos sobre as dimensões de um corpo de prova, as quais são necessárias para obtenção de um resultado válido. Uma característica notável da norma é que só é possível saber se o resultado obtido no ensaio é válido após sua conclusão.

Caso o resultado não seja considerado válido, uma informação limitada sobre a tenacidade do material é obtida, frequentemente citada como apenas K_C. A metodologia estabelecida na norma ASTM E1820 [53], mais moderna, permite estimativas da tenacidade, mesmo nos casos em que as condições geométricas necessárias à obtenção de uma medida válida de K_{IC} pela norma ASTM E399 não são atendidas. A norma ASTM E1820 apresenta métodos de teste generalizados para medidas de parâmetros de J (ver o próximo item), K e CTOD (*crack tip opening displacement*).

Os critérios dimensionais para a validade do ensaio, segundo a norma ASTM E399, são bastante rigorosos. O material precisa ser relativamente frágil ou o corpo de prova muito grande, para que se obtenham resultados válidos [12,52]. Desde pelo menos 2004 os critérios da norma E399 vêm sendo discutidos.[54] Quando esses critérios foram estabelecidos, acreditava-se que, com o aumento da dimensão do corpo de prova, atingia-se, eventualmente, um limite inferior da tenacidade do material, independentemente do comportamento do material e do mecanismo de fratura, como mostra a Figura 11.27. A norma novamente aprovada em 1997 estabeleceu, portanto, condições para garantir que essas dimensões sejam atingidas. Com a evolução da compreensão do efeito do modo de falha sobre o comportamento das trincas em materiais, questões sobre a validade das exigências estabelecidas têm sido levantadas. Wallin [54], por exemplo, sugere que seja dada mais importância à dimensão do ligamento que resiste à trinca do que à largura do corpo de prova, o que permitiria a medida da tenacidade de materiais dúcteis em corpos de prova menores do que os atualmente necessários[52].

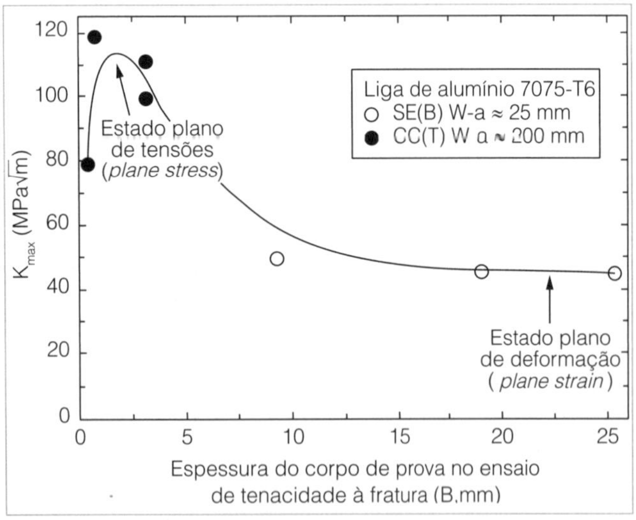

Figura 11.27 Dados de Irwin que serviram para postular o efeito da espessura do corpo de prova sobre a tenacidade à fratura. A tenacidade à fratura apresenta uma estabilização em um nível mínimo, associado, na ocasião, à ocorrência do estado plano de deformação, condição presentemente exigida pela norma ASTM E399. Adaptada de [54].

Além disso, quando o mecanismo de fratura é a coalescência de vazios (tipicamente fratura dúctil), as medidas, obtidas pela norma ASTM E399 e similares, têm aplicação restrita e são sujeitas a dificuldades adicionais [54] . No momento, a aplicação dessa norma é mais adequada a medidas de tenacidade de aços e ligas especiais em condições de fratura frágil ou na região de transição dúctil-frágil, na qual os efeitos da ductilidade ainda não sejam muito relevantes. Este modo de fratura (coalescimento de vazios) normalmente requer outro modo de caracterizar a fratura. Frequentemente, uma curva de resistência à extensão da trinca, chamada de "curva R", precisa ser medida [52].

11.3.4.7 Medida de J – ASTM E 1820 [53]

Além da caracterização da tenacidade por um parâmetro K, com as dimensões de intensidade de tensão $\left(\text{MPa}\sqrt{\text{m}}\right)$ especialmente útil nas regiões de comportamento instável (frágil ou dúctil-frágil), a propagação de uma trinca pode ser caracterizada por um parâmetro J com unidade de energia por área (J/m^2). É possível correlacionar J e K. O parâmetro J é mais adequado a medidas em que ocorre deformação plástica do que o parâmetro K. A medida do parâmetro J, chamada "integral J", é executada de acordo com a norma ASTM E1820.

A integral J é empregada de duas formas principais na avaliação do comportamento dos materiais, sob o aspecto da tenacidade. Uma das medidas relevantes é o valor de J "crítico" (J_{IC}), que caracteriza o início da extensão da trinca dúctil. A outra medida é a curva de J em função da extensão da trinca, chamada "curva J-R" ou curva de resistência.

Assim, há dois métodos de ensaio nessa norma, descritos a seguir.

No método básico, corpos de prova são carregados até a ruptura ou uma certa abertura de trinca. Esse método permite obter um valor de J "crítico".

O chamado método da curva de resistência requer a medição contínua da extensão da trinca. Com esse método, é possível obter a curva J-R que pode ser necessária para algumas análises de instabilidade estrutural. Embora o método básico também permita obter a curva J-R, vários corpos de prova são necessários, enquanto que, no método da curva de resistência, a informação é obtida com um único corpo de prova.

A norma ASTM E1820 também permite determinar um valor de J "crítico" nos casos em que o teste é encerrado pela ocorrência de instabilidade da fratura, por exemplo fratura por clivagem (frágil, em aços). O método "CTOD" (*crack tip opening displacement*), desenvolvido na Inglaterra, é também normalizado na ASTM E1820.

É importante notar [52] que tanto a ASTM E399 como a ASTM E1820 foram desenvolvidas originalmente para testes na condição de *plane strain* (estado plano de deformação), que levam ao estabelecimento de requisitos de espessura mínima para os corpos de prova. A ASTM E561 [55] foi desenvolvida para a determinação de curvas K-R usando corpos de prova de menores dimensões. Esta norma foi um desenvolvimento importante para a caracterização da resistência à fratura de painéis finos usados nas estruturas aeronáuticas [52].

As referências [12,52,56] fornecem uma boa e atual orientação para a compreensão dos testes e dos parâmetros usados na medida da tenacidade de aços.

11.3.4.8 Testes Mecânicos à Temperatura Elevada

A caracterização das propriedades dos aços e ligas especiais à temperatura elevada envolve uma variável adicional, que não precisa ser considerada nos ensaios à temperatura ambiente e à baixa temperatura: o tempo. Enquanto, para várias aplicações, as propriedades medidas em ensaio de tração convencional (em que a deformação é independente do tempo) representam o comportamento do material, temperaturas elevadas tornam importante a deformação dependente do tempo, como discutido no Capítulo 6. O desenvolvimento e a homologação de materiais para trabalho à alta temperatura e, em alguns casos, a aceitação desses materiais envolve a realização de ensaios mecânicos à temperatura elevada, em condições em que a deformação dependente do tempo (fluência) é significante.

Do ponto de vista da tecnologia de ensaios, há duas dificuldades adicionais em relação aos ensaios a temperatura ambiente: a) o estabelecimento e o controle da temperatura (e eventualmente atmosfera) do ensaio durante o tempo deste, por meio de fornos, termopares e outros equipamentos de controle; e b) a garantia da manutenção dessas características durante períodos de ensaio que podem ser longos, exigindo o uso de sistemas que evitem a interrupção de energia para o equipamento de ensaio (*no-break*) e outras provisões.

Testes de tração à temperatura elevada, a taxas comparáveis às empregadas para o ensaio à temperatura ambiente são relativamente simples (ASTM E21 [57]). As propriedades obtidas nesses ensaios são, convencionalmente, chamadas de "propriedades de curta duração" (*short-term exposure*).

11.3.4.9 Ensaios de Fluência

Existem duas condições mais comuns de ensaio empregadas para a medida das propriedades de fluência, segundo a norma ASTM E139 [58]:

- Ensaios à tensão constante;
- Ensaios à carga constante.

Nesses ensaios, uma tensão (ou carga) é aplicada e a deformação e o tempo necessários para causar a ruptura do material são medidos. A realização de ensaios à tensão constante é complexa por envolver a compensação da redução de área que o corpo de prova sofre durante a deformação. Em geral, os ensaios à carga constante são preferidos, em engenharia, por serem de execução menos complexa.

Ainda assim, como na maior parte dos casos a carga é aplicada por "peso morto" em um sistema de alavancas, o alongamento dos corpos de prova pode causar o aparecimento de tensões de flexão durante o ensaio. Para evitar esse efeito, pode ser necessário compensar esse movimento pelo sistema de carga, mantendo a axialidade da carga durante todo o tempo do ensaio para garantir que tensões de flexão não sejam superpostas. A Figura 11.28 mostra um arranjo típico de máquinas de ensaio de fluência à carga constante.

Figura 11.28 Equipamentos para ensaio de fluência.
Fonte: Cortesia Villares Metals.

O emprego de relações como o parâmetro de Larson-Miller (Capítulo 6) permite correlacionar os efeitos de tempo e temperatura, desde que o mecanismo de deformação operante seja constante.

REFERÊNCIAS BIBLIOGRÁFICAS

1. Juran JM, Godfrey AB, (Org.). Juran's Quality Handbook. 5. ed. New York: McGraw-Hill; 1999.
2. Pyzdek T, Keller P. The handbook for quality management: a complete guide to operational excellence. 2. ed. New York: McGraw-Hill; 2013;484.
3. Costa e Silva A. Garantia da qualidade na fabricação de aços para vasos de pressão. In: Seminário sobre Garantia da Qualidade de Produtos Siderúrgicos. São Paulo, SP: ABM; 1985;123.
4. ASTM E208-20. Standard Test Method for Conducting Drop-Weight Test to Determine Nil-Ductility Transition Temperature of Ferritic Steels. West Conshohocken, PA: ASTM International; 2020.
5. ASTM A262-10. Standard Practices for Detecting Susceptibility to Intergranular Attack in Austenitic Stainless Steels. West Conshohocken, PA: ASTM International; 2010.
6. Ashby MF. Materials selection in mechanical design. 4. ed. Burlington, MA: Butterworth-Heinemann; 2011;646.
7. Ashby MF. Materials and the environment: eco-informed material choice. 2. ed. Amsterdam; Boston: Elsevier/Butterworth-Heinemann; 2013;616.
8. Harrision JD. In: Nichols RW (Org.). Developments in pressure vessel technology –London: Applied Science Publishers Ltd; 1979.
9. API Recommended Practice 579, Fitness for Service. 2. ed. Washington, DC: API – American Petroleum Institute; 2007.
10. SINTAP Consortium. Structural integrity assessment procedures for European industry. Brussels: European Union; 1999.
11. Rolfe ST, Barsom JM. Fracture and fatigue control in structures. Englewood Cliffs: Prentice-Hall; 1977.
12. Anderson T. Fracture mechanics – fundamentals and applications. Boca Raton, FL; CRC Press; 2005;3.
13. Anderson T., Osage DA. API 579: a comprehensive fitness-for-service guide. International Journal of Pressure Vessels and Piping. 2000;77:953-63.
14. Gros XE (Org.). Applications of NDT data fusion. Boston: New York, Springer; 2001:277.
15. Zerbst U, Mädler K, Hintze H. Fracture mechanics in railway applications. Engineering Fracture Mechanics. 2005;72:163-94.
16. Vrana J, Schörner K, Mooshofer H, Kolk K, Zimmer A, Fendt K. Ultrasonic computed tomography – pushing the boundaries of the ultrasonic inspection of forgings. Steel Research International. 2018;89(4):1700448.
17. Pudovikov S, Bulavinov A, Pinchuk R. Innovative ultrasonic testing (UT) of nuclear components by sampling phased array with 3D visualization of inspection results. In DGZfP Proceedings, DGZfP 2010;167-78.
18. Nichols RW. PISC REPORTS. In: Nichols RW (Org.). Non-destructive examination in relation to structural integrity. London: Applied Science Publischers Ltd.; 1980.
19. International Atomic Energy Agency. Improvement of effectiveness of in-service inspection in nuclear power plants. Vienna: IAEA; 2018.
20. Martin O, Martin E, Booler R, Walker T. The European Network for Inspection and Qualification (ENIQ). International Conference Nuclear Energy for New Europe, Cizelj L, Leskovar M, Urši M (Org.). Ljubljana: Nuclear Society of Slovenia; 2013.
21. Doctor SR, Cumblidge SE, Taylor TT, Anderson MT. NUREG/CR-7165 PNNL-19014, Rev. 2 The Technical Basis Supporting ASME Code, Section XI, Appendix VIII: Performance Demonstration for Ultrasonic Examination Systems. Washington DC: US NRC; 2013.
22. Schramm RE. Ultrasonic measurement of stress in railroad wheels. Review of Scientific Instruments. 1999;70(2):1468-72.
23. Diederichs R, Ginzel E. Nondestructive Testing Encyclopedia. Vol. 2005. Disponível em: http://www.ndt.net/article/az/ndtmain.htm; 1999. (Acesso maio 2021).
24. Colpaert H, Costa e Silva A. Metalografia dos produtos siderúrgicos comuns. São Paulo: Blucher; 2008;4:672.

25. ASM Handbook – vol 17 Nondestructive Evaluation of Materials. Materials Park, OH: ASM International; 2018.

26. Bossi RH, Iddings FA, Wheeler GC (Org.) Radiographic testing. Nondestructive testing handbook. Columbus, OH: American Society for Nondestructive Testing; 2002;691.

27. Martz HE, Logan CM, Schneberk DJ, Shull PJ. X-ray Imaging: fundamentals, industrial techniques and applications. Boca Raton, FL: CRC Press; 2016.

28. Hellier C. Handbook of nondestructive evaluation. New York, NY: McGraw-Hill Education; 2013.

29. Rabello JMB, Campinho HS, Iguchi ET, Moreira EV, de Camargo JR. Utilização da técnica de radiografia computadorizada na inspeção de soldas circunferenciais na técnica de parede dupla-vista simples. In IV Conferência Panamericana de END, Buenos Aires, 2007.

30. ASTM E399-20a Standard Test Method for Plane Strain Fracture Toughness of Metallic Materials. West Conshohocken, PA:ASTM International; 2020.

31. Viehrig H-W, Boehmert J, Dzugan J. Some issues by using the master curve concept. Nuclear Engineering and Design. 2002;212:115-24.

32. Cheviet A, Roux J-H. Heavy gauge plates for nuclear application. Materiaux et Techniques. 1977;543-60.

33. ABNT NBR ISO 6892-1:2013 Versão Corrigida 2:2018 Materiais metálicos — Ensaio de Tração Parte 1: Método de ensaio à temperatura ambiente. São Paulo: ABNT; 2013.

34. Milad M, Zreiba N, Elhalouani F, Baradai C. The effect of cold work on structure and properties of AISI 304 stainless steel. Journal of Materials Processing Technology. 2008;203(1).80-5.

35. Kamaya M, Kawakubo M. True stress–strain curves of cold worked stainless steel over a large range of strains. Journal of Nuclear Materials. 2014;451(1-3):264-75.

36. ASTM A370-20 Standard Test Methods and Definitions for Mechanical Testing of Steel Products. West Conshohocken, PA: ASTM International; 2020.

37. Meyers MA, Chawla KK. Mechanical Behavior of Materials. Prentice Hall; 1998.

38. Rudolph W. Schweissen und Schneiden. 1981;E227.

39. ASTM E23-18 Standard Test Methods for Notched Bar Impact Testing of Metallic Materials. West Conshohocken, PA:ASTM International; 2018.

40. Siewert TA, Manahan MR, McCowan CN, Holt J, Marsh E J, Ruth EA. The history and importance of impact testing. In: Siewert TA, Manahan ME (Org.). Pendulum impact testing: a century of progress, STP 1380. West Conshohocken, PA, USA: ASTM International; 2000.

41. Lucon E, Splett J. Effect of Charpy Striker Configuration on Low and High – Energy NIST Verification Specimens. Journal of Research of the NIST. 2018;123:123016.

42. Siewert T, Vigliotti D. The Effect of Charpy V-Notch Striker Radii on the Absorbed Energy. In: Siewert T, Schmieder A (Org.). Pendulum Impact Machines: Procedures and Specimens for Verification. ASTM STP1248. West Conshohocken, PA, USA: ASTM International; 1995;140-13.

43. Lucon E. Influence of striking edge radius (2 vs. 8 mm) on instrumented Charpy data and absorbed energies. International Journal of Fracture. 2008;153(1):1-14.

44. Appendix H to Part 50 – Reactor Vessel Material Surveillance Program Requirements, Title 10 Code of Federal Regulation Part 50. EUA; 2020 [citado 6 de janeiro de 2021]. Disponível em: https://ecfr.federalregister.gov/current/title-10/chapter-I/part-50. (Acesso jan. 2021).

45. ASTM E 1921-97. Test method for the determination of reference temperature, T0, for ferritic steels in the transition range. ASTM Standard E 1921-97. West Conshohocken, PA: ASTM International; 1997.

46. Sreenivasan PR. Estimation of ASTM E-1921 reference temperature from Charpy tests: Charpy energy-fracture toughness correlation method. Engineering Fracture Mechanics. 2008;75(18):5229-45.

47. Lucon E, Chaouadi R, Fabry A, Puzzolante J-L, van Walle E. Characterizing material properties by the use of full-size and subsize Charpy tests: an overview of different correlation procedures. In: Pendulum impact testing: a century of progress. STP1380 West Conshohocken, PA, USA: ASTM International; 2000.

48. van Walle E. Reconstitution: where do we stand? In Effects of Radiation on Materials: 17th International Symposium West Conshohocken, PA: ASTM International; 1996.

49. Bourdiliau B, Decroix G-M, Averty X, Wident P, Bienvenu Y. Comparative study on Charpy specimen reconstitution techniques. Nuclear Engineering and Design. 2011;241(8):2722-31.

50. Ballesteros A, Altstadt E, Gillemot F, Hein H, Wagemans J, Rouden J, et al. Monitoring radiation embrittlement during life extension periods. Nuclear Engineering and Design. 2014;267:197-206.

51. Wallin K, Planman T, Valo M. Fracture mechanics based scaling criteria for miniature and sub-size Charpy-V specimens. In: European Structural Integrity Society. Vol. 30. Elsevier; 2002;279-286

52. Zhu X-K, Joyce JA. Review of fracture toughness (G, K, J, CTOD, CTOA) testing and standardization. Engineering Fracture Mechanics. 2012;85:1-46.

53. ASTM E1820-20b Standard Test Method for Measurement of Fracture Toughness. West Conshohocken, PA: ASTM International; 2020.

54. Wallin KRW (Org.). Critical assessment of the standard ASTM E399, Fatigue and Fracture Mechanics: ASTM STP 1461. West Conshohocken, PA: ASTM International; 2004;34.

55. ASTM E561 – 20 Standard Test Method for KR Curve Determination. West Conshohocken, PA: ASTM International; 2020.

56. Strohaecker TR. Mecânica da fratura [Internet]. 2006. Disponível em: https:// docplayer.com.br/11634594-Mecanica-da-fratura-lamef.html. (Acesso jan. 2021).

57. ASTM E21 – 20 Standard Test Methods for Elevated Temperature Tension Tests of Metallic Materials. West Conshohocken, PA: ASTM International; 2020.

58. ASTM E139 – 11 (Reapproved 2018) Standard Test Methods for Conducting Creep, Creep-Rupture, and Stress-Rupture Tests of Metallic Materials. West Conshohocken, PA, USA: ASTM International; 2018.

Apêndice 1

Curvas Jominy de alguns aços para construção mecânica

Posição Jominy (em 1/16")	Dureza (HRC)1					
	30	35	40	45	50	55
1			5120, 6120	8625		1042, 4142, 1045
1½		8617	4620, 4320, 8620, 1522	8627	5135, 4037, 1042, 1045	50B46
2		4620, 5120, 1522	4027, 1045, 4028	1045, 1042	4135, 1541	4047, 5145
2½	4620, 5120, 1522	8620, 1045, 1050, 4027	1146, 4032, 1050	4130, 5130, 8630, 1050	4042	6145
3	4027, 1042, 1045, 1050	9310, 4320, 6120	4037	1541, 5046	5140, 4047, 5046	4145, 8645, 1345
3½	4720, 6120, 8620	4815, 5046	4130, 5130, 8630	5135, 4042		9260, 86B45
4	4815, 1050	4037	4042		50B46, 5145	
5	4037, 1541	4130, 5130, 8630, 50B46	50B46	5140, 50B46		6150, 5155
6				4140, 8645		
6½	4130, 8630		5145	8640, 5150	5155	5160
7	9130, 4047	8635, 1340, 5140		4137, 6145	5147, 6150	4147,8750, 8655
8					8650, 4142	
8½				4140, 6150, 5160	50B60	
9						8660, 51B60
9½						4150
10	8635, 5140	8740, 9260		5152	4145, 51B60	
10½			6150, 50B60		9840	
11	4640		4140	51B60, 8655	8660, 8653	
11½			8650	4142	8645	
12				8750		
13		4137	51B60	8660	4340, 4147	
14				4145	4150	
17						9850

Alguns aços H e dureza atingida a várias distâncias da extremidade temperada do corpo de prova Jominy.

[1] Aços com curva de temperabilidade mínima no ensaio Jominy que intercepta a dureza especificada na distância Jominy indicada. Para cada aço e dureza deteminada, todas as posições Jominyinferiores à posição onde o aço aparece na tabela terão dureza superior à dureza indicada.

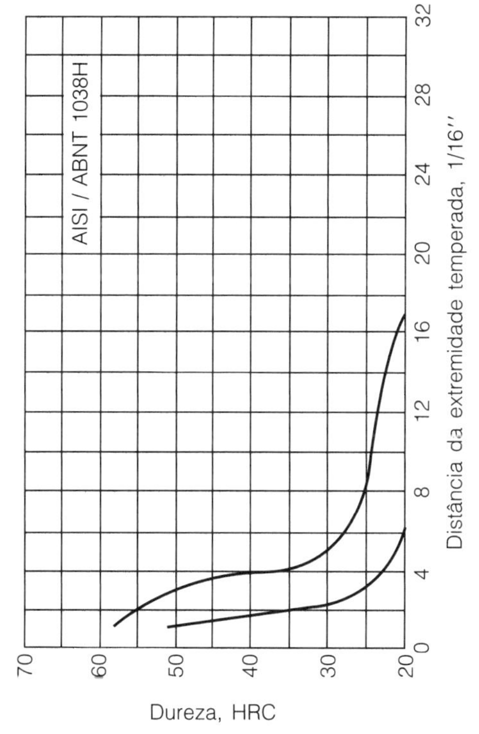
AISI / ABNT 1038H
Distância da extremidade temperada, 1/16''
Dureza, HRC

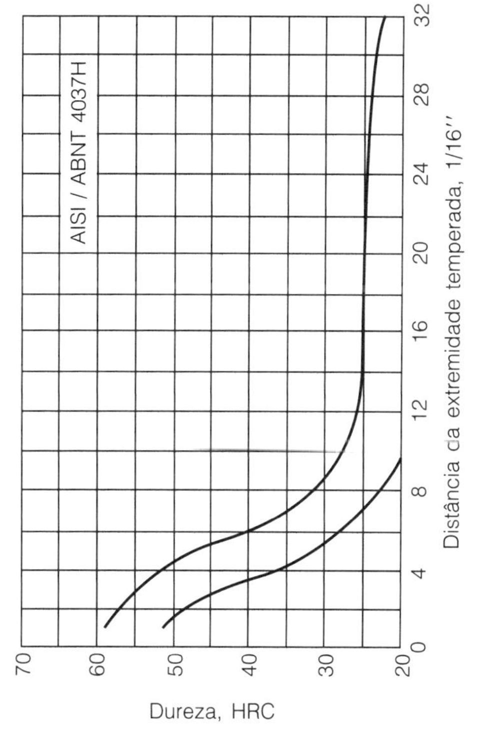
AISI / ABNT 4037H
Distância ca extremidade temperada, 1/16''
Dureza, HRC

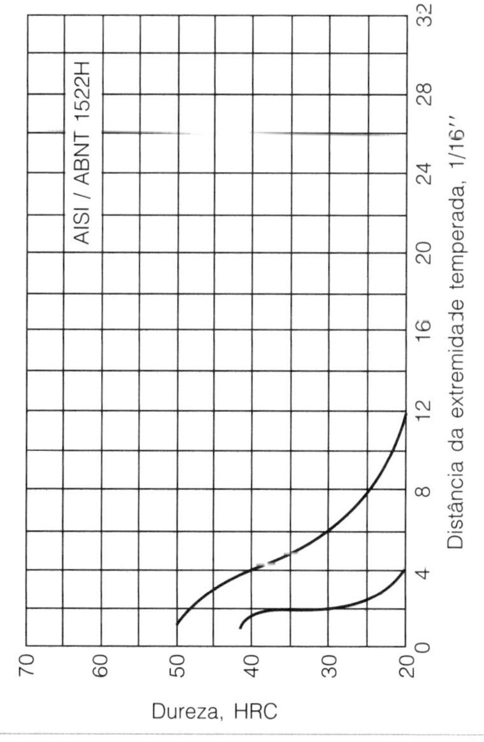
AISI / ABNT 1522H
Distância da extremidade temperada, 1/16''
Dureza, HRC

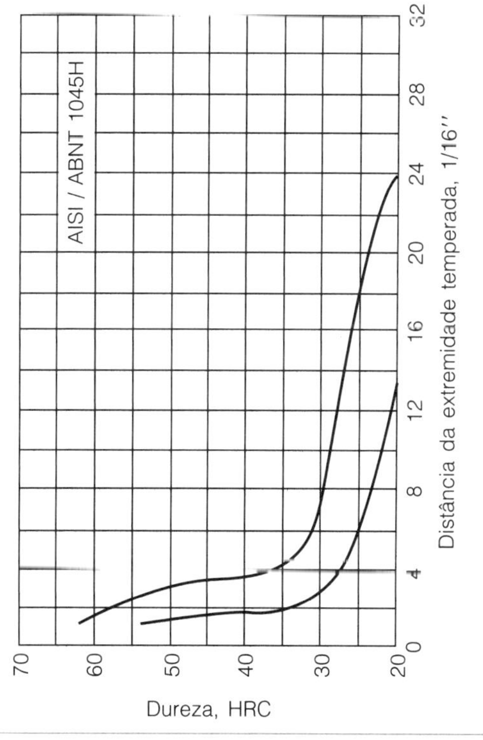
AISI / ABNT 1045H
Distância da extremidade temperada, 1/16''
Dureza, HRC

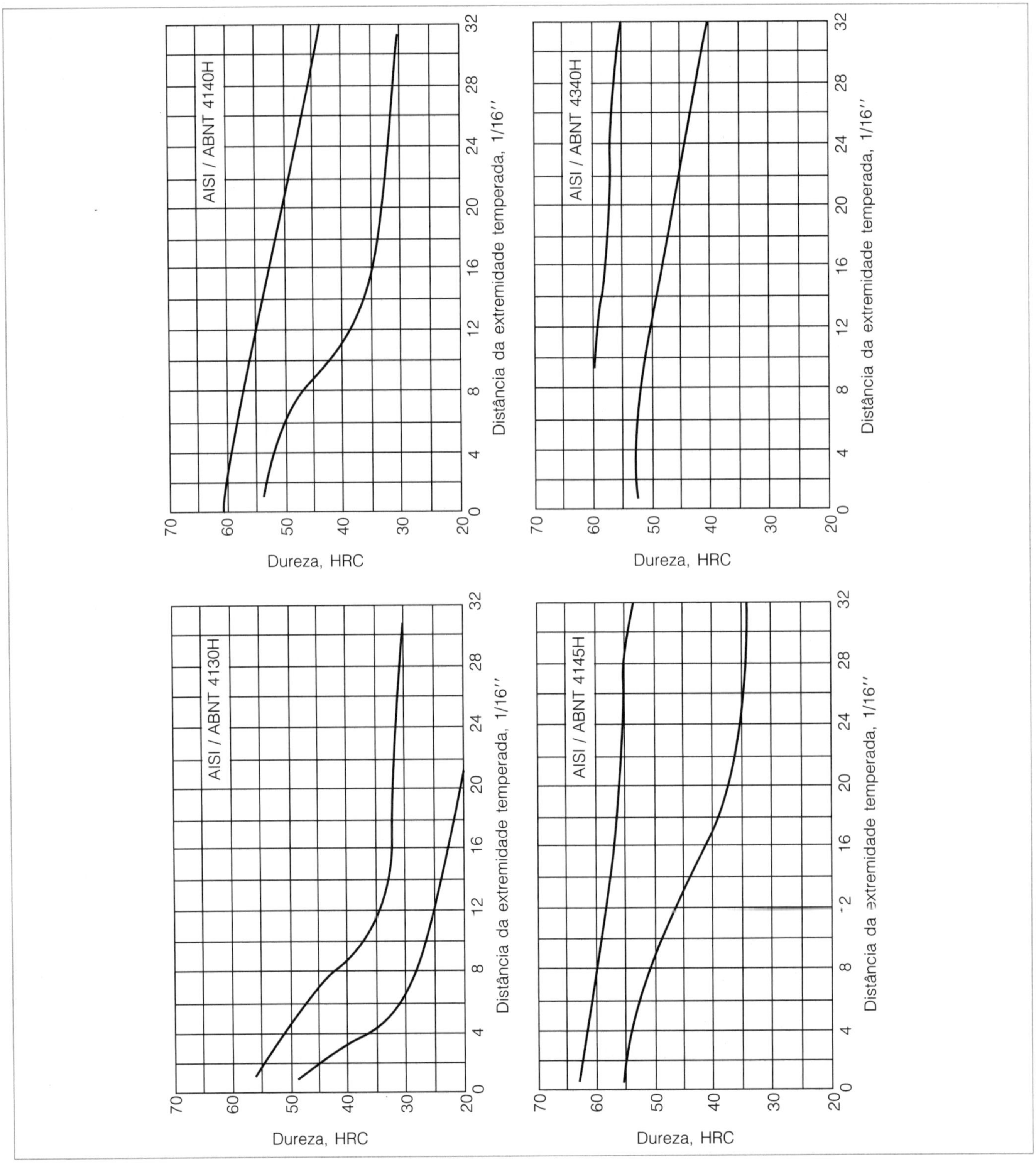
AISI / ABNT 4140H
Distância da extremidade temperada, 1/16''
Dureza, HRC
AISI / ABNT 4340H
Distância da extremidade temperada, 1/16''
Dureza, HRC
AISI / ABNT 4130H
Distância da extremidade temperada, 1/16''
Dureza, HRC
AISI / ABNT 4145H
Distância da extremidade temperada, 1/16''
Dureza, HRC

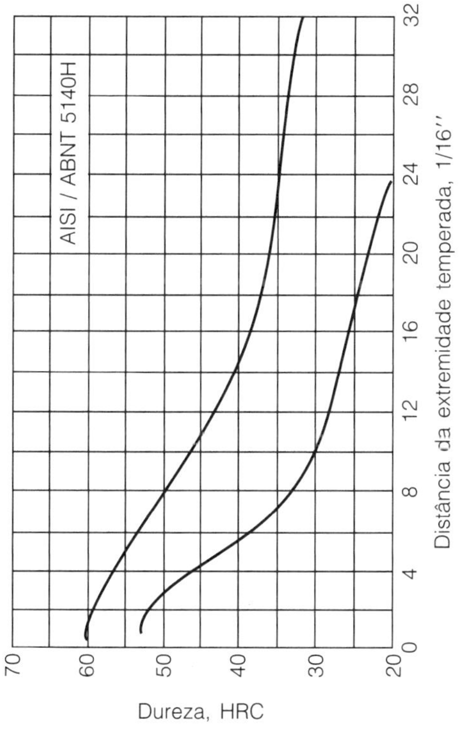
AISI / ABNT 5140H
Dureza, HRC
70
60
50
40
30
20
Distância da extremidade temperada, 1/16''
0
4
8
12
16
20
24
28
32

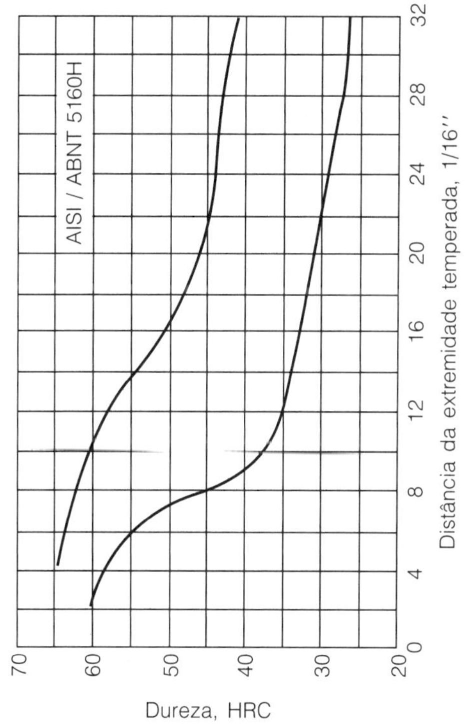
AISI / ABNT 5160H
Dureza, HRC
70
60
50
40
30
20
Distância da extremidade temperada, 1/16''
0
4
8
12
16
20
24
28
32

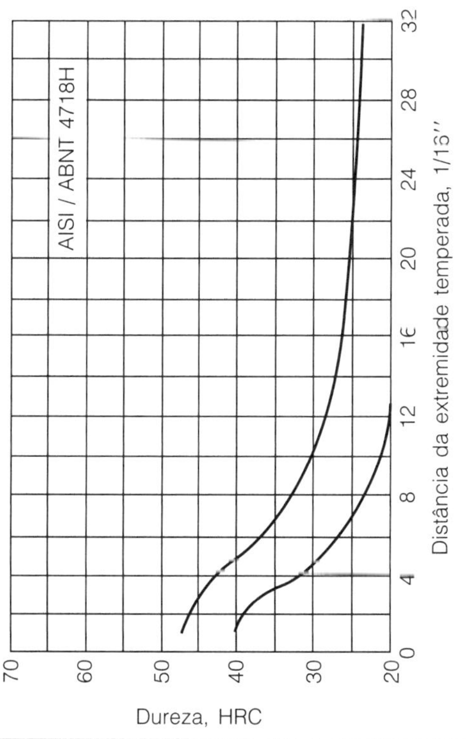
AISI / ABNT 4718H
Dureza, HRC
70
60
50
40
30
20
Distância da extremidade temperada
0
4
8
12
20
24
28
32

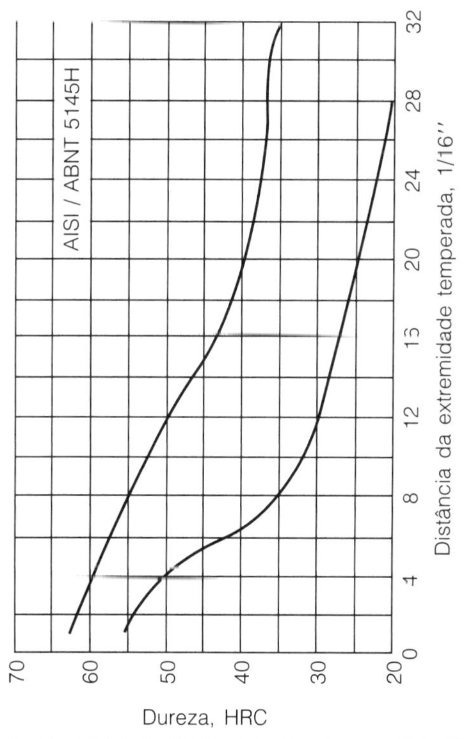
AISI / ABNT 5145H
Dureza, HRC
70
60
50
40
30
20
Distância da extremidade temperada, 1/16''
0
8
12
20
24
28
32

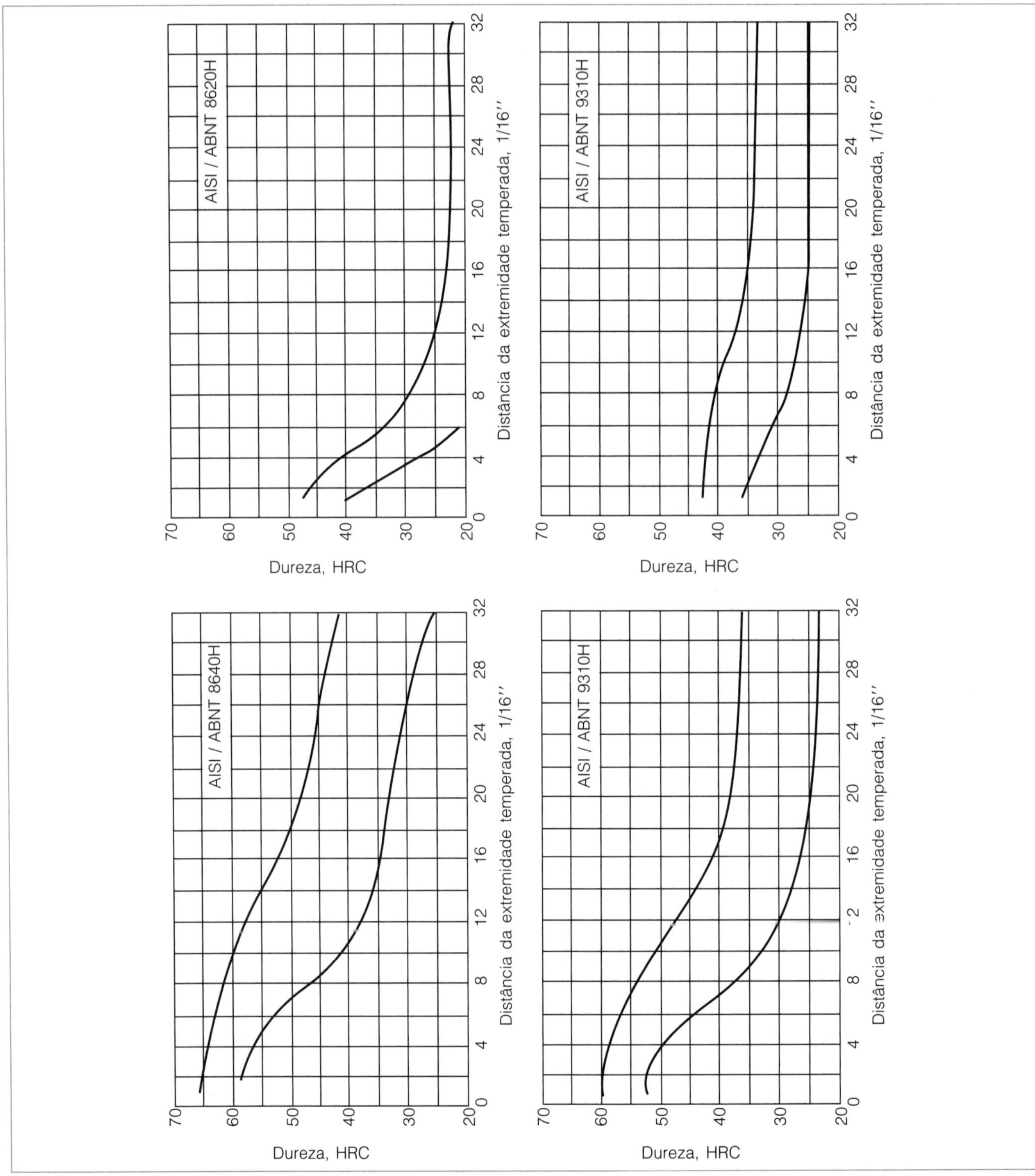
AISI / ABNT 8620H
AISI / ABNT 9310H
AISI / ABNT 8640H
AISI / ABNT 9310H
Dureza, HRC
Distância da extremidade temperada, 1/16''

Apêndice 2

Tabelas de dureza

Aços e ligas de alta dureza – 1

RC	RA	RD	R-15-N	R-30-N	R-45-N	V	K	B	RG	LRT
80	92.0	86.5	96.5	92.0	87.0	1865	–	–	–	Inexato e somente para aços
79	91.5	85.5	–	91.5	86.5	1787	–	–	–	
78	91.0	84.5	96.0	91.0	85.5	1710	–	–	–	
77	90.5	84.0	–	90.5	84.5	1633	–	–	–	
76	90.0	83.0	95.5	90.0	83.5	1556	–	–	–	
75	89.5	82.5	–	89.0	82.5	1478	–	–	–	
74	89.0	81.5	95.0	88.5	81.5	1400	–	–	–	
73	88.5	81.0	–	88.0	80.5	1323	–	–	–	
72	88.0	80.0	94.5	87.0	79.5	1245	–	–	–	
71	87.0	79.5	–	86.5	78.5	1160	–	–	–	
70	86.5	78.5	94.0	86.0	77.5	1076	972	–	–	
69	86.0	78.0	93.5	85.0	76.5	1004	946	–	–	
68	85.5	77.0	–	84.5	75.5	942	920	–	–	
67	85.5	76.0	93.0	83.5	74.5	894	895	–	–	
66	84.5	75.5	92.5	83.0	73.0	854	870	–	–	
65	84.0	74.5	92.0	82.0	72.0	820	846	–	–	
64	83.5	74.0	–	81.0	71.0	789	822	–	–	
63	83.0	73.0	91.5	80.0	70.0	763	799	–	–	
62	82.5	72.5	91.0	79.0	69.0	739	776	–	–	–
61	81.5	71.5	90.5	78.5	67.5	716	754	–	–	–
60	81.0	71.0	90.0	77.5	66.5	695	732	614	–	–
59	80.5	70.0	89.5	76.5	65.5	675	710	600	–	–
58	80.0	69.0	–	75.5	64.0	655	690	587	–	–
57	79.5	68.5	89.0	75.0	63.0	636	670	573	–	–
56	79.0	67.5	88.5	74.0	62.0	617	650	560	–	–
55	78.5	67.0	88.0	73.0	61.0	598	630	547	–	301
54	78.0	66.0	87.5	72.0	59.5	580	612	534	–	291
53	77.5	65.5	87.0	71.0	58.5	562	594	522	–	282
52	77.0	64.5	86.5	70.5	57.5	545	576	509	–	273
51	76.5	64.0	86.0	69.5	56.0	528	558	496	–	264
50	76.0	63.0	85.5	68.5	55.0	513	542	484	–	255
49	75.5	62.0	85.0	67.5	54.0	498	526	472	–	246
48	74.5	61.5	84.5	66.5	52.5	485	510	460	–	237
47	74.0	60.5	84.0	66.0	51.5	471	495	448	–	229
46	73.5	60.0	83.5	65.0	50.0	458	480	437	–	221
45	73.0	59.0	83.0	64.0	49.0	446	466	426	–	214
44	72.5	58.5	82.5	63.0	48.0	435	452	415	–	207
43	72.0	57.5	82.0	62.0	46.5	424	438	404	–	200
42	71.5	75.0	81.5	61.5	45.5	413	426	393	–	194
41	71.0	56.0	81.0	60.5	44.5	403	414	382	–	188
40	70.5	55.5	80.5	59.5	43.0	393	504	372	–	182
39	70.0	54.5	80.5	58.5	42.0	383	391	362	–	177
38	69.5	54.0	79.5	57.5	41.0	373	380	352	–	171

(continua)

Aços e ligas de alta dureza – 1 *(continuação)*

RC	RA	RD	R-15-N	R-30-N	R-45-N	V	K	B	RG	LRT
37	69.0	53.0	79.0	56.5	39.5	363	370	342	–	166
36	68.5	52.5	78.5	56.0	38.5	353	360	332	–	162
35	68.0	51.5	78.0	55.0	37.0	343	351	322	–	157
34	67.5	50.5	77.0	54.0	36.0	334	342	313	–	153
33	67.0	50.0	76.0	53.0	35.0	325	334	305	–	148
32	66.5	49.0	76.0	52.0	33.5	317	326	297	–	144
31	66.0	48.5	75.5	51.5	32.5	309	318	290	–	140
30	65.5	47.5	75.0	50.5	31.5	301	311	283	92.0	136
29	65.0	47.0	74.5	49.5	30.0	293	304	276	91.0	132
28	64.5	46.0	74.0	48.5	29.0	285	297	270	90.0	129
27	64.0	45.5	73.5	47.5	28.0	278	290	265	89.0	126
26	63.5	44.5	72.5	47.0	26.5	271	284	260	88.0	123
25	63.0	44.0	72.0	46.0	25.5	264	278	255	87.0	120
24	62.5	43.0	71.5	45.0	24.0	257	272	250	86.0	117
23	62.0	42.5	71.0	44.0	23.0	251	266	245	84.5	115
22	61.5	41.5	70.5	43.0	22.0	246	261	240	83.5	112
21	61.0	41.0	70.0	42.5	20.5	241	256	235	82.5	110
20	60.5	40.0	69.5	41.5	19.5	236	251	230	81.0	108

[1] Aços com curva de temperabilidade mínima no ensaio Jominy que intercepta a dureza especificada na distância Jominy indicada. Para cada aço e dureza deteminada, todas as posições Jominyinferiores à posição onde o aço aparece na tabela terão dureza superior à dureza indicada.

LRT – limite de resistência à tração (1.000 psi)

Sigla	Dureza	Carga kg	Observação
RC	Rockwell C	150	
RA	Rockwell A	60	
RD	Rockwell D	100	
R-15-N	Rockwell 15-N	15	superficial
R-30-N	Rockwell 30-N	30	superficial
R-45-N	Rockwell 45-N	45	superficial
V	Vickers	10	
K	Knoop	0,5	
B	Brinell	3.000	
RG	Rockwell G	150	

Aços de baixa dureza, ferros fundidos e maioria dos metais não ferrosos – 2

RB	RF	RG	R-15-T	R-45-T	R-30-T	RE	RK	RA	K	BE	BD	LRT
100	–	82.5	93.0	82.0	72.0	–	–	61.5	521	201	240	116
99	–	81.0	92.5	81.5	71.0	–	–	61.0	246	195	234	112
98	–	79.0	–	81.0	70.0	–	–	60.0	241	189	228	109
97	–	77.5	92.0	80.5	69.0	–	–	59.5	236	184	222	106
96	–	76.0	–	80.0	68.0	–	–	59.0	231	179	216	103
95	–	74.0	91.5	79.0	67.0	–	–	58.0	226	175	210	101
94	–	72.5	–	78.5	66.0	–	–	57.5	221	171	205	98
93	–	71.0	91.0	78.0	65.5	–	–	57.0	216	167	200	96
92	–	69.0	90.5	77.5	64.5	–	100	56.5	211	163	195	93
91	–	67.5	–	77.0	63.5	–	99.5	56.0	206	160	190	91
90	–	66.0	90.0	76.0	62.5	–	98.5	55.5	201	157	185	89
89	–	64.0	89.5	75.5	61.5	–	98.0	55.0	196	134	180	87
88	–	62.5	–	75.0	60.5	–	97.0	54.0	192	151	176	85
87	–	61.0	89.0	74.5	59.5	–	96.5	53.5	188	148	172	83
86	–	59.0	88.5	74.0	58.5	–	95.5	53.0	184	145	169	81
85	–	57.5	–	73.5	58.0	–	94.85	52.5	180	142	165	80
84	–	56.0	88.0	73.0	57.0	–	94.0	52.0	176	140	162	78
83	–	54.0	87.5	72.0	56.0	–	93.0	51.0	173	137	159	77
82	–	52.3	–	71.5	55.0	–	92.0	50.5	170	135	156	75
81	–	51.0	87.0	71.0	54.0	–	91.0	50.0	167	133	153	74
80	–	49.0	86.5	70.0	53.0	–	90.5	49.5	164	130	150	72
79	–	47.5	–	69.5	52.0	–	98.5	49.5	161	128	147	Inexato e somente para aços
78	–	46.0	86.0	69.0	51.0	–	88.5	48.5	158	126	144	
77	–	44.0	85.5	68.0	50.0	–	88.0	48.0	155	124	141	
76	–	42.5	–	67.5	49.0	–	87.0	47.0	152	122	139	
75	99.5	41.0	85.0	67.0	48.5	–	86.0	46.5	150	120	137	
74	99.0	39.0	–	66.0	47.5	–	85.0	46.0	147	118	135	
73	98.5	37.5	84.5	65.5	46.5	–	84.5	45.5	145	116	132	
72	98.0	36.0	84.0	65.0	43.5	–	83.5	45.0	145	114	130	
71	97.5	34.5	–	64.0	44.5	100	82.5	445	141	112	127	
70	97.0	32.5	85.5	63.5	43.5	99.5	81.5	44.0	139	110	125	
69	96.0	31.0	83.0	62.5	42.5	99.0	81.0	43.5	157	109	123	
68	95.3	29.5	–	62.0	41.5	98.0	80.0	43.0	135	107	121	
67	95.0	28.0	82.5	61.5	40.5	97.3	79.0	42.5	133	106	119	
66	94.5	26.5	82.0	60.5	93.5	97.0	78.0	42.0	131	104	117	
65	94.0	25.0	–	66.0	58.5	96.0	77.5	–	129	102	116	
64	93.5	23.5	81.5	59.5	97.5	95.5	76.5	41.5	127	101	114	
63	93.0	22.0	81.0	58.5	36.5	95.0	75.5	41.0	125	99	112	
62	92.0	20.5	–	58.0	35.5	94.5	74.5	40.5	124	98	110	
61	91.5	19.0	80.5	57.0	34.5	93.5	74.0	40.0	122	96	108	
60	91.0	17.5	–	56.5	33.5	93.0	73.0	39.5	120	95	107	
59	90.5	76.5	80.0	56.0	52.0	92.5	72.0	39.0	118	94	106	

(continua)

Aços de baixa dureza, ferros fundidos e maioria dos metais não ferrosos – 2 *(continuação)*

RB	RF	RG	R-15-T	R-45-T	R-30-T	RE	RK	RA	K	BE	BD	LRT
58	90.0	14.5	79.5	55.0	31.0	92.0	71.0	38.5	117	92	104	Inexato e somente para aços
57	89	113.0	–	54.5	30.0	91.0	70.5	38.0	115	91	103	
56	89.0	11.5	79.0	54.0	29.0	90.5	69.5	–	114	90	101	
55	88.0	10.0	78.5	53.0	28.0	90.0	68.5	37.5	112	89	100	
54	87.5	8.5	–	52.5	27.0	89.5	68.0	37.0	111	87	–	
53	87.0	7.0	78.0	51.5	26.0	89.0	67.0	36.5	110	86	–	
52	86.5	5.5	77.5	51.0	25.0	88.0	66.0	36.0	109	85	–	
51	86.0	4.0	–	50.5	24.0	97.5	65.0	35.5	108	84	–	
50	85.5	2.5	77.0	49.5	23.0	87.0	64.5	35.0	107	83	–	

LRT – limite de resistência à tração (1.000 psi)

Sigla y	Dureza	Carga kg	Observação
RB	Rockwell B	100	
RF	Rockwell F	60	
RG	Rockwell G	150	
R-15-T	Rockwell 15-T	15	superficial
R-30-T	Rockwell 30-T	30	superficial
R-45-T	Rockwell 45-T	45	superficial
RE	Rockwell E	100	
RK	Rockwell K	150	
RA	Rockwell A	60	
K	Knoop	0.5	
BE	Brinell	500	esfera
BD	Brinell	300	diamante

Aços de baixa dureza, ferros fundidos e maioria dos metais não ferrosos – 3

RB	RF	R-15-T	R-30-T	R-45-T	RE	RH	RK	RA	K	BE
50	85.5	77.0	49.5	23.0	87.0	–	64.5	35.0	107	83
49	85.0	76.5	49.0	22.0	86.5	–	63.5	–	106	82
48	84.5	–	48.5	20.5	85.5	–	62.5	34.5	105	81
47	84.0	76.0	47.5	19.5	85.0	–	61.5	34.0	104	80
46	83.0	75.5	47.0	18.5	84.5	–	61.0	33.5	103	–
45	82.5	–	46.0	17.5	84.0	–	60.0	33.0	102	79
44	82.0	75.0	45.5	16.5	83.5	–	59.0	32.5	101	78
43	81.5	74.5	45.0	15.5	82.5	–	58.0	32.0	100	77
42	81.0	–	44.0	14.5	82.0	–	57.5	31.5	99	76
41	80.5	74.0	43.5	13.5	81.5	–	56.5	51.0	98	75
40	79.5	73.5	43.0	12.5	81.0	–	55.5	–	97	–
39	79.0	–	42.0	11.0	80.0	–	54.5	30.5	96	74
38	78.5	73.0	41.5	10.0	79.5	–	54.0	30.0	95	73
37	78.0	72.5	40.5	9.0	79.0	–	53.0	29.5	94	72
36	77.5	–	40.0	8.0	78.5	100	52.0	29.0	93	–
35	77.0	72.0	39.5	7.0	78.0	99.5	51.5	28.5	92	71
34	76.5	71.5	38.5	6.0	77.0	99.0	50.5	28.0	91	70
33	75.5	–	38.0	5.0	76.5	–	49.5	–	90	69
32	75.0	71.0	37.5	4.0	76.0	98.5	48.5	27.5	89	–
31	74.5	–	36.5	3.0	75.5	98.0	48.0	27.0	88	68
30	74.0	70.5	36.0	2.0	75.0	–	47.0	26.5	–	67
29	73.5	70.0	35.5	1.0	74.0	97.5	46.0	26.0	–	–
28	73.0	–	34.5	–	73.5	97.0	45.0	25.5	–	66
27	72.5	69.5	34.0	–	73.0	96.5	44.5	25.0	85	–
26	72.0	69.0	33.0	–	72.5	–	43.5	24.5	–	65
25	71.0	–	32.5	–	72.0	96.0	42.5	–	–	64
24	70.5	68.5	32.0	–	71.0	95.5	41.5	24.0	–	–
23	70.0	68.0	31.0	–	70.5	–	41.0	23.5	82	63
22	69.5	–	30.5	–	70.0	95.0	40.0	23.0	–	–
21	69.0	67.5	29.5	–	69.5	94.5	39.0	22.5	–	62
20	68.5	–	29.0	–	68.5	–	38.0	22.0	–	–
19	68.0	67.0	28.5	–	68.0	94.0	37.5	21.5	79	61
18	67.0	66.5	27.5	–	67.5	93.5	96.5	–	–	–
17	66.5	–	27.0	–	67.0	93.0	35.5	21.0	–	60
16	66.0	66.0	26.0	–	66.5	–	35.0	20.5	–	–
15	65.5	65.5	25.5	–	65.5	92.5	34.5	20.0	76	59
14	65.0	–	25.0	–	65.0	92.0	33.0	–	–	–
13	64.5	65.0	24.0	–	64.5	–	32.0	–	–	58
12	64.0	64.5	23.5	–	64.0	91.5	31.5	–	–	–
11	63.5	–	23.0	–	63.5	91.0	30.5	–	73	–
10	63.0	64.0	22.0	–	62.5	90.5	29.5	–	–	57
9	62.0	–	21.5	–	62.0	–	29.0	–	–	–

(continua)

Aços de baixa dureza, ferros fundidos e maioria dos metais não ferrosos – 3 *(continuação)*

RB	RF	R-15-T	R-30-T	R-45-T	RE	RH	RK	RA	K	BE
8	61.5	63.5	20.5	–	61.5	90.0	28.0	–	71	–
7	61.0	63.0	20.0	–	61.0	85.5	27.0	–	–	56
6	60.5	–	19.5	–	60.5	–	26.0	–	–	–
5	60.0	62.5	18.5	–	60.0	89.0	25.5	–	69	55
4	59.5	–	17.0	–	58.5	88.0	23.5	–	–	–
3	59.0	–	17.0	–	58.5	88.0	23.5	–	–	–
2	58.0	62.5	16.5	–	58.0	–	23.0	–	68	54
1	57.5	61.0	16.0	–	57.5	87.5	22.0	–	–	–
0	57.0	–	15.0	–	57.0	87.0	21.0	–	67	53

RH = Rockwell H, com carga de 60 kg

Demais siglas consultar páginas anteriores.

Apêndice 3

Sistema Internacional de unidades (SI)

Fonte: INMETRO – Instituto Nacional de Metrologia, Normalização e Qualidade Industrial – 8ª Edição – Rio de Janeiro – 2003

Quadro 1 Unidades SI de Base

	[Unidades SI de Base]	
Grandeza	**Nome**	**Símbolo**
comprimento	metro	m
massa	quilograma	kg
tempo	segundo	s
corrente elétrica	ampère	A
temperatura termodinâmica	kelvin	K
quantidade de matéria	mol	mol
intensidade luminosa	candela	cd

Quadro 2 Exemplos de unidades SI derivadas, expressas a partir das unidades de base

	[Unidade SI]	
Grandeza	**Nome**	**Símbolo**
superfície	metro quadrado	m^2
volume	metro cúbico	m^3
velocidade	metro por segundo	m/s
aceleração	metro por segundo ao quadrado	m/s^2
número de ondas	metro elevado à potência menos um (1 por metro)	m^{-1}
massa específica	quilograma por metro cúbico	kg/m^3
volume específico	metro cúbico por quilograma	m^3/kg
densidade de corrente	ampère por metro quadrado	A/m^2
campo magnético	ampère por metro	A/m
concentração (de quantidade de matéria)	mol por metro cúbico	mol/m^3
luminância	candela por metro quadrado	cd/m^2
índice de refração	(o número) um	1*

* Geralmente, não se emprega o símbolo "1" com um valor numérico.

Quadro 3 Unidade SI derivadas possuidoras de nomes especiais e símbolos particulares

Grandeza Derivada	Unidade SI Derivada			
	Nome	Símbolo	Expressão em outras Unidades SI	Expessão em Unidades SI de Base
ângulo plano	radiano [a]	rad	$m \,.\, m^{-1} = 1$ [b]	
ângulo sólido	esterradiano[a]	sr[c]	$m2 \,.\, m^{-2} = 1$ [b]	
freqüência	hertz	Hz	s^{-1}	
força	newton	N		$m \,.\, kg \,.\, s^{-2}$
pressão, esforço	pascal	Pa	N/m^2	$m^{-1} \,.\, kg \,.\, s^{-2}$
energia, trabalho, quantidade de calor	joule	J	N . m	$m^2 \,.\, kg \,.\, s^{-2}$
potência, fluxo de energia	watt	W	J/s	$m^2 \,.\, kg \,.\, s^{-3}$
quantidade de eletricidade, carga elétrica	coulomb	C		s . A
diferença de potencial elétrico, força eletromotriz	volt	V	W/A	$m^2 \,.\, kg \,.\, s^{-3} \,.\, A^{-1}$
capacidade elétrica	farad	F	C/V	$m^{-2} \,.\, kg^{-1} \,.\, s^4 \,.\, A^2$
resistência elétrica	ohm	Ω	V/A	$m^2 \,.\, kg^{-1} \,.\, s^{-3} \,.\, A^{-2}$
condutância elétrica	siemens	S	A/V	$m^2 \,.\, kg^{-1} \,.\, s^3 \,.\, A^2$
fluxo de indução magnética	weber	Wb	V.s	$m^2 \,.\, kg \,.\, s^{-2} \,.\, A^{-1}$
indução magnética	tesla	T	Wb/m^2	$kg \,.\, s^{-2} \,.\, A^{-1}$
indutância	henry	H	Wb/A	$m^2 \,.\, kg \,.\, s^{-2} \,.\, A^{-2}$
temperatura Celsius	grau Celsius[d]	ºC		K
fluxo luminoso	lúmen	lm	cd . sr [c]	$m^2 \,.\, m^{-2} \,.\, cd = cd$
iluminamento	lux	lx	lm/m^2	$m^{-2} \,.\, m^{-4} \,.\, cd = m^{-2} \,.\, cd$
atividade (de um radionucleico)	becquerel	Bq		s^{-1}
dose absorvida, energia específica, (comunicada), kerma	gray	Gy	J/kg	$m^2 \,.\, s^{-2}$
equivalente de dose, equivalente de dose ambiente, equivalente de dose direcional, equivalente de dose individual, dose equivalente num órgão	sievert	Sv	J/kg	$m^2 \,.\, s^{-2}$

(a) O radiano e o esterradiano podem ser utilizados nas expressões das unidades derivadas, a fim de distinguir grandezas de natureza diferente tendo a mesma dimensão. No Quadro 4 são dados exemplos de sua utilização para formar nomes de unidades derivadas.

(b) Na prática, empregam–se os símbolos rad e sr, quando útil, porém a unidade derivada "1" não é habitualmente mencionada.

(c) Em fotometria, mantêm–se, geralmente, o nome e o símbolo do esterradiano, sr, na expressão das unidades.

(d) Esta unidade pode ser utilizada associada aos prefixos SI, como, por exemplo, para exprimir o submúltiplo miligrau Celsius, mºC.

Quadro 4 Exemplos de unidades SI derivadas, cujo nome e símbolo compreendem unidades SI derivadas, tendo nomes especiais e símbolos particulares

Grandeza	Unidade SI Derivada		
	Nome	Símbolo	Expressão em Unidades SI de Base
viscocidade dinâmica	pascal segundo	Pa . s	$m^{-1} . kg . s^{-1}$
momento de uma força	newton metro	N . m	$m^2 . kg . s^{-2}$
tensão superficial	newton por metro	N/m	$kg . s^{-2}$
velocidade angular	radiano por segundo	rad/s	$m . m^{-1} . s^{-1} = s^{-1}$
aceleração angular	radiano por segundo quadrado	rad/s^2	$m . m^{-1} . s^{-2} = s^{-2}$
fluxo térmico superficial, iluminamento energético	watt por metro quadrado	W/m^2	$kg . s^{-3}$
capacidade térmica, entropia	joule por kelvin	J/K	$m^2 . kg . s^{-2} . K^{-1}$
capacidade térmica específica, entropia específica	joule por quilograma kelvin	J/(kg . K)	$m^2 . s^{-2} . K^{-1}$
energia mássica	joule por quilograma	J/kg	$m^2 . s^{-2}$
condutividade térmica	watt por metro kelvin	W/(m . K)	$m . kg . s^{-3} . K^{-1}$
densidade de energia	joule por metro cúbico	J/m^3	$m^{-1} . kg . s^{-2}$
campo elétrico	volt por metro	V/m	$m . kg . s^{-3}$. A–1
densidade de carga (elétrica)	coulomb por metro cúbico	C/m^3	$m^{-3} . s . A$
densidade de fluxo elétrico	coulomb por metro quadrado	C/m^2	$m^{-2} . s . A$
permissividade	farad por metro	F/m	$m^{-3} . kg^{-1} . s^4 . A^2$
permeabilidade	henry por metro	H/m	$m . kg . s^{-2} . A^{-2}$
energia molar	joule por mol	J/mol	$m^{-2} . kg . s^{-2} . mol^{-1}$
entropia molar, capacidade térmica molar	joule por mol kelvin	J/(mol . K)	$m^2 . kg . s^{-2} . K^{-1} . mol^{-1}$
exposição (raio X e γ)	coulomb por quilograma	C/kg	$kg^{-1} . s . A$
taxa de dose absorvida	gray por segundo	Gy/s	$m^2 . s^{-3}$
intensidade energética	watt por esterradiano	W/sr	$m^4 . m^{-2} . kg . s^{-3} = m^2 . kg . s^{-3}$
luminância energética	watt por metro quadrado esterradiano	$W/(m^2 . sr)$	$m^2 . m^{-2} . kg . s^{-3} . = kg . s^{-3}$

Quadro 5 Prefixos SI

Fator	Prefixo	Símbolo	Fator	Prefixo	Símbolo
10^{24}	yotta	Y	10^{-1}	deci	d
10^{21}	zetta	Z	10^{-2}	centi	c
10^{18}	exa	E	10^{-3}	mili	m
10^{15}	peta	P	10^{-6}	micro	μ
10^{12}	tera	T	10^{-9}	nano	n
10^9	giga	G	10^{-12}	pico	p
10^6	mega	M	10^{-15}	femto	f
10^3	quilo	k	10^{-18}	atto	a
10^2	hecto	h	10^{-21}	zepto	z
10^1	deca	da	10^{-24}	yocto	y

Estes prefixos representam, estritamente, potências de 10. Eles não devem ser utilizados para exprimir múltiplos de 2 (por exemplo, um kilobit representa 1.000 bits e não 1.024 bits).

Quadro 6 Unidades fora do Sistema Internacional, em uso com o Sistema Internacional

Nome	Símbolo	Valor em Unidade SI
minuto	min	1 min = 60s
hora	h	1h = 60 min = 3.600s
dia	d	1 d = 24 h = 86.400s
grau	°	$1° = (\pi/180)$ rad
minuto	′	$1' = (1/60)° = (\pi/10\ 800)$ rad
segundo	″	$1'' = (1/60)' = (\pi/648\ 000)$ rad
litro	L	$1L = 1\ dm^3 = 10^{-3}\ m^3$
tonelada	t	$1\ t = 10^3$ kg

Quadro 7 Unidades fora do SI, em uso com o Sistema Internacional, cujo valor em Unidades SI é obtido experimentalmente

Nome	Símbolo	Valor em Unidades SI
eletronvolt	eV	$1\ eV = 1{,}602\ 177\ 33 \times 10^{-19}$ J
unidade (unificada) de massa atômica	u	$1\ u = 1{,}660\ 540\ 2 \times 10^{-27}$ kg
unidade astronômica	ua	$1\ ua = 1{,}495\ 978\ 706\ 91 \times 10^{11}$ m

Quadro 8 Outras unidades fora do SI em uso com o Sistema Internacional

Nome	Símbolo	Valor em Unidade SI
milha marítima [(a)]		1 milha marítima = 1 852m
nó		1 milha marítima por hora = (1 852/3 600)m/s
angström	Å	$1\ Å = 0{,}1\ nm = 10^{-10}$ m
are [(b)]	a	$1\ a = 1\ dam^2 = 10^2\ m^2$
hectare [(b)]	ha	$1\ ha = 1\ hm^2 = 10^4\ m^2$
barn [(c)]	b	$1\ b = 100\ fm^2 = 10^{-28}\ m^2$
bar [(d)]	bar	$1\ bar = 0{,}1\ MPa = 10^5$ Pa

a) A milha é uma unidade especial utilizada na navegação marítima e aérea para expressar distâncias. Este valor convencional foi adotado pela Primeira Convenção Hidrográfica Internacional Extraordinária, Mônaco 1929, sob o nome de "milha marítima internacional". Não existe símbolo consensado em nível internacional. Originalmente, essa unidade foi escolhida porque uma milha marítima na superfície da Terra subtende, aproximadamente, um minuto de ângulo no centro da Terra.

b) Estas unidades e seus símbolos foram adotados pelo Comitê Internacional em 1879 (Procès–verbaux – CIPM, 1879, p. 41) e são empregados para exprimir superfícies agrárias.

c) O barn é uma unidade especial utilizada na física nuclear para exprimir as "seções eficazes".

d) O bar e seu símbolo estão incluídos na Resolução 7 da 9ª CGPM; (1948; CR, 70).

Quadro 9 Unidades CGS derivadas dotadas de nomes particulares

Nome	Símbolo	Valor em Unidade SI
erg [(a)]	erg	1 erg = 10^{-7} J
dina [(a)]	dyn	1 dyn = 10^{-5} N
poise [(a)]	P	1P = 1 dyn . s/cm^2 = 0,1 Pa.s
stokes	St	1 St = 1 cm^2/s = 10^{-4}m^2/s
gauss [(b)]	G	1G ≙ 10^{-4} T
oersted [(b)]	Oe	1 Oe ≙ (1000/4π) A/m
maxwell [(b)]	Mx	1Mx ≙ 10^{-8} Wb
stilb [(a)]	sb	1 sb = 1 cd/cm^2 = 10^4 cd/m^2
phot	ph	1 ph = 10^4 ℓx
gal [(c)]	Gal	1 Gal = 1 cm/s^2 = 10^{-2} m/s^2

a) Esta unidade e seu símbolo foram incluídos na Resolução 7 da 9ª CGPM (1948).

b) Esta unidade pertence ao Sistema CGS dito "eletromagnético" a três dimensões e não é estritamente comparável com a unidade correspondente do SI, que possui quatro dimensões, quando se refere a grandezas mecânicas e elétricas. Por isso, a relação entre essa unidade e a SI é expressa por meio do símbolo matemático (≙).

c) O gal é uma unidade especial utilizada em geodésia e em geofísica para exprimir a aceleração da gravidade.

Quadro 10 Exemplos de outras unidades fora do SI

Nome	Símbolo	Valor em Unidade SI
curie [a]	Ci	1 Ci = 3,7 x 10^{10} Bq
roentgen [b]	R	1 R = 2,58 x 10^{-4} C/kg
rad [c,f]	rad	1 rad = 1 cGy = 10^{-2} Gy
rem [d,f]	rem	1 rem = 1 cSv = 10^{-2} Sv
unidade X [e]		1 unidade X = 1,002 x 10^{-4} nm
gama [f]	γ	1 γ = 1 nT = 10^{-9} T
jansky	Jy	1 Jy = 10^{-26} W . m^{-2} Hz^{-1}
fermi[f]		1 fermi = 1 fm = 10^{-15} m
quilate métrico [g]		1 quilate métrico = 200 mg = 2 x 10^{-4} kg
torr (milímetro de mercúrio)	Torr (mm Hg)	1 Torr = (101 325/760) Pa = 1 mm Hg
atmosfera normal	atm (h)	1 atm = 101 325 Pa
caloria	cal	(i)
mícron [f]	µ[j]	1µ = 1 mm = 10^{-6} m

a) O curie é uma unidade especial empregada em física nuclear para expressar a atividade dos radionuclídios (12ª CGPM, 1964, Resolução nº 7; Cr, 94).

b) O roentgen é uma unidade especial empregada para exprimir a exposição às radiações X ou γ.

c) O rad é uma unidade especial empregada para exprimir a dose absorvida das radiações ionizantes. Quando houver risco de confusão no símbolo do radiano, pode-se utilizar rd como símbolo do rad.

d) O rem é uma unidade especial empregada em radioproteção para exprimir o equivalente de dose.

e) A unidade X era empregada para exprimir comprimentos de onda dos raios X: sua equivalência com a unidade SI é aproximada.

f) Esta unidade fora do SI é exatamente equivalente a um submúltiplo decimal de uma unidade de SI.

g) O quilate métrico foi adotado pela 4ª CGPM 1907 (CR, 89–91) para o comércio de diamantes, pérolas finas e pedras preciosas.

h) Resolução 4 da 10ª CGPM (1954; CR, 79). A designação "atmosfera normal" é admitida para a pressão de referência de 101 325 Pa.

i) Várias calorias são adotadas para uso:

– Caloria dita 15ºC:

1 cal15 = 4,1855 J (valor adotado pelo CIPM em 1950), (PV, 1950, 22, 79–80);

– Caloria dita IT (International Table)

1 calIT = 4,1868 J (5ª Conferência Internacional sobre as Propriedades do Vapor, Londres, 1956);

– Caloria dita termodinâmica:

1 calth = 4,184 J

j) O micron e seu símbolo, que foram adotados pelo Comitê Internacional em 1879 (PV, 1879, 41) e novamente admitidos na Resolução nº 7 da 9ª CGPM (1948; CR, 70), foram eliminados pela 13ª CGPM (1967–1968) (Resolução nº 7; CR 105 e Metrologia, 1968, 4, 44).

Índice remissivo

0,8C-8Cr aços para ferramenta, 313, 314
17 4PH, 355, 483
aços inoxidáveis endurecíveis por precipitação, 354, 363
efeito do envelhecimento (Figura 7.31), 347
300M, *364*, 476
aço alta resistência, 476
propriedades, comparadas, (Figura 7.44), *364*

Aa

A1, 29, *29*, 30, 31
Linha A_1 no diagrama C-Fe, definição, 29, *29*, 31
A2, 29, 30, 308, 310, 316, 333
aço ferramenta A2, 308, 310, 316, 333
Linha A_2 no diagrama C-Fe, definição, 29, 31
A3, 30, 92
Linha A_3 no diagrama C-Fe, definição, 30
A4, 30
Linha A_4 no diagrama C-Fe, definição, 30
AC (*Alternating Current*)
ver Forno Elétrico a Arco corrente alternada, 427, *428*, 430, 431, 432
A_{cm}, 30
Linha A_{cm} no diagrama C-Fe, definição, 30
Aço, 28, *255*
produção, comparado com outros materiais (Figura 6.1), *256*
Aços ARBL (Alta Resistência e Baixa Liga), *261*, 261, 261, *263*
AHSS (Advanced High Strength Steels), *260*, *264*, 266, 272
aços alta resistência e baixa liga, 270
baixa densidade, 273
dual Phase, 264, *272*
complex Phase, 261, *264*, *266*, 272
engrenagens cementadas, *291*
histórico, 261
propriedades mecânicas
comparadas (Figura 6.7), *261*
efeito
composição química (Figura 6.9), *263*
tamanho de grão (Figura 6.9), *263*
soldabilidade, 261, 262, 263
Aços HY (*High Yield*), 237, 238
Aços IF, 259, *261* 461
produção em RH, 462
propriedades mecânicas comparadas (Figura 6.7), *261*
Aços inoxidáveis, 339, *341*, *472*
efeito, *489*
da composição sobre a estrutura, diagrama de *Schaeffler* (Figura 7.22), *341*
da pressão e temperatura sobre o equilíbrio C-Cr-O na elaboração (Figura 9.20), *472*
Aços inoxidáveis austeníticos, 392, *348*, *350* *349*, *348*, 350
aplicações e composições mais comuns (Tabela 7.22), *350*
condutividade térmica e densidade, 350
efeito do trabalho a frio sobre as propriedades (Figura 7.33b), *349*
martensita induzida por deformação (Figura 7.34), *349*
principais (Figura 7.32), *348*
propriedades no estado solubilizado (Tabela 7.21), *350*
Aços inoxidáveis duplex, 352, 354, *347*, *354*, 354
aplicações e composições mais comuns (Tabela 7.24, Figura 7.38), *354*
microestrutura, 352
precipitação de fases indesejadas (Figura 7.37), *353*

resistência à corrosão, 352, 353, 354
Aços inoxidáveis endurecíveis por precipitação, 354, 363
Aços inoxidáveis martensíticos, 342, *343*, *344*, *344*
aplicações e composições mais comuns (Tabela 7.19), *344*
principais (Figura 7.26), *343*
propriedades no estado recozido (Tabela 7.20), *345*
Aços inoxidáveis supermartensíticos, 339, 345
Aços inoxidáveis ferríticos, 345, *344*
principais (Figura 7.21), *344*
Aços *maraging*, 235, *363*, *364*
composições químicas típicas (Tabela 7.32), *365*
propriedades comparadas com outros aços (Figura 7.44), *364*
Aços micro-ligados, 261
ver aços alta-resistência e baixa liga, 261
Aços para conformação mecânica, 254, *257*, *261*
características importantes para a seleção
propriedades,*261*
comparadas (Figura 6.5), *261*
norma SAE J 2329 (Figura 6.3.b), *258*
seleção, 260
Aços para construção mecânica, *166*, 271, *294*, *294*, *295*, *297*
para nitretação (Tabela 4.4), *166*
propriedades em aplicações automobilísticas
(Tabela 6.9 a 6.11), *294*, *295*, *296*, *297*
Aços para estampagem
ver aços para conformação mecânica, *166*, 271, *294*, *295*,
296, *297*
Aços para ferramentas, 305, *331*, 333,*335*
guia para a seleção (Tabela 7.12), *303*
tipos de aplicação (Tabela 7.11), *332*
Aços para moldes de plástico, *318*, 323, 326, 325
curva de revenimento, aço P20 (Figura 7.11), *318*
P20 *Eletroslag*, 325
P20 Polimento, 325
tratamento térmico, (Tabela 7.8), *326*
Aços para trabalho a frio, 314, *315*, *316*, *317*, *335*
composições mais comuns (Tabela 7.2), *316*
exemplos de aplicação (Tabela 7.2), *316*
modos de falha mais comuns de ferramentas
(Figura 7.20), *335*
tratamentos térmicos (Tabela 7.3), *317*
Aços para trabalho a quente, *319*, 321
composições mais comuns (Tabela 7.4), *319*
exemplos de aplicação (Tabela 7.4), *319*
tratamentos térmicos (Tabela 7.5), *322*
Aços rápidos, 324, 326, 328, *329*
comparação entre aços M e T, 327
composições mais comuns (Tabela 7.10), *329*
metalurgia do pó dos, 327
tratamentos térmicos (Tabela 7.10), *329*
Agitação, 458, 462, 464, *468*
efeito da energia de agitação na homogeneização do aço líquido
(Figura 9.10), *465*
Agitação eletromagnética, 447, 464, 467
efeito na remoção de inclusões não-metálicas, 466
em panela, 466
AISI (*American Iron and Steel Institute*), 308, *316*
especificação de aços AISI, *316*
AISI 9254
aço para molas 293
AK (*Aluminum Killed*)
ver aços para estampagem = ver aços para
conformação mecânica, *173*, 333, *294*, *295*, *296*, *297*
Alloy 532, 533, 372, *374*
propriedades típicas (Tabela 7.40), *374*
Alloy 800H e 825, *371*
propriedades típicas (Tabela 7.38), *371*
Alloy A286 e 718, *371*, *373*
propriedades típicas (Tabela 7.34), *453*
Alta temperatura,
emprego de aço estrutural, 269
Alto-forno, 401, *403*, 404, *405*, *406*
balanço de massa (ver também Figura 8.7), *403*
consumo de redutores (Figura 8.8), *404*
descrição do processo, 404
equilíbrio no sistema C-Fe-O (Figura 8.10), *405*
esquema de um (Figura 8.3), *401*
progresso da redução no interior do alto forno
(Figura 8.12), *407*
uso de carvão pulverizado, 403, 405
Alumina 471, 495, 500
plasticidade (Figura 10.10) *495*
tamanho e distribuição (Figura 10.18), *499*
Alumínio, *166*, 368, 370, 374, 379, 380, 383, 415, 434
como elemento de liga em ligas de níquel 368, 370, 373, 380
como elemento de liga em ligas de titânio 380, 379, 383
desoxidação por, 414, 415, 416
em aço para nitretação W.Nr. 1.8550 (Tabela 4.4), *166*
Anisotropia, *506*,*505*, 494
efeito das inclusões não-metálicas, 503
em produtos, 503
convencionais (Figura 10.30), *505*
refundidos (Figura 10.31), *505*
AOD (*Argon Oxygen Decarburization*), 471
elaboração de inoxidáveis em, 471
Abundância relativa dos elementos na crosta terrestre (Figura 8.1), 399
Aplicação de materiais em aeronaves (Figura 7.65), 381
Argônio, 463, 462
agitação por, 462
injeção na panela, 462
ASEA-SKF
ver forno panela, 464
Atomização, 481
pós para metalurgia do pó, 481
Austêmpera, 122, *122*
ciclo esquemático (Figura 3.42), *122*
Austenita, 29, 40, *71*, 84, 233, 234, *312*, 313
decomposição, mecanismos (Figura 2.1), *39*
parâmetro de rede (Figura 1.4), *25*
retida, 123
revertida, 134
secundária, 145, 146
Widmanstätten, 146
efeito
do tratamento e do teor de carbono sobre a presença de
(Figura 2.55), *71*
do tratamento térmico sobre a presença de (Figura 7.7),
372

sobre propriedades 124, 233, 234, 313
Austenitização, 92, 97, *99*
comparação de temperaturas para recozimento e normalização (Figura 3.7), *99*
ver o tratamento térmico específico (p.ex. normalização, recozimento), 92, 99

Bb

Bagaryatski, 47
relação de orientação cristalográfica, 56
Bainita, 56, *56*, *58*, *236*
contorno de grão, 61
coalescida, 61
colunar, 61, 62
estrutura (Figura 2.30), *58*
formação, 55, 57
inversa, 61, 62
nodular, 61, 62
superior e inferior, *56*
temperatura B_I, relação empírica (Equação 5-i), *236*
tipo I, 63
tipo II, 63
tipo III, 63
Bake-Hardenable (BH), *261*, 266
(Figura 6.7), *261*
Bessemer, 422, *422*
BOF (*Basic Oxygen Furnace)*, 422
ver Conversor, 422
Boro, 179, 180
boretação, 179
efeito na temperabilidade 271
elemento de liga, 180

Cc

Cálcio, 470, 418
controle de inclusões, 470
desoxidação, 418
dessulfuração, 467
Caldeiras, 254, 255, 266, 288, 344, 514
Carbonetos, *195*, *200, 202*, *203*, *204*, 206, 142, 234, *310*, 314, 326, 339, *342*, *348*, *457*, *458*
em aços inoxidáveis, 339
precipitação (Figuras 7.37 e 7.41), *348*, *358*
entalpias de formação (Figura 5.24), *203*
$M_{23}C_6$, $Cr_{23}C_6$, 316
(Figura 7.4), *311*, 314
(Figura 7.23), *341,* 357
M_7C_3 278, (Figura 7.4), *311*, 314
NbC: efeito dos elementos de liga na solubilidade (Figura 5.4), *195*
NbC: precipitação na ferrita (Figura 5.13), *200*
produto de solubilidade na austenita e na ferrita (Tabela 5.3 e Figura 5.25), *204*, *205*
sensitização pela formação de (Figura 7.41), *358*
tipos de carbonetos, 235, 326
Carbonitretação, *168*, 172
perfis de composição, tratamento superficial (Figura 4.28), *168*
Carbonitretos, *207*, *207*, *208*, 214, 259
(Nb)(C,N), 203, 206
parâmetro de rede (Figura 5.29), *207*
composição (Figura 5.28), *206*
cinética de precipitação, 207
em ARBL, 214
na austenita (Figuras 5.30, 5.31, 5.32 e 5.33), *207*, *208*
de titânio e nióbio em aços IF, 259
em aços ARBL, 214
Carbono, 28, 118, 222, 230, 231
diagrama C-Fe
estável, 28
metaestável, 118
efeito
na dureza da martensita, 230
na temperabilidade, 231
no revenimento, 117
Carbono-equivalente, *237*
na soldagem (Figura 5.91), *237*
Cementação, 154, *155*, *156*, *157*, *171*, *172*
a gás, perfis de composição (Figuras 4.8 e 4.9), 157
aço SAE 3115 (Figura 4.4), 155
atmosferas (Figuras 4.6 e 4.7), 156, 157
líquida, equipamento (Figura 4.39), 172
líquida, perfis de composição (Figura 4.40), 172
Cementita, 29
diagrama de fases C-Fe (metaestável), diagrama ferro-cementita, 29
Charpy (ver ensaio de impacto), 501, 535
Chvorinov, *436*
regra de tempo de solidificação em função da relação área/volume (Figura 8.42), *436*
Cinética de processos de aciaria, *412*
descarburação sob vácuo, *461, 462, 463, 472, 474*
desulfuração, 421, 422
eliminação de inclusões não-metálicas, *467*
Classificação dos aços, *272*, *306*
aços ferramenta (Tabela 7.1), *306*
norma ABNT (Tabela 6.4), *272*
Contração de solidificação aços, *437*
aços peritéticos, 438
Conversor (ou Convertedor), *422*, 425, *427*
histórico, 422, 425
rendimento metálico em função do tipo de conversor e do teor de carbono no fim do sopro (Figura 8.31), *436*
tipos de, 425
sopro combinado, 425
sopro por baixo, 425
sopro por cima, 425
Corrosão de aços inoxidáveis, 243, 356, 357
corrosão localizada (ver também PRE), 356, 358
passivação, 356
prevenção da sensitização, 243
sensitização, 357
Corrosão sob tensão, 360, *360*
de aços inoxidáveis, efeito do níquel (Figura 7.35), *360*
em H_2S, 360
Cromo, *195*, 234, 243, 310, 341, *341*
como elemento de liga, 234
diagrama Cr-Fe (Figuras 5.3 e 7.23), *195*, *341*

em aços
ferramenta série D, 310
inoxidáveis, 341
Cromo-equivalente, *340*
em aços inoxidáveis, Equação 7-1, *340*
Curva CCT, *79*, *80*, *81*
construção (Figura 2.70), *79*
do aço
8630 Modificado (W.Nr. 1.6591) (Figura 6.17), *268*
A 533 Cl. 1 (Figura 6.15), *267*
AISI 1020 (Figura 2.73), *81*
AISI 1045 (Figura 2.74), *81*
AISI 1541 (Figura 2.72), *80*
AISI 1080 (Figura 2.75), *82*
F22 (2,25 Cr-1Mo) (Figura 6.16), *268*
Curva em S, *29*
Nucleação e crescimento: construção (Figura 2.11), *29*
Curva ITT, *56*, *76*, *77*, *87*
aço eutectoide, esquemática (Figura 2.27), *56*
construção (Figura 2.60), *74*
do aço
AISI 10113 (Figura 2.67), *77*
AISI 1020 (Figura 2.64), *76*
AISI 1050 (Figura 2.65), *76*
AISI 1080 (Figura 2.66), *77*
AISI 1335 (Figura 2.83), *87*
Curvas Jominy, 273, *274*, 287
construção a partir do ensaio, 273, 274
para diversos aços, 287
relação com curva ITT e CCT (Figura 6.10), *274*

Dd

DC (*Direct Current*)
ver Forno Elétrico a Arco corrente contínua, 427, *428*, 430, 431, 432
DeLong-Schaeffer, 341
diagrama, aços inoxidáveis, (Figura 7.22), *341*
Deformação a quente, *489*, 490, *491*, *492*, *493*, *494*, 500, 502
efeito sobre a anisotropia, 495
efeito sobre a porosidade, 493
efeito sobre inclusões não-metálicas, 501
mapas de raj (mapas de deformação), 508
Dendritas, *445*, 446, *447*
espaçamento interdendrítico, *447*, *448*
Densidade, 449, *449*
do aço líquido-efeito dos elementos em solução (Figura 8.64), *449*
efeito na segregação, 449
Descarburação, 432, 433, *461*, 461
de aços IF, 461
em Conversor, 462
em Forno Elétrico a Arco, 498
sob vácuo (ver também Figura 9.4), *461*, 461
Desfosforação, *419*, 419, 471
efeito do potencial de oxigênio sobre a desfosforação (Figura 8.23), 419
em condições oxidantes, 419
reações de, 418
Desgaseificação, 458, 460, 462, 464
em panela, 464, 462
em RH, 462
em VAD, 462
no jato, 462
por circulação, 462
Desoxidação, 419, *419*, 462, *461*
comparação de desoxidantes (Figura 8.24), *420*
elementos desoxidantes, 419
pelo carbono sob vácuo (ver também Figura 9.4), 458, *461*
produtos de solubilidade, *419*
solubilidade do oxigênio no ferro, *415*
Dessulfuração, 419, *420*, 420
efeito do potencial de oxigênio sobre a dessulfuração (Figura 8.25), *421*
em condições redutoras, 420
reações de, 434
Diagramas de equilíbrio de fases, *27*, *28*, *31*, *152*, *165*, *176*, *178*, *194*, *195*, *199*, *140*, *229*, 339, *341*, *346*, *347*, *352*, *365*, *382*, *415*, *442*, *459*, *463*
C-Fe-N (Figura 4.44 e 4.50), *176*, *178*
efeito dos elementos de ligas sobre os diagramas contendo Fe (Figura 5.1), *194*
Fe-N (Figuras 4.1, 4.25 e 9.1), *152*, *165*, *459*
Al-Ti (Figura 7.67), *382*
B-Fe (Figura 4.1), *152*
C-Cr-Fe (Figuras 5.76, 5.77 e 7.24), *228*, *229*, *342*
C-Fe estável (Figura 1.9), *27*
C-Fe metaestável (Figuras 1.10, 1.14 e 4.1), *28*, *31*, *152*
C-Fe-Mn (Figura 5.78), *229*
C-Fe-Nb, solubilidade de carbonetos (Figura 5.12), *199*
Construção, 337
Cr-Fe (Figuras 5.3 e 7.17), *195*, *338*
Cr-Fe-Ni (Figuras 7.29 e 7.30), *346*, *347*
Cr-Fe-Ni-N (Figura 7.36), *352*
Estável,28
Fe-H a 1atm (Figura 9.1), *459*
Fe-Mn (Figura 5.2), *194*
Fe-Nb (Figura 5.4), *195*
Fe-Ni (Figura 7.47), *365*
Fe-O (Figura 8.19), *415*
Metaestável, 445
regra da alavanca, 442
Ti-V (Figura 7.68), *382*
Diâmetro equivalente (ER), *281*
fórmulas (Tabela 6,6), *281*
Difusão, 152, *233*, 258, 365
B, C e N no Fe, coeficiente de (Tabela 4.1), *152*
coeficiente de difusão (Tabela 5.5), *233*
de intersticiais, 258
de substitucionais, 365
Dilatômetro, *72*, *73*
esquema (Figura 2.57), *73*
(Figura 2.58), *73*
DRI (*Direct Reduced Iron*) ver ferro esponja, 410, 411
Dual-Phase (DP), 261
aços *Dual-Phase*, aplicações, 261
Ductilidade a quente, *511*, *512*
(Figura 10.40 e 10.41), *511*, *512*
Ductilidade – relações empíricas, *278*
efeito da dureza e resistência (Figura 6.28), *278*
Dureza, *531*
escalas (Tabela 11.2), *531*

Ee

EDM (*Electrodischarge Machining*)
ver eletroerosão, 318
Eletroerosão, usinagem por, 318

END, 522, *524*, *525*, *526*, 527, 528
ensaios não destrutivos, 522
líquido penetrante (LP), *524*, 527
partículas magnéticas (MT), 528
ultrassom (UT)
várias técnicas, (Figura 11.2), *525*
phased-array (Figura 11.5), *526*
Endurecimento por precipitação, *200*, *210*, *235*, *355*, *375*
da ferrita, por NbC (Figura 5.14), 200
efeito do tamanho das partículas (Figura 5.40), 212
em aço inoxidável 17-4PH (Figura 7.39), 355
em superligas, efeito da fração volumétrica do precipitado (Figura 7.56), 376
endurecimento secundário no revenimento (Figura 5.88), 235
Precipitation Hardening (PH), 355
Endurecimento secundário, *233*, *234*, *312*, *318*, *321*, *331*
e tratamento térmico e austenita retida (Figuras 7.4 e 5.90), *312*, *234*
efeito do molibdênio (Figura 5.85), *233*
em aços ferramenta (Figuras 7.10, 7.11 e 7.15), *315*, *318*, *328*
ver endurecimento por precipitação, *240*, *212*, *235*, *355*, *374*
Ensaio de impacto, *271*, *535*, *536*, *537*
cuidados e geometria (Figuras 11.18 e 11.19), *535*, *536*
normas: resultados comparados (Figura 11.21), *537*
temperatura de transição dúctil-frágil (Figura 6.10), 263
Ensaio Jominy, 106, *232*, 273, *274*, 278, 279, 287
Ensaios mecânicos, 524, 529, *532*, *534*, *535*, 541
impacto (ver ensaio de impacto), *535*, *536*, *537*
tração, 531
a quente, 541
alongamento uniforme e estricção (Figura 11.17), *535*
efeito da taxa de deformação (Figura 11.16), *534*
limite de escoamento, ruptura e alongamento (Figuras 11.11 a 11.13), *532*
Escória, 429, 430, 467, 471, 476
espumante em FEA, 429, 430
no forno panela 465, 467, 471
refusão sob escória eletrocondutora ESR, 476
Esferoidização, 92, *95*
parâmetros recomendados (Figura 3.4), 95
ver recozimento, 92
Especificação de aços, 256
importância e problemas, 256
ESR *Electroslag Refining* ou *Remelting*, 476
ver refusão sob escória eletrocondutora, 476
Estanho, 243
Estrutura CCC, *24*
estrutura cúbica de corpo centrado (Figura 1.2), *24*
Estrutura CFC, *24*
estrutura cúbica de face centrada (Figura 1.3), *24*
Estrutura colunar, *446*, *447*
formação (Figuras 8.57 e 8.59), *446*, *446*
Estrutura cristalina, 24, *24*
do ferro, 24
parâmetro de rede do ferro (Figura 1.4), *25*
Estrutura equiaxial, solidificação, *446*, *447*
efeito do superaquecimento (Figura 8.39), *447*
formação (Figura 8.59), *446*
Estrutura tetragonal de corpo centrado, *67*, 67, *70*
TCC, martensita, 67
transformação de Bain (Figura 2.42), *70*
Eutectoide, *31*, *201*
efeito dos elementos de liga sobre a temperatura e composição (Figura 5.19), *201*
transformação (Figura 1.13), 31

Ff

Fadiga, 227, 283, *286*
efeito de inclusões não-metálicas, 227
limite de resistência à fadiga-estimativa (Figura 6.24), *286*
Fase sigma, *139*, *141*, *342*, *347*, *353*
cinética de precipitação em aços inoxidáveis (Figuras 7.31 e 7.37), *347*, *353*
diagrama Cr-Fe (Figura 7.45), Cr-Fe-Ni (Figura 7.30), *364*, *347*
em aço inoxidável AISI 446 (Figuras 3.64 e 3.65), *140*, *141*
Fator de empacotamento, 24, 25
FATT (*Fracture Appearence Transition Temperature*)
ver ensaio de impacto, *535*, *536*, *538*
FEA
ver forno elétrico a arco, 427, *428*, 429
Ferrita, *25*, 28, 40, *40*, 42, *43*, *44*, 56, *196*, *197*, *198*
acicular livre de carbonetos, 63
crescimento isotérmico, efeito da composição (Figuras 2.9, 5.6 e 5.9), *44*, *196*, *198*
efeito dos elementos de liga sobre a dureza (solução sólida) (Figura 5.10), *199*
estrutura cristalina, 28
morfologia, 40
alotriomorfos, 42
alotriomorfos, nucleação (Figura 2.7), *43*
acicular, 56
(Figura 2.18), *50*
Polygonal, 40
Widmanstätten, *40*
parâmetro de rede (Figura 1.4), 25
Fluência, *541*
ensaios, *541*
Formabilidade, 256, 257, *258*, 259, 512
aços para estampagem, 259
anisotropia, 512
coeficiente de encruamento, 257
fator *r* de *Lankford* (Figura 6.3a), *258*
Forno elétrico a arco, 427, *428*, 430, 431
balanço térmico (Figura 8.12), *431*
capacidade e potência, 431
construção (Figura 8.33), *428*
elaboração em (marcha de corrida), 431
escória espumante em FEA, 430
evolução do processo (Figura 8.34), *428*, *429*
fornos de alta potência 428, 431
indicadores (Figura 8.34), *429*, *430*
vazamento excêntrico (Figura 8.37), *432*
Forno panela, 464, *465*
aplicação na metalurgia secundária, 465
esquema (Figura 9.9), *465*
Fósforo, 116, 193, 243, *419*, 471

desfosforação, 419, 471
aço inoxidável, 471
efeito do potencial de oxigênio sobre a desfosforação (Figura 8.23), *419*
elemento de liga, 193, 258
residual no aço – efeito nas propriedades, 116
Fragilização, 118, *120*, 139, 141, 345
da martensita revenida, *119*, *120*
fase sigma, 139, 141
fragilidade de revenido (ver também Figura 3.39), 119, *120*
de 475 °C, 346
na têmpera, *283*, *284*

Gg

Grafita, 27
diagrama de equilíbrio de fases estável C-Fe, 27
raio do átomo de C na grafita (Tabela 1.2), *27*
Grossmann, *106*, *122*, *201*
diâmetro crítico
efeito dos elementos de liga (Figura 5.18), *201*
relação empírica (Equação 5-9), *231*
ensaio
medida da temperabilidade (Figura 3.20), *106*

Hh

Hidrogênio, 243, 458, 459, 460, 462
controle e desgaseificação, 462
efeito no aço, 459
falhas por, 243
flocos e outros defeitos, 458, 460
fontes de, 458
importância da umidade, 458
remoção por desgaseificação, 460
solubilidade no ferro e aço (Figura 9.1), *459*
HIP (*Hot Isostatic Pressing)*
ver prensagem isostática a quente, 479
HSLA (*High Strength Low Alloy*)
ver aços ARBL, *261*, 261, *263*
HyL, 411
ver também redução direta, 410

Ii

Inclusões não-metálicas, 65, 66, 227, 286, 291, 293, 307, *460*, *470*, *471*, *480*, 494, 498, *501*
comparação entre produto convencional e metalurgia do pó (Figura 9.33), *480*
controle pela adição de cálcio (ver também Figura 9.18 e 10.20), *470*, *501*
efeito
da agitação na remoção (Figura 9.14), *468*
na ductilidade (ver também Figuras 10.22 e 10.23), *501*
na fadiga 286, 291, 293, 307
nas propriedades do aço, 494
nas propriedades do aço: tração Z e Cálcio (Figura 10.26), *503*
no polimento de aços ferramenta, 498
efeito na ductilidade, *227*
efeito na tenacidade, *227*
eliminação no forno panela, *227*
engenharia de inclusões, *469*
entupimento de válvula no lingotamento contínuo (ver também Figura 9.18), *470*
fração volumétrica e dimensões, *222*
fratura dúctil, *227*
nucleação de ferrita e da bainita (Figura 2.41 a 2.43), *65*
plasticidade relativa (Figuras 10.9 e 10.10), *495*
Inconel ®
ver superligas à base de Ni e à base de Ni-Fe, ligas à base de Ni-Cr, 372, 373, 375
Interfaces coerentes, *44*
(Figura 2.8), *44*
Isotropia
ver anisotropia, *494*, *505*, 495

Jj

Jominy, *107*, *274*, *279*, *281*
correlações entre posição em peças e posições no ensaio Jominy (Figuras 6.30 a 6.35), *279*, *281*
ensaio, medida da temperabilidade (Figura 3.21 e 6.22), *107*, *274*

Kk

Kurdjmov-Sachs, 42, 46, 56
relação de orientação cristalográfica 42, 46, 56

Ll

Laminação controlada, 506
ver tratamento termomecânico, 506
Lâminas de corte, *334*
práticas industriais (Tabela 7.15, 7.16), *337*
Lankford, 258
coeficiente de anisotropia *r*, (Figura 6.4), *258*
Le Chatelier, 29
Lei de Sieverts, *414*
Ligas Ni-Cr, 369, *371*
propriedades típicas (Tabela 7.40), *374*
Lingotamento contínuo, 434, *436*, *437*, *450*
espessura solidificada em função do tempo (ver também Figura 8.49), *437*
processo (ver também Figura 8.40), *435*
segregação causada por *bulging* (Figura 8.66), *451*
Lingotamento convencional, 433, *433*, *434*
formato de lingotes (Figura 8.38), *434*
lingotamento direto e indireto (ver também Figura 8.39), *434*
Lingotes, 433, *437*, *433*, *446*, *448*, *475*
características de lingotes convencionais, 433
comparação de lingote convencional com lingote refundido (Figura 9.16), *475*
estrutura típica (Figuras 8.57 e 8.63), *446*, *448*
rechupe (ver também Figura 8.46), *438*
solidificação vertical (ver também Figura 8.44), *437*
Liquidus, 30

Mm

Manganês, 203, 227, 229, 245
efeito nas propriedades do aço, 227
elemento de liga, 203
estabilizador da austenita, 229

Manufatura aditiva, 481
fusão seletiva a laser, 482, 483
deposição por energia direcionada, 481, 482, 483
Martêmpera, 121, *121*
ciclo esquemático (Figura 3.40), *121*
Martensita, 66, *67*, *68*, *69*, *70*, *74*, 230, *276*, *311*
dureza, 230
efeito do teor de C (Figura 2.54) e da % de martensita (Figura 6.26), *71*, *277*
efeito do teor de Mo e Cr (Figura 5.80), 231
microestrutura (Figura 2.48), *68*
morfologia em função de MI, (Figura 2.49), *69*
relação de orientação cristalográfica em função do teor de C (Tabela 2.4), *70*
temperatura MF, 66, 230
definição, 66
efeito do teor de C (Figura 2.45), *67*
temperatura MI e MF, efeito da temperatura de austenitização em aço ferramenta série D (Figura 7.5), *311*
temperatura MI, 66, 230
definição 66
efeito da composição química
relação empírica (Equação 5-7), *230*
efeito do teor de C (Figura 2.47), *67*
termodinâmica da formação da (Figura 2.44), *66*
tetragonalidade e parâmetro de rede (Equação 2-7, Figura 2.46), 67, 67
Master curve para tenacidade de aços (Figura 6.18), *269*
Matrizes de forjamento, *338*
aços empregados (Tabela 7.17), *338*
Matrizes e punções de corte, *336*
aços empregados (Tabela 7.14), *336*
Metalurgia de panela, 458
Metalurgia do pó, 313, 477, *478*, *480*
aplicação a aços ferramenta, 477
comparação da limpeza: produto convencional e metalurgia do pó (Figura 9.33), *480*
efeito sobre a distribuição de carbonetos (Figura 7.10, 9.32), *315*, *480*
fluxo de produção de aço ferramenta por HIP (Figura 9.31), *479*
roteiros de processamento (Figura 9.30), *479*
Microestrutura, 32, *34*, 127, *376*
efeito do teor de C na microestrutura recozida (Figura 1.17), *34*
superligas, esquemática (Figura 7.57), *376*
Micrografias, 40, 48, 68, *128*, *129*, *130*, *131*, *132*, *154*, *308*, 313
aço
0,8C-8Cr (Figura 7.8), 313
1018 (Figura 3.51 e 3.52), *128*, *129*
1045 (Figura 3.53), *130*
1045 (Figura 3.53 e 3.54), *130*, *131*
1095 (Figura 3.55 e 3.56), *132*, *133*
D2 (Figura 7.1), *308*
D6 (Figura 7.8), 313
ferrita
acicular, 40
martensita, 48, 69
perlita, 211
Minérios de ferro, 400
composição, 400
Molibdênio, 227, 234, 247, 326, 269
aços rápidos ao, 326
elemento de liga, 227
ligas de, 388

Nn

NDT (*Nil Ductility Temperature*), 267
Nimonic ®
ver superligas à base de Ni, 373
Nióbio, 194, 258, 261, 326, 358, 371, 386
ligas de, 386
como elemento de liga em aços, 194, 258, 261, 326, 358
como elemento de liga em superligas, 371
Níquel, 367, *368*
elemento de liga, 367
ligas à base de
principais tipos (Figura 7.51), *368*
Níquel-equivalente, *340*
em aços inoxidáveis, (Equação 7-1), *340*
Nitretação, *168*, 170, *170*, *171*
a plasma (Figura 4.36), *171*
camada branca (Figura 4.38), *171*
efeito sobre a resistência à fadiga, ex. (Figura 4.36), *171*
estrutura da camada nitretada (Figura 4.34), *170*
perfís de composição (Figura 4.28), *168*
Nitretos, *204*, *209*, 331
de alumínio (AlN) efeito no tamanho de grão austenítico (Figura 5.35), *209*
na nitretação, 331
produto de solubilidade na austenita e na ferrita (Tabela 5.3), *204*
Nitrogênio, 216, 258, 326, *340*, 458, *460*
controle e desgaseificação, 458
efeito no aço 216, 258, 326, *340*
solubilidade no ferro e aço (Figura 9.3), *460*
Norma EN, 217, *353*
10002-1, 279, 353, 535
10045-1, 279, 353, 535
Norma SAE, 260, 261
J2329, 260
J2340, 261
Normalização, 97, *99*
ciclos para diversos aços (Figura 3.7), *99*
Normas ABNT, 271, 273
NBR ISO 6892, 487
NBR ISO/ASTM 52900, 487
NBR 5915, 259
NBR NM 87, 271
NBR 6118, 270
NBR 7480, 270
NBR 8965, 270
Normas ASTM, 114, 177, 237, 269, 273, 323, 350, 357, 358, *361*, 369, 383, 535, 536, 538, 460, 540, 541
A182, 323
A255, 273
A262, 357, 358
A710, 237
A923, 350
ASTM E527, 271
ASTM A255, 273

ASTM E 1820, 540
ASTM E399, 540
ASTM A1008, 259
ASTM A36, 262
ASTM A516, 262
ASTM A242, 266
ASTM E23, 269, 535, 536, 537,
ASTM E1921, 269
ASTM A837, 291
ASTM A582, 345
ASTM A 923, 352
ASTM A262, 358, 522
ASTM F138, 361
ASTM B381, 383
ASTM F3184, 487
ASTM F2924, 487
ASTM F3056, 487
ASTM F3055, 487
ASTM F3049, 487
ASTM E561, 541
B117, 177
B381, 383
E23, 269, 533, 535
E112, 114
E208, 538
E292, 541
E399, 539
E1820, 540
E1921, 269
F138 (Tabela 7.28), 361
F1568 (Tabela 7.28), 361
F30-77, 310

Oo

ODS (*Oxide Dispersion Strengthening*) em superligas, 376
Orelhamento, *257*
na conformação mecânica (Figura 6.2), *257*
OSPREY, 477
ver *Spray Forming,* 480
Oxidação a alta temperatura, *360*, *362*
formação de carepa (Tabela 7.29), *362*
Oxigênio, 244, 433, *419*, 420, 458, *461*
diagrama de equilíbrio de fases Fe-O, 419
em equilíbrio com desoxidantes no aço (Figura 8.24), 420
formação de inclusões não-metálicas, 244
solubilidade do oxigênio no ferro, 244, 419
ver desoxidação, 433, *419*, 420, 458, *460*

Pp

Parâmetro de rede, *67*
da martensita (Figura 2.46), *67*
Parâmetro de Hollomon-Jaffe, 283, 320, 342
revenido, geral, 273, 274, 275, 276, 277, 278
revenido aço h13 (Figura 7.12), 320
revenido inoxidáveis martensíticos (Figura 7.25), 342
Partição de elementos de liga, 196, 490, 506
efeito na transformação de fases, 490, 506
PCI (*Pulverized Coal Injection*)
ver alto-forno, 401, 402, *403*, 404, *405*, *406*
Perlita, *29*, *45*, *46*, *47*, *51*, *53*, *200*, *202*
efeito
de elementos de liga sobre o espaçamento (Figura 2.22, Tabela 5.2), *53*, *202*
do Nb sobre a cinética de formação (Figura 5.15), *200*
espaçamento lamelar (ver também Figura 2.12), *46*
formação
cinética (Figura 1.11), *29*
mecanismo (esquema) (Figura 2.11), *45*
micrografias (Figura 2.14 a 2.19), *47*, *51*
nucleação e crescimento, segundo *Mehl*, 45
degenerada (ver micrografias, Figura 2.14 a 2.19), *47*, *51*
Pitsch-Petch, *45*, *46*
relação de orientação cristalográfica, 45, 46
Potencial de oxigênio, *357*, *407*, *408*, *419*, *421*, *427*, *465*
na aciaria (Figura 8.26), *421*
Na desfosforação, *421*, *422*, *431*, *433*
Na desulfuração, *465*
Nos processos siderúrgicos (Figura 8.13), *408*
PRE, aços inoxidáveis, *355*
Pitting Resistance Equivalent (Equações 7-2, 7-3), *357*
Prensagem isostática a quente, 479, 490
comparação com forjamento, 490

Qq

Q-BOP, 425

Rr

Recozimento, 92, *92*, *94*, 95, 96, 317, 321, 323, 325, 327, 329
ciclos para diversos aços (Figura 3.1), *92*
esferoidização, 95
para aços
série A, 310
série D, 310
série M, 327
série P, 323
para usinabilidade, 96
pleno, 92
contínuo, *94*
Recristalização, *365*, *554*
dinâmica, esquema (Figura 10.5), *554*
efeito da precipitação de Nb (C,N) (Figura 5.34), *208*
Refino secundário, *468*
efeito da energia de agitação na homogeneização do aço líquido (Figura 9.10), *465*
Refusão sob Escória Eletrocondutora (ESR), *476*, 477, 505
descrição do processo, esquema (Figura 9.27), *476*
isotropia dos aços ESR (Figura 10.31), 505
vantagens, 477
Refusão, 475, 476, 477, *478*, *477*
por feixe de elétrons (EB), 477
descrição do processo, esquema (Figura 9.19), *477*
sob escória eletrocondutora (ESR), 476, 477
sob vácuo (VAR), 477
descrição do processo, esquema (Figura 9.20), *477*
vantagens, 476
Relação elástica, *270*
correlação com o limite de escoamento (Figura 6.13), *276*
Resistência à fadiga, *170*, *286*
correlação empírica com dureza e "limpeza" (Figura 6.24), *287*
efeito da nitretação (Figura 4.36), *171*

- Resistência mecânica, *97*, *270*
  - à alta temperatura, aplicação estrutural (Figura 6.19), *270*
  - típicas de aços recozidos ou normalizados (Tabela 3.4), *97*
- Resistência mecânica – relações empíricas, *217*, *222*, *275*
  - dureza e resistência mecânica (Equação 6-1, Figura 6.24), *275*
- *Gladman*
  - aços ferrita+perlita (equações 5-3 e 5-4), *218*
  - aços perlíticos (equações 5-5 e 5-6), *223*
- Revenimento, 116, *116*, 118, *118*, 119, 232, 277, *283*, 317, 323, 327, 330, *342*
  - aços inoxidáveis martensíticos, efeito de tempo e temperatura (Figura 7.25), *342*
  - dureza de têmpera para obter determinada dureza pós-revenimento (Figura 6.27), *277*
  - efeito
    - da temperatura (Figuras 3.35 e 3.38), *117*, *118*
    - de tempo e temperatura (Equação 6-2, Figura 6.36), *275*, *282*
    - de tempo e temperatura parâmetro de *Holloman-Jaffe*, 230
    - do tempo (Figuras 3.36 e 3.37), *117*
  - para aços
    - série A, 310
    - série D, 310
    - série M, 327
    - série P, 323
  - transformações no (Figura 3.38), *118*
- Revenimento duplo e revenimento múltiplo, 119
- Revenimento, curva de, 313, *318*, *321*, 323, *326*, 331
  - do aço
    - 0,8C-8Cr (Figura 7.9) 314
    - D2 (Figura 7.9) 314
    - D6 (Figura 7.11), *318*
    - H12 (Figura 7.13), *321*
    - M2 (Figura 7.13), 321
    - P20 (Figura 7.18), 331

Ss

- SAE (*Society of Automotive Engineers*), 260, 261, 271, *362*
  - especificação de aços
    - SAE J404, 271
    - SAE J2329, 260
    - SAE J2340, 261
    - Aços para válvulas (Tabela 7.30), *363*
- *Scheil*, 441, 444
  - modelo de redistribuição de soluto na solidificação (Figura 8.32 e 8.54), *441*, *443*
- Segregação, 197, *441*, *525*, *448*, 527
  - (ver também Figura 8.53), *443*
  - efeito nas posições de amostragem e direções de teste, *473*
  - microsegregação (interdendrítica), *447*
  - solidificação
    - segregação em A (ver também Figura 8.63), *448*, 449
    - segregação em V (ver também Figura 8.63), *448*, 449
- Seleção de aços ferramenta (Tabela 7.10), *333*
- Seleção de aços para construção mecânica, 271, 273, 282
  - programas para seleção e cálculo de temperabilidade, 273
  - seleção por temperabilidade, 282
- Sensitização, 357, *358*, *360*, 360
  - correlações com composição química (Figura 7.42), *359*, *360*
  - medidas contra a sensitização, 360
- Silício, 194, 198, 203, 246, 433, 458
  - aço para trabalho a quente, 321
  - aços para fins elétricos, 458
  - desoxidante, 503
  - elemento de liga 194, 198, 203, 320
- Sítio octaédrico, 67
  - ver vão octaédrico, 67
- Sítio tetraédrico, 25
  - ver vão tetraédrico, 25
- SL/RN, 410
  - ver também redução direta, 410
- *Solidus*, 30, 439
- Solubilização, 139, 429
  - aços inoxidáveis, 429
- Soluções sólidas, 25, *26*
  - intersticiais (Figura 1.6), *26*
  - substitucionais (Figura 1.5), *26*
- *Solute Drag (arrasto de solutos)*, 197
- *Spray Forming*, 480
  - esquema do processo (Figura 9.24), *481*
- Sulfetos, 470, 471
  - sulfeto de cálcio 460, 471
  - sulfeto de manganês, 471
- Supercondutividade, *387*
  - temperatura crítica, evolução (Figura 7.71), *387*
- Superligas, 450, *372*, *373*, *375*
  - a base de Fe-Ni, propriedades típicas (Tabela 7.34), *373*
  - a base de Ni, propriedades típicas (Tabela 7.56), *376*
  - efeito da fração volumétrica de gama linha sobre a resistência a quente (Figura 7.56), *376*

Tt

- Tamanho de grão, *115*, *114*
  - austenítico, efeito da laminação (Figura 3.32), *114*
  - conversão, escala ASTM (Figura 3.33), *115*
- Tamanho de grão austenítico, *114*, *209*, *215*, *262*
  - crescimento em aço C-Mn (Figura 3.31), *114*
  - efeito
    - de precipitados (AlN, Figura 5.35; NbC, Figura 5.36), *209*, *210*
    - sobre a temperabilidade, *114*, 209
    - sobre o tamanho de grão ferrítico (Figuras 5.44 e 6.8), *215*, *262*
  - técnicas para medir, 209
- Têmpera, *100*, *102*, *103*, *106*, *107*, *125*, *126*, *127*, *278*, 310, *312*, 323, 327
  - distorção na (Figura 3.17), *105*
  - meios de têmpera, polímeros (Figura 3.12), 100, *103*
  - para aços
    - série A, 310
    - série D, 310
    - série M, 327
    - série P, 323
  - partição, 134, *135*, 136, 138, *139*
  - por chama (Figura 3.49), *126*
  - por indução (Figuras 3.47 e 3.48), *125*, *126*
  - severidade (Tabela 6.5), *278*
  - tensões na (Figura 3.16), *104*
  - tratamento subzero (ver também Figura 7.7), *312*
- Temperabilidade, 105, 108, *200*, *201*, 231, 273, *360*
  - definição, 105
  - efeito

comparativo dos elementos de liga (Figura 5.17), *201*
do boro (Figura 5.82), *231*
do carbono (Figura 5.81), *231*
do Nb sobre a temperabilidade de aço 0,85%C (Figura 5.16), *200*
seleção por temperabilidade, roteiro esquemático (Figura 6.23), *275*
Temperaturas críticas, 154
Tempo local de solidificação, *439*, *441*, *448*
efeito sobre o espaçamento dendrítico
(Figura 8.62), *448*
Tenacidade, 266, 267, 269, 271, 261, *263*, *328*, 535,
538, 540
aços ARBL, *266*, 270, 261, *263*
critérios
ver *Master Curve*, 267, 269
ver NDT, 267
efeito do estado de tensões (no ensaio) (Figura 11.27), 540
ensaios e normas, 535, 538
medidas de tenacidade, 535
temperatura de transição dúctil-frágil (ver FATT)
tenacidade de materiais usados como ferramenta (Figura 7.15), *328*
Textura cristalográfica, *257*, *217*
anisotropia, efeito na conformação mecânica (Figura 6.4), *258*
Ti-6Al-4V, 383
Titânio, 65, 66, 203, 207, 246, 258, 346, 358, *368*, 379, *381*, 382, 383, *420*
alumínio equivalente em ligas de titânio, 382
elementos de liga em ligas de Ti, 381
como elemento de liga no aço, 202, 342, 358
como desoxidante no aço, (Figura 8.24), *420*
como elemento de liga em superligas, *368*
em inclusões não-metálicas em aço, efeito na
nucleação de ferrita (Figura 2.43), *65*
formação de carbonitretos em aço, 362, 258
inclusões em aço, 65
ligas de titânio, 379
"alfa", 381
"alfa-beta", 381
oxigênio equivalente em ligas de titânio (Figura 7.66), *382*
propriedades em função de tipos de elementos de liga
(Figura 7.66), *382*
TiN Revestimento de Ferramenta, 339
TiC Revestimento de Ferramenta, 339
TNDT
ver NDT, 267
Trabalho a quente, 322, 490, *492*, *494*, *505*, *506*, *508*
aquecimento para (ver também Figura 10.34), *507*
efeito
da temperatura sobre a tensão de escoamento
na macro-estrutura (Figura 10.8), *494*
nas propriedades e na anisotropia, lingote convencional
(Figura 10.30) e ESR (Figura 10.31), *505*, *505*
recristalização dinâmica no (Figura 10.4), *491*
temperaturas recomendadas, 320
ver também Tratamento termo-mecânico
convencional (Figura 10.32), *506*
termomecânico (Figura 10.33), *507*
Transformações de fases do ferro, *23*
(Figura 1.1), *23*
Tratamentos térmicos, 91
austenitização, 95
tratamento intercrítico, 264
Q&P (Quenching and Partitioning) ver Têmpera e Partição, 134, 135
Cinética da austenitização, 114
Tratamento termomecânico, *263*, *506*
esquemas de processamento, (Figuras 6.8 e 10.9), *262*, *506*
TRIP, *(Transformation Induced Plasticity)*, *266*, 350
aços TRIP, aplicações, (Figura 6.7), *261*, 350
Tungstênio, 246, 387
aços rápidos com, 388
elemento de liga, 388
ligas de, 388
Turbinas, *378*, *376*
materiais empregados (Figura 7.62), *378*
revestimentos para alta temperatura (Figura 7.63), *379*
TZM, 388
liga de molibdênio, 388

Vv

VAD, 458, 459, 462
Vacuum Argon Degaseification, *462*
ver desgaseificação, 458, 459, 462
Vanádio, 234, 246
ver metalurgia do pó, *315*, 477, *478*, *479*, *480*
Vão octaédrico, 26, 27, 67
raio do vão
na estrutura CCC do ferro, 26, 67
na estrutura CFC do ferro, 27, 67
Vão tetraédrico, 25, 26, 27
raio do vão
na estrutura CCC do ferro, 71
na estrutura CFC do ferro, 27
Vãos intersticiais, *26*, *27*
(Figuras 1.7 e 1.8), *26*
tamanho nas estruturas do ferro, 27
VAR (*Vacuum Arc Remelting*), 476
ver refusão sob vácuo, 476
Vasos de pressão, 266
Vergalhão para construção civil, 270
VIM (*Vacuum Induction Melting*) (Figura 9.24), *474*
VOD (*Vacuum Oxygen Decarburization*), 471, 473, 474
descrição do processo, 471
esquema do processo (Figura 9.21), *473*
marcha de corrida (Figura 9.23), *473*

Zz

ZAC, 237, 263
trincamento em função de C_{eq} e C (Figura 5.91),
237
zona afetada pelo calor, soldagem, 263
Zener, *53*, 55
crescimento da perlita (Figura 2.21), *53*
lei de crescimento por difusão, 55
Zircaloy, 384
Zircônio, 383, 384, *385*, 420
como desoxidante no aço, (Figura 8.24), 383, 384, *385*, 420
em combustível nuclear, 383, 384
ligas de, 384
oxidação de ligas de, em reator nuclear (Figura 7.70), *385*
ZIRLO, 385